# 1 MONTH OF
# FREE
# READING

## at

## www.ForgottenBooks.com

By purchasing this book you are eligible for one month membership to ForgottenBooks.com, giving you unlimited access to our entire collection of over 700,000 titles via our web site and mobile apps.

To claim your free month visit:
www.forgottenbooks.com/free996575

ISBN 978-0-364-25699-2
PIBN 10996575

This book is a reproduction of an important historical work. Forgotten Books uses
state-of-the-art technology to digitally reconstruct the work, preserving the original format
whilst repairing imperfections present in the aged copy. In rare cases, an imperfection in
the original, such as a blemish or missing page, may be replicated in our edition. We do,
however, repair the vast majority of imperfections successfully; any imperfections that
remain are intentionally left to preserve the state of such historical works.

# ARCHIVES

## DES

# SCIENCES PHYSIQUES ET NATURELLES.

IMPRIMERIE F. RAMBOZ ET C<sup>ie</sup>, RUE DE L'HÔTEL-DE-VILLE, 78.

# BIBLIOTHÈQUE UNIVERSELLE DE GENÈVE.

## ARCHIVES

### DES

## SCIENCES PHYSIQUES ET NATURELLES,

PAR

MM. de la Rive, Marignac, F.-J. Pictet, A. de Candolle, Gautier,
E. Plantamour et Favre,

Professeurs a l'Academie de Geneve

## TOME ONZIÈME.

GENÈVE,

JOEL CHERBULIEZ, LIBRAIRE, RUE DE LA CITÉ.

| PARIS, | ALLEMAGNE, |
| JOEL CHERBULIEZ, | J. KESSMANN, |
| PLACE DE L'ORATOIRE, 6. | A GENÈVE, RUE DU RHONE, 171. |

1849

# ARCHIVES

DES

## SCIENCES PHYSIQUES ET NATURELLES.

### RELATION

DES

## EXPÉRIENCES ENTREPRISES PAR M. REGNAULT.

1 vol. de 800 pag. in-4°, avec un vol. in-fol° de planches. 1847.

### *De la mesure des températures.*

Nous avons rendu compte, dans notre précédent numéro, de celles des recherches de Mr. Regnault qui sont relatives aux lois de dilatation et de compressibilité des fluides élastiques. Aujourd'hui, nous allons nous occuper de celles qui ont pour objet la mesure des températures. Ce sujet, que semblaient avoir épuisé MM. Dulong et Petit dans leurs beaux travaux faits il y a 30 ans, a été remanié en entier par Mr. Regnault; remaniement devenu nécessaire depuis que, par ses propres expériences, le physicien français avait si notablement modifié les données admises jusqu'à lui sur la dilatation et la compressibilité des gaz.

Le problème de la mesure des températures est peut-

être le plus difficile à résoudre que présente la physique.
On ne possède, en effet, aucun moyen direct pour mesurer les quantités de chaleur qu'un corps absorbe dans
des circonstances données. On reconnaît seulement cette
absorption de chaleur par les changements qui surviennent dans l'état du corps ou par sa dilatation. Or, si l'on
étudie comparativement les dilatations que les différents
corps subissent dans des circonstances identiques, on
s'aperçoit bien vite que ces dilatations sont loin de suivre
la même loi. Quant aux quantités de chaleur prises par
les différents corps, quand ils sont portés successivement
aux différentes températures mesurées par les dilatations
de l'un quelconque d'entre eux, on reconnaît qu'elles
sont variables et inégalement variables dans chacun d'eux,
sans qu'on ait réussi à assigner les relations qui existent
entre ces variations de capacité et ces variations de volume.

On voit donc combien il serait difficile de construire
un thermomètre parfait, c'est-à-dire un thermomètre
dont les indications seraient toujours proportionnelles
aux quantités de chaleur qu'il aurait absorbées, ou dans
lequel l'addition de quantités égales de chaleur produirait
toujours des dilatations égales. Cependant les physiciens
avaient cru trouver dans le thermomètre à gaz ce thermomètre normal. Ils se fondaient sur les considérations
suivantes, savoir, que si l'on fait des thermomètres avec
l'air et avec plusieurs autres substances solides ou liquides, et qu'on les gradue entre 0° et 100° en supposant leur
dilatation uniforme, si l'on prolonge cette graduation au
delà de 100°, le thermomètre à air sera celui qui, pour les
températures supérieures à 100°, indiquera constamment
la température la plus basse, et tandis que les autres indi-

queront tous des températures différentes et supérieures
à celle qu'accuse le thermomètre à gaz, celui-ci accu-
sera la même, quelle que soit la nature du gaz, que ce
soit de l'air ou de l'hydrogène, par exemple. Il est donc
bien probable que dans le thermomètre à gaz la dilatation
est uniforme, c'est-à-dire proportionnelle exactement aux
variations de température, tandis que dans les autres
corps cette dilatation croît dans une proportion plus rapide que la température. Cette conséquence de l'observation semblait en outre confirmée par l'opinion où l'on
était que les gaz sont soumis à des lois simples et générales, et par les notions qu'on en déduisait sur leur
constitution physique, dans laquelle on n'attribuait aucune part à la nature propre des particules, et qu'on faisait dépendre uniquement de la chaleur, agent commun
à tous.

Mais les recherches de Mr. Regnault, en montrant que
les lois qui régissent la constitution des gaz sont loin
d'être aussi simples et aussi générales qu'on l'avait cru,
ont dû faire renoncer à regarder le thermomètre à gaz
comme un thermomètre normal. Les indications des thermomètres à gaz, ainsi que celles des autres thermomètres, ne doivent donc être considérées que comme des
fonctions plus ou moins compliquées des quantités de
chaleur.

A défaut de donner une mesure exacte de la quantité
de chaleur, le thermomètre doit tout au moins rester toujours rigoureusement comparable à lui-même, c'est-à-
dire fournir toujours la même indication dans des conditions identiques ; et, de plus, il faut qu'on puisse le reproduire à volonté et obtenir toujours des instruments
rigoureusement comparables. Or, le thermomètre à mer-

cure qui remplit bien la première condition, ne remplit que très-imparfaitement la seconde. Ainsi deux thermomètres à mercure, réglés pour les mêmes points fixes de la glace fondante et de l'ébullition de l'eau sous la pression de $0^m,760$, peuvent présenter dans leur marche des différences très-considérables au delà de ces points fixes, si les enveloppes de ces thermomètres ne sont pas formées avec des verres de même nature, ou dont l'état moléculaire soit le même. En effet, dans un thermomètre quelconque formé par une substance liquide ou gazeuse, les indications de l'instrument dépendent de la dilatation de cette substance et de celle de l'enveloppe. La dilatation du mercure n'étant que sept fois plus grande que celle du verre qui le renferme, les variations que présentent les dilatations des différentes espèces de verre forment des fractions très-sensibles des dilatations apparentes du mercure, et influent par suite d'une manière notable sur les indications de l'instrument. Dans le thermomètre à gaz, au contraire, la dilatation du gaz étant cent soixante fois plus grande que celle du verre, les variations dans les dilatations des diverses espèces de verre n'influent plus sensiblement sur les indications de l'appareil, et n'empêchent pas les instruments d'être comparables. Toutefois, il est important de fixer les conditions dans lesquelles cet instrument demeure comparable.

Ainsi dans la question de la mesure des températures, il ne s'agit plus de chercher un instrument qui mesure les quantités de chaleur ou dont les indications seront proportionnelles aux températures. La prétention du physicien est plus modeste; il demande seulement la possibilité de construire des instruments qui, dans les mêmes conditions de température, donnent toujours tous exactement la même indication, c'est-à-dire qui soient comparables entre eux et à eux-mêmes. C'est l'étude de ce désidératum qui fait l'objet de celui des mémoires de M. Regnault où il traite de la mesure des températures. Il s'occupe d'abord du thermomètre à gaz, puis du thermomètre à mercure. Il consacre, enfin, une partie importante de son mémoire à la mesure des températures au moyen des courants thermo-électriques. Nous reproduirons à peu près textuellement, dans notre prochain numéro, cette dernière partie qui est fort peu connue, et dans laquelle Mr. Regnault traite plusieurs questions intéressantes de la thermo-électricité avec cette même rigueur de précision qu'il apporte dans tous ses travaux. Aujourd'hui nous nous bornerons à parcourir rapidement les deux premières parties du mémoire consacrées au thermomètre à gaz et au thermomètre au mercure, ce qui forme un ensemble d'autant plus complet, qu'au point de vue de la mesure des températures M. Regnault est conduit à rejeter complétement l'emploi des courants thermo-électriques, et que, par conséquent, l'intérêt de cette partie de ses recherches est tout entier dans les détails et en dehors du sujet principal lui-même.

### Des thermomètres à gaz.

Il y a deux manières d'employer un gaz comme substance thermométrique. On peut le mettre dans des conditions telles que la pression qui le maintient reste constante et observer son augmentation de volume, ou forcer le gaz à rester dans le même volume et observer l'augmentation de sa force élastique.

La première méthode exige l'emploi d'un tube capillaire, qui réunit un tube calibré au réservoir rempli d'air qu'on expose à la température qu'on veut mesurer. Cette disposition permet d'éloigner le tube calibré de l'enceinte dont on veut connaître la température, ce qui est indispensable ; mais elle présente un grand inconvénient quand l'appareil est destiné à mesurer des températures élevées, c'est qu'alors la plus grande partie de l'air se trouve dans le tube calibré, et il n'en reste plus qu'une portion très-petite dans le réservoir proprement dit. Il en résulte que la partie qui sortira par une nouvelle élévation de température sera très-petite, et se mesurera difficilement dans le tube calibré avec une précision suffisante. L'appareil devient ainsi très-peu sensible dans les températures élevées ; aussi Mr. Regnault a-t-il rejeté cette disposition pour le thermomètre à air.

Dans la seconde méthode on maintient le gaz constamment sous le même volume, et on détermine les forces élastiques qu'il présente dans les différentes circonstances. On peut ainsi, en connaissant les variations survenues dans les forces élastiques, calculer, d'après la loi de Mariotte, les dilatations que le gaz aurait éprouvées si la pression avait été maintenue constante. Les appareils fondés sur cette méthode, outre qu'ils sont plus faciles à manier et d'une précision plus grande, ont l'avantage de présenter autant de sensibilité dans les hautes températures que dans les basses. Mais il se présente dans l'emploi de cette méthode deux questions importantes à résoudre. La première est de savoir, *si des thermomètres à air, chargés avec de l'air à des densités très-différentes, sont comparables entre eux.* La seconde, *si des thermomètres à gaz, chargés avec des gaz de nature différente, marchent d'accord entre eux lorsqu'ils ont été réglés pour les points fixes de* 0° *et de* 100°.

L'appareil que Mr. Regnault a employé pour résoudre ces deux questions consiste en deux thermomètres à gaz, qui se composent chacun d'un ballon en cristal de 7 à 800 cent. cubes de capacité, terminé par un tube capillaire recourbé, qui aboutit bout à bout avec un autre tube capillaire qui communique avec l'appareil manométrique. La réunion des tubes capillaires se fait par une tubulure en laiton qui porte un appendice rectangulaire, dans lequel on mastique un tube capillaire qui sert à mettre l'appareil en communication avec une pompe pneumatique, au moyen de laquelle on peut dessécher l'intérieur de l'appareil et introduire les différents gaz sur lesquels on veut opérer. Les ballons eux-mêmes plongent dans une chaudière remplie d'huile constamment agitée pour maintenir une température uniforme dans tout le bain. Nous passons sous silence les détails des expériences et l'énumération des précautions prises pour bien dessécher l'intérieur des appareils, pour maintenir les températures bien stationnaires, pour bien déterminer les niveaux du mercure dans les manomètres. Les expériences sont conduites de la même manière, soit qu'on veuille comparer la marche d'un thermomètre à air avec celle d'un thermomètre rempli d'un autre gaz, soit qu'on veuille comparer la marche d'un thermomètre à air, chargé avec de l'air ayant une force élastique initiale de 760 millimètres environ à 0°, à la marche d'un thermomètre semblable, rempli d'air ayant une densité ou plus faible ou plus grande.

Des tableaux renferment les résultats des expériences faites sur la comparaison des thermomètres à air, chargés avec de l'air sous une pression initiale de 762$^{mm}$, de

553.$^{mm}$ et de 438$^{mm}$. On a poussé, dans une série suivante d'expériences, la force élastique initiale de l'air jusqu'à 1486$^{mm}$. Les expériences ont été faites de 0° jusqu'à 325° de l'échelle faite avec la graduation des instruments entre 0° et 100°. Tous ces thermomètres marchent sensiblement d'accord, lors même que l'air que chacun renferme soit sous une pression bien différente, de sorte qu'on peut admettre avec toute certitude, *que le thermomètre à air est un instrument parfaitement comparable, lors même qu'on le charge avec de l'air ayant des densités différentes.*

Deux thermomètres chargés, l'un d'air, l'autre d'hydrogène, avec une force élastique initiale de 754$^{mm}$ à 0°, ont marché parfaitement d'accord de 0° à 325°. Il en a été de même de deux thermomètres à gaz acide carbonique, qui, dans deux séries d'expériences, ont marché également parfaitement d'accord avec le thermomètre à air. Ce dernier était dans les deux cas chargé avec de l'air d'une force élastique initiale de 742$^{mm}$, tandis que dans les thermomètres à acide carbonique, la force élastique initiale du gaz était pour l'un de 741$^{mm}$, et pour l'autre seulement de 464$^{mm}$. Il faut remarquer que les températures ont été calculées dans ces diverses expériences en prenant pour le coefficient de dilatation de l'air 0,003665, pour celui de l'hydrogène 0,003652, et pour celui de l'acide carbonique 0,003695 quand il était sous la pression de 741$^{mm}$, et 0,003682 quand il était sous la pression de 464$^{mm}$.

Deux séries d'expériences faites sur la comparaison d'un thermomètre à air normal avec un thermomètre à gaz acide sulfureux, sous la pression initiale de 762$^{mm}$,17 pour l'air, et successivement de 751$^{mm}$,47 et de 588$^{mm}$,70 pour l'acide sulfureux, ont démontré une différence de marche très-notable entre les deux instruments. On avait pris dans la première série pour coefficient de dilatation du gaz acide sulfureux 0,003825, et dans la seconde, 0,003794. Le thermomètre à acide sulfureux se met en retard sur le thermomètre à air à partir de 100°, et les différences croissent régulièrement avec la température. Ainsi le coefficient de dilatation moyen du gaz acide sulfureux diminue d'une manière très-marquée avec la température mesurée sur le thermomètre à air ; en effet, on trouve pour la valeur de ce coefficient moyen pour chaque degré centigrade,

$$
\begin{aligned}
&\text{de } 0° \text{ à } \phantom{0}98°,12\ldots\ldots\ldots 0,0038251,\\
&\phantom{\text{de } 0° } \text{à } 257°,17\ldots\phantom{.}\ldots\ldots 0,0037923,\\
&\phantom{\text{de } 0° } \text{à } 310,31\ldots\ldots\ldots .0,0037893.
\end{aligned}
$$

### Du thermomètre à mercure.

Le thermomètre à air est le seul instrument, surtout pour les températures élevées, dont on puisse se servir pour des expériences exactes, mais son emploi est difficile ; il y a même des circonstances où il est impossible. Il faut alors se servir nécessairement d'un thermomètre à mercure ; et pour cela il convient de faire une comparaison directe de cet instrument avec le thermomètre à air, afin de pouvoir transformer ses indications en celles du thermomètre normal. Dulong et Petit avaient déjà fait cette comparaison, et calculé une table qui permettait la transformation nécessaire ; mais cette table est inexacte, même pour le thermomètre à mercure particulier qu'ils ont employé, parce que leurs expériences ont été calculées avec un coefficient de dilatation beaucoup trop fort, le coefficient 0,375 de Gay-Lussac.

Mr. Regnault, après avoir fait un grand nombre d'expériences sur ce sujet, avait reconnu que les divers thermomètres à mercure n'étaient pas comparables, soit parce qu'ils n'étaient pas construits avec la même espèce de verre, soit parce qu'ils avaient été soufflés d'une manière différente. Toutefois, il a voulu s'assurer si des thermomètres à mercure, construits avec la même espèce de verre, quoique soufflés d'une manière différente, ne marcheraient pas suffisamment d'accord pour qu'on pût les regarder comme comparables. Si cette circonstance se réalisait, il suffisait de faire, une fois pour toutes, la comparaison de l'un de ces thermomètres avec le thermomètre à air, et d'admettre la même table de correction pour tous les instruments semblables. Mr. Regnault a exécuté, pour résoudre cette question, une longue série d'expériences dans le but de comparer avec le thermomètre à air, non-seulement les thermomètres à mercure formés avec une même qualité de verre différemment travaillée, mais encore ceux fabriqués avec diverses espèces de verre qui se trouvent dans le commerce français, et qu'on emploie dans des appareils de physique. Les thermomètres à mercure employés dans ces expériences sont des thermomètres à déversement ; ils sont plus faciles à construire que les thermomètres ordinaires à tige graduée, et présentent le grand avantage qu'il est toujours facile de maintenir toute la colonne de mercure dans le bain. Pour construire les thermomètres à déversement, il faut faire bouillir à plusieurs reprises et avec grand soin le mercure dans les instruments, puis on les laisse refroidir en maintenant la pointe recourbée des tubes capillaires dans un bain de mercure chauffé préalablement. Puis on enveloppe les réservoirs et les tubes capillaires de glace fondante, la pointe ouverte restant plongée dans le bain de mercure, et l'on reconnaît facilement que le thermomètre a pris la température de 0° quand la colonne de mercure reste stationnaire à l'extrémité du tube capillaire. On recueille dans une petite capsule vide le mercure qui sort par suite de l'élévation de température, et on le pèse avec beaucoup de soin. Pour avoir le poids du mercure qui remplit le thermomètre à 0°, on ajoute le poids du mercure sorti par suite de l'élévation de la température au-dessus de 0° à laquelle on fait la pesée au poids du thermomètre lui-même, et on retranche du tout le poids de l'appareil vide. Dès lors connaissant le poids du mercure à 0°, et pesant avec soin la quantité qui sort à mesure qu'on élève la température, il est facile d'en conclure la température elle-même et de la comparer à celle que donnerait un thermomètre construit avec le même verre, mais à tige graduée. Mr. Regnault analyse avec soin successivement les indications du thermomètre à tige graduée et celles du thermomètre à déversement; il montre qu'en tenant compte de toutes les circonstances, dilatation de la boule, celle du tube, etc., l'indication que donnerait dans les mêmes circonstances le premier des thermomètres est identique à celle que donnerait le second, pourvu que leurs réservoirs eussent la même capacité.

Convaincu, d'après cette analyse, qu'il pouvait employer indifféremment l'une et l'autre formes de thermomètre, Mr. Regnault, d'après les motifs que nous avons déjà indiqués, a préféré le mode par déversement comme susceptible d'une beaucoup plus grande exactitude; les plus grandes pertes qu'il a pu reconnaître dans ses pesées n'ont jamais dépassé 3 à 4 milligrammes, ce qui était fort peu considérable pour les températures auxquelles il a poussé ses expériences.

Il a successivement soumis à l'épreuve des thermomètres faits avec du cristal de Choisy-le-Roi, avec du verre ordinaire, avec du verre vert et avec du verre de Suède. Il a eu soin de faire analyser chacune des espèces de verre par un habile chimiste, et les analyses ont été faites sur les réservoirs mêmes des thermomètres.

Le cristal de Choisy-le-Roi présentant toujours exactement la même composition, à cause du soin tout particulier qu'on apporte à sa fabrication, il se prêtait tout à fait bien à des expériences comparatives. Trois thermomètres ont été préparés avec ce verre ; l'un avait pour réservoir un tube en cristal de 14 millimètres environ de diamètre intérieur, et il était soudé à un tube capillaire du même cristal ; le second avait été obtenu en soufflant un réservoir sphérique sur un tube capillaire en cristal ; enfin, le troisième avait été formé au moyen du même tube capillaire que l'on avait travaillé à la lampe pour y faire naître un réservoir cylindrique. Ce dernier présentait à l'analyse une proportion un peu plus forte de silice, ce qui tenait probablement à ce que le travail prolongé à la lampe avait fait perdre au verre, par volatilisation, une petite quantité des autres matières.

Observés successivement dans leur marche comparative avec des thermomètres à air, les trois thermomètres à mercure, faits avec le cristal de Choisy-le-Roi, ont marché sensiblement d'accord depuis 0° jusqu'à 325°, et l'expérience a montré qu'on peut leur appliquer les mêmes corrections pour ramener leurs indications à celles du thermomètre à air. Mais si la loi de la dilatation n'a pas varié pour le verre des différents thermomètres, il n'en a pas été de même de la dilatation absolue qui a été très-différente pour chacun des réservoirs dont le premier a manifesté un coefficient de dilatation sensiblement moins fort que les deux autres.

Plusieurs thermomètres construits avec du verre ordinaire, mais les uns à réservoir cylindrique, les autres à réservoir sphérique, quelques-uns formés de tubes ou de petits ballons soudés à des tubes capillaires, ont été également comparés aux thermomètres à air. On a trouvé qu'ils différaient considérablement dans leur marche des thermomètres à enveloppe de cristal, et que ces deux espèces de thermomètres ne pouvaient pas être considérés comme comparables. Les dilatations du verre ordinaire entre 0° et 100° varient d'une manière très-marquée avec les différences de composition et surtout suivant le travail auquel on a soumis le verre. Or il y a de grandes différences dans la composition du verre ordinaire qui n'est pas fabriqué avec le même soin que le cristal de Choisy-le-Roi. Toutefois, si l'on compare entre eux les résultats obtenus sur les thermomètres en verre ordinaire, on arrive à la même conclusion que pour les thermomètres en cristal de Choisy-le-Roi, savoir :

*Les thermomètres à mercure construits avec les diverses variétés de verre ordinaire, que l'on emploie en ce moment à la confection des instruments de chimie, ne marchent pas rigoureusement d'accord au delà des points fixes qui ont servi à régler leurs échelles ; mais les différences sont assez petites pour qu'on puisse les négliger dans le plus grand nombre des expériences, surtout si l'on a soin de rejeter les verres qui renferment une quantité sensible de plomb, et que l'on reconnaît facilement quand on les travaille à la lampe.*

Les thermomètres faits avec du verre vert, semblable à celui qui est employé à Paris dans les analyses organiques et avec un verre de Suède remarquable par son infusibilité, ont donné des résultats assez analogues à ceux qu'on avait tirés des observations plus nombreuses faites avec les autres thermomètres. Seulement le coefficient de dilatation de ces deux espèces de verre, qui d'ailleurs avaient une composition chimique différente, n'était pas le même que celui des autres verres.

———————

Après avoir montré que les courants thermo-électriques ne peuvent pas servir à la mesure des températures, dans une partie de son travail dont nous ne parlerons pas actuellement, puisque nous la reproduirons textuellement, Mr. Regnault termine son mémoire de la mesure des températures par quelques conclusions générales dont voici le résumé.

Le thermomètre à air est le seul instrument de mesure qu'on puisse appliquer avec confiance à la détermination des températures élevées ; c'est le seul que Mr. Regnault emploiera lorsque les températures dépasseront 100°.

Le thermomètre à air doit être fondé sur la mesure des changements de force élastique qu'éprouve un même volume d'air lorsqu'il est porté aux diverses températures. Il faut, autant que possible, disposer le thermomètre à air de manière à déterminer directement par l'expérience les forces élastiques à 0° et à 100°, le réservoir étant plongé dans la glace fondante ou maintenu dans la vapeur de l'eau bouillante. Mais si, par la disposition de l'appareil, la détermination directe des deux points fixes de l'échelle thermométrique est impossible, ce qui arrive quelquefois, on est obligé de prendre le point de départ du thermomètre à air à la température du milieu ambiant prise sur un thermomètre à mercure, et de déduire ensuite, par le calcul, les éléments qui conviennent à l'appareil pour la température de la glace fondante.

Quand le thermomètre renferme de l'air ayant une force élastique de $760^{mm}$ à $0°$, et si l'on ne dépasse pas la température de $350°$, la force élastique de l'air intérieur ne deviendra pas plus grande que $1720^{mm}$ ; on n'aura donc pas à craindre une déformation permanente de l'enveloppe. Mais dans les températures plus élevées on peut craindre cette déformation, $1°$ parce que la pression intérieure devient considérable ; $2°$ parce que le verre peut éprouver un ramollissement sensible. Il convient donc d'introduire, dans le thermomètre, de l'air ayant une force élastique plus faible lorsque l'instrument est destiné à la mesure des températures très-élevées. Si l'air avait par exemple, à $0°$, une force élastique de $300^{mm}$, il acquerrait à $500°$ une force élastique de $850^{mm}$ qui ne surpasse la pression extérieure que de $90^{mm}$ environ.

Quand on opère à de hautes températures, on peut, par une disposition particulière de l'appareil, éviter, si l'on n'a qu'une température à déterminer, le danger d'une déformation du réservoir. Mais il y a toujours une cause d'incertitude qui provient de ce qu'on ne connaît pas la loi de dilatation de l'enveloppe qui peut être de platine au lieu de verre, en particulier quand il s'agit d'un pyromètre à air ; mais cette cause n'amène jamais des erreurs bien considérables, comme on peut s'en convaincre par les expériences faites jusqu'à $350°$ sur les thermomètres à air avec enveloppe de verre. Les erreurs peuvent devenir plus considérables, et s'élever même à plusieurs degrés lorsque la température dépasse $300°$, si, la dilatation de l'enveloppe entre $0°$ et $100°$ n'étant pas

connue, on déduit *le coefficient de dilatation apparent*
des forces élastiques que le gaz présente à 0° et à 100°.

Mr. Regnault indique, en terminant, la possibilité
d'employer avec avantage, dans un grand nombre de cas
où les expériences ne réclament pas une très-grande précision, un thermomètre à vapeur de mercure. C'est dire
que cet instrument serait un pyromètre destiné à mesurer les températures supérieures à celle de l'ébullition
du mercure. Le mercure arrivant à l'ébullition chasse
complétement l'air de l'appareil, et la vapeur de mercure, se comportant bientôt comme un gaz permanent,
se dilate de façon à rester en équilibre avec la pression
extérieure. Au moyen d'une disposition particulière on
peut, lorsque l'appareil est revenu à la température ambiante, retirer le mercure qui s'est condensé sur les parois et en déterminer le poids. Au moyen d'une formule
très-simple, et en admettant pour la vapeur mercurielle
le même coefficient de dilatation que pour l'air, on peut
déterminer la température à laquelle l'appareil a été exposé. Il faut seulement, pour éviter l'oxydation du mercure au commencement de l'expérience, lorsque la vapeur mercurielle n'a pas encore chassé l'air de l'appareil,
placer dans le vase une petite quantité d'huile de naphte,
qui chasse d'abord l'air et se trouve elle-même expulsée
par la vapeur de mercure.

Mr. Regnault annonce qu'il se propose d'exécuter
quelques expériences, au moyen de ce procédé, à la manufacture de porcelaine de Sèvres ; nous ignorons s'il a
réalisé son projet ; les résultats, s'il en a obtenus, nous
sont donc inconnus.

A. DE LA R.

## SUR LES POIDS ATOMIQUES

# DU CÉRIUM, DU LANTHANE ET DU DIDYME,

PAR

## M<sup>r</sup>. C. MARIGNAC.

( Deuxième partie [1].)

J'ai dit, dans la première partie de ce mémoire, qu'il
était facile d'obtenir à l'état de pureté l'oxyde de cérium
contenu dans le mélange des oxydes extraits de la cé-
rite, en le traitant par de l'acide nitrique d'abord très-
étendu, puis par de l'acide plus concentré, qui lui enlève les dernières traces de lanthane et de didyme. On
obtient, en suivant une marche analogue, les oxydes de
ces deux derniers métaux purs de cérium, en évaporant
à siccité la dissolution opérée par l'acide très-étendu,
calcinant le résidu, et reprenant de nouveau par de l'a-
cide nitrique étendu d'au moins 200 fois son poids d'eau.

Mais la séparation de ces deux oxydes présente une
tout autre difficulté. On sait que le procédé découvert
par Mr. Mosander, pour effectuer cette séparation, repose
sur la différence de solubilité des sulfates de ces oxydes
à diverses températures. Tous deux sont très-solubles
dans l'eau à 5° ou 6°, et se précipitent en grande partie
par une plus forte chaleur. Mais le sulfate lanthanique

---

[1] Voyez la première partie de ce mémoire dans la *Bibl. Univ.*
(*Archives*), tome VIII, p. 265.

se précipite déjà d'une dissolution concentrée à une température inférieure à 30°, tandis que le sulfate didymique reste alors presque en entier dans la liqueur, et ne
s'en sépare que sous l'influence d'une chaleur plus élevée. Cette propriété permet d'obtenir à la longue du
sulfate lanthanique parfaitement pur, pourvu que l'on
opère sur une quantité de sel suffisante pour pouvoir
répéter un grand nombre de fois cette opération.

Il faut donc, après avoir converti les oxydes en sulfates, calciner ceux-ci au rouge sombre pour les rendre
anhydres, les pulvériser, puis les projeter peu à peu dans
cinq à six fois leur poids d'eau, en ayant soin d'agiter
continuellement le liquide, et de le maintenir plongé dans
de l'eau à 0° pour éviter l'élévation de température considérable qui résulterait sans cela de l'hydratation des
sulfates. La dissolution est ensuite filtrée, puis abandonnée pendant quelques heures à une température de 30°
à 35° environ. Le sulfate lanthanique se précipite en
petits cristaux incolores, que recouvre la dissolution colorée en rose de sulfate didymique. On décante le liquide,
on lave les cristaux sur un entonnoir avec un peu d'eau,
puis on les calcine de nouveau, et l'on recommence la
même opération. On comprend qu'à chaque opération il
reste du sulfate lanthanique dans la liqueur et dans les
eaux de lavage, en sorte que le poids du produit diminue
rapidement à mesure que sa pureté augmente. Les premières fois le dépôt cristallin de sulfate lanthanique, vu
en masse, présente encore une faible teinte rose, plus
tard il paraît incolore, mais, si l'on évapore à siccité la
dissolution d'où il s'est précipité, elle laisse un résidu
coloré en rose, ce qui indique qu'il y avait encore un
peu de sulfate didymique. Il faut prolonger assez cette

série d'opérations pour que ce résidu de l'évaporation
soit lui-même parfaitement incolore. Je crois que, lorsqu'on est parvenu à ce terme, on peut être certain de la
pureté du sulfate lanthanique ; du moins j'ai constaté qu'à .
ce moment, le sel déposé par la première impression de
la chaleur, et celui qui ne s'obtient que par l'évaporation
à siccité, offrent exactement la même apparence, et qu'ils
fournissent le même équivalent.

Ainsi la purification du sulfate lanthanique peut se
faire exactement par ce procédé, elle n'exige que de la
patience et une quantité de matière suffisante. Il n'en
est malheureusement pas de même de celle du sulfate
didymique qui reste dans les dissolutions, mélangé de
sulfate lanthanique. Ces dissolutions, soumises à une évaporation lente, à une température de 40 à 50 degrés,
donnent naissance à des cristaux assez gros, d'un rose
vif, de sulfate didymique, mélangés d'une grande quantité de petits cristaux d'un rose plus clair, probablement
plus souillés de lanthane. Il faut trier avec soin les cristaux
les mieux caractérisés par leur forme et leur couleur,
puis répéter un grand nombre de fois cette séparation par cristallisation. Ici encore la patience et la quantité de matière sont indispensables. On peut espérer, en
effet, qu'à chaque cristallisation on obtient un produit
plus pur, mais on n'a aucun moyen de constater cette
pureté.

J'ai vainement tenté l'emploi d'une foule de réactifs,
soit en essayant leur action sur les oxydes mélangés,
soit en les faisant agir séparément sur chacun des deux
oxydes ; je n'ai pu observer aucune différence qui
mît sur la voie pour découvrir un procédé de séparation plus exact, ou seulement plus rapide que celui

que je viens de décrire, et qui n'est autre que celui de
Mr. Mosander.

Je citerai cependant deux procédés qui, sans conduire
à une séparation même approximative de ces deux oxydes, m'ont paru cependant pouvoir être appliqués utilement au traitement de leur mélange, lorsqu'ils sont dans
des proportions relatives telles que la cristallisation des
sulfates ne donne plus aucun résultat.

Si l'on convertit ces sulfates en oxydes, soit en les
précipitant à plusieurs reprises par le carbonate de soude
à l'ébullition, soit de tout autre manière, et si, après
avoir fortement calciné ces oxydes, on les laisse en contact pendant fort longtemps, à la température ordinaire,
avec une très-grande masse d'eau contenant une quantité d'acide nitrique insuffisante pour les dissoudre en
totalité, on obtient une dissolution fort peu colorée,
riche en oxyde lanthanique, tandis que le résidu dissous
à son tour dans l'acide nitrique, donne une dissolution
plus colorée, plus riche par conséquent en oxyde didymique.

Un autre procédé est fondé sur une petite différence
dans la solubilité des oxalates. Tous deux sont insolubles
dans l'eau, et fort peu solubles dans les acides étendus,
tellement qu'on peut précipiter presque complétement
ces oxydes de leurs dissolutions neutres, sulfuriques ou
chlorhydriques, en y ajoutant de l'acide oxalique. Si l'on
fait chauffer les oxalates ainsi précipités avec une grande
quantité d'acide chlorhydrique étendu de son volume
d'eau, ils se dissolvent complétement et se précipitent
ensuite par l'évaporation de la liqueur; mais on peut
observer alors que les premiers précipités sont plus colorés en rose que les derniers, en sorte qu'en les frac-

tionnant on peut obtenir un mélange riche en oxyde didymique, et un mélange riche en oxyde lanthanique.

Ces deux procédés, comme on le voit, ne produisent point une séparation même approchée ; ils m'ont servi seulement à obtenir un mélange plus riche en oxyde didymique, susceptible d'être purifié par la transformation en sulfate et la cristallisation.

Le sulfate lanthanique pur est parfaitement incolore, il cristallise le plus souvent en petits prismes aciculaires, très-déliés et très-courts. On peut cependant, par l'évaporation spontanée, l'obtenir en cristaux déterminables, bien qu'ils soient encore très-petits. Ce sont des prismes hexaèdres terminés par une pyramide à six faces, comme le quartz. La petitesse des cristaux rend les mesures difficiles ; cependant toutes mes observations sont d'accord pour prouver que l'angle du prisme n'est pas de 120°, mais seulement de 119° 30'. La forme primitive est donc un prisme rhomboïdal droit, que l'on trouve toujours tronqué sur les arêtes aiguës. Les facettes du pointement sont les plus nettes ; on y trouve deux incidences de 142°, comprises entre les facettes placées sur les arêtes de la base, et quatre incidences de 142° 20' entre les faces précédentes et celles qui reposent sur les troncatures latérales. Ce sel renferme trois équivalents d'eau de cristallisation comme le sulfate de cérium.

Le sulfate didymique est d'un rose pur et assez foncé. Il cristallise facilement, en cristaux très-brillants et quelquefois assez volumineux. Sa forme appartient au prisme rhomboïdal oblique. Les cristaux sont souvent mâclés parallèlement à l'arête antérieure du prisme ; ils offrent un clivage très-facile et très-net suivant la base. Les faces du prisme rhomboïdal primitif ne se rencontrent pas, mais on

observe un grand nombre de modifications, parmi lesquelles je citerai surtout l'octaèdre rhomboïdal oblique
($d^1$, $b^1$), et les troncatures habituelles sur son arête antérieure ($o^2$) et sur la postérieure ($a^2$). Les angles principaux sont les suivants :

| | | | |
|---|---|---|---|
| Inclinaison des axes. P sur $h^1$ . . . . . . . . . . . . . | | 118° | 8' |
| Angles de l'octaèdre { sur l'arête antérieure $d^1$ sur $d^1$. . | | 78 | 48 |
| sur l'arête postérieure $b^1$ sur $b^1$. . | | 54 | 12 |
| sur l'arête latérale $b^1$ sur $d^1$. . | | 143 | 49 |
| Inclinaisons de la base P { sur les faces $d^1$. . . . . . | | 125 | 20 |
| sur les faces $b^1$. . . . . . | | 110 | 3 |
| sur la face $o^2$. . . . . . | | 155 | 40 |
| sur la base $a^2$. . . . . . | | 138 | 49 |

Ce sel renferme encore trois équivalents d'eau de cristallisation comme les précédents. Il est remarquable que
les sulfates de ces trois oxydes, malgré la grande analogie
qu'ils présentent dans toutes leurs propriétés, et bien
que renfermant la même proportion d'eau de cristallisation, ne soient point isomorphes. Ceux de cérium et de
lanthane appartiennent, il est vrai, au même système, à
celui du prisme rhomboïdal droit, mais leurs angles ne
permettent point de les rapprocher l'un de l'autre.

J'arrive maintenant aux déterminations des équivalents
de ces deux sels.

*Poids atomique du lanthane.* J'ai suivi d'abord, pour
l'analyse du sulfate de lanthane, la méthode que j'ai décrite pour celle du sulfate de cérium, et qui repose sur
la précipitation mutuelle de ce sel et du chlorure de barium, et sur l'emploi de liqueurs titrées. Les mêmes difficultés se présentent avec le sulfate lanthanique ; l'inspection des résultats obtenus semble même indiquer dans
le cas actuel une plus grande incertitude. Non-seulement

il y a souvent une plus grande différence entre les deux limites qui doivent comprendre l'équivalent réel, mais encore je n'ai pas obtenu des résultats parfaitement constants dans plusieurs essais successifs, même en opérant sur le produit d'une même préparation. Quoi qu'il en soit, voici ces résultats :

| Sulfate de lanthane. | Chlorure de barium. | | Equivalent du sulfate de lanthane. | | |
|---|---|---|---|---|---|
| | Minimum. | Maximum. | Maximum | Minimum. | Moyenne. |
| 1   11,644 | 12,765 | 12,825 | 1185,8 | 1180,3 | 1183,0 |
| 2   12,035 | 13,195 | 13,265 | 1185,7 | 1179,4 | 1182,5 |
| 3   ·10,690 | 11,669 | 11,749 | 1190,9 | 1182,8 | 1186,8 |
| 4   12,750 | 13,920 | 14,000 | 1190,7 | 1183,9 | 1187,3 |
| 5   10,757 | 11,734 | 11,814 | 1191,8 | 1183,7 | 1188,7 |
| 6   12,672 | 13,813 | 13,893 | 1192,6 | 1185,8 | 1189,2 |
| 7    9,246 | 10,080 | 10,160 | 1192,4 | 1184,3 | 1188,3 |
| 8   10,292 | 11,204 | 11,264 | 1194,2 | 1187,8 | 1191,0 |
| 9   10,192 | 11,111 | 11,171 | 1192,5 | 1186,1 | 1189,3 |

Il semble que quelques-uns des résultats s'écartent trop de la moyenne pour qu'ils ne soient pas entachés de quelque erreur, aussi convient-il, pour calculer cette moyenne, de laisser de côté les expériences 1, 2 et 8. On obtient alors le nombre moyen 1188,3.

J'ai cherché à contrôler ce résultat en suivant un procédé un peu différent, qui me paraît offrir assez d'exactitude et pouvoir s'appliquer dans diverses circonstances.

Je desséchais et pesais exactement des quantités à peu près équivalentes de sulfate de lanthane et de chlorure de barium, mais en ayant soin de mettre un petit excès de ce dernier ; puis je me servais de la dissolution de ce chlorure pour précipiter l'acide du premier sel, en suivant en tous points les règles ordinaires pour le dosage de l'acide sulfurique. Seulement je réunissais ensuite la liqueur filtrée et toutes les eaux de lavage, je les concentrais par l'évaporation, de manière à les réduire à un assez faible volume, puis en y versant quelques gouttes d'acide sulfurique je précipitais la baryte qui était restée en excès dans la réaction réciproque des deux sels. Le sulfate de baryte obtenu dans cette seconde opération était recueilli, lavé avec soin et pesé.

Connaissant le poids du chlorure de barium employé, on peut calculer la quantité de sulfate de baryte qui y correspond, et, si l'on en retranche le poids du sulfate obtenu dans la seconde précipitation, la différence exprime le poids de celui qui a dû se précipiter par le mélange des deux dissolutions salines. Si l'on compare ce poids à celui que donne l'expérience directe, on trouve que celui-ci est toujours trop fort, quelque longs qu'aient été les lavages, et il est facile de s'assurer que cette masse de sulfate de baryte retient une quantité notable de lanthane, en le traitant après sa calcination par de l'acide chlorhydrique. On comprend que l'erreur résultant de ce mélange doit être au moins proportionnelle au poids du sulfate de baryte obtenu, et que l'on diminue par conséquent cette erreur autant qu'on le veut en faisant dépendre le poids de la masse totale de ce sulfate de celui du faible précipité que l'on obtient en recherchant l'excès de baryte qui demeure dans les liqueurs filtrées et dans les eaux de lavage du premier précipité.

Deux expériences faites suivant cette méthode ont donné :

| Sulfate de lanthane. | Chlorure de barium. | Sulfate de baryte. | | | Equivalent du sulfate de lanthane. |
|---|---|---|---|---|---|
| | | 1er précipité | 2e précipité. | Calculé. | |
| 4,346 | 4,758 | 5,364 | 0,115 | 5,329 | 1187,4 |
| 4,733 | 5,178 | 5,848 | 0,147 | 5,803 | 1188,3 |

En réunissant ces résultats à ceux qui avaient été obtenus par l'autre méthode, et avec lesquels ils s'accordent bien, on voit que l'on peut admettre que le nombre 588 représente d'une manière assez approchée l'équivalent du lanthane.

Les déterminations faites jusqu'à ce jour de cet équivalent, présentent de grandes variations. Ainsi :

Mr. Choubine a adopté le nombre     451,88
Mr. Rammelsberg,     —     —     554,88
Mr. Mosander,     —     —     580
Mr. Hermann,     —     —     600.

Je me rapproche surtout des résultats de Mr. Mosander. Mr. Hermann, niant l'existence du didyme, ne l'a pas séparé du lanthane, ce qui a dû élever son poids atomique au delà du nombre réel.

*Poids atomique du didyme.* Comme je l'ai dit plus haut, je n'ai pu trouver aucun moyen qui permit de constater la présence ou l'absence du lanthane dans le sulfate didymique. Je me bornerai donc à rapporter les résultats des déterminations de l'équivalent de ce sel, faites sur divers échantillons obtenus après des cristallisations répétées. Elles ont été faites par la méthode que j'ai décrite en dernier lieu.

| Sulfate de didyme. | Chlorure de barium. | Sulfate de baryte. | | | Equivalent du sulfate de didyme. |
|---|---|---|---|---|---|
| | | 1ᵉʳ précipité. | 2ᵉ précipité. | Calculé. | |
| 3,633 | 3,902 | 4,412 | 0,084 | 4,373 | 1210,4 |
| 3,862 | 4,227 | 4,679 | 0,075 | 4,662 | 1206,9 |
| 3,330 | 3,552 | 4,027 | 0,088 | 3,980 | 1218,7 |
| 1,386 | 1,477 | 1,681 | 0,014 | 1,655 | 1219,9 |

Comme on ne peut espérer que la cristallisation ait complétement expulsé les dernières traces de lanthane, et que la présence de ce métal doit diminuer l'équivalent du didyme, les nombres précédents ne peuvent indiquer qu'une limite inférieure de cet équivalent ; et les derniers résultats, les plus élevés, doivent être les plus rapprochés de la vérité. On peut conclure de là que l'équivalent du didyme est au moins égal à 620, peut-être supérieur ; toutefois il n'est pas probable qu'il dépasse beaucoup ce chiffre.

# NOTE
## SUR LA COMÈTE GOUJON,

PAR

M. le Professeur E. PLANTAMOUR.

Cette comète télescopique a été découverte dans la constellation de la coupe, le 15 du mois passé, par Mr. Goujon, astronome attaché à l'Observatoire de Paris. Elle présentait un noyau assez brillant entouré d'une large nébulosité circulaire, sans apparence de queue. Mr. Goujon a comparé sa position avec celle d'une étoile voisine de septième grandeur, qui se trouve dans le catalogue de Taylor ; il résulte de cette comparaison pour la position de la comète :

Le 15 avril à 10$^h$ 54$^m$ 52$^s$, temps moyen de Paris.
Ascension droite comète,   167° 7′ 0″,0
Déclinaison australe,       25° 31′ 24″,3.

Le mouvement propre de la comète observé par Mr. Goujon était de 1′7″,5 par heure vers l'ouest, et de 7′17″,6 par heure vers le nord.

Sur la nouvelle que Mr. Goujon m'avait transmise de
sa découverte, j'ai trouvé la comète, le 22 avril, dans un
moment où le ciel, qui avait été couvert tous les jours
précédents, s'était éclairci ; mais ce soir encore il s'est
recouvert au bout de peu d'instants, en sorte que je n'ai
pu réussir à faire une observation complète. Le temps
ayant continué à être peu favorable, je n'ai pu faire que
le petit nombre d'observations suivantes de la comète :

| Temps moyen. Genève. | Ascens. droite. | Déclinaison. |
|---|---|---|
| Le 25 avril à 9ʰ33ᵐ12ˢ,0 | 165°34′52″,5 | + 7°20′13″,0 |
| 26 avril à 8 48 52 ,7 | 165 31 12 ,0 | + 10 32 20 ,8 |
| 30 avril à 10 31 35 ,0 | 165 27 5 ,4 | + 22 47 58 ,9 |
| 1ᵉʳ mai à 9 58 16 ,5 | 165 28 21 ,8 | + 25 29 7 ,0 |

Le 29 avril, j'ai observé la comète, mais l'observation
ne peut pas encore être réduite, la position des étoiles de
comparaison n'étant pas déterminée. L'aspect de la comète est resté tel que l'avait décrit Mr. Goujon ; elle n'a
pas augmenté d'éclat, et comme elle s'éloigne maintenant assez rapidement de la terre, on doit s'attendre à ce
qu'il diminue.

J'ai calculé les éléments paraboliques de l'orbite au
moyen de l'observation de Paris du 15 avril et des observations de Genève du 25 avril et du 1ᵉʳ mai, et j'ai obtenu par une seconde approximation, dans laquelle j'ai
tenu compte de l'aberration et de la parallaxe, les résultats suivants :

Passage au périhélie, 1849, mai 26,51462   temps moyen Paris.
Distance périhélie . . . . . . . 1,1592357
Longitude du périhélie . . . . . 235°44′35″,3 ⎫ rapportées à l'équi-
Longitude du nœud. . . . . . . 202°33′20″,8 ⎬ noxe moyen du 26
Inclinaison. . . . . . . . . . . 67° 8′55″,4 ⎭ mai.
Mouvement direct.

Ces éléments représentent à $1'',3$ près la longitude et
à $1''$ près la latitude du lieu moyen.

Mr. Schumacher a communiqué aux astronomes la découverte d'une seconde comète, trouvée le 11 avril à
Moscou par Mr. Schweizer, dans la constellation du Bou-
vier, et que Mr. Graham a trouvée de son côté trois jours
plus tard à l'observatoire de Mr. Cooper, à Markree.
Cette seconde comète, dont l'orbite présente une grande
ressemblance avec celle de la seconde comète de l'année
1748, avait à la fin d'avril un mouvement propre très-
rapide vers le sud. Le 26 avril, les deux comètes ont
passé assez près l'une de l'autre, en se croisant sous le
parallèle de $10°$ de déclinaison boréale ; en effet, ce
jour-là, à sept heures du soir, la déclinaison des deux comètes était de $10°10'$. L'ascension droite de la comète
Schweizer était de $179°41'$, celle de la comète Goujon
de $165°32'$, et par conséquent leur distance angulaire
était de 14 degrés seulement. La distance de la comète
Goujon à la terre était environ $0,36$, celle de la comète
Schweizer $0,20$, en sorte que les deux comètes n'étaient
distantes l'une de l'autre à ce moment que de moins des
deux dixièmes de la distance de la terre au soleil.

# BULLETIN SCIENTIFIQUE.

## MÉTÉOROLOGIE.

1. — DESCRIPTION D'UN HALO SOLAIRE OBSERVÉ A GENÈVE LE 19
AVRIL 1849, par Mr. le prof. E. PLANTAMOUR.

Ce curieux phénomène a commencé à être visible cinq minutes
après trois heures ; à ce moment le ciel, qui avait été clair toute la
matinée, se couvrait de légères vapeurs, et prenait une teinte grisâtre ; ces vapeurs allèrent graduellement en s'épaississant, au
point qu'à $3^h \frac{1}{2}$ elles interceptaient presque complétement les
rayons du soleil. A $3^h 15^m$, le soleil était à une hauteur de $38°,3$
au-dessus de l'horizon ; il était entouré d'un anneau coloré correspondant au halo ordinaire, et dont les couleurs étaient très-vives,
surtout le rouge, qui formait le bord intérieur. Le rayon de ce
cercle, mesuré du centre du soleil au milieu de l'anneau, était de
$22°,4$, d'après les observations faites par Mr. Bruderer, astronome
adjoint de l'observatoire. A droite et à gauche de ce premier anneau
on apercevait deux segments d'un second halo concentrique, dont
le rayon était à peu près double de celui du premier, et dans lequel
les couleurs étaient disposées de la même manière, mais beaucoup
moins vives.

Dans la partie supérieure et inférieure du premier halo, on apercevait deux arcs tangents colorés, et dont les couleurs étaient disposées comme dans le halo ; ils étaient très-brillants au point de
tangence, et se terminaient en pointe.

Parallèlement à l'horizon on voyait un cercle d'un blanc éclatant ;
ce cercle, qui avait la même hauteur que le soleil, $38°,3$, se distinguait très-nettement tout autour de l'horizon, sauf dans le voisinage immédiat du soleil. Sur ce cercle se trouvaient quatre parhélies
ou faux soleils, dont deux blancs et deux colorés ; le rouge dominait

presque exclusivement dans ces derniers, seulement dans la partie opposée au soleil on apercevait une légère teinte bleuâtre. Leur position relativement au soleil a été déterminée par Mr. Bruderer par des différences en azimut ; pour les parhélies rouges, il a trouvé la différence en azimut avec le soleil égale à 31°,7, et pour les parhélies blancs, égale à 121°,4. A 3ʰ ¹/₂ le phénomène avait disparu, à l'exception du premier anneau, que l'on a continué à voir, quoique indistinctement, jusqu'après 5 heures.

J'ajouterai encore les remarques suivantes sur les circonstances météorologiques qui ont accompagné le phénomène. La veille, le 18, il a neigé à plusieurs reprises dans la journée; dans la nuit du 18 au 19, le ciel s'étant éclairci vers le matin, la température s'est abaissée à un degré très-inusité pour la saison, le thermomètre à minimum est descendu à —5°,5; dans la journée, le thermomètre s'est élevé jusqu'à+7°,0. Le baromètre, qui était à 723ᵐᵐ,0 le 19 à 6 heures du matin, a baissé graduellement pendant la journée, et il n'indiquait plus que 715ᵐᵐ,0 à 10 heures du soir. Le 19, le vent soufflait du sud-ouest, mais légèrement, le lendemain, le vent du sud-ouest soufflait avec force, et il était accompagné de fréquentes averses de neige.

---

## PHYSIQUE.

2. — IMAGE PHOTOCHROMATIQUE DU SPECTRE SOLAIRE, ETC., par Mr. E. BECQUEREL. (*Ann. de Chimie et de Phys.*, avril 1849.)

Mr. E. Becquerel est parvenu à préparer une surface chimiquement impressionnable à la lumière de manière qu'elle se colore précisément de la teinte des rayons lumineux qui la frappent. Le corps qui jouit de cette propriété remarquable est un chlorure d'argent que l'on prépare en faisant attaquer par du chlore, dans certaines conditions, une lame d'argent bien polie. La meilleure méthode pour obtenir de bons résultats est, après un polissage préalable de la lame de plaqué d'argent, de la plonger dans de l'eau acidulée par de l'acide chlorhydrique dans la proportion de 125 cent.

cubes d'acide chlorhydrique par litre d'eau distillée, et d'avoir soin de la mettre en même temps en communication avec le pôle positif d'une pile de deux couples de Bunsen. La lame passe par une série de teintes successivement grises, jaunâtres, violettes, puis passe au bleuâtre et au verdâtre; elle redevient ensuite grisâtre, et prend ensuite une nouvelle couleur rose, puis violette, et passe à une seconde teinte bleue. Il faut arrêter l'opération avant ce second bleu, et lorsque la lame est ainsi parvenue au second violet-rose, on la retire du bain acide, on la lave à l'eau distillée, et on la fait sécher en l'inclinant et en la chauffant un peu au-dessus de la flamme d'une lampe à alcool. La surface de la lame se recouvre ainsi d'une couche violacée foncée, qui est très-impressionnable. La durée de l'immersion dans l'eau acidulée ne doit tout au plus durer qu'une minute; du reste, on doit sortir la plaque dès qu'on aperçoit qu'elle a pris la teinte convenable. En conservant les plaques métalliques ainsi préparées à l'abri de la lumière, elles ne s'altèrent pas sensiblement, et jouissent longtemps de la faculté d'être impressionnables à la lumière colorée.

Sous l'action du spectre solaire la surface d'une plaque préparée comme nous venons de l'indiquer, reçoit une impression colorée dont les teintes, tout en correspondant aux teintes du spectre lumineux, restent cependant sombres. Le jaune et l'orange sont à peine visibles, mais le rouge, le vert, le bleu et le violet sont très-beaux.

Si, avant d'exposer la lame d'argent chlorurée à l'action du spectre solaire, on lui a fait éprouver une espèce de recuit en la chauffant fortement dans l'obscurité, les teintes des images photochromatiques sont claires, et n'ont plus l'aspect sombre qu'elles avaient auparavant. La lumière diffuse elle-même ou la lumière blanche agit en blanc au lieu d'agir en noir sur la substance. Il ne faut pas trop chauffer la lame pour obtenir les meilleurs effets; un recuit de 80° environ prolongé pendant quelques minutes suffit pour donner de belles images photochromatiques du spectre. Si l'on opère sur des lames chauffées davantage, l'image du spectre devient plus claire, mais aussi ces diverses nuances colorées dispa-

raissent de plus en plus ; ainsi les teintes vertes , jaunes et oran-
gées, c'est-à-dire les portions centrales de l'image prismatique
s'impriment en blanc.

Il est difficile de comparer directement les teintes des différentes
portions de l'image photochromatique du spectre avec celles des
parties correspondantes du spectre lumineux ; mais la succession
des couleurs du spectre, les changements de teinte dans les mêmes
parties où s'opèrent ces changements dans le spectre lumineux , et
la reproduction des teintes composées telles que le bistre, démontrent d'une manière évidente que les rayons lumineux tendent à
imprimer leur couleur propre à la substance dont on a décrit plus
haut la préparation.

Une chose assez curieuse, c'est que les écrans, tels qu'une dissolution de sulfate de quinine qui arrête la partie du rayonnement
située au delà du violet, n'affecte nullement l'impression colorée du
spectre sur l'écran. Les teintes produites par le passage des rayons
à travers les verres colorés, sont semblables à celles des verres
eux-mêmes. Mr. Becquerel s'est également assuré que du moment
que les rayons lumineux d'une partie du spectre sont absorbés,
toute action cesse sur la matière photochromatiquement sensible ,
ce qui prouve que c'est le même rayonnement que celui qui affecte
notre rétine qui opère la coloration des lames préparées.

Mr. Becquerel a fait divers essais pour reproduire des estampes
coloriées, soit par décalcage, soit au moyen des images produites
par la chambre obscure. Mais il faut beaucoup plus de temps par
le dernier mode à cause de la faible intensité des images de la
chambre obscure comparée à l'énorme intensité de la lumière qui
traverse l'estampe quand on opère par le décalcage. Toutefois on
finit, en prolongeant l'opération pendant dix ou douze heures, par
obtenir des images dont les teintes sont bien plus belles que celles
des images obtenues par le décalcage. Les rouges, les bleus, les
violets et les blancs, paraissent très-bien ; les jaunes et les verts
un peu moins bien ; mais on ne peut faire paraître nettement le vert
des feuillages. On y parviendrait peut-être en faisant de nouveaux
essais.

Mais l'obstacle le plus grand que présente l'application artistique de la découverte de Mr. Becquerel, c'est la prompte altération que les images éprouvent à la lumière. Après avoir trouvé que l'effet colorant est dû à la production d'un sous-chlorure, il a essayé toute espèce de réaction pour enlever à ce sous-chlorure son chlore sans que sa couleur disparût, et rendre ainsi les images inaltérables à la lumière; toutes les tentatives ont été jusqu'ici infructueuses; du moment que la substance a été altérée, les couleurs ont disparu. Si donc la question de peinture avec la lumière est résolue scientifiquement, puisque c'est bien la lumière qui imprime ses couleurs propres à la substance impressionnable, elle ne l'est pas encore artistiquement, puisqu'on ne peut conserver les images produites qu'à l'obscurité.

---

3. — COURANTS ÉLECTRIQUES NATURELS PERÇUS AU MOYEN DES FILS TÉLÉGRAPHIQUES, par Mr. A. BAUMGARTNER. (*Annales de Poggendorff*, n° 1 de 1849.)

Nous avons déjà signalé dans nos derniers numéros les courants électriques qu'on a trouvé circuler dans les fils des télégraphes. électriques pendant la présence des aurores boréales. J'ai moi-même indiqué, dans un mémoire récent [1], l'emploi des fils télégraphiques comme un moyen facile de constater l'existence des courants électriques naturels que je suppose exister du sud au nord dans les parties supérieures de l'atmosphère, et du nord au sud sur la surface de la terre. Voici maintenant Mr. Baumgartner qui vient d'observer des courants réguliers et permanents, ainsi que d'autres accidentels; les premiers se montrent dans les temps sereins, les seconds dans les temps orageux.

Il avait introduit un multiplicateur très-sensible dans le circuit formé par le fil télégraphique qui va de Vienne à Prague, et dont la longueur est d'environ 61 milles; c'était au mois de mars, épo-

---

[1] *Ann. de Chimie et de Physique*, numéro de mars 1849, p. 310, et *Archives des Sciences phys. et natur.*, avril 1849, p 297.

que où la température de l'air n'est point encore élevée; on ne remarquait d'ailleurs dans l'atmosphère aucune disposition à la formation des orages. Des observations furent faites également sur la
ligne télégraphique sud qui a 40 millès de longueur. Les deux extrémités du circuit plongeaient toujours dans le sol.

Voici les résultats des observations :

1° L'aiguille du multiplicateur ne s'arrête presque jamais à son
zéro, elle est toujours plus ou moins déviée, ce qui prouve qu'elle
est sous l'influence d'un courant électrique.

2° Les déviations sont de deux espèces; les unes plus grandes
vont jusqu'à 50°; les autres moindres varient de $1/2°$ à 8°. Les
premières se présentent beaucoup plus rarement, elles changent de
direction et d'intensité de telle façon qu'on ne peut y découvrir
aucune loi. Les dernières paraissent au contraire être soumises à
une loi simple. Les observations semblent montrer en effet que le
courant électrique va le jour de Vienne et Gratz à Senmering, placé
plus haut, et que, durant la nuit, il a une direction inverse. Le
changement de direction du courant paraît avoir lieu après le lever
et après le coucher du soleil.

3° Lorsque l'air est sec et le ciel serein, la régularité du courant
est très-prononcée, tandis qu'elle est troublée par différentes anomalies quand le temps est froid et pluvieux.

4° Le courant électrique paraît plus fort quand on l'observe à
une petite distance du lieu où le circuit est terminé, que lorsque
c'est à une grande distance.

Je ne puis m'empêcher de trouver, dans les résultats qui précèdent, une confirmation précieuse de l'existence des courants électriques naturels par lesquels j'ai cherché à expliquer les variations
diurnes de l'aiguille aimantée et la production de l'aurore boréale.
La direction des courants observés par Mr. Baumgartner est tout
à fait d'accord avec celle que leur assigne la cause à laquelle je
les ai attribués. Je me borne pour le moment à signaler cette coïncidence, devant incessamment revenir plus au long sur ce sujet.

**4. — ACTION SUR LES FILS TÉLÉGRAPHIQUES DE L'ÉLECTRICITÉ DES ORAGES, par *le même*. (*Ibidem*.)**

Après avoir décrit les effets réguliers de l'électricité normale qui se trouve dans l'atmosphère par un temps calme et serein, Mr. Baumgartner signale les courants électriques beaucoup plus forts qu'on observe au commencement d'une pluie momentanée, ou quand il y a un orage dans le ciel. On croirait souvent qu'ils sont dus à la mise en jeu des appareils télégraphiques, mais leurs changements irréguliers montrent bientôt que telle n'est point leur signification. Ils sont assez puissants pour placer l'aiguille aimantée transversalement au conducteur, pour détruire son magnétisme ou renverser la position de ses pôles.

Sur la ligne nord il est arrivé que les ouvriers se sont souvent plaints d'avoir senti des crampes en arrangeant les fils, et on s'est assuré qu'elles étaient dues à des décharges électriques, car elles cessaient dès qu'on ne tenait plus les fils avec les mains. Sur la ligne sud, un sous-inspecteur a raconté que souvent, en désunissant les fils, ce qu'il regardait comme nécessaire à l'approche d'un orage, il avait ressenti des secousses plus ou moins violentes.

On a paré aux dangers qui peuvent ainsi provenir des orages, en cherchant à conduire la décharge électrique par des fils conducteurs dans la terre. Dans ce but, on assujettit le long des piliers un fil qui par son extrémité inférieure plonge dans le sol, et dont l'extrémité supérieure se trouve vis-à-vis de la place où le fil télégraphique sort de l'isoloir, de façon que celui-ci n'éprouvant là aucun vacillement, la distance entre les deux fils peut n'être que d'une ligne ou d'une demi-ligne, sans qu'il y ait contact entre eux.

Quant à l'effet même des nuages orageux sur les indicateurs du télégraphe, on peut regarder comme établi par l'expérience que, lorsque les nuages orageux marchent, s'ils sont à une grande distance de la ligne télégraphique, l'aiguille de l'indicateur est déviée d'une manière constante. Le sens de la déviation varie avec la nature électrique du nuage et la direction que suit sa marche relativement au conducteur. Si le nuage s'approche de la station, la déviation de l'aiguille dure aussi longtemps que le mouvement a lieu, mais aussitôt que le nuage s'éloigne, la déviation a lieu en sens contraire. Ces effets sont tout à fait semblables à ceux qui ont été observés en Amérique, et proviennent très-probablement de l'induction exercée par le nuage orageux.

Mr. Baumgartner décrit avec assez de détails les divers accidents que la chute même de la foudre a déterminés sur les fils et les piliers en diverses parties du circuit télégraphique. Tantôt les fils furent fondus sur une longueur plus ou moins grande, tantôt les piliers furent brisés ou simplement endommagés. Ce qu'il y a d'effrayant et de dangereux dans ces accidents, c'est qu'ils peuvent avoir lieu à des distances considérables de l'endroit même où l'orage éclate, et par conséquent qu'ils surprennent à l'improviste les agents des télégraphes, qui ne sauraient prendre trop de précautions pour s'en préserver.

Parmi les effets observés par Mr. Baumgartner, je signalerai ceux qui concernent les piliers endommagés. La plupart d'entre eux étaient fracassés de telle façon, qu'ils paraissaient divisés en filaments ou en copeaux. Tous ces copeaux, divergeant les uns des autres, restaient attachés au corps principal du pilier par leur extrémité inférieure, comme s'ils avaient été frappés de haut en bas par un marteau. Parmi les piliers brisés en éclats, on remarquait que les places fendillées se trouvaient toujours disposées en lignes spirales autour de la colonne ; cette disposition était surtout frappante dans les piliers faits en bois de mélèze, chez lesquels la dessiccation produit le même effet. L'observation de Mr. Baumgartner est tout à fait analogue à celle que Mr. Martins a faite sur le clivage qu'avaient éprouvés les arbres renversés par la trombe de Malaunay en 1845, et est une nouvelle preuve en faveur de l'origine électrique de cet effet des trombes sur les arbres.

Une autre circonstance à noter, c'est que, dans le cas où plusieurs piliers avaient été endommagés ou détruits par la décharge électrique, ceux qui avaient éprouvés ces effets ne se suivaient jamais immédiatement l'un l'autre ; il y en avait toujours entre eux quelques-uns intacts Mr. Baumgartner cite plusieurs exemples qui montrent l'exactitude de cette observation. Ainsi, lors d'une chute de la foudre le 9 juillet 1847, entre Kindbergh et Krieglach, de trois piliers fracassés, l'un se trouvait placé avant le pont de Wartberger, et les deux autres de l'autre côté, les piliers placés sur le pont même n'éprouvèrent aucun dommage. Il est probable que ces derniers se trouvaient mieux isolés, précisément parce qu'ils étaient placés sur le pont, et que c'est à leur différent degré d'isolement, comme au plus ou moins d'humidité de la partie du sol dans laquelle ils sont implantés, qu'on doit attribuer le fait observé par Mr. Baumgartner, que parmi les piliers, les uns sont ménagés, les autres fracassés par la décharge électrique. A. D. L. R.

---

**5. — ACTION RÉPULSIVE DU PÔLE D'UN AIMANT SUR LES CORPS NON MAGNÉTIQUES**, par Mr. REICH de Freyberg. (*Annales de Pogg.* et *Philos. Magaz.*, janvier 1849.)

Les expériences de Mr. Reich ont été faites au moyen d'une balance de torsion qui avait été disposée pour déterminer la densité moyenne de la terre. Il a d'abord essayé l'effet des aimants sur une sphère d'étain allié à 10 pour 100 de bismuth et environ 2 pour 100 de plomb. Des barreaux magnétiques produisaient une répulsion très-distincte quand on approchait tant le pôle nord que le pôle sud ; mais quand on approchait plusieurs barreaux semblables, moitié par leur pôle nord, moitié par leur pôle sud, il n'y avait pas d'effet sensible, ou du moins il n'y avait qu'un effet très-faible résultant de l'inégalité des barreaux employés ; un aimant en fer à cheval agissant à la fois avec ses deux pôles, ne produisait aucun effet.

Avec une sphère de bismuth pur, les effets ont été plus prononcés ; la répulsion a été observée à différentes distances ; on l'a évaluée en milligrammes, en déterminant également la durée de l'oscillation. Les résultats obtenus semblent conduire à reconnaître que l'action répulsive est en raison inverse du cube de la distance, et qu'elle s'exerce principalement sur la surface la plus voisine du corps diamagnétique. Cependant les expériences ne sont pas assez nombreuses pour qu'on puisse en déduire avec une parfaite certitude les deux lois énoncées ci-dessus. D'autant mieux que, si l'action répulsive est due à une induction, il est présumable que le pôle de l'aimant doit provoquer dans le revêtement en feuille d'étain de la boîte en bois dans laquelle était renfermée la sphère mobile, des courants électriques induits semblables à ceux qu'il excite dans la sphère elle-même, induction qui, en réagissant sur la sphère, compliquerait l'effet total.

Toutefois, malgré l'incertitude qui reste encore sur la rigoureuse exactitude des conséquences qu'on peut tirer des recherches de Mr. Reich, il n'en résulte pas moins ce fait important, savoir que l'action répulsive d'un aimant sur les corps diamagnétiques est une action polaire, puisque l'effet de l'un des pôles neutralise l'effet de l'autre.

6. — Sur la propagation de l'électricité dans les corps gazeux, par Mr. Matteucci. (*Comptes rendus de l'Acad. des Sc.*, du 16 avril 1849.)

Le numéro du 16 avril des Comptes rendus, contient un extrait que Mr. Matteucci a adressé à l'Académie des Sciences, d'un travail qu'il a entrepris depuis longtemps sur la propagation de l'électricité dans les corps gazeux. Il a mis tous ses soins à étudier la loi de la perte de l'électricité dans les gaz parfaitement secs, et il a pris toutes les précautions possibles pour priver complétement d'humidité l'air de la balance de torsion dont il faisait usage. Il a fait usage, dans ce but, d'une couche d'acide phosphorique, sur laquelle il a placé la cloche de la balance; il a entouré celle-ci d'une cage en verre, où il y avait de la chaux caustique, etc.

Il a opéré d'abord comme Coulomb, c'est-à-dire en ramenant toujours l'aiguille de la balance à la même distance de la boule fixe, ce qu'on fait en détordant le fil, et en mesurant le temps employé par la boule mobile à revenir à sa position. Mr. Matteucci n'a pas vérifié la loi de Coulomb, savoir que la perte de l'électricité dans les mêmes conditions de l'atmosphère est proportionnelle à son intensité ; il a trouvé que ce rapport n'est point constant, et varie avec la distance à laquelle les deux boules électrisées sont maintenues. La perte d'électricité s'éloigne d'autant plus de celle qui serait donnée par la loi de Coulomb, que les charges électriques avec lesquelles on opère sont plus grandes, et qu'on augmente davantage la distance à laquelle les deux boules électrisées sont placées.

Afin de parvenir à une expression exacte de la loi de la perte de l'électricité dans les gaz secs, Mr. Matteucci, au lieu d'opérer comme Coulomb, après avoir électrisé les deux boules de la balance, mesure l'arc compris entre les centres des deux boules à des intervalles de temps égaux. En comparant entre elles les valeurs trouvées pour les quantités d'électricité qui existent sur les boules après des temps égaux, il en conclut que *les différences entre ces valeurs sont approximativement les mêmes, de sorte que, pour les charges électriques comprises dans certaines limites, la perte est constante et proportionnelle au temps.* Ce résultat qui concerne les gaz secs diffère, comme on le voit, de celui qu'avait trouvé Coulomb avec l'air plus ou moins humide. Mr. Matteucci a trouvé que la loi de la perte de l'électricité est la même dans l'hydrogène et dans l'acide carbonique que dans l'air, pourvu qu'on ait soin d'opérer à la même température, car il suffit de deux degrés de différence dans la température pour modifier notablement les résultats.

L'auteur termine l'extrait de son travail en faisant remarquer que ses expériences conduisent nécessairement à modifier la théorie par laquelle on a cherché à expliquer jusqu'ici la perte de l'électricité dans les gaz. On ne peut admettre que les molécules gazeuses sont attirées puis repoussées par les corps électrisés ; mais plutôt on est conduit à admettre qu'attirées par les corps électrisés, elles restent attachées à ces corps en attirant d'autres molécules autour d'elles, de manière à propager l'électricité comme dans le cas des corps solides.

7. — Mémoire sur la réflexion des différentes espèces de chaleur par les métaux, par MM. de la Provostaye et P. Desains. (*Comptes rendus de l'Acad. des Sciences*, du 16 avril 1849.)

Les deux physiciens, auteurs du mémoire que nous annonçons, ont réussi à démontrer, contrairement à l'opinion généralement admise, que les rayons de chaleur de natures différentes se réfléchissent en proportions très-inégales sur un même miroir métallique. Ils ont suivi dans leurs expériences la même marche qu'ils avaient adoptée dans leurs recherches antérieures. La source de chaleur était une lampe de Locatelli; on opérait successivement avec les rayons directs de cette lampe, et avec ces mêmes rayons transmis tantôt à travers une plaque de sel gemme mal polie et peu transparente, tantôt à travers du sel gemme enfumé, tantôt à travers une lame de verre épaisse de 5 millimètres. L'incidence des rayons était de 60 degrés environ.

Le métal du miroir des télescopes réfléchissait 0,80 à 0,84 de la chaleur directe ou de la chaleur transmise à travers le sel gemme, et 0,76 seulement de la chaleur qui avait passé à travers la lame de verre.

Un miroir d'argent réfléchissait 0,95 à 0,96 de la chaleur directe, et 0,91 seulement de celle qui avait traversé le verre.

Un miroir de platine réfléchissait 0,79 de la chaleur directe, 0,77 à 0,78 de celle qui avait traversé le sel gemme, 0,65 à 0,66 de celle qui avait traversé le verre, et 0,83 de celle qui avait traversé le sel gemme enfumé.

Il résulte de ces expériences et de quelques autres, que la chaleur la plus transmissible à travers le verre se réfléchit en moindre proportion sur les divers métaux, et que c'est l'inverse pour la chaleur qui passe en plus grande proportion à travers le sel gemme enfumé. Un faisceau de chaleur réfléchie sur un miroir métallique a donc une composition toute différente de celle du faisceau incident, et dès lors il ne doit pas éprouver la même perte en traversant les substances diathermanes. L'expérience directe confirme cette conséquence, car une lame de verre transmet 0,44 de la chaleur directe d'une lampe de Locatelli, tandis qu'elle ne transmet que 0,33 ou 0,34 seulement de la chaleur provenant de la même source, mais réfléchie deux fois sur des miroirs parallèles.

## CHIMIE.

8. — SUR LE DOSAGE DE L'ACIDE PHOSPHORIQUE ET SA SÉPARATION D'AVEC LES BASES, par Mr. H. ROSE. (*Poggend. Ann.*, tome LXXVI, p. 218.)

Le dosage de l'acide phosphorique est une des opérations les plus difficiles de la chimie analytique. Un grand nombre de chimistes s'en sont occupés, et plusieurs ont proposé des méthodes qui réussissent plus ou moins bien dans certains cas particuliers, mais on n'en connaît aucune qui soit applicable d'une manière générale, quelles que soient les bases en présence desquelles se trouve l'acide phosphorique.

Mr. H. Rose a soumis à une étude approfondie ce difficile sujet, et a découvert une nouvelle méthode qu'il croit préférable à toutes celles qui ont été proposées jusqu'ici. Il commence par énumérer toutes ces méthodes, et montre quels sont les cas où elles peuvent être employées, quels sont ceux au contraire où elles demeurent en défaut. Il résulte de cet examen qu'aucune ne permet de séparer exactement l'acide phosphorique, en une seule opération, de toutes les bases avec lesquelles il peut se trouver en combinaison, et que l'emploi des méthodes compliquées auxquelles on est alors forcé de recourir conduit à des résultats qui peuvent s'éloigner de la réalité d'une manière très-sensible. Voici le nouveau procédé dont il propose l'emploi.

La combinaison contenant l'acide phosphorique est dissoute dans l'acide nitrique, puis on y ajoute un petit excès de mercure métallique et l'on évapore le tout à siccité au bain-marie. Il faut qu'il y ait assez de mercure pour qu'il en reste toujours une portion non dissoute ; il est aussi indispensable de chasser complétement tout l'acide nitrique libre ; aussi convient-il de répéter plusieurs fois l'opération en reprenant la masse desséchée avec un peu d'eau et évaporant de nouveau au bain-marie jusqu'à ce qu'il ne se dégage plus de vapeurs acides. On traite ensuite ce résidu par l'eau qui dissout, à l'état de nitrates, les bases qui existaient dans la combinaison phosphorique, et laisse tout cet acide dans le résidu insoluble en combinaison avec l'oxyde de mercure. La dissolution filtrée renferme beaucoup de nitrate mercureux et un peu de nitrate mercurique. Il faut s'en débarrasser avant que de procéder à la séparation des bases. Pour cela on peut suivre deux méthodes ; l'une consiste à ajouter dans la liqueur d'abord de l'acide chlorhydrique qui précipite du chlorure mercureux qu'on sépare par filtration, puis de l'ammoniaque ; cette méthode ne peut s'employer que lorsque la liqueur ne renferme pas de base précipitable par l'ammoniaque ; l'autre consiste à évaporer la liqueur à siccité et à calciner le résidu , seulement il faut avoir soin, si cette liqueur renferme des alcalis , d'ajouter du carbonate d'ammoniaque pendant cette calcination pour que les alcalis caustiques provenant de la décomposition des nitrates n'attaquent pas le creuset de platine. La recherche des bases se fait ensuite par les méthodes ordinaires.

Quant au résidu insoluble contenant le phosphate mercureux, mélangé de nitrate mercureux et de mercure , on le calcine avec un mélange de carbonate de soude et de carbonate de potasse, puis on dissout la masse dans l'eau chaude, on sursature par l'acide chlorhydrique et l'on précipite l'acide phosphorique par l'addition de sulfate de magnésie, de sel ammoniac et d'ammoniaque suivant la méthode habituelle.

Ce procédé s'applique avec succès à l'analyse des combinaisons de l'acide phosphorique avec toutes les bases fortes dont les nitrates ne se décomposent point par une dessiccation à 100°. Mais la présence de bases très-faibles , et particulièrement de l'alumine et de l'oxyde ferrique doit y apporter quelques modifications puisque leurs nitrates ne résistent pas à cette dessiccation. L'oxyde ferrique faisant ordinairement partie des cendres de substances organiques dans lesquelles on a à doser l'acide phosphorique, il est important de connaître la marche qu'il faudra suivre dans ce cas.

Dans le cas où la matière que l'on analyse renferme de l'oxyde ferrique, si l'on exécute l'opération décrite plus haut, la majeure partie de cet oxyde reste avec le phosphate mercureux dans le résidu insoluble dans l'eau; une très-petite quantité seulement se dissout avec les autres bases, et peut être dosée par les procédés ordinaires. Le résidu insoluble étant calciné, comme nous l'avons dit, avec un mélange de carbonate de soude et de carbonate de potasse, tout l'oxyde ferrique qu'il contient reste comme résidu lorsqu'on dissout la masse calcinée dans l'eau; il ne retient point d'acide phosphorique. Ainsi la marche de l'analyse n'est presque pas changée. Il y a seulement une précaution à prendre, c'est d'examiner ce résidu d'oxyde ferrique insoluble. En effet, il est souvent mélangé d'oxyde platinique lorsque la calcination a été faite trop brusquement et que le creuset a été attaqué par l'action combinée du carbonate alcalin et de l'acide nitrique dégagé du nitrate mercureux. Il faut donc le redissoudre dans l'acide chlorhydrique, qui laisse cet oxyde platinique sous forme d'une poudre d'un brun rouge, et l'en précipiter par l'ammoniaque en excès.

---

9. — Sur la préparation des gaz acides bromhydrique et iodhydrique, par Mr. Ch. Mène. (*Comptes rendus de l'Acad. des Sc.*, séance du 9 avril 1849.)

On ne connaissait jusqu'ici, pour préparer l'acide bromhydrique et l'acide iodhydrique à l'état gazeux, que des procédés d'un emploi difficile ou dangereux. Mr. Mène en a découvert de beaucoup plus simples. Ils reposent sur la décomposition de l'eau par le brôme ou l'iode en présence de l'hypophosphite de chaux ou du sulfite de soude, ces deux sels tendant à s'emparer de l'oxygène de l'eau. Il convient d'aider la réaction en chauffant le mélange, surtout lorsqu'on emploie le sulfite de soude dont l'action paraît un peu plus lente.

Les proportions les plus convenables pour la préparation de ces deux gaz sont les suivantes :

| *Par l'hypophosphite de chaux.* | *Par le sulfite de soude.* |
|---|---|
| Eau . . . . . . . . 1 partie. | Eau . . . . . . . . 1 partie. |
| Iode ou brome . . . 5 » | Iode ou brome . . . 3 » |
| Hypophosphite crist. 4 » | Sulfite de soude crist. 6 » |

Dans les deux cas la préparation marche avec une grande régularité et sans aucun accident.

———————

10. — SUR UNE SÉRIE D'ALCALIS ORGANIQUES HOMOLOGUES AVEC L'AMMONIAQUE, par Mr. Ad. WURTZ. ( *Comptes rendus de l'Acad. des Sc.*, séance du 12 février 1849.)

Mr. Wurtz a découvert deux composés organiques qui peuvent être considérés comme les premiers termes d'une série que de nouvelles recherches rendront plus étendue. Ils offrent un intérêt tout particulier en ce que, tout en offrant une composition assez complexe, ils présentent une telle analogie de propriétés avec l'ammoniaque, qu'on pourrait presque les confondre avec ce corps. Pour faire comprendre la préparation de ces composés, nous sommes forcés de nous reporter à un mémoire précédent du même auteur [1] sur les éthers cyaniques et leurs dérivés.

Mr. Wurtz a montré que les éthers cyaniques, soit de l'alcool, soit de l'esprit de bois, se produisent en même temps que les éthers cyanuriques correspondants lorsqu'on distille le cyanate de potasse avec du sulfovinate ou du sulfométhylate de la même base. Les éthers cyaniques, beaucoup plus volatils que les éthers cyanuriques, s'en séparent aisément par une nouvelle distillation. Tous deux sont décomposés par l'eau, qui donne naissance à un dégagement d'acide carbonique et à de nouveaux composés solides et cristallisables.

Ces deux éthers cyaniques se dissolvent dans l'ammoniaque li-

[1] *Comptes rendus*, séance du 28 août 1848.

quide, et donnent naissance à des produits nouveaux, cristallisables, que l'on obtient par l'évaporation de la liqueur. L'analyse de ces produits montre qu'il y a eu simplement combinaison entre l'éther cyanique et l'ammoniaque, sans élimination d'eau ; en effet, leur composition est représentée par les formules suivantes :

Cyanate éthylique ammoniacal  $C^6H^8Az^2O^2 = C^2AzO, C^4H^5O, AzH^3$
Cyanate méthylique ammoniacal $C^4H^6Az^2O^2 = C^2AzO, C^2H^3O, AzH^3$

L'auteur remarque que ces composés peuvent être comparés à l'urée. On sait, en effet, que l'urée ordinaire est un corps isomère du cyanate d'ammoniaque $C^2H^4Az^2O^2 = C^2AzO, AzH^3, HO$ ; et l'on voit que l'on passe de cette formule à celle des composés précédents en remplaçant l'eau par l'oxyde méthylique ou par l'oxyde éthylique, c'est-à-dire en ajoutant chaque fois $C^2H^2$ à la composition de l'urée. Partant de cette analogie, et rapprochant ces combinaisons d'autres groupes bien connus auxquels elles se relient par le nombre des équivalents de carbone qui y sont contenus, Mr. Wurtz a désigné le composé méthylique par le nom d'urée acétique et le composé éthylique par celui d'urée métacétique ; l'urée ordinaire serait l'urée formique. Il semble toutefois que ces dénominations ne sont pas suffisamment justifiées, surtout en ce qui concerne le rapprochement établi entre ces composés et les séries formiques, acétiques, etc.

Dans un mémoire plus récent, Mr. Wurtz montre que, si l'on traite par la potasse les éthers cyaniques, les éthers cyanuriques ou les urées dont nous venons de rappeler la formation, on obtient des produits très-volatils offrant des relations très-remarquables avec l'ammoniaque. On peut, en effet, les considérer comme les amides de l'oxyde méthylique et de l'oxyde éthylique $C^2H^3, AzH^2$ et $C^4H^5, AzH^2$ ; aussi les désigne-t-il par les noms de *méthylamide* et d'*éthylamide*.

Les formules suivantes, qui expriment l'action de la potasse en présence de l'eau sur l'acide et les éthers cyaniques, feront comprendre et le mode de formation de ces produits et leurs relations avec l'ammoniaque :

$$C^2AzO,HO \quad + 2\,KO + 2\,HO = 2(CO^2,KO) \; + \; H^3Az$$

acide cyanique                                         ammoniaque

$$C^2AzO,C^2H^3O \quad + 2\,KO + 2\,HO = 2(CO^2,KO) \; + \; C^2H^5Az$$

cyanate méthylique                                    méthylamide

$$C^2AzO,C^4H^5O \quad + 2\,KO + 2\,HO = 2(CO^2,KO) \; + \; C^4H^7Az$$

cyanate éthylique                                     éthylamide

Les mêmes formules exprimeraient la décomposition des éthers cyanuriques ; quant à celle des urées, elle ne diffère de celle qui a lieu dans les cas précédents que par le dégagement de l'ammoniaque que ces composés renferment de plus que les éthers.

La méthylamide est un gaz incolore, fort alcalin, très-soluble dans l'eau, absorbable par le charbon, fumant au contact des vapeurs d'acide chlorhydrique. Il s'unit à volume égal avec l'acide chlorhydrique gazeux, et forme avec lui un chlorhydrate solide cristallisé. Son odeur rappelle celle de l'ammoniaque, mais en même temps celle de la marée. Il est inflammable et brûle avec une flamme jaune pâle. Le chlorhydrate de cette base se dissout aisément dans l'alcool absolu et chaud, et cristallise, par le refroidissement, en feuillets nacrés. Il produit avec le chlorure de platine un composé qui se présente en belles écailles d'un jaune d'or, solubles dans l'eau chaude dont la formule est

$$ClH,C^2H^5Az \; + \; PtCl^2.$$

L'éthylamide est un liquide très-volatil, qui entre en ébullition à la température de la main. Il fournit des fumées en présence des vapeurs acides, et peut s'enflammer au contact de l'air et d'un corps en combustion. Il est très-caustique, exhale une forte odeur d'ammoniaque, bien qu'il n'en renferme aucune trace. Il précipite tous les sels métalliques, même ceux de magnésie. Le chlorhydrate est soluble dans l'alcool absolu et cristallise en lames ; il forme avec le chlorure de platine des écailles d'un jaune d'or, solubles dans l'eau, formées de

$$ClH,C^4H^7Az \; + \; PtCl^2.$$

11. — Recherches sur la composition de l'acide stéarique, par MM. A. Laurent et C. Gerhardt. (*Ibidem*, séance du 26 mars 1849.)

D'après les nouvelles analyses de ces deux chimistes, l'acide stéarique posséderait exactement la même composition que l'acide margarique, et se laisserait par conséquent représenter, comme ce dernier acide, par la formule $C^{34}H^{34}O^4$ ou $C^{34}H^{33}O^3$,HO. Ils ont aussi trouvé identiquement le même poids atomique pour ces deux acides.

Il est si difficile de constater la pureté des acides gras, et de répondre de l'exactitude des analyses jusque dans leurs dernières limites, qu'on ne peut guère espérer d'établir avec certitude par des analyses leur véritable formule, lorsqu'ils présentent un poids atomique fort élevé, comme cela a lieu pour l'acide stéarique. En effet, la composition de cet acide calculée d'après la formule $C^{68}H^{66}O^7$ adoptée par les chimistes allemands sur les analyses faites dans le laboratoire de Giessen, d'après la formule $C^{38}O^{36}O^4$ adoptée pendant longtemps par Mr. Gerhardt, d'après la formule $C^{34}H^{34}O^4$ qu'il propose maintenant avec Mr. Laurent, et enfin d'après la formule $C^{36}H^{36}O^4$ qui serait comprise entre les deux dernières, et qui a peut-être été soutenue par quelque chimiste, varie entre des limites assez resserrées pour que l'analyse puisse laisser quelque doute sur la préférence à accorder à l'une de ces formules plutôt qu'à l'autre.

---

12. — Recherches sur la forme cristalline et le sens de la polarisation rotatoire dans l'acide paratartrique, par Mr. L. Pasteur. (*Ibidem,* séance du 9 avril 1849.)

Nous avons rendu compte[1] d'un premier mémoire de Mr. Pasteur, dans lequel l'auteur annonçait que l'acide paratartrique (ou racémique) qui n'exerce par lui-même aucune action rotatoire sur la

[1] Voyez *Bibl. Univ.* (*Archives*), 1848; tome IX, p. 316.

lumière polarisée, est un mélange de deux acides distincts, bien qu'identiques par leur composition, et qui jouissent tous deux du pouvoir rotatoire, mais en sens inverse; ils se distinguent aussi par le sens de l'hémiédrie dans leurs cristaux qui est également opposée dans ces deux acides, malgré l'identité de leur forme cristalline sous tous les autres rapports.

Mr. Pasteur annonce qu'il a poursuivi ses recherches sur ce sujet; ses nouvelles expériences confirment ses premières observations, mais elles lui ont appris de plus que l'acide qui jouit du pouvoir rotatoire à droite (acide dextro-racémique), n'est autre chose que l'acide tartrique ordinaire.

Nous sommes donc ramenés à admettre, comme par le passé, qu'il n'existe que deux acides isomériques dans ce groupe, savoir l'acide tartrique, qui dévie à droite la lumière polarisée, et l'acide paratartrique, ou racémique (ou lévo-racémique, suivant Mr. Pasteur). Seulement celui-ci dévie à gauche la lumière polarisée, et l'inertie qu'on lui avait attribuée jusqu'ici était due à son mélange avec l'acide tartrique.

———

13. — Recherches sur de nouveaux corps chlorés dérivés de l'acide benzoïque, par Mr. Ed. Saint-Evre. (*Annales de Chimie et de Physique,* tome XXV.)

Lorsqu'on fait passer un courant de chlore dans une dissolution assez concentrée de benzoate de potasse, en présence d'un excès de potasse, l'acide benzoïque se convertit en acide carbonique et en un acide nouveau qui reste combiné à la potasse. Pour l'en séparer, il suffit de saturer la dissolution d'acide carbonique et quelques gouttes d'acide chlorhydrique étendu, et l'on porte à l'ébullition; l'acide se sépare sous la forme d'un liquide oléagineux, d'une couleur légèrement ambrée, qui se concrète par la chaleur. On le débarrasse de l'acide benzoïque qui peut y être mélangé en le fondant à plusieurs reprises dans l'eau bouillante, et l'on achève sa purification par des cristallisations dans l'alcool.

L'auteur donne à cet acide le nom d'*acide nicéïque monochloré* ou *chloronicéïque*. Il se présente en cristaux microscopiques groupés en choux-fleurs. Il fond à 150°, bout à 215°, et distille sans altération. Sa densité est de 1,29. Il a une odeur vive et pénétrante. Sa composition correspond à la formule $C^{12}H^4ClO^3,HO$.

L'*éther chloronicéïque* est un liquide incolore, bouillant à 230°, qui, au contact de l'ammoniaque, se convertit peu à peu en *amide chloronicéïque* $C^{12}H^4ClO^2,AzH^2$.

Traité par l'acide sulfurique fumant, l'acide chloronicéïque se combine avec lui, et donne naissance à un acide dont le sel de baryte est soluble.

L'acide nitrique fumant l'attaque avec violence, le dissout, et laisse déposer bientôt un nouvel acide assez soluble dans l'alcool, qui cristallise en larges lames micacées d'un éclat gras. C'est l'acide *nitro-chloronicéïque* $C^{12}H^3Cl(AzO^4)O^3,HO$.

Lorsqu'on distille l'acide chloronicéïque en présence d'un excès de chaux ou de baryte caustique, on obtient d'abord un liquide d'un jaune brunâtre (*nicène monochloré*), puis un produit solide d'un jaune citrin (*paranicène*); il reste dans la cornue un résidu charbonneux contenant beaucoup de chlorure de calcium.

Le nicène monochloré est un liquide légèrement ambré, dont la teinte devient plus foncée à l'air. Sa densité est de 1,141 à 10°. Il bout entre 292 et 294°; sa formule est $C^{10}H^4Cl$. L'acide nitrique fumant l'attaque vivement et le convertit en un corps solide jaunâtre, soluble dans l'alcool et dans l'éther, et cristallisant en longues aiguilles soyeuses, c'est le *nitronicène monochloré*, $C^{10}H^4Cl(AzO^4)$. La dissolution alcoolique de ce dernier corps, traitée par l'ammoniaque et par l'acide sulfhydrique, donne naissance à un composé qui joue le rôle d'un alcali organique, c'est la *chloronicine* $C^{10}H^6ClAz$. Il est à remarquer que la composition de cet alcaloïde indique l'existence d'une base organique non chlorée, la nicine $C^{10}H^7Az$, qui serait isomérique avec la nicotine.

Le paranicène cristallise en larges lames d'une odeur et d'une saveur pénétrantes; c'est un carbure d'hydrogène qui, d'après son analyse et la densité de sa vapeur, doit être représenté par la formule $C^{20}H^{12}$. Il est converti par l'acide nitrique fumant en une substance cristallisable, soluble dans l'alcool et l'éther, et dont la composition s'exprime par la formule $C^{10}H^{11}(AzO^4)$. Ce dernier corps, traité de la même manière que le nitronicène monochloré, se change aussi en un nouvel alcaloïde $C^{20}H^{13}Az$ (*paranicine*), qui est insoluble dans l'eau, mais soluble dans l'éther, et produit avec les acides nitrique, acétique et oxalique des sels solubles dans l'eau et cristallisables.

---

## MINÉRALOGIE ET GÉOLOGIE.

14. — Sur l'isomorphisme du soufre et de l'arsenic, par Mr. G. Rose. (*Pogg. Ann.*, tome LXXVI, p. 75.)

Quelques minéralogistes admettent l'isomorphisme du soufre et de l'arsenic, on peut citer parmi eux MM. Breithaupt, Frankenheim et de Kobell. Mr. Gust. Rose a soumis à un nouvel examen les faits sur lesquels repose cette opinion, et montré qu'elle est encore loin d'être établie d'une manière irrécusable.

Le soufre est dimorphe, et aucune de ses formes ne correspond à celle que l'on observe habituellement dans l'arsenic. Il est vrai que ce dernier paraît susceptible de prendre, à une température très-élevée, une seconde forme cristalline, qui n'a pas encore pu être exactement déterminée, mais diverses considérations signalées par Mr. Rose tendent à faire admettre que cette seconde forme serait la forme cubique. Ainsi le soufre et l'arsenic isolés n'offrent aucune analogie de forme.

Les combinaisons du soufre et de l'arsenic se font toujours en proportions déterminées, et leurs formes diffèrent également de celles du soufre et de l'arsenic. Les composés oxygénés de ces deux corps n'offrent point non plus un exemple d'isomorphisme. Ce n'est donc que sur leurs combinaisons avec les métaux que l'on peut s'appuyer pour établir cette analogie. Ces combinaisons se divisent en deux groupes, renfermant chacun trois espèces minérales.

Le premier groupe comprend la *pyrite blanche* ($FeS^2$), le *mis-*

*pickel* ou *pyrite arsenicale* ($FeS^2 + FeAs^2$) et le *fer arsenical*. Le premier de ces minéraux cristallise en prismes rhomboïdaux droits de 106° 2′, qui peuvent se combiner avec deux biseaux, l'un de 80° 20′ sur les angles aigus, l'autre de 66° 28′ sur les angles obtus de la base. La pyrite arsenicale cristallise en prismes de 111° 53′ (Mohs), surmontés de biseaux de 80° 8′ et 59° 22′. La différence entre ces angles et ceux de la pyrite blanche est assez grande pour qu'on puisse hésiter à considérer ces deux minéraux comme isomorphes, d'autant plus que l'on n'a point remarqué de passage de l'un à l'autre. Quant au fer arsenical qui se rencontre à Reichenstein, à Schladming et à Fossum, il offre une composition un peu variable, à en juger par les diverses analyses qui en ont été faites, et qui se rapprochent les unes de la formule $FeAs^2$, les autres de $FeAs^3$. Dans tous les cas on ne peut guère le considérer comme isomorphe avec la pyrite blanche, car celui de Schladming, le seul qui offre des cristaux bien déterminables, cristallise en prismes de 122° 26′, avec un biseau de 51° 20′ (Mohs).

Dans le second groupe on trouve trois minéraux correspondants par leur composition à ceux du groupe précédent, en sorte que, si leur isomorphisme était établi, il faudrait considérer ces trois composés comme isodimorphes. Ce sont la pyrite ordinaire ($FeS^2$), le cobalt gris ($CoS^2 + CoAs^2$) et le cobalt arsenical $CoAs^2$.

Le premier nous présente pour formes cristallines le cube, l'octaèdre, le dodécaèdre pentagonal (pyritoèdre) et d'autres formes hemièdres du système régulier. Il ne possède aucun clivage. Le second, dans lequel le cobalt est souvent en partie remplacé par du fer, nous offre, il est vrai, les mêmes formes ; mais il posssède des clivages très-nets suivant les faces du cube, ce qui permet aussi de douter de l'isomorphisme réel entre ce composé et le précédent. Enfin le cobalt arsenical cristallise en cubes, en octaèdres, en dodécaèdres rhomboïdaux, mais se fait remarquer par l'absence de ces formes hémièdres si caractéristiques de la pyrite et du cobalt gris, ce qui ne permet guère non plus de le considérer comme leur étant isomorphe.

Mr. G. Rose termine sa notice par quelques remarques sur une

variété de fer sulfo-arsenical, dont Mr. Breithaupt a cru devoir faire
une espèce particulière sous le nom de *pliniane*. Ce minéral, trouvé
au Saint-Gothard et à Ehrenfriedersdorf, possède d'après la description de Breithaupt, tous les caractères de la pyrite arsenicale,
mais en diffère par la forme cristalline qui appartiendrait à un prisme
rhomboïdal oblique. Mr. Rose pense que ces cristaux n'étaient que
des cristaux irréguliers et incomplets de pyrite arsenicale, et montre
que les angles mesurés par Mr. Breithaupt peuvent effectivement
être rapportés à ce minéral.

----

15.—Sur un diamant amorphe, par Mr. Rivot. (*Comptes rendus
de l'Acad. des Sciences*, séance du 5 mars 1849.)

On a reçu à Paris, parmi des minéraux venant du Brésil, quelques échantillons de diamant amorphe, dont Mr. Rivot a communiqué à l'Académie des Sciences la description et l'analyse. Ce sont
des fragments roulés, d'un noir un peu brunâtre, ternes, qui paraissent à la loupe criblés de petites cavités séparant de très-petites
lamelles irrégulières, légèrement translucides, irrisant la lumière
solaire. Il raie le quartz et la topaze, sa densité varie dans les divers échantillons de 3,01 à 3,41.

Ce diamant ne renferme point de principes volatils, car il ne
perd rien de son poids par la calcination dans un creuset brasqué.
L'analyse en a été faite en le brûlant dans un courant d'oxygène et
dosant l'acide carbonique. Il en résulte que c'est du carbone assez
pur; la proportion de cendres varie d'un échantillon à un autre, en
effet, trois analyses ont donné : 2,03, 0,24 et 0,27 de cendres pour
100 de diamant.

Nous ajouterons à cet extrait que ce diamant amorphe est employé depuis près de deux ans dans les fabriques de Genève et de
Neuchâtel. J'en examinai un échantillon en septembre 1847, dont
la densité était de 3,12; il était moins pur que celui qu'a analysé
Mr. Rivot, car il laissait par l'incinération une proportion de cendre
assez notable, mais je n'ai pu retrouver les notes relatives à ces
essais.                                                         C. M.

16. — SUR LA PRÉSENCE DE LA CRAIE BLANCHE DANS LES ALPES DE LA SAVOIE, par sir R.-J. Murchison. ( *Actes de la Société helvétique des Sciences naturelles*, réunie à Soleure, séance du 25 juillet 1848.)

L'auteur attire l'attention de la section de géologie sur une coupe naturelle qu'il a étudiée sur la rive gauche de l'Arve dans la vallée qui mène du Col du Reposoir par le Grand-Bornand à Thones, et qui ajoute, à ce qu'il pense, quelque chose aux connaissances actuelles sur la succession des terrains de cette contrée. — A Thones même, le long de la vallée de la petite rivière le Nom et sur sa rive droite, jusqu'à Saint-Jean-de-Sixt, l'on observe une rangée de couches de calcaire néocomien, dont les assises supérieures sont pétries de chama ammonia ; ces couches plongent au S.-S.-E. sous un angle d'à peu près 50° à 55°. La couche à chama ammonia est immédiatement recouverte par un calcaire ayant presque la même apparence, et d'une faible puissance ; ni Mr. Murchison, ni Mr. Pillet de Chambéry, son compagnon dans cette excursion, n'y ont trouvé de fossiles. — Viennent ensuite en ordre ascendant des marnes noirâtres schisteuses contenant dans leur partie supérieure des calcaires impurs et des grès calcifères qui contiennent les grandes térébratules lisses, et auxquels est superposé un grès calcifère jaunâtre à grains verts et à térébratules plissées, l'ensemble représentant le gault et le « green sand » supérieur des Anglais. La couche qui suit est un calcaire pur blanc, grisâtre ou couleur de crême, à silex et contenant de grands inocérames, dont l'un est le catillus Cuvieri. Par conséquent, d'après ces fossiles, Mr. Murchison est de l'avis que ce calcaire (occupant la même place dans l'horizon géognostique que le calcaire de Seewen de Mr. Studer) est le représentant de la craie blanche.

_ En passant de ce calcaire à inocérames aux couches supérieures qui descendent d'abord à l'Oratoire, puis au village de Thones, le calcaire change graduellement de couleur, il devient brun, et se charge de petites nummulites ; c'est à tous égards le terrain à nummulites des géologues suisses. — Dans leur examen, MM. Murchison et Pillet n'ont pu trouver des nummulites descendant dans le calcaire à inocérames, mais dans l'ordre ascendant ces fossiles occupent une plus grande étendue et, au nord de l'Oratoire, ils passent dans un calcaire concrétionné, contenant beaucoup de polypiers, lequel est recouvert par un autre calcaire bleuâtre.

Tout ce système est surmonté par des psammites calcifères et micacés, puis par des marnes, des schistes et des calcaires impurs à écailles de poissons, qui représentent dans leur ensemble sans doute le « macigno des Alpes » de Mr. Studer. En allant vers Saint-Jean-de-Sixt, ces couches se trouvent être recouvertes par des conglomérats assez grossiers, avec la même inclinaison. Ces derniers plongent dessous une vaste épaisseur de molasse, qui occupe le centre de la vallée du Nom, et dont il existe apparemment sur la rive gauche des masses considérables, que Mr. Murchison n'a pas eu le temps de visiter.

Ayant trouvé les coupes de cette vallée et celles aux environs du Grand-Bornand les plus claires qu'il ait vu dans ces régions pour démontrer la succession des couches indubitablement d'âge tertiaire aux couches secondaires, Mr. Murchison n'a présenté ces observations que dans l'espoir d'attirer davantage l'attention des géologues du pays. Il n'y a pas de doute que la transition des couches secondaires aux couches tertiaires n'y soit complétement développée.

En général, Mr. Murchison a la conviction intime que le terrain à nummulites doit être rangé dans la série des terrains tertiaires, et séparé entièrement des terrains crétacés; en effet, le terrain à nummulites est le vrai représentant de la formation éocène dans les Alpes, et l'on détruirait celle-ci en considérant comme crétacé le terrain à nummulites.

————

17. — SUR LA SIGNIFICATION DU NOM DE FLYSCH, par Mr. le prof. STUDER. (*Ibidem*, séance du 25 juillet 1848.)

Il n'y a pas d'autre exemple peut-être dans l'histoire de notre science d'un nom qui, depuis son introduction, ait causé plus de confusion que ce malheureux nom de flysch, dont je me suis servi le premier, mais je ne me reconnais pas coupable des nombreux abus auxquels il donne lieu. Ce nom de flysch parut pour la première fois en 1827 dans deux mémoires sur la vallée de la Simme, insérés dans le journal de Léonhard et dans les Annales des Sciences nat. C'était une dénomination locale que je proposai pour désigner un terrain calcareo-schisteux assez complexe qui, dans le Simmenthal, recouvre le calcaire portlandien. Dès ce début, Mr. Alex. Brongniart, à qui j'avais adressé des fossiles portlandiens du Simmenthal, fit la méprise de rapporter ces fossiles au terrain de flysch, qui par là se trouva rangé dans les terrains jurassiques les plus supérieurs. L'année suivante, Mr. Keferstein (Teutschland, V, 559) s'empara de ce nom pour désigner, par une expression unique, la presque totalité des Alpes calcaires, arénacées et schisteuses, qu'il crut devoir considérer comme formant un terrain unique, correspondant dans l'échelle géologique au terrain crétacé inférieur du nord de l'Europe, mais renfermant toute la série des fossiles depuis le calcaire carbonifère jusqu'aux terrains tertiaires (Naturgeschichte des Erdkörpers, I, 276). Dans mon travail sur les Alpes occidentales suisses, qui parut en 1834, je reconnus entre les lacs de Thoune et de Genève, trois zones de terrains marno-schisteux, composés de roches presque identiques, et renfermant les mêmes fucoïdes, mais dont le parallélisme cependant ne me parut pas évident. Afin de ne rien préjuger, je désignai ces trois zones par des noms différents, en appelant « *schistes et grès du Niesen* » le terrain qui compose cette chaîne, et qui paraît plonger sous la chaîne portlandienne des Spielgärten, en gardant le nom de *flysch* pour le terrain du Simmenthal supérieur à cette chaîne, et en appliquant le nom de grès du *Gurnigel* au terrain supérieur au calcaire de Châtel ou oxfordien, qui forme la limite extérieure du pays alpin, en observant toutefois que rien ne s'opposait à regarder ces deux derniers terrains comme identiques. Vers ce même temps, en automne 1833, je fis ma première course avec Mr. Escher dans les montagnes de l'Entlibuch, sur laquelle je fis un rapport, inséré dans le journal de Léonhard pour 1834. Nous reconnûmes qu'un puissant terrain de schistes marneux et de grès à fucoïdes, ne différant en rien quant aux roches du flysch du Simmenthal, recouvrait le terrain nummulitique de la chaîne crétacée du Niederhorn, des Schratten et du Mont-Pilate, et à dater de cette époque la confusion, qui jusqu'ici était restée étrangère à la géologie alpine suisse, commença à s'introduire dans nos propres publications.

Mr. Escher donna au nom de flysch un sens géologique précis, en le restreignant au terrain schisteux arénacé à fucoïdes, qui dans les Alpes et dans l'Appennin, recouvre le terrain à nummulites. De mon côté je sentis le besoin d'un nom pétrographique pour désigner l'ensemble des roches schisteuses et arénacées qui, dans les Alpes, s'étendent entre les diverses chaînes calcaires et les massifs de gneiss et de protogine, et dont la position géologique reste incertaine, parce que les fossiles qu'on y trouve sont insuffisants pour déterminer leur âge, comme en Maurienne, en Tarentaise; en Valais, dans les Grisons et en d'autres parties des Alpes. Trouvant le terrain supérieur aux nummulites décrit sous le nom de macigno et alberese par Mr. Pareto et d'autres géologues italiens, je proposai d'adopter ce nom avec l'épithète « alpin », et je nommai donc « *macigno alpin* » ce que Mr. Escher appelait flysch, tandis que je crus devoir réserver ce dernier nom pour désigner pétrographiquement des systèmes de roches très-semblables au véritable macigno, mais dont l'âge et la position géologique reste indécise.

J'ai adopté cette dernière nomenclature dans tout ce que j'ai écrit depuis 1840, tandis que, dans le mémoire sur les Alpes de Lucerne, inséré dans les Mémoires de la Société géologique de 1838, je m'étais conformé à la nomenclature adoptée par Mr. Escher. D'après ma manière de parler, il peut y avoir des flyschs de tout âge, on laissera tomber ce nom pour chaque groupe dont la position géologique est fixée d'une manière définitive par l'accord des fossiles et du gisement, et s'il nous est possible d'atteindre ce but pour tous les groupes alpins, le mot de flysch sera à la fin rayé de la terminologie géologique.

18. — TEMPÉRATURE DU GLOBE MESURÉE DANS LE PUITS ARTÉSIEN DE WILDEGG, CANTON D'ARGOVIE, par Mr. le prof. BOLLEY. (*Ibidem,* séance du 26 juillet 1848.)

Mr. le professeur Bolley communique les résultats des observations entreprises par Mr. F. Laue à Wildegg, Canton d'Argovie, dans le but de déterminer l'augmentation de température dans un puits, foré dans cette localité à 1216 pieds au-dessous de la surface.

Mr. Laue a trouvé en résumé que cette augmentation est en moyenne de 1°C. pour 70,90 mesure fédér., ou de 65,50 pieds de roi, tandis qu'à Neusalzwerk elle est de 1° pour. . 92,7      —

à Pregny, près Genève. . . . . . . 91,84      —

à Grenelle. . . . . . . . . . . . 92,00      —

à Mondorf. . . . . . . . . . . . 91,10      —

Cette anomalie peut expliquer d'ailleurs le voisinage des eaux thermales de Baden (50°) et de Schinznach (36°).

———————

19. — SUR LES MOUVEMENTS LENTS ÉPROUVÉS PAR LE SOL TERTIAIRE DE LA SUISSE ET SUR LES MÉANDRINES DES RIVIÈRES DE CE PAYS, par Mr. le professeur STUDER. (*Ibidem*, séance du 26 juillet 1848.)

Je me permets, dit l'auteur, d'appeler l'attention sur deux points de la géologie de notre pays, qui me paraissent démontrer que, dans des temps comparativement modernes, notre sol tertiaire a dû éprouver des mouvements lents d'affaissement et de soulèvement, analogues à ceux que l'on observe de nos jours en Scandinavie, au Chili et en d'autres parties du globe.

La grande puissance de 1000 à 1500 mètres, que nous présente le terrain de la molasse à l'approche des Alpes, et la diminution progressive de cette puissance à mesure que l'on s'en éloigne, cette forme de coin du sol tertiaire suisse me semble prouver que, pendant une partie du moins de la durée de la formation de la molasse, il se fit un affaissement successif du fond de la mer ou des lacs molassiques au pied des Alpes. En effet, l'on n'a su trouver jusqu'ici aucune différence spécifique entre les fossiles marins ou ceux d'eau douce que nous trouvons dans les couches supérieures et inférieures de la molasse, et l'on sait cependant que les mêmes espèces de mollusques vivent généralement à la même profondeur. Ajoutons à cela que dans presque tous nos gîtes de fossiles nous avons des preuves du voisinage des côtes et d'une eau peu profonde, et il en découle facilement que, pour expliquer la formation du sol tertiaire le long des Alpes, la supposition d'un affaissement lent et continu de ce sol est la seule admissible. Cette supposition est la seule aussi qui puisse rendre raison des alternances et de l'enchevêtrement des couches marines et d'eau douce que l'on observe dans le terrain de la molasse. Sous des eaux peu profondes, on conçoit sans peine que des oscillations du sol peuvent changer un bassin marin en un bassin d'eau douce ou saumâtre, et l'existence d'un lac d'eau douce à côté d'un golfe de la mer n'a rien d'improbable, tandis que nous trouvons de grandes difficultés à nous rendre raison de cet état de choses si nous admettons au pied des Alpes des bassins de mille à quinze cents mètres de profondeur qui auraient été comblés, dans les environs de Berne, par la molasse marine, dans les Cantons de Vaud et de Zurich par la molasse d'eau douce, et dans le Canton de St.-Gall, encore par la molasse marine. Il est clair, du reste, que la supposition d'un affaissement lent et continu sur la lisière des Alpes étant admise, nous sommes conduits aussi à reconnaître l'existence d'une grande faille entre le terrain de molasse et les terrains secondaires alpins, et cette faille devra naturellement être considérée comme produite par un soulèvement du pays alpin antérieur à la formation de la molasse.

Une autre série d'observations se rapporte à une époque beaucoup plus récente et probablement à l'origine de l'état actuel de notre pays. En considérant le cours de l'Aar aux environs de Berne, de la Sarine près Fribourg, et d'autres de nos rivières, l'on est frappé de les voir suivre des serpentines ou méandrines à l'instar de celles qui se forment dans les plaines basses, ou le moindre obstacle fait dévier les rivières presque stagnantes de la ligne droite et les force d'abandonner leur lit et de se jeter à droite ou à gauche. Et cependant nos rivières sont en même temps profondément encaissées dans le sol plat ou ondulé qui forme la partie principalement cultivée et habitée de notre pays. Les berges de leur cours actuel atteignent des hauteurs de 30 à 40 mètres, et des terrasses étagées témoignent que le creusement de ces courants d'eau s'est fait à diverses époques et en alternant avec des intervalles pendant lesquels le lit de la rivière restait à peu près stationnaire. En examinant les terrains que ces berges ont mis à découvert, on trouve que la partie supérieure et majeure du sol consiste en ce qu'on appelle l'alluvion ancienne, c'est-à-dire en graviers et sables à stratification horizontale peu distincte, mais que très-souvent la base de ce terrain ou la molasse elle-même est entamée et forme des escarpements de dix mètres et plus de hauteur. Il est évident qu'un courant d'eau qui aurait la force de se creuser un lit de 40 mètres de profondeur et de couper à pic une roche telle que la molasse, qui, aux environs de Berne et de Fribourg, fournit une excellente pierre de taille, il est évident, dis-je, qu'un tel courant d'eau ne formerait jamais des serpentines, et le cours tortueux de nos rivières nous prouve qu'au commencement de notre époque actuelle, nos rivières coulaient à la surface supérieure de l'alluvion ancienne dans des lits peu profonds, et que ce n'est qu'après avoir creusé ces lits en serpentines qu'elles ont dû gagner la force nécessaire pour creuser leurs lits actuels, en donnant plus de profondeur aux serpentines primitives. Mais la force des courants d'eau dépend de leur vitesse, et celle-ci de leur pente. Il faut donc nécessairement admettre que la pente de nos rivières ait augmenté depuis le dépôt de l'alluvion ancienne, et cela nous conduit à supposer que les bassins dans lesquels elles se jettent, aient baissé leurs niveaux, ou que le sol de leur cours moyen et supérieur ait subi un soulèvement. Cette dernière supposition est évidemment la plus simple, et elle se trouve supportée par d'autres faits, parmi lesquels je me borne à signaler les restes d'un puissant terrain de transport, qui comblait nos vallées alpines à plusieurs centaines de pieds au-dessus du lit actuel des torrents. Ce dernier

soulèvement de notre pays alpin doit avoir été de la classe de ceux
que j'appellerai continentaux, et qui n'ont été accompagnés d'aucun
dérangement notable dans la position des couches, car les couches
de notre alluvion ancienne sont partout restées horizontales. Ce soulèvement est donc différent et postérieur au mouvement qui, au
pied des Alpes, a mis les couches de la molasse dans une position
inclinée ou verticale en poussant par une force émanée de l'intérieur des Alpes, les terrains secondaires par-dessus les terrains
tertiaires. Ce soulèvement de l'alluvion ancienne est même postérieur au transport du terrain erratique, car le limon et le gravier
non stratifié, enveloppant de gros blocs alpins, se trouvent coupés
par les serpentines de nos rivières, comme l'alluvion ancienne et la
molasse, et jamais que je sache, on ne voit des blocs erratiques dans
le fond ou sur les terrasses des berges des vallées d'érosion qui
encaissent nos rivières, si ce n'est peut-être des blocs tombés d'en
haut par suite de l'érosion.

En résumant d'après leur ordre chronologique les différentes
époques de l'histoire alpine, mentionnées dans cette notice, nous
trouvons :

1. Soulèvement du pays alpin, avant le dépôt de la molasse ;

2. Affaissement du sol au bord des Alpes, pendant le dépôt de
la molasse ;

3. Soulèvement de la molasse et redressement de ses couches ;

4. Dépôt de l'alluvion ancienne dans les vallées alpines et molassiques ;

5. Dépôt du terrain erratique ;

6. Soulèvement continental du pays alpin et des pays environnants.

———

20. — SUR LA GÉOLOGIE DE LA MONTAGNE DES VOIRONS PRÈS DE
GENÈVE, par Mr. le prof. A. Favre. (*Ibidem*; séance du 26
juillet 1848.)

Cette montagne présente une couche de calcaire oxfordien, située
à peu près à la moitié de sa hauteur ; ce calcaire repose sur un

calcaire marneux, qui paraît devoir être rapporté au terrain néocomien, et dans lequel l'auteur a découvert des débris de poissons.
Le calcaire oxfordien est dominé par un calcaire blanc, qui est lui-
même recouvert par un grès ou conglomérat contenant des nummulites, associé à des grès marneux à fucoïdes.

Comme l'arrangement de ces roches, qui est déjà peu régulier,
est encore compliqué par leur association avec des grès dont l'âge
est problématique, Mr. Favre n'ose présenter aucune théorie pour
expliquer la disposition de ces couches, et il termine son mémoire
en attirant l'attention des géologues sur cette montagne, et en disant
comme Mr. De Luc : « Les Voirons offrent un vaste champ aux
spéculations. »

21. — Sur la houille récemment trouvée dans les maremmes
de Toscane, par Mr. L. Pilla. (*Annales des Mines*, 1847.
tome XII.)

Les qualités du combustible qui se trouve dans les maremmes à
Monte-Massi et Monte-Bamboli, la nature du terrain qui le renferme, les chances de succès de son exploitation, sont les objets
dont Mr. Pilla nous entretient dans sa notice.

Le puits de Monte-Bamboli traverse deux couches d'un combustible tout à fait semblable aux houilles d'Angleterre ou de Flandre,
sa cassure est unie ou conchoïde, sa couleur est noire et éclatante,
on y trouve des pyrites et des veinules de spath calcaire, sa densité moyenne est 1,35. Il donne 58 à 62 pour 100 de coke. Il faut
le comparer pour sa nature et les usages auxquels il peut être employé, aux charbons anglais de médiocre qualité ; il peut cependant
suffire convenablement aux besoins de la navigation. Mr. Pilla
assure avec MM. Savi et de Collegno, que ce combustible est mi-
néralogiquement une véritable houille.

Mais son gisement le fait rapporter à une époque bien plus récente que celle de la formation houillière. Au Monte-Massi, les
couches de ce combustible s'appuient sur les roches granitoïdes,

tandis qu'au Monte-Bamboli elles sont enfermées dans un bassin
formé d'albérése, de gompholites et de conglomérats tertiaires.—
Les couches carbonifères des maremmes appartiennent donc aux
terrains de sédiments supérieurs, et plus spécialement à la formation miocène. Dans ce terrain, comme dans les vrais terrains houil-
liers, on retrouve des alternances de couches marines et de couches d'eau douce; l'analogie des gisements est complète. Il faut
donc que les mêmes causes et les mêmes circonstances qui concourent à la formation de la houille se soient reproduites. C'était
un fait important à constater.

## ANATOMIE ET PHYSIOLOGIE.

**22.—Sur la valeur de l'origine des nerfs comme caractère
homologique**, par Mr. Owen. (*Institut*, 7 mars, 1849, p. 78.)

Quelques auteurs se fondant sur ce que les nerfs du bras proviennent des paires cervicales inférieures et non des nerfs encépha-
liques, ont refusé d'accepter l'opinion de Mr. Owen, qui considère
les bras comme des appendices divergents des arcs costaux de la
vertèbre occipitale.

Pour réfuter cette argumentation, ce savant anatomiste a montré
que l'homologie spéciale du membre antérieur existe bien réellement chez tous les vertébrés, quoique le bras de l'homme reçoive
des nerfs à partir de la 5ᵐᵉ paire, parce que la colonne épinière
n'a que 7 vertèbres; tandis que dans les oiseaux, les Plésisosau-
res, etc., le grand nombre de vertèbres du cou fait que le bras reçoit des nerfs de paires bien plus éloignées de la tête. Il pense, en
conséquence, que l'origine des nerfs n'influe pas sur les conditions
de l'homologie spéciale, et qu'elle est sans valeur pour les déterminations d'homologies générales.

**23. — SUBSTANCE ANESTHÉTIQUE EMPLOYÉE EN CHINE POUR PARALYSER MOMENTANÉMENT LA SENSIBILITÉ**, par **Mr.** Stanislas JULIEN. (*Comptes rendus de l'Acad. des Sc.*, 12 févr. 1849.)

Il résulte des recherches de Mr. Stanislas Julien que, déjà dès le troisième siècle de notre ère, les Chinois connaissaient le moyen de rendre le corps insensible lorsqu'on avait quelque opération douloureuse à faire. Voici, en effet, un extrait du passage curieux que l'on trouve dans un recueil de médecine très-célèbre, au sujet de la notice biographique de Hoa-tho, qui vivait en l'an 220 de notre ère.

« Si la maladie résidait dans les parties sur lesquelles l'aiguille, le moxa où les médicaments liquides ne pouvaient avoir d'action, par exemple dans les os, dans la moëlle des os, dans les intestins, il donnait au malade une préparation de chanvre, et, au bout de quelques instants, il devenait aussi insensible que s'il eût été plongé dans l'ivresse ou privé de vie, et alors il pratiquait l'opération nécessaire, sans que le malade éprouvât la moindre douleur.

---

**24.— QUELQUES OBSERVATIONS SUR LE DÉVELOPPEMENT DES NERFS DANS L'ORGANE ÉLECTRIQUE DE LA TORPEDO GALVANII**, par A. ECKER. (*Zeitschrift für wiss. Zool.*, 1848, 1, p. 38.)

L'auteur conclut d'un grand nombre d'observations faites à Venise sur des embryons de la *Torpedo Galvanii*, que les nerfs des lamelles de l'organe électrique se forment de cellules qui se prolongeant dans deux ou trois directions s'anastomosent avec les fibres correspondantes d'autres cellules. Schwann et Kölliker ont observé un développement tout à fait analogue dans la queue des larves de Batraciens. Il est vrai que Mr. Bidder, dans un travail récent sur le même sujet, reproche à Mr. Kölliker d'avoir pris les cellules de Pigmentum de la queue des têtards pour des cellules nerveuses étoilées ; mais cette erreur serait impossible pour les embryons de la Torpille.

**25.** — Sur la division erronée des vertèbres cervicales et dorsales et sur le rapport qui existe entre la première côte et la septième vertèbre des mammifères, par Mr. Macdonald. (*Institut*, mars 1849.)

Cuvier et tous les anatomistes admettent que la région cervicale des mammifères se compose de sept vertèbres. — Mr. Macdonald pense qu'il n'en est pas toujours ainsi, et il montre que chez les Quadrumanes, les Rongeurs, les Pachydermes, les Ruminants et les Cétacés la tête de la première côte est articulée en partie sur le corps de la septième vertèbre, qui doit ainsi, en réalité, chez ces animaux, être comptée parmi celles de la région dorsale.

**26.** — Sur l'os humero–capsulaire de l'ornithorinque, par Mr. Owen. (*Institut*, 7 mars 1849.)

Mr. Nitzch avait déjà découvert dans certains oiseaux un petit os accessoire articulé au coracoïde et à l'humérus, auquel il avait donné le nom d'os *huméro–capsulaire*. Mr. Owen vient de trouver un os tout semblable dans l'*Ornithorhyncus paradoxus*, ce qui fournit une nouvelle preuve de l'affinité qui existe entre les oiseaux et cet animal remarquable.

**27.** — Note sur les sons émis par un mollusque. (*Institut*, 7 mars 1849, p. 78.)

Mr. Taylor, dans une lettre qu'il écrit de Ceylan, rapporte que lorsque l'on navigue sur un lac situé dans cette île, on entend un bruit musical très-intense, qui provient du fond de l'eau, et qui est produit, selon les habitants du pays, par un mollusque connu sous le nom de coquille chantante.

Mr. Portlock a aussi observé que l'hélix aperta, mollusque qui se trouve à Corfou, rend aussi un son très-fort et très-marqué lorsqu'on l'irrite. L'hélix aspersa rend aussi un son pareil mais faible.

28. — Sur les yeux des glands de mer (Balanus), par le Dr Leidy. (*Americ. Journal of Science and Arts.*, juillet 1848, page 136.)

Le docteur Leidy signale l'existence d'yeux chez le *Balanus rugosus*. Jusqu'ici les anatomistes avaient considéré les cirrhopodes comme dépourvus de ces organes à l'état parfait; on avait cependant constaté leur existence chez les larves, c'est-à-dire dans les premières périodes de leur existence. Mr. Leidy ayant disséqué sous un faible grossissement l'espèce précitée, a trouvé sur la membrane d'un pourpre foncé qui suit le bord de la coquille, de chaque côté de la ligne médiane antérieure, un petit œil rond et noir, entouré d'une membrane, composé d'un corps vitreux, et dont les deux tiers postérieurs sont couverts d'un *pigmentum nigrum*. Cet œil reçoit un filet nerveux, dont on peut suivre la trace jusqu'au ganglion sus-œsophagien.

## ZOOLOGIE ET PALÉONTOLOGIE.

29. — Note sur les ostro-nègres, race de l'Afrique orientale, au sud de l'équateur, par Mr. de Froberville. (*Comptes rendus de l'Acad. des Sciences*, 26 février 1849.)

C'est pendant un long séjour aux îles Maurice et Bourbon, que Mr. de Froberville a pu se procurer un nombre assez considérable de crânes et d'observations ethnologiques sur les indigènes qui habitent la partie de l'Afrique connue sous le nom de Zanguebar, Maravi, Monomotapa. Ce savant donne à cette race le nom d'ostro-nègres; elle peut elle-même se diviser en quatre groupes bien distincts. Le premier a une grande analogie avec les races congo-guiniennes. Le second se rapproche des races cafro-béchuanes, ce qui n'est point étonnant, du reste, à cause du voisinage de ces deux races. Le troisième groupe a ceci de remarquable, qu'il a une très-grande analogie avec les noirs andamènes de l'Océanie; il est difficile, si ce n'est impossible, pour le moment du moins, d'expliquer

ce rapport. Ces trois types sont les principaux. Le quatrième est
probablement le produit d'un mélange de l'élément nègre avec un
élément étranger à cette race, il se caractérise par un nez recourbé
et des lèvres très-peu épaisses. Ce type est très-répandu de l'équateur au Cap, et n'est nullement cantonné dans certaines localités.
Selon Mr. de Froberville, l'origine de ce groupe est sémitique, et
il provient sans doute des Phéniciens, dans des temps très-anciens.
Cet auteur fonde son opinion soit sur le caractère extérieur de ce
groupe, soit sur ses mœurs et ses croyances religieuses, qui ont
un cachet de sémitisme que l'on ne saurait méconnaître.

————————

30. — Sur les chèvres de l'île Maurice. Extrait d'une lettre
   adressée à Thomas Bell, Esq. F. R. S. par George Clark, Esq.
   de l'île Maurice. (*Annals and Magaz. of Nat. hist.*, novembre
   1848, p. 361.)

L'île Maurice est remarquable par la variété des races de chèvres
qu'on élève. Les unes à tête courte et très-busquée, d'origine in-
dienne, sont intéressantes par leur taille qui s'élève à l'épaule, à
3 pieds dans les mâles, et à 2 pieds 9 pouces dans les femelles;
les cornes des premiers sont très-grandes, contournées en spirale,
celles de la femelle n'ont que 6 à 7 pouces de hauteur et sont presque droites. Leurs oreilles sont parfois longues de 19 pouces et
larges de 4 $^1/_2$. Il n'est pas rare de voir ces organes rabougris
comme un morceau de cuir brûlé, même chez des individus issus
de parents à grandes oreilles. Leurs mamelles offrent des différences aussi grandes que leurs oreilles, les unes fort grandes fournissent un lait abondant, d'autres en sont presque entièrement dé-
pourvues. Cette race est sujette à des maladies pulmonaires, qui se
lient extérieurement avec l'existence de poux, qui pendant ces maladies se produisent souvent en telle abondance qu'on ne pourrait
pas placer une tête d'épingle entre eux. On les détruit avec du tabac ou du mercure, mais l'infection reparaît très-promptement, et
quel que soit d'ailleurs l'air de santé de l'animal, on peut être sûr
de sa mort prochaine.

Une seconde race de moindre taille, mais fort abondante en produits et en lait, se trouve encore à l'île Maurice; elle vient des bords du Golfe Persique, a un port très-majestueux, les cornes en forme de lyre comme quelques races d'antilopes, avec de longs poils soyeux sur les jambes; sa couleur est noire avec celle des jambes fauve, et quelques taches de même couleur sur les côtés de la face.

Une troisième race provenant du Bengale, très-productive et robuste, est fort basse sur jambes, les mamelles des femelles touchent la terre, elles font quatre ou cinq petits dans chaque portée.

Une race plus petite encore s'y rencontre fréquemment. Sa taille moyenne est de 15 à 18 pouces. Cette petite race est d'une précocité incroyable; l'auteur a vu une femelle âgée de dix semaines portant déjà un petit; il est vrai de dire que les chèvres chez lesquelles on permet ces productions prématurées dégénèrent très-promptement, et arrivent à n'être guère plus grosses que des lapins.

Enfin on peut mentionner encore une espèce sans cornes, venant de l'île Socotra, basse sur jambe et fort longue, qui s'engraisse facilement et donne beaucoup de lait.

. Mr. G. Clarck signale dans la même lettre le fait que l'ipécacuana, dont il y a dans l'île Maurice une variété sauvage, est un poison très-prompt et très-mortel pour les animaux ruminants. Il arrive souvent que les vaches, chèvres et moutons étrangers périssent pour en avoir mangé; les animaux nés dans le pays y touchent rarement. Quelques feuilles de cette plante suffisent pour tuer une chèvre en quatre ou cinq heures.

———— --

31.—SUR LES POISSONS FOSSILES DES TERRAINS TERTIAIRES D'EAU DOUCE DE BOHÊME, par Mr. H. VON MEYER. (*Neues Jahrbuch,* 1848, IV, p. 424.)

Le calcaire d'eau douce de Waltsch a fourni trois espèces nouvelles.

1. *Leuciscus Stephani* H. v. M. 1′ de long. Corps fusiforme. Nageoire dorsale semblable à la nageoire caudale; cette dernière est fourchue; côtes grandes et fortes. La tête mesure 1 ⅕ de la lon-

gueur totale. 39 vertèbres, 16 paires de côtes. La nageoire dorsale a 1. l. 6 rayons ; nageoire anale 2. l. 6 rayons.

2. *Leuciscus Colei* H. v. M. se trouve aussi dans le quartz résinite de Luschitz. Espèce 6 $^1/_2$ fois moins longue que la précédente. Tête $^1/_5$ de la longueur totale. La nageoire dorsale a 1. l.
8 rayons; nageoire anale 1. l. 9. Le nombre des vertèbres ne sur-
passait point 34.

3. *Esox Waltschanus* H. v. M. La tête ne mesure pas tout à
fait $^1/_3$ de la longueur totale. Au moins 14 rayons branchiostéges.
La clavicule postérieure se compose d'une paire d'os en forme d'a-
rêtes. 50–51 vertèbres. La nageoire ventrale est exactemement au
milieu entre la nageoire pectorale et la nageoire anale. Le peu de
vertèbres, la mâchoire inférieure courbée en bas et la double clavicule postérieure sont des caractères suffisants pour distinguer
cette espèce de brochet de toutes les autres.

Le quartz résinite (*Halbopal*) de Luschitz renferme :

1. *Leuciscus Colei* H. v. M.

2. *Leuciscus medius* Rs. Un peu plus grand que le précédent.
La nageoire dorsale a 1. l. 7 rayons, la nageoire anale 2. l. 9.
La hauteur du corps est $^1/_4$ de la longueur (dans L. Colei ordinai-
rement $^1/_6$).

3. *L. acrogaster* Rs. De la longueur du L. Colei. La hauteur
n'est pas tout à fait $^1/_5$ de la longueur. Nageoires dorsales 1. l. 7
rayons; nageoire anale 2. l. 8 rayons. 31 vertèbres.

Le Polier–Schiefer de Kutschlin est très–riche en poissons ; les
espèces suivantes en proviennent :

1. *Perca lepidota* Ag. ?

2. *P. uraschista* Rs. (Zeus priscus Ag. Poiss. foss. V. 1, 4, 52,
t. 48, fig. 4). L'échantillon qui était à la disposition d'Agassiz était
privé de la tête et de la partie antérieure du tronc. Un examen fait
par Mr. de Meyer sur 8 échantillons prouve que la détermination
de Reuss est préférable. Longueur 0,1—0,14; hauteur pas tout à
fait $^1/_3$ ; le crâne environ $^1/_4$ de la longueur. Les yeux circulaires
sont logés dans la partie antérieure et supérieure de la tête. Vertèbres 27–28.

3. *Aspius furcatus* H. v. M. Le Thaumaturus furcatus Reuss com-

prend des poissons appartenant au genre Aspius, et représentant deux espèces. Dans l'espèce en question la nageoire dorsale et anale sont placées verticalement l'une sur l'autre. Les dernières vertèbres de la colonne droite sont un peu courbées en haut. Longueur 0,1. La tête en occupe $\frac{1}{8}$; hauteur $\frac{1}{4}$ de la longueur. Vertèbres au moins 41; 17 paires de côtes. Nageoire dorsale 1. 1. 11 rayons; nageoire anale 2. 1. 12.

4. *Aspius elongatus*. Plus petit et plus grêle que le précédent. Tête 4 $\frac{1}{2}$ de la longueur totale; nageoire dorsale 1. I. 10 rayons. Vertèbres 43.

5. *Cyclurus macrocephalus* Rs. Le plus grand des huit individus mesure 0,274. Tête $\frac{1}{4}$ de la longueur. Vertèbres 52. L'extrémité de la colonne vertébrale courbée en haut. Agassiz qui distingue deux espèces dans ce genre sur des échantillons mal conservés, le place à la fin de la famille des Cyprinoïdes. Mr. de Meyer propose de le placer dans la famille des Halécoïdes, dans le voisinage des Notacus.

En comparant les poissons des terrains tertiaires d'eau douce de la Bohême avec ceux des terrains correspondants d'Œningen et d'Aix, l'on trouve que les genres des deux premières localités sont les mêmes. Aix se rapproche d'Œningen par les genres Perca, Cottus, Lebias et Anguilla, mais il en diffère par l'absence des Cyclurus et par la présence des Smerdis et des Sphenolepis. Les espèces de ces trois localités diffèrent complétement. Cette différence ne s'explique qu'en admettant des bassins séparés et placés peut-être à des hauteurs différentes. La nature des poissons en question s'accorde très-bien avec un séjour dans des lacs.

---

32. — Sur les fécondations artificielles : Note sur la propagation des huîtres, par Mr. de Quatrefages. (*Comptes rendus de l'Acad. des So.*, 26 février 1849. — Fécondation artificielle des œufs de poissons, note communiquée par Mr. Haxo à l'Acad. des Sciences, 12 mars 1849.)

Mr. de Quatrefages admet que chez les huîtres les sexes sont séparés, opinion qui a été confirmée par quelques observations de

Mr. Blanchard. Chez les mollusques qui présentent cette condition, les fécondations artificielles réussissent facilement. Plusieurs des bancs d'huître de la Manche sont tellement appauvris qu'on a dû les abandonner. Mr. de Quatrefages pense qu'on pourrait les re- peupler ; il faudrait pour cela recueillir des œufs, les féconder dans des vases renfermant une assez grande quantité d'eau, puis les répandre au moyen de pompes dont les tuyaux seraient en- foncés à une profondeur suffisante, sur tous les points que l'on sau- rait avoir été les plus riches. On pourrait même en élever ainsi dans des étangs et des réservoirs artificiels, car ces mollusques ne paraissent pas redouter la présence d'une petite quantité d'eau douce.

A l'occasion de cette communication, Mr. Haxo, secrétaire per- pétuel de la Société d'émulation du département des Vosges, a annoncé que, « depuis plusieurs années, deux habitants des Vos- ges, sans connaître ni les travaux antérieurs de Mr. de Golstein, ni les principes émis par Mr. de Quatrefages, mettent en pratique les préceptes recommandés par ce savant, et sont parvenus à des ré- sultats qui permettent de considérer le problème comme entière- ment résolu.

« En effet, ajoute l'auteur de la lettre, dès l'année 1844, la So- ciété d'émulation des Vosges, sur le rapport d'une commission spé- ciale, a décerné une prime en numéraire et une médaille de bronze à MM. *Géhin* et *Remy*, pêcheurs à Labresse, arrondissement de Remiremont, pour avoir fait éclore artificiellement des œufs de truites. Il résulte des termes du rapport et du récit même de nos ingénieux pêcheurs, que, réfléchissant depuis longtemps aux moyens de parer aux causes multipliées de destruction du frai de truites dans les ruisseaux et rivières des Vosges, et ayant maintes fois observé que la femelle, quand elle veut frayer (ce qui a lieu au mois de novembre), se frotte doucement le ventre sur une couche de sable, et opère ainsi la sortie des œufs nombreux qu'elle dépose sur ce sable, au bord des ruisseaux, nos deux pêcheurs en con- clurent que si l'on pouvait, en s'emparant des femelles, peu sau- vages au moment du frai, opérer artificiellement leur délivrance et déposer les œufs en lieu sûr après les avoir fait féconder, en provoquant de même la sortie de la laite du mâle, l'éclosion de ces œufs serait assurée, toutes chances de destruction étant éloignées.

« Ils se livrèrent donc à quelques essais : s'étant emparés de quelques femelles pleines, ils pressèrent légèrement avec la main sur leur ventre et en firent sortir les œufs, qui furent reçus d'abord dans un vase rempli d'eau limpide et fraîche, dans le fond duquel était un lit de sable fin. S'étant aussi procuré un mâle, ils opérèrent de même pour en extraire la laite, qui fut reçue dans le même vase dont l'eau se troubla légèrement, circonstance qui fut pour nos expérimentateurs le signe de la fécondation des œufs. Le vase fut ensuite placé dans une eau courante (c'était une caisse en fer percée d'une multitude de trous), et au mois de mars suivant ils eurent l'inexprimable satisfaction de voir les œufs éclos et une grande quantité de petits poissons s'agiter dans le vase. Ils répétèrent plusieurs fois ces expériences et sous les yeux même de la commission dont j'avais l'honneur de faire partie, ainsi que Mr. Mansion, alors inspecteur des écoles primaires dans les Vosges, aujourd'hui directeur de l'école normale de Melun.

« MM. Géhin et Remy, depuis qu'ils ont été encouragés par la trop minime récompense qui leur a été accordée par la Société d'émulation des Vosges, non-seulement ont répété et multiplié leurs expériences, dont le résultat ne leur a jamais fait défaut, mais ils se sont livrés en grand au repeuplement des ruisseaux et rivières de notre pays et des pays voisins, ainsi que cela est constaté par les nombreuses pièces probantes que je joins ici ; et aujourd'hui qu'ils opèrent dans une pièce d'eau qu'ils ont construite et qui leur appartient exclusivement, ils peuvent offrir aux amateurs une quantité de truites qu'ils n'estiment pas à moins de 5 à 6,000,000, depuis l'âge d'un an jusqu'à trois : très-incessamment l'éclosion de cette année va augmenter cette multitude de plusieurs centaines de mille. Il est bon d'ajouter que, à la fin de la seconde année, la petite truite pèse 125 grammes, et qu'à la fin de la troisième elle atteint le poids de 250 grammes. C'est surtout à ces deux grosseurs que l'élevin est par eux livré au commerce. »

**33. — MÉMOIRE SUR L'ANATOMIE ET LES AFFINITÉS DU PTERONARCYS REGALIS** Newm. (Perlides), par Mr. Georges NEWPORT. (*Annals and Mag. of Nat. hist.*, août 1848, p. 147.)

Mr. Newport a découvert depuis longtemps des branchies chez les ptéronarcys, qui sont des insectes ailés. Il fait remarquer avec raison que ces animaux sont dans des conditions vitales très-anomales, et qu'on pourrait, au premier coup d'œil, les considérer plutôt comme des exemples accidentels de développement incomplet que comme des individus à l'état normal. Cependant l'examen de nombreux échantillons a montré qu'ils sont tous pourvus de branchies.

L'auteur, après avoir attendu plusieurs années l'occasion de se procurer d'autres échantillons pour les disséquer, est enfin parvenu à pouvoir examiner cet insecte dans tous ses détails. Il décrit la forme des branchies des divers genres de névroptères, et démontre que la particularité qui distingue les *Pteronarcys*, est d'avoir, à l'état ailé, soit des branchies pour la respiration aquatique, soit des stigmates pour la respiration directe de l'air.

Il décrit d'une manière générale les branchies, leur relation avec les organes respiratoires, et la manière dont le sang circule au travers. Cette description est faite principalement d'après des observations sur des *Sialis*.

L'auteur compare les ptéronarcys aux protées, à cause de leur double appareil respiratoire, et pense qu'ils représentent parmi les invertébrés un genre remarquable soit par leur structure, soit par leurs mœurs.

———

**34. — OBSERVATIONS SUR LES ANIMALCULES INFUSOIRES**, par Mr. PINEAU. (*Annales des Sc. natur.*, 1848.)

Mr. Pineau a déjà signalé ailleurs les divers degrés de développement des vorticelles. De nouvelles observations l'ont conduit à reconnaître qu'à une certaine époque de sa vie, cet infusoire donne quelquefois naissance, après avoir passé par un état assez semblable à celui de chrysalide, à un animalcule d'une forme très-différente de la sienne.

Il a vu, en effet, des vorticelles perdre peu à peu le pédicule qui
les caractérise, pour prendre une forme sphérique ; ce globule,
après s'être entouré d'une enveloppe dure, grossit assez pendant
que le contenu prend à l'intérieur un mouvement de rotation
semblable à celui du vitellus des œufs des batraciens. Plus tard,
enfin, l'animal prend une forme ovoïde, se couvre de cils, et arrive
par des transitions insensibles à la forme d'oxytrique parfait.

---

## BOTANIQUE.

3**5**. — SUR L'ULLUCO. Lettre de Mr. A. MOQUIN-TANDON, professeur de botanique à Toulouse, à Mr. A. De Candolle.

Toulouse, le 22 janvier 1849.

Mon cher ami,

...... Vers le mois de décembre 1846, m'occupant de la rédaction des basellacées du Prodrome, je crus reconnaître que le *Basella tuberosa* de Kunth devait constituer un genre séparé. Je désignai ce genre sous le nom de *Gandola*, et j'appelai l'espèce *Gandola tuberosa.*

Vous savez que, pendant les vacances de 1847, je me rendis à
Genève pour terminer mon travail dans votre riche bibliothèque.
Je découvris, à cette époque, dans la belle collection des chénopodées que Mr. Hooker avait bien voulu nous confie, un fragment de
basellacée nouvelle, recueillie au Pérou par Mr. Mac Lean, que je
rapportai au genre *Gandola.* Je désignai cette seconde espèce sous
le nom de *Gandola Peruviana.*

Un peu plus tard, à Paris, je retrouvai un autre échantillon de
cette même plante dans l'herbier du Muséum.

Mon manuscrit était déjà imprimé en partie, lorsque je reçus de
vous, le 12 octobre dernier, une note copiée dans le *Botanische
Zeitung* (1848, p. 328), d'après laquelle un nouveau genre, voisin
des baselles, avait été établi par Mr. Lindley, dans le *Gardners
Chronicle* (n° 4), pour une plante tuberculeuse envoyée de Quito
par Mr. Jameson. Cette plante, connue au Pérou sous le nom de

*Papa-Lissa*, ne diffère pas du *Basella tuberosa* de Kunth. Mr. Lind-ley avait désigné ce nouveau genre sous le nom de *Melloca*.

Je vous écrivis aussitôt pour vous prier d'effacer du Prodrome le nom de *Gandola*, et de le remplacer par la nouvelle dénomination. Le *Gandola tuberosa* devint par conséquent le *Melloca tuberosa*, et le *Gandola Peruviana* s'appela *Melloca Peruviana*.

Les feuilles 14 et 15 du Prodrome [1] sont imprimées avec ce changement.

Depuis plusieurs mois, il est longuement question dans les jour-naux d'horticulture, d'une plante à racines tuberculeuses, nouvel-lement introduite en France, dont on recommande la culture, et dont on cherche à préconiser les avantages. Cette plante vient du Pérou, où elle porte les noms de *Ulluco* et de *Melloco*; elle a été pu-bliée en 1809 par Lozano (Senan. nuov. Gran., p. 185) sous celui de *Ullucus tuberosus*. Votre père a placé ce genre dans la famille des portulacées, entre le *Portulaccaria* et le *Claytonia* [2].

Quoique l'*Ulluco* se trouvât décrit assez imparfaitement, qu'on lui attribuât une corolle à cinq pétales, et qu'on ignorât la structure de son fruit, j'avais soupçonné néanmoins qu'il appartenait à la fa-mille des basellacées. J'ai indiqué ce nouveau rapprochement, dans le Prodrome, à la fin du caractère de famille [3].

Grâces à vous, je viens de prendre connaissance d'une figure et d'une description de l'*Ulluco*, publiées par notre savant ami, Mr. Decaisne, dans un des derniers numéros de la Flore des Serres [4]. Cette connaissance a changé mes soupçons en certitude. Mr. De-caisne indique lui-même que le genre *Ullucus* doit trouver place parmi les *Chénopodées Basellées* (Endl.), c'est-à-dire dans le pre-mier sous-ordre des basellacées.

Je me suis assuré encore que le genre *Melloca* de Lindley n'est autre chose que le genre *Ullucus* de Lozano. Les deux espèces paraissent très-voisines l'une de l'autre. Cette ressemblance ex-plique sans doute pourquoi Mr. Lindley a donné à son genre le nom de *Melloca*.

[1] Tome XIII, 2ᵉ partie, pages 224 et 225.
[2] Tome III, page 260.
[3] Page 221.
[4] Octobre 1848.

Voilà donc un nouveau changement à opérer dans le Prodrome !
Malheureusement les feuilles 14 et 15 viennent d'être tirées ; je les
ai reçues hier par la poste. Les corrections ne pourront avoir lieu
que dans l'*errata*, et il est à craindre que la plupart des botanistes
n'aillent pas les chercher à la fin du volume......

Le *Melloca Peruviana* doit prendre le nom de *Ullucus tuberosus*, et le *Melloca tuberosa* pourrait être appelé *Ullucus Kunthii*.

Je joins, à cette lettre, une description détaillée du genre *Ullucus*, et les caractères abrégés des deux espèces dont il est composé.
Peut-être des observations ultérieures prouveront-elles que les deux
espèces n'en forment qu'une.

Agréez, mon cher ami, etc.....

ULLUCUS, Lozano in Senan. nuov. Gran., 1809, p. 185, DC.
Prodr. 3, 1838, p. 36. — Gandola Moq., 1846, non Rumph. —
Melloca Lindl. in Gard. chron. [1], Bot. Zeit., 1848, p. 328 et Moq.
in Prodr. DC. XIII, 2, 1849, p. 224. — Basellæ species Kunth
in Humb. et Bonpl.

Fleurs membraneuses. Calice extérieur [2] (*calice* DC. ; *grandes
bractéoles* Decaisne) ouvert, bipartite ; à divisions opposées, concaves,
sans carène ni aile. Calice intérieur (*corolle* DC.) plus grand que
l'intérieur, soudé inférieurement avec lui en un tube court, ouvert,
profondément 5-partite ; à divisions égales, terminées par une ligule

---

[1] Le numéro du Gardeners Chronicle cité dans le journal allemand est
erroné. Nous l'avions fait venir pour vérifier les caractères de l'espèce,
mais cela s'est trouvé inutile. N'ayant pas la collection du journal, il nous
est impossible de rectifier la citation. (A. DC.)

[2] Les pièces du calice extérieur sont l'une inférieure ou extérieure,
l'autre supérieure ou interne. Si ces deux pièces étaient considérées comme
des *Bractées*, on admettrait alors une bractée du côté de l'axe de l'inflorescence, ce qui est impossible. Les fleurs des *Basella*, qui sont sessiles,
font ressortir parfaitement cette objection. Les basellacées ont trois bractées, comme les amarantacées et les phytolaccées, mais la position de ces
bractées varie suivant que la fleur est pédicellée ou non pédicellée. Dans
les *Basella*, les bractées sont extrêmement petites, à peu près égales entre
elles, et rapprochées comme celles des amarantacées. Dans les *Ullucus*,
elles sont plus développées, très-inégales, et écartées comme celles des
*Rivina* et des *Phytolacca*.

ou une arête. Etamines petites, enfermées, réunies ensemble inférieurement en une cupule un peu charnue, adhérente au calice
intérieur. La partie libre des filaments portée par la base de ce
calice, assez courte, tubulée, droite. Anthères biloculaires, ovoïdes,
dressées. Ovaire légèrement ové. Ovule unique, campylotrope.
Style un peu court, de la longueur des étamines, non anguleux,
épaissi vers le sommet. Stigmate simple, comme tronqué au sommet,
obscurément bilobé ou trilobé. Fruit ovoïde, entouré à la base par
les calices desséchés (mais non développés), uniloculaire. Péricarpe
charnu, succulent? Semence unique, verticale....

Herbes péruviennes, vivaces. Racine tuberculeuse. Tige angu-
leuse, un peu succulente. Feuilles alternes, pétiolées, entières,
charnues, à nervures peu marquées. Fleurs pédicellées, réunies
en épis simples ou subrameux. Epis courts, panciflores, lâches et
flexueux. Bractées au nombre de trois, un peu écartées, très-inégales; l'inférieure[1] à la base du pédicelle, grande, allongée et persistante; les supérieures au sommet du pédicelle, latérales, très-
petites, tombant avec le fruit.

L'embryon est-il tordu en spirale comme celui des *Basella* ou
cyclique comme celui des *Boussingaultia ?*

1. U. KUNTHII, divisions du calice interne terminées par une
arête droite.—Dans la Nouvelle-Grenade (Humb. et Bonpl.) et aux
environs de Quito (Jameson). Basella tuberosa Kunth in Humb. et
Bonpl. Nov. gen. et spec. Am., 2, p. 189, n° 1. Gandola tuberosa
Moq. olim. Melloca tuberosa Lindl. l. c. et Moq. in DC. Prodr.
XIII, 2, p. 224. Vulgairement à Quito *Papa-Lissa* (James.)—
Les tubercules jouissent de la propriété de rendre les femmes
fécondes.

2. U. TUBEROSUS (Lozan. l. c. et Prodr. l. c.), divisions du
calice interne terminées par une ligule flexueuse. — Dans la province de Quito (Lozano). Gandola Peruviana Moq. in herb. Hook.
Melloca Peruviana Moq. in DC. Prodr. p. 225. Vulgairement *Ulluco* et *Melloco* au Pérou (Lozan). — Tubercules alimentaires.

---

[1] On a imprimé, par erreur, dans le Prodrome, *inferiores magnæ elon-
gatæ, persistentes*, au lieu de *inferior magna*, etc.

# OBSERVATIONS MÉTÉOROLOGIQUES ET MAGNÉTIQUES

## FAITES A L'OBSERVATOIRE DE GENÈVE

### SOUS LA DIRECTION DE M. LE PROFESSEUR E. PLANTAMOUR

### PENDANT LE MOIS D'AVRIL 1849.

———•••———

Le 1, gelée blanche.
» 7, id.   id.
» 9, halo solaire de 11 $^1/_2$ h. à midi et $^1/_4$.
» 13, gelée blanche.
» 17, à 4 h. après-midi, tonnerres.
» 19, gelée blanche; de 3 à 5 $^1/_2$ h. halo solaire (Voyez pour les détails du phénomène la note insérée dans le texte).
» 22, gelée blanche.
» 26, id.   id.
» 27, halo solaire toute la matinée.
» 29, halo solaire de 9 $^1/_2$ à 11 $^1/_2$ h. du matin.

26,0
24,5
27,5
25,0
25,0
26,0
26,0
26,3
26,5
26,0
27,5
27,7
27,7
27,0
26,0
28,2
27,0
29,5
29,7
29,7
27,5
26,0
29,3

## Moyennes du mois d'Avril 1849.

| | 6h. m. | 8h. m. | 10h.m. | Midi. | 2h. s. | 4h. s. | 6h. s. | 8h. s. | 10h. s. |
|---|---|---|---|---|---|---|---|---|---|

### Baromètre.

| | mm | mm | mm | mm | mm | mm | mm | mm | mm |
|---|---|---|---|---|---|---|---|---|---|
| ade, | 717,43 | 717,54 | 717,50 | 717,08 | 716,56 | 716,19 | 716,15 | 716,73 | 716,90 |
| » | 717,39 | 717,51 | 717,58 | 717,16 | 716,97 | 716,78 | 716,81 | 717,32 | 717,39 |
| » | 724,46 | 724,69 | 724,66 | 724,39 | 724,22 | 724,13 | 724,30 | 724,89 | 725,08 |
| ... | 719,76 | 719,91 | 719,91 | 719,54 | 719,25 | 719,03 | 719,09 | 719,65 | 719,79 |

### Température.

| | | | | | | | | | |
|---|---|---|---|---|---|---|---|---|---|
| e, | + 3,59 | + 5,66 | + 7,97 | + 9,69 | +10,25 | + 9,02 | + 8,70 | + 6,85 | + 6,20 |
| » | + 2,43 | + 3,87 | + 5,39 | + 6,32 | + 6,34 | + 6,45 | + 5,81 | + 4,74 | + 4,22 |
| » | + 3,83 | + 6,87 | + 9,22 | +10,35 | +10,58 | +10,71 | + 9,98 | + 7,89 | + 6,77 |
| ... | + 3,28 | + 5,47 | + 7,53 | + 8,79 | + 9,06 | + 8,73 | + 8,17 | + 6,49 | + 5,73 |

### Tension de la vapeur.

| | mm | mm | mm | mm | mm | mm | mm | mm | mm |
|---|---|---|---|---|---|---|---|---|---|
| de, | 5,65 | 5,98 | 6,13 | 5,71 | 5,51 | 5,63 | 5,87 | 5,78 | 5,92 |
| » | 4,80 | 5,02 | 4,90 | 4,81 | 4,94 | 4,61 | 4,96 | 4,67 | 4,77 |
| » | 5,22 | 5,44 | 5,36 | 5,60 | 5,32 | 5,41 | 5,16 | 5,65 | 5,59 |
| .... | 5,22 | 5,48 | 5,46 | 5,37 | 5,26 | 5,22 | 5,33 | 5,37 | 5,43 |

### Fraction de saturation.

| | | | | | | | | | |
|---|---|---|---|---|---|---|---|---|---|
| de, | 0,95 | 0,87 | 0,76 | 0,64 | 0,59 | 0,62 | 0,70 | 0,78 | 0,83 |
| » | 0,88 | 0,83 | 0,74 | 0,69 | 0,70 | 0,65 | 0,72 | 0,73 | 0,77 |
| » | 0,87 | 0,72 | 0,61 | 0,58 | 0,56 | 0,56 | 0,57 | 0,70 | 0,75 |
| ... | 0,90 | 0,81 | 0,70 | 0,64 | 0,62 | 0,61 | 0,66 | 0,73 | 0,78 |

| | Therm. min. | Therm. max. | Clarté moy. du Ciel. | Eau de pluie ou de neige. | Limnimètre. |
|---|---|---|---|---|---|
| e, | + 2,94 | +12,16 | 0,81 | 38,7 | 26,0 |
| » | + 1,10 | + 8,87 | 0,77 | 16,9 | 27,6 |
| » | + 2,75 | +12,81 | 0,58 | 6,0 | 29,0 |
| .... | + 2,26 | +11,28 | 0,72 | 61,6 | 27,5 |

ce mois, l'air a été calme 4 fois sur 100.
rapport des vents du NE à ceux du SO a été celui de 0,60 à 1,00.
.a direction de la résultante de tous les vents observés est S. 61° O. et son intensité 100.

# OBSERVATIONS MAGNÉTIQUES

## FAITES A GENÈVE EN AVRIL 1849.

| Jours. | DÉCLINAISON ABSOLUE. | | VARIATIONS DE L'INTENSITÉ HORIZONTALE exprimées en $^1/_{100000}$ de l'intensité horizontale absolue. | | | |
|---|---|---|---|---|---|---|
| | 7ʰ45ᵐ du mat. | 1ʰ45ᵐ du soir. | 7ʰ45ᵐ du matin. | | 1ʰ45ᵐ du soir. | |
| 1 | 18°14′,67 | 18°33′,86 | − 404 | +4°,6 | − 616 | +8°,7 |
| 2 | 16,90 | 31,15 | − 560 | 6,7 | − 666 | 7,8 |
| 3 | 17,54 | 51,19 | − 557 | 5,4 | − 534 | 6,7 |
| 4 | 17,13 | 29,57 | − 559 | 4,9 | − 522 | 7,0 |
| 5 | 14,99 | 31,01 | − 608 | 5,0 | − 603 | 7,3 |
| 6 | 13,18 | 33,23 | − 583 | 6,7 | − 605 | 9,0 |
| 7 | 12,80 | 37,70 | − 576 | 6,3 | − 612 | 9,4 |
| 8 | 12,70 | 34,05 | − 555 | 7,3 | − 617 | 10,6 |
| 9 | 15,29 | 31,60 | − 400 | 8,1 | − 395 | 10,6 |
| 10 | 14,20 | 32,55 | − 457 | 7,6 | − 537 | 8,0 |
| 11 | 14,89 | 32,71 | − 456 | 7,5 | − 485 | 9,9 |
| 12 | 13,37 | 32,56 | − 426 | 7,5 | − 438 | 8,2 |
| 13 | 15,06 | 33,42 | − 350 | 5,6 | − 429 | 8,6 |
| 14 | 14,52 | 58,49 | − 512 | 7,6 | − 465 | 7,3 |
| 15 | 15,13 | 30,07 | − 358 | 5,1 | − 415 | 7,9 |
| 16 | 15,65 | 51,00 | − 352 | 6,1 | − 400 | 6,9 |
| 17 | 14,45 | 28,35 | − 474 | 5,4 | − 455 | 7,0 |
| 18 | 14,28 | 29,54 | − 451 | 4,6 | − 374 | 4,3 |
| 19 | 15,90 | 30,41 | − 371 | 2,8 | − 361 | 5,0 |
| 20 | 13,42 | 30,37 | − 422 | 4,9 | − 365 | 4,9 |
| 21 | 19,35 | 32,77 | − 375 | 3,3 | − 265 | 4,4 |
| 22 | 17,64 | 50,42 | − 372 | 3,4 | − 425 | 5,8 |
| 23 | 14,29 | 31,03 | − 426 | 5,5 | − 428 | 7,8 |
| 24 | 15,16 | 29,63 | − 423 | 6,1 | − 436 | 7,7 |
| 25 | 12,69 | 30,63 | − 395 | 6,2 | − 443 | 9,3 |
| 26 | 18,60 | 30,60 | − 370 | 7,0 | − 479 | 10,0 |
| 27 | 18,73 | 28,91 | − 457 | 8,4 | − 565 | 11,7 |
| 28 | 15,72 | 50,98 | − 458 | 10,6 | − 508 | 12,2 |
| 29 | 16,17 | 27,34 | − 468 | 8,0 | − 534 | 10,0 |
| 30 | 16,16 | 30,43 | − 474 | + 8,6 | − 519 | +11,5 |
| Moyennes | 18°15′,35 | 18°31′,50 | | | | |

# TABLEAU

### DES

## OBSERVATIONS MÉTÉOROLOGIQUES

### FAITES AU SAINT-BERNARD

#### PENDANT LE MOIS D'AVRIL 1849.

———◆◆◆———

Moyennes des hauteurs du baromètre et des températures observées à 6 h. et à 8 h. du matin, et à 6 h. et à 8 h. du soir :

|  | 6 h. du matin. | | 8 h. du matin. | | 6 h. du soir. | | 8 h. du soir. | |
|---|---|---|---|---|---|---|---|---|
|  | *Barom.* | *Temp.* | *Barom.* | *Temp.* | *Barom.* | *Temp.* | *Barom.* | *Temp.* |
|  | mm | ° | mm | ° | mm | ° | mm | ° |
| 1re déc. | 555,14 | − 7,22; | 555,09 | − 6,34; | 555,27 | − 5,14; | 555,38 | − 6,26. |
| 2e » | 552,96 | − 9,34; | 553,16 | − 7,21; | 552,95 | − 5,82; | 552,82 | − 8,42. |
| 3e » | 559,55 | − 7,33; | 559,73 | − 5,98; | 560,69 | − 3,54; | 561,09 | − 6,05. |
| Mois, | 555,88 | − 7,96; | 555,99 | − 6,51; | 556,30 | − 4,83; | 556,43 | − 6,91. |

**1849.** — Observations météorologiques faites à l'
2084 au-dessus de l'Observatoire de Genève

| BAROMÈTRE RÉDUIT A 0°. | | | | TEMPÉRAT. EXTÉRIEURE EN DEGRÉS CENTIGRADES. | | | | TEM EXTR |
|---|---|---|---|---|---|---|---|---|
| 9 h. du matin. | Midi. | 3 h. du soir. | 9 h. du soir. | 9 h. du matin. | Midi. | 3 h. du soir. | 9 h. du soir. | Minim. |
| millim. | millim. | millim. | millim. | | | | | |
| 560,76 | 560,68 | 560,55 | 558,70 | — 4,2 | — 2,0 | — 1,6 | — 5,8 | — 9,5 |
| 557,38 | 557,86 | 556,10 | 555,27 | — 5,1 | — 4,3 | — 4,1 | — 6,5 | — 8,2 |
| 552,79 | 552,96 | 552,94 | 553,92 | — 9,0 | — 7,0 | — 7,8 | —10,0 | —10,1 |
| 555,76 | 556,25 | 556,78 | 557,82 | — 8,6 | — 2,0 | — 1,6 | — 6,0 | —11,6 |
| 557,65 | 556,29 | 555,61 | 555,19 | — 7,0 | — 3,6 | — 4,5 | — 6,5 | — 8,8 |
| 554,20 | 554,96 | 555,61 | 556,96 | — 4,9 | — 1,9 | — 0,3 | — 5,6 | — 8,6 |
| 556,78 | 556,89 | 556,99 | 555,95 | — 5,3 | — 4,7 | — 5,5 | — 6,5 | — 8,5 |
| 554,62 | 554,62 | 554,62 | 554,68 | — 4,5 | — 1,5 | — 2,0 | — 4,8 | — 7,0 |
| 553,51 | 553,30 | 552,71 | 551,97 | — 2,5 | — 1,6 | — 1,9 | — 4,8 | — 5,9 |
| 550,70 | 551,36 | 551,62 | 553,21 | — 2,5 | — 0,6 | — 1,0 | — 7,8 | — 8,1 |
| 551,86 | 552,48 | 552,85 | 554,15 | — 2,8 | + 1,5 | + 0,6 | — 7,5 | — 9,2 |
| 555,66 | 556,01 | 555,92 | 556,15 | — 5,5 | — 2,4 | — 3,5 | — 8,2 | — 9,2 |
| 554,71 | 554,87 | 553,93 | 552,41 | — 4,8 | — 2,8 | — 1,7 | — 2,2 | —11,6 |
| 551,23 | 549,87 | 549,47 | 549,76 | — 1,7 | + 0,3 | — 0,5 | — 9,5 | — 9,6 |
| 552,42 | 553,80 | 553,92 | 552,31 | — 6,2 | — 3,0 | — 1,9 | — 7,6 | —13,2 |
| 551,80 | 552,29 | 553,20 | 554.58 | — 5,3 | — 3,7 | — 3,5 | — 8,0 | — 9,6 |
| 556,07 | 556,63 | 556,67 | 556,95 | — 7,3 | — 1,8 | — 4.3 | — 7,4 | — 9,2 |
| 554,57 | 553,65 | 553,30 | 552,89 | — 6,2 | — 6,3 | — 8,9 | —15,8 | —15,8 |
| 553,13 | 552,88 | 552,51 | 551,88 | — 5,7 | — 4,0 | — 5,2 | —10,2 | —19,3 |
| 550,94 | 548,47 | 548,50 | 548,76 | — 5,3 | — 5,3 | — 5,7 | —12,2 | ·14,7 |
| 550,47 | 551,92 | 553,53 | 556,45 | —12,2 | —10,7 | —10,6 | —13,3 | —14,5 |
| 558,12 | 560,37 | 560,42 | 560 89 | — 9,3 | — 4,3 | — 4,7 | —11,2 | —15,1 |
| 559,68 | 559,16 | 559,17 | 558,13 | — 4,5 | — 4,2 | — 4,7 | — 6,8 | —11,4 |
| 555,63 | 555,86 | 556,20 | 558,03 | — 5,0 | — 5,3 | — 5,0 | — 8,2 | — 8,3 |
| 559,76 | 560,17 | 560,96 | 561,30 | — 5,6 | — 2,2 | — 0,6 | — 6,3 | — 8,3 |
| 562,15 | 562,49 | 562,16 | 563,01 | — 4,5 | — 0,6 | — 0.4 | — 5,1 | — 7,0 |
| 562,61 | 562,86 | 562,69 | 562,83 | + 1,6 | + 2.2 | + 4.3 | — 3,8 | — 8 0 |
| 562,06 | 561,98 | 561,64 | 562,25 | + 0,6 | + 1,4 | + 3,4 | — 5,5 | — 6,0 |
| 563,43 | 563,93 | 564,33 | 565,33 | — 5,5 | — 1,5 | — 0,8 | — 5,2 | — 8,3 |
| 564,91 | 564,57 | 563,78 | 563,15 | + 0,7 | + 0,6 | + 1,1 | — 2,8 | - 6,9 |
| 555,41 | 555,52 | 555,35 | 555,37 | — 5.36 | — 2,92 | — 3,03 | — 6,43 | — 8,63 |
| 553,24 | 553,09 | 553,03 | 552,98 | — 5,08 | — 2,75 | — 3,46 | — 8,86 | —12,14 |
| 559,68 | 560,33 | 560,49 | 561,19 | — 4,37 | — 2,46 | — 1,80 | — 6,82 | — 9,38 |
| 556,18 | 556,31 | 556,29 | 556,51 | — 4,94 | — 2,71 | — 2,76 | — 7,37 | —10,05 |

rnard, à 2491 mètres au-dessus du niveau de la mer, et it. à l'E. de Paris 4° 44′ 30″.

| | EAU de PLUIE ou de NEIGE dans les 24 h. | VENTS. Les chiffres 0, 1, 2, 3 indiquent un vent insensible, léger, fort ou violent. | | | | ÉTAT DU CIEL. Les chiffres indiquent la fraction décimale du firmament couverte par les nuages. | | | |
|---|---|---|---|---|---|---|---|---|---|
| | millim. | 9 h. du matin. | Midi. | 3 h. du soir. | 9 h. du soir. | 9 h. du matin. | Midi. | 3 h. du soir. | 9 h. du soir. |
| 5 | » | SO, 0 | SO, 0 | SO, 0 | SO, 1 | clair 0,0 | clair 0,0 | clair 0,0 | couv. 1,0 |
| 9 | » | SO, 2 | SO, 1 | SO, 1 | SO, 2 | brou. 1,0 | brou. 1,0 | brou. 1,0 | couv. 1,0 |
| 2 | 109,0 n. | NE, 2 | NE, 2 | NE, 1 | NE, 2 | neige 1,0 | neige 1,0 | neige 1,0 | neige 1,0 |
| 8 | » | NE, 2 | NE, 1 | NE, 0 | SO, 0 | clair 0,2 | clair 0,1 | clair 0,2 | couv. 0,8 |
| 3 | 1,3 n. | SO, 1 | SO, 1 | SO, 2 | SO, 2 | brou. 1,0 | brou. 1,0 | brou. 1,0 | brou. 1,0 |
| 2 | » | SO, 1 | SO, 1 | SO, 1 | SO, 0 | brou. 1,0 | brou. 1,0 | nuag. 0,4 | brou. 1,0 |
| | » | SO, 0 | SO, 1 | SO, 1 | SO, 1 | brou. 1,0 | brou 1,0 | brou 1,0 | brou. 1,0 |
| | 25,0 n. | SO, 1 | SO, 2 | SO, 1 | SO, 1 | brou. 1,0 | brou. 1,0 | couv. 1,0 | neige 1,0 |
| | » | SO, 1 | SO, 1 | SO, 1 | SO, 1 | brou. 1,0 | brou. 1,0 | brou. 1,0 | brou 1,0 |
| | 1,7 n. | SO, 0 | SO, 1 | SO, 1 | SO, 1 | couv. 0,8 | couv 1,0 | neige 1,0 | couv. 0,8 |
| | » | NE, 0 | NE, 0 | NE, 0 | NE, 0 | nuag. 0,4 | nuag. 0,4 | nuag. 0,5 | clair 0,0 |
| | » | NE, 1 | NE, 1 | NE, 1 | NE, 0 | clair 0,1 | brou. 1,0 | brou. 1,0 | brou. 1,0 |
| | » | NE, 1 | SO, 1 | SO, 3 | SO, 0 | clair 0,1 | couv 0,9 | brou. 1,0 | clair 0,3 |
| | 4,3 n. | SO, 0 | NE, 1 | NE, 1 | NE, 1 | nuag. 0,5 | couv. 1,0 | brou. 1,0 | neige 1,0 |
| | 0,3 n | NE, 1 | NE, 1 | NE, 1 | SO, 1 | nuag. 0,4 | nuag 0,5 | couv. 1,0 | couv 1,0 |
| | » | NE, 2 | NE, 1 | NE, 2 | NE, 1 | couv. 1,0 | couv. 1,0 | couv. 1,0 | couv. 1,0 |
| | » | NE, 2 | NE, 1 | NE, 1 | SO, 1 | brou 0,7 | couv. 1,0 | couv. 1,0 | couv. 1,0 |
| | 24,3 n. | SO, 2 | SO, 1 | NE, 1 | NE, 2 | neige 1,0 | neige 1,0 | neige 1,0 | neige 1,0 |
| | » | NE, 1 | NE, 1 | SO, 1 | SO, 1 | nuag 0,3 | clair 0,0 | clair 0,0 | nuag. 0,7 |
| | 18,0 n. | SO, 2 | SO, 2 | SO, 0 | NE, 2 | neige 1,0 | neige 1,0 | neige 1,0 | neige 1,0 |
| | 15,3 n. | NE, 3 | NE, 3 | NE, 3 | NE, 3 | neige 1,0 | neige 1,0 | brou. 1,0 | brou. 1,0 |
| | » | NE, 1 | NE, 1 | NE, 1 | NE, 1 | clair 0,0 | clair 0,0 | clair 0,0 | clair 0,0 |
| | 7,8 n | SO, 1 | SO, 1 | SO, 2 | SO, 2 | couv. 1,0 | couv. 1,0 | couv. 1,0 | neige 1,0 |
| | 7,6 n. | SO, 1 | NE, 1 | NE, 2 | NE, 2 | couv. 1,0 | neige 1,0 | couv. 1,0 | neige 1,0 |
| | » | NE, 1 | NE, 1 | NE, 1 | NE, 1 | clair 0,0 | clair 0,0 | clair 0,0 | clair 0,0 |
| | » | SO, 1 | SO, 1 | SO, 1 | SO, 1 | nuag. 0,5 | couv. 0,8 | couv 0,8 | clair 0,2 |
| | » | SO, 0 | SO, 1 | SO, 1 | SO, 0 | nuag. 0,5 | couv. 0,9 | nuag. 0,7 | clair 0,0 |
| | 3,2 n. | SO, 1 | SO, 0 | NE, 1 | NE, 3 | nuag. 0,6 | couv. 1,0 | couv. 0,8 | neige 1,0 |
| | 0,4 n. | NE, 3 | NE, 2 | NE, 2 | NE, 2 | brou. 1,0 | brou. 1,0 | brou. 1,0 | brou. 0,8 |
| | » | NE, 1 | NE, 1 | NE, 2 | NE, 0 | clair 0,0 | clair 0,0 | clair 0,2 | couv. 1,0 |
| | 137,0 | | · | | · | 0,80 | 0,81 | 0,76 | 0,96 |
| | 46,9 | | | | | 0,55 | 0,78 | 0,85 | 0,79 |
| | 34,3 | | | | | 0,56 | 0,67 | 0,65 | 0,60 |
| | 218,2 | | | | | 0,64 | 0,75 | 0,75 | 0,78 |

# ARCHIVES

### DES

## SCIENCES PHYSIQUES ET NATURELLES.

## RÉSUMÉ MÉTÉOROLOGIQUE

### DE L'ANNÉE 1848

### POUR GENÈVE ET LE GRAND SAINT-BERNARD,

#### PAR

#### M<sup>r</sup>. le Professeur E. PLANTAMOUR.

Depuis le commencement de l'année 1848 l'état hygrométrique de l'air a été déterminé au moyen d'un psychromètre construit par Mr. Jerak, de Prague ; dans une
note qui accompagne le tableau du mois de janvier 1848,
j'ai donné la description de cet instrument, et j'ai indiqué en même temps le mode de réduction employé pour
ces observations. J'ajouterai seulement ici, que dans le
petit nombre de cas où on a trouvé la fraction de saturation inférieure à 0,40, en adoptant le facteur 0,480
dans la formule du psychromètre, le calcul a été refait
en prenant pour facteur 0,400 au lieu de 0,480, et on
a fait usage de ce dernier résultat pour calculer les
moyennes. Les raisons qui m'ont engagé à prendre un
facteur différent dans les cas exceptionnels, où l'air est

relativement très-sec, ont été énoncées dans la note citée
plus haut. J'ai eu l'occasion, dans une course que j'ai
faite l'année dernière au Saint-Bernard, de comparer le
baromètre de l'hospice avec celui de l'observatoire de
Genève ; je m'étais muni, dans ce but, d'un baromètre
portatif à cuvette de Fortin. Les comparaisons de mon
baromètre Fortin avec celui de l'observatoire ont été
faites le 5 et le 6 août, avant, et le 14 août après mon séjour au Saint-Bernard ; en tenant compte de la correction due à la capillarité et de la réduction à zéro, j'ai
trouvé par 14 comparaisons l'équation suivante :

Barom. Noblet, Observatoire. — Barom. Fortin $= -0^{mm},34$.

Neuf comparaisons faites au Saint-Bernard du 8 au 12
août donnent, en tenant compte de la capillarité et de la
réduction à zéro,

Barom. Fortin. — Barom. Saint-Bernard $= -0^{mm},74$,

d'où l'on tire,

Barom. Noblet, Observat. — Barom. St.-Bernard $= -1^{mm},08$.

Ce résultat s'accorde avec celui que j'avais indiqué
dans le résumé météorologique de l'année 1846[1] ; on
peut donc continuer à appliquer à ces deux instruments
les corrections fournies par les comparaisons antérieures,
savoir la correction $+0^{mm},30$ pour les indications du
baromètre Noblet et la correction $-0^{mm},70$ pour celles
du baromètre du Saint-Bernard, afin de les ramener à la
hauteur absolue. Il est nécessaire d'ajouter que les hauteurs barométriques, données dans les tableaux mensuels
pour le Saint-Bernard, renferment déjà cette correction

[1] Archives des Sciences physiques et naturelles, n° 15.

de —$0^{mm},70$, et qu'elles sont ainsi ramenées à la hauteur absolue, tandis que dans les tableaux mensuels pour Genève, les observations barométriques se rapportent aux indications fournies par le baromètre Noblet, corrigées seulement de la capillarité et réduites à zéro; il faut, par conséquent, leur appliquer la correction $+ 0^{mm},30$ pour les ramener à la hauteur absolue. Cette année encore les observations des températures maximum du Saint-Bernard sont incomplètes ; par suite d'un accident survenu au thermomètre à maximum dans les premiers jours d'août, l'index s'est noyé dans le mercure.

## TEMPÉRATURE.

La température moyenne de Genève a été calculée pour l'année 1848, comme pour l'année précédente, de trois manières différentes ; elle a été déduite des observations faites à 6 h., à 8 h. et à 9 h., et des températures extrêmes accusées par les thermométrographes. Les corrections qui ont été appliquées dans les différents mois aux observations de 6 h., ainsi qu'à celles de 8 h. et de 9 h. pour en déduire la température moyenne, ont été calculées d'après les séries d'observations horaires faites à Halle, à Göttingue et à Padoue; je les ai déjà indiquées dans les résumés précédents ; la température moyenne a été calculée à l'aide des températures extrêmes en faisant usage de la méthode indiquée dans la météorologie de Kæmtz. Le tableau suivant donne les températures moyennes calculées d'après ces trois procédés, ainsi que la moyenne des trois, et la différence entre le maximum moyen et le minimum moyen. Ce tableau montre que les trois procédés s'accordent pour donner la même température moyenne de l'année , quoique les différents mois présentent des discordances ; dans les mois d'août et de septembre, la température moyenne calculée par les températures extrêmes paraît être trop faible, tandis que l'inverse a lieu dans les mois de novembre et de décembre. Les années précédentes avaient déjà donné un résultat analogue ; il semble ainsi que le coefficient par lequel, suivant Kæmtz, il faut multiplier l'excès du maximum sur le minimum, est trop faible pour Genève dans les mois d'août et de septembre et trop fort dans ceux de novembre et de décembre.

### Genève 1848.

| | TEMPÉRATURE MOYENNE. | | | | Maximum moins minimum. |
| | Par 6 h. | Par 8 et 9 h. | Par max. et min. | Moyenne. | |
|---|---|---|---|---|---|
| Janvier . . | - 4,22 | - 4,24 | - 4,26 | - 4,24 | 4,74 |
| Février . . | + 3,57 | + 3,19 | + 3,45 | + 3,40 | 7,74 |
| Mars. . . . | + 4,72 | + 4,66 | + 4,75 | + 4,71 | 7,45 |
| Avril. . . . | + 9,65 | + 9,94 | + 9,96 | + 9,85 | 8,83 |
| Mai . . . . | +13,60 | +13,74 | +13,43 | +13,59 | 11,19 |
| Juin . . . . | +16,38 | +16,37 | +16,46 | +16,40 | 10,54 |
| Juillet. . . | +18,13 | +18,59 | +18,13 | +18,28 | 11,64 |
| Août. . . . | +17,43 | +17,74 | +17,24 | +17,47 | 11,37 |
| Septembre. | +13,96 | +13,89 | +13,03 | +13,63 | 10,11 |
| Octobre . . | + 9,68 | + 9,63 | + 9,72 | + 9,68 | 8,37 |
| Novembre. | + 3,08 | + 2,84 | + 3,56 | + 3,16 | 7,57 |
| Décembre . | + 0,97 | + 0,80 | + 1,63 | + 1,13 | 6,39 |
| Hiver . . . | + 0,03 | - 0,15 | + 0,20 | + 0,03 | 6,26 |
| Printemps.. | + 9,32 | + 9,45 | + 9,37 | + 9,38 | 9,16 |
| Eté. . . . . | +17,32 | +17,58 | +17,30 | +17,40 | 11,08 |
| Automne. . | + 8,91 | + 8,79 | + 8,77 | + 8,82 | 8,68 |
| Année . . . | + 8,92 | + 8,94 | + 8,93 | + 8,93 | 8,80 |

La température moyenne de l'année 1848 est d'un dixième de degré plus faible que la moyenne des douze années précédentes ; les mois qui ont présenté un excès notable en moins relativement à la température qu'ils ont habituellement sont ceux de janvier, juin, septembre et novembre ; les mois qui ont présenté un excès en plus sont ceux de février, avril et mai. Quoique le mois de janvier ait été très-froid, de 4 degrés au-dessous de la moyenne, les extrêmes d'abaissement de la température ont été très-modérés, le thermomètre à minimum n'est pas descendu au-dessous de —11°,9. Les plus hautes et les plus basses températures observées dans chaque mois sont :

| | Maximum. | Date. | Minimum. | Date. |
|---|---|---|---|---|
| Janvier . . | + 2,8 | le 31 | −11,9 | le 29 |
| Février . . | +17,3 | 27 | − 9,1 | 4 |
| Mars. . . . | +16,3 | 31 | − 4,0 | 9 |
| Avril. . . . | +20,5 | 29 et 30 | + 1,1 | 10 |
| Mai . . . . | +25,1 | 29 | + 3,0 | 8 |
| Juin . . . . | +26,8 | 29 | + 7,6 | 14 |
| Juillet . . . | +30,4 | 27 | + 5,1 | 3 |
| Août. . . . | +29,0 | 8 | + 5,5 | 26 |
| Septembre. | +27,5 | 8 | + 4,0 | 20 |
| Octobre. . | +18,0 | 5 | − 1,0 | 23 |
| Novembre. | +14,9 | 4 | − 5,2 | 22 |
| Décembre. | +15,9 | 7 | − 9,0 | 23 |
| Année . . . | +30,4 | le 27 juillet. | −11,9 | le 29 janvier. |

Le nombre des jours de gelée s'est réparti comme suit dans les différents mois :

| | Minimum au-dessous de 0. | Maximum au-dessous de 0. |
|---|---|---|
| Janvier. . . . . . | 31 | 24 |
| Février. . . . . . | 14 | 1 |
| Mars . . . . . . . | 9 | 0 |
| Octobre . . . . . | 2 | 0 |
| Novembre . . . . | 15 | 0 |
| Décembre . . . . | 21 | 7 |
| Total. . . . | 92 | 32 |

La température moyenne de l'année 1848 pour le Saint-Bernard a été calculée par les formules $\frac{1}{4}$ (8 h. m. + 9 h. m. + 8 h. s. + 9 h. s.) et $\frac{1}{3}$ (6 h. m. + 3 h. + 9 h. s.); ces formules ne doivent pas s'écarter beaucoup de la vérité. Comme la marche de la température au Saint-Bernard diffère assez notablement de celle qui a lieu dans la plaine, on ne peut pas faire usage de la marche fournie par des séries d'observations horaires faites dans différentes villes pour calculer la température moyenne dans une station aussi élevée. A défaut de moyens plus précis, les deux formules que j'ai indiquées et dont les résultats s'accordent assez bien, ainsi que le tableau suivant le fait voir, peuvent servir à calculer approximativement la température moyenne. Les observations des températures maximum étant incomplètes, je n'indiquerai pas les résultats fournis pour les premiers mois de l'année par les extrêmes des températures.

### Saint-Bernard 1848.

#### TEMPÉRATURE MOYENNE.

|  | $\dfrac{8+9+8+9}{4}$ | $\dfrac{6+3+9}{3}$ | Moyenne. |
|---|---|---|---|
| Janvier . . . . . | −13,10 | −13,04 | −13,07 |
| Février . . . . . | − 7,16 | − 6,93 | − 7,04 |
| Mars. . . . . . . | − 7,92 | − 7,90 | − 7,91 |
| Avril. . . . . . . | − 1,65 | − 1,89 | − 1,77 |
| Mai . . . . . . . | + 2,78 | + 2,71 | + 2,74 |
| Juin . . . . . . . | + 4,66 | + 4,93 | + 4,80 |
| Juillet . . . . . . | + 6,90 | + 7,11 | + 7,00 |
| Août. . . . . . . | + 6,83 | + 6,96 | + 6,90 |
| Septembre. . . . | + 2,59 | + 2,69 | + 2,64 |
| Octobre . . . . . | − 1,71 | − 1,48 | − 1,60 |
| Novembre. . . . | − 8,11 | − 7,77 | − 7,94 |
| Décembre . . . . | − 5,80 | − 5,32 | − 5,56 |
| Hiver . . . . . . | − 8,72 | − 8,46 | − 8,59 |
| Printemps . . . . | − 2,27 | − 2,37 | − 2,32 |
| Eté. . . . . . . . | + 6,15 | + 6,35 | + 6,25 |
| Automne. . . . . | − 2,40 | − 2,18 | − 2,29 |
| Année . . . . . . | − 1,79 | − 1,65 | − 1,72 |

La plus basse température observée dans l'année a été
de —23°,2 le 28 janvier, et la plus haute +17°,8 le
23 juillet. Il ne sera peut-être pas sans intérêt de rappeler ici un fait assez curieux, que j'ai déjà consigné dans
les tableaux mensuels, c'est la haute température que
présentent en été les eaux du petit lac situé près de
l'hospice ; le 11 août de cette année, entre 1 h. et 2 h.
après midi, j'ai mesuré en plusieurs endroits la température du lac à un pied de profondeur, et je l'ai trouvée
comprise entre +13°,5 et +14°,0, la température de
l'air n'étant que de +10°,3. Il faut remarquer que la
moyenne des températures maximum des onze derniers
jours de juillet, les plus chauds de l'année, n'est que de
+14°,66, et que depuis le 29 juillet la température ne
s'est pas élevée au-dessus de +14°. Sur ma demande,
Mr. le chanoine Deléglise a bien voulu répéter ces observations les mois suivants, et il a trouvé pour la moyenne
des températures observées à différentes profondeurs jusqu'à un mètre : le 2 septembre +10°,2, le 9 septembre
+12°,8, le 15 septembre +9°,5, le 18 septembre
+7°,0, le 8 octobre +4°,6, les températures de l'air
étant respectivement +3°,5, +8°,0, —1°,8, +2°,7
et +3°,8 ; dans la nuit du 15 au 16 octobre, le lac a
été entièrement couvert de glace. Cette haute température des eaux du lac pendant l'été ne paraît pas pouvoir
être attribuée à des affluents d'eau thermale ; en effet, les
affluents visibles sont de petits ruisseaux provenant de la
fonte des neiges qui recouvrent, même en été, les ver-
sants des deux montagnes, le Mont Mort et la Chenalette,
entre lesquelles le lac est encaissé ; ces ruisseaux ont toujours, vu la petitesse de leur parcours, une température
très-voisine de zéro. Le lac reçoit également les eaux

d'une source qui alimente la fontaine de l'hospice, mais dont la température est loin d'atteindre un chiffre aussi élevé que celui que j'ai trouvé pour l'eau du lac ; l'eau de cette source est très-froide, même en été. Il résulte d'observations faites il y a plusieurs années, en automne, que dans cette saison sa température est comprise entre trois et quatre degrés ; il arrive même quelquefois que l'eau gèle en hiver dans les conduits lorsque la couche de neige qui recouvre la terre est peu épaisse ; c'est ce qui a eu lieu en 1818, 1819 et 1829. Il n'est guère possible non plus d'admettre que le lac reçoive des affluents sou-terrains d'eau thermale, car, d'une part, la configura-tion même du col rend la chose peu probable, d'autre part, cette hypothèse ne saurait se concilier avec la lon-gue congélation du lac, qui est couvert de glace pendant neuf mois de l'année. J'ai cherché à rassembler les dates auxquelles, dans les différentes années, depuis 1817, le lac a été alternativement couvert de glace et découvert ; je n'ai malheureusement trouvé aucune indication à ce sujet pour plusieurs années, voici cependant celles pour lesquelles on trouve des dates certaines dans les registres qui nous sont transmis du Saint-Bernard :

| | | | |
|---|---|---|---|
| 1817 le lac gèle le 6 octobre. | Le lac dégèle | . . . . . . . . |
| 1820 — | 30 septembre. | — | . . . . . . . . |
| 1821 — | 20 octobre. | — | le 31 juillet. |
| 1822 — | 30 octobre. . | — | 17 juin. |
| 1823 — | 15 octobre. | — | 27 juillet. |
| 1824 — | 12 octobre. | — | . . . . . . . . |
| 1840 — | . . . . . . . . | — | 3 juillet. |
| 1841 — | . . . . . . . . | — | 3 septembre. |
| 1842 — | 22 octobre. | — | 4 juillet. |
| 1843 — | 16 octobre. | — | . . . . . . . . |
| 1846 — | . . . . . . . . | | 15 juillet. |
| 1847 — | 2 novembre. | — | 7 juillet. |
| 1848 — | 16 octobre. | — | 17 juillet. |

On trouve ainsi, par une moyenne de dix années, que c'est vers le milieu d'octobre, ou plus exactement le 17, que le lac se recouvre de glace, et que l'époque moyenne du dégel n'a lieu que le 17 juillet. Comme la température moyenne du mois d'octobre est d'environ un demi-degré au-dessous de 0 au Saint-Bernard, la congélation du lac au milieu de ce mois exclut la possibilité de sources souterraines d'eau chaude. Le lac gèle à une assez grande profondeur, en effet, le 29 mars 1830, on a trouvé l'épaisseur de la glace de quatre pieds, il est vrai que l'hiver de 1830 avait été plus rigoureux que de coutume, les mois de décembre, janvier et février, donnent une température moyenne de —10°,2 ; le même jour la température de l'eau à huit pieds de profondeur était de +1°,2. Si on ne peut assigner d'autre cause à l'échauffement des eaux du lac que l'action directe des rayons du soleil, il n'en reste pas moins difficile d'expliquer une élévation aussi considérable de la température, vu l'étendue et la profondeur du lac.

## PRESSION ATMOSPHÉRIQUE.

Les tableaux suivants renferment pour Genève et le Saint-Bernard les moyennes des hauteurs du baromètre observées aux différentes heures de la journée ; j'y ai joint les températures moyennes de l'air aux mêmes heures. Dans les deux stations les hauteurs du baromètre sont ramenées à la hauteur absolue ; je remarquerai que le tableau de janvier du Saint-Bernard renfermant une lacune de plusieurs jours, la moyenne de ce mois n'est pas directement comparable à la moyenne correspondante pour Genève.

## Genève 1848.

| | 6 h. matin Barom. | 6 h. matin Tempér. | 8 h. matin Barom. | 8 h. matin Tempér. | 9 h. matin Barom. | 9 h. matin Tempér. | Midi Barom. | Midi Tempér. | 3 heures Barom. | 3 heures Tempér. | 6 h. soir Barom. | 6 h. soir Tempér. | 8 h. soir Barom. | 8 h. soir Tempér. | 9 h. soir Barom. | 9 h. soir Tempér. |
|---|---|---|---|---|---|---|---|---|---|---|---|---|---|---|---|---|
| | mm | ° | mm | ° | mm | ° | mm | ° | mm | ° | mm | ° | mm | ° | mm | ° |
| Janvier... | 725,72 | − 3,25 | 724,00 | − 3,20 | 724,09 | − 3,01 | 725,75 | − 2,51 | 725,36 | − 2,92 | 725,63 | − 3,51 | 725,96 | − 4,58 | 725,96 | − 4,42 |
| Février... | 724,41 | + 1,51 | 724,96 | + 1,49 | 725,04 | + 2,60 | 724,79 | + 5,09 | 724,17 | + 5,82 | 724,41 | + 4,55 | 724,87 | + 3,41 | 724,76 | + 2,97 |
| Mars... | 730,78 | + 2,34 | 730,99 | + 3,45 | 721,15 | + 4,54 | 720,95 | + 6,81 | 720,49 | + 7,20 | 720,81 | + 5,88 | 721,28 | + 4,74 | 721,41 | + 4,28 |
| Avril... | 722,50 | + 6,84 | 722,33 | + 8,70 | 722,02 | + 9,84 | 722,43 | + 12,45 | 721,89 | + 15,17 | 721,51 | + 15,47 | 722,42 | + 10,17 | 722,57 | + 9,67 |
| Mai... | 726,74 | + 10,55 | 726,83 | + 13,51 | 726,85 | + 14,02 | 726,40 | + 16,45 | 725,35 | + 17,71 | 725,30 | + 16,47 | 725,99 | + 14,35 | 726,90 | + 13,50 |
| Juin... | 726,01 | + 13,73 | 726,26 | + 16,17 | 726,17 | + 17,15 | 725,81 | + 19,31 | 725,25 | + 20,19 | 725,05 | + 18,99 | 725,32 | + 16,65 | 725,62 | + 15,76 |
| Juillet... | 728,61 | + 14,00 | 728,86 | + 18,15 | 728,82 | + 18,92 | 728,41 | + 21,86 | 727,94 | + 22,62 | 727,80 | + 21,21 | 728,15 | + 18,95 | 728,44 | + 17,97 |
| Août... | 728,15 | + 13,77 | 728,32 | + 17,42 | 728,57 | + 18,61 | 727,98 | + 21,63 | 727,41 | + 21,85 | 727,19 | + 19,95 | 727,75 | + 17,60 | 728,19 | + 16,52 |
| Septembre | 726,69 | + 9,88 | 727,01 | + 12,69 | 727,14 | + 14,17 | 726,66 | + 16,64 | 726,00 | + 17,93 | 725,88 | + 16,36 | 726,42 | + 14,09 | 726,58 | + 13,24 |
| Octobre... | 724,79 | + 6,95 | 725,28 | + 8,19 | 725,39 | + 9,38 | 724,97 | + 12,48 | 724,41 | + 12,91 | 724,78 | + 11,11 | 725,15 | + 9,64 | 725,50 | + 9,19 |
| Novembre | 727,10 | + 1,29 | 727,46 | + 1,68 | 727,55 | + 2,36 | 727,18 | + 5,56 | 727,01 | + 5,54 | 727,53 | + 3,70 | 727,68 | + 2,79 | 727,75 | + 2,46 |
| Décembre. | 730,68 | − 0,48 | 730,99 | − 0,27 | 731,35 | + 0,12 | 730,84 | + 2,59 | 730,49 | + 3,29 | 730,69 | + 1,69 | 730,86 | + 0,88 | 730,94 | + 0,75 |
| Hiver... | 726,51 | − 1,47 | 726,69 | − 1,41 | 726,87 | − 0,84 | 726,50 | + 1,51 | 726,05 | + 1,98 | 726,28 | + 0,09 | 726,60 | − 0,11 | 726,59 | − 0,50 |
| Printemps | 725,28 | + 6,50 | 725,46 | + 8,48 | 725,54 | + 9,46 | 725,26 | + 11,88 | 722,63 | + 12,69 | 722,77 | + 11,27 | 725,24 | + 9,74 | 725,40 | + 9,16 |
| Été... | 727,60 | + 14,07 | 727,84 | + 17,25 | 727,80 | + 18,24 | 727,42 | + 20,95 | 726,88 | + 21,57 | 726,70 | + 20,06 | 727,09 | + 17,77 | 727,44 | + 16,76 |
| Automne.. | 726,18 | + 6,05 | 726,57 | + 7,55 | 726,68 | + 8,78 | 726,26 | + 11,57 | 725,79 | + 12,14 | 726,05 | + 10,40 | 726,40 | + 8,85 | 726,55 | + 8,51 |
| Année... | 725,84 | + 6,67 | 726,14 | + 7,99 | 726,32 | + 8,94 | 725,85 | + 11,46 | 725,34 | + 12,12 | 725,43 | + 10,63 | 725,83 | + 9,09 | 725,99 | + 8,51 |

## Saint-Bernard 1849.

| | 6 h. matin. | | 8 h. matin. | | 9 h. matin. | | Midi. | | 3 heures. | | 6 h. soir. | | 8 h. soir. | | 9 h. soir. | |
|---|---|---|---|---|---|---|---|---|---|---|---|---|---|---|---|---|
| | Barom. | Tempér. | Barom. | Tempér. | Barom. | Tempér. | Barom. | Tempér. | Barom. | Tempér. | Barom. | Tempér. | Barom. | Tempér. | Barom. | Tempér. |
| | mm | ° | mm | ° | mm | ° | mm | ° | mm | ° | mm | ° | mm | ° | mm | ° |
| Janvier.... | 556,55 | −15,95 | 556,66 | −15,27 | 556,79 | −12,37 | 556,46 | −10,78 | 556,59 | −11,85 | 556,60 | −15,04 | 556,73 | −15,21 | 556,76 | −15,33 |
| Février.... | 559,84 | −8,45 | 560,01 | −7,25 | 560,11 | −6,25 | 559,96 | −5,86 | 559,80 | −4,75 | 560,12 | −7,67 | 560,18 | −7,58 | 560,27 | −7,65 |
| Mars...... | 556,51 | −9,87 | 556,63 | −7,46 | 556,70 | −6,05 | 556,77 | −3,17 | 556,68 | −4,04 | 557,02 | −8,35 | 557,32 | −8,98 | 557,40 | −9,18 |
| Avril..... | 560,09 | −4,02 | 560,19 | −0,73 | 560,59 | +0,39 | 560,51 | +2,54 | 560,32 | +1,71 | 560,64 | +1,62 | 560,89 | +5,09 | 560,95 | +3,55 |
| Mai....... | 565,36 | +0,14 | 565,35 | +5,69 | 565,46 | +5,25 | 565,62 | +7,56 | 565,31 | +7,01 | 565,47 | +5,71 | 565,69 | +1,26 | 565,81 | +0,97 |
| Juin...... | 566,59 | +2,74 | 566,56 | +4,46 | 566,38 | +3,53 | 566,68 | +7,48 | 566,68 | +7,81 | 566,71 | +5,75 | 566,92 | +4,43 | 567,09 | +4,24 |
| Juillet.... | 568,92 | +4,65 | 569,11 | +6,65 | 569,25 | +7,96 | 569,35 | +10,19 | 569,41 | +10,33 | 569,44 | +8,57 | 569,67 | +6,62 | 569,78 | +6,58 |
| Août...... | 568,68 | +4,85 | 568,86 | +6,82 | 566,57 | +7,74 | 569,15 | +9,70 | 560,05 | +9,77 | 569,04 | +8,01 | 569,18 | +6,50 | 569,26 | +6,29 |
| Septembre. | 566,04 | +1,19 | 566,20 | +2,45 | 566,57 | +2,94 | 566,39 | +4,05 | 566,28 | +4,49 | 566,34 | +2,90 | 566,38 | +2,58 | 566,65 | +2,59 |
| Octobre... | 565,16 | −2,39 | 565,46 | −1,97 | 565,57 | +1,54 | 565,65 | +0,19 | 565,47 | +0,25 | 565,70 | −1,58 | 565,86 | −1,74 | 565,91 | −1,81 |
| Novembre.. | 561,24 | −9,04 | 561,40 | −7,98 | 561,57 | −7,86 | 561,49 | −4,67 | 561,39 | −3,77 | 561,75 | −7,57 | 561,76 | −8,11 | 561,73 | −8,51 |
| Décembre.. | 565,85 | −6,09 | 565,95 | −6,02 | 566,07 | −5,30 | 566,01 | −5,69 | 565,78 | −5,89 | 565,87 | −5,62 | 565,96 | −5,86 | 565,95 | −5,99 |
| Hiver..... | 560,75 | −9,31 | 560,89 | −8,88 | 561,01 | −8,08 | 560,85 | −6,05 | 560,68 | −6,86 | 560,88 | −8,80 | 560,98 | −8,91 | 561,01 | −9,01 |
| Printemps. | 560,65 | −4,39 | 560,73 | −1,32 | 560,86 | −0,08 | 560,97 | +2,24 | 560,91 | +1,36 | 561,05 | −2,09 | 561,30 | −3,61 | 561,39 | −3,86 |
| Été....... | 568,01 | +4,08 | 568,19 | +5,98 | 568,28 | +7,10 | 568,41 | +9,14 | 568,39 | +9,52 | 568,41 | +7,39 | 568,61 | +5,86 | 568,73 | +5,65 |
| Automne... | 565,48 | −3,40 | 565,68 | −2,30 | 565,79 | −2,07 | 565,85 | +0,06 | 565,71 | +0,31 | 565,95 | −2,00 | 564,06 | −2,41 | 564,09 | −2,65 |
| Année.... | 565,22 | −5,54 | 565,38 | −1,71 | 565,49 | −0,77 | 565,32 | +1,57 | 565,45 | +0,85 | 565,57 | −1,57 | 565,73 | −2,25 | 565,81 | −2,45 |

La variation diurne du baromètre qui résulte de la différence entre la hauteur barométrique aux différentes heures de la journée et celle de midi, a été trouvée comme suit :

### Genève 1848.

| | 6 h. | 8 h. | 9 h. | Midi. | 3 h. | 6 h. | 8 h. | 9 h. |
|---|---|---|---|---|---|---|---|---|
| | mm | mm | mm | mm | mm | mm | mm | mm |
| Janvier. | −0,03 | +0,25 | +0,34 | 0,00 | −0,39 | −0,12 | +0,21 | +0,21 |
| Février. | −0,38 | +0,17 | +0,25 | 0,00 | −0,62 | −0,38 | +0,08 | −0,03 |
| Mars . . | −0,15 | +0,06 | +0,20 | 0,00 | −0,44 | −0,12 | +0,35 | +0,45 |
| Avril . . | −0,13 | +0,10 | +0,19 | 0,00 | −0,54 | −0,45 | −0,01 | +0,14 |
| Mai. . . | +0,34 | +0,43 | +0,43 | 0,00 | −0,85 | −0,90 | −0,41 | −0,20 |
| Juin . . | +0,20 | +0,45 | +0,36 | 0,00 | −0,56 | −0,76 | −0,49 | −0,19 |
| Juillet. . | +0,20 | +0,45 | +0,41 | 0,00 | −0,47 | −0,61 | −0,28 | +0,03 |
| Août . . | +0,17 | +0,34 | +0,39 | 0,00 | −0,57 | −0,79 | −0,23 | +0,21 |
| Septem. | +0,03 | +0,35 | +0,48 | 0,00 | −0,66 | −0,78 | −0,24 | −0,08 |
| Octobre | −0,18 | +0,31 | +0,42 | 0,00 | −0,56 | −0,19 | +0,16 | +0,33 |
| Novem. | −0,08 | +0,28 | +0,37 | 0,00 | −0,17 | +0,35 | +0,50 | +0,57 |
| Décem. | −0,16 | +0,15 | +0,51 | 0,00 | −0,35 | −0,15 | +0,02 | +0,10 |
| Hiver. . | −0,19 | +0,19 | +0,37 | 0,00 | −0,45 | −0,22 | +0,10 | +0,09 |
| Print. . . | +0,02 | +0,20 | +0,28 | 0,00 | −0,61 | −0,49 | −0,02 | +0,14 |
| Eté . . . | +0,18 | +0,42 | +0,38 | 0,00 | −,054 | −0,72 | −0,33 | +0,02 |
| Autom. . | −0,08 | +0,31 | +0,42 | 0,00 | −0,47 | −0,21 | +0,14 | +0,27 |
| Année. . | −0,01 | +0,29 | +0,37 | 0,00 | −0,51 | −0,40 | −0,02 | +0,14 |

## Saint-Bernard 1848.

| | 6 h. | 8 h. | 9 h. | Midi. | 3 h. | 6 h. | 8 h. | 9 h. |
|---|---|---|---|---|---|---|---|---|
| | mm | mm | mm | mm | mm | mm | mm | mm |
| Janvier. | +0,07 | +0,20 | +0,33 | 0,00 | −0,07 | +0,14 | +0,29 | +0,30 |
| Février. | −0,12 | +0,05 | +0,15 | 0,00 | −0,16 | +0,16 | +0,22 | +0,31 |
| Mars . . | −0,26 | −0,14 | −0,07 | 0,00 | −0,09 | +0,25 | +0;55 | +0,63 |
| Avril . . | −0,42 | −0,32 | −0,12 | 0,00 | +0,01 | +0,13 | +0,38 | +0,44 |
| Mai. . . | −0,36 | −0,27 | −0,16 | 0,00 | −0,11 | −0,15 | +0,07 | +0,19 |
| Juin . . | −0,29 | −0,12 | −0,10 | 0,00 | 0,00 | +0,03 | +0,24 | +0,41 |
| Juillet. . | −0,43 | −0,24 | −0,12 | 0,00 | +0,06 | +0,09 | +0,32 | +0,43 |
| Août . . | −0,47 | −0,29 | −0,17 | 0,00 | −0,12 | −0,11 | +0,03 | +0,11 |
| Septem. | −0,35 | −0,19 | −0,02 | 0,00 | −0,11 | −0,05 | +0,19 | +0,24 |
| Octobre | −0,47 | −0,17 | −0,06 | 0,06 | −0,16 | +0,07 | +0,23 | +0,28 |
| Novem. | −0,23 | −0,09 | +0,08 | 0,00 | .−0,10 | +0,26 | +0,27 | +0,24 |
| Décem. | −0,18 | −0,06 | +0,06 | 0,00 | −0,23 | −0,14 | −0,05 | −0,06 |
| | | | | | | | | |
| Hiver. . | −0,08 | +0,06 | +0,18 | 0,00 | −0,15 | +0,05 | +0,15 | +0,18 |
| Print.. . | −0,35 | −0,24 | −0,12 | 0,00 | −0,06 | +0,08 | +0,33 | +0,42 |
| Eté . . . | −0,40 | −0,22 | −0,13 | 9,00 | −0,02 | 0,00 | +0,19 | +0,32 |
| Autom. . | −0,35 | −0,15 | −0,04 | 0,00 | −0,12 | +0,09 | +0,23 | +0,25 |
| | | | | | | | | |
| Année. . | −0,29 | −0,14 | −0,03 | 0,00 | −0,09 | +0,06 | +0,23 | +0,29 |

Si de la pression atmosphérique totale observée à Genève, on déduit la tension de la vapeur qui est donnée dans une des pages suivantes, on trouve pour la pression de l'air sec et pour la variation diurne de la pression de l'air sec :

## Genève 1848.

| | PRESSION DE L'AIR SEC. | | | | | | | | VARIATIONS DIURNES DE LA PRESSION DE L'AIR SEC. | | | | | | | |
|---|---|---|---|---|---|---|---|---|---|---|---|---|---|---|---|---|
| | 6 h. | 8 h. | 9 h. | Midi. | 3 h. | 6 h. | 8 h. | 9 h. | 6 h. | 8 h. | 9 h. | Midi. | 3 h. | 6 h. | 8 h. | 9 h. |
| | mm | mm | mm | mm | mm | mm | mm | mm | mm | mm | mm | | mm | mm | mm | mm |
| Janvier.... | 720,89 | 721,18 | 721,20 | 720,71 | 720,21 | 720,60 | 721,02 | 720,96 | +0,18 | +0,47 | +0,55 | 0,00 | —0,30 | —0,11 | —0,31 | +0,25 |
| Février... | 720,01 | 720,43 | 720,54 | 719,96 | 719,31 | 719,78 | 720,25 | 720,18 | —0,05 | +0,47 | +0,58 | 0,00 | —0,65 | —0,18 | —0,27 | +0,22 |
| Mars...... | 715,92 | 715,77 | 715,89 | 715,80 | 715,71 | 716,11 | 716,33 | 716,44 | —0,12 | —0,03 | +0,09 | 0,00 | —0,09 | +0,31 | +0,53 | +0,64 |
| Avril..... | 715,90 | 715,67 | 715,84 | 715,84 | 715,62 | 715,88 | 716,11 | 716,19 | —0,06 | —0,17 | 0,00 | 0,00 | —0,22 | +0,04 | +0,27 | +0,35 |
| Mai....... | 718,82 | 718,60 | 718,45 | 718,22 | 717,76 | 717,35 | 718,02 | 718,33 | —0,60 | +0,38 | +0,21 | 0,00 | —0,46 | —0,67 | —0,20 | +0,11 |
| Juin...... | 715,88 | 715,73 | 715,65 | 715,77 | 714,85 | 714,54 | 714,86 | 715,21 | —0,11 | —0,02 | —0,12 | 0,00 | —0,92 | —1,43 | —0,91 | —0,56 |
| Juillet... | 718,11 | 717,61 | 717,59 | 717,59 | 717,20 | 716,96 | 716,95 | 717,31 | —0,52 | +0,02 | 0,00 | 0,00 | —0,59 | —0,65 | —0,64 | —0,28 |
| Août...... | 718,10 | 717,65 | 717,64 | 717,66 | 717,16 | 716,92 | 717,12 | 717,59 | —0,44 | —0,03 | —0,02 | 0,00 | —0,50 | —0,74 | —0,54 | —0,07 |
| Septembre. | 718,34 | 717,81 | 717,77 | 717,43 | 716,85 | 716,24 | 716,96 | 717,33 | —0,91 | —0,38 | —0,54 | 0,00 | —0,66 | —1,19 | —0,47 | —0,08 |
| Octobre... | 717,66 | 717,85 | 717,65 | 717,12 | 716,85 | 717,18 | 717,50 | 717,86 | —0,54 | +0,73 | +0,51 | 0,00 | —0,27 | +0,06 | +0,38 | +0,74 |
| Novembre.. | 722,68 | 722,97 | 725,07 | 722,62 | 722,48 | 725,02 | 725,17 | 725,29 | —0,06 | —0,35 | —0,45 | 0,00 | —0,14 | +0,40 | +0,55 | +0,67 |
| Décembre.. | 726,36 | 726,72 | 727,06 | 725,98 | 725,68 | 725,89 | 726,20 | 726,51 | —0,58 | +0,74 | —1,08 | 0,00 | —0,50 | —0,09 | —0,22 | +0,53 |
| Hiver..... | 722,54 | 722,85 | 722,94 | 722,27 | 721,79 | 722,14 | 722,55 | 722,60 | +0,27 | +0,36 | +0,67 | 0,00 | —0,48 | —0,15 | —0,26 | +0,55 |
| Printemps. | 716,89 | 716,69 | 716,73 | 716,65 | 716,57 | 716,52 | 716,83 | 717,00 | +0,26 | +0,06 | —0,10 | 0,00 | —0,26 | —0,11 | +0,20 | +0,57 |
| Été....... | 717,38 | 717,01 | 716,97 | 717,02 | 716,42 | 716,09 | 716,33 | 716,72 | —0,56 | —0,01 | —0,05 | 0,00 | —0,60 | —0,95 | —0,69 | —0,50 |
| Automne... | 719,54 | 719,52 | 719,46 | 719,04 | 718,68 | 718,80 | 719,20 | 719,48 | +0,50 | +0,48 | +0,42 | 0,00 | —0,36 | —0,24 | +0,16 | +0,44 |
| Année..... | 719,08 | 719,00 | 719,02 | 718,75 | 718,30 | 718,58 | 718,71 | 718,94 | +0,35 | +0,27 | +0,20 | 0,00 | —0,43 | —0,35 | —0,02 | +0,21 |

Si l'on compare la variation diurne de la pression atmosphérique totale avec celle de la pression de l'air sec, on voit qu'elles présentent une très-grande analogie dans leur marche depuis 8 h. du matin jusqu'à 9 h. du soir, la différence essentielle consiste en ce que la pression de l'air sec diminue constamment depuis 6 h. du matin jusqu'à 3 h. après midi, tandis que la pression atmosphérique totale augmente depuis 6 h. jusqu'à 9 h. du matin pour diminuer ensuite. La variation diurne de la pression de l'air sec ne semble indiquer qu'un seul maximum vers ou avant 6 h. du matin, et un seul minimum vers 3 h. de l'après-midi.

Les hauteurs maximum et minimum qui ont été accusées par le baromètre dans chacun des mois de l'année 1848, sont :

**1848**

| | GENÈVE. | | | SAINT-BERNARD. | | |
|---|---|---|---|---|---|---|
| | Maximum. | Minimum. | Différ. | Maximum. | Minimum. | Différ. |
| | mm | mm | mm | mm | mm | mm |
| Janvier. . | 731,84 | 713,24 | 18,60 | 565,34 | 549,59 | 15,75 |
| Février. . | 739,87 | 706,94 | 32,93 | 571,74 | 545,83 | 25,91 |
| Mars . . . | 733,26 | 704,76 | 28,50 | 567,67 | 542,35 | 25,32 |
| Avril . . . | 731,48 | 709,53 | 21,95 | 568,02 | 551,86 | 16,16 |
| Mai. . . . | 731,92 | 713,75 | 18,17 | 570,79 | 557,11 | 13,68 |
| Juin. . . . | 731,18 | 715,41 | 15,77 | 570,22 | 557,73 | 12,49 |
| Juillet . . | 732,66 | 715,32 | 17,34 | 573,89 | 557,39 | 16,50 |
| Août . . . | 732,56 | 722,79 | 9,77 | 574,53 | 562,44 | 12,09 |
| Septembr. | 736,45 | 714,67 | 21,78 | 573,96 | 556,63 | 17,33 |
| Octobre.. | 734,39 | 710,06 | 24,33 | 573,20 | 552,28 | 20,92 |
| Novembr. | 736,44 | 712,54 | 23,90 | 570,59 | 551,37 | 19,22 |
| Décembr. | 741,31 | 716,40 | 24,91 | 576,99 | 556,20 | 20,79 |

La plus grande hauteur que le baromètre a indiquée à Genève dans l'année 1848, est 741$^{mm}$,31 le 10 décembre à 9 h. du matin, et la plus petite hauteur 704$^{mm}$,76 le 12 mars à 3 h., ce qui donne pour l'amplitude annuelle totale 36$^{mm}$,55. Au Saint-Bernard le maximum de l'année est de 576$^{mm}$,99, il a eu lieu le 9 décembre à 9 h. du soir ; le minimum de l'année est de 542$^{mm}$,35, hauteur observée le 13 mars à 9 h. du matin, l'amplitude annuelle est ainsi de 34$^{mm}$,64.

## ÉTAT HYGROMÉTRIQUE DE L'AIR.

J'ai réuni dans le tableau suivant les moyennes mensuelles de la tension de la vapeur et de la fraction de saturation, telles qu'elles ont été obtenues à l'aide du psychromètre. Cette année-ci étant la première où on a fait usage de cet instrument, il faudra nécessairement continuer ces observations pendant plusieurs années avant de pouvoir en déduire avec une précision suffisante les variations de l'état hygrométrique de l'air à Genève.

**Genève 1848.**

| | TENSION DE LA VAPEUR. | | | | | | | | FRACTION DE SATURATION. | | | | | | | |
|---|---|---|---|---|---|---|---|---|---|---|---|---|---|---|---|---|
| | 6 h. | 8 h. | 9 h. | Midi. | 3 h. | 6 h. | 8 h. | 9 h. | 6 h. | 8 h. | 9 h. | Midi. | 3 h. | 6 h. | 8 h. | 9 h. |
| | mm | mm | mm | mm | mm | mm | mm | mm | | | | | | | | |
| Janvier... | 2,83 | 2,82 | 2,83 | 3,04 | 3,15 | 3,05 | 2,94 | 3,00 | 0,92 | 0,92 | 0,90 | 0,86 | 0,84 | 0,88 | 0,90 | 0,91 |
| Février... | 4,40 | 4,55 | 4,70 | 4,85 | 4,86 | 4,65 | 4,64 | 4,58 | 0,87 | 0,87 | 0,85 | 0,74 | 0,71 | 0,74 | 0,79 | 0,80 |
| Mars... | 4,86 | 5,22 | 5,24 | 5,13 | 4,78 | 4,70 | 4,95 | 4,97 | 0,86 | 0,87 | 0,81 | 0,69 | 0,65 | 0,68 | 0,76 | 0,79 |
| Avril... | 6,40 | 6,86 | 6,78 | 6,59 | 6,27 | 6,40 | 6,31 | 6,38 | 0,86 | 0,81 | 0,75 | 0,62 | 0,56 | 0,61 | 0,68 | 0,71 |
| Mai... | 7,92 | 8,25 | 8,40 | 8,18 | 7,79 | 7,93 | 7,97 | 7,87 | 0,84 | 0,71 | 0,69 | 0,59 | 0,53 | 0,58 | 0,66 | 0,71 |
| Juin... | 10,13 | 10,31 | 10,52 | 10,04 | 10,40 | 10,71 | 10,46 | 10,41 | 0,84 | 0,77 | 0,73 | 0,62 | 0,60 | 0,66 | 0,75 | 0,79 |
| Juillet... | 10,50 | 11,25 | 11,35 | 10,82 | 10,74 | 10,84 | 11,18 | 11,15 | 0,84 | 0,72 | 0,69 | 0,57 | 0,55 | 0,58 | 0,69 | 0,73 |
| Août... | 10,05 | 10,69 | 10,75 | 10,32 | 10,25 | 10,27 | 10,65 | 10,60 | 0,86 | 0,71 | 0,66 | 0,54 | 0,55 | 0,60 | 0,71 | 0,74 |
| Septembre.. | 8,33 | 9,90 | 9,37 | 9,23 | 9,25 | 9,64 | 9,46 | 9,23 | 0,90 | 0,85 | 0,76 | 0,65 | 0,60 | 0,69 | 0,78 | 0,80 |
| Octobre... | 7,15 | 7,45 | 7,76 | 7,85 | 7,56 | 7,60 | 7,63 | 7,44 | 0,94 | 0,91 | 0,87 | 0,72 | 0,68 | 0,76 | 0,85 | 0,85 |
| Novembre.. | 4,42 | 4,49 | 4,48 | 4,56 | 4,55 | 4,51 | 4,51 | 4,46 | 0,86 | 0,84 | 0,80 | 0,66 | 0,66 | 0,75 | 0,80 | 0,81 |
| Décembre.. | 4,12 | 4,27 | 4,29 | 4,86 | 4,81 | 4,80 | 4,53 | 4,43 | 0,90 | 0,93 | 0,91 | 0,86 | 0,82 | 0,91 | 0,92 | 0,91 |
| Hiver... | 3,77 | 3,86 | 3,93 | 4,25 | 4,26 | 4,14 | 4,07 | 3,99 | 0,898 | 0,907 | 0,888 | 0,822 | 0,792 | 0,846 | 0,872 | 0,873 |
| Printemps.. | 6,59 | 6,77 | 6,81 | 6,63 | 6,28 | 6,25 | 6,41 | 6,40 | 0,853 | 0,797 | 0,730 | 0,653 | 0,573 | 0,625 | 0,700 | 0,737 |
| Été... | 10,22 | 10,85 | 10,83 | 10,40 | 10,46 | 10,61 | 10,76 | 10,72 | 0,853 | 0,733 | 0,693 | 0,576 | 0,553 | 0,615 | 0,718 | 0,755 |
| Automne... | 6,63 | 7,05 | 7,22 | 7,22 | 7,11 | 7,23 | 7,20 | 7,05 | 0,900 | 0,861 | 0,811 | 0,677 | 0,647 | 0,734 | 0,810 | 0,820 |
| Année... | 6,76 | 7,14 | 7,20 | 7,12 | 7,04 | 7,07 | 7,12 | 7,05 | 0,876 | 0,824 | 0,785 | 0,677 | 0,641 | 0,703 | 0,774 | 0,796 |

## DES VENTS.

La direction et l'intensité du vent a été notée, comme
les années précédentes, à chacune des observations diurnes. Le tableau suivant donne, pour tous les mois de
l'année 1848, la somme des indications qui correspondent aux 16 vents principaux :

### Genève 1848.

| | Janv. | Fév. | Mars | Avr. | Mai | Juin | Juil. | Août | Sept. | Oct. | Nov. | Déc. |
|---|---|---|---|---|---|---|---|---|---|---|---|---|
| Calme . . . | 53 | 52 | 43 | 18 | 26 | 34 | 19 | 30 | 49 | 38 | 32 | 67 |
| N. . . . . . | 9 | 12 | 21 | 22 | 77 | 48 | 64 | 32 | 58 | 28 | 22 | 12 |
| NNE. . . . | 114 | 57 | 35 | 9 | 90 | 7 | 52 | 12 | 68 | 21 | 71 | 32 |
| NE. . . . . | 85 | 11 | 17 | 10 | 26 | 6 | 15 | 12 | 21 | 14 | 17 | 14 |
| ENE. . . . | 5 | 0 | 6 | 0 | 0 | 0 | 0 | 4 | 1 | 2 | 0 | 1 |
| E. . . . . . | 3 | 0 | 1 | 1 | 0 | 0 | 1 | 6 | 1 | 0 | 0 | 1 |
| ESE. . . . | 8 | 0 | 0 | 0 | 0 | 0 | 0 | 1 | 2 | 4 | 2 | 0 |
| SE. . . . . | 6 | 1 | 1 | 4 | 0 | 1 | 3 | 5 | 3 | 6 | 4 | 3 |
| SSE . . . . | 0 | 8 | 7 | 2 | 3 | 2 | 1 | 1 | 3 | 5 | 3 | 1 |
| S. . . . . . | 9 | 23 | 15 | 24 | 7 | 10 | 16 | 19 | 11 | 18 | 31 | 31 |
| SSO . . . . | 14 | 70 | 72 | 81 | 11 | 37 | 34 | 59 | 15 | 35 | 68 | 17 |
| SO. . . . . | 22 | 47 | 69 | 90 | 16 | 53 | 31 | 51 | 29 | 63 | 39 | 67 |
| OSO. . . . | 0 | 12 | 3 | 8 | 4 | 16 | 15 | 10 | 2 | 9 | 9 | 10 |
| O . . . . . | 3 | 6 | 11 | 5 | 1 | 5 | 4 | 8 | 7 | 1 | 6 | 11 |
| ONO. . . . | 2 | 3 | 0 | 0 | 3 | 2 | 2 | 2 | 0 | 6 | 7 | 1 |
| NO . . . . | 0 | 13 | 7 | 12 | 7 | 11 | 11 | 6 | 0 | 3 | 1 | 1 |
| NNO. . . . | 8 | 0 | 8 | 4 | 25 | 12 | 11 | 7 | 15 | 8 | 5 | 3 |

. La force relative des deux principaux courants atmosphériques, celui du NE et celui du SO peut être estimée,
pour chaque mois en prenant le rapport de la somme de
toutes les indications des vents qui ont soufflé entre le
nord et l'est, et de celle de toutes les indications des vents
qui ont soufflé entre le sud et l'ouest ; c'est ce que j'ai
fait dans le tableau suivant dans lequel la somme des
vents du sud-ouest est prise pour unité. J'y ai joint pour

chaque mois la direction de la résultante de tous les vents observés, ainsi que l'intensité relative de cette résultante sur 100 vents observés, et le nombre de fois sur 100, où l'air était calme.

| | Vents N.-E. à Vents S.-O. | Direction de la résultante. | | | Intensité de la résult. sur 100. | Calme sur 100. |
|---|---|---|---|---|---|---|
| Janvier | 5,68 | N | 35° | E | 72 | 21 |
| Février | 0,50 | S | 48 | O | 33 | 22 |
| Mars | 0,47 | S | 47 | O | 35 | 17 |
| Avril | 0,20 | S | 40 | O | 66 | 7 |
| Mai | 4,95 | N | 5 | E | 71 | 10 |
| Juin | 0,50 | S | 81 | O | 33 | 14 |
| Juillet | 1,32 | N | 27 | O | 29 | 8 |
| Août | 0,45 | S | 47 | O | 32 | 12 |
| Septembre | 2,33 | N | 4 | E | 41 | 20 |
| Octobre | 0,52 | S | 51 | O | 25 | 15 |
| Novembre | 0,72 | S | 40 | O | 19 | 13 |
| Décembre | 0,44 | S | 48 | O | 27 | 27 |
| Année | 0,86 | N | 79 | O | 14 | 16 |

L'année 1848 s'écarte notablement de la distribution habituelle des vents à Genève, par la prépondérance marquée des vents du sud-ouest; si la direction de la résultante pour toute l'année est encore un peu au nord de l'ouest, il faut en chercher l'explication dans le fait que j'ai déjà signalé dans un résumé précédent, savoir que les deux principaux courants antagonistes ne sont pas directement opposés; celui du nord-est se rapproche beaucoup plus de la direction nord que celui du sud-ouest ne se rapproche de la direction sud; la résultante doit donc avoir une tendance à se rapprocher du nord.

Le tableau des vents est fort simplifié au Saint-Bernard par la circonstance que cette localité ne laisse de passage qu'aux vents du nord-est et à ceux du sud-ouest,

tous les autres étant interceptés par les montagnes qui
dominent l'hospice, ou étant déviés suivant la direction
de l'ouverture du col. Je donne plus bas pour chaque
mois la somme des indications des deux vents principaux;
dans cette somme on a tenu compte de la force du vent
en représentant par des chiffres compris entre 0 et 3 son
intensité relative. Le sens de la résultante s'obtient par
une simple différence que j'indique pour chaque mois,
ainsi que son intensité relative sur 100 observations. J'ai
ajouté, dans une dernière colonne, le nombre de fois sur
100 où l'air était calme dans chacun des mois.

### Saint-Bernard 1848.

| | NE | SO | RÉSULTANTE. | | Calme |
| | | | Direction. | Intensité sur 100. | sur 100. |
|---|---|---|---|---|---|
| Janvier. . . | 94 | 58 | NE | 33 | 12 |
| Février. . . | 164 | 78 | NE | 49 | 15 |
| Mars. . . . | 172 | 132 | NE | 22 | 6 |
| Avril. . . . | 95 | 162 | SO | 37 | 15 |
| Mai. . . . . | 138 | 51 | NE | 47 | 36 |
| Juin . . . . | 79 | 186 | SO | 59 | 8 |
| Juillet . . . | 165 | 46 | NE | 64 | 11 |
| Août. . . . | 92 | 99 | SO | 4 | 4 |
| Septembre. | 123 | 102 | NE | 12 | 6 |
| Octobre . . | 110 | 158 | SO | 26 | 4 |
| Novembre. | 145 | 58 | NE | 48 | 1 |
| Décembre . | 87 | 101 | SO | 8 | 0 |
| Année . . . | 1464 | 1231 | NE | 11 | 10 |

L'année 1848 donne aussi pour le Saint-Bernard une
proportion plus forte que de coutume de vents du SO,
quoique la différence soit moins marquée qu'à Genève;
en effet, au Saint-Bernard, le rapport des vents du nord-
est à ceux du sud-ouest est 1,20 : 1 dans l'année 1848,
tandis que le rapport moyen est de 1,33 : 1. A Genève,
le rapport moyen est de 1,15 : 1, et il n'a été que de
0,86 : 1 dans l'année 1848. Dans quelques mois de

l'année 1848 on peut signaler une direction diamétralement opposée dans le vent dominant à Genève, et dans le vent dominant au Saint-Bernard ; ainsi, par exemple, dans les mois de février, de mars et de novembre, le vent du sud-ouest a soufflé à Genève avec une prépondérance très-marquée, tandis que le vent dominant au Saint-Bernard soufflait du nord-est. Le phénomène inverse, c'est-à-dire le vent dominant soufflant du nord-est à Genève, et du sud-ouest au Saint-Bernard, ne s'est pas présenté dans l'année 1848.

## DE LA PLUIE.

Le relevé fait d'après les tableaux mensuels du nombre de jours de pluie ou de neige, et de la quantité d'eau tombée, fournit les résultats suivants à Genève et au Saint-Bernard pour l'année 1848.

|  | GENÈVE. | | SAINT-BERNARD. | |
|---|---|---|---|---|
|  | Nombre de jours. | Eau tombée. mm | Nombre de jours. | Eau tombée. mm |
| Janvier. . . | 9 | 21,8 | 9 | 86,3 |
| Février. . . | 12 | 36,2 | 15 | 277,6 |
| Mars . . . . | 17 | 88,0 | 19 | 162,7 |
| Avril . . . . | 15 | 152,7 | 17 | 279,6 |
| Mai. . . . . | 7 | 19,6 | 3 | 6,1 |
| Juin . . . . | 16 | 159,6 | 12 | 225,0 |
| Juillet . . . | 8 | 70,5 | 9 | 92,4 |
| Août . . . . | 7 | 88,1 | 8 | 49,6 |
| Septembre . | 7 | 53,0 | 8 | 69,3 |
| Octobre . . | 10 | 86,3 | 12 | 142,6 |
| Novembre.. | 9 | 42,1 | 7 | 102,4 |
| Décembre.. | 8 | 32,3 | 5 | 91,0 |
| Hiver. . . . | 29 | 90,3 | 29 | 454,9 |
| Printemps. . | 39 | 260,3 | 39 | 448,4 |
| Été. . . . . | 31 | 318,2 | 29 | 367,0 |
| Automne . . | 26 | 181,4 | 27 | 314,3 |
| Année . . . | 125 | 850,2 | 124 | 1584,6 |

La quantité totale d'eau tombée à Genève, dans l'année 1848, diffère très-peu de celle que l'on obtient pour la moyenne des vingt dernières années ; elle est plus forte de 10 millimètres environ, et le nombre de jours de pluie est aussi un peu plus considérable, 125 au lieu de 117. Mais la distribution de la pluie suivant les saisons s'écarte beaucoup de la distribution normale ; l'hiver et l'automne de l'année 1848 ont été relativement très-secs, tandis que le printemps et l'été ont été très-pluvieux. Il tombe en moyenne 148,5 millimètres d'eau en hiver, et 288,7 millimètres en automne, chiffres qui sont supérieurs d'environ moitié à ceux que l'on a trouvés en 1848; il tombe en moyenne 188,7 millimètres d'eau au printemps, et 218,5 millimètres en été, ces chiffres sont respectivement les trois quarts et les deux tiers de ceux que l'on a trouvés pour l'année 1848. La distribution de la pluie dans le mois de juin, qui présente un grand nombre de jours de pluie et une proportion considérable d'eau, est assez remarquable par le fait, qu'il est tombé en un seul jour, le 3, 82,5 millimètres, c'est-à-dire plus de la moitié de la quantité totale pour tout le mois. Ce n'était cependant pas une pluie d'orage, ou une trombe, mais une pluie régulière et continue pendant près de vingt-quatre heures. Il est également à noter qu'après une série d'années où les pluies d'automne étaient excessivement abondantes, deux années consécutives, 1847 et 1848, ont présenté un automne très-sec.

La quantité d'eau qui tombe annuellement au St-Bernard est, d'après la moyenne des neuf dernières années, de 1805,4 millimètres ; la répartition de la quantité totale faite suivant les saisons, donne 592,3 pour l'hiver, 396,3 pour le printemps, 237,5 pour l'été, et 579,3 pour l'automne. La comparaison de ces chiffres avec ceux qui ont été trouvés dans l'année 1848, montre que cette année présente, sous le point de vue de la distribution de la pluie dans les différentes saisons, la même anomalie au Saint-Bernard qu'à Genève, c'est-à-dire l'hiver et l'automne relativement secs, et le printemps et l'été relativement pluvieux. La quantité totale d'eau tombée au Saint-Bernard, dans l'année 1848, est inférieure à la moyenne ; mais il est à présumer que cette moyenne est un peu trop élevée, car elle ne repose que sur les neuf dernières années, parmi lesquelles il s'en trouve plusieurs qui sont remarquables par l'excessive abondance des pluies.

Le nombre des jours d'orage, ou des jours où l'on a entendu le tonnerre à Genève, s'élève à 27 dans l'année 1848; ce nombre se répartit ainsi :

|  |  |  |  |
|---|---|---|---|
| Janvier . . . . | 0 | Juillet. . . . . | 4 |
| Février . . . . | 1 | Août. . . . . . | 5 |
| Mars . . . . . . | . | Septembre. . . | 2 |
| Avril . . . . . | 4 | Octobre. . . . | 0 |
| Mai . . . . . . | 6 | Novembre. . . | 0 |
| Juin. . . . . . | 4 | Décembre. . . | 0 |

Les détails sur ces différents orages sont consignés dans les tableaux mensuels.

On a observé très-fréquemment à Genève le phénomène connu sous le nom d'éclairs de chaleur ; en ne comptant que les jours où il a été observé par un ciel parfaitement serein, on en trouve huit dans le mois de mai, deux dans le mois de juin, trois dans le mois de juillet, un dans le mois d'août, et trois dans le mois de septembre. L'apparence que présentait ce phénomène dans la plupart des cas, est impossible à concilier avec l'hypothèse qu'il est produit par le reflet de décharges électriques qui auraient lieu au-dessus de pays voisins, quoique trop éloignés pour que le nuage orageux soit visible, et que le bruit du tonnerre puisse être entendu. En effet, ces lueurs se voyaient fréquemment à une grande hauteur au-dessus de l'horizon, dans le voisinage même du zénith ; dans d'autres cas, lorsqu'elles apparaissaient à une moins grande élévation au-dessus de l'horizon du côté de l'est, les observations faites au même instant au Saint-Bernard, situé à vingt lieues à l'est-sud-est de Genève, accusaient un ciel parfaitement serein, on ne pouvait donc pas admettre l'existence de nuages orageux dans cette direction. Il me paraît impossible d'expliquer ces lueurs autrement que par des décharges ou combinaisons électriques s'opérant sans bruit et sans l'intermédiaire de nuages faisant l'office de conducteurs dans les régions de l'atmosphère situées au-dessus de l'endroit où le phénomène est visible.

## ETAT DU CIEL.

J'ai déjà indiqué la notation employée pour désigner l'état du ciel ; je désigne par *clairs* les jours dont le degré moyen de clarté, d'après les huit observations diurnes, est représenté par une fraction plus petite que 0,25 ; je les désigne par *nuageux*, lorsque cette fraction est comprise entre 0,25 et 0,75, enfin par *couverts*, lorsque la fraction est plus grande que 0,75. L'état du ciel pendant l'année 1848 est donné pour Genève et le Saint-Bernard par le tableau suivant :

| | GENÈVE. | | | | SAINT-BERNARD. | | |
|---|---|---|---|---|---|---|---|
| | jours clairs. | jours nuag. | jours couv. | clarté moyenne. | jours clairs. | jours nuag. | jours couv. | clarté moyenne |
| Janvier. . . | 0 | 3 | 28 | 0,94 | 5 | 12 | 14 | 0,62 |
| Février. . . | 7 | 3 | 19 | 0,67 | 6 | 8 | 15 | 0,65 |
| Mars . . . . | 1 | 13 | 17 | 0,73 | 1 | 10 | 20 | 0,83 |
| Avril . . . . | 1 | 10 | 19 | 0,74 | 0 | 7 | 23 | 0,83 |
| Mai. . . . . | 16 | 9 | 6 | 0,37 | 8 | 11 | 12 | 0,59 |
| Juin . . . . | 4 | 17 | 9 | 0,59 | 3 | 10 | 17 | 0,75 |
| Juillet . . . | 12 | 11 | 5 | 0,39 | 8 | 13 | 10 | 0,54 |
| Août . . . . | 8 | 17 | 6 | 0,46 | 10 | 11 | 10 | 0,47 |
| Septembre.. | 14 | 10 | 6 | 0,39 | 9 | 10 | 11 | 0,52 |
| Octobre . . | 4 | 12 | 15 | 0,68 | 5 | 7 | 19 | 0,75 |
| Novembre.. | 4 | 12 | 14 | 0,65 | 14 | 7 | 9 | 0,45 |
| Décembre.. | 0 | 12 | 19 | 0,78 | 19 | 6 | 6 | 0,34 |
| Hiver, . . . | 7 | 18 | 66 | 0,80 | 30 | 26 | 35 | 0,54 |
| Printemps.. | 18 | 32 | 42 | 0,61 | 9 | 28 | 55 | 0,75 |
| Eté . . . . . | 24 | 48 | 20 | 0,48 | 21 | 34 | 37 | 0,59 |
| Automne . . | 22 | 34 | 35 | 0,57 | 28 | 24 | 39 | 0,57 |
| Année. . . . | 71 | 132 | 163 | 0,62 | 88 | 112 | 166 | 0,61 |

Il est assez curieux de noter que les trois années 1846, 1847 et 1848, présentent presque exactement la même fraction pour le degré moyen de clarté du ciel, quoiqu'elles diffèrent notablement sous d'autres rapports ; l'année 1846 a été pluvieuse et chaude, l'année 1847 a été sèche et froide, l'année 1848 tient, sous ces deux rapports, le milieu entre les deux précédentes. Il faut cependant ajouter que, si on compare dans ces trois années les mois correspondants, on trouve des différences notables dans le degré de clarté du ciel.

# NOTICE

### SUR LA

## GÉOLOGIE DE LA VALLÉE DU REPOSOIR

### EN SAVOIE

#### ET

### SUR DES ROCHES CONTENANT DES AMMONITES ET DES BÉLEMNITES SUPERPOSÉES AU TERRAIN NUMMULITIQUE,

#### PAR

## Mr. A. FAVRE,

Professeur à l'Académie de Genève.

Cette notice n'est point destinée à donner une théorie ; elle doit simplement signaler un fait qui m'a paru important et difficile à expliquer, quoiqu'il se présente d'une manière simple en apparence. C'est la superposition de grandes masses calcaires contenant des bélemnites et des ammonites à des roches remplies de nummulites. Cet ordre de superposition est contraire à ce que jusqu'ici la paléontologie et la géognosie nous ont fait connaître, par conséquent nous avons raison de douter que la position des roches qui le présente soit normale. D'un autre côté, ce fait singulier se présente d'une manière si simple ; la structure des montagnes où il se trouve est si régulière qu'il est digne d'attirer l'attention des observateurs ; c'est le but de cette notice. Mais je leur re-

commande, avant de juger, de se donner la peine de
parcourir ces hautes montagnes dans différentes directions. Quoique je l'aie fait déjà plusieurs fois, ce n'est
qu'avec une extrême réserve que j'expose mes observations.

La vallée du Reposoir serait-elle une de ces localités
où l'étude fait découvrir des exceptions dans la science
qui deviennent des règles générales pour les Alpes ? Le
gisement des roches de cette vallée viendra-t-il s'ajouter
aux exceptions déjà connues que présente la géologie
des Alpes comparée à celle d'autres pays ? C'est ce que
je ne me permettrai pas de décider, car il faut que ce
genre d'exceptions soit constaté par plus d'un observateur. Mais je rappellerai comme exemple de ces anomalies les localités de Saint-Cassian et Hallstadt en Autriche,
où l'on trouve un mélange d'orthocères et d'ammonites ; de Petit-Cœur, en Tarentaise, où l'on voit des bélemnites associées aux plantes houillères ; la superposition
apparente du calcaire jurassique à la molasse tertiaire,
qui s'observe sur la plus grande partie du versant nord
des Alpes, depuis la Savoie jusque près de Vienne en
Autriche, et enfin la structure en éventail qui, dans un
grand nombre de localités, place des schistes cristallins
au-dessus des calcaires contenant des bélemnites.

La vallée du Reposoir est située en Savoie sur la rive
gauche de l'Arve, entre les villes de Cluses et de Thones,
elle est enfermée entre deux chaînes de montagnes élevées. Celle du nord est la chaîne des monts Vergys.
Celle du sud est la chaîne du Meiry ou de la Pointe-
Percée, qui sépare la vallée du Reposoir de celle de
Mégève, et dont le prolongement occupe la rive droite
de l'Isère entre Albertville et Montmélian.

Les couches qui constituent la chaîne des monts
Vergys plongent à peu près au sud-est, tandis que les
couches de la chaîne de la Pointe-Percée plongent au
nord-ouest; ce sont les mêmes couches qui forment ces
deux chaines, en sorte que la vallée du Reposoir, qui
est située entre elles deux, présente la structure géologique nommée structure en fond de bateau.

Les plus hautes cimes de la chaîne des Vergys atteignent 2388 mètres au-dessus du niveau de la mer, d'a-
près Mr. Chaix. La Pointe-Percée, qui est la cime la
plus élevée de la chaîne à laquelle elle donne son nom,
n'a jamais été mesurée, mais j'estime qu'elle s'élève à
2500 ou 2600 mètres au-dessus de la mer. Entre ces
deux chaines de montagnes, et au centre par conséquent de la vallée du Reposoir, s'élève une grande montagne connue dans le pays sous le nom de la montagne
des Anes. Sa base au Reposoir est à 981 mètres (observ.
barom. faite à l'auberge); j'estime que sa cime est située
à environ 2300 mètres. Elle divise la vallée du Reposoir
en deux parties qui se rejoignent aux extrémités nord-
est et sud-ouest de la vallée. La montagne des Anes est
liée à la chaîne des Vergys, au nord, par le col de la
Touvière ou des Ferrands, et au sud à la chaîne de la
Pointe-Percée, par le col des Anes. Ces deux cols sont
très-intéressants sous le rapport de la géologie.

Il est donc évident que la montagne des Anes tout
entière repose sur les couches qui forment la chaîne des
Vergys et de la Pointe-Percée, ou ce qui est la même
chose, que ces couches passent par-dessous cette montagne. Voilà qu'elle est la position et la structure de cette
vallée ; maintenant j'arrive à la partie géologique de
cette notice.

Les deux chaînes de montagnes indiquées ci-dessus sont formées par des couches néocomiennes ; la plus grande masse appartient au calcaire de la première zone de rudistes ou calcaire à Chama Ammonia. Dans quelques-unes des parties les plus élevées on voit le néocomien inférieur qui a percé l'étage supérieur du néocomien. Il est caractérisé par le Toxaster complanatus, Ag., que l'on trouve en grande abondance au col du Balafras (2303 mètres, observ. barom., chaîne des Vergys), et à la *Cheminée* du Meiry (chaîne de la Pointe-Percée). Le terrain jurassique se laisse voir au-dessous du terrain néocomien sur le revers méridional de cette dernière chaîne, tandis qu'on ne peut l'apercevoir dans la chaîne des Vergys.

Le terrain néocomien dont nous venons de parler est recouvert par une grande épaisseur de calcaire blanc à Chama Ammonia, sur lequel se trouve le grès vert ou terrain albien en couches ou en lambeaux de couches plaqués çà et là à sa surface. Ce terrain est riche en fossiles au revers sud de la chaîne des Vergys, aux escaliers de Sommiers et à la Roselletaz, chaîne de la Pointe-Percée. D'après les observations que Mr. Murchison a communiquées à la réunion de la Société helvétique des Sciences naturelles [1], réunie l'année dernière à Soleure, ce terrain doit être recouvert dans quelques localités par un calcaire qui paraît être l'équivalent du calcaire de Seewen et de la craie blanche. Cette roche est recouverte par du calcaire gris noirâtre, pétrie de petites nummulites. Ce calcaire à nummulites est surmonté par le macigno alpin formé par des roches cal-

[1] Voyez page 57 de ce volume.

caires plus ou moins marneuses associées à quelques
grès. C'est un terrain identique à celui que la Société
géologique de France a étudié, il y a quelques années,
aux Déserts près Chambéry. Les couches de ce macigno,
qui forment le fond de la vallée du Reposoir et la base
de la montagne des Anes, alternent un très-grand nombre de fois avec des couches plus ou moins épaisses de
grès de Taviglianaz, qui, comme je l'ai dit ailleurs [1],
paraît être une sorte de tuf volcanique ancien. Cette
roche est associée à des cargneules, à des calcaires
rouges, et près du col de la Touvière on voit une roche
de quartz en masse qui lui est subordonnée. C'est au-
dessus de toutes ces roches que le grand massif calcaire qui forme la montagne des Anes se trouve situé.
Il est formé par un calcaire grisâtre ou jaunâtre qui
renferme des pantacrines, des peignes, des térébratules,
des fragments d'ammonites et des bélemnites très-re-
connaissables pour le genre, mais indéterminables pour
l'espèce.

En général je ne crois pas aux anomalies et aux exceptions en géologie, parce que les phénomènes ont été
trop généraux pour produire ce que l'on pourrait appeler
des monstruosités géologiques. Cependant, quoique j'aie
visité plusieurs fois cette singulière localité, je suis toujours arrivé au même résultat, et j'ai toujours vu la
superposition de ce calcaire à ammonite et à bélemnites
au calcaire à nummulites. Les observations sont très-faciles à faire, car la montagne des Anes est, comme je l'ai
dit, isolée au milieu de la vallée, et l'on voit, du côté

---

[1] Notice sur la Géologie du Tyrol allemand et sur l'origine de
la dolomie, *Bibl. Univ.* (*Archives*), tome X, p. 205.

du nord aussi bien que du côté du sud, les couches
des Vergys et de la Pointe-Percée plonger au-dessous
d'elle.

Je ne sais à quel âge rapporter le terrain de cette
montagne, mais je puis dire que par son aspect il présente beaucoup plus de rapport avec le terrain jurassique
qu'avec aucun des étages du terrain crétacé de notre
pays.

Je rappellerai, en terminant, que ce n'est pas la première fois que l'on a cité des terrains plus anciens reposant sur le calcaire à nummulites. Mr. le prof. Studer [1]
indique, dans l'Oberland bernois, du gneiss superposé
au terrain nummulitique.

Le fait peut-être le plus extraordinaire est celui indiqué par Mr. Escher dans ses courses géologiques du
Canton de Glaris. On voit à l'Ortstock la coupe suivante
en allant de haut en bas : 1° Calcaire jurassique supérieur et moyen ; 2° calcaire jurassique inférieur ; 3° le
sernfconglomérat, qui est un poudingue analogue à
celui de Valorsine, dont la position normale est entre
les roches cristallines et le terrain jurassique ; 4° on retrouve de nouveau le calcaire jurassique moyen ; 5° on
voit le calcaire nummulitique au-dessous de toutes ces
couches.

La montagne du Glarnish présente la même coupe,
seulement au-dessous des couches précédentes on voit
le calcaire néocomien et le calcaire à nummulites. Dans
cette montagne ce dernier se trouve donc au sommet
et à la base. On pourrait multiplier facilement ces exem-

[1] Bulletin de la Société géologique de France, 2me série,
tome IV, p. 213 et suivantes.

ples, mais je pense que l'on ne peut point en trouver de plus extraordinaire [1].

[1] Voici encore quelques faits qui présentent de l'analogie avec ceux indiqués dans cette note et qui peuvent servir de point de comparaison.

Mr. Studer dit que, dans quelques localités de la Suisse, les roches à nummulites sont recouvertes par un terrain à fucoïdes qui renferme des bélemnites. *Actes de la Société helvétique des Sciences naturelles*, p. 104. Basel, 1838.

Mr. Coquand assure que Mr. Savi a trouvé un hamites (peut-être ancyloceras) dans le macigno des environs de Florence, Mr. Pentland y a découvert une ammonite, et Mr. Pareto a également recueilli une ammonite dans le macigno des montagnes de Gênes. D'après Mr. Coquand, ce macigno contient aussi des nummulites et doit être rangé dans le terrain crétacé. *Bulletin de la Société géologique de France*, 2ᵐᵉ série, tome II, page 194. D'après Mr. Murchison, ces fossiles auraient été trouvés dans des roches inférieures au terrain nummulitique. *On the Geological structure of the Alps, Carpathians and Apennines ; from the London, Edinburgh and Dublin Philos. Magaz.* March, 1849.

Mr. Gaillardot indique dans les environs du Caire des couches à ammonites recouvrant les couches à nummulites au pied du Mokatam. *Ann. de la Société d'Emulation des Vosges*, 1845, tome V, 3ᵐᵉ cahier.

D'après l'indication donnée dans le Bulletin de Férussac, Géologie, 1829, tome XVII, p. 322, il paraîtrait que Mr. Partsch a trouvé une ammonite dans les roches arénacées à fucoïdes du Kahlenberg près de Vienne.

# BULLETIN SCIENTIFIQUE.

## MÉTÉOROLOGIE.

36. — MESURE DE L'INTENSITÉ DES RAFALES DE VENT, par Mr. BABINET. (*Comptes rendus de l'Acad. des Sciences*, du 23 avril 1849.)

1. Tous les observateurs ont remarqué les oscillations de plusieurs vingtièmes de millimètres qui se manifestent dans la colonne barométrique, lorsque le vent souffle par rafales. La colonne d'eau du sympiézomètre, à défaut d'un baromètre à eau, rend ces oscillations beaucoup plus sensibles, et, en négligeant l'effet qui résulte de la grandeur du vase, et ce qui provient de la chaleur que développe l'air subitement comprimé, les indications du sympiézomètre sont treize à quatorze fois plus sensibles que celles du baromètre ordinaire.

2. Si, après avoir mis 1 ou 2 centimètres d'eau au fond d'un flacon d'une capacité d'environ 1 litre, on le ferme hermétiquement avec un bouchon qui soit traversé par un tube d'un diamètre intérieur de 1 à 2 millimètres, et qui plonge dans l'eau qui est au fond du vase, on pourra, par insufflation, introduire dans le flacon un léger excès d'air, en sorte que la force élastique de cet air soutienne la pression de l'atmosphère, plus une colonne d'eau de quelques centimètres. Alors si on a soin de préserver le vase, par une enveloppe convenable, des effets de la chaleur extérieure, les plus légères variations de pression atmosphérique seront sensibles sur la colonne d'eau qui, jointe à la pression atmosphérique, fait équilibre à l'élasticité de l'air intérieur. On obtient facilement une variation

de 10 à 15 millimètres, en portant le sympiézomètre de bas en
haut le long d'un escalier. Les hauteurs des environs de Paris
donnent des variations de 120 à 150 millimètres, et, avec un peu
de soin, on peut rendre sensible la différence de pression de l'air
entre deux points qui ne diffèrent en hauteur que de 2 à 3 décimètres, comme, par exemple, le·haut et le bas d'une pile de livres
placés sur une table ordinaire.

3. Les rafales du vent produisent communément des variations
de 1 à 2 millimètres ; elles sont très-fortes à 3 millimètres. Si elles
atteignent 4, 5 ou 6 millimètres, elles ébranlent les vitres, les
portes et les cloisons, et font refluer des torrents de fumée dans les
appartements transformés alors en vrais sympiézomètres, dont le
tube est le tuyau de la cheminée, et la chambre le vase rempli
d'air, dont le volume varie avec la pression extérieure. Je n'ai jamais observé de rafales supérieures à 6 ou 7 millimètres d'eau, ce
qui répond à peu près à un demi-millimètre de mercure. Le 19 et
le 20 de ce mois d'avril, avec le baromètre à 745 millimètres environ, les rafales atteignaient rarement 4 millimètres d'eau, et celles
qui s'élevaient à 6 millimètres ne le faisaient pas trop subitement.
Le 28 février de cette année, le baromètre étant à 744 millimètres,
les séries de rafales étaient à peu près comme la suivante :

$$1^{mm}, \ 2^{mm}, \ 2^{mm}, \ 2^{mm}, \ 2^{mm}, \ 3^{mm}.$$

Les plus fortes étaient de 5 millimètres ; mais comme elles se produisaient subitement, elles ébranlaient beaucoup plus les objets
mobiles, et faisaient sonner beaucoup plus fort les passages étroits
dans lesquels elles s'engouffraient.

4. En général, on observe que, dans le moment qui précède une
rafale, le sympiézomètre monte ou descend pendant un petit nombre de secondes, et qu'ensuite l'effet contraire se produit beaucoup
plus rapidement (par exemple pendant une fraction de seconde), et
qu'il en résulte une secousse ou rafale qui n'avait pas eu lieu, à
beaucoup près, d'une manière aussi prononcée dans le mouvement
comparativement lent qui avait précédé ce retour subit à l'équilibre.

On est tenté de croire que le mouvement qui précède la rafale a été produit par l'accumulation ou la rencontre de plusieurs ondes de condensation ou de dilatation qui exercent momentanément un effet très-grand au point de leur coïncidence. Cet effet venant à cesser, l'air reprend la pression précédente au moyen de déplacements peu étendus, mais très-intenses. Il m'a semblé que la rafale était plus souvent précédée par une diminution de pression que par une augmentation, quoique l'un et l'autre s'observent. Si l'on jette des plumes dans un air agité de violentes rafales, comme on le fait dans l'air pour éprouver la vitesse du vent, on est étonné de la petite distance où elles sont transportées par la rafale même. Souvent, après avoir parcouru un petit espace, elles rétrogradent pendant quelques instants avant de suivre la direction générale du vent considérée à part des rafales.

5. On peut donc, dans nos climats, admettre que les rafales très-sensibles sont mesurées au sympiézomètre par une colonne de 1 à 2 millimètres d'eau (0$^{mm}$,07 à 0$^{mm}$,14 de mercure), environ un dix-millième de la pression atmosphérique totale.

Les rafales de 6 à 7 millimètres sont très-rares. Elles correspondraient à $^{1}/_{1500}$ environ de la pression atmosphérique. Enfin, un des éléments les plus importants à mettre en ligne de compte, c'est la brièveté du temps que met la rafale à se produire. Ainsi, au 19 avril 1849, des rafales de 6 millimètres produisaient un ébranlement beaucoup moins énergique que les rafales de 5 millimètres du 28 février de cette même année, le baromètre étant d'ailleurs à peu près à la même hauteur aux deux époques. Il sera curieux de mesurer au sympiézomètre les rafales signalées par Mariotte comme faisant éclater les vitres par leur pression subite, rafales dont il a confondu les effets avec ceux du vent ordinaire.

## CHIMIE.

37. — Recherches sur la chaleur dégagée dans les combinaisons chimiques, par MM. Favre et Silbermann. (*Comptes rendus de l'Acad. des Sc.*, séance du 21 mai 1849.)

Dans ce nouveau mémoire, les auteurs traitent un sujet d'une grande importance ; ils comparent, en effet, les quantités de chaleur dégagées dans la combinaison de l'hydrogène et de quelques métaux avec l'oxygène, le chlore, le brôme, l'iode et le soufre. Malheureusement ils ont dû renoncer presque complétement à la détermination directe des chaleurs produites dans les combinaisons avec ces quatre derniers corps, les essais qu'ils ont tentés dans le but d'y parvenir leur ayant offert des difficultés qu'ils n'ont pu surmonter. Ils n'ont pu déterminer directement que la chaleur produite lors de la combustion de l'hydrogène par le chlore, elle est exprimée par le chiffre 23783 pour 1 gramme d'hydrogène (sa combustion par l'oxygène donne 34462).

Dans tous les autres cas ils ont dû recourir à des méthodes indirectes, et déduire la chaleur produite par la combinaison de deux éléments de celle dégagée dans une opération plus complexe, où intervenaient d'autres combinaisons ou des décompositions dont l'influence calorifique avait été préalablement déterminée. Nous nous bornerons à citer quelques exemples pour faire comprendre la marche qu'ils ont suivie.

La chaleur dégagée par la chloruration d'un métal peut se calculer au moyen des éléments suivants :

1° Chaleur dégagée dans l'attaque du métal par l'acide chlorhydrique étendu ;

2° Chaleur dégagée par la dissolution de l'acide chlorhydrique dans l'eau ;

3° Chaleur absorbée par la décomposition de l'acide chlorhydrique.

On peut aussi la déduire de la chaleur dégagée lors de l'action de l'acide chlorhydrique étendu sur un oxyde anhydre, mais il faut alors tenir compte : 1° de la chaleur dégagée par la formation de l'eau ; 2° de la chaleur absorbée par la décomposition de l'oxyde ; 3° de la chaleur absorbée par la décomposition de l'acide chlorhydrique étendu.

Il est fort à regretter que l'on n'ait pu réussir à faire ces déterminations d'une manière directe. En effet, on peut craindre une assez grande incertitude dans les résultats obtenus par des méthodes aussi complexes, par des réactions dans lesquelles la cause dont on veut mesurer l'effet n'est pas toujours celle qui a le plus d'influence. Mais surtout ne peut-on pas élever des doutes sur le principe même qui sert de base à ces calculs[1]? Est-il bien rigoureusement démontré, comme les auteurs l'ont admis en principe, «que la chaleur absorbée dans l'acte de la décomposition chimique de deux éléments est rigoureusement égale à la chaleur dégagée par la combinaison de ces mêmes éléments, lorsqu'il ne survient pas, toutefois, de modifications dans l'état physique des éléments mis en jeu? » Nous ne faisons qu'émettre un doute sans vouloir exprimer une opinion ; l'extrait du mémoire inséré dans les comptes-rendus est trop concis pour que les auteurs aient pu aborder ces questions, qu'ils ont peut-être résolues d'une manière satisfaisante dans leur mémoire. Ajoutons cependant qu'ils annoncent que dans plusieurs cas les résultats ont pu être contrôlés par l'emploi de diverses méthodes et que l'accord a été satisfaisant.

Nous renvoyons nos lecteurs à l'extrait contenu dans les Comptes rendus, ou mieux au mémoire original lorsqu'il aura paru, pour le tableau des résultats numériques obtenus par MM. F. et S. Il nous a paru inutile de les reproduire avant que de pouvoir apprécier le degré de confiance qu'ils peuvent mériter. Nous nous permettrons cependant encore une remarque sur la manière dont ces résultats sont présentés. Un premier tableau offre les chaleurs dégagées par

---

[1] Ce doute n'est-il pas permis, surtout quand on voit qu'il résulte de ces calculs que certaines combinaisons, par exemple celle de l'iode et de l'hydrogène, donnent lieu à une absorption et non à un dégagement de chaleur ?

la combinaison de l'hydrogène et de plusieurs métaux avec un équivalent d'oxygène, de chlore, de brôme, d'iode et de soufre ; les chiffres y sont ramenés par le calcul à ce qu'ils seraient si, dans tous les cas, le produit de la combinaison avait été obtenu anhydre. La comparaison des chiffres de ce tableau paraît ne conduire à aucune loi. Dans un second tableau, les nombres calorifiques sont, au contraire, ramenés à ce qu'ils seraient si, dans tous les cas aussi, le produit avait été obtenu à l'état de dissolution étendue. Suivant les auteurs, c'est sous cette seconde forme seulement que les résultats sont comparables, parce que, lorsque le produit obtenu est solide, on ignore la part d'influence calorifique qu'il faut réserver aux différences de structure, d'agrégation et de cristallisation du corps.

Sous cette forme, en effet, l'inspection de ces nombres conduit à un résultat remarquable, c'est que les quantités de chaleur dégagées dans l'oxydation des métaux diffèrent d'une quantité presque constante de celles qui se dégagent dans la chloruration, ou dans la bromuration, etc., des métaux correspondants. Ainsi, connaissant les chaleurs dégagées par l'oxydation des métaux, on obtient les nombres calorifiques correspondant aux chlorures en ajoutant le module + 21400 aux nombres calorifiques des oxydes ; ce module est + 9600 pour les bromures, — 3600 pour les iodures et — 25200 pour les sulfures. De même, si l'on compare entre elles les chaleurs dégagées par la combinaison de divers métaux avec un même élément négatif, on trouve aussi des différences constantes, quel que soit cet élément ; ainsi, pour passer des nombres calorifiques relatifs au potassium à ceux des autres métaux, il faut en retrancher constamment :

2700 pour le sodium,
41200 — zinc,
45000 — fer,
57400 — hydrogène,
55400 — plomb,
62500 — cuivre,
78500 — argent.

Ces résultats sont fort intéressants, mais il nous est impossible de ne pas concevoir des doutes graves sur leur réalité. Sans parler de la fiction par laquelle les auteurs se représentent des composés insolubles comme étant obtenus en dissolution de l'eau, et du degré d'exactitude que peut offrir la méthode de calcul par laquelle ils déterminent les nombres calorifiques qu'ils auraient dû obtenir si cette condition eût pu se réaliser, nous ne pouvons admettre en aucune façon que, s'il existe un rapport simple entre les chaleurs dégagées dans la formation des composés binaires, ce rapport puisse s'observer sur les nombres qui expriment ces chaleurs lorsque ces composés sont obtenus en dissolution dans l'eau. Il est évident que, dans ce cas, la chaleur dégagée par la formation du composé binaire est compliquée par une cause étrangère, savoir l'action de l'eau, qui est loin d'être la même pour tous les corps. Comment pourrait-on imaginer, par exemple, de comparer dans de telles circonstances les nombres calorifiques correspondants à l'oxydation et à la chloruration du potassium, lorsqu'on sait que le premier se trouve augmenté de toute la chaleur produite par la combinaison de la potasse avec l'eau, tandis que le second est diminué par le froid qui résulte de la dissolution du chlorure dans l'eau. Personne, sans doute, ne pensera que cette cause ait moins d'influence que les différences de structure, d'agrégation et de cristallisation que peuvent présenter les composés binaires lorsqu'on les compare à l'état anhydre.

Ici encore il faudrait pouvoir suivre pas à pas la marche suivie par les auteurs dans leurs expériences, et surtout dans leurs méthodes de calculs ; peut-être y trouverait-on la source de ces relations simples qu'ils ont cru découvrir. C. M.

---

38. — Nouveau procédé pour reconnaître l'iode et le brôme, par Mr. Alvaro Reynoso. ( *Comptes rendus de l'Acad. des Sciences*, séance du 30 avril 1849.)

Le procédé que l'on emploie habituellement pour reconnaître la présence de l'iode ou du brôme, lorsque ces corps sont à l'état d'iodures ou de bromures, consiste à ajouter au liquide de l'amidon ou de l'éther, puis à y verser, goutte à goutte, une dissolution de chlore. L'iode et le brôme, mis en liberté, se reconnaissent aussitôt, le premier par la coloration bleue de l'amidon, le second en se dissolvant dans l'éther qu'il colore en jaune. Suivant l'auteur, cette méthode présente des inconvénients qui peuvent quelquefois donner lieu à des erreurs. En effet, un excès de chlore, tendant à produire un chlorure d'iode ou de brôme qui, en présence de l'eau, donne naissance à de l'acide chlorhydrique et à de l'acide iodique ou bromique sans action sur l'amidon ou l'éther, on a à craindre d'employer un excès d'eau chlorée qui détruirait toute coloration, et l'on risque, d'un autre côté, pour éviter cet inconvénient, de n'en pas mettre une quantité suffisante. Cette difficulté est augmentée encore par la variabilité de composition de la dissolution de chlore que l'on emploie, puisque celle-ci s'affaiblit avec le temps.

Pour éviter ces difficultés, l'auteur propose de remplacer la dissolution de chlore par de l'eau oxygénée, qui met également en liberté le brôme et l'iode, sans qu'un excès de ce corps s'oppose à leur réaction caractéristique sur l'amidon ou l'éther. Il n'est pas nécessaire pour cela de préparer d'avance l'eau oxygénée. On introduit dans un tube un peu de bioxyde de barium, on y ajoute de l'eau distillée, de l'acide chlorhydrique pur et de l'empois d'amidon, puis on y verse le liquide dans lequel on cherche à reconnaître la présence de l'iode, et l'on voit immédiatement se produire une coloration d'un rose bleu si la quantité d'iode est très-faible, et d'un bleu foncé, si la quantité d'iode est notable. Pour reconnaître le brôme, il suffit de remplacer l'amidon par l'éther. La présence de chlorures, de sulfures, de sulfites ou d'hyposulfites ne s'oppose nullement à la réussite de l'opération.

L'auteur assure que l'on peut, par cette méthode, constater encore la présence de l'iode lorsque la proportion en est assez faible pour que l'ancien procédé ne permette point de le reconnaître. C'est un point que l'expérience seule peut décider. Quant au reproche qu'il fait à ce procédé, fondé sur la difficulté d'apprécier la quantité de chlore qu'il convient d'employer, il nous semble au

meins exagéré. Lorsqu'on fait ces essais, on se contente, en général, d'approcher l'ouverture du flacon d'eau chlorée du vase
qui contient le liquide mêlé avec une dissolution d'amidon, et l'on
voit alors la coloration bleue se produire d'abord à la surface du
liquide et se propager peu à peu, surtout si l'on agite un peu. On
n'a pas à craindre ainsi l'influence d'un excès de chlore.

---

39. — Recherches sur la décomposition électrolytique des
composés organiques, par Mr. H. Kolbe. (*Ann. der Chemie
und Pharm.*, tome LXIX, p. 257.)

Nous avons déjà [1] énoncé succinctement les résultats obtenus par
Mr. Kolbe dans ses expériences sur la décomposition du valérianate
de potasse par le courant de la pile. Le nouveau mémoire de ce
savant renferme des développements plus étendus sur ce sujet,
mais nous n'y reviendrons pas ; nous nous bornerons à dire qu'il
donne le nom de *valyle* au carbure d'hydrogène liquide $C^9H^9$ qui
se produit dans cette décomposition, et qu'il considère comme existant dans l'acide valérianique combiné ou copulé avec l'acide oxalique.

Mais nous extrairons de ce mémoire quelques détails sur la décomposition qu'éprouve l'acétate de potasse soumis, en dissolution
concentrée, à l'action de la pile. Les produits de cette décomposition sont tous gazeux, ils renferment de l'acide carbonique, de
l'hydrogène libre, un gaz combustible inodore, et un gaz d'une
odeur éthérée qui peut être absorbé par l'acide sulfurique ; ils peuvent contenir aussi une petite quantité d'oxygène libre. Les expériences de Mr. Kolbe prouvent que le gaz combustible inodore est
presque entièrement formé d'un hydrogène carboné gazeux, dont
la composition et le mode de condensation correspondent au composé hypothétique auquel on a donné le nom de *méthyle* $C^2H^5$ ;
seulement il est toujours accompagné d'une petite quantité d'oxyde

[1] Voyez *Bibl. Univ.*, 1848 ; *Archives*, tome VII, page 68.

méthylique (éther de l'esprit de bois). L'auteur a d'abord déterminé par des analyses eudiométriques la composition des gaz dégagés simultanément aux deux pôles de la pile, et il a trouvé qu'après en avoir absorbé l'acide carbonique ils renfermaient environ : ·

| | |
|---|---|
| Oxygène . . . . . . . | 3,0 |
| Hydrogène . . . . . . | 66,3 |
| Méthyle . . . . . . . | 28,3 |
| Oxyde méthylique. . . | 2,4 |
| | 100 |

Mais il remarque avec raison que l'analyse eudiométrique ne permet pas de discerner l'hydrogène libre de l'hydrogène combiné existant dans le méthyle, en sorte qu'il aurait pu aussi bien supposer dans le mélange gazeux la présence de l'hydrogène et du gaz des marais. Pour éloigner cette cause d'incertitude, il a changé la disposition de son appareil de manière à ne recueillir que le gaz dégagé au pôle positif. L'analyse de ce gaz a montré qu'il renfermait bien réellement, outre l'acide carbonique, un carbure d'hydrogène dont la composition correspondait à celle du méthyle ; cette analyse a fourni :

| | |
|---|---|
| Acide carbonique . . | 26,0 |
| Méthyle . . . . . . | 69,3 |
| Oxyde méthylique. . | 4,7 |
| | 100,0 |

La densité de ce mélange gazeux était de 1,188, ce qui s'accorde assez bien avec le nombre 1,172 qu'indique le calcul en admettant pour la densité du méthyle le nombre 1,0365 correspondant à la formule $C^2H^3 = 2$ vol.

Après l'absorption de l'acide carbonique, le méthyle contenant un peu d'oxyde méthylique est un gaz inodore, insoluble dans l'eau, brûlant avec une flamme bleuâtre peu éclairante. L'alcool en absorbe à peu près un volume égal au sien ; l'acide sulfurique anhydre et le perchlorure d'antimoine ne l'absorbent point. Ses

propriétés paraissent être identiques avec celles du méthyle obtenu
déjà par le même savant par la décomposition du cyanure éthylique
par le potassium [1].

Quant au produit gazeux doué d'une odeur éthérée et absorbable par l'acide sulfurique, son odeur et l'analyse comparative du
mélange gazeux qui le renferme et de celui qui en a été dépouillé
par le contact de l'acide sulfurique prouvent que c'est de l'acétate
méthylique, mais qu'il ne s'en forme qu'une fort petite quantité.

Aussi la partie essentielle de cette réaction est la décomposition
de l'acide acétique en acide carbonique, hydrogène et méthyle,
comme l'indique la formule suivante :

$$C^4H^3O^3, HO = 2CO^2 + H + C^2H^3.$$

Toutefois, si l'on cherche à mesurer les volumes relatifs des produits gazeux de cette décomposition, on trouve une proportion
d'hydrogène et d'acide carbonique bien supérieure à celle qu'indiquerait cette formule. On peut en conclure qu'il y a en même
temps décomposition de l'eau, et que l'oxygène dégagé brûle une
partie du méthyle à l'état naissant et le transforme en eau et en
acide carbonique.

40. — Sur les produits de la décomposition de l'acide
lactique par le chlore a l'état naissant, par Mr. G.
Stædeler. (*Ibidem*, p. 333.)

Lorsqu'on soumet à la distillation de l'acide lactique ou un lactate avec un mélange de sel marin, de peroxyde de manganèse et
d'acide sulfurique, on obtient un liquide qui, par l'addition de potasse, laisse déposer des gouttes huileuses, pesantes, présentant
l'odeur du chloroforme.

Si le mélange chlorurant ne domine pas suffisamment, il ne se
produit guère que de l'aldéhyde qui, en présence de la potasse, ne
donne lieu qu'à une matière résineuse.

[1] Voyez *Bibl. Univ.*, 1848; *Archives*, tome VIII, page 137.

Il convient d'employer, pour une partie de lactate (de fer, par exemple), 6 parties de sel marin, 4 de peroxyde de manganèse, 10 d'acide sulfurique et 12 à 14 d'eau ; alors la réaction se passe avec une grande régularité, et les premières portions du produit distillé renferment seules de l'aldéhyde. Si l'on réunit le liquide qui passe ensuite, et si on le rectifie sur du chlorure de calcium, on peut le mêler avec de l'acide sulfurique concentré sans qu'il s'échauffe ou qu'il brunisse ; peu à peu il s'en sépare un liquide incolore semblable au chloral.

Toutefois, ce n'est point du chloral pur, car si l'on essaie de le séparer par la distillation de l'acide sulfurique, une grande partie du produit se détruit en dégageant de l'acide chlorhydrique et colorant en noir l'acide sulfurique. Mais le produit distillé se compose bien essentiellement de chloral ; en présence d'une petite quantité d'eau, il se change en chloral hydraté cristallisé, et sa dissolution aqueuse laisse séparer du chloroforme par l'addition de potasse.

Le corps que décompose l'acide sulfurique paraît être un produit intermédiaire ; on en obtient une proportion d'autant plus faible qu'on fait agir plus de chlore sur l'acide lactique.

––––––––––

41. — Sur l'analyse des combinaisons organiques renfermant du chlore, par *le même*. (*Ibidem*, p. 334.)

Lorsque, dans l'analyse des substances organiques par l'oxyde de cuivre, on complète la combustion par un courant de gaz oxygène, perfectionnement d'une grande utilité pour l'analyse des substances riches en carbone et non volatiles, la présence du chlore dans ces substances peut être la source d'erreurs, soit dans le dosage de l'eau, soit dans celui du carbone. En effet, le chlorure de cuivre est décomposé au rouge par l'oxygène, et une partie du chlore peut être entraîné, soit dans le tube à chlorure de calcium, soit dans l'appareil à potasse. Cet inconvénient se remarque surtout lorsque l'oxyde de cuivre a déjà servi à plusieurs analyses de substances de cette nature.

Mais il est facile de se mettre à l'abri de cette cause d'erreur, il suffit, en-effet, d'introduire dans la partie antérieure du tube à combustion des tournures de cuivre ou une lame mince de ce métal contournée en spirale, et de maintenir au rouge cette portion du tube pendant toute la durée de la combustion. Le chlore mis en liberté se fixe sur le cuivre, et l'on est sûr d'obtenir des résultats exacts si l'on ne fait pas passer une quantité d'oxygène plus grande que cela n'est nécessaire, c'est-à-dire si l'on arrête le courant de gaz lorsque la partie postérieure de la spirale de cuivre commence à se recouvrir d'une couche d'oxyde.

42. — Recherches sur l'éther salicylique et quelques produits qui en dérivent, par Mr. A. Cahours. (*Comptes rendus de l'Acad. des Sc.*, séance du 7 mai 1849.)

Mr. Cahours a montré, dans des mémoires antérieurs, que l'éther salicylique forme, de même que le salicylate méthylique, des combinaisons définies et cristallisables avec les bases. Si l'on distille la combinaison de ce corps avec la baryte, après l'avoir complétement desséchée, il se produit du carbonate de baryte qui reste comme résidu dans la cornue, tandis qu'il passe à la distillation un liquide limpide, incolore, volatil sans décomposition, auquel l'auteur donne le nom de *phénétol*. Sa composition s'accorde bien avec la formule $C^{16}H^{10}O^2$; c'est donc un homologue de l'anisol $C^{14}H^8O^2$, il n'en diffère en effet que par l'addition de $C^2H^2$.

De même que l'anisol peut être considéré comme le phénate méthylique, de même on peut regarder le phénétol comme l'éther phénique de l'alcool (phénate éthylique); la différence entre les points d'ébullition de ces deux liquides s'accorde effectivement avec cette supposition, car l'anisol bout à 152°, et le phénétol à 172°.

Le phénétol présente une odeur aromatique agréable. Il est insoluble dans l'eau, mais se dissout facilement dans l'alcool et l'éther; la potasse caustique ne lui fait éprouver aucune altération, ni à froid, ni à chaud.

L'acide sulfurique fumant le dissout en formant un acide copulé qui donne avec la baryte un sel soluble et cristallisable.

L'acide nitrique fumant l'attaque avec énergie ; lorsque l'ébullition a été maintenue pendant quelque temps, on obtient une matière jaune qui, lavée à l'eau et reprise par l'alcool, se dépose, par l'évaporation de ce liquide, sous forme d'aiguilles qui ressemblent à l'anisol binitrique. C'est le *phénétol binitrique*, son analyse conduit en effet à la formule $C^{16}H^8(AzO^4)^2O^2$.

Si l'on fait passer à travers une dissolution alcoolique de cette dernière substance un courant simultané d'acide sulfhydrique et d'ammoniaque, on obtient un dépôt de soufre, tandis que l'alcool retient en dissolution une base qui forme, avec les acides azotique, sulfurique, chlorhydrique, des sels cristallisables, et qui cristallise elle-même en aiguilles brunes semblables à l'anisidine nitrique. C'est en effet son homologue, la *phénétidine nitrique* $C^{16}H^{10}$ $(AzO^4)$ $AzO^2$.

Traité par un excès d'acide nitrique fumant, le phénétol binitrique donne naissance à un nouveau produit cristallisable qui doit être probablement le *phénétol trinitrique*.

---

## MINÉRALOGIE ET GÉOLOGIE.

43. — Sur le pouvoir magnétique des roches, par Mr. De-lesse, professeur à la Faculté des Sciences de Besançon. (*Communiqué par l'auteur.*)

Pour déterminer le pouvoir magnétique des différentes roches, j'ai suivi le procédé qui a été décrit dans le présent recueil (Voir *Bibliothèque Universelle de Genève*, 1849, t. X, p. 207). Seulement au lieu d'employer un barreau aimanté, je me suis servi d'un électro-aimant : en outre, après avoir réduit les roches en poudre de même grosseur, j'ai opéré sur un même poids pour chacune d'elles.

J'ai principalement soumis à l'essai les roches provenant de la collection du *Comptoir de minéraux de Heildeberg*, dans laquelle les roches sont classées d'après les leçons de Mr. le professeur de Leonhardt : cette collection m'a présenté, sous un petit nombre d'échantillons, les types les mieux caractérisés, et pour distinguer les échantillons qui en proviennent, je les ai fait suivre d'un numéro entre parenthèse, qui est celui qu'ils portent dans le catalogue.

En représentant le pouvoir magnétique de l'acier par 100,000, j'ai obtenu les résultats qui sont donnés par le tableau suivant :

### *Laves anciennes et modernes, Trachytes.*

*Trachyte* (464) poreux, grisâtre clair. . . . . . . . . . .
De la carrière d'Heistelbach dans le Siebengebirge. 1312
*Lave* gris violâtre, celluleuse, avec quelques petits cristaux blancs paraissant être du labrador, et de rares paillettes de mica brun rouge : elle est employée pour les trottoirs de Paris. . . . . . . . . . . . De Volvic (Auvergne). 1170
*Lave* (454) brun violâtre avec labrador vitreux et quelques paillettes de mica brun tombac foncé ; de la coulée de lave Arso produite par l'éruption de 1302. . . . . A Ischia. 832
*Peperino* brechiforme à pâte gris verdâtre pâle, contenant des fragments anguleux de quartz blanc, de l'augite, du mica tombac, du labrador, etc.; il est employé pour les constructions. . . . . . . . . . . . . . . . A Rome. 674
*Trachyte* (460) gris blanchâtre, devenant jaune par altération; il est pauvre en feldspath, et il renferme 0,002 de fer oxydulé titané. Il perce le Rothliegende à Sporneiche près d'Urberach dans le nord-est de l'Oldenwald. (Hesse). 559
*Lave* scoriacée très-caverneuse, noire, parsemée de petits grains blancs feldspathiques, et de quelques lamelles d'augite . . . . . . . . . . . . . . . . . . . 466
*Lave* trachytique grisâtre un peu caverneuse avec cristaux maclés de feldspath vitreux, et 0,043 de fer oxydulé titané. . . . . . . . De Monte Olibano près de Naples. 351

### Lapilli, Bombes, etc.

*Lapilli* (455) ou fragments de lave scoriacée, d'un vert de
bouteille foncé, ayant une pâte vitreuse homogène péné-
trée par une multitude de petites bulles, et contenant accidentellement des paillettes de mica brun tombac comme
celui des laves ; de l'éruption qui eut lieu le 1er avril
1835. . . . . . . . . . . . . . . . . . . Au Vésuve.   910

*Cinérite* (457) en poussière fine gris violâtre contenant des
petits fragments de lave scoriacée, et des parties feldspathiques ; elle forme une couche d'épaisseur variable au-
dessus de cailloux roulés, et elle est recouverte par la
coulée de lave de Parion de Durtol près Clermont . . .
                                   (Puy-de-Dôme).   889

*Bombe volcanique* en sphéroïde aplati, à pâte noire scoriacée
très-caverneuse, dans laquelle se trouvent de gros cristaux
d'augite . . . . . . . . . . . . . . . . . . . . . .   695

### Trassoïte, Perlite, Obsidienne et Ponce.

*Trassoïte* (475) gris brunâtre clair avec fragments de ponce,
mica et 0,006 de fer oxydulé. Des environs d'Andernach.   244

*Tuf volcanique* (471) grisâtre, à grains fins, contenant très-
peu de fer oxydulé titané ; il accompagne les roches basaltiques des environs de Mayen. . . . . . . . (Eifel).   158

*Perlite* gris noirâtre, composée de petits noyaux irréguliers
agglutinés entre eux . . . . . . . . . . . . . . . .   93

*Obsidienne* vitreuse, d'un beau noir. . . . . . De l'Hécla.   50

*Ponce* brun clair, formant des veines qui alternent avec des
veines d'obsidienne noire . . . . . . . . . . . . . .
                     Des volcans éteints de Ronciglione.   30

*Obsidienne* noire un peu grisâtre, à cassure perlée, dans certaines parties elle est accompagnée de ponce à laquelle elle
passe . . . . . . . . . . . . . . . . . . . Du Vésuve.   19

### Basaltes, Anamésites, Phonolithes.

*Basalte* (480) noirâtre, avec de nombreux cristaux d'olivine.
Il traverse le gneis d'Auerbach. . . . . Dans la Hesse. 2574

*Basalte* (482) noirâtre, avec petits grains d'olivine; il a une
structure prismatique bien caractérisée; il sort du grès
bigarré au mont Calvaire près de Tulda . . . . (Hesse). 1972

*Basalte* noir avec petits grains d'olivine; il a une structure
schistoïde. . . . . . . . . . . . . . . . . De l'Hécla. 1500

*Basalte scoriacé* (483) d'un gris noirâtre, plus pâle que ne
l'est habituellement le basalte; avec augite, olivine, et
quelques paillettes de mica; il forme des coulées étendues
à Niedermenig. . . . . . . . . . . (Prusse Rhénane). 1154

*Basalte* noir grisâtre, avec quelques grains d'olivine; sa
structure est prismatique . . . . . . . . . . . . . . . 175

*Anamésite* (485) verte foncée, en masses paraissant avoir
coulé, qui sont intercalées dans la formation diluvienne.
De Steinheim sur le Mein (Hesse). 531

*Anamésite* (487) verdâtre, celluleuse, reposant sur de l'argile, et recouverte par de la terre végétale . . . . . . .
De Teufelskante près de Hanau. 380

*Phonolithe* (501) gris verdâtre, formant plusieurs des cimes
les plus élevées près de Milzeburg dans le Röngebirge. . 136

### Mélaphyres.

*Porphyre vert antique* à pâte d'un très-beau vert un peu
foncé, contenant de grands cristaux de labrador verdâtre.
De Scotinolongada (Morée). 2352

*Mélaphyre* gris noirâtre, à cristaux de labrador, d'augite et
de fer oxydulé; au contact d'un calcaire secondaire devenu
saccharoïde. A Via Nuova sopra la Pausa . . . . . . .
Dans le val de Rif (Tyrol). 2094

*Mélaphyre* à pâte noirâtre, renfermant de grands cristaux de
labrador blanc verdâtre, et quelques grains d'augite.
De Belfahy (Haute-Saône). 1384

*Mélaphyre* à pâte violacée un peu grisâtre, contenant un
grand nombre de petits cristaux de labrador d'un beau
vert tendre, et accidentellement quelques grains d'augite
vert foncé. . . Du Puix près de Giromagny (Haut-Rhin). 1164
*Mélaphyre* à pâte verte, contenant des cristaux microscopiques de labrador vert clair, et quelques lamelles d'augite
vert foncé. . . . . . . . . . . . . . . . . . . . De la
pointe des sapins à Plancher les mines. (Haute-Saône). 954
*Mélaphyre* bréchiforme à fragments de mélaphyre, pâte verte
avec lamelles peu distinctes de labrador ; il a été pris à
une petite distance du schiste de transition. . . . . A la
scierie C..... du Puix, route du ballon de Giromagny. . 767
*Mélophyre* gris noirâtre, tirant un peu sur le vert, à cristaux
de labrador et d'augite peu distincts . . . . . . . De la
vallée de la Nahe, défilé de Martinstein (Prusse Rhénane). 638
*Spilite* à pâte gris verdâtre sale, avec quelques grains d'augite, et même avec fer oxydulé : ses cellules sont tapissées
de célestine, de chaux carbonatée et de mésotype. . . .
                          De Montecchio maggiore. 389
*Dolérite* (491) à base de labrador, avec cristaux bien caractérisés d'augite et de fer oxydulé ; elle était naturellement
magnétipolaire ; elle traverse le diluvium de la vallée du
Rhin. . . . . . Au Kaisersthul (Grand-duché de Bade). 3377
*Dolérite* (493) à base de néphéline, avec augite et mica brun
tombac. Elle perce le grès bigarré à Katzenbuckel, point
le plus élevé de l'Oldenwald. . . (Grand-duché de Bade). 473
*Hypérite* à base de labrador blanc grisâtre, avec hypersthène
vert noirâtre et fer oxydulé. . . . . . . . . . Harzbourg. 1499
*Euphotide* à base de labrador blanc verdâtre, avec diallage
verte et un peu de fer oxydulé. . . . . . Mont Genèvre. 208
*Porphyre* à base de feldspath andésite, avec un peu de fer
oxydulé. . . . . . . . . . . . . . Chagey (Haute-Saône). 473

## Serpentine, Variolite.

Serpentine vert grisâtre sale, avec fer chrômé. . . . . . .
De Baltimore (Etats-Unis). 2249

Serpentine (527) verte foncée, renfermant des lamelles de
diallage verte à éclat bronzé. . . De Taikowitz (Moravie). 989

Serpentine vert noirâtre foncé, avec grenats rouges et nodules
de chlorite. . . . . De Narouel près Gerbepal (Vosges). 585

Variolite à noyaux de grenat vert rougeâtre et de feldspath,
dans une pâte vert clair ; c'est cette pâte qui a été essayée.
De la Durance. 65

### Diorite, Amphibolite, Schalstein.

Diorite (558) compacte, à grain très-fin, vert noirâtre ; on y
observe quelques grains de pyrite de fer. Elle est en filon
dans la syénite. . . . . . . Hemsbach (Duché de Bade). 735

Diorite schistoïde très-riche en hornblende verte. . . . . .
Du lac de Fondromé (Vosges). 75

Amphibolite formée de hornblende vert clair, associée avec
du labrador . . . . . . . Du Pont Saint-Jean (Vosges). 55

Schalstein (521) ou variété de spilite à pâte dioritique avec
nodules de chaux carbonatée cristallisée. Il est entre le
schiste argileux et le calcaire de transition. . . . . . .
De Dillenburg (Nassau). 43

Diorite (518) qui accompagne le schalstein. . . . . . . .
De Sechshelden près de Dillenburg (Nassau). 22

### Petrosilex, Eurite.

Petrosilex résinite (Pechstein) brun noirâtre. . De l'Hécla. 310

Petrosilex résinite (467) noir foncé, à cassure résineuse. Il
accompagne des porphyres et des amygdaloïdes qui sortent
du grès rouge. . . . . . De Planitz près Zwikau (Saxe). 280

Eurite noire foncée à base d'oligoclase, en filon dans le granite.
Du Balverchè (Vosges). 45

*Eurite* (547) ou *Hornfels* noirâtre, à très-peu près semblable
à la précédente; elle se trouve dans les roches granitiques.
D'Achtermannshöhe près Saint-Andreasberg (Hartz).     25

------

44. — REMARQUES SUR UN GRAND GLISSEMENT DE BOUE DANS L'ÎLE
DE MALTE, par Mr. A. MILWARD. (*Edinburgh new Philos.*
*Journal*, 1849, XLVI, 128.)

Des observations faites depuis quelques années ayant fait comprendre qu'il existait de certaines analogies entre les glaciers et
les matières fluides, on a cherché à les démontrer au moyen d'expériences. Le grand défaut de ce genre d'expériences est d'être
faites sur une trop petite échelle. Aussi l'observation du mouvement et de la structure d'un corps visqueux tel qu'un courant de
boue sur une étendue un peu considérable, présente-t-elle un intérêt
tout particulier.

C'est dans ce but que Mr. Milward a examiné un grand amas
de boue, couvrant près de deux acres de terrain qui, avant l'automne de 1846, avait été retirée du port Valette à Malte; les pluies
d'automne délayèrent cette boue qui, auparavant, était sèche et dure,
elle se mit à couler, et forma des courants distincts et de grandeurs
différentes. La séparation de ces courants paraît avoir été causée
par des différences dans le niveau du sol. La plupart présentaient
une singulière apparence de bandes recourbées, dont la convexité
était tournée du côté de la partie inférieure du courant. Ces bandes
se distinguaient les unes des autres par une couleur plus ou moins
foncée. Dans un des courants des bandes présentant des surfaces
rugueuses et inégales, alternaient avec des bandes à surface unie.
Toutes ces bandes étaient évidemment un résultat de la manière
dont cette boue visqueuse avait coulé.

Lorsque la pente du courant était grande, les bandes recourbées
étaient disloquées, ce que l'on remarque aussi à l'égard de la
structure rubanée et des bandes boueuses des glaciers.

Les crevasses placées dans l'intérieur de ces courants correspon_ dent pour leurs différentes formes aux crevasses des glaciers. Mr. Milward remarque que, sous d'autres rapports encore, les coulées de matières visqueuses présentent des caractères analogues à ceux des glaciers, et peuvent donner d'utiles renseignements sur l'origine de la structure de ces derniers.

45. — ESSAI POUR EXPLIQUER L'ORIGINE DES BANDES BOUEUSES DES GLACIERS, par *le même*. (*Ibidem*, 1849, XLVI, p. 134.)

Les bandes boueuses sont des bandes de glace poreuse, à la surface desquelles les matières terreuses, qui se trouvent sur les glaciers, sont plus retenues par l'irrégularité de la surface, que sur les bandes de glace compacte avec lesquelles elles alternent. Quelle est la cause de l'alternance de ces deux espèces de glace ? L'auteur ne donne son explication que d'une manière tout à fait dubitative, après avoir cherché à éclaircir son sujet par la comparaison de la structure des glaciers avec la structure des courants de boue dans lesquels, comme nous l'avons dit ci-dessus, on trouve aussi des bandes recourbées différant par leur consistance et par leur structure.

Il faut rechercher l'origine de ces bandes formées de deux espèces de glaces dans les régions élevées des glaciers, là où le névé passe à l'état de glace. Dans ces régions, comme dans les autres parties du glacier, le névé, qui sert à la fabrication de la glace, étant saturé d'eau en été par l'action des rayons du soleil, forme de la glace compacte, tandis qu'en hiver le névé n'étant point saturé d'eau, donne lieu à de la glace moins compacte ou glace poreuse. Le mouvement du glacier étant moins rapide dans cette dernière saison que dans la première, la bande de glace poreuse sera moins large que celle de la glace compacte.

Il résulte de cette théorie que, s'il n'y avait aucune cause de dérangement, l'ensemble de la largeur d'une bande boueuse et d'une bande de glace compacte, devrait être égal au mouvement annuel du glacier.

46. — QUINZIÈME LETTRE SUR LES GLACIERS, CONTENANT DES OB-
SERVATIONS SUR LES PREUVES TIRÉES DE L'EXAMEN DE
GRANDS COURANTS BOUEUX ET DE QUELQUES PROCÉDÉS USITÉS
DANS LES ARTS, EN FAVEUR DE LA THÉORIE DE LA VISCOSITÉ
DES GLACIERS, par Mr. le prof. FORBES [1]. (*Ibidem*, 1839,
XLVI, p. 159.)

L'auteur fait ressortir la confirmation qui résulte pour ses observations, sur les mouvements internes des corps visqueux, des
travaux de Mr. Milward que nous venons d'indiquer. Mais ce n'est
pas la première fois que ce sujet a été traité; en effet, on trouve dans
l'ouvrage qui a pour titre : *Recherches expérimentales sur les glissements spontanés des terrains argileux*, par Alexandre Collin,
Paris 1846, in-4°, des renseignements intéressants sur ce sujet.
Mr. Collin donne, par exemple, deux sections présentant l'une un
glissement de terrain qui a eu lieu dans les travaux du chemin de fer
de Paris à Versailles (rive gauche), l'autre un fait du même genre
qui a eu lieu à Cercey en Bourgogne, l'une et l'autre de ces sections ont la plus grande analogie avec des sections présentant des
glaciers. La matière formant le dernier de ces glissements, était
assez peu fluide pour qu'elle pût être coupée et se maintenir en
pente de 30° à 40°, et cependant elle possédait un petit mouvement
lent, qui a été journalièrement mesuré par Mr. Collin durant deux
mois. Il était d'autant plus régulier que pendant cette époque il n'y
a point eu de pluie qui vint renouveler l'eau contenue dans l'argile.
La forme de ce courant dénotait évidemment des mouvements internes dans la masse.

L'auteur examine ensuite ce qui se passe dans l'action de tourner
ou de raboter le fer. Il voit que dans cette opération il se lève des
copeaux tournés en spirale, qui résultent de l'action de l'outil et
de la résistance du fer ou de deux forces qui pressent de haut en
bas et de côté ; ces copeaux se brisent perpendiculairement à leur

[1] Voyez pour la quatorzième lettre, *Archives*, 1847; tome V, p. 14.

longueur à des intervalles sensiblement égaux. Mr. Forbes développe les analogies qui existent entre la structure de ces copeaux de fer et la structure veinée des glaciers ; dans les premiers elle est poussée à l'extrême, puisque le corps dans lequel elle se développe est rompu.

---

47. — Notes géologiques sur les vallées du Rhin et du Rhône, par Mr. R. Chambers. (*Ibidem*, 1849, XLVI, 149.)

C'est un phénomène bien singulier que celui de ces terrasses formées par des terrains d'alluvion, étagées les unes au-dessus des autres le long des flancs de certaines vallées, de Saussure, Playfair, Studer, s'en sont occupé, aussi l'auteur n'indique pas des faits nouveaux, mais il cherche plutôt à découvrir leur origine. Il commence par décrire rapidement quelques-unes de ces terrasses dans différentes localités de la vallée du Rhin, puis il s'arrête plus longuement aux vallées du Rhône et de l'Arve, aux environs de Genève, de Morges, de Vevey, etc. Il remarque que lorsque des rivières charriant des alluvions arrivent dans un bassin d'eau, les matériaux se déposent en formant une surface à peu près horizontale ; si par une cause quelconque l'eau du bassin vient à s'abaisser, cette surface est mise à découvert, et le courant d'eau y creuse un canal qui peu à peu s'approfondit jusqu'au niveau de la nouvelle surface de l'eau du bassin. Des portions de la surface supérieure de l'atterrissement restent des deux côtés du canal sous forme de terrasses élevées au-dessus de la surface de l'eau.

Cette action se renouvelant plusieurs fois, il en résultera des terrasses situées à différents niveaux. C'est à peu près ce que Mr. Darwin a cherché à démontrer pour les routes parallèles de Glen-Roy ; c'est ce qu'on a pu observer sur une petite échelle au lac de Lungern.

Dans les premiers temps où l'on se livrait à ce genre de recherches, on admettait que les eaux des bassins récipients avaient été soutenues aux niveaux des terrasses supérieures par des barrières qui s'étaient rompues, mais maintenant il faut abandonner cette idée, parce que dans beaucoup de vallées, celle du Rhône, par exemple, il ne voit aucune barrière qui ait pu retenir les eaux, et comme dans ces mêmes vallées on retrouve sans interruption ces formations alluviales depuis le bord de la mer jusqu'au pied des grandes chaînes de montagnes où les fleuves prennent leur source, on doit en conclure d'après l'auteur, que la mer a été le bassin récipient sur le bord duquel se sont formés successivement les terrasses. Par conséquent la mer a atteint sur nos continents un niveau beaucoup plus élevé, non pas d'une manière absolue, mais relativement au niveau des terres.

Ce niveau pourrait être d'environ 1000 pieds à Bâle, et du double à Genève ; à l'appui de son explication sur l'origine des terrasses, l'auteur décrit ensuite deux localités près de Chamounix et d'Argentière, dans la vallée de l'Arve, où l'on reconnaît des traces d'anciens lacs, sur le bord desquels il s'était formé des terrasses.

Puis passant à l'examen des surfaces polies et striées de la vallée du Rhône et de celle de l'Arve, il croit que dans certaines localités, comme par exemple entre Servoz et les Ouches (vallée de Chamounix), elles attestent évidemment l'ancienne présence des glaciers, mais cependant il n'admet pas que ces glaciers se soient étendus jusqu'au Jura. Sa théorie n'est point exclusive, il croit que dans la nature des causes diverses peuvent, dans certaines circonstances, produire les mêmes effets, et il combine l'ancienne extension des glaciers avec l'idée de transport des blocs par des glaces flottantes sur la mer, qui à l'aide de courants d'eau formaient les terrasses dont nous avons parlé.

---

48. — Fossiles de la Tarentaise. Extrait d'une lettre de Mr. le professeur Sismonda à Mr. Elie de Beaumont. (*Bulletin de la Société géolog. de France*, 2me série, tome V, 410.)

Mr. Sismonda a trouvé une grande quantité de fossiles en passant de la Maurienne en Tarentaise par le col des Encombres, et en descendant vers cette dernière province. Ils sont placés dans un calcaire noirâtre schisteux, inférieur au grès métamorphique. Ce calcaire est un peu supérieur aux schistes de Petit-Cœur. Mr. Sismonda lui donne le nom de calcaire de Vilette, et ses fossiles paraissent appartenir au calcaire marneux à bélemnites. Ce fait semble démontrer que les couches à bélemnites de la Tarentaise appartiennent au lias.

Ces fossiles sont les suivants :

*Ammonites fimbriatus* Sow. *A. amaltheus* Schl. *A. planicostatus* Sow. *A. radians* Schl. *Pholadomya liasina* Sow. *Avicula inæquivalvis* Sow. *A. costata* Sow. *Lima decorata* Munst. *Cardinia concinna* Ag. *Terebratula inæquivalvis* Sow. *T. variabilis* Sow. *Arca* (indét.). *Pecten. Bélemnites* en grande quantité.

---

49. — Sur la position relative des différentes qualités de houille dans le terrain houiller du South-Wales, par Mr. S. Benson. (Associat. britannique pour l'avancement des Sciences, juin 1848.)

Il y a, dans les environs de Swanséa, trois espèces de houille, savoir : 1° la houille bitumineuse dont le menu s'agglutine en coke; 2° la houille dite *free-burning* ou à combustion facile, qui est sèche et dont le menu ne s'agglutine pas en coke, mais brûle avec rapidité et donne un volume considérable de flamme ; 3° l'anthracite. Ces trois qualités passent insensiblement de l'une à l'autre, et la même veine de houille passe graduellement de l'état bitumineux à l'état maigre et de là à celui d'anthracite.

---

50. — Sur l'ampo ou tanah, terre qu'on mange a Samarang et a Java, etc. par Mr. Ehrenberg. (*Bulletin des Sc. de l'Acad. de Berlin*, séance du 25 mai 1848.)

Cette terre, que Labillardière avait signalée déjà en 1792, se trouve, suivant Mr. Mohnike, répandue en plusieurs points à une

hauteur de 4000 pieds dans des montagnes calcaires du terrain
secondaire qui s'étendent du nord au sud dans l'île de Java. Elle
est, en général, solide, plastique et collante; on la pétrit, on la
roule et on en forme de petits bâtons qu'on sèche sur un feu de
charbon et qu'on mange comme une chose délicate et avec avidité.
L'examen de cette terre y a fait découvrir trois à quatre polygastriques et treize phytolitaires qui semblent indiquer une argile de
la période tertiaire et une formation d'eau douce.

## ANATOMIE ET PHYSIOLOGIE.

51. — Sur le développement et les homologies de la cara-
    pace et du plastron des reptiles chéloniens, par Mr. le
    prof. Owen. (*Annals and Magaz. of Nat. hist.*, mai 1849,
    page 422.)

L'auteur commence par définir les différentes pièces dont se
compose la caisse osseuse thoracico–abdominale des reptiles chéloniens, et discute brièvement les diverses opinions qui ont été
émises sur leur nature et sur leurs homologies. Il insiste en particulier sur celle du professeur Rathke, qui dans son ouvrage sur
le développement des chéloniens, nie que la carapace soit exclusivement le résultat du développement de l'endosquelette, et qui cherche à établir que les pièces marginales et le plastron sont formés
par les os du système dermal. Cuvier, Geoffroy et Meckel au contraire, considéraient la carapace et le plastron comme formés uniquement par une modification des pièces normales de l'endosquelette.

Mr. Owen n'admet ni l'une ni l'autre de ces opinions. Il attribue
au système dermal une partie de ces organes, mais il n'est pas à
cet égard d'accord avec Mr. Rathke; il considère en particulier le
plastron comme appartenant dans toutes ses parties essentielles à
l'endosquelette.

Les arguments sont tirés en premier lieu de la comparaison des chéloniens avec les oiseaux, les crocodiles et surtout les plésiosaures, et en second lieu de l'étude embryonnaire des premiers. Le savant anatomiste fait observer avec raison que toute hypothèse basée sur la comparaison des vertébrés adultes a besoin, pour être admise, de s'accorder avec les phénomènes importants du développement embryonnaire. Les principaux faits qui justifient les conclusions indiquées ci-dessus sont les suivants :

1° *Carapace.* La base cartilagineuse des plaques neurales se développe dans la substance du derme ; et parmi celles-ci les neuvième, dixième et onzième, ainsi que la plaque nuchale, s'ossifient par des centres indépendants, et demeurent constamment libres de toute soudure avec les épines subjacentes des vertèbres : ce sont, en conséquence, des *os dermaux*, homologues de ceux qui recouvrent les vertèbres des crocodiles. Mais les plaques neurales, jusqu'à la huitième inclusivement, sont les homologues sériales des précédentes, et doivent par conséquent avoir la même homologie générale. Mr. Owen combat l'objection qui reposerait sur ce que l'ossification s'étend dans leur base cartilagineuse dermale depuis les épines neurales, en faisant remarquer que d'autres parties, et en particulier le radius et le cubitus de la grenouille s'ossifient par un centre commun, sans que leur individualité homologique soit pour cela contestable. Il pense que le point de départ de l'ossification et l'étendue qu'elle parcourt ne peuvent déterminer ni la nature ni l'homologie des parties.

La base cartilagineuse des plaques costales se développe dans la substance du derme ; les côtes subjacentes s'ossifient d'abord et présentent la forme mince normale. Mais l'ossification s'étend de près de la tête de chacune des huit paires de côtes dorsales, à partir de la seconde à la neuvième inclusivement dans les cartilages dermaux qui les recouvrent. On les considérait en général comme des développements du tubercule de la côte ; mais Mr. Owen fait observer que dans le développement de la carapace de la jeune *Testudo indica*, les connexions des plaques costales avec les côtes commencent à un point différent, alternativement pour chaque côte, et paraît être subordonnée à l'arrangement des écussons cornés externes. Une seconde objection qui s'oppose encore à ce que ces expansions ossifiées proviennent des tubercules des côtes, repose sur ce que leur aboutissement médian a lieu contre les plaques neurales et non contre les diapophyses vertébrales comme chez les oiseaux ou les crocodiles.

2° *Plastron*. L'auteur décrit deux situations dans lesquelles on trouve les cartilages primitifs, et montre que les uns appartiennent à l'endosquelette, et les autres au système dermal.

La première apparence sous laquelle se présentent les parties endosquelétales du plastron, et la comparaison de ces parties avec leurs homologues chez le crocodile démontrent que les hyosternaux, hyposternaux et xiphisternaux, sont des hæmapophyses ou côtes abdominales. Les hyosternaux et les hyposternaux sont primitivement de longues barres minces et transversales, qui unissent les côtes vertébrales sans l'intervention d'aucune pièce marginale.

L'auteur s'accorde avec Mr. Rathke pour considérer les pièces marginales comme des os dermaux.

En résumé donc Mr. Owen rapporte au système dermal les plaques neurales de la ligne médiane de la carapace, les plaques qui recouvrent le dessus des côtes, et les pièces marginales. Tout le reste appartient au squelette proprement dit.

------

## ZOOLOGIE ET PALÉONTOLOGIE.

52. — NOUVELLES DÉCOUVERTES D'OSSEMENTS D'IGUANODON, par Mr. MANTELL. (*Ann. et Mag. of nat. history*, juin 1848. — *Idem*, novembre 1848. — *Philos. Transact.*, 1848; partie II, page 131.)

C'est à Mr. Mantell qu'on doit la connaissance de l'iguanodon. Cet illustre paléontologiste vient de décrire des os maxillaires de la même espèce, qui ajoutent plusieurs détails importants à ce que l'on connaissait de ce reptile gigantesque.

L'os principal qui a fait le sujet de ses études est la partie dentaire et coronoïde d'une mâchoire inférieure droite, trouvée par le capitaine Bickenden. Sa longueur est de vingt et un pouces, et elle offre le premier exemple connu dans l'ordre des sauriens d'un animal organisé de manière à *triturer* une nourriture végétale. L'étude approfondie de cette mâchoire présentait donc un grand intérêt physiologique, d'autant plus qu'aucune espèce actuelle n'a des joues convenablement disposées pour contenir la nourriture pendant la mastication, et que l'existence de cette fonction chez l'iguanodon a dû entraîner dans une grande partie de la face des modifications correspondantes.

Malheureusement l'échantillon étudié par Mr. Mantell ne permet pas une solution complète du problème à cause de l'absence des dents adultes dans les alvéoles et de la portion articulaire de la mâchoire dont la base est détruite. Il présente, cependant, des caractères assez définis et assez intelligibles pour jeter une lumière importante sur les structures et les fonctions des organes dentaires de l'iguanodon. Il a, en outre, permis à ce savant anatomiste d'établir la forme de la mâchoire supérieure d'après une portion de l'os maxillaire gauche, recueilli il y a quelques années et conservé dans le British Museum, dont on n'avait pas pu jusqu'ici apprécier d'une manière satisfaisante les caractères spéciaux. Cet échantillon consiste en un os dentaire avec une partie de l'os coronoïde du côté droit. Sa portion antérieure est entière, mais l'extrémité postérieure est imparfaite, et il y manque probablement plusieurs pouces.

Mr. Mantell décrit comme suit le nouveau fragment de la mâchoire inférieure : Sa surface intérieure est polie, et montre la succession des dents qui restent dans leur place originelle et les alvéoles de dix-neuf à vingt dents ; la paroi alvéolaire interne étant détruite et les molaires adultes perdues avant la fossilisation. Le profond sillon conique qu'on trouve si constamment au côté interne de l'os dentaire des reptiles ( et qu'on pourrait appeler le *sillon operculaire,* parce qu'il est recouvert par la pièce operculaire), est ici exposé au jour par la destruction de cette pièce. Il est très-grand, et se prolonge antérieurement jusqu'à six pouces de la symphyse. La pièce operculaire doit donc avoir correspondu plutôt à

céle des varaniens ou monitors qu'à celle des iguanes, chez lesquels elle a une forme rhomboïdale et une étendue relativement
restreinte.

Le bord inférieur de la mâchoire est épais et convexe à sa partie postérieure, et s'amincit graduellement vers le devant où il s'é-
tale horizontalement en un large processus terminé antérieurement
par un appendice obtus ou tubercule. Il s'amincit à l'intérieur
vers la suture symphysale. Le bord supérieur est formé par le processus alvéolaire, qui a un épais parapet extérieur, profondément
sillonné au côté interne par les alvéoles des dents adultes. Des
bourrelets fortement dessinés occupent les intervalles et forment
une bordure crénelée très-saillante en s'élevant au-dessus de ces
alvéoles. Le mode d'implantation des dents tient le milieu entre le
type des pleurodontes et celui des thécodontes ; elles ne sont pas
soudées à la paroi alvéolaire comme chez les iguanes, mais libres
comme chez les crocodiles : cependant, comme les bourrelets qui
séparent les alvéoles sont polis et arrondis, on pourrait en inférer
que les alvéoles n'étaient pas complétées par des plaques transversales s'étendant du parapet interne au parapet externe, comme chez
le megalosaurus.

Les alvéoles dentaires diminuent de grandeur, mais un peu irrégulièrement de l'extrémité postérieure à l'antérieure du processus
alvéolaire, ce dernier éprouve un rétrécissement proportionnel, et
se termine brusquement à cinq pouces environ du bord antérieur.
A cet endroit-là, le bord supérieur s'atténue et se contracte verti-
-calement, et, descendant avec une courbe légère, il s'étale horizontalement pour s'unir par la suture symphysale avec le côté opposé ; la partie antérieure de la mâchoire manque de dents.

Le mode du développement dentaire de l'iguanodon est clairement démontré par l'heureuse conservation de deux dents qui se
succèdent dans leur position originelle. La couronne de la dent se
formait d'abord, et se complétait avant que la sécrétion de la racine commençât comme dans les sauriens actuels. La pulpe géné-
ratrice était située dans une dépression ou cavité distincte, au côté
interne de la racine de la dent qu'elle était destinée à remplacer.

La seconde dent qui occupe sa position naturelle dans l'espace alvéolaire, consiste en une couronne entière dont les bords en scie sont aussi parfaits qu'à l'état de vie. Le devant, aplati, émaillé, caractérisé par ses bourrelets longitudinaux, est placé parallèlement à la paroi alvéolaire et à son côté interne, la face polie convexe remplissant une dépression du parapet extérieur, dans l'intervalle de deux alvéoles des molaires adultes. Cette position est inverse de celle dans laquelle se développent les dents successives de l'iguane, car chez ce reptile, le germe coronal occupe la même place relative qu'à l'état adulte, c'est-à-dire que la face à bourrelets est à l'extérieur et le côté poli à l'intérieur.

Passant à l'estimation de la grandeur de la mâchoire, l'auteur rappelle qu'un paléontologiste éminent a estimé à trente pouces la longueur de la tête du plus grand iguanodon, prenant comme base de son calcul la longueur de six vertèbres dorsales qui, chez l'iguane, équivalent à celle de la mâchoire inférieure. Mais à envisager l'individu actuel, il ne pense pas que la même échelle de proportions soit applicable à ce saurien colossal, ou peut-être existe-t-il des vertèbres dorsales non encore découvertes et beaucoup plus grandes que celles qu'on possède, car plusieurs dents excèdent en grosseur les plus grandes alvéoles de cet os dentaire. Même en prenant pour base les proportions écourtées des lézards à tête courte et obtuse, (comme, par exemple, les caméléons), la longueur de la mâchoire de l'iguanodon doit avoir dépassé trois pieds.

En comparant les organes maxillaires décrits ci-dessus avec ceux des lézards herbivores actuels, on est d'abord frappé combien ils diffèrent de tous les types connus dans cette classe de reptiles. Chez les *Amblyrhynchus*, les plus exclusivement herbivores de tous les sauriens, le processus alvéolaire, armé de dents, continue sur le devant de la bouche; la jonction des deux branches de la mâchoire inférieure à la symphyse n'offre aucun intervalle dépourvu de dents, et les lèvres ne sont pas plus développées que chez les autres reptiles. Les iguanes présentent le même caractère. Chez les sauriens carnivores les dents continuent aussi de chaque côté jusqu'à la suture symphysale. Les Mégalosaures et Mosasaures fossiles

ne présentent aucune exception à cette règle. En un mot, la symphyse, édentée, étalée, en forme de coupe renversée de la mâchoire
inférieure de l'iguanodon, ne trouve d'analogue chez aucun reptile
vivant ou fossile, et ne peut être comparée qu'à celle de quelques
mammifères herbivores. Ceux qui s'en rapprochent le plus sont certains édentés, tels que le *Cholæpus didactylus*, ou paresseux à
deux doigts, dont la mâchoire inférieure est édentée et fort prolongée. Le *Mylodon* fossile s'en rapproche encore davantage ; chez
lui, la symphyse ressemble à la lame des pêles dont on se sert pour
lever le gazon, et n'offre aucune trace d'alvéoles d'incisives, et si
cette partie de la mâchoire n'était pas relevée en avant, elle serait
presque identique à celle de l'iguanodon.

La grandeur et le nombre des trous vasculaires distribués le long
du côté externe de l'os dentaire et au-dessous du bord de la symphyse, ainsi que la grande dimension des issues antérieures donnant passage aux vaisseaux et aux nerfs qui alimentaient le devant
de la bouche, indiquent un grand développement dans les téguments et les parties molles qui entouraient la mâchoire inférieure.
Le bourrelet tranchant qui borde la profonde cavité de la symphyse, et qui présente aussi plusieurs trous, servait évidemment de
point d'attache aux muscles et aux téguments de la lèvre inférieure.
Il y a de fortes raisons de supposer que cette dernière était très-
saillante et susceptible d'être avancée et retirée de manière à former une masse charnue et prenante, et par conséquent instrument puissant pour saisir les feuilles ou les branches, nourriture
probable des iguanodons, à en juger par la forme de leurs dents.

L'iguanodon présente donc une réunion de caractères tout à fait
particulière. Conservant le type d'organisation des vertébrés à
sang froid, il est le seul dans lequel la bouche eût été constituée
de manière à permettre une véritable mastication. Cet animal terrestre colossal ne s'est donc point nourri, comme les reptiles actuels, mais il offre plutôt de l'analogie sous ce point de vue avec
les édentés herbivores gigantesques qui ont peuplé l'Amérique méridionale à une époque bien plus rapprochée de la nôtre.

Le type d'organisation saurien est indubitable chez l'iguanodon à cause de la production illimitée de dents successives à tous les âges de l'animal, du mode d'implantation de ces dents, et de la structure composite de la mâchoire inférieure, dont chaque branche est formée de six éléments distincts. D'autre part, la structure intime des organes dentaires correspond à celle des paresseux, et l'arrangement presque alternant et la position inverse des séries inférieures et supérieures de la mâchoire, sont celles des ruminants. La symphyse dépourvue de dents et prolongée, ainsi que le grand développement de la lèvre inférieure et des téguments de la mâchoire, tels que les indiquent la grandeur et le nombre des trous vasculaires, présentent une analogie frappante avec les édentés, auxquels l'iguanodon ressemble d'ailleurs par d'autres points du squelette osseux, tels que le sacrum formé de l'anchylose de cinq vertèbres, et la portion vertébrale dilatée des côtes. D'un autre côté le fémur massif avec sa cavité médullaire, ses trochanters bien marqués et ses condyles, les os phalangiens et métatarsaux courts et gros, nous rappellent les pachydermes gigantesques actuels. En résumé, nous avons dans l'iguanodon le type des herbivores terrestres qui, à cette époque reculée, appelée par les géologues « le siècle des reptiles », occupaient la même position relative dans l'échelle des êtres, et remplissaient le même but dans l'économie de la nature que les mastodontes, les mammouths et les mylodons des périodes tertiaires, et les grands pachydermes des temps modernes.

Quoique beaucoup de caractères importants de l'ostéologie de l'iguanodon soient encore inconnus, nous pouvons, je crois, conclure des données sus-indiquées, que ce reptile herbivore gigantesque égalait l'éléphant pour la taille, et était aussi massif que lui ; et que sa nourriture étant exclusivement végétale, sa région abdominale devait être considérablement développée. Ses membres doivent avoir été d'une taille appropriée à soutenir et à mouvoir un corps aussi énorme. Les extrémités postérieures offraient, selon toute probabilité, l'aspect de celles du rhinocéros ou de l'hippopotame, et étaient soutenues par des pieds gros et courts, terminés par de larges phalanges onguéales cornées. Les jambes de devant paraissent avoir été moins lourdes et adaptées à saisir et à abattre les plantes et les branches d'arbres. Les dents et les mâchoires montrent sa puissance de mastication et la nature de sa nourriture, et les débris de conifères, de fougères arborescentes et de plantes cycadées avec lesquels ses restes sont ordinairement associés, indiquent le caractère de la flore qui servait à son alimentation.

Depuis ces recherches, Mr. le Dr Mantell a obtenu des terrains wealdiens du midi de l'Angleterre, plusieurs morceaux de fémur et de tibia d'iguanodon plus gigantesques qu'aucun de ceux qu'on avait trouvés jusqu'ici. Le corps de l'os de la cuisse a 28 pouces de circonférence, c'est-à-dire qu'il excède de plusieurs pouces les plus grands du British Museum, et suppose des condyles plus considérables même que l'extrémité distale gigantesque d'un fémur d'iguanodon que possède un collecteur d'Hastings. La cavité médullaire est si vaste, qu'on peut y passer la main et le bras.

———  — —

53. — HISTOIRE DES MÉTAMORPHOSES DE LA DONACIA SAGITTARIA, par Mr. Edouard PERRIS. ( *Annales de la Société Entomol. de France*, 1848; tome VI, p. 33.)

Mr. Perris donne dans cette note quelques détails sur le genre de vie des larves des donacies, peu connues jusqu'à ce jour. Elles vivent sur le spargianum ramosum, vers les racines et à la base des feuilles qui sont immergées en grande partie dans l'eau, se nourrissant de la sève plutôt que du tissu de la plante, auxquels elles font de véritables saignées.

Comment ces larves peuvent-elles respirer dans l'eau, puisqu'elles n'ont point d'organes branchiaux ? Mr. Perris pense que la respiration a lieu au moyen de l'endosmose qui s'établit à travers la membrane qui recouvre les stigmates.

Lorsque la larve veut se transformer, elle s'enfonce dans la vase où la plante est enracinée, et forme contre la racine une coque elliptique qui n'est point en soie, mais d'une substance gommeuse desséchée, ayant l'épaisseur d'une feuille de papier.

Mr. Perris n'a pu examiner cette larve pendant qu'elle façonne sa coque, et il n'a pu faire que des suppositions sur le mode qu'elle emploie pour se construire cette demeure sans y laisser pénétrer une seule goutte d'eau.

---

54. — Sur la reproduction des psychés (lépidoptères nocturnes), par Mr. C.-Th. von Siebold. (*Zeitschrift für Wissenschaftliche Zoologie*, 1848, I, p. 93.)

Plusieurs entomologistes distingués ont observé depuis très-longtemps que des psychés femelles peuvent produire une nouvelle génération *sine concubitu*. Mr. de Siebold a soumis ce cas intéressant à un examen rigoureux, et après avoir constaté plusieurs faits remarquables, il pense qu'aucun ne suffit pour croire à une formation spontanée d'œufs féconds. Les observations suivantes oubliées ou mal interprétées, semblent avoir donné naissance à cette assertion :

1° Les chenilles mâles de quelques espèces de psychés (*P. graminella*, *P. atra*) s'entourent d'une enveloppe différente de celle des femelles.

2° Certaines chenilles femelles vivent séparées des chenilles mâles.

3° Les chrysalides femelles font très-peu de mouvements, et se tiennent constamment dans l'extrémité supérieure de leur sac, tandis que les chrysalides mâles, très-agiles et très-vives, avancent la partie antérieure de leur corps par l'ouverture postérieure du sac peu de temps avant la sortie du papillon.

4° Les psychés femelles, presque apodes, sortent de l'enveloppe de la chrysalide sans quitter le sac lui-même ; c'est dans l'extrémité postérieure et libre de celui-ci qu'elles attendent l'approche du mâle qui, pendant l'accouplement, ne voit point sa femelle.

5° Après l'accouplement, la femelle, dépourvue de tarière, se retire dans l'enveloppe de la chrysalide pour y pondre ses œufs. Lorsqu'on inquiète une de ces femelles qui attend un mâle, elle se retire complétement dans le même asile.

6° Les talæporia femelles sortent de l'ouverture postérieure de leurs sacs, qui sont ordinairement très-courts; elles s'attachent avec leurs six pieds bien développés à l'extrémité inférieure du sac, et attendent ainsi le mâle.

7° Ces femelles ne se retirent point dans l'enveloppe de la chrysalide, mais elles pénètrent à reculons dans le sac, et remplissent ainsi de leurs œufs l'enveloppe de la chrysalide vide au moyen d'une longue tarière rétractile.

8° Les enveloppes des chrysalides sont quelquefois tellement bourrées d'œufs, qu'elles ressemblent souvent à des chrysalides complètes.

9° Les psychés mâles ne possèdent pas un pénis très-allongé, mais ils peuvent beaucoup prolonger leur abdomen; c'est ainsi que leurs organes génitaux pénètrent dans ceux de la femelle cachée dans son sac.

------

55. — Note sur la matière pulvérulente qui recouvre la surface du corps des lixus ou de quelques autres insectes, par MM. de Boulbène et Follin. (*Annales de la Soc. Entomolog. de France*, 1848; tome VI, p. 501.)

Plusieurs insectes présentent à leur surface certaines substances pulvérulentes assez analogues à des champignons, mais seulement dans des cas anormaux qui amènent pour résultat la mort de l'animal.

Les lixus et quelques coléoptères exotiques présentent, à l'état de santé, sur leurs élytres une poussière jaune, abondante, et qui se reproduit si on l'enlève artificiellement.

Il résulte des observations de MM. Boulbène et Follin que cette poussière présente des sporules, des filaments, en un mot tous les caractères d'un véritable champignon. Elle cesse de se reproduire à la mort de l'animal. Cette substance diffère d'ailleurs par ses caractères internes des cryptogames parasites, indices chez d'autres insectes de la maladie et de la mort.

56. — Sur une couche très-puissante de coquilles d'eau douce siliceuses microscopiques dans la rivière aux chutes de l'Orégon, par Mr. Ehrenberg. (*Monatsbericht der Acad. der Wissenschaft zu Berlin*, février 1849, p. 76.)

Mr. Ehrenberg rappelle d'abord les conclusions auxquelles ses précédentes recherches, sur les couches d'infusoires fossiles de l'Amérique du Nord, l'avaient amené, à savoir que la chaîne des montagnes rocheuses est une limite plus puissante entre les territoires de la Californie et de l'Orégon et ceux du reste de l'Amérique septentrionale, que l'Océan Pacifique et la Chine réunis entre les plages occidentales de l'Amérique et la Sibérie ; de telle sorte, que les Etats-Unis (y compris Mexico) ne présentent jamais aucune des formes caractéristiques de la Californie ou de l'Orégon, tandis que les formes de ces derniers pays se retrouvent, au contraire, en Sibérie. Il trouve une confirmation remarquable dans le fait que les terrains aurifères du Sacramento pour l'étendue et l'abondance de leurs produits ne trouvent leurs analogues qu'en Sibérie. Puis il rend compte des explorations intéressantes en Californie et dans l'Orégon de Mr. le capitaine Frémont, qui a remonté la rivière aux chutes, un des affluents supérieurs de la rivière de Colombie qui s'alimente de cinq pics neigeux, au nombre desquels est le mont Jefferson. Le lit de cette rivière est situé (à l'endroit nommé par Frémont Place-du-Camp) entre deux parois de sept à huit cents pieds d'élévation, composées d'abord d'argile à porcelaine d'une puissance de cinq cents pieds, recouverte d'une couche de basalte compact de cent pieds d'épaisseur, sur laquelle se trouvent encore des dépôts volcaniques. Les couches d'argile sont d'un grain très-fin et varient de couleur, quelques-unes sont d'un blanc de craie. Le prof. Bailly a reconnu, d'après les matériaux apportés par Mr. Frémont, que cette couche, qui avait une apparence argileuse, était toute composée d'infusoires d'eau douce. Sa parfaite pureté, sans aucun mélange de sable, prouverait qu'elle n'a pas été ap-

portée, mais qu'elle s'est formée sur place. Les couches d'infusoires, découvertes par Mr. J. Dana dans les formations tertiaires
de l'Orégon renferment peu de formes identiques à celles qui ont été
rapportées par Mr. Frémont, mais ces dernières contiennent beaucoup d'espèces actuellement vivantes dans les Etats-Unis, fait qui
démontrerait l'origine plus récente de la couche de Mr. Frémont. Cependant quelques formes très-caractéristiques, qui se trouvent dans
les deux localités, indiquent que leur âge ne peut pas être fort
différent. Mr. Ehrenberg regarde comme une circonstance unique
jusqu'ici l'étonnante puissance de cette couche de coquilles d'infusoires de tripoli biolitique qui atteint cinq cents pieds, tandis que les
couches analogues ont ordinairement un ou deux pieds d'épaisseur.
Celles de Lunebourg et de Bilin, qui ont quarante pieds, passaient
pour fort remarquables. On en connaît, il est vrai, quelques autres
qui atteignent soixante-dix à cent pieds et même davantage, mais
c'est parce qu'elles alternent avec des couches de tourbe ou avec
d'autres matériaux.

L'étude des échantillons apportés par Mr. Frémont a fourni à
Mr. Ehrenberg les résultats suivants :

   72 espèces de polygastriques à coquilles siliceuses,
   16 phytolithuriens,
    3 formes cristallines.

Ces dernières se trouvent seulement dans la partie inférieure du
gisement; quant aux autres parties, quoiqu'elles diffèrent de couleur et de consistance, elles renferment à peu près les mêmes éléments, dont les proportions varient. Les espèces dominantes sont
les *Discoplea oregonica, Galionella granulata et crenata, Eunotia
Westermanni, Cocconema asperum,* etc. Le milieu du gisement
est parsemé de petites veines grises d'une substance cristalline et
inorganique qui perd sa couleur sous une lumière polarisée achromatique. Les *Discoplea oregonica* et *Raphoneis oregonica* sont les
deux seules espèces caractéristiques de cette localité. Mr. Ehrenberg donne le tableau des espèces qui différencient les trois différentes couches de ce gisement, remarquable par ses grands rap-

ports avec celui du mont Charrey, dans le département de l'Ardèche, que Mr. Fournet a analysé avec lui en 1842.

Il pense que l'énorme puissance de ce dépôt et la configuration de la vallée où il se trouve, peuvent faire supposer que cette vallée fut une fois une espèce d'entonnoir ou de précipice, peut-être le cratère éteint de quelque ancien volcan, où l'eau est restée stagnante pendant des siècles, et dont le bord, en se rompant, a donné beaucoup plus tard passage à la rivière actuelle. On ne peut pas présumer que ce gisement ait une grande étendue en largeur, cependant rien ne prouve le contraire.

---

57. —Sur le genre gregarina, L. Duf., par Mr. A. Kœlliker. (*Zeitschrift für Wissenschaftliche Zoologie*, 1848, I, p. 1.)

Mr. L. Dufour a désigné sous le nom de *Grégarines* des organismes microscopiques vivant comme parasites dans le canal intestinal des insectes, surtout des larves. Mr. Kœlliker a reconnu que ces êtres ne sont composés que d'une seule cellule et sont aussi simples que les genres végétaux-inférieurs (Schleiden und Nageli Zeitschrift für Wissensch. Bot., II, p. 77). Des objections faites par Henle et de Frantzius, contre cette nature monocellulaire, ont engagé Mr. Kœlliker à soumettre de nouveau les grégarines à son examen. Voici les principales conclusions de son dernier mémoire :

1° Les grégarines sont des animaux ;

2° Les grégarines simples se composent incontestablement d'une seule cellule. Leur membrane correspond à la membrane cellulaire ; leur contenu est celui d'une cellule ; la vésicule qu'elle renferme représente le noyau (nucleus) ; les granulations (quelquefois une seule) de cette dernière sont des nucléoles simples ou désagrégées. Ces grégarines simples ne se trouvent que dans des annélides.

3° Les grégarines à corps étranglé correspondent très-probablement aussi à une seule cellule d'une forme particulière. Elles se trouvent dans les insectes et les crustacés.

4° Il n'y a aucune raison pour ne pas considérer les grégarines comme des animaux qui ont atteint leur état le plus complet.

5° Les étuis de pseudonavicelles à contenu granuleux et avec des vésicules proviennent probablement d'une transformation des grégarines.

6° La présence de deux noyaux ou de deux cellules dans l'intérieur de certaines grégarines indique ou le commencement de leur reproduction ou leur transformation en pseudonavicelles.

---

## BOTANIQUE.

**38. — DÉCOUVERTE DU SEIGLE A L'ÉTAT SAUVAGE, par M. C. KOCH. (*Linnaea*, vol. XXI, p. 427, annéc 1848.)**

Toutes les probabilités historiques et botaniques s'accordent à faire considérer les céréales (blés, orges, seigles, avoines) comme originaires de l'Asie, notamment des régions occidentales et centrales de cette partie du monde [1]. Malheureusement il est difficile de prouver, par des faits, la réalité de l'hypothèse. Il faut, pour cela, rencontrer des pieds, sauvages en apparence, dans des conditions telles qu'on ne puisse pas supposer qu'ils se sont échappés de quelque culture, ou qu'ils ont été semés par des voyageurs. Le botaniste Michaux, père, a trouvé l'épeautre (Triticum Spelta) sur une montagne à quatre journées au nord d'Hamadan [2]. Olivier [3], se rendant avec une caravane de Anah à Latakie, sur la rive droite de l'Euphrate, dit : « Nous trouvâmes près du camp, dans une sorte de ravin, le froment, l'orge et l'épeautre, que nous avions déjà vus plusieurs fois en Mésopotamie. » Linné [4] donne pour la patrie du froment d'été (Triticum æstivum), le pays des Baschirs, *apud Bas-*

[1] Voyez mon article sur la distribution géographique des plantes alimentaires, dans la Bibliothèque Universelle, avril 1836.
[2] Lamark, Dict. encycl. part. bot., t. II, p. 560.
[3] Voyage dans l'empire othoman, t. III, p. 460.
[4] Species plantarum, 2e édit., p. 126

*chiros in campis*, sur l'autorité d'un voyageur appelé Heintzelman.
Je ne connais pas d'autres témoignages certains sur l'origine des
céréales. Mr. Dureau de la Malle [1] ne les regarde pas comme suffisants, parce que les voyageurs n'ont pas fait un assez long séjour
dans le pays pour distinguer avec certitude l'individu sauvage de
l'individu provenant d'une culture abandonnée. Je ferai cependant
remarquer qu'il s'agit de pays montueux, assez stériles, et habités
par des peuples rares et peu sédentaires. L'assertion de Linné,
qui n'est accompagnée d'aucun détail, est celle qui mérite le moins
de confiance, d'autant plus que le pays des Baschirs a été souvent
visité depuis un siècle. Mr. Link ne l'admet pas [2]. Mr. Loiseleur-
Deslongchamps, dans un ouvrage moderne et spécial [3], ne donne
pas de nouveaux faits. Il dit avec raison que la patrie primitive de
ces espèces a pu, dans l'origine, être assez étendue, mais que la
culture ayant été établie de bonne heure en Sicile, en Grèce, en
Syrie, etc., il a toujours été difficile de distinguer les pieds sauvages des pieds sortis de cultures. Il ajoute, avec plus de raison
encore, que si les céréales avaient été primitivement différentes de
ce qu'elles sont aujourd'hui, si, par exemple, elles avaient été sous
la forme de certains ægylops ou lolium, l'homme n'aurait pas eu
l'idée de les cultiver. Il faut que les espèces aient été à peu près
ce qu'elles sont, pour que l'on se soit donné la peine de les semer.
A-t-on jamais vu un peuple barbare essayer la culture des ægilops
ou de l'ivraie? Les savants peuvent avoir la curiosité de le faire.
Les peuplades primitives ne l'ont jamais eue; c'est déjà beaucoup
qu'elles aient essayé de manger le grain de blé, et de le cultiver,
après avoir constaté ses qualités nutritives. D'autres raisons, très-
fortes, m'avaient fait dire que les céréales ne sont pas dérivées de
formes différentes des leurs [4], comme on peut le croire de certains arbres fruitiers.

[1] Recherches sur l'histoire ancienne, l'origine et la patrie des céréales,
nommément du blé et de l'orge; dans Ann. sc. nat., sér. 1, t. IX, p. 61.

[2] Link, die Urwelt und das Alterthum erläutert durch die Naturkunde,
éd. 2, Berlin 1834, p. 407.

[3] Considérations sur les céréales, 1 vol 8°, Paris 1843, p. 22.

[4] Bibl. Univ., avril 1836.

Dans tous les ouvrages que je viens de citer, il n'est pas question
du seigle, si ce n'est pour dire que sa patrie est inconnue, mais
que par analogie elle est probablement l'Asie occidentale. « Le seigle
passe pour être originaire du Levant, » dit Mr. Eude Deslongchamps, dans le Dictionnaire des Sciences naturelles [1]. Selon
Mr. Kunth [2] il est originaire des régions qui avoisinent le Caucase
et la Mer Caspienne, mais il ne cite aucune preuve. Tout cela est
vague comme l'assertion d'autres auteurs anciens et modernes au
sujet de l'île de Crète. Le seigle que Marshall de Bieberstein avait
trouvé au Caucase, et qu'il croyait le seigle commun, est reconnu
aujourd'hui pour être le Secale fragile, espèce différente. Voici
maintenant un voyageur, Mr. C. Koch [3], qui a parcouru l'Anatolie,
l'Arménie, le Caucase et la Crimée, et qui affirme avoir trouvé le
seigle dans des circonstances où il paraît bien spontané et originaire.
Je traduis textuellement : « Sur les montagnes du Pont, pas loin
du village Dshimil, dans le pays de Hemschin, sur du granit, à
5 ou 6000 pieds d'élévation, j'ai trouvé le long du chemin (an
Rändern) notre seigle commun. Ses épis étaient minces, longs de
1 à 2 $^1/_2$ pouces. Personne ne se rappelait qu'il eût jamais été cultivé dans le voisinage ; on ne le connaissait même pas comme cé-
réale. J'ai reçu les mêmes épis, grêles et courts, de Mr. Thirke à
Brussa. Il les avait recueillis, si je ne me trompe, sur l'Olympe
ou dans le voisinage. Je n'ai trouvé que rarement des cultures de
seigle, par exemple dans le pays de Kur, d'Artahan, etc. »

La question paraît tranchée par les détails que donne Mr. Koch,
et elle l'est dans le sens que l'histoire et la géographie botanique
rendaient le plus probable.

[1] Tome XLVIII, p. 310.
[2] Enumeratio plant., t. I, p. 449.
[3] Linnæa, t. XXI, p. 427, année 1848.

59. — BOISSIER ; DIAGNOSES PLANTARUM ORIENTALIUM NOVARUM, N°ˢ 8, 9, 10 et 11. Paris 1849, in-8°.

Mr. Edmond Boissier vient de publier quatre cahiers de descriptions de plantes nouvelles d'Orient, faisant suite à ses premières *Diagnoses*. Le plan est le même. Pour chaque espèce une phrase, qui paraît trop développée, mais qui se réduirait si l'espèce était enchâssée dans un ouvrage plus général, où les caractères de genres et de sections dispensent de certaines répétitions dans les phrases ; l'indication de la localité ; quelques mots de descriptions ou d'observations servant de complément à la phrase ou d'éclaircissement sur l'espèce comparée à d'autres ; le tout en latin. On est surpris, en parcourant ces cahiers, du nombre immense d'espèces nouvelles que l'Orient, c'est-à-dire l'Anatolie, la Perse ; la Syrie, l'Arabie, a présentées aux voyageurs modernes. On se figurait ces pays comme stériles et d'une végétation insignifiante ou monotone. On voit aujourd'hui que l'aridité des plaines et des vallées, même la sécheresse des montagnes, n'excluent pas la diversité des espèces. Le Cap, les îles Canaries, avaient offert le même phénomène. Dans ces pays arides, il y a toujours une saison qui ne l'est pas, et surtout il y a des localités moins sèches et une grande variété de conditions physiques, par le fait de la hauteur du sol, de l'exposition, et de la direction des vents de pluie. Mr. E. Boissier décrit des espèces qu'il a trouvées lui-même et celles découvertes par Mr. de Heldreich, dont il a favorisé les voyages. Il publie aussi des plantes de Kotschy, de Aucher-Eloy et d'autres voyageurs, dont il possède les collections. Les dernières *Diagnoses* renferment une grande quantité de crucifères, caryophyllées, légumineuses, ombellifères, composées, campanulacées et borraginées. J'ai été surpris de voir vingt-six campanulacées nouvelles, entre autres un *Trachelium* et un *Michauxia,* genres peu nombreux en espèces. Mais ce qui est bien plus étonnant c'est de voir cent-douze nouvelles espèces du seul genre *Astragalus !*

Mr. Boissier établit quelques genres nouveaux, en particulier dans les composées. Il a le bon esprit de le faire avec prudence,

sachant bien que la division générique doit s'appuyer de la comparaison de toutes les formes d'une famille. Les noms qu'il propose
sont presque toujours heureux. Ils sont corrects et élégants, ce qui
n'est pas commun en botanique.

---

60. — CLOS (Dominique) ; EBAUCHE DE LA RHIZOTAXIE. Thèse
présentée à la Faculté des Sciences de Paris, le 31 janvier 1848.

Nous aimons à voir un jeune homme débuter par un travail absolument nouveau, sur un sujet que l'on croyait épuisé. Rien ne
montre mieux que le champ de l'observation est indéfini, et que la
science fait des progrès par la succession continuelle de nouveaux
observateurs. Le cas actuel est frappant. Qui, jusqu'à ce jour, n'a
pas vu des racines? Qui n'a pas considéré les ramifications de cet
organe comme irrégulières, de direction et de position? On a cité,
il est vrai, quelques arrangements réguliers de radicelles, mais dans
un petit nombre de plantes [1] et dans des cas exceptionnels [2]. Ces
faits ont été négligés. Personne ne pensait à une loi générale.
Mr. Dominique Clos assure l'avoir trouvée. Selon lui, l'ordre régulier est habituel dans les racines ; la non régularité, au contraire,
est l'exception.

La majorité des familles de dicotylédones présente des radicelles
disposées sur deux rangs ou sur quatre ; c'est-à-dire qu'elles sont
superposées selon des rangées régulières, rectilignes ou un peu obliques. Dans quelques familles et genres, il y a trois ou cinq rangs.
L'auteur n'a trouvé six rangs que dans certains pieds de fève, de
*Datura Stramonium* et de composées, qu'il regarde comme des
anomalies.

---

[1] Ch. Bonnet, cinquième mémoire sur les feuilles, dit que les radicelles
des haricots, du pois, de la fève et du sarasin, sont sur quatre rangées
longitudinales.

[2] De Candolle ayant fait croître des racines d'une branche de saule,
dans de l'eau colorée, vit que leurs radicelles étaient disposées sur trois
ou quatre rangs bien réguliers. J'ai été témoin de l'expérience. Il nous
parut que les racines formées dans de l'eau claire n'offraient pas ce phénomène ; peut-être n'avons-nous pas regardé d'assez près? Voyez De Candolle, Mémoire sur les lenticelles, p. 21.

Toutes les espèces observées dans les familles suivantes ont l'arrangement distique : fumariacées, papavéracées , crucifères, résédacées, géraniacées, hydrophyllacées et frankéniacées.

Toutes les espèces observées dans les balsaminées, hypéricinées, malvacées, turnéracées, euphorbiacées, lythrariées , œnothéracées, dipsacées, ombellifères, convolvulacées, labiées, verbénacées, ont l'arrangement tetrastiche, c'est-à-dire sur quatre rangs.

Les caryophyllées, paronychiées, violariées, phytolaccées, rubiacées, gentianées, borraginées et scrophulariacées, offrent les deux arrangements (2-4 rangs).

Les légumineuses ont des radicelles tantôt sur deux rangs (lupins, adesmia, etc.), tantôt sur trois (trifolium, ervum, vicia, lathyrus, ornithopus), tantôt sur quatre (phaseolus, dolichos).

Les composées offrent aussi différents nombres, suivant les genres, et assez fréquemment la disposition sur cinq. Les renonculacées offrent des diversités dans les individus de la même espèce, par conséquent elles sont loin d'offrir une loi. L'auteur n'a pas étudié, sous ce point de vue, les racines de monocotylédones, ou du moins il n'en parle pas.

Lorsqu'il existe deux rangées , elles sont sous les deux cotylédons. Lorsqu'il y en a quatre , les deux qui alternent avec les cotylédons sont plus petites. Du reste , les quatre rangs ne sont pas d'ordinaire à des distances rigoureusement égales ; ils sont plutôt rapprochés par deux. Leur origine se rattache à la position de faisceaux vasculaires dans le pivot de la racine. Les radicelles naissent *entre* les faisceaux vasculaires. Ceux-ci sont au nombre de deux, de quatre, etc., suivant les plantes. Leurs intervalles sont souvent marqués au dehors par une dépression soit sillon, et les radicelles naissent en ligne dans ce sillon. Quand les faisceaux vasculaires sont obliques , les rangées de radicelles le sont aussi. L'obliquité ne va jamais jusqu'à former une ligne spirale, ou, si l'on veut, c'est une fraction de spire très-prolongée.

Le travail dont nous venons de donner l'analyse paraît reposer sur de nombreuses observations. Il est à regretter que l'auteur n'ait pas parlé des précautions à prendre pour bien observer les radicelles.

Le milieu où elles se développent pouvait bien avoir de l'influence, d'après l'observation de De Candolle citée plus haut. Il serait intéressant de savoir si les monocotylédones présentent les mêmes faits, et si les racines adventives se comportent dans chaque plante comme les racines principales. L'ouvrage de D. Clos engagera sans doute à s'occuper de ce sujet, et lui-même, nous l'espérons, sera tenté de compléter ce qu'il a publié.

---

61. — SUR UNE TRANSFORMATION DES PARTIES PÉRICHÆTIALES DES MOUSSES, par Charles MULLER. (*Bot. Zeit.* 1848, p. 619 [1].)

Il y a environ deux ans que Mr. Moritz a envoyé une grande quantité de mousses fort intéressantes de la Colombie, parmi lesquelles on remarquait un *Leucobryum* des montagnes couvertes de neige de Mérida, qui se distinguait par sa grandeur des autres espèces du même genre, et qui se rapprochait surtout du *Sphagnum Javense* (*Leucobryum falcatum* mihi). J'ai appelé cette belle espèce *Leucobryum giganteum* (Synops. page 79). Cette espèce se faisait principalement remarquer par ses nombreuses feuilles perichætiales, trigones et latérales, mais elle était stérile. Dernièrement nous l'avons retrouvée avec ses fruits, dans la collection de Mr. J. Linden, de Luxembourg, au n° 359; elle avait été récoltée sur la terre par MM. Funck et Schlimm, en Colombie, près de Galipan, dans la province de Caracas, à une hauteur de 5000 pieds.

En considérant ces échantillons de plus près, je remarquai aux tiges qui portaient les fruits, un feuillage frisé, accumulé aux endroits où les feuilles périchætiales auraient dû se trouver. En les disséquant je découvris que c'était réellement des feuilles périchætiales qui se développaient d'une manière particulière. En les examinant au microscope, je vis que ces périchætium consistaient en une multitude de petits rameaux courts, qui donnaient au périchætium cette forme de tête frisée.

Je ne trouvai nulle part aucune trace de paraphyses ni d'archégones, et je fus obligé de conclure que la formation des petits an-

---

[1] Nous traduisons aussi exactement que possible la note de Mr. Müller.

neaux se faisait aux dépens des archégones. Cette supposition
était d'autant plus fondée, que d'autres périchætium de ce même
échantillon avaient pris leur développement normal.

Cette transformation n'aurait rien de très-remarquable sans un
autre incident qui s'est présenté, et qui démontre que les archégones sont une formation de l'axe, ce qui, au reste, est déjà prouvé
par la formation du fruit qui est produit par un axe principal ou
par un axe inférieur. Ce fait est intéressant en ce qu'il nous fait
observer pour la première fois dans les mousses ce que nous voyons
si fréquemment dans les phanérogames que les parties de la fleur,
chacune, suivant sa position, peut se transformer en tiges et en
feuilles, et démontre que les archégones sont une formation des axes.

L'espèce dont nous parlons est dioïque, mais dans les échantillons que j'ai examinés je n'ai pu trouver aucune trace des fleurs
mâles. Aussi ai-je été d'autant plus surpris de les avoir trouvées et
en aussi grand nombre sur les plantes femelles avec les perichac-
tium anormaux. Mais il est encore plus surprenant que ces fleurs
mâles se soient trouvées sur les perichætium anormaux eux-mêmes,
où elles paraissaient des feuilles comme de petits boutons à feuilles
écourtées et dont les aisselles n'ont, du reste, rien que d'ordinaire.

On ne peut pas admettre que ces boutons d'anthéridies (comme devraient être proprement nommées ces soi-disant fleurs mâles) soient
des transformations des archégones, quoiqu'elles pourraient l'être
morphologiquement. Les petits rameaux doivent avoir une origine, et
nous l'avons ramenée aux archégones. C'est ce que démontre la place
des boutons des anthéridies, qui sont disséminés sur tout le périchætium, tandis qu'il faut se souvenir que les archégones ne se
rencontrent qu'à son extrémité.

Mais si les boutons d'anthéridies sont des formations indépendantes des archégones, il en résulte que le perichætium a été trans-
·formé en une nouvelle plante, morphologiquement indépendante de
la plante mère, et même en une plante mâle. De là vient ce fait intéressant, que c'est la transformation des parties de l'axe femelle
qui a produit les bourgeons des anthéridies, et je ne crois pas aller
trop loin quand je prétends que cette dernière formation est due à
un axe de la même nature.

Une pareille transformation des organes de fructification n'avait pas encore été remarquée parmi les cryptogames ; au moins dans les mousses. Cependant je dois encore appeler l'attention sur une formation analogue des bourgeons de plusieurs mousses, telles que le *Leucodon sciuroïdes*, où on l'observe fréquemment, ce qui explique pourquoi cette belle mousse est si souvent stérile. Une autre espèce qui présente le même phénomène est le *Leucophanes ? Leanum* Sull. des monts Alleghanies du nord de l'Amérique. Cette espèce n'est pas un *Leucophanes*, mais une *Leptotrichacée* appartenant peut-être au genre *Angströmia*, tel que je l'ai étendu. Ici nous trouvons encore à l'extrémité de plusieurs échantillons, un amas de bourgeons comme les amas de saredies dans les lichens, et qui donnent à la plante un aspect particulier, mais qui la rendent stérile comme les *Leucodon*. Quand nous comparons ces amas de bourgeons avec nos perichætium anormaux, nous sommes frappés d'une grande ressemblance. Avant que j'eusse reconnu les perichætium anomaux dans le *Leucobryum giganteum*, mon ami Hampe m'avait écrit qu'il croyait que dans le *Leucophanes Leanum* les amas de bourgeons étaient une transformation des anthéridies. J'en ai examiné des échantillons envoyés par Mr. Sullivant, mais il m'a été impossible d'y découvrir des anthéridies, et reconnaissant que la question n'est pas résolue, j'ai voulu appeler l'attention des bryologues sur ce sujet, afin qu'ils puissent voir si par leurs observations ils peuvent trouver dans la nature d'autres transformations semblables à celles de ces amas de bourgeons.

On a souvent observé dans les saules la transformation des sexes. Nous laissons aux physiologistes à voir jusqu'à quel point ces deux cas sont en rapport. Je désirerais que l'on pût s'arrêter à celui dont j'ai fait mention, et observer sur les saules s'il ne serait pas possible que les parties femelles de la plante fussent transformées en rameaux, et ceux-ci à leur tour, comme nous l'avons décrit, en individus mâles ?

# OBSERVATIONS MÉTÉOROLOGIQUES ET MAGNÉTIQUES

## FAITES A L'OBSERVATOIRE DE GENÈVE

### SOUS LA DIRECTION DE M. LE PROFESSEUR E. PLANTAMOUR

#### PENDANT LE MOIS DE MAI 1849.

———◦●●◦———

Le 2, halo solaire de 11 $^1/_2$ h. à midi,
» 3, faible halo lunaire à plusieurs reprises entre 6 $^1/_2$ h. et 8 h. du soir.
» 4, halo lunaire de 9 h. à 11 h.
» 5, de 6 $^1/_2$ h. à 9 $^1/_4$ h. éclairs et tonnerres ; direction du nuage orageux SSO au NNE ; l'observatoire se trouvait sur la limite occidentale de la zone qu'il parcourait.
» 6, halo solaire de 11 $^3/_4$ h. à midi $^1/_2$ ; de 3 h. 40 m. à 5 h. éclairs et tonnerres ; le nuage orageux avait la même direction que celui de la veille, mais il a passé un peu plus près du zénith de l'Observatoire ; il est tombé pendant l'orage quelques grêlons.
» 7, halo solaire de 2 h. à 4 h.
» 8, de 5 $^1/_4$ h. à 5 $^3/_4$ h., éclairs et tonnerres ; le nuage orageux se mouvait du SO au NE ; il a passé à l'Ouest de l'Observatoire.
» 13, halo solaire de 2 $^1/_4$ h. à 5 h.
» 20, halo solaire de 8 $^1/_2$ h. à midi $^1/_2$.
» 22, halo solaire de 3 $^1/_4$ h. à 3 $^3/_4$ h.
» 26, les derniers vestiges de la neige de l'hiver ont disparu du sommet du Grand Salève.
» 29, vers 1 h. on entend des tonnerres du côté de l'Ouest.
» 30, de midi à 2 h. on entend des tonnerres dans la direction du Nord-Ouest, un orage passe le long du Jura ; dans la soirée, faible halo lunaire.

## Moyennes du mois de Mai 1849.

|  | 6h.m. | 8h.m. | 10h.m. | Midi. | 2h.s. | 4h.s. | 6h.s. | 8h.s. | 10h.s. |
|---|---|---|---|---|---|---|---|---|---|

### Baromètre.

|  | mm | mm | mm | mm | mm | mm | mm | mm | mm |
|---|---|---|---|---|---|---|---|---|---|
| de, | 722,57 | 722,68 | 722,51 | 722,03 | 721,46 | 721,20 | 721,36 | 722,02 | 722,24 |
| » | 725,28 | 725,46 | 725,34 | 725,15 | 724,89 | 724,92 | 725,01 | 725,12 | 725,56 |
| » | 728,94 | 729,10 | 728,99 | 728,52 | 728,04 | 727,95 | 728,09 | 728,55 | 729,01 |
| ois... | 725,70 | 725,86 | 725,72 | 725,34 | 724,90 | 724,80 | 724,93 | 725,44 | 725,71 |

### Température.

|  | 6h.m. | 8h.m. | 10h.m. | Midi. | 2h.s. | 4h.s. | 6h.s. | 8h.s. | 10h.s. |
|---|---|---|---|---|---|---|---|---|---|
| ade, | $+9,20$ | $+12,16$ | $+14,10$ | $+15,25$ | $+16,59$ | $+16,56$ | $+15,00$ | $+12,98$ | $+12,00$ |
| » | $+9,12$ | $+11,61$ | $+12,41$ | $+13,75$ | $+13,70$ | $+13,62$ | $+12,70$ | $+11,04$ | $+9,90$ |
| » | $+12,18$ | $+14,85$ | $+16,80$ | $+18,30$ | $+18,99$ | $+18,42$ | $+17,19$ | $+15,54$ | $+14,02$ |
| ois... | $+10,23$ | $+12,94$ | $+14,51$ | $+15,85$ | $+16,51$ | $+16,27$ | $+15,04$ | $+13,29$ | $+12,04$ |

### Tension de la vapeur.

|  | mm | mm | mm | mm | mm | mm | mm | mm | mm |
|---|---|---|---|---|---|---|---|---|---|
| écade, | 7,62 | 7,85 | 8,04 | 7,88 | 7,51 | 7,73 | 7,81 | 7,86 | 7,68 |
| » | 7,49 | 7,77 | 7,74 | 7,12 | 7,36 | 7,60 | 8,18 | 7,75 | 7,79 |
| » | 9,09 | 9,23 | 9,36 | 9,67 | 9,09 | 9,32 | 9,63 | 9,22 | 9,50 |
| ois.... | 8,10 | 8,31 | 8,28 | 8,28 | 8,02 | 8,23 | 8,59 | 8,31 | 8,36 |

### Fraction de saturation.

|  | 6h.m. | 8h.m. | 10h.m. | Midi. | 2h.s. | 4h.s. | 6h.s. | 8h.s. | 10h.s. |
|---|---|---|---|---|---|---|---|---|---|
| écade, | 0,87 | 0,74 | 0,68 | 0,59 | 0,53 | 0,57 | 0,62 | 0,72 | 0,74 |
| » | 0,86 | 0,76 | 0,68 | 0,61 | 0,64 | 0,65 | 0,74 | 0,79 | 0,85 |
| » | 0,88 | 0,73 | 0,65 | 0,61 | 0,55 | 0,58 | 0,66 | 0,70 | 0,79 |
| ois.. | 0,87 | 0,74 | 0,67 | 0,60 | 0,57 | 0,60 | 0,67 | 0,73 | 0,79 |

|  | Therm. min. | Therm max. | Clarté moy. du Ciel | Eau de pluie ou de neige. | Limnimètre. |
|---|---|---|---|---|---|
| écade, | $+7,71$ | $+18,62$ | 0,53 | 15,9 | 33,8 |
| » | $+7,24$ | $+16,05$ | 0,77 | 62,5 | 37,8 |
| » | $+9,06$ | $+20,81$ | 0,40 | 2,5 | 43,5 |
| is.... | $+8,04$ | $+18,57$ | 0,58 | 80,7 | 38,6 |

Dans ce mois, l'air a été calme 15 fois sur 100.

Le rapport des vents du NE à ceux du SO a été celui de 1,07 à 1.

La direction de la résultante de tous les vents observés est N. 57° O. et son intensité r 100.

# OBSERVATIONS MAGNÉTIQUES

## FAITES A GENÈVE EN MAI 1849.

| Jours. | DÉCLINAISON ABSOLUE. | | VARIATIONS DE L'INTENSITÉ HORIZONTALE exprimées en ¹/₁₀₀₀₀₀ de l'intensité horizontale absolue. | |
|---|---|---|---|---|
| | 7ʰ45ᵐ du mat. | 1ʰ45ᵐ du soir. | 7ʰ45ᵐ du matin. | 1ʰ45ᵐ du soir. |
| 1 | 18°16',67 | 18°27',65 | − 469 + 9°,4 | − 577 +12°,2 |
| 2 | 13,52 | 29,82 | 541 10,0 | 555 13,2 |
| 3 | 14,94 | 30,31 | 585 12,5 | 681 15,0 |
| 4 | 13,46 | 28,45 | 650 12,6 | 628 16,0 |
| 5 | 12,81 | 27,46 | 572 10,8 | 639 13,8 |
| 6 | 12,17 | 32,71 | 662 13,6 | 663 15,9 |
| 7 | 17,94 | 35,20 | 617 12,6 | 710 15,4 |
| 8 | 14,61 | 27,64 | 713 12,8 | 693 14,1 |
| 9 | 15,12 | 29,64 | 755 12,5 | 709 13,1 |
| 10 | 13,37 | 28,57 | 710 11,6 | 758 13,8 |
| 11 | 15,69 | 26,81 | 680 11,4 | 693 13,6 |
| 12 | 14,89 | 33,21 | 656 11,3 | 506 12,6 |
| 13 | 14,59 | 29,14 | 816 10,4 | 750 12,8 |
| 14 | 15,31 | 29,41 | 750 11,2 | 702 12,9 |
| 15 | 17,20 | 24,64 | 705 10,8 | 673 12,3 |
| 16 | 15,77 | 27,91 | 779 11,9 | 758 14,0 |
| 17 | 16,05 | 28,14 | 813 12,6 | 826 12,2 |
| 18 | 20,16 | 28,19 | 779 10,5 | 747 11,9 |
| 19 | 14,93 | 29,72 | 823 10,4 | 789 12,5 |
| 20 | 15,44 | 25,43 | 767 10,5 | 719 13,1 |
| 21 | 19,43 | 31,55 | 862 12,0 | 860 13,1 |
| 22 | 18,88 | 29,05 | 939 11,5 | 878 14,4 |
| 23 | 17,07 | 30,11 | 869 12,9 | 745 14,3 |
| 24 | 13,73 | 30,89 | 826 12,5 | 751 14,0 |
| 25 | 14,78 | 29,25 | 777 12,1 | 823 14,5 |
| 26 | 14,41 | 29,78 | 800 13,5 | 848 16,0 |
| 27 | 15,87 | 29,72 | 907 14,3 | 894 17,0 |
| 28 | — | — | | |
| 29 | 16,11 | 27,37 | 944 17,0 | 907 19,9 |
| 30 | 16,94 | 25,94 | 1055 16,6 | 1074 19,9 |
| 31 | 15,99 | 27,35 | −1034 + 17,0 | −1016 + 20,0 |
| Moyennes | 18°15',59 | 18°29',03 | | |

# TABLEAU

## DES

## OBSERVATIONS MÉTÉOROLOGIQUES

### FAITES AU SAINT-BERNARD

#### PENDANT LE MOIS DE MAI 1849.

Moyennes des hauteurs du baromètre et des températures observées à 6 h. et à 8 h. du matin, et à 6 h. et à 8 h. du soir :

|  | 6 h. du matin. | | 8 h. du matin. | | 6 h. du soir. | | 8 h. du soir. | |
|---|---|---|---|---|---|---|---|---|
|  | Barom. | Temp. | Barom. | Temp. | Barom. | Temp. | Barom. | Temp. |
|  | mm | ° | mm | ° | mm | ° | mm | ° |
| 1re déc. | 561,92 | − 1,52; | 561,96 | + 1,00; | 562,10 | + 1,60; | 562,27 | − 0,43. |
| 2e » | 562,91 | − 2,40; | 563,11 | + 0,83; | 563,48 | + 0,91; | 563,75 | − 0,85. |
| 3e » | 567,62 | + 0,52; | 567,91 | + 3,78; | 568,37 | + 5,16; | 568,50 | + 2,82. |
| Mois, | 564,26 | − 1,08; | 564,44 | + 1,93; | 564,77 | + 2,64; | 564,96 | + 0,52. |

## Mai 1849. — Observations météorologiques fait 2084 au-dessus de l'Observatoire d

| PHASES DE LA LUNE. | JOURS DU MOIS. | BAROMÈTRE RÉDUIT A 0°. | | | | TEMPÉRAT. EXTÉRIEU EN DEGRÉS CENTIGRADES. | | | |
|---|---|---|---|---|---|---|---|---|---|
| | | 9 h. du matin. | Midi. | 3 h. du soir. | 9 h. du soir. | 9 h. du matin. | Midi. | 3 h. du soir. | 9 h du soir |
| | | millim. | millim. | millim. | millim. | | | | |
| | 1 | 562,19 | 562,39 | 562,34 | 562,71 | + 4,0 | + 3,4 | + 4,3 | − 1 |
| | 2 | 563,08 | 563,07 | 563,08 | 563,17 | + 1,7 | + 5,3 | + 4,5 | − 0 |
| | 3 | 563,31 | 563,39 | 563,47 | 563,88 | + 4,4 | + 4,5 | + 5,3 | + 0 |
| | 4 | 563,39 | 563,33 | 503,13 | 563,38 | + 1,9 | + 2,7 | + 0,8 | − 0 |
| | 5 | 562,00 | 561,81 | 561,50 | 561,55 | + 0,8 | + 1,5 | + 0,6 | − 0 |
| ☉ | 6 | 561,44 | 561,29 | 560,90 | 560,79 | − 0,1 | + 1,5 | + 1,5 | − 0 |
| | 7 | 561,06 | 560,37 | 560,37 | 560,61 | − 0,9 | + 4,6 | + 2,9 | − 0 |
| | 8 | 561,12 | 561,64 | 561,84 | 562,50 | + 3,2 | + 4,0 | + 5,0 | − 0 |
| | 9 | 562,49 | 562,44 | 562,59 | 562,83 | + 4,0 | + 3,6 | + 4,4 | − 0 |
| | 10 | 562,93 | 562,01 | 561,67 | 562,09 | + 1,3 | + 3,9 | + 3,9 | − 1 |
| | 11 | 561,54 | 561,53 | 560,90 | 561,28 | + 5,0 | + 6,7 | + 5,4 | − 2 |
| | 12 | 562,28 | 562,95 | 564,09 | 566,45 | − 4,4 | − 4,5 | − 2,5 | − 5 |
| | 13 | 566,82 | 567,02 | 566,82 | 566,22 | + 3,5 | + 6,8 | + 5,4 | + 2 |
| | 14 | 563,20 | 562,21 | 561,46 | 560,24 | + 0,6 | + 3,5 | + 1,4 | − 2 |
| ☾ | 15 | 560,09 | 559,21 | 559,20 | 561,04 | + 3,2 | + 2,5 | − 2,5 | − |
| | 16 | 561,74 | 562,53 | 563,03 | 563,60 | + 5,2 | + 5,6 | + 6,0 | + |
| | 17 | 563,47 | 563,45 | 563,47 | 563,07 | + 2,0 | + 2,7 | + 2,9 | − |
| | 18 | 562,95 | 562,36 | 563,97 | 564,66 | + 4,0 | + 5,0 | + 1,5 | − 2 |
| | 19 | 564,74 | 564,92 | 565,59 | 566,40 | − 0,8 | + 0,6 | + 0,0 | − 3 |
| | 20 | 565,20 | 565,02 | 564,64 | 563,94 | + 5,6 | + 6,1 | + 7,2 | + 2 |
| ● | 21 | 561,80 | 561,72 | 561,62 | 561,70 | + 2,6 | + 0,8 | + 1,7 | − 0 |
| | 22 | 564,62 | 565,35 | 565,36 | 565,95 | + 1,8 | + 6,2 | + 9,8 | + 2 |
| | 23 | 566,27 | 566,07 | 567,82 | 567,45 | − 0,5 | + 0,8 | + 1,8 | − 2 |
| | 24 | 566,30 | 566,21 | 566,21 | 565,52 | + 0,2 | + 0,7 | + 2,8 | − 2 |
| | 25 | 567,04 | 567,02 | 566,90 | 566,62 | + 5,2 | + 6,7 | + 8,2 | + 0 |
| | 26 | 566,92 | 567,30 | 567,26 | 568,00 | + 4,8 | + 6,2 | + 6,6 | + 1 |
| | 27 | 568,65 | 569,99 | 570,03 | 570,56 | + 6,0 | + 7,5 | +11,0 | + |
| ☽ | 28 | 571,51 | 571,79 | 571,76 | 572,15 | + 7,3 | +10,6 | +13,0 | + 5 |
| | 29 | 572,21 | 571,96 | 571,84 | 571,66 | + 8,3 | +12,1 | +14,4 | + 5 |
| | 30 | 571,76 | 571,78 | 571,64 | 571,96 | +10,0 | +12,0 | +11,3 | + 4 |
| | 31 | 571,96 | 572,03 | 571,96 | 572,48 | +11,5 | +13,2 | +12,5 | + 5 |
| | 1e décade | 562,30 | 562,17 | 562,09 | 562,35 | + 2,03 | + 3,50 | + 3,32 | − 0 |
| | 2e » | 563,20 | 563,12 | 563,32 | 563,69 | + 2,39 | + 3,50 | + 2,48 | − 1 |
| | 3e » | 568,10 | 568,35 | 568,40 | 568,73 | + 5,20 | + 6,98 | + 8,46 | + 2 |
| | Mois. | 564,65 | 564,67 | 564,72 | 565,05 | + 3,27 | + 4,74 | + 4,88 | + 0 |

rnard, à 2491 mètres au-dessus du niveau de la mer, et ;it. à l'E. de Paris 4° 44' 30''.

| EAU de PLUIE ou de NEIGE dans les 24 h. | VENTS. Les chiffres 0, 1, 2, 3 indiquent un vent insensible, léger, fort ou violent. | | | | ÉTAT DU CIEL. Les chiffres indiquent la fraction décimale du firmament couverte par les nuages. | | | |
|---|---|---|---|---|---|---|---|---|
| | 9 h. du matin. | Midi. | 3 h. du soir. | 9 h. du soir. | 9 h. du matin. | Midi. | 3 h. du soir. | 9 h. du soir. |
| millim. | | | | | | | | |
| » | NE, 0 | NE, 0 | NE, 1 | NE, 0 | clair 0,0 | clair 0,0 | clair 0,2 | clair 0,1 |
| » | SO, 1 | SO, 1 | SO, 1 | SO, 1 | nuag. 0,6 | nuag. 0,6 | couv. 1,0 | clair 0,1 |
| » | SO, 1 | SO, 1 | SO, 1 | SO, 0 | clair 0,2 | nuag. 0,4 | nuag. 0,3 | couv. 1,0 |
| » | SO, 1 | SO, 1 | SO, 1 | SO, 1 | brou. 1,0 | couv. 1,0 | couv. 1,0 | couv. 0,9 |
| 0,3 n. | SO, 1 | SO, 1 | SO, 1 | SO, 2 | neige 1,0 | brou. 1,0 | brou. 1,0 | brou. 1,0 |
| 22,4 n. | SO, 1 | SO, 1 | SO, 2 | SO, 2 | brou. 1,0 | brou. 1,0 | brou. 1,0 | brou. 1,0 |
| 11,5 n. | SO, 2 | SO, 1 | SO, 1 | SO, 1 | neige 1,0 | nuag. 0,5 | couv. 1,0 | brou. 1,0 |
| 1,1 n. | SO, 0 | SO, 1 | SO, 0 | SO, 0 | neige 1,0 | couv. 1,0 | nuag. 0,5 | brou. 1,0 |
| » | SO, 0 | SO, 0 | SO, 0 | SO, 1 | nuag. 0,5 | couv. 1,0 | nuag. 0,5 | brou. 1,0 |
| » | NE, 0 | NE, 1 | NE, 0 | NE, 1 | clair 0,0 | clair 0,2 | clair 0,1 | brou. 1,0 |
| 15,5 n. | SO, 0 | NE, 1 | NE, 1 | NE, 1 | couv. 1,0 | couv. 1,0 | couv 0,9 | neige 1,0 |
| 5,4 n. | NE, 2 | NE, 2 | NE, 3 | NE, 2 | brou. 1,0 | brou. 1,0 | couv. 0,8 | brou. 1,0 |
| » | NE, 0 | NE, 0 | NE, 0 | NE, 0 | clair 0,0 | clair 0,0 | clair 0,0 | clair 0,1 |
| 2,3 n | SO, 1 | SO, 1 | SO, 1 | NE, 0 | couv 1,0 | couv. 1,0 | neige 1,0 | clair 0,2 |
| 12,7 n. | SO, 0 | SO, 1 | NE, 0 | NE, 2 | couv. 1,0 | couv. 1,0 | neige 1,0 | neige 1,0 |
| 18,0 n. | NE, 1 | NE, 1 | NE, 0 | SO, 0 | couv. 1,0 | couv. 1,0 | nuag. 0,4 | nuag. 0,7 |
| 13,0 n. | SO, 1 | SO, 2 | SO, 1 | NE, 1 | couv. 1,0 | couv. 1,0 | nuag. 0,4 | neige 1,0 |
| 31,0 n. | NE, 0 | NE, 0 | SO, 0 | NE, 0 | clair 0,0 | nuag. 0,5 | neige 1,0 | neige 1,0 |
| 14,5 n | NE, 1 | NE, 1 | NE, 0 | NE, 2 | neige 1,0 | brou 1,0 | brou. 0,9 | brou. 1,0 |
| » | NE, 0 | NE, 0 | NE, 0 | NE, 0 | clair 0,0 | clair 0,0 | clair 0,2 | couv. 1,0 |
| 14,2 n. | SO, 0 | SO, 2 | SO, 0 | SO, 0 | couv. 1,0 | brou. 1,0 | brou. 1,0 | couv. 1,0 |
| » | NE, 1 | SO, 0 | SO, 0 | NE, 1 | brou. 1,0 | brou. 0,5 | brou. 0,3 | brou. 1,0 |
| 11,5 n. | NE, 2 | NE, 2 | NE, 0 | NE, 2 | brou. 1,0 | brou. 1,0 | brou. 1,0 | brou. 1,0 |
| » | NE, 2 | NE, 2 | NE, 2 | NE, 2 | nuag. 0,5 | clair 0,2 | nuag. 0,5 | brou. 1,0 |
| » | SO, 0 | SO, 0 | NE, 0 | NE, 0 | nuag. 0,4 | nuag. 0,5 | clair 0,2 | clair 0,1 |
| » | NE, 0 | NE, 0 | NE, 0 | NE, 0 | clair 0,1 | clair 0,0 | clair 0,0 | clair 0,0 |
| » | SO, 0 | SO, 0 | SO, 0 | NE, 0 | clair 0,1 | clair 0,2 | clair 0,0 | clair 0,0 |
| » | SO, 0 | NE, 0 | NE, 0 | NE, 0 | clair 0,0 | clair 0,0 | clair 0,2 | clair 0,0 |
| » | NE, 0 | NE, 0 | SO, 0 | SO, 0 | clair 0,1 | clair 0,2 | nuag. 0,3 | couv. 1,0 |
| » | NE, 0 | NE, 0 | NE, 0 | NE, 0 | nuag. 0,5 | couv. 0,8 | nuag. 0,3 | couv. 1,0 |
| » | SO, 0 | SO, 0 | SO, 0 | NE, 1 | clair 0,0 | nuag. 0,7 | nuag. 0,3 | couv. 1,0 |
| 35,3 | | | | | 0,63 | 0,67 | 0,66 | 0,81 |
| 112,4 | | | | | 0,70 | 0,75 | 0,66 | 0,80 |
| 25,7 | | | | | 0,43 | 0,46 | 0,37 | 0,65 |
| 173,4 | | | | | 0,58 | 0,62 | 0,56 | 0,75 |

# ARCHIVES

### DES

## SCIENCES PHYSIQUES ET NATURELLES.

## DE L'ÉLECTRICITÉ DE L'AIR,

### PAR

### M<sup>r</sup>. QUETELET.

(Extrait d'un travail sur le Climat de la Belgique.)

Mr. Quetelet vient de publier sous le titre qui est en tête de cet article, une série d'observations du plus haut intérêt sur l'électricité de l'air. Elles ont commencé au mois d'août 1842, et ont été faites dès lors à l'observatoire de Bruxelles avec une régularité et une exactitude toutes particulières ; un petit plancher en fer, établi au-dessus de la tourelle orientale de l'observatoire, et duquel on domine sans peine tous les édifices et les arbres environnants, servait de lieu d'observation. Mr. Quetelet a adopté pour ses recherches les instruments et la méthode proposés par Mr. Peltier, et décrits dans les ouvrages de cet habile expérimentateur. Ces instruments sont au nombre de deux ; c'est d'abord un électroscope, qui ne diffère de l'électroscope ordinaire à feuilles d'or que par sa partie supérieure. Il est armé dans cet endroit, d'une

tige d'un décimètre de longueur environ, terminée par
une boule creuse de métal poli, dont le diamètre est
également d'un décimètre. Le second instrument est un
électromètre composé d'une boule creuse en cuivre, d'un
décimètre de diamètre, qui est placé au haut d'une tige
du même métal, terminée à sa partie inférieure par une
boule plus petite (de deux centim. de diamètre environ).
De cette boule placée au-dessus de la cage de verre de
l'instrument, dont elle est cependant isolée par un bourrelet de gomme laque, descend dans l'intérieur de la
cage une tige de cuivre qui se bifurque en formant une
espèce d'anneau vertical au centre duquel se trouve,
portée sur une pointe partant de la partie inférieure de
l'anneau, une aiguille horizontale en cuivre très-mobile,
qui forme la partie essentielle de l'instrument. Une petite
aiguille aimantée parallèle à l'aiguille de cuivre, et placée
au-dessus de sa chappe, sert à lui donner une direction
déterminée, celle du méridien magnétique, quand l'é-
lectromètre est dans son état naturel. Une autre aiguille
en cuivre, plus forte que la mobile, est fixée très-près
d'elle et dans le même plan horizontal, ou immédiatement au-dessous, de façon qu'en orientant convenablement l'appareil, les deux aiguilles puissent être parallèles
et très-rapprochées. L'aiguille fixe est liée métallique-
ment avec la tige verticale, mais elle est bien isolée au
moyen de la gomme laque de toutes les autres parties de
l'appareil, de manière que le tout forme un système bien
isolé, et qui ne peut transmettre son électricité ni à la
cage de verre, ni à la tablette de bois sur laquelle cette
cage repose.

C'est par influence qu'agit l'électricité dans les instruments de Mr. Peltier, que cette électricité soit atmosphé-

rique ou qu'elle ait une autre origine. Pendant que la boule
supérieure de l'électromètre est influencée par l'électricité
extérieure, l'on touche avec la main la boule inférieure;
on enlève ainsi l'électricité libre des aiguilles, et la mobile
qui avait été écartée de sa position naturelle y revient.
Mais dès qu'on soustrait l'instrument à l'action de l'électricité extérieure, l'électricité de nature contraire qui
était paralysée par cette action, redevient libre, et la
petite aiguille mobile qui s'était replacée dans le méridien parallèlement à la fixe, diverge de nouveau. Il y a
deux manières de soustraire l'instrument à l'influence de
l'électricité extérieure, ou d'enlever la source d'électricité, ou d'éloigner l'instrument lui-même de la source;
ce dernier mode peut seul être employé lorsqu'il s'agit
de l'électricité atmosphérique. Voici comment Mr. Peltier lui-même explique ce mode d'observation. Il parle
d'abord de l'électroscope à feuille d'or.

« Sous un ciel serein, et dans un lieu parfaitement
découvert, dominant les arbres et les monuments voisins, plus élevé enfin que tous les corps environnants qui
reposent sur la terre, si, dans cette position, on fait communiquer la tige et la platine de l'instrument que l'on
tient à la main, pour les mettre dans une égalité de réaction, il est alors équilibré, les feuilles d'or tombent droites
et marquent zéro. Comme on peut établir cette communication de la tige à la platine à toutes les hauteurs, un
électromètre peut donc être équilibré à toutes les couches et y marquer zéro. Ainsi équilibré, on peut le présenter aux agitations de l'atmosphère pendant des heures
entières, sans que les feuilles manifestent la moindre divergence, ni même en le promenant horizontalement, si
on le maintient toujours à la même hauteur. Il n'en se-

rait plus de même si l'on était dominé par un corps voisin, formant saillie au-dessus du sol ; ce corps posséderait une tension d'autant plus considérable, qu'il serait plus élevé et plus aigu. Il le devient quelquefois à tel point, en présence des nues fortement électriques, que l'électricité d'influence rayonne par ses aspérités sous forme d'aigrettes lumineuses, phénomène qu'on a nommé *Feu de Saint-Elme*. En s'éloignant ou en s'approchant horizontalement d'un tel corps, on a le même résultat qu'en s'éloignant ou en s'approchant verticalement du sol. — Au lieu de rester dans la couche où l'instrument a été équilibré, si le temps est sec, froid, et le ciel parfaitement serein, il suffira, dans notre climat, de l'élever de 3 décimètres pour avoir 20 degrés de divergence avec les feuilles d'or ; mais cette divergence est bien plus considérable si la température est de 10 à 15 degrés au-dessous de zéro depuis plusieurs semaines : l'élévation d'un seul décimètre suffit pour projeter les feuilles d'or contre les armatures ; sous un ciel pur, le signe électrique est toujours *vitré*. Si, pendant la journée, il s'est formé beaucoup de vapeurs, il faudra, pour obtenir une même intensité d'action, lever l'instrument d'autant plus haut, que l'air en contiendra davantage. Ayant obtenu cette manifestation d'une électricité *vitrée*, si l'on baisse l'instrument pour le replacer à la hauteur première où l'équilibration a été faite, les feuilles retombent à zéro : si ensuite on le descend au-dessous de ce point d'une quantité égale à celle qui l'a surpassé d'abord, les feuilles divergent de nouveau, mais alors leur signe est contraire, il est *résineux*. En replaçant l'instrument au point de départ, il retombe de nouveau à zéro. Ainsi, au-dessus de ce point, il donne un signe *vitré* ; au-dessous, il donne un signe *résineux*, et il reprend son équilibration en le replaçant au point de départ.

« En changeant le point d'équilibration, c'est-à-dire en équilibrant l'instrument dans une couche supérieure ou dans une couche inférieure à la première, on fait varier les signes pour des hauteurs données. Par exemple, dans la couche d'air où l'instrument divergeait *vitreusement*, on peut le faire diverger *résineusement* ; il suffit pour cela de l'équilibrer au-dessus de cette couche d'air, et d'y descendre ensuite l'instrument. Il en sera de même pour le faire parler *vitreusement* dans la couche d'air d'où il parlait *résineusement* ; il suffira de l'équilibrer au-dessous de cette couche, puis de le remonter à sa hauteur. Dans cette expérience, l'air ne joue aucun rôle ; l'élévation de l'instrument, son abaissement et son mouvement horizontal n'ont pu lui faire prendre ni lui faire perdre d'électricité ; il y a eu différence dans la distribution, mais non dans la quantité : tout s'est passé comme étant sous l'influence d'un corps électrisé, tout a été transitoire, rien n'a été permanent.

« J'ai armé la tige d'une grosse boule polie, d'abord pour rendre le phénomène d'influence plus intense, et ne laisser aucun doute sur la cause ; secondement pour ne pas le compliquer du rayonnement de l'électricité accumulée à l'extrémité supérieure [1]. »

Mr. Peltier explique ensuite comment il opère quand il s'agit de l'électricité de l'air.

---

[1] *Recherches sur la cause des phénomènes électriques de l'atmosphère, et sur les moyens d'en recueillir la manifestation*, page 7; par Mr. A. Peltier. Paris, chez Bacholier, 1842. Broch. in-8° de 49 pages.

« Lorsque je veux interroger la tension électrique recueillie dans l'atmosphère, je monte sur la terrasse, je
place l'instrument sur une tablette élevée de 1 mètre
50 centimètres, je l'équilibre en touchant la tige dans la
partie la plus inférieure, puis je redescends, et je place
l'instrument sur la tablette qui lui est destinée : tout cela
se fait avec une grande rapidité, et ne demande pas huit
secondes ; lorsqu'on équilibre l'instrument, il faut élever
le bras le moins possible, car si on l'élevait assez pour
toucher au globe, la main, devenant résineuse par influence, repousserait l'électricité *résineuse* de la boule ;
elle y neutraliserait la portion vitrée qu'elle y attirerait,
et l'instrument serait chargé *résineusement* au moment
de l'éloignement de la main. Il faut donc toucher la tige
le plus bas possible, et même avec un corps fin, comme
un fil métallique, pour éviter l'influence de la masse de
la main sur le reste de la tige. Etant équilibré pendant
son élévation, l'instrument, en le baissant, donne des
signes d'électricité *résineuse*, tandis qu'en le levant, il en
donnerait des *vitrés* ; c'est ce que nous avons démontré
plus haut. Lorsqu'on opère ainsi, il faut donc se rappeler ce changement de signe pour ne pas donner une
électricité contraire à l'atmosphère. On notera une tension *vitrée*, lorsque l'électromètre donnera un signe *résineux* en descendant. De même on indiquera une tension
*résineuse* à l'atmosphère, si l'instrument descendu dans
le cabinet donne un signe zéro [1]. »

Le mémoire de Mr. Quetelet contient une table qui
donne les degrés d'intensité de l'électricité correspondant aux degrés de l'instrument. Cette table, dressée

[1] *Recherches sur les phénomènes électriques*, etc., p. 16.

par Mr. Peltier, au moyen d'une balance électrique de torsion, a été vérifiée par Mr. Quetelet, au moyen d'une autre méthode, celle de de Saussure, qui consiste à opérer successivement le partage de l'électricité, en mettant en contact des sphères de même diamètre. Cette méthode a l'avantage de permettre d'établir la correspondance entre les indications de l'électromètre et celles de l'électroscope à feuilles d'or, en déterminant à quels degrés de l'électromètre correspondent les écartements successifs des feuilles d'or de l'électroscope.

Indépendamment de l'électroscope et de l'électromètre, Mr. Quetelet s'est servi d'un galvanomètre de Gourjon, pour observer l'électricité de l'air. Cet instrument, extrêmement sensible, est de 24,000 tours à fil simple, et se trouve établi dans une des grandes salles du rez-de-chaussée de l'observatoire ; l'un de ses fils traverse un mur et va plonger en terre dans le jardin de l'établissement ; l'autre se rattache à une tige en cuivre, établie sur le sommet du toit, et terminée par une houppe de fils très-fins de platine. On conçoit que toutes les précautions ont été prises pour que les deux fils aboutissant au galvanomètre se trouvent bien isolés ; dans les endroits où il a fallu percer les murs, ces fils passent à travers des tubes de verre.

Remarquons toutefois que le galvanomètre est d'un emploi beaucoup moins précieux que l'électroscope et l'électromètre, quand il s'agit de l'électricité atmosphérique. Ses indications sont beaucoup plus influencées, comme nous le verrons, par l'état hygrométrique de l'atmosphère, que par la quantité même d'électricité qui s'y trouve répandue. C'est cette même circonstance qui avait fait adopter à Mr. Peltier, et après lui à Mr. Quetelet, des

boules au lieu de pointes, pour terminer les électromètres, afin que l'électricité atmosphérique pût agir sur
l'instrument par influence, et non en en soutirant l'électricité de nature contraire à la sienne, et cela plus ou
moins facilement, suivant le degré d'humidité de l'air.

Mr. Quetelet a classé sous différents chefs, les résultats
de ses observations. Nous les parcourrons tous successivement, en nous y arrêtant plus ou moins longtemps,
suivant leur degré d'importance.

### Influence des hauteurs.

Les expériences d'Ermann et de de Saussure avaient
déjà fait connaître depuis longtemps que l'électricité, qui
est à peu près de même intensité dans une couche d'air
horizontale, est plus forte dans les couches supérieures ;
mais il n'existait pas d'observations suivies faites dans la
vue spéciale de connaître les rapports qui existent dans
les circonstances ordinaires, entre les différentes hauteurs
et les intensités électriques. Mr. Quetelet a essayé de
remplir cette lacune ; dans ce but, il fit construire un appareil qui permettait d'élever l'électromètre à plusieurs
mètres de hauteur, et de l'équilibrer dans cette position ;
il fallait toujours qu'il fût placé assez haut pour dominer
tous les corps environnants ; car les observations faites
plus bas que la balustrade en fer, établie sur le toit mobile où était le plancher dont nous avons parlé, durent
être abandonnées. La discussion des résultats numériques
nombreux, recueillis par Mr. Quetelet, le conduisit à reconnaître que *dans un lieu nullement dominé par des
corps avoisinants, l'intensité de l'électricité de l'air croit,
à partir d'un point déterminé, proportionnellement aux*

*hauteurs*. Il est dommage que cette loi n'ait pu être vérifiée que dans des limites de hauteurs assez restreintes.

### *Variations annuelles de l'électricité.*

Les observations ont été faites chaque jour à midi, avec
l'électromètre de Peltier. Voici deux tableaux, dont l'un
donne les moyennes mensuelles pour les degrés observés
directement, ainsi que pour les nombres correspondants
à ces degrés, soit équivalents, et dont l'autre donne le
maximum et le minimum absolu de l'électricité de chaque mois.

(*Voyez les tableaux pages suivantes.*)

« De quelque manière qu'on établisse le calcul, on
reconnaît donc que :

« 1° L'électricité atmosphérique, considérée d'une
manière générale, atteint son *maximum* en janvier, puis
décroît progressivement jusqu'au mois de juin, qui présente un *minimum* d'intensité ; elle augmente pendant
les mois suivants jusqu'à la fin de l'année ;

« 2° Le *maximum* et le *minimum* de l'année ont, pour
valeurs respectives, 605 et 47 ; en sorte que l'électricité, en janvier, est treize fois aussi énergique qu'au mois
de juin ;

« La valeur moyenne do l'année est représentée par
les valeurs que donnent les mois de mars et de novembre;

« 3° Les *maxima* et les *minima* absolus de chaque
mois suivent une marche absolument analogue à celle des
moyennes mensuelles ; les moyennes de ces termes extrêmes reproduisent également la variation annuelle, bien
que d'une manière moins prononcée.

« Il suit de ce qui précède, que la courbe des varia-

*Degrés d'électricité de l'air en général aux différents mois de l'année (1844 à 1848), observés au moyen de l'électromètre de Peltier.*

| MOIS. | MOYENNES des degrés observés. | | | | | | MOYENNES des nombres proportionnels. | | | | | | DEGRÉS correspondants. |
|---|---|---|---|---|---|---|---|---|---|---|---|---|---|
| | 1844 | 1845 | 1846 | 1847 | 1848 | MOYENNES. | 1844 | 1845 | 1846 | 1847 | 1848 | MOYENNES. | |
| Janvier....... | » | 50° | 50° | 63° | 50° | 53° | » | 471 | 562 | 957 | 487 | 605 | 61° |
| Février....... | » | 55 | 45 | 45 | 44 | 47 | » | 548 | 256 | 413 | 295 | 378 | 55 |
| Mars......... | » | 44 | 26 | 47 | 36 | 38 | » | 262 | 95 | 282 | 164 | 200 | 44 |
| Avril......... | » | 27 | 23 | 30 | 27 | 27 | » | 93 | 94 | 221 | 155 | 141 | 57 |
| Mai.......... | » | 26 | 19 | 21 | 18 | 21 | » | 163 | 49 | 67 | 59 | 84 | 28 |
| Juin.......... | » | 18 | 18 | 18 | 18 | 18 | » | 51 | 59 | 47 | 48 | 47 | 21 |
| Juillet........ | » | 21 | 14 | 18 | 22 | 19 | » | 58 | 33 | 43 | 61 | 49 | 22 |
| Août......... | 28° | 27 | 22 | 6 | 24 | 21 | 90 | 89 | 57 | 11 | 64 | 62 | 24 |
| Septembre.. | 29 | 29 | 23 | 17 | 24 | 24 | 91 | 95 | 62 | 59 | 63 | 70 | 26 |
| Octobre...... | 31 | 42 | 26 | 30 | 32 | 32 | 110 | 299 | 98 | 107 | 120 | 131 | 55 |
| Novembre.. | 33 | 44 | 41 | 35 | 36 | 38 | 127 | 354 | 274 | 160 | 152 | 209 | 44 |
| Décembre.. | 46 | 53 | 57 | 48 | 45 | 50 | 340 | 742 | 799 | 356 | 281 | 507 | 59 |
| Année ...... | » | 36 | 30 | 31 | 51 | 32 | » | 267 / 49° | 202 / 44° | 225 / 46° | 162 / 59° | 206 / 44° | 38 |

*Maximum et minimum absolus de l'intensité électrique de chaque mois (1844—1848).*

| MOIS. | MAXIMA. | | | | | | MINIMA. | | | | | | MOYENNE des maxima et minima. |
|---|---|---|---|---|---|---|---|---|---|---|---|---|---|
| | 1844 | 1845 | 1846 | 1847 | 1848 | MOYENNES. | 1844 | 1845 | 1846 | 1847 | 1848 | MOYENNES. | |
| Janvier..... | » | 65° | 71° | 77° | 76° | 72° | » | 32° | 8° | 38° | 19° | 24° | 48°,0 |
| Février..... | » | 70 | 60 | 73 | 62 | 66 | » | 28 | 0 | 23 | 11 | 18 | 42,0 |
| Mars....... | » | 64 | 56 | 62 | 47 | 57 | » | 25 | 0 | 21 | 19 | 16 | 36,5 |
| Avril....... | » | 48 | 40 | 48 | 51 | 47 | » | 10 | 0 | 0 | 8 | 5 | 26,0 |
| Mai........ | » | 41 | 33 | 41 | 40 | 39 | » | 0 | 0 | 0 | 0 | 0 | 19,5 |
| Juin........ | » | 48 | 30 | 34 | 36 | 57 | » | 3 | 3 | 4 | 0 | 1 | 19,0 |
| Juillet...... | » | 43 | 52 | 51 | 44 | 38 | 4° | 2 | 9 | 0 | 0 | 2 | 20,0 |
| Août....... | 36° | 45 | 57 | 23 | 58 | 36 | » | » | » | » | » | 5 | 20,5 |
| Septembre.. | » | 42 | 59 | 50 | 32 | 36 | » | 15 | 8 | 0 | 12 | 6 | 20,5 |
| Octobre..... | 48 | 67 | 55 | 48 | 54 | 54 | 6 | 0 | 0 | 12 | 22 | 8 | 21,0 |
| Novembre... | 51 | 60 | 65 | 53 | 57 | 57 | 13 | 24 | 18 | 11 | 9 | 15 | 31,0 |
| Décembre... | 67 | 73 | 74 | 66 | 65 | 69 | 21 | 30 | 24 | 27 | 7 | 22 | 36,0 |
| | | | | | | | | | | | | | 45,5 |
| Année...... | » | 55 | 49 | 49 | 50 | 51 | » | 15 | 6 | 11 | 9 | 10 | 30,5 |

tions électriques a une marche à peu près inverse de
celle des températures de l'air. Il est remarquable, du
reste, que non-seulement les intensités électriques
moyennes de chaque mois subissent de faibles oscillations
d'une année à l'autre ; mais encore qu'il en soit de même
des *maxima* et des *minima*, en écartant, bien entendu,
les anomalies produites par les orages ou d'autres circonstances exceptionnelles de l'atmosphère. »

Si l'on cherche à rapprocher les variations d'intensité
de l'électricité atmosphérique de différentes circonstances atmosphériques, on parvient à des résultats assez remarquables.

Ainsi, en séparant pour chaque mois de l'année les
nombres qui se rapportaient à un ciel entièrement couvert, de ceux observés par un ciel serein, ou bien offrant
assez peu de nuages pour que les huit ou neuf dixièmes du
ciel au moins fussent entièrement découverts, Mr. Quetelet a réussi à donner un tableau qui met en évidence les
résultats suivants :

« 1° Quel que soit l'état du ciel, l'électricité de l'air
présente un *maximum* en janvier et un *minimum* vers le
solstice d'été ;

« 2° La différence entre le *maximum* et le *minimum*
est beaucoup plus sensible par les temps sereins que par
les temps couverts :

« Dans la dernière circonstance, ces nombres sont 268
et 36, qui donnent pour rapport 7 et demi environ ;

· « Dans des temps sereins, le *maximum* de janvier est
1133°, et le *minimum* de juillet 35°; le rapport de ces
nombres est 32, valeur considérable ;

« 3° Pendant les différents mois, l'électricité de l'air
a été plus forte par un ciel serein que par un ciel cou-

vert, excepté vers les mois de juin et juillet, où l'électricité atteint un *minimum* dont la valeur est à peu près la même, quel que soit l'état du ciel.

« A partir de cette époque, l'électricité de l'air, par un ciel serein, surpasse d'autant plus l'électricité observée par un ciel couvert, qu'on se rapproche davantage de janvier ; et, dans ce dernier mois, le rapport est de plus de 4 à 1.

« Cette forte intensité électrique, par un ciel serein, en hiver, est une circonstance très-remarquable, et avait été constatée déjà par tous les physiciens qui se sont occupés de l'électricité atmosphérique, quoiqu'ils lui attribuassent une valeur relative bien moins grande. »

L'influence des brouillards et de la neige est à peu près la même ; la valeur de l'intensité électrique est très-élevée sous cette influence, et elle correspond aux *maxima* moyens, observés pour les premiers et les derniers mois de l'année ; il ne paraît pas, du reste, qu'elle subisse l'influence des saisons. Les valeurs observées pendant la pluie, l'éloignent peu des valeurs ordinaires qu'on observe pendant le cours de l'année. Mais la moyenne annuelle de l'intensité de l'électricité pendant la pluie, est juste la moitié de cette même moyenne, pendant les brouillards et la neige.

On sait que quoique l'électricité de l'atmosphère soit constamment positive, elle est quelquefois négative, lorsque l'atmosphère n'est pas sereine. Toutefois, pendant plus de quatre années qu'embrassent les oqservations de Mr. Quetelet, l'électricité n'a été observée négativement que vingt-trois fois, à l'heure ordinaire de ces observations. Il est à remarquer qu'elle n'a été observée négativement qu'une seule fois pendant les quatre mois d'octobre, novembre, décembre et janvier. Les électricités négatives précédaient ou suivaient, en général, des pluies et des orages.

Enfin, pour se rendre compte de l'action exercée par la direction des vents sur l'intensité de l'électricité de l'air, Mr. Quetelet a pris la moyenne des nombres respectivement observés sous l'influence des seize vents qui partagent l'horizon. Le résultat général de l'année met en évidence deux *maxima* et deux *minima.* Les deux *maxima* appartiennent à deux parties diamétralement opposées du ciel. Le *maximum* le plus énergique correspond à la partie du ciel placée entre le S.-E. et l'E.-S.-E. ; l'autre *maximum* a été observé entre le N.-O. et l'O.-N.-O. Les deux *minima* tombent dans les régions immédiatement voisines de celle du second *maximum*; le *minimum* le mieux prononcé correspond à la région du ciel entre le N. et le N.-N.-O.

### Variations diurnes de l'électricité.

La première série d'observations sur les variations diurnes de l'électricité atmosphérique, fut faite au mois d'août 1842; le ciel était généralement serein et le temps calme.

« Ces observations indiquent, pour le mois d'août, l'existence de deux *maxima,* et par suite de deux *minima* dans l'espace de vingt-quatre heures.

« Le *maximum* du matin s'est présenté à 8 heures à peu près exactement ; celui du soir peut être placé vers 9 heures.

« Quant au *minimum*, il a été observé vers trois heures après midi ; l'autre *minimum* n'a pu être déterminé, faute d'observations suivies pendant la nuit.

« Les époques qui viennent d'être indiquées, concordent assez bien avec celles trouvées par les physiciens qui se sont occupés de l'électricité de l'air. De Saussure trouva, dans la période diurne, deux *maxima* qui suivent de quelques heures le lever et le coucher du soleil, et deux *minima* qui précèdent le lever et le coucher du même astre [1]. Schübler a obtenu des résultats analogues : il a fixé, pour le mois d'août, les époques des deux *maxima* à 7 h. $^1/_2$ du matin, et à 8 h. $^1/_2$ du soir, et les époques des *minima*, à 2 heures de l'après-midi et à 5 heures du matin [2].

« Parmi les éléments météorologiques, il en est quelques-uns qui présentent également deux *maxima* et deux *minima* dans le cours de leurs variations diurnes. Nous citerons d'abord la pression atmosphérique : ses deux *maxima* arrivent, pour le mois d'août, vers 9 heures du matin et 10 heures du soir : ses *minima*, vers 4 heures de l'après-midi et 4 heures du matin. Les époques critiques suivraient donc celles de l'électricité de l'air d'une heure environ.

« Cette conformité remarquable de marche dans les résultats généraux, ne se soutient toutefois pas en rapprochant les résultats particuliers des observations des différents jours d'observation. Ce qui fait naturellement supposer que, bien que ces phénomènes aient quelques causes identiquement les mêmes, ils reconnaissent encore d'autres causes dissemblables.

« La variation diurne de la déclinaison magnétique présente aussi la particularité d'avoir deux *maxima* et

[1] *Voyages dans les Alpes,* tome II, page 221.
[2] *Journal de Sweigger,* tomes III et VII.

deux *minima*. Les *maxima* arrivent, pour Bruxelles, à
3 heures du matin et à 1 heure 8 minutes du soir ; et
les *minima* à 7 heures 11 minutes du matin et 10 heures
42 minutes du soir. Les *minima* pour la déclinaison magnétique se substituent donc aux *maxima* pour l'électricité, et les devancent d'une heure environ ; et il en
est de même des *minima*.

« L'hygromètre et le thermomètre n'ont qu'un seul
*maximum* dans leur variation diurne, et il est à remarquer
que l'heure de la plus haute température et de la plus
grande sécheresse tombe vers l'époque du *minimum* d'é-
lectricité. »

Mr. Quetelet a pu déduire de l'ensemble des observations qu'il a faites pour constater la variation diurne de
l'électricité, les conclusions suivantes :

« 1° L'électricité de l'air, estimée à une hauteur toujours la même, subit une variation diurne qui présente
généralement deux *maxima* et deux *minima ;*

« 2° Les *maxima* et les *minima* se déplacent d'après
les différentes époques de l'année ;

« 3° Le premier *maximum* arrive, en été, avant 8 h.
du matin, et vers 10 heures en hiver ;

« Le second *maximum* s'observe, après 9 heures du
soir, en été, et vers 6 heures en hiver.

« L'espace de temps qui sépare les deux *maxima* est
donc de plus de 13 heures à l'époque du solstice d'été,
et de 8 heures seulement au solstice d'hiver ;

« 4° Le *minimum* du jour se présente vers 3 heures
en été, et vers 1 heure en hiver.

« Les observations ont été insuffisantes pour établir la
marche du *minimum* de la nuit ;

« 5° L'instant qui présente le mieux l'état moyen électrique de la journée, dans les différentes saisons, arrive vers 11 heures du matin. »

### Electricité dynamique.

Le galvanomètre sert à mesurer les courants, soit ascendants, soit descendants; l'instrument, malgré sa sensibilité, ne donne en général aucun signe, alors même que l'électromètre donne les indications les plus fortes. L'aiguille ne se met guère en mouvement qu'à l'approche des orages, ou pendant les pluies, les grêles et les neiges.

Les nombreuses observations faites par M. Quetelet, lui ont permis d'établir les points suivants :

« 1° L'électricité dynamique agit d'une manière trop peu prononcée sur les galvanomètres, même les plus sensibles, pour qu'on puisse reconnaître dans son action une période soit diurne, soit annuelle;

« 2° Les manifestations de l'électricité dynamique n'ont guère lieu qu'à l'approche de nuages orageux ou pendant les brouillards, les pluies et les neiges. Les courants sont alors soit ascendants, soit descendants; ils sont généralement en rapport avec la direction des vents;

« 3° Pendant un orage, les courants changent fréquemment de nature, et suivent vers la fin une marche opposée à celle qu'ils avaient en premier lieu. »

### Des orages et de leur fréquence.

Le nombre des orages n'est point en rapport avec l'intensité que manifeste l'électricité; c'est pendant l'été, saison où la quantité d'électricité atmosphérique présente un *minimum*, qu'il y a le plus d'orages; l'inverse a lieu en hiver. Il résulte d'un tableau qui récapitule tous les

orages qui ont été observés à Bruxelles, pendant les seize
dernières années, que le nombre moyen des orages y serait annuellement de *treize*. Mr. Arago, d'après 52 années d'observations, en a compté 13,8 pour Paris. Ces
nombres s'accorderaient assez bien, en admettant, avec
les physiciens, que le nombre des orages va en diminuant, quand on se rapproche des pôles.

Si l'on compare, pendant les seize mêmes années, l'ensemble des observations météorologiques avec celles relatives à l'électricité atmosphérique, on arrive à quelques
résultats intéressants. Ainsi on voit que le nombre des
jours de tonnerre est inversement proportionnel au nombre de degrés que manifeste l'électromètre, pendant les
divers mois de l'année, que pour la grêle, le *maximum*
se remarque aux mois de mars et d'avril, ce qui témoi-
gne assez que l'élément électrique n'est pas le seul qui
soit nécessaire à sa formation. Le nombre moyen des
jours de neige prédomine en février ; celui des jours de
brouillard et des jours couverts en décembre. Il existe assez peu de différence entre les divers mois de l'année,
quant aux jours de pluie ; cependant les mois d'automne
sont en excès. Il est rare, à Bruxelles, d'avoir des journées absolument sans nuages ; on n'en compte guère que
treize par année moyenne, et c'est plus particulièrement
pendant les premiers mois de l'année qu'elles se présentent.

### *Tableaux détaillés des observations.*

Mr. Quetelet a inséré à la fin de son mémoire, les tableaux détaillés des observations résumées sous les différents chefs que nous venons de parcourir. Ces tableaux,
qui occupent 40 pages in-4°, seront d'une grande utilité

aux physiciens, pour les conclusions générales qu'ils peuvent tirer des observations de Mr. Quetelet. J'espère plus tard pouvoir en présenter quelques-unes qui se lient aux recherches théoriques que j'ai entreprises sur le même sujet. Pour le moment je me bornerai à un seul rapprochement. M. Quetelet observe que les *maxima* d'électricité atmosphérique, indiqués par l'électromètre, correspondent aux *minima* de déclinaison magnétique, et réciproquement, les *minima* d'électricité atmosphérique, aux *maxima* de déclinaison. Cette remarque importante se concilie parfaitement bien avec l'opinion que j'ai avancée, que les variations de déclinaison sont dues à des courants électriques, provenant de la réunion des deux électricités accumulées aux parties inférieures et supérieures de l'atmosphère, et se réunissant aux pôles, à travers les régions supérieures de l'atmosphère d'une part, et la surface de la terre de l'autre. En effet, les causes, quelles qu'elles soient, qui augmenteront l'intensité de l'électricité statique, perçue par l'électromètre dans l'atmosphère, diminueront celle de l'électricité dynamique, perçue par son action sur l'aiguille aimantée ; et réciproquement, si les courants électriques deviennent plus forts, il doit en résulter une tension électrique moins grande. La colonne atmosphérique est comme une pile dont les pôles réunis par un conducteur ont d'autant plus de tension, que le courant électrique qui traverse le conducteur est moins fort, et d'autant moins que ce courant est plus énergique ; c'est probablement aux variations de conductibilité de l'air, combinées avec celles de la température que ces deux espèces de variations dont la marche est inverse, doivent leur origine.

A. DE LA RIVE.

## DES
# RAPPORTS MAGNÉTIQUES
### DES
# AXES OPTIQUES POSITIF ET NÉGATIF DES CRISTAUX,

#### PAR

## M. le Prof. PLUCKER, de Bonn.

(Extrait d'une lettre adressée au professeur Faraday et insérée dans le *Philos Magaz.* do juin 1849.)

Permettez-moi, Monsieur, de vous communiquer plusieurs faits nouveaux qui, je l'espère, jetteront quelque jour sur l'action de l'aimant sur les axes optiques et magnéto-cristalliques.

1° La première loi, qui est générale et que J'ai déduite de mes expériences, est la suivante : « Il y aura ou *répulsion* ou *attraction* des axes optiques par les pôles de l'aimant, suivant la structure magnétique du cristal. Si le cristal est négatif, il y aura *répulsion ;* s'il est positif, il y aura *attraction.* »

Les cristaux les plus propres à démontrer cette loi sont la diopside ( cristal positif), la cyanite, la topaze ( tous deux négatifs ), et d'autres de formes cristallines analogues. Dans ces cristaux, la ligne (A) qui biséque les angles aigus formés par les deux axes optiques, n'est ni perpendiculaire, ni parallèle à l'axe (B) du prisme. Un cristal de cette nature, suspendu horizontalement, comme un prisme de tourmaline, de staurotite ou de cyanure rouge de fer et potasse dans mes expériences précédentes, ne se dirigera si axialement ni équatorialement, mais prendra une position intermédiaire déterminée; cette direction change continuellement, si le prisme tourne autour de son axe (B). On peut le prouver par une simple construction géométrique qui montre que pendant une révolution du prisme autour de son axe (B), cet axe, sans dépasser ses deux limites fixes C et D, parcourra toutes les positions intermédiaires. Les directions C et D, où le cristal revient, forment, soit avec la ligne qui réunit les deux pôles, soit avec la ligne qui lui est perpendiculaire, des deux côtés de ces lignes, des angles égaux à l'angle compris entre A et B; c'est le premier de ces angles qui est formé, si le cristal est *positif*. C'est le second, s'il est *négatif*. Il suit de là que si le cristal, étant suspendu horizontalement, il se dirige vers les pôles d'un aimant, c'est qu'il est positif, et que s'il se dirige équatorialement c'est qu'il est *négatif*. Ce raisonnement m'a conduit à la loi mentionnée ci-dessus.

L'axe magnecristallique est, je crois, optiquement parlant, la ligne qui biséque les angles aigus formés par les deux axes optiques; ou, dans le cas d'un seul axe, c'est cet axe lui-même. Les cristaux de bismuth et d'arsenic sont des cristaux positifs; l'antimoine, d'après mes expériences, est négatif : tous sont à un seul axe.

2° La cyanite est de beaucoup, le cristal le plus intéressant que j'aie observé. S'il est suspendu horizontalement, il se dirige parfaitement vers le nord, *par la seule puissance magnétique de la terre*. C'est une véritable aiguille de boussole, et l'on peut même en obtenir la déclinaison. Si, par exemple, on le suspend de manière que la ligne A, biséquant les deux axes optiques du cristal soit dans le plan vertical qui passe à travers l'axe B du prisme, le cristal agira exactement comme le ferait l'aiguille d'une boussole. En tournant le cristal autour de la ligne B, il indiquera parfaitement la direction du nord du globe terrestre. Le cristal ne se dirige pas par l'effet de son propre magnétisme, mais en vertu de *l'action magnétique exercée sur ses axes optiques*. Ceci est tout à fait d'accord avec la loi différente que suit la diminution avec la distance de l'action magnétique pure et celle de l'action opto-magnétique. Si l'on approche de l'extrémité nord du cristal suspendu, le pôle sud d'un barreau magnétique permanent, assez fort pour vaincre le magnétisme de la terre, l'axe B du prisme formera avec l'axe du barreau (ce barreau ayant une direction quelconque dans le plan horizontal), un angle qui sera parfaitement semblable à celui qu'il formait auparavant avec le plan du méridien magnétique, le cristal étant dirigé soit plus à l'est, soit plus à l'ouest.

Le cristal montre (comme le fait l'aiguille magnétique), une forte polarité ; la même extrémité étant toujours dirigée vers le nord. Je crois que ceci peut être *une polarité de la force opto-magnétique*. Il se présente naturellement deux questions auxquelles on pourra probablement répondre facilement : D'abord, la place du pôle nord est-elle indiquée par quelque forme de cristallisation particulière ? Secondement, est-ce le magnétisme de la terre qui a imprimé au cristal, à l'époque de sa formation, sa polarité ? La polarité permanente a disparu entre les pôles d'un fort électro-aimant, aussi longtemps qu'a duré l'action magnétique.

Les faits nouveaux que je viens de mentionner m'obligent à reprendre mon précédent mémoire et à le repro-

duire sous une autre forme. J'examinerai de nouveau le
cristal de roche, lequel, n'ayant éprouvé que faiblement
l'action de l'aimant, m'avait conduit à nier, dans ce premier mémoire, ce que je viens affirmer maintenant et ce
que j'avais déjà cru probable, lorsque j'ai reçu le détail de
vos recherches récentes. (Vous trouverez ce fait consigné dans le mémoire adressé à Mr. Poggendorff, il y a
deux ou trois mois.) Peut-être la condition moléculaire
exceptionnelle du cristal de roche, telle que l'indique le
passage de la lumière qui s'opère à travers ce corps, pro-
duira-t-elle quelque action magnétique particulière.

Je vous serais obligé, si vous donniez connaissance de
cette lettre à Mr. de la Rive lorsqu'il ira vous voir, ainsi
qu'il en a l'intention. Je lui ai montré plusieurs de mes
expériences lorsqu'il a passé à Bonn, le 12 mai. C'est le
jour suivant que j'ai obtenu les résultats que je viens d'é-
numérer[1].

---

[1] J'ai effectivement eu le plaisir de passer une journée à Bonn
dans le laboratoire de Mr. Plucker, où j'ai été témoin de la plupart de ses expériences récentes. J'ai pu admirer la parfaite
exactitude de l'habile expérimentateur et la délicatesse des moyens
qu'il emploie. J'aurai l'occasion de rendre compte incessamment
de plusieurs des recherches de Mr. Plucker qui ne sont pas suffisamment connues des savants étrangers.

                                        A. D. L. R.

# BULLETIN SCIENTIFIQUE.

## ASTRONOMIE.

62. — Recherches sur la parallaxe des étoiles fixes, par C.-A.-F. Peters.

La détermination de la parallaxe annuelle des étoiles fixes a depuis longtemps attiré l'attention des astronomes. Cette détermination doit exciter un haut degré d'intérêt, puisqu'elle se lie immédiatement à celle des distances comprises entre notre soleil et les étoiles. Le mémoire dont je viens de rapporter le titre a paru en français, en 1848, dans la 1re partie du tome V de la 6me série de ceux de l'Académie des Sciences de Pétersbourg. L'auteur, déjà avantageusement connu comme l'un des astronomes attachés au grand Observatoire russe de Poulkova, s'est proposé dans ce mémoire, qui occupe 180 pages in-4°, de réunir et de discuter les valeurs des parallaxes des étoiles fixes que les astronomes ont trouvées jusqu'à présent. Le mémoire est divisé en trois sections. La première contient l'histoire et l'examen critique des travaux entrepris pour la détermination des parallaxes jusqu'en 1842, la seconde donne les valeurs des parallaxes qui ont été déduites par Mr. Peters lui-même des observations qu'il a faites à Poulkova avec un cercle d'Ertel. La troisième section est consacrée à la détermination de la parallaxe moyenne qu'on peut attribuer aux étoiles de seconde grandeur, cette détermination étant basée sur les recherches contenues dans les deux premières parties.

La première section du mémoire de Mr. Peters est assez étendue et approfondie. L'auteur reprend l'histoire de la détermination de la parallaxe annuelle des étoiles, depuis les premiers essais infructueux de Copernic, Tycho, Hook, Picard, Flamsteed, Dominique et Jaques Cassini et Roemer, pour y parvenir avant la découverte de l'aberration de la lumière. La réduction nouvelle, effectuée par lui, des observations de la Polaire faites par Flamsteed de 1689 à 1697, avec son secteur méridien, le conduit à une détermination remarquablement exacte pour cette époque (20″,676) du coefficient constant de l'aberration.

Mr. Peters examine de nouveau les observations de γ du Dragon faites à Greenwich par Bradley dans les deux positions de son secteur, et il en déduit, pour le coefficient constant de l'aberration, 20″,522 avec l'erreur probable 0″,079. Cette quantité se rapproche beaucoup de celle obtenue en 1843 par Mr. W. Struve à Poulkova, par des observations faites avec un instrument des passages de Repsold établi dans le premier vertical. Cette valeur est de 20″,445 avec l'erreur probable de 0″,011 ; Mr. Peters la regarde comme définitive, tant à cause de la petitesse de cette erreur, que parce que la méthode d'observation employée rend le résultat exempt de toute erreur constante.

Bradley arriva, à la suite de ses admirables travaux, à constater le premier, d'une manière positive, que la parallaxe annuelle des étoiles fixes était probablement plus petite qu'une seconde de degré. Cependant, quelques astronomes postérieurs ont cru trouver dans quelques étoiles de première grandeur des parallaxes plus sensibles. Mr. Peters examine successivement et en détail les travaux sur ce sujet de Piazzi, de Calandrelli, de Brioschi, de Brinkley et de Pond ; et il s'attache à faire voir quelles sont les causes probables qui ont pu amener la plupart de ces astronomes distingués à des valeurs inexactes de cet élément.

Les observations faites par Mr. W. Struve à Dorpat, de 1814 à 1821, pour déterminer l'aberration et la parallaxe, à l'aide des ascensions droites de plusieurs étoiles circompolaires et opposées, observées avec une grande lunette-méridienne, lui ont donné, en revanche, de très-petites valeurs pour la parallaxe de ces étoiles ; et les comparaisons micrométriques qu'il a effectuées avec la grande lunette mobile de Dorpat, entre α de la Lyre et une étoile de 10ᵐᵉ à 11ᵐᵉ grandeur, située tout près d'elle sur la sphère céleste, lui ont donné en définitive 0″,26 pour la différence de parallaxe de ces deux étoiles, avec une erreur probable de 0″,02.

Mr. Peters expose aussi les recherches relatives à la parallaxe de la 61$^{me}$ du Cygne. Le grand mouvement propre de cette étoile double devait attirer sur elle l'attention des astronomes, en faisant présumer qu'elle était entre les plus voisines de notre système solaire. Aussi, dès 1812, MM. Arago et Mathieu essayèrent-ils de déterminer sa parallaxe, par l'observation de distances zénitales avec un grand cercle-répétiteur de Reichenbach, et ils vérifièrent que cette parallaxe ne devait guère surpasser une demi-seconde. Vers la même époque, Mr. de Lindenau essaya aussi de la déterminer, par des observations avec une lunette-méridienne, et il constata seulement la petitesse probable de cette parallaxe. Bessel, en suivant le même procédé d'observation, en 1815, n'arriva pas à un résultat plus concluant; mais il reprit, en 1837, cette recherche avec le grand héliomètre de l'Observatoire de Kœnigsberg, en comparant micrométriquement le point du milieu entre les deux étoiles de la 61$^{me}$ du Cygne, avec deux autres étoiles très-voisines, de 9$^{me}$ à 10$^{me}$ grandeur. Il obtint ainsi, pour la parallaxe de la 61$^{me}$ du Cygne, 0″,314 avec une erreur probable de 0″,014. Ayant fait une seconde série d'observations, il trouva pour résultat définitif 0″,348 avec une erreur probable de 0″,009.

Mr. Peters expose de même en détail la détermination de la parallaxe de α du Centaure, qui résulte des observations de MM. Henderson et Maclear, faites au cap de Bonne-Espérance avec des cercles-muraux de Jones. La valeur définitive qui résulte de deux séries d'observations faites, l'une vers 1832, par Henderson, sans avoir encore pour but principal la détermination de la parallaxe, l'autre, vers 1839, dans ce but spécial, par Mr. Maclear, donne 0″,976 pour cette parallaxe, avec une erreur probable de 0″,064; ces mêmes observations donnent 20″,53 pour le coefficient constant de l'aberration. Comme Henderson a employé dans le calcul de la réfraction les indications du thermomètre extérieur pour le calcul de la correction thermométrique, Mr. Peters les a recalculées en employant pour cette correction les indications du thermomètre attaché au baromètre. Ce calcul a donné une parallaxe encore positive, mais plus petite et de 0″,49. Cette valeur, dit Mr. Peters, est une limite inférieure, et il est probable que la parallaxe de α du Centaure est plus près de l'autre limite 0″,98 que de 0″,49. Le travail de Mr. Maclear, ajoute-t-il, paraît en tout cas avoir donné un résultat qui mérite beaucoup de confiance, malgré l'objection tirée de l'incertitude qui pourrait rester sur la valeur des tours des micromètres dans les microscopes servant à faire les lectures des divisions du cercle : car cette objection peut être regardée comme réfutée presque entièrement par l'exactitude de la valeur de l'aberration qui a été déduite de ces mêmes observations. L'étoile double α du Centaure, qui est de première grandeur et l'une des plus belles du ciel austral, et qui a un mouvement propre annuel de 3″,6, peut donc être considérée comme l'étoile la plus voisine de notre système solaire que l'on connaisse actuellement.

L'étoile Sirius, plus brillante encore, paraît être beaucoup plus éloignée, d'après les observations de MM. Henderson et Maclear faites au Cap, qui donnent pour sa parallaxe 0″,15 avec une erreur probable de 0″,09.

Mr. Peters rapporte aussi les valeurs de la parallaxe de l'étoile polaire qui ont été déjà obtenues. Mr. de Lindenau l'a trouvée, en 1842, de 0″,144 d'après 800 ascensions droites observées en divers lieux, avec une erreur probable de 0″,056. 603 ascensions droites observées à Dorpat, de 1822 à 1838, par MM. Struve et Preuss, avec un cercle-méridien de Reichenbach, la donnent de 0″,172 avec l'erreur probable de 0″,027. Enfin, les déclinaisons observées à Dorpat dans le même espace de temps, donnent 0″,147 avec l'erreur probable de 0″,03 ; et la précision du coefficient de l'aberration qui se déduit de ces diverses séries d'observations, donne du poids aux déterminations de la parallaxe qui en résultent.

Je passe à la seconde section du mémoire de Mr. Peters. Les nouvelles déterminations de parallaxes d'étoiles qui y sont rapportées ont été déduites d'observations faites à Poulkova, en 1842 et 1843, avec un cercle-vertical d'Ertel de 43 pouces anglais de diamètre, auquel est fixement attaché une lunette dont l'objectif a une ouverture effective de 5,9 pouces. Ce cercle est fixé à l'une des extrémités d'un axe horizontal, portant à son autre extrémité un

cercle-chercheur, qui sert en même temps à exécuter les mouvements micrométriques de rotation verticale. Cet axe est supporté
par deux coussinets, fixés à l'extrémité supérieure d'un axe vertical.
Ce dernier axe entre dans un trépied, surmonté d'un canon très-
solide, et sa rotation sur lui-même dans ce canon permet de tourner
l'instrument à volonté dans le sens azimutal. Le cercle est divisé de
deux en deux minutes. Les subdivisions s'obtiennent à l'aide de
quatre microscopes micrométriques, portés sur un cadre attaché au
coussinet placé du côté du cercle divisé. Les changements de direction de ce cadre, par rapport à la ligne verticale, se reconnaissent
à l'aide d'un niveau très-sensible. La lunette, dont les deux canons
vont en diminuant dans le sens vertical, est travaillée de façon à ce
que l'objectif et l'oculaire puissent changer de position aux extrémités opposées du tube, afin d'éliminer par là l'effet de la flexion
du tube et de l'influence qu'exerce la pesanteur sur la forme du
cercle divisé. Les montures de l'objectif et de l'oculaire sont, pour
cet effet, de forme extérieure identique et d'un poids égal, ayant
leur centre de gravité dans le plan de contact avec les extrémités du
tube. L'instrument est employé, à chaque passage circomméridien
d'une étoile, dans les deux positions opposées en azimut, le cercle
divisé étant placé tantôt à l'ouest de l'axe vertical, tantôt à l'est.
On mesure donc immédiatement les distances au zénith à l'aide de
cet instrument. Mr. Peters a vérifié que l'erreur probable d'une
distance au zénith ainsi observée ne s'élève que de $0'',12$ à $0'',26$,
selon les circonstances atmosphériques plus ou moins favorables et
selon le nombre des pointages entre 2 et 4 [1].

Les différences de température, dans les parties du limbe les plus
élevées et les plus basses, sont toujours tellement petites, que c'est à
peine si on peut les reconnaître avec des thermomètres. Cela tient,
soit à la grandeur de la salle d'observation, qui a 52 pieds de lon-

[1] On trouve une notice détaillée sur cet instrument, accompagnée de
trois planches, dans la *Description de l'Observatoire de Poulkova*, publiée en français par Mr. Struve, en 1845, comme introduction aux
Annales de ce grand Observatoire, et dont Mr. Biot a donné une analyse
dans le *Journal des Savants*.

gueur sur 39 de largeur et 24 de hauteur, soit au soin particulier qui a été apporté à l'égalisation des températures intérieure et extérieure. Les trappes du cercle-vertical ont 4 pieds de largeur, et celles de la lunette-méridienne d'Ertel, placée dans la même salle, 2,5 pieds. Les deux instruments étant abrités par des maisonnettes mobiles sur un chemin de cuivre, mais ouvertes des deux côtés est et ouest, les trappes de cette salle restent souvent ouvertes pendant des semaines entières, dans la saison favorable ; et c'est une loi générale dans cet Observatoire, de ne jamais faire une observation sans que les trappes n'aient été ouvertes au moins une demi-heure auparavant. On voit donc que, dans cet instrument, la différence des températures n'a pu agir d'une manière sensible sur les divisions ; d'ailleurs cette influence se trouve fort diminuée par l'emploi de quatre microscopes.

Quant à l'éclairage des divisions, pour les lectures à travers les microscopes, la lumière tombe toujours, à l'aide de réflecteurs montés dans des tuyaux, dans une direction perpendiculaire au limbe, tant pour les observations de jour que pour celles de nuit, en sorte que tout éclairage latéral est anéanti.

« Les précautions indiquées ci-dessus, ajoute Mr. Peters, nous autorisent à la conclusion suivante : Si les observations faites à l'aide de cet instrument nous indiquent des variations périodiques dans les distances au zénith, qui, en suivant la période annuelle, ne puissent être expliquées ni par l'aberration ni par la nutation solaire, alors il est certain que la cause de ces variations ne peut se trouver dans l'instrument lui-même. Il ne s'ensuit pas encore que dans ce cas il faut attribuer ces variations uniquement à la parallaxe, lors même qu'elles suivraient la loi de la parallaxe en déclinaison : car il reste la possibilité que, malgré l'égalisation de la température intérieure et extérieure, il existe dans l'expression analytique de la réfraction des termes inconnus jusqu'à présent, et dont la valeur se trouve en relation avec la saison. Nous savons que les réfractions terrestres présentent de telles anomalies, et qu'elles sont, par exemple, pour des élévations peu considérables au-dessus du sol, plus grandes le matin et le soir que vers midi, abstraction faite de l'influence des températures. Cette considération nous engage en tout cas à exclure, pour la recherche des parallaxes, toutes les étoiles qui ont une distance au zénith considérable, vu qu'il se peut que dans celles-ci les incertitudes de la réfraction surpassent en grandeur les parallaxes cherchées. Les étoiles que j'ai observées en 1842 et 1843, dans l'intention d'en déterminer les parallaxes, sont la Polaire, la Chèvre, Arcturus, α de la Lyre et du Cygne, ι de la grande Ourse, la 61ᵐᵉ du Cygne et l'étoile n° 1830 du catalogue de Groombridge, dont le mouvement propre, plus grand que celui de la 61ᵐᵉ du Cygne, a été indiqué par Mr. Argelander. »

Je ne puis entrer ici dans le détail de la rectification de l'instrument, de la réduction des observations et de leur emploi. Je dirai seulement que la collimation de l'axe optique a été corrigée, dans la position horizontale de la lunette, à l'aide de deux collimateurs, ou lunettes fixes avec croisée de fils, établies au nord et au sud de l'instrument sur des piliers solides, et dont les axes optiques étaient dirigés exactement l'un sur l'autre. Le grossissement employé pour l'observation des étoiles était de 215; on observait la bissection de l'étoile par le fil horizontal, procédé que Mr. Peters regarde comme un peu plus exact que celui de placer l'étoile entre deux fils parallèles. Les pointages de la Polaire n'étaient jamais distants de plus de 32 minutes de l'instant de la culmination. L'observation de quatre pointages de cette étoile durait, en général, 30 minutes. Pour les autres étoiles, le premier pointage se faisait ordinairement quatre ou cinq minutes avant la culmination, et le second quatre ou cinq minutes après, en tâchant que les angles horaires fussent aussi égaux que possible dans les deux positions du cercle. Les réfractions ont été calculées d'après les tables de Mr. Struve insérées dans le septième volume des observations de Dorpat.

Les observations de la Polaire, au nombre d'environ 280, faites dans les deux passages et dans les deux positions de l'objectif, de mars 1842 jusqu'à la fin d'avril 1843, ayant été comparées aux déclinaisons de cette étoile rapportées dans les éphémérides de Berlin, ont donné pour la latitude du lieu d'observation 59°46'18'',78. En subdivisant ces observations suivant le cours de l'année en un certain nombre de groupes, correspondant chacun à une même position de l'objectif, Mr. Peters a trouvé dans les valeurs de la latitude, résultant de chacun de ces groupes, un accord tel, que s'il existe dans cet élément quelque changement périodique, il ne doit guère dépasser une petite fraction de seconde de degré. Il est disposé à admettre un très-léger changement dans la réfraction, surtout la nuit, suivant que les observations sont faites à travers les nuages, ou par un ciel serein. Il a trouvé que la flexion du tube de sa lunette (qui était d'environ $0''{,}4$ à son maximum) suivait exactement la loi du sinus de la distance au zénith, du moins jusqu'à 40 degrés, et que cette flexion était invariable entre les limites des températures où ont été faites les observations.

Quant à la parallaxe de l'étoile polaire, Mr. Peters l'a trouvée seulement de $0''{,}067$, avec une erreur probable de $0''{,}012$. En combinant cette détermination avec les précédentes que j'ai citées plus haut, il regarde comme probable que la valeur réelle de cette parallaxe s'écarte peu d'un dixième de seconde.

Cinquante-trois observations de α de la Lyre au cercle-vertical ont donné à Mr. Peters, pour la parallaxe de cette étoile $0''{,}103$, avec une erreur probable de $0''{,}053$. En réunissant cette détermination avec celle obtenue par Mr. Struve, l'auteur en déduit pour la valeur la plus probable de cette parallaxe $0''{,}23$.

Cinquante-cinq observations de la $61^{me}$ du Cygne ont donné à Mr. Peters, pour sa parallaxe, $0''{,}349$ avec une erreur probable de $0''{,}08$. Cette valeur est, comme on le voit, presque identique avec celle obtenue par Bessel par des observations héliométriques.

La parallaxe, déduite par Mr. Peters de 48 observations de l'étoile 1830 de Groombridge, est de $0''{,}226$ avec une erreur probable de $0''{,}141$. Il paraît donc que, malgré le grand mouvement propre annuel de cette étoile, qui est de $5''{,}8$ en déclinaison, sa parallaxe est assez petite. Mais ce résultat, tendant à infirmer celui obtenu par Mr. Faye, a besoin d'être établi sur une série d'observations plus longue qu'une seule année.

Je dois en dire de même des valeurs obtenues par Mr. Peters pour les parallaxes des quatre autres étoiles qu'il a observées, valeurs qui indiquent seulement que ces parallaxes sont probablement petites. Celle d'Arcturus serait, d'après 84 observations au cercle vertical, de . . . . . . 0″,127 avec une err. probable de 0″,073; celle de ι de la gr. Ourse 0,133     •    •     0,106,     •    la Chèvre 0,046     •    •     0,2; et quant à α du Cygne, il est arrivé, au moyen de 87 observations, à une très-petite valeur négative de —0″,082, dont le signe peut s'expliquer par l'erreur probable de ce résultat, erreur qui est de 0″,043.

Je ne dois pas omettre de dire que les valeurs du coefficient constant de l'aberration, qui résultent des observations de Mr. Peters de chacune des huit étoiles dont il a cherché à déterminer la parallaxe, sont comprises entre 20″,15 et 20″,93, et que leur moyenne est de 20″,48. Les observations de la Polaire donnent 20″,5 pour ce coefficient. C'est cet accord du chiffre de l'aberration avec la valeur réelle la plus probable de cet élément, que Mr. Peters regarde comme le témoignage le plus valable de la réalité et de l'exactitude des parallaxes qu'il a obtenues avec le cercle-vertical de Poulkova.

J'arrive maintenant à la troisième section du mémoire de Mr. Peters, section qui a pour objet la recherche de la valeur de la parallaxe moyenne des étoiles de seconde grandeur. Cette détermination semble un peu hardie, vu le petit nombre d'étoiles de cette classe sur la parallaxe desquelles on a quelques données un peu positives. Mr. Peters a fait principalement usage des valeurs obtenues par Mr. W. Struve, d'après ses observations faites‚ avec l'instrument des passages de Dorpat; mais il a fait aussi entrer dans sa détermination les parallaxes d'étoiles de grandeur différente de la seconde, en adoptant l'échelle de distances correspondantes aux grandeurs, résultant des recherches sur ce sujet (fondées sur le calcul des probabilités) que Mr. W. Struve a développées, soit dans l'introduction de son catalogue d'étoiles doubles publié en 1827, soit dans celle du catalogue de Weisse des zones de Bessel publié en 1846. D'après cette échelle, en adoptant pour unité de distance au soleil celle des étoiles de première grandeur, la distance des étoiles de 2ᵐᵉ grandeur serait de 1,85

| | | | | |
|---|---|---|---|---|
| » | 3ᵐᵉ | » | » | 2,85 |
| | 4ᵐᵉ | » | » | 3,98 |
| | 5ᵐᵉ | » | » | 5,40 |
| » | 6ᵐᵉ | » | » | 7,24 |

Mr. Peters a adopté 0,5 pour la distance de Sirius, à cause du grand éclat de cette étoile, ce qui ne semble pas, cependant, s'accorder avec la petitesse de sa parallaxe d'après Mr. Maclear. Il n'a pas tenu compte des deux étoiles, la 61ᵐᵉ du Cygne et la 1830ᵐᵉ de Groombridge, parce qu'il les regarde comme des cas exceptionnels, c'est-à-dire comme des étoiles probablement très-rapprochées du soleil, mais très-petites en comparaison des autres étoiles. Il lui est resté trente-trois étoiles de 1ʳᵉ à 4ᵐᵉ grandeur, dont les parallaxes ont été déjà déterminées avec un certain degré de précision; et en réduisant toutes ces parallaxes à ce qu'elles seraient à la distance des étoiles de 2ᵐᵉ grandeur, il en a déduit par de longs calculs 0″,116 comme la valeur la plus probable de la parallaxe moyenne des étoiles de cet ordre de grandeur, avec une erreur probable de 0″,014. En prenant ce résultat pour base, ainsi que l'échelle de distances que j'ai rapportée plus haut, la parallaxe annuelle des étoiles de 1ʳᵉ grandeur serait de 0″,209

| | | | | |
|---|---|---|---|---|
| » | 3ᵐᵉ | » | » | 0,076 |
| | 4ᵐᵉ | » | » | 0,054 |
| | 5ᵐᵉ | » | » | 0,037 |
| » | 6ᵐᵉ | » | » | 0,027 |

Les distances de ces étoiles au Soleil, résultant des valeurs précédentes, sont telles que la lumière les parcourrait dans les nombres d'années Juliennes suivants :

pour les étoiles de 1ʳᵉ grandeur, en 15ᵃⁿˢ,5

| | | | |
|---|---|---|---|
| » | 2ᵐᵉ | » | 28,0 |
| » | 3ᵐᵉ | » | 43,0 |
| » | 4ᵐᵉ | » | 60,7 |
| | 5ᵐᵉ | | 84,8 |
| » | 6ᵐᵉ | » | 120,1 |

en admettant que la lumière parcourt le rayon moyen de l'orbite terrestre en 8ᵐ17ˢ,78 de temps moyen.

Enfin Mr. Peters, adoptant avec Mr. Otto Struve 0″,339 pour la valeur angulaire du mouvement annuel du Soleil dans l'espace, vu sous un angle droit et à la distance moyenne des étoiles de 1re grandeur, conclut de la valeur obtenue plus haut de la parallaxe de ces étoiles, que ce mouvement est de 1,624 en prenant pour unité le rayon moyen de l'orbite terrestre, ce qui correspond à un espace de 56 millions de lieues, de 25 au degré, qui serait parcouru chaque année par notre système solaire.

On comprend que les résultats que je viens de rapporter sont encore un peu incertains, et qu'ils ne doivent être considérés que comme de premiers essais d'évaluation sur des points qui offrent beaucoup d'intérêt. Ce sont les deux premières sections du mémoire de Mr. Peters qui me semblent constituer la partie principale de son travail. Outre l'examen très-soigné et consciencieux qui y est fait des premières recherches sur la parallaxe des étoiles fixes, on y trouve réunis les meilleurs matériaux qu'on ait encore sur ce sujet; et l'auteur me paraît y avoir tiré judicieusement et habilement parti, tant des observations des astronomes précédents que des siennes propres, pour avancer l'état de nos connaissances sur ce problème difficile et important.

A. G.

## PHYSIQUE.

### 63. — DE LA PRODUCTION IMMÉDIATE DE LA CHALEUR PAR LE MAGNÉTISME, par R.-W. GROVE.

Mr. Grove a communiqué à la Société royale de Londres dans sa séance du 17 mai, un mémoire fort curieux sur la chaleur développée par l'aimantation et la désaimantation dans le fer doux.

Après avoir rappelé les expériences par lesquelles MM. Marriat, Beatson, Wertheim et de la Rive sont parvenus depuis quelques années à montrer que le fer doux émet un son musical quand il est aimanté, Mr. Grove fait mention également de l'expérience qu'il avait déjà publiée en 1845, dans laquelle un tube rempli d'un liquide tenant en suspension de l'oxyde magnétique en poudre, laissait passer la lumière quand le fil d'une hélice dans l'axe de laquelle il était placé, transmettait un courant électrique.

Tous ces faits montrent que, quand le fer est aimanté, il s'opère un changement moléculaire dans sa masse, et si tel est le cas, il doit en résulter une espèce de friction moléculaire, et par conséquent un développement de chaleur.

La démonstration expérimentale de cette conséquence n'était pas sans difficulté ; la principale consistait en ce que la chaleur produite dans l'électro-aimant par le courant qui parcourt le fil en hélice dont il est entouré, devait masquer la chaleur développée par le magnétisme lui-même. L'auteur a réussi, après plusieurs essais, à éliminer cette cause d'erreur, soit en entourant les pôles de l'électro-aimant d'une espèce de ceinture d'eau, soit en recouvrant d'une enveloppe de flanelle l'armature de fer doux. De cette manière, et en prenant encore d'autres précautions, Mr. Grove a réussi à produire dans une armature de fer doux, en l'aimantant et la désaimantant rapidement, une élévation de température de plusieurs degrés supérieure à celle de l'électro-aimant, et qu'il était impossible d'attribuer à un effet de conductibilité ou de rayonnement. Le mémoire contient une série d'expériences faites en plaçant un thermomètre dans une cavité remplie de mercure qui avait été creusée dans le fer doux.

L'auteur a également obtenu plus tard un effet thermique très-distinct dans une armature soumise à l'action d'un aimant permanent d'acier mis en rotation ; il a fait usage dans ce cas, pour apprécier et mesurer l'élévation de température, d'un appareil thermoélectrique fort délicat, que Mr. Gassiot avait mis à sa disposition.

En remplaçant les armatures de fer doux par des métaux non magnétiques, l'auteur n'a pas obtenu la plus légère trace d'effets thermiques, preuve que dans ce genre d'effets les courants magnétoélectriques d'induction ne jouent aucun rôle.

Le mémoire se termine par l'examen de quelques questions théoriques relatives aux impondérables et au magnétisme terrestre, et par la conclusion que l'auteur estime découler d'une manière suffisamment certaine de son mémoire, savoir que lorsqu'*une barre de fer est aimantée, sa température s'élève.*

Depuis la lecture de son mémoire à la Société royale, Mr. Grove
a réussi à démontrer de la même manière que le cobalt et le nickel
éprouvaient, comme le fer doux, une élévation de température par
l'effet d'une aimantation et d'une désaimantation successives, mais
cette élévation de température était moindre que pour le fer, et proportionnelle à leur pouvoir magnétique.

---

64. — ACTION DU MAGNÉTISME SUR TOUS LES CORPS, par Mr. Ed.
    BECQUEREL (*Comptes rendus de l'Acad. des Sciences*, du 21
    mai 1849.)

Le travail que j'ai l'honneur de présenter à l'Académie est la
suite de mes recherches entreprises depuis plusieurs années touchant l'action du magnétisme sur tous les corps.

Dans le premier paragraphe de ce mémoire, après avoir rappelé
les observations faites par les différents physiciens qui se sont occupés de cette question, j'ai décrit la méthode d'expérimentation dont
j'ai fait usage pour mesurer avec la plus grande exactitude les attractions et les répulsions magnétiques que l'on observe sur les corps
autres que le fer, le nickel et le cobalt. Cette méthode consiste à
mesurer, au moyen de la torsion, l'effet produit par un énorme
électro-aimant sur les substances taillées en petits barreaux; la position relative des barreaux reste toujours la même, le zéro de l'appareil étant déterminé par cette condition, que le point de croise-
ment de deux traits tracés sur leur extrémité, se trouve toujours
correspondre au fil micrométrique situé au foyer d'une lunette. Une
condition indispensable à remplir est d'empêcher les oscillations con-
tinuelles des substances soumises à l'expérience; j'y suis parvenu
par un procédé analogue à celui dont Coulomb a fait usage, en suspendant au-dessous de chaque barreau une petite sphère de plomb
ou de zinc plongeant dans l'eau ou dans une dissolution de chlorure
de calcium.

On peut se convaincre de l'exactitude des résultats obtenus en
consultant les tableaux annexés au mémoire, lesquels donnent les

mêmes nombres proportionnels pour les mêmes substances, lorsque l'on fait varier l'intensité de l'action magnétique.

En mesurant de cette manière les actions exercées sur des substances plongées dans différents milieux, je me suis convaincu de l'énorme influence exercée par le milieu environnant ; ainsi, le verre ordinaire, qui dans l'air est attiré par les deux pôles d'un aimant, est fortement repoussé par ces mêmes pôles dans des dissolutions de fer et de nickel ; le soufre, la cire blanche, qui sont repoussés par les centres d'action magnétique dans l'air, sont, au contraire, attirés lorsqu'ils se trouvent plongés dans des dissolutions concentrées de chlorure de calcium ou de chlorure de magnésium.

D'après les résultats qui se trouvent dans le § 2 du mémoire, on est conduit aux trois principes suivants :

1º *Tous les corps s'aimantent sous l'influence d'un aimant, comme le fer doux lui-même, mais à un degré plus ou moins marqué, suivant leur nature ;*

2º *L'aimantation momentanée d'un corps ne dépend pas de sa masse, mais de la manière dont se trouve réparti l'éther dans ce corps ;*

3º *Une substance est attirée par un centre magnétique avec la différence des actions exercées sur cette substance et sur le volume du milieu déplacé.*

Ainsi un corps est attiré ou repoussé d'un centre magnétique, suivant qu'il est plongé dans un milieu moins magnétique ou plus magnétique que lui ; de même qu'un ballon plein de gaz tombe à la surface de la terre ou s'élève dans l'atmosphère, suivant que ce gaz est plus dense ou moins dense que l'air.

Ce troisième principe est donc analogue au principe d'Archimède pour la pesanteur, avec cette différence, que celui-ci s'applique à la masse du corps, tandis que l'intensité magnétique, développée par influence dans une substance, n'en dépend nullement.

Il résulte de là que les attractions et les répulsions exercées sur les différents corps, quel que soit le pôle de l'aimant dont on les approche, dépendent de la même cause et non de deux ordres de phénomènes différents. En effet, dans les conditions où les expé-

riences ont été faites, les attractions et les répulsions suivent les
mêmes lois et varient de la même manière proportionnellement au
carré de l'intensité magnétique.

On peut se demander comment il se fait que dans le vide tous les
corps ne soient pas attirés par les aimants, alors qu'il n'y a plus de
particules matérielles qui les entourent, et que des substances, telles
que le bismuth, le soufre, le phosphore, etc., soient presque autant
repoussées dans le vide que dans l'air. Il est nécessaire d'admettre
que le milieu éthéré, à l'aide duquel se transmettent les actions magnétiques, est influencé de la même manière, quoiqu'à un degré
différent, dans une enceinte vide que dans une enceinte contenant
de la matière, et qu'une enceinte vide se comporte comme un milieu
plus magnétique que la substance la plus repoussée, c'est-à-dire que
le bismuth.

Les résultats précédents sont indépendants de toute théorie des
phénomènes magnétiques; mais les principes établis plus haut laissent peut-être entrevoir la cause d'où dépendent les attractions et
les répulsions des corps aimantés.

Dans une autre partie du mémoire, j'ai comparé les pouvoirs magnétiques des liquides transparents avec les effets de polarisation
rotatoire qui se manifestent lorsque ces substances sont placées entre
les pôles d'un fort aimant. J'ai été conduit à ces conséquences, que
les liquides attirés comme ceux qui sont repoussés par les aimants
manifestent également ces propriétés; seulement la rotation magnétique varie en sens opposé du pouvoir d'attraction, sans qu'il y ait
aucune proportionnalité entre les nombres qui expriment ces deux
actions. Ainsi la rotation est d'autant moindre que le pouvoir magnétique est plus grand; elle est d'autant plus forte que les corps
sont moins magnétiques, c'est-à-dire qu'ils sont repoussés avec plus
de force par les aimants. Ces deux ordres de phénomènes, quoique
provenant de la même cause, ne suivent donc pas les mêmes lois.

Puisque les corps solides et liquides obéissent à l'action des aimants, les gaz doivent être également influencés; seulement, à priori,
on aurait pu présumer que les actions seraient très-faibles, vu le
peu de masse soumise à l'action du magnétisme : mais il n'en est pas

ainsi dans toutes les circonstances, comme on va le voir. Le § 4 du mémoire contient les détails des expériences que j'ai faites à ce sujet, et les mesures des attractions et des répulsions des différents corps placés successivement dans le vide et dans divers gaz, la différence des effets observés donnant le pouvoir magnétique de ces gaz.

J'ai été conduit de cette manière à la conclusion que certains gaz, tels que l'azote, le protoxyde d'azote, l'hydrogène, l'acide carbonique, n'éprouvent aucune action appréciable de la part du magnétisme, eu égard à la torsion d'un fil d'argent de $0^{mm},045$ de diamètre, et de 35 centimètres de longueur, mais que l'oxygène est magnétique à un assez haut degré pour que son action puisse être facilement mesurée. L'air est également magnétique, et comme sa puissance n'est guère que le cinquième de celle de l'oxygène, il en résulte que l'effet n'est dû qu'à la présence de ce dernier gaz.

En cherchant à démontrer le pouvoir magnétique de l'oxygène par une autre méthode que par les différences d'attraction ou de répulsion qui se manifestent sur de légers barreaux de verre ou de cire, plongés successivement dans le vide et dans l'oxygène, j'ai pensé à mesurer l'action exercée par les aimants sur de petits cylindres de charbon qui condensent en forte proportion certaines substances gazeuses. J'ai reconnu alors qu'*un petit barreau de charbon qui a condensé de l'oxygène oscille entre les pôles d'un fort aimant comme un petit barreau aimanté*, tandis que dans le vide, il est en général repoussé et toujours faiblement influencé par l'action du magnétisme.

L'acide carbonique et le protoxyde d'azote qui se condensent plus que l'oxygène entre les pores du charbon, au lieu de présenter une forte attraction, donnent lieu à une légère répulsion.

L'oxygène est donc un gaz dont la puissance magnétique, par rapport aux autres gaz, se trouve exagérée, de même que le fer, le nickel et le cobalt, par rapport aux autres corps solides, présentent des effets d'aimantation beaucoup plus considérables que ceux-ci.

En comparant la puissance de l'oxygène à celle du fer, suivant le procédé indiqué dans ce mémoire, on trouve que l'oxygène, à poids égal, est attiré deux fois et demie autant qu'une dissolution concentrée de protochlorure de fer. En évaluant cette action d'une autre manière, on peut dire qu'*un mètre cube d'oxygène condensé* agirait sur une aiguille aimantée comme un petit cube de fer d'un poids de 5$^{décig}$,5. D'après cela, 1 mètre cube d'air a une action représentée par 11 centigrammes de fer.

Si l'on réfléchit que la terre est entourée d'une masse d'air équivalant au poids d'une couche de mercure de 76 centimètres, on peut se demander si une pareille masse de gaz magnétique, continuellement agitée et soumise à des variations régulières et irrégulières de pression et de température, n'intervient pas dans les phénomènes dépendant du magnétisme terrestre, et peut-être dans les variations diurnes de l'aiguille aimantée. Si l'on calcule, en effet, quelle est la puissance magnétique de cette masse fluide, on trouve qu'elle équivaut à une immense lame de fer d'un peu plus de $^1/_{10}$ de millimètre d'épaisseur, et qui couvrirait la surface totale du globe.

En résumé, on peut donc regarder comme démontrés les principes énoncés plus haut, savoir : que tous les corps obéissent à l'action du magnétisme, mais à des degrés différents, et que les répulsions qui se manifestent de la part des deux pôles des aimants sur certaines substances, sont dues à ce que ces substances se trouvent plongées dans un milieu plus magnétique qu'elles, milieu qui, par sa réaction, donne lieu aux effets que l'on observe. Je n'admets donc pas de distinction entre ce que l'on a nommé *diamagnétisme* et le magnétisme proprement dit.

Dans un prochain mémoire, je compte examiner l'action de la chaleur sur les phénomènes magnétiques de tous les corps ; j'espère aussi, à l'aide d'instruments encore plus sensibles, mesurer les effets produits sur les gaz autres que l'oxygène.

### Observations du Rédacteur.

J'avais déjà énoncé l'idée, au moment où parurent les premières recherches de Mr. Faraday, que plusieurs des effets qu'il avait obtenus, notamment ceux qui sont relatifs au diamagnétisme ou au magnétisme de certains liquides placés dans des milieux également liquides, pouvaient provenir de ce que les pôles de l'aimant exercent sur l'un des liquides une action plus forte que sur l'autre, et que c'était à cette différence qu'était due la répulsion ou l'attraction.

Mr. E. Becquerel a généralisé cette idée, et il l'appuie sur des faits nombreux. Cependant il me paraît difficile de croire qu'elle puisse rendre compte de tous les phénomènes du diamagnétisme.

1° La conclusion à laquelle l'auteur est forcément conduit, que le *vide est magnétique,* nous paraît bien aventurée. Pour nous, l'idée de magnétisme comme celle d'électricité, est liée à l'idée de corps pondérables, et les phénomènes magnétiques comme les électriques nous paraissent toujours dépendre de l'action combinée et mutuelle de la matière pondérable et du fluide éthéré. Le principe même en vertu duquel Mr. E. Becquerel explique la répulsion de certains corps par les pôles des aimants, en la regardant comme apparente et comme étant simplement la différence de deux attractions, l'une moins puissante que l'autre, nous paraît se concilier difficilement avec le fait de la répulsion dans le vide des corps diamagnétiques, tels que le bismuth. Le vide en étant attiré par les pôles plus que le bismuth, ne peut pas obliger ce corps à se déplacer.

2° Comment expliquer dans la théorie de Mr. Becquerel l'influence de l'arrangement des particules sur les propriétés magnétiques ou diamagnétiques des corps? Ainsi, d'après les dernières expériences de Mr. Faraday, les cristaux de bismuth peuvent se conduire comme des corps magnétiques, tandis que le bismuth en masse est diamagnétique. Ou le bismuth est moins magnétique que l'air, et il devrait toujours être repoussé ; ou il l'est plus, et il devrait toujours être attiré. Il en est de même des expériences de Mr. Plucker sur les cristaux qui sont tantôt attirés, tantôt repoussés ; elles me paraissent peu conciliables avec la théorie de Mr. Becquerel.

A. D. L. R.

---

65.—ELECTRICITÉ DÉVELOPPÉE PAR LA CONTRACTION MUSCULAIRE.

Mr. Dubois-Reimond, de Berlin, physicien et physiologiste distingué, vient de publier un ouvrage d'un grand intérêt intitulé : *Recherches sur l'électricité animale.* En attendant que nous rendions compte de cet ouvrage important, nous devons mentionner une expérience de Mr. Dubois, qui a eu un grand retentissement, et dont le résultat paraît être contesté par quelques savants. Voici les détails de l'expérience tels qu'ils sont donnés par l'auteur dans une lettre adressée à Mr. de Humboldt, et insérée dans le Compte rendu des séances de l'Académie des sciences de Paris du 21 mai 1849.

« Je prends un galvanomètre très-sensible; je fixe à ses deux bouts deux lames de platine parfaitement homogènes; je plonge ces lames dans deux vases remplis d'eau salée, et je finis par introduire dans les mêmes vases deux doigts correspondants des deux mains.

« Voici alors ce qui se passe :

« A la première immersion des doigts, il se fait presque toujours une déviation de l'aiguille plus ou moins prononcée, dont la direction ne reconnaît aucune loi, et qui est probablement due, du moins en partie, à une hétérogénéité quelconque de l'enveloppe cutanée des doigts. Quand il y a une blessure à l'un des doigts, la déviation est plus forte que de coutume, et toujours dirigée de manière que le doigt blessé se comporte comme le zinc d'un arc zinc-cuivre qu'on supposerait établi entre les deux vases à la place du corps humain.

« Il va sans dire que ce n'est pas cette espèce d'action dont il s'agit dans mon expérience. Au contraire, pour observer l'effet annoncé, il faut attendre ou bien que l'aiguille soit revenue au zéro du cadran, ou bien qu'elle ait pris une position stable sous l'empire d'un reste de courant qui refuse de s'effacer.

« Ce moment venu, je roidis tous les muscles de l'un des bras, de manière à établir l'équilibre entre les flexeurs et les extenseurs de toutes les articulations du membre, à peu près comme on a coutume de le faire dans les écoles de gymnastique, pour faire apprécier, au toucher, le développement de ses muscles.

« A l'instant l'aiguille se met en mouvement, et le sens de sa déviation est toujours tel, qu'il indique, dans le bras tétanisé, un courant *inverse* d'après la notation de Nobili, c'est-à-dire un courant dirigé de la main à l'épaule. Le bras tétanisé se comporte donc comme le ferait le cuivre de l'arc zinc-cuivre mentionné plus haut.

« Avec mon galvanomètre, et quand c'est moi qui fais l'expérience, la déviation monte jusqu'à 30 degrés. J'obtiens cependant des mouvements de l'aiguille beaucoup plus étendus en contractant alternativement les muscles de l'un et de l'autre bras en concordance avec les oscillations de l'aiguille. Quand je roidis simultanément les muscles des deux bras, il se fait de petites déviations, tantôt dans un sens, tantôt dans l'autre, qui proviennent évidemment de la différence entre la force de contraction des deux membres. Il résulte de là que, quand on répète l'expérience plusieurs fois de suite, les effets deviennent toujours moins marqués, non-seulement parce que l'énergie des contractions s'épuise, mais aussi parce qu'il devient de plus en plus difficile de confiner l'acte d'innervation à l'un des deux bras seulement.

« La grandeur de la déviation, toutes choses égales d'ailleurs, dépend fort du degré de développement et d'exercice des muscles. J'ai le bras assez robuste; aussi, parmi le grand nombre de savants qui ont déjà répété chez moi cette expérience, n'en ai-je point encore rencontré un auquel elle réussit aussi bien ou mieux qu'à moi-même. Il y a même des personnes qui se trouvent hors d'état de produire, à mon galvanomètre, une déviation sensible; mais on s'assure aisément, dans des cas pareils, que les muscles n'acquièrent pas la tension convenable.

« Une remarque enfin, que j'ai fréquemment eu l'occasion de faire, c'est que la prédominance habituelle du bras droit sur le bras gauche se traduit, dans mon expérience, par la force majeure des déviations qui proviennent du bras droit tétanisé. Vous vous souviendrez que cette particularité s'est encore reproduite lorsque vous avez bien voulu vous mettre vous-même en expérience, et qu'ainsi que vous l'aviez prévu, l'impulsion donnée à l'aiguille par la contraction de votre bras droit, l'emportait d'une manière notable sur celle provenant du bras gauche..... »

L'emploi de lames métalliques plongeant dans un liquide pour fermer le circuit, risquait de donner lieu dans les expériences de Mr. Dubois-Reimond, à des effets électro-chimiques perturbateurs; c'est malheureusement, comme je l'ai remarqué plus d'une fois, ce

qui a toujours lieu dans ces recherches électro-physiologiques, et ce
qui fait qu'il reste tant d'incertitude dans cette partie de la science,
malgré les beaux et nombreux travaux expérimentaux auxquels elle
a donné lieu. Il suffit en effet d'une petite altération dans la nature
du liquide, d'une légère différence dans le plus ou moins d'immersion d'une des lames métalliques, pour donner naissance, avec un
galvanomètre délicat, à un courant électrique sensible.

Ces objections n'ont pas échappé aux savants qui ont eu connaissance des expériences de Mr. Dubois-Reimond. Aussi les résultats qu'il a obtenus, ou plutôt les conclusions qu'il en a tirées, ont
été contestées par Mr. Despretz, qui a rendu compte à l'Académie
des sciences, dans sa séance du 28 mai, des nombreuses expériences
qu'il a faites à ce sujet.

Le savant français a d'abord répété plusieurs fois l'expérience de
Mr. Dubois, en suivant fidèlement son procédé. Il a tâché de faire
toujours plonger les doigts de la même quantité, ayant reconnu
qu'en faisant plonger successivement un doigt, deux doigts, trois
doigts, un seul doigt, plus ou moins, les déviations variaient d'intensité. Il a trouvé que dans les expériences faites suivant le procédé de Mr. Dubois, la contraction alternative de chaque bras donnait des déviations tantôt dans le même sens, tantôt en sens contraire. Il s'est servi de grandes capsules afin de donner plus de
liberté au mouvement des mains, et afin de plonger les mains fermées, contractées ou non contractées. Les résultats de ces séries
d'expériences sont tantôt favorables, tantôt contraires à l'assertion
de Mr. Dubois. En remplaçant le galvanomètre par une grenouille
convenablement préparée, et en réunissant les deux bras par les
parties les plus sensibles de l'animal, on a cherché vainement à
exciter des conclusions par une contraction très-forte de l'un des
deux bras. D'autres expériences faites dans des conditions analogues, et sans l'intervention toujours un peu chanceuse de lames
métalliques plongeant dans des solutions salines, n'ont fourni que
des résultats négatifs. Mr. Despretz, d'après ses recherches, serait
tenté d'attribuer les effets obtenus par Mr. Dubois-Reimond, ainsi
qu'un grand nombre de ceux qu'on attribue à des courants ani-

maux ou végétaux, à l'action des liquides sur les lames d'or ou de platine des galvanomètres très-sensibles, qu'on emploie ordinairement dans ce genre de recherches.

Mr. Becquerel, dans une note communiquée à l'Académie des sciences dans la même séance du 28 mai, rappelle également les effets électriques de tension qu'il obtient en touchant avec les doigts les plateaux de platine ou de laiton doré d'un condensateur. Il montre que l'immersion des doigts dans des capsules remplies d'eau où plongent deux lames de platine en communication avec un multiplicateur, doit produire un courant, et que la polarisation des lames de platine doit dégager ensuite un courant inverse. Mr. Becquerel s'est mis en garde des effets de ce courant inverse, et des effets résultant de l'immersion plus ou moins grande des doigts dans le liquide, en enduisant d'un corps gras la partie des doigts qui peuvent être mis passagèrement en contact avec le liquide. En opérant ainsi il lui a été impossible d'observer les effets signalés par Mr. Dubois-Reimond.

Mr. Matteucci a répété également sans succès l'expérience de Mr. Dubois-Reimond. Après avoir inutilement employé le galvanomètre multiplicateur, et le procédé suivi par Mr. Dubois lui-même et par Mr. Despretz, il a fait usage de la grenouille galvanoscopique ; les résultats ont été également complétement négatifs. ( *Comptes rendus de l'Académie des Sciences* du 25 juin 1849.)

D'un autre côté, Mr. Arago a communiqué à l'Académie des Sciences dans sa séance du 2 juillet, l'extrait d'une lettre de Mr. de Humboldt, de laquelle semble résulter une nouvelle confirmation de la découverte de Mr. Dubois-Reimond. Voici cet extrait :

«....Les résultats négatifs obtenus jusqu'ici par deux physiciens habiles expérimentateurs, n'ont pu ébranler mes convictions à l'égard de l'influence volontaire de l'action musculaire sur le mouvement et la direction de l'aiguille astatique du galvanomètre. Nous venons d'avoir une nouvelle séance dans le cabinet de Mr. Emile Dubois-Reimond. J'ai invité à cette séance Mr. Mitscherlich.... Il a obtenu ce que Mr. Dubois a découvert, ce que plus de trente personnes occupées de recherches physiques ou physiologiques ont essayé ici sur elles-mêmes. En donnant de la tension aux muscles du bras gauche, l'aiguille a été mise instantanément en action par Mr. Mitscherlich, et dans le sens où Mr. Dubois l'avait prédit, de manière à indiquer un courant de la main à l'épaule dans le bras contracté. En roidissant son bras droit Mr. Mitscherlich a vu l'aiguille se mouvoir dans le sens opposé, mais à un moindre nombre de degrés, parce que l'intensité du courant développé par le mouvement musculaire n'est pas toujours le même dans les deux bras. Mr. Mitscherlich, quelques jours plus tard, a encore répété l'expérience seul avec Mr. Dubois.... »

66. — ROTATION ÉLECTRO-MAGNÉTIQUE DU MERCURE, par Mr. POG-
GENDORFF. (*Acad. des Sciences de Berlin*, décembre 1848. —
*Institut* du 30 mai 1849, n° 804.)

Mr. Poggendorff, en étudiant la rotation qu'éprouve sous l'influence du pôle d'un électro-aimant une masse de mercure traversé par un courant électrique, s'aperçut que la vitesse de rotation se ralentit peu à peu, et qu'au bout d'un temps plus ou moins long, quinze ou vingt minutes, cette rotation cesse entièrement. Il est facile de s'assurer que ce phénomène ne tient point à une variation dans la force du courant de l'électro-aimant, mais qu'il réside en entier dans une altération qu'éprouve la surface du mercure, altération qui diminue sa mobilité.

Il se produit donc comme une espèce de solidification du mercure à sa surface, solidification qui ne change rien à son aspect et n'altère nullement sa faculté réfléchissante. Divers essais ont démontré à l'auteur que les liquides aqueux n'éprouvent nullement une modification semblable dans les mêmes circonstances, que le mercure seul en est susceptible.

Afin de pouvoir distinguer la cause de ce singulier phénomène, Mr. Poggendorff a mis la surface du mercure successivement en contact avec des couches de divers liquides non conducteurs, tels que de l'éther, du carbure de soufre, différentes espèces de l'huile ; sous l'influence de ces couches le mercure n'a pas pris de mouvement de rotation ; il en a été de même avec de l'eau distillée, mais quelques gouttes d'acide versées dans l'eau ont suffi pour déterminer la rotation du mercure et celle de la liqueur aqueuse elle-même. Sous une couche d'ammoniaque liquide, la rotation du mercure a continué quelque temps, mais elle a diminué peu à peu et a enfin cessé complétement.

L'influence des vapeurs et des gaz a été également étudiée ; l'ammoniaque gazeuse a un effet très-prononcé ; il en est de même de la vapeur blanche qui s'échappe du phosphore dans sa combustion lente ; il est probable que ce dernier effet est dû à l'ozône. Les vapeurs des acides volatils, acétique, chlorhydrique, nitrique, rendent immédiatement au mercure sa faculté rotatoire, surtout quand il l'a perdue par l'influence de l'ammoniaque. L'acide carbonique et l'hydrogène bien purs et dépouillés de toute vapeur acide sont tout à fait indifférents ; la surface du mercure conserve complétement dans ces gaz sa mobilité ; mais elle ne peut l'y reprendre une fois qu'elle l'a perdue. L'oxygène, au contraire, fait perdre au mercure beaucoup plus vite que l'air son pouvoir rotatoire ; pour avoir de l'oxygène parfaitement pur, l'auteur s'est servi de celui qu'il a obtenu par la décomposition électrolytique de l'eau.

Enfin dans le vide le mercure conserve indéfiniment sa mobilité, mais à un degré bien plus élevé que dans le gaz acide carbonique et dans l'hydrogène ; les courbes que décrivent autour du fil polaire central les petits corps légers flottant à la surface du mercure sont indépendantes les uns des autres et ne sont nullement circulaires. D'un autre côté, une fois que la surface du mercure a perdu sa mobilité par son contact avec l'air ou avec l'oxygène, elle ne la recouvre pas dans le vide.

Mr. Poggendorff, malgré l'assertion de tous les chimistes, que le mercure n'éprouve aucune altération à l'air ni dans l'eau, n'hésite pas à attribuer les effets qu'il a observés, à une véritable oxydation superficielle due au contact de l'air ; il conclut que c'est une couche excessivement mince, insaisissable pour l'œil, d'oxyde ou de protoxyde, qui est la cause de l'immobilité relative de la surface du mercure. Le fait que dans le vide le mercure ne reprend pas sa mobilité, semble écarter l'hypothèse d'une simple absorption de l'oxygène, parce

qu'il est présumable que l'oxygène, qui aurait simplement été absorbé, se dégagerait de nouveau dans le vide. L'immobilité que prend
la surface du mercure serait donc due à la viscosité de cette couche
superficielle ainsi formée, car il suffit d'une goutte ou d'une vapeur
acide qui rompe cette couche, pour faire revivre la rotation.

Les observations de Frankenheim sur les irrégularités que la hauteur du mercure présente dans les tubes capillaires, et qui semblent
dues à la formation d'une sorte de gelée mercurielle, viennent probablement de la même cause. Dulong avait également remarqué que
la hauteur du thermomètre était influencée par la formation à la surface de la colonne d'une légère couche d'oxyde qui se mélangeait
avec le reste du mercure.

J'ajouterai que j'ai eu moi-même souvent l'occasion de faire la
même observation, soit dans les expériences analogues à celles dont
s'est occupé Mr. Poggendorff, soit dans celles qui sont relatives à la
rotation des courants électriques sous l'influence de la terre ou des
aimants. Les fils conducteurs mobiles qui plongent par une de leurs
extrémités dans du mercure perdent bien vite leur mobilité par l'effet de la formation sur le mercure de la couche d'oxyde; il suffit de
quelques gouttes d'acide versées sur la surface du mercure pour
leur rendre leur mobilité, en rompant la couche qui s'était formée.

Je ne puis m'empêcher, en terminant, de remarquer avec satisfaction que Mr. Poggendorff, qui a si longtemps rejeté, lorsqu'il s'agit
des effets électro-chimiques et des phénomènes de l'électricité de
contact, l'existence de petites actions chimiques non prévues par la
chimie et pour ainsi dire imperceptibles aux chimistes, est amené
par ses propres observations et par l'interprétation logique des faits,
à reconnaître que de semblables actions peuvent et doivent exister.

J'ajouterai que Priestley[1] avait déjà fait plusieurs observations
tout à fait du même genre que celles dont il vient d'être question.
Il avait remarqué qu'en agitant du mercure soit dans l'air, soit dans
l'eau pure, il se formait une poudre noire qui se déposait soit sur la
surface du métal, soit sur l'intérieur de la fiole dans laquelle l'opé-

[1] Expériences et observations d'un ouvrage traduit de l'anglais de
Priestley, par Mr. Gibelin, 2 vol. in-12, 1782, tome I<sup>er</sup>, p. 213 et suiv.

ration se faisait. Quand le mercure était recouvert d'une couche épaisse d'huile de térébenthine, il n'y avait aucun changement sensible. Ces expériences montrent bien qu'il se forme sur la surface du mercure, par l'effet du mouvement, une couche d'oxyde, quand le métal se trouve en contact avec l'oxygène dissous dans l'eau ou renfermé dans l'air atmosphérique. A. D. L. R.

---

67. — NOUVELLES RECHERCHES DE L'ÉLECTROPHYSIOLOGIE, par Mr. MATTEUCCI. (*Comptes rendus de l'Acad. des Sciences*, du 30 avril 1849.)

J'espère que l'Académie, qui a toujours voulu m'encourager dans mes travaux d'électrophysiologie, me permettra de lui communiquer quelques nouvelles recherches sur ce sujet. Je ne puis commencer l'exposition de ces recherches sans rappeler ici, en très-peu de mots, les quatre points principaux desquels je suis parti, et qui sont ceux qui résument en quelque sorte tous mes travaux antérieurs.

1° Dans chaque cellule de l'organe électrique des poissons, les deux électricités se séparent sous l'influence de l'action nerveuse propagée du cerveau vers les extrémités des nerfs : il existe une relation entre le sens et l'intensité du courant nerveux, et la position et la quantité des deux électricités développées dans la cellule ; suivant cette relation, établie par l'expérience, si l'on représente, comme l'avait fait Ampère pour l'action électro–magnétique, le courant nerveux par un homme étendu sur le nerf et regardant l'extrémité caudale de la torpille ou la face dorsale du gymnote, l'électricité positive de la cellule se trouve toujours à la gauche de l'homme ; chaque cellule de l'organe étant un appareil électrique temporaire, on s'explique par là la position des pôles aux extrémités des prismes, et l'intensité de la décharge proportionnelle à la longueur des prismes, comme l'expérience l'a établi.

2° L'expérience a démontré qu'il existe la plus grande analogie entre la décharge des poissons électriques et la contraction muscu-

laire; il n'y a pas une circonstance qui modifie un de ces phénomènes sans agir également sur l'autre.

3° La contraction d'un muscle développe, dans un nerf qui est
en contact de ce muscle, la cause par laquelle ce nerf éveille des
contractions dans les muscles où il est ramifié. Quoique l'expérience
ne soit pas encore parvenue à décider si ce phénomène est un cas
d'induction nerveuse ou la preuve d'une décharge électrique développée par la contraction musculaire, on est porté, par toutes les
analogies, à admettre cette seconde hypothèse.

4° Le courant électrique modifie l'excitabilité du nerf suivant sa
direction : le courant électrique qui se propage suivant la ramification du nerf, détruit son excitabilité; le courant qui se propage
en sens contraire de la ramification augmente l'excitabilité du nerf;
les phénomènes éveillés par la cessation du courant électrique qui
parcourt les nerfs d'un animal, dépendent de la modification que
l'excitabilité du nerf a subie par le passage du courant, suivant sa
direction; la même cause explique les alternatives voltiennes, c'est-
à-dire les contractions musculaires réveillées par un courant qu'on
fait passer dans un nerf, dans une direction contraire à celle dans
laquelle son action était devenue nulle.                    .

Je dois me borner, dans ce premier extrait, à communiquer à
l'Académie un résultat que je regarde comme fondamental pour la
théorie des phénomènes électrophysiologiques. J'ai démontré, par
une expérience très-simple et très-facile à répéter, qu'un courant
électrique qui parcourt une masse musculaire suivant la longueur
de ses fibres, et, par conséquent, dans une direction normale ou
oblique à celle des dernières ramifications nerveuses qui y sont répandues, développe dans ces filaments un courant nerveux dont le
sens varie suivant celui du courant électrique, relativement à la
ramification du nerf. Cette loi est la même que celle qui établit la
relation entre la direction du courant nerveux et la position des
états électriques contraires dans l'organe des poissons électriques;
en d'autres termes, c'est la réaction de l'électricité sur la force
nerveuse. En découvrant une nouvelle analogie, et la plus intime
possible, entre la décharge électrique des poissons et la contraction

musculaire, j'ai démontré que, de même que dans l'appareil électrique de la torpille, le courant nerveux développe les deux électricités dans un sens déterminé, suivant sa direction ; dans une masse musculaire, les deux états électriques, répandus dans les éléments de ses fibres, produisent un courant nerveux dont le sens, variable avec la direction du courant électrique, se trouve établi, comme le sens de la décharge dans la torpille, par la direction du courant nerveux qui l'excite. J'ai mis tous mes soins à établir, par l'expérience, ce résultat, que je regarderai désormais comme le fondement de la théorie des phénomènes électrophysiologiques. Quelle que soit la nature de la force nerveuse que nous ignorons comme celle des autres grands agents de la nature, c'est un fait que cette force se propage dans les nerfs tantôt du cerveau aux extrémités, tantôt en sens contraire. Il est indépendant de toute hypothèse, et il est, au contraire, d'accord avec l'expérience, d'admettre que, dans l'acte de la contraction musculaire excitée par l'action de la volonté ou par la stimulation du nerf, il y a un courant nerveux qui se propage suivant la ramification du nerf ; au contraire, le courant nerveux est dirigé en sens opposé lorsqu'on éprouve une sensation par la stimulation des extrémités du nerf.

J'ai déjà démontré, dans mes travaux précédents, et par des expériences directes, la grande différence de conductibilité pour le courant électrique qui existe entre la substance nerveuse et la musculaire. Parmi ces expériences, qu'il me serait impossible de décrire ici en entier, je me borne à en citer une, dont l'évidence est parfaite, et qui peut s'appliquer au cas que nous devons étudier. Cette expérience consiste à introduire le nerf d'une grenouille galvanoscopique très-sensible, dans l'intérieur d'une masse musculaire coupée avec un couteau le long de ses fibres ; en faisant passer un courant électrique assez fort dans la masse musculaire, il n'y a jamais de contractions éveillées dans la grenouille galvanoscopique. Dans ce cas, outre la meilleure conductibilité de la substance musculaire, il y a, pour produire l'effet observé, la grande différence dans la masse relative du muscle et du nerf. Il est inutile de dire que la contraction de la grenouille galvanoscopique se montre si les

pôles de la pile sont très-rapprochés de son nerf, ou si la masse
musculaire produit, par ses contractions, le phénomène appelé *contraction induite*. L'expérience réussit parfaitement, en prenant les
muscles d'un mammifère ou d'un oiseau, lorsque l'irritabilité a
cessé, de manière que le passage d'un courant électrique à travers
ces muscles n'y excite aucune contraction sensible.

Il est donc prouvé, par l'expérience, que lorsqu'une masse musculaire est traversée par un courant électrique, les filaments nerveux répandus dans cette masse ne conduisent aucune partie sensible
de ce courant, de sorte que les effets obtenus ne peuvent être dus
qu'à l'action directe du courant électrique sur la fibre musculaire,
et à l'action indirecte ou d'*influence* du courant électrique sur la
force nerveuse.

Voici maintenant ces effets. Qu'on découvre sur un lapin, sur un
chien ou sur une grenouille vivants, les muscles des cuisses, en
enlevant tout à fait les téguments, et qu'on fasse passer par ces
muscles le courant électrique d'une pile de 30 ou 40 éléments, en
appliquant un des pôles sur la partie supérieure de la cuisse, et
l'autre pôle sur la partie inférieure. Si le pôle positif est placé en
haut, et le négatif en bas, de sorte que le courant parcoure la masse
musculaire dans le sens de la ramification des nerfs, une contraction
très-forte est développée, non-seulement dans les muscles de la
cuisse, mais aussi dans ceux de la patte. Si le courant est dirigé
en sens contraire, l'animal pousse des cris de douleur, il y a une
contraction beaucoup moindre, et seulement dans le muscle traversé
par le courant.

En répétant ces expériences un grand nombre de fois, et sur des
animaux différents, comme j'ai eu soin de le faire, on parvient facilement à débrouiller les résultats principaux que j'ai exposés, des
modifications légères qui quelquefois se présentent, surtout au commencement de l'expérience.

Il n'y a qu'une manière d'interpréter ces résultats : la contraction très-forte qui est éveillée dans les muscles de la cuisse et dans
la patte par le passage du courant électrique, prouve l'existence
d'un courant nerveux propagé du centre aux extrémités, et déve-

loppé sous l'influence d'un courant électrique qui parcourt une masse musculaire dans le sens même dans lequel les nerfs se ramifient dans cette masse; la sensation douloureuse obtenue dans l'autre cas, prouve l'existence d'un courant nerveux propagé des extrémités au centre, et développé sous l'influence d'un courant électrique qui parcourt une masse musculaire dans le sens contraire de la ramification du nerf.

Puisque le courant électrique propagé dans un muscle n'abandonne jamais la fibre musculaire pour suivre les filaments nerveux, il est de toute évidence que les courants nerveux dont nous avons parlé, sont dus à l'*influence* des états électriques propagés dans le muscle.

Pour démontrer toute l'importance de ces conclusions, nous n'avons qu'à faire voir leur liaison avec la loi de la décharge électrique dans les poissons; cette liaison est aussi intime que possible. Dans les poissons, on détermine la décharge électrique en produisant un courant nerveux par la stimulation du nerf qui se rend dans l'organe. Dans les expériences que nous avons décrites, on produit un courant nerveux par la décharge électrique qu'on fait passer dans un muscle. Quand cette décharge est dirigée dans le muscle, de manière que les états électriques positif et négatif soient disposés, relativement aux nerfs, comme dans la décharge des poissons électriques, *un courant nerveux est produit par l'influence du courant électrique:* ce courant nerveux a la même direction dans les deux cas; *mais dans la décharge de la torpille, c'est lui qui produit les états électriques, tandis que, dans l'expérience de la contraction musculaire, c'est par l'influence du courant électrique que le courant nerveux est produit.*

Lorsque le courant électrique parcourt une masse musculaire dans le sens contraire à celui de la ramification du nerf, il faut, d'après les faits établis, que ce courant électrique développe un courant nerveux dont la direction soit opposée à celle qu'il développe quand il parcourt les muscles en sens contraire. C'est là ce que l'expérience démontre par les phénomènes de sensation ou de douleur qui sont produits par un courant électrique qui parcourt un muscle en sens contraire de la ramification de ces nerfs.

## CHIMIE.

68. — Sur la présence de l'iode dans les schistes alumineux
et sur la réaction chimique qui s'opère pendant le grillage de ces schistes, par Mr. L. Svanberg. (*Comptes rendus
de l'Acad. de Stockholm*, 1848, p. 131.)

Il y a quelques années que Mr. Forchhammer a émis une idée
particulière et ingénieuse sur la part que les espèces de fucus prennent dans la formation des schistes alumineux : elle consistait à admettre que les fucus, après avoir accumulés dans leur sein les sulfates contenus dans l'eau de la mer, convertissaient après la mort par
la putréfaction le sulfate potassique en sulfure potassique qui, à son
tour, précipitait le fer contenu dans l'eau de mer à l'état de sulfure
de fer, lequel se mêlait enfin avec l'argile et avec d'autres matières,
dont quelques-unes organiques qui y doivent leur présence à la putréfaction des fucus. L'analyse chimique, en mettant en évidence la
présence de l'iode dans les schistes alumineux, devait apporter un
nouvel et puissant argument en faveur de cette hypothèse si bien
établie par Mr. Forchhammer en s'appuyant sur de nombreuses observations. La cendre des fucus renferme, en effet, une quantité
notable d'iode qui pouvait faire présumer que cette substance se retrouverait également, au moins en petite quantité, dans les schistes
alumineux, si le rôle que Mr. Forchhammer attribue aux espèces de
fucus dans la formation de ces schistes existe réellement. Il faut
encore faire observer ici que l'iode n'a été trouvé jusqu'à présent
dans aucune autre plante que celles qui vivent dans l'eau salée ou
près de cette dernière. Mr. Genteles, qui s'est occupé en 1846 de
quelques recherches sur la fabrication de l'alun, a isolé de l'iode
qu'il avait découvert dans les schistes alumineux de Latorp en Né-
ricie (Suède). Cette découverte, jointe à celle de Mr. Duflos[1] de la
présence de l'iode et du brome dans les houilles de la Silésie, suffiront pour attirer l'attention des géologues sur la confirmation qu'elles
donnent aux idées de Mr. Forchhammer sur la formation des schistes
alumineux.

[1] Archiv der Pharmacie v. Wackenroder, 1847, XLIX, p. 29.

L'explication théorique que l'on donne aujourd'hui de la réaction chimique qui s'opère pendant le grillage des schistes alumineux, en vue de la fabrication de l'alun, ne paraissant point satisfaisante à Mr. Svanberg, et ayant eu l'occasion d'examiner de près cette opération dans une fabrique d'alun, ce chimiste a fait connaître une nouvelle explication : les schistes alumineux, comme on sait, se composent principalement de feldspath (plus ou moins délité, ou, selon l'expression de Mr. Forchhammer, seulement d'argile contenant de la potasse), de pyrite de fer et de matières plus ou moins carbonées, auxquelles se joignent, en outre, quelques éléments moins essentiels à la fabrication de l'alun, tels que du carbonate calcique et magnésique, du phosphate calcique et quelques autres plus rares encore. Puisqu'avant le grillage du schiste on n'en peut point extraire d'alun au moyen de l'eau, il est démontré que l'alun ne se trouve pas tout fait dans le schiste, mais qu'il est engendré par l'opération du grillage à laquelle on soumet ce dernier. Mr. Svanberg croit dès lors que sous l'influence du grillage la pyrite de fer passe d'abord à l'état de sulfate ferreux, et que dans une seconde phase de l'opération ce sel se convertit aux dépens de l'oxygène de l'air en sous-sulfate ferrique. Ce dernier, à son tour, lorsque la chaleur est devenue plus intense, perd de l'oxygène, tandis que l'acide sulfurique, en contact avec le feldspath très-divisé, ou l'argile contenant de la potasse, les décompose en mettant l'acide silicique en liberté, et s'emparant des bases donne naissance à du sulfate potassique et à du sulfate aluminique. C'est à la formation simultanée de ces deux sels, c'est-à-dire d'alun anhydre, qu'il faut attribuer que l'alumine ne perde pas l'acide sulfurique qui s'était combiné avec elle, et qu'elle laisse échapper si facilement à une température aussi élevée lorsqu'on chauffe ce sel à l'état isolé. Lorsqu'ensuite on reprend la masse grillée par l'eau, cette dernière dissout du sulfate aluminico-potassique, avec un peu de sulfate ferreux, qui n'avait pas été converti en sulfate ferrique basique, et du sulfate magnésique, qui avait été engendré par la réaction de l'acide sulfurique mis en liberté sur les minéraux magnésifères.

69.—Sur les principes inorganiques contenus dans les êtres
organisés, par Mr. H. Rose. (*Poggend. Annal.*, tome LXXVI,
page 305.)

Les éléments minéraux contenus dans le règne organique ont attiré depuis quelques années l'attention des chimistes, et, à la suite
surtout des travaux de Liebig, les cendres d'un grand nombre de
substances organiques ont été soumises à l'analyse. Mais Mr. H. Rose
remarque que presque tous les essais qui ont été faits dans cette direction n'ont eu pour but que de déterminer les proportions relatives des éléments contenus dans les cendres, et qu'ils n'établissent
en aucune manière l'état de combinaison dans lequel ces éléments
étaient engagés dans les corps organiques ; ils ne permettent pas
même de soupçonner que ces éléments y soient contenus dans des
combinaisons analogues à celles que nous pouvons reproduire dans
nos laboratoires, plutôt que de former des composés particuliers,
propres aux corps organiques, et résultant d'une influence réciproque de la nature organique sur la matière inorganique. Cette
question est pourtant d'un haut intérêt, soit pour la chimie, soit
pour la physiologie.

Les nombreuses expériences faites par Mr. R. lui-même, ainsi
que celles qui ont été exécutées sous sa direction dans son laboratoire, lui ont permis de jeter quelque jour sur cette question. Ces
expériences ont, en effet, confirmé en tous points la théorie qu'il
s'était faite à l'avance, en se fondant sur une interprétation générale des phénomènes qui accompagnent le développement des végétaux et celui des animaux.

Le point de départ de ce travail repose sur l'observation suivante.
Lorsqu'une matière organique a été calcinée à l'abri du contact de
l'air et par conséquent carbonisée, sans que la température ait été
par trop élevée, les principes minéraux contenus dans ce charbon
peuvent bien lui être en partie enlevés par l'eau ou par l'acide chlorhydrique ; mais il y en a aussi une portion, et souvent même la plus
grande partie, qui résiste à l'action de ces dissolvants, et que l'on
ne peut extraire qu'après avoir complétement brûlé le charbon. Il

faut donc admettre qu'avant l'incinération ces principes étaient engagés dans des combinaisons différentes de celles que nous trouvons dans les cendres, car les expériences de Mr. Rose montrent que l'on ne peut attribuer à la seule présence du charbon l'insolubilité de ces composés. Cette observation nous montre aussi comment on peut distinguer et séparer dans les corps organiques les éléments minéraux qui y sont contenus dans des combinaisons analogues à celles que nous trouvons dans les cendres, ou que nous pouvons reproduire artificiellement, de ceux qui y sont engagés dans des combinaisons propres au règne organique, et dont la nature et les propriétés nous sont encore inconnues.

Maintenant, si l'on réfléchit à la marche générale des phénomènes qui s'accomplissent dans l'acte de la végétation, il est facile de reconnaître qu'ils sont surtout caractérisés comme des phénomènes de désoxydation. Les principes que les plantes puisent dans le sol par leurs racines sont tous dans un état d'oxydation parfaite, mais ils doivent se désoxyder pour se fixer dans les végétaux et constituer leurs organes. C'est ainsi que l'acide carbonique et l'eau perdent, en tout ou en partie, leur oxygène pour former les nombreux principes, en général peu oxydés, que nous trouvons dans le règne végétal. C'est ainsi encore que le soufre et le phosphore, que nous trouvons dans les matières azotées neutres du règne végétal, et qui ne paraissent point y être contenues à l'état d'acides oxygénés, résultent de la réduction qu'ont subie les sulfates et les phosphates empruntés au sol. Puis donc que l'observation nous apprend que les plantes renferment une partie de leurs principes minéraux engagés dans des combinaisons insolubles dans les acides, différentes par conséquent de celles que nous retrouvons dans les cendres après leur complète oxydation, et qu'en même temps nous savons que le développement des végétaux est intimement lié à la désoxydation des composés qu'ils puisent dans le sol, il y a tout lieu de croire que ces principes y sont engagés dans des combinaisons non oxydées. Quant à la nature même de ces combinaisons, Mr. Rose n'a encore aucune opinion fondée sur ce sujet, il se borne à signaler, mais uniquement comme termes de comparaison, quelques composés organiques connus qui peuvent résister à l'action de températures fort élevées, comme les cyanures et paracyanures et les sulfocyanures.

S'il est vrai, comme l'admet Mr. Rose, que les principes inorganiques, absorbés par les racines dans un état d'oxydation parfaite, subissent peu à peu une réduction sous l'influence du développement organique de la plante et se transforment ainsi en des combinaisons non oxydées, il doit nécessairement en résulter que celles-ci ne se rencontreront qu'en petite quantité dans les parties des végétaux les plus voisines des racines, et que leur proportion augmentera de plus en plus dans les parties des plantes plus éloignées et dont la formation a exigé un développement organique plus prolongé. Or c'est là que l'auteur a trouvé une confirmation remarquable de sa théorie. En effet, l'examen comparatif des graines et des tiges des pois montre que, dans la graine, la proportion des principes minéraux qui résistent aux dissolvants après la carbonisation s'élève à 55 pour 100 environ du poids total des éléments inorganiques, tandis que dans les tiges cette proportion n'atteint que 7 pour 100. Pour le colza ce rapport est de 55 pour 100 dans la graine, et de 14 pour 100 dans la tige. Cette différence devient encore bien plus marquée si l'on a soin de retrancher du poids des substances minérales — que n'a pu enlever ni l'eau ni l'acide chlorhydrique — l'acide silicique, dont la proportion, très-considérable dans les pailles et presque nulle dans les graines, augmente beaucoup le poids des principes minéraux insolubles contenus dans les premières, bien que sa présence parmi ces principes ne soit due qu'à son insolubilité naturelle et non à ce que cet acide aurait été engagé dans des combinaisons désoxydées. Si l'on n'avait pas égard à cette circonstance, on pourrait quelquefois rencontrer des résultats qui paraîtraient en opposition avec la théorie. Si l'on compare, par exemple, le grain et la paille de froment, on trouve que le charbon de ces substances, après avoir été épuisé par l'eau et par l'acide chlorhydrique, fournit par une combustion complète une proportion de cendres qui est plus considérable pour la paille que pour le blé. Mais la cendre de la paille renferme alors les 0,947 de son poids de silice, tandis que celle du blé n'en contient que 0,043, en sorte que, si l'on retranche de part et d'autre cette silice, qui était sans doute toute formée dans la plante, on voit que dans ce cas encore la proportion des principes minéraux qui résistent à l'action des dissolvants, par suite de la nature des combinaisons dans lesquelles ils sont engagés, est bien plus considérable dans les graines que dans les tiges.

Mr. Rose a pensé qu'il convenait de créer des termes nouveaux pour exprimer cette propriété, par laquelle se distinguent certaines substances organiques, de renfermer les éléments minéraux qu'elles contiennent à un état d'oxydation plus ou moins parfait. Il appelle corps *téléoxydiens* ceux où l'oxydation est complète, *anoxydiens* ceux dont les éléments inorganiques sont entièrement engagés dans des combinaisons non oxydées, et *méroxydiens* ceux dont les principes minéraux se trouvent en partie à l'état oxydé, en partie dans des combinaisons non oxydées. Les tiges des pois, du colza et même du froment peuvent être rangés dans la première catégorie; les graines de ces plantes appartiennent à la troisième. Mr. Rose n'a pas encore trouvé de corps complétement anoxydien; peut-être en trouverait-on un exemple dans les combinaisons protéiques (albumine, fibrine, etc.), si on pouvait les purifier parfaitement.

Les phénomènes chimiques qui accompagnent le développement de la vie animale paraissent suivre un ordre précisément inverse de celui que nous offre la végétation. En effet, tandis que les végétaux puisent dans le sol des composés oxydés et leur font subir une désoxydation, les animaux, au contraire, se nourrissent d'aliments qui appartiennent en général aux substances méroxydiennes et les soumettent à une combustion lente, mais continue, par le fait de la respiration. Il résulte de là que dans la série de transformations que doivent subir ces aliments, ils tendront de plus en plus à devenir des corps téléoxydiens.

L'expérience a confirmé encore ce résultat de la théorie. L'analyse des principes inorganiques contenus dans le sang et dans la chair montre que dans le sang (de bœuf) la proportion de ces principes, qui ne peuvent s'extraire que par l'incinération complète, s'élève à 33 pour 100, et dans la chair (de bœuf) à près de 40 pour

100. Au premier abord ces résultats semblent indiquer une plus forte proportion de principes oxydés dans le sang que dans la chair, mais cette anomalie apparente disparaît si l'on remarque que les sels solubles dans l'eau, extraits du charbon du sang, renferment près de 60 pour 100 de chlorure de sodium, tandis que le charbon de la chair ne contient que fort peu de chlorures alcalins. Si l'on retranche de part et d'autre ces chlorures, qui ne peuvent être comptés avec les principes oxydés, on voit que la chair renferme bien plus de composés téléoxydiens que le sang. L'analyse des éléments inorganiques contenus dans l'urine et dans les excréments solides a montré enfin que l'on peut considérer l'urine comme ne renfermant que des combinaisons inorganiques oxydées; mais que dans les excréments solides il y a encore une certaine quantité de principes non oxydés, assez faible cependant pour qu'on puisse ranger aussi ces matières parmi les substances téléoxydiennes. Peut-être reconnaîtra-t-on un jour dans un examen chimique des excréments, fait à ce point de vue, un moyen de juger de la bonne marche de la digestion chez les êtres animés, s'il est démontré qu'une diminution dans la proportion des éléments non oxydés correspond à un état plus normal de cette fonction.

Tous les principes minéraux des os peuvent être enlevés par l'eau et par l'acide chlorhydrique après leur carbonisation, ce sont donc des substances éminemment téléoxydiennes. La bile appartient aussi à la même classe de corps; cependant le charbon de la bile n'est pas aussi complétement épuisé de ses principes minéraux que celui des os par l'eau et l'acide chlorhydrique; il laisse encore après cela par l'incinération une petite quantité de cendres, principalement composées de sulfates.

Le lait, le blanc d'œuf et le jaune d'œuf appartiennent au contraire à la classe des substances méroxydiennes.

Nous terminerons ici l'extrait de l'intéressant mémoire de Mr. Rose, laissant de côté la description des méthodes d'analyse auxquelles il s'est définitivement fixé pour ces recherches, et l'exposition détaillée des résultats analytiques obtenus par leur application aux diverses matières organiques dont il a été question plus haut.

# MINÉRALOGIE ET GÉOLOGIE.

70. — OBSERVATIONS SUR LA GÉOLOGIE D'UNE PORTION DE L'ASIE
MINEURE COMPRENANT LA GALATIE, LE PONT ET LA PAPHLA-
GONIE, par W. HAMILTON. ( *Société géologique de Londres*,
4 avril 1849).

L'auteur commence par faire quelques remarques sur les observations que Mr. P. Tchihatcheff a communiquées dernièrement à la
Société. Il le fait dans le but de montrer que lui et son compagnon,
Mr. Strickland, ont découvert de nombreux fossiles paléoniques
dans la montagne du Géant, vis-à-vis de Thérapie, près de Constan-
tinople, et dans le but d'expliquer pourquoi cette formation était
alors regardée comme silurienne, tandis que maintenant elle paraît
appartenir au terrain dévonien.

L'auteur fait remarquer aussi que déjà depuis plusieurs années
il a constaté la présence du calcaire nummulitique dans la partie
nord-est de l'Anatolie, dans le Pont et dans la Galatie, près de
Kiril-Irmak, *anc.* Halys.

Il a constaté que le calcaire nummulitique était recouvert par une
formation de grès rouge contenant des mines de sel. Ce grès rouge
contient des cailloux de scaglia, et par conséquent il est d'un âge
plus moderne que la formation crétacée.

L'auteur résume ensuite ses observations dans les portions du
Pont, de la Galatie et de la Paphlagonie qu'il a observées. On y voit :
1° Des roches ignées, elles sont d'espèces variées. Elles ont pénétré, soulevé et disloqué les couches qui les recouvrent. 2° Des
roches stratifiées qui sont classées par l'auteur de la manière suivante : 1° Calcaire plus ou moins cristallin associé avec des grès
et des schistes micacés et talqueux, pénétré par des veines de quartz.
2° Calcaire semi-cristallin ressemblant à la scaglia. 3° Calcaire
nummulitique. 4° Formation du grès rouge contenant des couches
de sel gemme. 5° Formation de grès et de gypse. 6° Dépôt tertiaire récent ressemblant au calcaire d'eau saumâtre avalo caspien.
7° Calcaire blanc crayeux avec coquilles d'eau douce.

Un des traits les plus remarquables de la géologie de ce pays, est le dépôt du sel gemme en couches horizontales dans des dépressions placées sur les tranches des couches verticales de la formation du grès rouge. On peut expliquer l'origine de ce sel par l'action de sources qui auraient déposé dans ces dépressions les matières salines produites par une action tout à la fois chimique et volcanique.

L'auteur termine en disant qu'il est peut-être prématuré, dans l'état actuel de nos connaissances, de vouloir établir une classification générale des terrains qui constituent le sol de l'Asie Mineure.

---

71. — MÉMOIRE SUR LE TERRAIN TERTIAIRE ET LES LIGNES D'ANCIEN NIVEAU DE L'OCÉAN DU SUD, AUX ENVIRONS DE COQUIMBO (CHILI), par Mr. Ignace DOMEIKO. (*Annales des Mines*, 4<sup>me</sup> série, tome XIV.)

Le terrain tertiaire de la partie septentrionale des Andes se montre aux embouchures des vallées transversales du système des Andes. Il remplit le fond des anciennes baies et des golfes qui se sont desséchés par suite du soulèvement de la côte. On trouve encore dans plusieurs vallées de l'intérieur des Andes, des dépôts modernes remplissant de véritables bassins, et qui sont actuellement situés bien au-dessus du niveau des rivières qui les traversent. La ville de Coquimbo, située à un kilomètre de la mer, se trouve au centre d'une ancienne baie, qui avait à peu près la même forme que la baie actuelle.

La surface du terrain abandonné par cette ancienne baie s'élève par étages, sous forme d'un vaste amphithéâtre, présentant des lignes d'érosion à couches elliptiques et concentriques au rivage actuel. Il y en a quatre bien visibles, qui forment autant de terrasses presque horizontales.

L'étage inférieur n'est, près du bord de la mer, qu'à deux mètres au-dessus du niveau de la haute mer; à 800 ou 900 mètres de distance il s'élève à six ou sept mètres. La surface de cet étage est en partie couverte de lacs et de marais, et en partie de coquillages, des mêmes espèces que ceux rejetés sur la plage actuelle.

Le second étage, placé à 12 mètres environ au-dessus du niveau de la mer, se trouve séparé du premier par une pente rapide. Il présente des dunes anciennes. Près de la vallée de Coquimbo cet étage est formé de matières analogues à celles qui sont maintenant transportées par la rivière; mais plus on s'éloigne de cette vallée, plus les roches prennent le caractère de dépôts lents, avec des coquilles fossiles bien conservées, dont plusieurs ne se trouvent pas parmi les coquilles vivantes de la baie de Coquimbo.

Le troisième étage, qui se trouve à 36 ou 37 mètres au-dessus de la mer, et le quatrième, qui est situé à 57 ou 58 mètres, présentent la même composition de terrain et la même configuration extérieure que le second étage.

De l'ensemble des faits précédents, on peut déduire les conséquences suivantes : Tout le terrain tertiaire des environs de Coquimbo est de formation très-moderne et récemment sorti du sein de l'Océan. Son soulèvement a dû s'opérer suivant une direction plus ou moins normale à celle des Andes. De très-légères variations ont dû survenir depuis ce temps dans l'organisation des espèces animales qui ont vécu dans la mer, et il est à présumer qu'il n'y a pas eu depuis des changements notables dans le climat.

La disposition en gradins fait croire que dans le mouvement ascensionnel de la côte il y a eu de l'irrégularité, et permet de distinguer quatre longues périodes d'un mouvement extrêmement lent, et trois courtes périodes d'un soulèvement beaucoup plus rapide.

Il est donc évident que le soulèvement progressif de la côte de l'Océan Pacifique est un phénomène récent, et qui s'étend sur une grande étendue des côtes. On sait que MM. Mac Culloch, Vetch, Robert, etc., se sont occupés de ces lignes d'ancien niveau de la mer, et que MM. Siljeström et Bravais les ont mesurées, le premier à Tromsoë, dans le Tromssund, le second sur les côtes du Finmark. D'après ces mesures, l'auteur dresse le tableau suivant, dont les chiffres parlent d'eux-mêmes.

|                                     | Tromsoë. | Finmark. | Coquimbo. |
| ----------------------------------- | -------- | -------- | --------- |
| Ligne supérieure                    | 67$^m$,0 | 67$^m$,4 | 57,6$^m$  |
| Ligne moyenne                       | 45,5     | 40,5     | 36,8      |
| Ligne inférieure.                   | 17,2     | 27,7     | 14,3      |
| Ligne de séparation d'avec la plage.|    »     | 10,0     | 7,3       |
| Niveau de la mer                    | 0,0      | 0,0      | 0,0       |

---

72. — De la marche compliquée des blocs erratiques faisant table a la surface des glaciers, par Mr. E. Collomb. (*Bulletin de la Société géolog. de France,* 1848, tome VI.)

On a donné le nom de table de glaciers à des blocs plus ou moins volumineux qui sont élevés au-dessus de la surface d'un glacier sur un piédestal de glace. L'origine de cette position singulière est connue depuis longtemps. Mr. Collomb fait remarquer que ces blocs n'ont pas la même marche que les autres débris répandus à la surface du glacier.

Les blocs qui tablent sont soumis à deux mouvements, au mouvement général du glacier et à celui qui leur est donné par leur propre chute amenée par la fusion du piédestal qui les supporte. Leur chute se fait toujours du côté du sud où le piédestal est le plus fortement attaqué par le soleil, en sorte que si le glacier chemine du nord au sud, le mouvement propre au bloc s'ajoute au mouvement général du glacier, et le bloc marche plus vite que les autres débris placés à la surface du glacier, si, au contraire, le glacier chemine du sud au nord, le bloc qui table sera retardé dans sa marche. Enfin si le glacier ne chemine pas dans le sens du méridien, il se peut qu'un bloc, parti d'un des bords du glacier, aille se déposer sur l'autre bord ; ce dernier cas explique la position de certains blocs du terrain erratique qui font exception aux lois générales de la distribution des blocs énoncés par MM. de Charpentier et Guyot.

73. — Sur la comparaison de la structure de la chaîne des monts Appalaches des Etats-Unis avec celle des Alpes et d'autres districts de l'Europe, ainsi que sur une loi générale du clivage, par Mr. le prof. Rogers. (*Société géol. de Londres*, 15 novembre 1848.)

Ce mémoire est divisé en deux parties, l'une descriptive, l'autre théorique. Dans la première, l'auteur décrit la chaîne des Appalaches, et en la comparant avec les Alpes, le Jura et les terrains paléozoïques des bords du Rhin, il montre que ces districts européens si bouleversés offrent, dans les ondulations, les dislocations et les fentes de leurs couches, les mêmes lois qu'il avait énoncées d'accord avec le professeur W.-B. Rogers de Virginie comme régissant la structure des montagnes des Etats-Unis, et qu'ils avaient essayé d'appliquer à tous les pays formés de couches ondulées et bouleversées.

L'espace occupé par les Appalaches présente une longueur de 1300 mètres environ et une largeur de 150 mètres. Ces montagnes se composent de cinq chaînes ou espèces d'enceintes à peu près parallèles. En les traversant du S.-E. au N.-O. on observe des gradations intéressantes dans la forme des courbures des couches, car tandis que dans la chaîne du S.-E. ces courbures, appartenant aux terrains paléozoïques, sont redoublées en deux plis énormes fortement comprimés, ayant les côtés presque verticaux et traversés par de nombreux filons métallifères, dans les chaînes situées plus au N.-O., ces plis sont moins convexes; ils se déploient peu à peu, et dans la cinquième rangée, celle de la région du charbon bitumineux des Alleghanys, les plis se changent en ondulations larges et régulières, ayant des pentes très-douces. Les divers plis ou ondulations, soit rectilignes, soit recourbés, sont presque parallèles et semblables dans leurs systèmes de plis; plusieurs de ces ondulations peuvent se suivre sur une longueur de 80 à 100 mètres.

Dans la chaîne du S.-E., la distance approximative entre les plis peut être évaluée à moins d'un mètre; dans la chaîne du centre, elle varie d'un à trois mètres ; dans celle du N.-O. les plis présentent une ampleur de dix mètres.

On remarque, dans les plis très-resserrés qui sont parfois accompagnés de fractures, que les terrains anciens paraissent reposer à stratification concordante sur des terrains plus récents. Quelques-unes de ces fractures ont agi sur une épaisseur de terrain qui s'élève à 8000 pieds.

Dans cette partie de son mémoire, l'auteur donne encore des détails sur la structure en éventail, sur le métamorphisme des roches, c'est-à-dire sur leur durcissement, la cristallisation des calcaires, la *débituminisation* des charbons et l'origine du clivage dans les masses argileuses : dans les terrains qui présentent les plis rapprochés, les clivages suivent les plans des couches. Mr. Rogers examine ensuite la structure des montagnes des bords du Rhin, celle du Jura, celle des Alpes, et il conclut que les lois de structure qu'il a établies pour les Appalaches s'appliquent également aux chaînes de l'Europe.

Dans la seconde partie, l'auteur cherche à expliquer les grands plis que présentent les pays bouleversés en montrant que la croûte mince qui forme la surface du globe a été exposée à une tension qui l'a rompue suivant certaines grandes lignes, ces ruptures ont déterminé, dans la partie fluide intérieure, des vagues de translation dans la forme desquelles il faut chercher l'origine des voûtes ou arches que l'on voit dans les chaînes de montagnes à la surface du globe.

———

74.—TEMPÉRATURE DES SOURCES DANS LA VALLÉE DU RHIN, DANS LA CHAÎNE DES VOSGES ET AU KAISERSTUHL, par Mr. DAUBRÉE. (Société d'Histoire naturelle de Strasbourg, séance du 13 novembre 1848.)

Le but principal de ces observations est de chercher à distinguer plusieurs des influences qui peuvent concourir à modifier la température des sources, telles que la profondeur de leur réservoir d'alimentation, la nature et la position des roches avoisinantes, leur élévation au-dessus de la mer. Voici quelques faits généraux qui ressortent des chiffres consignés dans le tableau des observations.

1° Les sources situées dans la plaine et les collines basses de l'Alsace ne diffèrent en général, dans leurs températures moyennes, que de 0°,8 C. au plus lorsqu'elles sont à des latitudes rapprochées et à des hauteurs égales au-dessus du niveau de la mer, et cependant ces sources sortent des terrains tertiaires, jurassiques, triasiques, du grès vosgien et du grès rouge. La température des sources situées dans la vallée du Rhin, entre 180 et 260 mètres de hauteur au-dessus de la mer et entre les latitudes de 48°,20 à 49°, est de 10°,5, valeur qui correspond à une altitude moyenne de 212 mètres.

2° Le décroissement de la température des sources n'est pas uniforme à mesure que l'on s'élève. Dans la plaine et les collines basses, inférieures à 280 mètres, le décroissement est d'environ 1 degré par 200 mètres; de 280 à 360 mètres, la diminution est de 1° par 120 mètres; de 360 à 920 mètres, le décroissement est de nouveau de 1° par 200 mètres. C'est lorsque l'on quitte le sol à ondulations douces pour passer aux pentes abruptes des montagnes, que le décroissement devient plus prononcé.

3° Il y a excès de la température moyenne des sources sur celle de l'air; cet excès croît avec la hauteur et avec la latitude. Cet excès ne dépasse cependant pas 1°,6 en laissant de côté les sources qui sortent des failles ou du terrain basaltique.

4° Si l'on réunit toutes celles de ces sources dont la température dépasse de plus de 2° la température moyenne du lieu d'où elles sortent; on voit, qu'en dehors du Kaiserstuhl, toutes ces sources sortent des failles ou de lignes de dislocation.

5° Les sources du massif basaltique du Kaiserstuhl (dans le duché de Bade) présentent une anomalie remarquable. En faisant la moyenne de leur température (sauf deux qui sont thermales) on trouve qu'il y a une différence de 2°,6 en leur faveur sur la température moyenne de l'air, ce qui peut s'expliquer par un état thermométrique du basalte semblable à celui de Neuffen en Wurtemberg, où la température croît de 1° par 10$^m$,5 d'enfoncement [1].

En résumé, la température en dehors du massif basaltique du Kaiserstuhl est assez uniforme pour que la source dont la température dépasse seulement de 2° la température moyenne des sources de même latitude, décèle avec certitude une dislocation locale dans la structure du sol ; ces sources participent donc déjà au gisement des sources thermales dans la catégorie desquelles on doit les ranger.

## PALÉONTOLOGIE.

75. — Note sur une nouvelle espèce de singe fossile, par Mr. Paul Gervais. (*Comptes rendus de l'Acad. des Sc.*, séance du 4 juin 1849.)

Mr. P. Gervais a adressé à l'Académie la lettre suivante :

« J'ai l'honneur d'annoncer à l'Académie la découverte que je viens de faire, dans le terrain tertiaire supérieur de Montpellier même, d'une espèce fossile de singe appartenant incontestablement à l'un des trois genres semnopithèque, guenon ou macaque, et plus probablement à ce dernier. J'en ai déjà retiré trois dents (deux molaires et une canine) de la marne jaune d'eau douce que l'on creuse en ce moment pour les fondations du palais de justice. La canine est inférieure et du côté droit ; les molaires, également inférieures, sont la troisième du côté droit et celle du côté gauche. Quelques débris d'un cubitus et d'un radius, trouvés au même lieu, semblent aussi appartenir à la même espèce de singe. Cette espèce différait bien certainement de celle que Mr. Lartet a découverte dans le département du Gers, et qui était jusqu'ici la seule que l'on connût en France. Les marnes d'eau douce qui me l'ont fournie sont une dépendance des terrains subapennins ou pliocènes, terrains qui sont plus abondamment représentés ici par des sables marins, riches en *Halitherium* (animaux voisins des dugongs) *Rhinoceros monspe-*

---

[1]  Voyez Bibl. Univ. (Archives), 1846, tome I$^{er}$, p. 110.

*sulanus*, et autres espèces dont j'ai entretenu l'Académie dans mes précédentes communications. Le dépôt dû aux sédiments des eaux douces, et qui m'a seul fourni des débris de singes, renferme des coquilles terrestres et fluviatiles, qui ont été décrites par Mr. Marcel de Serres. Nous en avions aussi retiré, Mr. le docteur Jeanjean ou moi, des ossements d'une *Hyène* (canine), d'un *Castor* (maxillaire inférieure), d'un cerf voisin du *Cervus australis* (débris plus fréquents), et d'un *Rhinocéros* (deux dents molaires inférieures et portion inférieure d'humérus). Une molaire de castor et des coquilles analogues à celle du palais de justice ont été recueillies, il y a plusieurs années, au-dessous de notre Faculté des sciences. Le même dépôt existe à une plus grande distance du palais de justice, auprès du chemin de fer de Montpellier à Cette. »

## BOTANIQUE.

**76.** — PRODROMUS SYSTEMATIS NATURALIS REGNI VEGETABILIS, editore et pro parte auctore Alph. DE CANDOLLE ; in-8°, vol. XII. Paris, 1848 ; vol. XIII, sect. 2, 1849.

Il n'y a guère plus d'une année que je me félicitais, dans ce recueil, d'avoir pu avancer rapidement le Prodromus, grâce au concours de plusieurs amis, et déjà il a paru un volume et un fort demi-volume, qui viennent prouver les avantages du système de travail collectif. Avec un seul auteur, quel que fût son zèle, même avec deux auteurs, se consacrant uniquement au Prodrome, il eût été impossible de marcher aussi vite, à cause du nombre croissant des espèces et de la difficulté de certaines familles. On comprend aussi combien le même homme se fatigue et se ralentit en suivant pendant plusieurs années un genre de travail aussi monotone, parfois aussi ingrat. Il sent bientôt la nécessité d'alterner avec d'autres ouvrages. Au contraire, avec plusieurs collaborateurs les forces sont toujours vives, et pourvu que la direction générale reste la même, l'œuvre commune avance d'une manière satisfaisante.

Les botanistes qui ont contribué au douzième volume et à la moitié du treizième qui vient de paraître, sont MM. Bentham, Moquin-Tandon, Choisy et Edmond Boissier. J'ai ajouté moi-même quelques articles peu étendus. Qu'il me soit permis de signaler en quoi les travaux de mes honorables collègues avancent la science. J'ai pu mieux qu'un autre m'en assurer, soit par mes conversations et ma correspondance avec chacun d'eux, soit par la correction des épreuves, que j'ai faite moi-même, en suivant sur mon herbier, où se trouvent la plupart des types examinés par les auteurs.

La majeure partie du douzième volume est occupée par la famille des Labiées, que nous devons à Mr. Bentham. Personne n'ignore que ce savant avait publié déjà une monographie de cette famille [1], et que dans plusieurs articles de journaux et dans les *Plantæ rariores asiaticæ* du docteur Wallich, il avait continué à s'occuper des Labiées. On ne devait donc pas s'attendre maintenant à un travail aussi nouveau que celui du même auteur sur les Scrophulariacées, dans un volume précédent du Prodrome. Cependant la revue des Labiées, par Mr. Bentham, contient un assez grand nombre d'améliorations et de nouveautés. Les tribus avaient été jugées un peu trop nombreuses dans la monographie; l'auteur les a réduites de onze à huit, et leur a assigné des caractères plus tranchés. Les genres ont subi très-peu de modifications. Le progrès des découvertes en a porté le nombre de 96 à 121, mais le Prodrome lui-même n'en contient que deux nouveaux, Tapeinanthus et Dorystæchas, qui ont été communiqués à Mr. Bentham par Mr. Boissier. Les espèces nouvelles sont au nombre de 319. Le nombre total des Labiées, dans la monographie, était de 1714; il est maintenant de 2401, par l'effet de ces nouvelles espèces, et d'un nombre à peu près égal d'espèces décrites depuis douze ans. Quelques genres sont devenus énormes. Ainsi il y a 410 espèces de Salvia, dont 48 nouvelles, et 251 Hyptis, dont 42 nouveaux. Les genres Ocimum, Plectranthus, Pogostemon, Nepeta, la tribu des Prostanthérées, toute de la Nouvelle-Hollande,

---

[1] Labiatarum genera et species. Londres, 1832—36; 1 vol. in-8°.

ont augmenté notablement. Mr. Bentham a eu sous les yeux les principaux herbiers anglais. Il a profité aussi du mien et de ceux de Berlin, Saint-Pétersbourg, Vienne et autres capitales, qu'il a visités pendant qu'il s'occupait de son travail. Les voyageurs anglais lui ont fourni un grand nombre de Labiées de l'Inde, de la Chine et de Ceylan. MM. Linden, Purdie, Matthews, Goudot et Gardner, dont nous déplorons la mort [1], en avaient découvert d'autres en Amérique; mais l'addition la plus considérable et sûrement la moins attendue a été fournie par les plantes d'Orient de MM. Boissier, Heldreich, Aucher, etc. Mr. Boissier, qui s'en occupait spécialement, a bien voulu communiquer les descriptions qu'il préparait pour ses *Diagnoses*. Il s'est entendu, sur quelques points douteux, avec Mr. Bentham, pendant son séjour à Genève, et, grâce à leur coopération, les espèces de l'Asie occidentale forment un brillant fleuron de la couronne des Labiées dans le Prodrome. Mr. Choisy a rédigé la famille des Sélaginacées, dont il s'était occupé précédemment [2]. La revue actuelle porte le nombre des espèces de 106 à 125, et ajoute un genre nouveau. J'ai fait les trois familles peu nombreuses, mais intéressantes, des Stilbacées, Globulariacées et Brunoniacées. L'analyse m'a permis de compléter quelques caractères et m'a confirmé dans l'idée que ces familles se placent près des Verbénacées, Labiées et Plumbaginées, plutôt que dans le voisinage des Dipsacées et Composées. Le Globularia incanescens Viv., espèce remarquable, avait été découverte à Carare, par d'anciens auteurs italiens, Micheli, Zanoni, etc., puis oubliée par Linné, enfin remémoré par les modernes. Indépendamment de caractères accessoires, elle offre les deux lobes supérieurs de la corolle combinés en un seul; or, comme dans les Labiées, Stilbacées et Acanthacées on admet des genres constitués sur ce carac-

---

[1] Mr. Gardner vient de mourir d'une attaque d'apoplexie à Ceylan. Il était directeur du jardin botanique, et s'occupait de la flore de l'île avec toute l'activité qu'il avait déjà déployée au Brésil. Son successeur est Mr. Thwaites.

[2] Mémoires de la Société de Physique et d'Histoire naturelle de Genève, tome II, partie 2.

tère, il m'a paru convenable d'en faire un genre nouveau. Je l'ai
dédié à Carradori, botaniste, Italien comme la plante en question,
et contemporain de ceux qui l'avaient découverte.

Mr. Edmond Boissier a rédigé la famille des Plumbaginacées,
qui offre des difficultés incroyables, quant à la distinction des espèces. C'est ce qui l'a conduit à développer, un peu plus que la
forme du Prodromus ne le comporte, les caractères spécifiques, et
on lui en saura gré. Quarante-huit espèces nouvelles, sur un total
de 232, sont le résultat de ses recherches persévérantes dans nos
herbiers et dans ceux de Mr. Webb, de sir W.-J Hooker et autres
botanistes. L'Asie occidentale, le Caboul surtout, ont donné des
espèces intéressantes ; mais j'estime que le plus grand service
rendu par ce travail est d'avoir classé une foule de synonymes et
d'espèces douteuses, sur la vue d'échantillons authentiques. Les
monographies ont pour mission de détruire les erreurs que les flores
accumulent sans cesse. Cela doit arriver, car les monographes
comparent des échantillons de divers pays et étudient sur de riches
matériaux, tandis que les auteurs de flores envisagent nécessairement un nombre limité d'espèces et des échantillons d'un seul pays,
ou au moins qui ne sont pas de régions éloignées de celle dont ils
s'occupent.

Mr. Moquin-Tandon, professeur à Toulouse, commence par une
série de plusieurs familles, l'énumération future des Monochlamy-
dées dans le Prodrome. Des travaux antérieurs sur les Chéno-
podes[1] l'avaient initié aux mystères capricieux et aux variations bi-
zarres de ces végétaux si peu attrayants. Un esprit à la fois philosophique et scrutateur a soutenu son zèle au milieu de grandes
difficultés et d'analyses multipliées et minutieuses. Je ne crois pas
qu'aucun auteur du Prodrome, si ce n'est peut-être Mr. Nees pour
les Acanthacées, ait eu à sa disposition des herbiers aussi nombreux
que ceux dont Mr. Moquin s'est servi. Outre ceux de Genève, du
midi de la France et de Paris, il a eu à sa disposition les plantes
des musées de Vienne, de Berlin, celles de Mr. de Martius, de

---

[1] Annales des Sciences natur., t. XXIII, et Enum. des Chénop., 1840.

sir W.-J. Hooker, qui renferment toujours une foule de nouveautés, et de plusieurs autres botanistes de divers pays. Les types d'espèces de la Nouvelle-Hollande, de Mr. Brown, ont tous été vus dans différentes collections. En un mot, l'auteur et l'éditeur n'ont rien négligé pour que le travail fût complet et assis sur de bonnes bases.

La première famille énumérée par Mr. Moquin, celle des Phytolaccacées, offre des caractères curieux. La présence et l'absence de pétales s'y mélangent constamment et démontrent le peu de valeur de ce caractère comme subdivision des Dicotylédones. Les ovaires, arrangés dans le sous-ordre des Phytolaccées autour d'un axe idéal, se trouvent semblablement placés, mais adhérant à un axe, dans celui des Gyrostémonées, de sorte que la famille est voisine des Malvacées. Dans une tribu, les Stegnospermées, la colonne centrale existe et porte les ovules, mais les cloisons manquent et le fruit se trouve uniloculaire quoique composé. Mr. Moquin a découvert quatre genres, qui rendent plus intime l'affinité des Gyrostémonées et des Phytolaccées. Les sous-ordres et tribus, fondés sur ces caractères remarquables de fructification, méritent de fixer l'attention de tout botaniste qui réfléchit. La famille des Phytolaccacées renferme actuellement 20 genres, dont 4 nouveaux, et 84 espèces, dont 21 nouvelles.

La famille comprenant les Blitum, Salsola, Chenopodium, etc., avait été nommée en 1759, par Bernard de Jussieu, *Salsoleæ*; plus tard *Blita*, par Adanson; puis *Atriplices,* et enfin *Chénopodées.* La règle de priorité, conforme ici à l'euphonie et à la clarté (les Salsola étant des plantes très-connues), a ramené Mr. Moquin au premier nom, qu'il a modifié en *Salsolaceæ,* selon la désinence moderne des familles. Les Basellacées, munies d'un double calyce, en sont distinctes, comme l'avait montré Mr. Moquin, dès 1840. Plusieurs genres avaient été rapportés mal à propos aux Salsolacées. Ils en ont été distraits, et la famille présente aujourd'hui un ensemble satisfaisant. Mr. C.-A. Meyer avait signalé dans plusieurs Salsolacées l'existence de petites lamelles entre les étamines. Mr. Moquin les considère comme des staminodes, ana-

logues à ceux des Amaranthacées, et il les décrit avec beaucoup
de soin. Il a apporté aussi une attention particulière au disque ou
nectaire placé entre les étamines et le pistil. Ce nectaire est tantôt
épais, en forme d'anneau, tantôt plus ou moins membraneux et cya-
thiforme, à bord entier ou crénelé. La présence ou l'absence, soit
des staminodes, soit du nectaire, ont fourni de bons caractères gé-
nériques. Mr. Moquin a observé, le premier, une curieuse modification des étamines. Elle consiste en des dilatations ou appendices du connectif, qui forment une ampoule supérieure, s'allongent
en massue, en languette, etc. Les fleurs femelles des Atriplex
se font remarquer par deux grandes pièces latérales, dressées et
fortement appliquées l'une contre l'autre. La plupart des auteurs en
parlent comme de sépales. Dans le genre Exomis, très-voisin des
Atriplex, les fleurs femelles présentent, en dedans des grandes
pièces dont il s'agit, de petits sépales rudimentaires placés comme
ceux des fleurs mâles, relativement aux étamines. C'est là le vrai
calice. En conséquence Mr. Moquin a regardé les deux pièces verticales comme deux bractées, analogues aux bractées latérales des
autres Salsolacées et des Amaranthacées. Dans quelques Salsolacées elles sont très-développées et protégent le fruit, comme dans
les Atriplex. D'ailleurs Mr. Moquin et avant lui Mr. Fenzl avaient
trouvé des fleurs femelles d'Atriplex offrant, par monstruosité, de
petits sépales rudimentaires, comme ceux des Exomis.

Au sujet des Basellacées et de leur double calice, Mr. Moquin
me donne les renseignements suivants qui méritent d'être cités.

« Les bractéoles des Basellacées sont au nombre de trois, une
inférieure et deux latérales, comme dans les familles voisines. La
fleur est pourvue d'un calice à cinq pièces, opposées à cinq étamines,
comme dans les Salsolacées et les Amarantacées. Mais, en dehors de
ce calice, au-dessus des bractées latérales, on en trouve un second
composé de deux pièces opposées, l'une inférieure, l'autre supérieure. Ce calice extérieur est souvent plus grand que l'interne ;
par conséquent il ne peut pas être désigné sous le nom de *calicule*.
Les deux pièces qui le constituent ne sont pas des *bractées* ; d'une
part parce que dans les fleurs sessiles (Basella), il y aurait une

bractée du côté de l'axe de l'inflorescence; secondement parce que
le système bractéal, qui existe au-dessous, ne diffère pas de celui
des Amarantacées et des Salsolacées; troisièmement parce que ce
calice externe présente la même nature et les mêmes phases de développement que le calice intérieur [1]. Enfin, on ne peut pas considérer le calice extérieur comme le *seul calice* (l'extérieur représentant une *corolle*), parce que les deux verticilles dont il s'agit ne
tombent ni l'un ni l'autre après la fécondation, et que, dans un
genre (Basella) ils s'accroissent, deviennent succulents, et transforment le fruit en une fausse baie analogue à celle de plusieurs
Blitum.

Mr. Moquin a donné une attention spéciale aux *staminodes* des
Amarantacées. « Ces curieux organes, me dit-il dans une lettre,
sont tantôt plus longs, tantôt plus courts que les filets staminaux,
quelquefois même tout à fait rudimentaires. Il y en a de quadran-
gulaires, de ligulés, de triangulaires, de subulés, de dentiformes.
Ceux-ci sont aplatis ou légèrement concaves, ceux-là entiers sur
les bords, frangés ou ciliés. Dans quelques espèces, l'organe se
dédouble et semble alors formé de deux lames verticales placées
l'une devant l'autre et soudées ou confondues inférieurement. La
lame externe paraît presque toujours frangée ou découpée. Si on la
regarde comme appartenant à un rang extérieur à la première (celle-
ci est sur le même rang que l'Androcée), chaque lamelle pourra être
considérée comme un pétale rudimentaire, analogue aux pétales de
certaines Phytolaccacées, et plus ou moins semblable à ceux des
Réséda. A l'appui de cette conclusion, on pourrait ajouter que, dans
le Telanthera porrigens, les staminodes sont colorés en pourpre clair,
tandis que les filets staminaux sont incolores.

Les staminodes sont souvent bifides. Si l'on suppose très-pro-
fonde la fente qui les divise en deux parties, et en même temps
très-courtes les deux fentes qui les séparent des filets les plus voisins, chaque filet présentera à droite et à gauche un demi-stami-

---

[1] Il forme habituellement avec ce dernier, auquel il adhère par la base,
une sorte de tube plus ou moins caractérisé.

node, et paraîtra trifide ou trilobé (le lobe intérieur étant anthéri-
fère) ; c'est là tout juste l'organisation des filets trifides du genre
gomphrena. »

Il serait trop long d'indiquer les améliorations de détail que
Mr. Moquin a apportées dans les genres et les espèces. Je dirai
seulement combien j'ai été surpris de voir que des espèces de Linné
avaient été jusqu'à présent mal connues, ainsi l'Amarantus appelé
A. Blitum par les auteurs, est l'A. viridis de Linné, qui fait partie
aujourd'hui du genre Euxolus. L'Amarantus græcizans L. est une
variété du Blitum. Mr. Planchon a vérifié ces faits dans l'herbier
de Linné, à la demande de Mr. Moquin.

Les quatre familles rédigées par Mr. Moquin renferment 22 genres
nouveaux sur 143, et 227 espèces nouvelles sur un nombre total
de 1106. C'est dans les Amarantacées que se trouve l'augmentation
la plus forte, car il y a 131 espèces nouvelles sur 490. Le genre
Trichinium seul a 22 espèces nouvelles sur 51, et on sait qu'il se
compose d'espèces brillantes ou curieuses essentiellement de la
Nouvelle-Hollande. Comme toutes les espèces connues jusqu'à présent étaient de cette région, je remarque la présence d'une espèce
du Cap, décrite dans le Prodrome d'après l'herbier de sir W. Hooker.
La plupart des plantes qui ont fait l'objet du travail de Mr. Moquin,
sont répandues sur les côtes et dans divers pays. Sans cela, avec
des matériaux aussi riches que ceux qu'il a consultés, il aurait trouvé
plus de formes nouvelles. Je répète, du reste, que le mérite des monographies est dans la perfection des observations et dans la destruction de mauvaises espèces sur la vue d'échantillons authentiques. A ces deux égards, Mr. Moquin mérite, selon moi, plus
d'éloges que pour quelques dizaines d'espèces nouvelles de plus ou
de moins qu'il aurait découvertes.

Le volume XIII, partie 2, se termine par la famille des nyctagi-
nacées, décrite par Mr. Choisy. Ce sont aussi des plantes très-ré-
pandues, notamment les pisonia et les boerhaavia. La distinction de
quelques espèces est très-difficile, et la synonymie très-compliquée.
Mr. Choisy a eu des points d'anatomie et des questions d'affinités
assez délicates à examiner. Il crée trois nouveaux genres et vingt

espèces. Un mémoire de lui, en explication et développement de son travail, va paraître dans les Mémoires de la Société de physique et d'histoire naturelle de Genève. On y trouvera la discussion de plusieurs questions litigieuses, et par ce motif je m'abstiendrai d'en parler ici.

La première partie du volume XIII est réservée à la famille des Solanacées, par Mr. Dunal, dont la rédaction est fort avancée, et à celle des Plantaginacées par Mr. Decaisne.

Jusqu'à présent le Prodromus donne en douze volumes et demi l'énumération de 46,039 espèces. Nous sommes loin de l'époque de Linné, où toutes les plantes connues se résumaient en deux volumes et 7000 espèces !                                    A. DC.

———————

77. — On account, etc. Détails sur la culture et la manufacture du thé en Chine, et l'introduction de la culture de l'arbre a thé dans d'autres parties du monde, par S. Ball. (Londres. Extrait du Botan. Zeit. du 30 juin 1848.)

C'est au docteur Royle qu'on est redevable de ce que la culture du thé a été transportée dans la partie septentrionale de l'Inde; ses successeurs ont continué ses travaux dans le jardin de Saharunpur, et les succès de cette nouvelle culture ont attiré l'attention du gouvernement. Ball dit avoir vu deux espèces de thés, l'un noir et l'autre vert, qui avaient été préparés à Kamaon dans la partie septentrionale de l'Inde. Ces thés laissaient à la vérité quelque chose à désirer sous le rapport du parfum et du goût, mais ils étaient excellents, et surtout le thé hyson avait un grand débit dans les Indes et en Angleterre. Ces thés sont tirés des espèces méridionales qui, en Chine même, sont beaucoup inférieures aux espèces du nord. Grâces aux succès qu'ont eu les premiers essais, la cour des directeurs de la Compagnie des Indes a donné, sur la recommandation de lord Hardinge, une somme de 10,000 livres sterling pour faire de nouveaux essais, et propager la culture de cette plante. Mr. Ball décrit avec beaucoup d'exactitude les procédés dont les Chinois se servent pour la préparation de leurs différentes espèces. Il en résulte que l'on doit les espèces de thés verts davantage à la manière simple de les sécher, elles conservent de cette manière mieux les vertus principales de la plante, elles sont plus astreingentes, ont un goût particulier dans le genre des amandes amères ou des noyaux de pêches, et elles font une infusion plus pâle et plus jaune. Par contre, les thés noirs doivent leurs qualités plus douces à une espèce de fermentation à laquelle on les soumet. Mr. Ball affirme que tous les différents thés du commerce proviennent d'une seule espèce de plante.

---

78. — KARSTEN ; AUSWAHL NEUER UND SCHÖN BLÜHENDER GE-
WÆCHSE VENEZUELA'S, in-4°, Heft 2, Berlin, 1848. ( *Choix de plantes nouvelles et à belles fleurs du Venezuela.*)

Les cahiers de cet ouvrage contiennent six descriptions, partie en allemand et partie en latin, accompagnées d'autant de planches coloriées, fort élégantes. On remarque dans la seconde livraison une belle espèce de *Tropæolum* appelée *T. Deckerianum*, et trois genres nouveaux, savoir : *Stannia* (Rubiacée), *Brückea* (Ægiphila verrucosa Schauer), et *Heintzia* (Gesneriacée). Il est à regretter que l'auteur ait dédié ces genres à des savants qui ne sont pas botanistes, et dont la réputation, comme anatomistes et chimistes, n'est pas assez grande pour que les noms soient connus des botanistes. On perd ainsi l'avantage d'honorer spécialement ceux qui s'occupent de notre science, et de nous proposer des noms qui ne soient pas nouveaux à nos oreilles. Mr. Karsten, du reste, est dans son droit, et ces noms doivent être respectés, en vertu de la loi de priorité, fondement de toute bonne nomenclature.

79. — Sur les prétendues excrétions de certaines racines, par Mr. Link. (Bot. Zeit., 18 août 1848.)

Dans la séance de la Société d'Histoire naturelle de Berlin du 18 avril, Mr. Link a fait un rapport sur les excrétions mucilagineuses que l'on trouve à l'extrémité des racines de certaines plantes dans l'eau. On les connaît depuis longtemps et on les prenait pour des excrétions des plantes. Quelques agriculteurs ont tâché d'en tirer parti en se basant sur ce que les excrétions d'une espèce de plantes détérioraient le terrain pour la culture de cette plante même, tandis qu'elles le bonifieraient pour d'autres. Des recherches plus attentives prouvent l'inexactitude de cette opinion. Une goutte mucilagineuse produite à la racine d'un saule dans l'eau, et examinée à l'aide d'un fort grossissement, nous a montré un tissu cellulaire semblable aux spongioles des pointes des racines. C'est donc une formation de tissu cellulaire sans cellules mères ni rien de pareil, produite par une simple mucosité, semblable à celle qui forme les vaisseaux spiraux sur l'enveloppe muqueuse des graines de plusieurs plantes.                              D...y.

80. — Importation de produits végétaux exotiques en Angleterre.

Les usages populaires des Anglais se modifient par l'importation d'une foule de produits exotiques. Depuis longtemps le marché de Londres est fourni de noix du Brésil (Bertholetia excelsa), de noix de coco, d'ananas des Antilles, de raisins de Portugal, etc. On consomme. On vend à Edimbourg et à Glasgow une nouvelle noix appelée *Zubucajo*, qui est celle du Lecythis Zubucajo, de Para. Elle est estimée pour les desserts. L'importation des fils de *jute* (du Corchorus capsularis) s'élève, pour la Grande-Bretagne, à 300,000 liv. sterl. (1,200,000 fr.) par année. D'autres plantes textiles de l'Inde, de la Chine et des Philippines commencent à être employées. Enfin le palmier du Brésil, figuré dans le bel ouvrage de Mr. de

Martius, sous le nom de Attelea funifera, est devenu l'objet d'un commerce actif avec Para. On se doute bien peu de l'emploi de ses produits. « Chacun a pu remarquer dans les rues de Londres, dit sir W.-J. Hooker [1], combien depuis quelques années la propreté des marches et trottoirs a augmenté. Cela tient aux brosses que l'on emploie. Si vous demandez de quelles fibres elles sont faites, on vous répond ordinairement : de baleine, je suppose ; mais non, elles sont fabriquées avec une substance végétale, avec les fibres grossières d'un palmier qui croît en abondance au Brésil et qu'on importe par paquets de plusieurs pieds de longueur, à 14 liv. sterl. la tonne, sous le nom brésilien de *Piacaba*. La partie de l'arbre qui sert à cet usage est la base des pétioles, toute garnie de fibres brunes, que la planche de Mr. de Martius représente fort bien. » Le fruit de ce même palmier fournit les *coquilla nuts*, noix-coquilles, dont on fait à Londres beaucoup de pommeaux de canne et objets analogues.

[1] London Journ. of Bot., 1849, p. 122.

# OBSERVATIONS MÉTÉOROLOGIQUES ET MAGNÉTIQUES

## FAITES A L'OBSERVATOIRE DE GENÈVE

### SOUS LA DIRECTION DE M. LE PROFESSEUR E. PLANTAMOUR

#### PENDANT LE MOIS DE JUIN 1849.

Le 1er, à 1 1/2 h., tonnerres à l'Ouest.

» 2, à 7 h. du soir, orage avec tonnerres du côté de l'Est; il est tombé quelques gouttes de pluie.

» 3, de 9 h. à 10 1/2 h. du soir, belle couronne lunaire.

» 4, de 4 1/2 h. à 8 1/4 h. du soir, on a entendu le tonnerre presque sans interruption; le nuage orageux a fait le tour presque complet des montagnes qui bordent notre vallée, en partant des Voirons au NE, et en suivant la chaîne de Salève, du mont de Sion, du Vuache et du Jura.

» 5, éclairs pendant toute la soirée, d'abord du côté du Sud, puis à l'Est et au Nord-Est.

» 6, de 3 1/2 à 5 1/2 h. du soir, orage avec tonnerres du côté du Sud. L'Observatoire se trouvait sur la limite Nord du nuage orageux, qui se mouvait de l'ESE à l'ONO.

» 7, halo partiel de soleil à 11 h. 40 m.; dans l'après-midi, tonnerres à l'Est et à l'Ouest.

» 8, halo partiel de soleil à plusieurs reprises dans la matinée. Depuis midi on entend des tonnerres du côté du Nord; des nuages orageux se meuvent parallèlement du Nord-Est au Sud-Ouest le long du Jura d'un côté de la vallée, et le long des Voirons et de Salève de l'autre côté; à 3 1/2 h. on entend le tonnerre simultanément à l'Est et à l'Ouest.

» 11, de 6 h. à 8 h. du soir, éclairs et tonnerres du côté de l'Ouest.

» 12, halo solaire à plusieurs reprises depuis 3 h.

» 15, tonnerres entre 9 h. et 10 h. du soir; éclairs tout autour de l'horizon.

» 16, à 8 h. du matin, fort orage, accompagné d'éclairs et de tonnerres, direction du Sud au Nord; à 6 h. du soir, un second orage, accompagné également d'éclairs et de tonnerres, a passé dans la même direction.

» 19, halo solaire de 8 h. à 10 h. du matin.

» 23, halo solaire de 10 1/2 h. à midi.

» 24, dans la matinée et vers midi, oscillations très-remarquables du baromètre; les hauteurs du baromètre observées à 6 h., 8 h., 10 h. du matin et midi sont respectivement 724mm,36; 723mm,37; 724mm,63; 723mm,75. Aux environs de midi les oscillations étaient très-rapides; ainsi à midi et 8 m. le baromètre indiquait 724mm,06; à midi et 17 m., 723mm,06; à midi et 28 m., 723mm,53. Pendant ce temps il soufflait un très-léger vent du Nord, le ciel était clair tout autour de l'horizon, mais le zénith était couvert et il est tombé pendant quelques minutes, à midi 1/4, une ondée de grosses gouttes de pluie. Au même moment où ces oscillations du baromètre avaient lieu, on a observé au bord du lac, à plusieurs reprises, des seiches assez considérables.

» 25, pendant toute la soirée, éclairs de chaleur du côté du Nord; à partir de ce jour on n'aperçoit plus de neige sur le sommet du Môle, mais on voit encore sur le Jura un petit nombre de plaques de neige très-peu étendues.

» 28, pendant toute la soirée, éclairs de chaleur, surtout du côté du Sud-Est.

» 30, faible halo solaire, à plusieurs reprises dans la matinée.

| | | | | | |
|---|---|---|---|---|---|
| +2,2 | +1,2 | +30,1 | | | ... 1,00 | 0,02 |
| +22,0 | +13,0 | +26,6 | | | variab. 0,02 |
| +25,1 | +15,0 | +30,1 | | | variab. 0,91 |
| +21,6 | +14,1 | +26,6 | | | SSO. 1 0,79 |
| +25,2 | +15,2 | +28,1 | | | N. 1 0,00 |
| +19,0 | +16,2 | +31,2 | | | SSO. 1 0,34 |
| +21,4 | +15,2 | +28,2 | | | variab. 0,58 |
| +19,3 | +12,0 | +24,8 | | | |
| +14,3 | +13,7 | +29,1 | | | |
| +16,9 | +15,3 | +20,8 | | | |
| +12,6 | +10,5 | +22,5 | | | |
| +15,4 | +10,7 | +18,5 | 0,9 0,53 | SO. 1 0,05 |
| +11,8 | +11,4 | +22,2 | 0,34 0,35 | variab. 0,12 |
| +13,2 | +11,0 | +14,0 | 1,00 1,00 | N. 1 0,27 |
| +15,1 | +13,8 | +13,8 | 1,00 1,00 | variab. 0,61 |
| +14,4 | +12,5 | +17,4 | 0,81 0,90 | SO. 1 0,23 |
| +12,0 | +12,7 | +20,8 | 0,91 0,67 | |
| +15,3 | +11,0 | +20,5 | 0,57 0,79 | variab. 0,34 |
| +17,2 | +8,4 | +18,3 | 0,56 0,55 | N. 1 0,00 |
| +19,8 | +7,6 | +25,2 | 0,48 0,42 | N. 1 0,20 |
| +22,5 | +10,6 | +26,0 | 0,12 0,41 | NNE. 1 0,10 |
| +22,7 | +10,1 | +28,1 | 0,62 0,30 | variab. 0,80 |
| +21,4 | +13,5 | +30,2 | 0,65 0,42 | |
| +21,7 | +12,1 | +24,5 | 0,56 0,68 | |
| +21,8 | +14,9 | +26,7 | 0,61 0,56 | |
| +20,5 | +13,0 | +28,8 | 0,43 0,44 | |
| +22,4 | +15,5 | +28,6 | 0,48 0,45 | |
| +22,3 | +12,6 | +28,4 | 0,60 0,31 | |
| +17,7 | +12,9 | +27,4 | 0,62 0,45 | |
| +17,5 | +14,5 | +25,2 | 0,49 0,54 | |
| | +0,1 | +24,1 | 0,10 0,85 | |

## Moyennes du mois de Juin 1849.

| | 6h.m. | 8h.m. | 10h.m. | Midi. | 2h.s. | 4h.s. | 6h.s. | 8h.s. | 10h.s. |
|---|---|---|---|---|---|---|---|---|---|

### Baromètre.

| | mm | mm | mm | mm | mm | mm | mm | mm | mm |
|---|---|---|---|---|---|---|---|---|---|
| de, | 727,78 | 727,77 | 727,45 | 727,01 | 726,30 | 725,83 | 725,82 | 726,10 | 726,44 |
| » | 724,91 | 725,51 | 725,80 | 725,98 | 725,68 | 725,53 | 725,59 | 726,15 | 726,66 |
| » | 727,08 | 726,86 | 726,78 | 726,34 | 725,80 | 725,26 | 725,17 | 725,50 | 726,02 |
| is... | 726,59 | 726,71 | 726,68 | 726,44 | 725,93 | 725,54 | 725,53 | 725,92 | 726,37 |

### Température.

| | | | | | | | | | |
|---|---|---|---|---|---|---|---|---|---|
| de, | +16,16 | +20,21 | +22,35 | +23,74 | +24,71 | +23,76 | +22,75 | +20,20 | +17,79 |
| » | +12,79 | +14,58 | +13,68 | +17,15 | +17,56 | +17,82 | +17,24 | +14,68 | +13,63 |
| » | +16,15 | +20,33 | +22,28 | +23,83 | +23,45 | +24,99 | +23,85 | +21,05 | +18,74 |
| is... | +15,03 | +18,37 | +20,10 | +21,57 | +22,57 | +22,19 | +21,28 | +18,64 | +16,72 |

### Tension de la vapeur.

| | mm | mm | mm | mm | mm | mm | mm | mm | mm |
|---|---|---|---|---|---|---|---|---|---|
| ade, | 11,74 | 13,03 | 12.14 | 12,21 | 11,86 | 12,49 | 12,60 | 12,27 | 11,90 |
| » | 10,17 | 10,36 | 10,13 | 10,00 | 10,29 | 9,88 | 9,99 | 10,53 | 10,11 |
| » | 11,42 | 12,03 | 11,90 | 12,12 | 11,14 | 12,13 | 11,87 | 11,79 | 11,86 |
| .... | 11,11 | 11,81 | 11,39 | 11,44 | 11,09 | 11,50 | 11,49 | 11,53 | 11,29 |

### Fraction de saturation.

| | | | | | | | | | |
|---|---|---|---|---|---|---|---|---|---|
| e, | 0,86 | 0,73 | 0,61 | 0,57 | 0,52 | 0,58 | 0,62 | 0,70 | 0,80 |
| » | 0,92 | 0,85 | 0,79 | 0,71 | 0,71 | 0,68 | 0,70 | 0,86 | 0,87 |
| » | 0,84 | 0,67 | 0,59 | 0,55 | 0,46 | 0,53 | 0,34 | 0,63 | 0,73 |
| ... | 0,87 | 0,75 | 0,66 | 0,61 | 0,56 | 0,60 | 0,62 | 0,73 | 0,80 |

| | Therm. min. | Therm. max. | Clarté moy. du Ciel. | Eau de pluie ou de neige. | Limnimètre. |
|---|---|---|---|---|---|
| | ° | ° | | mm | p |
| cade, | +13,78 | +26,75 | 0,49 | 20,2 | 49,7 |
| » | +10,66 | +19,52 | 0,71 | 130,4 | 67,4 |
| » | +13,08 | +27,00 | 0,28 | 0,2 | 77,4 |
| .... | +12,51 | +24,42 | 0,40 | 150,8 | 64,9 |

s ce mois, l'air a été calme 8 fois sur 100.

rapport des vents du NE à ceux du SO a été celui de 0,76 à 1,00.

direction de la résultante de tous les vents observés est N. 67° O. et son intensité 100.

# OBSERVATIONS MAGNÉTIQUES

## FAITES A GENÈVE EN JUIN 1849.

| | DÉCLINAISON ABSOLUE. | | VARIATIONS DE L'INTENSITÉ HORIZONTALE exprimées en $^1/_{100000}$ de l'intensité horizontale absolue. | |
|---|---|---|---|---|
| Jours. | 7ʰ45ᵐ du mat. | 1ʰ45ᵐ du soir. | 7ʰ45ᵐ du matin. | 1ʰ45ᵐ du soir. |
| 1 | 18°15',03 | 18°29',78 | -1039 +17°,9 | -1197 +20°,9 |
| 2 | 16,25 | 26,33 | 1161 18,9 | 1101 22,2 |
| 3 | 15,76 | .29,92 | 1193 19,3 | 1208 22,3 |
| 4 | 13,41 | 28,22 | 1371 20,0 | 1301 22,7 |
| 5 | 14,39 | 29,77 | 1450 20,6 | 1335 23,7 |
| 6 | 13,60 | 30,04 | 1563 21,4 | 1523 23,7 |
| 7 | 13,09 | 34,03 | 1536 19,6 | 1604 22,0 |
| 8 | 15,15 | 28,02 | 1664 19,4 | 1560 22,8 |
| 9 | 12,71 | 29,90 | 1612 19,0 | 1540 19,1 |
| 10 | 12,73 | 26,12 | 1578 16,8 | 1498 18,9 |
| 11 | 16,29 | 29,53 | 1463 16,7 | 1351 16,0 |
| 12 | 13,88 | 28,49 | 1456 15,7 | 1453 17,8 |
| 13 | 15,22 | 31,57 | 1356 16,0 | 1590 17,2 |
| 14 | 15,51 | 26,97 | 1502 14,7 | 1372 15,3 |
| 15 | 15,97 | 26,95 | 1464 14,7 | 1398 16,0 |
| 16 | 14,31 | 25,58 | 1450 15,6 | 1319 16,1 |
| 17 | 16,68 | 26,98 | 1369 15,4 | 1316 16,7 |
| 18 | 14,68 | 27,75 | 1356 14,1 | 1368 16,2 |
| 19 | 16,57 | 28,31 | 1357 14,6 | 1206 17,7 |
| 20 | 19,10 | 27,07 | 1368 16,0 | 1448 19,3 |
| 21 | 19,09 | 30,99 | 1332 17,0 | 1387 20,7 |
| 22 | 13,39 | 28,59 | 1416 19,0 | 1434 22,6 |
| 23 | 12,85 | 27,86 | 1430 19,7 | 1426 22,0 |
| 24 | 13,54 | 29,13 | 1470 19,9 | 1427 21,8 |
| 25 | 16,55 | 27,99 | 1417 20,7 | 1483 23,7 |
| 26 | 12,83 | 27,67 | 1540 21,3 | 1518 23,8 |
| 27 | 13,65 | 25,84 | — — | 1471 22,2 |
| 28 | 14,14 | 29,25 | 1521 20,4 | 1550 23,2 |
| 29 | 17,43 | 27,47 | 1682 20,8 | 1635 22,0 |
| 30 | 16,73 | 29,17 | -1537 + 18,2 | -1607 +21,0 |
| Moyennes | 18°15',18 | 18°28',51 | | |

# TABLEAU

### DES

## OBSERVATIONS MÉTÉOROLOGIQUES

#### FAITES AU SAINT-BERNARD

#### PENDANT LE MOIS DE JUIN 1849.

Le 8, à 2 1/2 h. du soir, quelques grêlons ont précédé la pluie.

Le 15, à 5 1/2 h. du soir, éclair et tonnerre dans la direction du NO. C'est la première détonnation que nous avons entendue cette année.

Moyennes des hauteurs du baromètre et des températures observées à 6 h. et à 8 h. du matin, et à 6 h. et à 8 h. du soir :

|  | 6 h. du matin. | | 8 h. du matin. | | 6 h. du soir. | | 8 h. du soir. | |
|---|---|---|---|---|---|---|---|---|
|  | Barom. | Temp. | Barom. | Temp. | Barom. | Temp. | Barom. | Temp. |
|  | mm | o | mm | o | mm | o | mm | o |
| 1re déc. | 569,79 | + 5,35; | 569,84 | + 8,40; | 569,36 | + 8,36; | 569,41 | + 6,47. |
| 2e » | 565,37 | + 1,08; | 565,43 | + 2,66; | 566,63 | + 4,45; | 566,81 | + 3,66. |
| 3e » | 568,97 | + 5,67; | 569,04 | + 7,72; | 568,67 | + 8,98; | 568,66 | + 7,42. |
| Mois, | 568,04 | + 4,27; | 568,10 | + 6,26; | 568,22 | + 7,26; | 568,29 | + 5,85. |

# Juin 1849. — OBSERVATIONS MÉTÉOROLOGIQUES faites à 2084 au-dessus de l'Observatoire de Gen

| PHASES DE LA LUNE. | JOURS DU MOIS. | BAROMETRE RÉDUIT A 0°. | | | | TEMPÉRAT. EXTÉRIEURE EN DEGRÉS CENTIGRADES. | | |
|---|---|---|---|---|---|---|---|---|
| | | 9 h. du matin. | Midi. | 3 h. du soir. | 9 h. du soir. | 9 h. du matin. | Midi. | 3 h. du soir. |
| | | millim. | millim. | millim. | millim. | | | |
| | 1 | 573,13 | 573,35 | 573,42 | 573,49 | +10,2 | +13,6 | +11,5 |
| | 2 | 573,16 | 573,50 | 573,23 | 573,30 | +10,0 | +12,0 | +14,9 |
| | 3 | 573,15 | 573,41 | 573,23 | 573,15 | +10,0 | +14,9 | +14,9 |
| | 4 | 572,91 | 572,67 | 572,45 | 572,07 | +10,4 | +13,5 | +13,3 |
| ☉ | 5 | 572,02 | 571,95 | 571,60 | 572,25 | +10,5 | +11,5 | +13,0 |
| | 6 | 571,90 | 572,15 | 571,65 | 571 91 | +12,5 | +12,0 | +11,8 |
| | 7 | 571,46 | 571,24 | 570,47 | 569,93 | + 9,3 | +11,5 | +11,0 |
| | 8 | 567,58 | 567,06 | 566,47 | 565,62 | + 9,5 | +10,5 | + 6,5 |
| | 9 | 562,45 | 561,68 | 560,87 | 561,09 | + 5,0 | + 9,8 | + 6,0 |
| | 10 | 561,15 | 561,55 | 561,85 | 562,19 | + 5,9 | + 7,7 | + 9,8 |
| | 11 | 559,74 | 560,79 | 561,25 | 562,01 | + 3,1 | + 1,0 | + 2,7 |
| | 12 | 563,33 | 564,05 | 564,40 | 563,67 | + 3,1 | + 6,3 | + 6,7 |
| ☾ | 13 | 564,37 | 564,75 | 565,02 | 565,96 | + 2,7 | + 4,0 | + 4,0 |
| | 14 | 566,71 | 566,86 | 566,67 | 567,17 | + 3,8 | + 4,5 | + 4,9 |
| | 15 | 568,18 | 567,88 | 568,02 | 567,92 | + 2,9 | + 3,0 | + 4,0 |
| | 16 | 563,63 | 564,19 | 564,12 | 564,93 | + 4,9 | + 5,6 | + 6,4 |
| | 17 | 564,03 | 564,85 | 564,09 | 566,07 | + 2,9 | 0,0 | + 0,7 |
| ● | 18 | 567,03 | 567,66 | 568,35 | 568,95 | − 0,3 | + 3,2 | + 4,8 |
| | 19 | 569,63 | 569,81 | 569,65 | 570,41 | + 4,2 | + 6,0 | + 8,0 |
| | 20 | 571,48 | 572,05 | 572,30 | 572,78 | + 5,2 | + 7,2 | + 8,0 |
| | 21 | 573,00 | 572,91 | 572,94 | 573,06 | + 8,2 | +14,8 | +14,2 |
| | 22 | 571,82 | 571,63 | 570,82 | 570,43 | +10,0 | +11,5 | +10,0 |
| | 23 | 569,15 | 569,22 | 569,27 | 569,47 | +10,4 | +13,5 | +13,8 |
| | 24 | 568,37 | 568,64 | 567,83 | 567,86 | +12,5 | + 8,5 | +14,3 |
| | 25 | 568,66 | 569,11 | 569,40 | 569,53 | +10,0 | +13,2 | +12,8 |
| | 26 | 569,88 | 569,93 | 570,00 | 570,23 | + 9,3 | +11,4 | +10,5 |
| ☽ | 27 | 569,66 | 569,80 | 569,91 | 569,89 | + 9,8 | + 9,9 | +11,3 |
| | 28 | 568,91 | 568,79 | 568,35 | 568,16 | +10,8 | +11,4 | +11,3 |
| | 29 | 566,66 | 566,44 | 566,03 | 566,02 | + 6,6 | + 7,0 | + 5,5 |
| | 30 | 563,77 | 563,23 | 562,70 | 562,55 | + 4,3 | + 6,1 | + 5,6 |
| 1ᵉ décade | | 569,89 | 569,86 | 569,53 | 569,50 | + 9,33 | +11,70 | +11,27 |
| 2ᵉ » | | 565,81 | 566,29 | 566,39 | 566,99 | + 3,25 | + 4,08 | + 5,02 |
| 3ᵉ » | | 568,99 | 568,97 | 568,72 | 568,72 | + 9,19 | +10,73 | +10,93 |
| Mois. | | 568,23 | 568,37 | 568,21 | 568,40 | + 7,26 | + 8,84 | + 9,07 |

ernard, à 2491 mètres au-dessus du niveau de la mer, et gît. à l'E. de Paris 4° 44′ 30″.

| EAU de PLUIE ou de NEIGE dans les 24 h. | VENTS. Les chiffres 0, 1, 2, 3 indiquent un vent insensible, léger, fort ou violent. | | | | ÉTAT DU CIEL. Les chiffres indiquent la fraction décimale du firmament couverte par les nuages. | | | |
|---|---|---|---|---|---|---|---|---|
| | 9 h. du matin. | Midi. | 3 h. du soir. | 9 h. du soir. | 9 h. du matin. | Midi. | 3 h. du soir. | 9 h. du soir. |
| millim. | | | | | | | | |
| » | NE, 0 | SO, 0 | SO, 0 | NE, 0 | clair 0,0 | nuag 0,3 | clair 0,2 | nuag 0,3 |
| » | SO, 0 | NE, 1 | SO, 1 | NE, 0 | clair 0,1 | clair 0,1 | clair 0,1 | clair 0,2 |
| » | SO, 0 | SO, 0 | SO, 0 | NE, 0 | clair 0,1 | clair 0,2 | couv 0.8 | clair 0,1 |
| » | SO, 0 | SO, 1 | SO, 1 | SO, 0 | clair 0,2 | nuag. 0,3 | couv 0,9 | couv. 1,0 |
| » | SO, 1 | SO, 1 | NE, 1 | SO, 1 | clair 0,1 | nuag. 0,5 | nuag. 0,5 | nuag. 0,7 |
| » | SO, 0 | SO, 0 | SO, 1 | NE, 1 | clair 0,2 | nuag. 0,5 | nuag. 0,5 | nuag 0,5 |
| » | NE, 0 | NE, 1 | NE, 0 | NE, 1 | clair 0,1 | nuag 0,6 | clair 0,2 | nuag 0,3 |
| 6,0 p. | NE, 0 | NE, 0 | NE, 1 | NE, 0 | nuag. 0,5 | clair 0,2 | pluie 1,0 | couv. 1,0 |
| 3,5 p. | NE, 0 | NE, 1 | NE, 1 | NE, 1 | couv. 1,0 | couv. 1,0 | brou. 1,0 | pluie 1,0 |
| » | NE, 1 | SO, 1 | SO, 1 | SO, 2 | couv 0,8 | clair 0,2 | nuag 0,3 | couv. 0,8 |
| 25,1 p. | SO, 2 | NE, 2 | NE, 1 | NE, 1 | brou. 1,0 | neige 1,0 | neige 1,0 | clair 0,1 |
| » | SO, 1 | SO, 0 | NE, 0 | SO, 1 | clair 0,1 | couv. 1,0 | couv 1,0 | couv 0,9 |
| 12,3 p. | SO, 1 | SO, 1 | SO, 1 | SO, 0 | neige 1,0 | couv. 1,0 | pluie 1,0 | couv 1,0 |
| 11,6 p | SO, 0 | SO, 1 | SO, 0 | SO, 2 | pluie 1,0 | pluie 1,0 | brou. 1,0 | brou. 1,0 |
| 71,9 p. | SO, 1 | SO, 1 | SO, 1 | SO, 1 | pluie 1,0 | pluie 1,0 | brou 1,0 | brou. 1,0 |
| 59,6 p. | SO, 1 | SO, 2 | SO, 2 | SO, 2 | pluie 1,0 | pluie 1,0 | brou 1,0 | couv. 1,0 |
| 6,1 n. | SO, 1 | NE, 1 | NE, 1 | NE, 0 | couv. 1,0 | neige 1,0 | neige 1,0 | couv 1,0 |
| » | NE, 0 | NE, 0 | NE, 0 | NE, 0 | nuag. 0,6 | nuag. 0,3 | nuag. 0,3 | clair 0,1 |
| » | SO, 1 | SO, 1 | SO, 1 | SO, 1 | clair 0,2 | clair 0,1 | nuag. 0,4 | clair 0,0 |
| » | NE, 1 | NE, 1 | NE, 1 | NE, 1 | nuag. 0,6 | clair 0,0 | clair 0,1 | clair 0,0 |
| » | NE, 1 | NE, 1 | NE, 1 | NE, 0 | clair 0,0 | clair 0,0 | clair 0,0 | clair 0,1 |
| » | NE, 1 | NE, 1 | NE, 1 | NE, 0 | nuag. 0,5 | nuag. 0,5 | nuag. 0,5 | clair 0,1 |
| » | NE, 0 | NE, 0 | NE, 0 | NE, 0 | clair 0,0 | clair 0,0 | clair 0,1 | clair 0,1 |
| 0,3 p. | SO, 1 | SO, 2 | NE, 2 | NE, 1 | couv. 1,0 | couv. 1,0 | nuag. 0,5 | clair 0,1 |
| » | NE, 1 | NE, 1 | SO, 1 | NE, 1 | clair 0,0 | clair 0,1 | clair 0,1 | clair 0,1 |
| » | NE, 2 | NE, 2 | NE, 2 | NE, 1 | nuag. 0,3 | clair 0,2 | nuag. 0,7 | brou. 1,0 |
| » | NE, 1 | NE, 1 | NE, 1 | NE, 1 | clair 0,1 | clair 0,0 | clair 0,0 | clair 0,0 |
| 1,8 p. | NE, 1 | NE, 1 | NE, 1 | NE, 1 | clair 0,0 | clair 0,0 | clair 0,0 | brou. 1,0 |
| » | NE, 1 | NE, 1 | NE, 1 | NE, 1 | brou. 0,8 | couv. 0,9 | brou 1,0 | brou 1,0 |
| » | NE, 1 | NE, 1 | NE, 1 | NE, 1 | clair 0,2 | clair 0,2 | nuag. 0,6 | brou. 1,0 |
| 9,5 | | | | | 0,31 | 0,39 | 0,55 | 0,59 |
| 186,6 | | | | | 0,75 | 0,74 | 0,78 | 0,61 |
| 2,1 | | | | | 0,29 | 0,29 | 0,34 | 0,44 |
| 198,2 | | | | | 0,45 | 0,47 | 0,56 | 0,55 |

# ARCHIVES

DES

## SCIENCES PHYSIQUES ET NATURELLES.

DE LA

# MESURE DES TEMPÉRATURES

PAR LES

## COURANTS THERMO-ÉLECTRIQUES.

Par Mr. REGNAULT.

(Extrait de ses Recherches sur la Chaleur [1].)

On sait, d'après la belle découverte de Séebeck, que lorsqu'on forme un circuit fermé avec deux lames de métaux différents soudées par leurs extrémités, et qu'on élève la température de l'une des soudures, il se forme un courant électrique qui est en général d'autant plus

[1] En rendant compte des expériences de Mr. Regnault, nous avons annoncé (t. XI, p. 9, cahier de mai 1849) que nous reproduirions textuellement la partie de son travail relative à l'étude des courants thermo-électriques, partie fort peu connue, et qui forme un chapitre tout aussi important pour l'électricité qu'il peut l'être pour la chaleur. Nous remplissons aujourd'hui notre engagement, et nous nous bornons à transcrire les recherches de Mr. Regnault sans retranchement ni addition.           (R.)

intense que la différence de température des deux soudures est plus grande. Les physiciens ont cherché immédiatement à utiliser cette propriété pour la mesure des
températures.

Comme nous possédons des appareils extrêmement délicats, à l'aide desquels on constate et on peut mesurer
jusqu'à un certain point les courants les plus faibles ; que
d'un autre côté, les lames métalliques qui forment le circuit peuvent être remplacées par des fils d'un très-petit
diamètre, on a pu obtenir des appareils thermoscopiques
extrêmement petits, et susceptibles de mettre en évidence
les plus faibles variations de température. Tout le monde
sait le parti que MM. Becquerel et Breschet ont tiré de
ces appareils pour mesurer les différences de température
que présentent les diverses parties du corps humain, et
les beaux résultats que Mr. Melloni a obtenus avec sa
pile thermo-électrique dans ses recherches sur la chaleur
rayonnante.

Mr. Pouillet a utilisé le même principe pour la mesure
des hautes températures [1], et il a donné sous le nom de
*pyromètre magnétique* un appareil qu'il a comparé avec
son pyromètre à air, et au moyen duquel il annonce
pouvoir mesurer les températures les plus élevées de nos
fourneaux.

L'emploi des éléments thermo-électriques pour la mesure des températures présenterait dans beaucoup de
circonstances de si grands avantages sur les procédés ordinaires, notamment lorsqu'il s'agit de déterminer des
températures dans des espaces rétrécis, qu'à plusieurs

[1] *Eléments de physique*, quatrième édition, t. II, p. 684. —
*Comptes rendus de l'Académie des sciences*, t. III, p. 786.

reprises j'ai fait des tentatives à ce sujet ; mais je dois convenir que, malgré les expériences très-nombreuses et variées que j'ai faites, mes recherches ont été suivies de peu de succès, et je n'ai pas réussi à obtenir un instrument comparable, dont les indications pussent inspirer de la confiance à un moment quelconque. Il existe une telle instabilité dans les états moléculaires qui déterminent les courants thermo-électriques, que l'on n'est jamais sûr d'obtenir un courant d'une intensité constante, quand on met à plusieurs reprises les deux soudures aux mêmes températures ; les variations sont surtout notables, lorsque, dans l'intervalle, l'appareil a été porté à des températures très-différentes.

L'instrument dont on se sert pour déterminer les intensités des courants, est loin de présenter la perfection qui est nécessaire dans des recherches précises, surtout si ces intensités varient beaucoup, comme cela a lieu quand on fait servir les courants thermo-électriques à la mesure des températures.

On mesure l'intensité des courants électriques, soit par les déviations qu'ils produisent sur une aiguille aimantée librement suspendue, soit par les décompositions chimiques qu'ils opèrent. La seconde méthode, d'une grande importance pour la mesure des courants énergiques, est inapplicable lorsqu'il s'agit des courants thermo-électriques, qui sont toujours très-faibles, et présentent trop peu de résistance en arrière pour vaincre les moindres obstacles introduits dans le circuit.

Les seuls instruments qui aient été employés jusqu'ici pour la mesure des courants thermo-électriques, sont donc fondés sur les déviations que ces courants impriment à l'aiguille aimantée ; ce sont les galvanomètres et la boussole des sinus.

Les galvanomètres à deux aiguilles aimantées se compensant partiellement, sont les plus convenables pour mesurer les courants très-faibles, par suite ils paraissent s'appliquer principalement aux courants thermo-électriques. Malheureusement les déviations des aiguilles ne sont proportionnelles aux intensités des courants qu'entre des limites très-restreintes ; et pour les déviations un peu considérables, on doit construire une table dans laquelle on trouve les intensités qui correspondent aux déviations observées. La construction directe de cette table ne serait pas un grand inconvénient, si la même table pouvait servir quelque temps ; mais l'expérience a montré que dans un système de deux aiguilles partiellement compensées, l'intensité magnétique varie d'une manière assez notable par des circonstances qu'il est impossible de prévoir et de prévenir, pour que l'on soit obligé de refaire cette table très-fréquemment. Souvent au milieu d'une série d'expériences il peut survenir une altération sensible, et l'expérimentateur est toujours dans l'inquiétude à cet égard. D'ailleurs la sensibilité du galvanomètre diminue rapidement avec l'amplitude des déviations, et l'on ne doit pas s'en servir pour mesurer des déviations de plus de 60°, parce qu'au delà de cette limite les indications de l'instrument deviennent très-incertaines.

Une partie de ces inconvénients se trouve écartée dans l'appareil que Mr. Pouillet a donné sous le nom de boussole des sinus. Dans cet instrument, l'aiguille est simple, et on amène toujours son axe magnétique suivant la direction même du courant ; les intensités du courant sont alors proportionnelles aux sinus des angles que le méridien magnétique forme avec la direction de l'axe de l'aiguille. Pour s'assurer dans un moment quelconque de

l'identité de l'appareil de mesure, il suffit de faire passer
à travers le fil un courant d'une intensité constante, et
facile à reproduire toujours identique ; si l'aiguille marque la même déviation, on est sûr que l'appareil est resté ·
comparable.

La boussole des sinus ne doit pas être employée pour
mesurer des courants qui produisent des déviations de
plus de 50° à 60°, parce qu'au delà de ces limites les
sinus ne croissent plus que très-lentement pour des variations considérables de l'arc, et la boussole devient folle.
Ainsi toutes les mesures sur la boussole des sinus devront
rester comprises entre 0° et 60°, et correspondre aux
intensités des courants thermo-électriques entre les limites de température que l'on veut mesurer. Il résulte
de là, que si l'on veut déterminer des températures élevées, on est obligé de se contenter de déviations assez
faibles pour une différence de 100°, et l'appareil devient
peu sensible. Ainsi, dans le pyromètre magnétique de
Mr. Pouillet, la boussole marquait une déviation de 4° à
5° pour une différence de température de 100° des deux
soudures de l'élément thermo-électrique. Il est vrai qu'en
donnant au cercle divisé un diamètre assez grand, et en
observant les déviations à l'aide d'un vernier, on peut
pousser la subdivision du degré aussi loin que l'on veut,
et il est facile, si le cercle divisé a un diamètre de 10 à
15 centimètres, d'apprécier des angles de 1'. La déviation produite par une différence de température de
100°, serait donc mesurée à $^1/_{300}$ près, c'est-à-dire avec
une exactitude plus que suffisante. Malheureusement l'aiguille aimantée est loin de présenter une sensibilité pareille. Dans les boussoles ordinaires, l'aiguille porte sur
un pivot, et avec quelque soin que la chappe et le pivot

aient été travaillés, on ne parvient pas à donner à l'aiguille une mobilité assez grande pour la faire obéir à de
faibles variations dans l'intensité du courant. On est
obligé de donner de petites secousses à l'instrument,
pour vaincre l'inertie de l'aiguille ; et la direction dans
laquelle elle s'arrête, après qu'on l'a retirée de sa position d'équilibre, varie très-sensiblement, bien que le
courant conserve toujours la même intensité. Ainsi dans
une boussole parfaitement construite, avec chappe en
agate, sur laquelle j'ai expérimenté, l'incertitude s'élevait
à $^1/_2{}^\circ$ sur 5°, ce qui donne par conséquent une incertitude de 10° sur 100.

On donne une mobilité beaucoup plus grande à l'aiguille en la suspendant à un fil de cocon ; mais alors il
surgit d'autres inconvénients qui occasionnent des incertitudes semblables. Le centrage rigoureux de l'aiguille
devient difficile, il peut varier sensiblement pendant le
cours des expériences : l'extrême mobilité de l'aiguille
fait qu'elle oscille constamment autour de sa position
d'équilibre ; il est difficile d'orienter le courant, de manière à ce que sa direction coïncide avec celle de l'axe
magnétique de l'aiguille, et si la température que l'on
veut mesurer n'est pas absolument stationnaire pendant
un temps assez long, il devient presque impossible de
faire l'observation au moment convenable. Dans tous les
cas, la mesure de la déviation présente une grande incertitude, à moins que l'on n'ait beaucoup de temps à sa
disposition pour ajuster l'appareil.

Si l'instrument ne doit pas être employé pour mesurer
des températures très-élevées, s'il doit servir seulement
entre 0° et 400°, on peut le disposer de manière à
obtenir pour une différence de température de 100°

des deux soudures, une déviation plus grande que 5°.
Cependant cela n'est pas toujours facile, quand on ne veut
employer qu'un élément simple et ne pas recourir à une
pile composée de plusieurs éléments, lorsque d'ailleurs
on ne peut pas former cet élément avec les métaux qui
produisent les courants les plus énergiques, tels que le
bismuth et l'antimoine, à cause de leur grande fusibilité.
On obtient, il est vrai, des déviations plus grandes en
augmentant le nombre des tours de fil qui agissent sur
l'aiguille ; mais cette augmentation elle-même présente
une limite, parce que les fils doivent avoir une grande
conductibilité pour les courants thermo-électriques, et
par suite présenter un diamètre considérable.

On peut obtenir une sensibilité aussi grande que l'on
veut, en remplaçant l'aiguille simple par un système de
deux aiguilles partiellement compensées ; mais on retombe
alors en partie sur les inconvénients que présente le galvanomètre, notamment sur ceux qui dépendent de l'altération magnétique du système. J'ai fait beaucoup d'expériences avec des boussoles disposées de cette manière ;
mais l'extrême mobilité des aiguilles rend leur maniement
très-difficile.

Les difficultés que l'on rencontre dans la mesure précise des intensités des courants thermo-électriques au
moyen des galvanomètres et des boussoles de sinus,
m'ont déterminé à chercher un procédé de mesure qui fût
complétement indépendant de ces instruments, et je
crois y être parvenu par la méthode suivante, qui me paraît devoir s'appliquer avec succès à l'étude des lois des
courants thermo-électriques

J'ai fait construire un élément bismuth et antimoine
composé de deux barreaux ABCD (*fig*. 1 et 2. *Voyez la*

*planche à la fin du cahier*) obtenus par moulage. Ces deux barreaux parfaitement semblables sont juxtaposés dans toute leur étendue et maintenus séparés par une lame d'ivoire; ils ne se touchent qu'aux extrémités A et D, où se trouvent les deux soudures. La longueur BC est de 20 centimètres, les branches verticales AB, CD ont 12 centimètres. Cet élément bismuth et antimoine est pour moi *l'élément normal* auquel je rapporte tous les autres éléments thermo-électriques; mais il ne doit servir que pour des températures peu élevées qui ne dépassent pas 30°.

L'élément destiné aux hautes températures est formé par un fil de fer et par un fil de platine de 1 millimètre de diamètre; les extrémités de ces fils sont soudées à l'argent. Le fil de fer E*f*F ( *fig.* 4 ) à 80 centimètres environ de longueur; les deux fils de platine E*c*, F*d* sont attachés auprès du fil de fer, dont ils sont isolés par une enveloppe non conductrice. Dans la partie inférieure les fils sont séparés par une lame de verre mince. Ils sont terminés par deux appendices en laiton *c* et *d*, qui permettent d'introduire un appareil galvanométrique dans le circuit.

Les deux soudures E et F sont maintenues dans des tubes de verre remplis d'une huile fixe ne renfermant pas d'oxygène. L'un de ces tubes est placé dans la chaudière pleine d'huile dont il a été parlé dans la première partie de ce mémoire (page 173), à côté d'un thermomètre à mercure marchant de 0° à 350° : dans quelques expériences on a utilisé un thermomètre à air disposé dans la chaudière. Le tube qui renferme la seconde soudure est maintenu à une température constante au moyen de glace fondante ou dans un grand bain d'eau à côté d'un thermomètre à mercure.

L'élément normal bismuth et antimoine est disposé en
ABCD (*fig*. 5 et 6) de manière à ce que les deux soudures A et D plongent dans deux vases MN, M'N' remplis d'eau à différentes températures, et séparés l'un de
l'autre par un écran SR. Un même agitateur FGF'G'
permet d'agiter à la fois l'eau dans les deux vases, et deux
thermomètres T et T', très-exacts et rigoureusement
comparés, sont placés auprès des deux soudures. Ces
thermomètres sont ceux qui ont servi aux expériences
calorimétriques que je décrirai dans les mémoires suivants ; ils portent dix-huit divisions par degré centigrade ;
de sorte que les différences de température des deux
soudures peuvent être mesurées avec une extrême précision.

Enfin, un galvanomètre différentiel très-sensible complète l'appareil. Ce galvanomètre porte un système de
deux petites aiguilles compensées, auquel se trouve fixée
une longue tige creuse en verre effilé très-fin. L'extrémité de cette tige, qui est noircie, marche sur un cadran
divisé de 15 centimètres de diamètre ; on l'observe au
moyen d'une lunette. Le cadran est divisé en quarts de
degré, et il est très-facile d'apprécier des déviations de
$\frac{1}{8}$ et même de $\frac{1}{10}$ de degré. La sensibilité du galvanomètre est telle, qu'une différence de température de 1°
dans les deux soudures bismuth et antimoine imprime à
l'aiguille une déviation de 17°.

Le galvanomètre est introduit dans le circuit fer et
platine par l'un de ses fils, et dans le circuit bismuth et
antimoine à l'aide de son second fil.

Cela posé, la soudure fer et platine E étant maintenue
à une température constante $t$, si l'on porte la soudure F
à une température T' mesurée sur le thermomètre du

bain d'huile, il en résultera un courant qui déviera l'aiguille du galvanomètre ; mais en élevant convenablement la température d'une des soudures de l'élément bismuth et antimoine, on obtiendra un second courant inverse du premier, au moyen duquel on pourra neutraliser celui-ci et ramener l'aiguille du galvanomètre à 0. On notera les températures $\theta$ et $\theta'$ que marqueront les deux thermomètres T et T′ au moment de la neutralisation.

Ainsi, une différence de température T′—$t$, entre les deux soudures fer et platine, produit un courant qui est neutralisé sur le galvanomètre par le courant que développe dans l'élément bismuth et antimoine une différence de température $\theta'$—$\theta$. Cette différence de température $\theta'$—$\theta$ est d'ailleurs beaucoup plus petite que T′—$t$, parce que la force électro-motrice de l'élément bismuth et antimoine est incomparablement plus grande que celle de l'élément fer et platine ; car pour T′—$t$=100° on a $\theta'$—$\theta$=6°,5.

Si l'on porte le bain d'huile à la température T″, il faudra porter $\theta'$ à $\theta''$ pour maintenir l'aiguille du galvanomètre à 0°. En continuant de la même manière, on obtiendra une série de températures T′—$t$, T″—$t$, T‴—$t$, etc., etc., qui produiront sur l'élément fer et platine des courants qui font équilibre sur le galvanomètre aux courants produits dans l'élément bismuth et antimoine par des différences de température $\theta'$—$\theta$, $\theta''$—$\theta$, $\theta'''$—$\theta$; etc., etc. Si donc les deux éléments thermo-électriques restent comparables, il suffira, une fois pour toutes, de faire une table dans laquelle seront inscrites d'un côté les différences de température T′—$t$, T″—$t$, T‴—$t$ de l'élément fer et platine mesurées sur le thermomètre à air, et de l'autre les différences de température $\theta'$—$\vartheta$, $\theta''$—$\vartheta$, $\theta'''$—$\theta$ de l'élément bismuth et antimoine.

Si l'on veut maintenant mesurer une température élevée avec l'élément fer et platine, il suffira de chercher la température $\theta'$—$\theta$ qui lui fait équilibre sur l'élément bismuth et antimoine, et l'on trouvera dans la table dont je viens d'indiquer la construction, la température T—$t$ qui lui correspond sur l'élément fer et platine.

Cette méthode est complétement indépendante de l'appareil de mesure ; l'état magnétique de l'aiguille peut changer sans que cela amène d'inconvénients, car il se modifierait de la même manière pour les deux éléments thermo-électriques. La seule condition indispensable, c'est que les deux éléments restent toujours parfaitement comparables, et l'expérience décidera facilement si cette condition se trouve satisfaite.

Je ne transcrirai pas ici d'une manière complète les nombreuses séries d'expériences que j'ai faites par cette méthode. Je me contenterai de rapporter en détail une seule de ces séries, et je donnerai seulement les résultats de quelques autres, afin que l'on puisse juger de la marche des observations.

## PREMIÈRE SÉRIE.

| ÉLÉMENT FER ET PLATINE. | | ÉLÉMENT BISMUTH ET ANTIMOINE. | | DIFFÉRENCES DE TEMPÉRATURE. | |
|---|---|---|---|---|---|
| Soudure froide. $t.$ | Soudure chaude. $T'.$ | Soudure froide. $\theta.$ | Soudure chaude. $\theta'.$ | Fer et platine. $(T'-t).$ | Bismuth et antimoine. $(\theta'-\theta).$ |
| 21,13 | 100,10 | 18,12 | 23,06 | 78,97 | 4,94 |
| 21,14 | 100,10 | 18,11 | 23,05 | 78,96 | 4,94 |
| 21,05 | 100,10 | 18,13 | 23,06 | 79,04 | 4,93 |
| 21,04 | 116,15 | 18,08 | 24,14 | 95,11 | 6,06 |
| 21,05 | 116,25 | 18,12 | 24,19 | 95,20 | 6,07 |
| 21,15 | 152,70 | 18,04 | 26,24 | 131,55 | 8,20 |
| 21,18 | 153,25 | 18,11 | 26,40 | 132,07 | 8,29 |
| 21,18 | 161,45 | 18,08 | 26,47 | 140,27 | 8,39 |
| 21,01 | 161,50 | 18,12 | 26,64 | 140,49 | 8,52 |
| 21,23 | 174,36 | 18,07- | 27,54 | 153,13 | 9,47 |
| 21,27 | 174,31 | 18,12 | 27,65 | 153,04 | 9,53 |
| 21,12 | 205,43 | 18,08 | 29,00 | 184,30 | 10,92 |
| 21,27 | 205,38 | 18,13 | 29,02 | 184,11 | 10,89 |
| 21,12 | 246,32 | 18,08 | 30,59 | 225,19 | 12,51 |
| 21,21 | 246,32 | 18,11 | 30,65 | 225,11 | 12,54 |
| 21,23 | 279,89 | 18,10 | 31,52 | 258,66 | 13,42 |
| 21,39 | 279,59 | 18,13 | 31,61 | 258,21 | 13,48 |
| 20,98 | 304,40 | 18,11 | 32,32 | 283,42 | 14,21 |
| 21,04 | 304,05 | 18,12 | 32,28 | 283,01 | 14,16 |
| 21,20 | 303,45 | 18,14 | 32,22 | 282,25 | 14,08 |

## DEUXIÈME SÉRIE.   TROISIÈME SÉRIE.

| DIFFÉRENCES DE TEMPÉRATURE | | DIFFÉRENCES DE TEMPÉRATURE | |
|---|---|---|---|
| Soudures fer et platine. (T'—t). | Soudur. bismuth et antimoine. (θ'—θ). | Soudures fer et platine. (T'—t). | Soudur. bismuth et antimoine. (θ'—θ). |
| 22,56 | 1,60 | 46,29 | 3,18 |
| 39,59 | 2,91 | 46,22 | 3,21 |
| 39,55 | 2,96 | 19,62 | 1,08 |
| 84,17 | 5,69 | 19,47 | 1,06 |
| 83,90 | 5,64 | 82,05 | 5,18 |
| 83,82 | 5,65 | 81,87 | 5,19 |
| 81,11 | 5,36 | 101,37 | 6,37 |
| 81,06 | 5,45 | 101,97 | 6,49 |
| 90,04 | 6,24 | 131,07 | 8,07 |
| 103,66 | 6,88 | 132,35 | 8,16 |
| 102,29 | 6,85 | 178,23 | 10,38 |
| 127,30 | 8,99 | 177,89 | 10,42 |
| 126,90 | 9,03 | 147,30 | 9,04 |
| 153,79 | 10,56 | 147,47 | 9,04 |
| 153,59 | 10,58 | 163,53 | 9,82 |
| 174,48 | 11,70 | 163,78 | 9,87 |
| 204,28 | 12,94 | 199,65 | 11,53 |
| 204,07 | 12,87 | 199,98 | 11,65 |
| 235,30 | 13,94 | 226,36 | 12,68 |
| 234,97 | 13,86 | 225,89 | 12,71 |
| 259,22 | 14,61 | 249,45 | 13,50 |
| 259,37 | 14,55 | 250,05 | 13,61 |
| 283,74 | 15,28 | 278,31 | 14,61 |
| 282,40 | 15,13 | 278,36 | 14,61 |

## QUATRIÈME SÉRIE.

| DIFFÉRENCES DE TEMPÉRATURE | | DIFFÉRENCES DE TEMPÉRATURE | |
|---|---|---|---|
| Soudures fer et platine. (T'—t). | Soudur. bismuth et antimoine. (θ'—θ). | Soudures fer et platine. (T'—t). | Soudur. bismuth et antimoine. (θ'—θ). |
| 84,33 | 5,46 | 183,26 | 10,64 |
| 84,18 | 5,45 | 239,14 | 12,65 |
| 124,91 | 7,85 | 239,39 | 12,67 |
| 124,93 | 7,83 | 280,15 | 13,88 |
| 183,36 | 10,64 | 280,80 | 14,02 |

J'ai représenté graphiquement les résultats de ces expériences ; pour le faire d'une manière commode, j'ai pris pour ordonnées les différences de température des soudures fer et platine divisées par 3 ; et j'ai pris pour abscisses les différences de température des soudures bismuth et antimoine multipliées par 5.

Les circonstances étant en apparence identiques dans ces diverses séries d'expériences, les courbes qui s'y rapportent devraient se superposer. Cependant il n'en est pas ainsi ; dans quelques cas la courbe présente une régularité très-satisfaisante dans toute son étendue ; dans d'autres cas, au contraire, et sans qu'il soit possible d'en reconnaître la cause, il se fait un saut brusque en un point, et la seconde partie de la courbe ne se raccorde plus avec la première ; rarement les courbes fournies par deux séries d'expériences se rapprochent suffisamment, pour qu'il soit permis d'attribuer les différences aux erreurs d'observation, et de considérer les deux courbes comme l'expression d'un même phénomène.

Ces variations tiennent probablement à des changements qui s'opèrent dans l'état moléculaire des métaux à l'endroit des soudures, et qui suffisent pour modifier notablement les forces électro-motrices. Quelquefois ces changements surviennent brusquement au milieu d'une série d'expériences, ils produisent alors les sauts que l'on remarque dans les courbes ; dans d'autres cas, au contraire, les altérations ne s'opèrent que lentement, et on ne les reconnaît qu'en faisant passer les éléments par les mêmes températures.

J'ai pensé que l'on parviendrait peut-être à faire disparaître ces irrégularités, en évitant la petite quantité de soudure qui réunit les deux métaux [1], et en donnant une grande section à l'élément le plus mauvais conducteur. A cet effet, j'ai fait construire l'élément représenté *figure* 3. Un tube de fer creux a été recourbé à chaud suivant ABCD ; on a enlevé à la lime la partie supérieure de ce tube, de manière à transformer la partie BC en un canal. Les extrémités A et D ont été battues à chaud, afin de faire disparaître presque complétement l'ouverture intérieure, et on y a incorporé, au blanc soudant, deux fils de platine de un millimètre de diamètre. Ces fils sont placés dans l'intérieur des tubes creux AB et CD, et pour les isoler des parois en fer, on les a recouverts de tubes de verre : ils sont terminés par deux pinces de laiton *a* et *b*, placées immédiatement l'une à côté de

---

[1] Dans les éléments employés pour les expériences précédentes, les deux fils fer et platine étaient soudés à l'argent, mais l'argent s'y trouvait en quantité inappréciable.

l'autre, et à l'aide desquelles on fait communiquer l'élément avec le galvanomètre.

Ce nouvel élément thermo-électrique a été disposé dans l'appareil de la même manière que dans les expériences précédentes, la partie qui plongeait dans la chaudière étant maintenue dans un tube plein d'huile.

Je donnerai les résultats de quelques expériences.

CINQUIÈME SÉRIE.                SIXIÈME SÉRIE.

| DIFFÉRENCES DE TEMPÉRATURE | | DIFFÉRENCES DE TEMPÉRATURE | |
|---|---|---|---|
| Soudures fer et platine. $(T'—t)$. | Soudur. bismuth et antimoine. $(\theta'—\theta)$. | Soudures fer et platine. $(T'—t)$. | Soudur. bismuth et antimoine. $(\theta'—\theta)$. |
| $96,76$ | $6,24$ | $120,88$ | $9,21$ |
| $96,32$ | $6,25$ | $120,86$ | $9,20$ |
| $163,52$ | $9,75$ | $114,31$ | $8,70$ |
| $163,69$ | $9,71$ | $113,21$ | $8,65$ |
| $179,94$ | $10,38$ | $158,87$ | $11,69$ |
| $179,41$ | $10,43$ | $158,94$ | $11,69$ |
| $217,99$ | $12,01$ | $150,77$ | $11,37$ |
| $217,16$ | $11,88$ | $151,13$ | $11,36$ |
| $268,64$ | $13,71$ | $186,71$ | $13,40$ |
| $270,02$ | $13,65$ | $186,81$ | $13,52$ |
| $269,89$ | $13,50$ | $216,93$ | $15,15$ |
| $274,76$ | $13,61$ | $217,07$ | $15,31$ |
| $273,46$ | $13,55$ | $268,77$ | $17,87$ |
| | | $268,66$ | $17,77$ |
| | | $285,75$ | $18,08$ |
| | | $285,72$ | $18,03$ |

## SEPTIÈME SÉRIE.

| DIFFÉRENCES DE TEMPÉRATURE | | DIFFÉRENCES DE TEMPÉRATURE | |
|---|---|---|---|
| Soudures fer et platine. $(T'—t)$. | Soudur. bismuth et antimoine. $(\theta'—\theta)$. | Soudures fer et platine. $(T'—t)$. | Soudur. bismuth et antimoine. $(\theta'—\theta)$. |
| 103,80 | 8,27 | 221,60 | 15,75 |
| 103,40 | 8,23 | 282,18 | 18,41 |
| 117,92 | 9,08 | 281,46 | 18,51 |
| 117,96 | 9,30 | 149,77 | 12,36 |
| 117,96 | 9,29 | 148,97 | 12,30 |
| 152,19 | 11,64 | 195,67 | 15,01 |
| 152,29 | 11,69 | 195,31 | 14,97 |
| 189,69 | 13,99 | 268,76 | 18,76 |
| 188,91 | 14,00 | 268,56 | 18,60 |
| 221,95 | 15,72 | 268,06 | 18,55 |

J'ai représenté par la méthode graphique les résultats de ces nouvelles expériences, comme cela avait déjà été fait pour ceux de la première. J'ai pu reconnaître ainsi, que les trois courbes ne se superposaient pas, mais qu'elles présentaient néanmoins des écarts moins considérables que celles des quatre premières séries.

Dans la septième série, sans déranger aucune partie de l'appareil, on a laissé refroidir le bain d'huile après l'observation faite à 281°, et l'on a repris les expériences lorsque la température du bain a été descendue vers 140°. Il est à remarquer que la portion de la courbe qui se rapporte à cette seconde période, ne se raccorde pas avec celle qui est donnée par la première, et cependant on n'avait rien changé à l'appareil.

J'ai fait beaucoup d'essais sur l'élément bismuth et antimoine, afin de reconnaître si les irrégularités ne proviendraient pas principalement de cet élément ; mais en faisant varier la température des soudures entre les limites qui étaient atteintes dans les expériences précédentes, savoir, de 15° à 33°, j'ai trouvé que l'élément bismuth et antimoine restait assez constant. J'ai reconnu qu'une différence de température de 1° entre les deux soudures, produisait sensiblement la même déviation de 17° sur mon galvanomètre, quelle que fût leur température absolue, cette température restant cependant toujours comprise entre les limites que j'ai indiquées plus haut. Mais il est difficile de décider si cette proposition est rigoureuse, ou si elle n'est qu'approchée, parce que l'intensité du courant varie d'une manière sensible avec le temps, lors même que les deux soudures présentent constamment la même différence de température ; et il reste toujours un peu d'incertitude sur la valeur de la déviation qu'il convient d'inscrire.

Mais j'ai reconnu, contrairement à l'opinion généralement admise, qu'une augmentation de 1° dans la différence de température des deux soudures de l'élément bismuth et antimoine, développe une force électromotrice d'autant plus faible que la différence de température est plus grande, même entre les limites de 15° à 35°.

Ce résultat se vérifie facilement de la manière suivante. L'élément bismuth et antimoine étant disposé dans les deux vases pleins d'eau comme dans la fig. 26, et en communication avec le galvanomètre, on amène l'aiguille au zéro, en mettant l'eau des deux vases exactement à la même température ; puis, on verse une certaine quantité d'eau chaude dans l'un des vases, de manière à produire rigoureusement une différence de température de 1° entre les deux soudures. On note la déviation *n* de l'aiguille.

On fait ensuite passer, à travers le second fil du galvanomètre différentiel, un courant hydro-électrique très-faible et parfaitement constant : l'aiguille se trouve déviée d'une certaine quantité par ce courant; mais on la ramène au zéro en élevant convenablement la température de l'une des soudures bismuth et antimoine. Les deux courants se font alors équilibre ; on élève la température de la même soudure de 1°, il en résulte une déviation de l'aiguille qui est précisément égale à la déviation *n* observée précédemment, si la force électromotrice, développée par une augmentation de 1° dans la différence de température, est la même, quelle que soit cette différence.

En faisant ainsi passer successivement à travers le second fil du galvanomètre des courants hydro-électriques *constants* de plus en plus forts, et les neutralisant chaque fois par une différence convenable de température entre les deux soudures de l'élément thermo-électrique, j'ai reconnu que la force électromotrice développée par un accroissement de 1° de la différence de température, était d'autant plus faible que cette différence était plus grande.

L'élément thermo électrique formé par des fils de fer et de platine n'est pas le seul que j'aie essayé dans les hautes températures, j'ai fait également des expériences avec quelques éléments composés d'autres fils métalliques. Mais l'élément fer et platine s'est montré constamment le plus convenable, c'est celui dont la force électromotrice diminue le moins avec l'élévation de la température.

La sensibilité de l'élément fer et cuivre diminue très-rapidement avec la température. Vers 240° une élévation de 20° à 30° n'exerce plus d'influence sur l'aiguille qui reste complétement stationnaire : l'aiguille rétrograde lorsqu'on élève la température plus haut, et l'intensité du courant, loin d'augmenter avec la température, va alors en diminuant. Cette observation est d'accord avec celle que Mr. Becquerel a faite il y a longtemps sur l'élément fer et cuivre : d'après cet habile physicien, le courant s'établirait même en sens contraire de sa direction primitive, lorsqu'on chauffe l'élément fer et cuivre dans la flamme d'une lampe à alcool. (*Annales de Chimie et de Physique*, tome XXXI, p. 385.)

J'ai fait également à plusieurs reprises des expériences sur les courants thermo-électriques, en interposant dans le circuit des résistances variables, de manière à maintenir l'aiguille du galvanomètre à une déviation constante pour les diverses températures communiquées aux soudures. Je me suis servi pour cela, soit du rhéostat de Mr. Wheatstone, soit d'un simple fil métallique tendu par un poids et dont j'introduisais des longueurs différentes dans le circuit. Mais j'ai obtenu ainsi des résultats beaucoup plus variables et bien plus incertains que par la méthode que j'ai décrite plus haut ; j'ajoutais de cette manière aux anomalies produites par les éléments thermo-électriques eux-mêmes, celles qui dépendent des irrégularités de la conductibilité des fils résistants, et qui rendront toujours cette méthode très-incertaine pour l'étude des courants électriques très-faibles.

En résumé, si les expériences nombreuses que j'ai faites sur les courants thermo-électriques ne décident pas que ces courants ne pourront pas être employés à l'avenir pour la mesure des températures, elles montrent au moins que nous sommes encore loin de connaître toutes les circonstances qui influent sur le phénomène, et de pouvoir fixer les conditions dans lesquelles les éléments thermo-électriques doivent être établis pour que les intensités des courants dépendent uniquement de la température

---

# NOTE

## SUR

### LA NÉCESSITÉ DE DISTINGUER LES MOLÉCULES INTÉGRANTES DES CORPS DE LEURS ÉQUIVALENTS CHIMIQUES DANS LA DÉTERMINATION DE LEURS VOLUMES ATOMIQUES,

### PAR

## M<sup>r</sup>. AVOGADRO.

---

La plupart des auteurs qui se sont occupés des volumes atomiques des corps solides ou liquides se sont contentés de prendre pour ces volumes, quant aux corps simples, le quotient que l'on obtient en divisant leur poids atomique, ou leur équivalent chimique généralement reçu, par leur densité ou poids spécifique; et quant aux corps composés ils ont employé pour le poids de leur atome, à diviser par la densité, celui résultant immédiatement de la réunion d'atomes simples représentée par la formule chimique qu'on leur attribue ordinairement. Ils ont été conduits par là, pour les corps simples, à des valeurs des volumes atomiques très-différentes d'un corps à l'autre,

ou du moins entre certains groupes de ces corps, pour
chacun desquels ils ont trouvé des volumes atomiques à
peu près égaux. Quant aux corps composés ils ont cru
pouvoir conclure de la comparaison de leurs volumes
atomiques ainsi déterminés avec ceux des corps simples
leurs composants, que les premiers étaient en général
la somme des volumes particuliers des divers atomes
compris dans leur formule chimique ; cependant comme
cette conclusion ne se trouvait pas, dans la plupart des
cas, conforme à l'expérience, ils ont souvent attribué
aux volumes atomiques des corps simples dans leurs
composés des valeurs différentes de celles qui leur appartenaient à l'état libre, et quelquefois une valeur nulle,
selon que cela était nécessaire pour satisfaire aux observations.

Mr. Marignac a donné dans la *Bibliothèque Universelle
de Genève* (4ᵐᵉ série, tome Iᵉʳ, 1846, n° 1 ; *Archives des
sciences physiques et naturelles*) un extrait des travaux
des divers auteurs qui ont suivi cette marche dans l'étude
des volumes atomiques, entre lesquels ceux de Mr. Hermann Kopp sont les plus remarquables et les plus complets. Mr. Marignac, sans émettre aucune opinion particulière sur ces travaux, a cru cependant devoir signaler l'arbitraire dont sont affectées les différentes suppositions que
ces auteurs ont dû admettre pour faire accorder avec leur
manière de voir les densités observées des corps composés.

Mais antérieurement même à la publication de cet article de Mr. Marignac, j'avais inséré dans le même recueil
(*Bibliothèque Universelle*, mai 1845, tome XXVII) l'extrait d'un mémoire lu par moi à l'Académie des sciences
de Turin, et publié dans le tome VIII, 2ᵐᵉ série de ses

Mémoires [1]; et peu de temps après j'ai aussi inséré dans la *Bibliothèque Universelle* (4ᵐᵉ série 1846, n° 3) l'extrait d'un second mémoire sur les volumes atomiques, relatif aux corps composés, lu postérieurement à la même Académie, et dont l'original se trouve dans le même volume VIII, 2ᵐᵉ série des mémoires de cette Académie. Dans ces deux mémoires j'ai envisagé la doctrine des volumes atomiques sous un point de vue entièrement différent de celui de Mr. Kopp, et des auteurs qui en ont suivi les traces, et comme les principes que j'ai proposés à cet égard ne paraissent pas avoir été pris en considération par ceux qui se sont occupés plus récemment de cet objet, je crois devoir rappeler ici ces principes avec quelques nouveaux développements, en me rapportant au reste, pour les détails des résultats, aux mémoires mêmes, et aux extraits que j'en ai donnés dans les collections citées.

J'ai depuis longtemps fait remarquer la nécessité d'admettre que des volumes égaux de gaz quelconques, sous la même température et pression, renferment un nombre égal de molécules intégrantes, telles qu'elles sont pour ces corps dans l'état gazeux, ou, ce qui revient au même, que ces molécules y sont pour tous à la même distance, ou en d'autres termes encore qu'elles y ont des volumes égaux, en sorte que la densité des différents gaz est proportionnelle à la masse de leurs molécules intégrantes (Voyez *Journal de Physique* de la Metberie, juillet 1811, et février 1814). Ampère a depuis adopté ce principe, sans lequel il serait difficile de se rendre raison

---

[1] Un extrait de ce mémoire se trouve aussi dans les *Annales de Chimie et de Physique,* juillet 1845.

des faits qui constituent la *Théorie des volumes* dans les combinaisons gazeuses établie par Mr. Gay-Lussac ; et on peut même dire que ce principe est aujourd'hui, au moins implicitement, admis par tous les physiciens et les chimistes qui font des applications de cette théorie.

Les volumes atomiques de tous les corps simples (pour nous occuper d'abord de ceux-ci), rapportés à leur molécule intégrante, sont donc égaux pour ces corps pris à l'état de gaz sous la même température et pression. Il ne s'ensuit pas que ceux de ces mêmes corps à l'état solide ou liquide doivent l'être aussi, à cause de l'influence que peut y exercer en cet état l'attraction moléculaire, tandis que cette influence paraît devenir insensible à la distance où les molécules se trouvent dans l'état gazeux, la force répulsive du calorique ou autre corps impondérable interposé entre elles pouvant seule s'y manifester. Néanmoins il est naturel de croire, que la différence de volume atomique ne peut être très-grande, même à l'état solide, pour les corps qui se rapprochent par leurs propriétés chimiques, et que celle qui peut y avoir lieu doit dépendre de ces propriétés mêmes ; et ces propriétés doivent avoir principalement leur source dans leur qualité électrochimique plus ou moins positive ou négative, qualité qui règle toutes leurs affinités.

Or, j'ai fait remarquer dans le premier de mes deux mémoires cités, que pour un nombre assez considérable de corps simples, en supposant leurs molécules représentées par leurs atomes chimiques mêmes, les corps les plus électro-positifs ont le plus grand volume atomique, et les corps les plus électro-négatifs le moindre. Si donc cela ne se vérifie pas pour quelques autres corps simples, lorsqu'on divise simplement leur poids atomique par leur

densité, il devient très-vraisemblable que c'est que leur
molécule intégrante n'est pas réellement représentée par
le poids de leur atome, tel qu'on l'admet d'après les considérations chimiques, mais qu'elle résulte ou de la réunion de plusieurs de ces atomes en un seul, ou du partage de l'atome chimique en plusieurs parties, en sorte
que c'est le double, le triple, etc., ou bien la moitié, le
quart, etc., du poids atomique reçu que l'on doit diviser
par leur densité pour obtenir leur véritable volume atomique.

La réunion de plusieurs atomes en un seul pour former la molécule intégrante n'a rien que d'admissible en
elle-même ; quant au partage d'un atome ou équivalent
en plusieurs parties, on pourrait avoir quelque difficulté
à l'admettre, à cause de l'idée d'indivisibilité attachée au
mot *atome*, mais il faut remarquer que les masses des
atomes rapportés à celui de l'oxygène pris pour unité ou
exprimé par cent ne représentent que des rapports qui
restent les mêmes, soit qu'on les considère comme ayant
lieu entre des molécules physiquement indivisibles, ou
qu'on les conçoive entre des nombres égaux de ces molécules ou atomes indivisibles. Si donc on suppose que la
molécule de l'oxygène, à laquelle on rapporte celles de
tous les autres, soit l'assemblage de plusieurs de ces atomes, il en sera de même des molécules de tous les autres
corps, dont on a déterminé ainsi le poids atomique ; et
ce sont ces groupes ou assemblages de molécules qui seront susceptibles de se diviser, de manière à changer leur
rapport avec la molécule de l'oxygène.

Cette division des atomes chimiques doit d'ailleurs être
admise nécessairement dans la théorie des volumes gazeux dont j'ai parlé plus haut ; car si, par exemple, un

volume de gaz oxygène en se combinant avec deux volumes d'hydrogène forme deux volumes de vapeur d'eau,
la molécule de l'oxygène, qui était représentée par la
densité de son gaz, devra nécessairement se partager en
deux molécules, puisqu'elle doit entrer dans les deux
molécules d'eau gazeuse, représentées par les deux volumes de sa vapeur. Il n'y a, pour en concevoir la possibilité, qu'à admettre que la molécule intégrante du gaz
oxygène était elle-même composée au moins de deux
atomes indivisibles. D'autres combinaisons gazeuses peuvent exiger qu'elle fût même formée de quatre, huit, etc.,
atomes simples.

Cette division des atomes chimiques a d'ailleurs été admise, d'après de simples considérations chimiques, par
plusieurs chimistes distingués, tels que MM. Laurent,
Cahours, Gerhardt, etc.

Or, en supposant de semblables réunions ou divisions
des atomes chimiques pour former les molécules intégrantes des différents corps simples, on trouve qu'on
peut faire rentrer leurs volumes atomiques dans l'ordre
de leur qualité électro-chimique déjà présenté immédiatement par plusieurs de ces corps sans changement de
leurs atomes chimiques. C'est ce que j'ai montré pour
les corps simples les plus connus, ainsi qu'on peut le voir
dans mon premier mémoire. Je me suis borné, au reste,
quant aux divisions des atomes chimiques, à n'en admettre
que par deux, quatre, etc., c'est-à-dire par des puissances de deux, parce que ce sont les seules qui paraissent se présenter dans les combinaisons gazeuses.

Le système des volumes atomiques auquel j'ai été conduit pour les corps simples diffère donc de celui généralement reçu :

1° En ce que j'ai fait disparaître les grandes disparités que présentaient, pour plusieurs d'entre eux, les volumes atomiques donnés par la division des atomes chimiques par la densité, en prenant pour les molécules intégrantes, auxquelles je les ai rapportés, des multiples ou des aliquotes des atomes chimiques.

2° En ce que j'ai observé une dépendance entre les volumes atomiques des différents corps ainsi rectifiés, et la qualité plus ou moins électro-positive ou électro-négative de ces corps, comme cause principale des inégalités qui restent encore entre ces volumes atomiques.

Mais j'ai en outre cherché dans le même mémoire à rendre plus précise cette relation entre les volumes atomiques des corps et leur qualité électro-chimique, en tâchant d'exprimer celle-ci numériquement, d'après les pouvoirs neutralisants ou capacités de saturation des corps électro-négatifs, c'est-à-dire des acides ou des substances acidifiantes par les alcalis et les autres corps basiques ou électro-positifs, et réciproquement de ces derniers par les premiers. Je me suis servi, pour cet objet, des évaluations des pouvoirs neutralisants de quelques-uns des corps simples que j'avais déduites de leurs proportions dans les composés neutres qui en sont formés, dans un mémoire lu à l'Académie de Turin en 1823, et inséré dans le tome XXIX de la 1re série des mémoires de cette Académie. J'ai considéré les corps à cet égard comme formant une seule série dont la neutralité n'est qu'un point particulier, en sorte que les substances sont plus ou moins électro-positives ou plus ou moins électro-négatives, selon qu'elles se trouvent dans cette série plus ou moins au-dessus ou au-dessous de ce

point [1]. J'ai désigné le degré d'élévation des différents
corps, dans cette série, par le nom de *nombre affinitaire* ;
et en comparant cette série, pour les corps dont j'avais
déterminé les pouvoirs neutralisants dans le mémoire
cité, à celle des volumes atomiques des mêmes corps
donnés par l'observation, avec la modification dont j'ai
parlé, j'ai trouvé que les volumes atomiques étaient prochainement entre eux comme les cubes de ces nombres
affinitaires, ou ces derniers comme les racines cubiques
des volumes atomiques. D'après cette règle empirique
j'ai pu calculer les volumes atomiques que devraient présenter quelques-uns des corps qui n'ont encore été observés à l'état solide, s'ils venaient à prendre cet état, en
partant de leur pouvoir neutralisant tel que je l'avais déterminé dans le mémoire cité : tels sont l'oxygène, l'hydrogène et l'azote. Réciproquement j'ai pu déduire des
volumes atomiques des corps observés à l'état solide,
leurs nombres affinitaires, et par là leurs pouvoirs neutralisants, indépendamment de toute considération chimique. C'est ainsi que j'ai formé, dans mon premier mémoire sur les volumes atomiques, un tableau de ces volumes, et des nombres affinitaires qui y répondent, pour
la plupart des corps simples connus. Je dois renvoyer à
ce mémoire même, ou aux extraits que j'en ai cités,
pour la marche des raisonnements et des calculs sur ces
différents points, ainsi que pour les résultats que j'en ai
obtenus. Je dois seulement ajouter que pour faciliter ces
applications, au lieu d'exprimer simplement les volumes
atomiques, comme on le fait ordinairement par le quo-

---

[1] J'ai exposé depuis longtemps cette manière de voir dans un
mémoire *sur l'acidité et l'alcalinité,* publié dans le *Journal de
Physique* do la Métherie, tome **LXIX**, année 1806.

tient de la masse de l'atome ou molécule par la densité
de chaque corps, j'ai cru convenable de les rapporter
tous au volume atomique de l'un d'eux pris pour unité,
et j'ai choisi pour cela celui de l'or, comme l'un des
corps les plus connus ; en prenant la racine cubique des
volumes atomiques ainsi exprimés, on a tout de suite le
nombre affinitaire correspondant rapporté aussi au nombre affinitaire de l'or pris pour unité des nombres affinitaires. On conçoit, au reste, que ces valeurs numériques
ne doivent être regardées que comme approximatives,
car la loi de dépendance, que j'ai cru pouvoir établir
entre la qualité électro-chimique des corps, ne peut être
elle-même qu'une approximation ; il en est de cette loi
comme de celle de Dulong et Petit sur les chaleurs spécifiques des corps solides ; on y fait abstraction de l'influence que peuvent y exercer les autres propriétés des
corps en cet état, telles que la cohésion, la dilatabilité,
la fusibilité, etc., quand on les considère tous à la température ordinaire.

Quant aux corps composés, dont je me suis occupé
dans mon second mémoire sur les volumes atomiques,
j'ai cru devoir rejeter absolument l'idée que le volume
de la molécule d'un de ces corps doive être égal à la
somme des volumes de ses atomes composants, soit tels
qu'ils se présentent dans chaque corps composant à l'état
libre, soit modifié d'une manière quelconque en passant
dans le composé. Il me semble qu'on ne peut concevoir
la combinaison de plusieurs atomes de différentes espèces
entre eux, que comme leur réunion dans un seul atome
ou molécule intégrante, dans laquelle on ne peut plus
distinguer la partie du volume qui appartient à chacun
d'eux. Les atmosphères de corps impondérables qui envi-

ronnaient les atomes à l'état séparé, et qui les tenaient à
une certaine distance, et par là déterminaient leur volume, doivent se pénétrer et se confondre ensemble, de
manière à ne plus former qu'une seule atmosphère environnant l'ensemble de ces molécules partielles, beaucoup
plus rapprochées entre elles que les molécules intégrantes
qui en résultent, et auxquelles on doit rapporter le volume atomique du composé.

Mais pourquoi, dira-t-on, le volume atomique des
composés, que l'on obtient en divisant leur poids atomique supposé égal à la somme des poids atomiques de
leurs composants, par la densité, est-il en général plus
considérable que celui de chacun de leurs composants à
l'état libre, et quelquefois approchant plus ou moins de
la somme de ces derniers? C'est, selon moi, que le volume atomique ainsi déterminé n'est réellement pas le volume de la molécule composée qui résulte de la combinaison, mais un multiple de ce volume. En effet, si dans
la formation du composé il n'y avait pas division de l'atome
représenté par sa formule, le volume de l'atome composé
ne devrait différer notablement du volume atomique de
l'un quelconque de ses composants, comme ces derniers
entre eux, qu'en raison de la différence de leur qualité
électro-chimique, c'est-à-dire de leur nombre affinitaire;
mais dans le fait il peut y avoir partage de l'atome qui
résulterait immédiatement de la réunion des atomes composants, et alors, si on n'y a pas égard, on prend pour volume atomique du composé, la valeur de deux, quatre, etc.,
volumes de l'atome composé réel. Encore ici ce qui se
passe dans les combinaisons gazeuses peut nous donner
une idée de ce qui doit avoir lieu dans les combinaisons
des corps solides ou liquides. Lorsqu'un volume de gaz

oxygène s'unit à deux volumes de gaz hydrogène, si l'atome composé qui en résulte était formé d'un atome d'oxygène, et de deux atomes d'hydrogène, comme cela est exprimé par la formule de l'eau, il devrait se produire un seul volume de vapeur aqueuse, puisque selon la théorie des gaz rappelée plus haut chaque volume d'un gaz, simple ou composé, représente une molécule intégrante de ce gaz ; mais comme l'expérience nous apprend qu'il se produit en ce cas deux volumes de vapeur aqueuse, il faut que chaque atome d'oxygène en s'unissant à deux atomes d'hydrogène se partage en deux, de manière à former deux molécules intégrantes, composées chacune d'un demi-atome d'oxygène, et de deux demi-atomes, ou un atome entier d'hydrogène. Si l'on appliquait ici la manière dont on a envisagé communément les volumes atomiques des corps composés à l'état solide ou liquide, on dirait que le volume atomique de l'eau à l'état de gaz est double de celui de l'oxygène ; mais on se tromperait ; car ce serait là le volume de deux molécules réelles d'eau, dont chacune n'aurait ainsi que la moitié de ce volume, c'est-à-dire un volume égal à celui d'une molécule d'oxygène.

Ce cas du redoublement de volume est le plus ordinaire dans les combinaisons gazeuses ; le volume du gaz composé est le plus souvent double de celui des gaz composants qui y entre pour un seul volume : il y a alors, comme pour la vapeur aqueuse, partage en deux de la molécule qui serait immédiatement donnée par la formule du composé, en sorte que le volume atomique du composé n'est que la moitié de celui qui résulterait de la division du poids atomique du composé, par sa densité. Si la combinaison se fait d'atome à atome, et par conséquent par volumes égaux des deux gaz composants, ainsi que cela a lieu, par exemple, dans l'union du gaz chlore avec le gaz hydrogène pour former de l'acide chlorhydrique, en prenant pour le poids atomique du composé celui qui résulte immédiatement de la formule, on trouverait pour le volume atomique du composé un nombre égal à la somme des volumes atomiques des composants, en sorte que la règle de Mr. Kopp, et autres auteurs dont nous avons parlé, paraîtrait se réaliser; mais cet accord ne serait qu'apparent; car le nombre trouvé serait celui appartenant réellement à deux molécules du composé, et par conséquent double du véritable volume de chaque molécule.

Au reste, il se présente en outre dans les combinaisons gazeuses quelques cas de production de quatre, huit, etc. volumes de gaz composé pour un volume de l'un des gaz composants, et par conséquent de partage en quatre, en huit, etc. de la molécule qui serait immédiatement résultée de l'union de tous les atomes composants compris dans la formule du corps composé. Il n'y a pas, que je sache, d'exemple bien constaté de division en trois, en cinq, etc.

Ce sont de semblables divisions par deux ou par des puissances entières de deux que j'ai cru pouvoir admettre dans les atomes des corps composés solides ou liquides, de même que je l'avais déjà fait pour les corps simples, pour en obtenir, d'après leur densité observée, le véritable volume atomique. Seulement les volumes atomiques résultant de ces divisions, au lieu d'être égaux pour tous les composés, comme cela a lieu dans les corps gazeux, où les volumes des gaz représentent les volumes de la molécule intégrante, ont dû se trouver assujettis à la loi de dépendance de la qualité électro-chimique, ou du nombre affinitaire que j'ai admis par la considération des corps simples ; savoir ces volumes atomiques ont dû se trouver prochainement proportionnels aux cubes des nombres affinitaires des composés ; nombres que j'ai cru pouvoir déduire par une règle d'alliage de ceux de leurs composants, d'après la proportion en poids pour laquelle chacun de ceux-ci entre dans le composé. C'est dans le but d'obtenir cette correspondance entre le volume atomique de chaque corps composé, et son nombre affinitaire ainsi calculé, que j'ai dû admettre la division de l'atome composé en deux, ou celle en quatre, celle en huit, etc. Ainsi, le choix entre ces différents systèmes de division qui pourrait être regardé comme arbitraire en soi-même. est ici déterminé par l'observation même, d'après les principes généraux auxquels nous avons été conduits. Au reste ces systèmes se sont trouvés en général semblables pour des corps de composition analogue ; et la division poussée plus loin à mesure que la composition est plus compliquée par un plus grand nombre de composants, ou par un plus grand nombre d'atomes de chacun d'eux.

Pour compléter l'exposition de recherches qui ont fait l'objet de ce second mémoire, relatif aux corps composés je dois ajouter, que par un calcul inverse de celui dont je viens de parler j'ai cherché à conclure des volumes atomiques des corps composés, tel qu'il s'est présenté dans le système de division qui m'a paru le plus probable pour chacun d'eux, les volumes atomiques de leurs composants, tels qu'ils seraient à l'état libre, en combinant pour cela les équations fournies par les différents composés soit entre elles, soit avec celles fournies par les corps simples. J'ai trouvé ainsi des volumes atomiques, et

par là des nombres affinitaires un peu différents pour une
même substance simple, ainsi qu'on pouvait s'y attendre,
d'après la nature seulement approximative des lois employées dans ces calculs ; et en prenant la moyenne pour
chaque substance j'ai cru pouvoir obtenir des nombres
plus exacts que ceux que je leur avais attribués dans le
premier mémoire par la seule considération de chaque
corps simple à l'état libre ; et c'est ainsi que j'ai formé
le tableau des nombres affinitaires des corps simples qui
termine ce second mémoire relatif aux volumes atomiques
des corps composés. Je suis bien loin cependant de considérer ces résultats comme définitifs ; on pourra les rectifier soit par la considération d'autres composés, soit en
combinant autrement les équations fournies par ceux dont
j'ai fait usage, soit en corrigeant les données d'observation y relatives, et que j'ai prises pour base de mes calculs ; peut-être même le choix que j'ai fait du système
de division de l'atome pour chaque corps composé n'a-
t-il pas été toujours conforme à celui qui y a lieu réellement. Si mes principes généraux sont pris en considération par les chimistes et les physiciens, leur mode d'application pourra devenir un objet de discussions, qui ne
pourront que contribuer à lui donner le degré de précision dont il peut être susceptible.

# BULLETIN SCIENTIFIQUE.

## PHYSIQUE.

81. — De la cause des variations diurnes de l'aiguille aimantée, par W.-H. Barlow. (*Phil. Magaz.*, mai 1849.)

**Mr.** Barlow ayant lu dans le N° d'avril 1849 du *Phil. Mag.* la reproduction de l'extrait de mon travail sur la cause des variations diurnes de l'aiguille aimantée et de l'aurore boréale, inséré dans les *Annales de Chimie*, vient apporter de nouveaux faits à l'appui de cette explication. J'avais dit qu'il serait intéressant de se servir des longs fils télégraphiques pour saisir les courants électriques, à l'influence desquels j'attribue les phénomènes en question. Moi-même, pendant un séjour que j'ai fait à Londres dans le mois de mai, j'ai fait pour percevoir ces courants divers essais dont je rendrai compte incessamment. J'ignorais alors que Mr. Barlow avait fait avec succès des tentatives du même genre dans des conditions beaucoup plus favorables que celles dans lesquelles j'étais placé.

Déjà en 1847 Mr. Barlow avait observé des dérangements assez fréquents dans les appareils télégraphiques des lignes du Midland. On avait attribué ces perturbations à l'effet de l'électricité atmosphérique transmise dans la terre au moyen des fils, mais l'auteur avait été conduit à y voir l'action d'une autre cause.

Quatre principales lignes partant de Derby lui ont servi de moyens d'observations.

1° Celle de Derby à Leeds dirigée vers le nord.

2° Celle de Derby à Lincoln dirigée vers le nord-est.

3° Celle de Derby à Rugby dirigée vers le sud.

4° Celle de Derby à Birmingham dirigée vers le sud-ouest.

Les perturbations avaient lieu presque toujours en même temps sur ces quatre lignes. Et ce qu'il y a de remarquable, c'est que la

direction des courants sur les lignes du N. et du N.-E. était toujours contraire à celle des courants qui parcouraient en même temps
les lignes du S. et du S.-O. Le 19 mars 1847, la présence d'une
aurore boréale avait déterminé une perturbation extraordinaire.

Ayant introduit dans le circuit des fils télégraphiques des galvanomètres délicats, Mr. Barlow s'assura que les courants naturels
sont toujours perceptibles, pourvu que les fils aient une certaine
longueur, et que leurs extrémités plongent toutes les deux dans le
sol ; dès que l'une des communications avec le sol est interrompue,
il n'y a plus de courant perceptible. Deux galvanomètres placés chacun aux extrémités du même fil marchaient parfaitement d'accord
dans leurs indications.

Le fait le plus important et qui, comme le remarque Mr. Barlow,
est parfaitement d'accord avec ce que j'ai dit sur ce sujet, c'est la
parfaite concordance que les observations ont prouvé exister entre
la marche de l'aiguille du galvanomètre placé dans le circuit du fil,
conformément aux conditions que nous avons énoncées, et la marche
de l'aiguille aimantée des variations diurnes. Les courants électriques qui agissent sur l'aiguille du galvanomètre semblent cheminer
dans une certaine direction de 8 h. du matin à 8 h. du soir, et dans
une direction contraire pendant le reste des 24 heures. Le moment
du 0 de variations pour le galvanomètre n'est pas parfaitement fixe,
il varie entre 7 et 10 h., aussi bien le soir que le matin. Ce mouvement diurne régulier de l'aiguille du galvanomètre est sujet à des
perturbations d'une intensité et d'une durée plus ou moins considérables pendant les orages magnétiques, et quand l'aurore boréale
est visible. La direction des fils qui semble, d'après de nombreuses
expériences, être celle dans laquelle le galvanomètre éprouve les
effets les plus prononcés, est la direction du N.-E. au S.-O. Plus on
s'approche de cette direction, plus la déviation de l'aiguille de l'instrument est considérable ; elle est très-faible dans la direction du S.
à l'E. et dans celle du N. à l'O., et à mesure qu'on se rapproche
de celle du N.-O. au S.-E., elle devient irrégulière, sans toutefois
jamais cesser entièrement.

Ce n'est point la direction du fil télégraphique qui détermine la nature des effets, mais uniquement celle de la ligne droite qui joint les deux points où les extrémités de ce fil communiquent avec le sol.

Il est fort intéressant de comparer la marche de l'aiguille du galvanomètre avec celle de l'aiguille de déclinaison ; l'accord est parfait. De 8 h. du matin à 9 h. du soir, la déviation de la première aiguille indique un courant marchant du S. au N., et la variation de la seconde a lieu à l'O. ; pendant la nuit et les premières heures du matin, la déviation du galvanomètre indique un courant dirigé du N. au S., et l'aiguille des déclinaisons dévie à l'E. Les mouvements de l'aiguille du galvanomètre sont en général plus fréquents et plus rapides que ceux de l'aiguille de déclinaison, et elle éprouve de temps à autre de petites déviations irrégulières à gauche et à droite, sans qu'il y ait de mouvement correspondant dans l'autre.

Mr. Barlow termine ce court exposé de ses observations en annonçant la prochaine publication de son mémoire, dans lequel il arrive à la même conclusion que moi sur l'origine des variations diurnes de l'aiguille qu'il attribue aussi à l'effet des courants terrestres que les fils télégraphiques permettent de découvrir et de percevoir. Seulement il croit que ces courants proviennent d'une action thermo-électrique qui s'exerce sur la croûte de notre globe, et non de l'atmosphère. Je reviendrai sur ce point important quand j'aurai eu connaissance du mémoire même de Mr. Barlow. Pour le moment je me borne à signaler la remarquable confirmation des idées que j'ai émises sur la cause des variations diurnes de l'aiguille que fournit la série des observations faites par Mr. Barlow.     A. D. L. R.

---

82. — De quelques points relatifs aux télégraphes électriques, par Mr. Jacobi. (*Acad. des Sciences de St-Pétersbourg.* —*Institut* du 18 juillet 1849.)

Mr. Jacobi, dans une communication à l'Académie, a signalé les difficultés que l'on rencontre dans la télégraphie électrique quand on se sert de conduits souterrains imparfaitement isolés. — Ces difficultés ne consistent pas seulement en ce que, pendant la transmission des signaux, une partie considérable de la force se perd dans le sol, mais principalement en ce que ces conduits peuvent prendre un certain état de polarisation susceptible d'un très-haut degré d'énergie. En se servant de conduits bien isolés, la force transmise disparaît entièrement et à l'instant même où le courant principal est interrompu. Dans les conduits, au contraire, dont l'isolation est moins parfaite, un courant secondaire ou de polarisation est engendré, et continue d'agir avec beaucoup d'énergie et pendant un temps considérable, même après l'interruption du courant principal. Ce courant secondaire n'est pas de force constante; il augmente considérablement pendant l'activité du télégraphe; il diminue pendant les pauses. On conçoit bien que ces fluctuations de la force contribuent beaucoup à compromettre la marche régulière de ces appareils. Aussi arrive-t-il bien souvent que l'armature soutenue par un ressort de rappel, ou n'est pas attirée du tout, ou adhère fortement et comme collée à l'électro-aimant. Cette propriété des conduits souterrains, dit Mr. Jacobi, n'avait pu m'échapper dès l'établissement de la ligne de Tsarskoïé-Sélo. Aussi l'ai-je étudiée autant que possible. Dans un mémoire précédent j'ai rassemblé les expériences que j'avais instituées à ce propos. Néanmoins cette propriété n'avait jamais entraîné de si graves inconvénients que cette année. Il est probable que l'isolation du conduit souterrain étant devenue très-imparfaite, a donné lieu aux courants secondaires de se développer avec encore plus d'énergie. Mais de quelle manière surmonter ces difficultés? J'avoue que dans l'embarras où je me trouvais, j'aurais préféré abandonner entièrement ce conduit souterrain. Cependant j'ai été assez heureux pour trouver une combinaison bien simple, mais très-efficace et d'un parfait succès, et qui m'a permis de soutenir encore le combat. Voilà en quoi consiste cette combinaison. Elle exige seulement l'emploi de deux larges électrodes ou plaques de platine plongées dans un vase rempli d'acide sulfurique étendu d'eau. Ce couple étant intercalé dans la chaîne, entre le conduit et la bobine de l'électro-aimant, et étant lui-même soumis à être polarisé, agit en sens contraire du courant secondaire provenant du conduit, et dont les inconvénients ont été signalés. Une expérience préalable ayant été faite avec une boussole, a fait voir que, dans le fait, ces deux courants ne sont pas parfaitement en équilibre. Immédiatement après la cessation du courant principal, c'est le couple de platine qui l'emporte ; bientôt après l'aiguille retourne à zéro et commence à dévier de l'autre côté ; c'est alors que le conduit dont l'action est plus constante prend le dessus. Le premier effet est favorable, en ce que le contre-courant qui a lieu, quelque faible qu'il soit, contribue néanmoins à démagnétiser l'électro-aimant. Le second effet agirait dans un sens opposé, s'il n'arrivait pas après coup, et si son intensité n'était pas réduite à un minimum, précisément par l'action du contre-couple. Aussi voit-on que l'armature reste attirée, et que le télégraphe cesse d'agir, aussitôt que ce couple est mis hors d'activité.

« On m'objectera que d'après les formules que j'avais données moi-même dans un mémoire précédent, le courant transmis serait affaibli considérablement par l'emploi de ce couple de platine. Sans doute il en est ainsi. Mais l'inconvénient d'augmenter la batterie de quelques couples est largement racheté par les avantages d'une marche régulière et exacte des appareils télégraphiques. Je remettrai à une autre occasion de fixer encore l'attention sur plusieurs autres précautions qu'il est nécessaire de prendre ; entre autres faut-il, dans le cas d'un seul conduit, la terre servant comme second conducteur, que ce conduit soit toujours attaché au même pôle, et nommément au pôle positif ou au zinc de la batterie.

« Un autre inconvénient non moins grave, et commun à tous les télégraphes dans lesquels des électro-aimants servent de moteur, consiste en ce que le fer doux magnétisé ne perd pas entièrement son magnétisme, dans le moment où le courant passant par les bobines est interrompu. Ce résidu de force est d'autant plus grand que la magnétisation précédente a été plus forte. Je ne pourrais pas donner dans ce moment les détails nécessaires pour faire bien comprendre les mesures que j'ai prises pour parer à l'inconvénient dont je parle. Il suffira de dire qu'en me servant du même contre-couple de platine dont j'ai parlé plus haut, ou de quelque autre couple voltaïque faiblement chargé, et le faisant agir sur une contre-hélice séparée de l'hélice principale, je suis parvenu, en certains cas, à activer un télégraphe d'essai, par une batterie, qu'en partant de deux couples, j'ai été à même de pouvoir augmenter successivement jusqu'à douze couples, sans qu'il fût nécessaire de tendre le ressort de rappel. Je ne doute pas que ces résultats avantageux soient appréciés par les constructeurs d'appareils télégraphiques. »

83. — Sur la décharge latérale de la batterie électrique, par Mr. Riess. (*Annales de Poggend.*, n° 4 de 1849.—*Institut* du 18 juillet 1849.)

Un examen des recherches entreprises jusqu'ici sur ce sujet, ayant démontré que l'existence de cette décharge était encore en question, Mr. Riess, dans les recherches qu'il a faites, a cherché à éviter toutes les circonstances de nature à apporter quelque doute sur le phénomène en lui-même. L'arc, bon conducteur, de fermeture, a été mis en contact parfait avec la terre, l'instrument gradué a été suffisamment éloigné de la batterie, et on n'a donné à celle-ci qu'une charge modérée. La disposition de l'appareil était très-simple. Une portion de l'arc de fermeture de la batterie, dite *la tige*, était droite; dans un de ses points un fil métallique appelé *branche* se trouvait assemblé à angle droit, et c'est dans le prolongement de la branche et séparé par un espace rempli d'air, qu'on a assujetti le *fil latéral* isolé. Lorsqu'on mettait en communication la branche avec le fil latéral, et qu'on jetait l'extrémité de ce dernier sur un électroscope, le mouvement de la feuille d'or lorsqu'on déchargeait la batterie par la tige, indiquait dans le fil latéral un courant électrique dont la direction était telle, que la nature de l'électricité correspondant à l'intérieur de la batterie se mouvait de la branche vers le fil latéral. Ce mouvement, toutefois, ne se manifestait avec les charges employées par aucune action dans le fil, de manière qu'on n'a pu obtenir aucune mesure du courant qui circulait. Lorsque la branche était séparée du fil latéral par une couche d'air, il se manifestait, par la décharge d'une quantité suffisante d'électricité par la tige, une étincelle, et le fil latéral était devenu électrique. L'intensité de cette électricité était tellement changeante, qu'il n'a pas été possible de se prononcer définitivement sur la force de la décharge latérale qui avait lieu. Il ne restait pour apprécier celle-ci que la distance de la décharge, c'est-à-dire la plus grande distance de la branche et du fil latéral que franchissait l'étincelle pour une charge donnée de la batterie.

Pour simplifier l'expérience, on a d'abord constaté la dépendance entre la distance ou portée de la décharge latérale et la charge de la batterie, de façon que les expériences faites avec une charge quelconque pussent être réduites à une même charge et comparées entre elles. On a trouvé à cet égard cette loi remarquable, savoir que la distance de la décharge latérale était proportionnelle au carré de la densité de l'électricité dans la batterie. Les modifications dans la décharge latérale par suite de changements dans l'appareil s'établissent ainsi qu'il suit.

Quand on allonge le fil latéral, la décharge latérale augmente en intensité, mais jusqu'à certaines limites, après quoi un nouvel allongement est sans influence sur le phénomène. Un allongement de la branche affaiblit la décharge latérale, mais dans un rapport moindre que la longueur de la branche. Le point de la tige où la branche est placée a une grande influence sur le phénomène. Plus est longue la pièce de l'arc de fermeture, qui existe entre la branche et l'intérieur de la batterie, plus est faible aussi la décharge latérale, et la diminution dans celle-ci a lieu d'autant plus promptement quand la longueur augmente, qu'on s'éloigne de l'intérieur de la batterie. Le rapport entre la diminution et l'éloignement a varié suivant la nature de l'arc de fermeture employé, on a seulement remarqué que plus cet arc était long, plus il fallait s'éloigner de la batterie pour trouver une décharge latérale d'intensité donnée. Le courant de décharge est, comme on sait, plus faible lorsque le pouvoir conducteur du fil de fermeture diminue; la décharge latérale se trouve très-peu affaiblie par cette circonstance, et en sens contraire avec le courant de décharge. Lorsque, par la matière et l'épaisseur du fil de fermeture, la force du courant de décharge a été amenée de 620 à 1, la distance de la décharge ou sa portée dans la décharge latérale augmente dans le rapport de 7 à 10.

D'après les expériences rapportées, il paraîtrait que la décharge latérale n'est qu'un phénomène d'influence dû au fil de fermeture devenu électrique pendant la décharge de la batterie, et ne différant de la décharge ou choc en retour que par sa direction. Ce n'est pas l'électricité dont le mouvement produit le courant de décharge qui donne lieu à la décharge latérale, mais bien l'excès de l'électricité de la garniture intérieure de la batterie sur celle extérieure. La garniture intérieure possède la quantité d'électricité $+1$, celle extérieure $-m$. Le courant principal consiste dans l'égalité des quantités $+m$ et $-1$, qui a lieu dans la masse totale du fil de fermeture. Il en résulte que l'excès $1-m$ à la surface du fil, devient une disposition fixe, quoique pendant un instant seulement, et produit par influence la décharge latérale. Si cet excès s'écoule, il en résulte un choc en retour, qui est suivi dans la disposition ordinaire des appareils de la décharge latérale, mais qu'on peut éviter en partie ou complétement sans modifier la loi de la décharge latérale. La différence principale entre la décharge latérale et le courant secondaire, consiste en ce que la première provient de l'action d'une espèce d'électricité, l'influence, tandis que l'autre provient de l'action des deux électricités, l'induction.

Une autre conséquence des expériences conduit à la loi de la portée de la décharge de l'électricité en mouvement. On sait, et la chose a été mise hors de doute par les observations de divers observateurs, qu'un corps à la surface duquel l'électricité est arrivée à un état d'équilibre, possède en chaque point une distance ou portée d'étincelle proportionnelle à la densité de l'électricité accumulée en ces points. Si le corps est parcouru dans sa masse par de l'électricité, qui au moment où elle arrive à la surface se décharge, on ne peut plus se servir de cette loi.

L'auteur conclut de ses expériences sur la décharge latérale qu'elle dépend dans ce cas de la vitesse de l'électricité, et que la *portée de la décharge est proportionnelle au carré de cette vitesse.* Cette loi explique un grand nombre de phénomènes électriques encore obscurs, et dont l'auteur présente un exemple dans son mémoire.

L'auteur passe à la décharge de la batterie par le fil de la branche, au moyen duquel la décharge latérale joue un rôle remarquable. Si le fil de fermeture d'une batterie se partage en deux rameaux, on sait, d'après une loi connue, qu'il se décharge par chacun de ces rameaux une quantité d'électricité proportionnelle à leur pouvoir conducteur. Il faudrait, en conséquence, lorsqu'un de ces rameaux est interrompu par une couche d'air, qu'il y ait par l'autre rameau entier et unique une décharge égale en force aux deux autres ; mais la chose ne se passe pas ainsi, et lorsque la charge est suffisamment forte, il apparaît au point d'interruption du rameau une étincelle, et la décharge a lieu par les deux rameaux. L'auteur montre dans son mémoire, à l'aide d'exemples, que cette étincelle appartient à la décharge latérale et en suit la loi. C'est par l'étincelle qu'on mesure le passage du courant principal de la même manière que dans l'expérience suivante. Daniell forma une puissante batterie de Volta par des pointes de charbon qui se trouvaient placées à une très-faible distance l'une de l'autre, le courant s'établit lorsque, d'après le conseil d'Herschel, il eut déchargé une bouteille de Leyde par les pointes du charbon. Dans le cas précédent, le courant de décharge divisé a pu passer par la couche d'air du rameau après que l'étincelle de la décharge latérale a percé celle-ci.

Le courant secondaire lui-même de la batterie électrique passe avec une étincelle lorsque le fil secondaire est interrompu, et que la longueur de l'étincelle est proportionnelle au carré de la densité de l'électricité dans la batterie. Il est facile de démontrer que cette étincelle appartient à la décharge latérale et non au courant secondaire, en introduisant un fil mauvais conducteur dans le circuit principal. Si la portée de la décharge observée appartient au courant secondaire, elle devra être plus faible que précédemment, parce que l'électricité marchera, dans ce cas, avec une vitesse moindre aux extrémités du fil secondaire. L'expérience n'indique pas cette diminution, et fournit la preuve que l'étincelle observée appartient à la décharge latérale par l'entremise de laquelle le courant secondaire a pu s'établir.

**84. — Sur une expérience relative a la vitesse de propaga-
tion de la lumière, par Mr. H. Fizeau.** (*Comptes rendus de
l'Acad. des Sc.*, séance du 23 juillet 1849.)

Je suis parvenu à rendre sensible la vitesse de propagation de la
lumière par une méthode qui me paraît fournir un moyen nouveau
d'étudier avec précision cet important phénomène. Cette méthode
est fondée sur les principes suivants :

Lorsqu'un disque tourne dans son plan autour du centre de figure
avec une grande rapidité, on peut considérer le temps employé par
un point de la circonférence pour parcourir un espace angulaire
très–petit, $^1/_{1000}$ de la circonférence, par exemple.

Lorsque la vitesse de rotation est assez grande, ce temps est gé–
néralement très–court ; pour dix et cent tours par seconde, il est
seulement de $^1/_{10000}$ et $^1/_{100000}$ de seconde. Si le disque est divisé à
sa circonférence, à la manière des roues dentées, en intervalles égaux
alternativement vides et pleins, on aura, pour la durée du passage
de chaque intervalle par un même point de l'espace, les mêmes fractions très-petites.

Pendant des temps aussi courts, la lumière parcourt des espaces
assez limités, 31 kilomètres pour la première fraction, 3 kilomètres
pour la seconde.

En considérant les effets produits lorsqu'un rayon de lumière
traverse les divisions d'un tel disque en mouvement, on arrive à
cette conséquence, que si le rayon, après son passage, est réfléchi
au moyen d'un miroir et renvoyé vers le disque, de manière qu'il
le rencontre de nouveau dans le même point de l'espace, la vitesse
de propagation de la lumière pourra intervenir de telle sorte, que
le rayon *traversera* ou *sera intercepté* suivant la vitesse du disque et
la distance à laquelle aura lieu la réflexion.

D'une autre part, un système de deux lunettes dirigées l'une vers
l'autre, de manière que l'image de l'objectif de chacune d'elles se
forme au foyer de l'autre, possède des propriétés qui permettent de
réaliser ces conditions d'une manière simple. Il suffit de placer un

miroir au foyer de l'une, et de modifier le système oculaire de l'autre en interposant entre le foyer et l'oculaire une glace transparente inclinée sur l'axe de 45 degrés, et pouvant recevoir latéralement la lumière d'une lampe ou du soleil qu'elle réfléchit vers le foyer. Avec cette disposition, la lumière qui traverse le foyer dans l'étendue supposée très-petite de l'image qui représente l'objectif de la seconde lunette, est projetée vers celle-ci, se réfléchit à son foyer, et revient en arrière en traversant le même espace pour passer de nouveau par le foyer de la première lunette, où elle peut être observée au moyen de l'oculaire et à travers la glace.

Cette disposition réussit très-bien, même en éloignant les lunettes à des distances considérables; avec des lunettes de 6 centimètres d'ouverture, la distance peut être de 8 kilomètres sans que la lumière soit trop affaiblie. On voit alors *un point lumineux* semblable à une étoile, et formé par de la lumière qui est partie de ce point, a traversé un espace de 16 kilomètres, puis est revenue passer exactement par le même point avant de parvenir à l'œil.

C'est sur ce point même qu'il faut faire passer les dents d'un disque tournant pour produire les effets indiqués; l'expérience réussit très-bien, et l'on observe que, suivant la vitesse plus ou moins grande de la rotation, le point lumineux brille avec éclat ou s'éclipse totalement. Dans les circonstances où l'expérience a été faite, la première éclipse se produit vers 12,6 tours par seconde. Pour une vitesse double, le point brille de nouveau ; pour une vitesse triple, il se produit une deuxième éclipse ; pour une vitesse quadruple, le point brille de nouveau, et ainsi de suite.

La première lunette était placée dans le belvédère d'une maison située à Suresnes, la seconde sur la hauteur de Montmartre, à une distance approximative de 8633 mètres.

Le disque portant 720 dents était monté sur un rouage mû par des poids, et construit par Mr. Froment; un compteur permettait de mesurer la vitesse de rotation. La lumière était empruntée à une lampe disposée de manière à offrir une source de lumière très-vive.

Ces premiers essais fournissent une valeur de la vitesse de la lumière peu différente de celle qui est admise par les astronomes.

La moyenne déduite des 28 observations qui ont pu être faites jusqu'ici donne, pour cette valeur, 70,948 lieues de 25 au degré.

J'aurai l'honneur de soumettre au jugement de l'Académie un
mémoire détaillé lorsque toutes les circonstances de l'expérience
auront pu être étudiées d'une manière plus complète.

---

## CHIMIE.

85. — Expériences sur la fusion et la volatilisation des
corps réfractaires, par Mr. Despretz. (*Comptes rendus de
l'Acad. des Sc.*,, séances du 18 juin et du 16 juillet 1849.)

Mr. Despretz a cherché à produire la fusion et la volatilisation
des corps qui passaient pour les plus réfractaires, au moyen d'un
procédé qui donne un degré de chaleur plus intense qu'aucun de
ceux que l'on a employés jusqu'ici. Ce procédé consiste à faire agir
simultanément sur un corps les trois sources de chaleur les plus
puissantes, savoir : le soleil, le courant électrique et la combustion.

Il se servait, dans ses premières expériences, d'une pile de 165
éléments de Bunsen, correspondant en raison de ses dimensions à
une pile de 185 couples de grandeur ordinaire, d'une lentille annulaire de près de 90 centimètres de diamètre, et d'un chalumeau à
gaz hydrogène.

Il a constaté que la puissance de la pile est augmentée par l'addition d'une autre source de chaleur ; ainsi de la magnésie dure et
compacte, qui, sous l'action de la pile seule, prenait l'état pâteux,
se volatilisait immédiatement en fumée blanche par le concours de la
pile et de la lentille.

Une baguette d'anthracite, de un millimètre de diamètre, s'est
courbée sous la double action de la pile et de la lentille. Une autre
baguette, soumise à l'action simultanée de la pile, de la lentille et
du chalumeau, a paru tomber en fusion. Dans une seconde expérience semblable, on a trouvé dans une capsule de platine, placée
au-dessous de la baguette d'anthracite, quelques petits globules
noirs, visibles à l'œil nu.

L'emploi des trois sources de chaleur réunies présente un inconvénient pour les essais à faire sur le charbon. On est forcé, en effet, d'opérer au contact de l'air, et les baguettes de charbon se consument très-rapidement. Pour éviter cet inconvénient, Mr. Despretz a fait une nouvelle série d'essais dans le vide, en soumettant le charbon à l'action seule de la pile, mais en employant 496 éléments de Bunsen groupés en quatre séries parallèles. Dans ce cas le charbon n'a pas fondu, mais s'est rapidement volatilisé ; les parois du ballon de verre se recouvrent d'une poudre noire, sèche, cristalline. L'auteur a répété plusieurs fois cette expérience en en variant la disposition pour éviter toutes les causes d'erreur, et il a toujours obtenu le même résultat.

Ainsi le charbon se volatilise plus facilement qu'il ne fond, au moins dans le vide. La chaux, la magnésie, l'oxyde de zinc se comportent à peu près de la même manière ; Mr. Despretz a trouvé plus facile de volatiliser ces corps que de les fondre, cependant il a pu les réduire en verres transparents.

L'alumine, le rutile, l'anatase, la nigrine, l'oxyde de fer, le disthène, etc., s'obtiennent immédiatement en globules, puis donnent des vapeurs.

---

86. — Sur le dosage de l'arsenic, par Mr. H. Rose. (*Poggend. Annalen,* tome LXXVI, p. 534.)

Le dosage de l'arsenic et sa séparation dans les composés qui le renferment offrent souvent de grandes difficultés. Aussi les chimistes accueilleront-ils avec intérêt le mémoire dans lequel Mr. H. Rose traite de cette question, compare les diverses méthodes qui ont été proposées, et fait connaître les résultats de sa longue expérience des analyses chimiques. De même que nous l'avons fait pour le mémoire qu'il a publié sur le dosage de l'acide phosphorique, nous nous bornerons à signaler quelques-uns des points les plus intéressants de ce nouveau travail ; on conçoit qu'en effet la description des méthodes analytiques et des précautions nécessaires pour les rendre exactes ne peut supporter une réduction aux bornes d'un court extrait sans perdre presque toute son utilité.

L'auteur examine d'abord le dosage de l'acide arsénique, et recommande particulièrement le procédé indiqué par Mr. Levol, dans lequel on dose cet acide à l'état d'arséniate ammoniaco-magnésien, en opérant comme lorsqu'il s'agit du dosage de l'acide phosphorique. Toutefois il indique une modification importante qui doit être apportée à ce procédé. En effet, Mr. Levol recommande de calciner le précipité et de calculer alors sa composition d'après la formule $\overset{...}{Mg^2 As}$. Mr. Rose s'est assuré qu'en opérant ainsi on éprouve toujours une perte de 4 à 5 p$^r$ 100, quelquefois même de 7 à 12 p$^r$ 100; cette perte est due à une réduction de l'acide arsénique sous l'influence de l'ammoniaque à une haute température. Il faut, pour éviter cette cause d'erreur, se borner à dessécher le sel au-dessus de l'acide sulfurique, dans l'air ou dans le vide, et calculer sa composition d'après la formule $\overset{.}{Mg^2} + Az \overset{.}{H^4} + \overset{...}{As} + 12\overset{.}{H}$, ou, ce qui est plus prompt, le dessécher à une température de 100°, et faire le calcul d'après la formule $\overset{.}{Mg^2} + Az \overset{.}{H^4} + \overset{...}{As} + \overset{.}{H}$.

Lorsque la dissolution renferme de l'acide arsénieux, on peut le convertir en acide arsénique, soit par l'eau régale, soit par l'acide chlorhydrique et le chlorate de potasse; mais dans aucun cas il ne faut porter la liqueur à l'ébullition qui donnerait lieu à des vapeurs de chlorure d'arsenic. On ne doit employer qu'une chaleur très-douce. De même on doit éviter de concentrer par l'évaporation une liqueur qui renferme de l acide arsénieux ou de l'acide arsénique si elle contient en même temps de l'acide chlorhydrique.

Dans les analyses où l'arsenic a été précipité à l'état de sulfure, la même méthode est d'un emploi très-commode. Il suffit, en effet, de redissoudre le sulfure, soit par l'eau régale, soit par l'acide chlorhydrique et le chlorate de potasse, pour le convertir en acide arsénique.

Lorsqu'une dissolution renferme de l'acide arsénieux seulement, on peut, dans beaucoup de cas, le doser avec une grande exactitude en y ajoutant une dissolution de chlorure d'or et de sodium. L'acide arsénieux se change en acide arsénique en précipitant une quantité correspondante d'or métallique. Il faut que la liqueur ne renferme aucune trace d'acide nitrique, mais elle peut, sans inconvénient, contenir un grand excès d'acide chlorhydrique. La précipitation doit se faire à une douce chaleur, elle n'est complète qu'au bout de plusieurs jours.

Un grand nombre d'arséniates sont complétement décomposés par la fusion avec les carbonates alcalins, mais cette méthode n'est pas d'un emploi commode ; en effet, les creusets de porcelaine sont fortement attaqués par le carbonate alcalin qui dissout la silice et l'alumine, et les creusets de platine sont souvent aussi altérés, quelquefois même percés par suite d'une réduction de l'arsenic.

L'acide arsénique peut être facilement séparé des bases par l'acide nitrique en présence du mercure en suivant exactement les règles prescrites pour la séparation de l'acide phosphorique [1]. Cependant cette méthode est beaucoup moins à recommander dans ce cas ; en effet, on ne peut se débarrasser du mercure, dans le résidu insoluble qui contient tout l'acide arsénique, en calcinant ce résidu avec du carbonate de soude, car cette calcination ne pourrait être exécutée dans des creusets de platine ni dans ceux de porcelaine.

L'arsenic se sépare très-bien de l'étain lorsqu'on chauffe les sulfures de ces deux métaux dans un courant d'acide sulfhydrique, le sulfure d'arsenic se volatilise et peut être recueilli dans une dissolution d'ammoniaque, d'où on le précipite ensuite par l'acide chlorhydrique : le sulfure d'étain demeure dans le tube où l'on avait introduit le mélange. Mais il n'est pas indifférent pour le succès de l'opération que les sulfures aient été produits par tel ou tel procédé. Mr. Rose recommande, lorsque les deux métaux sont à l'état d'alliage, de les fondre dans un creuset de porcelaine avec cinq parties de carbonate de soude et autant de soufre, de redissoudre la masse dans l'eau et de précipiter les sulfures par l'acide chlorhydrique. On réussit également bien dans l'analyse d'un pareil alliage en l'oxydant par l'acide nitrique, évaporant à siccité et chauffant le mélange oxydé dans un courant d'acide sulfhydrique ;

---

[1] Voyez Bibl. Univ. (Archives), 1849, tome XI, p. 45.

les oxydes se convertissent en sulfures qui se séparent l'un de
l'autre par suite de la volatilité du sulfure d'arsenic.

L'auteur examine aussi un grand nombre de procédés qui peuvent servir à séparer l'arsenic de l'antimoine, ainsi : la calcination
des sulfures dans un courant d'hydrogène qui entraîne le sulfure
d'arsenic volatilisé, et laisse l'antimoine réduit à l'état métallique ; le
traitement des sulfures par l'acide chlorhydrique qui dissout le sulfure d'antimoine avec dégagement d'acide sulfhydrique et laisse le
sulfure d'arsenic. Ces deux méthodes ne donnent que des résultats
approximatifs. Mr. Rose recommande particulièrement deux méthodes :

La première consiste à fondre la combinaison avec de la soude
caustique, à reprendre le produit par l'eau et à y ajouter assez
d'alcool pour rendre complétement insoluble l'antimoniate de soude,
tandis que l'arséniate se dissout complétement. L'autre consiste à
dissoudre la combinaison par l'eau régale, ou par l'acide chlorhydrique avec addition de chlorate de potasse, à ajouter à la dissolution de l'acide tartrique, du chlorhydrate d'ammoniaque et de l'ammoniaque, puis à précipiter l'acide arsénique à l'état d'arséniate
ammoniaco-magnésien. Après avoir lavé ce précipité, on verse dans
la liqueur de l'acide chlorhydrique, puis on précipite l'antimoine
par l'acide sulfhydrique.

Mr. Rose recommande surtout cette dernière méthode dans les
recherches juridiques pour distinguer l'arsenic de l'antimoine, ou
pour recueillir séparément ces deux corps dans les taches métalliques que l'on obtient au moyen de l'appareil de Marsh. Cependant,
lorsque ces taches n'ont qu'une très-faible épaisseur, cette méthode,
un peu compliquée, peut n'amener à aucun résultat. Dans ce cas, il
vaut mieux humecter les taches avec une dissolution de sulfhydrate
d'ammoniaque, puis évaporer à une douce chaleur. Il reste après
cela une tache jaune ou d'un rouge orangé, suivant que la tache était
arsenicale ou antimoniale. Après cela on ajoute un peu d'acide chlorhydrique, les taches jaunes de sulfure d'arsenic n'en sont point altérées, tandis que celles de sulfure d'antimoine disparaissent.

# MINÉRALOGIE ET GÉOLOGIE.

87. — RECHERCHES SUR LES MINÉRAUX RUSSES. MINÉRAUX FELDS-
PATHIQUES, LÉPOLITE, AMPHODELITE, LINSÉITE, HYPOSKLERITE.
BROOKITE, par Mr. HERMANN. (*Journal für prakt. Chemie*,
tome XLVI, p. 387.)

*Lépolite.* Mr. Nordenskiold a décrit sous ce nom un minéral que
l'on trouve en Finlande, à Lojo et à Orrijärwfl. Mr. Hermann s'en
étant procuré de beaux échantillons, en donne la description cristallographique et l'analyse. L'analyse montre que sa composition, exactement semblable à celle de l'anorthite, est représentée par la for-
mule $\overset{.}{C}a^3 \overset{..}{Si} + 3 \overset{..}{Al} \overset{..}{Si}$. Ses caractères minéralogiques s'accordent
bien aussi avec ceux de l'anorthite, et les formes cristallines parais-
sent établir encore l'identité de ces minéraux, autant qu'on en peut
juger par la description assez incomplète de Mr. Hermann.

Il semble donc qu'il n'y a aucune raison de séparer la lépolite de
l'anorthite. Il est vrai que Mr. Hermann annonce qu'il existe entre
ces deux minéraux une différence fondamentale, parce que, suivant
lui, dans l'anorthite l'inclinaison de la base a lieu à droite, tandis que
dans la lépolite cette face s'incline vers la gauche. Nous n'avons pu
comprendre en quoi consiste cette différence, puisqu'il suffit de retourner le cristal pour voir sa base s'incliner vers la face latérale
de droite ou vers celle de gauche, comme on le voit si bien sur un
cristal hémitrope d'albite, dont les deux moitiés présentent ces inclinaisons inverses.

*Amphodélite.* Ce minéral, qui a aussi été découvert et décrit par
Mr. Nordenskiold, se trouve à Lojo en Finlande, et à Tunaberg en
Suède. Les analyses qui en ont été faites par MM. Nordenskiold et
Svanberg, prouvent que sa composition est la même que celle du
minéral précédent, et par conséquent aussi de l'anorthite. Quelques
différences dans l'aspect, et l'absence de forme cristalline distincte
sont causes que jusqu'ici cependant on l'a considérée comme une
espèce particulière. Mr. Hermann annonce maintenant l'existence de

formes cristallines, fort incomplètes il est vrai, mais qui s'accordent avec celles de l'anorthite. Il convient donc de réunir ces deux espèces.

La *bytownite* et la *latrobite* (ou diploite) doivent aussi, d'après Mr. Hermann, rentrer dans cette même espèce. Il montre en effet que les analyses que l'on possède de ces minéraux s'accordent assez bien avec cette supposition, et que les trois clivages indiqués par Brooke pour la latrobite peuvent, sans trop d'effort, être associés à la forme de l'anorthite. Deux d'entre eux seraient placés comme à l'ordinaire suivant la base et le plan diagonal, le troisième aurait lieu suivant une face tronquant l'angle postérieur du cristal. Toutefois, nous remarquerons que ce dernier clivage n'existant ni dans l'anorthite, ni dans les autres feldspaths, cette réunion de la latrobite à l'anorthite paraît encore douteuse, d'autant plus que la dureté de ce minéral est indiquée comme inférieure à celle des feldspaths.

L'*indianite* est encore réunie par Mr. Herman à l'anorthite d'après sa composition résultant des analyses de Laugier, et d'après l'angle de ses deux clivages. Cette réunion avait été du reste admise déjà par d'autres auteurs (ainsi par Mr. Dufrénoy dans son traité de minéralogie).

*Linséite* Ce minéral, qui se trouve à Orrijärwfi en Finlande, a été décrit et analysé par Mr. Komonen; mais sa description est fort obscure et son analyse inexacte, car, suivant Mr. Hermann, il aurait négligé la présence des alcalis et dosé la silice par différence. Voici, d'après Mr. Hermann, la description de ce minéral.

Il se trouve en cristaux de diverses grosseurs, tantôt comme des pois, tantôt ayant plusieurs pouces de diamètre. Les plus gros ont une surface inégale et souvent recourbée, mais les petits sont assez nets et brillants. Leur couleur est noire, mais elle n'appartient qu'à la surface; elle est grise dans la cassure, quelquefois d'un gris bleu ou rougeâtre. La cassure est inégale et esquilleuse. Sa dureté égale celle du spath fluor; sa densité est de 2,83. Au chalumeau il fond difficilement sur les bords, dans un tube il perd beaucoup d'eau. Les acides blanchissent sa poudre, mais ne la décomposent pas complétement.

La forme des cristaux est prismatique, et se rapproche beaucoup de celle des feldspaths, mais le peu de netteté des faces a empêché Mr. Hermann de constater si elle doit être rapportée au prisme rhomboïdal oblique comme celle de l'orthose, ou au prisme oblique non symétrique comme celle de l'albite. Il indique approximativement pour l'angle du prisme 120°, et pour l'inclinaison de la base sur l'axe 115°. Il existe plusieurs modifications correspondant en général à des faces qui se rencontrent habituellement dans le feldspath.

L'analyse de ce minéral a donné la composition suivante:

|  |  | Oxygène. |  | Rapports. |
|---|---|---|---|---|
| Silice. . . . . . | 42,22 | 21,90 | . . . . . . . | 4 |
| Alumine . . . . . | 27,55 | 12,84 | } 14,93 | 3 |
| Oxyde ferrique . . | 6,98 | 2,09 | } | |
| Oxyde ferreux. . . | 2,00 | 0,44 | } | |
| Magnésie . . . . . | 8,85 | 3,49 | } 5,07 | 1 |
| Potasse. . . . . . | 3,00 | 0,50 | } | |
| Soude . . . . . . | 2,53 | 0,64 | } | |
| Eau . . . . . . . | 7,00 | 6,22 | . . . . . . . | ı |
|  | 100,13 | | | |

Il y a en outre des traces de fluor et d'acide phosphorique. Mr. Hermann représente cette composition par la formule $R^3 Si +$ $3 \overset{..}{A}l Si + 3 H$, et considère ce minéral comme un feldspath hydraté, se rapprochant surtout de l'anorthite.

*Hyposklérite.* Ce minéral, encore peu connu, a été découvert par Mr. Breithaupt, et se trouve à Arendal. Il a tous les caractères des feldspaths.

Sa cristallisation appartient au prisme oblique non symétrique. L'angle du prisme est de 119°, l'inclinaison de la base sur le plan diagonal à droite de 87°, et sur la face prismatique de gauche 114° $^1/_2$. Les cristaux ne portent qu'un petit nombre de modifications correspondant à des faces fréquentes dans les feldspaths.

Sa dureté est un peu inférieure à celle de l'orthose, sa densité de 2,66. Au chalumeau il fond difficilement sur les bords en un émail blanc.

Son analyse a donné à Mr. Hermann les résultats suivants :

|  | | Oxygène. | | Rapports. |
|---|---|---|---|---|
| Silice . . . . . . | 56,43 | 29,27 | . . . . . . . | 6 |
| Alumine . . . . . | 21,70 | 10,13 | | |
| Oxyde ferrique . . | 0,75 | 0,22 | } 10,35 | 2 |
| Oxyde manganeux. | 0,39 | 0,08 | | |
| Oxyde céreux . . } Oxyde lanthanique } | 2,00 | 0,26 | | |
| Chaux . . . . . . | 4,83 | 1,38 | } 4,96 | 1 |
| Magnésie . . . . . | 3,39 | 1,33 | | |
| Potasse. . . . . . | 2,65 | 0,44 | | |
| Soude . . . . . . | 5,79 | 1,47 | | |
| Perte par calcination | 1,87 | | | |
| | 99,80 | | | |

La composition de ce minéral est donc exprimée par la formule
$\ddot{R}^3 \ddot{S}i^2 + 2 \overset{...}{Al} \ddot{S}i^2$. Cette formule est la même que celle de la
weissite.

*Brookite.* Ce minéral a été trouvé dans l'Oural, dans les terrains
aurifères du district de Slatoust, en cristaux d'une grande beauté.
Ils sont prismatiques, et non tabulaires comme ceux d'Angleterre
et des Alpes, et offrent plusieurs modifications qui n'avaient pas
encore été observées. Ces cristaux sont d'un rouge de rubis avec
un éclat voisin de celui du diamant. Leur densité est de 3,81.
Mr. Hermann les a analysés, et n'y a trouvé, outre l'acide titanique,.
que 4,5 pour cent d'oxyde ferrique, et une trace d'alumine.

---

88. — Note sur la pegmatite des Vosges, par Mr. A. Delesse.
(*Comptes rendus de l'Acad. des Sciences*, séance du 9 juillet
1849.)

« Cette roche forme des filons irréguliers qui, sans avoir de direction bien régulière, pénètrent dans toutes les roches granitiques
des Vosges ; elle est constamment associée à de la tourmaline, et
joue le même rôle que le schorl-rock dans le Cornouailles. Elle reproduit, sur une échelle beaucoup moindre, les phénomènes remar-

quables qu'offrent les granits à gros grains du centre de la France
et de la Bretagne, qui ont été signalés par les auteurs de la Carte
géologique de France.

« La pegmatite des Vosges offre une grande constance dans ses
caractères ; elle se compose de *quartz blanc*, de *feldspath rose*, de
*mica argentin* et de *tourmaline* noire, ou d'un noir verdâtre.

« L'auteur donne dans son mémoire les analyses de ces quatre
minéraux. Nous en extrayons seulement l'analyse du feldspath,
attendu qu'elle confirme le fait annoncé par Mr. G. Rose, à savoir
que dans le feldspath une certaine quantité de soude remplace souvent une certaine proportion de potasse.

« Deux analyses ont donné à Mr. Delesse, pour la composition
moyenne du feldspath de la pegmatite des Vosges, les proportions
suivantes :

| | |
|---|---|
| Silice | 65,92 |
| Chaux | 0,75 |
| Soude | 3,10 |
| Oxyde de manganèse | 0,70 |
| Potasse | 10,41 |

89. — NOTE SUR LES ÉRUPTIONS VOLCANIQUES ET MÉTALLIFÈRES,
par Mr. Elie DE BEAUMONT. (*Bulletin de la Société géolog. de
France*, 2ᵐᵉ série, tome IV.)

Les éruptions volcaniques amènent à la surface du globe, d'une
part des roches en fusion, des laves et tous leurs accessoires ; ce
sont *des produits volcaniques à la manière des laves*, et de l'autre,
des matières volatilisées ou entraînées à l'état moléculaire, de la
vapeur d'eau, des gaz, des sels, etc.; ce sont *des produits volcaniques à la manière du soufre*. On voit, en remontant le cours des
périodes géologiques, que les matières volcaniques à la manière des
laves deviennent de plus en plus riches en silice, et que les matières
volcaniques à la manière du soufre deviennent de plus en plus variées. Ces dernières sont des produits de la voie humide, de même

que les produits des sources thermales sont ceux de la chaleur. La plupart des filons métalliques paraissent s'y rapporter.

Le tableau donné à la fin de cet extrait est la copie de celui de Mr. E. de Beaumont ; il résume son travail ; les numéros suivants se rapportent à ceux des colonnes.

1. Corps les plus généralement répandus à la surface du globe. Ils sont au nombre de seize. (Voy. *Recherches sur la partie théorique de la Géologie, par Sir Henri de la Beche.*) On pourrait ajouter le titane, le brome, l'iode, le sélénium, qui sont généralement répandus quoique en petites quantités, ce qui porterait le nombre de ces corps à 20, sur lesquels cependant il n'y en aurait que 12 se montrant fréquemment et en abondance.

2. Quatorze corps simples qui entrent dans la composition des diverses espèces de laves produites par les volcans actuels. Quoique le soufre se trouve dans l'acide sulfurique, l'hydrogène dans l'eau de la haüyne, le chlore dans la sodalite, le fluor dans le mica, cependant ces quatre corps ne se trouvent dans les laves que d'une manière exceptionnelle, et le nombre doit en être réduit à dix.

3. Quinze corps simples qui composent les roches volcaniques anciennes.

4. Corps simples qui entrent dans la composition des roches basiques ou roches dont le mode d'éruption a différé de celui des roches volcaniques, notamment par la rareté des scories ; ce sont des serpentines, des trapps, etc.

5. Corps simples composant les roches granitiques ou roches acidifères, c'est-à-dire des roches dans lesquelles les bases sont saturées de silice et dans lesquelles la silice est en excès ; ce sont le porphyre quarztifère, la diorite, la syénite, la protogine, le granite, la pegmatite.

6. Corps simples qui entrent dans la composition des filons stannifères ou des filons de matières qui accompagnent l'étain.

7. Corps simples des filons ordinaires ou plombifères et d'autres filons, auxquels on a réuni les corps qui entrent dans la composition des masses cristallisées contenues dans les géodes des amygdaloïdes, dans les fissures des septaria, etc.

8. Eléments qui se rencontrent dans les eaux minérales. On remarque que cette liste n'est pour ainsi dire qu'un extrait de la liste des corps qui se trouvent dans les filons ordinaires.

9. Corps simples qui se trouvent dans les émanations des volcans actuels ; c'est un résumé de ceux qui se trouvent dans les sources minérales, cependant le cobalt, le plomb, le sélénium qui n'y figurent que pour des quantités très-peu considérables manquent à la liste des corps simples qui se trouvent dans les eaux minérales. En comparant les colonnes 2 et 9, aux colonnes 5 et 6, on en conclut que les foyers des volcans actuels sont les plus pauvres en corps simples de ceux qui ont agi à la surface du globe. Une grande partie des corps simples ont été séquestrés dans les premiers phénomènes géologiques de manière à ne plus reparaître ailleurs; il y a eu parmi les corps simples un triage graduel qui constitue un grand phénomène qui a marché pendant toute la durée de la formation de l'écorce terrestre, mais dont les effets ont varié à mesure que l'écorce terrestre s'est épaissie.

10. Corps simples qui se trouvent à l'état natif à la surface du globe. Quelques-uns (palladium, rhodium, ruthenium, iridium, platine) ne forment guère des combinaisons stables qu'entre eux ; ils paraissent constituer un monde à part au milieu du monde minéralogique.

11. Corps trouvés dans les aérolithes, au nombre de 21 ; tous sont des corps déjà connus à la surface du globe, et 15 d'entre eux sont compris dans la liste des 16 corps simples qui y sont le plus répandus.

12. Corps qui entrent le plus généralement dans la composition des corps organisés ; ce sont les mêmes que ceux de la première colonne. « Cette identité montre, dit l'auteur, que la surface du globe renferme dans presque toutes ses parties tout ce qui est essentiel à l'existence des êtres organisés ; elle fournit un nouvel et frappant exemple de l'harmonie qui existe entre toutes les parties de la nature. Les 16 corps simples dont il s'agit se trouvant tous soit dans les productions volcaniques, soit dans les eaux minérales, on voit que la nature a pourvu non-seulement à l'établissement

mais à la conservation de cette harmonie indispensable. Le globe en vieillissant ne cessera jamais de fournir aux êtres organisés tous les éléments nécessaires à leur existence. »

Dans le reste du mémoire, l'auteur présente une suite de réflexions intéressantes et ingénieuses, tirées de l'examen de la distribution des corps simples dans les différentes colonnes du tableau. Celles qui nous ont le plus frappé sont les suivantes. Le gisement d'un grand nombre de filons qui est le même que celui des eaux minérales, doit nous faire croire que ces filons ne sont autre chose que des dépôts opérés par les eaux minérales dans les fissures qu'elles parcouraient. Cette théorie ne diffère de celle de Werner que parce que ce dernier supposait que les eaux venaient de l'extérieur ou de la surface du globe. La différence principale entre le gisement des eaux minerales et celui des filons consiste en ce que les premières sont coordonnées à des roches éruptives modernes, tandis que les secondes sont coordonnées à des roches éruptives plus anciennes. Les filons sont des fentes remplies après coup, mais on doit en distinguer deux classes ; les *filons concrétionnés*, formés de matières pierreuses (quartz, baryte sulfatée, chaux carbonatée) et de matières métalliques (galène, pyrite, etc.), disposées en bandes symétriques et les *filons injectés*, dans lesquelles on ne retrouve pas cette dernière disposition (basalte, mélaphyre, porphyre).

L'auteur s'occupe ensuite de rapprocher les émanations des volcans actuels des eaux minérales et des filons, dans le but surtout de dévoiler le mode de formation de ces derniers, et pour montrer que les substances qui les composent sont *volcaniques à la manière du soufre*. Puis, passant à l'étude du granit, Mr. E. de Beaumont prouve que le cortége métallique des roches granitiques s'appauvrit à mesure que leurs éruptions ont eu lieu à une époque plus moderne, et que leurs modes d'éruption et de cristallisation se modifient pour se réduire au mode actuel. Il cherche à expliquer la cristallisation du granite, et fait intervenir dans ce phénomène la surfusion du quartz, de l'eau en petite quantité, certains sels volatils (chlorure de sodium, chlorure de fer, hydrochlorate d'ammoniaque), d'autres substances également volatiles, du soufre, du fluor, du

phosphore, du bore et l'électricité ; ces agents ont produit des phénomènes que l'on pourrait comparer au rochage de l'argent et à
l'état sphéroïdal des corps ; mais nous ne donnons ici qu'une idée
bien vague de la dissertation à laquelle l'auteur s'est livré, il faut la
lire en entier pour comprendre la manière savante dont ces faits
sont discutés dans le but de jeter quelque jour sur ce phénomène
singulier, qui depuis si longtemps préoccupe l'esprit de ceux qui
étudient l'origine des roches. « Bien que l'action de la chaleur ait
prédominé, dit l'auteur, l'eau paraîtrait y avoir joué un rôle considérable, de manière que la formation des granites tient très-probablement d'une part, par les silicates qui entrent dans leur composition à celle des laves, et de l'autre, par la silice libre qui y abonde
à la formation des dépôts de silice qui constituent les filons quartzeux. » Cependant la conclusion de cette savante dissertation n'est
point une explication bien claire de la cristallisation du granite.

« Quelque précaire que soit sans doute cette explication, dit l'auteur, on pourrait soutenir qu'elle est, jusqu'à un certain point, au
niveau de l'état présent de la science, puisqu'on n'est arrêté pour
la développer davantage que par l'imperfection des connaissances
actuelles sur la nature intime des phénomènes physiques qu'on est
conduit à invoquer. »

Tableau de la *distribution des corps simples dans la nature.*

| | 1 | 2 | 3 | 4 | 5 | 6 | 7 | 8 | 9 | 10 | 11 | 12 |
|---|---|---|---|---|---|---|---|---|---|---|---|---|
| 1 Potassium ... | | | | | | | | | | ... | | |
| 2 Sodium...... | | | | | | | | | | ... | | |
| 3 Lithium..... | ... | ... | ... | ... | | | ... | | | | | |
| 4 Barium...... | ... | ... | ... | ... | ... | | | | | | | |
| 5 Strontium ... | ... | ... | ... | ... | ... | ... | | | | | | |
| 6 Calcium..... | | | | | | | | | | ... | | |
| 7 Magnésium .. | | | | | | | | | ... | ... | | |
| 8 Yttrium..... | ... | ... | ... | ... | | | | | | | | |
| 9 Glucinium... | ... | ... | ... | ... | | | | | | | | |
| 10 Aluminium... | | | | | | | | | | ... | | |
| 11 Zirconium... | ... | ... | ... | ... | | | | | | | | |
| 12 Thorium..... | ... | ... | ... | ... | | | | | | | | |
| 13 Cérium...... | ... | ... | ... | ... | | | | | | | | |
| 14 Lanthane.... | ... | ... | ... | | | | | | | | | |
| 15 Didymium.... | ... | ... | ... | ... | | | | | | | | |
| 16 Urane....... | ... | ... | ... | ... | | | | | | | | |
| 17 Manganèse... | | | | | | | | | | ... | | |
| 18 Fer......... | | | | | | | | | | ... | | |
| 19 Nickel ...... | ... | ... | ... | ... | ... | | | ... | | ... | | |
| 20 Cobalt ...... | ... | ... | ... | | | | | ... | | ... | | |
| 21 Zinc........ | ... | ... | ... | | | | | | | | | |
| 22 Cadmium.... | ... | ... | ... | ... | ... | | | | | | | |
| 23 Etain ....... | ... | ... | ... | ... | | | | | | | | |
| 24 Plomb ...... | ... | ... | ... | | | | | ... | | | | |
| 25 Bismuth..... | ... | ... | ... | | | | | ... | ... | | | |
| 26 Cuivre ...... | ... | ... | ... | | | | | ? | | | | |
| 27 Mercure..... | ... | ... | ... | ... | ... | ... | | | | | | |
| 28 Argent...... | ... | ... | ... | | | | | ... | | | | |
| 29 Palladium ... | ... | ... | ... | | ? | | | | | | | |
| 30 Rhodium .... | ... | ... | ... | | ... | ... | ... | ... | | | | |
| 31 Ruthenium... | ... | ... | ... | | ... | ... | ... | ... | | | | |
| 32 Iridium ..... | ... | ... | ... | | ... | ... | ... | ... | | | | |
| 33 Platine...... | ... | ... | ... | | ... | ... | | | | | | |
| 34 Osmium..... | ... | ... | ... | | ... | ... | ... | ... | | | | |
| 35 Or.......... | ... | ... | ... | | | | | | | | | |
| 36 Hydrogène... | | | | | | | | | | ... | | |
| 37 Silicium..... | | | | | | | | | | | | |
| 38 Carbone..... | | ... | ... | ... | | | | | | | | |
| 39 Bore........ | ... | ... | ... | ... | | | | | | | | |
| 40 Titane ...... | ... | | | | | | | | | | | |
| 41 Tantale...... | ... | ... | ... | ... | | | | | | | | |
| 42 Niobium .... | ... | ... | ... | ... | | | | | | | | |
| 43 Pélopium.... | ... | ... | ... | ... | | | | | | | | |
| 44 Tungstène ... | ... | ... | ... | ... | | | | | | | | |
| 45 Molybdène... | ... | ... | ... | ... | | | | | | | | |
| 46 Vanadium ... | ... | ... | ... | ... | | | | | | | | |
| 47 Chrome ..... | ... | ... | ... | | | | | ... | ... | ... | | |
| 48 Tellure...... | ... | ... | ... | ... | ... | | | ... | ... | | | |
| 49 Antimoine ... | ... | ... | ... | ... | ... | | | ... | ... | | | |
| 50 Arsenic...... | ... | ... | ... | | | | | | | | | |
| 51 Phosphore... | | ... | | | | | | | | | | |
| 52 Azote....... | | ... | ... | ... | ... | ... | ... | | | | | |
| 53 Sélénium.... | ... | ... | ... | ... | ... | | | | | | | |
| 54 Soufre ...... | | | | | | | | | | | | |
| 55 Oxygène .... | | | | | | | | | | | | |
| 56 Iode........ | ... | ... | ... | ... | ... | ... | | | | | | |
| 57 Brome ...... | ... | ... | ... | ... | ... | ... | | | | | | |
| 58 Chlore ...... | | | | | | | | | | ... | | |
| 59 Fluor ....... | | | | | | | | | | | ... | |
| | 16 | 14 | 15 | 30 | 42 | 48 | 43 | 24 | 19 | 20 | 21 | 16 |

90. — NOTE RELATIVE A L'UNE DES CAUSES PRÉSUMABLES DU PHÉ-
NOMÈNE ERRATIQUE ; RÉPONSE A QUELQUES OBSERVATIONS DE
M<sup>r</sup>. LE PROFESSEUR AL. MOUSSON ET DE M<sup>r</sup>. CHARPENTIER,
par Mr. Elie DE BEAUMONT [1]. (*Bulletin de la Soc. géolog. de
France*, 2<sup>me</sup> série, tome IV, 1834.)

Malgré les nombreux travaux publiés depuis quelques années
dans le but de démontrer l'extension des anciens glaciers dans les
pays de montagnes, et en particulier dans les Alpes, Mr. Elie de
Beaumont persiste à croire que le transport des blocs erratiques
n'est point dû aux glaciers, mais que ces masses de roches qui atteignent parfois des masses si gigantesques (60,000 pieds cubes) et
qui se trouvent à de grandes distances du point d'où elles ont été
arrachées (40 à 50 lieues, Steinhof près Soleure) ont été transportées par des courants d'eau plus ou moins boueuse.

En parlant des éboulements qui eurent lieu en 1835 à la Dent du
Midi en Valais, cet illustre géologue dit : « Guidé par Mr. de Charpentier lui-même et par Mr. Lardy, j'ai vu avec un vif intérêt dans
ces débordements boueux, qui flottaient avec une aisance incroyable, des blocs calcaires de dimensions considérables, quoique inférieurs à la profondeur du courant, une image en miniature du phénomène erratique tel que je le conçois. »

Je n'ai point assisté à ces éboulements, mais j'ai vu un spectacle
analogue, et il me semble impossible que de gros blocs puissent
*flotter* ; ils roulent, non pas sur eux-mêmes (les grands blocs le
font rarement), mais sur les blocs plus petits qui se confondent avec
la matière boueuse et qui les supportent. Il est vrai que souvent les
grands blocs restent à la surface de la masse principale du torrent
boueux, mais ils sont supportés et ne flottent pas plus que ne le
fait un bloc de pierre qui roule sur des boulets de canon. Il résulterait de ce mode de charriage que toutes les dépressions du ter-

---

[1] Les mémoires de MM. Mousson et de Charpentier ont été publiés dans
le Bulletin de la Soc. géolog. de France, tome IV, 269 et 274, et par
extrait dans la Bibl. Univ. (Archives), 1847, tome VI, 327.

rain qui se seraient trouvées sur le passage des blocs erratiques
auraient été comblées par ce torrent boueux, or un des traits singuliers et caractéristiques de la position de ces blocs est d'avoir, dans
le voyage qu'ils ont fait lors de leur transport, traversé de grandes
dépressions du sol sans s'y être arrêtés et sans les avoir comblées.
En effet, les grands blocs erratiques des environs de Neuchâtel ont
franchi les dépressions occupées aujourd'hui par les lacs de Genève
et de Neuchâtel. Ainsi je pense que l'on ne peut comparer le véhicule qui transporta autrefois les blocs erratiques à des courants
boueux.

Ces courants avaient pour origine, d'après Mr. E. de Beaumont,
des neiges fondues par l'action de gaz et de vapeurs qui se seraient
dégagées au moment de l'éruption de certaines roches ignées.

Pour appuyer cette hypothèse, l'auteur, tout en réfutant le travail
de MM. de Charpentier et Mousson, se livre à des discussions fort
ingénieuses. Il pense que la vapeur d'eau est presque toujours susceptible de fondre et de réduire en eau à la température de 0° un
poids de glace ou de neige égal à huit fois le sien, et qu'elle peut
donner naissance à un courant formé de glace et de neige égal à
douze ou quinze fois le sien, en tenant compte de la glace et de la
neige tenue en suspension sans parler des matières terreuses qui
ont pu s'y trouver mélangées.

Quant à la vitesse des courants diluviens, il l'évalue à 20 ou 30
mètres par seconde.

On trouve encore dans ce mémoire des détails intéressants sur
les éruptions volcaniques qui se sont faites dans des montagnes couvertes de neige et qui ont produit des débâcles.

———————

91.—Sur la houille de Brennberg, près Œdenburg en Hon-
grie, par Mr. C. Nendtvich, de Pesth. (*Jahrbuch für prakt.
Pharmacie,* tome XVI.)

La mine de houille de Brennberg est située à une lieue et demie
à l'ouest d'Œdenburg. Le sol du pays est formé par le gneiss, et le

micaschiste, sur lesquels repose un conglomérat composé de fragments anguleux de gneiss, de micaschiste et de granite cimentés par les éléments de ces mêmes roches associés à du talc. Les fragments atteignent parfois la grosseur d'un pied cube. Au-dessus on voit un grès micacé, doux au toucher, grisâtre, qui alterne avec les couches de houille, lesquelles présentent une épaisseur d'un ou deux pieds. Cette formation est recouverte par l'argile et le diluvium. Quoique dans son gisement ce charbon ait du rapport avec les lignites, il présente cependant l'apparence des véritables houilles anciennes, mais il ne peut fournir du coke. On n'y a trouvé aucun fossile, sauf quelques feuilles de hêtres placées dans les argiles, ce qui assigne à ce terrain un âge peu ancien, mais qu'il est impossible de préciser, parce qu'il est, comme nous l'avons dit, entouré de toutes parts de schistes cristallins.

L'analyse de la meilleure qualité provenant de la couche nommée Josephilager a donné les résultats suivants :

$$
\begin{array}{lr}
\text{Carbone.} & 72,78 \\
\text{Hydrogène} & 5,35 \\
\text{Oxygène} & 21,87 \\
\hline
& 100,00
\end{array}
$$

2,21 °/₀ de cendres ; 1,30 °/₀ de soufre ; 17,82 °/₀ d'eau. Pesanteur spécifique 1,285.

————————

**92. — CATALOGUE DES TREMBLEMENTS DE TERRE RESSENTIS EN 1848, par Mr. A. PERREY. (*Acad. des Sciences de Bruxelles*, séance du 3 mars 1849.)**

Mr. A. Perrey, dont les travaux considérables et consciencieux sur les tremblements de terre sont connus de tous les géologues, a communiqué à l'Académie de Bruxelles le catalogue des tremblements de terre qui ont eu lieu dans l'année 1848. Ils sont au nombre d'environ cinquante-deux. Il est même probable que malgré tous ses soins, l'auteur n'a pas eu connaissance de tous les phénomènes de ce genre qui ont eu lieu durant cette année.

## ANATOMIE ET PHYSIOLOGIE.

93. — SUR LA CAUSE PROBABLE DU MOUVEMENT CILIAIRE, réponse
à Mr. J.-B. Schnetzler [1], par Mr. NEUHAUS, fils. (*Communiqué*
*par l'auteur.*)

Ce n'est pas sans étonnement que nous avons lu dans le n° 40 de
votre journal un article sur la cause probable du mouvement ciliaire,
où l'auteur, Mr. Schnetzler, cherche à prouver que l'électricité est
l'agent moteur des cils vibratils. Qu'il nous soit permis de faire
quelques remarques sur cette hypothèse et sur l'expérience qui lui
sert de base.

Pour faire une déduction bien motivée d'un poil de la queue du
myrmecophaga jubata à des cils microscopiques (deux choses, pour
le dire en passant, assez peu semblables), il est, ce nous semble, de
première nécessité de mettre, autant que possible, les deux objets
dans des conditions semblables. En plaçant un des poils en question
sur le conducteur d'une machine électrique et en le mouillant fortement ou en le plaçant simplement dans une atmosphère humide,
Mr. Schnetzler a vu l'extrémité libre du poil se plier et se replier à
diverses reprises. Il a conclu de là qu'il existait une analogie marquée entre ces mouvements et celui des cils vibratils. Mais comme
il le dit lui-même dans la suite de son article, les cils vibratils
ne peuvent se mouvoir que complétement recouverts de liquide.
Mr. Schnetzler aurait donc aussi dû placer son poil dans un liquide
quelconque. Nous croyons pouvoir l'assurer que s'il réitère son expérience de cette manière, le poil, après s'être dressé, ne bougera
plus.

Le mouvement obtenu par Mr. Schnetzler provient tout simplement d'une répartition inégale de l'électricité sur la surface du poil,
répartition qui se forme par la différente épaisseur et l'évaporation
irrégulière de la couche d'eau qui recouvre le poil. Il n'existe donc
aucune analogie marquée entre la découverte de Mr. Schnetzler et
le mouvement ciliaire. Si toutefois il n'est pas convaincu entièrement
de la justesse de ce que nous avançons, nous pouvons lui prouver

[1] Voyez Bibl. Univ. (Archives), tome X, p. 320.

d'une autre manière que l'électricité n'est pas la cause du mouvement ciliaire, en prenant la liberté de lui rappeler un phénomène qu'il ne peut ignorer comme physiologiste, c'est que les cils vibratils peuvent être éthérisés.

En faisant passer des vapeurs d'éther sur une muqueuse garnie de cils vibratils, ces derniers sont arrêtés subitement et ne recommencent leurs mouvements que plusieurs heures après et souvent plus du tout. D'après la théorie de Mr. Schnetzler, l'éther se changeant en vapeur, et dégageant, par conséquent, de l'électricité, devrait, au lieu de le détruire complétement, entretenir et augmenter le mouvement ciliaire. Comment, après cela, admettre que l'électricité est la cause de ce mouvement?

Il serait trop long de discuter un à un tous les développements que donne Mr. Schnetzler sur la production de l'électricité dans l'organisme animal et sur la nature et les fonctions de cette matière hypothétique qu'on a nommé éther; nous nous contenterons de rectifier quelques faits cités par Mr. Schnetzler dans la suite de son article.

Il dit que les substances narcotiques n'ont aucune action sur le mouvement des cils vibratils. Nous avons vu, dans de nombreuses expériences, les cils vibratils s'arrêter à tout jamais sous l'influence des poisons narcotiques.

Plus bas il dit que ce n'est qu'à la première menstruation que les cils vibratils apparaissent sur la muqueuse des parties génitales de la femme. Bien au contraire, les cils se trouvent déjà sur cette muqueuse depuis la deuxième et troisième année. A la première menstruation les cils sont emportés par le sang et le liquide muqueux, sécrété en abondance à cette époque par les parois de la matrice et du vagin, et ne se reforment que quelque temps après. La menstruation produit donc toujours sur la muqueuse des parties de la femme le même effet qu'un rhume de cerveau sur la muqueuse du nez.

Quant aux spermatozoïdes, il n'existe aucune espèce d'analogie entre leur mouvement et celui des cils vibratils. Ces êtres problématiques, qu'on a nommés spermatozoïdes, sont privés de tout mouvement aussi longtemps qu'ils se trouvent encore dans les testicules, et ne commencent à se mouvoir que lorsque le sperme a été délayé dans un liquide quelconque, tandis que les cils vibratils se meuvent déjà dans l'organisme sur leur muqueuse.

Pourquoi vouloir toujours expliquer des phénomènes nouvellement observés par des forces déjà connues. Pourquoi toujours cette recherche inquiète et continuelle de l'identité de deux causes, qui malheureusement caractérise si bien la tendance actuelle des sciences naturelles. L'intelligence de l'homme est-elle donc si étroite pour ne concevoir une idée de plus, et pour croire que la nature ne possède que quelques moyens pour arriver à ses fins ?

Si l'on nous demande quelle est donc la cause du mouvement ciliaire, nous répondrons que c'est ni une contraction musculaire faite sous l'influence d'un système nerveux, ni l'électricité ; que c'est une force inconnue jusqu'à présent et à laquelle il manque un nom. La science se payant si souvent de mots, faute de pouvoir expliquer une chose, créez donc un mot pour la cause du mouvement ciliaire, et bien du monde, croyant la chose expliquée, se déclarera satisfait.

---

94. — Sur l'anatomie des reins, par le Dr Gerlach, de Mayence.
(*Muller's Archiv*, tome II, 1848, p. 102.)

Le but de ce nouveau mémoire sur la structure des reins est d'examiner si la communication entre les petits canaux urinaires et les capsules de Müller existe réellement. L'auteur tâche de démontrer cette communication par les quatres preuves suivantes :

1° L'injection des capsules depuis l'urétère.

2° Lorsqu'on fait une injection depuis l'artère rénale les canaux urinaires se remplissent facilement. Ce fait ne s'explique que par la communication directe des capsules avec les canaux urinaires. La masse injectée, sortie par déchirure des corps de Malpighi, ne rencontre d'autre chemin que ces petits canaux.

3° Quelques faits constatés en anatomie comparée parlent en faveur de la communication ; par exemple, la structure des reins chez les Myxinoïdes (Müller).

4° La communication des capsules et des canaux urinaires n'implique aucune impossibilité physiologique comme le prétendait Bidder et surtout Reichert. Soit que les glandes agissent comme appareil de filtration, soit que la sécrétion se fasse sous l'influence de la force métabolique des cellules, ces dernières seront toujours l'élément le plus important de la glande. Or, Mr. Gerlach, de même que MM. Kœlliker et Hyrse ont constaté la présence de cellules qui se continuent depuis les parois des capsules de Müller jusque sur les corps de Malpighi qu'elles enveloppent.

---

## ZOOLOGIE ET PALÉONTOLOGIE.

95. — NOTES PALÆICHTHYOLOGIQUES, par sir Phil. GREY-EGERTON. — SUR LA FAMILLE DES CÉPHALASPIDES ET SUR LE GENRE PTERICHTHYS (avec notes par Mr. Hugh MILLER). ( *Quarterly Journal of the Geolog. Soc.*, novembre 1848.)

La carapace des Pterichthys se compose de treize pièces, dont sept appartiennent à la région ventrale, quatre en deux paires aux régions latérales, et deux à la face dorsale. Des deux dernières l'antérieure est hexagonale très-convexe en forme de patèle et la seconde beaucoup plus petite est presque carrée avec ses bords antérieur et postérieur arrondis. Les pièces latérales ont entre elles à peu près les mêmes rapports de forme et de dimension ; mais c'est la plus petite qui est antérieure ; en outre la postérieure est irrégulière, ses côtés étant inégaux entre eux. Elle porte deux arêtes, l'une horizontale parcourant toute son étendue, l'autre oblique se prolongeant sur la pièce dorsale antérieure. Ces deux arêtes se réunissent au bord postérieur avec un bourrelet lisse, sur lequel s'opéraient les mouvements latéraux de la queue ; un bourrelet semblable existe au bord antérieur de la première pièce latérale pour ceux de la tête. Les sutures de ces pièces entre elles sont disposées de telle sorte que les deux grandes pièces (la première dorsale et la seconde latérale) se réunissent par une assez grande étendue ; la dernière touche en outre assez largement à la première paire ventrale. La face ventrale présente une certaine analogie avec le plastron des tortues auquel ou supprimerait la troisième paire de pièces. En effet, c'est la même disposition sauf dans les détails. La première paire comprend deux plaques parallélogrammiques, tronquées vers l'angle postérieur externe, et touchant en avant à une pièce transversale sur les extrémités de laquelle s'insèrent, au moyen d'un petit ginglyme, les nageoires pectorales. La seconde paire ne diffère de la première qu'en ce qu'elle est un peu plus allongée dans la direction de l'axe, et que c'est l'angle antérieur qui est échancré, de manière à laisser un intervalle en forme de losange presque équiangle, égal au tiers de la largeur totale de la face ventrale. Cet intervalle reçoit une pièce impaire qui s'insère par suture écailleuse assez lâche, tandis que toutes les autres sutures sont par contact latéral des bords entre eux. La troisième paire se compose de deux pièces triangulaires, en forme d'ogive, qui ne se touchent que par une faible portion de la base interne, en sorte que le plastron est fortement échancré en arrière.

Sur une nouvelle espèce, décrite dans le mémoire et figurée pl. X, l'auteur a vu des yeux occupant la face supérieure au-dessus de l'insertion des nageoires pectorales. Une nageoire précédée d'un rayon osseux semble s'insérer sur la face dorsale à la base de la queue ; mais l'auteur, tout en admettant que c'est une dorsale, semble indiquer qu'il y aurait peut-être des motifs pour la considérer comme une des ventrales.

L'auteur considère les genres chelyophorus, actinolepis, cocosteus, homothorax, comme appartenant au même type général, caractérisé par l'organisation de la carapace décrite dans pterichtys. Le genre pamphractus ne pourrait être distingué du pterichtys dont il a tous les caractères essentiels.

M. Miller pense que le genre homothorax est établi sur la face ventrale de la même espèce que le type du genre pamphractus dont les caractères auraient été pris d'après la face dorsale.

La détermination de ces faces elles-mêmes a été faite d'une manière différente d'après les espèces ou les genres observés ; mais les auteurs donnent des raisons plausibles pour faire adopter leur opinion, qui consiste à considérer comme dorsale la face fortement convexe et élevée qui n'a que deux bandes transverses d'écussons et comme ventrale la face plane portant une pièce impaire.

Les espèces du genre pterichthys sont :

P. latus, Agass. old. red. tab. 3, f. 3, 4.
　　testudinarius　　—　　tab. 4, f. 1, 2.
　　productus　　　—　　tab. 3.
　　cornutus　　　—　　tab. 2.
　　oblongus　　　—　　tab. 3, f. 1, 2.
　　hydrophylus (Pamphractus Ag.) tab. 4. f. 4. 5,6.
　　quadratus Egert. *Quart. journ.* nov. 1848, pl. X.

---

96. — DESCRIPTION DU LEPTOLEPIS CONCENTRICUS, par sir Philip GREY-EGERTON, (dans Notice sur la découverte d'une libellule et d'un leptolepis dans le lias supérieur près Cheltenham , par le Rév. BRODIE). ( *Quarterly Journal of the Geolog. Soc.,* février 1849, page 31.)

Ce poisson, qui ressemble beaucoup au Leptolepis Bronnii, a le corps plus régulièrement fusiforme que les autres espèces connues du genre. Ses écailles sont plus épaisses et laissent voir distinctement l'émail qui les recouvre ; tandis que cet émail est difficile à distinguer dans les autres espèces. Aussi l'auteur croit-il qu'on devrait distinguer ce nouveau type au moins comme un sous-genre bien distinct.

Ce mémoire renferme en outre la description et la figure d'un magnifique insecte, que Mr. Brodie nomme Libellula (heterophlebia) dislocata, et qui a été découvert dans les mêmes couches que le Leptolepis.

97. — Remarques sur la métamorphose des échinodermes, par
J. Muller. (*Müller's Archiv*, 1848, tome II, p. 113.)

La métamorphose des échinodermes rentre dans la reproduction
par larves (Larvenzeugung) ou dans la reproduction par bourgeons
sans le concours des sexes, comme cela a lieu dans le mode de reproduction si remarquable appelé génération alternante. Elle se
rapproche le plus des métamorphoses du *Monostomum mutabile*.
(Voyez : de Siebold, Wiegm. Archiv, 1835.)

La *Bipennaria asterigera* n'est point l'appareil de natation de
l'étoile de mer comme le croyaient les naturalistes norvégiens. La
larve des astéries, ophiures et oursins est la nourrice (Amme) de
l'échinoderme dans le double sens du mot, 1° dans le sens que lui
donne Mr. Steenstrup dans sa théorie si féconde des alternances de
génération ; 2° dans le sens littéral du mot, car la larve nourrit
l'échinoderme comme son bourgeon.

———

98. — Sur la nature des grégarines, par le docteur Fr. Stein.
(*Müller's Archiv für Anatomie, etc.*, 1848, II, p. 182.)

Mr. Stein porte à 68 le nombre des espèces d'insectes dans lesquels on trouve des Grégarines. On n'en connaissait avant lui que 29.
En y ajoutant les Myriapodes, Crustacés et Annélides (les lombrics
en renferment dans les organes mâles, Henle) les hôtes des Grégarines sont au nombre de 80. Ce sont pour la plupart des animaux
voraces et carnivores ; au moins ils ne se nourrissent jamais de matière végétale fraîche. Cette répartition des Grégarines dans des espèces dont le genre de vie est si exclusif, montre évidemment que
leurs germes sont introduits par la nourriture.

Le corps des Grégarines est un boyau cylindrique, fusiforme ou
ovoïde, fermé partout sans trace de bouche ni d'anus. Simple dans
quelques espèces, le corps se divise le plus souvent en deux parties.
La partie antérieure forme un segment hémisphérique ou conique
séparé du reste par un étranglement. Une cloison verticale correspond

à cet étranglement et divise ainsi la cavité intérieure en deux portions. Cette cloison n'a pas été observée par les auteurs précédents. D'autres espèces ont le corps divisé en trois cavités par deux étranglements et deux cloisons intérieures correspondantes.

D'après ces différences d'organisation l'auteur divise les Grégarines en trois familles naturelles ;

1° Les *Monocystidées* ou Grégarines simples sans étranglement et sans cloison intérieure.

2° Les *Grégarinariées* ou Grégarines ordinaires dont le corps est divisé en deux parties.

3° Les *Didymophydées* ou Grégarines dont le corps est divisé en trois portions comme s'il résultait de la soudure de deux individus provenant chacun d'une des familles précédentes.

L'enveloppe des Grégarines est une membrane hyaline, transparente, lisse et élastique. Quelquefois la surface extérieure se prolonge en soies immobiles ou en cils vibratiles (Henle a trouvé ce dernier cas dans les Grégarines des organes génitaux du lombric). L'intérieur ne montre aucune organisation ; il est rempli d'un liquide probablement albumineux, dans lequel nagent une quantité innombrable de globules que l'auteur considère comme des globules de graisse. Les jeunes individus en renferment moins et sont par conséquent plus transparents. Mr. Stein confirme la présence d'un nucléus couché librement dans le contenu des Grégarines. Il est toujours simple chez les Monocystidées et les Grégarinariées ; une espèce de la troisième famille en montrait deux ; une autre n'en renfermait aucun. Quoique la reproduction de ces singuliers organismes soit encore complétement obscure, plusieurs faits semblent y répandre quelque lumière. L'observation suivante de Mr. de Siebold en est un des plus importants.

Les intestins grêles d'une larve de Diptère (Sciara nitidicollis) renferment à côté de nombreuses Grégarines (G. caudata) un grand nombre de vésicules rondes, remplies d'innombrables petits corps en forme de navettes appelés Navicelles par de Siebold. Elles se composent d'un noyau mou et d'une enveloppe dure et transparente. Henle les retrouva dans les organes génitaux du lombric accompagnées de véritables Grégarines. Ces deux faits prouvent évidemment une relation entre les Navicelles et le développement des Grégarines. De nombreuses observations, faites par l'auteur lui-même sur le développement des Navicelles dans le lombric, démontrent que celles-ci ne sont que des transformations des Grégarines.

Après avoir observé des transitions entre le genre Zygocystis (Grégarine où deux individus sont soudés par la partie antérieure de leur corps) et les cystes dans lesquels se développent les Navicelles, Mr. Stein compare leur formation à la reproduction par conjugation observée chez quelques conferves. Des observations faites sur d'autres Grégarines habitant le canal intestinal des insectes semblent confirmer cette manière de voir. Il en résulterait que deux individus se réunissent d'abord par juxtaposition. Dans ces couples adultes chaque individu prend une forme ovale. La cloison intérieure qui sépare la cavité du corps en deux portions est résorbée, les deux individus apparaissent alors comme deux hémisphères pressés l'un contre l'autre. Ils sécrètent ensuite un liquide gélatineux qui se solidifie en les enveloppant tous les deux. Enfin la membrane particulière de chaque individu est résorbée, et leur contenu se réunit en une seule sphère granuleuse qui se transforme peu à peu en Navicelles. Celles-ci, appelées grains germinatifs (Keimkörner) par Mr. Stein se trouvent souvent dans les excréments de différents insectes, soit sorties de leurs cystes, soit renfermées dans leurs enveloppes (par exemple chez le Tenebrio molitor). De là elles arrivent par la nourriture dans le canal intestinal d'autres individus, où en se développant elles donnent naissance à des Grégarines.

# OBSERVATIONS MÉTÉOROLOGIQUES ET MAGNÉTIQUES

## FAITES A L'OBSERVATOIRE DE GENÈVE

### SOUS LA DIRECTION DE M. LE PROFESSEUR E. PLANTAMOUR

#### PENDANT LE MOIS DE JUILLET 1849.

———•••———

Le 2, halo solaire de 2 1/2 h. à 4 1/2 h.

» 9, éclairs toute la soirée au Sud et au Nord-Est.

» 10, éclairs et tonnerres pendant toute la soirée; l'orage passe à 9 h. 5 m. au zénith de l'Observatoire, direction Sud-Ouest au Nord-Est.'

» 11, tonnerres de 1 h. à 3 3/4 h.; l'orage a passé le long du Jura du Nord-Est au Sud-Ouest; il est tombé quelques gouttes de pluie. Éclairs au Sud-Est dans la soirée.

» 12, tonnerres à l'Ouest de 11 h. à midi 1/2. Pendant la soirée éclairs au Sud-Est par un ciel parfaitement serein.

» 13, éclairs et tonnerres entre 8 h. et 9 h. du soir; direction de l'orage de l'Ouest à l'Est.

| | | | | | т в. о/с | т в. о/с | |
|---|---|---|---|---|---|---|---|
| :… | :… | | | | | | |
| +21,1 | +14,4 | 0,40 | 0,38 | | | | 78,0 |
| +22,7 | +12,9 | 0,41 | 0,52 | | | | 77,0 |
| +16,5 | +14,6 | 0,28 | 0,49 | 0,57 | | | 76,0 |
| +18,6 | + 8,8 | 0,72 | 0,71 | | | | 75,3 |
| +21,5 | +10,0 | 0,34 | 0,36 | | | | 76,0 |
| +25,4 | +15,2 | 0,63 | 0,62 | | | | 76,0 |
| +24,7 | +16,4 | 0,38 | 0,39 | | | | 75,4 |
| +25,1 | +15,9 | 0,44 | 0,38 | | | | 75,0 |
| +21,5 | +16,5 | 0,31 | 0,31 | 0,85 | | | 76,7 |
| +20,8 | +16,6 | 0,72 | 0,78 | | | | 77,7 |
| +19,5 | +14,2 | 0,67 | 0,62 | | | | 78,8 |
| +19,6 | + 9,7 | 0,49 | 0,63 | | | | 78,3 |
| +10,9 | +10,6 | 0,63 | 0,48 | | | | 77,0 |
| +21,8 | +13,6 | 0,61 | 0,74 | | | | 77,5 |
| +20,2 | +11,7 | 0,50 | 0,41 | | | | 76,0 |
| +25,5 | +10,7 | 0,35 | 0,46 | | | | 76,5 |
| +19,0 | +16,0 | 0,34 | 0,41 | | | | 74,4 |
| +16,5 | +14,7 | 0,36 | 0,45 | | | | 73,0 |
| +15,2 | +10,2 | 0,90 | 0,39 | | | | 71,0 |
| +17,1 | + 7,2 | 0,42 | 0,55 | | | | 73,7 |
| +25,1 | + 7,8 | 0,45 | 0,57 | | | | 72,0 |
| +19,6 | + 7,8 | 0,29 | 0,41 | | | | 72,8 |
| +17,0 | +13,6 | 0,41 | 0,74 | | | | 69,0 |
| +19,4 | +13,7 | 0,41 | 0,52 | | | | 70,0 |
| +17,0 | +12,9 | 0,39 | 0,53 | | | | 69,5 |
| +18,4 | + 7,8 | 0,45 | 0,35 | | | | 69,5 |
| +19,6 | +13,6 | 0,41 | 0,69 | | | | 68,4 |
| +18,8 | + 9,3 | 0,37 | 0,64 | | | | 68,5 |
| +18,3 | +15,5 | 0,31 | 0,78 | | | | 67,0 |
| | +13,4 | 0,60 | 0,77 | | | | 67,5 |

## Moyennes du mois de Juillet 1849.

|        | 6h.m. | 8h.m. | 10h.m. | Midi. | 2h.s. | 4h.s. | 6h.s. | 8h.s. | 10h.s. |
|--------|-------|-------|--------|-------|-------|-------|-------|-------|--------|

### Baromètre.

|         | mm     | mm     | mm     | mm     | mm     | mm     | mm     | mm     | mm     |
|---------|--------|--------|--------|--------|--------|--------|--------|--------|--------|
| ade,    | 728,32 | 728,52 | 728,41 | 728,05 | 727,71 | 727,47 | 727,51 | 728,08 | 728,65 |
| •       | 726,17 | 726,17 | 725,88 | 725,44 | 724,96 | 724,73 | 724,73 | 724,92 | 725,41 |
| •       | 727,10 | 727,29 | 727,10 | 726,72 | 726,22 | 725,93 | 725,99 | 726,57 | 727,02 |
| is...   | 727,21 | 727,33 | 727,13 | 726,74 | 726,29 | 726,04 | 726,07 | 726,52 | 727,03 |

### Température.

|         | 6h.m.   | 8h.m.   | 10h.m.  | Midi.   | 2h.s.   | 4h.s.   | 6h.s.   | 8h.s.   | 10h.s.  |
|---------|---------|---------|---------|---------|---------|---------|---------|---------|---------|
| cade,   | +16,63  | +19,41  | +21,00  | +22,79  | +24,33  | +24,08  | +23,09  | +21,03  | +18,36  |
| •       | +15,59  | +18,64  | +20,31  | +22,06  | +23,33  | +22,68  | +21,70  | +20,12  | +18,25  |
| •       | +12,55  | +16,09  | +18,74  | +20,81  | +22,81  | +22,80  | +21,31  | +18,50  | +16,78  |
| is...   | +14,85  | +18,21  | +19,98  | +21,85  | +23,47  | +23,18  | +22,02  | +19,85  | +17,77  |

### Tension de la vapeur.

|        | mm     | mm     | mm     | mm     | mm     | mm     | mm     | mm     | mm     |
|--------|--------|--------|--------|--------|--------|--------|--------|--------|--------|
| ade,   | 10,82  | 10,73  | 10,82  | 10,59  | 10,55  | 10,50  | 10,80  | 10,92  | 11,00  |
| •      | 10,43  | 10,21  | 10,18  | 9,86   | 10,15  | 10,63  | 11,00  | 9,44   | 9,79   |
| •      | 9,53   | 10,20  | 9,47   | 9,14   | 8,96   | 8,77   | 8,80   | 9,49   | 9,83   |
| s....  | 10,24  | 10,38  | 10,14  | 9,84   | 9,86   | 9,93   | 10,15  | 9,93   | 10,19  |

### Fraction de saturation.

|       | 6h.m. | 8h.m. | 10h.m. | Midi. | 2h.s. | 4h.s. | 6h.s. | 8h.s. | 10h.s. |
|-------|-------|-------|--------|-------|-------|-------|-------|-------|--------|
| c,    | 0,76  | 0,63  | 0,58   | 0,51  | 0,47  | 0,47  | 0,52  | 0,60  | 0,69   |
| •     | 0,79  | 0,65  | 0,57   | 0,50  | 0,48  | 0,54  | 0,58  | 0,54  | 0,62   |
| •     | 0,82  | 0,72  | 0,59   | 0,50  | 0,43  | 0,43  | 0,47  | 0,61  | 0,68   |
| ...   | 0,79  | 0,66  | 0,58   | 0,50  | 0,43  | 0,48  | 0,52  | 0,59  | 0,66   |

|         | Therm. min. | Therm. max. | Clarté moy. du Ciel. | Eau de pluie ou de neige. | Limnimètre. |
|---------|-------------|-------------|----------------------|---------------------------|-------------|
| cade,   | +13,09      | +25,58      | 0,31                 | 20,3                      | 76,4        |
| •       | +13,41      | +24,34      | 0,33                 | 7,8                       | 76,0        |
| •       | +11,63      | +24,06      | 0,43                 | 20,1                      | 69,8        |
| ....    | +12,67      | +24,64      | 0,37                 | 48,2                      | 73,9        |

ans ce mois, l'air a été calme 3 fois sur 100.

rapport des vents du NE à ceux du SO a été celui de 0,96 à 1,00.

direction de la résultante de tous les vents observés est N. 60°,7 O. et son intensité 100.

# OBSERVATIONS MAGNÉTIQUES

## FAITES A GENÈVE EN JUILLET 1849.

| | DÉCLINAISON ABSOLUE. | | VARIATIONS DE L'INTENSITÉ HORIZONTALE exprimées en ¹/₁₀₀₀₀₀ de l'intensité horizontale absolue. | | | |
|---|---|---|---|---|---|---|
| Jours. | 7ʰ45ᵐ du mat. | 1ʰ45ᵐ du soir. | 7ʰ45ᵐ du matin. | | 1ʰ45ᵐ du soir. | |
| 1 | 18°16′,21 | 18°27′,92 | -1629 | +18°,5 | -1603 | +19°,6 |
| 2 | 16,77 | 26,83 | 1691 | 18,3 | 1650 | 21,1 |
| 3 | 14,69 | 26,08 | 1723 | 20,0 | 1735 | 22,4 |
| 4 | 15,78 | 30,04 | 1886 | 20,2 | 1847 | 23,0 |
| 5 | 15,55 | 27,74 | 1869 | 21,0 | 1722 | 20,6 |
| 6 | 14,98 | 30,66 | 1847 | 17,6 | 1780 | 19,2 |
| 7 | 15,31 | 30,02 | 1855 | 18,1 | 1850 | 21,5 |
| 8 | 14,85 | 29,95 | 1928 | 21,4 | 1973 | 24,5 |
| 9 | 15,88 | 28,03 | 2036 | 23,0 | 1926 | 25,9 |
| 10 | 14,56 | 27,37 | 2106 | 23,1 | 2066 | 25,5 |
| 11 | 14,31 | 29,89 | 2057 | 21,6 | 2000 | 23,9 |
| 12 | 17,01 | 28,55 | 2003 | 21,0 | 2089 | 22,1 |
| 13 | 19,18 | 28,94 | 1967 | 19,8 | 1931 | 20,9 |
| 14 | 15,12 | 27,81 | 2069 | 18,0 | 2059 | 20,5 |
| 15 | 17,11 | 26,09 | 2077 | 18,9 | 2158 | 21,0 |
| 16 | 15,25 | 26,01 | 2107 | 19,9 | 2052 | 21,8 |
| 17 | 15,57 | 25,29 | 2041 | 19,8 | 2058 | 22,2 |
| 18 | 14,19 | 27,12 | 2052 | 19,8 | 2016 | 23,0 |
| 19 | 14,73 | — | 2178 | 20,7 | — | — |
| 20 | 15,21 | 30,09 | 2193 | 19,8 | 2093 | 21,3 |
| 21 | 15,74 | 27,78 | 2167 | 18,0 | 2179 | 20,3 |
| 22 | 14,29 | 27,80 | 2068 | 17,4 | 2203 | 19,6 |
| 23 | 15,37 | 25,13 | 2206 | 17,6 | 2243 | 21,4 |
| 24 | 17,08 | 25,82 | 2422 | 20,0 | 2320 | 22,5 |
| 25 | 14,78 | 28,23 | 2303 | 18,0 | 2231 | 19,1 |
| 26 | 13,99 | 26,85 | 2258 | 17,5 | 2223 | 19,9 |
| 27 | 14,20 | 24,45 | 2247 | 18,4 | 2274 | 20,3 |
| 28 | 16,82 | 27,37 | 2199 | 17,5 | 2141 | 19,8 |
| 29 | 17,20 | 25,47 | 2239 | 18,5 | 2245 | 21,7 |
| 30 | 16,34 | 25,62 | 2300 | 19,9 | 2243 | 22,0 |
| 31 | 15,04 | 24,80 | -2225 | + 19,1 | -2200 | +20,8 |
| Moyennes | 18°15′,62 | 18°27′,46 | | | | |

# TABLEAU

### DES

## OBSERVATIONS MÉTÉOROLOGIQUES

### FAITES AU SAINT-BERNARD

#### PENDANT LE MOIS DE JUILLET 1849.

Le 9, à 6 h. du soir, tonnerres dans la direction du Sud-Ouest.

Le 10, les glaces de l'hiver qui recouvraient le lac, ont entièrement disparu.

Le 11, à 3 ½ h. du soir, tonnerre dans la direction du Sud-Est ; cette détonation est suivie d'une forte grêle qui précède la pluie.

Le 12, à midi ½, quelques grêlons.

Moyennes des hauteurs du baromètre et des températures observées à 6 h. et à 8 h. du matin, et à 6 h. et à 8 h. du soir :

|  | 6 h. du matin. | | 8 h. du matin. | | 6 h. du soir. | | 8 h. du soir. | |
|---|---|---|---|---|---|---|---|---|
|  | *Barom.* mm | *Temp.* ° | *Barom.* mm | *Temp.* ° | *Barom.* mm | *Temp.* ° | *Barom.* mm | *Temp.* ° |
| 1re déc. | 569,50 | + 4,84; | 569,78 | + 6,80; | 570,45 | + 9,63; | 570,71 | + 7,64. |
| 2e » | 567,70 | + 5,09; | 567,66 | + 6,68; | 567,47 | + 7,81; | 567,49 | + 6,07. |
| 3e » | 567,47 | + 2,86; | 567,84 | + 4,31; | 567,89 | + 6,79; | 568,12 | + 5,60. |
| Mois, | 568,20 | + 4,22; | 568,41 | + 5,88; | 568,58 | + 8,04; | 568,75 | + 6,41. |

**t 1849.** — Observations météorologiques faites à l'Hospi
2084 au-dessus de l'Observatoire de Genève; lat

| BAROMÈTRE RÉDUIT A 0°. | | | | TEMPÉRAT. EXTÉRIEURE EN DEGRÉS CENTIGRADES. | | | | TEMPÉR. EXTRÊMES. | |
|---|---|---|---|---|---|---|---|---|---|
| 9 h. du matin. | Midi. | 3 h. du soir. | 9 h. du soir. | 9 h. du matin. | Midi. | 3 h. du soir. | 9 h. du soir. | Minim. | Maxim |
| millim. | millim. | millim. | millim. | | | | | | |
| 564,09 | 564,63 | 565,31 | 567,16 | + 2,5 | + 4,9 | + 5,7 | + 2,7 | + 0,8 | |
| 567,08 | 567,36 | 567,39 | 568,41 | + 4,5 | + 6,4 | + 7,4 | + 2,5 | + 0,2 | |
| 568,73 | 568,90 | 569,21 | 569,71 | + 4,0 | + 9,3 | +10 4 | + 7,0 | + 1,0 | |
| 568,54 | 568,13 | 567,70 | 567,27 | + 8,2 | +10,4 | +11,9 | + 7,9 | + 4,8 | |
| 565,26 | 565,60 | 566,06 | 567,27 | + 7,7 | + 8,0 | + 7,5 | + 4,0 | + 3,5 | |
| 569,46 | 570,46 | 571,40 | 572 71 | + 7,9 | +10,9 | +10,7 | + 8,7 | + 0 4 | |
| 574,84 | 574,90 | 575,01 | 574,94 | + 9,4 | +12,5 | +12,8 | + 8,9 | + 5,9 | |
| 574,71 | 574,84 | 574,74 | 574,69 | +12,3 | +15,0 | +15,0 | +11,0 | + 6,0 | |
| 574,09 | 574,03 | 573,86 | 573,85 | +10,7 | +15,6 | +15,2 | +10,4 | + 8,3 | |
| 573,04 | 573,07 | 572,86 | 572,90 | +12,6 | +16,0 | +14,3 | +10,4 | + 8,6 | |
| 572,44 | 572,18 | 572,15 | 572,15 | +12,2 | +13,5 | +13,4 | + 8,3 | + 5,7 | |
| 569,87 | 569,07 | 568,86 | 568,44 | +10,3 | + 7,5 | + 8,4 | + 6,1 | + 5,4 | |
| 566,44 | 566,45 | 566,44 | 567,24 | + 7,8 | + 9,0 | + 8,5 | + 5,3 | + 3,9 | |
| 567,64 | 567,65 | 568,01 | 568,21 | + 7,7 | + 8,1 | + 8,8 | + 5,4 | + 3,0 | |
| 568,17 | 568,17 | 568,06 | 568,06 | + 7,5 | + 7,8 | + 7,5 | + 5,8 | + 3,0 | |
| 566,77 | 566,73 | 566,73 | 567,13 | + 6,4 | + 9,0 | + 8,0 | + 4,8 | + 3,0 | |
| 567,20 | 567,64 | 567,65 | 567,49 | + 4,8 | + 7,2 | + 7,2 | + 4 0 | + 0,9 | |
| 567,71 | 567,59 | 567,63 | 567,76 | + 8,3 | +13,0 | +12,0 | + 9,0 | + 3,0 | |
| 565,75 | 564,78 | 565,57 | 565,30 | + 9,2 | +12,0 | +11,3 | + 7,0 | + 3,5 | |
| 563,31 | 562,38 | 563,56 | 564,60 | + 8,2 | +10,0 | + 9,4 | + 3,0 | + 1,2 | |
| 564,91 | 565,77 | 566,08 | 567,27 | + 2,8 | + 5,2 | + 5,0 | + 1,0 | - 0 6 | |
| 568,89 | 569,45 | 569,84 | 570,33 | + 2,0 | + 4,5 | + 5,5 | + 4,0 | - 1,7 | |
| 570,05 | 569,72 | 569,72 | 569,24 | + 9,5 | +11,6 | +11,0 | + 6,7 | - 2,0 | |
| 567,16 | 566,50 | 566,22 | 565,16 | + 5,0 | + 5,1 | + 5,8 | + 5,2 | + 3,5 | |
| 563,97 | 563,05 | 563,43 | 566,75 | + 2,0 | + 5,0 | + 5,3 | + 4,0 | + 0,8 | |
| 565,36 | 565,48 | 565,69 | 566,72 | + 7,4 | + 9,0 | + 9,3 | + 6,0 | - 0,6 | |
| 567,38 | 567,87 | 568,27 | 568,86 | + 6,1 | + 8,5 | + 7,5 | + 3,0 | + 0,2 | |
| 569,47 | 569,73 | 569,65 | 570,27 | + 7,7 | +10,2 | +10,5 | + 6,7 | + 0,1 | |
| 570,11 | 570,16 | 569,76 | 569,67 | + 8,2 | +10,9 | +12,5 | + 7,3 | + 3,3 | |
| 569,13 | 569,23 | 569,22 | 569,40 | + 7,7 | +10,0 | + 8,4 | + 5,3 | + 4,0 | |
| 568,66 | 568,79 | 568,82 | 568,63 | + 6,0 | + 7,7 | + 8,5 | + 5,0 | + 4,0 | |
| 569,98 | 570,19 | 570,35 | 570,89 | + 7,98 | +10,90 | +11,09 | + 7,35 | + 3,95 | |
| 567,53 | 567,26 | 567,47 | 567,64 | + 8,24 | + 9,71 | + 9,45 | + 5,87 | + 3,26 | |
| 567,74 | 567,88 | 567,94 | 568,39 | + 5,85 | + 7,97 | + 8,12 | + 4,95 | + 1,08 | |
| 568,39 | 568,43 | 568,56 | 568,95 | + 7,31 | + 9,48 | + 9,51 | + 6,02 | + 2,71 | |

rnard, à 2491 mètres au-dessus du niveau de la mer, et git. à l'E. de Paris 4° 44' 30''.

| EAU de PLUIE ou de NEIGE dans les 24 h. | VENTS. Les chiffres 0, 1, 2, 3 indiquent un vent insensible, léger, fort ou violent. | | | | ÉTAT DU CIEL. Les chiffres indiquent la fraction décimale du firmament couverte par les nuages. | | | |
|---|---|---|---|---|---|---|---|---|
| | 9 h. du matin. | Midi. | 3 h. du soir. | 9 h. du soir. | 9 h. du matin. | Midi. | 3 h. du soir. | 9 h. du soir. |
| millim. | | | | | | | | |
| 1,1 p. | NE, 1 | NE, 1 | NE, 1 | NE, 1 | brou. 1,0 | brou. 1,0 | couv. 1,0 | couv. 1,0 |
| » | NE, 2 | NE, 2 | NE, 2 | NE, 2 | clair 0,0 | nuag 0,5 | nuag. 0,4 | brou. 1,0 |
| » | NE, 1 | NE, 1 | NE, 1 | NE, 1 | clair 0,1 | clair 0,0 | clair 0,0 | clair 0,0 |
| » | SO, 0 | SO, 1 | SO, 0 | SO, 0 | nuag. 0,4 | nuag. 0,3 | nuag. 0,6 | clair 0,0 |
| 0,8 p. | SO, 0 | NE, 1 | NE, 1 | NE, 2 | pluie 1,0 | couv. 1,0 | brou. 1,0 | brou. 1,0 |
| » | NE, 1 | SO, 0 | NE, 1 | NE, 0 | clair 0,0 | clair 0,0 | clair 0,0 | clair 0,0 |
| » | SO, 1 | SO, 1 | SO, 1 | SO, 0 | brou. 1,0 | clair 0,2 | clair 0,1 | clair 0,0 |
| » | NE, 0 | NE, 0 | NE, 1 | NE, 1 | clair 0,0 | clair 0,1 | clair 0,1 | nuag. 0,6 |
| » | NE, 0 | NE, 1 | NE, 1 | NE, 1 | clair 0,1 | nuag. 0,6 | nuag. 0,5 | couv. 0,8 |
| » | NE, 0 | NE, 0 | NE, 1 | NE, 1 | clair 0,1 | nuag. 0,4 | nuag. 0,5 | couv. 1,0 |
| 43,1 p. | SO, 1 | NE, 1 | NE, 1 | NE, 0 | nuag. 0,3 | nuag. 0,4 | couv. 0,8 | clair 0,2 |
| » | NE, 1 | NE, 2 | NE, 1 | NE, 0 | pluie 1,0 | brou 1,0 | brou. 1,0 | brou. 1,0 |
| » | SO, 0 | NE, 1 | NE, 1 | NE, 1 | nuag. 0,5 | nuag. 0,3 | nuag. 0,4 | clair 0,0 |
| » | NE, 1 | NE, 1 | NE, 1 | NE, 1 | nuag. 0,3 | clair 0,1 | clair 0,1 | clair 0,2 |
| » | NE, 1 | NE, 1 | NE, 1 | NE, 0 | clair 0,2 | nuag. 0,6 | nuag. 0,6 | nuag. 0,7 |
| » | NE, 0 | NE, 1 | NE, 1 | NE, 1 | couv. 1,0 | nuag. 0,4 | couv. 1,0 | brou. 0,5 |
| » | NE, 1 | NE, 1 | NE, 1 | NE, 1 | clair 0,2 | nuag. 0,3 | nuag. 0,4 | clair 0,0 |
| » | NE, 0 | NE, 0 | NE, 1 | SO, 0 | clair 0,0 | clair 0,0 | clair 0,2 | clair 0,0 |
| » | NE, 1 | SO, 1 | SO, 1 | SO, 0 | clair 0,1 | clair 0,0 | clair 0,0 | clair 0,0 |
| 1,6 p. | SO, 2 | SO, 2 | SO, 2 | SO, 2 | nuag. 0,5 | nuag. 0,3 | nuag. 0,7 | couv. 1,0 |
| » | NE, 1 | NE, 2 | NE, 2 | NE, 2 | clair 0,2 | nuag. 0,3 | nuag. 0,4 | brou. 1,0 |
| » | NE, 1 | NE, 1 | NE, 1 | NE, 1 | clair 0,1 | clair 0,0 | nuag. 0,3 | clair 0,0 |
| » | SO, 1 | SO, 0 | SO, 0 | SO, 1 | nuag. 0,4 | clair 0,2 | clair 0,1 | nuag. 0,3 |
| 20,0 p. | SO, 2 | SO, 2 | SO, 2 | SO, 2 | brou. 1,0 | brou. 1,0 | brou. 1,0 | brou 1,0 |
| » | NE, 1 | SO, 1 | NE, 1 | SO, 1 | brou. 1,0 | nuag. 0,3 | nuag. 0,3 | clair 0,1 |
| » | SO, 0 | SO, 0 | SO, 0 | SO, 0 | clair 0,1 | nuag. 0,4 | nuag. 0,5 | clair 0,0 |
| » | NE, 1 | NE, 1 | NE, 1 | NE, 1 | clair 0,1 | clair 0,1 | clair 0,0 | brou. 1,0 |
| » | SO, 0 | SO, 0 | SO, 1 | NE, 1 | clair 0,0 | clair 0,0 | clair 0,0 | clair 0,0 |
| 4,0 p. | SO, 1 | SO, 1 | SO, 1 | SO, 0 | clair 0,0 | clair 0,0 | couv. 0,8 | couv. 1,0 |
| 6,0 p. | NE, 1 | SO, 1 | NE, 1 | NE, 1 | nuag. 0,6 | nuag. 0,5 | couv. 1,0 | pluie 1,0 |
| 4,0 p. | NE, 0 | NE, 1 | NE, 1 | NE, 1 | pluie 1,0 | couv. 1,0 | brou. 1,0 | nuag. 0,4 |
| 1,9 | | | | | 0,37 | 0,41 | 0,42 | 0,54 |
| 44,7 | | | | | 0,31 | 0,34 | 0,52 | 0,36 |
| 34,0 | | | | | 0,41 | 0,35 | 0,49 | 0,53 |
| 80,6 | | | | | 0,10 | 0,37 | 0,48 | 0,48 |

# TABLE

## DES MATIÈRES CONTENUES DANS LE TOME XI.

### (1849 — Nᵒˢ 41 à 44.)

# BULLETIN SCIENTIFIQUE.

## Météorologie et Astronomie.

## Physique.

## Minéralogie et Géologie.

## Anatomie et Physiologie.

## Zoologie et Paléontologie.

### Anthropologie.

### Animaux vertébrés.

### Mollusques.

## OBSERVATIONS MÉTÉOROLOGIQUES

faites à Genève et au Grand Saint-Bernard.

Fig. 1.

Fig. 2.

Fig. 5.

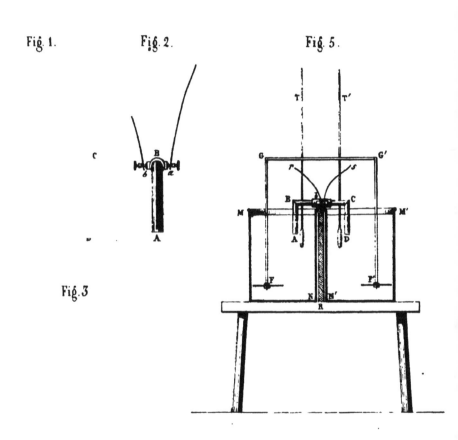

Fig. 3

Fig. 4.

Fig. 6

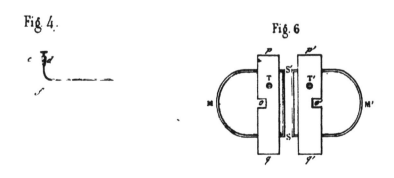

# ARCHIVES

DES

## SCIENCES PHYSIQUES ET NATURELLES.

IMPRIMERIE F. RAMBOZ ET Cⁱᵉ, RUE DE L'HÔTEL-DE-VILLE, 78.

# BIBLIOTHÈQUE UNIVERSELLE DE GENÈVE.

---

# ARCHIVES

## DES

# SCIENCES PHYSIQUES ET NATURELLES,

### PAR

MM. de la Rive, Marignac, F.-J. Pictet, A. de Candolle, Gautier,
E. Plantamour et Favre,

Professeurs a l'Academie de Geneve

# TOME DOUZIÈME.

# GENÈVE,

### JOEL CHERBULIEZ, LIBRAIRE, RUE DE LA CITÉ.

| PARIS, | ALLEMAGNE, |
| JOEL CHERBULIEZ, | J. KESSMANN, |
| PLACE DE L'ORATOIRE, 6. | A GENÈVE, RUE DU RHONE, 171. |

## 1849

# ARCHIVES

DES

## SCIENCES PHYSIQUES ET NATURELLES.

## Nouvelles Observations sur l'Arc Voltaïque.

PAR

M. Ch. MATTEUCCI.

(Communiqué par l'auteur.)

Je me suis proposé d'étudier les phénomènes calorifiques et lumineux et le transport de matière, de l'arc voltaïque, en opérant dans un cas dans lequel cet arc peut
persister aussi longuement qu'on veut. Tous les physiciens connaissent maintenant un appareil dont la construction a été, à ce qu'il paraît, imaginée d'abord en
Allemagne, et appliquée à l'usage médical, mais dont la
première idée vient de M. de la Rive. Cet appareil consiste dans une spirale à fil fin, et très-long, enveloppée autour d'un faisceau de fils de fer, et mise en communication avec quelques éléments de Bunsen ou de Grove.
Il y a dans le circuit une disposition ingénieuse destinée
à obtenir que le circuit se ferme et s'ouvre de lui-même :
c'est encore un petit électro-aimant dont l'ancre est attachée à une espèce de levier faite avec une lame de
ressort fixée à une de ses extrémités, et douée d'une

certaine élasticité. Les communications sont établies de
manière qu'en touchant la lame avec une tige métallique
qui se meut avec une vis, le circuit est établi : dans ce
moment l'ancre est attirée par l'électro-aimant, ce qui
fait que la tige-et la lame ne se touchent plus ; le circuit
est interrompu, et l'ancre laissée libre est ramenée à sa
position par l'élasticité de la lame. Il est inutile de dire
comment ces mêmes phénomènes doivent se reproduire
de nouveau, ce qui donne lieu à une série d'étincelles
entre la lame et la tige, et à un son plus ou moins aigu.
En regardant ces étincelles, on croirait vraiment que
c'est un arc continu de lumière ; mais en définitif cette
continuité n'est qu'apparente. Je m'en suis assuré en
éclairant avec cette lumière un disque de carton qu'on
faisait tourner autour de son centre avec une vitesse de
cinquante tours par seconde, et dont la surface était peinte
en rayons noirs et en rayons blancs. Ce disque était vu
avec la lumière électrique comme s'il eût été en repos.

J'ai étudié d'abord quelle était la température des deux
extrémités métalliques entre lesquelles l'étincelle éclatait.
Au lieu de faire toucher la pointe métallique avec la lame
à laquelle l'ancre est attachée, j'ai fixé sur cette lame une
pointe métallique semblable à la précédente, de sorte que
le contact avait lieu entre deux pointes métalliques, et
l'étincelle éclatait entre elles. Un trou très-fin avait été
pratiqué le plus près possible de ces extrémités métalliques, et une pince thermo-électrique de fer et de cuivre
était introduite dans ce trou. L'autre soudure de la pince
plongeait dans l'eau à la température ordinaire, et le
circuit était complété avec le fil d'un galvanomètre médiocrement sensible pour les courants thermo-électriques.
Avec cette disposition je pouvais facilement comparer la

température de la pointe métallique, tantôt positive, tantôt négative. Comme l'appareil peut fonctionner pendant longtemps, j'ai eu soin de prendre l'indication fixe de l'aiguille du galvanomètre ; dans quelques cas seulement, comme avec le plomb et avec le cuivre, les pointes métalliques entre lesquelles l'étincelle éclate, sont tellement altérées par le passage des étincelles, que l'expérience se suspend d'elle-même quelquefois après un temps très-court; alors il faut prendre la première déviation. Le son qui accompagne la lumière électrique est le meilleur moyen pour découvrir si quelque différence arrive dans l'intensité du courant pendant l'expérience. Ordinairement le son demeure le même pendant longtemps, et la moindre altération ou dans la pile, ou dans les pointes, suffit pour le faire changer sensiblement. J'ai employé dans mes expériences des pointes de fer, de platine, de plomb, de cuivre, qui étaient formées avec des fils qui avaient à peu près un millimètre de diamètre. Le trou dans lequel la pince était introduite, était à peu près à un millimètre de distance de la pointe même. J'avais le plus grand soin de faire éclater l'étincelle précisément entre les pointes. Avec les différents métaux que j'ai nommés, j'ai trouvé constamment que la température de la pince, indiquée par la déviation de l'aiguille du galvanomètre, était toujours beaucoup plus grande pour la pointe positive que pour la négative. Cette conclusion, qui avait été tirée d'une manière indirecte de quelques expériences faites avec des arcs voltaïques obtenus avec un grand nombre d'éléments, est donc démontrée par des expériences directes. Avec les pointes de fer j'ai obtenu 42° pour la positive, et 35° pour la négative. La déviation était fixe dans les deux cas. Avec les pointes de platine j'avais 25° pour la pointe positive, et 20° pour la pointe négative. Avec des pointes de cuivre j'avais 64° pour la pointe positive, et 48° pour la pointe négative. Avec des pointes de plomb, cette différence était de 16° à 14°. Avec des pointes de bismuth et de zinc, cette différence était très-petite. Dans toutes ces expériences la pile se composait de quatre éléments de Grove ; il ne faut pas comparer les nombres trouvés pour un métal avec ceux trouvés pour un autre, car on a employé des piles différentes et des pointes qui n'avaient pas les mêmes dimensions.

Pour étudier les phénomènes lumineux de cette espèce d'arc voltaïque, j'ai observé l'arc directement avec le microscope : l'agrandissement le plus convenable que j'ai trouvé, est celui de 40 à 60 fois. C'est le docteur Neff de Francfort-sur-Mein qui a, je crois, le premier, appliqué avec succès le microscope à l'étude de l'arc voltaïque, en employant pour produire l'étincelle un appareil électro-magnétique semblable à celui que j'ai décrit. Le docteur Neef aurait trouvé que le *phénomène lumineux apparaît toujours au pôle négatif.* Suivant lui, en affaiblissant convenablement l'intensité du courant qui agit dans l'appareil, on parvient à obtenir une lumière électrique qu'il appelle *primaire*, c'est-à-dire indépendante de la combustion et de l'incandescence des matières transportées par l'électricité. J'ai vu la première fois cette expérience exécutée par l'auteur lui-même, et je saisis cette occasion pour l'en remercier. Il est parfaitement vrai qu'en regardant avec le microscope l'étincelle qui éclate, avec l'appareil du docteur Neef, entre la pointe de platine et la plaque de platine soudée sur la lame qui porte l'ancre, on voit l'étincelle électrique formée en quelque sorte de deux genres de lumières : l'une de ces lumières est une espèce de flamme violette qui enveloppe la pointe, et l'autre est un ensemble de petits points blancs d'un éclat très-vif. C'est cette seconde lumière qui apparaît constamment sur le pôle négatif, et on la voit changer de place toutes les fois qu'on change la direction du courant. L'observation du docteur Neef est donc parfaitement exacte ; mais il restait à savoir si effectivement le phénomène lumineux observé était tout à fait indépendant de l'état de la matière transportée par l'électricité, et si on ne pouvait pas expliquer l'apparition constante de la lumière blanche au pôle négatif d'une manière beaucoup plus simple, que celle de supposer que la chaleur est produite par l'électricité positive, et la lumière par l'électricité négative. J'ai donc mis le plus grand soin à observer avec le microscope cette espèce d'arc voltaïque en faisant varier la force du courant, la nature des métaux entre lesquels l'étincelle se forme, et l'espèce de milieu entre lequel l'étincelle éclate. Dans toutes mes expériences j'ai toujours employé deux pointes métalliques pour en faire les extrémités de l'arc, au lieu d'une pointe et une lame, afin que les conditions fussent semblables pour les deux pôles.

Dès les premières expériences faites en employant des pointes de métaux différents, et avec le courant le plus faible possible, j'ai été conduit à admettre que la présence de la matière transportée existe toujours dans cette lumière électrique, et influe sur ses qualités. En effet, si au lieu de pointes de platine ou d'argent avec lesquelles cette espèce de flamme qui enveloppe la pointe est toujours d'une couleur violette plus ou moins foncée, on emploie des pointes de cuivre, de laiton, de zinc ou d'or, cette flamme devient d'une couleur qui est verte, jaune

ou d'un violet presque pourpre, avec ces différents métaux. Je répète encore que ces observations se vérifient
avec des étincelles très-petites, et sans qu'on voie rougir
par la chaleur les extrémités des pointes. Quant aux points
lumineux d'un blanc très-vif, qui sont toujours fixés sur
l'extrémité négative, j'ai trouvé, comme l'avait aperçu
aussi le docteur Neef, que ces points sont en très-grand
nombre, et disposés de manière à produire une lumière
presque continue sur l'extrémité de la pointe négative,
tandis qu'à une certaine distance ces points lumineux deviennent toujours plus rares, cessent d'être fixes, et paraissent sauter rapidement d'une place à l'autre. Dans le
même temps on voit aussi d'autres points étincelants,
semblables à ceux qu'on voit éclater sur un fer rouge
qu'on frappe. Ces points étincelants apparaissent ordinairement en dehors de la flamme électrique. A mesure que
le courant augmente d'intensité, la lumière fixe du pôle
négatif et toutes les pointes lumineuses augmentent de
nombre et d'intensité. Si la force du courant diminue,
les points lumineux n'existent plus que sur l'extrémité
seule de la pointe négative. Sans diminuer l'intensité du
courant, on peut obtenir ce dernier résultat en mettant
entre les deux pointes une goutte d'huile d'olive ou de
térébenthine, de manière à faire éclater l'étincelle dans la
goutte liquide. Avec cette disposition il n'y a plus de
points lumineux épars sur la pointe négative ; mais seulement l'extrémité de cette pointe présente de la lumière.

En observant avec attention l'étincelle qui se produit
avec un courant de cinq à six piles de Grove, on parvient
à se faire une idée exacte de tout le phénomène : c'est  -
surtout entre des pointes ou de fer, ou de platine, que
l'expérience peut se prolonger longuement, et avec de

très-belles apparences. L'étincelle ainsi observée ressemble avec toute exactitude au grand arc voltaïque produit entre les deux pointes de charbon, et vu avec le microscope solaire dans la disposition adoptée par MM. Foucault et Donné. La seule différence entre les deux expériences consiste dans les signes manifestes de fusion de l'extrémité positive, et dans les apparences lumineuses qui paraissent fixées sur l'extrémité négative. Je crois utile d'entrer dans quelques détails sur ce sujet. Après les premiers instants du passage de l'étincelle, l'extrémité de la pointe positive se couvre de cavités et de globules de matière fondue incandescente. Ces globules roulent sur la surface de la pointe, et de temps en temps s'élancent sur l'extrémité négative. Il n'y a pas de lumière blanche sur la pointe positive, et il n'est pas difficile de s'assurer, en changeant la position des pointes, que la lumière, qui quelquefois y apparaît, y est réfléchie de la pointe négative. Sur la pointe négative les apparences sont très-différentes. Il n'y a jamais de globules de matière fondue incandescente sur cette pointe; au lieu de cavités ce sont des aspérités qui s'y produisent; l'extrémité de cette pointe est couverte d'une lumière fixe d'une couleur blanche très-éclatante, entourée par des points étincelants mobiles. Enfin, une flamme d'une couleur variable suivant les différents métaux, traversée par des étincelles très-brillantes, enveloppe les deux pointes. Cette flamme est violette avec le platine, verte avec le cuivre, d'un jaune sale avec le zinc. Les étincelles que traversent cette flamme, et qui éclatent comme les parcelles d'un fer chaud frappé, sont d'une couleur jaune rougeâtre, et se produisent principalement avec le fer et le plomb. Il est presque inutile de dire qu'à mesure qu'on

augmente l'intensité du courant, ces apparences cessent
d'être aussi distinctes que je les ai décrites ; l'incandescence se produit aux deux extrémités, et cette espèce de
flamme qui environne l'étincelle prend un éclat très-vif,
et couvre les deux pointes.

C'est surtout avec les pointes de fer que le transport
de matière du pôle positif au négatif se voit très-distinc-
tement. Avec ces pointes les globules fondues et rouges
qui roulent sur la surface de la pointe positive, sont lan-
cées sur l'autre pointe en y laissant des cavités et en allant
former des champignons sur la pointe négative. Si on
oblige les deux pointes à rester en contact, on voit alors
toute l'extrémité de la pointe positive devenir rouge, et
en détachant lentement les deux pointes, on parvient à
obtenir un arc de matière fondue incandescente d'un
grand éclat lumineux, surtout vers son milieu, et qui
coule évidemment du pôle positif au pôle négatif. Dans les
premiers instants de sa formation, cet arc semble partir
du centre d'une cavité, et l'autre extrémité se couvre au
pôle négatif d'une espèce de champignon. Avec un peu
de soin il est facile de reproduire plusieurs fois de suite
ce même phénomène. Quant à la lumière blanche du
pôle négatif et aux points lumineux qui l'environnent,
leur déplacement d'une pointe à l'autre, en changeant la
direction du courant, m'a paru instantané.

Enfin j'ai tâché d'étudier les dépôts de matière transportée par l'étincelle sur les pointes. J'ai employé pour
cela tantôt une lame et une pointe, tantôt deux boules
métalliques entre lesquelles l'étincelle éclatait. Dans tous
les cas je faisais passer les étincelles pendant un certain
temps, et puis j'examinais avec le microscope les taches
qui s'étaient formées.

En employant pour un des pôles une lame métallique bien polie, l'observation du dépôt formé par le passage de l'étincelle, se fait très-facilement. Dans un cas la lame est positive, et dans l'autre négative. Les apparences sont d'autant plus faciles à découvrir, si l'on emploie deux métaux différents pour former la pointe et la lame : le cuivre et l'argent, le fer et l'argent, l'or et l'argent, le plomb et le cuivre, le plomb et l'argent, qui ont été successivement employés dans mes expériences, réussissent très-bien. Dans tous les cas, lorsqu'une étincelle a éclaté entre deux extrémités métalliques, on trouve des traces sur chaque pôle de la matière du pôle opposé. Ainsi, entre une boule de cuivre et une d'argent, de plomb et de cuivre, d'or ou d'argent, on voit le cuivre sur l'argent, et l'argent sur le cuivre, et de même pour les autres cas. Constamment les traces du métal apparaissent au centre de la tache ronde formée par le passage de l'étincelle ; quelquefois il y a quelques taches métalliques projetées en dehors de la grande tache. Dans tous les cas, la partie centrale de la tache montre des signes manifestes de fusion, et c'est dans les cavités ainsi formées que se trouve déposé le métal transporté de l'autre pôle. Cette partie centrale de la tache est environnée par un contour d'une couleur plus ou moins foncée, dont le teint diffère avec les différents métaux, et devient plus clair à l'extérieur. Ainsi s'il y a du fer, le teint est jaunâtre, bleu avec le cuivre, violet avec le platine, jaune sale avec le plomb. En comparant les apparences formées sur une même lame, suivant qu'elle est positive ou négative, on remarque une différence constante : lorsque la lame est positive, les signes de la fusion sont plus grands, les taches métalliques de la matière transportée du pôle négatif moindres, et le contour de couleur foncée plus grand que dans le cas contraire. Si une goutte liquide d'huile de térébenthine, d'eau de gomme, est interposée entre la pointe et la lame, il n'y a plus que la partie centrale de la tache qui se forme, c'est-à-dire que les signes de fusion, et les taches métalliques existent, mais les contours obscurs y manquent. Il arrive alors que la goutte liquide se charge d'une poussière plus ou moins noire, qu'il est facile de recueillir en quantité suffisante pour être analysée en prolongeant l'expérience pendant un certain temps. Cette poussière se trouve composée d'oxyde métallique et de métal très-divisé.

Il me semble résulter des différentes observations rapportées dans ce mémoire, que la température plus élevée qui a lieu au pôle positif est la cause suffisante des différences trouvées entre les phénomènes des deux extrémités de l'arc voltaïque. La matière du pôle positif étant plus chauffée que celle du pôle négatif, elle est pour cela même plus propre à être détachée et transportée sur l'autre pôle, et à devenir incandescente ou à brûler. C'est principalement avec le platine qu'on réussit à produire le phénomène très-remarquable des points lumineux qui restent constamment fixés sur la pointe négative. Ainsi j'ai observé constamment en comparant l'une après l'autre des pointes formées de différents métaux, que la lumière fixe au pôle négatif ne manquait jamais d'avoir lieu avec des pointes de platine, pour un courant donné, tandis qu'avec d'autres métaux, comme le plomb, le cuivre, le fer, le zinc, etc., cette lumière n'existait plus qu'au seul pôle négatif. Ce qui manque principalement, et dans tous les cas, avec ces derniers métaux, c'est l'existence des points lumineux mobiles, qui se montrent toujours avec le platine. Nous avons déjà décrit quelques expériences qui prouvent la liaison qui existe entre ces points lumineux et la lumière vive qui se montre sur l'extrémité de la pointe négative. En affaiblissant le courant, ou en introduisant une goutte de térébenthine ou d'un autre liquide quelconque entre les deux pointes, les points lumineux disparaissent pour quelque temps, et la lumière se concentre sur la seule extrémité de la pointe négative. La même chose a lieu en poussant contre les pointes un jet de gaz hydrogène qui s'enflamme par l'étincelle. Dans ce cas, les deux pointes deviennent rouges, et la lumière blanche augmente et s'étend sur les deux extrémités.

Il restait à voir comment les phénomènes lumineux de l'extrémité négative auraient été modifiés en employant des métaux différents. J'ai disposé mon appareil de manière à pouvoir successivement faire éclater l'étincelle entre une pointe de platine, et une autre pointe qui était ou de platine, ou de cuivre, ou de plomb, ou de fer. J'ai pu ainsi étudier le cas de la pointe de platine positive, et d'une pointe négative faite de ces différents métaux, ou vice versâ. Voici le phénomène remarquable que j'ai toujours observé lorsque la pointe de platine était positive, j'avais constamment les points lumineux, et la lumière fixe sur la pointe négative, quel que fût le métal dont elle était formée. Au contraire, en tenant au pôle négatif la pointe de platine, et en mettant les autres métaux au pôle positif, le phénomène de la lumière fixe au pôle négatif n'avait lieu que quand les deux pointes étaient de platine. Il me semble donc bien prouvé par ces faits, que les phénomènes lumineux que nous avons étudiés exigent la présence du platine au pôle positif de l'arc voltaïque, et doivent par conséquent être intimement liés avec le plus grand échauffement qu'éprouve la matière du pôle positif, et avec les propriétés du métal qui forme cette extrémité de l'arc voltaïque.

J'ai tâché de découvrir la cause de ce plus grand échauffement du pôle positif. Évidemment dans l'arc voltaïque que nous avons étudié, le circuit se trouve tantôt fermé par le contact des deux pointes métalliques, tantôt plus ou moins bien établi par la matière transportée avec l'étincelle. J'ai disposé un appareil à l'aide duquel deux tiges métalliques du même diamètre venaient à se toucher avec leurs bouts, et pouvaient, par un mouvement de vis, être serré plus ou moins l'une contre l'autre. Un petit trou avait été pratiqué très-près des extrémités des deux tiges qui se touchaient, et c'est dans ce trou que je tenais la pince thermo-électrique à l'aide de laquelle je pouvais connaître la température de cette extrémité. Je faisais passer un courant électrique dont je mesurais l'intensité avec une boussole de tangentes à travers les deux tiges métalliques réunies ; enfin j'avais soin, dans toutes les expériences, d'avoir toujours le même courant, ce que j'obtenais en faisant varier le fil du réostat qui était dans le circuit. Il est facile de s'assurer avec cet appareil que la chaleur développée par le passage du courant aux extrémités des tiges varie considérablement suivant qu'elles sont serrées plus ou moins l'une contre l'autre.

Si la compression est grande, la chaleur développée est moindre, et on la voit augmenter à mesure qu'on diminue la pression. Avec des tiges de fer j'ai obtenu de 10° à 15° au galvanomètre qui communique avec la pince thermo-électrique, la pression étant très-grande, en diminuant cette pression la déviation de l'aiguille arrive jusqu'à 60° et à 70°. Le courant électrique mesuré avec la boussole reste sensiblement le même quand les tiges sont très-serrées l'une contre l'autre, comme quand elles le sont moins. On voit également qu'en conservant une certaine pression entre les deux tiges, la chaleur développée par le courant est très-différente, pour peu qu'on change la surface des deux bouts des tiges qui se touchent.

La moindre oxydation, le frottement avec une poussière de charbon, de graphite, d'oxyde de fer, sur une de ces surfaces, suffit pour augmenter considérablement la température développée par le courant. J'ai mis un grand soin pour découvrir s'il y avait une différence entre la température développée par le même courant sur une des extrémités métalliques, suivant que sa surface était polie ou oxydée, et suivant qu'elle était positive ou négative. Des différences existent entre les températures développées par le courant dans ces différents cas, mais il faut pour les saisir, ne pas laisser passer le courant trop longtemps. J'ai fait toutes mes expériences principalement avec des tiges de fer et de plomb. Dans tous les cas l'extrémité positive est toujours plus chauffée que l'autre. Quant à l'influence de l'oxydation, ou de toute autre altération produite dans la conductibilité de la surface, j'ai trouvé que l'extrémité plus chaude était toujours celle dont la surface était restée polie, et cela principalement dans le cas où cette surface appartenait au pôle positif. Evidemment le résultat de ces dernières expériences pourrait au moins en partie expliquer pourquoi la matière du pôle positif s'échauffe plus que celle du pôle négatif, lorsque l'arc voltaïque est interrompu, comme dans le cas que nous avons étudié. Certainement la

surface du pôle négatif se trouve plus modifiée que
l'autre par le transport de la matière métallique divisée
ou oxydée ; de cette manière le transport inégal des deux
pôles, de même que leur échauffement inégal, peuvent
dans tous les phénomènes de l'arc voltaïque réagir l'un
sur l'autre. Quel est de ces deux phénomènes celui qui
précède l'autre, ou lequel a la plus grande influence ? Il
serait certainement impossible de le décider dans l'état
actuel de la science. Par l'expérience de Porret, et par
celle de Becquerel, de l'argile délayé dans l'eau et traversé par le courant, le transport de matière par le courant
lui-même suivant sa direction semble établi. Et puisque
les deux extrémités de l'arc voltaïque, dans le moment
qui précède l'étincelle, sont chargés d'électricité contraire, elles pourraient avoir par là une aptitude inégale
à s'oxyder.

Les physiciens qui ont suivi les progrès de l'électro-
chimie, savent très-bien maintenant que la fameuse expérience de Davy pour empêcher l'oxydation du cuivre
des vaisseaux, ne prouve pas d'une manière générale
que l'état électrique modifie ou détruise les affinités chimiques. Dans cette expérience le cuivre devient le pôle
négatif d'une pile où se développe l'hydrogène de l'eau
décomposée, ce qui empêche nécessairement l'oxydation.

Voici comment j'ai fait l'expérience pour découvrir si
un métal a une affinité différente pour l'oxygène, suivant qu'il est électrisé positivement ou négativement.
J'ai pris deux piles sèches, et je les ai renfermées sous
une cloche où l'air était parfaitement sec. Les deux extrémités de cette pile, l'une positive, l'autre négative,
sortaient par deux trous au dehors de la cloche. Je posais
sur ces extrémités métalliques des lames parfaitement

égales et très-polies de différents métaux, tel que le fer, le cuivre, le zinc, etc., afin que l'oxydation fût, dans les différents cas, plus ou moins prompte, je recouvrais le tout d'une cloche sous laquelle je mettais une capsule avec quelques gouttes d'acide hydrochlorique. En variant les expériences de bien des manières, j'ai toujours trouvé que l'oxydation était la même sur les lames métalliques, quel que fût leur état électrique. Il n'existe donc pas dans l'état électrique différent des deux extrémités de l'arc, une cause qui les fasse oxyder inégalement.

Nous nous bornerons pour le moment à l'analyse que nous venons de donner des phénomènes de l'arc voltaïque, après avoir établi par des expériences directes la différence de température des deux pôles, et avoir trouvé une des causes de cette différence.

Quant à la lumière fixe du pôle négatif, nous croyons avoir prouvé que ce phénomène remarquable exige la présence du platine au pôle positif, et nous préférons à toute autre hypothèse celle d'admettre que cette lumière est due à du platine très-divisé et incandescent, transporté du pôle positif au négatif [1].

*Pise*, 14 *décembre* 1848.

[1] Les idées que M. Matteucci émet sur la cause et la nature du phénomène de l'arc voltaïque s'accordent tout à fait avec celles que j'ai mises en avant dans mon mémoire sur l'arc voltaïque (*Archives des Sc. nat.*, t. IV, p. 345). J'avais en particulier insisté sur l'influence qu'exerçait la température plus élevée, et la fusion de la pointe qui communique avec le pôle positif.

A. DE LA R.

# RECHERCHES

## SUR LA

# TEMPÉRATURE DU LAC DE THOUNE

## A DIFFÉRENTES PROFONDEURS

### ET DANS TOUTES LES ÉPOQUES DE L'ANNÉE.

#### EXÉCUTÉES

#### PAR MM. DE FISCHER-OOSTER ET C. BRUNNER FILS.

#### ET RÉDIGÉES

#### PAR C. BRUNNER FILS.

(Extrait des Mémoires de la Société de Physique et d'Histoire natur de Genève.)

———

Nous possédons un grand nombre d'observations sur la température des bassins d'eau douce, qui portent un caractère scientifique, à dater de l'époque des voyages de de Saussure. Toute observation, quelque minime qu'elle paraisse, est précieuse quand elle est faite avec soin, car elle sert de point de départ pour les spéculations théoriques, et de point d'appui pour de nouvelles recherches expérimentales. Aussi les indications de la température des bassins d'eau, quoiqu'elles ne soient que des faits isolés, ont fourni bien des matériaux aux météorologistes. Mais pour nous instruire sur la distribution de la chaleur dans l'eau, il ne suffit pas de connaître la température du fond d'un lac ; pour ce but il est nécessaire de faire une série d'observations qui nous indique le changement graduel de la température à mesure que l'on descend vers le fond. Je crois que M. de la Bèche fut le premier physicien qui exécuta des recherches de ce genre, en déterminant la température du lac de Genève à différentes profondeurs [1].

Quelque précieux que soient ces sondages pour la connaissance de la loi du décroissement de la température avec la profondeur, ils ne suffisent plus lorsqu'il s'agit de connaître l'influence des sources calorifiques sur l'eau, ce qui pourtant doit être regardé comme le but essentiel de toutes ces recherches: A cette fin il faut exécuter des sondages thermométriques consécutifs dans toutes les époques de l'année. Or la plupart des physiciens qui se sont occupés de recherches météorologiques de ce genre, firent leurs observations pendant des voyages, où le séjour restreint sur la rive d'un lac ne permettait guère une répétition des observations. Il ne faut pas non plus perdre de vue que ces recherches, quoique fort simples en apparence, exigent des soins et des sacrifices particuliers qui, surtout dans les saisons rudes, suffisent pour ébranler la persévérance des observateurs. Cela nous explique pourquoi, jusqu'à ce jour, ce travail n'a pas été exécuté, ou, quand il a été entrepris, n'a pas été poursuivi jusqu'au bout [2].

---

[1] Sur la profondeur et la température du lac de Genève. *Bibl. Univ.*, tome XII. Genève, 1819, p. 118

[2] MM. Guyot et Ladame, professeurs à Neuchâtel, avaient entrepris ce travail il y a plusieurs années sur les lacs de Neuchâtel et de Morat. Leurs travaux furent interrompus par les événements politiques qui ont frappé leur patrie, et les résultats des sondages thermométriques sont restés inconnus. L'unique publication qui a eu lieu à la suite de ces travaux est une très-belle carte du fond des deux lacs. (*Mémoires de la Société des sciences naturelles de Neuchâtel*, vol. III, 1846.)

On reconnaît facilement que, la loi des changements
de la température une fois bien déterminée dans un seul
lac, les résultats serviront de point d'appui aux recherches théoriques de tout genre, car il sera permis de gé-
néraliser les faits avec peu de modifications. Or le lac de
Thoune m'offrait toutes les conditions nécessaires pour
promettre de bons résultats. Situé à une distance de six
lieues de Berne, il joint à une étendue considérable une
profondeur plus que suffisante pour toutes ces recherches.
Pénétré de l'importance de ce travail, j'engageai mon
ami, M. de Fischer, à entreprendre ces recherches conjointement avec moi. M. de Fischer habite la rive de ce
lac depuis une longue série d'années. Déjà en 1833 il
avait dressé une bonne carte de son fond. Il répondit
aussitôt à mon invitation, et ainsi nous entreprîmes ensemble les observations que j'exposerai dans ce mémoire.

*Discussion des méthodes employées pour déterminer la
température de l'eau dans le fond des lacs et de
la mer.*

Avant d'entreprendre cette série d'observations il était
de la plus grande importance de s'assurer de la valeur
des méthodes à suivre. Un riche trésor d'expériences
s'est accumulé depuis soixante-dix ans que les recherches
sur la température de l'eau s'exécutent. Leur discussion
fera ressortir les avantages et les inconvénients qu'elles
présentent, et nous donnera un jugement plus juste de
la valeur de celle que nous avons suivie.

Toutes les méthodes employées jusqu'à ce jour pour
déterminer la température de l'eau à une profondeur
considérable se réduisent en deux classes :

1° On plonge dans l'eau des thermomètres qui, par l'entourage de mauvais conducteurs, sont suffisamment protégés contre le changement qu'ils pourraient subir en traversant des couches d'eau dont la température est différente de celle des couches inférieures. Ou bien 2° on emploie des thermométrographes ou des thermomètres à déversement qui rapportent les minima des températures différentes auxquelles ils ont été soumis. Je soumettrai toutes ces méthodes à un examen rigoureux.

En 1773, Irving, qui accompagnait Constantin Phipps dans son voyage vers le Nord, puisait l'eau dans le fond de la mer au moyen d'une bouteille entourée de mauvais conducteurs. Il plongeait un thermomètre lorsque cette bouteille revenait du fond de la mer [1]. M. Martins juge les chiffres obtenus par cette méthode comme n'inspirant aucune confiance [2].

Les premières déterminations qui méritent toute la considération des physiciens, sont celles de de Saussure. Tout ce que cet illustre physicien entreprit fut exécuté avec cette exactitude et cette persévérance qui rendront ses résultats toujours précieux. De Saussure employait pour ses recherches sur la température de l'eau des lacs et de la mer un thermomètre ordinaire d'esprit-de-vin, construit par Micheli du Crest [3]. Cet instrument avait une grande boule de treize lignes et demie de diamètre, et se

---

[1] A Voyage towards the north pole undertaken by C.-J. Phipps, 1774, p. 144.

[2] Voyage en Scandinavie, en Laponie et au Spitzberg de la corvette la *Recherche*. — Géographie physique, 1818, tome II, p. 302. — Annales de chimie et de physique, 3ᵐᵉ série, XXIV, 1848, p. 238.

[3] Voyage dans les Alpes, 1779, tome I, § 35.

trouvait enfermé dans un étui de bois de noyer massif.
Plus tard de Saussure remplaça ce thermomètre par un
autre, construit d'après le même système [1]. La boule était
fixée dans un réservoir en bois de six pouces de diamètre
et rempli de cire. Les changements de température de
cet instrument étaient extrêmement lents : placé dans de
l'eau à une température différant de 12° R. de celle de
l'instrument, il fallut douze heures pour qu'il se mit
exactement en équilibre avec cette température, et dans
l'espace de la première demi-heure il ne varia que d'un
dixième de degré [2]. De Saussure plongeait ordinairement
son instrument pendant l'après-midi, et le retirait le lendemain matin.

Il se servait de plus d'une sonde au moyen de laquelle
il puisait de l'eau dans le fond du lac [3]. C'était un vase
cylindrique en cuivre d'un pied de hauteur sur trois
pouces et demi de diamètre. Cet instrument avait deux
soupapes qui s'ouvraient de bas en haut, de sorte qu'elles
laissaient entrer l'eau lorsque le cylindre descendait, et
se fermaient quand il remontait. Un thermomètre à mercure renfermé dans un tube de verre était placé dans
l'intérieur de ce cylindre. De Saussure rapporte que cet
instrument était affecté par la température de l'eau qu'il
traversait, aussi il n'en faisait usage que pour les faibles
profondeurs [4]. Cette « pompe » de de Saussure n'était
rien autre que le « bucket sea-gage » de Hales [5], amé-
lioré en ce que les couvercles qui, dans l'appareil de

[1] Voyages dans les Alpes. 1796, tome III, § 1392.
[2] *Ibid.* § 1393.
[3] *Ibid.* Tome I, § 41.
[4] *Ibid.* § 42.
[5] Philos. Transactions for 1750. Tome XLVII, p. 213.

Hales, ferment par leur propre poids les deux ouvertures, sont remplacés par des soupapes.

Scoresby se servait dans ses fameux voyages d'une sonde de la même construction. D'abord c'était un tonneau en bois d'une contenance de quarante-cinq litres, muni de soupapes [1]. Comme les planches de ce tonneau se déjetèrent, Scoresby ne fit que peu d'expériences avec cet instrument. Il fit construire une sonde en cuivre de 35 centimètres de hauteur et de 15 centimètres de diamètre, munie de deux vitres. Les soupapes étaient disposées comme dans l'appareil précédent [2]. Cet instrument était destiné à sonder la mer, et Scoresby lui donna le nom de « marine diver. » M. Martins ne prête aucune confiance aux résultats obtenus par ces sondages, en faisant l'observation très-juste qu'en retirant l'appareil il suffisait de lâcher un instant la ligne pour qu'il redescendît un peu, et que l'eau rapporté du fond fût chassée et remplacée par celle qui pénétrait dans le vase en soulevant les soupapes [3].

M. Lenz donna la description d'une sonde qui fut construite d'après les mêmes principes sous les ordres de M. Parrot [4]. Elle est en tôle, haute de 16 pouces sur un diamètre de 11 pouces. Elle est munie de deux soupapes et protégée par quatre couches alternantes de tôle et de toile contre l'échauffement par l'eau plus chaude qu'elle doit traverser. Le thermomètre placé au milieu de ce vase avait une boule dont le verre était épais d'une

[1] An account of the arctic regions, 1820, tomo I, p. 184.
[2] *Ibid.* 1, p. 186. — II, pl. II, fig. 2.
[3] Voyage en Scandinavie, etc., de la corvette *la Recherche*, 1848, tomo II, p. 304.
[4] Poggendorff, Annalen der Physik, 1830, tome XX, p. 78.

demi-ligne. Ce « bathomètre » de Parrot servait pour les sondages de la mer jusqu'à une profondeur de mille toises, pendant le voyage autour du monde sous les ordres du capitaine de Kotzebue de 1823 à 1826. Le bathomètre partage les inconvénients de tous les instruments à soupapes, pourtant les résultats obtenus méritent toute confiance par leur grande concordance.

Pour compléter l'histoire des méthodes employées pour la mesure de la température du fond de la mer, je ne puis me passer de citer un moyen fort ingénieux, dont le capitaine Ross s'est servi dans son voyage à la baie de Baffin, et dont il a donné la description dans un ouvrage particulier [1]. Cet appareil consiste en une espèce de pince creuse en fer, qu'il faisait descendre dans la mer, elle restait ouverte jusqu'au moment où elle touchait le sol ; alors elle était fermée par un poids que l'on faisait descendre le long de la ligne, de sorte qu'en se fermant elle prenait une portion de la vase, qui de cette manière pouvait être retirée du fond de la mer. La quantité de cette vase était suffisante pour conserver dans son intérieur la température du fond., ce dont le capitaine Ross s'est assuré par des observations comparatives avec un thermométrographe. Après avoir constaté ce fait, il ne se servit que de cette méthode pour déterminer la température du fond de la mer.

Passons maintenant à la revue des observations faites avec des thermométrographes.

' Irwing fit quelques observations sur la température de la mer [2] avec un thermomètre à maxima et à minima de

[1] A description of the deep sea clamms, hydrophorus and marine artificial horizonby Capt. J. Ross. London, 1819.
[2] A Voyage towards the north pole undertaken by C.-J. Phipps. 1774.

Cavendish [1]. Les résultats ne sont pas préférables à ceux qui ont été obtenus par le même auteur d'après la méthode citée plus haut (page 23).

Horner employait dans son voyage autour du monde sous les ordres du capitaine Krusenstern un thermomètre de Six [2], de même Parry dans les sondages sur la côte du Spitzberg [3].

M. de la Bèche fit des sondages dans les lacs de Genève, de Thoune et de Zoug, en y plongeant simplement un thermométrographe [4].

Cette méthode jouit de l'avantage que l'instrument n'est pas sujet à l'influence de la température des couches d'eau qu'il doit traverser lorsqu'on le retire. Mais il demande un maniement si délicat, que son emploi n'est guère recommandable. D'abord tout ébranlement occasionne un dérangement de l'index mobile. Or il est presque inévitable qu'en retirant la ligne elle ne subisse des secousses. Un autre inconvénient s'ajoute lorsque l'instrument n'est pas protégé contre la pression de l'eau, qui fait diminuer le volume de la boule, en sorte que le liquide thermométrique monte dans la tige, et indique une température beaucoup trop élevée. Il est évident que cette action est d'autant plus grande, que la profondeur à laquelle on plonge l'instrument devient plus considé-

[1] Philos. Transact., 1758, tome L, p. 308.

[2] Gilbert. Annalen der Physik, 1819, tome LXIII, p. 131. — Krusenstern, Entdeckungsreise, etc. Petersburg, 1812. III. La description du thermomètre de Six se trouve dans les Philosoph. Transact. for 1782, tome LXXII, p. 72.

[3] An attempt to reach north pole in the year 1827.

[4] *Bibl. Univ.*, 1819, tome XII, p. 118, et 1820, tome XIV, p. 144.

rable. Déjà Parrot fit remarquer cette influence, et par
des expériences directes il montra qu'une pression de
100 atmosphères faisait monter le thermomètre à 20°,5 C.,
sans que le moindre changement de température eût
lieu [1]. M. Martins parvint à un résultat beaucoup moins
grand ; il trouva que l'effet de la pression n'était que de
0°,13 pour une pression de 100 mètres [2], ce qui correspond à une différence d'un degré et demi pour une
pression de 100 atmosphères.

Toutes les observations faites par Irwing, Horner, etc.,
sont affectées de cette cause d'erreur ; aussi les températures du fond des lacs observées par M. de la Bèche
sont supérieures d'un demi-degré à un degré entier aux
résultats obtenus par de Saussure et par nous, à peu près
dans les mêmes localités et vers la même époque de
l'année [3].

Pour obtenir des indications exactes avec les thermométrographes, il est nécessaire de les protéger contre

---

[1] Mémoires de l'Académie de Saint-Pétersbourg, 6^me série.
Sciences math. phys. et natur., tomo II, p. 595. Lenz, Bulletin
phys.-mathém. de l'Académie de Saint-Pétersbourg, tome V. —
Poggendorff, Annalen der Physik, LXXII. Supplément, n° 2,
1848, p. 615.

[2] Voyage en Scandinavie, etc., de la corvette *la Recherche*,
Géographie physique, 1848, tome II, p. 297.

[3] De Saussure avait observé dans le lac de Genève (Voyages,
§ 397), au mois d'août, à une profondeur de 150 pieds, 4°,9 R.,
tandis que M. de la Bèche trouva au mois de septembre, à 420
pieds, 5°,3 R. — De Saussure indique la température du fond
du lac de Thoune (Voyages, § 1395) à 350 pieds dans le mois
de juillet égale à 4° R., et celle du lac de Brienz (Voyages,
§ 1396) à 500 pieds dans le même mois égale à 3°,8 R. M. de
la Bèche observa dans le lac de Thoune en juin, à 630 pieds,
4°,2 R.

la pression ; c'est ce que MM. Bravais et Martins firent les premiers dans les sondages exécutés à bord de *la Recherche* dans la Mer Glaciale, en 1838 et 1839 [1]. Ils se servaient du thermométrographe de Six, modifié par Bunten [2], qu'ils enfermaient dans de forts tubes en cuivre. Concurremment avec cet instrument ils faisaient usage du thermomètre à déversement de M. Walferdin [3], enfermé dans un tube de cristal scellé à la lampe d'émailleur. — Les thermométrographes de Bunten sont évidemment supérieurs aux instruments de Six, parce que l'index, par la construction de l'instrument, est beaucoup moins sujet à l'action des chocs. Pourtant M. Martins accorde une confiance infiniment moindre aux indications de ces thermométrographes qu'à celles des instruments à déversement. Malheureusement les thermomètres de Walferdin non-seulement sont d'une construction difficile, mais de plus ils demandent dans leur emploi des préparatifs longs et minutieux qui les rendent peu pratiques lorsqu'il s'agit de séries d'expériences consécutives. Aussi M. Martins lui-même dans ces derniers temps n'en fait plus usage pour le sondage des lacs [4].

Les thermomètres employés récemment par M. Aimé

[1] Voyages en Scandinavie, en Laponie et au Spitzberg de la corvette *la Recherche*. Géographie physique, tome II, p. 291.

[2] Pouillet. Eléments de physique, tome II, p. 509, fig. 372.

[3] *Ibid.* fig. 369.

[4] M. Martins s'est occupé, dans ces dernières années, de sondages thermométriques des lacs alpins, en faisant usage de thermomètres ordinaires entourés de mauvais conducteurs. Je ne sais pas si les résultats de ces recherches sont déjà publiés. Je tiens cette note d'une communication personnelle que M. Martins a bien voulu me faire.

dans ses sondages précieux de la Méditerranée [1], sont construits en partie d'après le principe des thermomé-trographes, en partie d'après le système des instruments à déversement. Il est certain que les résultats obtenus par M. Aimé sont très-exacts, mais la construction compliquée de ses instruments ne permettra guère un emploi général.

Enfin je dois parler ici d'un procédé thermo-électrique exécuté par MM. Becquerel et Breschet [2] pour examiner la température du lac de Genève. Leur appareil se compose d'un fil de cuivre et d'un fil de fer soudés par un de leurs bouts, et en communication par les autres avec le fil d'un galvanomètre. La déviation de l'aiguille aimantée du galvanomètre indique la différence qui existe entre la température de l'endroit où se trouve placé le galvanomètre, et celle de la soudure qui par un poids est plongée dans le fond d'un lac. Par des essais préalables il fallait déterminer la différence de température qui correspondait à la déviation d'un degré de l'aiguille.—Cette application fort ingénieuse des courants thermo-électriques, ne peut s'exécuter que dans une localité où le galvanomètre peut être disposé d'une manière fixe. Aussi les expériences rapportées ont été faites à quelques mètres de l'escarpement du rocher sur lequel est construit le château de Chillon, le galvanomètre étant placé dans cet édifice. — On conçoit facilement que cette méthode ne puisse être appliquée à des places éloignées de la côte,

---

[1] Annales de Chimie et de Physique, 3me série, 1845, tome V, page 5.

[2] Comptes rendus de l'Académie des Sciences, décembre 1836. — Bibl. Univ., nouvelle série, 1837, tome VII. p. 137.

qui pourtant doivent être choisies pour être à l'abri de
l'action échauffante de la terre.

### Description de notre méthode.

Ayant toutes ces expériences précieuses devant nous,
il nous restait à choisir la méthode qui convenait le mieux
à notre but. Nous avons suivi en général la méthode de
de Saussure, en employant des thermomètres ordinaires
protégés contre un changement tróp rapide de température.

Nous faisions usage de thermomètres ordinaires à mercure avec des réservoirs cylindriques très-grands, qui
étaient entourés de couches alternatives de coton et de
caoutchouc. Les thermomètres avaient été confectionnés
avec beaucoup de soin par M. Danger à Paris. Leurs tiges
avaient environ $30$ centimètres de longueur avec une
course de $+22°$ C. jusqu'à $—2°$. L'échelle était gravée
sur la tige, et indiquait les dixièmes de degré. Or chaque
dixième ayant une longueur de plus d'un millimètre, on
pouvait facilement estimer les centièmes. La graduation
des instruments fut comparée de $5°$ en $5°$ avec un thermomètre étalon à échelle arbitraire confectionné par
M. Fastré [1] d'après les indications de M. Regnault, et

---

[1] Tous les physiciens qui s'occupent d'expériences, dans lesquelles il est de rigueur de se servir de thermomètres très-exacts,
connaissent la difficulté de se procurer des instruments bien sûrs.
C'est pour cela que je crois leur rendre un service en recomman-
dant les thermomètres étalons confectionnés par M. Fastré (quai
des Augustins, n° 63, à Paris), qui travaille sous les yeux de
M. Regnault, et qui fournit ses instruments consciencieusement
calibrés, pour le prix très-modique de $25$ fr.

les légères corrections qui résultaient de cette comparaison furent introduites dans les résultats obtenus avec
nos instruments [1].

Ces thermomètres entourés de mauvais conducteurs
furent placés dans des cylindres en verre, qui étaient en
outre protégés contre le changement de la température
par une enveloppe de linges. J'ai déterminé leur marche
par des expériences préliminaires. Dans ce but on plongea tous les instruments dans une cuve remplie d'eau de
la température de l'air ambiant. On les y laissa pendant
quelques heures, jusqu'à ce que tous les thermomètres
se fussent mis en équilibre avec cette température. Alors
on les retira de cette eau, et on les plongea dans une
autre cuve remplie d'eau, qui avait une température supérieure à celle de la première d'environ 10 degrés. Au
bout de 5 minutes, la température de tous les instruments était montée tout au plus de 4 centièmes de degré,
quelques-uns n'avaient pas bougé. Après 10 minutes la
différence s'élevait déjà à 2 dixièmes de degré. Après
une heure et demie tous les instruments s'étaient mis en
équilibre avec la température de l'eau plus chaude. —
Pour être sûr que ces thermomètres prissent exactement
la température de l'eau à l'endroit où ils furent placés,
on les laissa dans les expériences faites dans le lac pendant deux heures à leur place, et comme le halage de la
ligne de la plus grande profondeur à laquelle on expérimentait, exigeait tout au plus 4 minutes, il était probable
que les précautions mentionnées devaient suffire pour

[1] M. J. Pierre donne dans une note une description détaillée
de la méthode employée par M. Regnault pour calibrer et graduer les thermomètres. (Ann. de Chimie et de Phys., 3$^{me}$ série,
tome V, page 428.)

admettre que la température rapportée par les instruments, était bien celle de la couche d'eau dans laquelle on les avait plongés.

Néanmoins lorsqu'un jour je descendis à côté d'un de ces instruments un autre qui se trouvait enfermé dans un tube scellé à la lampe d'émailleur et protégé contre un changement de la température acquise dans le fond, je remarquai que cet instrument assigna une température inférieure environ d'un dixième de degré à celle de l'autre thermomètre. Cette différence ne pouvait provenir que de la compression que le réservoir du thermomètre libre avait subie par la pression de l'eau, à laquelle l'instrument enfermé dans le tube n'était pas soumis. En examinant soigneusement tous les instruments qui m'avaient servi dans quatre séries d'expériences, je constatai cette action dans tous les thermomètres à un degré plus ou moins prononcé. Cette action permanente d'une pression considérable sur la boule d'un thermomètre, ne peut pas étonner, depuis que l'on sait que le même phénomène se manifeste dans tous les instruments exposés seulement à la pression ordinaire de l'atmosphère. — Quant à nos observations, cette circonstance fâcheuse nous força de rejeter toutes les séries que nous avions faites avec ces instruments, et de nous mettre dorénavant à l'abri de cet inconvénient.

Je défis nos instruments, et après les avoir gradués de nouveau, j'entourai leurs réservoirs de linge, et je les enfermai dans des tubes scellés à la lampe d'émailleur. Je dois remarquer qu'une nouvelle graduation qui fut faite après avoir achevé nos observations dans le printemps 1849, indiquait un déplacement du zéro très-minime, car il se portait tout au plus à un dixième de degré,

et dans plusieurs instruments il était nul. — Toute la
partie inférieure du tube extérieur fut également enveloppée de coton et de linge, et on les plaça dans de
grands cylindres en verre d'un diamètre de 4 à 5 centimètres, où ils étaient fixés par des bouchons percés de
deux trous, afin que l'eau pût y entrer. Cette grande
quantité d'eau qui entourait les tubes contribuait à conserver la température des thermomètres. Le cylindre était
porté dans un petit sac en toile cirée, qui fut fixé à une
corde longue d'un demi-mètre, et terminée par un anneau qui s'attachait à un crochet fixé à la ligne.

Avant de plonger ces appareils, on enveloppait chaque
instrument de deux grandes serviettes, pour les protéger
contre to.te action tendant à changer leur température
pendant qu'on les halait. Ces linges étaient arrangés de
manière qu'on pût observer la partie de la tige du thermomètre, où le mercure devait s'arrêter. — Des expériences préliminaires exécutées de la même manière que
celles que j'avais entreprises pour examiner la marche
des instruments précédents, m'avaient amené à des résultats semblables relativement à leur marche, qui pourtant était encore un peu plus lente que celle des premiers
instruments.

La ligne qui servait à descendre les instruments était
une corde ordinaire, munie à des distances exactement
déterminées de crochets dans lesquels on suspendait les
anneaux des instruments. Les distances des crochets, à
partir de la surface de l'eau, étaient les suivantes, exprimées en pieds suisses (à 30 centimètres) : 10', 20', 30',
40', 60', 80', 120', 160', 250', 350', 450', 550'.
— La ligne était enroulée sur un dévidoir, et après l'a-·
voir suspendue on fixait son extrémité supérieure à une

planche qui flottait sur l'eau. Les observations se firent en deux séries. On commençait par placer les instruments aux six crochets inférieurs, et l'on descendait la ligne. Au bout de deux heures on retirait la ligne, et on fixait les instruments aux crochets supérieurs. Nous avons remarqué que le mouvement de la surface du lac par le vent ne déplaçait pas la ligne lorsque les instruments étaient fixés aux crochets inférieurs, mais cette influence de vent se faisait sentir dans la seconde série d'observations, lorsque le dernier poids qui tendait la ligne n'était qu'à une profondeur de 80'. Pendant le temps qui s'écoulait entre l'immersion et la rétraction, nous descendions à terre, et pour retrouver nos appareils lorsque le lac était agité, nous fixions à la planche un signal. Même avec cette précaution nous eûmes quelquefois beaucoup de peine à regagner la planche, lorsque dans les sondages de la seconde série le vent avait déplacé l'appareil, et que les vagues cachaient le signal.

Quand il s'agissait de retirer les instruments, il était de la plus grande importance que cette opération se fît avec la plus grande promptitude possible. Dans ce but un batelier était placé au fond de la barque et balait la ligne main sur main, pendant qu'un autre homme la guindait sur le dévidoir. Moi-même j'étais placé à côté de l'homme qui balait, et je décrochais les instruments à mesure qu'ils parvenaient à la surface, je les lisais et je dictais l'état des thermomètres à M. de Fischer. J'ai déjà remarqué qu'au moyen de ces précautions le temps nécessaire pour retirer les instruments de la plus grande profondeur, ne dépassait guère trois minutes, de sorte que les instruments n'avaient pas le temps de changer leur température. Lorsque cette opération était terminée, je lisais les thermomètres une seconde fois, et je remarquais à l'ordinaire que le changement qu'ils avaient subi pendant le court séjour dans le bateau, n'excédait pas un ou deux centièmes de degré.

La place que nous avions choisie dans le lac pour nos expériences était dans le voisinage des rochers de Spiez. Nous avions été forcés de pousser le lieu de nos observations aussi loin de Thoune, parce que nous craignions l'influence du Kander, qui se jette dans le lac près du village de Gwatt. L'emplacement choisi répondait à tous les besoins. Les rochers perpendiculaires de la Spiez-fluh forment un escarpement qui se continue sous la surface de l'eau, de sorte que même dans le voisinage de la rive le lac a une profondeur considérable. Pour nous mettre à l'abri de l'influence de la rive nous fixâmes notre place à une distance de 1000 pieds de l'escarpement, sur une ligne qui va du vieux château de Ralligen à celui de Spiez. Ce fut à peu près la même place que déjà de Saussure avait choisie pour son sondage du lac de Thoune [1]. Un sondage préliminaire nous avait indiqué une profondeur de 600 pieds, qui était plus que suffisante pour nos observations.

Le signal de la planche put être observé depuis la petite baie de Spiez, où nous débarquâmes pendant l'exposition des instruments. L'hospitalité et le concours obligeant dont nous honorèrent les nobles habitants du château, nous dédommagèrent des contrariétés qui étaient inévitablement attachées à notre entreprise, et nous rendront

---

[1] Voyages dans les Alpes, 1796, tome III, § 1395.—De Saussure opérait à une profondeur de 350 pieds, l'endroit de son sondage était beaucoup plus proche de la rive que le nôtre.

pour toujours agréable le souvenir de ces jours passés
au bord du plus beau de nos lacs.

### Résultat de nos observations.

Les sondages thermométriques furent commencés au
mois de juillet 1847, et répétés à peu près de six en six
semaines, jusqu'au mois de février 1849. Les quatre premières séries ont dû être rejetées par un incident dont
j'ai déjà fait mention.

Le tableau suivant renferme les observations faites dans
le courant d'un an.

| Profondeur à partir de la surface en pieds suisses dont chacun a 30 centim. | 1848 | | | | | | | 1849 |
|---|---|---|---|---|---|---|---|---|
| | 28 Mars. | 13 Mai. | 3 Juillet. | 5 Août. | 6 Septembre. | 28 Octobre. | 26 Novembre. | 3 Février. |
| | °C. | °C. | °C. | °C. | °C. | °C. | °C. | °C. |
| Surface. | 5,70 | 15,08 | 15,37 | 17,09 | 18,69 | 11,90 | 7,95 | 4,90 |
| 10′ | 5,20 | 10,75 | 14,96 | 15,75 | 16,56 | 11,76 | 7,96 | 4,99 |
| 20′ | 5,17 | 9,56 | 14,01 | 14,04 | 15,04 | 11,64 | 7,99 | 5,09 |
| 30′ | 5,09 | 8,87 | 11,80 | 13,07 | 14,31 | 11,66 | 7,90 | 4,99 |
| 40′ | 5,08 | 8,10 | 11,16 | 12,47 | 13,44 | 11,75 | 7,88 | 4,90 |
| 60′ | 4,92 | 7,10 | 9,81 | 11,43 | 12,09 | 11,69 | 7,86 | 4,84 |
| 80′ | 4,91 | 6,77 | 7,94 | 10,40 | 10,50 | 11,22 | 7,88 | 4,88 |
| 120′ | 4,64 | 5,47 | 5,71 | 6,50 | 6,35 | 6,45 | 6,68 | 4,84 |
| 160′ | 4,69 | 5,26 | 5,23 | 5,46 | 5,41 | 5,59 | 5,58 | 5,00 |
| 250′ | 4,68 | 4,89 | 5,03 | 5,10 | 5,21 | 5,01 | 5,17 | 4,88 |
| 350′ | 4,80 | 4,96 | 4,92 | 5,04 | 5,03 | 4,90 | 4,87 | 4,81 |
| 450′ | 4,82 | 4,86 | 4,90 | 4,96 | 4,89 | 4,93 | 4,82 | 4,84 |
| 550′ | 4,83 | 4,87 | 4,90 | 4,88 | 4,91 | | | |

Pour mieux pouvoir juger des indications de ces valeurs, je les ai représentées d'après une méthode gra-

phique, en prenant les profondeurs comme abscisses, et traçant les températures correspondantes comme ordonnées. La courbe qui résulte de la jonction des points ainsi obtenus indique la diminution de la température avec la profondeur. Ce tableau nous fait voir que dans les mois d'hiver cette courbe est à peu près une ligne horizontale, c'est-à-dire que dans cette saison la température est partout la même. Dans le mois de mars la température commence à s'élever dans les couches supérieures, et dans le commencement du mois de septembre elle parvient à son maximum. A partir de ce mois les couches supérieures commencent à se refroidir, pendant que la chaleur de l'été continue à pénétrer dans l'intérieur de la masse d'eau. Il résulte de cette marche un changement de la forme de la courbe qui, dans le printemps ainsi qu'en été, est convexe vers l'axe des abscisses, tandis qu'en automne elle devient concave et conserve cette forme jusque dans les mois d'hiver, où elle s'applatit en ligne droite. Toutes les courbes qui, à partir du mois d'octobre, prennent cette forme différente des autres, sont tracées en lignes ponctuées.

J'ai dressé une seconde table, dans laquelle les mois de toute l'année forment les abscisses, et les températures correspondantes sont prises comme ordonnées. De cette manière on obtient les courbes des variations de la température pour les différentes profondeurs dans le courant de l'année. Ce tableau nous fait voir : 1° Jusqu'à quelle profondeur pénètre l'influence des saisons, et dans quelles limites la température de chaque couche peut varier. 2° Il nous apprend l'époque du maximum et du minimum de la température pour chaque couche, ou bien la marche des saisons dans l'intérieur de l'eau. Les,

résultats principaux de ce tableau graphique peuvent être
conçus de la manière suivante :

| PROFONDEUR. | MAXIMUM de la température. | ÉPOQUE du maximum. | MINIMUM de la température. | ÉPOQUE du minimum. |
|---|---|---|---|---|
| 10' | 16°,56 C. | Septembre. | 4°,99 C. | Février. |
| 20' | 15,04 | Septembre. | 5,09 | Février. |
| 30' | 14,31 | Septembre. | 4,99 | Février. |
| 40' | 13,44 | Septembre. | 4,90 | Février. |
| 60' | 12,09 | Septembre. | 4,84 | Février. |
| 80' | 11,22 | Octobre. | 4,88 | Février. |
| 120' | 6,68 | Novembre. | 4,64 | Mars. |
| 160' | 5,58 | Novembre. | 4,69 | Mars. |
| 250' | 5,17 | Novembre. | 4,68 | Mars. |
| 350' | 5,04 | Août. | 4,80 | Mars. |
| 450' | La tempér. oscille p$^t$ toute l'année entre 4°,82 et 4°,95 | | | |
| 550' | La tempér. oscille p$^t$ toute l'année entre 4°,83 et 4°,91 | | | |

En jetant un coup d'œil sur ce tableau, on est étonné
de la lenteur avec laquelle l'action du soleil d'été pénètre
dans l'intérieur de l'eau. Bien que le but de ce mémoire
ne soit que de donner des faits purs tels qu'ils résultent
des observations, je ne puis me passer d'attirer l'attention
des physiciens sur ces résultats, qui pourraient nous
offrir des renseignements sur la conductibilité de l'eau
pour la chaleur.

Enfin je dois mentionner que la couche de la température uniforme commence à peu près à une profondeur
de 500' (150 mètres), et que sa température oscille entre
4°,8 C., et 4°,9 C.

SUR LES

# OMBRES ATMOSPHÉRIQUES[1].

PAR

## M. le professeur E. WARTMANN.

J'ai décrit à la Société, dans sa séance du 7 jan‑
vier de cette année, une observation faite à Nyon par
M. Thury, relative à un rayon bleu qui s'était montré
avant le lever du soleil. Ce n'etait, selon moi, qu'un effet
d'ombre [2]. Des apparences analogues se présentent fré‑
quemment au coucher du soleil, lorsque l'atmosphère
est chargée de vapeurs ou de poussière. Mais il est plus
facile de les étudier sur les hauteurs, à cause de la plus
grande transparence de l'air et de la moindre absorption
qu'il exerce sur la lumière. Le voisinage des grandes sur‑
faces d'eau et des glaciers est particulièrement favorable
au développement et à l'étude de ces jeux optiques.
Chacun a pu, le matin, suivre à des distances considéra‑
bles, dans l'air humide et diaphane des vallées encore
obscures, la marche des rayons solaires qui rasent les
crêtes environnantes.

[1] Communiqué à la Société de physique et d'histoire naturelle
de Genève, le 16 août 1849.
[2] Archives des Sciences physiques et natur., tome X, p. 293;
avril 1849.

Un phénomène semblable s'e t manifesté le 31 juillet dernier vers trois heures après midi. Je me trouvais au signal de la Dôle, à 1680 mètres au-dessus de la mer. La température était élevée. Une mince bande de brouillards s'étendait horizontalement sur le massif du Mont-Blanc et sur les cimes de cette chaîne, à une hauteur moyenne de 2400 mètres. On n'apercevait dans le ciel qu'un nuage, déplacé avec lenteur par le vent du sud-ouest, et dont l'image se projetait distinctement sur les pentes des monts du Faucigny. Tout l'espace privé de lumière par l'interposition de ce nuage se dessinait en noir grisâtre transparent avec une grande netteté. Ainsi, les vésicules de vapeur flottantes qui, en réfléchissant les rayons du soleil, blanchissaient le bleu du ciel, existaient abondamment à 1900 mètres au-dessus du lac.

Le même jour, et à la même heure, j'ai remarqué des ombres beaucoup plus curieuses. En examinant les couches d'air comprises entre mon œil et le fond du lac, vers l'est, j'ai vu quatre bandes à peu près parallèles entre elles et également espacées, qui, inclinées vers le soleil, paraissaient s'élever depuis la surface des eaux jusqu'à une hauteur de 30 degrés environ. Ces bandes sombres, mais peu distinctes, avaient le même aspect que la traînée obscure produite par le nuage dans une région du ciel très-différente. Elles s'en distinguaient cependant par leur largeur, qui était beaucoup moindre ; chacune ne soutendait qu'un degré en diamètre. Elles se sont déplacées d'une manière sensible vers le sud-est, à mesure que le soleil déclinait vers l'horizon. Leur visibilité a persisté au moins deux heures, pour mes compagnons comme pour moi. Mais nous n'avons su à quelle cause les attribuer. Aucun obstacle visible dans l'immense panorama que nous dominions ne pouvait produire des ombres dans leur direction, et servir ainsi à expliquer leur présence.

La disposition par étages des vapeurs atmosphériques, peut quelquefois engendrer des apparences qui se confondent avec celles des ombres. Une observation très-prolongée, et les variations de teinte des bandes obscures servent à éviter l'erreur. Un exemple de ces fausses ombres s'est offert à moi deux jours après, depuis le plateau de la Barillette. Quelques minutes avant le coucher du soleil, le fond du ciel prit une teinte grise très-marquée, sur laquelle tranchaient trois bandes horizontales, assez longues, d'une couleur plus plombée, et qui convergeaient vers l'orient. Ces bandes, qui auraient dû présenter une distribution inverse si elles eussent été des parties de l'espace privées de lumière, se colorèrent peu à peu en rose vif quelques minutes après l'arrivée du crépuscule. Elles n'étaient donc formées que par une brume légère, suspendue à une grande hauteur dans l'atmosphère.

# BULLETIN SCIENTIFIQUE.

## PHYSIQUE.

1. — Sur les causes des lignes longitudinales du spectre solaire et sur les caractères de ces lignes, par M. Zantedeschi [1]. (Extrait d'une lettre adressée à M. le professeur Elie Wartmann.)

J'ai attribué les phénomènes des lignes longitudinales aux imperfections de l'appareil, aux vapeurs qui flottent dans l'atmosphère, enfin aux interférences et à la diffraction. MM. Knoblauch, Crahay, Wartmann et Kuhn, les rapportent à la première de ces causes, M. Cavalleri lui ajoute la seconde. — Divers physiciens de Paris, et M. de Haldat à Nancy, pensent que quelques lignes longitudinales en sont indépendantes, et Cavalleri lui-même paraît soupçonner qu'il en est d'entièrement analogues à celles de Fraunhofer. Il m'a engagé courtoisement à examiner s'il n'existerait peut-être pas des lignes qui ne seraient pas dues aux causes sus-indiquées. J'ai cherché à répondre à cette invitation, et j'ai de suite distingué les lignes longitudinales produites par les imperfections de l'appareil de celles qui proviennent des vésicules de vapeur atmosphérique. Les premières, sous une inclinaison donnée des rayons solaires, m'ont paru *fixes*, les secondes d'ordinaire *mobiles*. Les unes et les autres m'ont présenté les caractères suivants :

1° Elles sont superposées aux lignes de Fraunhofer ;

2° Elles ont une teinte noire, tandis que les lignes de Fraunhofer ont celles de l'encre de Chine ;

---

[1] Voyez, sur le même sujet, une lettre de l'auteur en réponse aux objections de MM. Knoblauch et Cavalleri, dans la *Corrispondenza scientifica di Roma*, du 30 mai 1849, n° 9, p. 69.

3° Elles n'ont pas des bords arrêtés (*precisi*) ;

4° Elles sont irisées sur les bords.

A leur tour, les lignes longitudinales que je considère comme produites par interférence et par diffraction, possèdent les caractères suivants :

1° Elles sont situées au-dessous des lignes de Fraunhofer ;

2° Elles ont une teinte égale à celle de ces lignes ;

3° Leurs bords sont également arrêtés ;

4° Elles se présentent constamment non irisées, comme les transversales.

Les expériences de Kuhn, qui a découvert que le nombre des lignes transversales dépend de l'heure du jour, me confirment toujours davantage dans mon opinion que les raies de Fraunhofer et les longitudes de la deuxième catégorie sont le résultat d'interférences et de diffraction.

---

2. — Nouvelle formule empirique pour la force élastique de la vapeur d'eau, par M. J.-H. Alexander. (*Sillim. Journal,* septembre 1848.)

Cette formule s'applique très-bien aux observations de M. Regnault, et mieux encore à celles de l'Institut de Franklin et de Dulong. Soient :

$t$ La température en degrés Fahrenheit ;

$p$ L'élasticité de la vapeur exprimée en pouces anglais de mercure ;

$p'$ Cette élasticité représentée en atmosphères à 32° F.

On a :

$$t° = 180 \sqrt[6]{p} - 105°,13.$$

$$t° = 317,13 \sqrt[6]{p'} - 105°,13.$$

---

3. — Mesure des indices de réfraction de plaques transparentes et de liquides au moyen du microscopique ordinaire, par M. Bertin. (*Comptes rendus de l'Acad. des Sc.,* tome XXVIII, p. 447.)

On mesure, avec l'objectif fixe et l'oculaire mobile, les trois grossissements G, $\gamma$, $g$, d'un micromètre placé sur la plaque, puis sous la plaque, enfin sans la plaque. L'indice de celle-ci se trouve alors par la formule

$$n = \frac{\gamma}{g} \cdot \frac{G - g}{G - \gamma}$$

Si la plaque est très-épaisse, il vaut mieux la comparer avec une autre dont l'épaisseur et l'indice sont connus. On a pour ce cas :

$$\frac{e\left(1 - \dfrac{1}{n}\right)}{e'\left(1 - \dfrac{1}{n'}\right)} = \frac{\dfrac{1}{g} - \dfrac{1}{\gamma}}{\dfrac{1}{g} - \dfrac{1}{\gamma'}}$$

avec une erreur au maximum d'une unité sur la seconde décimale.

4. — Optique oculaire, par M. de Haldat. Nancy, 1849. in-8° de 84 pages.

M. de Haldat résume dans cet opuscule les diverses expériences qu'il a entreprises depuis 1841 sur les fonctions de l'œil, et décrit les appareils dont il a fait usage. La plupart des détails qu'on y trouve ont été primitivement publiés dans les Mémoires de l'Académie de Nancy, puis analysés dans les Comptes rendus de celle de Paris. Notre journal en a aussi entretenu plus d'une fois ses lecteurs, ce qui nous dispense d'y revenir aujourd'hui. Mais nous recommandons cet ouvrage à toutes les personnes qui s'occupent d'oculistique. Elles y trouveront rassemblées, sous une forme claire et commode, la plupart des vérités fondamentales de cette science, et un exposé des difficultés qu'elle présente dans quelques-unes de ses parties. Deux planches servent à éclaircir les données anatomiques et expérimentales du sujet.

— ·· ——

5. — SUR LES PROPRIÉTÉS ÉLECTRIQUES DES CORPS CRISTALLISÉS , par M. WIEDEMANN. (*Annales de Poggend.*, tome LXXVI, p. 401 ; 1849.)

La pyroélectricité est une propriété qui appartient à trop peu de corps pour pouvoir conduire à des lois générales sur les rapports électriques des substances cristallisées. Les recherches sur la conductibilité électrique des cristaux ne nous ont pas jusqu'à présent fourni non plus de lois générales, parce que dans ces recherches on examine les substances sans faire attention aux différences dans la direction, suivant laquelle l'électricité devait traverser le cristal. Pourtant MM. Hausmann et Henrici ont déjà indiqué que la malacolite conduit mieux dans la direction de l'axe cristallin, et la diallage dans une direction parallèle à son clivage.

M. Wiedmann a étudié la distribution de l'électricité dans les cristaux d'une nouvelle manière très-ingénieuse. Il a saupoudré la surface du corps à examiner avec du lycopode ou du minium, et y a superposé perpendiculairement la pointe d'une aiguille isolée à laquelle on communique de l'électricité positive par une bouteille de Leyde. Alors la poudre légère se disperse tout autour de la pointe à la suite de la répulsion électrique. Lorsque le corps saupoudré est une plaque de verre, on obtient autour de la pointe une figure circulaire traversée par des rayons semblables aux figures de Lichtenberg. En employant l'électricité négative, les figures sont loin d'être aussi distinctes.

Lorsqu'on remplace le verre par une paillette de gypse, la poudre ne se disperse plus d'une manière uniforme dans toutes les directions. On distingue alors deux directions principales diamétralement opposées, suivant lesquelles la poudre se disperse davantage, il en résulte une surface elliptique dont les deux dimensions sont entre elles comme 2 ou 3 est à 1. Lorsqu'on compare ces directions aux axes cristallographiques, on trouve que le grand axe de l'ellipse forme un angle droit avec l'axe cristallographique principal, il en résulte que l'électricité se distribue plus facilement dans une direction perpendiculaire à l'axe principal que dans toute autre direction.

Des cristaux d'acétate de chaux et d'oxyde de cuivre indiquent une figure semblablement allongée dans une direction perpendiculaire à l'axe principal.

*Célestine.* L'expérience réussit très-bien sur une face suivant le clivage principal. La direction longitudinale de la figure coïncide avec la petite diagonale du parallélogramme obtenu par les deux clivages qui forment entre eux un angle de 78°. Le sulfate de baryte indique les mêmes rapports.

*Arragonite.* On obtient sur les faces longitudinales des cristaux une figure allongée dans la direction de l'axe principal.

*Quartz.* La figure est allongée dans une direction perpendiculaire à l'axe principal.

*Tourmaline.* Sur les faces longitudinales rayées, l'allongement de la figure a lieu dans une direction parallèle à l'axe principal.

La même chose s'observe dans l'*apatite* et le *spath calcaire*. L'expérience ne réussit pas sur les faces du rhomboëdre.

Dans le *borax* la figure électrique est perpendiculaire à l'axe principal.

*Epidote.* La figure électrique est perpendiculaire à la direction des raies longitudinales.

*Feldspath.* La figure est perpendiculaire à l'axe principal. Ce minéral se distingue des précédents en ce que la poudre, au lieu de s'éloigner de la pointe, reste fixe à cette place. Mais la figure électrique s'observe lorsqu'on renverse le cristal, alors le reste de la poudre tombe. Ce fait s'explique par la bonne conductibilité de ce corps, d'où il résulte que le peu d'électricité qui reste à la surface suffit pour attirer la poudre sans pourtant pouvoir lui communiquer assez d'électricité pour qu'elle soit repoussée. L'*amiante* se comporte de la même manière.

Les figures obtenues par l'*alun*, le *spath fluor* et d'autres cristaux du système régulier sont circulaires. Il a été impossible d'obtenir une figure sur le *béril*.

En comparant ces résultats à ceux des recherches de Brewster sur les propriétés optiques des corps, on parvient à cette loi intéressante, que *les cristaux qui possèdent une meilleure conductibilité dans la direction de l'axe principal, appartiennent tous à la classe des substances négatives* (l'arragonite, l'apatite, le spath d'Islande et la tourmaline), tous les autres, à l'exception du feldspath, sont des substances positives. On peut conclure de ces expériences que *la direction de la meilleure conductibilité de l'électricité est aussi celle dans laquelle la lumière se propage relativement le plus vite.*

Les propriétés thermiques, observées par M. de Sénarmont, présentent aussi une certaine liaison avec les phénomènes précédents, en ce qu'elles se trouvent également correspondre aux propriétés optiques.

----

## CHIMIE.

6. — NOTE SUR LA CHALEUR SPÉCIFIQUE ET LA CHALEUR LATENTE DE FUSION DU BROME ET SUR LA CHALEUR SPÉCIFIQUE DU MERCURE SOLIDE, par M. V. REGNAULT. (*Ann. de Chimie et de Physique,* tome XXVI, p. 268.)

M. Andrews a déterminé dernièrement la chaleur spécifique du brome liquide entre 10 et 50 degrés [1], et il a trouvé qu'elle était d'environ 0,107. Le produit de ce nombre, par le poids atomique 489,1 admis par les chimistes, est 52,3; c'est-à-dire beaucoup plus fort que la plus grande valeur 42 trouvée par M. Regnault pour ce produit sur tous les autres corps simples qui ont servi à ses expériences. Comme, à la température de 50 degrés, le brome est très-rapproché de son point d'ébullition sous la pression ordinaire de l'atmosphère, et qu'entre 10 et 50 degrés ce liquide éprouve une dilatation considérable, le résultat obtenu par M. Andrews ne

[1] Annales de Poggendorff, tome LXXV, p. 335.

doit pas surprendre ; il est clair que, pour comparer la chaleur spécifique du brome à celle des autres corps simples, il faut la déterminer sur le brome solide. C'est ce que vient de faire M. Regnault.

Des expériences préliminaires sur la chaleur spécifique du brome
liquide lui ont donné des résultats très-voisins de celui qu'a obtenu
M. Andrews. Ainsi il trouve :

| | | |
|---|---|---|
| Entre + 58° et + 13° | 0,11294 |
| Entre + 48 et + 10 | 0,11094 |
| Entre + 10,4 et — 6,2 | 0,10513 |

Pour déterminer la chaleur spécifique du brome solide, M. Regnault faisait deux expériences successives sur une même quantité de brome, contenue dans une ampoule de verre, qu'il conge-
lait d'abord dans un mélange de chlorure de calcium et de glace à
une température voisine de —20°, puis dans de l'acide carbonique
solide à une température de —77°,75. Il portait ensuite l'ampoule,
ainsi refroidie, dans un petit calorimètre dont il mesurait l'abaissement de température. En comparant les résultats obtenus dans ces
deux circonstances, il est facile de calculer la quantité de chaleur
absorbée par le brome solide lorsqu'il passe de la température de
—77°,75 à celle qu'avait produite le mélange réfrigérant ordinaire
(—20° environ). En suivant cette méthode, on évite les causes
d'erreur provenant du changement d'état du brome, et de la variation de sa chaleur spécifique lorsqu'il passe à l'état liquide.

M. Regnault a trouvé par cette méthode, comme résultat moyen
de deux séries d'expériences, que la chaleur spécifique du brome à
ces basses températures est de 0,08432.

Le produit de ce nombre par le poids atomique 489,1 est 41,2 ;
il tombe, par conséquent, entre les limites des valeurs de ce produit trouvées pour les autres corps simples. Ainsi, *le brome solide
satisfait parfaitement à la loi des chaleurs spécifiques.*

Ces expériences permettent en même temps de calculer la chaleur de fusion de ce corps, M. Regnault trouve ainsi le nombre
16,185.

La chaleur spécifique du mercure s'accorde avec la loi générale, et cependant elle a été déterminée sur le métal liquide ; on pouvait prévoir par là qu'il ne devait pas y avoir une grande différence entre la chaleur spécifique du mercure liquide et celle de ce métal à l'état solide. Les expériences de M. Regnault confirment, en effet, cette prévision. En effet, cette chaleur spécifique est représentée d'après ses expériences :

Entre + 100° et + 10°  par le nombre 0,03332
Entre — 40° et — 77,75   »   0,03192

Le produit de ce dernier nombre, qui représente la chaleur spécifique du mercure solide, par le poids atomique de ce métal (1250) est 39,9, il est donc compris entre les mêmes limites que le produit correspondant pour les autres corps simples.

———————

7.—Note sur la préparation de l'azote, par M. B. Corenwinder. (*Annales de Chimie et de Phys.*, tome XXVI, p. 296.)

Le procédé proposé par M. Corenwinder consiste à faire chauffer dans un ballon un mélange de dissolution concentrée de nitrite de potasse et de chlorhydrate d'ammoniaque. Les deux sels se décomposant réciproquement, il se forme du chlorure de potassium et du nitrate d'ammoniaque, et l'on sait que ce dernier sel se dédouble, sous l'influence de la chaleur, en azote et en eau.

M. Corenwinder prépare le nitrite de potasse en faisant passer dans une dissolution concentrée de potasse caustique, les gaz nitreux provenant de la décomposition de l'amidon par l'acide nitrique.

L'azote, ainsi obtenu, est très-pur ; il entraîne seulement de l'ammoniaque qu'on lui enlève facilement en le faisant traverser dans de l'eau acidulée par l'acide sulfurique.

Nous avons rapporté ce procédé parce que nous le croyons, en effet, peu connu ; mais en réalité il ne diffère presque pas de celui qui a été proposé depuis plusieurs années par M. Lübekind. Seulement ce dernier chimiste emploie le nitrite de soude préparé par la calcination du nitrate, ce qui rend la préparation plus facile.

**8.** — Faits pour servir a l'histoire des sels de mercure, par Mr. Ch. Gerhardt. ( *Revue scientifique,* juin 1849.) — Recherches sur la composition et les formes cristallines des nitrates de protoxyde de mercure, par Mr. Ch. Marignac. (*Mémoires de la Société de Physique et d'Histoire natur. de Genève,* tome XII, 1re partie.)

Dans un mémoire inséré dans les *Mémoires de la Société de Physique et d'Histoire naturelle de Genève*, j'ai donné une description complète des formes cristallines des nitrates de protoxyde de mercure, et j'ai cherché à établir leur composition chimique. Le même sujet se trouve traité dans un mémoire récent de M. Gerhardt. Mes résultats ne s'accordant pas sur tous les points avec ceux qu'a obtenus ce savant, j'essaierai de résumer simultanément ces deux mémoires en montrant les points sur lesquels nous différons.

Il existe trois nitrates mercureux, cristallisables et bien distincts par leurs formes, un nitrate neutre et deux sous-nitrates.

Le nitrate neutre cristallise en prisme rhomboïdal oblique, l'angle du prisme est de 83° 40'. Ces cristaux sont ordinairement terminés par un octaèdre rectangulaire oblique qui détermine souvent la forme dominante. Cet octaèdre peut facilement se confondre à l'œil avec un rhomboèdre basé; aussi a-t-on souvent attribué à ce sel la forme rhomboédrique. Nous sommes parfaitement d'accord, M. Gerhardt et moi, soit sur la forme cristalline, soit sur la composition de ce sel qui est représentée par la formule $Hg^2O, Az O^5$ $+2HO$. Les deux équivalents d'eau de cristallisation sont enlevés par la dessication de ce sel dans le vide sec ou à la température ordinaire.

Cette composition est précisément celle qu'avait trouvée jadis M. C.-G. Mitscherlich; elle ne s'accorde point avec la formule proposée plus récemment par M. J. Lefort.

Le premier nitrate basique a été désigné par M. Gerhardt sous le nom de *sous-nitrate sesquimercureux ;* je l'ai appelé *nitrate mercureux* ⁴/₃ *basique.* Il cristallise en prisme rhomboïdal droit, l'angle

du prisme est de 83° 52′, il se présente le plus souvent en aiguilles ou au moins en prismes très-allongés.

M. Gerhardt représente la composition de ce sel par la formule
2 (Hg²O, AzO⁵) + Hg²O, HO ; j'ai adopté une formule un peu différente, savoir : 3 (Hg²O, AzO⁵) + Hg²O, HO. En réalité les résultats de nos analyses sont presque identiques, comme on peut en
juger par le tableau suivant où ces résultats sont calculés pour 100
parties de sel :

|  | Gerhardt. | | | Marignac. | | |
|---|---|---|---|---|---|---|
| Oxyde mercureux. | 82,15 | 82,41 | 82,47 | 82,48 | | |
| Eau . . . . . . . | 1,9 | 1,9 | » | 1,33 | 1,26 | 1,07 |
| Azote . . . . . . | » | » | » | 4,49 | 4,27 | 4,21 |

Nous avons employé la même méthode pour le dosage du mercure ; elle consiste à chauffer le nitrate avec précaution pour le
convertir en oxyde mercurique dont on détermine le poids. Seulement M. Gerhardt opérait dans un bain d'alliage dont il maintenait
la température un peu au-dessus de 300°, tandis que je me suis
borné à chauffer à feu nu ; mais le sel était renfermé dans un long
tube de verre de manière à éviter une perte.

Il ne me reste qu'à comparer ces résultats à ceux qu'exigent les
deux formules que j'ai indiquées ci-dessus :

|  | Gerhardt. | Marignac. |
|---|---|---|
| Oxyde mercureux. . | 84,21 | 82,95 |
| Eau . . . . . . . . | 1,21 | 0,90 |
| Azote . . . . . . . | 3,78 | 4,19 |

M. Gerhardt pense qu'il y a une perte sensible dans le dosage du
mercure. S'il en était ainsi, cette méthode d'analyse devrait être
tout à fait rejetée. Mais je ne crois pas qu'il en soit ainsi, et la formule que j'ai proposée satisfait très-bien à nos analyses. Le dosage
de l'azote, qui est très-facile et susceptible d'une grande précision,
me paraît surtout propre à lever toute incertitude.

Le second sel basique est considéré par M. Gerhardt comme un
sous-nitrate bimercureux ; Hg²O, AzO⁵ + Hg²O, HO, et par moi

comme un nitrate $^5/_3$ basique 3 ($Hg^2O$, $AzO^5$) $+$ 2 ($Hg^2O$, HO). Mais ici encore, la différence que présentent ces formules ne se retrouve pas entre nos analyses qui donnent sensiblement la même composition centésimale, savoir :

|  | Gerhardt. |  |  | Marignac. |  |  |
|---|---|---|---|---|---|---|
| Oxyde mercureux. | 85,27 | 85,18 | 85,30 | 85,15 |  |  |
| Eau . . . . . . . | 2,2 | 2,1 | 2,0 | 1,74 | 1,71 |  |
| Azote . . . . . . | » | » | » | 3,48 | 3,46 | 3,42 |

Or les formules énoncées ci-dessus exigeraient :

|  | Gerhardt. | Marignac. |
|---|---|---|
| Oxyde mercureux . . . | 86,85 | 85,24 |
| Eau. . . . . . . . . | 1,88 | 1,48 |
| Azote . . . . . . . . | 2,92 | 3,44 |

A mes yeux le dosage de l'eau est bien plus susceptible d'erreur que celui du mercure et surtout que celui de l'azote, or les proportions indiquées par les analyses pour ces deux derniers éléments s'accordent si bien avec la formule que j'ai proposée que, je ne puis conserver de doute sur son exactitude.

Ce sel cristallise sous la forme d'un prisme oblique non symétrique ; ses cristaux offrent des modifications excessivement nombreuses dont j'ai décrit la position dans mon mémoire.

Lorsqu'on traite les sels précédents par l'eau froide, on obtient une poudre d'un jaune clair qui se décompose facilement sous l'influence de l'eau chaude, mais qui résiste bien à l'eau froide. L'analyse que j'ai faite de ce produit me le fait considérer comme un nitrate bibasique $Hg^2O^5$ $AzO^5$ $+$ $Hg^2O$, HO : c'est aussi ce qui résultait d'une analyse plus ancienne due à M. R. Kane. M. Gerhardt lui attribue aussi la même composition, et par suite le considère comme identique avec le sous-nitrate cristallisé dont il a été question plus haut.

La comparaison que je viens de présenter des résultats obtenus par M. Gerhardt et des miens, montre que, pour les trois nitrates cristallisés, et par conséquent bien définis, les résultats analytiques sont tout à fait d'accord, nous ne différons que par la manière de les interpréter. Pour adopter les formules proposées par M. Gerhardt pour les deux sous-nitrates, il faudrait admettre une perte de 1,5 pour cent dans le dosage du mercure ; c'est à quoi je ne puis souscrire :

1° Parce que dans l'analyse du nitrate neutre, pour lequel M. Gerhardt admet la même formule que moi, ses dosages du mercure, d'accord avec les miens, ne présentent point cette erreur.

2° Parce que si dans mes analyses, où l'azote a été déterminé directement, on calcule d'après lui la proportion de l'acide azotique, et si l'on fait la somme de l'oxyde mercureux, de l'acide azotique et de l'eau, bien loin de trouver une perte, on observe plutôt en général un très-léger excès de poids, que j'attribue à un petit excès d'eau, comme on peut le voir en comparant le résultat du calcul à celui de l'analyse pour cette substance.

M. Lefort a publié, il y a quelques années, un mémoire dans lequel il traite des mêmes composés, et leur assigne des formules assez compliquées qui diffèrent également de celles de M. Gerhardt et des miennes. J'ai montré dans mon mémoire que ses analyses s'accordent, pour le dosage du mercure et pour celui de l'azote, mieux avec les formules que je propose qu'avec les siennes ; il n'y a d'écart que dans la proportion d'eau qui, dans toutes les analyses de ce chimiste, paraît être beaucoup trop élevée ; mais il faut ajouter qu'il ne l'a pas déterminée directement.

Le mémoire de M. Gerhardt renferme encore quelques détails sur d'autres combinaisons mercurielles.

Lorsqu'on évapore une solution de nitrate mercureux, on voit les parois de la capsule, là où la chaleur est un peu forte, se recouvrir d'un sel jaune clair. Ce produit est identique avec le sous-nitrate mercuroso-bimercurique analysé par M. Brooks : $AzO^5 + Hg^2O + 2 HgO$. Ce sel jaune se produit aussi, avec un dégagement de bioxyde d'azote lorsqu'on fait fondre le nitrate mercureux neutre.

L'acide hypoazotique gazeux attaque facilement le mercure métallique et le convertit en un sel blanc cristallin que l'on a généralement considéré comme un nitrite. M. Gerhardt a reconnu que ce n'est que du nitrate mercureux neutre, dont la production est accompagnée d'un dégagement de bioxide d'azote.

M. Gerhardt a aussi examiné la nature des précipités qui se forment par le mélange des dissolutions de nitrate mercureux et de phosphate sodique. Lorsqu'on verse ce dernier sel dans du nitrate mercureux dissous dans l'acide nitrique et maintenu en excès, on obtient un précipité blanc ou légèrement jaunâtre, cristallin, qu'on peut laver à l'eau froide; c'est un phospho–nitrate $AzO^5$, $Hg^2O +$ $PhO^5$, 3 $Hg^2O + 2$ $Aq$.

Si, au contraire, on verse le nitrate mercureux dans le phosphate sodique en excès, le précipité n'a point l'apparence cristalline et présente exactement la composition du phosphate mercureux tribasique. Ce sel, calciné légèrement dans un tube, dégage du mercure métallique, et laisse un résidu de phosphate mercurique tribasique, jaune à chaud, et entièrement blanc après le refroidissement.

Enfin, quand on verse le phosphate sodique dans du nitrate mercurique en excès, il se forme un phospho–nitrate mercurique.

———

9. — SUR LE STYRAX LIQUIDE ET LE BAUME DU PÉROU, par M. E. KOPP. (*Institut*, 1849, n° 805.) — SUR LA STYRACINE, par M. Fr· TOEL. (*Ann. der Chemie und Pharmacie*, tome LXX, p. 1.) — SUR LA CONSTITUTION DE LA STYRACINE, par M. A. STRECKER. (*Ibidem*, p. 10.)

Les recherches de M. Bonastre, et surtout celles plus récentes de M. E. Simon, ont montré que le baume liquide de styrax renferme une huile essentielle, le styrol, un corps cristallin, la styracine, de l'acide cinnamique et plusieurs résines. M. Simon a montré aussi que la styracine, sous l'influence de la potasse caustique se décompose en acide cinnamique et en un liquide huileux, la styraçone. Mais ces travaux n'établissaient pas encore d'une manière précise la constitution de la styracine, ni ses rapports avec les produits de sa décomposition.

Ce sujet vient d'être soumis à une nouvelle étude, en France par·

M. E. Kopp, en Allemagne par M. Fr. Toel. Ces deux chimistes travaillant à peu près simultanément, sans doute à l'insu l'un de l'autre, sont parvenus à des résultats très-voisins, mais qui cependant ne coïncident pas exactement sur tous les points ; nous allons chercher à résumer leurs mémoires, ainsi que les observations dont M. Strecker a fait suivre le mémoire de M. Toel.

Pour préparer la styracine, M. Kopp soumet d'abord le baume de styrax à la distillation avec de l'eau pour en extraire l'huile essentielle, le styrol. Puis il le fait bouillir à plusieurs reprises avec une solution faible de carbonate de soude pour lui enlever l'acide cinnamique libre. On voit alors la matière résineuse devenir de plus en plus spongieuse, et retenir dans ses intervalles une matière huileuse, jaunâtre, assez visqueuse ; c'est la styracine impure. Il faut exprimer ce liquide en malaxant la résine, et le filtrer à une douce chaleur ; il se prend par le refroidissement en une masse cristalline étoilée. On la purifie en la dissolvant dans l'alcool à 50°, et faisant cristalliser à une basse température. La styracine cristallise en très-belles aiguilles, blanches, flexibles.

M. Toel distille immédiatement le styrax avec une dissolution faible de carbonate de soude, pour séparer à la fois le styrol qui surnage l'eau distillée et l'acide cinnamique qui reste en dissolution dans le liquide alcalin. Le résidu résineux refroidi est alors traité à plusieurs reprises par l'alcool froid qui dissout la plus grande partie de la matière résineuse colorante, et laisse la majeure partie de la styracine peu colorée. On la purifie par des dissolutions et cristallisations répétées dans un mélange d'alcool et d'éther.

La styracine n'a ni odeur ni saveur, elle est insoluble dans l'eau, peu soluble à froid dans l'alcool. Son point de fusion est à 38°, suivant M. Kopp, à 44° d'après M. Toel. Après qu'elle a été fondue, elle reste longtemps, après son refroidissement, liquide et visqueuse. M. Kopp paraît même admettre qu'elle peut exister à l'état incristallisable.

Lorsqu'on distille la styracine avec la potasse caustique en dissolution concentrée, elle se transforme en acide cinnamique qui reste combiné à la potasse, et en un liquide huileux qui passe à la distillation avec l'eau, mais qui se prend à une basse température en une masse de fines aiguilles cristallines. M. Simon, qui avait déjà observé cette décomposition, n'avait obtenu ce produit qu'à l'état liquide, probablement parce qu'il était impur, et lui avait donné le nom de styraçone, que conserve M. Kopp. M. Toel l'ayant obtenu cristallisé, a cru devoir en faire un corps nouveau, et l'appelle *styrone*; dans tous les cas il est clair que c'est toujours le même corps.

La styraçone est sensiblement soluble dans l'eau, elle en est séparée par l'addition de sel marin. Elle se dissout facilement dans l'alcool, l'éther, les essences et les huiles. Elle a une odeur agréable, et distille sans altération à une température élevée. Elle fond à 8° d'après M. Kopp, à 33° d'après M. Toel.

Comme on le voit, ces nouvelles expériences confirment tout à fait les observations de M. Simon. Mais il nous reste à parler de la partie la plus importante de ces travaux, savoir de l'analyse des deux substances dont nous venons de parler.

L'extrait du mémoire de M. Kopp, publié par l'Institut, ne renferme point les résultats immédiats de ses analyses; il ne donne que les formules que ce savant en a déduites pour représenter ces résultats. D'après lui, la styracine aurait pour formule $C^{18}H^9O^2$, et la styraçone $C^9H^6O$, et la décomposition de la première en acide cinnamique et en styraçone, serait exprimée par l'équation :

$$C^{36}H^{18}O^4 + 2HO = C^{18}H^8O^4 + C^{18}H^{12}O^2.$$

M. Toel donne tous les détails de ses analyses; nous ne les rapporterons pas. Nous dirons seulement que les formules qu'il en déduit s'accordent très-bien avec ces analyses. Suivant lui, la styracine serait $C^{30}H^{14}O^3$, la styraçone $C^{42}H^{25}O^5$, et la décomposition de la styracine s'exprimerait ainsi :

$$C^{60}H^{28}O^6 + 3HO = C^{18}H^8O^4 + C^{42}H^{23}O^5.$$

Si l'on calcule les compositions qui correspondent à ces deux systèmes de formules, si différentes au premier abord, on voit qu'elles ne sont pas très-éloignées l'une de l'autre. Toutefois les formules de

M. Kopp exigent une proportion d'hydrogène sensiblement plus forte que celles de M. Toel, et qui ne pourrait s'accorder avec les analyses de ce dernier chimiste. Il faut donc qu'il y ait eu une différence notable entre les résultats de leurs analyses, et par conséquent que ces deux chimistes n'aient pas analysé des matières également pures. La fusibilité beaucoup plus grande des produits obtenus par M. Kopp, peut faire supposer qu'ils n'avaient pas été suffisamment purifiés d'une matière étrangère liquide, la même sans doute qui avait empêché M. Simon de reconnaître dans la styraçone un corps cristallisable.

Ainsi nous sommes disposés à accorder plus de confiance aux analyses de M. Toel, mais les formules qu'il adopte offrent une complication qui les rend peu probables. Il est surtout difficile d'admettre une formule aussi complexe pour une substance telle que la styraçone, qui peut se distiller sans altération.

M. Strecker, ayant soumis au calcul les résultats bruts des analyses de M. Toel, a montré qu'on peut en déduire des formules beaucoup plus simples, et qui s'accordent tout aussi bien avec ces résultats que les formules compliquées de ce chimiste. Suivant lui, on aurait pour la styracine $C^{36}H^{16}O^4$, pour la styraçone $C^{18}H^{10}O^2$, et la décomposition de la première s'exprimerait ainsi :

$$C^{36}H^{16}O^4 + 2HO = C^{18}H^8O^4 + C^{18}H^{10}O^2.$$

Ces formules nous semblent en effet les plus probables ; on remarquera qu'elles ne diffèrent de celles de M. Kopp que par le chiffre de l'hydrogène qui est un peu moins élevé.

MM. Kopp et Toel tirent de leurs expériences la même conclusion, savoir que la styracine est une substance analogue aux graisses que les alcalis saponifient en la transformant en acide cinnamique et en un principe basique qui, au moment de sa séparation, se combine avec de l'eau pour former la styraçone, comme le principe basique des graisses forme la glycérine.

M. Strecker montre que la décomposition de la styracine correspond encore plus exactement à celle des éthers; mais surtout, si les formules qu'il propose sont exactes, elles établissent un fait très-remarquable, c'est que la styraçone serait précisément l'alcool correspondant à l'acide cinnamique. C'est là un sujet digne de nouvelles recherches.

MM. Kopp et Toel ont tous deux constaté que la styracine, soumise à l'action du chlore, donne, par substitution, un produit chloré que M. Toel représente par la formule $C^{60}H^{21}Cl^7O^6$. Si l'on adopte les formules de M. Strecker, cette formule se simplifie beaucoup, et devient $C^{36}H^{12}Cl^4O^4$ ou $C^9H^3ClO$. M. Kopp annonce que cette combinaison, distillée sous l'influence du chlore, se transforme en un liquide chloré volatil, et en un acide chloré cristallisable qui forme des sels cristallisant avec une grande facilité; mais il n'en indique pas la composition. D'un autre côté M. Toel, a reconnu que cette même combinaison, en présence de la potasse, donne naissance à un liquide chloré huileux, et à un acide chloré cristallisable, fusible à 132°, et volatil à une haute température. Cet acide, qui ressemble à l'acide cinnamique, en dérive par substitution; l'auteur l'appelle acide chlorocinnamique, et lui assigne la formule $C^{18}H^7ClO^4$.

Enfin nous ne devons pas oublier de mentionner une remarque importante de M. Kopp. Suivant ce chimiste, les principes contenus dans le styrax seraient en grande partie identiques avec ceux du baume du Pérou. Il annonce en effet que le styrol est identique avec le cinnamène ou cinnamol, que la styracine ne diffère en rien de la cinnaméine, et que, par conséquent, la styraçone et la péruvine ne sont qu'une même substance. N'ayant sous les yeux qu'un extrait du mémoire de M. Kopp, dans lequel il n'entre dans aucun détail sur ce sujet; nous ne savons s'il se fonde, pour établir cette proposition, sur une comparaison attentive des propriétés de ces principes, ou s'il ne s'appuie que sur l'analogie de leurs propriétés chimiques les plus saillantes, et de leur composition. Nous remarquons, en effet, que la formule adoptée par M. Kopp pour la styraçone, est précisément celle que M. Frémy avait assignée à la péruvine.

10.—Sur la pipérine, par M. Th. Wertheim. (*Ann. der Chemie und Pharm.*, tome LXX, p. 58.)

M. Wertheim a cherché à établir, par l'analyse et par l'examen des produits de sa décomposition, la composition chimique de la pipérine. On sait que cette substance, retirée du poivre, est une base si faible qu'on l'a longtemps considérée comme une substance indifférente. L'auteur a cependant réussi à préparer le chloroplatinate de cette base en beaux cristaux d'un rouge orangé. Ce sel ne peut cristalliser que dans l'alcool, car l'eau paraît le décomposer et en séparer la pipérine inaltérée.

L'analyse de ce sel conduit l'auteur à le représenter par la formule :

$$C^{70} H^{37} Az^2 O^{10} + Cl H + Pt Cl^2,$$

et par conséquent la pipérine serait $C^{70} H^{37} Az^2 O^{10}$. Mais si l'on compare cette formule avec les résultats des analyses de la pipérine libre, faites par divers chimistes, on voit qu'il faut admettre deux équivalents d'eau de cristallisation dans cette base isolée, qui sera par conséquent $C^{70} H^{37} Az^2 O^{10} + 2 Aq$.

Nous remarquerons cependant que la plupart des analyses du sel platinique faites par M. Wertheim offrent un excès d'hydrogène assez sensible ; leur résultat serait plus exactement représenté si l'on supposait un équivalent d'hydrogène de moins dans la formule. Cette supposition permettrait de simplifier la formule de la pipérine et de la représenter par $C^{35} H^{19} Az O^5 + Aq$.

Lorsqu'on distille la pipérine avec un mélange de chaux et de soude caustique à une température de 150 à 160°, on obtient un liquide huileux, incolore, doué d'une odeur pénétrante et d'une saveur brûlante. Ses propriétés et son analyse établissent son identité avec la picoline, base organique obtenue par M. Anderson par la distillation des matières animales. Sa composition, la même que celle de l'aniline, s'exprime par la formule $C^{12} H^7 Az$. Il reste dans l'appareil distillatoire une substance résineuse qu'on sépare par des lavages avec de l'eau et de l'acide chlorhydrique, de la soude et de la chaux qui y étaient combinées ou mélangées, et qu'on purifie par une dissolution dans l'alcool. M. Wertheim en a fait l'analyse et en représente les résultats par la formule très-compliquée : $C^{128} H^{67} Az^3 O^{20}$. Il résulte de là que deux équivalents de pipérine se décomposeraient par la distillation avec la potasse en un équivalent de picoline et un équivalent de cette substance.

---

**11. — Sur la composition et les produits de décomposition de la conicine, par M. J. Blyth. (*Ibidem*, p. 73.)**

La conicine, base organique liquide, extraite par la distillation de la ciguë, est très-difficile à purifier. Aussi sa composition est-elle encore incertaine ; M. Liebig, d'après l'analyse de Geiger, avait calculé la formule $C^{12} H^{14} Az O$ ; plus tard Mr. Ortigosa montra qu'elle ne renfermait pas d'oxygène et lui assigna la formule $C^{16} H^{16} Az$.

M. Blyth montre que la difficulté que l'on rencontre à l'avoir pure tient à la présence d'une substance plus volatile, qui y est mélangée, et à ce que son point d'ébullition, qu'il fixe entre 168 et 171°, est très-voisin de la température à laquelle cette base se décompose. D'ailleurs elle s'altère assez promptement à l'air en absorbant de l'oxygène. Après avoir cherché à l'obtenir aussi pure que possible, il en a fait l'analyse et propose la formule $C^{17} H^{17} Az$ ; mais la composition calculée d'après cette formule s'éloigne tellement de l'analyse de l'auteur qu'il est difficile d'y attacher quelque confiance.

M. Blyth a préparé plusieurs combinaisons de la conicine, entre autres, le chloroplatinate, dont l'analyse s'accorderait assez bien avec la formule qu'il a adoptée. Les autres sels sont en général déliquescents et ne se prêtent, par conséquent, pas à des analyses exactes.

Il a aussi examiné les produits de la décomposition de cette base ; nous y voyons surtout que l'acide butyrique est un des produits les plus constants de cette décomposition sous l'influence des agents oxydants.

12. — ACTION DE L'ACIDE NITRIQUE SUR L'ACIDE SÉBACIQUE, par
M. Ad. SCHLIEPER. (*Ibidem*, p. 121.)

Tous les traités de chimie indiquent l'acide sébacique comme n'é-
prouvant aucune altération de la part de l'acide nitrique. M. Schlieper s'est assuré que cette assertion est inexacte. L'acide nitrique
dissout, à l'aide de la chaleur, l'acide sébacique, puis il réagit sur
lui en dégageant des vapeurs nitreuses ; mais l'action est extrêmement lente. Ayant interrompu cette opération avant qu'elle ne fût
terminée, il s'est assuré qu'il ne s'était point formé d'acide nitro-
géné analogue à l'acide nitro-benzoïque. Il continua alors la réaction jusqu'à ce qu'il cessât de se dégager des vapeurs nitreuses,
puis il chassa l'acide nitrique par une lente évaporation. Il obtint
ainsi un acide cristallisable, très-soluble, fortement acide, qui paraît
être le seul produit de l'action de l'acide nitrique sur l'acide sébacique. L'étude des propriétés de cet acide, de sa composition, de
ses sels, a conduit l'auteur à le considérer comme identique avec
l'acide pyrotartrique, $C^5 H^3 O^5$, H O, obtenu par la distillation de
l'acide tartrique.

## MINÉRALOGIE ET GÉOLOGIE.

13. — SUR UNE COMBINAISON NATURELLE DE L'ACIDE BORIQUE, par
M. G.-L. ULEX. (*Ann. der Chemie und Pharm.*, tome LXX,
page 49.)

Ce nouveau minéral se trouve très-abondamment parmi les couches d'azotate de soude du Pérou. Il se présente sous la forme de
rognons blancs, dont la cassure montre la masse toute composée de
fibres cristallines soyeuses, qui présentent au microscope la forme
de prismes à six pans, mais dont on ne peut mesurer les angles.

Sa densité est de 1,8. Au chalumeau il se boursoufle et fond aisément en un vérre incolore. Humecté d'acide sulfurique, il colore la
flamme en vert. Il se dissout en petite quantité dans l'eau bouillante
et lui donne une réaction alcaline. Les acides le dissolvent facilement, sans effervescence.

Son analyse prouve que c'est un borate hydraté de soude et de chaux. On y trouve aussi des traces de chlore, d'acide nitrique et d'acide sulfurique, mais qui sont dues à des mélanges accidentels, car on peut les enlever par un lavage. La composition de ce minéral est représentée par la formule :

$$Na \ddot{B}^3 + Ca^2 B^3 + 10 \dot{H}.$$

Voici en effet la comparaison des résultats de l'analyse et du calcul de cette formule :

|  |  |  | Calculé. | Trouvé. | |
|---|---|---|---|---|---|
| 10 | Eq. | d'eau . . . . . | 25,92 | 26,0 | 25,8 |
| 2 | » | chaux . . . . . | 16,13 | 15,7 | 15,9 |
| 1 | » | soude . . . . . | 8,99 | 8,8 | 8,8 |
| 5 | » | acide borique . | 48,96 | 49,5 | 49,5 |
|  |  |  | 100 | 100 | 100 |

On pourrait donner à ce minéral le nom de *Boronatro calcite*. Il est assez probable qu'il est identique avec le minéral décrit par M. Hayes sous le nom de hydroborocalcite, et trouvé dans les plaines d'Iquique au Pérou. M. Hayes a annoncé qu'il était composé d'acide borique, de chaux et d'eau, mais sans en donner l'analyse exacte. Il est possible qu'il ait négligé de rechercher la soude.

---

14. — Etude de quelques phénomènes présentés par les roches lorsqu'elles sont amenées a l'état de fusion, par M. Delesse, professeur à la Faculté des Sciences de Besançon.

Dans les Archives des Sciences Physiques et Naturelles de 1847, t. VI, p. 97 (Bibliothèque Universelle, t. VI, 4me série), M. Delesse a publié les premiers résultats de ses recherches sur les phénomènes présentés par les roches amenées à l'état de fusion ; ces recherches ont été continuées depuis[1]. En comparant les variations de densité dans le passage de l'état *cristallin* à l'état *vitreux* pour quelques roches qui n'avaient pas été essayées antérieurement, M. Delesse a obtenu les résultats suivants :

[1] Voyez Bulletin de la Soc. géol. de France, 2me série, t. IV, p. 1380.

Tableau faisant connaître la variation de densité des diverses roches quand elles passent de l'état cristallin à l'état vitreux.

| NUMÉROS D'ORDRE. | DÉSIGNATION DE LA ROCHE. | LIEU DE PROVENANCE. | PERTE AU FEU. °/₀ | DENSITÉ de la ROCHE d | DENSITÉ du VERRE d' | Différence d d' | Diminution de densité $\frac{d\ d'\ e'\ e}{d\ e''}$ |
|---|---|---|---|---|---|---|---|
| 1 | Leptynite blanc, légèrement jaunâtre, avec mica noir brunâtre, non régulièrement disposé; de la goutte des fromages. | Du Tholy (Vosges)....... | " | 2,051 | 2,366 | 0,315 | 11,88 |
| 2 | Leptynite gneisique rosé, avec lamelle de feldspath, orthose rose, quartz blanc grenu et mica noir brunâtre, de la cascade de Miremont. | A Saint-Étienne (Vosges). | " | 2,817 | 2,570 | 0,241 | 0,21 |
| 3 | Porphyre à pâte d'un brun foncé, généralement employé à la confection des mortiers. | Elfdalen (Suède) ........ | " | 2,625 | 2,560 | 0,276 | 10,44 |
| 4 | Pétrosilex gris brunâtre, en bandes de quelques dé-cimètres dans le porphyre brun (Dufrenoy et E. de Beaumont). | Près Ternuay (Hte Saône). | 1,25 | 2,646 | 2,470 | 0,207 | 10,00 |
| 5 | Schiste talqueux à structure gneisique, avec filets de quartz grenu et chlorite. | ................. | " | 2,775 | 2,546 | 0,227 | 8,12 |
| 6 | Granite très-riche en mica noir, avec hornblende verte, un peu de feldspath, orthose et de quartz. | De Clefcy (Vosges) .... | 0,16 | 3,002 | 2,022 | 0,280 | 0,05 |
| 7 8 | Gneiss avec mica noir et un peu d'orthose blanc. | ................. | 0,08 | 2,821 | 2,025 | 0,196 | 0,04 |
| | Roche formée de mica noir éclatant et de grenat mélanite. | De la Somma au Vésuve. | 0,10 | 2,954 | 2,820 | 0,103 | 3,88 |
| 9 | Minette (Woltz) brune foncée, d'un filon de 50 centimètres d'épaisseur qui se trouve dans la syénite.. | A la Jumenterie, nommée du Ballon d'Alsace...... | 2,65 | 2,644 | 2,551 | 0,093 | 3,52 |

On voit, d'après le tableau qui précède, que la diminution de densité des *leptynites* (1) et (2) varie de 12 à 9, c'est-à-dire à peu près dans les mêmes limites que celles des granites, et il devait en être ainsi, car le leptynite n'est qu'une variété de granite grenu.

Dans le *porphyre* d'Elfdalen (3) et dans le *petrosilex* de Ternuay (4) elle est de 10.

Dans le *schiste talqueux* (5) elle est de 8 ; elle doit nécessairement être très-variable et dépendre entièrement des proportions de quartz mélangé.

Dans les *roches à base de mica*, la diminution de densité est encore très-variable ; elle se rapproche de celles des roches granitoïdes comme pour (6), ou de celle des roches volcaniques comme pour (8), suivant qu'elles doivent être rangées à l'une ou à l'autre de ces roches d'après leur gisement et d'après leurs caractères minéralogiques. Ainsi que de Saussure l'avait fait remarquer, la *serpentine* et la *stéatite* ne fondent pas même lorsqu'elles sont exposées pendant plusieurs jours à la température des fours de verrerie ; elles s'agglutinent seulement d'une manière plus ou moins complète, suivant que leur richesse en fer est plus ou moins grande.

Si on connaissait la composition chimique de toutes les roches, on pourrait calculer pour chacune d'elles la densité qu'aurait le *mélange* des différentes substances qui entrent dans leur composition.

Soit en effet $\delta$ cette densité, et $p_1, + p_2 + p_3$ les quantités pondérables des substances minérales qui composent la roche, on aura $p_1 + p_2 + p_3$ etc. $= 100$; $d_1\, d_2\, d_3$ étant les densités des substances dont les poids sont respectivement $p_1\, p_2\, p_3$, la densité $\delta$ du mélange sera donnée par l'expression

$$\delta = \frac{100}{\dfrac{p_1}{d_1} + \dfrac{p_2}{d_2} + \dfrac{p_3}{d_3} + \text{etc.}} \quad (a)$$

Dans l'état actuel de la minéralogie chimique des roches, il serait difficile de représenter chaque roche par une formule bien nette, et cette formule aurait d'ailleurs l'inconvénient d'être un peu compliquée; mais on peut observer que la composition de la plupart de ces roches est peu différente de celle des feldspaths constituants; par conséquent on saura dans quel sens varie la densité $\delta$ pour une roche, en la déterminant pour ses feldspaths constituants. M. Delesse a déterminé pour les principaux feldspaths la densité qu'on aurait, en supposant que les différentes substances qui les composent ne fussent pas combinées, mais simplement réunis à l'état de *mélange;* cette détermination a eu lieu au moyen de la formule (*a*), et le tableau suivant montre quels sont les résultats qu'il a obtenus :

(*Voyez le tableau page ci-contre.*)

Les colonnes (1) donnent, d'après différents chimistes, la composition approchée des huit principales espèces de feldspaths ou $p_1 p_2 p_3$, etc ; elles donnent, en outre, les densités $d_1 d_2 d_3 \ldots$, admises pour la silice, l'alumine, l'oxyde de fer, la chaux, la soude, la potasse et l'eau, lorsque ces substances sont dégagées des combinaisons. Dans la colonne (2) se trouvent les densités $d$ données par l'expérience pour chacun des huit feldspaths; et dans la colonne (8) les densités $\delta$, calculées pour les mêmes feldspaths au moyen de la formule (*a*).

On voit tout d'abord que les densités $\delta$ sont plus grandes que les densités $d$; et il est facile de reconnaître, par un calcul très-simple, que cela aurait encore lieu, lors bien même qu'on prendrait pour les densités de la potasse et de la soude, qui sont un peu incertaines, des nombres plus petits que ceux de M. Karsten, tels, par exemple, que ceux adoptés dans divers travaux de M. Kopp et de M. Filhol; les différences entre les deux densités $d$ et $\delta$, ainsi que les augmentations exprimées en centièmes de la densité à l'état cristallin, sont d'ailleurs données par les colonnes (4) et (5); dans tous les feldspaths il y a donc augmentation de densité, et bien que cette augmentation ne paraisse pas suivre une loi simple, toutes choses

## DENSITÉ ET COMPOSITION DU FELDSPATH.

| | COMPOSANTS / DENSITÉ DES COMPOSANTS | ANORTHITE DE LA SOMMA. (Abich.) | VOSGITE DE TERNUAY. (D.) | LABRADOR DE BELFAHY. (D.) | ANDÉSITE BLANCHE DES BALLONS (VOSGES). (D.) | OLIGOCLASE. (Berzélius) | ALBITE A POTASSE. (Abich.) | ORTHOSE DE LA SYÉNITE (VOSGES). (Delesse.) | ADULAIRE DU SAINT-GOTHARD. (Abich.) |
|---|---|---|---|---|---|---|---|---|---|
| 1 | $p_1$ Silice...... $d_1 = 2,65$ (Naumann) | 44 | 49 | 53 | 59 | 64 | 70 | 64 | 66 |
| | $p_2$ Alumine.... $d_2 = 4,15$ (Dumas et L.) | 36 | 31 | 28 | 25 | 24 | 17 | 19 | 18 |
| | $p_3$ Oxyde de fer $d_3 = 5,20$ (Naumann) | » | 1 | 1 | » | » | 1 | 1 | » |
| | $p_4$ Chaux...... $d_4 = 3,18$ (Gmelin) | 19 | 6 | 6 | 6 | 3 | 2 | » | 1 |
| | $p_5$ Soude...... $d_5 = 2,81$ (Karsten) | 1 | 5 | 5 | 7 | 8 | 6 | 3 | 1 |
| | $p_6$ Potasse.... $d_6 = 2,66$ (Karsten) | » | 5 | 5 | 2 | 1 | 4 | 12 | 14 |
| | $p_7$ Eau........ $d_7 = 1$ | » | 3 | 2 | 1 | » | » | » | » |
| | Somme...... ($d$) | 100 | 100 | 100 | 100 | 100 | 100 | 100 | 100 |
| 2 | Densité trouvée.... ($d$) | 2,765 | 2,771 | 2,719 | 2,683 | 2,668 | 2,622 | 2,551 | 2,576 |
| 3 | Densité calculée.... ($\delta$) | 3,163 | 2,883 | 2,901 | 2,907 | 2,934 | 2,861 | 2,900 | 2,847 |
| 4 | Différence........ $\delta - d$ | 0,402 | 0,112 | 0,182 | 0,224 | 0,266 | 0,239 | 0,349 | 0,271 |
| 5 | Augmentation de densité.... $\dfrac{\delta - d}{d}$ | 15 | 4 | 7 | 8 | 10 | 9 | 14 | 10 |

égales, elle est d'autant plus grande qu'il y a moins d'eau de combinaison et plus de chaux, de soude et d'alumine.

Il résulte du tableau précédent que, *dans le feldspath, la densité*

*à l'état de mélange est plus grande que la densité à l'état cristallin,
et plus grande, à fortiori, que la densité à l'état vitreux.* Par conséquent, si on suppose que les composants du feldspath, d'abord à
l'état de mélange, forment une combinaison cristalline et soient ensuite vitrifiés par l'action de la chaleur, il y aura successivement
augmentation de volume dans la cristallisation, puis dans la vitri-
fication.

Au premier abord, la relation $\delta > d > d'$, qui existe entre les
densités d'un feldspath à l'état *cristallin d*, à l'état *vitreux d'*, et à
l'état de *mélange* $\delta$, paraît *paradoxale* et même en contradiction
avec ce qui a été dit antérieurement; il semble, en effet, que la
densité du mélange $\delta$ n'est autre que la densité du verre $d'$; mais
on voit, au contraire, que ces densités sont très-différentes, que $d$,
et à plus forte raison que $d'$, est toujours beaucoup plus petit que
$\delta$ : par conséquent, lorsque des bases telles que l'alumine, la chaux,
la soude, la potasse, etc., sont dissoutes dans de la silice de manière à former un verre, le volume de ce verre est plus grand que
la somme des volumes de chacune des substances qui le composent :
dans le cas des feldspaths, l'augmentation de volume de la silice,
par suite de la dissolution des bases, peut même aller jusqu'à 20 et
25 p. cent du volume à l'état vitreux.

MM. Liebig, Longchamps et Billet avaient déjà appelé l'attention
des physiciens sur les variations que présentent les volumes des
corps solubles avant et après dissolution ; on voit que ces variations
sont surtout très-notables lorsque le dissolvant est de la silice.

M. Delesse fait observer ensuite que dans l'hypothèse de l'origine
ignée, quatre causes différentes, agissant encore à l'époque actuelle,
ont fait varier la longueur du rayon de la terre ; ce sont : 1° *le refroidissement de la terre ; 2° la formation des terrains non-stra-
tifiés ; 3° la formation des terrains stratifiés ; 4° les variations de
volume résultant des actions chimiques.*

Les deux premières causes ont produit une diminution, et la troisième une augmentation du rayon ; la quatrième a pu produire l'un
ou l'autre de ces deux effets.

## ANATOMIE ET PHYSIOLOGIE.

15. — ANATOMIE DE LA VÉSICULE CALCIFÈRE DES MOLLUSQUES, par M. POUCHET. (*Comptes rendus de l'Acad. des Sciences*, 18 juin 1849.)

M. Pouchet a présenté à l'Académie une anatomie de la vésicule calcifère des mollusques. Cet organe, négligé jusqu'ici, est décrit d'après la nérite saignante (*N. peloronta* Linn.) « La vésicule calcifère, dit-il, s'aperçoit aussitôt que l'on enlève le mollusque de l'intérieur de sa coquille. Elle est située à la droite de l'observateur ; en ouvrant la cavité branchiale, on reconnaît que l'une de ses faces est accolée au rectum, et que l'autre est libre dans cette même cavité. Cette vésicule est piriforme, dirigée d'avant en arrière, et d'une couleur blanche. Elle représente une espèce de sac dont le fond se trouve vers la région postérieure de l'animal, et dont l'extrémité amincie, qui forme le conduit excréteur, se dirige en avant, se contourne derrière le rectum, et vient se terminer au même niveau que lui. » Cette vésicule, dont l'auteur décrit avec soin la structure et le contenu, lui a présenté des grains calcaires souvent agglutinés par un mucilage. Elle lui paraît devoir jouer un rôle important dans la production de la coquille, et il l'a étudiée sur environ douze espèces de nérites. Il a la conviction que toutes la possèdent ; quelquefois seulement certains individus l'offrent peu apparente, comme vide et peu distendue. Peut-être la sécrétion est-elle temporaire, comme dans certains crustacés.

---

16. — NOTE SUR L'AUGMENTATION DE LA FIBRINE DU SANG PAR LA CHALEUR, par M. MARCHAL, de Calvi. (*Comptes rendus de l'Acad. des Sc.* 20 août 1849.)

Ce savant professeur a coagulé du sang dans deux coupelles en porcelaine, l'une entourée d'eau à 55 ou 60 degrés, et l'autre entourée d'un mélange réfrigérant. Dans sept expériences, il a trouvé un excès de fibrine dans le sang coagulé à chaud. Pour se mettre à l'abri de l'évaporation de l'eau, M. Marchal, d'après les avis de son collègue, M. Poggiale, a fait ses deux dernières expériences en vase clos, sans que le résultat ait été différent. En coagulant à 70 degrés, la fibrine a diminué; à 75 degrés, elle a tout à fait disparu. L'auteur tire de ces faits des conclusions relatives à l'inflammation qui rentrent dans le domaine de la pathologie.

## ZOOLOGIE ET PALÉONTOLOGIE.

17. — OSTÉOGRAPHIE OU DESCRIPTION ICONOGRAPHIQUE COMPARÉE DU SQUELETTE ET DU SYSTÈME DENTAIRE DES CINQ CLASSES D'ANIMAUX VERTÉBRÉS, par M. DUCROTAY DE BLAINVILLE. 23$^{me}$ fascicule [1]. (Genre *Anoplotherium*.)

L'auteur, prenant l'Anoplotherium commune, Cuv. pour type, étudie de nouveau la plupart des pièces décrites par Cuvier. On sait que les Anoplotheriums sont caractérisés par une dentition dont la formule est $\frac{3}{3}$ incisives, $\frac{1}{1}$ canines non saillantes, et $\frac{7}{7}$ molaires dont les $\frac{4}{4}$ antérieures sont des fausses molaires; le tout en série continue, c'est-à-dire sans barre ou diastème. Les arrière-molaires supérieures sont formées de deux collines transversales divisées chacune en deux pointes bien séparées; la colline antérieure a sa pointe interne échancrée en deux pointes secondaires. Les arrière-molaires inférieures ont à la couronne deux croissants, dont les cornes correspondent à trois pointes internes assez épaisses; la dernière molaire a un troisième croissant à sa partie postérieure. Le système digital est pair, composé de deux doigts seulement, le médium et l'annulaire sont terminés par des sabots assez courts, de forme intermédiaire probablement à ceux des Hippopotames et des Sus. La queue est composée d'un grand nombre de vertèbres longues et épaisses, et devait être très-puissante.

[1] Voyez pour les livraisons précédentes de ce bel ouvrage, Bibl. Univ., Archives II, 434; IV, 428 et VIII, 155.

M. de Blainville décrit ensuite les diverses espèces qui en ont été rapprochées, et quelques autres de genres tout à fait différents qu'on pourrait supposer en être voisins.

1° L'*Anoplotherium secundarium* Cuv. n'est pour lui que le commun. Sa détermination ne reposerait que sur des ossements *illisibles* et sur des dents de jeune âge. Ces dents, dit-il, ont les cornes internes du croissant intérieur très-rapprochées et formant à vrai dire une seule pointe, ce qui constitue un passage à l'espèce suivante. Tous les paléontologistes admettront comme nous, que ce caractère est plus que suffisant pour la distinction d'une espèce.

2° L'*An. gracile* Cuv. a ses molaires plus serrées ; les pointes des supérieures sont plus rapprochées dans chaque paire, ce qui rend la cinquième pointe (antérieure-interne) moins distincte. Les molaires inférieures sont formées de deux collines à double pointe. C'est un type ruminantoïde, devant suivre les Sus dans la série, tandis que l'Anopl. commune vient après l'Hippopotame. Le système digital est composé de deux doigts terminés par des sabots plus allongés et probablement semblables à ceux des ruminants. La tête est plus effilée, et son orbite est complétement encadrée par la réunion des apophyses post-orbitaires.

3° L'*An. leporinum* Cuv. aurait une molaire de moins, c'est-à-dire $\frac{6}{6}$, dont trois fausses ; mais il est évident que cette interprétation de la formule est erronée. La mâchoire supérieure, en effet, est d'un sujet non adulte ; elle se compose d'une série de trois molaires de lait, dont la dernière est semblable à une arrière-molaire, et qui se trouvent comprises entre une première persistante située derrière la canine et deux arrière-molaires. Aussi paraît-il y avoir trois de ces dernières et seulement trois avant-molaires. Mais nous avons fait remarquer, dans une note précédente, que la dernière fausse-molaire des périssodactyles était toujours semblable à une moitié d'arrière-molaire, et comme la dent considérée ici comme telle est totalement différente, et ressemble de tout point à une seconde de lait, on doit en conclure que la dernière arrière-molaire est encore incluse à l'état de germe dans son alvéole. En outre, comme ce n'est que par induction, et pour concordance, que l'auteur

a supposé que l'espace vide occupé par la deuxième et troisième incisive était destinée à une seule, et qu'il a pris dès lors la canine
pour troisième incisive, et la première molaire pour canine, cette
même induction et concordance nous portera à considérer les deux
empreintes de l'espace vide comme celles des deux incisives, et dès
lors la formule devient ce qu'elle est dans les espèces précédentes.
Le système digital est encore pair, mais composé de quatre doigts,
dont les latéraux sont très-grêles. La figure de la tête de cette espèce montre une disposition de la couronne des molaires qui est très-
différente de celle des autres espèces. La colline antérieure n'aurait
que deux pointes simples, tandis que la seconde en aurait trois également distinctes entre elles. Malheureusement l'auteur, par la description très-vague qu'il en donne, ne semble pas y avoir reconnu de
différence avec les autres espèces. Les molaires inférieures ont leurs
deux collines formées de deux demi-cônes.

4° L'*An. murinum* est un Moschus.

5° L'*An. obliquum* n'en est que le jeune âge. Tout en admettant
avec Cuvier que ces deux espèces, du reste bien distinctes entre
elles, sont sans doute de petits ruminants, nous ne pouvons admettre que ce soient des espèces de Moschus; car elles en diffèrent
plus que ceux-ci ne diffèrent des cerfs, et tout au plus pourrait-on
les rapprocher des Amphitragulus du terrain miocène. Nous avions
proposé de les réunir provisoirement sous le nom générique d'Am-
phimerix (Amph. murinus et Amph. obliquus Pons.)

6° *Anisodon grande* Lart. (*Anoploth. grande* Lart.) Les arrière-molaires, seules connues de la mâchoire supérieure, ont la
pointe antérieure interne complétement isolée de la colline antérieure
et en forme de cône régulier; les autres deux pointes internes sont
au contraire un peu oblitérées. A la mandibule on trouve trois incisives
en série transversale, une petite canine de forme presque normale
et occupant le bord d'une forte dilatation externe du bord dentaire
presque en rang d'incisive, un diastème très-étendu, six molaires,
dont les postérieures sont peu différentes de celles des vrais Anoplotheriums, mais la dernière n'a pas de troisième colline. C'est
une espèce de Calichotherium.

7° *Anoplot. cervinum* Ow. Ce serait encore un Moschus, comme l'établit la hauteur du fût, qui produit des demi-cylindres et non des cônes comme chez les Pachydermes. Le Cainotherium, le Xiphodon, l'Anoplotherium même ont le fût des molaires aussi allongé que chez les Moschus et les cerfs, et formé de demi-cylindres bien distincts. Ce ne peut donc pas être un caractère de ruminant, et nous n'y voyons pas la preuve que cette espèce soit un Moschus plutôt qu'un Anoplothérien ; mais elle est encore trop mal connue pour qu'on puisse s'en former une opinion assurée. Du reste, il est évident que la mandibule figurée comme du paleotherium minus ne peut être de ce prétendu Moschus, comme le pense l'auteur.

8° *Calichotherium Goldfussii* et *antiquum* Kaup. établi, d'après quelques dents dont les molaires supérieures sont semblables à celles de l'Anisodon, les inférieures appartiennent à un rhinocéros (elles sont cependant semblables aux inférieures de l'Anisodon !) les incisives sont d'Anthracotherium.

9° *Calichotherium sivalense* Cautl. et Falc. (Anopl. sivalense, A. posterogenium Caut. Falc.) Les dents de cette espèce sont semblables pour la forme à celles de l'Anisodon, sauf quelques différences spécifiques. Il n'y a que six molaires supérieures ; une alvéole de petite canine et en avant d'un assez long diastème ; l'intermaxillaire est dépourvu d'alvéoles. La mandibule a le bord incisif moins dilaté et dépourvu également d'incisives (sans doute tombées). L'espèce est un peu plus petite que le Calich. Goldfussii de Kaup.

10. Le *Dichodon cuspidatus* Ow. a des incisives comme les Anoplotherium, est dépourvu de diastème, mais il a des molaires un peu différentes pour la disposition et la forme ; celles qui répondent aux avant-molaires sont plus épaisses, plus compliquées, et les autres sont formées de deux collines à deux croissants simples chacun ; c'est une espèce plus voisine des ruminants. Ici l'auteur est tombé dans la même faute que M. Owen sur l'interprétation des caractères de dentition. Il a considéré comme d'adulte des dents de premier âge, car la seule différence avec les Anoplotherium est dans la forme des arrière-molaires.

11. Les *Paloplotherium* Ow. sont des Paléotheriums dont l'ar-

rière-molaire inférieure n'a pas de troisième colline comme les Anchiterium. Mais l'auteur, pas plus que M. Owen, n'a fait ressortir la différence qui existe entre ces deux types bien distincts. Les Paloplotherium ressemblent, sous ce rapport, bien plus aux Plagiolophus (Pal. minus), et les Anchiterium plus aux vrais Paleotherium avec plusieurs particularités importantes. Parce que l'auteur a trouvé des os de paridigité avec des dents qu'il croit être de Paloplotherium, il pense que ce genre pourrait être par les pieds un Anoplotherium, ce qui alors entraînerait le Pal. minus. Mais on sait positivement que ce dernier est artiodactyle, c'est-à-dire à doigts impairs ; et les os de paridigité, dont il est ici question, sont de quelque anoplothérien dont on trouve les dents dans les mêmes gîtes. Pour nous, les Paloplotherium constituent une division du genre Paleotherium, comme le font les Anchitherium et les Plagiolophus.

12. *Merycopotame* Cautl. et Falc. Les arrière-molaires supérieures, comme dans le Dichodon, n'ont que quatre pointes simples ; c'est ce qui m'avait porté à le considérer comme assez voisin du Dichodon et du Charomeryx ; mais sa mandibule, seule un peu connue, indique plutôt un Suillien et non pas un Anthracotherium, comme le prétend l'auteur. La série des incisives est tout à fait transversale, la canine occupe l'angle externe de la dilatation antérieure de la mandibule ; c'est une véritable défense suivie d'un diastème étendu. Il y a sept molaires ; la dernière, seule assez intacte, a cinq tubercules à la couronne. Ce genre est voisin des hippopotames. L'os mandibulaire ressemble beaucoup par la dilatation de sa partie angulaire à celui de ces derniers. L'auteur est porté à lui rapporter une mandibule du Piémont, assez semblable pour ce dernier caractère, mais d'un tiers plus petite, et ressemblant aussi au Paleomeryx Kaupii. Mais je ne comprends pas cette double similitude, car la dentition des deux termes de comparaison est beaucoup trop différente.

13° L'*Hippohyus* Cautl. et Falc. est un véritable Sus à canine supérieure seulement un peu moins retroussée, et à émail des molaires plus plissé et plus contourné ; il devra constituer un type du même degré que ceux des Babirussas, des Pécaris et des Paleochœrus.

13° L'*Hyopotamus bovinus et vectianus* Ow. n'est qu'un Antracotherium par sa mandibule ; mais que sont les mâchoires dont les molaires ont une tout autre disposition ? Nous avons déjà prouvé, dans un article précédent, que c'est encore une mâchoire d'Anthracotherium, mais d'individu non adulte. Quant aux deux espèces, l'auteur ne les distingue pas par la raison suivante : « le genre n'est peut-être pas même distinct, à plus forte raison les deux espèces. » Nous sommes encore à chercher quels rapports existent entre la distinction d'un genre et celle de deux espèces dans ce type considéré comme genre. Que celui-ci soit conservé ou qu'on le fonde dans un autre, cela ne peut faire que les deux espèces ne soient pas distinctes entre elles , ainsi que de celles connues jusqu'alors du genre voisin ou identique.

15° L'*Adapis* Cuv. n'est pas même un ongulé, et paraît avoir certaine similitude avec le Microchœrus, qui , d'après un nouvel examen, est devenu un insectivore voisin des Sorexglis, après avoir été un carnassier omnivore, un ongulé voisin des Sus, et plus anciennement encore voisin des Lophiodons et surtout de l'Hyracotherium, qui, dans ce nouveau mémoire, devient un paridigité très-proche des Anthracotherium. Cet Adapis est certainement fort extraordinaire, mais la structure de ses molaires, et surtout celle de la postérieure d'en bas, ne peuvent laisser supposer une ressemblance avec les insectivores , cette dent ayant trois lobes comme chez le Microchœrus, tandis qu'elle est ordinairement plus petite ou au plus égale aux précédentes chez les carnassiers insectivores.

Dans le chapitre des rapports zooclassiques , l'auteur donne les conclusions suivantes : on peut admettre le genre Anoplotherium (1 espèce), et les sous genres Xiphodon et Dichobune (1 espèce seulement pour chacun, les autres étant des Moschus).

Le genre *Chalicotherium* comprenant deux espèces *Europæum* et *Sivalense* (le premier devant, selon nous, conserver l'épithète d'antiquum et le Goldfussii étant peut-être distinct.)

Le genre *Cainotherium* Bravard, que nous avons oublié de citer plus haut, et dont la formule dentaire est faussement indiquée, puisqu'il a sept molaires et non pas six. C'est un genre à canines inférieures tout à fait en forme d'incisives, les supérieures étant un peu plus saillantes. Nous ajouterons que ses mâchelières supérieures ont trois croissants à la colline postérieure et deux seulement à l'antérieure, comme il paraît en être ainsi dans les Dichobune. Il a quatre doigts comme ceux-ci. Les espèces qu'on a créées seraient erronées; mais nous montrerons plus tard qu'il en existe réellement plusieurs.

Les autres espèces sont plus éloignées des Anoplotherium ou peu connues, telles sont, pour ce dernier cas, les Dichodon et les Hyopotamus.

L'auteur donne ensuite la disposition sériale des espèces dont il a parlé dans ce fascicule. 1° *Paloplotherium annectens.*— 2° *Hyopotamus vectianus.* — 3° *Hyopot. bovinus.* — 4° *Merycopotamus dissimilis.* — 5° *Hippohyus sivalensis.* — 6° *Calichotherium grande,* ou *Eurapœum.*— 7° *Calichot. sivalense.* — 8° *Dichodon cuspidatus.* — 9° *Anoplotherium commune.* — 10° *Xiphodon gracile.* — 11° *Dichobune leporinum.* — 12° *Cainotherium laticurvatum.*

A. POMEL.

18.— Sur des infusoires sans coquilles répandus dans l'atmosphère, par M. EHRENBERG. (Monatsbericht der Acad. der Wissensch. zu Berlin, février, 1849, p. 91.)

A l'occasion de recherches sur les infusoires répandus dans les poussières atmosphériques pendant le choléra à Berlin, M. Ehrenberg a été amené à discuter de nouveau la possibilité de la formation de ces petits animaux par génération spontanée. Il indique, en particulier, deux nouveaux arguments contre ce mode d'origine, arguments qui infirment les principales observations sur lesquelles on avait, en général, basé la démonstration de cette prétendue génération.

1° L'eau distillée renferme des infusoires aussi bien que l'eau de source. Plus pure en ce sens qu'elle ne renferme ni sels ni terre, elle ne l'est pas davantage au point de vue de la population organique, et elle contient soit des débris, soit des infusoires vivants.

2° On trouve dans le sable des toits et dans la mousse des arbres de véritables infusoires polygastriques desséchés, qui reprennent instantanément vie par le contact de l'eau, fait comparable à la résurrection des rotifères, et qui a souvent fait croire à la génération spontanée, parce qu'on a confondu ce réveil avec une véritable formation.

M. Ehrenberg donne dans ce mémoire des tables détaillées et des catalogues d'infusoires observés dans diverses poussières et dans diverses localités.

———

19.—EMPREINTES FOSSILES DE PIEDS D'ANIMAUX, par Mr. DEXTER-MARSH. (*Amer. Journ. Sillim. et Dan.*, sept. 1848, p. 272.)

De nombreux ichnolites ont encore été récoltés dans divers Etats de l'Union américaine. Les plus remarquables parmi ceux signalés dans cette note sont des pas d'un petit quadrupède dont le pied n'atteignait pas la longueur d'une pièce de cinq cents (monnaie américaine) et ceux d'un oiseau, longs d'un demi-mètre. Ils proviennent du Turner-falls ; mais on doit regretter que l'auteur ne les ait pas décrits avec plus de détail.

Il n'en est pas de même d'une autre belle pièce figurée au trait, et qui montre une série d'impressions faites indubitablement par un quadrupède. Ces impressions sont de deux sortes ; les unes portent quatre doigts un peu divergents surtout les externes, et presque égaux en volume et en longueur ; l'interne est cependant un peu plus court. Ces doigts terminent un pied (tarse) oblong, un peu élargi en avant, arrondi en arrière, et dont la longueur dépasse un peu celle des doigts. Ces impressions sont situées de chaque côté de la ligne représentant l'axe du corps et la touchant presque. Presque immédiatement en avant de la pointe des doigts externes sont d'autres empreintes beaucoup plus petites, de quatre doigts, à peu près semblables à ceux des grandes empreintes pour la forme et la disposition, mais non accompagnés d'une sorte de talon, de manière que l'on pourrait admettre que l'animal était digitigrade aux membres antérieurs.

Les doigts sont tous profondément distincts, de forme lancéolée, et terminés en une pointe acuminée.

Le doigt le plus long du pied antérieur a 0$^m$,01 de longueur, la plus grande étendue du pied postérieur est 0$^m$,05, dont 0,02 pour le doigt. La distance entre les bords postérieurs de deux empreintes consécutives du même pied de derrière est 0$^m$,165.

Cette belle pièce a été découverte sur la rive du Connecticut près de l'embouchure du Fall-river.

## BOTANIQUE.

### 20. — REMARQUES SUR LA STRUCTURE INTERNE DU GENRE HALONIA, par John DAWES. (*Quart. Journ. Soc. Geol.*, nov. 1848.)

Le genre Halonia, créé pour des plantes fossiles par MM. Lindley et Hutton, qui les considéraient comme des débris de conifères, avait été rapporté à la famille des Lépidodendrées par M. Brongniart. Ces plantes, en effet, portent des cicatrices de feuilles rhomboïdales sur des mamelons distincts comme dans les lépidodendrons, mais elles ont en outre des tubercules distants, régulièrement disposés, qui font paraître la tige tortueuse.

M. Dawes a pu étudier sur des échantillons conservées dans du fer carbonaté, la structure interne de ces plantes, qui ressemble dans tous ses caractères essentiels au genre lépidodendron.

Autour d'un axe médullaire assez épais se trouve un étui ou cylindre assez étroit de fibres scalariformes, dont quelques-unes se détachent de la surface externe pour se porter, obliqueement d'abord, puis horizontalement dans les feuilles. Ce tissu scalariforme est parfaitement homogène, non disposé en séries rayonnantes, et ne montre aucune tace de rayons médullaires. Le cylindre est environné d'une large zone de tissus cellulaire d'abord serré, mais devenant plus lâche vers les parties externes. Au dehors de cette zone en existe une troisième d'un tissu cellulaire régulier, à parois épaisses, qui est aussi plus serré vers les parties internes de la zone. Enfin celle-ci est enveloppée par une couche peu épaisse de tissu très-résistant, formé de cellules allongées à parois très-épaisses (prosenchyme). Le faisceau qui se dirige vers les feuilles montre en petit la même organisation que la tige, c'est-à-dire un cylindre de fibres rayées entourant un axe médullaire enveloppé lui-même d'une zone de tissu cellulaire. Ces faisceaux sont de deux grandeurs ; les uns, plus nombreux, se dirigent vers les cicatrices de feuilles qui couvrent la presque totalité de la face externe ; les autres, plus grands, moins nombreux, se dirigent vers les mamelons dont l'extrémité porte aussi une cicatrice (de feuille, d'après l'auteur) arrondie et rappelant un peu celles des stigmaria.

Il résulte de cette étude que le genre halonia n'est qu'un genre ou sous-genre de lépidodendron, que la ressemblance de ces plantes fossiles en général avec les psilotum pour la structure des tiges se confirme de plus en plus, et que l'on doit considérer comme distincts probablement de genre et peut-être de famille, les psaronius dont les fibres scalariformes forment des rubans diversement repliés et dispersés dans l'intérieur du tissu médullaire de la tige, et qui, en outre, portaient des racines descendant longuement et en grand nombre dans le tissu cortical, comme chez certains lycopodes.

On sait, depuis les belles analyses microscopiques qu'en a publiées M. Hooker, dans le Mem. of Geolog. survey of Great Brit., tome II, part. 2, p. 440, pl. 3 à 10, que l'organisation interne des organes de fructification des lépidodendrons est très-semblable à celle des mêmes organes chez les lycopodes.

21. — Remarques sur la structure interne des calamites, par John Dawes. (*Quart. Journ. Geol. Soc.*, février 1849.)

Les calamites, tels qu'on les trouve le plus ordinairement dans les terrains houillers, ne sont que le moule intérieur d'un cylindre

ligneux ; et les cicatrices verticillées, considérées comme étant celles
de feuilles, ne sont que des sections de faisceaux vasculaires qui se
dirigent vers les feuilles à travers les couches ligneuses, et aboutissent à des aréoles verticillées à l'extérieur du fossile. La portion
ligneuse forme la moitié du diamètre et quelquefois moins ; elle se
compose de couches distinctes de fibres scalariformes ou quelquefois réticulées, traversées par des rayons médullaires nombreux ; le
plus souvent c'est à la face latérale seulement, du côté des rayons,
que les stries s'aperçoivent. Les coupes (phragmata), considérées
comme montrant l'épaisseur de la partie ligneuse, ne montrent que
des prolongements internes du tissu ligneux ; les articulations n'é-
taient pas visibles à l'extérieur de la tige complète. L'auteur ajoute
que les tiges n'étaient pas fistuleuses, et il pense même que des
faisceaux vasculaires traversaient la colonne médulaire centrale. La
structure des calamites montre donc des analogies avec celle des
cryptogames acrogènes, des monocotyledones (?) et des dicotyle-
dones.

M. Brongniart considère actuellement les calamites comme des
végétaux du groupe des gymnospermes ; mais il pense que ce sont
seulement les espèces dont l'écorce (apparente) ne montre pas d'articulations. Les autres, par les déformations qu'elles ont subies,
indiquent des végétaux fistuleux comme les equisetum.

# OBSERVATIONS MÉTÉOROLOGIQUES ET MAGNÉTIQUES

## FAITES A L'OBSERVATOIRE DE GENÉVE

### SOUS LA DIRECTION DE M. LE PROFESSEUR E. PLANTAMOUR

#### PENDANT LE MOIS D'AOUT 1849.

Le 5, tonnerres du côté du Sud de 3 h. 40 m. à 4 h. 30 m.

» 8, dans la soirée, éclairs de chaleur à l'Ouest.

» 12, le psychromètre a accusé un degré de sécheresse de l'air très-remarquable ; à 1 h. le thermomètre à boule sèche marquait +31°,40 et le thermomètre à boule mouillée +16°,80, ce qui donne 0,192 pour la fraction de saturation calculée avec le coefficient 0,429 A 2 h. les indications des deux thermomètres étaient respectivement +32°,05 et +17°,40, d'où résulte 0,201 pour la fraction de saturation.

» 13, éclairs et tonnerres de 3 h. 20 m. à 6 h. ; direction de l'orage, OSO à l'ENE.

» 14, halo solaire de 9 1/2 h. à midi et demi.

» 16, éclairs de chaleur dans la soirée.

» 24, halo solaire de midi 15 m. à midi 45 m. ; dans la soirée éclairs à l'Est.

» 25, tonnerres à l'Ouest de 1 h. 15 m. à 2 h. 15 m. ; les nuages orageux se meuvent le long du Jura du Nord au Sud.

| 4 h. s. | 8 h. s. | | | |
|---|---|---|---|---|
| 0,89 | 0,50 | | | 66,8 |
| 0,41 | 0,75 | | | 65,0 |
| 0,40 | 0,51 | | | 61,0 |
| 0,58 | 0,63 | | | 68,0 |
| 0,85 | 0,85 | | | |
| 0,47 | 0,60 | | | 70,0 |
| 0,51 | 0,52 | | | 64,0 |
| 0,59 | 0,65 | | | 64,5 |
| 0,87 | 0,75 | | | 64,0 |
| 0,41 | 0,61 | | | 62,0 |
| 0,51 | 0,85 | | | 65,2 |
| 0,26 | 0,42 | | | 64,0 |
| 0,44 | 0,78 | | | 62,0 |
| 0,40 | 0,60 | | | 63,0 |
| 0,41 | 0,69 | SSO 1 | 0,40 | 62,0 |
| 0,39 | 0,62 | variab. | 0,07 | 65,2 |
| 0,92 | 0,86 | variab. | 0,02 | 65,5 |
| 0,44 | 0,65 | SSO. 1 | 0,85 | 64,0 |
| 0,47 | 0,56 | SO. 1 | 0,46 | 65,0 |
| 0,50 | 0,62 | NNE. 2 | 0,80 | 65,0 |
| 0,41 | 0,54 | NNE. 3 | 0,36 | 64,0 |
| 0,50 | 0,51 | NNE. 3 | 0,17 | 62,5 |
| 0,56 | 0,52 | NNE. 2 | 0,00 | 61,5 |
| 0,40 | 0,62 | NE. 1 | 0,09 | 58,0 |
| 0,36 | 0,80 | NE. 1 | 0,45 | 57,0 |
| 0,41 | 0,61 | variab. | 0,39 | 57,0 |
| 0,32 | 0,60 | NE. 1 | 0,18 | |
| 0,46 | 0,59 | variab. | 0,12 | |
| 0,48 | 0,60 | SO. 1 | 0,45 | |
| | | N. 1 | 0,21 | |
| | | N. 1 | 0,00 | |
| | | | 0,15 | |

## Moyennes du mois d'Août 1849.

|  | 6h.m. | 8h.m. | 10h.m. | Midi. | 2h.s. | 4h.s. | 6h.s. | 8h.s. | 10h.s. |
|---|---|---|---|---|---|---|---|---|---|

### Baromètre.

|  | mm | mm | mm | mm | mm | mm | mm | mm | mm |
|---|---|---|---|---|---|---|---|---|---|
| de, | 726,80 | 727,03 | 726,91 | 726,73 | 726,35 | 726,08 | 725,89 | 726,43 | 726,87 |
| » | 727,61 | 727,71 | 727,78 | 727,33 | 726,77 | 726,54 | 726,87 | 727,61 | 728,03 |
| » | 728,17 | 728,31 | 728,14 | 727,59 | 727,07 | 726,69 | 726,72 | 727,23 | 727,50 |
| is... | 727,55 | 727,71 | 727,63 | 727,23 | 726,74 | 726,45 | 726,50 | 727,10 | 727,47 |

### Température.

|  | 6h.m. | 8h.m. | 10h.m. | Midi. | 2h.s. | 4h.s. | 6h.s. | 8h.s. | 10h.s. |
|---|---|---|---|---|---|---|---|---|---|
| ade, | +12,71 | +17,15 | +19,22 | +20,83 | +22,43 | +22,25 | +21,50 | +18,88 | +16,33 |
| » | +13,67 | +17,40 | +19,16 | +21,40 | +22,89 | +22,51 | +20,70 | +17,95 | +15,96 |
| » | + 9,45 | +14,87 | +17,08 | +19,49 | +20,80 | +20,68 | +19,22 | +16,91 | +14,74 |
| ... | +11,86 | +16,42 | +18,44 | +20,54 | +22,00 | +21,78 | +20,43 | +17,88 | +15,65 |

### Tension de la vapeur.

|  | mm | mm | mm | mm | mm | mm | mm | mm | mm |
|---|---|---|---|---|---|---|---|---|---|
| ade, | 9,42 | 9,91 | 9,55 | 9,31 | 9,67 | 10,71 | 10,00 | 10,24 | 9,85 |
| » | 9,81 | 10,21 | 9,57 | 9,41 | 8,84 | 8,93 | 9,52 | 9,17 | 10,04 |
| » | 7,70 | 8,78 | 8,60 | 8,37 | 8,03 | 8,26 | 8,64 | 8,82 | 8,50 |
| s.... | 8,93 | 9,61 | 9,22 | 9,01 | 8,82 | 9,27 | 9,36 | 9,39 | 9,43 |

### Fraction de saturation.

|  | 6h.m. | 8h.m. | 10h.m. | Midi. | 2h.s. | 4h.s. | 6h.s. | 8h.s. | 10h.s. |
|---|---|---|---|---|---|---|---|---|---|
| de, | 0,94 | 0,68 | 0,58 | 0,52 | 0,48 | 0,56 | 0,53 | 0,63 | 0,71 |
| » | 0,84 | 0,68 | 0,57 | 0,49 | 0,44 | 0,46 | 0,54 | 0,66 | 0,73 |
| » | 0,87 | 0,68 | 0,60 | 0,50 | 0,44 | 0,46 | 0,52 | 0,61 | 0,69 |
| ... | 0,88 | 0,68 | 0,58 | 0,50 | 0,45 | 0,49 | 0,53 | 0,64 | 0,71 |

| | Therm. min. | Therm. max. | Clarté moy. du Ciel. | Eau de pluie ou de neige. | Limnimètre. |
|---|---|---|---|---|---|
| | ° | ° | | mm | p |
| cade, | +10,90 | +23,54 | 0,28 | 7,9 | 65,7 |
| » | +11,07 | +24,21 | 0,41 | 16,5 | 63,4 |
| » | + 7,95 | +22,49 | 0,20 | 0,5 | 56,2 |
| .... | + 9,91 | +23,38 | 0,29 | 24,9 | 61,6 |

ans ce mois, l'air a été calme 3 fois sur 100.
e rapport des vents du NE à ceux du SO a été celui de 1,68 à 1,00.
a direction de la résultante de tous les vents observés est N. 12°,3 O. et son intensité 100.

# OBSERVATIONS MAGNÉTIQUES

## FAITES A GENÈVE EN AOUT 1849.

| Jours. | DÉCLINAISON ABSOLUE. | | VARIATIONS DE L'INTENSITÉ HORIZONTALE exprimées en $^1/_{100000}$ de l'intensité horizontale absolue. | | | |
|---|---|---|---|---|---|---|
| | 7ʰ45ᵐ du mat. | 1ʰ45ᵐ du soir. | 7ʰ45ᵐ du matin. | | 1ʰ45ᵐ du soir. | |
| 1 | 18°23′,49 | 18°30′,04 | -2451 | +18°,7 | -2256 | +20°,6 |
| 2 | 15,47 | 28,54 | 2327 | 17,4 | 2203 | 19,7 |
| 3 | 13,61 | 27,35 | 2322 | 17,6 | 2318 | 20,2 |
| 4 | 16,37 | 27,55 | 2354 | 18,1 | 2243 | 21,5 |
| 5 | 15,32 | 27,14 | 2367 | 19,4 | 2276 | 20,7 |
| 6 | 15,32 | 26,32 | 2349 | 19,0 | 2275 | 21,4 |
| 7 | 14,23 | 28,43 | 2331 | 18,0 | 2227 | 20,7 |
| 8 | 14,16 | 27,66 | 2311 | 18,5 | 2286 | 21,4 |
| 9 | 13,70 | 25,99 | 2298 | 19,4 | 2296 | 20,2 |
| 10 | 18,12 | 24,84 | 2397 | 18,8 | 2412 | 21,2 |
| 11 | 14,22 | · 25,31 | 2403 | 19,0 | 2426 | 21,9 |
| 12 | 15,85 | 26,47 | 2420 | 20,7 | 2443 | 24,0 |
| 13 | 14,90 | 28,55 | 2446 | 22,3 | 2365 | 24,8 |
| 14 | 13,30 | 26,76 | 2450 | 20,0 | 2467 | 21,0 |
| 15 | 14,24 | 23,60 | 2433 | 17,7 | 2335 | 20,2 |
| 16 | 15,46 | 22,74 | 2430 | 19,2 | 2369 | 21,7 |
| 17 | 13,42 | 24,88 | 2502 | 20,5 | 2417 | 21,1 |
| 18 | 15,56 | 28,21 | 2414 | 17,3 | 2411 | 19,9 |
| 19 | 15,04 | 27,92 | 2447 | 17,0 | 2403 | 18,0 |
| 20 | 14,80 | 27,81 | 2403 | 15,7 | 2397 | 16,5 |
| 21 | 17,45 | 25,58 | 2411 | 15,0 | 2356 | 16,6 |
| 22 | 14,31 | 26,93 | 2434 | 15,6 | 2474 | 17,7 |
| 23 | 13,94 | 27,57 | 2549 | 15,5 | 2435 | 18,4 |
| 24 | 14,71 | 26,05 | 2468 | 15,8 | 2442 | 19,1 |
| 25 | 15,82 | 24,62 | 2450 | 16,8 | 2497 | 19,6 |
| 26 | 16,05 | 24,59 | 2454 | 16,1 | 2389 | 19,2 |
| 27 | 17,47 | 23,85 | 2424 | 16,7 | 2505 | 19,7 |
| 28 | 14,32 | 26,33 | 2445 | 18,0 | 2472 | 21,0 |
| 29 | 14,92 | 24,31 | 2436 | 16,6 | 2507 | 19,6 |
| 30 | 15,53 | 23,23 | 2419 | 16,4 | 2456 | 19,4 |
| 31 | 15,91 | 24,43 | -2558 | + 17,1 | -2445 | +20,9 |
| Moyennes | 18°15′,37 | 18°26′,25 | | | | |

# TABLEAU

## DES

## OBSERVATIONS MÉTÉOROLOGIQUES

### FAITES AU SAINT-BERNARD

#### PENDANT LE MOIS D'AOUT 1849.

Jours de pluie, 4, savoir : les 5, 9, 14 et 17.

Jour de neige, 1, savoir : le 19.

Le 5, à 1 h. après midi, quelques coups de tonnerre dans la direction du Sud-Ouest. Pluie et grêle.

Le 9, à 5 h. du soir, tonnerre à l'Ouest, accompagné de pluie et de grêle.

Le 21 forte gelée blanche.

Moyennes des hauteurs du baromètre et des températures observées à 6 h. et à 8 h. du matin, et à 6 h. et à 8 h. du soir :

| | 6 h. du matin. | | 8 h. du matin. | | 6 h. du soir. | | 8 h. du soir. | |
|---|---|---|---|---|---|---|---|---|
| | Barom. | Temp. | Barom. | Temp. | Barom. | Temp. | Barom. | Temp. |
| | mm | o | mm | o | mm | o | mm | o |
| 1re déc. | 567,51 | + 4,02; | 567,79 | + 5,98; | 568,22 | + 7,03; | 568,43 | + 5,92. |
| 2e » | 568,21 | + 4,36; | 568,33 | + 5,35; | 568,38 | + 7,01; | 568,66 | + 5,81. |
| 3e » | 567,10 | + 1,42; | 567,25 | + 2,71; | 567,47 | + 4,21; | 567,72 | + 3,54. |
| Mois, | 567,59 | + 3,21; | 567,77 | + 4,62; | 568,01 | + 6,02; | 568,25 | + 5,04. |

## 1849. — Observations météorologiques faites à |
### 2084 au-dessus de l'Observatoire de Genè

| BAROMÈTRE RÉDUIT A 0°. | | | | TEMPÉRAT. EXTÉRIEURE EN DEGRÉS CENTIGRADES. | | | | TE EXT |
|---|---|---|---|---|---|---|---|---|
| 9 h. du matin. | Midi. | 3 h. du soir. | 9 h. du soir. | 9 h. du matin. | Midi. | 3 h. du soir. | 9 h. du soir. | Min |
| millim. | millim. | millim. | millim. | | | | | |
| 567,65 | 568,17 | 568,21 | 568,77 | + 3,2 | + 5,2 | + 4,7 | + 1,0 | + 0,5 |
| 568,46 | 568,45 | 568,44 | 567,92 | + 4,9 | + 5,9 | + 5,8 | + 4,0 | − 1,7 |
| 566,86 | 566,94 | 566,84 | 566,85 | + 6,1 | + 7,4 | + 8,8 | + 5,0 | + 1,2 |
| 565.07 | 565,03 | 565,11 | 565,67 | + 8,7 | +12,1 | +12,5 | + 9,0 | + 4,0 |
| 565,81 | 565,61 | 566,10 | 566,01 | +12,0 | +14,0 | +10,1 | + 6,1 | + 3, |
| 566,42 | 567,02 | 567,77 | 568 75 | + 3,3 | + 4,5 | + 4,0 | + 3,4 | + 2, |
| 569,64 | 569,66 | 569,87 | 570,24 | + 7,5 | +11,3 | +10,8 | + 6,5 | 0, |
| 570,14 | 570,36 | 570,38 | 570,63 | +10,0 | +12,0 | +12,2 | + 9,0 | + 3, |
| 569,36 | 569,20 | 568,92 | 569,26 | + 6,4 | + 9,2 | + 9,5 | + 5,0 | + 3, |
| 569,05 | 569,83 | 570,17 | 570,72 | + 8,0 | + 9,3 | + 9,6 | + 7,3 | + 3, |
| 572,11 | 572,07 | 572,15 | 572,61 | + 9,7 | +12,0 | +14,7 | + 9,9 | + 4, |
| 571,95 | 571,53 | 571,29 | 571,42 | +11,0 | +14,2 | +14,8 | +13,0 | + 6, |
| 569,72 | 569,38 | 568,77 | 568,43 | +10,2 | +13,1 | +13.5 | +10,8 | + 5, |
| 567,38 | 567,35 | 567,44 | 567,88 | + 8,6 | + 9,0 | + 7,0 | + 4.8 | + 4, |
| 568,96 | 569,29 | 569,66 | 570,88 | + 5,0 | + 7,8 | + 8,0 | + 8,0 | + 0, |
| 571,41 | 571,21 | 570,71 | 570,38 | + 8,0 | +11,0 | +12,0 | + 9,1 | + 5, |
| 568,14 | 568,26 | 567,53 | 567,97 | + 5,4 | + 7,8 | + 8,0 | + 4,5 | + 4,0 |
| 566,34 | 566,42 | 566,32 | 566,32 | + 6,0 | + 6,0 | +10,0 | + 3,0 | + 1,9 |
| 563,38 | 562.58 | 562,63 | 563,73 | − 0,7 | − 0,8 | − 1,0 | − 2,0 | − 3,0 |
| 565,43 | 566,63 | 567,12 | 568,22 | − 2,5 | − 1,2 | 0,0 | − 2,1 | − 4,0 |
| 568,48 | 568,54 | 568,54 | 568,86 | − 1,3 | + 2,4 | + 2,0 | − 0,3 | − 4,3 |
| 567,61 | 567,58 | 567,54 | 567,72 | + 3,7 | + 4,4 | + 5,1 | + 2,6 | − 4,7 |
| 566,57 | 566.32 | 566,51 | 567,08 | + 4,2 | + 6,0 | + 5,8 | + 3,2 | − 0,2 |
| 566,85 | 567,02 | 567,02 | 567,77 | + 4,9 | + 5,3 | + 5,2 | + 2,4 | + 1,6 |
| 567,65 | 567,65 | 567,62 | 568,12 | + 3,6 | + 5,3 | + 5,4 | + 2,5 | + 0,6 |
| 568,04 | 568,12 | 568,08 | 568,66 | + 3,0 | + 4,6 | + 4,0 | + 2,0 | + 0,2 |
| 568,25 | 568,38 | 568,27 | 568,19 | + 4,3 | + 7,1 | + 7,2 | + 3,4 | + 0.8 |
| 567,34 | 566,98 | 566,87 | 566,93 | + 4,5 | + 6,6 | + 6,8 | + 2,4 | 0,0 |
| 566,24 | 566,21 | 565,95 | 566,23 | + 4,6 | + 6,5 | + 5,3 | + 4,0 | + 1,5 |
| 564,14 | 566,40 | 566,62 | 567,35 | + 5,7 | + 9,3 | + 9,0 | + 6,7 | + 1,4 |
| 567,63 | 567,44 | 567,34 | 568,32 | + 7,3 | +11,2 | +10,9 | + 7,5 | + 3,7 |
| 567,85 | 568,03 | 568,18 | 568,48 | + 7.01 | + 9,09 | + 8,80 | + 5,67 | + 1,9 |
| 568,48 | 568,47 | 568,36 | 568,78 | + 6,07 | + 7,89 | + 8,70 | + 5,90 | + 2,3 |
| 567,35 | 567,33 | 567,31 | 567,75 | + 4,05 | + 6,25 | + 6,06 | + 3,31 | + 0,0 |
| 567,87 | 567,92 | 567,93 | 568,32 | + 5,65 | + 7,69 | + 7,80 | + 4,91 | + 1,4 |

rnard, à 2491 mètres au-dessus du niveau de la mer, et gît. à l'E. de Paris 4° 44' 30''.

| VENTS. | | ÉTAT DU CIEL. | | | |
| Les chiffres 0, 1, 2, 3 indiquent un vent insensible, léger, fort ou violent | | Les chiffres indiquent la fraction décimale du firmament couverte par les nuages. | | | |
| 9 h. du matin. | Midi. 3 | 9 h. du matin. | Midi. | 3 h. du soir. | 9 h. du soir. |
|---|---|---|---|---|---|
| NE, 1 | NE, 1 | couv. 0,8 | couv. 0,8 | nuag. 0,6 | brou. 1,0 |
| NE, 1 | NE, 1 | clair 0,0 | clair 0,0 | clair 0,0 | clair 0,0 |
| NE, 1 | NE, 1 | clair 0,0 | clair 0,0 | clair 0,0 | clair 0,0 |
| NE, 0 | NE, 0 | clair 0,2 | clair 0,0 | clair 0,1 | nuag. 0,6 |
| NE, 0 | NE, 1 | clair 0,1 | nuag. 0,4 | couv. 1,0 | pluie 1,0 |
| NE, 2 | NE, 2 | brou 1,0 | brou. 1,0 | couv. 1,0 | brou. 1,0 |
| NE, 1 | NE, 1 | clair 0,0 | clair 0,0 | clair 0,0 | clair 0,0 |
| NE, 1 | NE, 1 | clair 0,0 | clair 0,0 | clair 0,0 | clair 0,0 |
| SO, 1 | SO, 1 | brou. 1,0 | pluie 1,0 | nuag. 0,7 | pluie 1,0 |
| NE, 0 | SO, 0 | couv. 0,8 | couv. 0,8 | nuag. 0,5 | clair 0,0 |
| SO, 1 | SO, 1 | clair 0,0 | clair 0,0 | clair 0,0 | clair 0,0 |
| SO, 0 | SO, 0 | clair 0,0 | clair 0,0 | clair 0,2 | clair 0,0 |
| SO, 0 | SO, 1 | couv. 0,8 | couv. 0,8 | nuag 0,3 | clair 0,0 |
| SO, 0 | SO, 0 | couv. 1,0 | couv. 1,0 | brou. 1,0 | brou 1,0 |
| NE, 1 | NE, 0 | clair 0,0 | clair 0,0 | clair 0,0 | clair 0,0 |
| SO, 1 | SO, 2 | brou. 1,0 | nuag. 0,3 | nuag. 0,3 | couv 1,0 |
| SO, 1 | SO, 0 | pluie 1,0 | couv. 1,0 | nuag. 0,7 | brou. 1,0 |
| SO, 1 | NE, 1 | nuag. 0,5 | clair 0,1 | nuag. 0,3 | brou 1,0 |
| NE, 2 | NE, 2 | brou. 1,0 | neige 1,0 | brou. 1,0 | brou. 1,0 |
| NE, 2 | NE, 2 | couv. 1,0 | couv. 1,0 | couv 1,0 | couv. 1,0 |
| NE, 1 | NE, 1 | clair 0,2 | clair 0,2 | nuag. 0,3 | brou. 1,0 |
| NE, 1 | NE, 1 | clair 0,0 | clair 0,0 | clair 0,0 | brou. 1,0 |
| NE, 1 | NE, 2 | clair 0,0 | clair 0,0 | clair 0,0 | brou. 1,0 |
| NE, 1 | NE, 1 | couv. 1,0 | nuag. 0,5 | nuag. 0,4 | brou. 1,0 |
| NE, 1 | N.., 1 | clair 0,1 | nuag. 0,3 | nuag. 0,3 | brou. 1,0 |
| NE, 1 | NE, 1 | nuag. 0,5 | nuag. 0,3 | nuag. 0,3 | couv. 1,0 |
| NE, 1 | NE, 1 | clair 0,0 | clair 0,0 | clair 0,0 | clair 0,0 |
| NE, 1 | NE, 1 | nuag. 0,4 | nuag 0,4 | nuag. 0,3 | brou. 1,0 |
| NE, 1 | NE, 1 | clair 0,2 | nuag. 0,7 | couv. 1,0 | couv. 1,0 |
| SO, 0 | NE, 1 | clair 0,0 | clair 0,1 | clair 0,1 | clair 0,0 |
| NE, 0 | NE, 0 | clair 0,0 | clair 0,2 | clair 0,1 | nuag. 0,5 |
| | | 0,39 | 0,40 | 0,39 | 0,46 |
| | | 0,63 | 0,52 | 0,48 | 0,60 |
| | | 0,22 | 0,25 | 0,25 | 0,77 |
| | | 0,41 | 0,39 | 0,37 | 0,62 |

# ARCHIVES

### DES

## SCIENCES PHYSIQUES ET NATURELLES.

## DE LA

## POLARITÉ CRISTALLINE DU BISMUTH

### ET D'AUTRES CORPS

#### ET

DES RAPPORTS QU'ELLE PRÉSENTE AVEC LA DIRECTION
ET LA NATURE DE LA FORCE MAGNÉTIQUE,

### par

## M. FARADAY.

(Philos. Transact., 1er semestre, 1849.)

Plusieurs résultats que j'avais obtenus en soumettant
le bismuth à l'action d'un aimant m'avaient embarrassé à
diverses époques, et je m'étais contenté d'une explication imparfaite ou bien je les avais laissés pour un examen ultérieur : c'est cet examen que j'ai maintenant
entrepris, et il m'a conduit à la découverte de résultats
nouveaux. Mais je dois, avant d'entrer dans le sujet,
faire une courte description des anomalies qui se présentent et qui peuvent être reproduites à volonté.

Si l'on a un tube de verre ouvert, muni d'une boule
soufflée en son milieu, si l'on met dans cette boule un

peu de bismuth bien propre, et si on le fond au moyen
d'une lampe à alcool, il est facile alors, en penchant le
métal dans la partie tubulaire, de lui donner la forme de
longs cylindres ; ceux-ci sont très-propres, et en les
cassant on les voit cristallisés, donnant ordinairement des
plans de clivage qui traversent le métal. Je les prépare
de façon qu'ils aient de 0,05 à 0,1 pouce de diamètre,
et si le verre est mince, je casse le verre et le bismuth
ensemble, et je conserve les petits cylindres dans leur
enveloppe vitreuse.

Si l'on prend quelques-uns de ces cylindres au hasard
et si on les suspend horizontalement entre les pôles d'un
électro-aimant ils présentent les phénomènes suivants.
Le premier se dirige axialement ; le second équatorialement ; le troisième est équatorial dans une position, et
obliquement équatorial si on le tourne de 50 à 60 degrés
sur son axe ; le quatrième se fixe équatorialement et
axialement dans les mêmes circonstances, et tous, s'ils
sont suspendus perpendiculairement, offrent une direction déterminée, oscillant autour d'une position finale
fixe qui semble n'avoir aucun rapport avec la forme des
cylindres. Dans tous ces cas, le bismuth est fortement
diamagnétique, étant repoussé par l'un des pôles magnétiques, et se détournant d'un côté ou de l'autre de la
ligne axiale entre les deux pôles. Dans les mêmes circonstances et dans le même temps, un morceau de bismuth à grains fins ou granulaire était influencé d'une
manière parfaitement régulière, prenant la position équatoriale comme un corps simplement diamagnétique doit
le faire. La cause de ces variations provient, comme je
m'en suis assuré, de l'état régulièrement cristallin des
cylindres métalliques.

## I. *Polarité cristalline du bismuth.*

On fit cristalliser du bismuth en le fondant comme à l'ordinaire dans un vase de fer propre, le laissant solidifier en partie, puis versant la partie fluide intérieure. Les morceaux ainsi obtenus furent alors brisés avec des marteaux de cuivre et d'autres outils ; on sépara des groupes de cristaux, chaque groupe ou morceau, ne renfermant que les cristaux qui étaient arrangés symétriquement, et ne devaient donc être affectés probablement que dans une seule direction. Si quelque partie de ces fragments avait été en contact avec le vase de fer, il était nettoyé en le frottant sur du grès ou du papier de verre. On obtenait facilement ainsi des morceaux pesants 18 à 100 grains.

L'électro-aimant employé d'abord était celui que j'ai déjà décrit, ayant des extrémités mobiles auxquelles s'adaptaient des pôles coniques, ronds ou à surface plate. Afin que la suspension du bismuth put se faire facilement, et que l'influence magnétique pût s'exercer sans obstacle, j'adoptai l'arrangement suivant. Un seul fil de cocon de soie de 12 à 24 pouces de long était attaché en haut à un support convenable, en bas il était fixé à l'extrémité d'un fil de cuivre droit et bien propre, de deux pouces de long ; la partie inférieure de ce fil était élargie en une petite tête et garnie d'un morceau de ciment, fait en fondant ensemble une partie de cire blanche pure et environ un quart de son poids de baume de Canada. Le ciment était assez tendre pour adhérer par pression à toute substance sèche, et assez consistant pour supporter des poids de 300 grains et même davantage. Une fois préparé, l'instrument de suspension fut soumis seul à l'action de l'aimant, afin qu'on pût s'assurer ainsi qu'il était dépourvu de toute tendance à se diriger ou à recevoir quelque influence, précaution sans laquelle on n'aurait pu avoir aucune confiance dans les résultats des expériences.

Un morceau de bismuth choisi, pesant 25 grains, fut suspendu entre les pôles de l'aimant et se mût avec toute liberté. Les cubes constituants étaient agrégés comme à l'ordinaire, étant adhérents les uns aux autres, principalement selon la ligne qui joint les deux angles solides opposés, et cette ligne se trouvait dans la plus grande longueur du morceau. A l'instant où l'on communiquait la force magnétique, le bismuth oscillait fortement autour d'une ligne donnée dans la direction de laquelle il se fixait à la fin, et si on l'écartait de cette position il y revenait dès qu'il était en liberté, se dirigeant avec une force considérable, et ayant son grand axe situé axialement par rapport aux pôles magnétiques.

On choisit ensuite un autre morceau d'une forme plus aplatie qui, soumis au pouvoir magnétique, se dirigea avec la même facilité et la même force ; mais sa plus grande longueur était équatoriale : cependant la ligne selon laquelle les cubes tendirent à s'associer diamétralement, étaient comme avant dans la direction axiale. On prit ensuite d'autres morceaux de différentes formes, ou façonnés en forme variée par le frottement sur la pierre, mais tous se dirigeaient bien, et prenaient une position finale qui n'avait aucun rapport avec la forme extérieure, mais dépendait évidemment de l'état cristallin de la substance.

Dans tous ces cas, le bismuth était diamagnétique et fortement repoussé de la ligne axiale ou de chacun des

pôles magnétiques. Il n'était influencé que pendant la
durée de la force magnétique. Il se fixait dans une position constante parfaitement déterminée, et si on s'en
écartait il y retournait toujours, à moins que l'écartement n'eût été de plus de 90 degrés, car alors le morceau
se mouvait circulairement au delà, et prenait une nouvelle position diamétralement opposée à la première, qu'il
conservait avec une égale force et de la même manière.
Ce phénomène est général dans tous les résultats que j'ai
à rapporter, et que j'expliquerai par les mots diamétral,
arrêt ou position diamétrale.

L'effet s'observe avec un seul pôle magnétique, et il
est alors frappant de voir un long morceau, d'une substance aussi diamagnétique que le bismuth, repoussée,
puis au même moment se tourner avec force de manière
à se placer axialement comme un morceau d'une substance magnétique le ferait.

Que les pôles magnétiques employés soient pointus,
ronds ou à surface plane, l'effet sur le bismuth est le
même : néanmoins la forme des pôles a une influence
importante d'une autre espèce, et certaines formes sont,
beaucoup plus que d'autres, propres à ses recherches.
Lorsqu'on emploie des pôles pointus, les lignes de force
magnétique divergent rapidement, et la force elle-même
diminue d'intensité jusqu'au milieu de l'intervalle qui sépare les deux pôles. Mais quand on se sert de pôles à
face plane, quoique les lignes de puissance soient courbes
et varient en intensité vers les angles des faces planes, il
existe cependant un espace au milieu du champ magnétique où elles peuvent être considérées comme parallèles
aux axes magnétiques, et d'une égale force partout. Si
les surfaces planes des pôles sont carrées ou circulaires,

et si leur distance est d'environ un tiers de leur diamètre, cet espace de pouvoir uniforme est d'une grande étendue. Dans mon expérience, la portion centrale ou axiale du champ magnétique est sensiblement plus faible que les parties environnantes, car alors il y a un petit trou dans le milieu de chaque face polaire destiné à ajuster des pièces de formes diverses.

Maintenant voici la loi qui régit le mouvement du bismuth comme corps diamagnétique, il tend à marcher des places magnétiques fortes aux faibles; mais, comme corps magnéto-cristallin, il n'est soumis à aucun effet de ce genre, et il est aussi puissamment influencé par les lignes d'égale force que par toute autre. Ainsi un morceau de bismuth amorphe, suspendu dans un champ magnétique de pouvoir uniforme, semble avoir perdu complétement sa force magnétique, et il tend à n'avoir de mouvement que celui qui est dû à la torsion du fil de suspension et au courant d'air. Mais un morceau de bismuth cristallisé régulièrement, placé dans les mêmes circonstances, est très-fortement influencé en vertu de son état magnéto-cristallin.

De là la grande importance d'avoir un champ magnétique de force uniforme; et si par l'extension de ces recherches à des corps possédant un faible degré de pouvoir cristallin, il était nécessaire d'avoir un champ parfaitement uniforme, on pourrait l'obtenir aisément en rendant la forme de la surface polaire un peu convexe, et plus ou moins arrondie sur les angles. La forme la meilleure serait déterminée par le calcul, ou mieux encore peut-être par la pratique, en se servant d'un petit cylindre d'épreuve de bismuth à l'état granulaire (ou amorphe), ou de phosphore.

Il est bon de remarquer, à la suite de ces observations, que de petits cristaux, ou des masses de cristaux, et surtout ceux qui, dans leurs formes générales, se rapprochent d'un cube ou d'une sphère, sont meilleurs que les morceaux larges ou allongés, d'autant plus que, s'il existe des irrégularités dans la force d'un champ magnétique, de tels morceaux sont moins soumis à leur influence.

Quand le cristal de bismuth est dans un champ magnétique de force uniforme, il est également influencé, qu'il se trouve dans le milieu du champ ou très-près de l'un ou de l'autre des pôles magnétiques ; c'est-à-dire que le nombre des oscillations qu'il fait sous cette influence, paraît être égal dans des temps égaux. Mais il faut beaucoup de soin pour en faire l'estimation par de tels moyens, parce que les oscillations dans de grands arcs son beaucoup plus lentes que celles qui ont lieu dans des arcs plus petits, par la circonstance de deux positions d'équilibre instable dans la direction équatoriale, et il est difficile, dans différents cas, de les accorder de façon que les oscillations aient la même amplitude.

Que le bismuth soit dans un champ de force magnétique intense ou faible ; que les pôles magnétiques soient très-rapprochés du morceau, ou qu'ils soient ouverts jusqu'à 5,6 pouces ou même un pied de distance ; que le bismuth soit dans la ligne de force maximum, ou bien qu'il soit placé ou au-dessus ou au-dessous ; que le courant électrique soit fort ou faible, et la force magnétique en conséquence plus ou moins considérable ; si le bismuth est influencé en quelque chose, il l'est toujours de la même manière.

Les résultats sont tout à fait différents de ceux que produit l'action diamagnétique ; ils sont également dis-

tincts de ceux qui dépendent de l'action magnétique ordinaire. Ils sont aussi distincts de ceux découverts et décrits par Plücker, dans ses belles recherches sur le rapport entre l'axe optique et l'action magnétique, car là
la force est équatoriale, tandis qu'ici elle est axiale. Il
semble donc nous présenter une nouvelle force, ou une
nouvelle forme de force dans les molécules de la matière,
que pour la commodité je désignerai conventionnellement
par un nouveau mot, la force magnéto-cristalline.

La direction de cette force, relativement au champ
magnétique, est axiale, et non pas équatoriale, c'est ce
que prouvent diverses considérations. Ainsi, quand un
morceau de bismuth cristallisé régulièrement était suspendu dans le champ magnétique, il se *dirigeait* en se
maintenant dans cette position, le point de suspension fut
ramené de 90° dans le plan équatorial, de telle manière
qu'en suspendant de nouveau librement le cristal, sa ligne
transversale qui, dans le plan équatorial, était auparavant
horizontale, devenait maintenant verticale; le morceau
se dirigeait de nouveau, et en général avec plus de force
qu'auparavant. La ligne transversale du cristal, et coïncidant avec l'axe magnétique, peut être prise maintenant
comme la ligne de force, et si l'on répète même souvent
le procédé d'un quart de révolution dans le plan équatorial, le cristal continue à se diriger avec la ligne de force
dans l'axe magnétique, et avec un degré maximum de
pouvoir. Mais maintenant, si le point de suspension est
changé de 90° dans le plan de l'axe, c'est-à-dire à l'extrémité de la ligne de force, et qu'ainsi, quand le cristal
est de nouveau suspendu, cette ligne soit verticale; alors
l'action particulière du cristal est au minimum, et celui-
ci étant entièrement, ou presque entièrement dépourvu

du pouvoir de se diriger dans le sens des pôles, il ne manifeste plus que la force diamagnétique ordinaire.

Si la force eût été équatoriale, et en même temps polaire, son effet maximum n'aurait pas été produit par un changement de 90° dans le plan équatorial du point de suspension, mais bien par le même changement dans le plan axial, et tout changement semblable, postérieur à celui fait dans le plan axial, n'aurait point dérangé le maximum de force, vu qu'un seul changement de 90° dans le plan équatorial aurait rendu la ligne de force verticale (comme dans le cas du spath d'Irlande de Plücker), et réduit les résultats au minimum ou à zéro.

La force directrice et la position finale du cristal sont donc axiales. Cette force réside sans doute dans les particules du cristal. Elle est telle que le cristal peut se fixer avec une égale facilité et une égale permanence dans deux positions diamétralement opposées, et que, entre celles-ci, il existe deux positions d'équilibre équatorial, qui sont naturellement instables. Chaque extrémité de la masse, ou de l'ensemble des molécules est, soit dans ces phénomènes, soit dans les résultats ordinaires de cristallisation, pareille à ce qu'est l'autre extrémité ; et dans plusieurs cas donc, les mots *axial* et *axialité* paraîtraient plus expressifs que les mots *polaires* et *polarité*. Je trouve, en y réfléchissant, que la première terminologie est plus convenable que la seconde.

En plaçant le métal dans d'autres positions, c'est-à-dire dans une condition forcée, il ne s'opère aucune altération dans l'état ou le pouvoir du bismuth, soit quant à la force, soit quant à la direction, par l'action de l'aimant, quelle que soit la puissance de celui-ci, ou la continuité de son action.

Il est difficile de bien décrire la position de cette force relativement au cristal, quoiqu'elle soit facile à déterminer expérimentalement. La forme attribuée aux cristaux de bismuth est celle d'un cube, et celle de sa molécule primitive, un octaèdre régulier. Quant à moi, les cristaux ne me paraissent pas être des cubes, mais bien des rhomboèdres ou des prismes rhomboédriques, se rapprochant beaucoup du cube. Mes mesures sont imparfaites, et les cristaux irréguliers; mais d'après la moyenne de plusieurs observations, les plans étaient inclinés l'un sur l'autre de $91^\circ \ ^1/_2$ et $88^\circ \ ^1/_2$, et les angles des lignes limitant chaque plan étaient de $87^\circ \ ^1/_2$ et $92^\circ \ ^1/_2$. Quelle que soit la véritable forme, l'inspection montre évidemment que la force d'agrégation tend à produire des cristaux possédant plus ou moins la figure rhomboïdale et les surfaces rhombiques; et que de plus ces cristaux s'aggrégent en groupes symétriques, généralement dans la direction de leurs plus longs diamètres. Maintenant la ligne de force *magnéto-cristalline* coïncide avec cette direction lorsque celle-ci peut s'apercevoir.

Le clivage des cristaux de bismuth enlève les angles solides et les remplace par des planes, de sorte qu'il existe quatre directions qui produisent l'octaèdre. Ces clivages (selon mes expériences) ne se font pas avec une égale facilité, et ne produisent pas des plans également brillants et parfaits. Deux de ces plans, et plus fréquemment un seul des deux, est plus parfait que les autres, et celui qui est le plus parfait est celui qu'on produit sur l'angle solide le plus aigu; on le reconnaît aisément. Si un cristal de bismuth présente plusieurs plans de clivage, et si on le suspend dans le champ magnétique, un de ces plans se tourne vers l'un des pôles magnétiques, et le plan correspondant, s'il existe, se tourne vers l'autre, de telle sorte que la ligne de force magnéto-cristalline est perpendiculaire à ce plan, et ce plan correspond à celui que j'ai déjà décrit comme étant généralement le plus parfait, et remplaçant l'angle aigu du cristal.

Un cristal isolé de bismuth fut choisi et détaché de la masse par des instruments de cuivre; les places auxquelles il adhérait furent frottées avec du papier de verre, de telle manière que l'on obtint un solide de forme cubique à six faces, dont quatre de ces faces étaient naturelles. Un des angles solides, présumé être celui qui terminait la ligne de la force magnéto-cristalline ou qui était dans la direction de cette ligne, fut enlevé; il présenta un petit plan de clivage, qui était brillant et parfait, comme on s'y attendait. Suspendu dans le champ magnétique avec ce plan vertical, le cristal s'y dirigea aussitôt avec une grande force, le plan étant placé vers l'un ou l'autre des pôles magnétiques, de manière que l'axe magnéto-cristallin paraissait être maintenant horizontal, et agissant avec son pouvoir maximum. Si la ligne axiale était placée verticalement, le plan était par conséquent horizontal, et la position étant ajustée avec soin, le cristal ne se dirigeait pas du tout. Si maintenant on le suspendait successivement à tous les angles et à toutes les faces du cube, il se dirigeait avec plus ou moins de force, mais toujours de manière qu'une ligne tirée perpendiculairement au plan du clivage (représentant la ligne de force) était dans le même plan vertical que celui qui renfermait l'axe magnétique, et finalement, si le plan brillant de clivage était horizontal, et par conséquent la ligne de force directrice verticale, lorsqu'on l'inclinait un peu dans une direction donnée, on donnait à quelque portion du cristal la tendance à se diriger vers les pôles magnétiques.

Un groupe de cristaux de bismuth, dont le sommet était terminé par une seule petite facette de clivage, donna les mêmes résultats.

Il se rencontra occasionnellement des groupes de cristaux pour lesquels il paraissait impossible de trouver une position dans laquelle ils perdissent toute leur puissance directrice, mais qui semblaient posséder encore un degré minimum de force. Il est très-peu probable cependant que tous les groupes soient parfaitement symétriques dans l'arrangement de leurs parties. Il est plutôt surprenant qu'ils soient aussi distincts dans leur action qu'ils le sont. Quant au bismuth, et à plusieurs autres corps, il est probable que l'examen de la direction de la force magnétique peut donner, relativement à la structure essentielle et réellement cristalline de la masse, une indication plus importante que sa forme ne peut le faire.

J'ai déjà établi que la force magnéto-cristalline ne se manifeste ni par attraction ni par répulsion, ou du moins qu'elle ne cause ni rapprochement ni éloignement, mais imprime seulement une position déterminée. La loi d'action paraît être que la ligne ou axe de force magnéto-cristalline (c'est-à-dire la résultante de l'action de toutes les molécules) tend à se placer parallèlement ou tangentiellement à la courbe magnétique ou ligne de force magnétique, qui passe au travers de la place où le cristal se trouve situé.

Je brisai ensuite des masses de bismuth qui avaient été fondues et solidifiées par le moyen ordinaire, et choisissant les fragments qui paraissaient le plus régulièrement cristallisés, je les soumis à l'expérience. Il fut presque impossible de trouver un petit morceau qui n'obéit pas à l'aimant, et qui ne se dirigeât pas plus ou moins facilement. En choisissant les plaques minces avec des plans de clivage parfaits, j'obtins facilement des échantillons qui correspondaient aux cristaux à tous égards ; mais les plaques plus épaisses ou les morceaux angulaires donnèrent souvent des résultats compliqués, quoiqu'en apparence simples et réguliers. Quelquefois le plan de clivage que j'avais présumé être celui qui devait être perpendiculaire à la ligne de force magnétique n'était pas en fait le plan supposé ; mais après avoir observé expérimentalement la direction de la force magnéto-cristalline, j'ai toujours trouvé, ou obtenu par le clivage, un plan qui lui correspondait, et qui possédait l'apparence et le caractère ci-dessus décrit. Les plaques de bismuth de $\frac{1}{20}$ à $\frac{1}{10}$ de pouce d'épaisseur, et terminées par des plans parallèles et semblables, une fois brisées, se sont souvent montrées à l'œil plus irrégulières qu'on ne pouvait le présumer.

Si l'on suspend une lame de bismuth bien choisie (les miennes sont d'environ 0,3 de pouce en longueur et en largeur, et 0,05 plus ou moins en épaisseur) par l'angle dans le champ magnétique, elle oscille et se dirige en présentant ses faces au pôle magnétique, et en s'arrêtant diamétralement. Quelle que soit la partie de l'angle dans laquelle on la suspend, on obtient le même résultat. Mais si on la suspend horizontalement, les plans de clivage du fragment et de l'axe magnétique étant parallèles au plan de mouvement de la lame, elle est alors parfaitement indifférente, car la ligne de force magnéto-cristalline est perpendiculaire à la ligne de force magnétique dans chaque position que peut prendre la lame.

Mais si la lame est inclinée seulement d'une très-petite
quantité en dehors de cette position, elle se dirige, et
cela avec d'autant plus de force que les plans deviennent
plus rapprochés de la verticale, et les phénomènes ci-
dessus décrits avec un cristal peuvent être obtenus avec
un fragment d'une masse; une partie quelconque de
l'angle d'une plaque peut devenir capable de se diriger
axialement, si on l'élève ou on l'abaisse au-dessus ou au-
dessous du plan horizontal.

Si l'on choisit, en les soumettant à l'action de l'aimant,
un certain nombre de ces plaques cristallines, elles peuvent ensuite être reliées les unes aux autres, avec un peu
de ciment, en une masse qui possède une action magnéto-cristalline régulière, et qui, sous ce rapport, ressemble aux cristaux déjà cités. De cette manière aussi
l'effet diamagnétique du bismuth peut être neutralisé ;
car il est aisé de construire un prisme dont la largeur et
l'épaisseur soient égales, et si l'on suspend ce prisme de
façon que sa longueur soit verticale, il se dirige bien et
sans aucune interférence d'action diamagnétique.

Si l'on place trois plaques égales rectangulairement
l'une à l'autre, on obtient un système qui a perdu tout
pouvoir de se diriger sous l'influence de l'aimant, la
force étant neutralisée dans toute direction. Ceci représente le cas du bismuth finement cristallisé ou amorphe.
Le même résultat peut être obtenu en prenant une masse
uniforme de cristaux choisie, la fondant dans un tube
de verre et la resolidifiant : à moins que la cristallisation
ne soit large et distincte, ce qui arrive rarement, le
morceau obtenu est sans force magnéto-cristalline. On
obtient aussi un résultat semblable en brisant le cristal,
en mettant les petits fragments ou la poudre dans un

tube et en soumettant le tout à la force de l'aimant.

Ces expériences sur le bismuth ne sont pas difficiles à répéter, car, sauf celles qui demandent la production soudaine ou la cessation de la force magnétique, elles peuvent être reproduites avec un aimant ordinaire en fer à cheval. L'aimant avec lequel j'ai beaucoup travaillé est formé de sept barreaux placés côte à côte ; il est fixé dans une boîte, les pôles en haut ; il présente deux surfaces magnétiques distantes d'un pouce et quart, entre lesquelles se trouvent le champ magnétique, ayant les lignes de force dans une direction horizontale. Les pôles de l'aimant doivent chacun être couverts de papier pour empêcher la communication des particules de fer ou de poussière. La meilleure place pour le morceau de bismuth est donc entre les pôles, non pas cependant au même niveau que leurs extrémités, mais de 0,4 à 1,0 pouce plus bas, c'est là que l'effet des pôles à surface plane peut être le mieux obtenu. Si l'on désire de fortifier les lignes de force magnétique, cela peut se faire en introduisant un morceau de fer entre les pôles de l'aimant ; et ainsi en les forçant virtuellement de s'approcher, on diminue l'étendue du champ magnétique entre eux.

L'aimant que j'ai employé porte 30 livres au contact; mais en employant de petits morceaux de bismuth, j'ai obtenu facilement les effets avec des aimants qui ne pèsent pas plus de sept et ne portent qu'environ 22 onces, de sorte que ces expériences sont faciles à répéter pour tout le monde.

Pendant que le cristal de bismuth est dans le champ magnétique, il est influencé d'une manière très-distincte, et même fortement, par l'approche du fer doux et des ai-

mants, et cela de la manière suivante. Si un morceau de
fer doux est appliqué contre la face de l'un des pôles,
tout en n'en occupant qu'une partie, et est rapproché du
bismuth qui est dirigé axialement, il influencera ce
dernier et l'obligera à s'approcher du fer. Si l'on applique le fer de la même manière sur d'autres parties de la
face du pôle, on obtiendra un mouvement semblable
dans le bismuth, et les différentes parties de ce métal se
rapprocheront l'une après l'autre, paraissant être attirées.
Si le fer doux ne touche pas le pôle magnétique, mais
s'il est tenu entre lui et le bismuth de manière à présenter les mêmes positions en général, les mêmes effets sont
produits, mais à un degré plus faible.

Quoique ces mouvements semblent indiquer un effet
d'attraction, je ne les crois pas dus à une telle cause,
mais simplement à l'influence de l'action dont j'ai déjà
exprimé la loi. L'état auparavant uniforme du champ des
forces magnétiques est détruit par la présence du fer ;
les lignes de force magnétique d'une plus grande intensité que les autres viennent de l'angle du morceau de
fer placé dans une position déterminée, ou des angles
correspondants dans les autres positions (la forme du pôle
se rapprochant plus ou moins de la forme conique ou
pointue) ; et par conséquent le cristal de bismuth se meut
autour de son axe de suspension de manière que la ligne
de force magnéto-cristalline soit parallèle ou tangente à
la résultante des forces magnétiques qui passent au travers de sa masse.

Si, à la place d'un groupe de cristaux, on emploie une
lame cristalline de bismuth, les apparences produites dans
des circonstances semblables sont celles de la répulsion.
Quoique ces effets paraissent être une répulsion, ils ne

sont, selon moi, que les conséquences de l'effort que fait le bismuth d'après la loi exprimée plus haut de rendre sa ligne magnéto-cristalline parallèle ou tangente à la résultante des forces magnétiques qui la traversent.

Si l'on tient dans le plan équatorial et à l'angle de la lame un morceau de fil de fer d'environ un pouce et demi de long, et de 0,1 à 0,2 de pouce d'épaisseur, il n'altère nullement la position de cette lame ; mais si l'extrémité du fil est inclinée par rapport aux deux pôles, la lame commence à se mouvoir, et se meut davantage quand le fer touche le pôle par un de ses points. S'il approche ou touche le pôle nord, l'inclinaison de la lame de bismuth s'opère dans un certain sens, et s'il touche le pôle sud, l'inclinaison a lieu en sens contraire. Si l'une des extrémités du fil est tenue en contact avec le pôle nord, et si l'autre bout du fil de fer doux est placé dans la direction du pôle sud, le bismuth n'est pas influencé ; mais si alors ce bout, qui lui même est un pôle nord, est mis en mouvement d'un côté ou de l'autre de l'angle de la lame de bismuth, celle-ci se tourne à mesure que le bout du fil fait un mouvement tendant toujours à tourner sa face vers lui, et cela évidemment en vertu de la tendance que possède l'axe magnéto-cristallin à se placer parallèlement à la résultante des forces magnétiques qui traversent le bismuth. On obtient les mêmes résultats avec le cristal dans les mêmes circonstances, et aussi des résultats correspondants, lorsqu'on applique le fer doux entre le pôle sud de l'aimant et le bismuth. On obtient aussi des effets semblables en se servant de lames d'arsenic et d'antimoine.

Quand on se sert d'un aimant au lieu de fer doux, il se produit des effets analogues : seu ment il faut se

rappeler que si le gros aimant est très-puissant, il peut
souvent neutraliser et même changer le magnétisme du
petit aimant qu'on approche, et cela peut arriver à ce
dernier (quant à l'influence extérieure qu'il exerce) tant
qu'il est dans le champ magnétique quoique, après avoir
été retiré, il ne paraisse pas avoir subi d'altération.

Ainsi, lorsque la plaque de bismuth était suspendue
entre les faces de l'aimant en fer à cheval, et que le pôle
nord d'un petit aimant (la lame d'un canif de poche)
était placé contre l'une ou l'autre de ces faces, il causait
l'écartement de la partie du bismuth la plus rapprochée,
et cela précisément pour les mêmes raisons que celles
qui existaient quand le fer doux y était. Si cet extra-
pôle était placé au bord des faces, l'action était plus
faible que dans le premier cas, et déterminait cette partie
du bismuth à se rapprocher du pôle. Comme cette position du pôle subordonné neutralise quelques-unes des
lignes de force magnétique qui proviennent du pôle sud
de l'aimant, la résultante des lignes de force passant au
travers du bismuth change de direction, vu que ces lignes sont devenues obliques par rapport à leur première
position, et cela précisément de la manière qui est représentée par le mouvement du bismuth, dans la tendance qu'il a de placer son axe de force parallèlement à
ces lignes, dans la nouvelle position qu'il est obligé de
prendre.

L'approche d'un pôle sud opère des mouvements dans
un sens contraire.

Si le pôle subordonné est appliqué à l'angle de la plaque, le petit aimant étant dans une position équatoriale,
alors, au lieu de n'exercer aucun effet, comme c'était le
cas du fer, il fait mouvoir la plaque dans une direction

tangentielle, soit à droite, soit à gauche, selon que le
pôle est sud ou nord, absolument comme agit le fer
quand, en l'inclinant, on fait que son extrémité devienne
un pôle. Cet effet est encore plus frappant quand on se
sert du cristal de bismuth, parce que, par l'effet de sa
forme et de sa position, les courbes magnétiques les
plus influencées par l'extra-pôle se trouvent traverser en
plus grand nombre le bismuth que lorsqu'on emploie la
plaque.

On peut créer des variations innombrables de ces
mouvements ; des apparences d'attraction ou de répulsion, ou d'action tangentielle peuvent être obtenues à
volonté en se servant de cristaux dont l'axe magnéto-cristallin corresponde à leur longueur, ou de lames dans lesquelles il s'accorde avec leur épaisseur, soit avec des
pôles magnétiques auxiliaires, permanents ou temporaires.
En faisant voyager le pôle mobile lentement autour du
bismuth, depuis la place où l'action est nulle et en revenant à cette place, on obtient une suite d'effets qui se
résument comme dans la loi générale exprimée précédemment, savoir que l'axe magnéto-cristalline et la résultante des forces magnétiques qui traversent le bismuth, tendent à se placer parallèlement l'une à l'autre.

Ainsi un petit cristal, ou une petite plaque de bismuth
(ou d'arsenic) peut devenir un indicateur très-utile et
très-important de la direction des lignes de force dans un
champ magnétique, car en même temps qu'il prend une
position indiquant leur place, il ne les trouble pas sensiblement par son action propre.

Plusieurs de ces mouvements sont semblables ou en
relation avec ceux qu'ont décrits Plucker, Reich et d'autres, et qu'ils ont obtenus par l'action du fer et des ai-

mants sur le bismuth, dans son simple état diamagnétique. Ces résultats sont regardés par eux et par d'autres
comme indiquant que le bismuth (ainsi que je l'avais primitivement supposé), possède réellement dans son état
diamagnétique une condition magnétique inverse de celle
du fer. Je ne connais pas tous les raisonnements qui
accompagnent ces expériences (vu qu'ils sont en langue
allemande), mais tous ces faits, tels que je les ai obtenus, me paraissent être les simples résultats de la loi que
j'ai établie précédemment, c'est-à-dire que les corps
diamagnétiques tendent à marcher des points où la force
magnétique est la plus considérable aux points où elle
l'est le moins ; ils ne me paraissent donner aucune preuve
additionnelle de la polarité inverse du bismuth.

Supposant que la matière interposée ou environnante
pouvait, en quelque manière, influencer l'action magnéto-cristalline du bismuth et des autres corps, je fixai les
pôles magnétiques, à une distance donnée, l'un de l'autre
(2 pouces environ), je suspendis un cristal de bismuth
dans le milieu du champ magnétique, puis j'observai ses
oscillations et sa station. Alors, sans aucun autre changement, j'introduisis entre les pôles et le cristal des écrans
de bismuth, consistant en des petits blocs d'environ 2
pouces carrés et 0,75 de pouce d'épaisseur, mais je ne
pus apercevoir aucun changement produit par leur présence dans le phénomène.

Le cristal de bismuth fut suspendu dans l'eau entre
les pôles magnétiques de l'aimant en fer à cheval. Il se
fixa bien selon la loi générale, et il fallut cinq tours de
torsions de l'index placé au haut du fil de soie pour le
déplacer, et le forcer à tourner dans une position diamétrale. C'était, autant que j'ai pu l'observer, la même

quantité de force de torsion qui était nécessaire pour opérer son déplacement quand le cristal était placé dans la même position, mais environné d'air seulement.

Le même morceau de bismuth fut alors suspendu dans une solution saturée de proto-sulfate de fer (arrangée de façon à pouvoir servir de milieu magnétique), il se fixa comme avant, sans apparence de changement d'aucune espèce, et quand on mit en jeu la force de torsion, il fallut cinq tours de l'index, comme auparavant, pour opérer le déplacement du cristal et lui faire prendre une position diamétrale.

Soit donc que les cristaux de bismuth soient plongés dans l'air, dans l'eau ou dans une solution de sulfate de fer, ou placés entre des masses épaisses de bismuth, s'ils sont soumis à la même puissance de force magnétique, la force magnéto-cristalline ne change ni quant à sa nature, ni quant à sa direction ou à son intensité.

Il semblait possible et probable que la force magnétique, d'après tout ce qui précède, pourrait exercer une influence sur la cristallisation du bismuth, sinon sur celle d'autres corps. Car, comme cette force influence la masse d'un cristal par l'effet du pouvoir que possèdent ses particules, et qu'elles font participer le cristal comme un tout à leur état polaire ou axial ; comme, en outre, la position définitive de la masse cristalline dans le champ magnétique peut être considérée comme celle dans laquelle il se place naturellement, il était assez probable que si le bismuth, à l'état fluide, était placé sous l'influence du magnétisme, ses particules individuelles tendraient à prendre un seul et même état axial, et que l'arrangement cristallin, ainsi que la direction imprimée lors de sa solidification, seraient, en quelque d  lé-terminés et régis par une loi fixe.

On fit donc fondre du bismuth dans un tube de verre, et on le tint en une position fixe, dans un champ de forces magnétiques puissantes, jusqu'à ce qu'il devint solide ; retiré alors du verre, on le suspendit de façon qu'il prit la même position sous l'influence de l'aimant ; mais on ne découvrit chez lui aucun signe de force magnéto-cristalline. On ne s'attendait pas à ce que le tout fut régulièrement cristallisé, mais à ce qu'il manifestât quelque tendance à affecter une direction plutôt qu'une autre. Rien n'arriva pourtant, quelle que fut la direction suivant laquelle la pièce était suspendue ; et lorsqu'on brisa l'échantillon, on trouva la cristallisation petite, confuse, et opérée dans toutes les directions. Peut-être que si on eût prolongé plus longtemps l'action magnétique sur le métal, et si on eût employé un aimant permanent, on aurait obtenu un meilleur résultat. J'avais fondé sur ce procédé plusieurs espérances relativement à l'état cristallin de l'or, du platine, de l'argent et des métaux en général, et aussi relativement à d'autres corps.

Je n'ai donc pas pu trouver que les cristaux de bismuth acquièrent aucun pouvoir, soit temporaire, soit permanent, qui puisse les faire sortir du champ magnétique. J'ai tenu des cristaux dans des positions très-différentes, dans le champ de l'action intense d'un puissant électro-aimant, ayant ses extrémités coniques très-rapprochées l'une de l'autre ; quelques moments après je les enlevai et les présentai instantanément à une aiguille astatique très-délicate, mais je ne pus apercevoir qu'ils eussent acquis aucune action extraordinaire par l'effet de cette opération.

Comme un cristal de bismuth obéit à l'influence des

lignes de force magnétique, il en résulte qu'il devrait obéir même à l'action de la terre, et se diriger quoique avec un faible pouvoir. Je suspendis un bon cristal par un seul long filament de cocon de soie ; je l'abritai aussi bien que je pus contre l'action des courants d'air au moyen de tubes concentriques, et je crois avoir observé des indices d'une direction ou d'une station déterminée. Le cristal était suspendu de manière que l'axe magnéto-cristallin fît avec le plan horizontal le même angle (environ 70°) que fait l'aiguille d'inclinaison, et le phénomène consistait, en ce que l'axe cristallin et la direction de l'aiguille tendaient à coïncider, mais ces expériences demandent à être répétées avec soin.

Un point plus important pour la nature des forces polaires et axiales du bismuth, est de savoir si deux cristaux, ou des masses de bismuth cristallisées d'une manière uniforme peuvent s'influencer mutuellement, et si cela a lieu, quelle est la nature de cette influence? quel est le rapport de position qui existe entre des parties équatoriales et terminales? et quelle est la direction des forces? J'ai fait plusieurs expériences relativement à ce sujet, soit dans le champ magnétique, soit au dehors, mais je n'ai obtenu que des résultats négatifs. J'employais cependant de petites masses de bismuth, et j'ai le projet de répéter et d'étendre ces essais dans une saison plus convenable pour obtenir de plus fortes masses, préparées s'il est nécessaire de la manière que j'ai décrite plus haut.

J'ai à peine besoin de dire qu'un cristal de bismuth doit se diriger dans une hélice ou dans un anneau formé d'un fil traversé par un courant électrique, de telle manière que l'axe magnéto-cristalline soit parallèle à l'axe de l'anneau ou de l'hélice. Je trouve en effet que tel est le cas.

## II. *Polarité cristalline de l'antimoine.*

L'antimoine est un corps magnéto-cristallin. Quelques masses cristallines, obtenues de la manière précédemment décrite, furent brisées avec des instruments de
cuivre ; on obtint ainsi d'excellents groupes de cristaux,
pesant chacun de 10 à 12 grains, et dans lesquels tous
les cristaux constituants paraissaient être placés uniformément. Les cristaux individuels étaient très-bons en
tout, et plus complets que ceux du bismuth, surtout aux
faces. Ils étaient très-brillants, leur apparence était d'un
gris d'acier ou argent, et à l'œil ils paraissaient être des
cubes mieux encore que ceux de bismuth, quoique cependant on aperçut çà et là des faces rhomboïdales distinctes. On peut obtenir des plans de clivage qui remplacent les angles solides, et comme pour le bismuth il y en
a un généralement plus brillant et plus parfait que les
autres.

En premier lieu, on reconnut que tous ees cristaux
étaient diamagnétiques, et même fortement.

Ensuite on reconnut, comme pour le bismuth, que tous
montraient le phénomène magnéto-cristallin avec une
grande puissance, indiquant l'existence d'une ligne de
force, laquelle placée verticalement laissait le cristal libre
de se mouvoir en toute direction, mais qui, lorsqu'elle
avait une direction horizontale, forçait le cristal à se diriger ; que dans ce dernier cas il prenait sa position parallèlement à la résultante des forces magnétiques qui
traverse le cristal. Cette ligne était dirigée, comme dans
le bismuth, d'un des angles solides à l'angle opposé, et
était perpendiculaire au plan brillant de clivage.

Ainsi, généralement, l'action de l'aimant sur ces cristaux, était la même que sur les cristaux de bismuth ; mais il existe quelques différences qui demandent à être établies distinctement.

En premier lieu, quand l'axe magnéto-cristallin était horizontal, et qu'on se servait d'un certain cristal donné, au moment du développement de la force magnétique, le cristal arrivait lentement à sa position, et se dirigeait comme dans un milieu résistant. Si on écartait le cristal de cette position, d'un côté ou de l'autre, il y revenait d'un coup : il n'y avait pas d'oscillation. D'autres cristaux se conduisirent de même, mais d'une manière moins marquée ; d'autres firent une ou peut-être deux oscillations, mais tous paraissaient se mouvoir comme dans un fluide dense, et étaient sous ce rapport tout à fait différents du bismuth, quant à la liberté et la mobilité avec lesquelles les oscillations s'y exécutent.

Ensuite, quand les cristaux furent suspendus de manière que l'axe magnéto-cristallin fut vertical, il n'y avait pas de direction, ni aucun autre signe de force magnéto-cristalline, mais il se présenta d'autres phénomènes, car si la masse cristalline était en mouvement de rotation quand la force magnétique était excitée, elle s'arrêtait soudain, et quant à la position qu'elle prenait, était quelconque, mais si la plus grande longueur était en dehors de la position axiale ou équatoriale, l'arrêt était suivi d'un mouvement révulsif à l'instant où l'on ressort de faire passer le courant électrique. Ce mouvement *révulsif* n'était pas très-grand, mais il avait lieu surtout quand la plus grande longueur de la masse faisait à peu près un angle de 45° avec l'axe du champ magnétique.

En examinant de plus près le phénomène, il me parut

que cet effet d'arrêt et de révulsion était précisément de
même espèce que celui que j'avais observé dans une autre
occasion avec le cuivre et avec d'autres métaux ; il me
parut dû à la même cause, c'est-à-dire la production de
courants d'induction circulaires dans le métal, sous l'influence de la force inductrice de l'aimant. On comprenait
ainsi pourquoi, dans le cas précédent, les cristaux d'antimoine se fixaient à leur position de repos sans oscillation
et complétement amortis dans leur mouvement, car les
courants produits par le mouvement sont justement ceux
qui tendent à arrêter le mouvement, et quoique la force
magnéto-cristalline soit suffisante pour faire mouvoir et
diriger le cristal, cependant le mouvement même ainsi
produit engendre le courant, qui réagit lui-même contre
la tendance au mouvement, et force ainsi la masse à
avancer vers la position où elle reste en repos, comme si
elle se mouvait dans un fluide dense.

Une fois qu'on tient compte de l'arrêt et de la révulsion de l'antimoine (effets qui dépendent de son pouvoir
conducteur supérieur dans l'état cristallin compacte à
celui du bismuth) on n'a aucune difficulté à trouver
l'identité qui existe entre la force magnéto-cristalline de
ce métal et celle de l'autre, et à montrer la correspondance des résultats dans tous leurs caractères essentiels

' Pour se former une idée suffisante des pouvoirs amortissants
de ces courants induits, il faut prendre un morceau de cuivre solide, se rapprochant de la forme cubique ou globulaire, et pesant de
un quart à demi-livre ; puis on le suspend par un long fil, on lui
donne une rotation rapide, on l'introduit ainsi en mouvement
dans le champ magnétique de l'électro-aimant ; on voit que son
mouvement est arrêté instantanément ; et s'il essaie encore de le
continuer, on trouve qu'il est impossible que cela ait lieu.

et particuliers. Dans plusieurs des morceaux de cristaux
d'antimoine, la force semblait être moindre que dans le
hismuth, mais le fait peut bien ne pas être réellement tel,
car l'action du courant inductif décrit ci-dessus tend à
dissimuler le phénomène magnéto-cristallique.

Divers morceaux d'antimoine semblaient aussi différer
les uns des autres quant à leur tendance, à s'arrêter et à
manifester des effets révulsifs ; mais ces différences ne
sont qu'apparentes, et peuvent s'expliquer aisément.
L'action d'arrêt et de révulsion dépend beaucoup de la
continuité de la masse, de telle façon qu'un morceau large
la possède à un plus haut degré que plusieurs petits morceaux, et ceux-ci à leur tour mieux que la substance en
poudre. On peut même détruire l'action révulsive du
cuivre entièrement en le réduisant en fils et en morceaux
isolés. Il est donc facile de s'apercevoir que de deux
groupes de cristaux d'antimoine disposés chacun symétriquement au dedans, l'un des deux peut se composer
de larges cristaux bien liés ensemble, de manière à faci-·
liter l'induction des courants au travers de la masse entière, et l'autre de cristaux plus petits réunis d'une manière moins favorable pour l'effet en question. Ceux-ci
présentent des apparences très-différentes, quant à l'arrêt
du mouvement, et à l'action révulsive qui lui succède ;
et de plus diffèrent sous ce rapport dans leur facilité à
présenter le phénomène magnéto-cristallin, quoiqu'ils
puissent posséder cette force à des degrés parfaitement
égaux.

En continuant d'expérimenter avec des plaques d'antimoine, on obtint d'autres exemples des effets provenant des causes décrites ci-dessus, mais mettant cependant en pleine évidence l'existence d'un état magnéto-

cristallin dans le métal. Les plaques étaient prises dans
des masses brisées comme pour le bismuth. On en trouve
quelques-unes qui agissaient simplement, instantanément,
et d'une manière prononcée ; leurs surfaces larges étaient
des plans de clivage brillants. Suspendues par une portion
quelconque du bord, ces plaques se dirigeaient vers les
pôles magnétiques, et la plaque oscillait de chaque côté
de sa position définitive, parvenant graduellement à son
état de repos.

Si ces lames étaient suspendues par leurs plans horizontaux, ils n'avaient aucun pouvoir de se diriger dans
le champ magnétique. Quand ils étaient inclinés, les
points qui s'abaissaient ou s'élevaient le plus au delà du
plan horizontal, étaient ceux qui avaient leur place très-
près des pôles magnétiques.

Lorsque plusieurs lames étaient arrangées ensemble
de manière à former un paquet solide, l'effet diamagnétique était détruit, et l'oscillation magnéto-cristallique,
ainsi que la direction définitive, devenaient très-faciles à
distinguer.

Il est donc évident que dans tous ces cas il existe une
ligne de force magnéto-cristalline perpendiculaire aux
plans des plaques, parfaitement d'accord pour sa position
et pour son action avec la force précédemment trouvée
dans les cristaux formant une seule masse solide.

Mais on choisit ensuite une autre plaque d'antimoine
qui, par l'apparence, devait présenter tous les phénomènes des plaques précédentes ; et cependant, suspendue
par son bord, elle ne montra aucun signe d'effets ma-
gnéto-cristallins, car elle s'avança d'abord un peu, puis
s'arrêta, resta en place, puis, comme pour se fixer entre
les positions axiale et équatoriale, montra une disposition

révulsive quand le courant de la batterie fut interrompu, présentant ainsi des effets pareils à ceux qu'avait offerts le cuivre. Plusieurs autres lames essayées donnèrent le même résultat.

Quand cette plaque était placée dans le champ d'un pouvoir intense entre deux pôles magnétiques *coniques*, elle présentait le même phénomène ; mais malgré l'action qui tendait à l'arrêter, elle se mut lentement jusqu'à ce qu'elle se fût fixée dans la position équatoriale : résultat qui était probablement dû à l'effet des deux forces magnéto-cristalline et diamagnétique réunies. Quand la plaque fut suspendue horizontalement par ses faces, les actions d'arrêt et de révulsion disparurent, car les courants induits qui en étaient la cause auparavant, ne pouvaient pas maintenant exister dans le plan vertical ; de plus elles n'avaient pas le pouvoir d'arrêt, ce qui montrait qu'il n'existait pas d'axe de force magnéto-cristalline, ni dans le sens de la longueur, ni dans celui de la largeur des plaques.

On trouva d'autres plaques capables de produire des effets mixtes, et cela à différents degrés. Ainsi quelques-uns, comme la première, oscillaient librement, se dirigeaient bien, et ne présentaient aucune indication d'arrêt ni de révulsion. D'autres oscillaient nonchalamment, se fixaient bien, et montraient une tendance à s'arrêter. D'autres se dirigeaient vers leur position fixe, mais avec un mouvement amorti, et se mouvant comme dans un fluide, ou bien, si la force magnétique avait disparu avant que le morceau se fût fixé, il opérait aussitôt son mouvement révulsif sans s'arrêter.

Une investigation attentive, faite au moyen de l'aimant en fer à cheval et du grand électro-aimant, finit par rendre apparente la cause de ces différences.

On observe d'abord quelquefois qu'une plaque d'antimoine, ayant des plans très-brillants, parfaits en apparence, et donnant à présumer qu'elle se dirigera bien dans le champ magnétique, soumise à l'action de l'aimant en fer à cheval, ne le fait pas, mais se dirige obliquement, faiblement, et peut-être dans deux positions non diamétrales. Cela vient sans doute de ce que la cristallisation est compliquée et confuse. Une telle plaque, si elle est suffisamment large et longue (c'est-à-dire au moins $\frac{1}{4}$ ou $\frac{1}{3}$ de pouce) soumise à l'électro-aimant, présentera bien les phénomènes de l'arrêt et du mouvement révulsif.

Ensuite nous devons rappeler que pour le développement des courants induits qui causent l'action d'arrêt et de révulsion, la plaque doit avoir certaines dimensions suffisantes dans un plan vertical. Les courants ont lieu dans la masse et non pas autour des particules séparées, et la résultante des lignes magnétiques de force passant au travers de la substance, est l'axe autour duquel ces courants sont produits. De là la raison pour laquelle l'effet n'a pas lieu avec des lames suspendues dans la position horizontale, et qui cependant le produisent bien dans la position verticale, résultat que met en évidence l'emploi d'un disque ( de $\frac{1}{2}$ pouce de diamètre) fait d'une feuille mince d'étain, de cuivre, d'argent, d'or ou de presque tous les métaux malléables, quoique les meilleurs conducteurs soient les plus propres à cet objet. Or cette condition n'est d'aucune conséquence relativement à l'action magnéto-cristalline, et une plaque étroite a autant de force qu'une plaque large de même masse. La première plaque que le choix m'avait donnée était bien cristalline, épaisse et étroite, ce qui fait qu'elle était favorable pour l'action magnéto-cristalline, mais défavorable pour l'action d'arrêt ou de révulsion, et ne montrait comparativement aucun signe de cette dernière action.

Quand on obtient une plaque large et bien cristallisée, on voit paraître les deux classes d'effets : ainsi, si la plaque a un mouvement de révolution quand la force magnétique est mise en action , cette force accélère la promptitude du mouvement pour un instant, puis elle l'arrête ; et si la force magnétique est enlevée, la plaque éprouve un mouvement révulsif exactement comme un morceau de cuivre le ferait. Mais si la force magnétique continue à agir, on apercevra que l'arrêt n'est qu'apparent, car la plaque se meut, quoique avec une rapidité fortement diminuée, et continue à se mouvoir jusqu'à ce qu'elle ait pris sa position magnéto-cristalline. Elle se meut comme dans un fluide dense. Ainsi la force magnéto-cristalline est là, et produit son plein effet , et le changement des apparences provient de ce que le mouvement que la force tend à donner à la masse crée les courants magnéto-électriques d'induction, qui par leur action mutuelle avec l'aimant tendent à arrêter l'action ; de là vient qu'elle est plus lente à la fin, et amortie.

Un aimant qui est plus faible , tel que celui en fer à cheval qui a été décrit, produit des courants d'induction beaucoup plus faibles, et met pourtant bien le pouvoir magnéto-cristallin en évidence : de là il est, dans de certaines circonstances, plus convenable à employer pour ces recherches, car il aide à distinguer un des genres d'effets de l'autre.

On voit facilement que des plaques, soit de même métal, soit de métaux différents, ne peuvent pas, même grossièrement, être comparées l'une à l'autre, quant à la

force magnéto-cristalline, par leurs oscillations; car,
sous l'influence de ces courants induits, des plaques de
même force magnéto-cristalline oscillent d'une manière
très-différente. J'ai pris une plaque, et avec du ciment
je fixai du papier choisi avec soin sur ses faces, puis j'observai comment elle agissait dans le champ magnétique;
elle se fixa lentement, et montra les effets d'arrêt et de
révulsion. Je la comprimai alors dans un mortier de manière à le briser en plusieurs parcelles, qui cependant
restaient en place, et alors elle se fixa plus vite et plus
librement, et montra peu d'action révulsive.

Quoique l'indication par l'oscillation soit ainsi incertaine, la force de torsion nous reste, je crois, comme un
moyen très-exact de manifester la force de l'arrêt, et par
conséquent le degré de force magnéto-cristallin, et
comme un fil de soie de suspension pourrait se relâcher
un peu, un fil de verre, selon l'idée de Ritchie, convien-
drait parfaitement à ce genre d'expériences.

L'antimoine doit être un bon conducteur d'électricité
dans le sens des lames de cristal dont il se compose, ou
bien il ne donnerait pas si librement les indications d'action révulsive. Les groupes de cristaux d'antimoine manifestent cet effet à un degré tel, qu'il semble que les
cubes constituants possèdent le pouvoir conducteur presque également dans toutes les directions. Un morceau
d'antimoine granulaire ou finement cristallisé, ne le
montre cependant pas dans la même proportion, d'où il
semblerait qu'il existe dans ce mode de structure quelque
cause semblable en quelque degré à la division, soit à la
rencontre de deux cristaux qui coïncident mal, ou à la
juxtà-position des cristaux; ce qui fait que le pouvoir
conducteur est influencé quant au sens dans lequel il est
le plus intense.

### III. *Polarité cristalline de l'arsenic.*

Une masse d'arsenic présentant la structure cristalline
fut brisée, et on obtint diverses plaques possédant des
surfaces planes de bon clivage, d'environ 0,3 de pouce
en longueur, 0,1 de pouce en largeur, et 0,03 d'épaisseur. Une de celles-ci suspendue vis-à-vis d'un des pôles
coniques, se montra parfaitement diamagnétique, et
quand elle fut suspendue devant lui ou entre les deux
pôles, elle fut fortement magnéto-cristalline. J'ai une
paire de pôles à surfaces plates, munis de trous à vis,
placé au centre des faces, et ceux-ci affaiblissent tellement l'intensité des lignes de force magnétique vers le
milieu du champ, quand les faces sont à environ demi-
pouce l'une de l'autre, qu'un cylindre de bismuth granulaire de 0,3 en longueur, se fixe axialement, c'est-à-
dire dans la direction de la ligne qui joint un pôle à
l'autre. Mais avec des plaques d'arsenic placées entre
ces mêmes pôles, il n'y a aucune tendance du même
genre, tant la force magnéto-cristalline est prédominante
sur la force diamagnétique.

Quand les lames d'arsenic étaient suspendues avec leurs
plans horizontaux, elles ne se dirigeaient pas du tout
entre les pôles à surfaces planes. Toute inclinaison des
plans à la ligne horizontale déterminaient la direction
exactement de la manière déjà décrite pour le bismuth
et l'antimoine.

Ainsi il résulte de toutes ces recherches que l'arsenic,
le bismuth et l'antimoine possèdent la force magnéto-
cristalline.

- - - - - -

# CONSIDÉRATIONS

## SUR LES

## CAILLOUX ROULÉS DANS LES ALPES ORIENTALES,

### PAR

## M. A. MORLOT.

M. Schimper, de Manheim, a fait, à ce qu'il paraît, des études très-étendues sur le sujet en question. Tout ce que j'ai réussi à en apprendre, c'est qu'il distinguait les cailloux de rivière des cailloux de mer ; le reste de ce qu'on m'en a raconté se bornait à de vagues généralités dont je n'ai pu tirer aucun parti. Ainsi, quoique ce qui suit soit le fruit de mes propres observations, je ne serai point étonné si M. Schimper était arrivé, longtemps avant moi, aux mêmes résultats, et je me dédis donc formellement et d'avance, vis-à-vis de lui, de toute prétention de priorité que je considère comme parfaitement indigne d'un honnête homme vraiment ami de la science.

La région des Alpes orientales est particulièrement favorable à l'étude des cailloux roulés, parce qu'ici les terrains tertiaires miocènes, qui en contiennent abondamment, sont très-souvent demeurés meubles et non conglomérés, et surtout parce que les matériaux de transport, tant grossiers que fins, qui les composent, sont constamment pénétrés et enduits d'une teinte jaunâtre d'oxyde de fer hydraté très-caractéristique, quoique sou-

vent très-légère. Il est par là facile de reconnaître au premier coup d'œil un caillou tertiaire. Ce phénomène se reproduit avec la plus grande constance et la plus grande
régularité, non-seulement dans le bassin marin de Vienne
et dans celui de la basse Styrie, mais aussi dans les dépôts
d'eau douce des grandes vallées à l'intérieur des Alpes et
dans les bassins apparemment lacustres de la Carinthie et
de la Carniole. Ce singulier caractère s'applique même
si bien aux ossements fossiles, ainsi que l'a démontré
M. Hornes, qu'il sert à distinguer avec la plus grande
facilité les mâchoires et dents d'ailleurs si semblables des
acérothériums et des rhinocéros, car les premiers étant
tertiaires sont toujours imbibés de la teinte jaunâtre,
tandis que les derniers étant diluviens, ou plutôt erratiques, sont blancs, quoique gisant dans le loss qui les
salit souvent à l'extérieur. Cette coloration en jaune est
si pénétrante qu'elle se retrouve non-seulement à l'intérieur des ossements, mais même quelquefois jusque
dans le centre des cailloux de quartz cristallin, qui sont
les plus fréquents dans le terrain tertiaire. Les galets du
diluvium ancien [1], par contre, ne présentent rien de
semblable, ils ont la couleur naturelle de la roche qui
les a fournis, précisément comme dans le gravier de nos
rivières.

Cette particularité une fois constatée, il a été bien facile
de s'apercevoir que les cailloux tertiaires, qui sont nécessairement ou marins ou lacustres, possèdent un caractère

---

[1] Voyez pour la portée du terme *diluvium,* ainsi qu'il est entendu ici, *Favre,* Considérations géologiques sur le mont Salève.
Genève, 1843 ; — et aussi les explications de la section VIII de
la carte géologique de la Styrie avec l'Illyrie. Vienne, 1848, qui
contiennent déjà la substance de la présente communication.

de forme entièrement différent des galets du diluvium
ancien, qui est une formation éminemment fluviatile.
Les cailloux tertiaires ont quelque chose de cuboïde et
de sphérique, ils sont irrégulièrement arrondis indifféremment en tous sens, ainsi que l'on peut s'y attendre
de la part de l'action des vagues qui, en les battant et les
roulant, les ont usés bien également sur toutes leurs
arêtes et aspérités primitives pour en faire des boules.
Dans les galets diluviens, au contraire, il se manifeste
une tendance prononcée vers la forme ellipsoïde, et
plus ou moins aplatie, l'usure se fait suivant les plus
grands axes, enlevant d'abord les parties saillantes en ce
sens, et n'entamant considérablement le reste que quand
les courbes formées aux extrémités des axes, de largement enveloppantes qu'elles étaient, deviennent peu à
peu tangentes aux parties intermédiaires, produisant ainsi
des formes accomplies d'une régularité souvent extraordinaire, et prouvant que l'usure et le mouvement des
galets, par un courant régulier, se fait suivant une loi
bien déterminée et très-différente de celle qui donne la
forme aux cailloux marins. Le diluvium des environs de
Vienne est particulièrement instructif sous ce rapport,
car il contient, comme de droit, beaucoup de cailloux
tertiaires, dont l'enduit jaune est surtout usé vers les
extrémités des grands axes, où la pierre est ainsi souvent
blanchie, tandis que le reste de la surface est encore bien
jaune. Un galet à forme fluviatile bien prononcée et ac-
complie, mais également jaune sur toute sa surface, et
qu'on invoquait en raison de ceci comme exception de
la théorie, se trouva, par la prévision même de celle-ci,
également imbibé de la couleur jaune dans toute sa
masse.

On peut donc distinguer ainsi, non-seulement un caillou marin pur d'un galet fluviatile accompli, mais encore on pourra, dans certains cas, reconnaître un caillou, d'abord marin, qui aura été ensuite entraîné à une plus ou moins grande distance par une rivière. Les différences dans la composition des roches et dans les formes de leur désagrégement primitif, influant si considérablement sur la nature de leur arrondissement ultérieur par les eaux, il n'y a guère chance de pouvoir pousser les distinctions beaucoup plus loin.

Des débris roulés de nature si différente mériteraient presque une nomenclature particulière ; des racines grecques auraient sans doute le grand avantage de donner un air bien savant à ce qui ne l'est pas, et d'être peu compréhensibles pour le public non lettré, mais malgré cela on pourrait s'en tenir au simple et bon français, car le terme *galet* (en allemand *Geschiebe*), voisin de celui de « galette », serait très-bon pour les formes fluviatiles, comportant quelque chose de plus régulièrement arrondi et aplati que celui de *caillou* (en allemand *Gerölle*), qui, par sa parenté avec « caillot », s'applique bien mieux à une forme plus irrégulière, et pourrait donc être réservé pour les débris de roche roulés par les eaux stagnantes ; du reste, dans les cas où il pourrait y avoir lieu à équivoque, il serait facile de dire *galet de rivière* et *caillou de mer*.

Les figures de la planche (*Voyez à la fin du cahier*) sont exactement calquées sur nature, et représentent en grandeur naturelle les projections suivant trois plans à peu près perpendiculaires entre eux de différents débris roulés des environs de Vienne :

Figure 1. Caillou tertiaire marin pur de quartz cristallin et blanc à l'intérieur, mais fortement coloré en jaune à l'extérieur.

Figure 2. Caillou tertiaire marin sortant du diluvium, où il a déjà été considérablement usé et blanchi, surtout vers ses deux extrémités.

Figure 3. Galet fluviatile de schiste micacé très-quartzeux, tiré du diluvium. Un reste de teinte jaunâtre sur les côtés moins usés montre qu'il provenait du terrain tertiaire.

Figure 4. Galet fluviatile accompli, de calcaire impur, mais compacte, tiré du diluvium.

Figure 5. Galet fluviatile de grès viennois compacte et à grain fin et uniforme, tiré du diluvium.

Figure 6. Galet fluviatile accompli de calcaire pur et compacte, tiré du diluvium.

# BULLETIN SCIENTIFIQUE.

## PHYSIQUE.

22. — Recherches expérimentales et théoriques sur les figures d'équilibre d'une masse liquide sans pesanteur, par J. Plateau. (Tome XXIII des Mémoires de l'Académie royale de Belgique.)

M. J. Plateau vient de publier un mémoire qui est la suite d'un précédent travail sur les figures d'équilibre d'une masse liquide sans pesanteur. Dans cette nouvelle série de recherches, il fait intervenir l'attraction moléculaire entre les liquides et les solides, en faisant adhérer la masse liquide à différents systèmes solides.

Cette adhérence a pour effet général de forcer la surface du liquide à passer par certaines lignes qui sont ordinairement les contours du solide. Pour tous les points de la surface qui sont à une distance sensible de ce contour, l'attraction moléculaire du liquide pour lui-même sera seule en jeu, et les points de la surface libre devront satisfaire aux lois suivantes, déduites de la théorie des phénomènes capillaires. Pour qu'il y ait équilibre, il faut que les pressions exercées par les filets moléculaires partant des différents points de la surface soient égales entre elles. Comme ces pressions dépendent des courbures de la surface, ces courbures devront être telles qu'elles exercent partout la même pression, ce qui revient à dire que la courbure moyenne doit être partout la même. Les forces figuratrices émanent donc uniquement d'une couche superficielle excessivement mince.

L'expérience vient confirmer ces principes théoriques. Le plus souvent l'auteur a employé le même procédé que dans la première partie de son travail : il introduisait une certaine quantité d'huile dans un mélange d'eau et d'alcool présentant identiquement la même

densité que l'huile, de manière à annuler l'influence de la pesanteur. La présence d'un liquide ambiant ne peut nullement agir
sur la forme de la masse d'huile. En effet, d'une part, l'attraction
du liquide environnant pour lui-même doit tendre à donner une
figure d'équilibre à la surface creuse qui contient l'autre liquide ;
c'est ainsi qu'une bulle d'air prend la forme globulaire. D'autre
part, l'attraction mutuelle des deux liquides ne pourra que diminuer d'une même quantité toutes les pressions exercées par les liquides sur eux-mêmes, et par conséquent elle ne modifiera pas la
figure d'équilibre.

Lorsqu'on introduit un corps solide à l'intérieur d'une masse
d'huile en suspension dans le liquide alcoolique, si ce corps n'atteint pas la couche superficielle, il n'altère nullement la forme sphérique de l'huile. Mais dès que l'on agit sur la couche superficielle,
la masse prend une autre forme. Ainsi l'on peut obtenir des segments sphériques en mettant l'huile en contact avec une plaque circulaire, des lentilles biconvexes en faisant adhérer la masse liquide
à un anneau en fil de fer ; des lentilles biconcaves en remplaçant
l'anneau par un cylindre creux, et en enlevant assez d'huile pour
que les bases du cylindre deviennent concaves. On peut également
former des polyèdres entièrement liquides, à l'exception de leurs
seules arêtes, qui sont en fil de fer. Dans ces différents cas, la courbure moyenne est la même sur toute la surface libre comme la théorie le faisait prévoir.

Lorsque, dans l'expérience de la lentille biconcave, on enlève successivement de l'huile en l'aspirant, il arrive un moment où les
deux surfaces, en se creusant toujours davantage, devraient finir
par se couper. Il semble qu'alors la masse devrait se désunir et se
rassembler vers le système solide ; il arrive, au contraire, qu'il se
forme une lamelle d'huile à surfaces planes. Ce fait remarquable
conduit à une conséquence importante. Concevons une lame liquide
très-mince, telle que son épaisseur soit plus petite que le double
rayon de la sphère d'activité sensible de l'attraction moléculaire, il
est facile de voir que les molécules exerceront encore une pression
dirigée vers le milieu de l'épaisseur de la lame, mais que cette

pression sera moins forte que si la lame était plus épaisse. En effet, le nombre des molécules qui exercent une influence sera moins grand quand l'épaisseur est plus petite que le double rayon de la sphère d'activité. Ainsi nous arrivons à ce principe : *Pour toute lame liquide dont l'épaisseur serait moindre que le double rayon de la sphère d'activité sensible de l'attraction moléculaire, la pression ne dépendrait pas seulement de la courbure des surfaces, elle varierait encore avec l'épaisseur de la lame.* On comprend maintenant que dans notre expérience la surface plane d'une lame très-mince puisse exercer une pression égale à celle d'une surface concave, parce que la pression trop forte, provenant de la surface plane, se trouve diminuée à cause de la minime épaisseur de la lame. Il serait peut-être possible d'avoir quelques indices sur la valeur du rayon d'activité de l'attraction moléculaire, si l'on parvenait à obtenir complétement l'équilibre de pareilles figures : mais ce résultat est difficile à atteindre ; la lame se rompt toujours par suite de la résistance que les molécules éprouvent à se mouvoir à son intérieur.

M. Plateau a particulièrement insisté sur l'étude de la forme cylindrique à cause des importantes applications auxquelles elle donne lieu. Voici le résumé succinct des résultats auxquels il est arrivé :

1° On peut obtenir des cylindres liquides stables. Mais si le rapport de sa longueur à son diamètre surpasse une certaine limite dont la valeur exacte est comprise entre 3 et 3,6, le cylindre constitue une figure instable.

2° Si le cylindre a une longueur considérable par rapport à son diamètre, il se convertit spontanément par la rupture de l'équilibre en une série de sphères isolées, égales en diamètre, également espacées, ayant leur centre sur la droite qui formait l'axe du cylindre, et dans les intervalles desquelles sont rangées, suivant ce même axe, des sphérules de différents diamètres. Seulement chacune de ses bases solides retient adhérente à sa surface une portion de sphère.

3° La marche du phénomène est la suivante : le cylindre com-

mence par se renfler graduellement sur des portions de sa longueur
situées à égales distances les unes des autres, tandis qu'il s'amincit
dans les portions intermédiaires. Lorsque le milieu des étranglements est devenu très-mince, le liquide se retire rapidement vers
les renflements, mais en laissant encore les masses réunies par un
filet cylindrique. Ce filet éprouve bientôt les mêmes modifications,
c'est-à-dire qu'il s'étrangle ordinairement en deux endroits, et se
brise en donnant lieu à un filet très-délié entre chaque renflement.
Ce dernier filet se résoud lui-même en une petite sphérule.

4° Nommons *divisions* d'un cylindre liquide, les portions de ce
cylindre dont chacune doit fournir une sphère ; et *longueur normale des divisions*, celle que prendraient les divisions si le cylindre avait une longueur infinie. On reconnaît que les divisions
prennent toujours la longueur normale quand la longueur du cylindre est égale au produit de cette longueur normale par un nombre entier ou par un nombre entier plus une demie. Si la longueur
normale ne présente ni l'une ni l'autre de ces conditions, les divisions prennent la longueur la plus rapprochée possible de la longueur normale.

5° Pour un cylindre de diamètre donné, la longueur normale des
divisions varie avec la nature du liquide et avec certaines circonstances extérieures.

6° Le rapport entre la longueur normale des divisions et le diamètre du cylindre surpasse toujours la limite de stabilité.

7° Ce rapport est d'autant plus grand que le liquide est plus
visqueux, et que les forces figuratrices y sont plus faibles.

8° Pour le mercure et probablement pour les autres liquides peu
visqueux, ce rapport s'éloigne peu de quatre.

9° Pour les mêmes liquides le temps qui s'écoule depuis l'origine
de la transformation jusqu'à l'instant de la rupture des filets est
sensiblement proportionnel au diamètre du cylindre.

10° Pour un même diamètre et les divisions ayant toujours leur
longueur normale, la valeur absolue du temps dont il s'agit varie
avec la nature du liquide.

11° Dans le cas du mercure, et pour un diamètre de un centimètre, cette valeur est notablement supérieure à deux secondes.

12° Lorsqu'un cylindre est formé entre deux bases solides suffisamment rapprochées pour que le rapport de la longueur du cylindre au diamètre soit compris entre une fois et une fois et demie la limite de stabilité, la transformation ne produit qu'un seul étranglement et un seul renflement.

La dernière partie du mémoire dont nous rendons compte est consacrée aux applications de ces propriétés des cylindres à la théorie et aux lois des veines fluides. Une veine liquide, s'écoulant verticalement sous l'action de la pesanteur, tend à prendre la forme cylindrique. Il est évident que ce cylindre devra encore se résoudre en sphères isolées, malgré la légère déformation provenant de l'accélération de vitesse due à la pesanteur, et malgré le mouvement de translation qui ne doit nullement empêcher les attractions moléculaires. Par conséquent, si l'on pouvait suivre des yeux cette transformation, on verrait que la veine liquide se compose de deux parties, l'une supérieure continue, l'autre inférieure discontinue. La partie supérieure présenterait une suite de renflements et d'étranglements de plus en plus marqués à mesure qu'ils descendent. La partie discontinue se montrerait composée de sphères de même volume et de sphérules intercalées. Or tel est précisément la constitution de la veine liquide que l'on connaît d'après les observations de Savart.

Cet illustre physicien avait énoncé les deux lois suivantes sur la longueur de la partie continue : Pour un même orifice, cette longueur est à peu près proportionnelle à la racine carrée de la charge ; et pour une même charge, elle est à peu près proportionnelle au diamètre de l'orifice. Ces lois découlent complétement des propriétés des cylindres liquides : en effet, nous avons vu qu'un cylindre de diamètre constant opère toujours sa transformation dans le même temps, par conséquent, la longueur de la partie continue de la veine doit augmenter proportionnellement à la vitesse, c'est-à-dire proportionnellement à la racine carrée de la charge. Si c'est le diamètre qui change, la charge reste constante, comme le temps que le cylindre met à opérer sa transformation est proportionnel à son diamètre, il en sera de même de la longueur de la partie continue, puisque la vitesse reste la même. Ces lois seraient rigoureusement exactes, sans l'accélération de vitesse provenant de la pesanteur; par conséquent, pour que cette influence perturbatrice soit la plus petite possible, il faudra employer des charges suffisamment fortes, et plus les charges seront fortes, plus ces lois s'approcheront d'une exactitude rigoureuse.

On sait que la veine liquide fait entendre un son soutenu, lorsqu'on la reçoit sur une membrane tendue. Savart a trouvé que pour un même orifice le nombre des vibrations dans un temps donné est proportionnel à la racine carrée de la charge, et que pour une même charge ce nombre est en raison inverse du diamètre de l'orifice. Ces deux nouvelles lois sont également en accord avec les propriétés des cylindres liquides, et pour qu'elles soient rigoureusement vérifiées, il faut encore que la charge soit suffisante.

Quant aux veines qui ne sont plus verticales, mais qui sont dirigées obliquement, on comprend qu'il doit se passer quelque chose d'analogue, car le phénomène de la conversion en sphères isolées paraît appartenir non pas à la forme cylindrique seule, mais aussi à toute figure liquide très-allongée.

Savart avait considéré la constitution de la veine liquide comme le résultat de certains mouvements vibratoires qui accompagnent le phénomène de l'écoulement : on voit que les propriétés des cylindres liquides expliquent suffisamment bien cette constitution, tandis que l'on ne comprendrait pas comment le mouvement vibratoire déterminerait la résolution en sphères isolées.

------

23. — Note sur la pluie qui tombe a différentes hauteurs, par M. Person. (*Comptes rendus de l'Acad. des Sciences*, du 10 septembre 1849.)

M. Person a observé pendant quatre années, de 1846 à 1849, la quantité de pluie tombée à Besançon et au fort de Brégille, stations entre lesquelles il y a une différence de hauteur de 194 mètres, et une distance horizontale de 1360 mètres. Il a dressé un tableau de ses observations, duquel il résulte, ainsi que s'exprime l'auteur, que du 1er janvier 1846 au 1er septembre 1849, pendant les mois les plus chauds, c'est-à-dire juin, juillet et août, il est tombé à Besançon 119 centimètres à la station inférieure, et 84 à la station supérieure ; différence 35, ce qui fait les 29 centièmes de la quantité tombée au point le plus bas que nous prendrons toujours pour terme de comparaison.

Si l'on fait le même calcul pour les neuf autres mois, on trouve -que la différence est presque double, car, au lieu de 29 centièmes, on a 53 centièmes.

A Paris, pendant la même période, c'est la même marche : la pluie tombée dans la cour de l'observatoire surpasse la pluie tombée sur la terrasse de 7 pour 100 pendant l'été, et de 13 pour 100 pendant le reste de l'année, c'est-à-dire que le rapport change à peu près du simple au double, comme à Besançon.

C'est pour abréger qu'on a considéré les quatre années ensemble. On trouve le même résultat pour chaque année séparément; il y a seulement de légères oscillations dans les rapports

Ainsi, malgré les différences locales, et bien que la différence de hauteur des deux pluviomètres soit loin d'être la même, puisqu'elle est de 194 mètres à Besançon, et seulement de 27 à Paris, la différence entre les quantités de pluie recueillies en haut et en bas suit la même marche : cette différence est toujours beaucoup moindre en été qu'en hiver ; en moyenne, elle se réduit pendant les mois les plus chauds à la moitié de ce qu'elle est pendant le reste de l'année.

M. Acosta vient de publier une série d'observations udométriques faites dans la Nouvelle-Grenade à des hauteurs qui varient depuis 1000 jusqu'à 2600 mètres au-dessus de la mer. Le fait maintenant vérifié à Paris et à Besançon, que la différence des quantités de pluie recueillies à des hauteurs différentes est plus petite pendant l'été que pendant l'hiver, permet de voir dans les observations de M. Acosta une régularité qu'il n'a peut-être pas vue lui-même, ou que du moins il n'a pas signalée.

Si l'on compare l'une ou l'autre des stations les plus élevées avec la station de Sainte-Anne, qui est la plus basse, on voit que la différence des quantités de pluie est infiniment plus petite pendant les six mois d'été que pendant les six mois d'hiver. Par exemple, à la Baja, cette différence n'est pas de 5 pour 100 pendant l'été, tandis qu'elle est de 46 pour 100 pendant l'hiver. A Bogota, le résultat est moins saillant, mais il est encore bien marqué, puisqu'on n'a pas 20 pour 100 de différence pendant l'été, et qu'on a plus de 60 pour 100 pendant l'hiver : et ce sont là les résultats d'au moins cinq années d'observations.

Pourquoi la différence des quantités de pluie à des hauteurs inégales est-elle moins grande en été qu'en hiver? J'ai précédemment assigné, comme cause, le plus grand développement en hauteur de l'atmosphère aqueuse pendant l'été. Je signalerai maintenant une seconde cause, qui est bien manifeste dans les observations de M. Acosta, c'est l'évaporation qu'éprouvent les gouttes de pluie en tombant. Il est clair que cette évaporation doit être plus marquée pendant l'été; on conçoit même qu'alors il puisse tomber moins d'eau dans le pluviomètre inférieur que dans le supérieur. Or, ce cas se réalise souvent à la Nouvelle-Grenade pendant les mois les plus chauds : il s'est aussi réalisé à Paris en 1847, et précisément pendant un des mois les plus chauds, le mois de juin.

Enfin, en poussant les choses à l'extrême, on conçoit qu'un nuage élevé qui se résout en pluie puisse ne pas donner de pluie sur le sol, l'évaporation des gouttes étant complète pendant leur chute, à peu près comme il arrive dans un bivouac, où l'on se met à l'abri de la pluie auprès d'un grand feu. Les conditions, pour cette évaporation complète, paraissent se réaliser dans certains pays chauds à plaines sablonneuses, et il serait possible que le défaut de pluie en Egypte tînt à cette cause.

Mais, quoi qu'il en soit, il est maintenant établi, par les observations de Paris, de Besançon et de la Nouvelle-Grenade, que la différence entre les quantités de pluie qui tombent à différentes hauteurs est plus petite pendant l'été que pendant l'hiver, ce qui tient probablement, en grande partie, à ce que, pendant l'été, les gouttes de pluie éprouvent, en tombant, une évaporation plus considérable.

**24. — DE LA PRODUCTION DE L'ÉCLAIR PAR LA PLUIE**, par
W.-Radcliff BIRT. (*Philos. Magaz.*, septembre 1849.)

M. Birt a profité d'un violent orage qui a eu lieu le 26 juillet
dernier au-dessus de Londres, pour chercher à éclaircir la question
de savoir si la pluie est une cause ou une conséquence de la décharge électrique qui accompagne ordinairement son redoublement
Le 25, c'est-à-dire le jour précédent, deux secondes après qu'une
violente averse avait commencé, on avait vu un éclair, et quelques
secondes après on avait entendu un tonnerre, preuve que la pluie
avait été antérieure à la décharge électrique. Mais le 26, un très-
grand nombre d'observations vinrent confirmer l'indication de la
première. A 2 h. 4' une averse d'une violence remarquable tomba
sur le sol, et fut suivie, au bout d'une minute, d'un éclair très-vif,
auquel succéda presque instantanément un tonnerre. Une minute ou
deux après cette décharge, la violence de la pluie diminua, sauf
quelques bouffées de pluie qui se succédèrent par intervalle, mais
sans être accompagnées d'éclairs. Mais au bout de peu de temps
l'atmosphère redevint parfaitement calme, et d'une pureté telle qu'on
pouvait apercevoir dans tous les détails des objets même éloignés.

Cependant dix minutes après l'orage recommença; il y eut quatre
ou cinq bouffées qui furent très-vite suivies d'éclairs, mais toujours
la bouffée de pluie fut suivie, et non précédée de la décharge électrique. Une grêle abondante tomba aussi avec la pluie.

L'auteur décrit en détail les singuliers effets que produisit la chute
de la foudre sur un mas de maisons situées à Londres non loin de
son domicile, à un quart de mille de distance environ. La disposition
des maisons, leur peu d'élévation, la route bizarrement accidentée
que suivit la foudre, les traces qu'elle laissa, sont toutes des circonstances de nature à faire conclure que la décharge électrique n'était
pas partie d'un nuage situé au-dessus de la localité où elle avait eu
lieu. Il paraît que cette décharge, qui avait précédé la grêle, était la
même que celle que l'auteur avait observée, et qui avait suivi de
quelques minutes une forte averse. M. Birt estime donc que la for-

mation de l'éclair dépendait de cette averse. En effet, la précipitation
de la pluie était accompagnée de phénomènes électriques très-frap-
pants, et lorsqu'une averse plus forte survint soudainement, il est
probable que les plus petites gouttes augmentèrent en s'aglomérant
la tension électrique à un si haut degré, qu'un éclair s'échappa dans
le voisinage immédiat des maisons foudroyées. En réfléchissant que
chacune des millions de gouttes qui tombaient contribuaient à l'effet
général, on ne peut pas s'étonner que la tension de l'électricité fut
devenue assez considérable pour produire les puissants effets qui
accompagnèrent la chute de la foudre.

*N.B.* La question que soulève M. Birt est très-délicate, et aurait
besoin d'un plus grand nombre d'observations pour être résolue
définitivement. Toutefois, nous sommes bien disposés à croire que la
chute de la pluie, en facilitant la communication entre un nuage fortement électrisé et la terre, qui a probablement une électricité contraire à celle du nuage, peut ainsi déterminer une forte décharge
électrique. Mais une décharge entre deux nuages ne peut-elle point
aussi déterminer la résolution de l'un de ces nuages, ou de tous les
deux, en pluie? Nous ne croyons pas qu'on possède encore les éléments suffisants pour résoudre négativement cette question.     (R.)

— — —

25. — Rotation du plan de polarisation de la chaleur produite par le magnétisme, par MM. De la Provostaye et
   P. Desains. (*Comptes rendus de l'Acad. des Sc.*, 1ᵉʳ octobre
   1849.)

Peu de temps après la brillante découverte de M. Faraday sur la
rotation du plan de polarisation de la lumière produite par le magnétisme, M. Wartmann annonça (*Institut*, 6 mai 1846, nᵒ 644)
qu'il avait tenté la même expérience avec la chaleur rayonnante.
Beaucoup de difficultés pratiques s'étaient présentées. Il employait
la chaleur d'une lampe qu'il polarisait partiellement en la faisant
passer à travers deux piles de mica croisées à angles droits. Les

électro-aimants et un cylindre de sel gemme étaient placés entre ces piles, et, par conséquent, très-près de l'appareil thermo–électrique. Le galvanomètre, au contraire, pour qu'il fût préservé de l'action des électro-aimants, avait été éloigné à grande distance, mais il en résultait une augmentation considérable de la longueur du circuit, et une diminution de sensibilité. Malgré tous ces inconvénients, qu'il avait parfaitement signalés, et qu'il lui avait été impossible de faire disparaître, M. Wartmann croyait avoir reconnu que l'aiguille du galvanomètre, parvenue à une déviation stable sous l'influence du rayonnement non intercepté par les piles de mica, se déplaçait de nouveau et prenait une position fixe différente de la première lorsqu'on établissait le courant, ce qui semblait annoncer une rotation du plan de polarisation de la chaleur.

A Paris, quelques personnes (voir la Thèse de M. Bertin) avaient vainement tenté de reproduire ces phénomènes. Nous avons pensé qu'il ne serait pas inutile de reprendre ces expériences, et d'indiquer une méthode qui permît de les faire réussir avec facilité.

Nous avons apporté au procédé de M. Wartmann trois modifications principales : 1° nous employons la chaleur solaire ; 2° nous prenons pour appareils polariseurs deux prismes de spath achromatisés ; 3° et, ceci nous paraît indispensable, au lieu de placer les sections principales à 90 degrés, nous les disposons de manière qu'elles fassent un angle d'à peu près 45 degrés.

L'emploi des spaths et de la lumière solaire permet de transporter les électro-aimants à une grande distance de la pile thermo-électrique. Quant à la disposition des prismes, la loi de Malus montre tous les avantages qu'elle présente. En effet, prenons pour unité la déviation que produirait le rayon solaire transmis à travers les sections principales parallèles. La déviation, quand les prismes formeront un angle de 45 degrés, sera $\cos^2 45° = \frac{1}{2}$. Si l'on vient à faire agir le courant, et qu'il produise une rotation du plan de polarisation égale à $\delta$, la déviation sera, suivant le sens du courant, $\cos^2(45° - \delta)$ ou $\cos^2(45° + \delta)$, et l'on aura dès lors, pour la différence des effets observés quand on fera passer le courant en sens contraire, $\cos^2(45° - \delta) - \cos^2(45° + \delta) = \sin 2\delta$.

En plaçant les sections principales à 90 degrés, la différence des déviations serait seulement

$$\cos^2(90° - \delta) - \cos^2 90° = \sin^2 \delta \quad \text{ou} \quad \cos^2(90° + \delta) - \cos^2 90° = \sin^2 \delta.$$

Or $\sin^2 \delta$ est considérablement plus petit que $\sin 2\delta$. Si, par exemple, on suppose $\delta = 8°$, $\sin 2\delta$ est égal à plus de 14 fois $\sin^2 \delta$.

L'œil, il est vrai, apprécie bien le passage de l'obscurité à la lumière, et juge fort mal la différence d'éclat de deux images lumineuses. Il n'en est pas de même pour l'appareil thermoscopique. Il y a donc, quand il s'agit de la chaleur, un grand avantage à procéder comme nous l'indiquons.

Voici maintenant les détails d'expérience :

Le rayon solaire, réfléchi par un héliostat, traversait un premier prisme biréfringent achromatisé. Le faisceau extraordinaire était intercepté; le faisceau ordinaire traversait l'électro-aimant de l'appareil de M. Rumkorf, et entre les pôles de l'électro-aimant un flint de 38 millimètres d'épaisseur. Il allait ensuite rencontrer, à $3^m,50$ environ, le second prisme de spath, se bifurquait de nouveau, et donnait deux images, dont l'une pouvait être reçue sur la pile thermo-électrique placée à 4 mètres de l'électro-aimant. Le galvanomètre était encore un peu plus éloigné de cette force perturbatrice. Or s'est assuré, par des expériences directes et souvent répétées, que l'établissement du courant ne donnait naissance à aucun phénomène d'induction, et que les électro-aimants n'avaient aucune action appréciable sur l'aiguille aimantée qui, sous leur influence, restait au zéro dans une parfaite immobilité. Pour le comprendre, il ne faut pas oublier que les deux pôles contraires sont très-voisins, et qu'ils agissent simultanément sur un système déjà fort éloigné et presque complétement astatique. On pourrait craindre que l'électro-aimant, sans action sur l'aiguille au zéro, n'agît sur l'aiguille déjà déplacée par l'action du rayonnement calorifique. Cela serait possible en effet si, dans sa première position, l'aiguille avait la même direction que la ligne qui joint son centre à l'électro-aimant, et si, quand elle est déviée, elle faisait un angle notable avec cette direction. Dans nos expériences, c'est précisément la condition inverse qui se trouvait réalisée, de sorte que la composante de l'action magnétique diminuait de plus en plus pendant le mouvement de l'aiguille, et devenait sensiblement nulle quand elle atteignait son plus grand écart. Si donc cette composante n'avait aucune action dans le premier cas, à plus forte raison devait-il en être de même dans le second.

C'est au moyen de deux viroles A et B, qu'on pouvait faire passer le courant électrique, tantôt dans un sens, tantôt dans l'autre, à travers les fils de l'électro-aimant. Nous désignerons les deux courants par les expressions abrégées *courant* A, *courant* B.

Voici les déviations observées :

*Expériences du 22 septembre.*

(On emploie une pile de Muncke de 50 éléments à grandes surfaces, mais déjà usée.)

*Première série.*

| | Déviations. |
|---|---|
| Courant A. . . . | 21,0 |
| Sans courant. . . | 19,0 |
| Courant A. . . . | 21,4 |
| Sans courant. . . | 18,6 |

*Deuxième série.*

(On a ajouté de l'acide.)

| | Déviations. |
|---|---|
| Sans courant. . . | 20,5 |
| Sans courant. . . | 20,6 |
| Courant B. . . . | 18,6 |
| Sans courant. . . | 20,9 |
| Courant A. . . . | 23,6 |
| Courant B. . . . | 18,8 |
| Courant A. . . . | 22,0 |
| Courant B. . . . | 18,0 |
| Sans courant. . . | 19,9 |

*Troisième série.*

| | Déviations. |
|---|---|
| Courant B. . . . | 17,4 |
| Courant B. . . . | 17,1 |
| Courant A. . . . | 19,5 |
| Sans courant. . . | 18,3 |

*Expériences du 29 septembre.*

(On emploie une pile de Bunsen de 30 éléments, bien nettoyés et amalgamés.)

*Première série.*

Déviations.

| | |
|---|---|
| Sans courant . . | 12,0 |
| Courant A. . . . | 14,9 |
| Courant B. . . . | 8,6 |
| Sans courant. . . | 11,7 |
| Courant B. . . . | 8,8 |
| Sans courant. . . | 11,8 |

*Deuxième série.*

Déviations.

| | |
|---|---|
| Sans courant. . . | 18,4 |
| Courant B. . . . | 14,9 |
| Courant A. . . . | 21,7 |

Il est à remarquer qu'ici, si les sections principales des prismes étaient perpendiculaires, la déviation, d'abord nulle, atteindrait à peine une demi-division lorsqu'on ferait agir l'un des courants.

Enfin, pour écarter toute espèce d'objection, on a fait une troisième série d'expériences en enlevant le flint, et observant les déviations produites par le rayon solaire lorsqu'on faisait, comme précédemment, passer le courant électrique dans les fils de l'électroaimant, tantôt dans un sens, tantôt dans l'autre.

Déviations.

Courant A.  16,5   Comme cela devait être, les déviations sont
Courant B.  16,8   égales, ce qui prouve que le courant électri-
Courant A.  16,8   que et l'aimant changent les déviations en
agissant sur le flint, et non en agissant sur l'aiguille du galvanomètre.

Les expériences que nous venons de rapporter établissent, nous le croyons, d'une manière irréfragable la rotation du plan de polarisation de la chaleur sous l'influence du magnétisme.

# CHIMIE.

26. — Préparation d'alcalis organiques artificiels au moyen
des principes azotés des végétaux, par M. J. Stenhouse.
(*Ann. der Chemie und Pharm.*, t. LXX, p. 198.)

Depuis quelques années un grand nombre de chimistes se sont
occupés de la production de bases organiques artificielles. Bien
qu'ils n'aient point réussi à reproduire les alcalis naturels comme la
chinine, la cinchonine, la strychnine, leurs recherches n'en ont pas
moins eu un grand intérêt en nous faisant connaître divers procédés
par lesquels on peut préparer un grand nombre d'alcalis analogues
par leurs propriétés à ceux que nous offre la nature. Plusieurs
d'entre ces bases, comme la chinoline, la narcogénine, la cotar-
nine, etc., se produisent par l'action de divers réactifs sur les alcaloïdes naturels. Un second groupe, comprenant la furfurine, la
thiosinnamine, etc., résulte de l'action de l'ammoniaque sur quelques huiles essentielles, comme l'essence de moutarde. Un troisième
groupe très–nombreux renferme des alcalis tels que la nitraniline,
la toluidine, la cumidine, etc., qui proviennent de l'action rédui-
sante de l'acide sulfhydrique ou du sulfhydrate d'ammoniaque sur
des substances azotées obtenues par le traitement de certains carbures d'hydrogène par l'acide azotique. Enfin il existe un quatrième
groupe très–important de bases telles que l'aniline, la picoline, la
pétinine, qui prennent naissance dans la distillation des houilles ou
de matières animales, par exemple dans la fabrication du charbon d'os.

Si la houille, substance à laquelle on attribue une origine végétale, produit par sa distillation plusieurs bases organiques importantes, il est clair que ces bases, toutes azotées, ne peuvent provenir de la matière ligneuse ni des autres éléments non azotés des
végétaux, mais qu'elles doivent leur origine aux principes azotés
des végétaux. Et comme ces derniers ont dû en partie disparaître
pendant la longue décomposition qui a transformé les végétaux en
houille, il est naturel de penser que le traitement direct des prin-

cipes végétaux azotés donnerait naissance à une forte proportion de
bases identiques ou analogues à celles que l'on trouve dans le produit de la distillation des houilles.

Telles sont les considérations qui ont engagé M. Stenhouse à essayer de préparer des alcaloïdes artificiels au moyen des principes
azotés du règne végétal , et l'expérience a confirmé ses prévisions.
Comme il est difficile d'extraire et d'isoler ces principes, l'auteur a
traité directement les parties des végétaux qui les renferment en
plus grande quantité comme les haricots, le blé, etc.

Ses premiers essais ont eu pour objet la distillation des haricots ,
distillation qu'il opérait dans des cylindres en fonte de trois pieds de
longueur et de huit pouces de diamètre. Cette opération donne
naissance à une grande quantité de gaz non condensables, combus-
tibles, d'une odeur fort désagréable. En outre il se condense un liquide fort alcalin qui a beaucoup d'analogie avec celui qu'on obtient
par la distillation de toutes les matières animales ; il renferme entre
autres de l'acétone, de l'esprit de bois , de l'acide acétique , des
huiles empyreumatiques , du goudron , beaucoup d'ammoniaque et
plusieurs bases organiques.

Nous passons sous silence les détails des traitements employés par
l'auteur pour extraire de ce produit complexe les bases organiques
qui y étaient contenues. Nous nous bornerons à dire qu'à la suite
de ces traitements il obtint un produit huileux incolore qu'il put,
par des distillations fractionnées et plusieurs fois répétées , partager
en plusieurs portions distinctes par leurs points d'ébullition. Les
divers alcalis ainsi obtenus se ressemblent du reste beaucoup ; ce
sont des liquides huileux, incolores, d'un pouvoir réfringent considérable, plus légers que l'eau, d'une odeur aromatique particulière,
d'une saveur brûlante rappelant un peu celle de la menthe poivrée.
Les bases les plus volatiles sont assez solubles dans l'eau ; toutes se
dissolvent en toutes proportions dans l'alcool et l'éther. Elles ont
une réaction alcaline très-prononcée , donnent des fumées blanches
lorsqu'on en approche une baguette de verre mouillée d'acide chlorhydrique , neutralisent complétement les acides et forment le plus
souvent avec eux des sels cristallisables.

La difficulté de se procurer ces bases en quantité suffisante pour les purifier complétement, n'a pas permis à l'auteur de les étudier toutes en détail. Il n'a établi définitivement que la formule de l'une de ces bases, la plus volatile, qui bout entre 150° et 155°. L'analyse de cette base isolée et celle du chloro-platinate le conduisent à adopter la formule $C^{10} H^6 Az$. Trois autres bases moins volatiles ont été analysées, mais leurs poids atomiques n'ont pas été déterminés ; il est à remarquer que leur composition centésimale paraît être presque identique avec celle de la première.

La distillation des tourteaux de graines de lin, résidus de l'extraction de l'huile de lin, donne naissance à des bases analogues, peut-être en partie identiques avec les précédentes, mais en proportion bien moins considérable.

La farine de blé donne à la distillation un liquide beaucoup plus riche en acide acétique, contenant beaucoup d'ammoniaque, mais une assez faible proportion de bases organiques. D'ailleurs ces bases ne renferment ni aniline, ni chinoline, et paraissent en général semblables à celles des séries précédentes.

Une tourbe d'un brun noir, assez pure, très-compacte, a donné une proportion assez notable de bases organiques, ne contenant ni aniline ni chinoline.

Le produit de la distillation des bois, obtenu en grand dans la fabrication du vinaigre de bois, renferme à peine des traces d'ammoniaque et d'autres bases organiques. M. Stenhouse signale ce fait comme intéressant pour les géologues, en ce qu'il établit une probabilité en faveur de l'opinion qui attribue l'origine des houilles à la submersion d'anciennes tourbières plutôt qu'à celle d'arbres entassés ou de forêts.

L'auteur a encore reconnu que ce n'est pas seulement par leur distillation sèche que les matières azotées du règne végétal peuvent fournir des bases organiques. Il a reconnu, en effet, la formation de produits analogues dans la distillation de ces matières avec des lessives alcalines concentrées, et lorsqu'on fait agir sur elles de l'acide sulfurique étendu. Il pense aussi que ces bases prennent naissance pendant la putréfaction de ces matières et, généralement, dans toutes les décompositions qu'elles subissent, et qui donnent naissance à un dégagement d'ammoniaque.

27. — Note relative a l'action de la lumière sur le bleu de Prusse exposé au vide, par M. Chevreul. (*Comptes rendus de l'Acad. des Sciences*, du 16 septembre 1849.)

Dans les recherches, lues à l'Académie le 2 juin 1837, sur l'action de la lumière, de la vapeur d'eau, de l'oxygène, de l'hydrogène, de l'air sec et humide, qui m'ont conduit à apprécier la différence extrême existant entre l'action de la lumière sur les matières colorantes, et l'action de la lumière et de l'air sur ces mêmes matières, j'eus l'occasion de constater ce fait remarquable que, dans le vide lumineux, des matières colorantes les plus altérables, comme le carthame, le rocou, l'orseille, par exemple, se conservent des années entières, tandis que le bleu de Prusse perd dans ce même vide sa couleur bleue en laissant dégager du cyanogène ou de l'acide cyanhydrique. Ayant reconnu, en outre, que le contact du gaz oxygène reproduit exactement la couleur primitive du bleu de Prusse décoloré, ces observations me parurent assez intéressantes pour les reprendre au point de vue de l'explication de plusieurs phénomènes que présentent les animaux et les végétaux pendant leur vie, et en faire l'objet d'un travail spécial, qui, après avoir été lu à l'Académie, a été publié dans le *Journal des Savants* de novembre 1837, sous le titre de *Considérations générales et inductions relatives à la matière des êtres vivants.* En me livrant à ces considérations, j'avais admis que *la décoloration du bleu de Prusse s'opère dans le vide lumineux par une perte de cyanogène ou d'acide cyanhydrique, et que sa recoloration, sous l'influence de l'oxygène, a lieu parce que pour 9 atomes de protocyanure de fer, il y en a 2 atomes qui, cédant 4 atomes de cyanogène à 4 atomes de protocyanure, produisent 4 atomes de deutocyanure, lesquels, avec 3 atomes de protocyanure, reconstituent du bleu de Prusse, tandis que les 2 atomes du fer décyanuré ont formé 2 atomes de peroxyde avec* 3 *atomes de gaz oxygène.* Ici je fais abstraction de l'eau ou de ses éléments que le bleu de Prusse peut contenir.

Conformément à cette hypothèse, je fis un calcul d'après lequel, après cinq colorations et cinq décolorations successives, il devait y avoir, pour 36 atomes de bleu de Prusse, en nombre rond, 99 atomes de peroxyde de fer et 8 atomes de bleu de Prusse. Or, ayant repris mes expériences, je reconnus que des étoffes de soie et de coton teintes au bleu de Prusse, qui, pendant six ans, furent décolorées et recolorées cinq fois, tout en perdant du cyanogène dans le vide lumineux, et en se recolorant sous l'influence de l'oxygène, avaient donné des teintes à la même hauteur que celles de leurs normes respectifs, et, d'un autre côté, que ces étoffes recolorées, traitées par l'acide chlorhydrique, ne lui avaient pas cédé une quantité assez notable de peroxyde de fer, comparativement aux normes, pour que je fusse en droit de considérer l'explication précédente comme conforme à l'expérience.

D'après cette difficulté, mon mémoire fut publié en laissant indécise la théorie de la décoloration du bleu de Prusse. J'indiquai, dans le mémoire imprimé, que je comptais refaire l'expérience, en employant cette fois du bleu de Prusse appliqué, non plus sur une matière organique, telle que le coton ou la soie, mais sur de la porcelaine, et de placer la matière dans le vide absolument exempt de toute vapeur d'origine organique.

Je vais entretenir l'Académie des résultats de cette expérience.

A l'extérieur de deux cylindres creux de porcelaine, on a appliqué du bleu de Prusse aussi pur que possible. L'un de ces cylindres, après avoir reçu dans son intérieur de la potasse à l'alcool que contenait un petit tube de verre effilé, dont la partie effilée était recourbée et ouverte, a été introduit dans un tube de verre ; après avoir extrait l'air de ce tube, au moyen d'une pompe pneumatique, on l'a fermé hermétiquement à la simple flamme d'une lampe à l'alcool, puis on a exposé le bleu de Prusse à la lumière : le bleu de Prusse avait été étendu sur le cylindre de porcelaine de manière à faire une sorte de dégradation. L'exposition au soleil a duré trois ans. La décoloration a eu lieu. Au bout de ce temps, on a introduit le tube de verre debout dans une cloche à pied, dans laquelle il y avait une couche d'acide sulfurique pour en sécher l'intérieur ; on a adapté à cette cloche un bouchon ciré percé de trois trous ; au moyen d'un tube en U rempli de ponce sulfurique, la cloche communiquait à une cornue remplie de chlorate de potasse et de deutoxyde de cuivre, et la cloche, d'un autre côté, communiquait à volonté, au moyen d'un tube à gaz, à une cloche remplie de mercure. Enfin une tige de verre plein, terminée en disque, traversant le troisième trou du bouchon de la cloche à pied, pouvait, en descendant, écraser l'extrémité du tube en verre renfermant le bleu de Prusse. En mon absence, on avait constaté que le gaz oxygène qui se dégageait par le tube ne contenait pas d'azote. On arrêta l'opération pour la reprendre le lendemain. C'est alors que, m'apprêtant à la continuer, je reconnus qu'il s'était produit à la surface du mercure une pellicule qu'on ne pouvait attribuer qu'à un gaz étranger à l'oxygène. L'expérience me démontra bientôt que ce corps étranger était du chlore, et je constatai qu'il s'en dégageait dès qu'on chauffait le mélange de chlorate de potasse et de deutoxyde de cuivre qui avaient été mis dans la cornue, quoique séparément ils n'en donnassent pas. Après ce résultat, je crus devoir recommencer l'expérience, en démontant l'appareil et le remontant cette fois avec une cornue remplie de peroxyde de manganèse, et communiquant au tube à ponce sulfurique par l'intermédiaire d'un tube à potasse à la chaux.

Cette fois, je constatai la pureté du gaz oxygène, et, en outre, qu'il ne contenait pas de vapeur d'eau sensible au gaz phtoroborique. Ce fut après cela que, au moyen de la tige de verre plein terminée en disque, je crevai la pointe du tube de verre renfermant le bleu de Prusse décoloré. Aussitôt la coloration bleue eut lieu. Je constatai, en outre, que pendant la décoloration il s'était dégagé du cyanogène ou de l'acide cyanhydrique en quantité notable, lequel avait été absorbé par la potasse du petit tube de verre effilé. D'un autre côté, après avoir reconnu que le bleu de Prusse recoloré était ardoisé, même après six jours de contact avec l'oxygène, j'en traitai $0^{gr},009$ par l'acide chlorhydrique assez étendu d'eau pour ne pas

fumer, comparativement avec 0ᵍʳ,009 du bleu de Prusse normal.
Le bleu de Prusse recoloré contenait du peroxyde qu'il abandonnait
à l'acide chlorhydrique, tandis que le bleu de Prusse normal n'en
contenait pas. Je mets sur le bureau de l'Académie les résultats de
ces expériences comparatives qui sont tirés des archives de la direction des teintures des Gobelins.

Il résulte donc de ces expériences :

1° Que, sous l'influence du soleil, le bleu de Prusse dans le vide
perd sa couleur bleue en perdant du cyanogène ou de l'acide cyanhydrique ;

2° Qu'il reprend sa couleur bleue instantanément sous l'influence
du gaz oxygène absolument sec ;

3° Que dans cette coloration il se produit une quantité de peroxyde de fer correspondante à la quantité de fer décyanuré, peroxyde qu'on peut dissoudre dans l'acide chlorhydrique ;

4° Qu'il reste à expliquer pourquoi le bleu de Prusse fixé sur
le coton et la soie peut être décoloré en perdant du cyanogène ou
de l'acide cyanhydrique, et recoloré sous l'influence de l'oxygène
jusqu'à cinq fois, sans paraître altéré dans sa couleur, et sans
qu'alors il cède de quantité notable de peroxyde de fer à l'acide
chlorhydrique.

---

## MINÉRALOGIE ET GÉOLOGIE.

28.—PRODUCTION ARTIFICIELLE DE QUELQUES ESPÈCES MINÉRALES
CRISTALLINES, par M. DAUBRÉE. (*Comptes rendus de l'Acad.
des Sciences*, du 27 août 1849.)

I. *Production des oxydes d'étain, de titane et d'acide silicique,
sous forme cristalline. — Dimorphisme de l'oxyde d'étain.*

Le procédé employé par M. Daubrée consiste simplement à faire
arriver dans un tube de porcelaine chauffé au rouge, deux courants,
l'un de perchlorure d'étain, l'autre de vapeur d'eau. L'acide stannique se dépose dans le tube en petits cristaux, dont le volume

peut être augmenté en amenant le perchlorure d'étain dissout dans un courant d'acide carbonique sec. Les cristaux d'oxyde d'étain sont incolores, doués de l'éclat du diamant, ce sont des prismes rhomboïdaux droits. Or on sait que la forme de l'oxyde d'étain naturel est l'octaèdre à base carrée, c'est donc un nouvel exemple de dimorphisme ; mais cependant ces cristaux artificiels sont isomorphes avec ceux de brookite, l'une des trois espèces naturelles de l'acide titanique, et l'on sait que l'oxyde d'étain naturel est isomorphe avec l'acide titanique sous la forme du rutile. Il ne faut donc pas conclure que les deux systèmes cristallins de cette substance correspondent à des modes de génération différents, car dans l'Oisans et en Suisse les mêmes veines renferment souvent l'anatase et la brookite.

La vapeur de perchlorure de titane, soumise au même traitement, fournit aussi de l'acide titanique en petits mamelons hérissés de pointements cristallins parfaitement nets, mais de dimensions microscopiques ; ces petits cristaux paraissent avoir la même forme que l'acide stannique cristallisé artificiellement et, par conséquent, que la brookite.

Le chlorure silicique traité par le même procédé, a donné un dépôt de silice à cassure vitreuse, dont la surface mamelonnée présente des facettes cristallines triangulaires, semblables à celles du quartz.

## II. *De l'origine des filons titanifères des Alpes.*

Dans les Alpes, les massifs du Saint-Gothard et de l'Oisans sont connus par les beaux cristaux de rutile, d'anatase et de brookite qu'ils renferment. Ces cristaux se sont formés dans des fissures préexistantes, et sont postérieurs à la roche qui les contient. Les cristaux de rutile, fréquemment placés dans l'intérieur de cristaux de fer oligiste et de cristaux de quartz, montrent que ces substances se sont précipitées dans les mêmes conditions. Ce fer oligiste rappelle par son éclat celui des volcans ; il est dû à la décomposition du chlorure de fer par la vapeur d'eau ; on est porté à assigner une même origine au fer des filons titanifères. Il faut encore remarquer que l'acide titanique qui ne s'obtient qu'amorphe par les procédés déjà connus, se dépose en cristaux quand on décompose son chlorure par la vapeur d'eau; il en est de même de l'acide silicique. On est donc amené à conclure que les minéraux des filons titanifères résultent de la décomposition de leurs chlorures ou de leurs fluorures respectifs par la vapeur d'eau. En effet, on trouve des traces de fluor et de chlore dans le fluorure de calcium, dans le mica, dans l'apatite, et des traces de bore dans l'axinite et dans la tourmaline. D'autres régions que celles des Alpes présentent des gisements d'oxyde de titane qui se rapprochent de ceux de ces dernières. En Bohême, ceux de Schlackenwalde et Schœnfeld contiennent le mica, la topaze, le spath-fluor et l'apatite. Dans celui du Brésil, le rutile est accompagné de quartz, de fer oligiste et de topaze.

---

29. — SABLES AURIFÈRES DE DIFFÉRENTES PROVENANCES, par M. DUFRÉNOY. (*Comptes rendus de l'Acad. des Sciences,* du 20 août 1849.)

M. le consul de France à Monte-Rey a envoyé à M. le ministre des affaires étrangères, une collection d'échantillons du gisement d'or de la Californie, qui a été remise à l'école des mines. Ces échantillons font connaître à peu près le cinquième de la vallée du Sacramento, qui s'étend de la Sierra-Nevada à l'Océan, sur une longueur de 350 kilomètres environ. Les paillettes d'or de la Californie sont plus larges et présentent une couleur plus rougeâtre que celles qui proviennent de l'Oural et du Brésil. Leur composition, d'après l'analyse de M. Rivot, est : or 90,70; argent 8,80; fer 0,38. Une pépite, qui fait partie de cette collection, adhère à du quartz blanc laiteux, dont la surface est usée à la manière des galets; elle a donc été soumise à un long frottement. Il paraît que l'or, dans son gîte primitif, forme des veines dans une gangue de quartz. Des fragments schisteux, qui se trouvent dans l'alluvion de la vallée du Sacramento, font penser à M. Dufrénoy que les montagnes qui ren-

ferment les veines aurifères, sont plutôt de schiste micacé que de
granite proprement dit; c'est ce que semble indiquer également le
sable aurifère qui a une teinte noirâtre. Il contient une forte proportion de fer oxydulé (près de 60 %), du fer oxydulé titanifère, du fer
oligiste, des traces de manganèse oxyde, du zircon blanc qui est
quelquefois pénétré de cristaux rougeâtres, du quartz hyalin, et du
quartz enfumé. La pesanteur spécifique de ce sable est 4,37. L'état
du fer oxydulé et des zircons qui sont en cristaux terminés à leurs
deux extrémités, démontre encore que les montagnes aurifères d'où
provient ce diluvium, sont formées de roches schisteuses, c'est-à-
dire de schistes micacés ou talqueux, car dans les roches granitiques, les cristaux adhèrent à la roche et ne présentent qu'un seul
sommet.

M. Dufrénoy a examiné comparativement des sables aurifères
d'autres localités, qui lui ont fourni les résultats suivants : Ceux de
la Nouvelle-Grenade, recueillis dans la vallée du Rio-Dolce, province d'Antioquia, sont presque entièrement cristallins, comme ceux
de la Californie; ils sont moins roulés, ce qui fait présumer qu'ils
viennent de moins loin; le fer oxydulé y est moins abondant, mais
les minéraux sont les mêmes, d'où l'on peut penser que les montagnes qui les ont produits sont de même nature que celles de la Californie, et que la chaîne des Andes présente une identité complète,
sur une longueur de 4800 kilomètres.

M. Dufrénoy a aussi examiné les sables aurifères de l'Oural, et
M. Le Play lui a fourni des renseignements sur leur exploitation.
D'après cet ingénieur, les lavages les plus riches contiennent
0,0000008 d'or, et l'on traite encore des sables dont la teneur en
or est de 0,0000001. Les minéraux qui forment ce sable sont à peu
près les mêmes que ceux du sable de la Californie; cependant on
y trouve de la cymophane, des pyrites de fer et du cuivre; le fer
oligiste paraît manquer. La pesanteur spécifique du sable est 4,53.

Enfin, les sables du Rhin ont également été soumis à l'examen
par M. Dufrénoy; ils sont composés d'environ 90 % de quartz.

Si l'on cherche à se faire une idée un peu exacte de la richesse
des sables aurifères en Californie, on verra qu'ils ont beaucoup de

rapport avec ceux de l'Oural ; en effet, le sable lavé de l'Oural contient 00,0256 d'or, et celui de Californie a donné 0,0029 d'or. On voit donc que le sable de la Californie, quoique étant plus riche que celui de l'Oural, n'en diffère cependant pas d'une manière notable. On arrive encore à la même conclusion par un autre moyen : ainsi, en 1847, environ 50,000 ouvriers ont produit en Russie 77,000,000 de francs d'or, et en Californie, 15 à 16,000 travailleurs paraissent avoir produit 20 à 25,000,000 de francs d'or. C'est à peu près la même production par ouvrier.

On peut faire entre l'industrie de l'or et celle du fer une comparaison qui n'est pas sans intérêt. Nous venons de voir qu'en Russie un ouvrier produit annuellement environ 1540 francs d'or ; comme il ne travaille probablement que 200 jours par année, le produit journalier de son travail est de 7 fr. 70 c. par jour. Or, en France, dans l'année 1847, 33,000 ouvriers ont produit en fer une valeur de 191,000,000 ; en tenant compte des chômages, on ne doit compter que 250 jours de travail, tout au plus 300, ce qui donne une somme de 23 fr. 15 c., ou de 19 fr. 25 c. par jour. M. Dufrénoy termine son travail en disant que « le produit brut du travail de « l'ouvrier en Californie ne peut dépasser 9 ou 10 francs. La dé- « couverte de l'or en Californie ne produira donc pas la révolution « que l'on a supposée dans l'industrie minérale, mais elle sera pour « ce nouvel Etat de l'Union américaine, une source de richesse et « de civilisation. »

----

30. — MÉMOIRE SUR LA COMPOSITION GÉOLOGIQUE DU CHILI A LA LATITUDE DE CONCEPTION, DEPUIS LA BAIE DE TALCAHUANO JUSQU'AU SOMMET DE LA CORDILLÈRE DE PICHACHEN, COMPRENANT LA DESCRIPTION DU VOLCAN D'ANTUCO, par M. J. DOMEYKO. (*Annales des Mines*, 4ᵐᵉ série, tome XIV.)

Ce mémoire est divisé en deux parties : la première décrit la géologie du Chili à la Conception, depuis la mer jusqu'au pied du volcan d'Antuco ; la seconde traite de ce volcan. Les roches de la côte septentrionale du Chili, de même que celles de la côte méridionale, appartiennent à deux terrains, l'un granitique, l'autre tertiaire. Il n'y a aucune trace de terrain secondaire, depuis le désert d'Atacama jusqu'à Valdivia.

Le terrain tertiaire, qui, dans sa partie inférieure, contient des dépôts de lignite à Colcura, à Talcahuano, à Valdivia, ainsi qu'à l'île de Chiloé et au détroit de Magellan, forme dans les environs de Conception des collines terminées à leur partie supérieure par des plateaux qui attestent que jadis ce terrain a rempli le bassin de Talcahuano. Les couches ont été disloquées et redressées par de nombreux tremblements de terre. Elles reposent sur les terrains de cristallisation, et comme la surface inférieure des terrains tertiaires suit tous les contours de la surface supérieure des terrains de cristallisation, l'on peut en inférer que la côte granitique du Chili avait déjà, à l'époque tertiaire, la même configuration qu'elle a aujourd'hui.

Le terrain de cristallisation peut être divisé en deux groupes ; l'un, situé près de la mer et de la baie de Talcahuano, comprend des roches schisteuses, des gneiss, des micaschistes et des schistes argileux, tandis que l'autre, placé à environ 12 kilomètres de la mer, est formé de roches granitiques.

En partant de Conception, et en cheminant à l'est, on atteint bientôt la première chaîne des Cordillères, dont la largeur est d'environ 80 kilomètres, et dont la hauteur n'est plus que de 300 mètres, tandis qu'à la latitude de Valparaiso, elle atteint 100 mètres d'élévation. Cette chaîne est formée par des roches granitiques ; elle s'abaisse en allant du nord au sud, et elle est séparée de la chaîne des Andes par une plaine intermédiaire formée du même terrain tertiaire que celui de Conception, mais recouvert d'alluvion. Il est assez remarquable que lors du fameux tremblement de terre de 1825, les villes de Conception, de Talcahuano et de Jumbel, bâties sur le terrain tertiaire, ont été détruites, tandis que les villages de Gualqui et de Reve, bâtis sur le terrain granitique des Cordillères, n'ont souffert aucun dommage. Au delà de la plaine dont nous venons de parler, l'on rencontre la chaîne des Andes, dont la base est couverte de conglomérat volcanique ; plus loin on trouve les porphyres bigarrés et stratifiés, analogues à ceux des Andes de Coquimbo. On y voit aussi de véritables amygdaloïdes et des porphyres zéolitiques à base de stilbite. Ces porphyres reposent sur un granite dioritique et sur d'autres roches granitiques qui s'étendent à plus de 5 kilomètres à l'est, presque jusqu'au pied du volcan d'Antuco, où elles plongent de nouveau sous des porphyres stratifiés.

L'auteur termine la première partie de son mémoire en faisant remarquer que la constitution géologique du Chili méridional est semblable à celle du Chili septentrional.

Dans la seconde partie, il s'occupe du volcan d'Antuco, un des points culminants des Andes. Ce volcan est adossé à la Sierra-Belluda, avec laquelle il forme le contraste le plus frappant, par sa forme conique et par son sommet couvert de scories noires, lançant des bouffées de fumée et de flammes, tandis que la dernière de ces montagnes offre une masse informe, couverte de glaciers et entourée de rochers coupés à pic et fendillés en colonnes prismatiques.

L'auteur distingue dans le volcan d'Antuco trois parties, qui diffèrent par leur forme et par leur nature : 1° Le massif de la chaîne des Andes, qui sert de base au volcan ; il est formé par des porphyres gris secondaires et des conglomérats qui, dans certaines localités, recouvrent le granite. Cette formation est antérieure à l'apparition du volcan et au soulèvement des Andes. 2° Le cône inférieur ou grand cône, dont la circonférence est de 15 à 20 kilomètres, et dont les flancs sont inclinés de 15° à 20° ; ce cône est formé par un porphyre brun qui présente un passage remarquable à la lave ; l'époque de la formation de cette roche paraît être postérieure au soulèvement des Andes, et contemporaine de l'apparition du volcan. 3° Le cône supérieur dont la base a 2 kilomètres de tour, et dont les flancs sont inclinés de 30° à 35° ; il est formé de véritables laves ou scories postérieures à l'ouverture du cratère actuel. La cime du volcan, qui est située à 2718$^m$ au-dessus du niveau de la mer, est composée de scories noires et boursoufflées ; les laves coulent par une ouverture située à 20$^m$ au-dessous d'elle. Malgré sa hauteur, le volcan d'Antuco ne forme point la limite du partage des eaux dans les Andes ; cette limite se trouve plus à l'est, au Cerro-Pichachen, élevé de 2043ᵐ. On remarque du côté de l'est, un grand lac de 8 ou 10 kilomètres de largeur, qui forme presque un demi-cercle à la base du cône inférieur, et qui le sépare des montagnes environnantes ; on voit encore, à la jonction des deux cônes, une plaine annulaire couverte de neiges perpétuelles ou de glaciers ayant environ 30ᵐ d'épaisseur. Elle est placée à 2407ᵐ d'élévation.

Ce mémoire, que l'auteur termine par le récit de son excursion au volcan d'Antuco, et par une théorie de son soulèvement, est accompagné de jolies vues et de petites cartes géologiques de la région dont il s'occupe.

---

31. — SUR LES VÉGÉTAUX FOSSILES DU TERRAIN ANTHRAXIFÈRE DES ALPES, par sir H. DE LA BÈCHE. (*Quarterly Journal of the Geolog. Soc. of London,* 1849 ; tome V, p. XXXVIII.)

Il est des questions de géologie ayant une haute importance, et dont la solution est si compliquée, qu'il semble que la marche de la science est arrêtée en ce qui les concerne ; c'est à notre avis une raison de plus de s'en occuper et d'enregistrer avec soin les opinions variées qui s'y rapportent. De ce nombre est le gisement des anthracites dans les Alpes ; depuis vingt ans que M. Elie de Beaumont a publié son mémoire sur les anthracites de Tarentaise, la question semble n'avoir fait aucun progrès. Nous revenons sur ce sujet pour faire connaître l'opinion de sir Henri de la Bèche sur un mémoire de M. Bunbury, dont nous avons déjà rendu compte (*Archives,* X, p. 141), et qui se trouve publié dans le *Quarterly,* journal de la Société géologique de Londres, V, p. 130.

M. de la Bèche attaque l'exactitude des renseignements géologiques fournis par l'examen des végétaux fossiles, et particulièrement de plantes terrestres. D'après lui, ce qui nuit à leur importance, c'est que dans certains cas l'élévation au-dessus du niveau de la mer peut compenser l'élévation de la latitude, dans d'autres les plantes peuvent flotter longtemps et être enfouies et conservées dans des dépôts boueux à des latitudes où elles n'ont pas vécu : cela a lieu dans l'Océan pour les plantes charriées par le Gulf-stream : on le remarque aussi dans les grands fleuves de l'Asie qui coulent du sud au nord, et qui déposent à leur embouchure dans des régions glacées des plantes de pays plus chauds ; c'est également ce que l'on voit au Mississipi, qui coule dans une direction opposée et qui amène dans des régions chaudes des plantes terrestres de pays plus froids; c'est enfin ce qui arrive toutes les automnes sur une moins grande échelle dans nos fleuves d'Europe.

« Quand nous considérons, dit M. de la Bèche, toutes les conditions sous lesquelles les restes des plantes peuvent s'accumuler et la difficulté de déterminer leurs caractères réels, il nous paraît désirable d'avoir plus de renseignements que nous n'en possédons sur la distribution des plantes fossiles, pour parler de celles qui caractérisent les différentes époques géologiques avec l'assurance avec laquelle on en parle quelquefois. Il est également à désirer , dans l'état actuel de nos connaissances, de voir traiter ce sujet d'une manière plus locale, et en tenant compte des conditions physiques probables qui ont présidé à l'enfouissement de ces débris organiques. »

-------

**33. — COUP D'ŒIL SUR LA GÉOLOGIE DES ALPES VÉNITIENNES , par M. DE ZIGNO. (*Comptes rendus de l'Acad. des Sc.*, du 9 juillet 1849.)**

Dans ce travail, l'auteur a procédé à la détermination géologique des terrains stratifiés de cette partie des Alpes, au moyen de l'étude des fossiles qui s'y rencontrent.

De cette manière il a pu tracer les limites du trias, découvrir dans la formation oolithique les étages inférieurs, les étages moyens et quelques traces de l'étage supérieur. Il a pu également déterminer dans le terrain crétacé les étages néocomien, albien, turonien et senonien. Dans les terrains tertiaires que jusqu'à présent on avait tous confondus et placés dans le terrain tertiaire moyen, il est parvenu à distinguer les étages éocène, miocène et pliocène, et à s'assurer que la grande formation nummulitique appartient à la période éocène.

Quant aux nummulites, il paraît qu'il n'y en a pas dans le terrain crétacé, celles qu'il avait cru reconnaître au-dessous de la Scaglia n'en étaient pas. Les nummulites sont le fossile le plus caractéristique de l'époque tertiaire.

### 33. — SUR LES BLOCS EXOTIQUES DES ALPES.

On trouve dans quelques parties des Alpes de grands blocs de roches cristallines, qui se présentent avec la même apparence que les blocs erratiques, et qui cependant en diffèrent sous un rapport essentiel, car, tandis que l'on connaît toujours le lieu d'où proviennent les blocs erratiques, on ne sait point quelle est la localité d'où se sont détachés les blocs dont nous parlons, c'est-à-dire que nulle part dans les Alpes on n'a rencontré en place de roches semblables à celles qui constituent ces blocs épars. C'est de là que vient le nom de *blocs exotiques* qu'on leur a donné.

Le phénomène qui les a dispersés s'est étendu sur une vaste échelle, à en juger d'après les principales localités où l'on a indiqué leur présence. Ces localités sont les suivantes : la vallée des Ormonts, dans le canton de Vaud, la vallée d'Habkeren, près d'Interlacken (canton de Berne), Bolghen, dans la vallée de Sonthofen (Bavière), le Pechgraben, la vallée de l'Ache, près Neukirche, en Autriche et les environs de Plaisance.

Dans son mémoire sur les Alpes, M. Murchisson décrit ce phénomène, qu'il a observé dans les environs de Bolghen, et au sujet duquel il y a eu dissentiment entre lui et MM. Escher et Studer. Quoique la partie de son travail sur ce phénomène problématique ne soit pas bien concluante, nous pensons cependant devoir en rendre compte.

*Sur les roches altérées de Bolghen*, par M. MURCHISON. (*Quart. Journ. Soc. Geol.*, 1848; tome V, 210.)

On voit dans les montagnes de Bolghen, près d'Obermaiselstein, vallée de Sonthofen, de grandes masses de roches cristallines ayant l'apparence de micaschiste et de gneiss, etc. D'après différentes raisons, M. Murchison pensait, il y a quelques années, que ces roches cristallines étaient des masses sorties sous forme coniques et sous forme de coins, au travers des grès et des schistes qui les recouvrent (Trans. Geol. Soc. Lond., III, 339). M. Studer croit, au contraire, que ces masses sont de vrais blocs transportés, qui ont été enfermés dans le flysch, pendant sa formation. Il appuie son opinion sur certains blocs de granit qui se trouvent dans la vallée d'Habkeren; il y a donc de l'importance à faire connaître le résultat des observations recueillies dans cette vallée

Le centre de la vallée d'Habkeren, située sur la rive septentrionale du lac de Thoune, est occupé par le véritable flysch supérieur au terrain nummulitique et disposé en couches redressées et disloquées.

Les roches de flysch, formées de cailloux, de gravier, associées au schiste argileux et au calcaire schisteux, impur, noirâtre et veiné de blanc, contiennent, dans cette localité, des cailloux et des bancs de roches présentant des caractères granitoïdes qui reparaissent à des intervalles d'environ 150 pas. Les concrétions granitoïdes sont intercalées avec des nodules calcaires, de même que les bancs granitoïdes alternent avec les schistes et les calcaires impurs. La plus large de ces concrétions est un sphéroïde oblong d'environ quatre pieds de longueur, sur trois pieds de largeur. La zone extérieure est schisteuse, l'intérieur est une pâte contenant de larges cristaux de feldspath, une des extrémités paraît presque être formée de petits cailloux granitiques, les couches d'un des côtés paraissent être un gneiss granitique ou un granite homogène, coloré en verdâtre.

On ne peut rendre compte de telles apparences qu'en supposant que la matière granitique s'est développée lors de la formation des

˙roches et des grès qui l'enveloppent; la forme concrétionnée de quelques-unes de ces masses me paraît favorable à cette hypothèse. Mais soit que ces roches aient été produites par la sécrégation contemporaine de particules d'origine ignée, répandues dans le fond d'une mer trouble, à la manière de ce qu'on appellerait dans d'autres pays, un grès volcanique ou plutonique, soit qu'elles aient été produites par l'altération partielle des couches au moyen de l'action de la chaleur et de gaz, ou qu'elles aient été transportées, il est évident que ces petits développements de matières granitiques sont contemporains du flysch.

L'on trouve encore dans cette même vallée d'Habkeren de grands blocs granitiques reposant sur des alluvions anciennes mis à découvert par des cours d'eau, et qui ont exactement la même apparence que les blocs erratiques des Alpes; le plus grand est une masse d'environ 400,000 pieds cubes, il est formé d'un granite particulier, qui n'est connu dans aucune partie des Alpes. M. le professeur Studer pense que ce bloc énorme a une origine semblable à celle des petits blocs et des veines dont nous avons parlé, et qu'après avoir été anciennement enveloppé par le flysch, il en a été tiré par des effets d'érosion, et a roulé sur le flanc abrupte de la vallée jusque dans le point qu'il occupe. M. Studer généralise ce point de vue, et étend cette explication aux blocs de Bolghen. Il pense qu'ils ont été enveloppés par le flysch au moment de sa formation.

M. Murchison n'adopte pas cette opinion, il regarde le grand bloc d'Habkeren comme un énorme bloc erratique provenant de quelque roche qui aurait peut-être été détruite par un soulèvement ou ensevelie sous d'autres dépôts, ou bien encore qui serait cachée sous les masses de neige qui occupent une si grande étendue dans les Alpes. Il pense qu'une explication qui est bonne pour des blocs de quelques pieds de diamètre, ne peut être appliquée à la formation de blocs ayant un volume de 400,000 pieds cubes. On ne connaît, d'après l'auteur, dans aucune partie du flysch des Alpes un conglomérat contenant des cailloux de plus d'un pied ou deux de diamètre. Un nouvel examen des environs de Bolghen l'engage à conclure que ce qu'on appelle gneiss et micaschiste ne sont que des veines de flysch qui ont supporté un plus grand changement que d'autres. Ce qui, selon lui, vient à l'appui de son idée, c'est que la chaîne de Bolghen a subi des actions minéralisantes considérables, qu'elle se trouve près d'une grande faille qui a rejeté le flysch et le terrain nummulitique contre le néocomien inférieur, et que M. Studer lui-même a reconnu dans d'autres localités le changement du flysch en gneiss et en micaschiste.

## ANATOMIE ET PHYSIOLOGIE.

### 34. — FONCTIONS DU QUATRIÈME VENTRICULE, par M. BERNARD.
### (*Comptes rendus de l'Acad. des Sc.*, du 26 mars 1849.)

Il résulte des expériences de M. Bernard, que si l'on pique le plancher du quatrième ventricule, près de l'origine de la huitième paire, on modifie dans l'espace de deux heures la constitution des urines, en y faisant apparaître une grande quantité de sucre, comme dans le cas de la diabète. Le sang contient aussi dans ce cas une assez grande quantité de la même substance.

### 35. — ACTION PHYSIOLOGIQUE DU CHLOROFORME, par M. COZE.
### (*Ibidem,* du 23 avril 1849.)

Le chloroforme produit un effet tout différent, suivant qu'il est respiré ou introduit par injection dans les organes.

Dans le premier cas il y a insensibilité, mollesse dans toutes les parties de l'organisme.

Dans le second cas, s'il est injecté dans les artères, par exemple, il y a au contraire une vive contraction musculaire dans le membre où l'injection a lieu, sans cependant qu'il y ait douleur produite. Le chloroforme dans ce cas ne saurait ni agir directement sur le sang en le coagulant, ni agir sur les nerfs, car le même effet est produit

si on les coupe auparavant. C'est donc uniquement la contractilité
organique qui est mise en jeu dans ce cas, puisqu'elle a lieu aussi
après la mort.

Mais on peut se demander ici pourquoi le chloroforme manifeste-
t-il des phénomènes complétement opposés dans les surfaces des
muscles, suivant qu'il y arrive par imbibition ou par absorption ?

------

36. — RECHERCHES SUR LA FORMATION DE LA FIBRE MUSCULAIRE
   DU CŒUR ET DU MOUVEMENT VOLONTAIRE, par M. LEBERT.
   (*Ibidem,* du 23 avril 1849.)

C'est environ vers la trente-sixième heure de l'incubation que
nous trouvons dans l'embryon du poulet, un cœur ayant des contractions bien régulières, mais ne se composant que de globules or-
ganoplastiques, entourés d'une substance granuleuse. Telle est l'origine du cœur chez tous les animaux, ce n'est que plus tard que les
globules sanguins apparaissent.

C'est du quatrième au cinquième jour que l'on voit apparaître des
corps cylindriques formant le premier rudiment des cylindres musculaires qui constituent la base de toute fibre musculeuse, qu'elle
serve à des mouvements volontaires ou à des mouvements indépendants de sa volonté. Selon M. Lebert ces corps cylindriques peuvent
être assimilés à des cellules allongées, car ils ne renferment pas de
granules dans leur intérieur.

Peu à peu les globules plastiques disparaissant graduellement, la
substance musculaire prend une forme plus régulière, les stries longitudinales qui se déposent dans les cylindres venant former les fibres
primitives des auteurs; quant aux stries transversales que l'on trouve
dans une certaine catégorie de muscles, elles n'apparaissent qu'à la
fin du développement embryonnaire.

C'est vers le huitième jour environ que les tendons des muscles
deviennent visibles, on les voit alors s'emboîter sur la partie inférieure des cylindres, qui eux-mêmes ne tardent pas à se réunir (à
mesure que les globules plastiques disparaissent) pour former les

faisceaux secondaires. Vers le milieu de l'incubation, la vascularité des muscles est déjà très-prononcée. La formation des muscles du cœur précède toujours celle des muscles du mouvement d'un intervalle de temps que l'on peut apprécier comme suit :

Si le cœur apparaît dans un embryon de chauve-souris de $0^m,002$, la fibre musculaire du mouvement volontaire ne sera visible que dans un embryon de $0^m,015$.

L'inverse a lieu pour le têtard, il est vrai, mais cela tient à ce que son éclosion a lieu très-vite, et qu'il a besoin de pouvoir chercher rapidement sa nourriture, quoique imparfaitement organisé.

Dans les poissons l'on trouve aussi que la fibre musculaire a la même origine, et qu'elle passe par les mêmes phases de développement que nous venons de signaler.                                    G. R.

---

37. — RECHERCHES AYANT POUR BUT DE DÉTERMINER LE RAPPORT NUMÉRIQUE QUI EXISTE ENTRE LA MASSE DU SANG ET CELLE DU CORPS CHEZ LES ANIMAUX, par M. VANNER. (*Ibidem*, du 21 mai 1849.)

M. Vanner ayant eu l'occasion de faire de nombreuses expériences sur ce sujet, conclut, des chiffres qu'il a pu réunir, que le sang entre à raison de 5 pour 100 dans le poids d'un animal vivant. Cette proportion se trouve du moins vraie pour les bœufs, les moutons et les lapins.

---

38. — NOTE SUR LA CIRCULATION DU SANG CHEZ LES INSECTES, par M. NICOLET. (*Ibidem*, du 23 avril 1849.)

Voici les résultats des observations de M. Nicolet sur les larves du cyphon lividus, qui peuvent être facilement étudiées à cause de leur transparence.

Le vaisseau dorsal se compose de deux parties : d'une partie cardiaque qui a la forme d'une poire, et donne passage au sang par deux valvules, puis en avant d'une partie aortique assez semblable à un ruban qui se rend dans la tête.

Lorsque cet organe se dilate, le sang s'y précipite, et la partie antérieure en se tordant force le sang à passer dans l'aorte.

Ainsi donc le vaisseau dorsal a une véritable fonction physiologique, qui, suivant M. Nicolet, semble rendre complétement inutile la circulation pseudo-vasculaire de M. Blanchard. D'ailleurs, comme le fait observer cet anatomiste, l'infiltration de ce fluide entre les membranes trachéennes, paraît plus contraire que favorable au phénomène de l'origénation, car si le but de la nature en donnant aux insectes des trachées a été de mettre le sang vite en contact avec l'air, l'exiguité de l'espace compris entre les deux membranes, qui ne peut d'ailleurs être comparée au développement des lacunes, ne doit pas pouvoir satisfaire à la rapide combustion de l'oxygène nécessaire.

---

## ZOOLOGIE ET PALÉONTOLOGIE.

39. — NOTICE SUR LE LAMA, par M. WISSE. (*Comptes rendus de l'Acad. des Sc.*, 20 août 1849.)

Dans ce moment, où plusieurs naturalistes se sont occupés de la possibilité de naturaliser le lama en Europe, et de l'avantage qu'on pourrait en retirer, nous pensons qu'on ne lira pas sans intérêt les détails suivants recueillis par M. Wisse :

« Le lama est un animal de *zone tempérée*. Il habite la partie supérieure de la Cordillère des Andes, dans les climats dont la température varie de 5 à 18 degrés. Il monte jusqu'aux glaciers, et peut même vivre dans la neige et la supporter plusieurs jours de suite. Il est robuste dans les pays froids ; dans les régions chaudes, il dépérit et meurt ; il ne peut résister que fort peu de temps au climat dont la température moyenne est de 26 degrés, et il est sujet à y contracter diverses maladies, entre autres l'entéroméningite. Cet animal est peu abondant dans l'équateur où les Espagnols, lors

de la conquête, lui ont fait une guerre d'exterminatian. Sa patrie
par excellence est le Pérou et la Bolivie. Il ne se plaît pas également
dans toutes les régions isoclimatériques des Andes. Il y a cinquante ans, on a tenté de l'importer et de le faire multiplier aux
environs de Popayan, sans qu'on ait pu obtenir un résultat satisfaisant. On fait aujourd'hui de nouveaux essais pour en propager
l'espèce dans la Nouvelle-Grenade, et il paraît que les efforts des
éleveurs seront couronnés de succès.

« Le lama et le chien (Runa-Allcu, Rouna-Aschcou) sont à peu
près les seuls animaux domestiques que les conquérants trouvèrent
chez les Indiens de l'Equateur ; car il faut compter pour peu de
chose les *Pacos*, les *Guanacos*, les *Vigognes* et les *Alpacas* qui ont
aujourd'hui presque totalement disparu. Le lama se trouve à l'état
sauvage dans les lieux inhabités, sur les hautes sommités des Andes;
il y en a même sur le Chimborazo, où on va le chasser de la même
manière que le cerf.

« La couleur habituelle de sa robe est la couleur café ; il y a
aussi des lamas noirs, de couleurs mêlées et d'entièrement blancs.
La laine est presque lisse, elle n'a pas plus de un décimètre de
longueur ; la plus longue se trouve sur les flancs et sous le ventre.
On dit ici que la laine est de bonne qualité : comparée à celle du
mouton, elle est mauvaise ; elle est moins fine, moins souple que
celle du mouton ; elle a beaucoup de lustre lorsqu'on soigne bien
l'animal et qu'on lui donne des aliments qui lui conviennent. Il s'y
trouve parsemée une espèce de soie ou crin qu'il en faut éplucher,
et alors elle peut être employée aux mêmes usages que la laine ordinaire. Elle a même plus de consistance que cette dernière : on en
fait des *ponchos* qui sont à peu près imperméables à la pluie. Afin
de pouvoir la filer avec plus de facilité, les Indiens de Lican (près
de Riobamba), qui élèvent beaucoup de lamas, ont l'habitude de la
mêler avec la laine du mouton qui est plus grasse. Les Indiens,
encore à l'enfance de l'art, en font divers tissus grossiers ; le principal usage qu'on lui donne ici est de rembourrer les panneaux de
selle, à cause de son élasticité. On en fait quelquefois des bas d'un
fil très-fin et brillant, dont se chaussent les femmes élégantes de la

campagne. La laine du lama jeune est crépue et très-brillante. On
s'en sert avec la peau pour faire des coiffures, des casquettes, des
revers, des collets de manteaux. On fait la tonte tous les ans une
fois. Les plus beaux lamas fournissent 1,6 kil. de laine ; les jeunes,
que l'on commence à tondre, 0,8 kil. ; en moyenne, le lama ordinaire, qui n'est point employé à la charge, donne 1,3 kil. de laine.

« La peau se tanne avec beaucoup de facilité, parce qu'elle renferme une grande quantité de gélatine. On s'en sert pour les siéges
de selle ; on en fait une sorte de pantalon (zamarros) pour monter
à cheval en temps de pluie. Le cou allongé et rond de l'animal
fournit une peau très-souple dont on fait des tiges de bottes sans
couture. Hors ce cas, la peau du lama est peu employée pour la
chaussure.

« La viande est bonne, elle est de couleur rose pâle, riche en albumine, à fibres assez fines, à muscles peu prononcés. Celle des jeunes
lamas (un an) est très-abondante en albumine. La qualité, la saveur
de la viande, son degré de nutrition sont à peu près les mêmes que
ceux de la viande de mouton. Elle est très-succulente lorsque le
lama a été bien soigné et bien nourri. Il n'y a que les Indiens qui la
mangent ; ceux de la province du Chimborazo l'estiment beaucoup,
et la réservent pour leurs jours de fête. Les parties préférées sont le
foie et le cœur qui sont, le dernier surtout, des morceaux délicats.
On accuse les conquérants espagnols de les avoir affriandés beaucoup : ils faisaient tuer les lamas rien que pour en retirer le foie et
le cœur, raison pour laquelle cet animal, dont la reproduction est
d'ailleurs si difficile, a presque disparu de ces contrées, et non pas
précisément parce qu'on aurait trouvé de l'avantage à le remplacer
par le mouton.

« Le poids des plus grands lamas vivants est de 94 kilogr. ; en
moyenne, ils pèsent 86 kilogr.

« Un lama ordinaire mange, par jour, 6,5 kil. de luzerne verte,
aliment qu'il ne consomme qu'à défaut d'autre. Il se nourrit de
toutes les graminées, et parmi celles-ci il préfère de beaucoup les
feuilles de maïs. On le fait paître dans les prairies hautes (potreros,

paramos), aux mêmes lieux que les chevaux, les bœufs, les moutons. On ne connaît pas l'usage du foin dans ces pays où les animaux
herbivores sont perpétuellement au vert. On peut évaluer de 6 à 7
kilogrammes la ration alimentaire en graminées vertes des espèces
que l'animal aime le plus.

« La plus grande charge qu'on puisse lui mettre sur le dos est
de 35 kilogr. ; ordinairement on ne lui fait porter que 29 kilogr.
La charge est placée sur un petit bât, dont l'objet est d'éviter les
blessures, et surtout de préserver la laine qui, autrement, se roule,
s'assemble en nœuds et se gâte. Il se couche lorsqu'on se dispose à
le charger. Si le poids lui semble trop considérable , il rejette les
oreilles en arrière et crache sur ses conducteurs, ce qu'il fait toutes
les fois qu'il est irrité. Les Indiens prétendent que cette salive engendre des maladies cutanées, des dartres, ce qui est loin d'être
prouvé. Lorsqu'il se fatigue de sa charge il se jette à terre, et il
n'y a ni coups de fouet, ni cris, ni rien au monde qui le fasse re-
mettre sur pied : il inonde de salive ses excitateurs, pousse des bê-
lements épouvantables, et les Indiens sont obligés de placer la
charge sur leurs propres épaules. Quelquefois ils le tuent pour pro-
fiter de la chair et de la laine. Avec la charge ordinaire, le lama
peut faire 25 kilomètres par jour. Il ne peut marcher plus de six
jours de suite sans prendre de repos. On le conduit quelquefois de
Riobamba à Babahoyo (près de Guayaquil), voyage de 140 kilom.
qu'il fait en six à sept jours. Sans charge, il peut faire d'assez longs
voyages.

« Le lama n'a que deux espèces d'allure, le pas et le galop : il ne
trotte pas.

Ces animaux se familiarisent avec l'homme plus que ne fait le
mouton. Un enfant peut en faire paître un troupeau considérable
sans courir le moindre danger ; ils lui obéissent avec docilité, ce que
ne font pas toujours les autres lanifères. Ils ne se battent pas ; ils
recherchent entre eux la société, et ils sont très-curieux de savoir
ce qui se passe. S'il prend à l'un d'eux l'envie de se porter quelque
part, tous les autres aussitôt défilent à sa suite.

« Le lama est très-peureux ; le plus petit roquet lui fait dresser les oreilles et le met en fuite ; mais lorsque l'attaque devient sérieuse, il fait tête à son ennemi et se défend. Il se dresse alors sur ses pieds de derrière, se cabre et se laisse tomber de tout son poids sur son adversaire, qu'il couvre de ses crachats.

« Pour la copulation, la femelle se couche à terre. Elle a beaucoup à souffrir de la part des mâles qui la foulent aux pieds, se battent et font un tapage épouvantable pour s'en assurer la possession. Il faut que l'homme les sépare, et, de plus, il est obligé de venir en aide au mâle qu'on a laissé maître du champ de bataille, sujétion à laquelle on attribue le défaut de propagation de l'espèce dans l'Equateur. A l'âge de deux ans la femelle devient propre à la génération. Elle porte pendant dix mois ; elle n'a qu'un petit à la fois : c'est une exception bien rare lorsqu'elle en a deux. Les petits qui viennent de naître sont soignés par la mère de la même manière que la brebis soigne les siens. Au bout de quinze jours, ils commencent à brouter de l'herbe. Peu de jours après avoir mis bas, quelquefois au bout de cinq jours, la femelle est de nouveau en chaleur. Elle a, en général, un petit tous les ans.

« A neuf ou dix ans le lama se trouve hors de service : il dépérit alors rapidement. On ne le laisse pas vivre au delà de ce terme.

« Le prix d'un lama ordinaire à l'Equateur est de 10 à 12 fr.

« A l'Equateur, le mouton s'est substitué au lama. Il y a beaucoup de fermes où l'on en compte des troupeaux de 40,000 têtes. Depuis cinq ans, on s'occupe même de l'éducation des mérinos. Je n'ai guère de données sur le mouton d'Europe ; en recueillant mes souvenirs, il me semble cependant que la race ovine a dégénéré sur le sol de l'Equateur. Le mouton me paraît ici plus petit ; sa laine, après bien des essais, se trouve loin de valoir celle du mouton européen. Il y a, au reste, ici, de grandes différences entre les produits de divers troupeaux, selon les localités où on les fait paître : les pâturages les plus ordinaires se trouvent de 3000 à 4000 mètres de hauteur. A cette dernière limite, l'agneau meurt de froid pendant la nuit, et la même chose arrive souvent aussi aux brebis. A Tigua, près de Latacunga, j'ai vu, pendant des nuits froides, qu'il périssait journellement cinq individus dans un troupeau de 10,000 têtes. Malgré tous ces inconvénients, on s'occupe exclusivement du mouton. Il n'est pas question de multiplier le lama, personne n'y pense; et si l'on cherche aujourd'hui à l'établir dans la Nouvelle-Grenade, c'est plutôt comme objet de curiosité et d'agrément, que pour l'avantage qu'on peut en tirer sous le point de vue d'économie agricole.

« Voici quelques données sur les produits en laine fournis par divers troupeaux : à Changala, près de Cayambe, hauteur moyenne 3400 mètres, pâturages de première qualité, 930 moutons ont donné 687,7 kil. de laine; par an et par tête, 0,74 kil. de laine. Galpon et Cumbijin, près de Latacunga, hauteur moyenne 3600 mètres, pâturage médiocre, la tonte de 13,575 moutons a fourni 4469,8 kil. de laine; par an et par tête, 0,33 kil. On admet, en général, que le produit est de 75 livres espagnoles pour 100 moutons; ce qui fait, par an et par tête, 0,36 kil. D'autres, au contraire, portent le produit moyen jusqu'à 100 livres pour 100 moutons, ce qui ferait, par tête, 0,46 kil. »

---

## BOTANIQUE.

### 40. — CROISSANCE RAPIDE DES BAMBOUS.

On savait que les graminées gigantesques, appelées bambous (Bambusa), croissent avec une rapidité extraordinaire. Roxburgh dit, dans sa Flore de l'Inde, que les *Bambusa Tulda* s'élèvent en trente jours à leur grandeur totale, qui n'est pas moins de 20 à 60 pieds d'élévation, avec une circonférence de 6 à 12 pouces. Le docteur Wallich a communiqué à M. de Martins des observations faites, par ses ordres, dans le jardin botanique de Calcutta, sur un

*Bambusa gigantea Wall.* Les chiffres d'accroissement sont donnés le matin et le soir, pendant la durée d'un mois (juillet). La somme a été de 25 pieds 9 pouces anglais pendant trente jours. La somme des accroissements du matin au soir. a été de 159,25 p. c., et du soir au matin, de 179,75 p. c. Comme sur d'autres espèces l'accroissement nocturne était légèrement supérieur à l'accroissement diurne, on peut conclure de ces observations que les bambous *grandissent à peu près autant la nuit que le jour.* A Calcutta, les nuits du mois de juillet sont chaudes, mais on aurait pu croire que la lumière du jour et l'action calorifique directe du soleil produiraient un effet pour accélérer la croissance.

# OBSERVATIONS MÉTÉOROLOGIQUES ET MAGNÉTIQUES

## FAITES A L'OBSERVATOIRE DE GENÈVE

### SOUS LA DIRECTION DE M. LE PROFESSEUR E. PLANTAMOUR

#### PENDANT LE MOIS DE SEPTEMBRE 1849.

———◦●◦———

Le 1er, éclairs et tonnerres toute la soirée; l'orage a été précédé d'un violent coup de vent du Sud-Ouest à 6 h. 15 m.

» 3, tonnerres au SSO entre 2 h. et 3 h.; l'orage passe le long du Jura dans la direction du Sud au Nord.

» 4, toute la soirée, éclairs à l'Ouest.

» 6, depuis 8 h. du soir, éclairs à l'Ouest.

» 7, toute la soirée, éclairs à l'Est.

» 8, vers 6 h. du matin, plusieurs coups de tonnerre; dans la soirée éclairs au SO.

» 9, depuis midi jusqu'à 5 h. on entend des tonnerres soit au Nord, soit au Midi; du côté du Nord le nuage orageux se dirige de l'Ouest vers l'Est, et du côté du Midi il se dirige de l'Est vers l'Ouest.

» 11, tonnerres quelques minutes après midi.

» 12, à 8 h. du soir, orage venant du SO, accompagné d'éclairs et de tonnerres.

» 18, éclairs au SSE par un ciel parfaitement serein.

» 21, halo solaire de 1 h. 30 m. à 3 h. 15 m.

» 24, dans la soirée, éclairs au SO; à 11 h. du soir éclate un violent orage avec éclairs et tonnerres.

» 29, halo lunaire de 7 h. 30 m. à 8 h. 45 m. du soir.

| FRACTION DE SATURATION. | | | |
|---|---|---|---|
| 8 h. m. | Midi. | 4 h. s. | 8 h. s. |
| 0,75 | 0,55 | 0,57 | 0,91 |
| 0,82 | 0,46 | 0,40 | 0,86 |
| 0,88 | 0,70 | 0,65 | 0,75 |
| 0,78 | 0,64 | 0,56 | 0,74 |
| 0,85 | 0,49 | 0,49 | 0,76 |
| 0,88 | 0,72 | 0,60 | 0,77 |
| 0,76 | 0,70 | 0,59 | 0,78 |
| 0,85 | 0,74 | 0,65 | 0,86 |
| 0,92 | 0,55 | 0,55 | 0,73 |
| 0,81 | 0,59 | 0,64 | 0,85 |
| 0,84 | 0,67 | 0,96 | 0,85 |
| 0,85 | 0,52 | 0,48 | 0,64 |
| 0,77 | 0,58 | 0,60 | 0,77 |
| 0,80 | 0,56 | 0,56 | 0,80 |
| 0,65 | 0,70 | 0,62 | 0,90 |
| 0,93 | 0,70 | 0,74 | 0,86 |
| 0,88 | 0,66 | 0,73 | 0,80 |
| 0,72 | 0,46 | 0,29 | 0,56 |
| | | 0,64 | 0,84 |
| | | 0,52 | 0,74 |
| | | 0,85 | 0,95 |
| | | 0,49 | 0,77 |
| | | 0,50 | 0,61 |
| | | 0,72 | 0,89 |

## Moyennes du mois de Septembre 1849.

|  | 6h.m. | 8h.m. | 10h.m. | Midi. | 2h.s. | 4h.s. | 6h.s. | 8h.s. | 10h.s. |
|---|---|---|---|---|---|---|---|---|---|

### Baromètre.

|  | mm | mm | mm | mm | mm | mm | mm | mm | mm |
|---|---|---|---|---|---|---|---|---|---|
| écade, | 726,22 | 726,43 | 726,33 | 725,84 | 725,06 | 724,59 | 724,47 | 724,96 | 725,23 |
| » | 727,23 | 727,48 | 727,46 | 727,00 | 726,64 | 726,64 | 726,88 | 727,67 | 728,09 |
| » | 724,64 | 724,97 | 725,08 | 724,66 | 724,00 | 723,54 | 723,64 | 724,06 | 724,25 |
| ... | 726,03 | 726,29 | 726,29 | 725,83 | 725,23 | 724,92 | 725,00 | 725,56 | 725,86 |

### Température.

|  | 6h.m. | 8h.m. | 10h.m. | Midi. | 2h.s. | 4h.s. | 6h.s. | 8h.s. | 10h.s. |
|---|---|---|---|---|---|---|---|---|---|
| écade, | +13,36 | +16,46 | +18,96 | +21,36 | +22,59 | +21,82 | +19,85 | +17,12 | +15,94 |
| » | + 9,71 | +12,04 | +14,24 | +16,26 | +16,72 | +15,91 | +14,71 | +12,93 | +11,58 |
| » | +11,41 | +13,37 | +14,81 | +16,18 | +16,98 | +17,35 | +16,06 | +14,73 | +13,80 |
| is... | +11,49 | +13,96 | +16,00 | +17,93 | +18,76 | +18,36 | +16,87 | +14,93 | +13,77 |

### Tension de la vapeur.

|  | mm | mm | mm | mm | mm | mm | mm | mm | mm |
|---|---|---|---|---|---|---|---|---|---|
| écade, | 10,63 | 11,62 | 11,87 | 11,81 | 11,07 | 10,95 | 11,82 | 11,71 | 11,49 |
| » | 7,91 | 8,34 | 8,35 | 8,08 | 7,88 | 8,03 | 8,17 | 8,37 | 8,44 |
| » | 9,30 | 9,74 | 9,69 | 9,99 | 10,15 | 10,43 | 10,56 | 10,57 | 10,08 |
| is.... | 9,28 | 0,90 | 9,97 | 9,96 | 9,70 | 9,80 | 10,18 | 10,22 | 10,00 |

### Fraction de saturation.

|  | 6h.m. | 8h.m. | 10h.m. | Midi. | 2h.s. | 4h.s. | 6h.s. | 8h.s. | 10h.s. |
|---|---|---|---|---|---|---|---|---|---|
| de, | 0,93 | 0,83 | 0,73 | 0,63 | 0,55 | 0,57 | 0,69 | 0,80 | 0,85 |
| » | 0,89 | 0,79 | 0,69 | 0,58 | 0,55 | 0,60 | 0,65 | 0,75 | 0,83 |
| » | 0,92 | 0,95 | 0,77 | 0,74 | 0,71 | 0,71 | 0,77 | 0,84 | 0,86 |
| is... | 0,91 | 0,86 | 0,73 | 0,65 | 0,60 | 0,62 | 0,70 | 0,80 | 0,84 |

|  | Therm. min. | Therm. max. | Clarté moy. du Ciel. | Eau de pluie ou de neige. | Limnimètre. |
|---|---|---|---|---|---|
|  |  |  |  | mm | p |
| cade, | +12,13 | +23,86 | 0,54 | 18,7 | 50,1 |
| » | + 7,76 | +17,89 | 0,44 | 35,3 | 45,0 |
| » | +10,01 | +18,38 | 0,68 | 39,2 | 35,8 |
| .... | + 9,97 | +20,04 | 0,55 | 93,2 | 43,6 |

Dans ce mois, l'air a été calme 12 fois sur 100.
Le rapport des vents du NE à ceux du SO a été celui de 1,30 à 1,00.
La direction de la résultante de tous les vents observés est N. 30° O. et son intensité 100.

# OBSERVATIONS MAGNÉTIQUES

## FAITES A GENÈVE EN SEPTEMBRE 1849.

| | DÉCLINAISON ABSOLUE. | | VARIATIONS DE L'INTENSITÉ HORIZONTALE exprimées en ¹/₁₀₀₀₀₀ de l'intensité horizontale absolue. | |
|---|---|---|---|---|
| Jours. | 7ʰ45ᵐ du mat. | 1ʰ45ᵐ du soir. | 7ʰ45ᵐ du matin. | 1ʰ45ᵐ du soir. |
| 1 | 18°14′,16 | 18°25′,65 | | |
| 2 | 16,18 | 22,79 | | |
| 3 | 18,36 | 26,28 | | |
| 4 | 16,53 | 28,93 | | |
| 5 | 15,11 | 24,85 | | |
| 6 | 14,46 | 24,24 | | |
| 7 | 13,76 | 25,65 | | |
| 8 | 15,94 | 29,00 | | |
| 9 | 14,16 | 25,03 | | |
| 10 | 13,89 | 30,61 | | |
| 11 | 15,35 | 26,24 | | |
| 12 | 16,24 | 29,68 | | |
| 13 | 13,19 | 26,06 | | |
| 14 | 16,17 | 25,74 | | |
| 15 | 15,71 | 22,27 | | |
| 16 | 15,02 | 26,51 | | |
| 17 | 18,45 | 24,20 | | |
| 18 | 15,72 | 26,70 | | |
| 19 | 20,97 | 26,15 | | |
| 20 | 16,06 | 23,36 | | |
| 21 | 15,10 | 27,95 | | |
| 22 | 16,89 | 24,18 | | |
| 23 | 15,89 | 26,94 | | |
| 24 | 15,59 | 27,41 | | |
| 25 | 16,97 | 25,90 | | |
| 26 | 15,78 | 25,91 | | |
| 27 | 15,01 | 25,29 | | |
| 28 | 14,72 | 26,82 | | |
| 29 | 16,51 | 26,27 | | |
| 30 | 17,92 | 26,16 | | |
| Moyᵉⁿⁿᵉˢ | 18°15′,86 | 18°26′,09 | | |

# TABLEAU

### DES

## OBSERVATIONS MÉTÉOROLOGIQUES

### FAITES AU SAINT-BERNARD

### PENDANT LE MOIS DE SEPTEMBRE 1849.

Du 19 au 20 forte gelée blanche.

Moyennes des hauteurs du baromètre et des températures observées à 6 h. et à 8 h. du matin, et à 6 h. et à 8 h. du soir :

| | 6 h. du matin. | | 8 h. du matin. | | 6 h. du soir. | | 8 h. du soir. | |
|---|---|---|---|---|---|---|---|---|
| | Barom. | Temp. | Barom. | Temp. | Barom. | Temp. | Barom. | Temp. |
| | mm | ° | mm | ° | mm | ° | mm | ° |
| 1re déc. | 568,03 | + 4,02; | 567,98 | + 5,05; | 567,54 | + 6,28; | 567,64 | + 5,40. |
| 2e » | 565,69 | − 0,26; | 565,83 | + 0,51; | 566,19 | + 1,58; | 566,43 | + 1,09. |
| 3e » | 565,27 | + 0,47; | 565,54 | + 1,00. | 565,42 | + 2,11; | 565,70 | + 1,84. |
| Mois, | 566,33 | + 1,62; | 566,45 | + 2,19; | 566,38 | + 3,32; | 566,59 | + 2,78. |

**bre 1849.**—OBSERVATIONS MÉTÉOROLOGIQUES faites à l'H
2084 au-dessus de l'Observatoire de Genève;

| BAROMÈTRE RÉDUIT A 0°. | | | TEMPÉRAT. EXTÉRIEURE EN DEGRÉS CENTIGRADES. | | | | TE EXT |
|---|---|---|---|---|---|---|---|
| Midi. | 3 h. du soir. | 9 h. du soir. | 9 h. du matin. | Midi. | 3 h. du soir. | 9 h. du soir. | Minim. |
| millim. | millim. | millim. | | | | | |
| 568,26 | 567,65 | 567,70 | + 6,8 | +10,6 | +10,8 | + 6,6 | + 3.5 |
| 568,68 | 568,43 | 569,18 | + 5,6 | + 8,7 | +10,2 | + 6,8 | + 3,0 |
| 569,64 | 569,80 | 570,86 | + 6,5 | + 9,0 | + 9,5 | + 4,9 | + 4,6 |
| 570,70 | 570,49 | 570,67 | + 6,7 | +10,1 | + 9,3 | + 6,8 | + 3,7 |
| 569,41 | 569,21 | 568,79 | + 6,5 | + 6,7 | + 6,3 | + 5,6 | + 4,2 |
| 569,55 | 569,34 | 569,90 | + 6,3 | + 9,5 | +11,3 | + 7,0 | + 4,0 |
| 569,37 | 569,24 | 568,84 | + 8,0 | + 8,8 | + 9,2 | + 6,4 | + 0,2 |
| 567,47 | 567,31 | 567,72 | + 3,8 | + 4,8 | + 2,0 | + 2,8 | 0,0 |
| 565,25 | 564,76 | 564,17 | + 4,5 | + 4,8 | + 2,7 | + 2,3 | + 0,8 |
| 561,43 | 560,61 | 559,70 | + 4,0 | + 6,3 | + 6,0 | + 3,4 | − 0,8 |
| 557,34 | 557,14 | 557,74 | + 2,3 | + 2,4 | + 2,6 | + 2,0 | − 0,5 |
| 558,92 | 558,90 | 559,21 | + 1,5 | + 3,8 | + 3,4 | + 1,4 | 0,0 |
| 563,90 | 564,97 | 567,54 | − 0,5 | − 0,8 | − 0,2 | − 1,8 | − 3,5 |
| 570,13 | 570,33 | 571,07 | − 1,2 | + 2,6 | + 4,3 | + 2,4 | − 3,0 |
| 570,44 | 570,06 | 570,15 | + 3,7 | + 7,0 | + 8,5 | + 5,0 | + 0,3 |
| 569,95 | 569,88 | 569,87 | + 3,2 | + 4,5 | + 5,3 | + 3,8 | + 1,2 |
| 569,66 | 568,33 | 568,25 | + 3,8 | + 5,4 | + 3,8 | + 2,4 | + 1,8 |
| 566,74 | 566,55 | 567,15 | + 1,5 | + 1,1 | − 0,3 | − 4,7 | − 5,0 |
| 568,45 | 568,60 | 568,81 | − 2,7 | − 0,5 | − 0,5 | − 3,0 | − 6,6 |
| 566,28 | 565,61 | 565,47 | − 1,4 | + 1,5 | + 0,5 | + 0,3 | − 6,0 |
| 566,78 | 567,12 | 568,23 | − 2,0 | − 1,5 | + 0,3 | − 1,5 | − 3,0 |
| 568,04 | 567,82 | 567,78 | − 1,8 | − 0,5 | − 1,0 | − 1,6 | − 3,2 |
| 566,78 | 566,38 | 566,46 | − 0,2 | + 1,0 | + 1,8 | + 0,4 | − 3,4 |
| 564,83 | 564,68 | 564,48 | 0,0 | + 2,8 | + 1,5 | + 0,2 | − 1,0 |
| 564,74 | 564,72 | 565,37 | − 0,1 | + 0,4 | + 1,5 | + 0,6 | − 1,7 |
| 566,32 | 566,27 | 566,74 | + 1,0 | + 2,4 | + 2,4 | + 2,0 | − 0,5 |
| 565,81 | 564,46 | 563,74 | + 4,2 | + 4,0 | + 4,8 | + 4,8 | 0,0 |
| 564,58 | 564,87 | 566,05 | + 3,8 | + 4,3 | + 5,3 | + 5,4 | + 3,1 |
| 566,29 | 565,90 | 565,22 | + 5,2 | + 6,3 | + 5,8 | + 3,9 | + 3,4 |
| 562,86 | 562,36 | 563,18 | + 2,3 | + 2,4 | + 2,7 | + 2,7 | + 2,0 |
| 567,98 | 567,68 | 567,96 | + 5.87 | + 7,93 | + 7,73 | + 5,26 | + 2,32 |
| 566,18 | 566,04 | 566,53 | + 1,02 | + 2,70 | + 2,74 | + 0,78 | − 2,13 |
| 565,70 | 565,46 | 565,73 | + 1,24 | + 2,16 | + 2,51 | + 1,69 | − 0,43 |
| 566,62 | 566,39 | 566,67 | + 2,71 | + 4,26 | + 4,33 | + 2,58 | − 0,08 |

rnard, à **2491** mètres au-dessus du niveau de la mer, et gît. à l'E. de Paris 4° 44' 30''.

| EAU de PLUIE ou de NEIGE dans les 24 h. | VENTS. Les chiffres 0, 1, 2, 3 indiquent un vent insensible, léger, fort ou violent. | | | | ÉTAT DU CIEL. Les chiffres indiquent la fraction décimale du firmament couverte par les nuages. | | | |
|---|---|---|---|---|---|---|---|---|
| | 9 h. du matin. | Midi. | 3 h. du soir. | 9 h. du soir. | 9 h. du matin. | Midi. | 3 h. du soir. | 9 h. du soir. |
| millim. | | | | | | | | |
| 0,3 p. | SO, 0 | SO, 0 | SO, 0 | SO, 3 | brou 1,0 | nuag. 0,7 | nuag. 0,7 | pluie 1,0 |
| 0,6 p. | SO, 0 | SO, 2 | SO, 0 | SO, 0 | brou. 1,0 | nuag. 0,6 | nuag. 0,5 | brou. 0,9 |
| 0,4 p. | SO, 1 | SO, 2 | SO, 1 | SO, 0 | brou. 1,0 | brou 0,9 | nuag. 0,7 | brou. 1,0 |
| » | SO, 0 | NE, 0 | SO, 0 | SO, 0 | clair 0,2 | clair 0,2 | nuag. 0,3 | couv 0,9 |
| » | SO, 0 | SO, 0 | SO, 0 | SO, 0 | couv. 1,0 | couv. 1,0 | nuag. 0,7 | couv. 1,0 |
| » | SO, 0 | SO, 0 | SO, 0 | SO, 0 | nuag. 0,5 | clair 0,2 | clair 0,2 | clair 0,0 |
| » | SO, 1 | NE, 1 | NE, 1 | NE, 1 | nuag 0,6 | couv. 0,9 | couv. 0,8 | brou 0,8 |
| » | NE, 0 | NE, 0 | NE, 1 | NE, 1 | nuag. 0,3 | couv. 0,8 | brou. 1,0 | clair 0,0 |
| » | NE, 1 | NE, 1 | NE, 0 | NE, 1 | clair 0,1 | nuag. 0,7 | brou. 1,0 | nuag. 0,4 |
| 2,5 p. | SO, 1 | SO, 2 | SO, 1 | SO, 2 | clair 0,1 | nuag. 0,6 | couv. 1,0 | pluie 1,0 |
| » | SO, 3 | SO, 3 | SO, 2 | SO, 2 | brou 1,0 | brou. 1,0 | brou 1,0 | brou. 1,0 |
| » | SO, 2 | SO, 1 | SO, 1 | SO, 2 | couv. 1,0 | couv 1,0 | couv. 1,0 | couv. 1,0 |
| 3,8 n. | NE, 1 | NE, 2 | NE, 1 | NE, 1 | neige 1,0 | neige 1,0 | couv 0,9 | couv. 0,9 |
| » | NE, 1 | NE, 1 | NE, 1 | NE, 1 | brou. 1,0 | clair 0,2 | clair 0,1 | clair 0,0 |
| » | SO, 0 | SO, 0 | SO, 0 | SO, 0 | clair 0,0 | clair 0,0 | clair 0,0 | clair 0,0 |
| 0,5 p. | NE, 0 | NE, 0 | NE, 0 | NE, 1 | nuag. 0,3 | nuag. 0,5 | nuag. 0,5 | clair 0,2 |
| » | NE, 0 | NE, 1 | NE, 1 | NE, 1 | nuag. 0,3 | nuag. 0,5 | couv. 1,0 | brou. 1,0 |
| » | NE, 1 | NE, 1 | NE, 1 | NE, 2 | brou. 1,0 | couv. 0,8 | nuag. 0,6 | brou. 1,0 |
| » | NE, 2 | NE, 2 | NE, 2 | NE, 2 | clair 0,0 | clair 0,0 | clair 0,0 | brou. 1,0 |
| » | NE, 1 | NE, 1 | NE, 1 | NE, 1 | clair 0,0 | clair 0,0 | clair 0,0 | clair 0,0 |
| » | SO, 1 | SO, 2 | SO, 1 | SO, 1 | brou. 1,0 | brou. 1,0 | couv. 1,0 | clair 0,1 |
| 14,7 n. | SO, 1 | SO, 2 | SO, 1 | SO, 2 | brou. 1,0 | brou. 1,0 | brou. 1,0 | brou. 1,0 |
| » | SO, 0 | SO, 1 | SO, 0 | SO, 0 | brou 1,0 | brou. 1,0 | brou. 1,0 | brou. 1,0 |
| 1,2 n. | SO, 1 | SO, 0 | SO, 0 | NE, 2 | couv. 1,0 | brou. 0,8 | brou. 0,8 | brou. 1,0 |
| 35,8 n. | SO, 0 | SO, 1 | SO, 1 | SO, 1 | couv. 1,0 | brou. 1,0 | brou. 1,0 | brou. 1,0 |
| » | SO, 1 | SO, 1 | SO, 1 | SO, 1 | brou. 1,0 | brou. 1,0 | brou. 1,0 | brou. 1,0 |
| » | SO, 1 | SO, 1 | SO, 1 | SO, 0 | brou. 1,0 | brou. 1,0 | brou. 1,0 | couv. 1,0 |
| » | SO, 1 | SO, 1 | NE, 1 | NE, 1 | brou. 1,0 | brou. 1,0 | brou 0,9 | couv. 0,9 |
| » | SO, 1 | SO, 1 | SO, 0 | SO, 1 | couv. 0,9 | couv. 1,0 | brou. 0,9 | brou. 1,0 |
| 12,3 p. | SO, 2 | SO, 2 | SO, 2 | SO, 1 | pluie 1,0 | pluie 1,0 | brou. 1,0 | couv. 0,9 |
| 3,8 | | | | | 0,58 | 0,66 | 0,69 | 0,70 |
| 4,3 | | | | | 0,56 | 0,50 | 0,51 | 0,61 |
| 64,0 | | | | | 0,99 | 0,98 | 0,96 | 0,89 |
| 72,1 | | | | | 0,71 | 0,71 | 0,72 | 0,73 |

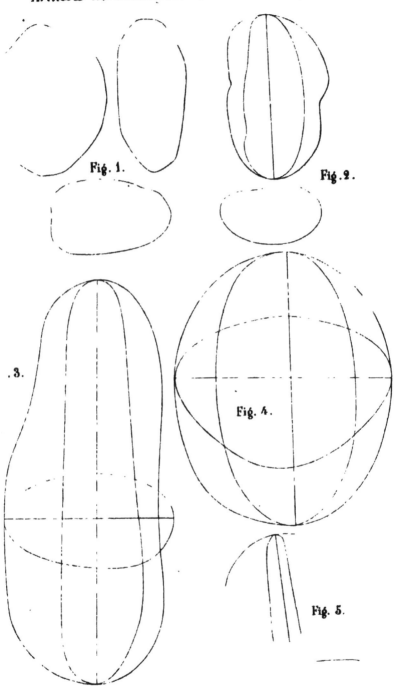

Fig. 1.

Fig. 2.

.3.

Fig. 4.

Fig. 5.

Fig. 6.

# ARCHIVES

### DES

## SCIENCES PHYSIQUES ET NATURELLES.

# LOECHE-LES-BAINS

## (EN VALAIS).

## OBSERVATIONS

### SUR LA .

#### MANIÈRE DE PROCÉDER DANS LES CURES DE CES EAUX THERMALES,

##### PAR

### M. le Docteur LAMBOSSY.

La réputation de Loëche-les-Bains est fort ancienne, elle remonte à plusieurs siècles; elle s'est soutenue et même aggrandie malgré les phases diverses qu'a traversées le monde médical. Les nouveaux et nombreux établissements de bains thermaux et hydro-thérapiques créés en Europe dans ces derniers temps, n'ont point empêché le nombre des malades qui se rendent à Loëche d'augmenter d'année en année. Ces eaux n'ont jamais subi l'influence de la mode comme d'autres établissements, tour à tour fréquentés et abandonnés. On y accourt depuis

les temps les plus anciens, malgré la difficulté et même
le danger de la route qui y conduit ; on y séjourne pendant le temps exigé pour la cure, malgré l'âpreté du climat et les variations de température, malgré les nombreuses privations qu'on y subit, et le peu de confort
qu'on y rencontre ; car tout y est encore simple et primitif, à l'inverse d'autres établissements où tout est mis
en jeu pour attirer des personnes qui, indépendamment
de la santé, recherchent la distraction, le monde et le
plaisir.

D'où vient cette vieille réputation, toujours soutenue
et toujours croissante ? De ce que les eaux de Loëche
sont très-actives ; de ce qu'elles modifient puissamment
et en peu de temps la vitalité des organes atteints de maladies chroniques ; de ce que, en un mot, elles guérissent
souvent.

Comment guérissent-elles ? Est-ce par un principe
minéralisateur particulier, dont l'action énergique nous
est connue ? Est-ce par le soufre ou l'un de ses composés
binaires ? Elles n'en renferment pas un atome. Est-ce par
l'iode ou le brome ? Elles ne contiennent que des traces
impondérables du premier de ces éléments.

Plusieurs chimistes distingués en ont fait l'étude.
MM. Brunner et Pagenstecher ont fait l'analyse de toutes
les sources en 1827 ; leurs résultats concordent, à quelques légères différences près, avec ceux obtenus en
1844, par M. Morin, chimiste de Genève, qui a opéré
avec un soin minutieux sur la source de Saint-Laurent,
et par M. le professeur de Fellenberg, qui a analysé l'eau
qui alimente aujourd'hui les bains de l'hôtel des Alpes,
et qu'on appelait autrefois *source des guérisons*.

Nous nous bornerons à donner ici les résultats de ces

deux dernières analyses, les seules dans lesquelles des traces de iodures soient signalées [1].

| | HUGELQUELLEN. | SOURCE St-LAURENT. |
|---|---|---|
| | DE FELLENBERG. | MORIN. |
| *Gaz.* | pour 1000 grammes d'eau | pour 1000 grammes d'eau |
| Acide carbonique . . . . . . . . . . . | | 0,0047= 2,3890 |
| Oxygène . . . . . . . . . . . . . . | | 0,0015= 1,0545 |
| Azote. . . . . . . . . . . . . . . . | | 0,0145=11,5180 |
| *Substances fixes.* | | |
| Sulfate de chaux . . . . . . . | 1,5385 | 1,5200 |
| Sulfate de magnésie . . . . . | 0,2583 | 0,3084 |
| Sulfate de soude . . . . . . . | 0,0637 | 0,0502 |
| Sulfate de potasse . . . . . . | 0,0155 | 0,0386 |
| Sulfate de strontiane . . . . . | 0,0035 | 0,0048 |
| Carbonate de protoxyde de fer. | 0,0043 | 0,0103 |
| Carbonate de magnésie . . . . | 0,0107 | 0,0096 |
| Carbonate de chaux . . . . . | 0,0537 | 0,0053 |
| Chlorure de potassium . . . . | 0,0065 | |
| Chlorure de sodium . . . . . | 0,0083 | |
| Chlorure de calcium . . . . . | traces | |
| Chlorure de magnesium . . . | 00,211 | |
| Silice . . . . . . . . . . . . | 0,0334 | 0,0360 |
| Iodure de potassium. . . . . . . . . | | traces |
| Alumine . . . . . . . . . . . . . . | | traces |
| Phosphates . . . . . . . . . . . . . | | traces |
| Azotates. . . . . . . . . . . | traces | traces |
| Iodures . . . . . . . . . . | traces | |
| Sel ammoniacal . . . . . . . . . . . | | traces |
| Glairine. . . . . . . . . . . . . . | | quantité indéterminée. |
| Total . . . . . . | 2,0110 | 2,0104 approximatif |

[1] M. Morin, à l'obligeance duquel nous devons ce tableau, a découvert la présence des iodures dans les eaux de Loëche, par des travaux analytiques postérieurs à ceux publiés en 1845 dans l'ouvrage de M. le docteur Grillet, et qui sont insérés dans les *Annales*

L'eau des sources de Loëche est limpide, presque inodore, d'une saveur peu prononcée, et d'une température variant selon les sources et les circonstances extérieures, entre 31° et 41° R.

D'après les propriétés physiques et chimiques de ces
eaux, peut-on préjuger quelle sera leur action thérapeutique? On ne le peut pas, même approximativement, et
on retrouve ici à un haut degré le mystère qui existe
dans l'action de la plupart des eaux minérales comparée
à leur composition chimique [1]. C'est l'expérience, et
l'expérience seule, qui a conduit médecins et malades
à se servir des eaux de Loëche dans un but de guérison.

Elles agissent évidemment à la manière des fondants,
l'expérience le démontre. Outre leur effet local et dérivatif sur la peau, c'est sur l'absorption en général et sur
l'absorption interstitielle en particulier, que porte leur
action principale. Cette action se manifeste très-prompt-
tement, et dès les premiers jours de la cure. Les émonctoires sont fortement ébranlés, et les sécrétions diverses
activées ; les urines, les selles, la perspiration cutanée, et

---

*des Mines.* En nous communiquant les derniers résultats qu'il a
obtenus, il a bien voulu nous faire part aussi d'observations chimiques intéressantes qui ont de l'importance pour l'étude des
eaux qui nous occupent et qu'il publiera probablement lui-même.

[1] Ce mystère n'est pas d'ailleurs exclusif aux eaux minérales,
on le retrouve dans beaucoup d'autres substances. C'est ainsi que
l'on voit deux espèces de vin, qui, avec une composition et une
proportion d'alcool identiques, seront l'une fort recherchée et ré-
putée de qualité supérieure, tandis que l'autre sera rejetée comme
fort ordinaire et sans valeur. Les crûs sont classés par les amateurs d'après le *bouquet* de leur produit et le *bouquet* échappe à
l'analyse.

enfin la *poussée*, qui survient chez tous les baigneurs à
peu près, sont les principales voies éliminatrices mises en
jeu. Le bain constituant aujourd'hui la partie principale
de la cure, c'est par absorption à travers les pores de la
surface cutanée plongée dans l'eau, que ce liquide minéral entre dans l'économie pour produire ces divers phénomènes. C'est pour cela, et avec raison que, depuis les
temps les plus anciens, la cure de Loëche a toujours eu
sa *haute baignée*, et exigé pour atteindre son but un
grand nombre d'heures de bain chaque jour; il fallait
en effet une longue immersion pour donner au remède
le temps de pénétrer dans le corps, d'autant plus que,
comme nous le verrons, la boisson de l'eau thermale a
toujours dû y être, et y est encore insignifiante pour la
majorité des baigneurs.

Ces eaux sont efficaces dans un grand nombre de maladies ; mais ne pourrait-on pas obtenir des succès plus
complets et un plus grand nombre de guérisons, en procédant d'une manière plus rationnelle dans l'accomplissement de la cure, et en mettant à profit toutes les
chances et toutes les conditions favorables que la nature
a réunies autour de ces sources bienfaisantes? Nous
sommes portés à le croire, et c'est dans le but de démontrer cette assertion que nous avons entrepris ce
travail.

La cure de Loëche comprend en général : 1° *la baignée* et ses accessoires (lotions, injections, applications, etc.); 2° *la boisson ;* 3° *les douches ;* 4° *le régime ;* 5° *l'exercice ;* 6° *l'air* de la localité, et 7° *les
ventouses*, que l'on a l'habitude d'appliquer dans un
grand nombre de cas.

1° *La baignée.* Les bains se prennent en commun

dans des piscines ou *carrés*, qui reçoivent de vingt à
quarante personnes, et même davantage. On débute par
un bain de demi-heure à une heure, et on augmente
tous les jours d'une heure environ, jusqu'à ce qu'on soit
arrivé à ce qu'on appelle la *haute baignée*, qui se compose en général de quatre à cinq heures de bain le matin,
et de une à deux heures l'après-midi. La poussée survient du cinquième au treizième jour. On continue la
haute baignée jusqu'à ce que cette éruption tende à diminuer, alors on *débaigne* en diminuant la durée des
bains, et procédant à peu près pour cette marche descendante comme on l'a fait dans un ordre inverse en
commençant. Au bout de trois à cinq semaines la cure
est terminée et le malade congédié, avec recommandation de soins et d'abstinence de tout autre traitement
pendant quelques semaines, pour laisser, dit-on, à la
cure le temps de manifester ses effets salutaires sans perturbation.

La température des carrés est uniforme, et la même
pour tous; elle varie, par causes fortuites, entre 27° et
30° R. Les malades y entrent pêle-mêle, revêtus de longues robes faites avec des étoffes de diverses couleurs.
Pour le choix du carré ils n'ont à consulter que leur ca-
price ou leurs sympathies personnelles, ce choix ne saurait avoir d'autre importance, les conditions étant les
mêmes partout. Cette température uniforme et invariable
pour tous les baigneurs présente de graves inconvénients.
Comment comprendre, en effet, que la même eau, au
même degré de chaleur, puisse recevoir une si grande
variété de maladies, d'âges, de tempéraments? Comment
peut-on envoyer dans la même piscine l'enfant à la peau
délicate et spongieuse avec le vieillard aux téguments

parcheminés ; la femme nerveuse et impressionnable avec l'homme robuste et pléthorique ; le malade lymphatique avec celui qui a le tempérament sanguin ; celui qui commence la cure avec celui qui dédaigne ou qui a la fièvre et les frissons de la poussée ? Ne voit-on pas tous les jours dans la pratique médicale qu'un point essentiel dans l'administration des bains consiste à régler la température d'après la tolérance et les indications individuelles propres à chaque cas, et qu'on ne peut s'écarter de cette règle sans courir des chances d'insuccès, sinon toujours de danger ?

Ne serait-il pas, en outre, très-important de mettre chaque malade dans les conditions individuelles les plus favorables à l'absorption de l'eau thermale, puisque c'est par cette voie que ses principes doivent pénétrer dans l'économie pour produire les crises éliminatrices et la guérison ? On sait, à cet égard, qu'un bain trop chaud comme un bain trop froid crispent la peau et empêchent également l'absorption. On sait aussi d'autre part que, sous le rapport de la tolérance et de l'appréciation de la chaleur, il y a des différences individuelles telles que la même eau qui sera jugée trop chaude par un malade, pourra être, au contraire, trouvée froide par un autre. Nous en avons vu nous-même la preuve fréquente pendant notre séjour à Loëche.

Cette température étant invariable, ou dépendant dans ses mouvements de hausse et de baisse, non point de la volonté de l'homme de l'art appelé à diriger la cure, mais uniquement du hasard de la température extérieure, ou de l'activité plus ou moins grande du *Badenmeister* (garçon de bain), il en résulte que les prescriptions du médecin n'ont ni base, ni but, qu'il ne peut faire aucune observation profitable sur le malade qu'il suit, aucun progrès en sa faveur, puisqu'il doit toujours et nécessairement renvoyer dans la même piscine le curiste qui se plaint de ce que l'eau est trop froide, avec celui qui gémit au contraire d'avoir été incommodé par une chaleur trop élevée ; heureux si le hasard du bain du lendemain vient favoriser au moins l'un des plaignants.

Cette fâcheuse circonstance rend la position du médecin très-pénible, elle le force à prescrire toujours les mêmes choses invariablement, et dans certains cas à faire interrompre les bains qu'il ne peut modifier, ou bien à en diminuer la durée de manière à rendre leur effet illusoire ou tout à fait nul. Que devient alors la cure de Loëche pour les malheureux malades qui y sont venus pleins d'espérance dans la vertu des eaux, et qui, dans de meilleures conditions, auraient pu obtenir soulagement ou guérison?

Cette manière d'agir est déplorable, non-seulement en vue des malades qui en sont victimes, mais aussi sous le rapport de la science médicale en général. Comment, en effet, faire des observations fondées, comment acquérir de l'expérience et baser sur elles des progrès, si aucune modification à la baignée n'est possible, et si elle dépend du hasard, quant à son point essentiel, celui de la température? Les années se sont succédé et s'accumulent ainsi sans amélioration et sans bénéfice pour l'avenir. La cure de Loëche se fait aujourd'hui comme dans les temps primitifs, et continuera nécessairement sur le même pied, aussi longtemps qu'on n'aura pas réformé le vice radical que nous combattons.

Nous ne nous étendrons pas plus longuement sur ce sujet, son importance est facile à juger, elle frappe tout le monde. On est en droit d'espérer qu'on ne tardera pas à mettre la main à l'œuvre pour faire la réforme que nous désirons, d'autant plus qu'on le pourrait sans rien changer au matériel des établissements thermaux actuellement existants. Il suffirait pour cela, comme le propose M. le docteur Lorétan, d'utiliser les belles sources d'eau froide qui coulent abondamment à côté des eaux thermales, et de les faire servir au refroidissement de ces dernières, au moyen de tuyaux serpentins qui traverseraient des réservoirs ou les piscines elles-mêmes ; ou bien encore, selon l'avis publié dans l'ouvrage de M. le docteur Bonvin, et que M. le docteur Mengis émettait devant nous, on pourrait faire passer les tuyaux conducteurs de l'eau des sources chaudes dans des réservoirs d'eau froide. Ayant ainsi la possibilité d'abaisser à souhait la température de l'eau thermale, il suffirait, sans créer de nouveaux carrés, de graduer ceux qui existent de manière à avoir des piscines à 27°, 28°, 29°, 30°, etc., dans lesquelles le médecin distribuerait chaque jour ses malades, selon les indications et les impressions du bain de la veille, dont on aurait alors intérêt à observer les effets. Il est probable que les enfants, les femmes impressionnables, les personnes délicates, sanguines, celles qui commencent la cure, seraient envoyées dans les piscines où l'eau ne serait que tiède, tandis qu'on destinerait aux carrés les plus chauds les personnes lymphatiques, peu impressionnables, à peau inerte, les malades atteints d'affections scrophuleuses, ceux qui ont la poussée avec le sentiment de froid qui l'accompagne, ceux chez lesquels elle se fait mal, etc. C'est là une simple probabilité que nous émettons *à priori*, il va sans dire qu'il faudrait attendre et écouter l'expérience, qui ne tarderait pas à parler par

cette nouvelle manière de procéder dans la baignée, et
se diriger d'après ses données pour réaliser les progrès
que nous désirons.

Cette faculté de pouvoir modifier et choisir la température, serait d'une grande valeur pour la direction de
la cure ; les poussées languissantes, celles qui tardent à
se prononcer, celles qui disparaissent ou tendent à disparaître, si fréquentes aujourd'hui, pourraient être sti-
mulées ou soutenues soit par plus de chaleur, soit par
des bains que l'on pourrait presque toujours alors prolonger à souhait. Chacun se trouvant dans la température
la plus appropriée à son tempérament et à son idiosyn-
crasie, y resterait aussi longtemps qu'on le jugerait convenable, sans en être incommodé, comme cela a lieu aujourd'hui. Ce nouveau système donnerait essor à l'intelligence du médecin-directeur, et stimulerait son zèle
pour suivre son malade de plus près ; il pourrait alors
diriger réellement la cure vers le meilleur but, au lieu
d'être dirigé par elle, comme cela a eu lieu jusqu'à présent. On comprend que pour beaucoup de malades les
cures seraient moins pénibles, plus complètes, plus pro-
fitables, et par conséquent aussi plus souvent suivies de
guérison.

Un autre inconvénient de la baignée actuelle mérite
d'être signalé. L'eau des piscines n'est changée que de
moitié pour les bains de l'après-midi ; la portion de ce
liquide qui n'est pas renouvelée ne peut avoir la même
valeur thérapeutique, épuisée qu'elle est par les baigneurs
du matin ; elle n'a plus d'ailleurs le degré de propreté
désirable, et beaucoup de malades s'abstiennent de ce
bain, ou n'y entrent qu'avec répugnance. Cet inconvénient, résultant uniquement de l'impossibilité actuelle

d'abaisser la température de l'eau d'une manière convenable, disparaîtrait si on adoptait l'une ou l'autre méthode de refroidissement dont nous avons parlé plus haut. Avec des sources aussi abondantes que le sont celles de Loëche, dont une fort petite portion seulement est utilisée, on aurait toute facilité sous ce rapport pour le renouvellement de l'eau, que plusieurs autres raisons encore devraient engager à opérer le plus souvent possible. Nous attachons de l'importance à cette réforme, car contrairement à une opinion émise à ce sujet, et assez généralement goûtée, nous pensons que le bain de l'après-midi n'est pas sans valeur, et qu'il doit être conservé comme partie intégrante de la cure. En effet, l'eau agissant par suite de son absorption à travers la peau pendant le bain, et chez quelques personnes très-promptement, ses effets du jour, qui se manifestent après le bain du matin, pourraient être accomplis trop longtemps avant le retour de l'immersion du lendemain, d'où résulterait une perte de temps que le bain de l'après-midi doit prévenir. Cette lacune pourrait ainsi retentir d'une manière fâcheuse sur le résultat définitif de la cure ; de la même manière qu'on voit un purgatif échouer, quand on prend ses doses à de trop longs intervalles. Comme il importe d'ailleurs de donner le plus de temps possible à l'absorption du liquide minéral, la haute baignée nécessaire pour cela chaque jour sera mieux supportée et moins fatigante si elle est faite en deux séances.

Le renouvellement de l'eau est aussi à désirer en vue de tous les principes étrangers que les baigneurs apportent avec eux dans la piscine commune. L'un y laisse la poussière du voyage, l'autre l'enduit sébacé qui recouvre sa peau, enduit toujours abondant chez les personnes qui ne font pas un usage fréquent de bains domestiques : tous y apportent les matières colorantes des robes de bain qui se vendent dans la localité, et qui malheureusement sont faites avec des étoffes fort chargées en couleur. Nous devons ajouter à cela les liquides excrétés, les matières des écoulements catarrhaux, les sanies d'ulcères, de dartres humides, etc., matières qui doivent être assez abondantes dans l'établissement, puisque ce sont principalement les maladies qui les produisent qui sont envoyées à ces thermes, et contre lesquelles les eaux montrent leur efficacité. On ne peut disconvenir que ces principes étrangers, introduits dans l'eau thermale, ne puissent modifier son action, ou au moins l'affaiblir, si même, comme on l'assure, cette introduction n'offre pas de danger.

Outre les grandes piscines publiques, il y a à Loëche des carrés particuliers qui sont en général loués à des familles ou à des malades riches. Ces carrés privés restent ainsi entièrement indépendants des grandes piscines. Ne devrait-on pas, dans l'intérêt général, en attacher un ou deux comme succursales des carrés publics ; le médecin y enverrait les arrivants pour les premiers bains, et aussi, sans augmentation de prix et dans un intérêt général, les malades qui inspirent de la répugnance par la nature de leur mal, ou dont l'état maladif pourrait nuire sous quelque rapport au bain général.

L'absence presque complète de baignoires est, à nos yeux, une lacune pour Loëche, où se rendent un si grand nombre de malades ; le besoin s'en fait souvent sentir dans des cas particuliers, comme nous avons pu le voir nous-même. En en groupant plusieurs dans une même enceinte, avec la faculté de pouvoir les isoler par des ri-

deaux, le malade pourrait, dans certains cas, y faire sa
baignée, même sans robe de bain, un tapis recouvrant
la baignoire, s'il est reconnu que cette robe ait des inconvénients sous quelque rapport. L'eau resterait ainsi
pure de tout principe étranger, elle pourrait en outre
être renouvelée à volonté, et sa température modifiée à
souhait. Pour quelques personnes, surtout pour celles
qui ne font pas de mouvements dans le bain, la position
dans la baignoire est préférable à celle que l'on prend
sur les bancs des carrés ; il suffirait d'ailleurs de tirer les
rideaux pour trouver société et distraction.

Les baignoires deviennent encore nécessaires si, comme
nous le désirons, et pour des indications spéciales, on
prend l'habitude à Loëche de prescrire des bains médicamenteux préparés avec un remède et de l'eau thermale
comme véhicule. Nous sommes convaincus que dans certains cas rebelles on tirerait un parti fort avantageux de
cette manière de procéder. M. le docteur Bonvin nous a cité
l'exemple d'un de ses malades, personnage notable de la
Suisse, atteint d'une maladie fort ancienne, pour laquelle
une cure à Loëche n'avait pas manifesté le moindre succès, et dont la guérison fut obtenue facilement l'année
suivante par l'addition d'une préparation sulfureuse à
l'eau thermale qui lui servait de bain. Il est à désirer que
le succès encourageant obtenu dans cette circonstance,
engage les médecins à suivre cet exemple dans des cas
analogues.

Il est probable que, malgré tout, les piscines attire-
ront toujours la foule des baigneurs ; c'est une raison de
plus de les débarrasser des inconvénients que nous avons
signalés plus haut. On est obligé de reconnaître les grands
avantages de ce système de baignée ; l'exercice, la dis-

traction, la nouveauté, les jeux divers, et le grand nombre de futilités attrayantes qu'on rencontre dans les carrés, et auxquelles, en général, chacun prend sa part de bonne grâce, en font, il faut en convenir, un lieu de réunion plein de charmes. Toute réflexion sérieuse étant impossible dans cet agréable pêle-mêle, l'esprit fatigué y trouve un repos forcé qu'il chercherait en vain dans la solitude. Tout cela n'est pas sans avantage pour les malades et leur guérison, surtout pour ceux dont notre société offre un grand nombre, qui sont usés par des préoccupations et des travaux intellectuels, et qu'on envoie volontiers à Loëche. Nous sommes donc loin de repousser le système des carrés, si on les débarrasse des inconvénients qu'ils présentent aujourd'hui ; nous voudrions seulement obtenir à côté d'eux, pour les cas spéciaux, quelques enceintes renfermant des baignoires, ainsi que des baignoires détachées.

2° *La boisson*. Cette partie de la cure est presque nulle à Loëche, peu de personnes peuvent boire et supporter l'eau thermale, et celles qui en boivent ne peuvent arriver qu'à une dose presque insignifiante ; un à deux verres suffisent souvent pour déterminer du malaise gastrique ou même une véritable indigestion. Cette donnée de l'expérience nous semble d'une explication facile : elle est due d'abord à la température de l'eau, qui marque aux buvettes de $35°$ à $40°$ R., et ensuite à ce que cette eau n'est pas aérée, et ne renferme aucun principe stimulant qui, pour l'estomac, puisse compenser l'absence de l'air atmosphérique ; à l'inverse d'autres eaux minérales d'une chaleur aussi élevée, dont on peut boire en abondance. Chacun sait, par ce qui a lieu dans la vie domestique, que l'eau chaude ne peut être prise impu-

nément hors les jours de vomitifs, et que, en général,
si même elle est supportée en toute autre circonstance,
elle débilite l'estomac, au point que toute boisson
chaude est interdite aux personnes qui souffrent d'atonie
des voies digestives, et dont le nombre est malheureusement grand aujourd'hui. Les boissons chaudes sont toujours privées d'air par le seul fait de leur température
élevée, et par conséquent indigestes et malsaines. Quand
on les prescrit aux malades dans la pratique médicale, on
ne manque jamais de leur ajouter, comme instinctivement, une substance étrangère, telle que du sucre, du
sirop, une liqueur alcoolique, du thé, etc., pour les faire
supporter.

L'expérience et le raisonnement concordent, comme
on le voit, pour faire rejeter la boisson de l'eau thermale
de Loëche. Cela étant, ne pourrait-on pas la faire prendre
*refroidie* à la température ordinaire? Elle doit être supportée dans ce nouvel état, les deux circonstances auxquelles nous attribuons la non tolérance de l'eau chaude,
disparaissant par le refroidissement. Ce raisonnement est
juste, et l'expérience est venue encore ici le confirmer.
Nous en avons fait l'épreuve sur nous-même, en prenant
de douze à quinze verres d'eau refroidie par jour, sans
inconvénient, et sur quelques curistes de l'hôtel des Alpes
qui en ont pris une dose semblable avec tolérance complète. Notre honorable confrère, le docteur Lorétan, qui
a bien voulu nous prêter assistance dans cette occasion,
comme dans toutes nos recherches, a bu lui-même de
l'eau refroidie, et en a prescrit à plusieurs de ses nombreux malades, avec un succès remarquable, surtout chez
ceux dont l'estomac n'avait pu supporter précédemment
la boisson chaude.

Il résulte de ces faits que l'eau de Loëche *refroidie* prise en boisson pourra être ajoutée à la baignée dans presque tous les cas, et consommée à une dose double ou même triple de celle usitée chez les rares malades qui, jusqu'à présent, ont pu boire de l'eau thermale. Il résulte encore de là, en ne tenant compte pour le moment que de la température et de l'aérification, que par suite du refroidissement la boisson deviendra tonique, comme toute eau froide, de débilitante qu'elle était précédemment.

Cette eau perd-elle de sa qualité, de sa vertu curative en se refroidissant? Il suffit de jeter un coup d'œil sur sa composition chimique pour s'assurer qu'elle ne peut perdre de ses principes actifs dans le court espace de temps nécessaire à cette opération ; elle reste d'ailleurs parfaitement limpide, et ne forme point de dépôt pendant ce temps. Les deux carafes que nous avons consacrées exclusivement à cet usage pendant la plus grande partie de notre séjour à Loëche, et que nous avons remplies nous-même à la buvette, une ou deux fois chaque jour, sans jamais les nettoyer à l'intérieur, n'ont offert qu'un peu de sédiment calcaire attaché à leurs parois, sédiment en tout semblable à celui qui se forme avec le temps dans les carafes de nos tables, lorsque l'eau qu'on y sert est calcaire, comme cela a lieu le plus souvent. Il ne faut point confondre le dépôt dont nous parlons, et qui seul a de la valeur pour le sujet qui nous occupe, avec celui qui se forme instantanément à la buvette sur les parois extérieures du verre qui reçoit l'eau. Ce dernier dépôt, qui r.      tout le monde, est dû à l'évaporation des
lu liquide thermal qui s'attachent aux parois
       comprend que dans ce cas, l'eau

se trouvant sur une surface vaste et chauffée, est promptement et complétement évaporée, de manière à laisser en entier tous les éléments solides qu'elle renferme.

On pourrait donc tout au plus admettre que l'eau de Loèche perd une quantité infiniment petite de sulfate de chaux par le refroidissement. Est-ce un mal en vue de sa vertu curative? Loin de là, il est à regretter au contraire que cette perte ne puisse être plus considérable; elle ne pourrait être qu'avantageuse, vu l'énorme quantité de ce sel calcaire qui domine dans les principes actifs de l'eau (18 parties sur 21). Ce sel, qui se retrouve malheureusement dans la plupart des eaux de fontaine, et entre autres en proportion assez forte dans les eaux de Paris, fait le désespoir de l'hygiène; il est connu par son action irritante et son peu de valeur thérapeutique. Car si même on doit attribuer au sulfate de chaux quelque part dans la vertu médicatrice des eaux de Loèche, ce doit être surtout en agissant sur la peau, pendant le bain, que cette action se manifeste.

Le refroidissement ne peut faire perdre à l'eau de Loèche aucun principe gazeux, puisque la solubilité des gaz augmente avec l'abaissement de la température. D'ailleurs, une eau chaude comme celle-là ne peut renfermer que peu ou point de gaz lorsqu'elle est arrivée à la buvette, car dès que la compression qu'elle subit dans ses conduits souterrains a cessé, tous les gaz se dégagent. On ne pourrait obvier à cette perte qu'en maintenant artificiellement la compression ou en refroidissant l'eau avant sa sortie de terre, ce qui serait également impossible. La perte d'acide carbonique qu'elle éprouve entre autres, provient de la conversion en carbonates des bicarbonates non stables qu'elle renferme. Ce n'est point

là le fait du refroidissement, qui tendrait plutôt à produire l'inverse en maintenant les bi-carbonates, mais bien
du défaut de compression qu'éprouve l'eau en sortant de
la terre. Cette compression cesse même longtemps avant
que l'eau apparaisse à nos yeux, et laisse déposer aussitôt la majeure partie des carbonates, et surtout celui
de fer, dont une grande proportion est convertie en peroxyde brun-jaunâtre, comme on peut le voir à l'orifice
des sources où ce dépôt est assez abondant. Voilà, à nos
yeux, une perte réelle pour la propriété tonique des eaux
de Loëche, perte à laquelle on ne peut s'opposer.

Au lieu de perdre des gaz, l'eau acquiert de l'air atmosphérique par le refroidissement, surtout si on a la
précaution de la verser de haut ou de l'agiter un peu au
moment de la boire. Cette circonstance rend l'eau de
Loëche légère et facile à supporter. On sait assez quelle
est l'influence de l'air atmosphérique sur la qualité de
l'eau à boire ; l'hygiène a toujours recommandé l'eau
aérée comme la seule salubre, et proscrit au contraire
toute eau privée d'air par la chaleur au par un état de
stagnation.

La boisson de l'eau de Loëche refroidie étant une idée
nouvelle qui nous appartient, et son action n'étant point
encore connue quant à ses *effets secondaires,* on ne peut
formuler dans ce moment, ni dose, ni indication spéciale ; nous devons laisser parler l'expérience à ce sujet.
Il nous suffit d'avoir prouvé qu'elle est supportable et
supportée à très-haute dose, et que jusqu'ici tout porte
à en conseiller l'usage à tous les baigneurs. Nous ne le
ferons cependant qu'en rappelant, quant à la dose, un
principe hydriatique qui est de rigueur toutes les fois
qu'on fait usage d'eau froide à l'intérieur : c'est de pro-

portionner toujours la quantité de boisson froide à l'exercice possible. Cette règle nécessiterait une distribution plus rationnelle et plus sévère dans l'exercice qui se fait à Loëche, ce qui est déjà indiqué d'ailleurs sous d'autres rapports, comme nous le verrons plus tard. Avec la boisson de l'eau refroidie il deviendrait nécessaire que les principales promenades se fissent avant le repas, et non après, comme cela se pratique aujourd'hui, et que des filets d'eau minérale fussent conduits sur divers points des promenades et mis à la disposition des curistes sous forme de buvettes, calculées de manière à obtenir à la fois le refroidissement et l'aérification.

Le moyen de faire supporter l'eau minérale sans inconvénient à des doses élevées et variées étant trouvé, doit-on la prescrire en boisson pour la cure de Loëche? Nous n'hésiterons pas à nous prononcer pour l'affirmative, en nous appuyant sur l'expérience et le raisonnement. Les médecins de Loëche citent tous des exemples, assez nombreux relativement au petit nombre de cas posés, où la boisson seule de l'eau thermale, sans bains, a produit la poussée. Cela devait être et ne nous surprend pas, puisque nous avons reconnu précédemment que c'était en entrant dans le corps, par absorption à travers les pores de la peau, que l'eau du bain allait produire les crises éliminatrices dont la poussée fait partie. On conçoit donc que l'eau prise en boisson puisse déterminer les mêmes phénomènes que les bains; et il est prouvé par cela même que la boisson sera un puissant adjuvant de la baignée. L'eau entrant ainsi dans l'économie par deux voies à la fois, et le malade pouvant absorber, dans un temps donné, une bien plus forte proportion de principes actifs, il doit en résulter une action plus énergi-

que, plus prompte, plus complète ; les cures étant par là
rendues plus actives, on doit pouvoir aussi, par ce moyen,
obtenir un plus grand nombre de guérisons, et il est
probable que beaucoup de malades qui, contre attente,
n'ont pu trouver guérison à ces thermes, pourraient
l'obtenir en se soumettant à cette double action de l'eau
minérale.

Si la boisson doit aider la baignée dans toutes les maladies en général qui sont envoyées à Loëche, elle doit
avoir une valeur toute particulière dans celles, si nombreuses, qui présentent des engorgements viscéraux internes, et dans celles qui, comme les affections cutanées, doivent être rapportées à un vice dans les fonctions de chylification ou de sanguinification. Dans tous
ces cas où l'eau doit agir par sa vertu fondante, son action étant plus directe, doit être bien plus prompte et plus
efficace lorsque le liquide minéral est pris à l'intérieur.

La boisson est encore à désirer pour aider et soutenir
la crise d'élimination que la cure doit produire. Ne prenant point d'eau thermale à l'intérieur, on boit beaucoup
aux tables de Loëche, chacun à sa guise, de l'eau ordinaire, de l'eau coupée de vin, ou même du vin pur ; les
bouteilles et carafes se vident rapidement. On conçoit ce
besoin instinctif de boisson pour les baigneurs. Il faut
que l'économie fournisse à l'élimination des principes
morbides, soit par les émonctoires ébranlés, soit par la
poussée ; or, la boisson est nécessaire et même indispensable pour le développement de ces mouvements organiques, tout comme elle est indiquée et toujours prescrite
par l'homme de l'art dans toutes les maladies éruptives
ou exanthématiques, dans la classe desquelles se range
tout naturellement la poussée de Loëche. Voilà certes un

motif de plus et bien fondé pour conseiller la boisson de l'eau minérale à tous les baigneurs. Prise entre les repas, comme un remède de cette nature doit se prendre, elle aurait l'avantage d'étancher et de prévenir la soif signalée plus haut, outre celui de son action curative. Beaucoup de poussées se font mal, on les voit assez fréquemment se manifester et disparaître plusieurs fois avant de parvenir à leur apogée ; quelques-unes restent faibles, indécises, sans qu'on puisse toujours attribuer cette irrégularité de marche à des indispositions dérivatives ou à d'autres causes connues ; elles sont aussi souvent accompagnées de sécheresse et de fièvre, semblables à ces cas d'affections éruptives des malades indociles qui refusent la boisson diaphorétique qu'on leur prescrit. Il est fort probable que ces inconvénients disparaîtraient, au moins en partie, si la boisson de l'eau minérale était admise à Loëche d'une manière générale.

L'eau thermale peut être supportée dans beaucoup de cas, quoique toujours à dose faible, à la température élevée de sa source, lorsqu'on lui ajoute un principe médicamenteux stimulant ; les médecins de ces thermes prescrivent quelquefois dans ce but l'addition d'une certaine quantité d'éther nitrique, de bi-carbonate de soude, etc. Cette manière de faire peut avoir des indications et applications particulières dans des cas exceptionnels, mais à nos yeux et pour les motifs que nous avons longuement exposés, l'eau minérale refroidie seule pourra être admise pour la boisson comme méthode générale.

L'eau minérale refroidie, une fois adoptée pour l'usage intérieur et étudiée quant à ses effets, pourra être, sinon exportée au loin sur une grande échelle (la cure devant être faite sur les lieux mêmes), au moins emportée en

certaine quantité par quelques malades qui , après avoir
terminé leur cure à Loëche, et de retour chez eux, ont
besoin de rester quelque temps encore sous l'influence
de ce remède pour compléter leur guérison. Non-seulement cette eau ne perd rien , comme nous l'avons démontré , pendant le temps nécessaire à son refroidissement, mais il est même probable qu'elle pourrait se conserver pendant un temps assez long, M. le professeur de
Fellenberg en ayant transporté quelques bouteilles à Lausanne pour en faire l'analyse , et cette dernière lui ayant
fourni les mêmes résultats que ceux obtenus sur l'eau
évaporée près des sources.

Nous ne pensons pas que cette eau doive être jamais
servie à table , c'est un remède qui troublerait la digestion sans bénéfice , et qui exige d'être pris à jeun pour
manifester ses effets thérapeutiques. Il sera toujours préférable, d'ailleurs, de donner aux repas l'eau la plus pure
ou la moins médicamenteuse.

3° *Les Douches.* Les appareils de douches à Loëche
sont sans doute encore bien imparfaits et bien incomplets,
comparés à ceux d'autres établissements , soit dans le
matériel et mécanisme , soit dans le mode d'administration et l'assistance que reçoit le malade. Les douches à
piston et leurs variétés sont les seules qui existent ; il n'y
a ni douches écossaises, ni douches de vapeur. Cette lacune serait sans doute importante à remplir, vu la nature
des eaux, avec l'action desquelles ces moyens concorde-
raient parfaitement. L'établissement de douches attaché à
l'hôtel des Alpes , est celui qui laisse le moins à désirer
sous le rapport de la construction. Nous ne nous arrêterons pas longtemps sur ces lacunes et imperfections, trop
généralement senties et trop souvent signalées déjà, en-

tre autres dans l'ouvrage de M. le docteur Grillet, pour qu'on ne s'empresse pas d'y remédier. C'est probablement parce que l'eau de ces thermes est assez active par elle-même pour la majorité des malades, qu'on n'a pas senti plus tôt le besoin d'augmenter cette action dans certains cas par des moyens variés d'application.

Les douches présentent cependant à Loëche un avantage qui nous a frappé, c'est qu'elles s'administrent dans un petit carré attenant à la piscine commune, et communiquant avec elle, de telle sorte que le malade peut s'y rendre en ouvrant simplement une porte et sans quitter le bain dans lequel il reste plongé. C'est là un avantage qu'on fera bien de conserver dans les nouvelles constructions. Par contre, nous avons rencontré dans le mode d'administration des douches, tel qu'il se pratique aujourd'hui, un vice dont l'importance mérite d'être signalée ; ce vice est tel que, à notre avis, l'effet qu'on attend de la douche en est complétement annulé, ou plutôt n'est pas produit. On le comprendra facilement. En effet, l'eau de la douche est plus chaude que celle du bain, elle marque de 35° à 36° et même davantage, 6° à 8° par conséquent de plus que l'eau du carré que l'on quitte pour s'y rendre. Outre le sentiment pénible de brûlure qu'on éprouve, cette circonstance fait que la douche n'a qu'une portée insignifiante, et que, en rentrant dans le carré, l'eau en est trouvée froide, et procure des frissons au lieu de la réaction qu'on devrait ressentir, au moins dans la partie douchée. La douche est cependant un moyen puissant d'activer la circulation, d'opérer des dégorgements, de changer la vitalité des tissus, d'aviver des affections chroniques, de rendre de la vie à des parties affaiblies, etc. Aucun de ces effets ne peut être obtenu sans la réaction

qui doit la suivre et qui est nulle avec un pareil mode
d'administration. Il serait cependant facile de remédier à
ce vice, il suffirait pour cela d'opérer le refroidissement
de l'eau. Nous l'avons exigé pour nous-même et quelques baigneurs, au grand étonnement du garçon de bain,
en demandant que les cuves à douches fussent remplies
la veille, de façon à ce que l'eau fût trouvée froide le
matin. De cette manière, nous avons tous remarqué les
effets de la réaction soit à la douche même, soit après le
retour dans le carré, où l'eau produit alors une sensation
agréable de chaleur.

4° *Le Régime.* Toutes les fois que l'on fait suivre un
traitement ou que l'on ordonne un remède, on doit faire
concorder le régime avec le traitement ou le remède
prescrits. C'est là une règle de toute thérapeutique qui
ne doit jamais être omise, et qui, il faut le dire, ne l'est
jamais dans la pratique médicale, où l'homme de l'art a
toujours soin d'indiquer le régime qu'il croit le plus convenable pour favoriser l'action du traitement qu'il ordonne. Le bon sens seul, sans les connaissances médi-
cales, fait comprendre la vérité et l'importance de ce
précepte ; aussi entend-on souvent dire et répéter dans
la vie ordinaire, qu'un traitement ou un remède ne réussit
pas, parce que le malade ne veut ou ne peut s'astreindre
au régime approprié.

Le régime doit être conséquemment un point essentiel
de la cure de Loëche ; ses eaux sont fondantes, elles
agissent sur l'absorption générale et interstitielle ; le régime qui doit aider cette action organique de l'eau minérale devrait donc être basé sur les conseils suivants :
*Choisir des aliments légers, manger moins que la faim
et boire plus que la soif.*

Dans la cure de Loëche on fait justement le contraire, soit pour le choix, soit pour la quantité des aliments, et il est pénible à constater qu'un précepte qui est toujours présent à l'esprit des praticiens ait été aussi complétement méconnu dans cet établissement thermal. Au lieu d'aliments légers, c'est la viande, et souvent la pâtisserie, qui font la base du régime ; au lieu de rester en deçà de l'appétit, on mange plus que dans la vie ordinaire ; et au lieu de boire abondamment, on ne boit, comme nous l'avons déjà vu, que peu ou point dans le courant de la journée ; ce n'est qu'à table où l'on étanche la soif qui se fait sentir alors d'une manière impérieuse.

Vers les 7 heures du matin déjà, on prend un premier repas dans le bain ; il se compose en général de café, thé ou chocolat, avec pain et beurre à discrétion. A 11 heures arrive ce qu'on appelle le second déjeuner, qui n'est autre chose, sous le rapport de la composition et de la quantité, qu'un fort et copieux dîner, entièrement semblable à ceux des tables d'hôte des grands hôtels de nos villes. La variété et le grand nombre de plats qu'on présente successivement aux curistes pendant ce repas, stimulent leur appétit et les engage à surcharger leur estomac, ce qui ne manque jamais d'avoir lieu. Enfin à 6 heures du soir on se rend au dîner, dont la composition et l'abondance, en viandes, pâtisseries, sucreries, dessert, etc., renchérissent encore sur le déjeuner. Ce repas du soir arrive d'ailleurs justement après le bain de l'après-midi, comme le déjeuner de 11 heures est venu après le bain du matin pour entraver chaque fois l'action de l'eau que le corps vient de puiser dans les carrés. Comment comprendre que les viscères surchargés par ces deux repas, et occupés exclusivement et si long-

temps au travail de la digestion, puissent laisser développer convenablement l'action des eaux et les mouvements organiques sur lesquels on compte pour dissiper
les engorgements, les indurations, pour guérir en un
mot les maladies qu'on veut combattre. Ce vice du régime fait encore ressortir d'une manière bien remarquable la valeur pharmaco-dynamique des eaux de Loëche; il faut qu'elles soient bien actives en effet pour
pouvoir manifester de l'efficacité dans des circonstances
si peu favorables au développement de leur action.

Une réforme du régime alimentaire est urgente et indispensable à Loëche; elle doit avoir lieu, nous sommes
d'autant plus fondés à l'espérer, que les principaux médecins de ces thermes approuvent nos observations.

Au lieu de tout cet attirail gastronomique que nous ne
saurions trop blâmer, et qui serait tout au plus convenable pour des touristes affamés, on devrait donner aux
baigneurs en général, et sauf les exceptions individuelles,
matin et soir, un potage à discrétion, varié et préparé
d'ailleurs avec beaucoup de soin, puis, dans le milieu du
jour, au lieu de 11 heures, un seul et plus simple repas
composé de potage, viandes, légumes et fruits, avec peu
ou point de dessert en sucreries. Les potages offrent l'a-
vantage d'apaiser la faim, sans charger l'estomac, c'est
pourquoi nous voudrions que cet aliment constituât les
repas du matin et du soir, et fût donné au dîner en plus
grande proportion qu'il ne l'est en général. Un régime
analogue est suivi dans d'autres établissements, et nous
avons vu à Weissenbourg, entre autres, que les curistes
s'y soumettent de fort bonne grâce et sans exception.

5° *L'Exercice.* L'exercice doit faire partie de la cure
de Loëche, il est nécessaire pour aider l'absorption de

l'eau minérale et indispensable au développement de son action médicatrice. Est-il bien distribué et suffisamment réglé ? Nous ne le pensons pas. Il se compose de quelques promenades insuffisantes faites dans la localité, ou de courses trop fatigantes et qui éprouvent dès qu'on veut s'éloigner un peu des habitations ; les bons marcheurs vont souvent fort loin, et entraînent avec eux les malades moins forts, qui les suivent soit à mulet, soit à pied. Ces derniers reviennent fort éprouvés de ces courses, de sorte que pour eux le résultat en est nuisible et va ainsi en sens inverse du but que l'on se propose. Les fortes courses, d'ailleurs, vu la distribution actuelle du temps, ne peuvent se faire qu'en partant immédiatement après les repas, ce qui est loin d'être salubre. Nous retrouvons ici les inconvénients *d'uniformité pour tous*, que nous avons déjà signalés sous d'autres rapports ; l'exercice n'est point fait et réglé selon les forces et la tolérance de chacun, il y en a toujours trop ou trop peu. C'est pourquoi nous aimerions voir à Loëche des hangards, convenablement abrités et pourvus de bancs, où les jeux des carrés pourraient être continués ; cet exercice porterait non-seulement sur les extrémités inférieures comme la marche, il exigerait encore des efforts de la part des bras et du torse, il y aurait variété dans les mouvements, alternative entre eux et le repos, et chacun en prendrait selon ses forces et sa tolérance, ce qui n'empêcherait point les promenades et les courses lointaines pour les amateurs.

Ce point nous semble assez important pour qu'on dût en faire une des exigences de la cure, et qu'on eût à envoyer le malade au hangard comme on l'envoie au carré. Ces hangards lui offriraient, avec un exercice bien réglé, les attraits de la distraction et des agréments qui reposent l'esprit, et que nous avons déjà signalés comme le principal avantage de la baignée en commun.

6° *L'air*. L'air joue, sans aucun doute, un grand rôle dans la cure de Loëche, quoique ce soit souvent à l'insu du malade, et que son mode d'action n'ait point encore été suffisamment développé dans les divers traités publiés jusqu'à ce jour sur ces thermes. Cet agent, tel que nous l'offre une élévation de 4350 pieds au-dessus du niveau de la mer, élévation qui est celle de la localité habitée et parcourue par les baigneurs, entre certainement pour une bonne part dans les guérisons obtenues par la cure, et il est probable que cette dernière, faite dans un lieu moins élevé, n'aurait pas des résultats aussi avantageux. L'air de Loëche est vif et pur; on sait que la température et la pureté de l'air ne sont pas sans effet sur la santé; mais ce qu'on sait moins en général, c'est l'influence qu'exerce le degré de pression atmosphérique qui agit sur notre corps, influence qui a une bien plus grande valeur dans l'état actuel des santés et constitutions que nous offrent surtout les habitants des villes. Pour bien comprendre cette question, une digression est nécessaire, et pour cela nous comparerons l'homme physique tel qu'il devrait être, celui de la nature, avec l'homme physique civilisé, celui que nous avons formé et formons encore par nos habitudes sociales. L'homme de la nature nous frappe d'abord par la couleur de sa peau; pleine de sang et de vie, elle résiste aux agents extérieurs et aux variations de température; chez lui les liquides circulent également et avec facilité dans toute la sphère corporelle; les organes internes non surchargés et libres par suite de cet équilibre de circulation, accomplissent les fonctions qui

leur sont dévolues avec ensemble, harmonie et intégrité ;
cet homme ignore les congestions et leurs tristes attributs ;
il peut se servir de ses organes et de ses facultés physiques
dans leur plénitude et selon le vœu de la nature ; il parle
haut et peut pousser des cris, sans se fausser la voix, ni
attirer une fluxion sanguine sur son larynx ; ses muscles
sont forts et bien développés, parce que le sang pénètre
librement dans leur intérieur pour les nourrir ; il marche
longtemps et partout sans fatigue, il court sans essoufflement ni palpitations ; il résiste aux écarts de régime,
mange et boit sans qu'il soit nécessaire de choisir ses aliments et digère avec facilité ; s'il devient malade par suite
d'une forte commotion, c'est une affection aiguë qui l'at-
teindra, les maladies chroniques sont presque inconnues
chez lui, etc. D'où lui viennent tous ces avantages ? Nous
l'avons déjà dit, de ce que le sang circule également et
avec facilité dans toutes les parties de son corps, même à
la surface, de telle sorte qu'il n'y a ni stases ni congestions
internes qui entravent le jeu de ses organes. L'enfant
nous offre aussi la preuve de cette vérité, si on le considère dans ses premières années, avant que la civilisation
ait soufflé sur lui sa funeste influence. On le voit en effet,
malgré la faiblesse de ses organes et la délicatesse de sa
peau, résister beaucoup mieux que l'adulte aux agents extérieurs, et repousser instinctivement les vêtements qu'on
lui fait subir. On le voit entre autres, en hiver, s'échapper de sa couchette dès le matin et courir presque nu
dans les lieux les plus froids sans en éprouver de sensation pénible, tandis que ses parents, bien enveloppés dans
leur lit bien chaud, hésitent à le quitter avant que l'appar-
tement soit convenablement chauffé.

L'homme physique civilisé nous offre malheureusement

le tableau inverse ; sa peau, excepté à la face et quelquefois aux mains, est pâle, décolorée, sans vie, parce qu'elle
est recouverte et comprimée depuis son enfance par une
surcharge de vêtements ; ses muscles, étiolés par l'ombre et l'immobilité, ne reçoivent pas suffisamment de
sucs nutritifs et restent sans vigueur ; ses fonctions organiques se font avec langueur et sont troublées dans leur
jeu à la moindre cause perturbatrice ; les palpitations et
l'essoufflement surviennent après le moindre effort cor-
porel, etc. L'équilibre circulatoire, dont nous avons parlé
comme d'une condition nécessaire à la santé, manque
chez cet homme ; le sang circule mal et en quantité insuffisante à la surface du corps et dans les muscles locomoteurs, tandis qu'il séjourne au contraire et par compensation, habituellement et en trop grande proportion
dans les viscères internes pour produire ce qu'on appelle
stases sanguines, congestions, engorgements. Voilà la
cause de la constitution frêle et délicate, ainsi que de
l'incapacité physique du citadin. Sa peau dépourvue ne
résiste à rien, ses organes internes constamment gorgés
accomplissent mal leurs fonctions et sont, par le fait même
de leur engorgement habituel, toujours prêts à devenir
le siége d'affections chroniques, lentes, comme celles qui
se remarquent dans les villes et qui se déclarent à la
moindre cause morbide.

Maintenant, quels sont les malades que l'on envoie et
que l'on doit envoyer à Loëche? Ce ne sont certes pas
les hommes de la nature, ils n'auraient que faire d'eau
chaude et thermale, leurs maladies étant presque toujours aiguës. On y envoie précisément les habitants des
villes dont nous venons de parler, ceux qui ont des maladies sans nom, sans lésion organique palpable, décla-

rée ; ceux qui ont des congestions, des engorgements internes ou des maladies qui en dépendent, comme celles de la peau. La cure réussit, l'eau est fondante, elle dégorge et porte aux émonctoires; mais l'air de son côté agit tout aussi puissamment en offrant par le fait de son élévation une pression moindre à la surface du corps. Il aide par là le dégorgement en facilitant la circulation interne et en *imprimant aux liquides un mouvement d'expansion à la périphérie*. Les organes dégagés par ces deux causes ou agents reprennent leur jeu, la santé reparaît, la guérison est opérée.

Nous nous sommes étendus sur ce sujet parce que l'action de l'air, tel que celui que l'on rencontre à Loëche, passe trop souvent inaperçue, au moins dans ce qui a rapport à son élévation et à la pression qu'il exerce sur notre corps.

7. *Les ventouses.* On fait à Loëche de fréquentes applications de ventouses scarifiées, et les personnes chargées de cette opération y sont d'une dextérité étonnante, comme nous avons pu en juger sur nous-même. Cet usage, qui remonte sans doute aux premiers temps de l'emploi de ces eaux thermales, n'est pas sans valeur; c'est la crainte de le voir tomber comme méthode générale qui fait que nous en parlons. On y a été probablement conduit comme à la *haute baignée*, autre point caractéristique de la cure de Loëche, c'est-à-dire par les données seules de l'expérience. Le raisonnement qui vient ensuite nous semble plaider tout à fait en faveur de cette manière de faire et devoir la sanctionner. On sait, en effet, combien une déplétion sanguine et surtout celle qui a lieu avec extravasation hors des capillaires, a d'influence sur l'absorption, et combien ce moyen est précieux et ac-

tif sous ce rapport toutes les fois qu'on peut l'adjoindre
à une médication fondante. Les ventouses ont en outre
un effet dérivatif puissant, qui concorde avec le mouvement d'expansion produit par l'élévation de l'air dont nous
avons parlé. Il est donc à désirer que ce moyen soit conservé à Loëche, comme méthode générale, pour aider
l'accomplissement de la cure, et qu'il soit prescrit par le
médecin-directeur chaque fois que l'indication s'en présente, et plutôt au début de la cure qu'à la fin, comme
cela a lieu le plus souvent.

*Durée de la cure.* Une règle de thérapeutique veut
que, dans tout traitement, on procède proportionnellement à la marche, à la durée, à l'ancienneté de la maladie. Si on s'écarte de cette loi, le succès sera souvent
compromis ou même nul. Une maladie chronique et ancienne résistera le plus souvent à un traitement prompt
et brusque, elle cédera au contraire aux mêmes moyens,
s'ils sont appliqués de façon à obtenir une action lente,
graduelle, non interrompue et longtemps continuée.
C'est ainsi que, en proportionnant le traitement à la marche du mal, on parvient à déraciner, comme on dit, les
maladies les plus rebelles par leur ancienneté.

Cette loi est méconnue à Loëche; tous les malades
sont soumis à une cure identique, quelles que soient la
nature et la date de la maladie qui les a conduits dans cet
établissement. La baignée suivant une progression semblable dans un temps donné, la poussée survient aussi à
la même époque, et la cure se trouve terminée pour tout
le monde au bout du même laps de temps, trois à quatre
semaines.

En admettant même que cette manière de faire puisse
convenir au plus grand nombre des malades qui se ren-

dent à Loëche, il serait plus rationnel, à notre avis, de procéder moins brusquement dans les maladies anciennes et rebelles. On devrait alors insister pour que le malade se soumît à deux cures successives dans la même année, comme nous l'avons vu faire quelquefois, ou bien, ce qui serait peut-être préférable dans quelques cas, suivre une progression d'ascension plus lente et plus graduelle vers la haute baignée, de manière à allonger la cure jusqu'à prendre, s'il le faut, la saison entière pour son accomplissement. Il y aurait certes plus de chances de succès, et on obtiendrait probablement un plus grand nombre de guérisons dans les affections rebelles et invétérées dont nous parlons, si on laissait le malade, pendant le temps nécessaire, sous l'influence de l'eau thermale, de l'air et de toutes les conditions favorables qui existent pour lui dans la localité des eaux. En voyant tous ces départs précipités comme ceux dont nous avons été témoin, on dirait que c'est la crainte de la guérison qui pousse l'homme à quitter son traitement au moment même où il y a amélioration, et l'engage à retourner à ses affaires, se soumettre de nouveau aux causes qui ont produit le mal. Ce dernier se reproduit en effet fort souvent, ou bien l'amélioration obtenue ne se soutient pas; on retourne alors à ces thermes une seconde et une troisième année, avec un mal devenu plus ancien et plus rebelle, si ce n'est incurable, tandis qu'on aurait pu, par une simple prolongation de séjour de quelques semaines, mettre à profit les conditions favorables présentées par la première cure, et arriver ainsi à une guérison complète dans un temps beaucoup moins long.

*Détermination du choix des malades à envoyer à Loëche.* Les eaux étant fort actives et les conditions cli-

matériques de la localité étant aussi de nature, comme
nous l'avons vu, à agir puissamment sur la santé, surtout
sur celle des habitants des villes et de la plaine, on comprend que le plus grand nombre des personnes atteintes
de maladies chroniques puissent être envoyées à Loëche
et y trouver guérison ou soulagement. Aussi, dans les divers traités publiés sur ces thermes, n'a-t-on signalé
qu'un petit nombre de contre-indications. Nous serions
conduit trop loin, si nous voulions développer ce sujet
intéressant d'une manière complète; nous le ferons peut-
être plus tard, et nous nous bornerons aujourd'hui à des
indications générales.

On rencontre principalement à Loëche les maladies
suivantes : maladies cutanées, affections scrophuleuses
avec leurs nombreuses variétés, engorgements organiques de toute nature, mais surtout ceux des viscères abdominaux et de l'utérus en particulier, pour lesquels les
eaux ont une réputation de spécificité; affections rhuma-
tismales chroniques, catarrhes de toute espèce, ulcères,
hypochondrie, chlorose, etc.

Mais c'est surtout les maladies de la peau qui prédominent dans ces thermes depuis les temps les plus anciens.
C'est la classe de maladies pour laquelle ces bains ont la
réputation la plus ancienne, la plus répandue et peut-
être aussi la plus fondée. Nous nous y arrêterons un instant. Cette réputation a été due d'abord uniquement à
l'expérience et à l'observation des nombreuses guérisons
obtenues depuis que ces eaux ont été découvertes et uti-
lisées par la médecine; car au premier abord il n'y a rien
dans leur composition qui semble devoir y conduire les
personnes atteintes de maladies de la peau, et cette vertu
curative, pour ainsi dire spécifique, a été et est encore
aujourd'hui un sujet d'étonnement. Beaucoup de malades

et même de médecins arrivent et envoient à Loëche,
avec l'idée que ces eaux sont sulfureuses comme celles
de Barréges, de Luchon, etc. Ces eaux, entend-on dire
à chaque instant, contiennent une énorme quantité de
soufre? Pas un atome. Ce sera donc de l'arsenic? Pas davantage. En voyant le tableau de leur composition, on
est surpris, étonné, et on ne comprend pas comment et
par quoi elles guérissent si bien les maladies de la peau.
Le fait de la vertu curative n'est point et ne peut être
contesté, une longue et vieille expérience est là pour en
donner le plus brillant témoignage, mais il semble devoir
rester inexplicable. Notre manière de voir sur la nature
des maladies de la peau nous permet cependant de nous
en rendre compte et d'en donner une explication rationnelle et satisfaisante. En effet, ces maladies si nombreuses
et si variées ne sont point, à notre avis du moins et sauf
quelques exceptions, une affection propre, locale, essentielle du tissu cutané, mais bien l'expression ou le symptôme d'un dérangement interne des organes qui concourent à l'élaboration de la lymphe ou du sang, ou de
ceux qui sont chargés de porter hors du corps les liquides
excrémentitiels. Ce dérangement est quelquefois apparent et constitue alors une vraie lésion organique, que
l'homme de l'art peut toucher et circonscrire, ou au
moins reconnaître par des symptômes qui se rapportent
directement aux organes malades; mais, fort souvent
aussi ce dérangement passe inaperçu ou ne se révèle
que par des symptômes vagues et difficiles à apprécier.
Dans ce cas, le dérangement des organes intérieurs n'en
est pas moins réel, nous en avons la conviction; il existe
et la maladie de la peau en dépend, tout comme on voit
souvent une jaunisse exister, sans qu'on puisse saisir le
moindre symptôme morbide direct du côté du foie ou

de sa fonction, quoique ce soit bien là, de l'avis de tout
le monde, que réside la cause première de la coloration
jaune de la peau. C'est toujours à l'intérieur, dans les
viscères chylificateurs et excrémentitiels, que, dans notre
pratique particulière nous recherchons la cause de ces
maladies, et c'est surtout sur ces organes et non sur
le tissu cutané que nous cherchons à agir pour obtenir
la guérison ; chaque fois l'expérience nous montre que
nous avons pris la bonne voie. Cela étant, la vertu curative des eaux de Loèche dans les maladies cutanées n'est
plus un mystère. Ces eaux sont fondantes, elles agissent
tout d'abord sur les viscères abdominaux, chylificateurs,
dont elles changent l'état morbide, qu'il soit apparent ou
non ; elles stimulent les fonctions d'absorption et d'élimination en portant aux émonctoires que l'on sent fortement ébranlés, comme nous l'avons vu dès les premiers
jours de la cure. On comprend alors que l'expression ou
le symptôme du dérangement organique intérieur signalé,
c'est-à-dire la maladie de la peau, disparaisse et se gué-
risse comme le fait la jaunisse quand on agit sur le foie
engorgé ou sur le dérangement fonctionnel de cet organe.

Nous terminons ce travail en exprimant notre reconnaissance à nos confrères de Loèche, MM. les docteurs
Lorétan, Bonvin et Mengis qui se sont empressés de
nous assister de leurs lumières dans les recherches que
nous avons faites sur leurs eaux. L'approbation qu'ils ont
donnée aux diverses opinions que nous avons émises à
ce sujet, et que nous leur avons communiquées avant de
quitter cet établissement thermal, n'a pas peu contribué à
notre détermination de les publier dans un but d'utilité
générale.

# BULLETIN SCIENTIFIQUE.

## ASTRONOMIE.

**41. — Observations astronomiques faites a l'Observatoire de Genève en 1846 et en 1847, par M. le professeur E. Plantamour ; brochures in-4° de 103 et de 88 pages. Genève, 1848 et 1849.**

Les nouvelles séries d'observations dont je viens de rapporter le titre, et qui forment deux suppléments au tome XII des Mémoires de la Société de physique et d'histoire naturelle de Genève, font suite aux cinq premières séries qui ont paru antérieurement [1]. La continuation de cette publication, qui a eu lieu à travers des circonstances générales peu favorables, est honorable pour Genève et pour le directeur de son Observatoire, et elle tend à faire ressortir de plus en plus l'utilité de cet établissement scientifique, le seul de ce genre en activité qui existe actuellement en Suisse, à ma connaissance du moins.

Chacune de ces séries comprend, dans un fascicule d'environ 100 pages in-4°, les observations du soleil, de la lune, de planètes et d'étoiles faites avec la lunette-méridienne de notre Observatoire, de 4 pouces d'ouverture, construite par Gambey, et munie d'un cercle-méridien de 3 pieds de diamètre.

En tête de chaque cahier se trouve une introduction, dans laquelle sont successivement rapportées les vérifications et rectifications diverses, relatives aux instruments, qui ont été effectuées dans le cours de l'année. On y voit que l'instrument établi dans le plan du méridien continue à présenter une fixité de position et une assiette satisfaisantes, et que l'on n'a eu, en général, que de légères corrections

---

[1] Les trois premières séries ont été annoncées dans les cahiers de juillet 1842 et d'août 1844 de la *Bibl. Univ.*

à lui faire subir. La pendule d'Arnold et Dent, à compensation de mercure, adjacente à cet instrument, présente aussi une régularité de marche très-satisfaisante. La pendule a été nettoyée par M. Baridon en avril 1846. Dès lors sa marche diurne a été un retard, d'abord presque nul pendant plusieurs mois, qui s'est accru très-graduellement jusqu'à devenir de 1ˢ,5 en mars 1847, et qui a diminué ensuite, en variant à peine, en général, d'un dixième de seconde d'un jour à l'autre.

Les tableaux d'observations, imprimés par ordre de date, comprennent dans chacune de leurs lignes, l'instant moyen du passage de l'astre au méridien, la moyenne de la lecture des quatre verniers sur le cercle, ainsi que les éléments servant à la correction et à la réduction des observations, pour en déduire l'ascension droite et la déclinaison de l'astre observé.

Les observations de ce genre faites par M. Bruderer, astronome-adjoint, dans l'année 1846, sont au nombre de 3085 en ascension droite et de 2740 en déclinaison. En 1847, ces nombres ont été respectivement de 2520 et de 2255.

A la suite des observations proprement dites, se trouvent rapportées chacune des positions qui en résultent pour les étoiles observées, en ramenant ces positions au 1ᵉʳ janvier de chaque année. Le nombre des étoiles observées a été de 352 en 1846 et de 309 en 1847. Les résultats de chacune des observations de la même étoile s'accordent, en général, bien entre eux : les écarts extrêmes de part et d'autre des valeurs moyennes, pour une dixaine d'étoiles principales, hautes ou basses, choisies au hasard sur celles qui ont été observées de 20 à 40 fois en 1847, ne s'élèvent qu'à deux dixièmes de seconde de temps pour les ascensions droites, et à un peu moins de 3 secondes de degré pour les déclinaisons.

M. Plantamour donne pour chaque année, dans un tableau particulier, le résultat de la comparaison des positions des étoiles dites *fondamentales* (ou des 46 étoiles les plus brillantes visibles en Europe) telles qu'elles ont été obtenues à Genève, avec les mêmes positions tirées des Ephémérides de Berlin. J'ai été curieux de comparer entre eux ces *tableaux annuels*, correspondant aux 7 années d'observations déjà publiées, pour vérifier si leurs résultats étaient concordants, et j'ai trouvé entre ces résultats un accord satisfaisant, surtout pour les ascensions droites.

Les différences entre les observations de Genève et les Ephémérides de Berlin pour ce dernier élément ne s'élèvent pas, en général, à un dixième de seconde de temps, et pour celles qui s'élèvent à cette quantité, ou à un peu plus, il y a le plus souvent un accord remarquable dans les valeurs des différences correspondant à chacune des années. Je rapporterai ici les moyennes des 7 années d'observation, pour les étoiles où ces différences sont le plus sensibles ; ces différences, évaluées en centièmes de seconde de temps, sont précédées du signe *plus* quand l'ascension droite observée à Genève surpasse celle de l'Ephéméride, et du signe *moins* dans le cas contraire :

$$\beta \text{ Céphée} \dots + 0,25$$
$$\text{Sirius} \dots + 0,21$$
$$\alpha^2 \text{Gémeaux} \dots + 0,16$$
$$\alpha \text{ Cygne} \dots + 0,14$$
$$\alpha \text{ grande Ourse} \dots - 0,14$$
$$\gamma \text{ grande Ourse} \dots - 0,13$$
$$\alpha \text{ Ophiuchus} \dots + 0,11$$
$$\alpha \text{ Céphée} \dots + 0,09$$
$$\gamma \text{ Pégase} \dots - 0,08$$
$$\alpha \text{ Hydre} \dots + 0,07$$
$$\beta \text{ Aigle} \dots - 0,07$$
$$\text{Procyon} \dots - 0,07$$

Quant aux déclinaisons, l'accord des différences, pour une même étoile, entre l'observation et l'éphéméride d'une année à l'autre, est un peu moins prononcé, et les différences sont quelquefois, quoique peu souvent, de signe contraire. J'ai dressé un tableau, que je ne rapporterai pas ici pour abréger, de la différence moyenne résultant de toutes les années d'observation pour les 46 étoiles fondamentales. Pour celles qui sont circompolaires pour Genève et qui ont leur passage supérieur au méridien au nord du zénith, comme pour celles qui passent au midi très-près du zénith, telles que la Chèvre, α du Cygne et α de la Lyre, toutes les déclinaisons observées de ces 14 étoiles surpassent, en moyenne, celles des éphémérides de Berlin, d'une quantité qui varie d'une demi-seconde à 2″,8 et dont la valeur moyenne est de + 1″,4. Les passages inférieurs de 9 de ces étoiles donnent, sauf pour η de la grande Ourse, où l'on n'a qu'une moyenne d'observations d'une seule année, des différences en sens contraire, dont la valeur moyenne est de — 0″,8. Enfin, pour les étoiles passant au méridien au sud du zénith et plus bas que α de la Lyre, les différences sont négatives aussi, sauf pour un petit nombre d'entre elles, savoir Sirius, Procyon, α de la Baleine et Fomalhaut ; elles sont comprises entre 0 et — 2″, et leur valeur moyenne, pour les 28 étoiles où la différence est négative, est de — 0″,9.

On pourrait supposer d'abord, d'après les changements de signe de ces différences, qu'elles tiennent à un simple effet de flexion de la lunette, et c'était l'idée que j'avais énoncée dans mon analyse des 2ᵈ et 3ᵉ fascicules de ce recueil d'observations. Mais la marche de ces différences n'est pas d'accord avec cette idée, puisqu'elles sont plus grandes, en général, pour les étoiles hautes que pour les basses. Il est probable qu'elles tiennent à diverses causes, que M. Plantamour s'attachera surtout à démêler lorsqu'il dressera un catalogue d'étoiles résultant de ses observations. Une partie de ces petites différences peut tenir aux valeurs mêmes des déclinaisons adoptées dans les Ephémérides de Berlin. En effet, elles ont été calculées avec un coefficient d'aberration de 20″,2, tandis que la valeur la plus probable de ce coefficient est de 20″,4. Il paraît résulter aussi d'un travail récent de M. W. Döllen, sur la déclinaison des étoiles, (d'après un rapport fait à l'académie de Pétersbourg par M. Struve, et dont un extrait a été inséré dans le journal l'*Institut* du 19 septembre 1849, p. 300) que l'introduction d'un second coefficient de flexion, dans les déclinaisons obtenues par Bessel avec son cercle-méridien, rend toutes les étoiles un peu plus boréales qu'elles ne l'étaient auparavant, et les déclinaisons plus d'accord avec celles déterminées par MM. Struve et Argelander.

Quoi qu'il en soit de ces légères différences, on voit qu'elles sont
à peu près de l'ordre de celles qui existent encore dans les déterminations les plus soignées de l'élément si délicat de la déclinaison
absolue des étoiles. Aussi M. Mædler, dans la seconde partie de
ses *Untersuchungen über die Fixstern-Systeme,* publiées à Mitau
et Leipsick en 1848, rapporte-t-il toutes les positions d'étoiles obtenues par M. Plantamour, en les regardant comme fort exactes, tout
en remarquant bien que les ascensions droites méritent encore plus
de confiance que les déclinaisons.

M. Plantamour a lu, en 1844, à notre Société de physique, un
mémoire sur la latitude de l'Observatoire de Genève, qui a paru
dans le tome XI du recueil de mémoires de cette Société. Il y a
déterminé cet élément important, avec le cercle-méridien, soit par
des observations de l'étoile polaire faites par vision directe et par
réflexion à ses passages supérieur et inférieur au méridien, soit
par les autres observations d'étoiles fondamentales, en comparant
les lieux du pôle sur le cercle, déterminés par l'ensemble des observations de ces étoiles, faites par groupes comprenant un certain
nombre de jours, avec les lieux du Nadir obtenus aux mêmes époques respectives, par l'observation de la réflexion des fils du réti-
cule dans un horizon de mercure.

89 observations de l'étoile polaire, faites en 1843 et 1844, dont
49 de passages supérieurs et 38 de passages inférieurs, ont donné
pour la latitude . . . . . . . . . . 46°11′58″,72 ;
les écarts extrêmes de part et d'autre de cette valeur moyenne
ne sont que d'environ 2″. Il est résulté de 64 observations du Nadir, faites dans ces 2 mêmes années et combinées avec les lieux du
pôle résultant d'observations d'étoiles . . . . 46°11′58″,97
avec des écarts extrêmes de près de 3″ de part et d'autre de cette
valeur moyenne.

12 observations du Nadir faites en 1845 ont donné
de la même manière . . . . . . . . 46°11′58″,66

| | | | | | |
|---|---|---|---|---|---|
| 21 | » | » | en 1846 | « | 58″,60 |
| 14 | « | « | en 1847 | « | 58″,52 |

La moyenne de ces 47 dernières observations, dont les résultats

sont presque identiques, combinée avec celle des 64 premières
donne . . . . . . . . . . . . . . 46° 11′ 58″,78 ;
valeur qui coïncide à très-peu de chose près avec celle provenant
des observations de l'étoile polaire.

On doit remarquer que les petites différences dont j'ai parlé plus
haut, entre les valeurs des déclinaisons des étoiles fondamentales
obtenues à Genève et celles des éphémérides de Berlin, ne peuvent
avoir qu'une influence presque insensible sur la détermination précédente de la latitude. Car cette influence doit être nulle sur la
valeur résultant d observations de la polaire faites alternativement
par vision directe et par réflexion. Quant à celle provenant d'observations du nadir combinées avec les déterminations du lieu du
pôle provenant d'un ensemble d'observations d'étoiles passant au
méridien à diverses hauteurs, soit au nord soit au sud du zénith,
il doit résulter de ce concours, d'après ce que nous avons vu plus
haut, l'élimination presque complète de l'effet des petites différences
que nous avons signalées.

La valeur que j'avais obtenue précédemment pour la latitude de
l'ancien Observatoire de Genève, au moyen d'un grand nombre de
distances au zénith circomméridiennes d'étoiles et du soleil, observées avec un cercle-répétiteur de Gambey de 20 pouces de diamètre, était de 46° 11′ 59″,4 : ce qui donnerait pour celle du
nouvel Observatoire . . . . . . . . . 46° 11′ 59″,3 ;
valeur supérieure de près d'une demi-seconde à la moyenne de
celles obtenues par M. Plantamour. Mais je dois ajouter que ces
valeurs ne sont pas tout à fait comparables entre elles, parce que
les éléments de la réduction des observations sont différents. J'avais
adopté les positions apparentes des étoiles calculées en Angleterre
et les tables de réfraction françaises ; tandis que M. Plantamour a
fait usage des positions d'étoiles et des tables de réfraction de
Bessel.

Les deux derniers fascicules des Observations astronomiques
faites à l'Observatoire de Genève renferment, à la suite des déterminations de positions d'étoiles fixes, celles relatives au soleil et aux

planètes. M. Plantamour a employé pour la réduction des observations de ce genre, comme pour celles des étoiles, les éléments donnés dans les éphémérides de Berlin, et il a indiqué dans une colonne à part les différences entre les positions observées à Genève et celles calculées d'après les meilleures tables connues et rapportées dans ces éphémérides. Ces différences sont fort petites pour les ascensions droites du soleil, et sont de quelques secondes de degré, tantôt en plus, tantôt en moins, pour les déclinaisons. Il en est de même pour les planètes, sauf pour Vénus et Uranus, où les différences sont sensiblement plus grandes, les tables de ces planètes laissant encore beaucoup à désirer pour la précision, surtout celles d'Uranus qui n'ont pas été refaites depuis la découverte de Neptune. On trouve aussi dans ces deux fascicules un bon nombre de positions de cette dernière planète. Plus récemment, M. Plantamour s'est attaché de plus à observer la petite planète Métis, depuis sa découverte faite par M. Graham, le 26 avril 1848, et mon neveu, M. Emile Gautier, a calculé une orbite de cette planète d'après les observations faites à Genève et ailleurs [1]. Toutes ces déterminations de positions pourront être utiles pour la construction de Tables des nouvelles planètes, ainsi que pour perfectionner les tables actuelles des anciennes planètes et du soleil.

Le dernier fascicule des observations de Genève renferme aussi des observations d'une comète, savoir de celle découverte à Paris le 4 juillet 1847 par M. Mauvais. Ces observations, qui ont eu lieu du 9 juillet au 26 octobre, ont été faites avec l'Equatorial de Gambey de notre Observatoire, dont la lunette a 4 pouces de diamètre. Elles sont suivies des positions géocentriques apparentes de la comète, qui en résultent, pour les 16 jours où elle a été observée à Genève.

On sait que M. Plantamour s'est particulièrement attaché, depuis quelques années, à l'observation des comètes et au calcul de leurs orbites. J'ai déjà eu l'occasion de parler dans ce recueil de quelques-uns de ses principaux travaux de ce genre, relatifs, soit à la grande

---

[1] Voyez *Bibl. Univ.*, cahier d'août 1848, p. 287 et *Astron. Nachr.*, n° 663, p. 232.

comète à si longue queue qui a paru en mars 1843 ; soit à une petite comète découverte par M. Mauvais en 1844, pour laquelle M.P.
a réussi à obtenir une orbite elliptique qui satisfait très-exactement
à l'ensemble des observations faites pendant 8 mois, et qui correspond à une durée de révolution d'environ cent mille années ; soit
enfin à la réapparition de la comète de Biela qui a eu lieu en 1846,
et aux deux noyaux qu'elle a présentés vers la fin de cette apparition,
noyaux dont M. Plantamour a déterminé les trajectoires et les positions relatives.

Parmi les astres de ce genre récemment signalés, ceux qui ont
été spécialement observés par le directeur de notre Observatoire, et
dont il a calculé l'orbite, sont la seconde des deux comètes découvertes à Altona par M. Petersen en 1848, et celle découverte à
Paris par M. Goujon le 15 avril 1849[1]. Il a publié aussi, dans le
n° 671 du Journal de M. Schumacher, les observations de la comète d'Encke qu'il a faites du 22 septembre au 20 novembre 1848.

Les dernières pages de chacun des fascicules du recueil d'observations astronomiques faites à Genève sont consacrées aux éclipses
et aux occultations. Les plus belles étoiles dont on ait observé l'occultation derrière la lune, en 1846, sont l'Epi de la Vierge le 2 juillet,
et α de la Balance le 31 du même mois. En 1847, on a observé,
entre autres, une occultation de Vénus, le 17 mars, et une grande
éclipse de soleil le 8 octobre, qui a été annulaire dans une partie
de l'Europe. Dès lors M. P. a publié dans le n° 656 des *Astr. Nachr.*
l'observation du passage de Mercure sur le disque du soleil, qui a
été faite à Genève le 8 novembre 1848. Il est à désirer que lorsqu'il
aura un assez bon nombre d'observations de ce genre qui auront
été faites aussi dans d'autres Observatoires, il en déduise par le calcul la valeur moyenne qui en résulte pour la longitude de Genève,
afin de constater si cette valeur sera d'accord avec celle qui provient
des déterminations précédentes. Il ne serait pas inutile, ce me semble,
pour les astronomes qui voudraient faire des calculs et des comparaisons de ce genre, que M. Plantamour indiquât dans le recueil de

---

[1] Voyez *Bibl. Univ.*, mai 1849, page 30, et *Astron. Nachr.*, n°° 674,
678 et 682.

ses observations, pour chaque éclipse ou occultation observée, la dimension de la lunette et le grossissement employé pour l'observation.

M. Plantamour publie régulièrement dans la *Bibliothèque Uni-verselle* les observations météorologiques et magnétiques qui se font à l'Observatoire de Genève. Les premières ont lieu maintenant toutes les deux heures paires, de 6 heures du matin jusqu'à 10 heures du soir. Elles sont faites avec soin, soit par M. Bruderer, qui apporte à toutes les parties de ses fonctions d'astronome-adjoint une régularité et un dévouement très-louables, soit surtout par M. Maurer, concierge actuel de l'Observatoire, qui est lui-même ouvrier mécanicien et bon constructeur de baromètres et de thermomètres. M. P. publie annuellement dans le même journal un résumé développé et intéressant des observations météorologiques de l'année précédente.

Le bâtiment principal de l'Observatoire a continué à être bien entretenu, et on y a fait à plusieurs reprises d'utiles réparations. On a construit aux frais de l'État, il y a 2 ou 3 ans, en dehors de ce bâtiment, et un peu plus près de l'angle saillant du bastion de Saint-Antoine, un très-petit pavillon quadrangulaire, destiné à deux instruments spéciaux, qui ont été donnés à notre établissement par voie de souscription. L'un est un grand chercheur de comètes, à monture parallactique, de la fabrique d'Utzschneider de Munich, dont la lunette achromatique a $3^1/_2$ pouces français d'ouverture. L'autre est un instrument des passages établi dans le premier vertical. Cet instrument, dont la lunette a un objectif de Munich de 3 pouces d'ouverture, avait servi pendant plusieurs années, comme lunette-méridienne, à M. Adrien Scherer à Saint-Gall et à Ober-Castel, et il a été établi dans le nouveau pavillon de notre Observatoire, sur deux piliers en roche calcaire, dans le plan du premier vertical, perpendiculaire au méridien, afin de servir à l'observation de passages correspondants d'étoiles voisines du zénith, selon la méthode de Bessel, dont il a été tiré un parti avantageux pour diverses déterminations délicates, dans plusieurs Observatoires allemands et russes. C'est M. Sechehaye, mécanicien à Genève, qui a adapté à cet instrument les modifications appropriées à sa nouvelle destination. Une pendule allemande, à compensateur de mercure, qui avait aussi appartenu à M. Scherer, a été placée à côté de cette lunette. On peut espérer qu'à partir de 1850, le Recueil des observations de Genève en renfermera qui seront faites avec ce nouvel instrument des passages.                    A. G.

---

## PHYSIQUE.

### 42. — NOTE SUR UNE EXPÉRIENCE RELATIVE A LA THÉORIE DES AURORES BORÉALES, par M. Auguste DE LA RIVE.

Un mémoire intéressant de M. Morlet sur les *Aurores boréales*, inséré dans les *Annales de Chimie et de Physique*, 3ᵐᵉ série, tome XXVII (septembre 1849) contient le passage suivant:

« Quant à l'origine de cette matière lumineuse (celle de l'aurore « boréale), il paraît naturel de l'attribuer au fluide électrique con- « tenu dans l'atmosphère, et qui, à de grandes hauteurs où l'air est « raréfié, doit devenir lumineux comme sous le récipient de la ma- « chine pneumatique et dans le vide barométrique : cette hypo- « thèse atteindrait une grande probabilité si l'on parvenait à prou- « ver, par des expériences directes, que le magnétisme exerce une « influence sur la lumière électrique. »

Cette dernière phrase m'a rappelé une expérience que j'ai faite l'hiver dernier dans un cours public, et qui avait pour objet de montrer, à l'appui de la théorie que j'avais donnée de l'aurore boréale, l'influence qu'exerce le magnétisme sur la lumière qui est produite dans les décharges électriques ordinaires. Jusqu'ici cette influence n'a été démontrée que dans le cas de l'arc lumineux qui s'échappe entre deux pointes conductrices qui communiquent chacune avec un des pôles d'une pile voltaïque ; ce qui est bien différent, soit en ce qui concerne le phénomène lui-même, soit en ce qui concerne son application à la théorie de l'aurore boréale. Voici mon expérience :

J'introduis dans un ballon de verre de 30 centimètres de diamètre environ, par une des deux tubulures dont il est muni, un barreau cylindrique de fer doux d'une longueur suffisante pour que l'une de ses extrémités aboutisse à peu près au centre du ballon, et que l'autre ressorte de 3 à 4 centimètres de la tubulure. Le barreau est hermétiquement scellé dans la tubulure et recouvert dans toute son étendue, sauf à ses deux bouts, d'une couche isolante et épaisse de cire. Un anneau de cuivre entoure le barreau par-dessus la couche isolante dans sa portion intérieure la plus rapprochée de la paroi du ballon ; de cet anneau part une tige conductrice qui, isolée avec soin, traverse la même tubulure que le barreau de fer, sans néanmoins communiquer avec lui, et se termine extérieurement par un bouton ou un crochet. Lorsqu'au moyen d'un robinet ajusté à la seconde tubulure du ballon, on y a raréfié l'air jusqu'à 3 à 5 millimètres, on fait communiquer le crochet avec l'un des conducteurs d'une machine électrique et l'extrémité extérieure du barreau de fer avec l'autre, de façon que les deux électricités se réunissent dans l'intérieur du ballon en formant entre l'extrémité intérieure du barreau de fer et l'anneau de cuivre qui est à sa base, une gerbe lumineuse plus ou moins irrégulière. Mais si l'on met l'extrémité extérieure du barreau de fer en contact avec l'un des pôles d'un fort électro-aimant, tout en ayant soin de bien conserver l'isolement, la lumière électrique prend un aspect tout différent. Au lieu de partir, comme précédemment, des différents points de la surface de la partie terminale du barreau de fer, elle part uniquement des points qui forment le contour de cette partie, de manière à former ainsi un anneau lumineux continu. Ce n'est pas tout : cet anneau et les jets lumineux qui en émanent ont un mouvement continu de rotation autour du barreau aimanté, tantôt dans un sens, tantôt dans l'autre, suivant la direction des décharges électriques et le sens de l'aimantation. Enfin des jets plus brillants semblent partir de cette circonférence lumineuse sans se confondre avec ceux qui aboutissent à l'anneau et forment la gerbe. Dès que l'aimantation cesse, le phénomène lumineux redevient ce qu'il était précédemment et ce qu'il est généralement dans l'expérience connue sous le nom de l'*œuf électrique*. N'ayant pas de forte machine électrique à ma disposition, je me suis servi, pour faire l'expérience, d'une machine hydro-électrique d'Armstrong, dont je faisais communiquer la chaudière avec l'anneau de cuivre, et le conducteur isolé qui reçoit la vapeur avec le barreau de fer, ou réciproquement quand je voulais changer la direction des décharges. L'expérience réussissait très-bien de cette manière.

L'expérience que je viens de décrire me paraît rendre compte, d'une manière très-satisfaisante, de ce qui se passe dans le phéno-mène de l'aurore boréale ; en effet, la lumière qui résulte de la réunion des deux électricités dans la partie de l'atmosphère qui re-couvre les régions polaires, au lieu de rester vaguement distribuée, se trouve portée, par l'action du magnétisme terrestre, autour du pôle magnétique du globe, d'où elle semble s'élever en une colonne tournoyante dont il est la base. On comprend ainsi pourquoi le pôle magnétique est toujours le centre apparent d'où part la lumière qui constitue l'aurore boréale, ou vers lequel elle semble converger. Je ne reviens pas sur les autres circonstances qui accompagnent ce phénomène météorologique, dont j'ai démontré l'accord avec l'ex-plication que j'en ai donnée, dans une lettre adressée à M. Arago, qui a été communiquée à l'Académie des Sciences de Paris, et in-sérée dans les *Annales de Chimie et de Physique,* 3<sup>e</sup> série, t. XXV ( mars 1849).

---

43. — OBSERVATIONS D'ÉLECTRICITÉ ATMOSPHÉRIQUE FAITES A L'OBSERVATOIRE DE KEW, par M. W.-R. BIRT, (*Assoc. Brit.,* septembre 1849. — *Institut,* n° 821.)

L'auteur commence par déclarer que 15,170 observations d'élec-tricité atmosphérique, faites pendant une période de cinq années, ont concouru à l'énoncé des résultats consignés dans le rapport. Sur ce nombre, 14,515 sont positives et 665 sont négatives. Les observations positives ont fourni les éléments de la détermination des ordonnées des courbes diurne et annuelle de l'électricité atmo-sphérique principalement pendant les trois années 1845, 1846 et 1847, auxquelles 10,176 observations ont contribué. Voici quel a été le résultat de la discussion, relativement à la courbe diurne.

D'après la moyenne de trois années, à chacune des heures d'observation, c'est-à-dire à toutes les heures paires, temps moyen de Greenwich, pendant le jour et la nuit, il paraît que la tension de l'électricité atmosphérique est à son minimum à deux heures du matin. A dater de cette heure, il y a une augmentation graduelle jusqu'à six heures du matin ; après cette heure, la tension croît plus rapidement, sa valeur à huit heures du matin étant presque double de celle de six heures ; l'accroissement est alors plus gradué jusqu'à dix heures, époque du premier maximum ou maximum du matin. A partir de cette heure, la tension décline graduellement jusqu'à quatre heures du soir, époque où sa valeur n'est que légèrement supérieure à celle de huit heures du matin. Ce second minimum est appelé par l'auteur minimum *diurne*, pour le distinguer du minimum *nocturne* qui a lieu à deux heures du matin. Après cela, la tension augmente rapidement jusqu'à huit heures du soir, et, après une légère élévation à dix heures du soir, époque du maximum principal ou du soir, la marche ascendante de la tension est terminée. Le maximum du soir est notablement supérieur à celui du matin ou de dix heures. Entre dix heures du soir et minuit, la tension décroît presque jusqu'à la valeur du minimum diurne.

En traitant de la période annuelle, l'auteur fait remarquer que les plus basses tensions se manifestent en juin et août, celle de juillet étant légèrement *supérieure* à celle des deux mois susnommés. En septembre, il y a une faible élévation, qui augmente en octobre. Cette augmentation devient plus rapide de novembre à janvier, puis elle éprouve un temps d'arrêt, l'augmentation en février étant moindre que celles de décembre et janvier. En février, on atteint le maximum, auquel succède, en mars, une diminution rapide de tension, qui se poursuit en avril et mai, la diminution atteignant son minimum en juin, mois où la tension est à son point le plus bas.

L'auteur désire, comme se rattachant de très-près à son sujet, attirer l'attention sur les rapports intimes qui paraissent exister entre la tension électrique et l'humidité de l'atmosphère, les registres de l'observatoire de Greenwich fournissant les moyens de comparer ces deux éléments. Par rapport à la période diurne, l'auteur conclut aussi que les plus hautes tensions accusées par les

électromètres présentent toutes plus ou moins de rapport avec l'humidité de l'atmosphère, spécialement l'humidité qui enveloppe la
lanterne collectrice. Dans le but d'éclaircir ce point, il a partagé la
série des observations en deux groupes, l'un des hautes tensions,
l'autre des tensions basses, et en spécifiant aussi, dans chaque
groupe, les observations d'été et celles d'hiver. Il a trouvé que les
tensions élevées de l'hiver influençaient matériellement les résultats
déduits de toutes les observations faites dans cette saison, et que
ceux-ci, à leur tour, influençaient matériellement les résultats appartenant à l'année entière. La concordance entre ces résultats et
ceux de la discussion de la période annuelle tendait notablement à
confirmer sa conclusion que les tensions positives, surtout celles
d'une valeur élevée, sont dues, plus ou moins, à l'humidité existant dans l'atmosphère. La discussion des observations faites au lever et au coucher du soleil, au nombre de 3367, démontre pleine-
ment l'existence de la période annuelle, et comme ces observations
se sont étendues sur une période de cinq années, les courbes sont
plus régulières que celles déduites des observations de cinq années.
D'accord avec les résultats qui se rapportent à la période diurne, la
courbe du coucher du soleil a été trouvée supérieure à celle du lever, ce qui veut dire que la tension électrique est plus élevée au
coucher du soleil qu'à son lever. Dans les courbes du lever et du
coucher du soleil, le maximum arrive en janvier au lieu de février,
sous tous les autres rapports il y a un accord très-remarquable entre
les périodes annuelles.

L'auteur a suivi une marche différente dans la discussion des
observations négatives, la présence de l'électricité négative étant
rare comparativement à celle de l'électricité positive. Il a d'abord
recueilli tous les cas d'électricité négative qui se sont présentés dans
les dix-sept mois qui ont précédé 1845, et comparé chaque observation avec les registres, pour la même époque, de l'observatoire
de Greenwich. Les principaux résultats de la comparaison sont :
1° que lorsque le conducteur était chargé négativement, il est tombé
le plus souvent une pluie généralement abondante; les cas dans
lesquels il n'a pas tombé de pluie avec une charge négative sont

très−rares, seulement dix fois sur vingt-trois cas ; 2° ces dix cas, joints à ceux fournis par des observations de Greenwich ont permis à l'auteur de conclure que la charge négative est empruntée plus immédiatement au nuage qui précipite la pluie, genre particulier de nuage, le *cirro-stratus*, qui a dans presque tous les cas été observé à Greenwich quand le conducteur était chargé négativement à Kew. D'après ces circonstances, M. Birt a conçu la possibilité d'obtenir une période diurne d'électricité négative, plus ou moins d'accord avec la période diurne des temps nuageux ; dans ce but, il a discuté les quatre cent vingt-quatre observations négatives qui restaient. Le résultat s'accorde parfaitement avec celui de la discussion des dix-sept mois précédents ; la plus grande fréquence de l'électricité né-gative, aussi bien que son accroissement de tension, coïncidant, entre certaines limites, avec le plus grand développement de nuage, l'épo-que étant à peu près le milieu du jour.

Du reste, le résultat entier de la discussion ne saurait être mieux exprimé que par les mots qui terminent ce rapport.

« Dans les deux cas (le positif et le négatif) l'humidité et les nuages précèdent l'électricité et indiquent fortement le rapport qui existe entre le développement de l'électricité positive et l'humidité d'un côté et celui de l'électricité négative et le temps couvert de l'autre ; ces rapports paraissent non−seulement avoir un caractère constant, mais de plus il existe une similitude entre les deux groupes de phénomènes, similitude qui démontre que la nature de leur rapport doit, s'il existe, être aussi similaire : l'un, le po-sitif, indiquant principalement la tension électrique de la vapeur aqueuse ; et l'autre, le négatif, indiquant les perturbations électri-ques produites par une précipitation subite de cette vapeur qui existe déjà comme nuage. »

---

44. — AURORES BORÉALES DU 17 NOVEMBRE 1848 ET DU 22 FÉ-VRIER 1849. (*Philos. Magaz.*, juillet 1849.)

Quoique nous ayons déjà donné la description de l'aurore boréale du 17 novembre 1848, nous insérerons celle qu'en donne M. Watkins à cause des détails intéressants qu'elle renferme. En particulier, la liaison que l'auteur établit entre l'apparition de l'aurore et certains phénomènes météorologiques nous paraît aussi fondée qu'importante. Quant à la description de l'aurore boréale du 22 février que donne M. John Slatter, elle présente un point de vue intéressant, c'est le parallélisme que l'auteur croit pouvoir établir entre les bandes lumineuses qui accompagnent ordinairement les aurores boréales et la surface de la terre, bandes qui seraient elles-mêmes parallèles entre elles et dont la convergence ne serait qu'apparente et qu'un effet de perspective.

1° *Détails sur l'aurore boréale du 17 novembre 1848*, par
M. F. WATKINS.

L'auteur annonce que vers sept heures du soir le ciel prit l'aspect qu'il présente immédiatement avant l'apparition de ce qu'on appelle les lueurs boréales. Dans la moitié septentrionale il a été, sur une étendue de 45° environ, à partir du méridien, entièrement clair, d'un bleu pâle et couvert d'une lumière faible ressemblant aux premiers indices d'un lever de la lune. Vers l'est et l'ouest cette lumière diminuait d'intensité, et au sud de ces points cardinaux l'obscurité devenait de plus en plus intense.

Aussitôt après huit heures, les premières lueurs commencèrent à se manifester par les projections ordinaires d'une matière lumineuse légère, ayant l'aspect de lambeaux brillants, s'élançant et revenant aussitôt en arrière par des mouvements que l'auteur compare à ceux de la langue d'un serpent.

Ces phénomènes avaient commencé de se manifester au nord-est, s'élevant sous un angle d'environ 70° vers le sud, et occupant une étendue de 60° à peu près en longueur, plus ou moins, laissant le ciel clair au nord, et semblant en quelque sorte chasser graduellement les nuages, et s'avancer davantage vers le sud à mesure que ceux-ci se retiraient.

Au bout de peu de temps, le même genre d'action électrique commença dans la partie nord-ouest du ciel et se poursuivit simultanément avec celle du nord-ouest, augmentant dans ces deux points en rapidité et en intensité, la couleur devenant plus foncée, jusqu'à ce qu'enfin un arc entier hémisphérique de cramoisi et de pourpre, à bords inégaux, s'étendit sur les cieux de l'est à l'ouest, et y resta suspendu pendant quelques minutes. Graduellement, cet arc se rompit en différentes masses de nuages fortement et partiellement colorés, ressemblant à ceux qui flottent au coucher d'un soleil brûlant. Dans l'intervalle les lueurs continuaient, tantôt se montrant sur le bord boréal des nuages qui ne cessaient de reculer lentement vers le sud, tantôt se lançant au milieu d'eux, à mesure qu'ils se retiraient. En même temps d'autres lueurs d'une couleur plus rouge se jouaient, tantôt alternativement, tantôt simultanément, avec les premières.

Vers neuf heures un quart, on vit apparaître un phénomène extraordinaire et dont je n'avais jamais été témoin. Le zénith prit l'aspect du sommet d'une couronne de couleur cramoisi, offrant des bandes distinctes, mais rattachées entre elles, et de diverses teintes cramoisi, vert et pourpre, dans lesquelles cependant dominait la première de ces couleurs. Ces bandes descendaient comme d'un dais, entourant la portion supérieure du ciel qui figurait à mes yeux la face intérieure d'une coupole en voûte et à côtes. Peu à peu cette belle création se dissipa, et la masse de nuages contre lesquels les forces électriques semblaient exercer une poursuite hostile se mirent à fuir vers le sud ; l'action des éléments cessa, un calme profond survint, et il ne resta plus rien qu'une illumination tranquille et encore brillante, au nord, indiquant la scène qui venait de se passer. Le vent avait soufflé avec une brise fraîche et vive du nord-ouest pendant toute la durée du phénomène.

Sans entrer actuellement dans la discussion des causes, j'indiquerai les résultats météorologiques que j'avais prévus et que j'ai vu suivre ces phénomènes atmosphériques.

J'ai fait la remarque depuis plusieurs années (et mes observations se sont confirmées) que la pluie, la neige ou la grêle sont la suite nécessaire de toute iridescence ou de toute lueur météorique se manifestant au ciel, conséquence de ce principe général que la condensation en molécules cristallines des vapeurs en suspension, résultat de l'action électrique, doit être suivie d'une précipitation, et que ces lueurs et iridescences sont les preuves réfléchies de cette condensation de la matière cristalline et par conséquent les avant-coureurs de cette précipitation. Il en est de même pour les arcs-en-ciel solaire et lunaire, les étoiles filantes, les parhélies, les halos, les éclairs, les aurores, et cet éclat perlé particulier qui apparaît parfois dans le voisinage du soleil.

En conséquence, le matin suivant, samedi 18, j'ai trouvé que le baromètre avait considérablement baissé et que le vent avait viré du nord-ouest au sud-ouest, au rebours de la marche du soleil, tous signes, surtout quand ils se rencontrent ensemble, avant-coureurs de la pluie. Il se manifesta donc, à deux heures après midi, une averse sur Northampton, mais de courte durée. A neuf heures du soir on éprouva à Brixworth une pluie plus considérable ; et, pendant la nuit, mais je ne sais à quelle heure, je fus réveillé par une pluie plus forte encore. Mais la quantité de pluie qui était tombée ne paraissait pas, le lendemain matin, avoir mouillé bien sensiblement la terre. J'en ai conclu qu'elle n'avait pas été trop abondante.

Le samedi 19 a été beau et clair, le vent est remonté à l'ouest, et le baromètre s'est élevé rapidement, indice général d'un changement prochain. Vers le matin du lundi 21, une autre averse est tombée, et le vent est revenu au sud-ouest avec chute du baromètre. Dans des cas semblables, je trouve, en général, que la pluie survient à peu près vers le milieu du jour, ou du moins lorsque le vent et le soleil sont tous deux au sud-ouest ; mais, dans cette occasion, il a continué à souffler énergiquement toute la journée et pendant une partie de la nuit, avec une violence redoublée. Enfin, il s'est apaisé et a été suivi, pendant quelque temps, d'une pluie battante qui, dans cette occasion particulière, a vérifié mes prévisions et la théorie générale que j'ai discutée.

2° *Aurore boréale du* 22 *février* 1849, par M. John SLATTER.

Environ dix minutes avant sept heures, il s'est manifesté un arc surbaissé de lumière blanche accompagné de nombreuses bandes

La hauteur de cet arc estimée, en prenant pour point de départ β du Dragon, était d'environ 8°. A 7 h. 45 m. il y a eu un développement brillant de ces bandes, et l'arc a atteint une hauteur d'environ 12°. Il y avait aussi à la hauteur de 3° à 4° une longue ligne sinueuse de lumière blanche. Un jour ou deux après, j'étais dans le Northamptonshire, près de Banbury, j'y appris que pendant la nuit du 22 février on avait remarqué des arcs à des hauteurs considérables ; je pus, en conséquence, utiliser mon observation, car ayant alors une base d'environ 20 milles, *le petit angle ayant été pris avec exactitude*, et l'angle à l'autre extrémité étant *très-grand*, il ne pouvait en résulter une grande inexactitude dans le résultat. Or si on suppose que la couronne de l'arc était au zénith de cette station à 7 h. 45 m. du soir (puisqu'on m'a dit qu'à cette époque elle était au-dessus de la tête et qu'on ne pouvait l'apercevoir sans sortir tout à fait de la maison) on trouve que la hauteur de cette couronne a dû être 4 ¼ milles ou 22,400 pieds anglais. D'après une appréciation grossière de l'espace soutendu par l'arc en azimuth, la distance entre ses pieds a été 12 à 14 milles ; la forme de l'arc paraît donc avoir été une longue courbe aplatie, dont la sous-tangente était égale à six ou sept fois la hauteur.

Il m'a semblé aussi que la longue ligne sinueuse, que j'ai dit être visible à travers l'arc, était formée par un grand nombre de ces arceaux placés à une bien plus grande distance, et dont la direction n'était pas une ligne droite, quoiqu'ils fussent peut-être parallèles les uns aux autres.

D'après des observations fréquentes, je pense que les bandes lumineuses qui accompagnent ordinairement les aurores boréales sont parallèles à la surface de la terre et entre elles, et que leur convergence n'est qu'apparente et le résultat d'un effet de perspective. Probablement aussi, toutes les fois que l'électricité en cet état est en suffisante quantité et de nature opposée, on voit naître des arcs dont la forme réelle paraît ressembler à la courbe magnétique. La proximité *variable* de ces nuages électro-magnétiques explique aussi parfaitement les perturbations de l'aiguille aimantée.

**45.** — Sur la perte de l'électricité dans l'air plus ou moins humide, par M. Matteucci. (*Comptes rendus de l'Acad. des Sciences*, du 17 septembre 1849.)

J'ai déjà eu l'honneur de communiquer à l'Académie les résultats principaux de mes longues recherches sur la propagation de l'électricité dans les corps isolants, solides et gazeux. Je viens lui présenter maintenant un extrait de la dernière partie de ces recherches que j'ai enfin achevées, dans laquelle j'ai étudié la perte de l'électricité dans l'air plus ou moins humide. Toutes les expériences ont été faites avec la balance de Coulomb, dans l'air de laquelle la quantité de vapeur d'eau était introduite par un mélange donné d'acide sulfurique et d'eau qui était tenue sous la cloche. J'ai employé ces mêmes mélanges dont M. Regnault a fait usage dans son grand travail sur l'hygrométrie, à propos de l'hygromètre de Saussure. Il m'est impossible, dans cet extrait, de décrire toutes les précautions employées dans ces expériences, et qui se trouveront dans le mémoire qui ne tardera pas à paraître. Je dois me borner, par conséquent, à donner ici, sous forme d'une proposition telle que je l'ai rédigée dans mon mémoire, les conclusions et un tableau d'expériences. Voici cette proposition :

Dans l'air, pris à une température et à une pression constantes, la perte de l'électricité augmente avec la quantité de la vapeur d'eau qu'il contient; mais cette augmentation ne varie pas suivant la loi très-simple que Coulomb avait cru pouvoir déduire d'un petit nombre d'expériences, c'est-à-dire que la perte n'est pas proportionnelle au cube du poids de l'eau contenue dans l'air. La loi trouvée par Coulomb, pour un état d'hygrométrie donné, de la perte proportionnelle à la quantité de l'électricité possédée par le corps qui est en expérience, à la suite de laquelle loi le rapport de la force électrique perdue dans l'unité de temps à la force moyenne, est représenté par une quantité constante, est vraie pour des quantités d'électricité et de vapeur d'eau comprises dans certaines limites. Dans l'air qui contient de très-petites quantités de vapeur d'eau, et dans celui qui est très-humide, la loi de Coulomb ne se vérifie plus pour des charges électriques plus grandes ou plus petites que celles sur lesquelles on opère ordinairement avec la balance. Dans l'air très-sec, la loi de la perte approche de celle que j'ai trouvée dans l'air privé entièrement d'eau, et dans l'air très-humide la perte suit une marche contraire.

En comparant la perte de l'électricité à la température de $+13$ degrés centigrades et à la pression de 76 centimètres, pour des quantités de vapeur d'eau dont les tensions varient depuis $0^{mm},134$ jusqu'à $3^{mm},699$, la perte de l'électricité augmente dans une proportion qui est moindre que celle de l'augmentation de la vapeur d'eau ; dans l'air, qui, dans ces mêmes conditions de température et de pression, contient de plus grandes quantités de vapeur d'eau depuis $3^{mm},699$ jusqu'à $9^{mm},991$ de tension, la perte de l'électricité augmente proportionnellement à la quantité de la vapeur.

J'ai consigné dans un tableau les expériences principales qui conduisent aux conséquences rapportées. Ce tableau contient trois séries d'expériences faites avec les mêmes charges électriques, et dans l'air resté en contact avec des mélanges donnés d'acide sulfurique et d'eau. La première série contient cinq expériences faites à la température de $+13$ degrés centigrades, et dans l'air où la tension de la vapeur a varié depuis $0^{mm},124$ jusqu'à $9^{mm},991$. Dans la deuxième série, j'ai rapporté trois expériences faites à $+25$ degrés centigrades. Enfin, dans la troisième série, j'ai donné deux expériences à des températures différentes, mais où la tension de la vapeur a été à peu près la même en faisant usage des mélanges différents d'acide sulfurique et d'eau. Les expériences qui manquent dans chaque série proviennent de ce qu'on n'est pas maître d'électriser les boules de la balance toujours de la même quantité. Chaque série d'expériences contient, dans une colonne, l'indication de la force électrique à laquelle on a opéré, et dans les colonnes correspondantes, le rapport de la force électrique perdue dans une minute à la force moyenne, la formule du mélange d'acide sulfurique et d'eau qui était sur la balance, et la tension correspondante de la vapeur d'eau.

*N. B.* M. Matteucci remarque que lorsque l'air ne renferme pas
des quantités considérables de vapeur, les différences de température amènent indépendamment des variations de la quantité de la
vapeur d'eau, des différences notables dans la perte de l'électricité.
J'ai eu l'occasion de faire la même remarque, et j'estime que cette
influence tient à la raréfaction plus ou moins grande de l'air que
produit la variation de température, agissant ici comme agirait une
force mécanique telle qu'une pompe pneumatique.      A. D. L. R.

---

46. — RECHERCHES SUR LA CHALEUR LATENTE DE FUSION, par
M. PERSON. (*Idem.*)

Nous avons déjà donné précédemment une notice détaillée des
travaux de M. Person sur le sujet qui fait l'objet de nouvelles recherches de sa part. M. Person avait trouvé une formule qui, basée
sur des considérations théoriques ingénieuses, donnait la chaleur
latente de fusion de plusieurs substances non métalliques, en fonction de leurs chaleurs spécifiques à l'état solide et à l'état liquide.
Cette formule appliquée à l'eau, au soufre, au phosphore, à l'azotate de soude et à l'azotate de potasse, avait donné des résultats
concordants avec ceux de l'expérience.

Appliquée aux métaux, la formule était en défaut et il en fallait une nouvelle dans laquelle, au lieu de tenir compte de la différence que présente leur chaleur spécifique suivant qu'ils sont à l'état
solide ou à l'état liquide, différence qui est à peu près nulle, on a
égard à leur coefficient d'élasticité. M. Person, dans les recherches
dont il est question maintenant, a cherché à vérifier sa formule par
de nouvelles applications. Il a trouvé qu'appliquée au chlorure de
calcium elle annonce qu'il faut 39,6 cal. pour fondre 1 gramme de
ce sel; or l'expérience donne 40,7 cal.; la différence est donc
très-petite. Appliquée au phosphate de soude, elle donne 66,4 cal.;
l'expérience donne 66,8 cal.; la différence est encore moindre.

Il est à noter, ajoute M. Person, que l'eau solide contenue dans
le phosphate possède, à très-peu près, la même chaleur spécifique

et la même chaleur de fusion que la glace, de sorte que dans 1 kilo-gramme de sel on a 626 grammes de glace offrant l'avantage de ne fondre qu'à 36 degrés. On produit, comme on sait, un froid très-grand en mêlant le chlorure de calcium avec la glace ; j'ai pensé qu'il devait en être à peu près de même en mêlant le chlorure avec le phosphate ; et, en effet, 80 grammes du premier sel et 100 du second, pris tous deux à 20 degrés, ont fait descendre le thermomè-tre à 29 degrés au-dessous de zéro ; c'est-à-dire qu'on a obtenu un abaissement de 49 degrés. Voilà un nouveau procédé pour produire du froid pendant l'été, sans glace et sans aucun liquide.

Pour troisième exemple de la vérification de la formule, j'ai pris une combinaison de 1 atome d'azotate de potasse avec 1 atome d'azo-tate de soude. Cette combinaison a un point de fusion bien net à 222 degrés, de sorte que le point de fusion des composés est abaissé de 114 degrés pour l'un et de 86 pour l'autre. Or, d'après la for-mule, cela doit entraîner une diminution considérable dans la cha-leur latente de fusion. Il y a donc ici une double vérification à faire : 1° le sel double, considéré indépendamment de sa composition, satisfait-il à la formule ? 2° chacun des deux sels, en fondant à une température plus basse que quand il est isolé, subit-il, dans sa cha-leur latente de fusion, la réduction que la formule assigne ? L'expé-rience répond affirmativement à ces deux questions.

Malgré ces vérifications répétées, il reste toujours une difficulté ; c'est que la formule ne s'applique pas aux métaux. D'un autre côté, la formule qui se vérifie pour les métaux ne s'applique pas aux sub-stances non métalliques. Faut-il donc une formule particulière pour chacune de ces deux classes de corps ? Cela ne paraît pas nécessaire, car on satisfait aux deux cas avec une formule unique, que l'on ob-tient tout simplement en réunissant les deux autres. L'expression générale de la chaleur latente est ainsi composée de deux termes ; mais l'un de ces termes devient nul quand il s'agit des métaux, parce qu'il est proportionnel à la différence des chaleurs spécifiques à l'état solide et à l'état liquide, différence qui est sensiblement nulle dans les métaux. L'autre terme, à son tour, devient négligeable pour la plupart des substances non métalliques, parce qu'il est proportionnel au coefficient d'élasticité, lequel, en général, n'a de valeur bien considérable que dans les métaux. Cependant il existe, sans doute, des substances pour lesquelles il faut avoir égard aux deux termes : le brome paraît être dans ce cas. A l'état solide, d'après les expériences de M. Pierre, il a presque la même densité que le diamant ; d'après cela, si l'on admet qu'il ait le coefficient d'élasticité que M. Wertheim a trouvé pour le cristal, sa formule donne 16,5 pour la chaleur latente ; or, par expérience, M. Regnault a trouvé 16,2, ce qui diffère bien peu.

On conçoit, du reste, aisément la signification des deux termes dont se compose l'expression générale. La chaleur employée à fondre les corps peut se diviser en deux parties : l'une est employée à séparer les molécules et à leur donner cette espèce de liquidité qu'on voit dans les métaux. La quantité de chaleur nécessaire à ce travail dépend surtout de la ténacité ; le coefficient d'élasticité le fait connaître avec une grande approximation. Pour les métaux, la chaleur de fusion se réduit à cette première partie.

La deuxième partie est employée à modifier ou même à subdiviser les molécules que la première partie a séparées. La capacité de la substance pour la chaleur est alors notablement augmentée, quelquefois du simple au double, comme on le voit pour l'eau. La dépense de chaleur paraît proportionnelle à ce changement, car nous voyons entrer comme facteur dans la formule, la différence des chaleurs spécifiques à l'état solide et à l'état liquide.

---

## CHIMIE.

47. — Recherches cristallographiques, par M. J. Nicklès.
(*Revue scientifique,* septembre 1849, page 347.)

Dans ce mémoire, l'auteur prétend établir des rapports entre les formes cristallines de divers composés qui offrent certaines analogies dans leur composition chimique ; par exemple entre des sels formés par des acides organiques homologues (comme l'acide formique, l'acide acétique, l'acide métacétique, l'acide butyrique), lors même que les bases et les proportions d'eau de cristallisation varient, ou bien entre des éthers homologues, entre une base organique et ses différents sels, etc. Ces rapprochements seraient curieux en effet, s'ils offraient quelque réalité, mais la légèreté avec laquelle ils sont établis ne permet guère d'attacher quelque confiance aux résultats auxquels l'auteur croit parvenir. Citons-en quelques exemples.

M. Niclès compare d'abord le métacétate et l'acétate de cuivre. Le premier cristallise en prisme rhomboïdal droit de 120°, tronqué sur ses arêtes aiguës, ce qui le transforme en apparence en un prisme hexagone régulier de 120°, forme qui, on le sait, dérive du rhomboèdre. Quant à l'acétate, c'est un prisme rhomboïdal oblique de 72°¹/₂, dont la base est inclinée sur les faces de 108 à 109°. De là une première analogie pour M. Niclès car, dit-il, cette forme est très-voisine d'un rhomboèdre. Pour nous, il nous semble qu'il faudrait pour cela augmenter l'angle du prisme de 36°, ce qui n'est certes pas négligeable. Il est vrai que dans diverses parties de son mémoire l'auteur paraît prendre indifféremment un angle ou son supplément. Mais ce n'est pas tout, autrement nous aurions pu croire que nous avions mal compris l'indication de l'angle. Il y a, suivant l'auteur, une seconde analogie, entre ces deux formes; en effet, on trouve dans le métacétate de cuivre des faces d'un pointement octaédrique formant avec la base du prisme hexagonal des angles de 116° 20'; or on trouve aussi, sur les cristaux d'acétate, de petites facettes faisant avec le plan de la base oblique des angles de 116°¹/₂. L'auteur oublie que, puisqu'il a comparé le prisme oblique d'acétate de cuivre à un rhomboèdre, la base de ce prisme correspond à une face de rhomboèdre, et par conséquent ne peut plus être comparée à la base du prisme hexagonal qui dériverait de ce rhomboèdre.

Voici un second exemple qui n'est pas moins curieux. L'auteur compare les oxalates de méthylammine et d'éthylammine; il leur attribue à tous deux la forme d'un prisme rhomboïdal oblique, (notons en passant que dans ce système la face $\infty P \infty$ doit être également inclinée sur les deux faces adjacentes du prisme $\infty P$, or l'auteur indique pour ces deux inclinaisons, relativement à l'oxalate d'éthylammine, 116° et 131° 20′ !). Il remarque une première analogie entre ces formes cristallines ; en effet, l'angle du prisme est de 65° 25′ pour le sel de méthylammine et de 67° 35′ pour l'autre. Puis il en observe une seconde, en découvrant une similitude presque parfaite entre la série des angles formés par les diverses faces du prisme de l'oxalate d'éthylammine et la série des angles comptés, pour l'autre sel, dans une zone toute différente, qui comprendrait deux des faces prismatiques seulement et les troncatures placées sur les angles de la base. Il est clair que ces deux ressemblances ne peuvent être invoquées à la fois ; si l'une existe, l'autre ne peut être qu'accidentelle, et il semble que l'auteur eût dû conclure de là qu'il en était, probablement, ainsi de toutes deux.

Nous pensons que ces exemples suffiront pour faire juger que les lois posées par M. Nicklès sont encore à démontrer.    **C. M.**

48.— Recherches sur la strychnine, par MM. E.-C. Nicholson et F.-A. Abel. (*Journal of the Chemical Soc.*, 1849, n° 7.)

Plusieurs chimistes se sont occupés de l'analyse de la strychnine et ont proposé diverses formules pour représenter la composition de cette base. Ainsi, pour ne parler que des plus récentes, M. Regnault avait conclu de ses analyses la formule $C^{43} H^{23} Az^2 O^4$. M. Liebig, se fondant sur la détermination du platine dans le chloroplatinate de strychnine, proposa de modifier cette formule et d'adopter $C^{44} H^{23} Az^2 O^4$, et M. Regnault, dans une lettre adressé à ce savant, y apportait encore un changement et l'écrivait $C^{44} H^{22} Az^2 O^4$. M. Gerhardt, qui s'est aussi occupé de cette question, s'était rangé d'abord à cette dernière formule, mais depuis il a adopté $C^{44} H^{24} Az^2 O^4$.

MM. Nicholson et Abel, ayant entrepris un travail étendu sur la strychnine et sur ses combinaisons, ont cherché d'abord à établir ce premier point d'une manière définitive. En conséquence ils ont exécuté de nombreuses analyses, soit de la strychnine pure, soit des combinaisons de cette base les plus propres à fixer son équivalent, en particulier de celles de l'hydrochlorate de strychnine avec les chlorures de platine, d'or et de palladium. A la suite de ces analyses ils ont adopté la formule $C^{42}$ $H^{22}$ $Az^{2}$ $O^{4}$.

Ils ont également étudié et analysé les combinaisons de la strychnine avec un grand nombre d'acides, soit minéraux, soit organiques. Ne pouvant entrer dans le détail de ces analyses, nous nous bornerons à dire que leurs résultats s'accordent d'une manière remarquable avec les compositions calculées d'après la formule que nous venons d'indiquer, en sorte que l'on peut espérer qu'elle demeurera maintenant fixée d'une manière définitive.

Enfin les auteurs annoncent que ce travail, tout entier relatif à la composition de la strychnine et de ses sels, n'est que le prélude d'un travail plus étendu sur les produits de la décomposition de cette base, et particulièrement sur ceux qui résultent de l'action de l'iode et de celle de l'acide nitrique. Ils signalent déjà l'existence d'une base nitrogénée, produite dans cette dernière réaction, et dans laquelle une portion de l'hydrogène de la strychnine est remplacée par les éléments de l'acide hypo-azotique.

---

### 49. — Sur l'extraction des radicaux organiques, par M. E. Frankland. (*Ibidem.*)

Nous avons rendu compte [1] d'un essai tenté par MM. Frankland et Kolbe pour isoler l'éthyle en faisant agir le potassium sur le cyanure éthylique. Cette tentative avait été infructueuse, puisque le produit, au lieu d'offrir la composition attribuée à l'éthyle ($C^{4}$ $H^{5}$), présentait celle du méthyle ($C^{2}$ $H^{5}$).

Conduit par ce premier résultat, M. Frankland a pensé qu'en employant un composé moins complexe que le cyanure éthylique,

---

[1] Bibl. Univ., 1848 (Archives), tome VIII, page 137.

et un métal moins électro-positif que le potassium, il obtiendrait peut-
être la séparation de l'éthyle sans que ce radical se partageât en
même temps en deux groupes, le méthyle et l'élayle ($C^2H^3+C^2H^2$).
Dans ce but, et en raison de l'affinité de l'iode pour les métaux et de
la facilité avec laquelle il se sépare de ses combinaisons organiques,
il a essayé la décomposition de l'iodure éthylique (éther iodhydrique)
par le zinc à une température élevée, et paraît avoir effectivement
réussi, par ce procédé, à isoler l'éthyle, ce radical jusqu'ici hypothétique des corps appartenant au groupe de l'alcool. Toutefois ce corps
n'est pas le seul produit de cette décomposition ; il est accompagné
d'autres composés, gazeux comme lui, en sorte que ce n'est que
par une analyse eudiométrique complexe que l'auteur a pu établir
son existence. Nous devons renvoyer à son Mémoire pour le détail
des analyses, nous nous bornerons à indiquer rapidement les circonstances principales de cette décomposition.

L'iodure éthylique était introduit avec du zinc dans un tube de
verre fort, qui était ensuite scellé à la lampe et chauffé pendant environ deux heures dans un bain d'huile à une température de
150° C. Le zinc se recouvre d'un dépôt cristallin d'iodure de zinc,
et le liquide change d'apparence sans changer de volume. Si l'on
ouvre le tube refroidi sous une cuve à eau il s'en dégage un volume
considérable de gaz et le liquide disparaît complétement. Ce gaz
est incolore, il présente une odeur éthérée, brûle avec une flamme
brillante, et se dissout rapidement et complétement dans l'alcool
absolu. Si l'on introduit ensuite de l'eau dans le tube, la masse
cristalline d'iodure de zinc se dissout avec effervescence, en dégageant une nouvelle quantité d'un gaz qui offre les mêmes caractères
que le précédent.

Le gaz ainsi obtenu est en partie absorbable par l'acide sulfurique
fumant, et l'analyse eudiométrique faite comparativement avant et
après cette absorption prouve que le gaz absorbable, qui constitue
environ 22 % du mélange total, présente exactement la composition
et le mode de condensation de l'élayle (hydrogène bicarboné). Quant
au résidu, sa composition et sa densité ne permettent pas de le considérer comme un gaz simple, mais elles s'accordent parfaitement

avec la supposition d'un mélange d'éthyle et de méthyle renfermant à peu près $\frac{2}{3}$ du premier et $\frac{1}{3}$ du second.

Le gaz qui se dégage lorsqu'on dissout dans l'eau l'iodure de zinc présente un mélange de même nature que le précédent, mais dans lequel le méthyle domine de beaucoup. L'auteur pense que probablement l'élayle et l'éthyle ne sont que mécaniquement retenus dans ce résidu cristallin, mais que le méthyle y est réellement engagé dans une combinaison chimique que l'eau détruit.

Si, dans les expériences précédentes, après avoir cassé la pointe du tube dans lequel a eu lieu la décomposition de l'iodure éthylique par le zinc, on ne laisse le gaz se dégager que lentement, et si l'on a soin de recueillir à part les dernières portions, on trouve qu'elles offrent exactement la composition et le mode de condensation de l'éthyle. Ce fait est d'accord avec la théorie qui indique que l'éthyle doit être bien moins volatil que le méthyle et l'élayle. Enfin une expérience faite par l'auteur sur ce dernier produit gazeux, pour étudier sa diffusion dans l'air au travers d'une plaque de plâtre, lui a prouvé qu'il se comportait bien à cet égard comme un gaz simple et non comme l'eût fait un mélange. Ainsi il est bien réellement parvenu à isoler l'éthyle ; voici les propriétés qu'il assigne à ce corps.

L'éthyle est un gaz incolore, d'une odeur éthérée qui diminue de plus en plus par le contact de l'eau et de l'acide sulfurique fumant, d'où l'on peut conclure qu'à l'état de pureté absolue il serait sans odeur. Il brûle avec une flamme brillante. Il renferme 2 volumes de carbone et 5 volumes d'hydrogène condensés en un volume. Il reste gazeux à — 18°C. sous la pression ordinaire ; mais à une température de + 3°, sous une pression de $2\frac{1}{4}$ atmosphères, il se condense en un liquide incolore et très-mobile. Son point d'ébullition doit être voisin de —23°C. L'alcool absolu en absorbe 18 fois son volume ; l'addition d'eau en dégage complétement le gaz. L'acide sulfurique fumant et le perchlorure d'antimoine ne l'absorbent point. Le chlore, sans action sur lui dans l'obscurité, se combine peu à peu avec lui sous l'influence de la lumière diffuse en produisant un liquide incolore. Le brome s'y combine sous l'influence de la lumière solaire et d'une chaleur modérée. L'iode et le soufre ne l'attaquent qu'à une température élevée ; avec ce dernier corps il y a un dégagement abondant d'acide sulfhydrique et séparation de carbone.

Il résulte de ces expériences que le zinc décompose bien l'iodure éthylique à une température élevée , s'empare de l'iode et laisse l'éthyle libre, mais qu'en même temps une portion de ce radical se décompose en méthyle et élayle. Ces deux derniers gaz devraient se trouver d'après cela en volumes égaux dans le mélange gazeux. L'expérience donne cependant un excès de méthyle, sa présence doit être attribuée à une décomposition accessoire due à quelque trace d'eau.

M. Frankland a constaté en effet que si l'on répète les expériences précédentes en ajoutant de l'eau au zinc et à l'iodure éthylique, on n'obtient plus qu'un seul produit gazeux, le méthyle ; en même temps il se forme un oxy–iodure de zinc :

$$C^4H^5I + HO + 2\,Zn = 2\,C^2\,H^3 + Zn\,O,\,Zn\,I.$$

Cette réaction fournit même le moyen le plus commode pour la préparation du méthyle.

Si l'on remplace l'eau par de l'alcool absolu, les produits sont les mêmes, sauf qu'ils renferment en outre de l'éther :

$$C^4\,H^5\,I + C^4\,H^6\,O^2 + 2\,Zn = 2\,C^2\,H^3 + C^4\,H^5\,O + Zn\,O,\,Zn\,I$$

L'auteur a essayé la même décomposition en présence de l'éther. Le gaz obtenu dans cette circonstance ne s'est dégagé, pour la plus grande partie, que par l'addition d'eau sur le résidu ; c'était un mélange de 4 p. environ d'élayle, 28 d'éthyle et 68 de méthyle. Cette proportion considérable de ce dernier gaz prouve que l'éther a aussi cédé les éléments de l'eau dans cette réaction, mais en quantité insuffisante pour opérer la conversion complète de l'éthyle en méthyle. Le reste des éléments de l'éther devait sans doute se trouver dans un liquide huileux, coloré, qui s'est rassemblé en petite quantité à la surface de l'eau qu'on avait introduite dans le tube où la décomposition avait eu lieu ; mais la nature de ce liquide n'a pas été déterminée.

M. Frankland a aussi examiné l'action de quelques autres métaux. Le fer, le plomb, le cuivre et le mercure sont restés à peu près sans action sur l'iodure éthylique à une température de 150 à 200°C. maintenue pendant 12 heures. L'arsenic le décompose rapidement à 160° C., mais sans former de produit gazeux ; il en est de même avec l'étain. Le potassium, à 130° C., le décompose également, et donne naissance à du méthyle et à un liquide éthéré.

Nous ne terminerons pas cet extrait de l'intéressant mémoire de M. Frankland sans ajouter une remarque sur les nouveaux composés dont ce savant a enrichi la science. Quel que soit l'intérêt que présente la découverte de corps auxquels divers auteurs attribuent le rôle important de radicaux organiques, il semble cependant que l'étude de leurs propriétés tend à en diminuer l'importance

Jusqu'ici, en effet, le cacodyle découvert depuis longtemps par M. Bunsen, et qui appartient à un tout autre ordre de combinaisons, est le seul qui présente réellement les caractères que l'on doit attribuer à un radical organique, savoir de pouvoir se combiner directement avec les divers éléments pour reproduire les composés dans lesquels on admet son existence L'éthyle et le méthyle ne paraissent en aucune façon présenter cette propriété, et à ce titre ils ne méritent pas plus le nom de radicaux organiques que le benzyle ou benzoyle ($C^{14}H^5O^2$) qui a déjà été isolé depuis longtemps. Il est vrai que les propriétés de l'éthyle et du méthyle n'ont pas encore été étudiées bien à fond, mais le peu que nous en ont appris les auteurs de leur découverte semble bien justifier notre remarque. Ainsi, MM. Frankland et Kolbe ont constaté que le méthyle, sous l'influence du chlore, ne donne point naissance au chlorure méthylique, mais bien à un produit formé par substitution du chlore à l'hydrogène. Il en est probablement de même de l'éthyle, car M. Frankland, qui a reconnu qu'il se combinait au chlore, en formant un liquide incolore, n'aurait sans doute pas méconnu le chlorure éthylique (éther chlorhydrique), si ce corps eût réellement pris naissance. Le soufre

ne paraît pas davantage reproduire, en se combinant avec lui, le sulfure éthylique.

Il résulte de là que la découverte de l'existence de ces corps ne
saurait être invoquée comme une preuve à l'appui de la théorie des
radicaux organiques. Nous serions même disposés à voir dans l'ensemble de leurs propriétés une objection bien plus grave contre cette
théorie, que ne l'était auparavant celle que l'on tirait de leur non
existence.

Hâtons-nous d'ajouter d'ailleurs que cela ne diminue en rien le
mérite de la découverte de M. Frankland.                C. M.

## MINÉRALOGIE ET GÉOLOGIE.

50. — Notices sur l'arkansite, par M. Breithaupt. (*Poggend.
Annalen*, tome LXXVII, p. 302), par M. C. Rammelsberg.
(*Ibidem*, p. 586), par MM. Damour et Descloizeaux. (*Annales
des Mines*, tome XV.)

M. Shépard a décrit le premier, sous le nom d'arkansite[1], un minéral trouvé par M. Powel à Magnet Cove, dans le comté de Hot-
Springs, Etat d'Arkansas. Les notices publiées par ce savant ne
donnent qu'une description incomplète des formes cristallines de ce
minéral et laissent sa composition chimique dans une complète incertitude, puisqu'il conclut de ses premières recherches que c'est
un titanate d'yttria, et d'essais plus récents que c'est un niobate
d'yttria et de thorine. De nouvelles recherches entreprises à peu
près simultanément par plusieurs minéralogistes viennent de démontrer que l'arkansite ne constitue point une espèce minérale nouvelle,
mais qu'elle doit être réunie à la brookite.

M. Breithaupt a publié d'abord une description très-détaillée
des caractères et des formes cristallines de ce minéral. Il en conclut qu'il doit être placé très-près de la brookite, mais par une

[1] American Journal of Sciences and Arts, cahier de sept. 1846 et 1847.

erreur dont il est difficile de se rendre compte, il annonce qu'il a vainement cherché à établir une corrélation entre les formes de ces minéraux, et que par conséquent ils constituent deux espèces voisines, mais distinctes. Il est facile cependant de s'assurer, en comparant les formes de l'arkansite décrites par M. Breithaupt à celles de la brookite étudiées par Lévy, que non-seulement on peut leur assigner une même forme primitive, mais encore que les formes secondaires sont presque toutes identiques, et que ces minéraux ne diffèrent que par le développement inégal de certaines faces.

M. Rammelsberg a étudié particulièrement la composition chimique de l'arkansite ; un examen scrupuleux lui a montré que ce minéral ne renfermait pas autre chose que de l'acide titanique. Conduit par ce résultat, il a essayé de rapprocher les formes cristallines décrites par M. Breithaupt de celles de la brookite, et reconnu leur identité que prouve un tableau de comparaison des angles, inséré dans son mémoire. Seulement il remarque une différence dans la densité de ces minéraux. Ses essais lui ont donné pour la densité de l'arkansite 3,892 à 3,949; M. Shepard avait trouvé 3,854 et M. Breithaupt 3,952. La densité de la brookite, d'après MM. Breithaupt et H. Rose, varie entre 4,12 et 4,16 ; celle de l'anatase, isomère comme on le sait de la brookite, est comprise, suivant M. H. Rose, entre 3,89 et 3,93. Il résulterait de là, d'après M. Rammelsberg, que l'arkansite nous offrirait de l'acide titanique sous la forme de la brookite, mais avec la densité de l'anatase.

Le mémoire de MM. Damour et Descloizeaux vient seulement de paraître (septembre 1849), mais il était entre les mains de la commission des Annales des Mines depuis le 20 avril, par conséquent avant la publication des notices dont nous venons de parler. Ces savants, après avoir décrit les caractères minéralogiques de l'arkansite, donnent une description complète des formes qu'ils ont pu observer, et établissent leur identité avec celles de la brookite : puis ils passent à l'examen chimique de ce minéral. Une première analyse, dans laquelle le minéral a été attaqué par le bisulfate potassique, a donné pour 100 parties :

| Acide titanique | . | . | 99,36 |
| Oxyde ferrique | . | . | 1,36 |
| Silice | . | . | . | 0,73 |

101,45

Deux autres essais, pour lesquels on a attaqué le minéral par l'acide sulfurique, ont donné des résultats analogues, seulement l'excès de poids encore plus considérable s'est élevé à 3 %.

Il résulte de là que l'arkansite est bien essentiellement et presque uniquement composée d'un oxyde de titane, mais l'excès de poids trouvé dans les analyses semble indiquer que le métal s'y trouve à un degré d'oxydation inférieur à celui de l'acide titanique. Les auteurs ont cherché à s'en assurer d'une manière plus certaine. Dans ce but ils ont cherché à peroxyder le minéral pulvérisé, soit en le calcinant dans un courant d'oxygène, soit en le chauffant avec de l'acide sulfurique concentré, évaporant à sec et calcinant. Dans les deux cas il y a eu réellement une augmentation de poids, mais presque insignifiante, car elle ne dépassait guère 0,1 %. Toutefois, dans la seconde expérience on a observé pendant la calcination un dégagement d'acide sulfureux qui paraît confirmer l'idée d'une suroxydation du minéral [1].

Les auteurs n'ayant plus de matière pour continuer ces essais ont cherché à éclaircir la question par une autre voie. On sait que la brookite se présente en cristaux transparents, d'un rouge-brun, à cassure vitreuse et dont la poussière est d'un blanc-jaunâtre ; ces caractères la distinguent assez nettement de l'arkansite. Les auteurs ont reconnu que ces caractères ne changent point lorsqu'on chauffe ce minéral dans une flamme oxydante, mais il n'en est plus de même lorsqu'on le chauffe sur du charbon ou dans la flamme intérieure du chalumeau. Dans ce dernier cas en effet la brookite perd

[1] Si l'arkansite renferme un oxyde de fer comme l'indique l'analyse des auteurs, la présence de cette base, qui retient l'acide sulfurique jusqu'à une chaleur rouge et ne le perd qu'en partie décomposé, suffirait pour expliquer un dégagement d'acide sulfureux. (R.)

sa transparence, prend une couleur grise et un éclat métallique qui se retrouve même dans la cassure, et donne une poussière grise; en un mot elle prend tous les caractères extérieurs de l'arkansite. Le rutile se comporte de la même manière lorsqu'on le calcine dans un courant d'hydrogène et perd alors environ 4,5 % de son poids.

En résumé, les auteurs pensent pouvoir conclure de ces expériences que les cristaux d'arkansite ne sont autre chose que des cristaux de brookite qui ont subi une désoxydation partielle, accompagnée d'un changement de couleur et d'éclat, par suite probablement d'une élévation considérable de température en présence de vapeurs hydrogénées ou bitumineuses.

Terminons cette analyse en indiquant d'après le mémoire de MM. Damour et Descloizeaux les caractères les plus saillants de l'arkansite.

Les cristaux de ce minéral se présentent, soit isolément, soit groupés et engagés dans du quartz grisâtre en grains. Leur couleur est le gris de fer avec éclat métallique semblable à celui du fer oxydulé. Ils donnent une poussière gris-cendré et n'offrent pas de clivage appréciable. Leur densité est de 4,03 à 4,08 (un peu plus élevée que celle trouvée par MM. Rammelsberg, Breithaupt et Shepard). La dureté est intermédiaire entre celle du feldspath et celle du quartz.

La plupart des cristaux d'arkansite se présentent sous l'aspect de dodécaèdres à triangles isoscèles; cependant un examen attentif fait bientôt découvrir de petites facettes, généralement très-étroites, et dont la mesure démontre que ces cristaux appartiennent réellement à un prisme rhomboïdal droit, modifié sur les arêtes et sur les angles de sa base. Pour exprimer plus simplement les diverses faces secondaires, les auteurs changent la position que Levy avait donnée aux cristaux de brookite, et adoptent pour forme primitive un prisme de 121° 39′, dans lequel un des côtés de la base est à la hauteur dans le rapport de 1000 : 348. Mais nous devons renvoyer au mémoire original pour des détails plus étendus sur les formes secondaires de l'arkansite et sur leur identité avec celles de la brookite.

51. — Système silurien du centre de la Bohême, par
M. J. Barrande.

On sait que depuis de longues années le terrain silurien de la
Bohême est l'objet de recherches poursuivies sur une grande échelle
par M. Joachim Barrande. Animé du véritable esprit de la science,
ce géologue expérimenté a consacré toutes les ressources dont il
pouvait disposer à l'accomplissement de son entreprise. M. Barrande
a confié à M. W. Haidinger la publication de l'important ouvrage
dans lequel il doit exposer ses recherches, et l'académie impériale
des sciences de Vienne lui a accordé une allocation considérable
pour faciliter cette œuvre. On peut juger de la grande valeur de ce
travail par les jugements qu'en ont portés sir R. Murchison, M. de
Verneuil et le comte Keyserling, dans une lettre qui est publiée dans
le *Jahrbuch* de M. Leonhard et dans le *New Philosophical Journal*
de Jameson. Janvier 1848.

« En mon nom et au nom de mes amis, je puis vous affirmer
avec toute certitude que la collection de fossiles siluriens rassemblée
par M. Barrande est de beaucoup la plus riche que l'on connaisse
en Europe sinon sur tout le globe. »

On lit encore dans un autre passage : « Tandis que nous admirons
la beauté et la variété des formes de ces êtres que M. Barrande a
tirés du sol, mes amis et moi nous ne saurions apprécier trop haut
le mérite des recherches qu'il a poursuivies pendant les dix dernières années, ni louer assez l'esprit d'entreprise et l'amour de la
science avec lesquels ce géologue français, isolé, sans appui quelconque, et par l'emploi libéral de ses propres ressources pécuniaires,
a ouvert tant de carrières pour découvrir les *anciennes médailles*
de la création. A l'aide d'un jugement sain et d'une critique éclairée,
il a successivement caractérisé un horizon physique bien distinct.
L'extrême précision avec laquelle M. Barrande a traité cette partie
difficile de sa tâche est au-dessus de tout éloge, et lorsque je considère ses travaux soit sur un terrain très-compliqué, soit dans
le cabinet, lorsque je vois leurs résultats utiles clairement établis,

je dois dire en toute justice que son ouvrage, une fois achevé, sera une des meilleures et des plus intéressantes monographies qui aient jamais enrichi la science. Cet ouvrage, qui est maintenant terminé, paraîtra sous le titre de Système silurien du centre de la Bohême, en 3 vol. in-4°. Les deux premiers sont spécialement consacrés à la paléontologie et le troisième à la géologie ; 130 à 140 planches renfermeront les figures d'environ 1000 espèces aujourd'hui reconnues dans la collection de M Barrande, et dont les ⁴/₅ au moins sont nouvelles. Le premier volume doit paraître avant la fin de l'année, il contiendra environ 400 pages de texte ; 40 planches de trilobites et autres crustacés, et 20 à 25 planches de céphalopodes, gastéropodes et autres mollusques. Le second volume contiendra environ 70 planches de céphalopodes, gastéropodes, etc. Dans le troisième volume se trouveront des planches supplémentaires, une suite nombreuse de coupes et de profils de terrain et deux cartes géognostiques. Le prix de l'ouvrage est de 250 francs. On souscrit à Vienne chez M. W. Haidinger ou chez M. Braumüller, libraire de la cour.

## ZOOLOGIE ET PALÉONTOLOGIE.

52. — NOTICE SUR UNE PLUIE D'INSECTES OBSERVÉE EN LITHUANIE LE 24 JANVIER 1849, par M. le comte TYSENHAUZ. (*Revue et Magazin de zoologie*, 1849, page 72.)

M. le comte Tysenhauz rend compte dans cet article d'une apparition subite de larves de coléoptères appartenant au genre *Telephorus* de Scheffer. Ce phénomène a été observé dans un champ argileux situé dans le gouvernement de Wilna, district de Vilijka. Voici les principales circonstances qui l'ont accompagné.

Quelques jours auparavant, un dégel complet (2 ou 3 degrés au-dessus de zéro) et un vent d'ouest assez fort avaient fondu le peu de neige qui couvrait le sol. Le 9 janvier, un froid de 5° convertit en verglas l'humidité superficielle de la terre, gelée encore à trois pieds de profondeur. Du 9 au 11 un vent du nord-ouest souffla avec

violence, chassant alternativement la pluie et la neige ; le 11 il dé-
racinait et brisait les sapins ; il ne se calma qu'à six heures du
matin.

Le 12, à la pointe du jour, quelques valets de ferme furent très-
surpris d'apercevoir sur la neige des points noirs clairsemés sur
toute l'étendue d'une très-vaste cour. C'étaient les larves en question, qui, contournées en spirale, demeuraient immobiles et comme
mortes. Après le lever du soleil elles commencèrent à se dérouler et
à ramper lentement sur la neige. Ce fut alors que les corbeaux, les
pies, les moineaux et les volailles de la basse-cour fondirent en
nombre pour les dévorer.

L'étendue du terrain occupé par ces animaux comprenait l'enceinte de la cour et une longue traînée dans la direction du vent. On
l'a estimée à 750,000 pieds carrés, et on a compté deux ou trois
larves par pied carré.

Dans un mémoire inséré en 1836 dans le *Magasin de zoologie,*
M. Blanchard avait déjà parlé de ces apparitions subites des larves
des téléphores (dont on connaissait d'ailleurs plusieurs cas authentiques). Il expliquait ce phénomène en supposant que lorsque de
grandes pluies inondent leurs terriers, elles sortent promptement pour
ne pas être noyées. Il en est de même quand la neige, en couvrant
le sol, risquerait de les priver d'air.

M. Tysenhauz ne croit pas à la possibilité de cette explication, et
il pense qu'elles ont été apportées par le vent. Il cite comme preuves:
1° le fait que la terre étant gelée à trois pieds de profondeur, un
dégel tout superficiel ne peut pas atteindre les larves ; 2° la manière dont elles étaient réparties sur le sol, car dans tous les endroits où la neige se trouvait accumulée, comme devant les palis-
sades et les clôtures, elles se trouvaient aussi en plus grand nombre
qu'ailleurs.

Le 12 janvier de la même année des faits analogues ont été observés, l'un à cinq lieues de distance du précédent, l'autre dans le
gouvernement de Kowno, sur les confins de la Courlande, vers le
grand lac de Dryswiaty.

53. — Note sur la destruction des larves de charençons et d'alucites dans l'intérieur des grains des céréales, par M. le Dr Herpin. (Société nationale d'agriculture, séance du 14 mars 1849. — *Revue et Mag. zoolog.*, 1849, p. 89.)

M. Herpin a constaté par diverses expériences l'inefficacité des procédés employés par plusieurs agriculteurs qui se bornent à placer dans les granges infectées du foin nouveau, des bouquets de pouillot (*Mentha pulegium*), et même un mélange à odeur très-forte composé d'huile empyreumatique très-ammoniacale, d'eau-de-vie fortement camphrée, d'essence de térébenthine et de lavande.

Il a fait exécuter une machine dont il avait déjà émis l'idée en 1842. C'est une sorte de *tarare* dont les aubes, animées d'une très-grande vitesse, frappent le blé avec une force telle, que les grains attaqués ou creusés par les insectes sont cassés et divisés instantanément. Avec une vitesse de 600 tours par minute, cet effet est obtenu d'une manière très-satisfaisante, et les grains sains ne sont pas endommagés. Les larves broyées ou pulvérisées sont entraînées par le ventilateur, et lorsque le grain n'a pas été cassé, elles sont meurtries et incapables de se métamorphoser. Les charençons ou alucites vivants sont au premier tour tués ou blessés. L'opération se fait très-facilement et très-rapidement, et le prix de revient est minime.

---

54. — Recherches microscopiques sur l'eau du Jourdain et sur l'eau et le terrain de la Mer Morte, par M. le prof. Ehrenberg. (Monatsbericht der königl. preuss. Academie der Wissenschaften zu Berlin, juin 1849.)

Les recherches du professeur Ehrenberg l'ont amené aux conclusions suivantes : 1° que dans le terrain et l'eau de la Mer Morte ce sont les faunes d'eau douce actuellement vivantes et susceptibles de se reproduire qui prédominent.

2° Une partie importante du terrain de la Mer Morte consiste en

polythalamia microscopiques de la craie. On peut considérer comme
certain, d'après les observations et les récits des voyageurs et d'a-
près les matériaux qu'ils ont apportés, que le fond de la Mer Morte
est composé dans une grande étendue de débris crayeux, il n'y a
donc rien d'étonnant à ce que les voyageurs y aient quelquefois
trouvé des mollusques, des coraux et beaucoup d'autres faunes caractéristiques des terrains crétacés, et l'on ne peut pas en arguer
que la Mer Morte soit habitée par des êtres vivants marins.

3° On peut croire que les eaux de la Mer Morte sont douces et
sans aucune communication directe avec de véritables mers, car les
petites faunes marines y manquent ou n'y sont représentées que
d'une manière insignifiante.

4° D'un autre côté les recherches ayant été faites sur des matériaux recueillis dans le voisinage du Jourdain, où des faunes marines se rencontrent déjà, peut-on supposer que dans les parties
plus éloignées ces faunes sont peut-être plus nombreuses et plus
caractéristiques ?

5° Il est fort à désirer que les voyageurs rapportent de divers
points de la Mer Morte des matériaux abondants qui permettent de
décider la question.

6° L'eau claire du Jourdain est animée de nombreuses faunes
vivantes.

––––––

55. — Sur un gisement de gypse de l'Asie mineure contenant
des infusoires, par M. le prof. Ehrenberg. (Monatsbericht
Acad. zu Berlin, juin 1849.)

Jusqu'ici on n'avait jamais observé d'infusoires dans le gypse ;
M. Ehrenberg signale la découverte d'un gisement de l'Asie mineure qui renferme 45 espèces de la craie, savoir, 38 *Polygastrica*,
6 *Phytolitharia* et 1 *Entomostracé*. Ce gisement paraît être un
dépôt d'eau douce et appartient probablement à l'époque tertiaire.

# BOTANIQUE.

56. — Aperçu du climat et de la végétation du Thibet, par
M. Thomas Thomson.

Une lettre de ce voyageur, dans le *London journal of botany*,
adressée à sir W.-J. Hooker, donne le résumé suivant qui mérite
d'être connu.

« Le cours entier de l'Indus au nord de l'Himalaya, se trouve
dans un pays montueux, dépourvu de plateaux. La vallée même du
fleuve diminue naturellement de hauteur à mesure que l'on s'avance
vers la mer, mais les montagnes qui l'environnent paraissent avoir
à peu près la même élévation, savoir 18 à 20,000 pieds, et quelques pics s'élèvent encore davantage. La vallée principale et quelques-unes des vallées latérales ont quelquefois une largeur de deux
à trois milles, mais les dernières sont plus ordinairement des ravins
étroits et escarpés. De la hauteur de 12 à 13,000 pieds jusqu'à
6000 pieds (mon point de départ sur l'Indus) la vallée et ses tribu-
taires sont occupées plus ou moins par un dépôt d'eau douce d'une
épaisseur quelquefois énorme. On y trouve de temps en temps des
coquilles, et il paraît qu'un grand lac occupait à une époque antérieure tout le pays de Le, jusqu'à environ 40 milles au-dessous de
Iskardo. Dans cette vaste étendue il y a peu de cultures, les montagnes et une bonne partie des vallées étant un désert. Les montagnes sont couvertes de neige, et leur base, quand elle n'est pas
un précipice, est une pente rocailleuse. Le climat est caractérisé par
une grande sécheresse. Les hivers sont rudes, mais il tombe peu de
neige, surtout dans les districts de l'orient. Vers le bas du cours
de l'Indus la quantité en est considérable et elle augmente vers
l'Himalaya indien. En été, quoique le ciel ait quelquefois de petits
nuages et soit de temps en temps couvert, il tombe très-peu de
pluie. On ne peut même pas dire qu'il pleuve, car lorsque j'ai remarqué de la pluie, c'était quelques gouttes qui mouillaient à

peine le terrain. Au milieu de ce désert, et en dépit de la sécheresse
du climat, l'homme a utilisé les moindres parcelles de terre culti-
vable. Toutes les fois qu'il y a un terrain uni, d'une qualité passa-
ble et une quantité d'eau suffisante, on est sûr de trouver un village
et des cultures. Le ciel ne donnant pas de pluie, il faut que les
plantes soient arrosées, et on peut l'obtenir puisque les montagnes dépassent la limite des neiges perpétuelles et laissent
écouler pendant l'été une abondante quantité d'eau. Les récoltes
sont principalement du froment et de l'orge, ce dernier à de grandes élévations. On voit un peu de moutarde à huile, de pois et de
fèves ; dans les endroits bas et chauds, une ou deux espèces de
panicum.

Vous ne serez pas étonné d'apprendre que, dans un pays aussi
désert, la végétation spontanée soit très-pauvre. Je ne puis pas actuellement calculer le nombre des espèces que j'ai rencontrées, mais
par une estimation vague, je ne pense pas qu'il y en ait plus de 500.
Cependant je suis arrivé le 22 juin, et à cette époque les plantes de
printemps (Primula, Gagea, Lloydia, Crucifères) étaient en fleur,
de sorte qu'il a dû m'échapper peu d'espèces. Les endroits cultivés
autour des villages ont une végétation luxuriante, et même dans le
désert, pendant quinze jours, il y avait un grand nombre de plantes ;
mais plus récemment tout a été desséché et brûlé. La flore alpine
commence à 14,000 pieds environ, et se trouve presque limitée
aux rives des torrents et aux endroits qui reçoivent de l'eau par la
fonte des neiges. Les traits généraux de la végétation sont ceux du
nord entièrement. L'abondance des Astragales rappelle la flore de
Sibérie. Les Crucifères, Borraginées, Labiées et Chenopodées sont
les familles prédominantes. Dans les champs cultivés le *Vaccaria,*
les *Silene conica* ou *conoïdea,* un *Cerastium,* quelques *Polygonum,*
un *Elsholtzia,* un *Hypecoum,* le *Convolvulus arvensis,* le *Lamium
amplexicaule,* les *Chenopodium* et *Lycopsis,* sont des plantes communes. Sur le bord des champs on voit une *Mentha,* une *Medicago,*
un *Melilotus,* un *Nepeta,* un *Ballota* à calice épineux, une *Clematis,*
un *Cynoglossum,* un *Heracleum,* le *Capsella bursa-pastoris,* le

*Sisymbrium Sophia*, le *Lepidium ruderale*, un *Thalictrum*, un *Mulgedium*, un *Geranium*, une grande Solanacée à fleur jaune, qui paraît former un genre nouveau. Dans les prés les plantes les plus abondantes appartiennent aux genres *Pedicularis*, *Gentiana*, *Potentilla*, *Astragalus*, *Ranunculus*, représentés par plusieurs espèces, *Plantago*, *Euphrasia* (*officinalis*), *Senecio*, *Allium*, *Galium*, *Taraxacum*, *Carum*, *Epilobium*, *Iris*, et *Gnaphalium*. Parmi les plantes de marais on peut indiquer les *Triglochin*, *Hippuris*, *Veronica Anagallis*, *Ranunculus Cymbalaria*, *Glaux maritima*, et un *Taraxacum* à fleur blanche, qui abonde quand le terrain est salé. Les parties stériles ont des fleurs au premier printemps, comme je l'ai déjà dit. Ce sont de nombreuses Crucifères, Borraginées (principalement des *Echinospermum*) et des Astragales. Les brillantes fleurs roses de l'*Oxytropis chiliophylla* couvrent souvent de grands espaces. Plusieurs espèces de *Corydalis*, une *Euphorbia*, une *Mathiola*, le *Nepeta floccosa*, les *Ephedra*, *Capparis*, *Echinops*, *Guldendstädtia*, *Tribulus*, s'y trouvent aussi. Les arbustes sont rares et ne se rencontrent que sur les terrains un peu humides. Deux *Myricaria* sont communs au bord des ruisseaux, surtout dans les graviers, et vers Nubra un *Tamarix* vient s'ajouter à eux. L'*Hippophaë* existe partout près de l'eau et le *Rosa Webbiana* s'étend même sur les terrains stériles. J'ignore si l'on a introduit cette espèce dans les jardins. Elle en vaudrait la peine, car elle s'élève jusqu'à 10 ou 15 pieds, formant des touffes hémisphériques, entièrement couvertes de grandes fleurs rouges. Plusieurs saules, un *Lycium*, un *Rhamnus* et au moins trois *Lonicera*, complètent les arbustes. Ces derniers montent jusque dans les vallées alpines, où l'on voit, indépendamment de plusieurs saules, un peuplier à feuilles cordées (Populus balsamifera ?). Les arbrisseaux alpins sont seulement des saules et le *Caragana versicolor*. Je vous parlais, l'année dernière, d'un arbre probablement nouveau ; je l'ai revu, toujours sans fleurs ni fruits, mais il répond à la description du *Populus Euphratica* d'Olivier. C'est donc un exemple intéressant d'une espèce de l'ouest qui s'avance vers l'est. Il ne me reste plus qu'à mentionner la végétation alpine, la plus remarquable de toutes, car elle se rapproche beaucoup de celle de l'Europe et du nord de l'Asie. Je ne puis mentionner à présent que deux Anemone (peut-être *A. patens* et *A. pratensis*), un pavot voisin du *P. nudicaule,* une *Saxifraga* voisine de la *S. crassifolia,* une *Primula* analogue à l'*Auricula,* un *Ranunculus,* des espèces de *Phaca, Oxytropis, Astragalus,* les *Biebersteinia odora, Lonicera hispida,* un *Androsace,* une *Veronica,* un *Thermopsis,* des Crassulacées, et plusieurs Crucifères dont je ne puis citer les noms. J'ai rencontré deux *Rheum,* l'un paraît être le *R. Moorcroftianum,* l'autre paraît nouveau. »

# OBSERVATIONS MÉTÉOROLOGIQUES ET MAGNÉTIQUES

## FAITES À L'OBSERVATOIRE DE GENÈVE

### SOUS LA DIRECTION DE M. LE PROFESSEUR E. PLANTAMOUR

#### PENDANT LE MOIS D'OCTOBRE 1849.

Le 1er, de 3 1/2 h. à 4h., éclairs et tonnerres; direction de l'orage de l'Ouest vers l'Est.

« 5, de 8 h. à 11 du soir, halo lunaire elliptique, le grand axe dans la direction du vertical.

« 6, dans la soirée, halo lunaire.

« 8, première chute de neige sur le Môle; elle disparaît au bout de 2 jours.

« 13, Le Môle et la crête du Jura sont couverts de neige; cette neige fond au bout de quelques jours.

« 16, de 5 1/2 à 11 h. du soir, succession d'orages, accompagnés d'éclairs et de tonnerres, et d'averses très-fortes.

« 27, de 9 h. à 10 h. du matin, faible halo solaire.

« 28, de 10 h. du soir à minuit, belle couronne lunaire.

## Moyennes du mois d'Octobre 1849.

| | 6h.m. | 8h.m. | 10h.m. | Midi. | 2h.s. | 4h.s. | 6h.s. | 8h.s. | 10h.s. |
|---|---|---|---|---|---|---|---|---|---|

### Baromètre.

| | 6h.m.<br>mm | 8h.m.<br>mm | 10h.m.<br>mm | Midi.<br>mm | 2h.s.<br>mm | 4h.s.<br>mm | 6h.s.<br>mm | 8h.s.<br>mm | 10h.s.<br>mm |
|---|---|---|---|---|---|---|---|---|---|
| de, | 722,50 | 722,93 | 723,11 | 722,64 | 722,37 | 722,02 | 722,49 | 722,86 | 722,73 |
| » | 724,38 | 724,80 | 724,95 | 724,69 | 724,39 | 724,26 | 724,56 | 725,17 | 725,52 |
| » | 731,89 | 732,19 | 732,22 | 731,60 | 731,08 | 731,01 | 731,33 | 731,52 | 731,59 |
| ... | 726,44 | 726,81 | 726,94 | 726,48 | 726,11 | 725,93 | 726,30 | 726,68 | 726,77 |

### Température.

| | 6h.m.<br>° | 8h.m.<br>° | 10h.m.<br>° | Midi.<br>° | 2h.s.<br>° | 4h.s.<br>° | 6h.s.<br>° | 8h.s.<br>° | 10h.s.<br>° |
|---|---|---|---|---|---|---|---|---|---|
| e, | +11,41 | +12,31 | +14,21 | +15,39 | +14,51 | +13,88 | +12,05 | +11,20 | +11,12 |
| » | + 7,23 | + 8,19 | +10,40 | +11,08 | +11,99 | +12,17 | +10,74 | + 9,78 | + 8,91 |
| » | + 8,32 | + 8,95 | +10,24 | +11,85 | +12,51 | +12,22 | +10,90 | +10,08 | + 9,35 |
| ... | + 8,97 | + 9,79 | +11,57 | +12,81 | +12,99 | +12,74 | +11,22 | +10,35 | + 9,78 |

### Tension de la vapeur.

| | 6h.m.<br>mm | 8h.m.<br>mm | 10h.m.<br>mm | Midi.<br>mm | 2h.s.<br>mm | 4h.s.<br>mm | 6h.s.<br>mm | 8h.s.<br>mm | 10h.s.<br>mm |
|---|---|---|---|---|---|---|---|---|---|
| ade, | 7,74 | 8,04 | 8,20 | 8,04 | 7,92 | 8,06 | 8,39 | 8,45 | 8,28 |
| » | 7,26 | 7,59 | 8,10 | 8,29 | 8,44 | 8,56 | 8,60 | 8,37 | 8,24 |
| » | 7,54 | 7,83 | 8,11 | 8,35 | 8,17 | 8,42 | 8,46 | 8,34 | 8,05 |
| .... | 7,52 | 7,82 | 8,14 | 8,23 | 8,18 | 8,35 | 8,48 | 8,38 | 8,18 |

### Fraction de saturation.

| | 6h.m. | 8h.m. | 10h.m. | Midi. | 2h.s. | 4h.s. | 6h.s. | 8h.s. | 10h.s. |
|---|---|---|---|---|---|---|---|---|---|
| , | 0,78 | 0,76 | 0,68 | 0,62 | 0,65 | 0,69 | 0,80 | 0,84 | 0,84 |
| » | 0,95 | 0,94 | 0,87 | 0,83 | 0,82 | 0,82 | 0,89 | 0,93 | 0,96 |
| » | 0,91 | 0,91 | 0,86 | 0,80 | 0,75 | 0,79 | 0,85 | 0,89 | 0,90 |
| ... | 0,88 | 0,87 | 0,80 | 0,76 | 0,74 | 0,77 | 0,84 | 0,89 | 0,90 |

| | Therm. min.<br>° | Therm. max.<br>° | Clarté moy. du Ciel. | Eau de pluie ou de neige.<br>mm | Limnimètre.<br>p |
|---|---|---|---|---|---|
| ade, | + 8,17 | +16,70 | 0,74 | 90,0 | 34,1 |
| » | + 6,00 | +13,25 | 0,72 | 102,1 | 36,3 |
| » | + 7,26 | +13,40 | 0,72 | 4,6 | 32,6 |
| .... | + 7,13 | +14,42 | 0,73 | 196,7 | 34,3 |

ce mois, l'air a été calme 14 fois sur 100.

rapport des vents du NE à ceux du SO a été celui de 0,74 à 1,00.

direction de la résultante de tous les vents observés est S. 78°,3 O. et son intensité
e à 15 sur 100.

# OBSERVATIONS MAGNÉTIQUES

## FAITES A GENÈVE EN OCTOBRE 1849.

| | DÉCLINAISON ABSOLUE. | | VARIATIONS DE L'INTENSITÉ HORIZONTALE exprimées en $^1/_{100000}$ de l'intensité horizontale absolue. | |
|---|---|---|---|---|
| Jours. | 7ʰ45ᵐ du mat. | 1ʰ45ᵐ du soir. | 7ʰ45ᵐ du matin. | 1ʰ45ᵐ du soir. |
| 1 | 18°15′,42 | 18°27′,62 | | |
| 2 | 16,96 | 25,46 | | |
| 3 | 15,55 | 25,21 | | |
| 4 | 15,52 | 25,65 | | |
| 5 | 14,36 | 26,53 | | |
| 6 | 15,34 | 26,24 | | |
| 7 | 14,36 | 27,24 | | |
| 8 | 14,71 | 24,60 | | |
| 9 | 15,95 | 23,90 | | |
| 10 | 16,76 | 25,50 | | |
| 11 | 16,11 | 25,96 | | |
| 12 | 16,12 | 23,56 | | |
| 13 | 16,46 | 24,22 | | |
| 14 | 15,91 | 26,72 | | |
| 15 | 20,12 | 23,13 | | |
| 16 | 16,27 | 23,98 | | |
| 17 | 17,09 | 22,85 | | |
| 18 | 17,78 | 23,17 | | |
| 19 | 17,11 | 24,43 | | |
| 20 | 18,08 | 25,21 | | |
| 21 | 16,61 | 28,69 | | |
| 22 | 17,78 | 32,08 | | |
| 23 | 16,57 | 19,47 | | |
| 24 | 17,89 | 26,53 | | |
| 25 | 18,62 | 25,73 | | |
| 26 | 17,49 | 23,87 | | |
| 27 | 16,62 | 24,27 | | |
| 28 | 15,38 | 26,12 | | |
| 29 | 14,94 | 22,00 | | |
| 30 | 17,55 | 22,62 | | |
| 31 | 20,39 | 22,05 | | |
| Moyennes | 18°16′,62 | 18°24′,99 | | |

# TABLEAU

### DES

## OBSERVATIONS MÉTÉOROLOGIQUES

#### FAITES AU SAINT-BERNARD

#### PENDANT LE MOIS D'OCTOBRE 1849.

———••———

Moyennes des hauteurs du baromètre et des températures observées à 6 h. et à 8 h. du matin, et à 6 h. et à 8 h. du soir :

| | 6 h. du matin. | | 8 h. du matin. | | 6 h. du soir. | | 8 h. du soir. | |
|---|---|---|---|---|---|---|---|---|
| | Barom. | Temp. | Barom. | Temp. | Barom. | Temp. | Barom. | Temp. |
| | mm | o | mm | o | mm | o | mm | o |
| 1re déc. | 562,92 | − 0,46; | 563,01 | + 0,30; | 562,92 | + 0,50; | 562,99 | − 0,26. |
| 2e » | 563,78 | − 0,79; | 563,94 | + 0,47; | 564,37 | + 1,05; | 564,69 | + 0,51. |
| 3e » | 569,48 | + 0,48; | 569,60 | + 1,00; | 570,30 | + 1,55; | 570,47 | + 0,84. |
| Mois, | 565,52 | − 0,23; | 565,65 | + 0,60; | 565,86 | + 1,03; | 566,05 | + 0,36. |

# Octobre 1849. — Observations météorologiques fait 2084 au-dessus de l'Observatoire de

| PHASES DE LA LUNE. | JOURS DU MOIS. | BAROMETRE RÉDUIT A 0°. | | | | TEMPÉRAT. EXTÉRIEUR EN DEGRÉS CENTIGRADES. | | | |
|---|---|---|---|---|---|---|---|---|---|
| | | 9 h. du matin. | Midi. | 3 h. du soir. | 9 h. du soir. | 9 h. du matin. | Midi. | 3 h. du soir. | 9 h. du soir. |
| | | mill m. | millim. | millim. | millim. | | | | |
| ☺ | 1 | 564,60 | 564,63 | 563,05 | 564,40 | + 3,8 | + 6,0 | + 5,6 | + 1,0 |
| | 2 | 563,67 | 563,83 | 563,65 | 564,79 | + 2,8 | + 4,0 | + 4.0 | − 0,5 |
| | 3 | 566,53 | 566,83 | 566,79 | 567,03 | + 2,0 | + 3,5 | + 6,0 | + 3,9 |
| | 4 | 564,56 | 564,03 | 563,59 | 563,18 | + 1,0 | + 4,2 | + 4,0 | + 1,0 |
| | 5 | 562,53 | 562,62 | 563,14 | 563,77 | + 2,8 | + 2,5 | + 2,0 | − 0,8 |
| | 6 | 564,33 | 564,50 | 564,25 | 564,86 | + 1,0 | + 4,0 | + 4,8 | + 0,8 |
| | 7 | 563,43 | 562,02 | 561,79 | 560.33 | + 0,4 | + 0,8 | − 0,3 | − 0,5 |
| | 8 | 557,85 | 557,45 | 557,32 | 558,84 | + 2,7 | + 4,8 | + 2,3 | − 4,3 |
| ☾ | 9 | 561,99 | 562,01 | 562,09 | 563,17 | − 2,8 | − 1,3 | − 1,2 | − 4,4 |
| | 10 | 561,87 | 560,85 | 560,68 | 559,78 | − 2,3 | − 2,0 | − 2,0 | − 2,4 |
| | 11 | 554,44 | 553,94 | 553,10 | 553,50 | − 0,6 | 0,0 | − 0.2 | − 1 0 |
| | 12 | 552,15 | 551,77 | 551,67 | 552,08 | 0,0 | + 0,8 | − 2,4 | − 3,9 |
| | 13 | 556,06 | 556,46 | 557,26 | 559,60 | − 1,3 | − 0,5 | + 0,8 | − 3,0 |
| | 14 | 562,31 | 562,47 | 562,09 | 562,53 | − 2,5 | − 2,0 | − 1,5 | − 2, |
| | 15 | 563,46 | 563,61 | 564,35 | 565,33 | + 0,8 | + 2,0 | + 2,0 | + 1,0 |
| ● | 16 | 567,55 | 567,92 | 568,21 | 568,72 | + 0,5 | + 3,5 | + 3,0 | + 1,0 |
| | 17 | 569,06 | 569,31 | 569,28 | 571,70 | + 1,2 | + 2,5 | + 1,0 | − 1,8 |
| | 18 | 573,78 | 574,33 | 574,47 | 574,43 | + 2,8 | + 5,0 | + 5,4 | + 2,0 |
| | 19 | 573,36 | 573,01 | 572,37 | 572,46 | + 5,0 | + 8,6 | + 7,3 | + 6,5 |
| | 20 | 569,27 | 568,78 | 568,07 | 567,35 | + 5,7 | + 7,8 | + 8 5 | + 5,0 |
| | 21 | 566,12 | 566.07 | 566,13 | 567,62 | + 3,8 | + 5,5 | + 2,6 | + 1,6 |
| | 22 | 569,64 | 569,66 | 569,67 | 571,26 | 0,0 | + 2,0 | + 1,4 | + 0 |
| | 23 | 572,70 | 573,05 | 573,05 | 574,05 | + 4,1 | + 6,8 | + 5,3 | + 3,8 |
| ☽ | 24 | 574,65 | 574,65 | 574,61 | 574,63 | + 5,5 | + 8,4 | + 8,0 | + 5,7 |
| | 25 | 573,45 | 573,17 | 572,79 | 572.29 | + 5,9 | + 8,4 | + 8.8 | + 5,4 |
| | 26 | 569,66 | 569,17 | 568.08 | 567,97 | + 4,9 | + 5,7 | + 3.5 | + 0,6 |
| | 27 | 567 60 | 567,68 | 567,77 | 568.86 | + 0,1 | + 1,4 | 0,0 | − 0,6 |
| | 28 | 570,87 | 570,73 | 571,17 | 572 03 | + 1,0 | + 1,8 | + 1,8 | + 0,3 |
| | 29 | 572,16 | 571,91 | 571,67 | 571,43 | − 0,9 | − 0,5 | − 1,0 | − 4,8 |
| | 30 | 567,67 | 567,02 | 563.60 | 564,72 | − 4,8 | + 1,2 | − 0,4 | − 5,0 |
| ☺ | 31 | 561,14 | 560,10 | 559.19 | | − 3,0 | − 1,0 | − 0.5 | |
| 1ᵉ décade | | 563,14 | 562,88 | 562,63 | 563,01 | + 1,14 | + 2,65 | + 2,51 | − 0,6 |
| 2ᵉ » | | 564,14 | 564,16 | 564,09 | 564,86 | + 1,25 | + 2,77 | + 2,41 | + 0,1 |
| 3ᵉ » | | 569,61 | 569,41 | 569,07 | 570,49 | + 1,51 | + 3,61 | + 2,86 | + 0,7 |
| Mois. | | 565,75 | 565,61 | 565,39 | 566,12 | + 1,31 | + 3 03 | + 2,61 | + 0,1 |

(1) La quantité d'eau tombée au Saint-Bernard pendant ce mois parait sin virgule, et ne faudrait-il pas lire *centimètres* au lieu de *millimètres* ? E.

rnard, à 2491 mètres au-dessus du niveau de la mer, et gît. à l'E. de Paris 4° 44′ 30″.

| EAU de PLUIE ou de NEIGE dans les 24 h. | VENTS. Les chiffres 0, 1, 2, 3 indiquent un vent insensible, léger, fort ou violent. | | | | ÉTAT DU CIEL. Les chiffres indiquent la fraction décimale du firmament couverte par les nuages. | | | |
|---|---|---|---|---|---|---|---|---|
| | 9 h. du matin. | Midi. | 3 h. du soir. | 9 h. du soir. | 9 h. du matin. | Midi. | 3 h. du soir. | 9 h. du soir. |
| millim.(1) | | | | | | | | |
| 4,5 p. | SO, 1 | SO, 1 | SO, 1 | SO, 0 | couv. 0,9 | couv. 1,0 | couv. 1,0 | pluie 1,0 |
| » | SO, 1 | SO, 1 | SO, 1 | NE, 2 | nuag. 0,6 | couv. 0,9 | couv. 1,0 | brou. 1,0 |
| 0,3 n. | NE, 1 | NE, 1 | SO, 1 | SO, 1 | neige 1,0 | couv. 0,9 | nuag 0,3 | clair 0,0 |
| 0,1 p. | SO, 2 | SO, 1 | O, 1 | SO, 1 | couv. 1,0 | couv. 1,0 | couv. 1,0 | brou. 1,0 |
| » | SO, 0 | NE, 1 | NE, 1 | SO, 1 | couv 1,0 | brou. 1,0 | nuag. 0,5 | clair 0,0 |
| » | SO, 1 | SO, 1 | SO, 1 | SO, 2 | nuag. 0,5 | clair 0,0 | clair 0,0 | brou. 1,0 |
| 6.0 n. | SO, 2 | SO, 2 | SO, 1 | SO, 2 | brou. 1,0 | brou. 1,0 | neige 1,0 | neige 1,0 |
| 10,0 n. | SO, 0 | NE, 0 | NE, 1 | NE, 3 | couv. 0,8 | nuag. 0,7 | neige 1,0 | neige 1,0 |
| » | NE, 2 | NE, 1 | NE, 1 | NE, 1 | brou. 1,0 | clair 0,0 | nuag. 0,3 | clair 1,0 |
| 2,9 n. | SO, 2 | SO, 1 | SO, 1 | SO, 2 | brou. 1,0 | brou. 1,0 | brou. 1,0 | brou. 1,0 |
| » | SO, 2 | SO, 1 | SO, 1 | SO, 1 | brou 1,0 | brou. 1,0 | brou. 1,0 | brou. 1,0 |
| 1,8 n. | SO, 0 | SO, 0 | NE, 1 | NE, 1 | brou. 1,0 | brou. 1,0 | neige 1,0 | brou. 1,0 |
| » | NE, 1 | SO, 0 | SO, 1 | SO, 2 | clair 0,0 | clair 0,2 | nuag. 0,5 | clair 0,0 |
| 3,2 n | SO, 1 | SO, 2 | SO, 2 | SO, 2 | couv. 1,0 | brou 1,0 | neige 1,0 | neige 1,0 |
| 0,6 pu | SO, 1 | SO, 0 | SO, 0 | SO, 0 | brou. 1,0 | brou. 1,0 | brou. 1,0 | brou. 1,0 |
| » | SO, 0 | SO, 0 | SO, 2 | SO, 2 | clair 0,0 | clair 0,0 | nuag. 0,3 | clair 0,2 |
| » | NE, 1 | NE, 0 | NE, 1 | NE, 0 | nuag 0,6 | neige 1,0 | brou. 1,0 | nuag. 0,5 |
| » | SO, 1 | SO, 1 | SO, 1 | SO, 0 | clair 0,0 | clair 0,0 | clair 0,0 | clair 0,0 |
| » | SO, 0 | NE, 0 | NE, 0 | NE, 1 | clair 0,0 | clair 0,0 | clair 0,0 | clair 0,0 |
| » | NE, 1 | NE, 1 | NE, 0 | NE, 0 | clair 0,2 | clair 0,0 | clair 0,0 | clair 0,0 |
| 0,8 p. | NE, 0 | NE, 0 | NE, 1 | NE, 1 | nuag 0,6 | nuag. 0,4 | nuag. 0,6 | pluie 1,0 |
| » | NE, 0 | NE, 1 | NE, 2 | NE, 1 | brou. 0,8 | brou. 1,0 | brou. 1 0 | brou. 1,0 |
| » | NE, 0 | NE, 0 | NE, 1 | NE, 0 | couv 0,8 | clair 0,0 | clair 0,0 | clair 0,0 |
| » | NE, 0 | NE, 0 | NE, 0 | NE, 0 | clair 0,0 | clair 0,0 | clair 0,0 | clair 0,0 |
| » | NE, 0 | NE, 0 | NE, 0 | NE, 0 | nuag. 0,6 | nuag. 0,5 | nuag. 0,4 | clair 0,2 |
| 2,0 n. | NE, 1 | NE, 1 | NE, 2 | NE, 2 | couv. 1,0 | couv 1,0 | couv. 1,0 | neige 1,0 |
| » | NE, 2 | NE, 2 | NE, 2 | NE, 2 | brou 1,0 | nuag. 0,5 | brou 0,8 | brou. 1,0 |
| » | NE, 2 | NE, 1 | NE, 2 | NE, 1 | brou 1,0 | brou. 1,0 | brou. 1,0 | clair 0,0 |
| » | NE, 0 | SO, 0 | SO, 0 | SO, 0 | clair 0,0 | clair 0,0 | clair 0,0 | clair 0,0 |
| » | SO, 0 | SO, 1 | SO, 1 | | clair 0,0 | clair 0,0 | clair 0,0 | |
| 23,3 | | | | | 0,88 | 0,75 | 0,71 | 0,70 |
| 5,6 | | | | | 0,48 | 0,52 | 0,58 | 0,47 |
| 2,8 | | | | | 0,53 | 0,40 | 0,44 | 0,42 |
| 31,2 | | | | | 0,63 | 0,53 | 0,57 | 0,33 |

d'eau tombée à Genève ; n'y aurait-il point une erreur dans la position de la

# ARCHIVES

DES

## SCIENCES PHYSIQUES ET NATURELLES.

DE

## L'EFFET DU MILIEU AMBIANT
## SUR L'IGNITION VOLTAÏQUE,

PAR

M. W.-R. GROVE.

(*Philos. Transact.*, 1re partie de 1849.)

Dans le *Phil. Mag.* de décembre 1843, j'ai indiqué une différence frappante entre la chaleur produite dans un fil de platine par un courant voltaïque, suivant que le fil est plongé dans l'air atmosphérique ou dans le gaz hydrogène; j'ai aussi publié quelques expériences sur ce sujet dans un mémoire qui a paru en 1847; le fil était amené à l'état d'ignition dans divers gaz, tandis qu'un voltamètre placé dans le circuit donnait une proportion de gaz qui était en raison inverse de la chaleur développée dans le fil; je montrai aussi par un thermomètre placé à une distance donnée, que la chaleur rayonnante était en raison directe de la chaleur visible.

Quoique le phénomène fût en apparence anormal, il y avait bien des causes physiques au moyen desquelles on pouvait parvenir à l'expliquer, telles en particulier que la chaleur spécifique différente des milieux ambiants, la différence de leurs pouvoirs conducteurs pour l'électricité, ou bien la mobilité variable de leurs particules, lesquelles emportaient la chaleur par des courants moléculaires avec différents degrés de rapidité.

C'est l'examen de ces questions qui forme le sujet du présent mémoire. Je donne d'abord la description de l'appareil : Deux tubes en verre de 0,3 pouce de diamètre intérieur, et de 1,5 pouce de longueur, fermés par des bouchons, recevaient à travers le liége les extrémités des fils de cuivre auxquels aboutissaient des fils de platine fins, tournés en hélice, du diamètre de $^1/_8$ de pouce, et longs de 3,7 pouces lorsqu'ils étaient déroulés. L'un des tubes fut rempli d'oxygène, l'autre d'hydrogène, et les deux tubes ainsi préparés furent plongés dans deux vases distincts, semblables l'un à l'autre, et contenant chacun trois onces d'eau. Un thermomètre fut placé dans l'eau de chaque vase, et les fils furent réunis de manière à former un circuit continu avec une batterie à acide nitrique de huit auges, chaque plaque ayant huit pouces carrés de surface. Lorsque le circuit fut fermé, le fil placé dans le tube qui contenait l'oxygène devint rouge-blanc, tandis que celui qui était plongé dans le tube à hydrogène ne s'échauffa pas d'une manière visible ; la température de l'eau, qui au commencement de l'expérience était de 60° F. dans les deux récipients, monta en cinq minutes, dans le récipient où se trouvait le tube à hydrogène, de 60° à 70°, et dans celui où se trouvait l'oxygène, de 60° à 81° [1].

Avant d'entrer dans des détails plus circonstanciés, je ferai observer le caractère remarquable du résultat que je viens de décrire. Le même courant ou la même quantité d'électricité passe à travers deux portions semblables de fil plongées dans la même quantité de liquide, et cependant le fait d'être entouré d'une mince enveloppe de gaz différents, fait qu'une portion considérable de la chaleur développée dans l'une paraît être absorbée par l'autre. Des expériences analogues répétées en variant le gaz dans un des tubes, tandis que l'autre demeurait rempli d'hydrogène, donnèrent les résultats suivants :

*Élévation du thermomètre en cinq minutes.*

| Dans l'hydrogène. | Dans l'azote. |
|---|---|
| 1. De 60° à 80°,5. | De 60° à 81°,5. |
| Dans l'hydrogène. | Dans l'acide carbonique. |
| 2. De 60° à 70°,5. | De 60° à 80°. |

[1] Après la publication de mon mémoire de 1837, mon expérience sur le fil chauffé fut mentionnée dans un mémoire de M. Matteucci, que je ne lus pas au moment, quoique je l'eusse entre les mains. Je l'ai lu depuis lors, et je vois que je ne fais actuellement que suivre la ligne tracée par son auteur. — M. Matteucci a fait, quoique dans un but différent, une expérience qui a du rapport avec celle que je viens de décrire ; elle en diffère toutefois sur un point notable, celui d'avoir opéré d'abord sur un gaz et ensuite sur un autre ; il n'a donc pu comparer les effets produits par la même quantité d'électricité. Je ne puis être tout à fait d'accord avec lui sur les conclusions qu'il tire de cette expérience et des autres qu'il cite ; mais ce n'est pas ici le lieu de discuter ce point.

| Dans l'hydrogène. | Dans l'oxyde de carbone. |
|---|---|
| 3.  De 60° à 70°. | De 60° à 79°,5. |

| Dans l'hydrogène. | Dans le gaz oléfiant. |
|---|---|
| 4.  De 60° à 70°,4. | De 60° à 76°,5 [1]. |

Je fis un autre jour les expériences suivantes, toutes les circonstances étant les mêmes, excepté que la batterie était plus énergique, ce qui fait que je ne les ai pas disposées en tableau comme les autres.

Effet de l'oxygène comparé avec celui du gaz de la houille ; le thermomètre s'éleva en cinq minutes :

| Dans l'oxygène. | Dans le gaz de la houille. |
|---|---|
| De 60° à 82°. | De 60° à 76°. |

Effet de l'hydrogène comparé avec celui du gaz de la houille ; le thermomètre s'éleva en cinq minutes :

| Dans l'hydrogène. | Dans le gaz de la houille. |
|---|---|
| De 60° à 77°. | De 60° à 88°,5. |

Il paraîtrait que le gaz de la houille devrait, par conséquent, être placé quant à son effet réfrigérant sur le fil incandescent, entre le gaz hydrogène et le gaz oléfiant.

Un autre jour l'essai fut fait sur de l'hydrogène sulfuré comparé respectivement avec l'oxygène et l'hydrogène ; le fil, dans l'hydrogène sulfuré, devient d'abord incan-

---

[1] Je devrais peut-être observer que plusieurs expériences d'essai furent faites pour s'assurer que l'appareil jouait bien. Ainsi le même gaz fut placé dans les deux tubes, et les résultats donnés par le thermomètre furent les mêmes dans les deux récipients. Les tubes furent aussi changés par rapport aux récipients qui les contenaient et aux sels qu'ils renfermaient. L'eau était toujours agitée préalablement à l'expérience pour rendre sa température uniforme, etc.

descent à un degré inférieur à celui auquel il parvenait
dans l'oxygène ; mais le gaz fut rapidement décomposé ;
le soufre se déposant sur l'intérieur du vase , et l'intensité de l'ignition décroissant graduellement de façon à
n'être finalement qu'à peine supérieure à l'ignition qui
avait lieu dans l'hydrogène. Au fait le gaz à cette période
n'était guère plus que de l'hydrogène. Les résultats suivants sont ceux indiqués par le thermomètre au bout de
cinq minutes , tout étant disposé comme précédemment.

| Dans l'oxygène. | Dans l'hydrogène sulfuré. |
|---|---|
| De 60° à 86°. | De 60° à 76°. |
| Dans l'hydrogène. | Dans l'hydrogène sulfuré. |
| De 60° à 79°. | De 60 à 81°,5. |

Ce résultat placerait l'hydrogène sulfuré entre l'hydrogène et le gaz de houille. Mais comme le premier gaz
se décomposait rapidement, la plus grande partie de l'expérience avait lieu avec de l'hydrogène contenant de petites quantités de soufre combiné, et non avec de l'hydrogène sulfuré ; ce gaz est probablement semblable ,
quant à ses effets réfrigérants, à l'acide carbonique ou à
l'oxyde de carbone

Dans l'hydrogène phosphoré le fil de platine est détruit en se combinant avec le phosphore lorsqu'il atteint
le point d'ignition, de manière qu'il n'a pas été possible
de comparer ce gaz avec les autres.

Le protoxyde et le deutoxyde d'azote sont, ainsi que
je l'ai observé précédemment, décomposés par le fil en
ignition ; ils sont, aussi bien que l'air atmosphérique, à
très-peu de choses semblables dans leurs effets à leurs
éléments séparément.

Dans la vapeur d'éther , le fil incandescent s'éteint

aussi complétement que dans l'hydrogène ; je n'ai pas
encore fait l'essai de son effet comparatif ; je crois qu'il
doit être semblable à celui du gaz de la houille ou du gaz
oléfiant.

Dans mes précédentes expériences [1] l'ordre des gaz
était comme suit : je m'assurais de l'intensité de l'ignition par le pouvoir conducteur du fil qui est inverse de
cette intensité ; la quantité de gaz dégagée dans un voltamètre placé dans le même circuit en était la mesure.

| Gaz entourant le fil. | Pouces cubes de gaz émis dans le voltamètre par minute. |
|---|---|
| Hydrogène . . . . . . . . . | 7,7 |
| Gaz oléfiant . . . . . . . . | 7,0 |
| Oxyde de carbone . . . . . . | 6,6 |
| Acide carbonique. . . . . . . | 6,6 |
| Oxygène . . . . . . . . . | 6,5 |
| Azote . . . . . . . . . . | 6,4 |

Si nous admettons que, dans ces expériences, la température de l'eau est une indication exacte de l'intensité
de l'ignition dans le fil, l'ordre est le même dans les deux
séries d'expériences. L'hydrogène est, toutefois, si éloigné soit de l'oxygène, soit de l'azote, dans ses effets sur
le fil incandescent, que j'ai fait quelques autres expériences sur ces derniers gaz, en les comparant entre eux
et non plus avec l'hydrogène. J'ai d'abord répété les expériences que j'avais faites précédemment, en variant
seulement les circonstances comme dans les expériences
actuelles ; disposition qui, en raison de ce que le récipient contenant le fil était plongé dans une quantité d'eau
donnée, au lieu d'être exposé à l'atmosphère extérieure

-----

[1] *Trans. philos.*, 1847, page 2.

pouvait occasionner une plus grande égalité dans les effets
réfrigérants, et me donnait la facilité de combiner les
deux méthodes en une seule expérience.

Je remplis les deux tubes d'oxygène, et je plaçai un
voltamètre dans le circuit; en deux minutes il y eut dégagement de 3,43 pouces cubes d'hydrogène dans le
voltamètre, et le thermomètre de chaque cellule s'était
élevé de 60° à 63°. Une expérience semblable faite avec
l'azote, donna en deux minutes 3,4 pouces cubes d'hydrogène, et le thermomètre s'éleva de 60° à 63°.

Cette expérience s'accorde avec mon expérience précédente, quant à l'indication du voltamètre, mais elle
ne montre aucune différence dans l'indication du thermomètre entre l'oxygène et l'azote; j'ai donc voulu, dans
les trois expériences suivantes, associer l'azote avec l'oxygène dans l'appareil; tout étant disposé comme dans les
expériences dans lesquelles l'hydrogène était associé à
d'autres gaz; le thermomètre s'éleva dans l'espace de
cinq minutes ainsi qu'il suit :

| Dans l'oxygène. | Dans l'azote associé. |
|---|---|
| Exp. 1. De 60° à 71°,5. | De 60° à 78°. |
| » 2. De 60° à 77°. | De 60° à 76°. |
| » 3. De 60° à 75°. | De 60° à 76°. |
| Moyenne. De 60° à 74°,5. | De 60° à 75°. |

La batterie avait quelque peu augmenté de puissance
après la première expérience, mais comme les deux fils
faisaient partie du circuit dans chaque expérience, les
variations dans la puissance de la batterie n'affectaient pas
les résultats comparatifs. La seconde expérience donne
une différence dans l'effet relatif de l'oxygène et de l'a-
zote, relativement à la première et à la troisième expérience; mais ces gaz se rapprochent tellement dans leurs

effets réfrigérants, qu'il ne faut pas trop tenir compte de ces légères variations ; j'ai fait toutefois un nouvel essai. J'ai associé tour à tour l'oxygène et l'azote avec l'acide carbonique ; les résultats furent les suivants. En cinq minutes le thermomètre s'éleva :

| | Dans l'oxygène. | Dans l'acide carbonique. |
|---|---|---|
| Exp. 1. | De 60° à 75°. | De 60° à 75°. |
| « 2. | De 60° à 76°. | De 60° à 75°. |

| | Dans le nitrogène. | Dans l'acide carbonique. |
|---|---|---|
| Exp. 1. | De 60° à 74°. | De 60° à 73°. |
| » 2. | De 60° à 73°. | De 60° à 72°,5. |

La batterie, dans cette dernière expérience, avait un peu diminué d'énergie ; l'oxygène et l'azote produisaient tous deux un effet moins réfrigérant que l'acide carbonique, mais l'oxygène s'en rapprochait davantage que l'azote, ce qui s'accorde avec les expériences précédentes. En résumé, il paraîtrait que l'oxygène produit un effet réfrigérant plus grand sur le fil en ignition que l'azote, mais ces gaz peuvent, en ce qui concerne cette propriété, être considérés comme équivalents. L'air atmosphérique produit le même effet que l'oxygène et l'azote produisent séparément, quoique je sois disposé à croire qu'un léger changement chimique a lieu lorsque l'air atmosphérique est exposé au fil incandescent et qu'il se forme de l'acide nitreux ; car si du papier de litmus est tenu sur du platine rougi par le courant voltaïque dans l'air, une teinte de rouge très-légère, mais perceptible, affecte la portion du papier réactif qui est exactement au-dessus du fil.

En vue de m'assurer si la chaleur spécifique du milieu environnant était la cause du phénomène, je voulus essayer l'effet du fil lorsqu'il transportait le courant à travers différents liquides ; tout fut disposé comme dans les précédentes expériences, et trois onces d'eau furent associées respectivement avec la même quantité des liquides éprouvés en même temps qu'elle. En cinq minutes le thermomètre s'éleva :

Dans l'eau.

| | |
|---|---|
| De 60 à 70°,3. | Dans l'essence de térébenthine. 60 à 88°,1. |
| De 60 à 70°,3. | Dans le sulfure de carbone. . . 60 à 87°,1. |
| De 60 à 69°. | Dans l'huile d'olive . . . . . . 60 à 85°. |
| De 60 à 70°,1. | Dans le naphthe. . . . . . . . 60 à 78°,8. |
| De 60 à 70°,5. | Dans l'alcool sp. gr. 0°,84. . . 60 à 77°. |
| De 60 à 68°,5. | Dans l'éther . . . . . . . . . 60 à 76°,1. |

Je n'attache pas une confiance entière à la dernière expérience, l'action de la batterie était affaiblie, et quoique chacun des résultats indiqués soit la moyenne de trois expériences, les variations dans les résultats des expériences avec l'éther étant très-considérables (tandis que les autres étaient très-insignifiantes), m'empêchent de m'y fier entièrement. La rapidité de l'évaporation, et la promptitude de l'ébullition de l'éther, obligent à en employer une plus grande quantité ; s'il avait fallu établir une comparaison exacte, j'aurais dû répéter toutes les expériences avec différentes quantités de liquide, et je n'ai pas trouvé qu'il en valût la peine. On observera que les effets avec les liquides ci-dessus ne sont point en rapport direct avec leurs chaleurs spécifiques respectives ; mais pour pouvoir comparer les résultats des expériences avec les liquides avec les résultats de celles faites avec les gaz, j'ai associé ensuite un gaz avec un liquide, c'est-à-dire de l'hydrogène avec de l'eau. Toutes choses étant disposées comme précédemment je remplis de de gaz hydrogène le tube A, et d'eau le tube B ; tous deux étaient plongés dans trois onces d'eau. En cinq minutes le thermomètre s'éleva comme suit :

Dans l'hydrogène.          Dans l'eau.
De 60° à 75°,5.           De 60° à 72°.

Cette expérience est concluante contre la possibilité que la chaleur spécifique seule soit la cause du phénomène en question ; et quoique la chaleur spécifique doive sans doute avoir quelque influence sur les effets réfrigérants des différents gaz et des liquides, cette influence est en apparence bien faible en comparaison de la cause physique véritable, quelle qu'elle soit, qui produit ces différences.

En admettant, comme le dit Faraday [1], que les gaz possèdent un pouvoir conducteur faible pour l'électricité voltaïque, et en supposant que l'hydrogène, d'après sa grande analogie de caractère chimique avec les métaux, possède un pouvoir conducteur plus puissant que les autres gaz, ce fait expliquerait les effets particuliers qu'il exerce sur le fil en ignition, puisqu'une certaine portion du courant, au lieu de passer en entier à travers le fil, serait conduite par le gaz ambiant. Je disposai l'expérience en vue d'étudier cette hypothèse.

1. Une boucle de fil de platine A, B, et deux fils de platine séparés C, D, furent introduits et hermétiquement scellés dans l'extrémité fermée d'un tube de verre renversé (fig. 1), les extrémités des fils étant rapprochées autant que possible de l'intervalle laissé entre elles, se trouvaient très-près et exactement au-dessus du point cul-

[1] Recherches expérimentales, SS 272, 441 et 444.

minant de la boucle. Le tube fut rempli d'hydrogène, et
le fil A B mis en communication avec une batterie voltaïque de force suffisante pour l'amener à un degré d'ignition s'arrêtant seulement au point de fusion, les fils C
et D furent réunis maintenant aux pôles d'une autre batterie, un galvanomètre délicat étant placé dans le circuit,
l'aiguille du galvanomètre ne manifesta aucun effet quelconque, et ce résultat négatif eut également lieu lorsque
le tube fut rempli d'air atmosphérique.

2. Des portions parallèles de fil de platine furent disposées très-près (fig. 2) l'une de l'autre, mais de manière que chacune d'elles pût être amenée à un état
d'incandescence complet par des batteries isolées et séparées. Lorsqu'elles étaient entourées par des atmosphères, soit d'air atmosphérique, soit d'hydrogène, et complétement en incandescence, je ne pus pas discerner la
plus légère trace de conductibilité à travers l'espace compris entre les fils, en employant même dix couples de la
batterie à acide nitrique, et lorsque je répétai cette expérience, grâce à l'obligeance de M. Gassiot, avec sa
batterie de 500 couples bien isolés, également à acide
nitrique, je pus vérifier que l'air ne conduisait pas même
lorsque les fils en ignition n'étaient distants que de $^1/_{50}$
de pouce; en les mettant plus près encore, les fils se
trouvèrent en contact; ils furent immédiatement fondus,
et l'aiguille du galvanomètre qui était restée jusqu'alors
entièrement stationnaire, se mit rapidement en mouvement.

Je crois pouvoir conclure de tout ceci, que nous ne
possédons pas de preuves expérimentales, que la matière
à l'état gazeux conduise l'électricité voltaïque; il est
probable que les gaz ne conduisent pas non plus l'élec-

tricité statique, puisque les expériences qui semblent au premier abord conduire à cette conclusion, s'expliquent par l'effet de la décharge disruptive.

Dans les expériences de Faraday, deux fils furent placés très-près l'un de l'autre dans la flamme d'une lampe à esprit-de-vin, et on observa une trace de conductibilité à travers l'intervalle dans la flamme. Cette conductibilité peut avoir été due à la présence dans la flamme de quelques particules de charbon non consumées, ou peut-être à la flamme elle-même. Selon le docteur Andrews la flamme, même celle du gaz hydrogène pur, conduit l'électricité voltaïque [1].

J'ai voulu ensuite m'assurer si quelque effet spécifique inductif de l'hydrogène pourrait exercer de l'influence : des fils de platine parallèles et des fils de cuivre enroulés furent placés dans des atmosphères d'hydrogène et d'air atmosphérique ; l'un des fils parallèles conduisait le courant, tandis que l'autre aboutissait à un galvanomètre délicat. Je ne pus déterminer aucune différence dans les arcs de déviation de l'aiguille, par le fait de former ou d'interrompre le circuit, soit que les fils fussent dans l'hydrogène, soit qu'ils fussent dans l'air atmosphérique. Je n'en observai pas davantage lorsque des fils de platine parallèles avec leurs atmosphères environnantes, étaient plongés dans une quantité donnée d'eau, que le courant passât ou non dans la même direction à travers chaque fil.

Je voulus ensuite m'assurer si dans le cas d'ignition ordinaire, la même absorption apparente de chaleur aurait lieu dans le gaz hydrogène comme elle avait lieu avec

[1] *Mag. Phil.*, t. IX, p. 176.

l'ignition voltaïque. Deux cylindres de fer pesant chacun
390 grains, furent fixés à de longs fils de fer recourbés
de manière qu'on pût introduire les cylindres dans des
tubes remplis de gaz et entourés d'eau. On mit d'abord
les cylindres ensemble dans un creuset rempli de sable
fin, qui fut chauffé de manière à atteindre une chaleur
blanche uniforme. Les cylindres furent alors sortis du
sable, et placés séparément l'un dans un tube rempli
d'hydrogène, l'autre dans un tube rempli d'air atmosphé-
riquè ; puis les deux tubes furent promptement plongés
chacun dans un vase plein d'une quantité égale d'eau.
La température de l'eau au commencement de l'expérience était de 60° F.; au bout de quatre minutes l'eau
qui entourait l'hydrogène s'était élevée à 94°, point où
elle est stationnaire, tandis que l'eau qui entourait l'air
n'avait atteint que 87° au même instant. En dix minutes
l'eau de l'hydrogène était redescendue à 92°,5, tandis
que celle de l'air avait atteint 93°, point le plus élevé
auquel elle soit parvenue. Ainsi la moyenne respective
était 94° et 93° ; mais en considérant le temps plus considérable que l'eau qui environnait l'air avait pris pour
atteindre son maximum de température, et vu aussi qu'é-
tant pendant ce temps à une température au-dessus de
celle de l'atmosphère environnante, elle avait dû perdre
quelque chose de sa chaleur acquise, nous pouvons bien
envisager le maximum comme étant le même, et la différence d'effet dans les deux gaz, comme se rapportant
uniquement au temps employé à la transmission de la
chaleur. Dans une seconde expérience les résultats furent
semblables, le maximum étant dans cette expérience de
92°,5 dans l'hydrogène, et 91° dans l'air.

En ce qui concerne l'ignition ordinaire, l'hydrogène

produit un effet réfrigérant plus rapide que l'air, ainsi que
le prouve les expériences de Leslie et Davy ; l'expérience
précédente montre aussi que ce gaz n'altère ni ne convertit en aucune autre force la quantité de chaleur émise ;
je voulus voir ensuite si cet effet réfrigérant si rapide de
l'hydrogène peut donner la clef des effets observés dans
l'ignition voltaïque. Il se pourrait, quoique les deux
classes d'effet soient en apparence bien différentes, que
l'augmentation de puissance conductrice résultant pour
le fil du pouvoir réfrigérant considérable de l'hydrogène,
puisse, en facilitant au courant son passage, emporter sous
la simple forme d'électricité, la force qui, si le fil offrait
plus de résistance (ainsi que cela aurait lieu s'il était plus
fortement chauffé) se développerait sous forme de chaleur.
En employant le même milieu, mais en empêchant la circulation des courants du corps chauffé dans un cas, tandis que leur circulation était libre de s'établir dans l'autre, il me semblait qu'on pourrait peut-être jeter quelque
lumière sur la relation inverse qui doit exister entre le
pouvoir conducteur et la chaleur développée ; c'est à ce
point de vue que j'ai fait l'expérience suivante.

Un des fils de platine de la première expérience fut
placé dans un tube A ouvert aux deux bouts, et dans lequel pouvait entrer et circuler facilement l'eau dont il
était entouré ; l'autre fil fut placé dans un tube semblable
B, entouré également d'eau, mais rempli de sable fin
imbibé d'eau, et bouché à ses deux extrémités ; le passage du courant produisit les résultats suivants : dans le
récipient qui contenait le tube A, le thermomètre s'éleva
en cinq minutes de 52° à 60°, l'eau de celui qui contenait le tube B s'éleva également de 52° à 60°; au bout de
cinq autres minutes, le thermomètre avait atteint 67°

dans le récipient du tube A , et 67° également dans le récipient qui contenait le tube B.

Je plaçai ensuite un fil de platine roulé en hélice dans un tube en verre très-étroit, d'un sixième de pouce de diamètre ; je le bouchai hermétiquement à l'une de ses extrémités, tandis que j'étirais l'autre extrémité en l'amincissant de manière que le fil de platine passât librement ; il fallait bien laisser un peu de jeu afin que la dilatation de l'eau chauffée ne fît pas éclater ce tube ; je plaçai également un fil de platine dans l'autre récipient, mais sans l'entourer d'un tube. Le circuit ayant été fermé comme précédemment, le thermomètre monta, au bout de cinq minutes, de 60° à 87° dans l'eau sans tube, et de 60° à 86° dans l'eau qui contenait le tube. La différence, quelque légère qu'elle fût, était opposée à ce que la théorie aurait fait prévoir d'avance ; toutefois l'égalité des résultats de l'expérience précédente, et le rapprochement de ceux de l'expérience actuelle n'apportent aucune information précise relativement au point qui nous occupe, quoique le résultat négatif soit plutôt contraire à l'opinion qui veut assimiler les effets de l'ignition voltaïque à ceux de l'ignition ordinaire.

L'expérience suivante fut faite en vue de déterminer si le pouvoir conducteur du fil est bien inverse de la chaleur développée. Un fil de platine d'un pied de long et de $^1/_{80}$ de pouce de diamètre, fut mis en ignition dans l'air par dix couples de la batterie ; un voltamètre était compris dans le circuit. La quantité d'hydrogène donnée par le voltamètre, fut un pouce cube en 44 secondes. La moitié du fil fut alors plongée dans l'eau à la température de 60° F. ; l'intensité de l'ignition de l'autre moitié fut notablement augmentée par ce moyen, et le voltamètre donna un pouce cube en 40 secondes. L'immersion des deux tiers du fil donna un pouce cube en 37 secondes, et l'immersion des cinq sixièmes un pouce cube en 35 secondes. La température de la portion du fil non plongée, avait presque atteint dans la dernière expérience le point de fusion. Il paraît, d'après ce résultat, que l'augmentation de résistance à la conductibilité de la partie ignée, n'est pas égale à l'augmentation de la force conductrice de la partie refroidie du même fil.

J'ai lu les mémoires de Faraday [1] et de Graham [2], dans le but d'y découvrir jusqu'à quel point l'effet refroidissant sur le fil en ignition pouvait être dû à la plus ou moins grande fluidité ou mobilité des particules des différents milieux qui l'entouraient. Il paraîtrait, d'après les expériences du premier, que la sortie des différents gaz sous une certaine pression à travers des tubes capillaires, ou la rapidité de révolution de girouettes ou de flotteurs environnés de différents gaz, serait en quelque façon en raison inverse de la densité de ces gaz, et les expériences du second montrent que l'effusion, ou sortie des gaz à travers une ouverture très-exiguë d'une plaque, a lieu avec des vitesses qui sont inversement comme la racine carrée de leurs pesanteurs spécifiques. Dans les expériences de Graham, toutefois, quand l'émission avait lieu par des tubes capillaires, les résultats ne paraissaient soumis à aucune loi bien positive, quoique les composés de carbone et d'hydrogène passassent avec plus de facilité que les autres gaz.

Les effets refroidissants des gaz sur le fil en ignition,

[1] *Quarterly Journal of Science,* vol. III, p. 354.
[2] *Philos. Trans.,* 1846, p. 573.

ne sont décidément pas en raison de leurs pesanteurs
spécifiques ; ainsi l'acide carbonique d'une part, et l'hydrogène de l'autre produisent des effets de cette nature
plus grands que l'air atmosphérique ; et le gaz oléfiant
qui se rapproche beaucoup de l'air, et qui est si éloigné
de l'hydrogène en pesanteur spécifique, se trouve beaucoup plus rapproché de l'hydrogène, et plus éloigné de
l'air quant à son pouvoir refroidissant.

Nous pouvons conclure des expériences détaillées
contenues dans ce mémoire, que l'effet refroidissant
des différents gaz, ou plutôt la différence qui existe
entre les effets réfrigérants de l'hydrogène et de ses composés, et de ceux des autres gaz, n'est pas due en premier lieu à des différences de chaleur spécifique, qu'en
second lieu elle n'est pas due à des différences de pouvoirs conducteurs pour l'électricité, qu'en troisième lieu
qu'elle n'est pas due non plus à la propriété particulière
que l'hydrogène manifeste dans la transmission du son,
et qui a été observée par Leslie, et cela pour des raisons
que j'ai déjà indiquées ailleurs, qu'elle n'est pas due enfin à ces mêmes propriétés physiques de mobilité, qui
font qu'un gaz s'échappe par une petite ouverture avec
plus de facilité que tel autre. Toutefois l'effet dont nous
nous occupons pourrait bien être influencé, et c'est probablement le cas, par le caractère mobile ou vibratoire des
particules par lesquelles la chaleur est plus rapidement absorbée. Je croyais d'abord que cet effet pourrait avoir
quelque rapport avec le caractère plus combustible du
gaz, et que les gaz électro-négatifs jouiraient à cet égard
de propriétés opposées à celles des gaz électro-positifs
ou neutres ; mais les résultats des expériences que je viens
d'exposer m'ont engagé à abandonner cette hypothèse.

Je serais plutôt disposé à croire que le phénomène, quoiqu'il soit influencé par la fluidité du gaz, doit être envisagé comme étant dû à une action moléculaire qui se passe aux surfaces du corps en ignition et du gaz. Nous savons par les phénomènes bien constatés de la chaleur rayonnante que l'état physique de la surface du corps rayonnant ou absorbant exerce une influence très-importante sur les rapidités relatives du rayonnement ou de l'absorption ; ainsi les surfaces noires et blanches ont, à cet égard, comme chacun le sait, des propriétés complétement opposées. Pourquoi la surface des milieux gazeux contigus à la substance rayonnante, n'aurait-elle pas une influence réciproque ? Pourquoi la surface de l'hydrogène ne serait-elle pas comme du noir, et celle de l'azote comme du blanc, relativement au fil en ignition ? Cette idée me semble mériter quelque attention, parce qu'elle peut servir à établir un lien de continuité entre les effets réfrigérants de différents milieux gazeux, et les effets mystérieux de la surface dans les combinaisons et décompositions catalytiques opérées par les solides tels que le platine. Les actions épipoliques occuperont, j'en suis convaincu, une place plus importante dans la physique qu'elles ne l'ont fait jusqu'ici ; et le développement ultérieur de ce qui les concerne, me paraît devoir être le moyen le plus propre à conduire à la liaison qui existe entre les actions chimiques et les actions physiques.

La différence entre l'effet réfrigérant de l'hydrogène, et ce même effet dans ceux de ses composés dans lesquels sa puissance n'est pas neutralisée par un gaz électro-négatif énergique, est peut-être la particularité la plus frappante du phénomène que j'ai décrit. En effet, les gaz autres que l'hydrogène et ses composés diffèrent très-peu entre eux quant à la propriété dont il s'agit. Il y a quelques phénomènes que j'avais précédemment observés, et qui m'avaient paru inexplicables ; ils me paraissent maintenant dépendre de cette particularité physique de l'hydrogène. Ainsi, si un jet de gaz oxygène est allumé dans une atmosphère d'hydrogène carboné, la flamme est moindre que lorsque c'est le contraire qui a lieu. L'arc voltaïque entre des extrémités métalliques est moindre dans le gaz hydrogène que dans l'azote, quoique ces deux gaz soient incapables l'un et l'autre de se combiner avec les extrémités de l'arc, il est, au fait, presque impossible d'obtenir un arc dans l'hydrogène.

Davy, dans ses « Recherches sur la flamme, » a fait connaître plusieurs expériences qui s'expliquent de la même manière ; mais quoiqu'il en fasse remarquer les résultats, il ne les attribue nulle part, que je sache, à quelque particularité spécifique de l'hydrogène.

J'ai publié une première exposition des phénomènes que je viens d'examiner à l'occasion de quelques expériences sur l'application de l'ignition voltaïque à l'éclairage des mines, et il ne paraît pas impossible qu'ils puissent contribuer quelque jour à la solution de l'intéressant problème de la construction d'une lampe de sûreté. Une flamme qui pourrait à peine subsister sous l'effet réfrigérant de l'air atmosphérique ordinaire, s'éteindrait au contact de l'air mêlé avec du gaz hydrogène.

Je suis loin de prétendre d'avoir trouvé le moyen de remplir ces conditions, et d'obtenir en même temps une lumière suffisante ; je donne seulement une indication, sachant qu'il n'y a pas d'addition à nos connaissances qui ne puisse être plus tard de quelque utilité pratique, et qu'une indication, même vague, peut conduire ceux qui

s'occupent de ces sujets à quelque résultat que l'auteur
même de l'indication ne voit pas et ne peut atteindre.

*P. S.* Depuis que ce mémoire a été communiqué,
j'ai reçu un mémoire du docteur Andrews de Belfast,
qui a publié en 1840, dans les Transactions de l'Académie
royale irlandaise, des expériences semblables à quelques-
unes de celles que j'ai publiées en 1845. Mes expériences
ont été faites dans la même année que celles du docteur
Andrews, mais comme je ne les ai pas publiées alors,
c'est au docteur Andrews qu'en est due la priorité. Si
j'avais connu ses expériences plus tôt, je les aurais mentionnées dans la première partie de ce mémoire [1].

---

[1] Il nous est impossible de ne pas remarquer également l'analogie qu'il y a entre les résultats obtenus par M. Grove et ceux
auxquels étaient parvenus Dulong et Petit en étudiant par une
méthode toute différente le pouvoir refroidissant des divers gaz.
L'hydrogène était également de tous les gaz soumis à l'expérience celui dont le pouvoir refroidissant était le plus considérable; le gaz oléfiant, quoique de même densité que l'air, avait
un pouvoir refroidissant plus grand que lui; l'acide carbonique,
par contre, en avait un moindre, tandis qu'il en a un plus grand
d'après les expériences de M. Grove. Il est probable que ces phénomènes, ainsi que plusieurs autres parmi ceux qui dépendent
des propriétés des fluides élastiques, serviront un jour à fournir
des notices plus exactes que celles qu'on possède actuellement
sur la véritable constitution des fluides élastiques.        (R.)

## SUR LE

# POUVOIR ÉLECTROMOTEUR DES GAZ.

PAR

**W. BEETZ.**

(Communiqué à la Société de Physique de Berlin le 8 décembre 1848 et le 11 mai 1849. *Annales de Poggendorff.*)

( Extrait. )

On peut dire qu'il n'existe encore point de recherches exactes sur l'évaluation de la puissance de l'électricité dans les piles à gaz. Les seules expériences qui aient eu pour but une détermination quantitative, sont celles qu'a faites M. Grove, pour mesurer le changement de volume des gaz renfermés dans les tubes de la batterie. En général on a remarqué que le volume des gaz diminuait d'autant plus que le courant produit par eux était plus énergique. Mais pour pouvoir tirer de là quelque conclusion relativement au développement de l'électricité dans la batterie à gaz, il faudrait auparavant qu'il fût démontré, selon l'hypothèse avancée aussi par M. Grove, que la combinaison des deux gaz employés dans l'expérience est la source de l'électricité, et que par conséquent la pile est sans action, lorsque les gaz n'ont point d'affinité chimique l'un pour l'autre. Et dans ce cas même, ainsi que M. Grove en a fait déjà l'observation, des effets secondaires pourraient donner lieu à des erreurs, en sorte qu'il est vraisemblablement impossible d'obtenir jamais, par cette voie, des valeurs qui puissent être considérées en aucune façon comme des mesures du pouvoir électromoteur des piles à gaz. De plus, vu la grande inconstance de ces piles, les expériences faites avec des batteries qui restent longtemps fermées ne peuvent, du moins avec la plupart des gaz, donner que des résultats très-incertains, puisque dans un grand nombre de ces batteries la polarisation neutralise entièrement le pouvoir électromoteur primitif. Même dans les plus constantes en apparence, dans les piles à hydrogène et oxygène, ou à hydrogène et chlore, ce pouvoir primitif s'affaiblit rapidement ; mais la polarisation ne peut pas y acquérir une valeur bien considérable, parce que les gaz dégagés par l'électrolyse sont en grande partie recomposés de nouveau, et il s'établit ainsi au bout de quelque temps une grande constance.

Les recherches qui suivent ont pour but de déterminer le pouvoir électromoteur des piles à gaz d'une manière complète, ou du moins, qui soit à l'abri le plus possible de la perturbation que doit amener la fermeture prolongée du circuit. Pour obtenir ce résultat, l'auteur a pensé employer la méthode de compensation proposée par M. Poggendorff, que voici [1] :

Soient trois conducteurs rencontrant chacun en deux points les trois résistances $r$, $r'$, $r''$, dont $r$ renferme une pile douée d'un pouvoir électromoteur $k'$ ; $r''$ une pile avec $k''$ ; l'intensité totale $I''$ en $r''$ sera égale à l'intensité que $k''$ produirait à lui seul, moins celle que $k'$ aurait produite à lui seul ; donc

---

[1] *Annal. der Phys.*, t. LIV, p. 180.

$$l'' = \frac{k''}{r'' + \dfrac{rr'}{r + r'}} - \frac{k'}{r' + \dfrac{rr''}{r + r''}} \cdot \frac{r}{r + r''}$$

Si $l'' = o$ on a

$$o = k'' (r + r') - k'r$$

$$k'' = \frac{r}{r + r'} \cdot k'.$$

Ainsi la grandeur $k'$ étant donnée, on connaît aussi $k''$ en mesurant $r$ et $r'$. Les résistances ont été mesurées avec un rhéostat muni d'un fil d'argentane, semblable à celui dont M. Poggendorff fait usage ; $r$ est représenté immédiatement par une longueur de fil $b$, $r'$ par une longueur $a$, plus la résistance $w$ de la pile $k'$ (platine-zinc de Grove), et la résistance d'un galvanomètre $g$ à aiguille simple, et d'un petit nombre de tours, introduit dans le fil conjonctif. Enfin la résistance $r''$ se compose de celle de la pile déjà mesurée, et de celle d'un galvanomètre sensible G à système astatique avec ses fils conducteurs. Soient les résistances $w + g = $ R. La plaque positive de la pile dont on veut évaluer la puissance (par exemple celle de platine recouverte d'hydrogène) a été mise en communication avec celle de platine de la pile de Grove au moyen du fil $b$, et avec celle de zinc de ladite pile au moyen du fil $a$ et du galvanomètre $g$ ; après quoi l'on a mis en communication, au moyen d'un fil, la plaque négative soumise à l'expérience (platine recouvert d'oxygène) et le galvanomètre sensible. En outre, un fil partant de la plaque de platine de la pile de Grove, se rendait dans un godet plein de mercure, de manière que l'immersion du second fil de galvanomètre dans ce godet opérait la fermeture du courant en $r''$. On a déterminé alors la longueur $b$ au moyen des vis de pression mobiles, du *mesureur de résistance*, soit rhéostat ; puis on a changé $a$ jusqu'à ce que l'aiguille du galvanomètre G se soit arrêtée à $0°$ lors de la fermeture de $r''$. On a ainsi

$$k'' = \frac{b}{a + R + b} \cdot k'.$$

Pour trouver R, on a donné à $b$ une autre valeur $b'$, ce qui a transformé $a$ en $a'$, et alors

$$k'' = \frac{b'}{a' + R + b'} \cdot k'.$$

La valeur de R a été tirée de ces deux équations.

Cette méthode est très-commode dans le cas en question, et bien suffisamment exacte, pourvu que la pile dont il s'agit de mesurer la puissance ne soit pas trop inconstante (celle à hydrogène et oxygène par exemple). Les expériences qui suivent font voir que l'on a eu égard à cette circonstance. Un contrôle opéré au moyen de la méthode de Ohm, a convaincu l'auteur de la bonté du procédé mis en usage. Enfin pour connaître le pouvoir $k'$, le couple platine-zinc a été mis dans le circuit au moyen du fil du rhéostat avec lequel on avait précédemment mesuré $a$, et ainsi l'aiguille du galvanomètre a été poussée jusqu'à $24°$, déviation pour laquelle j'avais trouvé un dégagement de gaz explosif correspondant, de $13,36$ centimètres cubes en moyenne par minute. Si pour obtenir ce résultat on avait une résistance $\rho$, on trouvait $k' = R + \rho$, formule dans laquelle l'unité est égale au pouvoir électromoteur qui dégage dans l'espace d'une minute $13,36$ centim. cub. de gaz mélangé, pour une résistance d'un centimètre de fil d'argentane, ayant une pesanteur spécifique de $8,689$ (moyenne de quatre pe-

sées ), et dont une longueur d'un centimètre pèse
0,00689 grammes (moyenne de cinq pesées). En adoptant cette unité, on trouve que la force de la pile platine-
zinc est égale à 42 environ.

Avant d'aller plus loin, il est nécessaire de rapporter
quelques indications relatives à la préparation des piles à
gaz. Pour se procurer le platine platiné le plus actif,
M. Beetz a suivi le procédé indiqué par M. Poggendorff.
La platinisation se fait au moyen d'une solution étendue
de chlorure de platine, à travers laquelle on fait passer
le courant produit par deux batteries de Grove; elle
donne naissance à une couche noire. Cependant on verra
plus loin qu'avec la méthode de mesure employée, le
dépôt qui n'est que gris, moins actif, ne peut pas produire des altérations considérables dans l'énergie de la
batterie, puisque l'activité de la couche à l'état de grande
division n'est pas secondaire. Si donc on veut employer
deux lames de platine pour une batterie à gaz, il faut
d'abord veiller à ce qu'elles soient de nature à ne pas
pouvoir développer de tension voltaïque; pour cela il
faut s'assurer qu'elles sont tout à fait homogènes, et s'il
n'en est pas ainsi les rendre telles. Or, dans cette opération, l'on peut se tromper grandement, si l'on se sert
du moyen ordinaire qui consiste à faire communiquer
entre elles les lames pendant quelque temps dans le liquide conducteur. Par exemple, si, par l'effet d'un courant un peu énergique, il s'est fait sur une des lames un
dépôt d'hydrogène outre celui qui adhère ordinairement
à la surface du platine, comme c'est le cas ordinairement,
et qu'ensuite on mette cette lame en relation avec une
lame de platine nette de tout dépôt, il se fait sur cette
dernière un dégagement d'hydrogène; et le courant

s'arrête avant que l'oxygène dégagé sur l'autre lame ait
neutralisé l'hydrogène dont elle est recouverte. Dans cet
état de choses, les lames paraissent être homogènes,
tandis qu'elles sont bien éloignées d'être du platine parfaitement pur. On a donc toujours eu soin de faire d'a-
bord disparaître entièrement l'hydrogène, en faisant servir en commun comme anodes, c'est-à-dire comme électrodes positifs pendant un court intervalle de temps,
toutes les lames qui devaient être employées dans la série
des expériences. Il est beaucoup plus facile d'enlever
l'oxygène et le chlore dont elles sont alors recouvertes,
en les mettant toutes en relation avec une autre lame de
platine dans une solution de platine un peu concentrée,
ou en les faisant bouillir dans l'eau pendant quelque
temps, ou bien enfin, ce qui vaut encore mieux, en les
soumettant successivement à ces deux traitements.

A cet effet les lames, longues de quatre pouces environ, et larges de un quart de pouce, ont été d'abord
fixées dans du liége, puis, après avoir été mises en relation dans une solution de platine, elles ont été placées
dans des tubes d'environ cinq pouces de longueur, après
quoi ces tubes ont été remplis d'eau, qu'on a maintenue
en ébullition durant plusieurs minutes, puis remplacée
par le liquide conducteur (acide sulfurique étendu de
cent fois son volume d'eau). On a fait aussi chauffer ce
dernier jusqu'à l'ébullition, ensuite on a plongé le tube,
par son extrémité ouverte, dans un vase qui renfermait
également du liquide conducteur chauffé jusqu'à l'ébullition. Alors seulement le gaz, pris à l'état de plus grande
pureté possible, a été introduit dans le tube, de manière
que le tiers environ de la lame plongeât dans le liquide.
Pour faire des deux tubes un même circuit, on a plongé

dans les deux vases où ils étaient, un tube recourbé en forme de U renversé, rempli de liquide conducteur, et par ce moyen l'on met mieux obstacle à la diffusion des gaz à travers le liquide, que si les deux tubes étaient placés dans le même vase. Si dans les premiers essais le rapport de *a* à *b* avait été déterminé d'une manière trop défectueuse, de façon que la pile à gaz eût été parcourue par un courant sensible, on continuait d'abord l'expérience jusqu'à ce que le galvanomètre G s'arrêtât à zéro, puis on décomposait la batterie à gaz, et l'on recommençait le procédé tout de nouveau. Lors de la seconde détermination, l'on commence par des essais qui ne sont déjà plus assez éloignés de la vérité pour pouvoir modifier sensiblement la pile. Au reste, avec un peu d'habitude, on arrive bientôt à ne plus faire de trop graves erreurs dans la position des vis de pression, qui déterminent la longueur du fil destiné à mesurer la résistance, surtout quand on a jeté un coup d'œil sur la loi qui ressort des expériences.

Il résulte clairement de plusieurs séries d'expériences qu'il est inutile de rapporter, que les pouvoirs électromoteurs des gaz qui sont réunis en batteries au moyen de platine platiné et d'acide sulfurique étendu, suivent la même loi qui existe dans la série des tensions de la pile voltaïque ordinaire. Si, en effet, on appliquait cette loi aux expériences, on trouverait entre elles un accord suffisant, en tirant des moyennes des expériences relatives aux mêmes substances, et prennent ces moyennes pour les véritables pouvoirs électromoteurs ; cependant il suffit réellement de comparer entre elles les expériences qui appartiennent à la même série, parce que les résultats doivent en être identiques, vu que si le gaz éprouve

quelque altération dans sa nature, ou qu'il s'y mêle quelque impureté lorsqu'on l'introduit, ou dans telle autre
opération nécessaire, cette altération reste la même pendant la durée de l'expérience. Des tableaux détaillés renferment les nombres qui expriment les sommes des pouvoirs électromoteurs de couples formés de différents gaz
comparées avec les pouvoirs électromoteurs observés aux
extrémités des piles formées de ces couples.

L'accord que présentent les valeurs obtenues par l'observation, et celles obtenues par le calcul, est assez grand
pour mettre hors de doute le résultat indiqué plus haut,
savoir que la même loi qui préside à la série des tensions
voltaïques s'applique aussi aux piles à gaz.

On trouvera ci-après un tableau des pouvoirs électromoteurs, déduit de la moyenne des observations pour chaque série. Le platine recouvert d'hydrogène y est pris
pour terme de comparaison, et les noms des substances
désignent par conséquent le pouvoir électromoteur que
chacune d'elles développe lorsqu'elle est renfermée dans
l'un des tubes, et que l'autre, avec lequel elle forme un
couple, renferme de l'hydrogène. Pour plus de clarté
relativement à la valeur absolue des pouvoirs, on a aussi
déterminé ceux du platine recouvert de zinc, et du platine recouvert de cuivre, et ils ont été introduits dans le
tableau en les rapportant à la même unité. A côté du tableau renfermant la liste des substances affectées chacune
d'un nombre qui exprime un pouvoir électromoteur par
rapport à l'hydrogène, M. Beetz a placé la série obtenue
par Grove, qui exprime simplement l'ordre dans lequel
les substances doivent être rangées, mais sans valeur numérique. On remarquera qu'il existe un accord remarquable entre ces deux tableaux, quant à l'ordre dans lequel les substances doivent être rangées.

31,49 Chlore. . . . . . Chlore.
27,97 Brome. . . . . . Brome.
                           Iode.
                           Oxydes.
23,98 Oxygène . . . . . Oxygène.
21,33 Oxyde d'azote . . . Oxyde d'azote.
21,16 Cyanogène.
20,97 Acide carbonique. . . Acide carbonique.
20,52 Oxyde d'azote . . . Azote.
20,50 Air.
20,13 *Platine* . . . . . *Métaux* qui ne décomposent pas l'eau.
19,60 Sulfate de carbone . . Camphre, huiles volatiles.
18,36 Gaz oléfiant . . . . Gaz oléfiant.
                           Ether, alcool, soufre.
16,06 Phosphore . . . . Phosphore.
13,02 Gaz oxyde de carbone (?) Gaz oxyde de carbone.
 3,82 *Cuivre.*
 3,05 Hydrogène sulfuré
   0 Hydrogène . . . . Hydrogène.
+19,68 *Zinc* . . . . . *Métaux* qui décomposent l'eau.

Les nombres ci-dessus jettent du jour sur la question débattue entre MM. Grove [1] et Schœnbein [2], savoir si, dans une batterie à oxygène et hydrogène, c'est l'hydrogène seul ou les deux gaz qui sont actifs. Le dernier de ces savants avait exprimé l'opinion que l'hydrogène seul fait naître le courant, et que la présence de l'oxygène n'est avantageuse que parce que la polarité secondaire qu'acquiert la lame de platine libre, par l'effet du courant, est diminuée par l'action de ce gaz. Il ressortait déjà des expériences de M. Grove, que la présence de l'air est nécessaire à la durée du courant, car lorsque la

[1] *Phil. Trans.* 1843, p. 98.
[2] *Annal. der Phys.*, t. LVIII, p. 361.—*Phil. Mag.*, t. XXII, p. 165.

batterie à gaz resta fermée sous une cloche remplie d'air auquel on avait enlevé l'oxygène par la combustion du phosphore, la force du courant retomba à zéro, après quoi elle s'éleva de nouveau graduellement, quand on introduisit de nouvel air. Cette expérience s'accorde parfaitement d'ailleurs avec les observations faites par M. Beetz sur les piles hydro-électriques ordinaires [1], mais elle n'est pas considérée par M. Grove comme décisive contre l'opinion de M. Schœnbein, et c'est avec raison. Il n'est pas douteux, il est vrai, que l'accroissement produit par l'oxygène dans l'énergie du courant, doive être attribué à une diminution de polarité secondaire acquise par la lame ; mais il n'en résulte pas que l'oxygène n'exerce point une action électromotrice. D'après les expériences de M. Beetz, le pouvoir électromoteur du platine recouvert d'hydrogène associé au platine seul est égal à $20,13$, et celui du platine recouvert d'oxygène à $3,85$. Ainsi l'oxygène contribue bien aussi d'une manière directe au développement de l'électricité, mais à un degré beaucoup moindre que l'hydrogène ; l'azote et les combinaisons de l'azote avec l'oxygène agissent plus faiblement encore. L'action dépolarisante de l'oxygène ne peut pas être mise ici en ligne de compte, puisque la batterie ne reste fermée que pendant un moment.

Quant à la place où se produit l'électricité dans la batterie à gaz, M. Grove [2] l'a trouvé au point de contact du platine, du gaz et du liquide. Si le platine n'a point de contact avec le liquide, il ne se forme point de courant,

[1] *Annal. der Phys.*, t. LXIV, p. 381.

[2] *Phil. Trans.* 1843, p. 97.

ainsi qu'on doit s'y attendre ; si le platine est entièrement
recouvert par le liquide, le courant est très-faible. Cinq
couples oxygène et hydrogène ainsi disposés n'ont pas
pu décomposer l'iodure de potassium. Mais dès que les
bords du platine ont été en contact avec le gaz, la décomposition a eu lieu même avec un seul couple. Cependant je
ne crois pas que ce principe puisse être généralisé. Il n'est
certainement pas exact pour les gaz qui sont très-facilement absorbés par l'eau, tels que le chlore ; l'auteur a
même trouvé que le pouvoir électromoteur était toujours
à son maximum, lorsque tout le chlore mis dans le tube
était entièrement absorbé. Il en est sûrement de même
pour les autres gaz, seulement à un degré moindre, surtout quand on ne se contente pas de tenir la batterie fermée pendant un instant seulement, pour l'examen de la
force de courant. Les faibles quantités de gaz que le liquide conducteur a dissoutes, disparaissent promptement
par leur combinaison avec les gaz développés par l'effet
électrolytique du courant, et le liquide ne peut pas absorber de nouveaux gaz, dans l'ensemble de sa masse,
assez rapidement pour relever la force du courant d'une
quantité notable. Mais, quant à la question de savoir si
le platine exerce une action sur les gaz, même lorsqu'il
est recouvert par le liquide, elle est déjà résolue affirmativement par les observations de M. Jacobi[2] et de M. Po-
gendorff, desquelles il résulte que, dans un voltamètre à
électrodes platinisés, le mélange de gaz dégagé disparaît
de nouveau entièrement, même quand le liquide recouvre les électrodes. M. Beetz a évité ici, comme partout,
de faire usage d'un voltamètre sur les électrodes duquel

[1] *Annal.*, t. LXXX, p. 201.

—

il s'était dégagé du gaz, parce que le pouvoir électromoteur produit par la polarisation est toujours plus considérable que celui d'une batterie ordinaire. Les lames de platine ont été fixées dans les tubes par le procédé ordinaire, après avoir été recouvertes d'une couche épaisse de gomme laque à leur partie supérieure. La partie ainsi isolée de ces lames était tout entourée des gaz ; celle où le métal était à nu restait entièrement plongée dans le liquide conducteur. Une batterie ainsi construite a donné un pouvoir trop faible. La raison principale de ce fait paraît être que le liquide conducteur, qui aurait absorbé trop peu de gaz pendant qu'il était à une haute température, a absorbé, en se refroidissant, non-seulement, par en haut de l'hydrogène, mais encore par en bas de l'air, contre lequel il n'était pas protégé.

Si la platinisation des lames de platine n'accroît le pouvoir électromoteur des batteries à gaz que parce que la polarité secondaire opposée est diminuée par l'effet de cette circonstance même, une pile à lames platinisées ne doit pas, avec l'emploi de la méthode de compensation, manifester une force plus grande qu'une pile à lames, dont la surface a l'éclat métallique, pourvu que le platine soit suffisamment nettoyé. C'est donc par cette raison que M. Beetz a construit des piles à gaz avec des lames de platine à surface polie qu'on avait fait bouillir dans de l'acide nitrique concentré, puis dans de l'eau.

Elles ont donné des effets parfaitement semblables aux autres. Un pareil accord était probable après les expériences faites par Faraday [1] sur l'action condensante du platine pur sur les gaz, et M. Poggendorff [1] a déjà fait

_____

[1] *Experim. Researches*, SS 570, 605.

voir qu'il est vraisemblable que les forces primaires des batteries à gaz et à lames polies, platinisées gris, ou platinisées noir, sont égales entre elles. Mais l'accord de ces observations fournit en même temps la preuve qu'avec le temps très-court pendant lequel le circuit est fermé quand on emploie la méthode par compensation, la polarisation n'acquiert pas une valeur considérable, puisque les lames à éclat métallique, qui peuvent recevoir une polarisation plus forte, ont donné des valeurs moindres. Enfin quelques expériences ont été faites avec des batteries à gaz qui renfermaient comme conducteur solide un autre corps que le platine. Mais il résulte une grande difficulté de la faiblesse des valeurs des pouvoirs électromoteurs, circonstance qui rend presque impossible dans le plus grand nombre des cas de fixer le rapport qui existe entre elles. Même avec le charbon préparé selon la méthode de Bunsen, dont M. Poggendorff attendait un grand effet, les pouvoirs électromoteurs ont été peu considérables, et en outre leur valeur était très-variable. Ce n'est qu'avec beaucoup de peine que l'auteur a réussi à faire avec le même morceau de charbon quelques disques médiocrement identiques. On a fait bouillir plusieurs heures les lames de charbon dans l'acide nitrique, puis dans l'eau, dans l'acide sulfurique, et encore une fois dans l'eau, et néanmoins il m'est arrivé très-fréquemment de trouver encore au bout de quelque temps une odeur d'hydrogène sulfuré aux tubes dans lesquels on avait mis ces lames de charbon, et qu'on avait remplis ensuite d'un gaz inodore. Les expériences dans lesquelles les tubes ont présenté cette odeur ont toujours donné de

¹ *Annal.*, t. LXI, p. 598.

très-faibles résultats et ont naturellement été négligées.
Celles dont on a fait usage n'ont présepté aucune source
d'erreur. Elles font voir que le rapport entre les pouvoirs
électromoteurs, pour les différents gaz, est exactement
le même avec le charbon que lorsqu'on se sert du platine. En conséquence, en divisant la valeur moyenne du
pouvoir électromoteur d'une batterie platine-hydrogène
et oxygène par la valeur de celui d'une batterie charbon-
hydrogène et oxygène, puis divisant par le quotient c les
pouvoirs électromoteurs des autres batteries de platine,
on obtient un tableau dans lequel les résultats de ce calcul sont d'accord avec ceux de l'expérience.

La valeur du facteur c dépend sans doute de la condensation qu'éprouvent les gaz à la surface du conducteur
solide, condensation qui rend plus complète l'enveloppe
formée par ces gaz autour de ce dernier. On pourrait en
conséquence faire usage de cette méthode pour déterminer le pouvoir de condensation relatif des différents corps,
si les valeurs absolues des pouvoirs électromoteurs dans
la plupart des substances n'étaient pas trop faibles. On
ne peut certainement pas non plus regarder comme une
valeur générale celle du coefficient trouvé par le charbon;
d'autres espèces de charbon pourront en donner une
très-différente.

Si les expériences qui précèdent jettent bien du jour
sur l'action des batteries à gaz, elles ne peuvent cependant point fournir de données certaines sur l'origine de
leur pouvoir. Un pareil résultat, si on pouvait l'obtenir,
ne serait rien moins qu'un jugement définitif sur la nature
de l'électricité de contact. En effet, les phénomènes dont
il vient d'être fait mention peuvent être mis complète-
ment en parallèle avec ceux qui se produisent lorsqu'on

fait passer un courant à travers des conducteurs solides, avec cette seule différence, que l'état d'agrégation dans les gaz peut être modifié par l'action du corps solide en contact avec eux, ce qui n'a pas lieu pour des conducteurs solides. De là vient que les valeurs absolues des pouvoirs des batteries à gaz varient, tandis que leurs valeurs relatives restent les mêmes. L'activité prépondérante des gaz positifs (hydrogène) tient en partie à ce que le pouvoir électromoteur du platine recouvert d'hydrogène est de beaucoup supérieur à celui du platine recouvert de chlore ; ensuite le phénomène observé par Matteucci[1] et par d'autres physiciens, que de faibles quantités d'hydrogène peuvent exercer une action supérieure à celle de plus grandes quantités d'oxygène, présente aussi le pendant de l'action des amalgames dans lesquels prédomine de même le métal positif (potassium, zinc).

Enfin il ne faut pas se tromper sur l'importance que présente le rapprochement des métaux et des gaz, tel qu'on le voit dans la série des puissances électromotrices indiquée plus haut. Les métaux qui y sont portés (platine, cuivre, zinc) occupent cette place-là relativement aux batteries à gaz qui renferment des lames de platine ; avec des batteries à gaz où le corps solide serait différent, leur place ne serait pas la même. Par exemple, tandis que le zinc a un pouvoir de 19,68 dans le sens positif, relativement à l'hydrogène, Buff[2] a trouvé qu'une lame de zinc recouverte d'hydrogène était positive relativement à une lame semblable à l'état pur, et il a même indiqué plus tard la valeur numérique de cette tension[3] ; il en a

[1] *Comptes rendus*, t. XVI, p. 846.

[2] *Annal.*, t. LXXIII, p. 505.

[3] *Annal.*, t. XLI, p. 136. *Arch. de l'Electr.*, t. II, p. 222.

conclu que l'hydrogène est plus rapproché que le zinc
de l'extrémité positive de la série des tensions, conclusion
qui va évidemment trop loin. Elle ne serait juste que si
les lames de métal dans les batteries à gaz étaient assez
complétement recouvertes de gaz pour n'agir qu'en qualité
de conducteurs, et n'étaient point elles-mêmes en contact immédiat avec le liquide. Or il n'en est point ainsi ;
au contraire, on observe toujours en même temps une
action exercé par le métal fondamental de la batterie ; et
ce phénomène se produit d'une manière particulièrement
évidente, lorsque le gaz n'est pas en contact avec la lame
même, et n'est que faiblement dissous dans le liquide.
Lorsque le contact du gaz est immédiat, c'est-à-dire par
conséquent au point de contact entre le métal, le gaz
et le liquide, l'action du gaz est au contraire à son maximum, et les valeurs qu'on obtient sont celles qui ont été
données plus haut. L'assertion de M. Buff n'est donc pas
extrêmement exacte. La couche d'hydrogène sur la lame
de platine négative (lors de la polarisation), et la couche
d'oxygène sur la lame de platine positive exercent la
même action qui aurait lieu si l'on eût introduit dans l'eau
acidulée non pas deux lames de platine, mais une lame
d'hydrogène à l'état solide et une lame d'oxigène à l'état
solide. » Mais M. Beetz est entièrement d'accord avec ce
que M. Buff dit aussitôt après : « L'activité électromotrice
développée par le contact immédiat de l'hydrogène et de
l'oxygène, ou la différence électrique entre ces deux gaz,
désigne la limite extrême de la force électromotrice contraire qui peut naître en général de la polarisation de
deux métaux dans le vase de décomposition. L'on s'ap-
prochera d'autant plus de cette limite, que les lames immergées pourront être recouvertes par les gaz d'une ma-

nière plus complète, et qu'ainsi le contact immédiat entre
le conducteur métallique et le conducteur liquide sera
plus complétement évité. Si les lames immergées pouvaient être entièrement isolées du liquide par les gaz dont
elles s'enveloppent, la nature chimique des masses métalliques serait complétement indifférente. » Mais c'est précisément parce que même au maximum de la polarisation,
les métaux ne sont pas indifférents, qu'on ne peut jamais
supposer que les lames soient complétement recouvertes
par les gaz, ni regarder d'une manière absolue les valeurs
de polarisation, comme étant les vrais pouvoirs électromoteurs des gaz qu'on étudie.

La cause de ces phénomènes tient encore probablement à ce que des lames du même métal donnent un
pouvoir électromoteur beaucoup plus grand, lorsqu'elles
sont revêtues de gaz par l'effet de la polarisation, que
lorsqu'elles le sont par l'emploi d'un autre moyen ; l'enveloppe se formant beaucoup plus complétement autour
d'elles avec la polarisation. Si on rapportait à la même
unité que ci-dessus[1] le pouvoir électromoteur développé
par ce moyen, l'on aurait d'après les données de M. Poggendorff, pour les lames de platine à éclat métallique, 55 ;
pour les lames platinisées 40, tandis que M. Beetz a trouvé
24 dans la batterie à gaz. M. Poggendorff avait en effet
déjà remarqué la supériorité d'action des batteries secondaires sur celle des batteries à gaz[2].

[1] *Annal.*, t. LXX, p. 179, 189.
[2] Je n'ai point voulu intercaler d'observations dans l'analyse
presque textuelle que je viens de donner du mémoire de M. Beetz ;
j'ai préféré les consigner en peu de termes dans cette note. Je
rappellerai d'abord que j'avais réussi à constater par une expérience décisive la nécessité de la présence de l'oxygène ou de

l'air pour qu'il y eût action dans la batterie à gaz avec l'hydrogène. Le liquide acide dont on faisait usage avait été tenu en ébullition longtemps, et mis pendant plusieurs jours sous le vide, et je l'y avais laissé pour faire l'expérience. J'avais montré également que le développement de l'électricité provenait de la combinaison de l'oxygène dissous dans le liquide avec l'hydrogène adhérant au platine, et que l'oxygène adhérant à la seconde lame de platine ne servait qu'à empêcher la polarisation de cette lame par l'hydrogène que dégage la décomposition électrolytique. La source de l'électricité dans la pile à gaz serait donc simplement l'action chimique exercée par l'oxygène sur l'hydrogène sous l'influence du platine, action sur la nature de laquelle les physiciens ne sont pas encore d'accord, ce qui, du reste, est indifférent à l'objet même que nous avons en vue.

Quant à l'oxygène, à mesure que celui qui est dissous dans la partie du liquide en contact avec la lame recouverte d'hydrogène se combine, cette portion du liquide s'en charge de nouveau, au dépend des couches suivantes, jusqu'à la couche en contact avec l'oxygène gazeux ou avec l'air atmosphérique, qui alors est dissous à mesure qu'elle cesse d'être saturée.

Ce qui a lieu avec l'oxygène et avec l'hydrogène se passe de même avec les autres gaz ; et le platine, le charbon ou les autres corps solides qui peuvent être employés dans ce genre d'expériences ne sont que les intermédiaires qui déterminent la combinaison des fluides élastiques, et permettent en même temps la perception du courant électrique auquel cette combinaison donne lieu.                                                  A. D. L. R.

# BULLETIN SCIENTIFIQUE.

## PHYSIQUE.

57. — Sur les étoiles filantes périodiques et les résultats de leurs apparitions, d'après dix années d'observations a Aix-la-Chapelle, par M. E. Heis. Cologne, 1849; in-4° de 40 pages.

La *Bibliothèque Universelle* a soigneusement enregistré toutes les publications de quelque valeur ayant trait au sujet encore mystérieux des étoiles filantes. L'opuscule que nous annonçons ne sera pas consulté sans fruit.

L'auteur rappelle d'abord divers passages d'Homère, d'Aristote, de Pline, d'Aratus et d'autres anciens observateurs, qui ont caractérisé avec élégance les phases principales du phénomène. C'est la reproduction des détails analogues rassemblés par M. Quetelet dans ses deux catalogues et par M. de Humboldt dans le *Cosmos*.

Après avoir indiqué les travaux plus récents, à partir de Brandes et de Benzenberg [1], M. Heis expose le meilleur mode d'observer les étoiles filantes, de rechercher leur direction et leur point d'origine, ainsi que de déterminer leur orbite vraie à l'aide d'observations correspondantes. — Les météores étaient d'abord observés depuis le Louisberg, ou la fenêtre de l'habitation occupée par l'auteur; plus tard ils l'ont été dans un observatoire dont l'horizon s'étendait au loin sans obstacles.

---

[1] Parmi les mémoires dont l'auteur ne fait pas mention, et dont l'importance doit être proclamée, je citerai ceux du savant astronome Antonio Nobile, publiés à Naples, l'un sous le titre de *Memoria sulle stelle cadenti*, 1838; l'autre sous celui de *Modo di determinare le differenze di Longitudini geografiche, per via delle stelle cadenti*, 1840.

Les étoiles enregistrées à Aix depuis 1839 sont au nombre de 2651, réparties comme suit,

|  | Août. | Novembre. | Décembre. |
|---|---|---|---|
| 1839 | 37 | 119 | — |
| 1840 | — | — | |
| 1841 | 136 | 35 | |
| 1842 | 526 | — | |
| 1843 | — | 5 | |
| 1844 | 109 | — | |
| 1845 | — | — | |
| 1846 | — | 304 | — |
| 1847 | 732 | 50 | 152 |
| 1848 | 221 | — | 139 |
| Totaux, | 1761 | 513 | 291 |
| Moyenne annuelle... | 293 | 103 | 146 |

Ces résultats ne sauraient être considérés comme bien abondants lorsqu'on se rappelle que, le 10 août 1839, le docteur Fiedler observa à Leobschütz 1186 étoiles filantes en cinq heures et demie; que, dans la nuit du 6 au 7 décembre 1798, Brandes en compta environ 2000, etc.

Quoi qu'il en soit, la partie la plus remarquable du mémoire que nous analysons est celle dans laquelle l'auteur expose sa théorie du phénomène. Suivant lui, il résulte de l'ensemble des observations connues que, dans chaque apparition périodique, on peut distinguer *au moins* deux groupes de météores dont chacun a son orbite propre qui coupe celle de l'autre sous un angle plus ou moins ouvert. L'un de ces groupes pourrait être considéré comme constitué de particules ferrugineuses en poudre ou en masses, tandis que l'autre serait essentiellement formé de soufre. Il suffit d'admettre que le frottement mutuel ou les chocs de ces substances météoriques engendrent de la chaleur, pour comprendre qu'il en doive résulter des effets chimiques et, en particulier, les combinaisons suivantes, qui pourront avoir lieu hors des limites de l'atmosphère, puisque ni l'air, ni l'oxygène ne sont nécessaires à leur production.

1° Un courant de fer pulvérulent traverse un courant serré de soufre pulvérulent; résultat : des lignes phosphorescentes (comme celles observées par Mr. Forster).

2° Du fer pulvérulent traverse un nuage météorique isolé de soufre pulvérulent; résultat : des étoiles filantes nébuleuses sans noyau (comme celles observées par Mr. Quetelet).

3° Des masses de fer traversent un courant serré de soufre pulvérulent; résultat : des étoiles filantes lumineuses avec des queues (sulfure de fer fondu), qui durent plus ou moins

4° Des masses de fer traversant un nuage de soufre isolé ; résultat : des étoiles filantes sans queue. Leur marche sera rectiligne ou curviligne, suivant la constance ou la variation de densité du nuage ; si les variations sont de signes alternativement contraires , ou si le nuage offre des vides, la marche du météore sera serpentante ou son apparition intermittente.

5° Des masses de fer heurtent des masses de soufre ; résultat : marche brisée, en zigzag; explosion des masses qui s'écaillent.

Mr. Heis rapproche, en terminant, les couleurs blanche, rouge, orangé, jaune et verte des étoiles filantes, des teintes que présentent le fer plus ou moins échauffé, les vapeurs de soufre, enfin les sulfures de fer et de cuivre portés à une très-haute température. Il fait remarquer que les masses de fer météorique sont caverneuses par la fusion et l'ablation du sulfure de fer formé, enfin que les pluies de vrai *soufre* sont admises et prouvées par les recherches de Chladny.                                      E. W.

———————

58. — SUR L'HYGROMÉTRICITÉ DE L'ATMOSPHÈRE , par M. DOVE. (*Acad. des Sciences de Berlin* du 30 avril 1849, et *Institut* du 31 octobre 1849, n° 826.)

Ce mémoire qui est d'une très-grande étendue, et dans lequel l'auteur a réuni sur ce sujet de nombreuses considérations et des tableaux détaillés, est terminé par le résumé général suivant de toutes les conséquences auxquelles il a été conduit par ses travaux précédents.

1º Dans tous les lieux ou stations d'observations de la zone torride et de la zone tempérée, l'élasticité de la vapeur d'eau contenue
dans l'atmosphère croît avec l'élévation de la température. Cet accroissement, depuis les mois froids jusque dans les mois chauds,
est le plus considérable dans la région des moussons, particulièrement vers les limites septentrionales, et, dans l'Amérique du nord,
un peu plus sensible qu'en Europe. La figure des courbes d'élasticité n'a pas, toutefois, dans la région des moussons, ni en dehors
de cette région, une branche décidément convexe, mais elle reste,
pendant que règnent les moussons qui amènent la pluie, plusieurs
mois à peu près la même. Dans le voisinage de l'équateur, la courbe
convexe de l'hémisphère boréal se transforme, en s'aplatissant peu
à peu, en la courbe concave méridionale. Dans l'Océan atlantique,
le point d'inflexion paraît tomber plus au nord de l'équateur; tandis que, dans les mois les plus chauds, l'élasticité le long des côtes,
sous la même latitude, diffère peu de celle qu'on observe à l'intérieur des continents, mais la dépasse de beaucoup en hiver. En
Cornwall elle est en janvier de 3 lignes et à l'intérieur de l'Asie
d'une demi-ligne.

2º La pression de l'air sec décroît à toutes les stations, à une
seule exception près sur la côte nord-ouest de l'Amérique (et peut-
être aussi en Islande), depuis les mois froids jusqu'aux mois chauds.
Le minimum tombe partout pour la zone tempérée dans les mois les
plus chauds, et, par conséquent, dans l'hémisphère boréal en juillet et dans l'hémisphère austral en janvier ou février. Cette oscillation est à son maximum à la limite boréale de la mousson du nord
et dans l'hémisphère austral beaucoup plus marquée que dans l'hémisphère boréal.

3º De l'action simultanée de ces deux changements résultent
immédiatement les changements périodiques de la pression atmosphérique, qui, par la diversité dans les rapports entre l'un et l'autre,
se présentent d'une manière différente dans les diverses contrées.

*α.* Dans toute l'Asie la courbe barométrique annuelle s'accorde
jusque dans les hautes latitudes (Baganida) avec celle de l'air sec,
c'est-à-dire que la pression atmosphérique présente une courbe

concave qui atteint son minimum en juillet.\* Dans la Russie d'Europe, cette tendance se manifeste déjà au méridien de Saint-Pétersbourg et devient de plus en plus marquée à mesure qu'on approche de l'Oural. Sur la Mer Caspienne, dans le Caucase, ce phénomène est déjà nettement indiqué ; ses limites s'étendent, à partir des rives occidentales de la Mer Noire, vers le sud ; en sorte que la Syrie, l'Egypte et l'Abyssinie tombent déjà dans ses limites. Dans la circonscription européenne on voit presque partout, en septembre ou en octobre, se présenter un maximum, de façon que de juillet en automne, la pression croît promptement. A ce maximum succède généralement, vers la fin de l'automne, une seconde inflexion plus faible. Au delà de l'Oural les courbes sont toujours concaves. En hiver, sur la limite boréale de la mousson, la hauteur absolue du baromètre est toujours très-considérable.

*b.* Dans l'Europe moyenne et occidentale, la pression augmente partout depuis janvier jusqu'au printemps, et atteint ordinairement son minimum en avril. A partir de ce point, elle se relève lentement, mais constamment jusqu'en septembre, puis retombe rapidement en novembre, époque où elle atteint ordinairement un second minimum. Ces phénomènes se modifient toutefois un peu dans le sud de l'Europe. Aux Etats-Unis, le minimum de printemps disparaît à peu près complétement sous une pression qui reste presque constamment la même jusqu'en avril ; mais, d'un autre côté, le maximum apparaît en septembre, tout comme en Europe. A Sitcha la courbe annuelle est tout à fait convexe, ce qui n'a lieu en Europe que sur les hautes montagnes, par suite du soulèvement de la masse totale de l'atmosphère lorsque l'été survient. En Islande la courbe peut également être considérée comme convexe ; et là, le maximum tombe en mai. Le maximum de printemps se présente aux stations des expéditions au pôle nord simultanément, presque partout, avec un minimum d'été dont on a déjà parlé.

*c.* Dans la région des vents alizés, on trouve peu d'indications des changements périodiques dans l'étendue occupée par les moussons. Ces changements sont plus réguliers dans les vents alizés du sud-est et la mousson des Indes occidentales (Rio de Janeiro, Sainte-

Hélène, l'Ascension, Christianborg) que dans les vents alizés du
nord-est (la Havane, Natchez). A la limite boréale des vents alizés
sous une haute pression, l'oscillation est presque insensible (Fun-
chal, Honolulu).

*d.* Pour déterminer la pression moyenne annuelle, au niveau de
la mer, on ne s'est pas servi des observations isolées faites à bord
des bâtiments, car sous les diverses longitudes les différentes grandeurs dans le changement périodique annuel auraient pu, sans égard
à sa valeur dans la zone torride, donner lieu aux plus graves erreurs ; mais une combinaison de plusieurs registres de bord a permis d'obtenir l'élimination des changements périodiques. La faible
pression du baromètre au cap Horn, ainsi que dans le voisinage de
l'Islande, est, sous ce rapport, un fait déjà constaté, ainsi que la
grande probabilité de la vaste extension de ces phénomènes aux
régions antarctiques. La diminution de la pression depuis la limite
du tropique jusqu'à la région d'immobilité de l'air dans la zone des
vents alizés, est également un fait qui paraît établi : ces causes qui,
dans la région des moussons, remontent et descendent d'une quantité très-notable les méridiens, et qui ainsi, entre leurs limites, produisent un changement périodique, sont, dans les vents alizés, plus
invariablement fixes aux mêmes latitudes. Les maxima et les minima ne tombent donc pas les uns après les autres aux mêmes points,
mais sont simultanément les uns à côté des autres, en diverses localités.

---

59. — Sur le magnétisme de la vapeur, par M. Reuben
Phillips. (*Philos. Magaz.*, juillet 1849.)

Les recherches de M. Phillips ont eu pour but de constater que
la vapeur d'eau est magnétique. Si cette assertion est démontrée,
elle ouvrira un nouveau champ aux spéculations des physiciens et
des géologues. Malheureusement l'exposition faite par l'auteur de la
série de ses essais manque de clarté et de méthode. Certaines parties de ses appareils sont décrites avec un soin minutieux tandis que

d'autres sont à peine indiquées. Les détails qu'il offre à ses lecteurs peuvent être suffisants en Angleterre, où les machines hydro-électriques sont répandues, mais ils ne nous paraissent pas l'être pour les personnes qui s'occupent de science dans des pays où les derniers perfectionnements apportés à ces machines sont encore ignorés.

M. Phillips emploie une machine d'Armstrong sur laquelle il adapte des jets divers et dont il extrait de la vapeur à la tension de 40 livres par pouce carré. Cette vapeur est lancée, soit à cette tension, soit à des tensions moindres, tantôt horizontalement dans l'air, tantôt dans des tubes métalliques contournés à la manière d'un serpentin ou du fil enroulé sur le cadre d'un rhéomètre. Ces tubes sont en étain, plus ou moins épais et percés d'un canal de dimensions diverses. La vapeur agit sur un galvanoscope peu sensible, formé de deux aiguilles à coudre aimantées, et disposées parallèlement, leurs pôles hétéronymes en regard, dans un flacon de verre où elles sont retenues par un brin de soie de 2 à 3 pouces de longueur. Ce système est si loin d'être astatique qu'il fait une oscillation en deux secondes. Un microscope pourvu d'un fort grossissement est fixé de telle sorte qu'il permette d'apercevoir les moindres déviations de l'aiguille supérieure. Le tout est protégé contre les courants d'air produits par la haute température de la vapeur, au moyen d'une feuille de zinc épaisse de $^1/_{40}$ de pouce, et qui fait l'office d'écran vertical.

Tous les essais de l'auteur se résument dans les conclusions suivantes. Un jet de vapeur agit sur les aiguilles. En le rendant intermittent d'une manière convenable, on augmente ou arrête à volonté leurs oscillations. La vapeur parcourant un tube contourné agit davantage, et son effet est très-grand quand on place dans les tours de spire un fer doux non magnétique. De l'air chaud, substitué à la vapeur, est sans influence.

Ces expériences nous paraissent trop incomplètes pour établir le fait du magnétisme de la vapeur. M. Phillips n'a tenu aucun compte de certaines circonstances qui peuvent avoir une grande influence, telles que l'action de la température sur les valeurs absolue et relative d'aimantation de ses aiguilles et les effets chimiques que la va-

peur a pu déterminer dans les tubes en spirale, tubes qu'il aurait
fallu faire de verre et non de métal. Nous souhaitons que l'auteur
poursuive ses recherches en leur donnant une précision qui dissipe
toute espèce de doute sur les résultats auxquels il croit parvenir.

---

60. — Note sur un nouveau système de télégraphie électrique, par le chevalier J.-D. Botto. (Lue dans la séance du 17
décembre 1848 à l'Acad. des Sciences de Turin.)

Le télégraphe électrique dont je vais donner une notice succinte
à l'Académie, m'a paru assez digne d'intérêt pour en faire l'objet
de cette communication, soit eu égard au nouveau principe qui lui
sert de base, soit à cause des avantages spéciaux qui se rattachent
à ce même principe.

Par la nature de ces indications, ce télégraphe se rapproche des
systèmes à cadran qui portent les lettres communes sur leur pourtour; mais quant au mode de transmission, il s'en distingue essentiellement en ce qu'il permet de passer d'une lettre de la phrase à
la suivante, moyennant l'ensemble d'une seule cessation du courant
et d'une seule reprise, quel que soit le nombre des lettres intermédiaires : ce qui lui donne une faculté de transmission singulièrement
rapide, et exempte néanmoins des chances d'erreurs inséparables
des autres systèmes à signaux fugitifs.

Pour atteindre ce double résultat, tout en employant un seul fil
conducteur, au lieu de faire dépendre directement les signes télégraphiques de telle ou telle autre classe d'effets produits par des in-
termittences répétées et numériquement groupées du courant galvanique, on les a rapportées à une série de combinaisons ou conditions très-simples, que les deux opérateurs placés aux extrémités
de la ligne concourent à réaliser, et qui déterminent dans la chaîne
galvanique un état particulier d'équilibre, qui s'annonce par l'absence de toute trace d'électricité dynamique.

Ces conditions sont celles qui se vérifient toutes les fois qu'on
réunit par les pôles homonymes deux piles d'un même nombre de

couples et homogènes, savoir, construites avec les mêmes métaux et les mêmes liquides. On sait, en effet, que par suite de deux tensions contraires, les courants que les deux appareils tendent à verser l'un sur l'autre, s'entredétruisent alors, et tous les effets de l'action électrolytique demeurent anéantis, même indépendamment de l'ampleur des surfaces et du degré des solutions acides.

Qu'on suppose donc deux batteries formées d'autant de couples, ou assemblages de couples qu'il y a de lettres dans l'alphabet, et que l'une d'elles soit placée à la station qui transmet, l'autre à la station qui reçoit.

Si deux pôles homonymes des deux appareils, par exemple les pôles positifs, sont mis en communication permanente par un fil conducteur ou par les rails d'un chemin de fer, ou enfin par la terre, le préposé de chaque station pourra évidemment, moyennant un second conducteur et par un simple jeu de clefs, placer dans le circuit, sans besoin de jamais l'ouvrir, tel nombre de couples qu'il voudra de la batterie dont il dispose. Dès lors un courant circulera constamment dans la chaîne galvanique dans un sens ou dans l'autre, tant que ce nombre ne sera pas le même aux deux stations : au contraire, le courant disparaîtra dès l'instant qu'une telle condition d'égalité numérique entre les couples actifs des deux batteries sera remplie par le fait de l'un ou de l'autre des deux opérateurs.

Quel que soit partout le nombre de couples qu'il plaise à l'un d'eux d'introduire dans le circuit, un tel nombre pourra être toujours déterminé et assigné par l'autre opérateur, qui le déduira aisément du nombre de couples qu'il devra employer lui-même pour amener la condition indiquée, et par suite l'annihilation du courant.

Ainsi il est clair que les deux opérateurs pourront se transmettre autant de nombres ou de chiffres qu'il y a de couples dans chaque batterie ; et ils n'auront plus, par conséquent, qu'à assigner à ces nombres une signification conventionnelle quelconque, pour se transmettre leur pensée.

Voici maintenant par quels arrangements j'ai cherché de réaliser une telle conception dans un modèle de machine qui fonctionne actuellement dans le cabinet de physique de l'université royale de Turin.

Les deux correspondants n'ont pour toute opération qu'à faire marcher un curseur sur une espèce de clavier, dont les touches sont mises en telle connexion avec les éléments métalliques de la batterie, que le nombre des couples actifs de celle-ci répond toujours au numéro d'ordre de la touche sur laquelle le curseur se trouve transporté. Les lettres communes avec les ponctuations nécessaires sont tracées vis-à-vis des touches ; un index annexé au curseur les indique, et tout est arrangé, d'ailleurs, dans les deux appareils d'une manière parfaitement identique.

Supposons maintenant que le premier mot de la dépêche à transmettre commence par la lettre *M*, les deux curseurs se trouvant d'abord sur les deux claviers, transmetteur et récepteur, au point de repos.

Le préposé qui transmet pousse d'un seul trait le curseur et l'index sur cette lettre : aussitôt un signal instantané donné par un timbre à la station d'arrivée avertit l'employé de celle-ci du mouvement qui s'opère à l'autre station ; ce dernier pousse à son tour le curseur (dans le sens que lui indique une aiguille), et ne s'arrête qu'à l'instant où un signal analogue lui annonce que la lettre transmise est celle marquée précisément par l'index à ce même instant ; et comme ce second signal se produit simultanément à la station de départ, l'employé qui la dessert, assuré par là que la lettre transmise a été saisie, passe, après n'avoir fait qu'une très-courte pause, à la lettre suivante.

Comme on voit, chaque lettre transmise porte avec elle son contrôle, et l'une succédant à l'autre par l'intermédiaire d'une seule intermittence et d'une seule reprise du courant électrique, les communications peuvent être aussi sûres que rapides [1].

---

[1] Je dispose maintenant l'appareil, moyennant un mécanisme additionnel fondé sur l'action d'un électro-aimant, de manière que le curseur s'arrête tout court lorsque l'index atteint la lettre transmise. Dès lors toute erreur provenant de la faillibilité des sens, ou de la distraction du stationnaire qui reçoit le message, devient évidemment impossible, tandis que

Tel est le principe sur lequel a été conçu ce nouveau télégraphe, ou plutôt ce nouveau système de télégraphie qu'on pourrait appeler, d'après son mode d'action, réo–électrostatique.

Quoique mon jugement soit déjà fixé sur le degré de son utilité pratique, je ne donnerai de plus amples détails à cet égard que lorsqu'un appareil plus parfait m'aura mis à même d'établir des appréciations plus précises, et de réaliser tous les résultats que j'en attends [1].

--------

61. — Sur le sens des vibrations dans les rayons polarisés, par M. Babinet. (*Comptes rendus de l'Acad. des Sc.*, du 12 novembre 1849.)

M. Babinet croit pouvoir conclure de deux expériences dues à M. Arago que les vibrations s'exécutent dans le plan même de polarisation contrairement à ce qu'admettait Fresnel. Ces deux expériences sont les suivantes :

1° Un papier blanc éclairé perpendiculairement par le soleil, étant regardé très–obliquement au polariscope, envoie presque parallèlement à sa surface de la lumière qui a une polarisation sensible dont le plan est celui de la feuille de papier. L'auteur a observé que la polarisation est la même quand on regarde la lumière qui émane dans un sens pareil au–dessous de la feuille de papier.

2° Une plaque métallique chauffée à blanc donne aussi la même

la rapidité des communications peut s'approcher de son maximum théorique, sinon l'atteindre, n'étant limitée que par le temps nécessaire à une seule intermittence régulière et efficace du courant galvanique.

[1] Il est bon de remarquer que ce nouveau plan de télégraphie électrique, tout en conservant son caractère et ses avantages, n'exclut aucune des combinaisons jugées favorables dans d'autres systèmes à signaux imprimés, écrits, ou fugitifs, combinaisons qu'on réalise par des mécanismes additionnels fondées sur l'emploi d'une force étrangère permanente outre celle qui émane du courant galvanique. Ainsi rien de plus facile que de transformer le clavier récepteur dans une roue type, comme d'y adapter un rapporteur analogue à celui de M. Morse. Les moments et les intervalles des pulsations du levier-presse ou du levier-plume, se trouvaient réglés par la marche du curseur, chaque pulsation répondant à une lettre.

polarisation. Ici on ne peut plus objecter les effets de la réflexion puisque le corps est lumineux par lui-même.

---------

62. — COURANT DANS UNE PILE ISOLÉE ET SANS COMMUNICATION ENTRE LES PÔLES, par M. GUILLEMIN. ( *Comptes rendus de l'Acad. des Sciences*, du 12 novembre 1849.)

M. Guillemin a obtenu un courant intermittent sans fermer le circuit à l'aide d'une pile à colonne de 20 à 30 paires de 5 centim. de diamètre. Cette pile est placée sur un support isolant. On prend un condensateur isolé composé de deux lames d'étain de un ou deux mètres de surface séparées par une lame très-mince de gutta-perca. Chaque face du condensateur communique par un fil à l'un des pôles de la pile ; dans l'un de ces fils on place un commutateur circulaire composé de deux roues dentées fixées sur un axe en verre et disposées de manière à ce que, en le faisant tourner, l'une des roues effectue la charge et l'autre la décharge du conden-sateur. On place un galvanomètre très-sensible dans le trajet de l'autre fil, et il suffit alors d'imprimer un mouvement de rotation rapide au commutateur pour voir dévier l'aiguille du galvanomètre.

On peut s'assurer que ce n'est pas au travers de la gutta-perca que passe le courant qui serait seulement rendu plus sensible en devenant intermittent. En effet, si l'on supprime la roue dentée qui opère la décharge du condensateur, on n'obtient plus de déviation du galvanomètre.

M. Guillemin conclut de cette expérience que quand on remplace un fil par la terre dans les télégraphes électriques, la terre sert plutôt de réservoir commun que de moyen d'union entre les deux pôles [1].

---

[1] Je ne saurais admettre cette conclusion d'une manière aussi absolue. L'effet observé par M. Guillemin exige des piles à haute tension, dont l'électricité se rapproche un peu à cet égard de celle qui est développée par les machines ordinaires. Or la terre conduit les courants d'une tension très-faible, ainsi que j'ai eu l'occasion de le constater dernièrement en Angleterre, où le courant d'un simple couple fer et charbon, plongés dans le sol l'un à Londres, l'autre à Birmingham, traversait dans la terre la distance qui sépare ces deux villes.          (R.)

# CHIMIE.

63. — MÉMOIRE SUR L'OZONE, par M. C.-F. SCHŒNBEIN. Bâle, 1849.

M. Schœnbein qui, le premier, a attiré l'attention des savants sur les remarquables propriétés de l'ozone et découvert le moyen de donner naissance à ce corps sans le secours de l'électricité, par la combustion lente du phosphore dans l'air, n'a point cessé de poursuivre avec persévérance l'étude de cette mystérieuse substance. Nous avons eu déjà, à plusieurs reprises, l'occasion de donner des extraits des notices qu'il a publiées sur ce sujet. Aujourd'hui, nous avons encore à donner un rapide aperçu d'un nouveau mémoire qu'il vient de faire paraître, et dans lequel il indique les résultats d'expériences faites avec un grand soin et sur une assez grande échelle, pour décider d'une manière définitive quelques points relatifs à l'histoire de l'ozone.

On sait que deux opinions principales ont été soutenues sur la nature chimique de l'ozone. M. Schœnbein, se fondant sur l'analogie de propriétés qu'il a reconnue entre ce corps et l'eau oxygénée, l'a considéré dans ses derniers mémoires comme un peroxyde d'hydrogène. MM. de la Rive et Marignac, s'appuyant sur une expérience dans laquelle ils avaient vu l'ozone prendre naissance par des décharges électriques dans de l'oxygène pur et sec, en ont conclu que cette substance n'est qu'une modification isomérique, ou, pour employer une expression plus exacte, créée par Berzélius, une modification allotropique de l'oxygène. Le savant chimiste suédois a adopté cette dernière opinion. M. Schœnbein a cherché à décider ce point essentiel. Dans ce but, après avoir fortement ozonisé par le contact du phosphore l'air contenu dans de vastes ballons, il le faisait passer dans des tubes contenant de la pierre ponce imbibée d'acide sulfurique, pour le dessécher complétement (ce qui n'altère point l'ozone), puis dans un tube de verre étroit, qu'il chauffait à la lampe pour détruire l'ozone, et enfin dans un tube taré contenant encore de la ponce sulfurique, destiné à retenir l'eau qui aurait dû se former par la décomposition de l'ozone, si ce corps eût été réellement un peroxyde d'hydrogène. Trois cents litres d'air aussi chargé d'ozone que possible, ont traversé l'appareil, sans que le tube taré ait présenté la moindre augmentation de poids. L'auteur ayant constaté par d'autres expériences qu'un pareil volume d'air renferme une quantité d'ozone fort appréciable, puisqu'ils suffisent pour produire 500 milligrammes de peroxyde d'argent renfermant 65 milligrammes d'oxygène, en conclut que l'ozone ne contient pas d'hydrogène.

Le résultat de cette expérience est donc tout à fait favorable à l'opinion de MM. de la Rive et Marignac; toutefois, M. Schœnbein ne se décide point à l'adopter. Il déclare, en effet, qu'il ne peut concevoir l'existence de modifications allotropiques dans un corps gazeux, et que, par conséquent, la véritable nature de l'ozone lui paraît plus mystérieuse encore qu'avant ses dernières expériences. Il combat aussi à ce sujet l'opinion émise par un chimiste américain, M. Hunt, qui, pour expliquer cette modification dans les propriétés de l'oxygène, admet que les atomes de ce gaz se sont groupés trois par trois pour former de nouveaux atomes; M. Schœnbein repousse cette explication comme ne reposant que sur une hypothèse gratuite, puisque rien n'indique jusqu'ici que l'oxygène change de densité en passant à l'état d'ozone.

L'auteur passe ensuite à la description de quelques expériences qu'il a faites sur l'oxydation de différents corps sous l'influence de l'ozone. Les faits qu'il signale sont, pour la plupart, déjà connus, mais ils avaient besoin d'être étudiés avec plus de précision qu'ils ne l'avaient été jusqu'ici. Tous les métaux, parmi ceux que l'on emploie habituellement, sauf l'or et le platine, s'oxydent à la température ordinaire au contact de l'ozone, et passent immédiatement à l'état de peroxydes. Un fait curieux, c'est que de tous, l'argent est celui qui s'oxyde le plus rapidement; le plomb est aussi attaqué assez promptement, le fer et surtout le zinc conservent bien plus longtemps leur éclat métallique dans de l'air ozonisé. Il n'est pas nécessaire que l'argent soit très-divisé; ainsi il suffit de suspendre une lame d'argent dans un ballon contenant de l'air ozonisé, pour qu'elle se recouvre bientôt d'une couche noire. Au bout de quatre ou cinq heures, l'odeur de l'ozone a complétement disparu, et la substance noire qui recouvre l'argent s'en détache aisément sous la forme d'une pellicule. En répétant un grand nombre de fois cette opération, on peut se procurer une quantité suffisante de cette matière noire ; en un mois, M. Schœnbein en a obtenu dix grammes. Cette substance noire a une saveur métallique, agitée avec de l'eau elle lui donne une réaction alcaline. L'acide chlorhydrique l'attaque vivement avec dégagement de chlore et formation de chlorure d'argent. A une température inférieure au rouge elle se décompose en dégageant un gaz qui a tous les caractères de l'oxygène et laisse de l'argent métallique dont la proportion s'élève à 87 °/₀ ; cette proportion correspond bien à la composition calculée du bioxyde d'argent $AgO^2$.[1]

Enfin l'auteur appelle l'attention des chimistes sur la formation d'acide azotique qui accompagne toujours la production de l'ozone dans l'air atmosphérique, d'où il conclut que l'ozone jouit aussi de la propriété d'oxyder directement l'azote. Quelques auteurs ayant attribué la formation de l'acide azotique à l'influence des circonstances mêmes qui donnent lieu à celle de l'ozone, par exemple, à l'action de l'étincelle électrique ou à l'oxydation du phosphore, M. Schœnbein cite l'expérience suivante, qui prouve bien que l'acide azotique peut prendre naissance sous la seule influence de l'ozone. L'air contenu dans un grand ballon a été chargé d'ozone par le contact du phosphore, puis on l'a lavé à plusieurs reprises pour enlever toute trace d'acide qui aurait pu se former en même temps que l'ozone, et après cela on a agité cet air pendant longtemps avec de l'eau de chaux ; au bout d'une heure toute odeur d'ozone avait disparu. Cette expérience ayant été répétée plusieurs fois, il fut facile de reconnaître la présence de l'acide nitrique dans l'eau de

[1] Ce résultat est d'autant plus important qu'un chimiste allemand, M. Osann ( Pogg. Ann., t. LXXVIII), ayant analysé les combinaisons du plomb et de l'argent avec l'ozone qu'il avait obtenues dans des circonstances différentes, a prétendu que ces composés renfermaient une proportion de métal bien supérieure à celle qui entrerait dans les protoxydes, en sorte que, suivant lui, l'équivalent de l'ozone serait de beaucoup inférieur à celui de l'oxygène.

chaux. Trois mille litres d'air ozonisé ont cédé à la chaux une quantité d'acide nitrique telle que la décomposition de la dissolution calcique par le carbonate de potasse a fourni, après l'évaporation, environ cinq grammes de salpêtre. Il est probable, d'après cela, que la production de l'ozone dans l'atmosphère, sous l'influence des décharges électriques et peut-être dans d'autres circonstances, joue un rôle important dans le phénomène de la nitrification.

64. — Sur l'étain de Banka et sur l'équivalent de l'étain, par M. G.-J. Mulder. (*Journal für prakt. Chemie*, tome XLVIII, page 31.)

L'auteur ayant été appelé à faire l'analyse de nombreux échantillons d'étain de l'île de Banka, en fait connaître les résultats, qui prouvent que ce métal est presque chimiquement pur. Il y trouve en effet en moyenne :

| | |
|---|---|
| Fer . . . . . . . . | 0,019 |
| Plomb . . . . . . . | 0,014 |
| Cuivre . . . . . . | 0,006 |
| Etain, par différence. | 99,961 |
| | 100,000 |

M. Mulder ayant dans ses expériences dosé directement l'étain à l'état d'oxyde, comme on l'obtient en traitant le métal par l'acide azotique, observe que dans toutes ses analyses il se présente un excès de poids qui ne peut provenir que d'une erreur dans l'équivalent de l'étain, par suite de laquelle on évalue trop haut la proportion de ce métal contenue dans son oxyde.

Toutes ses analyses présentant le même résultat, il paraît évident que le nombre 735,3 adopté par Berzélius, est un peu trop élevé.

D'après la moyenne des résultats obtenus par M. Mulder dans ses analyses de l'étain de Banka, ce nombre devrait être réduit à 731,23 ; mais d'après trois expériences faites sur de l'étain chimiquement pur, préparé par la réduction de l'oxyde d'étain par le noir de fumée, et auxquelles l'auteur attache plus de confiance, l'équivalent de ce métal serait seulement 725,7, ou peut-être 725, c'est-à-dire 58 fois le poids de l'équivalent d'hydrogène.

---

65. — SUR LE TITANE, par M. WŒHLER. (*Comptes rendus de l'Acad. des Sciences*, séance du 5 novembre 1849.)

M. Wœhler vient de reconnaître que les cristaux cubiques qu'on rencontre dans les scories des hauts fourneaux, et qu'on avait pris jusqu'à ce jour pour du titane métallique, sont formés de cyanure et d'azoture de titane; ils contiennent 18 pour 100 d'azote et 4 pour 100 de carbone, et ont pour formule

$$Ti Cy + 3 Ti^3 Az.$$

Il a aussi constaté que le titane obtenu par la méthode de M. H. Rose est un azoture de titane contenant 28 pour 100 d'azote; sa formule est

$$Ti^3 Az^2.$$

Les cristaux cubiques fondus avec de l'hydrate de potasse, dégagent de l'ammoniaque. Chauffés au rouge dans un courant de vapeur d'eau, ils produisent de l'hydrogène, comme l'avait déjà annoncé M. Regnault, mais accompagné d'ammoniaque et d'acide cyanhydrique; il reste de l'acide titanique sous la forme octaèdrique de l'anatase.

On peut reproduire les cristaux cubiques en chauffant au feu de forge un mélange d'acide titanique et de cyanoferrure de potassium. Quant à l'azoture simple, on l'obtient très-facilement en chauffant jusqu'au rouge l'acide titanique dans un courant de gaz ammoniac, de cyanogène ou d'acide cyanhydrique.

## MINÉRALOGIE ET GÉOLOGIE.

66. — Sur la composition de la schorlamite, nouveau minéral titanifère, par M. C. Rammelsberg. (*Poggend. Annalen*,
tome LXXVII, p. 123.)

M. Shepard a décrit, sous le nom de *schorlamite*, un minéral découvert à Magnet-Cove, comté de Hot-Springs dans l'Etat d'Arkansas, où il est accompagné de deux autres espèces nouvelles aussi,
l'arkansite et l'ozarkite. Sa forme primitive est le prisme rhomboïdal, mais les cristaux sont des prismes hexagones tronqués par de
petites facettes brillantes sur' les arètes verticales. Sa cassure est
conchoïde; sa dureté de 7 à 7 $^1/_2$; sa densité de 3,862 suivant
M. Shepard, de 3,783 suivant M. Rammelsberg.

M. Shepard avait conclu de ses essais que ce minéral était un si-
licate hydraté d'yttria, de thorine (?) et d'oxyde de fer. M. Rammelsberg vient d'en faire une analyse complète qui prouve que c'est
un silico-titanate de chaux et d'oxyde ferreux.

Au chalumeau ce minéral fond difficilement sur les bords en une
masse noire. Avec le borax il donne un verre jaune à chaud, qui
se décolore par le refroidissement et prend une couleur verte dans
la flamme intérieure. Avec le sel de phosphore, les réactions sont
semblables, mais on obtient une couleur violette dans la flamme intérieure en ajoutant de l'étain. L'acide chlorhydrique attaque le
minéral pulvérisé, mais ne le décompose qu'incomplétement.

Deux analyses ont donné à l'auteur les résultats suivants :

|  |  |  | Oxygène. |
|---|---|---|---|
| Acide silicique. . | 27,85 | 26,09 | 13,55 |
| Acide titanique. . | 15,32 | 17,36 | 6,74 |
| Oxyde ferreux. . | 23,75 | 22,83 | 5,07 ⎫ |
| Chaux . . . . . | 32,01 | 31,12 | 8,85 ⎬ 14,53 |
| Magnésie . . . . | 1,52 | 1,55 | 0,61 ⎭ |
|  | 100,45 | 98,95 |  |

Les proportions d'oxygène sont entre elles comme les nombres
2 : 1 : 2, bien différentes, par conséquent, des rapports 2 : 2 : 1

que nous présente le sphène. La schorlamite constitue donc bien une espèce minérale nouvelle, dont la composition peut être représentée par la formule :

$$2 \dot{R}^3 \overset{...}{Si}^2 + 3 \dot{R}^2 \dot{Ti}.$$

---

67. — ÉTUDES SUR LES MINÉRAUX DU HARTZ, par MM. ZINCKEN et RAMMELSBERG. (*Ibidem*, p. 236.)

Nous nous bornerons à extraire de ce mémoire des détails relatifs à quelques minéraux que les auteurs considèrent comme formant des espèces nouvelles.

*Epichlorite.* Ce minéral, qui offre au premier abord quelque ressemblance avec l'asbeste, remplit des veines dans une roche serpentineuse, un peu au-dessus de Neustadt, dans la vallée de Radau.

Sa structure est bacillaire et radiée ; il se divise facilement en baguettes et même en aiguilles. Son toucher est très-onctueux, sa couleur d'un vert foncé, son éclat gras très-prononcé. Les aiguilles minces sont translucides et d'un vert de bouteille : la poussière est d'un blanc verdâtre. Dureté, 2 à 2,5. Densité. 2,76.

Au chalumeau il fond très-difficilement lorsqu'il est en éclats minces, donne avec les flux les réactions de la silice et de l'oxyde de fer, et perd de l'eau quand on le chauffe dans un tube. L'acide chlorhydrique ne l'attaque que très-incomplétement.

L'analyse de ce minéral a donné les résultats suivants :

| | |
|---|---|
| Acide silicique. . . . | 40,88 |
| Alumine . . . . . . | 10,96 |
| Oxyde ferrique . . . | 8,72 |
| Oxyde ferreux. . . . | 8,96 |
| Magnésie . . . . . . | 20,00 |
| Chaux . . . . . . . | 0,68 |
| Eau . . . . . . . . | 10,18 |
| | 100,38 |

Cette composition rapproche ce minéral, surtout de la chlorite, toutefois il en diffère par la proportion de silice qui est 1 $\frac{1}{2}$ fois plus considérable. On peut représenter cette composition par la formule

$$3 \ddot{\overset{\cdots}{R}}{}^{s} \dot{S}i + \ddot{\overset{\cdots}{R}}{}^{s} \overset{\cdots}{S}i^{s} + 9 \dot{\overset{\cdot}{H}}.$$

*Hétéromorphite.* Les auteurs désignent sous ce nom une variété compacte du minerai de plomb sulfo-antimonié connu sous le nom de *federerz*. On ne connaissait en effet jusqu'à ce jour ce minéral que sous la forme de filaments capillaires qui lui avait fait donner ce nom. Mais ils l'ont retrouvé à l'état compacte dans la mine de Wolfsberg, et ont cru, pour cette raison, devoir changer le nom de l'espèce qui ne pouvait plus s'appliquer à cette variété.

Ce minéral est d'un gris de plomb, avec un éclat métallique assez vif. Sa structure est amorphe; sa cassure à grain fin, presque unie, tendant à devenir schisteuse dans les morceaux très-compactes. Sa dureté est un peu supérieure à celle du calcaire; sa densité de 5,679. Sa composition s'accorde bien avec la formule déjà adoptée pour le federerz, $Sb^{s}S^{s}$, 2 PbS.

MM. Zincken et Rammelsberg, décrivent ensuite deux minerais de nickel trouvés dans la mine d'antimoine de Wolfsberg, et dont la composition assez complexe semble indiquer un mélange, en deux proportions différentes, de bournonite et d'une sorte de nickel gris renfermant à la fois de l'arsenic et de l'antimoine. Ils donnent aussi l'analyse de l'argent arsenical d'Andréasberg, qui est réellement un arsénio-antimoniure de fer argentifère, mais qui n'étant pas cristallisé n'offre pas une garantie de pureté suffisante. Nous ne suivrons pas les auteurs dans les longs développements dans lesquels ils entrent au sujet de la composition de ces trois minéraux; ils y adoptent en effet une méthode de calcul qui nous semble sans aucun fondement. Ils supposent que le soufre, l'arsenic et l'antimoine peuvent se remplacer isomorphiquement dans les proportions de 9 équivalents de soufre pour 6 d'arsenic ou 4 d'antimoine; ils se fon-dent sur ce que ces nombres d'équivalents représentent des volumes égaux pour ces corps. Non-seulement une telle supposition est en contradiction absolue avec les principes de la chimie, puisqu'elle détruirait complétement la loi des équivalents, mais elle est encore démentie par tous les exemples que l'on peut tirer de minéraux bien connus et bien cristallisés. Ainsi, que l'on compare entre eux les cuivres gris, les argents rouges, et d'autres espèces minérales qui offrent chacune deux sous-espèces renfermant l'une de l'arsenic, l'autre de l'antimoine, sans que la forme cristalline en soit modifiée ; et l'on y verra toujours ces deux corps se remplacer mutuellement équivalent à équivalent, conformément aux principes de la théorie des proportions chimiques.               C. M.

---

**68.** — OBSERVATIONS SUR LA PRÉSENCE D'EAU DE COMBINAISON DANS LES ROCHES FELDSPATHIQUES, par M. A. DELESSE. (*Bull. de la Soc. géolog. de France,* 2ᵐᵉ série, tome VI, p. 393.)

Les analyses de roches exécutées dans ces derniers temps, constatent que la plupart des roches feldspathiques contiennent de l'eau, et l'auteur a fait connaître dans un travail antérieur [1], cette proportion d'eau pour plusieurs espèces de roches. Depuis les recherches de Gmelin sur les roches volcaniques, les géologues ont toujours attribué l'eau des basaltes et des trapps au mélange intime d'un zéolithe avec la roche ; seulement ils ne s'accordent pas toujours sur la nature de ce zéolithe.

M. Delesse s'attache dans son mémoire à montrer combien est invraisemblable la supposition de la présence d'un zéolithe dans les roches feldspathiques. Il s'appuie principalement sur les observations suivantes : 1° Jusqu'à présent on n'a point observé directement la présence de zéolithes dans la pâte des roches basaltiques ou des mélaphyres, qui contient une notable proportion d'eau ; les minéraux zéolithiques n'y ont jamais été trouvés que dans des géodes ou des amygdaloïdes ; or, les minéraux qui remplissent ces géodes étant généralement tout différents de ceux qui composent la

---

[1] *Bulletin de la Soc. géol.,* t. IV, p. 1385.

pâte de la roche, l'existence des zéolithes dans ces cavités ne prouve en aucune façon leur présence dans la pâte elle-même.

2° Le principal indice que l'on ait cité en faveur de l'existence d'un zéolithe dans la pâte, consiste en ce que celle-ci s'attaque en partie par les acides. M. Delesse montre que dans ce cas la portion qui s'attaque le plus facilement est la matière colorante d'un vert noir, matière semi-cristalline distincte de l'amphibole et du pyro-xène, et dont probablement la composition n'est point constante. D'ailleurs, le labrador et l'augite s'attaquent eux-mêmes sensible-ment par l'acide chlorhydrique. Le fer oxydulé et le péridot, si fréquents dans les basaltes, sont aussi attaqués. L'auteur remarque en outre que si la partie attaquée de la roche était un zéolithe, la silice devrait se séparer à l'état gélatineux; or cela n'arrive jamais pour les mélaphyres, et si le basalte donne quelquefois de la silice gélatineuse, on peut l'attribuer à la présence du péridot.

3° L'eau ne se trouve pas seulement dans la pâte confusément cristalline des roches, on en trouve aussi dans les minéraux bien cristallisés qui sont disséminés dans ces roches; ainsi dans le labra-dor et même dans l'augite des porphyres pyroxéniques, et dans l'élément feldspathique, autre que l'orthose, de plusieurs roches porphyriques ou granitoïdes. Or, il est impossible que ces minéraux cristallisés, à clivages nets, souvent presque transparents, renfer-ment, à l'état de mélange, un zéolithe en quantité suffisante pour expliquer la présence de l'eau qu'on y trouve.

En résumé, l'auteur conclut que *l'eau des minéraux qui for-ment les roches basaltiques, porphyriques et granitoïdes dans les-quelles il n'y a pas eu de pseudomorphose, ne peut provenir du mélange intime d'un minéral hydraté.* Il faut donc que, dans ces roches, *l'eau soit propre à chacun des minéraux dans lesquels elle se trouve.* Il ajoute qu'il serait porté à admettre les idées de M. Scheerer sur l'isomorphisme polymère, et à regarder l'eau comme jouant dans ces minéraux le rôle d'une base faible.

69 — SUR L'EUPHOTIDE DU MONT-GENÈVRE, par *le même*.
(*Ibidem*, séance du 18 juin 1849.)

M. Delesse a analysé le feldspath extrait de la pâte d'une euphotide du Mont–Genêvre, dont la structure cristalline était très–développée ; il formait des lamelles blanc-verdâtres ayant souvent un centimètre de longueur qui étaient mâclées comme les feldspaths du sixième système.

Bien porphyrisé et traité par les acides chorhydrique et sulfurique, il se gonfle et il se laisse attaquer.

Il a trouvé pour sa composition :

|  | 1° *Carb. soude.* | 2° *Acide fluorh.* | *Moyenne.* |
|---|---|---|---|
| Silice | 49,73 | » | 49,73 |
| Alumine | 29,80 | 29,50 | 29,65 |
| Protoxyde de fer | » | 0,85 | 0,85 |
| Oxyde de manganèse | traces | » | » |
| Chaux | 11,29 | 11,07 | 11,18 |
| Magnésie | 0,56 | » | 0,56 |
| Soude | » | 4,04 | 4,04 |
| Potasse | » | 0,24 | 0,24 |
| Eau et acide carbon. | 3,75 | » | 3,75 |

La *diallage* est de beaucoup, après le feldspath, le minéral le plus abondant. De même que le feldspath, la *diallage* est mélangée de *talc*, de *carbonate à base de fer* et de matière *serpentineuse*.

On trouve encore dans l'euphotide de la *hornblende*, du *fer oxydulé*, de la *pyrite de fer*, etc., et il y a aussi, surtout dans les géodes, de la *chaux carbonatée*, du *quartz* et de l'*épidote*.

L'essai de la *masse* d'une euphotide du Mont–Genêvre a donné : *Silice*, 45,00. — *Alumine* et *peroxyde de fer*, 26,83. — *Chaux*, 8,49. — *Magnésie*, *soude* et *potasse* (diff.), 13,90. — *Eau* et *acide carbonique*, 5,78.

La perte obtenue par calcination tient à la présence d'une notable quantité de carbonate dans la pâte de la roche.

70. — ESSAI SUR LA DISTRIBUTION GÉOGRAPHIQUE ET GÉOLOGIQUE
DES MINÉRAUX, DES MINERAIS ET DES ROCHES SUR LE GLOBE
TERRESTRE AVEC DES APERÇUS SUR LEUR GÉOGÉNIE, par A. BOUÉ.
(*Mém. de la Société géolog. de France*, 1848, t. III, 1ʳᵉ partie.)

La distribution des grandes masses minérales sur la surface de la
terre n'est point l'effet du hasard ; au contraire, elle paraît soumise
à des lois dépendantes des phases de formation et d'encroûtement par
lesquelles a passé notre terre. Les grandes masses étant formées
de minéraux, il est probable que l'on pourra découvrir pour ces
derniers, de même que pour les masses minérales, certaines lois qui
régissent leur distribution géographique et leur distribution géologique. Cette idée a engagé l'auteur à publier le travail qui nous
occupe, dans le but d'avancer la connaissance des explications géo-
géniques. Jusqu'à présent le classement géologique des minéraux,
leur topographie, l'étude de leur gisement individuel formaient des
branches peu avancées de la géologie, quoiqu'elles aient cependant
une importance réelle et qu'elles présentent une liaison intime avec
la théorie de la terre.

Une considération remarquable, c'est que le règne minéral de la
zone tropicale paraît, d'après l'auteur, faire le pendant de sa flore
et de sa faune, par la richesse et la beauté de ses minéraux comparés aux productions des autres zones. Une seconde considération,
c'est que le nord est occupé par des schistes cristallins, des roches
granitiques et porphyriques renfermant d'énormes amas de fer et
de cuivre, et des minéraux qui ne se trouvent guère ailleurs. Le
soufre, par contre, ne se trouve pas dans le nord.

Après ces considérations préliminaires l'auteur passe à l'essai
d'un classement géologique des minéraux, qui n'est que leur classification en différentes familles, puis il arrive à la distribution des
minéraux, des minerais et des roches. L'auteur donne de minutieux
et intéressants détails sur le gisement, la distribution géologique
et les latitudes où se trouvent certaines roches et certains minéraux.
Il se livre ensuite à des considérations curieuses sur l'origine et sur
la géogénie de ces corps.

## ANATOMIE ET PHYSIOLOGIE.

72·—INJECTION MICROSCOPIQUES DES TUBES PRIMITIFS DES NERFS, MM. COZE et MICHELS. (*Comptes rendus de l'Acad. des Sc.*, du 23 juillet 1849.)

Plusieurs micrographes refusent une structure tubuleuse aux tubes primitifs du système nerveux; le contraire semble démontré par les injections de MM. Coze et Michels. En effet, si l'on met sous le microscope un fragment de nerf d'homme, d'un millimètre de longueur environ, et qu'on le mouille avec quelques gouttes d'éther ou de chloroforme, on voit, au bout de vingt minutes environ, les tubes se gonfler, et des courants plus ou moins rapides se développer dans toute la longueur de chaque tube, à l'extrémité duquel il s'échappe un liquide sous forme de gouttelettes. Peu à peu les tubes se vident, et deux lignes obscures accusent les contours de la cavité qui se trouve à la partie centrale.

---

73. — ACTION DE DIVERSES SUBSTANCES INJECTÉES DANS LES ARTÈRES, par M. FLOURENS. (*Comptes rendus de l'Acad. des Sc.*, du 16 juillet 1849.)

Il résulte des expériences de M. Flourens, expériences dont les principaux résultats ont déjà été indiqués par lui (*Comptes rendus*, tome 24, p. 905); que si l'on injecte diverses substances dans les artères, on trouve que :

Quelqües-unes agissent sur la motricité; telles sont plusieurs éthers (sulfurique, acétique, etc.), le camphre dissous, le chloroforme, plusieurs essences, telles que celles de térébenthine, de menthe, de romarin.

D'autres agissent sur la sensibilité, sans porter atteinte à la motricité; telles sont les fonds de lycopode, de ciguë.

Enfin, dans les substances qui amènent la paralysie musculaire, les unes y arrivent en produisant un relâchement dans la fibre musculaire; tels sont les éthers sulfurique, acétique; d'autres, tels que le chloroforme, produisent la paralysie par une contraction tétanique des muscles.

M. Flourens ne connaît pas encore la cause de ces faits singuliers.

74. — Observations sur le prétendu système nerveux des tænias, par M. Dujardin. (*Comptes rendus de l'Acad. des Sciences,* des 9 et 16 juillet 1849.)

MM. Dujardin et Blanchard ne sont point d'accord sur le système nerveux des tænias. Il résulte des observations de M. Dujardin que ces intestinaux n'ont point de système nerveux, et qu'on ne peut admettre comme tel une substance blanche que l'intérieur de cet animal présente en le disséquant ; car, au lieu de former des filets nerveux, elle est irrégulièrement éparse en traînées diffuses et interrompues.

M. Blanchard, d'un autre côté, dans une note insérée dans les Comptes rendus de l'Académie, du 11 juillet 1849, persiste dans son opinion sur l'existence d'un système nerveux, qu'il a pu isoler et montrer d'une manière très-évidente dans ses préparations.

---

## ZOOLOGIE ET PALÉONTOLOGIE.

75. — Trait remarquable d'intelligence chez un lièvre, observé par M. G. Frauenfeld. (*Berichte ueber die Mitth. von Freunden der Naturwissenschaften in Wien*, t. V, p. 135.)

La question de la limite de l'instinct chez les animaux et de leur liberté de détermination est assez importante pour donner un certain intérêt au fait suivant, qui suppose une combinaison remarquable dans les idées. Il existe dans le jardin du château de Bistiz un espace consacré à une faisanderie, qui est séparé du jardin proprement dit par un fossé large et peu profond, au fond duquel serpente un petit ruisseau réduit à quelques pouces d'eau. Des lièvres habitent aussi cette faisanderie; on les chasse de temps à autre avec des chiens terriers, et dans un espace aussi restreint ils sont bientôt

tués. L'un d'eux sut un jour échapper à la poursuite de la manière
suivante : il sauta dans le fossé, et suivit dans l'eau les contours du
petit ruisseau, jusqu'à une distance de cent pas, puis se cacha dans
les racines et les broussailles qui remplissent le fossé. Quand le
chien fut fatigué de chercher vainement sa trace, le chasseur le ra-
mena à l'endroit où l'on pouvait saisir le lièvre au sortir de l'eau,
mais dès que celui-ci eut aperçu le chien battre les buissons de son
voisinage, il quitta sa retraite, sauta de nouveau dans le ruisseau,
pour regagner son ancien gîte, en évitant soigneusement le sec.

---

76. — Sur les mollusques de la Baie de Vigo, au nord-ouest
de l'Espagne, par Mac Andrew, Esq. Lettre du professeur
Edward Forbes. (*Annals and Mag. of Nat. hist.*, juin 1849,
page 507.)

Nous donnons ici une traduction d'une lettre de M. Ed. Forbes,
qui renferme des faits importants pour l'histoire paléontologique de
l'ouest de l'Europe, et qui confirme les précédentes recherches de
cet habile naturaliste.

Cette lettre accompagnait une nomenclature détaillée des mollusques de la baie de Vigo, au nord-ouest de l'Espagne, dressé par
M. Mac Andrew, à la suite d'une expédition entreprise pour exploiter les côtes d'Espagne et de Portugal.

« Les faits recueillis par M. Mac Andrew sont d'un haut intérêt au
point de vue géologique, aussi bien qu'à celui de l'histoire naturelle.
La découverte d'une petite faune marine littorale isolée (et probablement aussi d'une flore), d'un type britannique ou celtique, qui partage la province lusitanienne, nous rappelant les couches boréales
extrêmes de nos murs, paraît confirmer d'une manière inattendue
la théorie que j'avais proposée dans mon mémoire « sur les relations géologiques de la flore et de la faune actuelles des îles Britan-
niques, » publié dans les « Memoirs of the Geological Survey of
Great Britain for 1846, » dans lequel je soutenais que, pendant les
époques pliocène et pleistocène, il existait une unité géologique ou
au moins une relation très-voisine entre l'ouest de l'Irlande et le

nord de l'Espagne. J'avais tiré cette conclusion des caractères botaniques de l'Irlande et des îles atlantiques et des phénomènes géologiques qui s'étaient passés dans l'area en question, depuis la période éocène. »

La réalité de ces rapports est démontrée par le fait que les espèces des mollusques côtiers qui occupent les rivages d'Irlande, se
rencontrent sur les côtes d'Espagne. On pouvait s'y attendre pour
cette période glacée pendant laquelle la tendance des espèces était
de se répandre du côté du midi. C'est la seule manière de rendre
compte du phénomène signalé par M. Mac Andrew. Sa découverte
dans la baie de Vigo d'une colonie de *Fusus contrarius*, espèce si
caractéristique du red crag, confirme encore puissamment cette opinion, car dans les couches les plus méridionales de l'Irlande, nous
trouvons ce fusus associé à une *Mitra* et à une *Purpura lapillus*
d'Espagne dans le voisinage des débris d'une flore terrestre du type
des Asturies.

---

77. — MÉTAMORPHOSES ET EMBRYOGÉNIE DES UNIO, par M. de
QUATREFAGES. (*Comptes rendus de l'Acad. des Sciences*, du
23 juillet 1849.)

Les mollusques acéphales présentent presque tous des métamorphoses, qui sont plus ou moins complètes, suivant les espèces. Il résulte en effet des observations de M. de Quatrefages sur les unio,
que ces mollusques subissent des changements bien moins complets
que les tarets. Ces derniers se montrent depuis le commencement de
leur développement sous trois formes différentes ; la larve, en effet,
d'abord nue et ciliée dans toute son étendue, ne prend que plus tard
une coquille et un appareil pour la natation, et c'est seulement ensuite qu'elle acquiert un organe de reptation. Dans l'unio, au contraire, les deux premiers états manquent entièrement, la coquille
apparaissant au moment où le vitellus a encore son aspect caractéristique, ayant pris seulement une forme triangulaire. Aussi l'unio
jeune, pour ressembler à l'adulte, n'a qu'à dédoubler son muscle

unique, à perdre ses crochets, et à modifier la forme de sa coquille en la rendant oblongue.

Ainsi donc les métamorphoses se présentent à des degrés divers dans les diverses espèces d'acéphales. M. de Quatrefages fait remarquer en terminant que le moment des changements est toujours pour les larves un moment de crise, pendant lequel il en meurt une très-grande quantité.

---

## BOTANIQUE.

78. — MACAIRE; SUR LA DIRECTION PRISE PAR LES PLANTES. (*On the direction assumed by plants*), dans les *Philosophical Transactions*, partie II, 1848.

M. Macaire a voulu résumer dans ce mémoire différentes expériences qu'il a faites sur la direction des parties des plantes, soit spontanément, soit sous l'influence de la lumière. Il avait déjà publié celles sur la courbure des vrilles, et comme nous en avons déjà parlé dans ce journal [1], nous nous dispensons d'y revenir.

L'auteur publie pour la première fois des expériences sur la tendance des tiges et des feuilles vers la lumière. N'admettant pas les explications données par de Candolle et Dutrochet, sur l'incurvation des tiges, il a voulu savoir si elle ne tiendrait pas à une sorte d'attraction de la plante par la lumière, attraction qui, par parenthèse, me paraît difficile à comprendre, puisque la lumière n'est pas un corps. M. Macaire ayant remarqué combien les lentilles d'eau (Lemna) flottent librement, et sachant qu'elles se colorent en vert comme les autres plantes, a eu l'idée de s'en servir pour l'expérience suivante. Une cuvette oblongue, remplie d'eau, a été recouverte en partie de papier noir, de façon qu'une moitié fut dans l'obscurité et l'autre à la lumière. Entre la partie obscure et l'autre, il y avait un diaphragme un peu au-dessus du niveau de l'eau. Plusieurs

---

[1] L'auteur nous a avertis que l'espèce sur laquelle il a fait ses principales expériences est le Bryonia dioica, non le Tamus, comme il l'avait dit par erreur.

Lemna furent placés, flottants, dans la partie obscure. Ils s'étiolè-
rent, comme toute plante qui croît à l'obscurité, mais ils ne se
rapprochèrent pas le moins du monde de la partie éclairée. De
même, des pois, des haricots, des pieds de moutarde, furent placés
sur de petits flotteurs de liége dans la partie obscure ; ils vinrent
à germer, même à fleurir, quand les tiges se rapprochèrent de la
lumière, en s'allongeant, mais le flotteur ne se dirigea nullement
dans ce sens. Quand la tige arrivait à passer sous le diaphragme et
entrait ainsi dans la partie éclairée, elle s'élevait verticalement, et
verdissait.

Des pois furent placés, sur des flotteurs, dans un verre à pied
enveloppé de papier noir, avec une fente par où la lumière pénétrait, et aussi dans un verre *bleu* disposé semblablement. Les
flotteurs ne se rapprochèrent pas de la lumière blanche ou bleue,
quoique la première agit fortement sur la plante. Dans ces expériences, la racine émettait des ramifications dirigées du côté de la
lumière blanche, quand le verre était blanc, et du côté contraire,
quand le verre était bleu. L'auteur en tire la conséquence que la
lumière blanche favorise la sortie des radicelles, mais les expériences plus récentes de M. Clos [1], montrent que les radicelles ne
sortent que selon certaines lignes longitudinales alternes avec les
fibres du corps de la racine, de sorte que suivant la position donnée par hasard à la racine, dans l'expérience de M. Macaire, les
radicelles ont dû sortir d'un côté ou de l'autre, abstraction faite de
l'éclairement.

M. Macaire s'attache à démontrer la fausseté des explications de
Dutrochet sur la courbure des tiges, causée par l'endosmose, laquelle serait modifiée, selon cet auteur, par la lumière. Comme il
m'a été à peu près impossible de comprendre l'ouvrage de Dutrochet sur ce point, et que plusieurs botanistes intelligents m'ont
avoué n'avoir pas mieux compris que moi, je ne mentionnerai pas
ici les objections de M. Macaire. Ceux qui ont compris Dutrochet
ou qui voudront l'étudier, feront bien d'en prendre connaissance.
M. Macaire conteste les assertions de Dutrochet sur des points plus

1 *Bibl. Univ.*, 1849 (*Archives*), p. 164.

importants, car ce sont des faits que chacun peut observer et qui sont admis généralement dans la science. Il nie, par exemple, que la chaleur ait la moindre influence sur l'endosmose. Il affirme, contrairement à Dutrochet, que l'ascension de l'eau dans un endosmomètre rempli d'eau sucrée, est la même par 65° C. et par 10° C., pourvu qu'on tienne compte de la dilatation du verre. Ni la quantité, ni la rapidité de l'absorption ne sont changées, selon M. Macaire. J'engagerai les physiologistes à vérifier ce point fondamental avec toutes les précautions convenables, par exemple, en faisant reposer la membrane de l'endosmomètre sur un tamis métallique bien plane [1]. La lumière n'a pas plus d'effet que la chaleur, selon M. Macaire, et comme ces deux agents sont actifs dans les faits de végétation, il en conclut que probablement l'endosmose n'a pas d'importance à leur égard. M. Macaire ne pense pas que l'endosmose puisse propager des liquides au travers de plusieurs membranes. Il a fermé la partie inférieure de trois tubes, de grosseur différente, avec une peau de vessie, puis il a mis ces tubes les uns dans les autres, il les a remplis d'eau sucrée et a plongé dans de l'eau pure le bas du tube contenant les deux autres. L'eau est entrée dans le premier tube, mais aucune ascension n'a eu lieu dans les tubes intérieurs. Le même résultat s'est montré avec d'autres liquides, savoir la gomme et l'alcool, et dans plusieurs expériences semblables. Ce fait m'a paru renverser si complétement ceux avancés par Dutrochet, que j'ai voulu le voir moi-même. Je ne suis pas arrivé au même résultat que M. Macaire. Il est vrai que j'employais un endosmomètre, et il est plus facile de lier étroitement une peau de vessie sur le rebord de cet instrument, que sur la base lisse d'un tube. Mon endosmomètre a été fermé en dessous par deux membranes de vessie superposées, puis l'endosmomètre a été rempli d'eau sucrée et a été mis dans une vessie contenant aussi de l'eau sucrée et liée au col supérieur de l'cn-

.

[1] Je n'ai pas fait d'expérience de ce genre avec le thermomètre, mais ayant quelquefois placé un endosmomètre plein d'eau sucrée dans de l'eau, pour montrer l'ascension, il m'a semblé que l'expérience réussissait mieux et plus vite en été ou dans une chambre chaude que par un temps froid.

dosmomètre. Le tout a été plongé dans de l'eau pure. Au bout de
quatre heures, la vessie extérieure s'était gonflée, par introduction
d'eau, le liquide avait passé même au travers des deux membranes
pour pénétrer dans l'endosmomètre, et le tube de celui-ci déver-
sait du liquide. Ainsi, l'eau avait traversé trois membranes.

Quant à la position des feuilles, M. Macaire a d'abord vérifié
qu'elle dépend de la lumière. Il a répété diverses expériences,
entre autres celle qui consiste à éclairer des feuilles par-dessous au
moyen d'un miroir, la surface supérieure étant à l'obscurité. Dans
ce cas, les feuilles se retournent. Il a renversé des branches et a
suivi le retournement des feuilles observé par Bonnet. Il remarque,
en passant, que plus les deux côtés de la feuille sont différents de
couleur, plus la feuille reprend vite sa position si elle se trouve
renversée. Ainsi les feuilles de ronce et de framboisier sont les
meilleures pour les expériences. Elles se retournent en moins de
deux heures. On a discuté si la feuille se retourne par l'effet du
limbe ou par le jeu du pétiole. Selon M. Macaire, c'est tantôt l'un,
tantôt l'autre. Les feuilles de lila et de polemonium cœruleum se
retournent par une courbure du limbe en spirale ; celles de haricot,
de framboisier, de marronnier, d'érable, de géranium et d'arbre
de Judée, par la pétiole. Toutefois, si ces mêmes feuilles sont renversées, dans l'eau, le pétiole fixé dans un trou, le retournement se
fait par le limbe seul. Une feuille privée de son pétiole, mise dans
l'eau, la surface inférieure au soleil, se courbe en sphère de façon
à exposer sa surface luisante à la lumière et à cacher l'autre. Si la
feuille est mise sous l'eau, sur un flotteur, le retournement arrive
sans déplacement. Ainsi la lumière *n'attire* à elle aucune partie de
la feuille.

M. Macaire a voulu savoir quel rayon agit dans le phénomène.
Il a placé les feuilles sous des verres colorés en rouge, en bleu, en
vert, en jaune et en violet, après avoir vérifié quels rayons passent
effectivement au travers ; car on sait que les verres colorés ne laissent pas passer un genre de rayons tout seul. Dans plusieurs expériences, les feuilles renversées sous le verre bleu (qui laissait passer
un peu de rouge), et sous le verre violet (qui laissait passer du

rouge et du bleu), se retournaient, principalement sous ce dernier. Le retournement ne s'effectuait pas sous le verre rouge, qui ne laissait passer aucun autre rayon que du rouge.

Les expériences les plus nouvelles de M. Macaire sont destinées à apprécier l'action de la lumière sur les deux côtés de la feuille. Il a examiné successivement l'exhalaison aqueuse et la décomposition du gaz acide carbonique, c'est-à-dire les deux fonctions principales de la feuille.

L'exhalaison est plus grande quand la surface inférieure d'une feuille reçoit la lumière. Ainsi, pour un marronnier, la différence pendant les deux premières heures a été dans le rapport de 13,6 à 11,2. Lorsque la feuille se dessèche, la différence diminue et disparaît. Pour des feuilles séparées, plongeant par leur pétiole dans de l'eau et recevant la lumière sur le côté ordinairement inférieur, l'exhalaison était double ou triple de ce qu'elle était avec le côté supérieur frappé par le soleil. On voit là une des causes pour lesquelles le renversement des feuilles leur est si nuisible : il tend à les faner. L'expérience étant faite sous des verres colorés, c'est encore le rayon bleu, puis les rayons violets et verts, qui ont eu le plus d'action. La lumière bleue produisait même quelquefois plus d'exhalaisons que la lumière blanche. La lumière rouge était constamment de peu d'effet, ainsi que la jaune.

L'action de la lumière pour décomposer le gaz acide carbonique et produire du gaz oxygène, a lieu dans le tissu cellulaire des feuilles, pourvu qu'il ne soit pas désorganisé. L'auteur a enlevé la cuticule d'une feuille de rochea. Le reste, mis sous de l'eau contenant du gaz acide carbonique, dégageait de l'oxygène, qui sortait avec peine des cellules de la surface. Une quantité égale de ce tissu de la feuille fut pilée et exposée semblablement ; elle ne produisit aucune bulle. Ainsi la matière verte ne décomposait pas le gaz, mais le tissu cellulaire organisé en avait seul le pouvoir. Quand on lui laissait sa cuticule ou épiderme, la production de gaz était plus active. Mais voici une expérience plus intéressante encore. Des feuilles étaient suspendues dans des cloches pleines d'eau contenant du gaz acide carbonique. Ces feuilles recevaient la lumière, les unes sur la surface supérieure, les autres sur la surface inférieure. Le côté qui n'était pas exposé à la lumière regardait une enveloppe noire ajoutée extérieurement à la cloche, afin d'ôter toute réverbération. Dans cette expérience, les feuilles produisaient deux ou trois fois plus d'oxygène quand elles recevaient la lumière sur la surface supérieure, comme dans l'état ordinaire des choses. Plus on prolongeait l'expérience, plus la différence était marquée. M. Macaire a profité de la circonstance spéciale de la feuille du camellia, qui ferme ses stomates au contact de l'eau, pour vérifier la quantité d'oxygène. On sait que la clôture des stomates fait refluer ce gaz vers le pétiole, et que, si le pétiole est coupé, l'oxygène sort par bulles très-faciles à recueillir. Lorsque la surface supérieure de la feuille de camellia recevait la lumière, il sortait une multitude de ces bulles par le pétiole, tandis que la surface inférieure étant éclairée, il en sortait fort peu.

En définitive, d'après ces expériences de M. Macaire, les feuilles éclairées en dessous, comme quand on les tourne, ou qu'une branche est inclinée, 1° exhalent plus de liquide, 2° décomposent moins de gaz acide carbonique.

Sans doute cela n'explique pas pourquoi et comment la feuille se retourne, ni pourquoi et comment elle se place, dans le cours ordinaire de la nature, la surface luisante du côté du plus fort éclairement, la surface terne du côté du sol ; mais peut-être cela conduirat-il à d'autres expériences et à quelque bonne explication. L'exhalaison ne peut pas influer sur la position, puisque l'immersion interrompt ce phénomène et que néanmoins les positions naturelles se prennent et se reprennent par les feuilles *sous l'eau,* ainsi que l'a observé depuis longtemps Charles Bonnet. La production d'oxygène n'est pas interrompue par l'immersion ; elle a lieu sous l'influence de la lumière, comme le retournement des feuilles. Il faut que le tissu se remplissant de gaz oxygène et le carbone se fixant, l'organe fléchisse, se courbe, ou fasse tordre le pétiole. Voilà le mystère. La cause est connue, mais on ne comprend pas comment elle agit.

————

# OBSERVATIONS MÉTÉOROLOGIQUES ET MAGNÉTIQUES

## FAITES A L'OBSERVATOIRE DE GENÈVE

### SOUS LA DIRECTION DE M. LE PROFESSEUR E. PLANTAMOUR

#### PENDANT LE MOIS DE NOVEMBRE 1849.

———••••———

Le 1er, gelée blanche.

« 6, le Jura, le Môle et les Voirons sont couverts de neige.

« 8, gelée blanche.

« 9, gelée blanche.

« 15, à 8 h. du matin, on a observé un phénomène d'arc-en-ciel semblable à celui qui avait été vu le 28 octobre 1848, et dont la description a été donnée dans le tableau renfermant les observations météorologiques de ce mois. Dans la nuit précédente il est tombé de la neige sur Salève et sur toutes les montagnes des environs, qui en sont restées couvertes à partir de ce jour.

## Moyennes du mois de Novembre 1849.

| | 6h.m. | 8h.m. | 10h.m. | Midi. | 2h.s. | 4h.s. | 6h.s. | 8h.s. | 10h.s. |
|---|---|---|---|---|---|---|---|---|---|

### Baromètre.

| | mm | mm | mm | mm | mm | mm | mm | mm | mm |
|---|---|---|---|---|---|---|---|---|---|
| ade, | 725,88 | 726,45 | 726,53 | 726,07 | 725,56 | 725,64 | 726,25 | 726,60 | 726,85 |
| • | 729,41 | 729,92 | 730,14 | 729,52 | 728,78 | 728,77 | 729,01 | 729,28 | 729,13 |
| • | 723,18 | 723,26 | 723,49 | 722,90 | 722,23 | 722,19 | 722,44 | 722,95 | 723,35 |
| ... | 726,16 | 726,54 | 726,72 | 726,16 | 725,52 | 725,53 | 725,90 | 726,28 | 726,44 |

### Température.

| | | | | | | | | | |
|---|---|---|---|---|---|---|---|---|---|
| e, | + 4,30 | + 4,79 | + 8,55 | + 9,67 | +10,54 | + 9,85 | + 8,25 | + 6,90 | + 6,25 |
| • | + 1,12 | + 0,81 | + 3,03 | + 3,83 | + 5,11 | + 4,37 | + 3,07 | + 2,65 | + 1,81 |
| • | - 2,06 | - 1,84 | - 0,87 | - 0,17 | + 0,28 | - 0,10 | - 0,90 | - 1,37 | - 1,23 |
| ... | + 1,12 | + 1,25 | + 3,57 | + 4,44 | + 5,31 | + 4,71 | + 3,47 | + 2,73 | + 2,21 |

### Tension de la vapeur.

| | mm | mm | mm | mm | mm | mm | mm | mm | mm |
|---|---|---|---|---|---|---|---|---|---|
| e, | 5,59 | 5,85 | 6,43 | 6,51 | 6,49 | 6,55 | 6,43 | 6,41 | 6,35 |
| • | 4,33 | 4,47 | 4,69 | 4,78 | 5,14 | 4,94 | 4,91 | 4,71 | 4,72 |
| • | 3,84 | 3,66 | 3,97 | 4,11 | 4,10 | 4,10 | 3,90 | 3,69 | 3,78 |
| .... | 4,59 | 4,66 | 5,03 | 5,13 | 5,24 | 5,19 | 5,08 | 4,93 | 4,95 |

### Fraction de saturation.

| | | | | | | | | | |
|---|---|---|---|---|---|---|---|---|---|
| , | 0,90 | 0,91 | 0,79 | 0,74 | 0,70 | 0,75 | 0,79 | 0,87 | 0,89 |
| • | 0,86 | 0,87 | 0,82 | 0,79 | 0,77 | 0,79 | 0,85 | 0,85 | 0,85 |
| • | 0,92 | 0,85 | 0,84 | 0,83 | 0,81 | 0,82 | 0,84 | 0,83 | 0,84 |
| is... | 0,89 | 0,87 | 0,81 | 0,79 | 0,76 | 0,78 | 0,83 | 0,83 | 0,86 |

| | Therm. min. | Therm. max. | Clarté moy. du Ciel. | Eau de pluie ou de neige. | Limnimètre. |
|---|---|---|---|---|---|
| | | | | mm | p |
| 'cade, | + 3,17 | +11,56 | 0,61 | 2,4 | 24,8 |
| • | - 0,04 | + 6,07 | 0,75 | 14,2 | 21,0 |
| • | - 3,82 | + 1,90 | 0,83 | 27,2 | 21,7 |
| is.... | - 0,23 | + 6,52 | 0,73 | 43,8 | 22,5 |

ans ce mois, l'air a été calme 13 fois sur 100.
e rapport des vents du NE à ceux du SO a été celui de 1,07 à 1,00.
a direction de la résultante de tous les vents observés est S. 47°,0 0. et son intensité
e à 1 sur 100.

# OBSERVATIONS MAGNÉTIQUES

## FAITES A GENÈVE EN NOVEMBRE 1849.

| | DÉCLINAISON ABSOLUE. | | VARIATIONS DE L'INTENSITÉ HORIZONTALE exprimées en $^1/_{100000}$ de l'intensité horizontale absolue. | |
|---|---|---|---|---|
| Jours. | 7ʰ45ᵐ du mat. | 1ʰ45ᵐ du soir. | 7ʰ45ᵐ du matin. | 1ʰ45ᵐ du soir. |
| 1 | 18°18′,22 | 18°23′,03 | | |
| 2 | 16,06 | 22,29 | | |
| 3 | 16,70 | 28,24 | | |
| 4 | 17,55 | 21,64 | | |
| 5 | 17,39 | 23,16 | | |
| 6 | 17,68 | 21,51 | | |
| 7 | 15,76 | 22,97 | | |
| 8 | 17,04 | 23,85 | | |
| 9 | 16,59 | 23,88 | | |
| 10 | 16,93 | 21,91 | | |
| 11 | 17,48 | 27,24 | | |
| 12 | 18,09 | 23,94 | | |
| 13 | 20,70 | 28,37 | | |
| 14 | 18,31 | 23,60 | | |
| 15 | 17,48 | 20,99 | | |
| 16 | 17,26 | 21,57 | | |
| 17 | 17,22 | 20,26 | | |
| 18 | 16,98 | 23,31 | | |
| 19 | 17,43 | 22,45 | | |
| 20 | 18,57 | 23,43 | | |
| 21 | 17,52 | 23,20 | | |
| 22 | 20,97 | 22,24 | | |
| 23 | 17,10 | 21,12 | | |
| 24 | 17,63 | 19,73 | | |
| 25 | 18,03 | 22,13 | | |
| 26 | 20,58 | 20,90 - | | |
| 27 | 18,53 | 22,87 | | |
| 28 | 13,37 | 28,77 | | |
| 29 | 19,35 | 27,73 | | |
| 30 | 22,87 | 19,64 | | |
| Moyennes | 18°17′,85 | 18°23′,20 | | |

# TABLEAU

### DES

## OBSERVATIONS MÉTÉOROLOGIQUES

### FAITES AU SAINT-BERNARD

### PENDANT LE MOIS DE NOVEMBRE 1849.

Moyennes des hauteurs du baromètre et des températures observées à 6 h. et à 8 h. du matin, et à 6 h. et à 8 h. du soir :

| | 6 h. du matin. | | 8 h. du matin. | | 6 h. du soir. | | 8 h. du soir. | |
|---|---|---|---|---|---|---|---|---|
| | Barom. mm | Temp. ° | Barom. mm | Temp. ° | Barom. mm | Temp. ° | Barom. mm | Temp. ° |
| 1re déc. | 564,00 | − 3,29; | 564,44 | − 2,69; | 565,08 | − 1,88; | 565,32 | − 2,10. |
| 2e » | 563,81 | − 6,23; | 563,98 | − 5,78; | 563,75 | − 5,94; | 563,80 | − 6,23. |
| 3e » | 556,32 | − 9,77; | 556,53 | − 9,27; | 556,30 | − 8,96; | 556,41 | − 9,10. |
| Mois, | 561,38 | − 6,43; | 561,65 | − 5,91; | 561,71 | − 5,59; | 561,84 | − 5,81. |

# Novembre 1849. — Observations météorologiques f
## 2084 au-dessus de l'Observatoire d

| PHASES DE LA LUNE. | JOURS DU MOIS. | BAROMÈTRE RÉDUIT A 0°. | | | | TEMPÉRAT. EXTÉRIEU EN DEGRÉS CENTIGRADES. | | | |
|---|---|---|---|---|---|---|---|---|---|
| | | 9 h. du matin. | Midi. | 3 h. du soir. | 9 h. du soir. | 9 h. du matin. | Midi. | 3 h. du soir. | |
| | | millim. | millim. | millim. | millim. | | | | |
| | 1 | 559,10 | 559,65 | 560,00 | 561,66 | − 2,6 | − 1,5 | − 0,8 | − |
| | 2 | 562,27 | 562,69 | 562,24 | 563,11 | − 3.2 | − 2,6 | − 2,6 | − |
| | 3 | 561,53 | 560,26 | 558,94 | 557,87 | − 1,5 | − 1,0 | − 1,3 | − |
| | 4 | 557,29 | 557,06 | 557,05 | 556,60 | − 3,4 | − 2,5 | − 3,9 | − |
| | 5 | 556,11 | 556,45 | 556,60 | 557,63 | − 3,5 | − 1,6 | − 1,8 | · |
| | 6 | 558,81 | 559,17 | 559,24 | 562,58 | − 4,9 | − 2,5 | − 1,6 | − |
| ☾ | 7 | 567,73 | 568,98 | 570,08 | 572.34 | − 7,4 | − 4,0 | − 4,0 | − |
| | 8 | 574,05 | 574,11 | 574,22 | 575,04 | − 1,3 | + 1,8 | + 1,9 | + |
| | 9 | 574,84 | 574,39 | 574,41 | 574,31 | 0.0 | + 3,1 | + 3,5 | + |
| | 10 | 573,93 | 573,79 | 573,79 | 574,14 | + 3,4 | + 6,0 | + 5,1 | + |
| | 11 | 574,14 | 574,05 | 574,23 | 574,55 | + 4,1 | + 7,3 | + 6,5 | + |
| | 12 | 573,95 | 573,87 | 573,62 | 573.16 | + 4,0 | + 6,8 | + 5,2 | + |
| | 13 | 571,05 | 570,34 | 569,32 | 568,98 | + 1,0 | + 4,6 | + 4,2 | + |
| ● | 14 | 566,30 | 565,56 | 564,57 | 563,93 | − 0,6 | − 0,1 | + 0,1 | − |
| | 15 | 558,80 | 558,14 | 556,89 | 553,35 | − 6,5 | − 7,4 | − 9,3 | −1 |
| | 16 | 555,20 | 555.39 | 555.76 | 556,81 | −10,9 | −10.5 | −11,5 | −1 |
| | 17 | 556,90 | 557,81 | 558.16 | 560,38 | −14,4 | −12,0 | −12,5 | −1 |
| | 18 | 561,69 | 561,91 | 561,61 | 561,50 | −13,2 | −12,4 | −12 5 | −1 |
| | 19 | 560,82 | 560,94 | 560,78 | 561,44 | −14 0 | − 9,7 | −10,2 | −1 |
| | 20 | 561,92 | 562,10 | 562,00 | 562,45 | − 7,6 | − 4,0 | − 5,0 | − |
| | 21 | 561,74 | 561,58 | 561,40 | 561,75 | − 5,3 | − 2,4 | − 2.5 | − |
| | 22 | 560,86 | 560,93 | 560.84 | 561,19 | − 3,4 | − 0.4 | − 2 8 | − |
| ☽ | 23 | 560,34 | 559,80 | 558,91 | 558,26 | − 6,0 | − 5,2 | − 5,4 | − |
| | 24 | 557,56 | 556,81 | 555,95 | 554,21 | − 3,7 | − 2 5 | − 1.5 | − |
| | 25 | 551,76 | 550,14 | 548,42 | 546,79 | − 0,6 | − 0,1 | − 0,5 | − |
| | 26 | 548,52 | 548,64 | 549,18 | 549,22 | −11,7 | −11,0 | −11,6 | −1 |
| | 27 | 550.66 | 550.32 | 551,32 | 552.32 | −17,5 | −17,8 | −18.4 | −2 |
| | 28 | 553,40 | 554,26 | 554,11 | 535 62 | −22,5 | −21,5 | −21,6 | −2 |
| | 29 | 557,69 | 558,28 | 558,72 | 560,72 | −10,5 | − 9,6 | − 9,0 | −1 |
| ☺ | 30 | 563,80 | 564,17 | 564,37 | 564,24 | − 8,8 | − 5,6 | − 5,2 | − |
| 1ᵉ décade | | 564,57 | 564,65 | 564.68 | 565,53 | − 2,44 | − 0,48 | − 0,55 | − |
| • » | | 564,08 | 564,01 | 563,69 | 563,84 | − 5,81 | − 3,74 | − 4,50 | − |
| • » | | 556,63 | 556,54 | 556,32 | 556,43 | − 9,00 | − 7,61 | − 7,85 | − |
| Mois. | | 561,76 | 561,74 | 561,56 | 561,03 | − 5,75 | − 3,94 | − 4,30 | − |

rnard, à 2491 mètres au-dessus du niveau de la mer, et
;it. à l'E. de Paris 4° 44' 30''.

| EAU de PLUIE ou de NEIGE dans les 24 h. | VENTS. Les chiffres 0, 1, 2, 3 indiquent un vent insensible, léger, fort ou violent. | | | | ÉTAT DU CIEL. Les chiffres indiquent la fraction décimale du firmament couverte par les nuages | | | |
|---|---|---|---|---|---|---|---|---|
| | 9 h. du matin. | Midi. | 3 h. du soir. | 9 h. du soir. | 9 h. du matin. | Midi. | 3 h. du soir. | 9 h. du soir. |
| millim. | | | | | | | | |
| » | SO, 0 | SO, 0 | SO, 0 | SO, 0 | clair 0,0 | clair 0,0 | clair 0,0 | nuag 0,3 |
| 4,8 n. | SO, 1 | SO, 1 | SO, 1 | SO, 1 | couv. 0,9 | neige 1,0 | neige 1,0 | brou. 1,0 |
| 16,7 n. | NE, 1 | SO, 2 | SO, 2 | SO, 2 | brou. 1,0 | neige 1,0 | neige 1,0 | neige 1,0 |
| 1,1 n. | SO, 1 | SO, 2 | O, 0 | SO, 0 | brou. 1,0 | brou. 1,0 | brou. 1,0 | brou. 1,0 |
| 3,7 n. | SO, 1 | SU, 1 | SO, 1 | SO, 0 | neige 1,0 | brou. 1,0 | brou. 1,0 | brou. 1,0 |
| 25,4 n. | SO, 0 | SO, 1 | SO, 1 | NE, 2 | couv. 0,8 | couv. 1,0 | neige 1,0 | neige 1,0 |
| » | NE, 2 | NE, 2 | NE, 2 | NE, 1 | brou. 1,0 | clair 0,1 | clair 0,0 | clair 0,0 |
| » | NE, 0 | NE, 0 | NE, 0 | NE, 0 | clair 0,0 | clair 0,0 | clair 0,0 | clair 0,0 |
| » | NE, 0 | NE, 0 | NE, 0 | NE, 0 | clair 0,0 | clair 0,0 | clair 0,0 | clair 0,0 |
| » | NE, 0 | NE, 0 | NE, 0 | NE, 0 | clair 0,0 | clair 0,0 | clair 0,0 | clair 0,0 |
| » | NE, 0 | NE, 0 | NE, 0 | NE, 0 | clair 0,0 | clair 0,0 | clair 0,0 | clair 0,0 |
| » | SO, 1 | SO, 1 | SO, 1 | SO, 1 | clair 0,0 | clair 0,0 | clair 0,0 | clair 0,0 |
| » | SO, 0 | SO, 0 | SO, 1 | SO, 0 | clair 0,0 | clair 0,0 | clair 0,0 | clair 0,0 |
| » | SO, 1 | SO, 1 | SO, 0 | SO, 0 | nuag. 0,7 | couv 0,8 | nuag 0,5 | clair 0,1 |
| 5,3 n | NE, 2 | NE, 2 | NE, 2 | NE, 2 | neige 1,0 | neige 1,0 | neige 1,0 | neige 1,0 |
| 6,4 n. | NE, 3 | NE, 2 | NE, 2 | NE, 3 | neige 1,0 | brou 0,8 | brou. 1,0 | brou. 1,0 |
| 4,8 n. | NE, 3 | NE, 3 | NE, 3 | NE, 3 | brou 1,0 | brou. 1,0 | brou. 1,0 | bron. 1,0 |
| » | NE, 2 | NE, 2 | NE, 2 | NE, 2 | clair 0,1 | clair 0,1 | clair 0,0 | clair 0,0 |
| » | NE, 1 | SO, 1 | SO, 1 | SO, 0 | clair 0,0 | clair 0,0 | clair 0,0 | clair 0,0 |
| » | NE, 0 | NE, 0 | NE, 0 | NE, 0 | clair 0,0 | clair 0,0 | clair 0,0 | clair 0,0 |
| » | NE, 0 | NE, 0 | NE, 0 | NE, 0 | clair 0,2 | nuag. 0,3 | nuag. 0,4 | clair 0,0 |
| » | SO, 1 | SO, 1 | SO, 1 | SO, 0 | neige 1,0 | couv. 1,0 | couv. 1,0 | couv. 1,0 |
| 1,5 n. | SO, 0 | SO, 1 | SO, 1 | SO, 1 | couv. 1,0 | neige 1,0 | neige 1,0 | neige 1,0 |
| 17 2 n. | NE, 1 | SO, 1 | SO, 1 | SO, 0 | neige 1,0 | neige 1,0 | neige 1,0 | neige 1,0 |
| 43,8 n. | SO, 1 | SO, 1 | NE, 1 | NE, 1 | neige 1,0 | neige 1,0 | brou. 1,0 | brou. 1,0 |
| 10,3 n. | NE, 3 | NE, 3 | NE, 3 | NE, 3 | brou. 1,0 | brou. 1,0 | brou. 1,0 | brou 1,0 |
| » | NE, 3 | NE, 2 | NE, 2 | NE, 2 | clair 0,0 | clair 0,0 | clair 0,0 | clair 0,0 |
| » | NE, 2 | NE, 2 | NE, 2 | NE, 3 | clair 0,0 | clair 0,0 | clair 0,0 | clair 0,0 |
| » | NE, 1 | NE, 1 | NE, 1 | NE, 1 | clair 0,0 | clair 0,0 | clair 0,0 | clair 0,0 |
| » | NE, 1 | NE, 1 | NE, 1 | NE, 0 | clair 0,0 | clair 0,0 | clair 0,0 | brou. 0,8 |
| 51,7 | | | | | 0,57 | 0,51 | 0,50 | 0,53 |
| 16,3 | | | | | 0,38 | 0,37 | 0,35 | 0,31 |
| 77,8 | | | | | 0,52 | 0,53 | 0,54 | 0,58 |
| 146,0 | | | | | 0,49 | 0,47 | 0,46 | 0,47 |

# TABLE

## DES MATIÈRES CONTENUES DANS LE TOME XII.

### (1849 — Nos 45 à 48.)

# BULLETIN SCIENTIFIQUE.

## Météorologie et Astronomie.

## Physique.

## Chimie.

Pages.

## Minéralogie et Géologie.

## OBSERVATIONS MÉTÉOROLOGIQUES

faites à Genève et au Grand Saint-Bernard.

# TABLE DES AUTEURS

POUR LES

## ARCHIVES DES SCIENCES PHYSIQUES ET NATURELLES,

SUPPLÉMENT A LA BIBLIOTHÈQUE UNIVERSELLE.

### ANNÉE 1849. — Tomes X à XII.

# N

# O

# P

# ARCHIVES

DES

## SCIENCES PHYSIQUES ET NATURELLES.

IMPRIMERIE F. RAMBOZ ET C^{ie}, RUE DE L'HÔTEL-DE-VILLE, 78.

# BIBLIOTHÈQUE UNIVERSELLE DE GENÈVE.

## ARCHIVES

#### DES

## SCIENCES PHYSIQUES ET NATURELLES,

##### PAR

MM. de la Rive, Marignac, F.-J. Pictet, A. de Candolle, Gautier,
E. Plantamour et Favre,

Professeurs à l'Académie de Genève.

## TOME TREIZIÈME.

## GENÈVE,

JOEL CHERBULIEZ, LIBRAIRE, RUE DE LA CITÉ.

| PARIS, | ALLEMAGNE, |
|---|---|
| JOEL CHERBULIEZ, | J. KESSMANN, |
| PLACE DE L'ORATOIRE, 6. | A GENÈVE, RUE DU RHONE, 171. |

### 1850

JANVIER 1850.

# ARCHIVES

### DES

## SCIENCES PHYSIQUES ET NATURELLES.

## RELATION

### DES

## EXPÉRIENCES ENTREPRISES PAR M. REGNAULT.

1 vol. de 800 pag. in-4°, avec un vol. in-fol° de planches. 1847.

( Troisième article [1].)

Il est peu de données numériques d'un plus fréquent emploi dans les travaux de physique, que les tensions de

[1] Nous avons déjà rendu compte (*Archives des Sciences phys.*, tome X, p. 265, et tome XI, p. 5) des recherches préliminaires de M. Regnault sur les lois de dilatation et de compressibilité des fluides élastiques et sur la mesure des températures. Nous avons également inséré textuellement le travail de M. Regnault sur la mesure des températures au moyen des courants thermo-électriques (*Archives des Sc. phys.*, tome XI, p. 265). Il nous restait à parler de la partie des recherches de M. Regnault qui ont été le principal but de ses longs et persévérants travaux. Cette tâche sera remplie par un de nos jeunes compatriotes, M. Louis Soret, qui a le précieux avantage de travailler depuis plus de deux ans dans le laboratoire de M. Regnault, et de s'initier aux difficultés comme aux charmes de la physique expérimentale, sous la direction et à l'école du savant qui a donné à cette étude une direction et une portée si remarquables.

(A. D. L. R.)

la vapeur d'eau aux différentes températures. Leur détermination est en outre de toute nécessité pour le calcul théorique des machines à vapeur. Aussi un grand nombre de physiciens en ont fait l'objet de leurs recherches. Il restait cependant encore de grandes incertitudes sur ce point, et il est facile de voir que les résultats obtenus par les différents expérimentateurs, étaient loin d'être concordants entre eux. En particulier, les deux travaux les plus importants et les plus complets, faits à peu près à la même époque, d'un côté par Arago et Dulong, et de l'autre par une commission de savants américains, ne s'accordent point d'une manière suffisante. Cette divergence tient très-probablement à ce que l'on ne connaissait pas alors, avec assez de précision, beaucoup de données auxiliaires, que M. Regnault, avant d'aborder la question des vapeurs, a déterminé avec la plus grande exactitude. Il a été publié dans les *Archives des Sciences* un résumé de ces travaux préliminaires, et l'on a pu voir combien il fallait modifier certaines lois physiques, que l'on adoptait jusqu'alors. On admettait en particulier, que deux thermomètres à mercure restent comparables, dans toute l'étendue de leur échelle, lorsqu'ils ont été gradués, en prenant pour points fixes la température de la glace fondante et celle de la vapeur d'eau, faisant équilibre à une pression de 760 millim. Il est maintenant positif qu'il n'en est point ainsi, et que pour la mesure des hautes températures, on ne doit employer que le thermomètre à air, ou au moins un thermomètre à mercure précédemment comparé avec le thermomètre à air. C'est probablement là la cause de la divergence des nombres que les physiciens ont donnés pour les forces élastiques de la vapeur d'eau.

M. Regnault a dû, par conséquent, entreprendre de nouvelles expériences sur ce sujet, avec toute la précision que ses recherches préliminaires lui permettaient d'y apporter. Mais pour obtenir des résultats parfaitement certains, il a varié les expériences de plusieurs manières ; c'est en effet seulement en arrivant aux mêmes résultats par des procédés complétement différents, que l'on peut parvenir à des déterminations dignes de toute confiance.

La méthode que les physiciens avaient presque toujours employée, pour déterminer les tensions de la vapeur aqueuse, à des températures peu élevées, consiste à prendre deux baromètres plongés dans la même cuvette ; dans l'un on introduit une petite quantité d'eau qui vient se rendre dans le vide barométrique. La différence de hauteur des colonnes mercurielles, dans les deux baromètres, exprime la force élastique de la vapeur d'eau, à la température où se trouve la chambre barométrique humide. La grande difficulté de ce procédé est la mesure de la température ; quelques physiciens, M. Kæmtz entre autres, se contentaient de placer, auprès de la chambre des baromètres, un thermomètre à mercure, dont les indications étaient regardées comme donnant la température à laquelle correspond la tension. Il est clair que cette méthode ne peut s'employer que dans les limites des températures atmosphériques.

Pour des températures plus élevées, Dalton entourait la chambre du baromètre humide par un second tube de verre plus large, qu'il remplissait avec de l'eau portée à différentes températures.

M. Regnault a fait quelques recherches au moyen de cette méthode, mais en la modifiant de manière à la rendre plus précise. Il prenait deux baromètres, l'un sec, l'autre mouillé, tous deux complétement privés d'air et plongeant dans la même cuvette. Tout l'appareil était enveloppé par un manchon en tôle, cylindrique dans la partie inférieure, mais terminé en haut par une caisse carrée, dont deux faces opposées étaient formées par des glaces planes permettant de voir les baromètres. Le manchon était rempli d'eau, que l'on maintenait à une température rigoureusement constante, pendant le temps d'une expérience. Un thermomètre à mercure placé dans l'eau, à la hauteur des chambres barométriques, indiquait cette température. La différence des hauteurs barométriques dans les deux tubes, était mesurée au moyen d'un cathétomètre. Ce procédé donne des résultats très-exacts pour les températures peu différentes de la température ambiante.—Dans une autre série d'expériences, la partie supérieure des baromètres était seule entourée d'eau contenue dans un vase en tôle, dont un des côtés était fermé par une glace ; les tubes barométriques traversaient le fond du vase. On parvient, de cette manière, à maintenir l'eau à une température plus élevée, et restant cependant rigoureusement constante.

La grande difficulté de ce procédé est celle d'introduire de l'eau dans le baromètre sans y laisser rentrer de l'air. M. Regnault a évité cet inconvénient dans une seconde disposition d'appareil qui se compose d'un ballon soudé à un tube recourbé, mastiqué dans une pièce de cuivre à trois branches. Il communique par une des tubulures de la pièce de cuivre avec une machine pneumatique, et par l'autre avec la partie supérieure d'un tube barométrique. Un vase en tôle, dont un des côtés est formé par une glace plane, renferme le ballon ; le fond du vase est percé de deux tubulures, dans lesquelles passent le tube barométrique qui communique avec le ballon, et un véritable baromètre ; ces deux tubes plongent dans une même cuvette. Une petite ampoule de verre pleine d'eau récemment bouillie, est contenue dans le ballon. — On dessèche complétement l'appareil, l'on y fait le vide aussi complétement que possible, et l'on ferme à la lampe le tube qui communiquait avec la machine pneumatique. On mesure la force élastique de l'air que l'on n'a pas pu enlever, puis on détermine la rupture de l'ampoule pleine d'eau, en chauffant le ballon. On remplit ensuite le vase de tôle avec de l'eau qu'on porte à différentes températures, et en mesurant les différences du mercure dans les deux tubes barométriques, on a tous les éléments nécessaires pour calculer les tensions de la vapeur aqueuse. Les observations sont d'une précision suffisante, tant que l'on n'élève pas l'eau du vase de plus de 10 ou 15 degrés au-dessus de la température ambiante. Pour déterminer les forces élastiques de la vapeur aqueuse dans les basses températures, il suffit de remplacer le vase en tôle par une cloche où l'on met un mélange réfrigérant.

Le même appareil convient également bien, pour étudier la force élastique de la vapeur d'eau dans de l'air plus ou moins raréfié. M. Regnault a rendu compte de ses expériences sur ce sujet dans son mémoire sur l'hygrométrie (Annales de physique et de chimie, 3e série, tome XV, p. 130). Il se présente quelques difficultés de plus lorsque la vapeur est mélangée avec un gaz que lorsqu'elle est dans le vide. D'abord l'erreur que l'on peut commettre en appréciant la dilatation de l'air s'ajoute à celle qui a lieu sur la force élastique. En second lieu, la tension maximum de la vapeur ne se manifeste plus in-

stantanément comme dans le vide : il faut toujours un
temps assez long pour qu'elle s'y établisse. Une première
série d'expériences faites dans l'air a donné constamment
des forces élastiques un peu plus faibles que dans le vide.
Comme cela aurait pu tenir à une petite absorption d'o-
xygène par le mercure, d'autres déterminations ont été
faites en remplaçant l'air par le gaz azote ; le résultat a
encore été le même ; mais comme la différence est très-
petite (elle reste toujours inférieure à 1$^{mm}$ de 0° à 40°),
il est possible qu'elle tienne à une erreur constante du
procédé. M. Regnault n'a cependant pu en découvrir
aucune ; peut-être que l'étude de la force élastique des
vapeurs de liquides plus volatils, dans l'air et dans le
vide, lui permettra de reconnaître s'il y a réellement
une différence entre ces deux cas.

Pour des températures plus élevées, le procédé auquel les physiciens ont eu généralement recours, consiste
à observer la température à laquelle l'eau bout sous des
pressions déterminées. Arago et Dulong employèrent un
appareil de ce genre, mais ils ne faisaient pas entrer l'eau
en ébullition ; ils se contentaient d'augmenter la force
élastique de la vapeur jusqu'à un maximum, et d'observer en même temps la température de la vapeur. Il est à
craindre que dans cette manière d'opérer, les thermomètres ne soient un peu en retard sur la température
réelle de la vapeur. M. Regnault, afin d'éviter cette cause
d'erreur, mettait l'appareil dans des conditions identiques à celles où l'on fait bouillir l'eau sous la pression
de l'atmosphère. Il chauffait l'eau dans un vase mis en
communication avec un réservoir où l'on pouvait dilater
ou comprimer l'air à volonté. On obtint ainsi une température d'ébullition parfaitement stationnaire. L'appareil

se compose d'une chaudière qui communique avec un réservoir à air par un tube condenseur. Ce tube est enveloppé d'un manchon où circule de l'eau froide, et il est incliné de manière à ce que l'eau, qui s'y condense, retombe dans la chaudière. La pression dans l'appareil est mesurée au moyen d'un grand manomètre à air libre, pour la description duquel nous renvoyons à l'extrait des recherches de M. Regnault sur la loi de Mariotte (Archives des sciences. Avril, 1849, page 281). La température de la vapeur d'eau était mesurée par un thermomètre à air et par des thermomètres à mercure qui pénétraient dans la chaudière. On comprimait ou dilatait l'air dans le réservoir, suivant que l'on voulait mesurer la tension à de hautes ou de basses températures.

Enfin on peut obtenir des déterminations très-exactes des forces élastiques de la vapeur aqueuse entre 85° et 100°, en observant la température de l'ébullition de l'eau à différentes hauteurs dans l'atmosphère. M. Regnault a fait faire quelques séries d'expériences de ce genre par différents observateurs dans leurs excursions dans des pays de montagnes. M. Marié sur le Mont Pilate près de Saint-Etienne, M. Izarn dans les Pyrénées, MM. Bravais et Martins dans leur ascension au Mont-Blanc et M. Wisse près de Quito, ont fait des observations qui s'accordent complétement avec les valeurs trouvées par les autres méthodes.

Tels sont les procédés au moyen desquels les forces élastiques de la vapeur d'eau ont été déterminées par M. Regnault, depuis la température de — 32° jusqu'à celle de + 230°. On voit qu'ils reposent sur deux principes complétement différents : tantôt la force élastique est mesurée à un état statique ; c'est ce qui a lieu dans les deux premières méthodes que nous avons indiquées ; tantôt on apprécie la tension et la température de la vapeur pendant l'ébullition, c'est-à-dire à mesure qu'elle se forme. Malgré la différence de ces deux méthodes, malgré toutes les modifications que M. Regnault leur a fait subir en variant ses expériences, les résultats se sont toujours accordés pour les déterminations qui pouvaient être faites à la fois par plusieurs procédés. C'est là une preuve certaine de leur complète exactitude.

Nous regrettons de ne pas pouvoir entrer dans plus de détails sur tous les artifices ingénieux que M. Regnault a employés, pour se débarrasser des causes d'erreurs et pour obtenir avec certitude les corrections nécessaires. Nous voudrions surtout pouvoir insister sur l'appareil destiné aux hautes pressions qui permettait la plus grande précision, même dans les expériences faites sous 28 atmosphères, et tous les physiciens connaissent les difficultés que l'on éprouve à maintenir des pressions aussi considérables.

M. Regnault a fait des constructions graphiques de ses expériences, en prenant les températures pour abscisses et les forces élastiques pour ordonnées ; et l'on peut, à simple vue, s'assurer ainsi de leur exactitude et de leur concordance. On voit que si l'on fait passer une combe par tous les points obtenus pour une même série d'expériences, cette combe est parfaitement continue. A la vérité, si l'on exécute la même construction sur les diverses séries d'expériences, on remarque que ces combes se superposent rarement d'une manière parfaite ; mais ces différences sont toujours très-petites et elles sont produites par les variations des points fixes qui surviennent pendant le cours même des expériences. Elles n'existe-

raient pas si l'on employait seulement le thermomètre à
air; malheureusement cet instrument ne présente pas
une sensibilité suffisante.

Ni les expériences dont nous venons de rendre compte,
ni celles que M. Regnault a faites sur d'autres liquides, ne
conduisent à une loi théorique qui lie la force élastique
des vapeurs avec la température. C'est cependant une des
questions probablement les moins complexes de la théorie
de la chaleur. Si la loi ne se manifeste pas, cela tient peut-
être à la définition que l'on donne de la *température:* il n'est
pas probable, en effet, qu'il existe de rapport simple entre
les températures et les quantités absolues de chaleur. La
loi de Dalton *que les forces élastiques des vapeurs croissent suivant une progression géométrique lorsque les températures croissent en progression arithmétique,* s'éloigne
beaucoup de la vérité. Il suffit, pour le voir, de construire
une courbe en prenant pour abscisses les températures et
pour ordonnées les logarithmes des forces élastiques ; si
la loi de Dalton était exacte, le lieu géométrique ainsi construit serait une ligne droite ; or il présente une concavité bien marquée, tournée vers l'axe des températures.

On est donc forcé, si l'on veut pouvoir calculer les
tensions correspondantes aux différentes températures,
d'employer des formules d'interpolation. On en a proposé plusieurs. Celle de Young

$$F = (a + bt)^m$$

est loin de représenter exactement le phénomène. Celle
de Arago et Dulong

$$F = (1 + 0,7153 . T)^s,$$

où F exprime la force élastique en atmosphères, et T la
température à partir de 100°, prise positivement en

dessus, et négativement en dessous, est satisfaisante pour
les hautes températures, mais elle devient inexacte pour
les faibles pressions.

M. Roche a déduit de considérations théoriques la
formule

$$F = ax^{\frac{t}{1+mt}}$$

Quoique les lois sur lesquelles il a probablement basé
son calcul, soient seulement approximatives, cette formule est très-satisfaisante pour la vapeur d'eau, ainsi que
pour celles de l'éther et de l'alcool. Elle représente une
courbe à deux branches; la branche qui s'applique au
phénomène est celle où l'on a $\alpha > 1$. Pour la vapeur
d'eau, les valeurs des constantes déterminées d'après les
expériences sont :

$$m = 0,004788221$$
$$\log \alpha = 0,03833818$$
$$\log \log \alpha = \overline{2},5836315$$
$$\log a = \overline{1},9590414$$

Cette courbe présente un point d'arrêt pour $t = -\dfrac{1}{m}$
$= -208°,9$ et $F = 0$. Elle présente un point d'in-
flexion pour $t = \dfrac{\log \alpha - 2\,m}{2\,m^2} = 627°,2$; depuis ce
point la courbe tourne sa concavité vers l'axe des températures, et l'ordonnée tend vers un maximum qui serait : $F = ax^{\frac{1}{m}} = 121617$ atmosphères. Si donc l'é-
quation représentait réellement le phénomène, la vapeur
perdrait son élasticité vers la température de $-210°$, et
sa force élastique aurait pour limite supérieure $121617$
atmosphères. Mais on ne doit pas attacher une signification réelle à des points singuliers placés tellement en dehors des limites de l'observation.

M. Biot a proposé la formule :

$$\log F = a + bx' + c6^t$$

qui présente l'avantage de faire entrer cinq données expérimentales ; mais elle est plus difficile à calculer que celle de M. Roche. — Voici les valeurs des constantes de cette formule pour les expériences comprises entre 0° et 100° :

$$\log \alpha = 0,006865036$$
$$\log 6 = \overline{1},9967249$$
$$\log b = \overline{2},1340339$$
$$\log c = 0,6116485$$
$$a = +4,7384380$$

Le coefficient $c$ est négatif, de sorte que la formule est

$$\log F = a + b\alpha' - c6^t$$

elle représente les observations d'une manière parfaitement exacte.

Pour les températures inférieures à 0°, on peut prendre une formule à une seule exponentielle :

$$\log F = a + bx^x$$

ou $x = t + 32°$. On trouve :

$$\log b = \overline{1},6024724$$
$$\log \alpha = 0,0333980$$
$$a = -0,08038$$

Pour les températures comprises entre 100° et 230°, on emploiera la formule :

$$\log F = a - bx^x + c6^x$$

dans laquelle $x = t - 100°$. On trouve :

$$\log \alpha = \overline{1},997412127$$
$$\log 6 = 0,007590697$$
$$\log b = 0,4121470$$
$$\log c = \overline{3},7448901$$
$$a = 5,4583895$$

Enfin, si l'on veut une formule unique représentant les observations depuis $-32°$ jusqu'à $+232°$, il faudra prendre

$$\log F = a - b\alpha^x - c\mathcal{6}^x$$

où $x = t + 20°$. Les valeurs des constantes sont :

$$\log \alpha = \overline{1},994049292$$
$$\log \mathcal{6} = \overline{1},998343862$$
$$\log b = 0,1397743$$
$$\log c = 0,6924351$$
$$a = 6,2640348$$

En général ces formules ne doivent pas être employées à calculer des forces élastiques qui correspondent à des températures beaucoup supérieures à celles qui ont été atteintes dans les observations. Une pareille extension ne pourrait être autorisée, que si la formule représentait réellement la loi physique du phénomène.

M. Regnault donne, à la fin du mémoire dont nous avons rendu compte, plusieurs tables des forces élastiques de la vapeur d'eau [1]. Nous ne pouvons malheureusement pas les transcrire ici ; c'est pour y suppléer en partie que nous avons donné les valeurs numériques des constantes qui entrent dans les formules d'interpolation, car nous voudrions voir aussi répandus que possible les résultats d'expériences aussi remarquables.

L. S.

---

[1] Ces tables se trouvent dans le tome XXI des Mémoires de l'Institut, p. 624 et suiv. ; dans les Annales de Physique et de Chimie, 3$^{me}$ série, tome XI, p. 233. La table, depuis $-10°$ à $+35°$, se trouve aussi dans le mémoire de M. Regnault sur l'hygromètre. Annales de Phys. et de Chimie, tome XV, p. 138.

# TROISIÈME MÉMOIRE

## SUR

# LES VOLUMES ATOMIQUES,

### PAR

## M. AVOGADRO.

(Mémoire de l'Académie des Sciences de Turin, 2me série, tome XI.)

(Extrait par l'auteur.)

Dans mon premier mémoire sur les volumes atomiques
du corps, imprimé dans le 8me volume de l'académie des
sciences de Turin, 2me série, et dont j'ai donné un extrait dans la *Bibliothèque universelle* (mai 1845, t. 27),
ainsi que dans les *Annales de chimie et de physique*
(juillet 1845) j'ai cherché à établir que les volumes atomiques des corps simples à l'état solide, représentés par
le quotient du poids de leur atome ou molécule par la
densité dépendent de la qualité électro-chimique de ces
corps, étant d'autant plus grands que les corps sont plus
électro-positifs, ou même électro-négatifs. Seulement
j'ai dû admettre pour quelques-uns de ces corps, pour
les ramener à l'ordre indiquée par cette qualité, que leur
molécule était un multiple ou un sous-multiple des atomes
que les chimistes leur attribuent généralement. J'ai composé les volumes atomiques ainsi obtenus des différents
corps simples avec la valeur numérique de leur qualité
électro-chimique déduite de leurs pouvoirs neutralisants
acides ou alcalins, tels que je les avais admis par de sim-

ples considérations chimiques dans un mémoire lu à l'a-
cadémie de Turin, en 1835, et dont on trouve un extrait
dans les Annales de chimie et de physique, avril 1836,
et cela en supposant que ces pouvoirs neutralisants soient
rangés dans une série continue, s'étendant depuis les
corps les plus électro-négatifs jusqu'aux corps les plus
électro-positifs, et dont la neutralité ne forme qu'un
point particulier ; et j'ai trouvé par cette comparaison
que les volumes atomiques étaient entre eux prochainement comme les cubes des nombres compris dans cette
série, et que j'ai nommée *nombres affinitaires*, ou que
ces nombres étaient entre eux comme les racines cubiques des volumes atomiques. J'ai pu ainsi former une table de ces nombres affinitaires pour tous les corps dont
j'avais déterminé le volume atomique, en prenant pour
unité de ces nombres, pour plus de simplicité, le nombre
affinitaire de l'or, comme une des substances les plus
connues.

Dans un deuxième mémoire sur les volumes atomiques
imprimé dans le même volume 8^{me} de l'académie de
Turin, et dont j'ai donné aussi l'extrait dans la *Bibliothèque Universelle* (4^{me} série, 1846, n° 3), j'ai étendu ces
considérations aux corps composés, en admettant que les
nombres affinitaires de ces corps doivent se déduire par
une règle d'alliage de ceux de leurs composants, d'après
la proportion en poids par laquelle ils y entrent, et supposant dans la formation des molécules composées des
divisions en 2, 4, etc., telles à satisfaire d'après ce principe, à leurs volumes atomiques observés. J'ai pu tirer
ainsi des volumes atomiques des différents composés d'une
même substance comparés entre eux, et avec ceux de
leurs autres composants à l'état isolé, différentes évalua-

tions du nombre affinitaire de chaque substance, dont j'ai pris la moyenne pour en avoir une valeur plus exacte; et j'en ai formé ainsi un nouveau tableau, un peu différent, comme on pouvait s'y attendre, de celui déduit des volumes atomiques des corps simples à l'état isolé, que j'avais donné dans le premier mémoire. J'ai cherché au reste, dans une note publiée dernièrement dans la *Bibliothèque Universelle* (août 1849, tome XI de la 4$^{me}$ série), à faire voir la nécessité d'admettre ces réunions et divisions de molécules dont les corps, tant simples que composés, dans la détermination des volumes atomiques des corps, ou bien s'en tenir aux atomes adoptés par les chimistes pour les corps simples, ou qui résultent immédiatement des formules des corps composés, ainsi que l'ont fait jusqu'ici ceux qui se sont occupés des volumes atomiques, comme Kopp, Schrœder, etc.

Mais dans le deuxième mémoire, dont je viens de parler, j'avais fait concourir à la détermination des nombres affinitaires des différents corps simples, par les volumes atomiques de leurs composés, avec les nombres affinitaires déduits des volumes atomiques, ceux donnés pour quelques-uns des corps simples, par leurs pouvoirs neutralisants établis dans le mémoire de 1835, de manière à en former un système mixte résultant des deux genres de considérations. Dans le troisième mémoire, dont je donne ici l'extrait, j'ai cru plus à propos de séparer entièrement ces deux modes de recherche, en n'y faisant entrer d'abord que les volumes atomiques, de manière à pouvoir ensuite comparer les résultats obtenus avec les pouvoirs neutralisants donnés par les rapports chimiques, et voir jusqu'à quel point il y aurait accord entre les deux systèmes.

Ainsi, dans la première partie de ce mémoire j'ai déduit, par exemple, le nombre affinitaire de l'oxygène, d'après les nombres affinitaires des différents oxydes et acides, conclus de leurs volumes atomiques et ceux de leurs radicaux, tels que je les avais établis dans le premier mémoire, en appliquant à chacun de ces oxydes la règle d'alliage dont j'ai parlé plus haut. J'ai obtenu ainsi autant de valeurs des nombres affinitaires de l'oxygène que j'ai employé d'oxydes à sa détermination, et j'en ai pris la moyenne pour sa valeur définitive. J'en ai fait autant pour chacune des autres substances simples les plus connues, en partant toujours des nombres affinitaires de leurs composés, déduits des volumes atomiques, et des nombres affinitaires de leurs autres composants précédemment déterminés.

J'ai obtenu ainsi pour les nombres affinitaires des différents corps simples, en prenant pour unité celui de l'or, les valeurs marquées dans le tableau suivant :

Oxygène 0,307 ; fluor 0,354 ; chlore 0,806 ; brome 0,825 ; iode 0,851 ; carbone 0,871 ; bore 0,888 ; phosphore 0,950 ; argent 0,958 ; palladium 0,959 ; platine et iridium 0,962 ; rhodium 0,969 ; osmium 0,996 ; or 1,000 ; soufre 1,029 ; silicium 1,031 ; titane 1,062 ; manganèse 1,065 ; mercure 1,071 ; cadmium 1,079 ; arsenic 1,096 ; sélénium 1,101 ; cuivre et nickel 1,109 ; cobalt 1,117 ; antimoine 1,125 ; fer 1,129 ; azote 1,135 : étain 1,150 ; chrome 1,154 ; bismuth 1,163 ; molybdène 1,173 ; uranium 1,174 ; tungstène 1,177 ; plomb 1,191 ; zinc 1,238 ; aluminium 1,286 ; calcium 1,292 ; potassium 1,306 ; barium 1,355 ; magnésium 1,359 ; strontium 1,376 ; sodium 1,380 ; hydrogène 3,010.

En comparant les nombres affinitaires compris dans ce tableau, pour celles des substances simples dont j'avais déterminé le pouvoir neutralisant dans mon mémoire de 1835, avec ces pouvoirs neutralisants mêmes, j'ai pu en déduire par une moyenne, dans la deuxième partie de mon mémoire, la valeur du nombre affinitaire d'une substance qui serait placée au point de la neutralité ; j'ai trouvé cette valeur 0,878, toujours en prenant pour unité le nombre affinitaire de l'or, valeur peu différente de celle que j'avais trouvée dans le premier mémoire par la seule considération des corps simples à l'état isolé, qui était 0,866, et de celle à laquelle j'avais été conduit dans le second mémoire par le système de calcul que j'y avais suivi, et qui était 0,888.

En partant de ce nombre relatif au point de la neutralité, j'ai été en état de déduire du nombre affinitaire de chacune des substances portées dans le tableau ci-dessus, son pouvoir neutralisant acide ou basique, en prenant pour unité le pouvoir neutralisant acide ou négatif de l'oxygène, indépendamment de toute considération chimique. En effet, si on désigne par $b$ le nombre affinitaire d'une substance en prenant pour unité celui de l'or, sa distance au point de la neutralité dans la série de ces nombres, d'après le nombre indiqué pour le point de la neutralité et en supposant d'abord, pour fixer les idées, que le nombre affinitaire de la substance soit supérieur à celui-là, et que son pouvoir neutralisant soit par conséquent positif, sera, dans la même unité $b$—0,878 ; tandis que la distance de l'oxygène au même point, d'après le nombre affinitaire de l'oxygène indiqué dans le tableau, sera 0,878—0,307 = 0,571 ; or, le rapport entre ces deux distances est ce qui constitue le pouv⁻˙⁻

neutralisant de la substance, en prenant pour unité celui
de l'oxygène. En désignant donc par $a$ ce pouvoir, on
aura :

$$a = \frac{b-0,878}{0,571} = \frac{b}{0,571} - 1,538.$$

Si le nombre $b$ était inférieur à $0,878$, cette valeur
de $a$ deviendrait négative comme cela doit être pour représenter un pouvoir neutralisant négatif ou acide. Il n'y
a qu'à substituer à $b$ dans cette formule la valeur du
nombre affinitaire de chaque substance, pour obtenir le
pouvoir neutralisant correspondant.

En substituant ainsi pour le potassium la valeur $b=1,306$,
on trouve pour son pouvoir neutralisant la valeur de $a$
avec deux décimales $+ 0,75$, au lieu de $+ 0,67$ que
j'avais trouvé dans le mémoire de 1835 ; pour le chlore,
où $b = 0,806$ on obtient le pouvoir neutralisant $-0,13$
au lieu de $-0,15$, et de même en parlant des nombres
affinitaires respectifs ci-dessus, on obtient pour le carbone $-0,01$ au lieu de $+0,06$ ; pour l'azote $+0,45$
au lieu de $+0,47$ ; pour le soufre $+ 0,26$ au lieu de
$+ 0,22$ ; pour l'hydrogène $+ 3,7$ au lieu de $+3,9$.
L'accord entre ces nombres est aussi satisfaisant qu'on
pouvait l'espérer entre des déterminations trouvées par
deux méthodes si différentes, et toutes deux approximatives. Selon le résultat tiré du nombre affinitaire, le pouvoir
neutralisant du carbone seul aurait le signe différent de
celui déduit des considérations chimiques ; il serait très-
légèrement négatif au lieu d'être légèrement positif.

On peut déduire de même des nombres affinitaires
contenus dans le tableau ci-dessus, les pouvoirs neutralisants des autres substances, pour lesquelles je n'ai

pu déterminer ce pouvoir dans le mémoire de 1835 par les considérations chimiques ; j'en ai donné la table dans mon mémoire ; et on en pourra faire la comparaison avec les pouvoirs qu'on pourra en trouver par la suite par des considérations analogues à celles dont j'ai fait usage dans ce mémoire-là. Et en multipliant et rectifiant les recherches des deux genres on pourra peut-être parvenir à obtenir un complet accord entre les résultats qui en seront déduits pour chaque substance. En attendant, ceux auxquels je suis parvenu nous fournissent des évaluations numériques au moins approchées de la place appartenant à chaque corps, dans une série de laquelle doivent dépendre tous les rapports d'affinité entre les corps, et sur laquelle on n'avait jusqu'ici que des idées assez vagues et indéterminées.

# DÉTERMINATION BAROMÉTRIQUE

## DE

### L'ALTITUDE DE PLUSIEURS LOCALITÉS

#### DANS LES

### CANTONS DE VAUD, FRIBOURG ET VALAIS,

#### PAR

### M. Sam. BAUP.

Il n'y a pas très-longtemps qu'on a reconnu l'utilité et adopté l'usage d'indiquer dans les cartes géographiques détaillées, surtout dans les cartes militaires, géologiques et autres, l'altitude ou la hauteur des montagnes, des cols et passages, des lacs, des plateaux, etc.

Dans l'intérêt du perfectionnement de ces mesures et de l'hypsométrie générale, il est à désirer qu'on les multiplie, qu'on les répète et qu'on compare fréquemment les résultats obtenus barométriquement et géométriquement. C'est dans ce but que je présente, ici, le résultat d'un assez grand nombre d'observations barométriques que j'ai eu l'occasion de faire et que j'ai calculées sur les observations barométriques et thermométriques de l'Observatoire de Genève et du Saint-Bernard, consignées dans les tableaux météorologiques de la *Bibliothèque Universelle de Genève*.

Je les fais suivre de notes explicatives et de la citation, là où il y avait lieu, et comme terme de comparaison, des mesures barométriques et géométriques des mêmes localités, tirées des meilleures sources, et entre autres de l'excellent recueil que l'on doit à M. le professeur Alphonse de Candolle : *Hypsométrie des environs de Genève*, 1839. (Mémoires de la Société de physique et d'histoire naturelle de Genève, vol. VIII, part. 2ᵉ.) — Des feuilles 16ᵐᵉ et 17ᵐᵉ de la *Grande carte suisse*. — Du *Recueil des hauteurs*, etc. par Ostervald, Neuchâtel, 1844—1847. — D'un *Mémoire* du professeur Michaelis, inséré dans les Mittheilungen aus dem Gebiete der theoretischen Erdkunde, Zurich, 1834. — D'une *Note* inédite de lord Minto, etc.

Toutes mes observations ont été faites avec un baromètre portatif, à siphon, de Bunten, qui a été comparé à celui de l'Observatoire de Genève. Elles ont été calculées au moyen des Tables d'Oltmanns, sur les observations, aux heures correspondantes de Genève et du Saint-Bernard ; la station de l'Observatoire de Genève comptée à 407, et celle du Saint-Bernard à 2491 mètres, au-desssus de la mer. Je me hâte d'ajouter, que ce n'est que pour les localités les plus orientales ou situées dans les environs du Saint-Bernard que j'ai tenu compte des résultats par ce lieu ; pour toutes les autres localités je ne donne que le résultat des calculs par Genève.

Une partie de ces altitudes, environ le quart, ont déjà paru dans l'Hypsométrie citée ci-dessus ; j'ai cru néanmoins devoir les réunir ici aux autres, en vue des notes explicatives et, surtout, parce que j'ai eu l'occasion de faire quelques nouvelles observations, et de revoir mes anciens calculs, ce qui m'a permis de remplacer quelques nombres par une nouvelle moyenne plus exacte, et d'en rectifier deux ou trois autres dont les chiffres y avaient été fautivement indiqués.

Les altitudes déterminées par lord Minto l'ont été barométriquement et, comme j'ai pu en juger, fort exactement. Il s'est aussi servi d'un baromètre de Bunten et des tables d'Oltmanns. J'avais tiré de la note manuscrite, qu'il me remit dans le temps, plusieurs altitudes pour le *Catalogue des plantes vasculaires du canton de Vaud*, (Vevey, 1836). Calculées d'abord en mètres, ces altitudes furent converties en pieds de France, pour ce catalogue ; c'est de là qu'elles ont été extraites par l'auteur de l'Hypsométrie ; je profite également de cette occasion pour rétablir dans ces notes les nombres originaux métriques plus ou moins altérés par ces transformations de mesures.

J'ai cru devoir donner, en regard des nombres métriques, leur valeur en pied décimal de trois décimètres (pied vaudois, adopté aussi dans plusieurs cantons et dans d'autres pays) préférablement au pied de France et à la toise, mesures prohibées maintenant en France même, et dont la dernière a surtout l'inconvénient de se diviser en fractions très-grandes. La transformation et le rapport de ce nouveau pied au mètre, sont on ne peut plus simples et faciles : $3^1/_3$ pieds pour le mètre et 3 décimètres pour le pied.

Comme dans les cartes géographiques, et en général dans l'usage habituel, on supprime les fractions, j'ai cru devoir les omettre ici ; je n'en ai tenu compte que lorsqu'elles dépassaient les 0,5 du mètre.

Toutes ces altitudes sont entendues au-dessus de la mer ; si on voulait les rapporter au lac, on n'aurait qu'à en retrancher 375 mètres ou 1250 pieds décimaux, pour la hauteur du lac au-dessus de la mer.

## Partie orientale du Canton de Vaud.

|   |                                    | Altitudes sur la mer. | |
|---|------------------------------------|---------|---------|
|   |                                    | Mètres. | Pieds deci. |
| 1 | Alliaz (Bains de l')               | 1045 | 3483 |
| 2 | Anzcindaz (Chalets d')             | 1899 | 6330 |
| 3 | — (Col ou passage d')              | 2054 | 6847 |
| 4 | Arpille (Col de la croix d')       | 1750 | 5833 |
| 5 | Avant (Auberge d')                 | 994 | 3313 |
| 6 | Barussel-Genton, sur Jongni        | 780 | 2600 |
| 7 | Belmont-Fayod, sur Bex.            | 850 | 2833 |
| 8 | Bévieux (Saline du)                | 488 | 1626 |
| 9 | Bex, sol de l'église               | 434 | 1447 |

1 A 2 ¹/₂ lieues N.-E. de Vevey ; sol du bâtiment (moyenne de 6 observations en juillet et août). — Suivant Struve et Rengger (Feuille du canton de Vaud, 1812, t. II, p. 154) à 1867 pieds de France au-dessus du lac, ou (= 606 m. + 375 =) 981 mètres sur la mer.

2 (Observ. juillet). — A. De Candolle (Hypsométrie, p. 23) 1914,7 m. — Grande carte suisse, 17ᵉ feuille, 1897 m. — A. Favre, moyenne de 5 observ. inéd., 1896 m.

3 Point culminant du passage, près de la frontière du Valais (obs. juill.).—Carte suisse, 17ᵉ f. (Pas-de-Cheville) 2036 m.

4 (Obs. juill.). — Carte s., 17ᵉ f., 1739 m.

5 A 3 l. N.-E. de Vevey, route de Jaman, sol au S. (2 obs. mai, juill.). — Carte S., 17ᵉ f., 979 m.

6 A 1 ¹/₂ l. N. de Vevey (obs. sept., oct.).

7 A 1 ¹/₂ l. E. de Bex (obs. juillet).

8 A ¹/₂ l. N. do Bex ; terrasse de la maison de l'ancien directeur des salines (moyenne d'un grand nombre d'observations). — A. De Candolle (Hypsom., p. 28), 474,6 m.

9 (Obs. mai).—A. De Candolle, auberge de l'Union, 424,7 m. — Michaelis, 442 m.

| | | Altitudes sur la mer. | |
|---|---|---|---|
| | | Mètres | Pieds déci. |
| 10 — (Mines de) galerie du Bouillet. | | 588 | 1960 |
| 11 — — — du Coulaz. . | | 732 | 2440 |
| 12 — — Puits-du-jour . . | | 868 | 2893 |
| 13 Blonay (Château de) . . . . . | | 643 | 2143 |
| 14 Bret (Lac de). . . . . . . | | 674 | 2247 |
| 15 Brettaie (Lac de). . . . . . | | 1788 | 5960 |
| 16 Chamosaire, la sommité . . . . | | 2130 | 7100 |
| 17 Chardonne, sol de l'église . . . | | 588 | 1960 |
| 18 Chatillon (Rocher de) sur Bex . . | | 1847 | 6157 |
| 19 Chexbres, sol de l'église. . . . | | 591 | 1970 |
| 20 Clef-au-Moine, au Jorat. . . . | | 819 | 2730 |

10 A 1 ¹/₂ l. N.-O. de Bex ; sol à l'entrée de la grande galerie (obs. juin). — Martins (Recueil d'Ostervald) et Carte S., 17° f , 568 m.

11 A ¹/₃ l. N. du Bouillet ; sol de l'entrée de la galerie (obs. juin).

12 Extrémité supérieure (obs. juin).

13 A 1 ¹/₄ l. N.-E. de Vevey ; sol de la terrasse N. (2 obs. juill., sept.).

14 (Moy. de 4 obs., toutes en octobre). Les 2 premières obs. citées, Hypsom., p. 30, avaient donné 675,8 m. au lieu du nombre indiqué ; les 2 dernières 672,3 m. ; moy. =674 m. — Michaelis, 665 m. — Carte S., 16° f., 670 m.

15 Aux Ormonts ; au pied de Chamosaire (obs. juill.). — Wild (Hyps., p. 31), 1746,9 m. — A. De Candolle, 1712,2 m. — Carte S., 17° f., 1791 m.

16 (Obs. juill.). — A. De Candolle, 2142,1 m. — Berchtold, et Carte S., 17° f., 2113 m.

17 (Moy. de 3 obs., févr., juill., oct.). — Carte S., 17° f., 583 m. — Lord Minto (note inéd.), 592 m.

18 (Obs. sept ). — A. De Candolle, 1895,3 m.

19 (Obs. oct.). — Carte S., 16° f., 580 m.

20 Sol de l'auberge, à 1 ¹/₄ l. E. de Lausanne, route d'Oron (obs. juin).

| | | Altitudes sur la mer. | |
| | | Mètres. | Pieds déci. |
|---|---|---|---|
| 21 | Cubli (Mont de) . . . . . . . | 1196 | 3987 |
| 22 | Devens (Saline des) . . . . . | 497 | 1657 |
| 23 | Doin (Four de) . . . . . . . | 558 | 1860 |
| 24 | Folly (Mont de) . . . . . . . | 1735 | 5783 |
| 25 | Forchex (Hameau de) . . . . | 744 | 2480 |
| 26 | Frénières (Village de) . . ·. . | 885 | 2950 |
| 27 | Gourze (Tour de). . . . . . | 929 | 3097 |
| 28 | Grion, sol de l'église . . . . | 1107 | 3690 |

21 A 2 ¹/₂ l. E. de Vevey (obs. août).—Carte S., 17° l., 1179 m.
—Lord Minto, 1194 m. — On lit dans l'Hypsométrie, p. 50
« *Gibloux ou Cubli* » ; ce sont deux monts différents ; la mesure de lord Minto se rapporte au Cubli, et celle de M. Wierre
au Gibloux, qui est beaucoup plus au N., et dans le canton
de Fribourg.

22 A ³/₄ l. N.-O. de Bex ; sol devant la maison du directeur
(6 obs. juill., août, sept.).—De Charpentier (Hypsom., p. 42)
481,4 m.—A. De Candolle, 487,7 m.—Michaelis, 501,8 m.

23 A ¹/₂ l. E. de Bex ; base de la tour (obs. août).

24 A 4 l. N.-E. de Vevey, et à 1 ¹/₄ l. de l'Alliaz (2 obs. juill.
à midi et à 3 h.). La sommité que j'avais mesurée, déjà en
1832 (voy. Hypsom., p. 46), sous le nom de *Plan-Folli*
(=1600,3 m.) ne l'était pas, le nom m'avait été faussement
indiqué ; ce n'est que dernièrement que j'ai porté mon baromètre sur le véritable Folly. —Carte S., 17° l., 1759 m.—
Lord Minto (note inéd.), sous le nom de « *Plan-Chatel ou
Folia* » =1736 m., a mesuré évidemment le Folly, et non
Plan-Chatel.

25 A 2 l. N.-O. de Bex (obs. nov.).

26 A 2 l. N. de Bex ; maison en pierre, sur la scierie ; rive gauche de l'Avançon (obs. sept.)

27 A 2 l. N. de Cully ; sol moyen de la tour (2 obs. oct.). —
Roger (Hypsom., p. 51), 919 m. — Carte S., 16° l., 928 m.

28 (2 obs. août, sept.). — Michaelis, l'auberge, 1121,7 m. —
A. De Candolle, 1112,8 m.—Carte S., 17° l., 1130 m.

| | Altitudes sur la mer. | |
|---|---|---|
| | Mètres. | Pieds déci. |
| 29 Huémoz, sol de l'église . . . . | 1024 | 3413 |
| 30 Jaman (Col et passage de) . . . | 1515 | 5050 |
| 31  —  (Lac de) . . . . . . | 1572 | 5240 |
| 32 Javernaz (Croix de) . . . . . | 2112 | 7040 |
| 33  —  sommité au N., dite Golette | 1960 | 6533 |
| 34 Jongni (Tuilerie de) . . . . . | 766 | 2553 |
| 35 Lavey, cabinet sur la source de l'eau thermale . . . . . . . | 433 | 1443 |
| 36 Lécherette (Cabaret de la) . . . | 1390 | 4633 |

29 A 2 ¹/₂ l. N.-O. de Bex (obs. nov.).—Carte S., 17ᵉ f., 1093 m.

30 Point culminant du passage (moy. de 4 obs. en mai et juill.)
— De Saussure (Hypsom.), 1485,2 m. — Carte S., 17ᵉ f.
(Stryinski), 1485 m. — Les chalets (Hyps., p. 54), 1511 m.

31 Niveau de l'eau (obs. juill.).
Je rétablis ici le chiffre exact des altitudes de deux localités
voisines, déterminées par lord Minto (note inédite).
*Dent de Jaman,* 1873 m.
*Rochers de Naye,* 2047 m.

32 Sur Bex; montagne de Dreusenaz. Une première observation
d'octobre, moyenne du calcul par Genève et par le Saint-
Bernard, m'avait donné 2116,4 m. (et non 2086,6, Hyps.,
p. 54). Dès lors, une seconde observ. de sept. m'a donné
2108,7 m., d'où la moyenne ci-dessus 2112 m. — A. De
Candolle, 2132,7 m.—Carte S., 17ᵉ f., 2035 m. Je présume
qu'au lieu du sommet, c'est l'arête, ou le rebord inférieur du
dernier plan incliné qui aura été mesuré géométriquement.

33 Sommité située entre la Croix-de-Javernaz et Chatillon
(obs. octobre).

34 A 1 l. N. de Vevey; sol de la tuilerie, qui est aussi le point
culminant de la route pour Oron. — Carte S., 17ᵉ f., 756 m.

35 Sur la rive droite du Rhône, à 10 minutes des bains (obs. mai).

36 (Obs. d'août).—Michaelis, 1386,9 m. — Fröbel (Rec. d'Ostervald, p. 34, indiqué par erreur dans le canton de Fribourg), 1397 m. Carte S., 17ᵉ f., 1377.

Altitudes sur la mer.

| | | Mètres | Pieds déci. |
|---|---|---|---|
| 37 | Leysin, sol de l'église . . . . . | 1264 | 4213 |
| 38 | Molar (Mont). . . . . . . | 1748 | 5826 |
| 39 | Monchalet-du Thon, près de Bex. . | 478 | 1593 |
| 40 | — (Roc poli et strié de) . . | 648 | 2160 |
| 41 | — (Dern. blocs err. au-dess. de) | 1710 | 5700 |
| 42 | Montet (Signal du) . . . . . | 670 | 2233 |
| 43 | — sommet de ce mont. . . | 689 | 2297 |
| 44 | Morcles (Village de). . . . . | 1180 | 3933 |
| 45 | — affleurement d'anthracite . | 1862 | 6207 |
| 46 | Mosses (Col ou passage des) . . | 1449 | 4830 |
| 47 | Nan-Burnat, sur Vevey . . . . | 572 | 1907 |
| 48 | Ortières, sommité au N. de Playau . | 1401 | 4670 |
| 49 | Parts (Aux) sous Anzendaz . . . | 1450 | 4833 |
| 50 | Pèlerin (Mont) . . . . . . | 1074 | 3580 |

37 Aux Ormonts (obs. oct.).

38 A $^3/_4$ l. N.-E. du Folly (obs. juillet).

40 Rocher cité par M. de Charpentier, p. 168 de son *Essai sur les Glaciers* (2 obs. mai, juillet).

42 A $^3/_4$ l. N.-O. de Bex (2 obs. mai, octobre).

43 Sur les blocs granitiques, erratiques; point culminant de ce mont entièrement gypseux (2 obs. sept., oct.).

44 Partie moyenne. — Carte S., 17° f., 1165 m.

45 A environ 1 l. à l'E. du village, lieu dit à la *Coursinaz* (obs. juin).

46 Point culminant du col et passage des Mosses (Ormonts); à 2 l. N. de Sepey, et à $^1/_2$ l. S. de la Lécherette (2 obs. août à 9 h. et midi). — Fröbel (Rec. d'Ostervald, p. 34, indiqué par erreur dans le canton de Fribourg), 1438 m. — Michaelis, 1437,6 m.

48 A $^1/_4$ l. N. du mont Playau (obs. juillet). — Lord Minto (note), 1395 m. — Carte S., 17° f., Chevalleyres derrière (?), 1368 m.

49 Ancienne moraine; station au bord de l'Avançon.

50 Sommet; moy. de 4 obs. oct. La moyenne des 3 anciennes était (Hyps., p. 72), 1071,7 m. — Lord Minto (note), 1071 m.

| | | Altitudes sur la mer. | |
| | | Mètres. | Pieds déci. |
|---|---|---|---|
| 51 | Plan-Chatel, sommité. . . . . | 1524 | 5080 |
| 52 | Plans (Hameau des) . . . . . | 1118 | 3727 |
| 53 | Playau (Mont) . . . . . . | 1359 | 4530 |
| 54 | — (Chalet de) dit Pleïades . . | 1222 | 4073 |
| 55 | Pont-de-Nan, premier chalet . . | 1270 | 4233 |
| 56 | Sepey, sol de l'église . . . . | 1057 | 3523 |
| 57 | — ancienne auberge, de bois . | 987 | 3290 |
| 58 | — nouvelle, à la maison-de-ville | 998 | 3327 |
| 59 | Vers l'Eglise, Ormonds dessus . . | 1155 | 3850 |
| 60 | Veyge (Hameau de) . . . . . | 1120 | 3733 |
| 61 | Yvorne, sol de l'église . . . . | 466 | 1553 |

—Carte S., 17ᵉ f., et Rec. d'Ostervald (p. 86), 1216 m.; ce dernier nombre est certainement fautif.

51 Situé entre l'Alliaz et le mont Folly (obs. juillet).

52 A 1 l. au-dessus de Frenières.—A. De Candolle, 1092 m.—Carte S., 17ᵉ f., 1120 m.

53 A 2 ¹/₂ l. N.-E. de Vevey (obs. juillet). — Ingénieurs suisses (Rec. d'Ostervald, p. 86), 1368 m.—Carte S., 17ᵉ f., 1360 m.

55 A 1 l. env. au-dessus des Plans, premier chalet, à droite dans la direction du glacier des Martinets (obs. sept.).—Carte S., 17ᵉ f., 1260 m.—A. De Candolle, les Chalets, 1282,7 m.

56 (Obs. oct.)—Carte S., 17ᵉ f., 1212 m.; il y a ici une erreur, ainsi qu'au nᵒ 58.

58 (Obs. oct.)—El. Wartmann (Bibl. Un. Gen., cah. oct. 1843), 1001,3 m.—Carte S., 17ᵉ f., 1120 m.

59 Premier étage de l'auberge (obs. juillet).—Michaelis, sol de l'église, 1141,7 m. —El. Wartmann, premier étage de la cure, 1155,1 m.

60 Station, sol des premières maisons en montant. — Carte S., 17ᵉ f., 1132 m.

61 Moy. de 6 obs. en oct. et nov.—El. Wartmann, premier étage de l'hôtel de l'union, 443,8 m.

### Canton de Fribourg.

|  |  | Altitudes sur la mer. | |
|---|---|---|---|
|  |  | Mètres. | Pieds déci. |
| 62 | Attalens, sol de l'auberge . . . | 778 | 2593 |
| 63 | Châtel-Saint-Denis, sol de l'église . | 824 | 2747 |
| 64 | Dent de Lys . . . . . . . . | 1991 | 6637 |
| 65 | Niremont, partie S., visible de Vevey | 1497 | 4990 |
| 66 | Remaufens, sol de la nouvelle église. | 799 | 2663 |

### Canton du Valais.

|  |  | | |
|---|---|---|---|
| 67 | Cornette de Bise. . . . . . . | 2450 | 8167 |
| 68 | Finnelen (Chalets de). . . . . | 2221 | 7403 |
| 69 | Gorner-Grat, sommité au N. du Rif- | | |
|  | felhorn . . . . . . . . | 3170 | 10567 |
| 70 | Monthey, sol de la place pavée . . | 435 | 1450 |

---

62 A env. 1,5 m. au-dessus du seuil de la porte extérieure du château; moy. de 2 obs. juin et sept. L'altitude citée Hyps., p. 25 (765 m.), a été reconnue plus tard, calculée par erreur sur une heure non correspondante. — Carte S., 17ᵉ f., 753 m., cette mesure se rapporte probablement au sol de l'église, qui est située plus bas que le château.

63 (Obs. sept.). — Wierre (Hyps., p. 32), 811 m. — Carte S., 17ᵉ f., 819 m. — Ostervald, la chapelle à l'entrée du village (Rec. d'Ostervald, p. 38), 839 m.

64 (Obs. août). — Carte S., 17ᵉ f., (?) 1805 m.

65 (Obs. juillet). — Carte S., 17ᵉ f., 1481 m.

66 (Obs. sept.). — Carte S., 17ᵉ f., 797 m.

67 Frontières du Valais et de Savoie, au S. de Saint-Gingolph (obs. août). — Carte S., 16ᵉ f., 2439 m. — A. Favre, obs. inéd., 2442 m.

68 An der Eck, à environ 3 l. E. de Zermatt (obs. août).

70 (Obs. mars). — Nicollet, auberge du Cerf (Hyps., p. 66), 442,4 m. — Berchtold, au point adopté par les ingénieurs suisses (idem), 464,7 m.

| | | Altitudes sur la mer. |
|---|---|---|
| | | Mètres.  Pieds déci |
| 71 | Monthey (La pierre des Marmetes, sur) | 540    1800 |
| 72 | Morgens, l'auberge, maison de la commune . . . . . . . | 1322    4407 |
| 73 | Neubruck, sol du pont . . . . | 712    2373 |
| 74 | Plambuit (Chalets de). . . . . | 1680    5600 |
| 75 | Riffelborn, sommet de ce mont. . | 3032    10107 |
| 76 | Saint-Bernard, à l'observatoire. . | 2491    8303 |
| 77 | Saint-Maurice (Pont de). . . . | 422    1406 |
| 78 | Sembranchier, sol de l'église . . | 740    2467 |
| 79 | Stalden, sol de l'église . . . . | 821    2737 |
| 80 | Zermatt, sol de l'église . . . . | 1628    5427 |

71 Base de ce bloc erratique colossal, cité dans l'Essai sur les glaciers, p. 126 et 360.

72 A 3 l. O. de Monthey (obs. juin). — Le Pas de Morgins. A. Favre, obs. inéd., 1373 m.

73 Pont en pierre, au-dessous de Stalden (obs. août).

74 Situés au-dessous des grands blocs erratiques de Plan-y-bouf (obs. novembre).

75 Mesure prise sur le Gorner, à un point au niveau du sommet du Riffelhorn (obs. août).

76 A environ 8 m. au-dessus du sol, moyenne de 3 obs. en juillet 1830, à 9 h., midi et 3 h. = 2491,2 m., qui s'est ainsi rencontré exactement avec le chiffre admis pour l'altitude de cette station.

77 Sol du pont, sous l'ancienne porte, à environ 13 m. au-dessus des eaux moyennes du Rhône (obs. mai). — Martins (Rec. d'Ostervald), 428 m. — Michaelis, 422,8 m.

78 (Obs. nov.). — Michaelis, sol de l'église, 747,6 m. — Martins (idem), 730 m.

79 (Obs. août). — Martins (idem), 810 m.

80 (Obs. août). — Martins (idem), 1618 m.

# HUITIÈME MÉMOIRE SUR L'INDUCTION,

PAR

Mr. le Professeur Elie WARTMANN.

§ XX. *Sur l'emploi du rhéomètre multiplicateur pour mesurer les différences d'intensité de courants électriques faibles ou considérables.*

211. La mesure des variations d'intensité des courants galvaniques s'effectue ordinairement à l'aide du voltamètre. Mais l'emploi de cet appareil exige diverses précautions sans lesquelles on arrive à des résultats faux, et diminue l'énergie du courant de toute la résistance qui provient du liquide à décomposer. Il est souvent plus commode de se servir du galvanomètre, qui n'expose point aux mêmes erreurs. Je ne parle pas des multiplicateurs grossiers à une seule aiguille, fort lourde, tels qu'on les construisait il y a vingt ans, mais des rhéomètres à fil plus ou moins long et pourvus d'un système presque astatique d'aiguilles légères et délicatement suspendues.

212. Si le courant qu'il s'agit d'apprécier est assez faible pour ne pas échauffer un mince conducteur de cuivre, on le partage entre les deux fils égaux d'un galvanomètre différentiel, en lui donnant une direction opposée dans chacun d'eux. L'aiguille demeure au zéro sous l'influence des deux actions contraires qui la sollicitent. Il suffit alors de mettre un rhéostat dans le circuit de l'un des fils pour diminuer sa conductibilité et donner au courant qui circule dans l'autre une prépondérance croissante. Lorsque l'index a été amené sur le quaran-

tième ou le cinquantième degré, il décèle les plus faibles variations dans l'intensité du courant.

213. Cette méthode est inapplicable quand le courant est d'une grande force. Une partie de son intensité serait dépensée à vaincre la résistance des fils de l'instrument, et celui-ci pourrait être détérioré. Dans ce cas, il faut renoncer à faire circuler le courant total à travers le rhéomètre, et n'en introduire qu'une partie dont la valeur soit en rapport avec la délicatesse de l'appareil.

214. La dérivation peut s'effectuer de deux manières. Supposons que les fils du galvanomètre aboutissent à deux verres pleins de mercure, dans lesquels plongent les extrémités du circuit parcouru par le courant voltaïque. Un conducteur servira à réunir ces deux verres. Ce conducteur pourra être un rhéostat qui, en changeant la longueur du fil de communication, déterminera une variation en sens inverse dans l'intensité de la partie du courant qui dérive par le multiplicateur.

215. On peut aussi donner des dimensions constantes au conducteur qui joint les deux verres, et lier le rhéostat avec le rhéomètre. Il est toujours possible de dériver ainsi une partie du courant total proportionnée à la sensibilité de l'instrument, sans affaiblir l'énergie d'action de la pile sur les substances comprises dans son circuit. La mesure des variations de cette énergie sera diminuée dans le rapport du courant dérivé au courant total; mais cette diminution sera compensée par la perfection du système d'aiguilles soumises à l'influence du courant dérivé, tant que la pile ne sera pas d'une très-grande puissance [1].

---

[1] Cette méthode de dérivation a déjà été employée dans mon 2me mémoire (74).—Voyez l'important travail de M. Wheatstone, intitulé *An Account of several new Instruments*, etc. Phil. Trans., 1843, part. II, p. 322; ou Ann. Ch. et Phys., t. X, p. 288, 3e série.

§ XXI. *L'induction électro-magnétique modifie-t-elle la*
*conductibilité des corps pour l'électricité?*

216. Les physiciens ont déterminé avec soin les relations électro-dynamiques qui s'établissent entre un aimant et un conducteur parcouru par un courant électrique, quand un de ces corps est mobile. Ils se sont occupés des effets remarquables que l'aimant produit sur
l'arc voltaïque, et des sons qu'il engendre dans les conducteurs traversés par des courants discontinus. Mais ils
paraissent n'avoir pas étudié l'influence que pourrait
exercer l'état magnétique ou diamagnétique développé
dans diverses substances sur leur faculté conductrice.
Les expériences suivantes ont pour but de combler cette
lacune.

217. Un électro-aimant a été mis en activité par une
pile de Grove de dix grandes paires, et rendu ainsi capable de soulever plusieurs quintaux. Les conducteurs
de la pile arrivaient dans deux godets pleins de mercure.
Les fils de l'électro-aimant se terminaient dans deux autres godets semblables. En opérant les jonctions à l'aide
du commutateur déjà décrit (152), on faisait varier à volonté et très-rapidement le sens de l'aimantation.

218. Un couple zinc et cuivre, de petites dimensions,
a été plongé dans de l'eau distillée. On a dirigé le courant par de longues lanières de cuivre épais, destinées à
comprendre dans leur circuit les corps à aimanter et un
excellent rhéomètre de.Ruhmkorff assez éloigné pour
n'éprouver aucune perturbation.

219. Le premier conducteur soumis à l'essai a été
l'armature en fer doux de l'électro-aimant, isolée des.

pôles par l'interposititian d'une mince feuille de papier.
Quelles qu'aient été l'énergie du magnétisme produit et
sa direction relativement au sens du courant qui parcourait l'armature, l'index du rhéomètre est demeuré dans
une position constante.

220. Désireux de donner à ce résultat plus de certitude, j'ai employé un fil de fer doux, parfaitement recuit
et plié cinquante-huit fois sur lui-même. Le développement de ce fil était de deux mètres, et la longueur des
contours égale à la distance des pôles de l'aimant. Après
avoir isolé tous les replis avec du papier bien sec, j'ai
substitué ce fil, épais de trois millimètres, à l'armature de
l'expérience précédente. Le multiplicateur n'a point été
affecté par la production de soixante pôles de noms contraires, distribués consécutivement et à intervalles égaux
sur le trajet du courant voltaïque.

221. Une solution de sulfate de protoxyde de fer a
été disposée axialement sur les pôles. Sa conductibilité
n'a pas été modifiée par l'aimantation.

222. J'ai alors remplacé le fer et sa dissolution par
des métaux diamagnétiques. Des barreaux de bismuth et
d'autres d'antimoine ont été d'abord essayés dans la position axiale. Puis on les a placés équatorialement, après
les avoir enveloppés d'un papier mince pour les isoler
de deux armatures de fer doux, de même longueur qu'eux,
et reposant chacune sur un des pôles de l'aimant. L'induction a encore été sans influence.

223. L'épreuve a été répétée avec un barreau bis-
muth-antimoine. Deux armatures polaires concentraient
le maximum d'énergie magnétique sur la soudure, lorsque le cylindre était perpendiculaire à l'axe d'aimantation.
Ce conducteur hétérogène a été traversé par le courant

du couple dans des sens successivement opposés ; on a aussi changé la position des pôles magnétiques. Malgré ces alternatives, la valeur absolue de la déviation du galvanomètre est restée invariable.

224. J'ai voulu prévenir l'objection que le courant électrique lancé dans mes divers conducteurs était trop faible pour ne pas être admis sans modification, quels que fussent les changements moléculaires déterminés par un magnétisme intense, et ceux qui dépendaient de la cessation de cette force. J'ai donc remplacé le petit couple (218) par trois paires de Daniell de grandes dimensions, chargées avec du sulfate de cuivre concentré et de l'eau bien acidulée. Au rhéomètre de Ruhmkorff, j'en ai substitué un de Gourjon, n° 27, dont le fil est beaucoup plus long. Un rhéostat a été lié à cet instrument, et la dérivation s'est effectuée comme il a été dit (215).

225. La répétition de toutes les expériences précédentes a conduit à la même conclusion qu'elles.

226. Un cylindre bismuth-fer a été placé tantôt axialement, tantôt équatorialement. La direction de l'aimantation a été successivement intervertie. Des armatures magnétisaient avec une extrême énergie la soudure dans la position diamagnétique. Le résultat n'a pas varié.

227. Enfin j'ai tenté l'essai sur divers liquides tels que le chlorure de nickel et celui de cobalt dissous dans l'eau distillée, le nitrate de bismuth et le chlorure d'antimoine acides. Ces substances étaient contenues dans des tubes de verre fermés par des bouchons qui livraient passage à des fils métalliques. Encore ici, la déviation rhéométrique n'a nullement été affectée par l'induction de l'aimant.

228. Il restait à examiner le cas d'un courant plus in-

tense encore, parcourant le conducteur magnétisé. J'ai
employé celui d'une pile de dix grands couples de Daniell. Mais, pour ne pas opérer des mesures sur une portion trop petite de l'électricité mise en jeu, le multiplicateur a été remplacé par un voltamètre à très-larges lames
de platine.

229. L'armature de l'électro-aimant, placée dans le
circuit, n'a pas varié de conductibilité, qu'on l'ait ma-
gnétisée dans un sens quelconque ou ramenée à son état
ordinaire.

230. Le long fil de fer (220) s'est comporté de
même.

231. Enfin j'ai étudié, sous le même point de vue,
quelques corps doués d'un pouvoir de rotation atomique
sur les flux polarisés de lumière et de calorique. Je
leur ai fait l'application du principe de dérivation mentionné (214), en employant le rhéomètre de Gourjon et
une intensité voltaïque proportionnée à leur faculté conductrice.

232. Du sirop de sucre a été disposé dans un tube de
verre entre les pôles de l'électro-aimant. On l'a fait traverser, sur une longueur de quelques millimètres, par le
courant des dix paires de Daniell. Le multiplicateur n'a
pas été affecté par l'aimantation, quel qu'en ait été le sens.

233. Une solution concentrée de sulfate de quinine
dans l'eau distillée, parcourue par un courant de cinq
couples, a donné le même résultat.

234. L'acide tartrique concentré, soumis au courant
d'une seule paire de Daniell sur une longueur de trois
centimètres, n'a pas été modifié par l'induction magnétique.

235. Il découle de ces recherches que l'aimantation

n'altère pas la condition moléculaire développée par le passage d'un courant électrique de telle sorte que la conductibilité en soit affectée [1]. La proposition inverse se vérifierait aussi, selon toute probabilité. Si donc l'électricité résulte, comme quelques physiciens le supposent, de mouvements éthérés sous la dépendance de la matière environnante, ces mouvements conservent leur intensité quand cette matière est sollicitée par les forces qui émanent des pôles d'un aimant énergique. Cette circonstance doit être prise en considération par les théories qui prétendent expliquer les phénomènes de l'électricité et du magnétisme.

24 décembre 1849.

[1] Après la rédaction de ces notes, j'ai retrouvé dans le Traité de physique de M. Péclet une observation isolée qui concorde avec les faits étudiés plus haut, bien que l'auteur n'en ait pas tiré de conclusion relative à la nullité d'influence du magnétisme sur la conductibilité. (Voyez tome II, page 265, n° 1142; 4$^{me}$ édition, 1847.)

# BULLETIN SCIENTIFIQUE.

## PHYSIQUE.

1. — Sur le sens des vibrations des molécules dans les rayons polarisés, par M. Augustin Cauchy. (*Comptes rendus de l'Acad. des Sc.*, séance du 3 décembre 1849.)

M. Aug. Cauchy donne cette démonstration simple que, dans un rayon de lumière polarisé rectilignement, les vibrations des molécules sont perpendiculaires au plan de polarisation : Faisons tomber sur la surface de séparation de deux milieux isophanes un rayon polarisé dans lequel les vibrations de l'éther soient parallèles à la surface et par conséquent transversales. Ces vibrations ne pourront donner naissance qu'à deux rayons à vibrations transversales, l'un réfracté, l'autre réfléchi. Ce dernier ne pourra disparaître sous aucune incidence, à moins que l'indice de réfraction ne soit égal à l'unité. Or, un rayon que la réflexion ne peut faire disparaître est précisément ce qu'on nomme un rayon polarisé dans le plan d'incidence. Donc les vibrations d'un rayon polarisé rectilignement sont perpendiculaires au plan de polarisation.

--

2. — Annali di Fisica, dell' Albate F. Zantedeschi. Padova, 1850 ; in-8°.

Voici un nouveau recueil consacré aux sciences physiques. L'auteur, appelé récemment à occuper à Padoue la chaire illustrée jadis par Galilée, débute par la publication d'*Annales de Physique* qui succèdent au *Recueil physico-chimique* que nous avons annoncé[1], et dont les premiers numéros sont sous nos yeux. Les arti-

[1] Archives des Sciences phys. et natur., tome VII, p. 59.

cles qu'ils renferment sont tous dus à la plume facile du rédacteur. Voici la liste de ceux du premier cahier : 1° De l'interférence et de la diffraction du calorique rayonnant. — 2° Du développement de l'électricité dans l'acte de la contraction musculaire. — 3° Des variations de température immédiatement produites par le magnétisme. — 4° Des dimensions que prennent les solides ramenés à leur température initiale. — 5° Du phénomène de l'eau non bouillante au sein de l'eau bouillante. — 6° De la force répulsive du calorique, et de l'état sphéroïdal des liquides considéré principalement dans ses rapports avec les phénomènes chimiques qui en dérivent. — 7° Note relative à l'électricité dégagée par la contraction. — 8° Des phénomènes lumineux qui ont lieu aux deux pôles de la pile. — 9° De l'action calorifique des pôles voltaïques. — 10° L'électricité développée par la contraction musculaire rendue sensible avec la grenouille galvanoscopique.

On trouve dans le second cahier les articles suivants : 1° Du son électrique considéré comme moyen de vérifier les changements d'intensité qui surviennent dans un courant électrique. — 2° Du mouvement rotatoire de l'arc lumineux de la pile. — 3° Du transport de la matière pondérable dans des directions opposées depuis l'un et l'autre pôle de la pile. — 4° De l'aurore boréale observée à Venise, dans la nuit du 17-18 novembre 1848, et des courants d'électricité telluro-atmosphériques considérés comme cause de ce genre de météores. — 5° De l'action de la lumière lunaire sur les végétaux et les corps inorganiques, et de son action calorifique. — 6° De l'influence du magnétisme sur l'arc voltaïque.—7° Des mouvements que manifestent les Mimosa pudica tenues dans une chambre obscure. — 8° Des causes et des caractères des lignes longitudinales du spectre solaire, correspondantes à celles des lignes transversales de Fraunhofer. — 9° Sur une nouvelle expérience du Dr A. Smée, qui prouve le développement d'un courant électrique dans l'acte de la contraction musculaire volontaire chez un lapin. — 10° Parallèle entre les expériences électro-physiologiques des Italiens, faites en 1839 et 1840, celles de Dubois-Reymond en 1847 et celles qui ont été tentées en Italie en 1849. Réclamation de la découverte électro-physiologique en faveur de l'Italie.

Nous souhaitons la bienvenue à cette publication qui se présente sous le double caractère historique et critique. Il nous a paru que l'auteur entremêlait trop ses réflexions ou ses propres recherches avec le récit des travaux d'autrui. Mais nous n'avons pas eu le temps d'examiner avec détail ces deux numéros d'essai, dont nous n'avons pas voulu différer l'annonce et sur lesquels nous reviendrons peut-être.                                                    E. W.

---

3. — Sur l'état passif du fer, par M. Reuben Phillips. (*Philos. Magaz.*, janvier 1849, numéro supplém.)

L'auteur a vérifié que la passivité de ce métal se développe avec les acides nitrique, chromique, iodique et chlorique, ainsi qu'avec le peroxyde d'hydrogène. Or, ces diverses substances sont des électro- lytes ; elles se décomposent en abandonnant de l'oxygène, et leurs molécules ont, en conséquence, une tendance à se combiner (à l'a- node) avec le fer naturel, en l'oxydant. M. Phillips estime que ces deux forces agissant ensemble et se balançant, produisent l'état passif. L'acide cyanhydrique présente un cas analogue. Lorsqu'il est pur, il se décompose de lui-même en donnant naissance à de l'am- moniaque et à une substance brune. Les acides minéraux concentrés le convertissent rapidement, avec l'aide des éléments de l'eau, en acide formique et ammoniaque, tandis qu'avec une certaine (petite) quantité d'un fort acide minéral, on ne voit apparaître aucun de ces deux modes de décomposition.

Il s'établit entre le fer passif et le platine, dans l'un quelconque des acides susmentionnés, un courant de même direction que celui qui va du zinc au platine dans de l'acide sulfurique.

La passivité du fer n'est jamais absolue : elle est à son maximum dans l'acide chromique même dilué. Aussi le bichromate de potasse serait-il peut-être une addition utile à l'acide nitro-sulfurique em- ployé dans la pile de Schönbein.

**4.** — Sur une batterie a force constante , par M. le prof. W. Eisenlohr. (*Pogg. Ann.*, LXXVIII, p. 65, sept. 1849.)

On sait que les principaux établissements de télégraphes électriques en Angleterre font usage de piles formées de zinc, de cuivre et de sable. Celui-ci est humecté d'acide sulfurique étendu, et tassé fortement entre les plaques métalliques dans les auges. Ces appareils agissent avec une force décroissante, exigent qu'on les arrose de temps à autre, et doivent être renouvelés après quatre à six semaines.

Le professeur Eisenlohr, chargé de l'organisation des télégraphes dans le grand duché de Baden, a cherché une pile plus constante et qui ne fut pas soumise aux conséquences de l'impéritie des employés, lesquels tantôt mettent trop d'eau, tantôt trop d'acide, tantôt laissent tout à sec, ce qui interrompt naturellement les correspondances. Il a trouvé que la substitution d'une solution de bitrartate de potasse à l'eau acidulée dans laquelle on plonge le zinc des couples de Daniell, et l'emploi d'une solution pas trop concentrée de sulfate de cuivre pour baigner le cuivre, répondaient parfaitement à son but. Des résultats numériques, joints au Mémoire, prouvent la très-remarquable constance de cette nouvelle pile [1].

**5.** — Note sur la volatilisation du charbon, par M. Despretz. (*Comptes rendus de l'Acad. des Sciences*, du 17 décembre 1849.)

M. Despretz a successivement communiqué à l'Académie des Sciences un grand nombre d'expériences intéressantes qu'il a faites sur la fusion et volatilisation des corps au moyen de la chaleur four-

---

[1] J'ai fait usage de dix couples de Daniell chargés d'après ce système, mais en plongeant les zincs dans de l'eau acidulée et les cuivres dans la solution de bitrartaté. Cette pile, qui est demeurée en action pendant trois semaines, sans aucune interruption, s'est montrée d'une constance merveilleuse. (F. W.)

nie par des piles puissantes. Sa dernière communication a eu plus
spécialement pour objet le charbon pur à différents états, exposé
à la chaleur dégagée par une pile de Bunsen de 600 éléments. Les
essais ont été faits sur le charbon déposé dans les cornues où l'on
prépare le gaz pour l'éclairage, sur l'anthracite, le graphite, le
charbon préparé par la calcination du sucre, le charbon obtenu par
la décomposition de l'essence de térébenthine rectifiée ; enfin quelques expériences ont été faites sur le diamant.

M. Despretz a vérifié de nouveau le fait qu'il avait déjà constaté,
savoir celui de la volatilisation directe du charbon dans le vide et
dans les gaz, qu'il ne faut pas confondre avec celui du transport du
charbon d'un pôle à l'autre dans la production de l'arc voltaïque.
Cette volatilisation se manifeste sous forme d'un nuage noir, qui part
de toute la surface du charbon et qui va se déposer en grande partie
sur les parois du vase dans lequel est placé le charbon qui réunit les
deux pôles de la pile.

Le charbon a été, dans les expériences de M. Despretz, courbé,
soudé et même fondu ; car on voyait comme des gouttelettes qui
semblaient tomber à l'état liquide. Ces dernières expériences se faisaient dans de l'azote soumis à la pression d'une, de deux et même
de trois atmosphères, la volatilisation se faisant plus difficilement,
ce qui permettait de mieux observer la fusion.

Le charbon, quel que soit son état primitif, devient d'autant moins
dur qu'il est soumis plus longtemps à une température plus élevée ;
il se transforme toujours définitivement en graphite ; le graphite lui-
même finit aussi à se dissiper peu à peu par la chaleur comme le
charbon ; la partie non volatilisée est toujours du graphite.

Enfin le diamant lui-même se change, comme les autres espèces
de charbon, en graphite et donne aussi naissance à de petits globules fondus, quand il est chauffé longtemps.

Ces différents faits, joints aux considérations tirées de l'incompati-
bilité qui existe entre la forme hexaèdre du graphite naturel et la
forme d'octaèdre régulier du diamant, conduisent à penser que le diamant n'est point, comme le graphite qu'on peut produire artificiellement dans les hauts fourneaux, le produit de l'action d'une chaleur

intense sur les matières organiques ou charbonnées. Il semblerait plutôt, d'après les recherches d'un tout autre genre de M. Brewster, avoir une origine végétale et avoir été primitivement à un état de mollesse et s'être durci graduellement comme on voit une gomme se durcir.

Les recherches de M. Despretz paraissent donc établir d'une manière certaine l'impossibilité de convertir le charbon en diamant par l'action d'une haute température unie à une forte pression. Reste à savoir si une action lente et continue, telle qu'une action électro-chimique s'exerçant sur des matières organiques dans certaines conditions particulières, peut donner naissance à du charbon cristallisé, c'est-à-dire à du diamant.

------

6. — Sur la couleur de l'eau, par M. le professeur Bunsen.
(*Journal of Jamson,* juillet 1849.)

Nulle part la belle teinte bleu-verdâtre de l'eau n'est plus pure que dans les sources d'eau chaude de l'Islande. Et c'est l'observation de ces eaux limpides, tranquilles, d'où s'élève une légère vapeur, qui a suggéré à l'auteur les remarques qui suivent.

L'eau chimiquement pure n'est pas comme on le croit généralement sans couleur; mais elle possède une teinte purement bleuâtre, teinte qui n'est sensible que lorsque la lumière pénètre au travers d'une couche d'eau d'une grande profondeur. On peut prouver facilement l'exactitude de ce fait en prenant un tube de verre de deux pouces de largeur et de six pieds de longueur, qui ait été noirci intérieurement avec du noir de fumée jusqu'à un demi pouce environ de son extrémité, dont l'ouverture est fermée par un bouchon. En jetant quelques morceaux de porcelaine blanche dans ce tube, qui, après avoir été rempli d'eau chimiquement pure, doit être placé verticalement sur une assiette blanche, et en regardant à travers cette colonne les morceaux de porcelaine qui ne peuvent être éclairés que par une lumière blanche venant d'en bas, on s'assure qu'ils acquièrent une teinte d'un bleu pur dont l'intensité diminue à mesure

que la colonne d'eau se raccourcit, et dans la même proportion
qu'elle, de manière que la nuance finit par devenir trop pâle pour
être distinguée. La coloration bleue s'aperçoit lorsqu'un objet blanc
est éclairé au travers de la colonne d'eau par la lumière du soleil,
et vue au fond du tube par une petite ouverture latérale pratiquée
dans l'enduit noir. — Nous en concluons donc que la teinte bleue,
si fréquemment observée dans l'eau, ne doit pas être considérée
comme une chose étrange.

Ici se présente naturellement cette question : « pourquoi alors ne
voit-on pas cette couleur bleue partout, et ne se trouve-t-elle pas
dans plusieurs lacs? Pourquoi, par exemple, les lacs de la Suisse, les
eaux des Geysers en Islande, et des lacs méridionaux de l'Islande,
présentent-ils toutes les nuances de vert, tandis que les eaux de la
Méditerranée et de l'Adriatique sont souvent d'un bleu si foncé qu'il
peut être comparé à l'indigo? » On peut facilement répondre à ces
questions en remarquant, avec l'auteur, que la pureté et la profondeur
de l'eau sont les qualités essentielles ou même nécessaires pour lui
donner sa couleur naturelle. Si elles manquent, la teinte bleue man-
quera également. La plus petite quantité d'éléments colorés que
l'eau tire du sable ou de la boue, la plus petite quantité d'*humus*
en solution, la réflexion opérée par un fond sombre et fortement
coloré, toutes ces circonstances sont suffisantes pour déguiser ou altérer la couleur de l'eau. — On sait que la couleur d'un rouge jaunâtre des eaux qui traversent le groupe le moins élevé des formations de *lias* vient de l'oxyde de fer *hydraté* renfermé dans la boue
des différentes pierres à sablon.

Pour une cause semblable, les vastes ruisseaux des glaciers de
l'Islande, que le voyageur trouve, à son grand ennui, dans ces régions désolées sans chemins ou ponts, et qu'il doit traverser à gué,
sont rendus opaques et d'une blancheur laiteuse par les détritus de
rochers sombres et volcaniques, qui, broyés en une poudre blanche
par les masses énormes des glaciers descendants, sont emmenés à
la mer, sous la forme de boue et de sable blanc, et déposés de manière à former de vastes deltas. — De la même manière, la couleur
naturelle des petits lacs, dans les districts marécageux de l'Allema-

gne du nord, est effacée par la teinte noirâtre que leur donne l'*humus* dissous provenant du tuf. Ces eaux paraissent souvent brunâtres ou noires, comme les eaux de la plupart des cratères de l'Eifel et de l'Auvergne, où les sombres rochers volcaniques gênent la réflexion de la lumière incidente. On comprendra donc facilement que c'est seulement là où ces influences perturbatrices n'existent pas, que la couleur de l'eau apparaît dans toute sa beauté. Parmi les endroits où la minime de ces circonstances indispensables est le plus complétement atteint, nous rappellerons plus spécialement la grotte d'Azur à Capri, dans le golfe de Naples. Là, la mer est d'une clarté remarquable jusqu'à une très-grande profondeur, de manière que les objets les plus petits peuvent y être aperçus distinctement sur ce fond si clair et à une profondeur de plusieurs centaines de pied. Toute la lumière qui entre dans la grotte, dont l'entrée n'est qu'à quelques pieds au-dessus du niveau de la mer et dans le roc escarpé qui s'ouvre à la surface de l'eau, doit traverser toute la profondeur de la mer, probablement plusieurs centaines de pied avant que, depuis le fond clair, elle puisse être réfléchie dans la grotte. Par ce moyen, la lumière acquiert, par l'effet de l'immense couche d'eau qu'elle a traversée, une coloration bleue si foncée, que les sombres murs de la caverne sont illuminés d'un éclat du bleu le plus pur, et les objets, quelle que soit leur couleur naturelle, paraissent d'un bleu clair lorsqu'ils sont situés au-dessous de la surface de l'eau.

Un exemple également remarquable se présente dans les glaciers de l'Islande aussi bien que dans ceux de la Suisse, et montre que l'eau ne perd pas sa couleur primitive, même à l'état solide. — A la distance de plusieurs milles, l'œil peut distinguer sur les hauteurs aplaties de « Jokull, » les limites qui séparent la glace bleuâtre des glaciers, des plaines blanchies inaccessibles, de neige, qui s'élèvent au sommet de ces montagnes. — En examinant de plus près ces glaciers, on est surpris de voir la pureté et la transparence de la glace, qui paraît souvent être entièrement dégagée, en masses immenses, de bulles d'air et des mélanges hétérogènes, et dont les vastes fissures et cavités sont colorées de toutes les teintes possibles, depuis le bleu le plus clair jusqu'au bleu le plus foncé, suivant l'épaisseur de la couche au travers de laquelle la lumière a passé. La teinte bleue de l'atmosphère sans nuages et sans vapeur, dépend probablement d'une cause semblable, si du moins il nous est permis de conclure de la couleur de l'eau solide et liquide, que la vapeur aqueuse a une couleur semblable. En considérant tous ces faits, nous ne doutons pas un instant que la couleur bleue de l'eau ne soit une qualité particulière et non accidentelle de cette substance. Cette couleur naturelle de l'eau nous donne aussi une explication facile de la teinte vert-clair, qui se manifeste même plus fortement dans les sources siliceuses de l'Islande, que dans les lacs de la Suisse ; car la couleur jaune venant des traces de l'oxyde de fer *hydraté* qui se trouvent dans les parois siliceuses dont l'eau est entourée, forme, en se mélangeant, la même teinte verdâtre qui, dans les lacs de la Suisse, provient de la réflexion sur un fond *jaune* ; les rochers les plus différents étant amenés à une même décomposition superficielle par l'action continue de l'eau et produisant ainsi une coloration en jaune par la formation de l'oxyde de fer *hydraté*. — On comprend alors que le bleu qui continue à augmenter d'intensité à mesure que la couche d'eau augmente de profondeur, détruit ainsi l'effet de cette réflexion sur un fond jaunâtre, et affaiblit par conséquent ou détruit entièrement la teinte verdâtre. La grotte verte qu'on trouve aussi sur les bords de Capri, présente une preuve frappante de l'exactitude de cette explication. La couleur verte y est produite par la réflexion de la lumière extérieure opérée à une profondeur peu considérable sur la pierre à chaux jaunâtre formant le fond et les parois de la grotte. Cette même couleur disparaît entièrement par l'effet de la profondeur considérable de l'eau que traverse la lumière qui éclaire la grotte d'azur. Là une couleur d'un bleu pur remplace le vert qu'on observe dans la caverne la moins profonde, quoique l'eau et les rochers soient de même nature dans les deux cas.

7. — DE L'ÉTAT ACTUEL DES COMMUNICATIONS ÉLECTRO-TÉLÉGRA-
PHIQUES EN ANGLETERRE, EN PRUSSE ET EN AMÉRIQUE, par
M. WISHAW. (*Assoc. britann. pour l'avanc. des Sciences.* —
*Institut* du 5 décembre 1849.)

Le but de la présente communication n'est pas, suivant l'auteur,
de mettre sous les yeux de la section les nombreux appareils télégraphiques dont on se sert actuellement et qui ont été rendus publics,
mais de signaler les avantages des trois grands systèmes de télégraphes électriques qui sont aujourd'hui en activité en Angleterre,
en Prusse et en Amérique.

En Angleterre, les fils suspendus à des poteaux plantés de distance en distance sur un des côtés des voies ferrées sont exposés
aux désavantages suivants : 1° La sortie des machines ou des con-
vois des lignes ou de la voie qui renverse à la fois les poteaux et
brise tous les fils, ce qui interrompt toute communication ; 2° les
influences atmosphériques qui donnent lieu à des déviations irrégulières et vagues des aiguilles dans les appareils télégraphiques
de Cooke et de Wheatstone, indépendamment de déclinaisons fortuites dans quelques parties des appareils ; 3° les tempêtes de neige,
comme dans le cas du télégraphe du South-Eastern qui s'est présenté l'hiver dernier, et où les fils et les poteaux ont tous été renversés avec interruption considérable dans la transmission des communications ; 4° les dégats produits par des malfaiteurs qui souvent
coupent ou tordent les fils entre eux ; 5° la soudure faite mécham-
ment de deux fils entre eux, ce qui a fait dévier les communications
de leur véritable route ; 6° une dépense de 150 livr. sterl. par
mille pour le système découvert, avec dépense annuelle pour les
réparations ; 7° et en conséquence un tarif élevé pour la transmission des dépêches ; 8° le temps nécessaire pour apprendre parfaitement le maniement du télégraphe à aiguille, au point que si le télé-
graphiste est hors d'état pour une cause quelconque de remplir ses
fonctions, il n'y a personne pour le remplacer.

Relativement aux tarifs, les faits suivants suffiront pour démontrer
les avantages des télégraphes économiques.

En Amérique, le prix pour vingt mots transmis à une distance de 500 milles n'est que de 4 shellings ; tandis qu'en Angleterre la compagnie exige la même somme pour transmettre la même communication à 60 milles, c'est-à-dire à une distance huit fois moindre, et par la compagnie du South-Eastern pour une distance de 20 milles ou la vingt-cinquième partie de 500 milles.

Une communication de quatre-vingt-dix mots, en Amérique, peut être transmise, de Washington à la Nouvelle-Orléans, sur une distance de 1716 milles, pour 41 shel. 8 pences; tandis que la compagnie anglaise du télégraphe électrique perçoit cette somme pour le même message sur une distance d'un peu plus de 200 milles, et la compagnie South-Eastern pour une distance au-dessous de 100 milles.

Le développement des télégraphes électriques dans la Grande-Bretagne est aujourd'hui d'environ 2000 milles, et il reste encore la même longueur de chemins de fer sans télégraphes. M. Wishaw exprime l'espoir que dans peu, toutes les villes principales du royaume seront reliées entre elles par le télégraphe, puisque le système souterrain peut très-bien être exécuté sans l'aide des chemins de fer, sous les routes ordinaires, les chemins de halage, etc.

Ce dernier plan est celui qui a été mis en pratique en Prusse, où il est aujourd'hui en fonction sur un développement de 319 milles allemands, égal à 1493 milles anglais ; un seul fil, enduit de gutta-percha, est enfoui sous le rail-way, à une profondeur de deux pieds, et en rapport avec les batteries et les instruments aux diverses stations. Un télégraphe de colloque et un télégraphe imprimeur sont en activité à chacune des principales stations, desservis chacun par un seul fil. L'expérience relative à l'enfouissement, le fil étant recouvert de gutta-percha, a été commencée il y a quelques années, et on s'en est parfaitement bien trouvé.

Le commissaire des télégraphes prussiens, nommé en 1844, s'est décidé à adopter uniquement le mode souterrain pour les télégraphes du gouvernement, qui ont commencé en juillet 1845; de manière qu'on n'a pas perdu de temps pour mettre le système à exécution. A Oderbay, le système prussien est en communication avec la ligne actuellement en cours de construction entre cette localité et Trieste par la voie de Vienne ; et, quant à ce qui concerne les télégraphes de la Prusse, le public peut en faire usage moyennant un certain tarif arrêté d'avance. Les frais de construction du système prussien ne dépassent pas 40 liv. sterl. le mille.

Le système américain est remarquable par la grande étendue à laquelle il a déjà été porté ; environ 10,511 milles qui ont coûté moins de 20 liv. sterl. le mille. Il consiste en un seul fil de fer porté sur des poteaux de distance en distance, mais étendus bien au delà des limites des rail-ways, ce qui donne lieu à des attaques et des détériorations si fréquentes qu'il y a tout un code de lois pour la réparation des lignes qui sont entreprises par des individus établis sur ces lignes mêmes, pourvus d'outils nécessaires pour ces réparations, et dont toute la récompense consiste dans le libre emploi du télégraphe pour leurs communications personnelles. L'économie du premier établissement a donné lieu à un tarif très-modéré pour la transmission des communications, au point que les personnes les plus pauvres peuvent, pour quelques sous, envoyer une dépêche à une distance considérable.

D'après l'examen des trois systèmes en activité, il paraît que c'est celui de la Prusse qui est le plus simple, le plus efficace et le plus économique, car les réparations annuelles sont inutiles pour les fils ; il n'en est pas de même en Angleterre et en Amérique, où ils sont exposés à tant de chances de destruction.


8. — Note sur les courants induits d'ordres supérieurs, par M. Verdet. (*Soc. Philomatique de Paris*, — *Institut* du 26 décembre 1849.)

On appelle courants induits du second ordre ceux qui se développent dans un conducteur lorsqu'un conducteur voisin est traversé par un courant induit ordinaire. M. Henry, de Philadelphie, à qui l'on doit la découverte de ces courants, les a considérés comme formés de deux courants successifs de direction contraire, mais il n'a pas donné de preuve expérimentale de son hypothèse. « J'ai pensé, dit M. Verdet, qu'on pourrait manifester la constitution des courants induits du second ordre par leurs actions électro-chimiques, et j'ai ainsi obtenu la confirmation des vues théoriques de M. Henry.

« A cet effet, j'ai fait communiquer l'un des fils d'une bobine à deux fils avec une pile voltaïque, et l'autre avec une deuxième bobine à deux fils. Le second fil de cette nouvelle bobine était mis en rapport avec un voltamètre ordinaire plein d'eau acidulée. Par cette disposition, en interrompant ou en fermant le circuit traversé par le courant voltaïque, je produisais dans la première bobine un courant induit qui traversait aussi le premier fil de la seconde bobine et développait dans le deuxième fil un courant induit du second ordre par lequel l'eau acidulée du voltamètre pouvait être décomposée. L'interruption et la fermeture du courant principal s'obtenaient à l'aide d'une roue dentée, et un commutateur semblable à celui de MM. Masson et Bréguet ne laissait circuler dans la deuxième bobine que les courants directs, développés au moment de l'interruption du courant de la pile.

« Le premier fil de la seconde bobine était donc traversé par un grand nombre de courants induits successifs de direction constante. Si l'hypothèse de M. Henry était exacte, le deuxième fil devait faire passer dans le voltamètre une succession de courants de directions alternativement opposées, et par conséquent on devait obtenir dans chacune des éprouvettes placées sur les électrodes de l'appareil un mélange d'hydrogène et d'oxygène. Tel a été effectivement le résultat de mes expériences : j'ai toujours trouvé dans les deux éprouvettes un mélange explosif, seulement la proportion des gaz mélangés a varié très-irrégulièrement d'une expérience à l'autre, et n'a d'ailleurs pas été la même dans les deux éprouvettes, de façon qu'il m'a été impossible de vérifier, si, comme il y a lieu de le penser, d'après les considérations développées par M. Henry, les deux courants successifs qui constituent le courant du second ordre font circuler des quantités égales d'électricité. La cause des irrégularités se trouve évidemment dans la recomposition partielle qui doit s'ef-

fectuer entre l'hydrogène et l'oxygène dégagés presque simultanément sur la même lame métallique, et dans la série d'oxydations et
de désoxydations qu'éprouvent les lames sous l'influence de ces deux
gaz. Ces oxydations et ces désoxydations se sont fréquemment manifestées dans mes expériences par la production d'une poudre noire
à la surface des électrodes, comme dans les expériences bien connues de M. de la Rive, sur les courants alternatifs transmis par les
liquides.

« Chacune des deux bobines dont j'ai fait usage était formée de
deux fils d'un millimètre de diamètre et d'environ 500 mètres de
longueur enroulés ensemble et parfaitement isolés l'un de l'autre,
ainsi que je m'en suis assuré plusieurs fois. La pile était une pile de
vingt éléments de Bunsen [1]. Cinq ou six minutes suffisaient en général pour dégager trois ou quatre centimètres cubes de mélange gazeux. Enfin, dans la plupart des expériences, j'ai introduit dans le
premier circuit induit un voltamètre afin de reconnaître si le commutateur ne se dérangeait pas et ne laissait réellement passer que
des courants de direction constante.

« Il est à peine nécessaire d'ajouter qu'en disposant le commutateur de manière à laisser passer les courants inverses en arrêtant
les courants directs, les résultats des expériences sont demeurés les
mêmes. »

---

## CHIMIE.

9. — RECHERCHES SUR LA PRÉSENCE DU PLOMB, DU CUIVRE ET DE
L'ARGENT DANS L'EAU DE LA MER, ET SUR L'EXISTENCE DE CE
DERNIER MÉTAL DANS LES ÊTRES ORGANISÉS, par MM. MALA
GUTI, DUROCHER et SARZEAUD. (*Comptes rendus de l'Acad.
des Sciences,* séance du 24 décembre 1849.)

La communication que j'ai l'honneur de faire à l'Académie, en
mon nom et au nom de MM. Durocher et Sarzeaud, a pour objet de

---

[1] Le commutateur portait vingt-cinq dents sur chaque roue et faisait
environ quatre-vingt tours par minute.

faire connaître un extrait des recherches que nous avons faites sur la présence de l'argent, du plomb et du cuivre dans l'eau de mer. Ce qui nous a décidés à ces recherches, c'est un fait sur lequel deux de nous ont déjà eu l'honneur d'appeler l'attention de l'Académie. Depuis longtemps, M. Durocher et moi, nous avons fait voir que l'argent est très-répandu dans les minéraux métalliques. Son absence dans les galènes, par exemple, n'est, comme on le sait, qu'une exception ; dans les blendes et les pyrites, sa présence est très-commune. Mais comme l'eau salée peut, à la longue, transformer toutes ces substances en chlorure qu'elle dissout, nous nous sommes demandé si l'eau de la mer ne renfermerait pas de ces métaux que, sous forme de sulfures, elle rencontre dans les terrains qu'elle baigne ou recouvre. Tels sont les motifs de ces recherches ; mais nous ne les avons entreprises qu'après avoir écarté toute espèce d'illusion par un examen approfondi des réactifs et des récipients dont nous devions nous servir.

C'est par deux méthodes différentes que nous avons prouvé la présence de l'argent dans l'eau de l'Océan, puisée à quelques lieues de la côte de Saint-Malo, et nous avons contrôlé nos résultats par la recherche de ce métal dans les fucus du même parage. De tous ceux que nous avons essayé, le *serratus* et le *ceramoïdes* en sont les plus riches ; leurs cendres en contiennent au moins $^1/_{100000}$, tandis que l'eau de la mer n'en contient qu'un peu plus de $^1/_{100000000}$.

Si l'eau de la mer est argentifère, le sel marin et tous les produits artificiels qui en dérivent doivent l'être à leur tour. En effet, l'expérience nous a démontré qu'il en est ainsi. Le sel marin, l'acide muriatique ordinaire et la soude artificielle contiennent de faibles quantités d'argent. Mais la généralité du fait dépend-elle d'une loi constante ou d'un ensemble de causes variables? Nous avons cru résoudre cette question en examinant le sel gemme de la Lorraine, qui, très-probablement, représente les anciennes mers. Nous avons été assez heureux pour y trouver de l'argent. La présence de ce métal dans l'eau de la mer doit donc dépendre d'une loi constante.

Ne perdant jamais de vue notre point de départ, nous nous sommes demandé si les plantes terrestres ne s'assimileraient pas, au moyen de leurs racines, l'argent que, à l'état de dissolution, peut leur présenter l'eau souterraine. Cette eau, minéralisée par plusieurs sels, et entre autres par des chlorures, s'enrichirait d'argent, par suite de son action sur les sulfures métalliques qu'elle rencontre dans sa course. L'examen des cendres provenant d'un pêle-mêle de différentes essences ne nous a plus permis le doute sur la présence de l'argent dans les tissus végétaux. Ce dernier fait nous en indiquait un autre, à savoir la présence de ce même métal dans l'économie animale. C'est ce que nous avons cru constater, en expérimentant sur des quantités considérables de sang de bœuf.

Enfin, il nous restait à rechercher dans les végétaux anciens un nouveau témoignage de l'extrême diffusion de l'argent et de son indépendance de toute cause accidentelle ou inhérente au monde moderne. Nous avons donc examiné la cendre de la houille, et, nous devons le dire, la présence de ce métal ne nous y a pas paru aussi bien démontrée que dans les cendres des végétaux modernes.

Après plusieurs tentatives inutiles, nous avons renoncé à rechercher directement le plomb et le cuivre dans l'eau de la mer; mais néanmoins, nous nous sommes convaincus qu'ils s'y trouvent, en examinant plusieurs espèces de fucus. Nous avons constaté dans leurs cendres $^{18}/_{1000000}$ de plomb et un peu de cuivre : ce qui prouve que si la quantité de ces deux métaux dans l'eau de la mer est trop faible pour échapper aux réactifs, elle ne l'est pas assez pour échapper à la force assimilatrice des plantes.

En résumé, les faits principaux sur lesquels nous appelons l'attention de l'Académie sont : la présence de l'argent dans l'eau de mer, dans le sel gemme et dans les êtres organisés ; la présence du plomb et du cuivre dans certaines espèces de fucus, et par conséquent dans le milieu où ces plantes vivent.

10.—Sur la caféine, par M. Fr. Rochleder. (*Ann. der Chemie und Pharm.*, tome LXXI, p. 1.)

Dans ce mémoire, l'auteur s'est proposé d'étudier les produits qui résultent de la décomposition de la caféine sous l'influence d'une oxydation énergique, dans le but d'en tirer quelques indications sur la constitution rationnelle de ce corps.

Le procédé le plus commode pour obtenir ces produits d'oxydation consiste à faire passer un courant de chlore dans de la caféine délayée dans de l'eau, de manière à en faire une bouillie. On est averti que le chlore cesse d'agir, lorsque le liquide cesse de s'échauffer par le passage de ce gaz. On concentre alors ce liquide par l'évaporation dans une capsule au bain-marie ; il se dégage du chlore libre, beaucoup d'acide chlorhydrique, et une substance volatile, douée d'une odeur désagréable, qui excite au plus haut degré le larmoiement et des douleurs de tête. M. Rochleder n'a pu isoler ce corps volatil du chlore et de l'acide chlorhydrique qui l'accompagnent.

Lorsque le liquide est suffisamment concentré, il laisse déposer des cristaux qu'on purifie par des lavages à l'eau froide et avec de l'alcool absolu ; la substance qui se sépare ainsi est un acide faible que l'auteur appelle *acide amalique*. Il est transparent et incolore, presque insoluble dans l'alcool absolu, fort peu soluble dans l'eau froide, un peu dans l'eau chaude. Il forme avec la baryte, la potasse et la soude, des combinaisons qui offrent une couleur d'un bleu de violette foncé ; l'ammoniaque le colore en violet et le transforme en une substance qui offre l'apparence de la murexide, mais qui en diffère cependant à plusieurs égards. Sous l'influence de la chaleur il fond, se colore en jaune, puis en brun, et se volatilise en ne laissant qu'une trace de résidu charbonneux, mais il se décompose en dégageant de l'ammoniaque, un corps huileux et un corps cristallin. Il produit sur la peau des taches rouges offrant une odeur désagréable comme l'alloxane ; il réduit les sels d'argent et en précipite des flocons noirs d'argent métallique comme l'alloxantine. Cet acide supporte une température de 100° sans perdre d'eau, son analyse s'accorde bien avec la formule :

$$C^{12} H^7 Az^2 O^8.$$

Le liquide dont l'acide amalique s'est séparé par cristallisation, étant concentré de nouveau jusqu'à un faible volume, fournit par le refroidissement une masse cristalline dont on sépare par la pression une eau mère visqueuse. Ces cristaux, purifiés par de nouvelles cristallisations dans l'eau ou dans l'alcool, constituent un chlorhydrate d'une base organique; ils donnent avec le chlorure de platine un abondant précipité jaune. Ce sel double peut être purifié par dissolution dans l'eau bouillante et cristallisation ; il se présente alors en cristaux grenus et éclatants, d'un beau jaune, qui prennent par la chaleur une couleur de cinnabre et redeviennent jaunes par le refroidissement. Leur analyse conduit à la formule :

$$C^2 H^4 Az, Cl H + Pt Cl^2.$$

La base organique qui y est contenue est donc représentée par

$$C^2 H^4 Az,$$

l'auteur lui a donné le nom de formyline, parce qu'on peut la considérer comme une combinaison copulée d'ammoniaque et de formyle

$$C^2 H + Az H^3.$$

Comparant la composition de la caféine à celle des produits d'oxydation que nous venons de signaler, l'auteur en conclut que cette base sous l'influence de l'oxygène et de l'eau a dû former du cyanogène, de la formyline et de l'acide amalique, comme l'exprime l'équation :

$$C^{16} H^{10} Az^4 O^4 + 3 O + HO = C^2 Az + C^2 H^4 Az + C^{12} H^7 Az^2 O^8.$$

La présence du cyanogène dans la caféine est rendue probable par la formation des cyanures qui prennent naissance lorsqu'on fait agir sur cette base les alcalis caustiques, tandis que d'autres alcalis organiques, comme la quinine, la cinchonine, la morphine, la pipérine n'en produisent point. Ce cyanogène se retrouverait probablement dans le produit volatil doué d'une odeur si irritante, dont nous avons parlé plus haut.

11. — DE LA PRÉSENCE DE L'ACIDE HIPPURIQUE DANS LE SANG,
par MM. F. VERDEIL et Ch. DOLLFUS. (*Comptes rendus de
l'Acad. des Sc.*, séance du 24 décembre 1849.)

Nous avons l'honneur de communiquer à l'Académie un des résultats des recherches que nous avons entreprises sur le sang. Nous
avons constaté la présence de l'acide hippurique dans le sang de
bœuf; le sang qui a servi à nos expériences a été recueilli par nous-
mêmes à l'abattoir, les expériences ont été répétées sur le sang de
plusieurs bœufs, et toujours nous y avons constaté la présence de
l'acide hippurique. Nous sommes parvenus à isoler complétement
cette substance du reste du sang, et nous avons pu l'étudier avec
soin. N'ayant pas obtenu assez de substance pour en faire une analyse élémentaire, nous avons pu cependant nous assurer que cette
substance était bien la même que celle qu'on rencontre dans l'urine
des herbivores, et qu'on appelle *acide hippurique*, d'abord par la
forme des cristaux vus au microscope, ensuite par leur insolubilité
dans l'eau froide, leur solubilité dans l'eau chaude, l'alcool et l'é-
ther ; cette substance fond par la chaleur et se décompose en répandant l'odeur caractéristique de la résine de benjoin. Le procédé
dont nous nous sommes servis pour isoler cette substance, se rattachant à la méthode générale qui nous guide dans notre analyse
du sang, nous l'exposerons quand nous aurons terminé nos recherches.

------

## MINÉRALOGIE ET GÉOLOGIE.

12. — SUR LA LIMITE DES FORMATIONS CRAYEUSES, par M. DE
BUCH. (*Acad. des Sciences de Berlin*, 22 mars 1849.)

M. Boué a considéré la faible hauteur polaire à laquelle atteignent
les formations crayeuses, surtout si on les compare aux terrains jurassiques et aux terrains paléozoïques, comme étant l'action la plus
ancienne de l'influence climatérique de la faune du monde primitif.

M. de Buch cherche à confirmer cette idée en examinant la distribution géographique des terrains crétacés. La latitude la plus élevée
du monde entier où l'on ait trouvé la craie, est, d'après M. For-
chammer, le voisinage de Thiotedt en Jutland (environ 57° de latitude). En Angleterre, la craie ne dépasse pas le cap Flamborough
(54°) et l'île de Rathlin (Irlande). En Russie on la trouve à la latitude de Grodno (54°), puis elle s'abaisse à un demi-degré au sud
de Moscou et passe par le Caucase. On l'a trouvée sur les bords
de l'Oural au sud d'Orenbourg (51° ¹/₂); elle paraît manquer en
Sibérie.

Dans les États-Unis, la craie atteint à peu près le 40° degré (au
sud de New-York). Dans le Tennessée et le Kentucky le 37° degré,
et dans l'ouest de l'Amérique le 50° degré. Il paraît que l'on n'y
trouve que les formations de craies comprise entre la craie de
Maestricht et le gault. Dans les environs de Santa-Fé de Bogota
on trouve les étages mitoyens de la craie. Les étages supérieurs se
voient dans les environs de Copiapo, de Coquimbo et au delà du
lac de Titicaca.

M. Tschudi a trouvé sur le versant oriental des Andes, entre
Oraja et Yanti, des coquilles néocomiennes. Dans l'Amérique du
nord, les formations de craie sont horizontales et consistent en argile, sable et autres masses peu compactes, tandis que dans l'Amérique du sud on ne voit que des calcaires noirs ou des grès solides,
comme le prouve le cône du volcan de Maypo qui est formé, jusqu'aux deux tiers de sa hauteur, par de la craie riche en fossiles.
La craie est séparée des Pampas par une chaîne de schiste dévonien. Dans tout le Brésil, la Plata, le Paraguay, la Bolivie elle
n'existe pas. M. Darwin l'a retrouvée au détroit de Magellan (53°
de latitude sud), de 3 degrés plus élevée qu'au Missouri; elle ne
paraît pas s'étendre au delà. Les influences polaires semblent
donc s'être opposées au développement des terrains crétacés vers
les pôles.

12. — Sur la structure géologique des Alpes, des Apennins et des Carpathes, et particulièrement sur les preuves d'un passage des terrains secondaires aux terrains tertiaires et sur le développement des dépôts éocènes dans le sud de l'Europe : Conclusions, par sir R.-J. Murchison. (*Quarterly Journal of the Geolog. Soc. of London,* tome V, page 307.)

Quoique nous ayons déjà rendu compte d'une partie de cet intéressant mémoire (*Archives,* tome X, 134, 237), nous donnons ici les conclusions par lesquelles l'auteur le termine. Il récapitule de la manière suivante les principaux points qu'il a discutés, et il indique l'ordre des formations dans leur état normal et les dérangements auxquels elles ont été soumises dans les Alpes, les Carpathes et les Apennins.

1° Quoiqu'il existe évidemment des terrains silurien, dévonien et carbonifère dans les Alpes orientales, le groupe paléozoïque de l'Europe méridionale ne présente aucune trace du système permien de l'Europe septentrionale.

2° Au-dessus des roches paléozoïques des Alpes orientales, et particulièrement dans le sud du Tyrol, on voit le trias caractérisé par les fossiles ordinaires du muschelkalk et par beaucoup d'espèces particulières à la zone alpine de ce système : aucun de ces fossiles n'a été reconnu dans les Alpes occidentales.

3° Le terrain jurassique des Alpes et des Apennins se compose de deux formations calcaires distinctes; l'inférieure se rapporte au lias et à l'oolite inférieure, la supérieure à l'oxfordien.

4° Le système crétacé du sud de l'Europe est composé de calcaire néocomien noir et subcristallin équivalent en grande partie au grès vert inférieur de l'Angleterre, d'une couche contenant plusieurs des fossiles du grès vert supérieur, et d'un calcaire rouge, gris et blanc, avec inocérames représentant la craie.

5° Là où la succession des roches est complète et non interrompue dans les Alpes et dans les Apennins, on observe un passage insensible minéralogique et zoologique entre les roches crétacées et la formation nummulitique. Dans cette formation, ainsi que dans les grandes masses de flysch ou macigno qui y sont intercalées ou qui la recouvrent, le caractère secondaire disparaît et la faune tertiaire éocène commence à paraître.

6° La présence de nombreux fossiles, et particulièrement des nummulites et des échinodermes, a fait reconnaître que ce groupe éocène s'étend depuis la Méditerranée au travers de l'Egypte, l'Asie Mineure et la Perse jusqu'à l'Hindostan, et que là il occupe une large région qui limite au nord et à l'ouest les possessions anglaises dans les Indes.

7° Les noms de grès des Carpathes et de grès de Vienne, comme ceux de flysch et de macigno, ont été donnés soit à des roches secondaires, soit à des roches tertiaires, mais dans les Carpathes et dans les Alpes, les parties de ces terrains qui contiennent des nummulites, ainsi que certaines roches qui les recouvrent, appartiennent au terrain tertiaire éocène.

8° La formation crétacée et la formation éocène nummulitique des Alpes ont été successivement déposées sous la mer et soumises depuis à des dislocations communes, dans lesquelles les couches les plus jeunes paraissent souvent plonger sous les couches plus anciennes.

9° Le seul caractère général d'indépendance dans la formation des Alpes du nord est celui qui est montré dans la grande rupture ou hiatus qui sépare les couches éocènes nummulitiques et de flysch, de celles plus récentes de molasse et de nagelfluhe.

10° Quel que soit le nom donné à la molasse marine de la Suisse, qu'on la nomme nouveau miocène ou pléocène ancien, elle présente une grande proportion de coquilles marines d'espèces vivantes, tandis que les couches d'origine terrestre qui lui sont associées ou qui la recouvrent, et qui sont aussi fréquemment appelées molasse, contiennent des formes éteintes ; par conséquent la même dénomination ne peut être appliquée aux couches tertiaires marines et aux couches terrestres.

11° Quoique sur le flanc méridional des Alpes vénitiennes le groupe nummulitique éocène soit recouvert par un terrain tertiaire plus jeune, également relevé avec une forte inclinaison, et ayant une direction parallèle à la chaîne des Alpes, il est à présumer que les chaînes parallèles extérieures (Bassano, Asolo) n'ont été produites qu'après le principal soulèvement qui a redressé les roches secondaires et éocènes, et qui, en plusieurs endroits, a laissé les dernières sur le sommet des Alpes.

12° Malgré ces dislocations locales, le nord de l'Italie montre un passage successif de l'éocène supérieur ou miocène inférieur aux couches subapennines, dans lesquelles les coquilles ne peuvent se distinguer de celles qui vivent maintenant.

13° Depuis l'émersion de tous les dépôts marins pléocènes et plus jeunes, et depuis qu'ils se sont ajoutés aux terres qui existaient avant cette émersion, les oscillations que les côtes de l'Italie ont supportées, particulièrement pendant la période historique, sont les restes de cette énergie souterraine qui s'est exercée avec une si grande intensité pendant la période où s'élevaient les Alpes, les Apennins et les Carpathes.

------

**13. — TABLEAUX PHYSIONOMIQUES DE LA VÉGÉTATION DES DIVERSES PÉRIODES DU MONDE PRIMITIF, par le prof. UNGER.**

M. le professeur Unger, actuellement à l'Université de Vienne, est célèbre par ses travaux sur les végétaux vivants et fossiles. Il publie maintenant une espèce de résumé graphique qui mérite d'attirer l'attention non-seulement des hommes spéciaux, mais encore celle du public en général. Il s'agit d'une suite de tableaux représentant d'après les données de la science le caractère de la végétation aux diverses époques géologiques. Avec l'aide d'un habile artiste, M. Unger a composé, non pas des tableaux systématiques, mais de vrais paysages d'une grande beauté, dans lesquels il a eu égard à toutes les circonstances connues et présumées en rapport avec son sujet; non-seulement il tient compte des genres de végétaux, mais aussi des conditions atmosphériques et climatologiques, du caractère des terres et des mers aux époques anciennes, ainsi que des animaux terrestres et des animaux marins de chaque époque, mais en petit nombre, afin de ne pas surcharger les tableaux.

C'est ainsi que l'époque carbonifère nous présente le clair-obscur d'une forêt de fougères arborescentes dans une contrée basse et marécageuse, sous un ciel chargé de vapeurs et d'humidité; aucun animal terrestre ne trouble par sa présence la tranquillité de cette antique solitude.

L'époque du grès rouge nous montre les éruptions porphyriques avec volcans sous-marins dans une mer agitée et tumultueuse, qui ronge les côtes d'une terre où se trouvent épars quelques représentants de cette singulière flore primitive déjà très-modifiée.

L'époque jurassique ou oolitique nous transporte sur la plage d'un récif de coraux entourant une vaste baie, et se prolongeant au loin en forme d'étroites lagunes de terre garnie de palmiers. Cette nature rappelle les scènes des archipels corralliens de la Mer du Sud, si bien décrites par M. Darwin. Les formes élégantes de diverses fougères et d'autres végétaux semblables entremêlés de quelques conifères, ornent le rivage, tandis que la mer est animée par la présence de sauriens.

L'époque crétacée présente pour la première fois des végétaux dycotilédones, qui prennent un plus grand développement dans la période tertiaire inférieure (éocène), où l'on se trouve pour la première fois transporté loin des mers à l'intérieur d'une terre ferme. Le tableau représente une vallée large et étendue, son fond est occupé par une rivière bordée de prairies, où broutent des troupeaux de paléothériums, puis viennent des forêts qui se perdent au loin, tandis que le devant de la scène présente quelques espèces de plantes qui en complètent le caractère tropical.

La période tertiaire supérieure nous éloigne des tropiques en nous plaçant sous une zône plus tempérée, quoique encore favorable à la présence des palmiers, mais c'est surtout l'époque diluvienne qui est fortement caractérisée. On se trouve ici transporté au versant septentrional des Alpes tyroliennes, un grand glacier débouchant d'une petite vallée transversale vient se terminer sur la plaine bavaroise, et abreuver de ses eaux des hordes de bisons guettés par

quelques ours et par quelques hyènes, terribles habitants des cavernes. Les cimes neigeuses des hautes Alpes, cachées en partie
par les chaînes calcaires qui les flanquent, se voient cependant dans
le fond du tableau, et couronnent majestueusement le paysage. La
végétation est celle qui se voit actuellement dans ces lieux. Les arbres et broussailles ordinaires recouvrent la plaine, et d'épaisses
forêts de sapins tapissent le flanc des montagnes jusqu'à une certaine hauteur. Afin de compléter l'ensemble de cette histoire de la
création, un dernier tableau est consacré à l'époque actuelle, son
caractère principal est tiré de la présence de l'homme. Il représente
une forêt vierge de la zone tempérée chaude, et les premiers hommes admirant le soleil levant Ce qui n'a été que superficiellement
esquissé ici, est traité plus soigneusement, quoique d'une manière
très-succincte, dans un texte explicatif publié séparément en français et en allemand, et qui aura environ une soixantaine de pages
in-8°. Les tableaux, lithographiés à Munich et d'une belle grandeur (45 centimètres sur 31, sans les marges), seront au nombre
de quatorze, représentant les époques suivantes :

1° Epoque de transition (primaire de quelques auteurs). 2° et 3°
E. carbonifère (deux tableaux dont l'un est destiné plus particulièrement à représenter la formation de la houille). 4° E. du grès rouge.
5° E. du grès bigarré. 6° E. du calcaire conchylien. 7° E. du keu-
per (marnes irisées). 8° E. oolitique. 9° E. du weald. 10° E. crétacée. 11° E. éocène (calcaire grossier de Paris). 12° E. miocène
(molasse). 13° E. diluvienne (erratique). 14° E. actuelle, apparition du genre humain, commencement des temps historiques.

(Le prix de l'ouvrage ne dépassera pas 50 fr.; on souscrit chez
l'auteur, chez M. Schimper à Strasbourg, et chez M. Minsinger, li-
thographe, à Munich.)

14. — Sur l'action de l'acide carbonique sur les plantes des mêmes familles que les végétaux fossiles du terrain houiller, par le professeur Daubeny (*Association Britannique*. Birmingham, septembre 1849).

L'appareil pour ces expériences était construit de manière à ce qu'il y eut toujours un excès d'acide carbonique, ainsi les plantes et les animaux exposés étaient soumis à la même quantité. Les résultats de ces expériences sont les suivants : 1° Une quantité d'acide carbonique qui n'excède pas 5 pour cent, ne paraît pas être nuisible aux fougères et aux pelargonium ; 2° si la quantité s'élève à 20 pour cent, elle nuit aux plantes qui leur sont exposées ; 3° on n'a pas trouvé que la quantité d'oxygène rejetée par les plantes fût augmentée par la quantité d'acide carbonique ; 4° en exposant des animaux à l'action de l'acide carbonique, on trouve que les grenouilles et plusieurs poissons pouvaient vivre dans une atmosphère chargée de 5 pour cent d'acide carbonique. L'auteur déduit de ces expériences, qu'on ne peut faire aucune objection à la théorie d'une plus grande proportion d'acide carbonique répandu dans l'atmosphère dans les premières époques de l'histoire du globe qu'à l'époque actuelle.

M. Austin est d'une opinion opposée, il combat la théorie proposée par M. Brongniart, d'une grande quantité d'acide carbonique répandu dans l'atmosphère, il ne la croit pas nécessaire pour expliquer la végétation de l'époque houillère. Il ne pense pas que la température de la Grande-Bretagne ait changé depuis cette époque, car on a trouvé dans le terrain houiller de ce pays peu de fruits de fougères, tandis que les couches plus au sud en présentent, et que les fougères tropicales ne peuvent fructifier à des températures basses.

15. — Sur les empreintes de pas d'un reptile dans le vieux grès rouge, aux environs de Pottsville, en Pensylvanie, par M. Lea (*Association Britannique*, Birmingham, 1849).

Ces empreintes de pas ont été découvertes par l'auteur dans la gorge de Schuylkill, située dans la montagne nommée Sharp, près de Pottsville, sur une dalle de grès qui présentait aussi des empreintes du clapotage des vagues et de gouttes de pluie. Elles consistent en dix empreintes, formant une ou deux rangées, chaque empreinte de pied était double, parce que dans la marche de l'animal le pied de derrière s'est marqué dans l'empreinte du pied de devant, même un peu plus en avant.

Les pieds de devant ont cinq doigts, dont trois portent des ongles ; la longueur de chacune de ces doubles impressions est de 4 pouces $^1/_2$, sa largeur est de 4 pouces ; la largeur extérieure de la double empreinte est de 8 pouces, la longueur du pas est de 13 pouces ; l'empreinte du *traînement* de la queue est évidente, elle gâte parfois les empreintes des pas. Ces empreintes ressemblent à celle de l'alligator, et ont quelque rapport avec celle du cheirotherium du nouveau grès rouge. M. Lea propose de le nommer *Sauropus primœrus*.

Le grès qui présente ces empreintes est à environ 8500 pieds au-dessus de la partie supérieure de la formation houillère, où le docteur King a dernièrement découvert les empreintes de pas d'un quadrupède reptile dans l'Amérique occidentale.

M. Lyell rappelle qu'il y a peu de temps encore, on ne connaissait au-dessous du système permien aucune trace d'animaux à respiration aérienne d'une organisation supérieure à celle des insectes. Maintenant M. Gelvfurt a découvert deux reptiles dans le terrain houiller de Trèves. M. Lyell considère les grès décrits par M. Lea comme appartenant réellement au vieux grès rouge.

16. — SUR LES RAPPORTS GÉNÉRAUX QUI EXISTENT DANS LE SUD
DU STAFFORDSHIRE, ENTRE LE NOUVEAU GRÈS ROUGE, LE
TERRAIN HOUILLER ET LE TERRAIN SILURIEN, par M. J. JUKES.
(*Association Britannique pour l'avancement des sciences.*
Birmingham, septembre 1849.)

Les couches situées en Angleterre au-dessous du nouveau grès
rouge, ont une si grande importance industrielle, qu'il y a un haut
intérêt à examiner leur nature et leur position. Le nouveau grès
rouge occupe d'une manière uniforme une grande partie de l'Angleterre, tandis qu'au-dessous se trouvent des terrains houillers
plus ou moins disloqués. Dans le centre de l'Angleterre, le premier
de ces terrains forme une grande plaine, mais le second se trouve
en bassins isolés sur ces bords, tels sont surtout ceux du Leices-
tershire, du Warwikshire et du sud du Staffordshire.

Les recherches de l'auteur sont dirigées dans le but de s'assurer
si les limites du terrain houiller sont des failles, dans ce cas il y
aurait chance de trouver la houille en dessous de toute la plaine de
nouveau grès rouge, ou si ces limites doivent être considérées
comme d'anciennes falaises et d'anciens talus causés par dénudation,
alors il serait probable que le terrain houiller a été en grande partie
ou peut-être entièrement détruit dans les intervalles qui séparent
les bassins houillers actuels avant le dépôt du nouveau grès rouge.
Les recherches de M. Murchison et celle du *Survey* géologique, ont
montré que les trois terrains stratifiés du sud du Staffordshire, savoir le nouveau grès rouge, le terrain houiller et le terrain silurien
sont à stratification discordante.

Après avoir donné des détails dans lesquels nous ne pouvons point
entrer, l'auteur arrive aux conclusions suivantes : 1° Que les roches
siluriennes ont été enlevées par dénudation avant le dépôt du terrain houiller. 2° Qu'il y a eu des mouvements et des dénudations
dans le terrain houiller, qui dans quelques localités l'ont entièrement détruit avant le dépôt du nouveau grès rouge. 3° Qu'à la suite
du dépôt de nouveau grès rouge, il y a eu un très-grand mouve-

ment qui a donné à ces terrains leur inclinaison, et y a formé des failles. 4° Que les limites du terrain houiller du Staffordshire méridional présentent des exemples de trois espèces différentes de rapport entre le terrain houiller et le nouveau grès rouge, savoir : en stratification concordante ; par faille, et enfin par la destruction du terrain houiller, ce qui a mis le terrain du nouveau grès rouge en contact avec le terrain silurien. Cependant il y a une assez grande probabilité que la partie la plus large de la plaine du nouveau grès rouge cache un terrain houiller important, qui se trouverait à 500 ou 600 *yards* au-dessous de la surface du sol.

---

17. — SUR LA PRESENCE DU FLUOR DANS LES EAUX DE LA MER D'ALLEMAGNE, DU GOLFE DU FORTH ET DU GOLFE DE LA CLYDE, par M. G. WILSON. (*Association Britannique*. Birmingham, septembre, 1849.)

L'auteur a reconnu la présence du fluor : 1° dans les eaux du golfe de Forth, à Jappa, à trois milles environ d'Edimbourg ; 2° dans les eaux du golfe de la Clyde, cependant en plus faible quantité que sur la côte orientale ; 3° dans l'incrustation de la chaudière d'un bateau à vapeur qui navigue entre Leith et Wick, c'est-à-dire dans la Mer d'Allemagne ; 4° Dans des cendres de plantes marines. Déjà en 1846 M. Middleton avait reconnu la présence du fluor dans la coquille de mollusques marins ; M. Silliman, dans les coraux pierreux, et M. Forchhammer dans les eaux de la mer dans les environs de Copenhague. En prenant en considération tous ces faits, l'auteur affirme que le fluor doit prendre place parmi les éléments constitutifs de l'eau de la mer.

## ANATOMIE ET PHYSIOLOGIE.

18. — SUR LES RAPPORTS DU SYSTÈME LYMPHATIQUE AVEC LE SYSTÈME SANGUIN, par M. RUSCONI. (*Comptes rendus de l'Acad. des Sciences*, 10 septembre 1849.)

Il résulte des expériences de M. Rusconi, que les vaisseaux lymphatiques forment un réseau très-distinct du système vasculaire, mais pouvant communiquer avec lui par porosité.

Chez les taupes et les couleuvres, la matière injectée dans le canal thoracique passe facilement dans l'oreillette droite, mais cela n'a jamais lieu directement dans les salamandres et les grenouilles, et si l'injection arrive dans les veines, ce n'est jamais que par endosmose, telle est du moins la conséquence qui résulte du mode d'expérimentation suivi par M. Rusconi.

---

19. — DES EFFETS PRODUITS PAR LA BILE SUR LES GLOBULES DU SANG, par M. PAPPENHEIM. (*Comptes rendus de l'Acad. des Sciences*, 10 septembre 1849.)

Il résulte des observations de M. Pappenheim, que les globules du sang éprouvent bien quelques changements dans la bile et autres réactifs, mais ils ne s'y dissolvent point comme on le prétendait ; le noyau au contraire persiste toujours.

En terminant, M. Pappenheim fait remarquer que, sous l'influence des réactifs, le sang vivant observé au microscope se comporte tout autrement que le sang mort.

---

20. — STRUCTURE ET PHYSIOLOGIE DES VALVULES DE L'AORTE ET DE L'ARTÈRE PULMONAIRE, par M. MONNERET (*Comptes rendus de l'Acad. des Sc.*, 18 octobre 1849.)

Il résulte des observations de M. Monneret, que les valvules sygmoïdes sont pourvues de muscles distincts, qui ont pour but soit de relever les valvules et de les rapprocher de la paroi artérielle, soit de les abaisser. Les fibres de ces muscles sont cylindriques et entièrement lisses, comme les fibres des muscles qui sont mus par la volonté.

Nous ferons remarquer que M. Magendie, en réponse à cette note, déclare ne pas pouvoir admettre la présence de pareils muscles, qui seraient, selon lui, une véritable superfétation, l'abaissement et le relèvement des valvules s'expliquant très-bien par la pression ascendante et descendante du sang.

21 — NOTE SUR L'AUGMENTATION DE LA FIBRINE DU SANG SUR LA CHALEUR, par M. MARCHAL. (*Comptes rendus de l'Acad. des Sc.*, 20 août 1849.)

Il est reconnu en pathologie que la fibrine du sang augmente assez considérablement dans les inflammations ; il était intéressant de savoir quelle pouvait être la cause de cette modification. Il semble résulter des expériences de M. Marchal, que l'augmentation de température en est une des causes principales. En effet, il a trouvé que du sang coagulé à chaud et à froid dans des vases clos, présentait à l'analyse chimique des différences très-appréciables dans la quantité de fibrine, et que cette quantité variait proportionnellement à la température à laquelle on expérimentait. Toutefois M. Marchal a trouvé aussi qu'à une température de 75° centigrades la fibrine disparaissait complétement.

En terminant, M. Marchal fait remarquer qu'il n'a pas examiné aux dépens de quel principe cet excès de fibrine était formé, il pense, sans en être certain, qu'il doit son origine à l'albumine.

## ZOOLOGIE ET PALÉONTOLOGIE.

**22. — Notice sur un cirripède perforant.** (*Annals and Mag. of Nat. hist.*)

M. Albany Hancok a communiqué à l'assemblée des naturalistes de Tyneside, Field Club, un mémoire sur un cirripède perforant qu'il avait découvert récemment sur la côte voisine. Cet animal offre de l'intérêt, non-seulement à cause de son habitude spéciale de s'enfouir dans la coquille des mollusques, mais encore par sa forme, qui s'éloigne complétement de tous les types connus de cette classe. Quoique dépourvu d'enveloppe dure, l'animal n'est exposé dans aucune de ses parties, et ne montre que deux lèvres qui ferment une petite ouverture étroite placée à fleur de la substance dans laquelle le cirripède est caché.

---

**23. — Sur les limites que la nature met a la trop grande abondance des insectes,** par M. G. Frauenfeld. (*Bericht der Naturwiss. Freunde.* Wien, t. V, p. 169.)

Tout le monde connaît l'inégalité qui existe entre les quantités annuelles des chenilles ou des autres insectes nuisibles. M. G. Frauenfeld recherche les causes de cette irrégularité, et il attribue une grande influence à l'inégale proportion des sexes. Lorsque les femelles prédominent, l'année suivante l'espèce est très-abondante; mais comme si la nature ne permettait jamais un désordre permanent, l'équilibre se rétablit et les mâles sont à leur tour plus nombreux, ce qui réduit l'espèce à des proportions infiniment plus faibles.

Une autre cause consiste dans les maladies contagieuses qui, suivant les années, s'attachent à certaines espèces et épargnent les autres. M. Frauenfeld a fait, à cet égard, des expériences nombreuses sur des individus élevés dans des serres et ailleurs.

Les variations de température, l'absence ou la présence de la neige, l'abondance inégale des oiseaux insectivores sont aussi des motifs d'irrégularité. Il faut aussi ajouter une cause très-active négligée par M. Frauenfeld, c'est l'inégal développement des ichneumons et autres insectes parasites qui, lors d'une apparition nombreuse de chenilles, trouvant une facilité extraordinaire pour leur développement, augmentent de nombre et détruisent ainsi l'espèce nuisible.

24. — NOTE SUR UNE LARVE D'ŒSTRIDE QUI VIT SOUS LA PEAU DU CHEVAL, par M. JOLY. (*Comptes rendus de l'Acad. des Sc.*, 1849, 23 juillet.)

On sait que le cheval est attaqué par plusieurs larves d'œstrides qui vivent, soit dans son estomac, soit dans ses intestins, on ne lui connaissait aucun parasite de ce genre, qui se développât à l'extérieur, comme cela a lieu pour le bœuf. M. Joly a trouvé, dans des tumeurs formées sur des chevaux, une larve de diptère appartenant à une espèce nouvelle du genre *Hypoderma* (le même qui fournit le parasite du cuir du bœuf). Ce savant zoologiste, qui a pu l'observer avec soin, en donne une description complète : elle est blanche, ayant une longueur de 9 à 10 millimètres ; la face inférieure de son corps est convexe, contrairement à la forme habituelle, ce qui lui est très-utile pour qu'elle puisse vivre dans la cavité sphérique dans laquelle elle habite.

Cette larve se trouve sur les chevaux qui ont séjourné dans les pâturages pendant les mois de juillet et d'août, et sa présence détermine, surtout vers la région rachidienne, de la croupe au garrot, de gros boutons qui varient de grosseur d'une lentille à celle d'une petite noisette, ils sont remplis de pus qui doit sans doute lui servir de nourriture. Elle vit encore onze mois dans la peau du cheval, puis elle en sort par un petit trou qui est au sommet de la tumeur, pour aller se cacher dans la terre où elle se change en nymphe.

**25. — Résumé d'un mémoire sur les pycnogonides, par M. Dujardin. (*Comptes rendus de l'Acad. des Sciences*, 9 juillet 1849.)**

Les pycnogonides présentent, d'après les observations de M. Milne Edwards, le fait remarquable d'un intestin très-divisé, qui envoie des prolongements dans les pattes de l'animal, voici de nouveaux détails sur l'organisation de ces articulés peu connus.

Les ovaires sont logés dans le quatrième article de chaque patte, et les ovules prennent naissance sur un placenta linéaire étendu le long de la face antérieure du quatrième article, les œufs sont expulsés par un petit orifice situé vers le deuxième article ; chez les mâles, l'organe préparateur, logé dans le quatrième article, est muni vers son extrémité d'une pointe tronquée et d'un canal excréteur.

Pour les organes de la déglutition, on trouve que le premier segment du corps est terminé par un orifice buccal triangulaire, muni de trois appareils dentaires, un sur chaque face du prisme, ces appareils sont mus par une foule de fibres musculaires qui permettent au pharynx qui se trouve derrière, et qui a la forme d'un prisme triangulaire, de produire un vide dans lequel se précipitent les sucs dont cet articulé se nourrit.

---

**26. — Observations sur les foraminifères vivants, par M. W. Clarck. (*Ann. et Mag. of nat. history*, mai 1849, page 380.)**

M. Clarck conteste sous deux points de vue les opinions généralement admises sur les foraminifères. Il se fonde principalement sur des observations faites sur l'*Orthocera legumen*.

1° Il considère les foraminifères comme fixés. Leurs prétendus organes locomoteurs sont, suivant lui, des prolongements capillaires du manteau servant à la respiration et à la circulation.

2° La dernière loge est seule remplie par l'animal, et le foramini-
fère n'est point un animal agrégé ni composé de plusieurs lobes.
C'est un être solitaire, provenant d'un gemme jeté par sa mère sur
une substance marine ; il construit la première cellule dans laquelle
il vit et meurt, après avoir produit par gemmation son successeur,
qui est l'architecte de la seconde cellule. Celui-ci meurt à son tour,
après avoir produit le constructeur de la troisième cellule, et ce
procédé se répète de la même manière jusqu'à ce que le nombre
des loges ait atteint le terme fixé par la nature de l'espèce.

---

27. — Mémoire sur les facultés perforantes de quelques
espèces d'éponges du genre Cliona, et descriptions de
nouvelles espèces, par Albany Hancock Esq. (*Annals and
Mag. of nat. Hist.*, 2ᵉ série, n° 17, mai 1849.)

Ce mémoire renferme une série d'observations intéressantes sur
les éponges perforantes ; nous donnons ci-dessous un extrait des résultats les plus importants. Le seul reproche que nous puissions
adresser à M. Hancock, c'est de n'avoir pas connu ou du moins de
n'avoir pas cité les principaux travaux qui existaient sur cette matière, et entre autres ceux de M. Nardo et ceux de M. Michelin.

Les cliona ( ou vioa) abondent sur la côte du Northumberland,
toutes les pierres calcaires au niveau de la marée basse en sont
couvertes, de même que les vieilles coquilles et les nullipores. Dans
les latitudes méridionales, elles pénètrent dans les coraux. Leurs
ravages sont fort étendus et s'effectuent très-rapidement ; dès qu'elles ont attaqué une coquille, elles s'y établissent de telle sorte qu'il
ne reste bientôt qu'une mince couche extérieure, qui ne tarde pas
elle-même à être perforée de nombreux trous circulaires, seuls indices de la destruction intérieure. Si la croissance trop puissante de
la cliona ou quelque accident extérieur vient à rompre cette enveloppe amincie, tout l'édifice se détruit et la cliona périt sous les rui-
nes de son travail.

Les éponges perforantes sont une puissante barrière contre l'envahissement des dépôts calcaires. Les bancs de coraux se forment par particules et c'est aussi par particules que leur ennemi infatigable les attaque; on voit d'énormes tridacna tomber en débris, minées par les cliona, et ces petits êtres, le dernier échelon de la nature animée, font aussi crouler des rochers calcaires qui défiaient l'influence de tous les éléments. Il est difficile de décider si chaque espèce de ces parasites borne ses ravages à certaines espèces de coquilles ou de coraux, cependant le fait qu'on trouve douze espèces différentes dans une seule tridacne, semble prouver le contraire. L'huître commune en fournit trois ou quatre espèces, le *Fusus antiquus* trois. D'un autre côté, la *Cliona radiata* paraît spéciale au *Triton variegatus*, c'est aussi une seule espèce qui attaque constamment le *Murex regius*. Il est possible toutefois que ces derniers faits tiennent à l'uniformité des localités plutôt qu'à une préférence des espèces.

La plupart des éponges perforantes sont rameuses ou composées de lobes unis par des tiges très-fines, et toutes sont plus ou moins anastomosées, plusieurs sont arborescentes et d'une délicatesse admirable. Elles s'enferment toutes dans des coquilles ou autres corps calcaires, et communiquent avec l'eau, au moyen de papilles qui s'introduisent dans des trous pratiqués sur la surface de la coquille.

Dans les coquilles mortes, les papilles traversent les deux surfaces, mais dans les vivantes, elles percent rarement jusqu'à la couche la plus interne. Quand un mollusque est atteint, il dépose de la matière calcaire sur le trou, et réussit en général à exclure le parasite. Les espèces varient beaucoup de forme, et l'on peut partager les cliona en trois groupes distincts. Dans l'un, les branches presque linéaires sont fort peu anastomosées, dans le second, elles forment un réseau complet dont les éléments sont très-petits, et dont les branches sont quelquefois lobées, dans le troisième, les lobes sont grands, entassés confusément les uns sur les autres, et réunis par des tiges minces et très-courtes. Chez presque toutes les cliona, les tiges terminales sont très-ténues, et indiquent le mode de leur croissance, qui est aussi varié que leurs formes, et parfaitement fixe dans chaque espèce.

M. Hancock cherche à démontrer que, comme l'a déjà soutenu
M. Duvernoy, les cliona percent bien réellement les coquilles et
ne se bornent pas à remplir les trous formés par des anélides ou par
d'autres animaux perforants, ainsi que le pensent la plupart des zoo-
logistes. Il tire une première preuve de ce que le mode de croissance et de ramification est constant pour chaque espèce et ne dépend pas, par conséquent, de la forme d'une cavité préexistante. Il
fait observer, en second lieu, que si les cliona ne faisaient que se lo-
ger dans des cavités préparées par d'autres que par elles, on trouverait des coquilles à demi ou incomplétement remplies, fait qui ne se
présente jamais; les cliona occupent complétement les diverses
chambres et ramifications, même jusqu'au bout de leurs plus fins
rameaux, ce fait est même reconnu par le docteur Grant, qui soute-
tenait l'idée que la forme des cliona dépend de la cavité qui les
*renferme*. Il ajoutait qu'elles adhèrent si fortement à leur surface
polie, qu'on ne peut les en détacher sans les déchirer.

Une troisième preuve très-concluante est tirée de l'apparence que
revêt la surface de la coquille attaquée, vue au microscope, et qui
devient ponctuée et rugueuse, comme serait l'empreinte d'une peau
de chagrin. Cette apparence accompagne toujours les excavations
des éponges, elle diffère complétement de toutes celles que présentent d'autres trous faits par des vers ou des mollusques, et est un
caractère certain de leur présence.

M. Hancock s'applique aussi à rechercher par quel moyen les
éponges peuvent pratiquer des trous dans les coquilles ou d'autres
substances calcaires, il combat plusieurs hypothèses et entre autres
celle qui admet qu'elles agissent au moyen de quelque dissolvant, la
régularité de leurs traces est une preuve qui exclut ce procédé.
Des observations microscopiques faites avec grand soin, lui ont démontré l'existence à la surface des cliona, non-seulement de spicules silicieux, mais de grands corps cristallins qui lui paraissent être
les véritables agents perforants. Ces corps, qui résistent complétement à l'action de l'acide nitrique, sont brillants comme des joyaux,
de couleur paille, les plus grands ont $^1/_{1000}$ de pouce de diamètre ;
ils sont pour la plupart irrégulièrement hexagones, déprimés et en

forme d'écailles, robustes, plus épais au centre, leur surface supérieure est couverte de nombreuses pointes aiguës élevées, en forme de losanges, ayant chacune une base carrée légèrement élevée au-dessus de la surface commune. Outre ces corps, la surface des cliona présente une foule de petits grains cristallins aussi brillants que les autres, mais beaucoup plus variables de grandeur, la plupart anguleux, ayant une base et quelque ressemblance avec ceux en forme de losange. Les *Thoosa* présentent aussi des corps siliceux, mais d'une apparence nouvelle, ils sont groupés de manière à ressembler au fruit du mûrier ; soumis à un très-fort grossissement, ils paraissent fixés sur une membrane tubulaire distincte de l'animal. Ces corps réfractent la lumière avec autant d'éclat que les spicules. C'est à ces grains anguleux et durs que M. Hancock attribue la faculté de perforer ; il pense que le pouvoir de contraction des éponges et surtout du tissu sur lequel ils reposent, suffit largement pour les mettre en mouvement comme autant de vrilles.

Le mémoire de M. Hancock est terminé par la description de vingt-quatre nouvelles espèces qu'il a observées.

---

**28.—DES DIVERSES ESPÈCES D'HIPPOPOTAMES**, par M. DUVERNOY.
(*Comptes rendus de l'Acad. des Sc.*, 10 sept. 1849.)

M. Duvernoy, dans une précédente note, a cherché à établir que l'hippopotame d'Abyssinie et du Sénégal présentait des différences assez tranchées avec celui de Natal et du Cap, pour qu'on pût admettre deux espèces d'hippopotames et non deux variétés, contrairement à l'opinion de la plupart des naturalistes. M. Duvernoy croit maintenant pouvoir distinguer de nouveau une troisième espèce qui serait spéciale aux côtes de la Guinée, et surtout abondante sur les bords des rivières qui parcourent la colonie américaine de Liberia ; il la rapporte à l'Hippopotamus Liberensis qui a été décrit pour la première fois en 1844, par M. Morton, espèce de la grosseur d'une génisse dont le poids varierait entre 400 et

700 livres, et qui se distingue des autres par la forme et les dimensions de la tête, ainsi que par sa dentition.

---

29. — Note sur les diverses espèces d'Hipparion qui sont
enfouies a Curcuron (Vaucluse), par M. Paul Gervais.
(*Comptes rendus de l'Acad. des Sc.*, 10 sept. 1849.)

On a trouvé à Curcuron, situé au pied de la montagne du Lube-
ron, plusieurs ossements fossiles et surtout de nombreux débris appartenant au genre très-curieux de la famille des chevaux, qui est
connue sous le nom d'Hipparion.

Le genre Hipparion se distingue des chevaux diluviens par ses
pieds tridactyles, et par une île d'émail très-distincte que l'on remarque sur le côté interne des molaires, soit supérieures, soit inférieures. Il résulte des particularités que l'on trouve, soit dans les
formes, soit dans la disposition de ces petites colonnettes d'émail
dans les molaires inférieures, que l'on peut facilement établir trois
espèces d'Hipparion ; ces espèces ne diffèrent pas entre elles sensiblement par la taille, elles sont à peu près de la grandeur de l'âne
ordinaire, mais leur squelette semble annoncer des formes plus svel-
tes et plus élancées.

# OBSERVATIONS MÉTÉOROLOGIQUES ET MAGNÉTIQUES

## FAITES A L'OBSERVATOIRE DE GENÈVE

### SOUS LA DIRECTION DE M. LE PROFESSEUR E. PLANTAMOUR

#### PENDANT LE MOIS DE DÉCEMBRE 1849.

———◆●◆———

Le 2, halo lunaire de 9 h. à 9 ¹/₂ h. du soir; à 10 ¹/₂ h. du soir belle couronne
lunaire.

» 26, couronne lunaire dans la soirée.

» 28, halo lunaire à 9 h. du soir.

» 29, couronne lunaire dans la soirée.

| mil.m | Midi. mil.m | mil.m |
|---|---|---|
| 727,90 | 729,86 | 729,58 |
| 728,83 | 727,56 | 725,75 |
| 720,08 | 720,12 | 719,30 |
| 717,74 | 717,70 | 717,67 |
| 721,95 | 721,54 | 721,61 |
| 723,74 | 724,35 | 725,13 |
| 723,23 | 724,00 | 722,38 |
| 721,90 | 721,88 | 722,17 |
| 721,84 | 721,50 | 721,22 |
| 721,43 | 722,43 | 723,97 |
| 725,72 | 725,56 | 725,38 |
| 723,99 | 723,08 | 722,74 |
| 725,93 | 725,26 | 726,87 |
| 733,46 | 733,38 | 735,38 |
| 736,42 | 733,59 | 734,35 |
| 732,97 | 732,85 | 732,11 |
| 736,80 | 729,46 | 730,90 |
| 731,73 | 730,96 | 729,44 |
| 724,96 | 725,75 | 726,55 |
| 730,29 | 728,86 | 727,24 |
| 726,95 | 726,79 | 728,80 |
| 728,55 | 729,04 | 729,40 |

| 4 h. s. | 8 h. s. |
|---|---|
| 0,97 | 0,86 |
| 0,90 | 0,71 |
| 0,79 | 0,74 |
| 0,98 | 0,84 |
| 1,00 | 1,00 |
| 0,97 | 0,96 |
| 0,94 | 0,95 |
| 0,99 | 0,94 |
| 0,82 | 0,84 |

| | 1,00 | 0,49 |
|---|---|---|
| SO. 1 | | |
| variab. | 0,64 | |
| SSO 2 | 0,86 | |
| SO. 1 | 0,52 | |
| SO. 2 | 0,98 | |
| SSO. 1 | 0,94 | |
| NNE. 3 | 0,66 | |
| NE. 1 | 0,84 | |
| NNE 9 | 0,08 | |

| | |
|---|---|
| 25,5 | 24,5 |
| 23,0 | 31,0 |
| 22,5 | 25,5 |
| 26,0 | 26,0 |
| 25,0 | 24,0 |
| 25,5 | 26,0 |
| 24,0 | 23,0 |
| 27,0 | 28,7 |
| 28,0 | 28,0 |
| 27,3 | 29,5 |
| 29,0 | 27,5 |
| 27,0 | 28,0 |
| 28,5 | 28,0 |
| 28,0 | 27,0 |

## Moyennes du mois de Décembre 1849.

| | 6h. m. | 8h. m. | 10h.m. | Midi. | 2h. s. | 4h. s. | 6h. s. | 8h. s. | 10h. s. |
|---|---|---|---|---|---|---|---|---|---|

### Baromètre.

| | 6h. m. | 8h. m. | 10h.m. | Midi. | 2h. s. | 4h. s. | 6h. s. | 8h. s. | 10h. s. |
|---|---|---|---|---|---|---|---|---|---|
| ade, | 722,81 | 723,06 | 723,59 | 723,09 | 722,71 | 722,90 | 723,02 | 723,29 | 723,43 |
| » | 728,73 | 729,02 | 729,60 | 729,10 | 728,93 | 729,09 | 729,14 | 729,38 | 729,44 |
| » | 724,29 | 724,50 | 724,83 | 724,42 | 723,97 | 723,77 | 723,95 | 724,36 | 724,68 |
| s... | 725,24 | 725,49 | 725,97 | 725,50 | 725,16 | 725,21 | 725,32 | 725,63 | 725,82 |

### Température.

| | 6h. m. | 8h. m. | 10h.m. | Midi. | 2h. s. | 4h. s. | 6h. s. | 8h. s. | 10h. s. |
|---|---|---|---|---|---|---|---|---|---|
| ade, | + 0,27 | + 0,50 | + 1,54 | + 2,92 | + 3,09 | + 2,10 | + 1,46 | + 0,86 | + 0,60 |
| » | + 1,74 | + 2,34 | + 3,35 | + 4,44 | + 4,66 | + 3,75 | + 2,70 | + 2,13 | + 1,65 |
| » | - 5,05 | - 4,91 | - 4,49 | - 3,55 | - 2,69 | - 3,12 | - 3,58 | - 4,20 | - 4,26 |
| s ... | - 1,14 | - 0,85 | - 0,01 | + 1,12 | + 1,54 | + 0,88 | + 0,06 | - 0,53 | - 0,79 |

### Tension de la vapeur.

| | 6h. m. | 8h. m. | 10h.m. | Midi. | 2h. s. | 4h. s. | 6h. s. | 8h. s. | 10h. s. |
|---|---|---|---|---|---|---|---|---|---|
| cade, | 4,41 | 4,44 | 4,55 | 4,84 | 4,76 | 4,75 | 4,59 | 4,52 | 4,50 |
| » | 4,81 | 4,88 | 5,03 | 5,08 | 4,97 | 4,98 | 4,93 | 4,71 | 4,75 |
| » | 2,90 | 2,90 | 2,78 | 2,85 | 3,06 | 3,02 | 2,96 | 2,94 | 2,85 |
| s.... | 4,00 | 4,03 | 4,07 | 4,21 | 4,22 | 4,22 | 4,12 | 4,02 | 3,99 |

### Fraction de saturation.

| | 6h. m. | 8h. m. | 10h.m. | Midi. | 2h. s. | 4h. s. | 6h. s. | 8h. s. | 10h. s. |
|---|---|---|---|---|---|---|---|---|---|
| ade, | 0,94 | 0,93 | 0,88 | 0,85 | 0,83 | 0,87 | 0,90 | 0,92 | 0,94 |
| » | 0,91 | 0,89 | 0,85 | 0,81 | 0,77 | 0,82 | 0,88 | 0,87 | 0,91 |
| » | 0,92 | 0,90 | 0,85 | 0,80 | 0,81 | 0,84 | 0,84 | 0,87 | 0,84 |
| s... | 0,92 | 0,91 | 0,86 | 0,82 | . 0,80 | 0,84 | 0,87 | 0,88 | 0,90 |

| | Therm. min. | Therm. max. | Clarté moy. du Ciel | Eau de pluie ou de neige. | Limnimètre. |
|---|---|---|---|---|---|
| cade, | - 1,46 | + 4,04 | 0,85 | 11,4 | 24,4 |
| » | + 0,43 | + 5,80 | 0,84 | 9,4 | 26,5 |
| » | - 6,81 | - 1,67 | 0,88 | 2,3 | 28,1 |
| s.... | - 2,75 | + 2,58 | 0,86 | 23,1 | 26,4 |

ans ce mois, l'air a été calme 12 fois sur 100.
e rapport des vents du NE à ceux du SO a été celui de 1,13 à 1,00.
a direction de la résultante de tous les vents observés est N. 6°,5 E. et son intensité le à 8 sur 100.

# OBSERVATIONS MAGNÉTIQUES

## FAITES A GENÈVE EN DÉCEMBRE 1849.

| | DÉCLINAISON ABSOLUE. | | VARIATIONS DE L'INTENSITÉ HORIZONTALE exprimées en $^1/_{100000}$ de l'intensité horizontale absolue. | |
|---|---|---|---|---|
| Jours. | 7ʰ45ᵐ du mat. | 1ʰ45ᵐ du soir. | 7ʰ45ᵐ du matin. | 1ʰ45ᵐ du soir. |
| 1 | 18°19′,53 | 18°23′,75 | | |
| 2 | 18,04 | 22,66 | | |
| 3 | 17,29 | 20,17 | | |
| 4 | 17,10 | 21,43 | | |
| 5 | 17,71 | 20,56 | | |
| 6 | 17,76 | 20,44 | | |
| 7 | 17,61 | 19,99 | | |
| 8 | 18,34 | 20,95 | | |
| 9 | 17,14 | 20,38 | | |
| 10 | 17,36 | 21,61 | | |
| 11 | 19,45 | 21,95 | | |
| 12 | 18,60 | 22,35 | | |
| 13 | 17,71 | 21,01 | | |
| 14 | 17,42 | 19,60 | | |
| 15 | 17,46 | 23,94 | | |
| 16 | 17,75 | 20,75 | | |
| 17 | 17,65 | 19,74 | | |
| 18 | 17,75 | 22,32 | | |
| 19 | 16,96 | 19,64 | | |
| 20 | 17,86 | 23,16 | | |
| 21 | 20,21 | 20,57 | | |
| 22 | 21,10 | 24,00 | | |
| 23 | 16,44 | 22,35 | | |
| 24 | 16,59 | 23,33 | | |
| 25 | 17,16 | 22,01 | | |
| 26 | 16,21 | 20,57 | | |
| 27 | 16,21 | 22,45 | | |
| 28 | 17,28 | 21,27 | | |
| 29 | 17,82 | 23,67 | | |
| 30 | 17,61 | 20,42 | | |
| 31 | 17,43 | 20,01 | | |
| Moyennes | 18°17′,76 | 18°21′,51 | | |

# TABLEAU

### DES

## OBSERVATIONS MÉTÉOROLOGIQUES

### FAITES AU SAINT-BERNARD

### PENDANT LE MOIS DE DÉCEMBRE 1849.

Moyennes des hauteurs du baromètre et des températures observées à 6 h. et à 8 h. du matin, et à 6 h. et à 8 h. du soir :

| | 6 h. du matin. | | 8 h. du matin. | | 6 h. du soir. | | 8 h. du soir. | |
|---|---|---|---|---|---|---|---|---|
| | Barom. | Temp. | Barom. | Temp. | Barom. | Temp. | Barom. | Temp. |
| | mm | o | mm | • | mm | • | mm | o |
| 1re déc. | 558,67 | − 8,96 ; | 558,68 | − 8,68 ; | 558,79 | − 8,85 ; | 558,93 | − 8,62. |
| 2e » | 563,55 | − 5,26 ; | 563,44 | − 5,36 ; | 563,43 | − 6,00 ; | 563,60 | − 6,11. |
| 3e » | 553,97 | −17,74 ; | 554,26 | −17,44 ; | 554,10 | −17,05 ; | 554,20 | −17,43. |
| Mois, | 558,58 | −10,88 ; | 558,65 | −10,72 ; | 558,62 | −10,84 ; | 558,76 | −10,94. |

# Décembre 1849.— Observations météorologiques f
## 2084 au-dessus de l'Observatoire d

| PHASES DE LA LUNE. | JOURS DU MOIS. | BAROMETRE RÉDUIT A 0°. | | | | TEMPÉRAT. EXTÉRIEU EN DEGRÉS CENTIGRADES. | | | |
|---|---|---|---|---|---|---|---|---|---|
| | | 9 h. du matin. | Midi. | 3 h. du soir. | 9 h. du soir. | 9 h. du matin. | Midi. | 3 h. du soir. | 9 d so |
| | | mill.m. | millim. | millim. | millim. | | | | |
| | 1 | 561,05 | 561,15 | 561,07 | 561,51 | − 7,0 | − 7,3 | − 8,7 | −10 |
| | 2 | 560,40 | 560,24 | 559,37 | 558,27 | −11,9 | −12,0 | −11,0 | −11 |
| | 3 | 556,80 | 556,85 | 556,85 | 556,80 | −11,5 | −10,6 | −10,6 | −11 |
| | 4 | 556,22 | 556,39 | 556,89 | 557,24 | −10.4 | − 9.8 | −10,0 | − 9 |
| | 5 | 560,11 | 559,70 | 559,96 | 561,05 | − 8,4 | − 7,5 | − 7,6 | − 7 |
| ☾ | 6 | 560,49 | 560,37 | 560,55 | 561,57 | − 7,5 | − 6,2 | − 7,8 | − |
| | 7 | 561,17 | 560.78 | 559,87 | 559.13 | − 7,3 | − 7,0 | − 7,1 | − |
| | 8 | 558.68 | 558.40 | 558,21 | 558,15 | − 6,9 | − 5,5 | − 6,4 | − |
| | 9 | 557,65 | 557,44 | 557,06 | 557,20 | − 5,9 | − 5,4 | − 6,1 | − |
| | 10 | 557,20 | 537,20 | 557,71 | 558,49 | − 5,2 | − 5,1 | − 5,1 | − |
| | 11 | 558,41 | 558,30 | 558.08 | 558 71 | − 8,5 | − 6,6 | − 5,2 | − |
| | 12 | 557.59 | 557,21 | 557,05 | 557.43 | −10,4 | − 8,8 | − 8,7 | − |
| | 13 | 559,39 | 560,08 | 561,34 | 563.31 | − 5,6 | − 3,3 | − 5,0 | − |
| | 14 | 567,61 | 568,45 | 569,05 | 569,99 | − 5,5 | − 3,4 | − 2 0 | − |
| ● | 15 | 572,08 | 572,02 | 571,92 | 571,69 | − 0,3 | − 1,2 | 0,0 | |
| | 16 | 569,32 | 569,19 | 568,73 | 568,13 | + 0,5 | + 0,4 | − 1,6 | − |
| | 17 | 564,12 | 564.33 | 564.14 | 564,64 | − 1,5 | − 4,1 | − 5,0 | − |
| | 18 | 565,40 | 564,64 | 564,68 | 564,56 | − 5,2 | − 2,1 | − 1 0 | − |
| | 19 | 560.48 | 559,26 | 558,96 | 559,43 | − 4,9 | − 5,5 | −10,0 | −1 |
| | 20 | 560,88 | 560,54 | 558,45 | 557,95 | −12,5 | −11,5 | −12,5 | −1 |
| ☽ | 21 | 557,22 | 556,63 | 556,16 | 556,37 | −14,9 | −14,0 | −14,9 | −1 |
| | 22 | 558,00 | 558,27 | 558,57 | 559,36 | −14,8 | −11,8 | −11,7 | −1 |
| | 23 | 559,86 | 559,82 | 559,51 | 559,39 | −15,4 | −12,0 | −12,5 | −1 |
| | 24 | 559,10 | 558,96 | 558.67 | 557,93 | −17,0 | −14,9 | −15,3 | −1 |
| | 25 | 558,96 | 559,01 | 559,11 | 559,80 | −16,6 | −16,0 | −15,6 | −1 |
| | 26 | 559,04 | 558,71 | 558,11 | 557,08 | −16,5 | −15,0 | −13,0 | −1 |
| | 27 | 552,75 | 550,92 | 549,46 | 545,44 | −13,5 | −11,4 | −10.0 | −1 |
| ☉ | 28 | 542,19 | 541,13 | 540,44 | 541,02 | −19,3 | −19,0 | −19,5 | −2 |
| | 29 | 545,48 | 547,10 | 548,21 | 549,22 | −22,0 | −20,9 | −24,0 | −1 |
| | 30 | 550,21 | 550,60 | 551,00 | 552,91 | −19,6 | −20,2 | −18,5 | −2 |
| | 31 | 555,98 | 556,67 | 557,05 | 557,96 | −18,8 | −18,9 | −18,2 | −1 |
| 1 ⁱ décade | | 558,98 | 558,85 | 558,75 | 558,94 | − 8,20 | − 7,66 | − 8,03 | − |
| 2ᵉ » | | 563,53 | 563,40 | 563,24 | 563,57 | − 5,39 | − 4,61 | − 5,10 | − |
| 3ᵉ » | | 554,44 | 554,35 | 554,21 | 554,24 | −17,13 | −15,83 | −15,65 | −1 |
| Mois. | | 558,83 | 558,72 | 558,59 | 558,76 | −10,46 | − 9.57 | − 9,79 | −1 |

ernard, à 2491 mètres au-dessus du niveau de la mer, et gît. à l'E. de Paris 4° 44' 30".

| EAU de PLUIE ou de NEIGE dans les 24 h. | VENTS. Les chiffres 0, 1, 2, 3 indiquent un vent insensible, leger, fort ou violent. | | | | ÉTAT DU CIEL. Les chiffres indiquent la fraction décimale du firmament couverte par les nuages. | | | |
|---|---|---|---|---|---|---|---|---|
| | 9 h. du matin. | Midi. | 3 h. du soir. | 9 h. du soir. | 9 h. du matin. | Midi. | 3 h. du soir. | 9 h. du soir. |
| millim 20,5 n. | NE, 3 | NE, 3 | NE, 3 | NE, 3 | neige 1,0 | neige 1,0 | neige 1,0 | neige 1,0 |
| » | NE, 1 | NE, 1 | NE, 1 | NE, 0 | clair 0,0 | clair 0,0 | clair 0,0 | clair 0,0 |
| 4,2 n. | SO, 1 | SO, 1 | SO, 1 | SO, 1 | neige 1,0 | couv 1,0 | couv 0,8 | brou. 1,0 |
| 7,2 n. | SO, 2 | SO, 2 | SO, 2 | SO, 2 | neige 1,0 | neige 1,0 | brou 1,0 | brou. 1,0 |
| » | SO, 2 | SO, 2 | SO, 2 | SO, 2 | couv. 1,0 | couv. 1,0 | brou 1,0 | brou. 1,0 |
| » | SO, 1 | SO, 1 | SO, 1 | SO, 0 | brou. 1,0 | brou. 1,0 | couv. 0,9 | clair 0,0 |
| » | SO, 2 | SO, 2 | SO, 2 | SO, 2 | nuag. 0,6 | nuag. 0,6 | couv 0,8 | brou 1,0 |
| 9,3 n. | SO, 0 | SO, 0 | SO, 1 | SO, 0 | brou. 1,0 | brou. 1,0 | neige 1,0 | brou. 1,0 |
| 8,6 n. | SO, 1 | SO, 2 | SO, 2 | SO, 1 | neige 1,0 | neige 1,0 | neige 1,0 | neige 1,0 |
| 5,9 n. | SO, 1 | SO, 1 | SO, 0 | SO, 0 | neige 1,0 | couv. 1,0 | nuag 0,6 | clair 0,0 |
| » | SO, 0 | SO, 0 | SO, 0 | SO, 0 | clair 0,1 | clair 0,0 | nuag 0,3 | brou. 1,0 |
| » | SO, 1 | SO, 1 | SO, 0 | SO, 1 | clair 0,0 | clair 0,0 | clair 0,1 | clair 0,0 |
| » | SO, 1 | SO, 0 | SO, 0 | SO, 0 | nuag. 0,3 | couv 0,8 | nuag. 0,5 | clair 0,0 |
| » | SO, 0 | SO, 0 | NE, 1 | NE, 1 | clair 0,2 | clair 0,2 | clair 0,2 | clair 0,0 |
| » | NE, 1 | NE, 1 | NE, 0 | NE, 0 | couv 0,9 | clair 0,1 | clair 0,0 | clair 0,0 |
| » | NE, 0 | NE, 0 | NE, 1 | NE, 0 | couv. 0,8 | couv. 1,0 | nuag 0,6 | clair 0,0 |
| 0,9 n. | SO, 2 | NE, 2 | NE, 3 | NE, 2 | neige 1,0 | brou. 1,0 | couv. 1,0 | brou. 1,0 |
| » | NE, 2 | NE, 1 | NE, 1 | NE, 1 | clair 0,2 | nuag. 0,3 | nuag. 0,4 | clair 0,1 |
| 13,0 n. | NE, 2 | NE, 2 | NE, 2 | NE, 3 | neige 1,0 | neige 1,0 | neige 1,0 | neige 1,0 |
| 5,0 n. | NE, 3 | NE, 3 | NE, 2 | NE, 3 | brou. 1,0 | neige 1,0 | neige 1,0 | brou. 1,0 |
| 6,1 n. | NE, 3 | NE, 2 | NE, 2 | NE, 1 | neige 1,0 | brou 1,0 | brou. 1,0 | clair 0,1 |
| » | NE, 0 | NE, 0 | NE, 0 | NE, 0 | clair 0,1 | clair 0,0 | clair 0,0 | clair 0,0 |
| » | NE, 0 | NE, 0 | NE, 0 | NE, 0 | clair 0,0 | clair 0,0 | clair 0,0 | clair 0,0 |
| » | NE, 0 | NE, 0 | NE, 0 | NE, 0 | clair 0,0 | clair 0,0 | clair 0,0 | clair 0,0 |
| » | NE, 1 | NE, 1 | NE, 0 | NE, 0 | nuag. 0,6 | nuag. 0,7 | nuag. 0,5 | clair 0,0 |
| » | NE, 1 | NE, 1 | NE, 2 | NE, 1 | clair 0,0 | clair 0,0 | clair 0,0 | clair 0,1 |
| 8,2 n. | NE, 2 | NE, 1 | NE, 1 | NE, 2 | nuag. 0,5 | neige 1,0 | neige 1,0 | neige 1,0 |
| 16,2 n. | NE, 3 | NE, 3 | NE, 2 | NE, 2 | brou. 1,? | brou. 1,0 | couv. 1,0 | couv. 1,0 |
| » | NE, 3 | NE, 3 | NE, 2 | NE, 2 | brou. 1,0 | brou. 1,0 | brou. 1,0 | couv. 0,8 |
| » | NE, 0 | NE, 1 | NE, 1 | NE, 1 | nuag. 0,4 | clair 0,0 | clair 0,0 | clair 0,0 |
| » | NE, 2 | NE, 2 | NE, 2 | NE, 2 | couv. 1,0 | clair 0,0 | clair 0,0 | nuag. 0,4 |
| 07,1 — 55,7 | | | | | 0,86 | 0,86 | 0,81 | 0,70 |
| 90,2 — 29,3 | | | | | 0,55 | 0,58 | 0,51 | 0,41 |
| 31,1 — 30,5 | | | | | 0,51 | 0,43 | 0,41 | 0,31 |
| 92,9 — 115,7 | | | | | 0,61 | 0,62 | 0,59 | 0,47 |

# ARCHIVES

DES

## SCIENCES PHYSIQUES ET NATURELLES.

## RELATION

DES

### EXPÉRIENCES ENTREPRISES PAR M. REGNAULT.

1 vol. de 800 pag. in-4°, avec un vol. in-fol° de planches. 1847.

(Quatrième article[1].)

Black le premier a fait l'observation importante que dans la formation de la vapeur d'eau, il y a absorption d'une grande quantité de chaleur. Watt, Rumford, le docteur Ure, d'autres physiciens encore, et plus récemment M. Despretz et M. Brix, ont fait des travaux dans le but de déterminer cette quantité de chaleur, d'où dépend principalement la quantité de combustible qu'il faut employer pour produire de la vapeur.

Il faut distinguer dans ce sujet la *chaleur latente de la vapeur*, et ce que nous appellerons la *chaleur totale de la vapeur*. La chaleur latente c'est la quantité de chaleur qu'il faut fournir à 1 kilogramme d'eau liquide à la tem-

---

[1] Voyez *Archives des Sciences physiq. et natur.*, Janvier 1850.

pérature où elle se vaporise pour convertir cette eau en vapeur à la même température. La chaleur totale c'est la quantité de chaleur qu'il faut fournir à 1 kilogramme d'eau liquide à 0° pour la convertir en vapeur à une température déterminée. La chaleur totale se compose donc de deux parties : de la chaleur latente et de la quantité de chaleur qu'il faut fournir à l'eau pour l'élever de 0° à la température où elle se vaporise.

Rien n'indique, à priori, que la chaleur latente, ou bien la chaleur totale de la vapeur d'eau soit la même, quelle que soit la température à laquelle l'eau se vaporise, ou quel que soit son état de saturation. La plupart des expérimentateurs se sont seulement occupés du cas où la vapeur se forme sous la pression de l'atmosphère et à saturation, et ils sont arrivés à des nombres présentant plus ou moins de garanties d'exactitude. Pour des pressions variables on a proposé deux lois différentes, lois qui doivent être considérées plutôt comme des hypothèses, vu le petit nombre d'expériences qui auraient pu servir à les établir. Watt admettait *que la quantité de chaleur qu'il faut fournir à l'eau liquide à 0° pour la réduire en vapeur sous une pression quelconque est constante.* Southern, au contraire, pensait *que la chaleur absorbée dans le passage de l'état liquide à l'état gazeux est constante, et que l'on obtient la chaleur totale en ajoutant à la chaleur latente constante le nombre qui représente la température de la vapeur.*

De nouvelles expériences de Clément et Desormes, et les observations pratiques des mécaniciens semblaient confirmer la loi de Watt. Il ressortirait au contraire des travaux de Dulong et de M. Despretz que la chaleur totale croît avec la température. Cette question était donc loin

d'être résolue d'une manière satisfaisante. M. Regnault
l'a reprise, et nous allons rendre compte du mémoire dans
lequel il détermine la chaleur totale de la vapeur d'eau à
saturation sous différentes pressions.

Lorsqu'on cherche l'élément dont nous nous occupons
par la méthode des mélanges, on emploie généralement
un appareil composé essentiellement d'une cornue qui
contient le liquide dont on veut déterminer la chaleur
latente de vaporisation, et d'un calorimètre renfermant
un serpentin dans lequel le liquide vaporisé se condense ;
à la fin de l'expérience on fait écouler le liquide condensé dans le serpentin, de manière à en déterminer le
poids. On déduit de l'observation des températures initiale et finale de l'eau du calorimètre, une valeur de la
chaleur latente. Mais cette expression doit subir plusieurs
corrections, car le procédé présente diverses causes d'erreurs que nous allons énumérer.

En premier lieu, pendant le temps de la distillation, le
calorimètre perd ou gagne toujours une certaine quantité
de chaleur, soit par rayonnement, soit par contact avec
l'air ambiant. Si ce refroidissement avait lieu dans le vide
ou dans de l'air peu agité, la loi de Newton, ou celle de
Dulong, donneraient peut-être la correction qu'il faut
appliquer. Mais il n'en est pas de même si l'air est en
mouvement, surtout si l'agitation en est très-différente
dans les divers moments de l'expérience.

2º Le tuyau qui amène la vapeur de la cornue dans le
calorimètre, lui apporte nécessairement une certaine
quantité de chaleur par conductibilité, et cette correction est encore plus difficile à déterminer que la première.

3º La vapeur qui pénètre dans le calorimètre entraîne
avec elle des particules de liquide, et même en suppo-

sant que la vapeur fût sèche dans la cornue, le refroidissement qu'elle éprouve dans le col de la cornue en précipite une partie à l'état vésiculaire. Cet inconvénient
se présente surtout au commencement et à la fin de
l'expérience.

4° Dans les expériences que l'on a faites sous des pressions plus considérables que celle de l'atmosphère, en
sortant de la chaudière pour entrer dans le calorimètre,
la vapeur descendait à la pression de l'atmosphère ; cette
dilatation considérable doit nécessairement influer sur le
résultat.

5° Enfin l'eau qui s'est réunie au fond du serpentin
ne possède pas exactement la même température que l'eau
ambiante du calorimètre. Lorsque les expériences sont
faites sous la pression de l'atmosphère, on peut, il est
vrai, déterminer la différence de température au moyen
d'un thermomètre ; mais ce moyen n'est plus applicable
si la condensation de la vapeur se fait sous une haute
pression, comme cela est nécessaire pour éviter l'erreur
provenant de la dilatation de la vapeur que nous avons
signalée plus haut.

Voici comment M. Regnault est parvenu à éluder ces
difficultés ou à déterminer exactement les corrections nécessaires. Son appareil se compose d'une chaudière,
d'un condenseur, d'un système de deux calorimètres
parfaitement semblables, d'un robinet distributeur de la
vapeur, et d'un réservoir à air qui fait l'office d'atmosphère artificielle.

Le couvercle de la chaudière porte des tubes fermés·
par le bas, pénétrant à l'intérieur de la chaudière, et
dans lesquels on place des thermomètres à mercure et à
air, qui indiquent exactement la température de la va-

peur. Le tuyau par où sort la vapeur pénètre dans l'intérieur, il y fait deux tours entiers sous forme de serpentin, et son orifice est au centre de la chaudière ; de cette manière la vapeur ne peut pas entraîner de particules liquides. Pour éviter qu'il n'y ait un refroidissement de la vapeur dans son trajet de la chaudière aux calorimètres, le tube par lequel elle s'échappe est complétement entouré par un autre tube plus large qui vient s'ouvrir dans la chaudière, et qui communique directement avec le condenseur.

Le condenseur est un cylindre de tôle, communiquant avec le réservoir à air et avec le robinet distributeur.

Les calorimètres consistent en deux cylindres de cuivre rouge. La partie de ces calorimètres où la vapeur doit se condenser est composée de deux boules placées l'une au-dessus de l'autre, et d'un tube de cuivre tourné en serpentin, qui communique avec le réservoir à air. Pour chaque expérience on introduit dans les calorimètres un même volume mesuré au moyen d'un vase jaugeur. Cette eau est continuellement mélangée au moyen d'un agitateur.

Le robinet distributeur placé entre les deux calorimètres est disposé de manière à établir la communication de la chaudière, soit avec le condenseur seulement, soit avec le condenseur et l'un des calorimètres à la fois.

Une pompe foulante permet de comprimer plus ou moins l'air dans le réservoir ; la pression est exactement mesurée au moyen d'un manomètre à air libre.

Tout cet appareil, dont les pièces sont construites de manière à pouvoir supporter des pressions très-élevées, présente des dimensions considérables : ainsi la chaudière contenait 150 litres d'eau, et chaque calorimètre 65 litres.

Voici maintenant comment on conduisait les expériences. Si l'on voulait opérer sous la pression atmosphérique, on laissait le réservoir à air en communication
libre avec l'extérieur. On y comprimait au contraire, ou
l'on y dilatait l'air si l'on voulait employer de hautes ou
de basses pressions. On introduit l'eau froide dans les
calorimètres, et on chauffe la chaudière en plaçant le robinet distributeur de manière à ce que la vapeur ne pénètre ni dans l'un ni dans l'autre des calorimètres, mais
qu'elle se rende entièrement au condenseur. On fait marcher ainsi la distillation pendant trois quarts d'heure ou
une heure, pour que les pièces de l'appareil se mettent
bien en équilibre de température ; puis on observe le réchauffement qui a lieu pendant 5 minutes dans chacun
des deux calorimètres, l'eau étant continuellement agitée.
La température de cette eau est inférieure à celle de l'air,
et par conséquent elle tend à s'élever, soit par le contact
de l'air ambiant, soit par la chaleur amenée par conductibilité. On tourne ensuite le robinet distributeur, de
façon à faire arriver la vapeur à l'un des calorimètres ;
lorsqu'on juge qu'il s'y est condensé suffisamment d'eau,
on replace le robinet dans sa première position, de manière à ce que la vapeur se rende, ou entre au condenseur ; au même moment on note le temps, et l'on recommence à observer de minute en minute les températures
pendant cinq minutes, après que l'eau du calorimètre qui
a fonctionné a atteint son maximum de température. On
fait écouler l'eau condensée dans le serpentin, on mesure
immédiatement sa température avec un thermomètre très-
sensible placé dans le ballon qui la recueille, et on la
pèse. — On recommence ensuite une expérience identiquement de la même manière, mais en faisant arriver la

vapeur dans le second calorimètre au lieu du premier.

Voyons comment dans cette manière d'opérer on s'est mis à l'abri des principales causes d'erreur, et comment l'expérience fournit d'elle-même les corrections nécessaires. — La disposition du tube qui vient puiser la vapeur au centre de la chaudière, et qui y circule ensuite sous forme de serpentin, évite l'entraînement de l'eau projetée par le clapotement du liquide dans la chaudière. Du reste, ce clapotement doit être très-faible, car l'ébullition est parfaitement régulière à cause de la grande dimension du réservoir à air. La vapeur est entourée dans son trajet jusqu'aux calorimètres par une couche épaisse de vapeur, qui ne sert pas à l'expérience, et qui présente identiquement la même température, puisqu'elle est puisée dans la même chaudière.

Les perturbations qui se font généralement sentir au commencement et à la fin de l'expérience, ne se présentent plus ici. En effet, l'appareil que nous venons de décrire, diffère complétement de ceux que les autres physiciens avaient employés, en ce que l'eau distille en grande quantité de la chaudière dans le condenseur, et que ce n'est qu'une très-petite partie de la vapeur que l'on détourne pour la faire arriver dans le calorimètre. L'expérience commence lorsque la distillation dure déjà depuis longtemps, et elle finit sans que la distillation s'arrête.

Pour montrer comment on détermine les corrections que l'on doit appliquer pour le réchauffement ou le refroidissement du calorimètre par d'autres causes que la condensation de la vapeur, divisons en deux périodes la durée d'une expérience : pendant la première période, l'eau froide du calorimètre gagne de la chaleur, soit par le contact de l'air ambiant, soit par conductibilité ; pendant la seconde période, au contraire, elle en perd. On apprécie la correction relative à la première période, par l'étude du réchauffement du calorimètre qui sert à l'expérience et par l'observation, pendant tout le temps de l'expérience, du réchauffement du calorimètre qui ne fonctionne pas. Comme ce second calorimètre est identiquement semblable au premier, et qu'il est soumis aux mêmes causes de changement de température, sauf à la condensation de la vapeur, on comprend qu'il est facile d'en déduire les corrections qu'il faut appliquer. Les corrections relatives à la seconde période, se déduisent de l'observation du refroidissement du calorimètre qui a servi pendant que le second fonctionne à son tour.

Nous avons déjà vu que l'on mesure la différence de température entre l'eau du calorimètre et celle qui s'est condensée dans le serpentin en prenant directement la température de celle-ci au moment où on l'a fait sortir. On apprécie par des expériences directes la quantité dont elle se refroidit pendant le temps nécessaire à l'écoulement et à la mesure de la température.

La chaleur totale de la vapeur d'eau à saturation sous la pression de l'atmosphère est 636,67. Cette même détermination a été faite sous de hautes pressions jusqu'à 14 atmosphères, avec toute la précision nécessaire. Pour les pressions inférieures à celle de l'atmosphère, les expériences sont plus difficiles, parce que l'ébullition de l'eau est très-irrégulière.

M. Regnault a essayé d'employer pour ce dernier cas un appareil plus petit. Au lieu de déterminer la quantité de chaleur qu'un poids connu de vapeur abandonne à l'eau froide d'un calorimètre, il a cherché la quantité de

chaleur qu'un poids connu d'eau, placée dans le récipient d'un petit calorimètre enlevé à ce calorimètre lorsqu'elle se vaporise sous une très-faible pression. On produisait cette vaporisation en mettant le calorimètre en
communication avec un flacon placé dans un mélange
réfrigérant, où l'on faisait le vide avec une machine
pneumatique. Cette manière d'opérer présente quelques
incertitudes : d'abord la vapeur qui s'est développée
était-elle à saturation? Et dans ce cas quelle est la force
élastique ou la température à laquelle elle correspond?
M. Regnault ne pense pas que les circonstances puissent
altérer notablement les résultats. Quand il aura déterminé
par des expériences préliminaires plusieurs données importantes, il pourra donner les résultats d'une méthode
plus précise qu'il a décrite à la fin de son mémoire sur
l'hygrométrie ( *Annales de Physique et de Chimie*,
tome XV).

Nous donnerons plus loin un tableau où l'on trouvera
les chaleurs latentes de la vapeur d'eau sous différentes
pressions.

---

Les expériences dont nous venons de donner un aperçu
avaient pour but de déterminer les chaleurs totales de la
vapeur d'eau aux différentes pressions, c'est-à-dire les
quantités de chaleur qu'il faut fournir à 1 kilogramme
d'eau à 0° pour la changer en vapeur à saturation. Pour
pouvoir en déduire la chaleur latente, il faut connaître
la chaleur qu'il faut fournir à l'eau liquide à 0°, pour
élever sa température jusqu'au point où elle se convertit
en vapeur.

Les physiciens ont généralement admis que cer...

nière quantité est représentée par le nombre qui exprime
la température de la vapeur ; en d'autres termes, que la
capacité calorifique de l'eau ne varie pas avec la température. Or, dans ses recherches sur les chaleurs spécifiques des différents corps, M. Regnault a montré que
pour beaucoup de liquides la capacité calorifique augmente avec la température, c'est-à-dire qu'il faut leur
fournir plus de chaleur pour élever leur température de
100° à 101°, par exemple, que pour l'élever de 0° à 1°.
Il était donc important de savoir si cette augmentation
existe aussi pour l'eau. Il résultait déjà de deux expériences de M. Regnault, citées dans son mémoire sur les
chaleurs spécifiques, que la capacité calorifique de l'eau
est un peu plus forte entre 15° et 100° que entre 10°
et 15°. Il restait à déterminer le même élément jusqu'à
la température de 230°.

Pour cela M. Regnault a fait adapter à la paroi latérale
d'une chaudière, un tube recourbé qui plongeait à une
certaine profondeur dans l'eau de cette chaudière, et
qui la faisait communiquer au moyen d'un robinet avec
un grand vase plein d'eau servant de calorimètre. On
faisait chauffer l'eau dans la chaudière sous une forte
pression, et quand sa température était suffisamment élevée, on ouvrait le robinet qui permettait à l'eau chaude,
poussée par la tension de sa vapeur, de s'échapper dans
le calorimètre. On mesurait la température de l'eau du
calorimètre pendant un certain temps, avant et après
l'introduction de l'eau. Pour faire pénétrer une quantité
d'eau déterminée dans le calorimètre, il suffisait d'enlever auparavant un certain volume d'eau froide, et de
laisser entrer de l'eau chaude jusqu'à ce que le calorimètre fut de nouveau rempli.

M. Regnault a reconnu par ces expériences que la capacité calorifique de l'eau augmente un peu avec la température, mais que cette augmentation est assez faible pour qu'on puisse la négliger dans la plupart des cas.

---

Nous réunissons ici dans un même tableau les chaleurs spécifiques de l'eau et les chaleurs latentes et totales de la vapeur d'eau à différentes températures.

| Température du thermomètre à air T. | Chaleur spécifique moyenne entre 0° et T. | Chaleur spécifique de T à T + d T. | Chaleur totale de la vapeur d'eau à saturation à T°. | Chaleur latente de la vapeur d'eau à saturat à T. |
|---|---|---|---|---|
| 0° | » | 1,0000 | 606,5 | 606,5 |
| 10° | 1,0002 | 1,0005 | 609,5 | 599,5 |
| 20° | 1,0005 | 1,0012 | 602,6 | 592,6 |
| 30° | 1,0009 | 1,0020 | 615,7 | 585,7 |
| 40° | 1,0013 | 1,0030 | 618,7 | 578,7 |
| 50° | 1,0017 | 1,0042 | 621,7 | 571,6 |
| 60° | 1,0023 | 1,0056 | 624,8 | 564,7 |
| 70° | 1,0030 | 1,0072 | 627,8 | 557,6 |
| 80° | 1,0035 | 1,0089 | 630,9 | 550,6 |
| 90° | 1,0042 | 1,0109 | 633,9 | 543,5 |
| 100° | 1,0050 | 1,0130 | 637,0 | 536,5 |
| 110° | 1,0058 | 1,0153 | 640,0 | 529,4 |
| 120° | 1,0067 | 1,0177 | 643,1 | 522,3 |
| 130° | 1,0076 | 1,0204 | 646,1 | 515,1 |
| 140° | 1,0087 | 1,0232 | 649,2 | 508,0 |
| 150° | 1,0097 | 1,0262 | 652,2 | 500,7 |
| 160° | 1,0109 | 1,0294 | 655,3 | 493,6 |
| 170° | 1,0121 | 1,0328 | 658,3 | 486,2 |
| 180° | 1,0133 | 1,0364 | 961,4 | 479,0 |
| 190° | 1,0146 | 1,0401 | 664,4 | 471,6 |
| 200° | 1,0160 | 1,0440 | 667,5 | 464,3 |
| 210° | 1,0174 | 1,0481 | 670,5 | 456,8 |
| 220° | 1,0189 | 1,0524 | 673,6 | 449,4 |
| 230° | 1,0204 | 1,0568 | 676,6 | 441,9 |

Il est facile, en jetant les yeux sur ce tableau, de reconnaître si l'expérience vérifie la loi de Watt ou celle de Southern, dont nous avons parlé au commencement de cet article.

D'après la loi de Watt, les chaleurs totales de la vapeur d'eau seraient les mêmes aux différentes températures. Or les nombres qui expriment ces quantités de chaleur, se trouvent dans la quatrième colonne du tableau. Il faudrait donc, pour que la loi de Watt fut exacte, que ces nombres restassent constants ; ils vont, au contraire, en augmentant d'une manière très-notable, et parfaitement régulière avec la température.

La loi de Southern consiste à dire que les chaleurs latentes sont constantes ; c'est-à-dire qu'il faudrait, pour qu'elle fût vraie, que les nombres de la cinquième colonne fussent constants. On voit, au contraire, qu'ils vont en diminuant, et que la loi de Southern s'écarte encore plus de la vérité que celle de Watt.

M. Regnault ne pense pas que dans l'état actuel de nos connaissances, on puisse trouver la véritable loi qui lie les chaleurs latentes aux températures. Il nous manque pour cela plusieurs éléments ; entre autres il faudrait connaître les densités des vapeurs aux diverses températures et aux divers états de saturation ; on les calcule généralement d'après la loi de Mariotte, or il est très-probable que cette hypothèse s'écarte notablement de la vérité.

———  —  ——  ——  —

Il ne sera peut-être pas hors de propos de terminer ces articles par quelques remarques générales sur les méthodes expérimentales de M. Regnault ; nous essayerons ainsi d'en faire comprendre l'esprit, en prenant au besoin

des exemples dans d'autres travaux que ceux dont nous
venons de rendre compte. Il est quelques principes que
M. Regnault semble s'être posés à lui-même, et que tous
les physiciens devraient adopter comme lui dans les recherches de précision, toutes les fois que cela est possible.

En premier lieu, lorsqu'on veut faire une détermination, il faut choisir de préférence le procédé le plus direct, en entendant par direct que ce procédé ne soit pas
basé sur des considérations peu certaines. Il faut, autant
que possible, conduire l'expérience de manière à ce
qu'elle soit la transformation matérielle de la définition
de la quantité que l'on veut déterminer. Ainsi M. Regnault, lorsqu'il a étudié les chaleurs spécifiques des différents corps, a donné la préférence à la méthode des mélanges. En effet, ce qu'on appelle capacité calorifique
d'un corps, c'est la quantité de chaleur qu'il faut lui
fournir pour élever sa température d'un degré en prenant la chaleur spécifique de l'eau pour unité. Par la méthode des mélanges on mesure l'échauffement d'une masse
connue d'eau, que l'on produit en y plongeant un poids
connu d'un corps chauffé à une température déterminée.
Il est clair que l'on réalise bien mieux ainsi la définition
que par la méthode du refroidissement, qui exige la connaissance d'une foule de données auxiliaires, ou que par
celle de la fusion de la glace, qui, indépendamment de
difficultés pratiques, suppose la connaissance de la chaleur
latente de fusion, quantité aussi difficile à déterminer
que les chaleurs spécifiques. Nous trouvons encore une
application remarquable de cette règle d'expérience dans
un travail que M. Regnault a publié récemment avec
M. Reiset. Ils se proposaient de rechercher quels sont les
effets de la respiration des animaux sur l'atmosphère. Les

animaux vivent dans une atmosphère dont la composition est constante. Si on place un animal sous une cloche pleine d'air, pour reconnaître par l'analyse chimique les changements que cet air a subis au bout d'un certain temps sous l'influence de la respiration, il est évident que l'air ne tarde pas à être vicié, et que l'animal ne se trouve plus dans les conditions ordinaires. Afin de ne pas recourir à l'hypothèse, fort peu certaine, que la respiration n'est pas influencée par ce fait, M. Regnault a imaginé un appareil qui maintient de lui-même, autour de l'animal, une atmosphère artificielle d'une composition constante et identiquement semblable à celle de notre atmosphère, et qui permet cependant d'apprécier avec exactitude les produits de la respiration.

Mais de ce qu'il donne la préférence au procédé qui réalise le mieux les conditions d'un phénomène, M. Regnault ne conclut pas qu'il ne faille employer qu'un seul procédé. Au contraire, il dit lui-même : « Pour établir avec quelque précision une donnée physique, il ne suffit pas de la chercher par une méthode expérimentale unique. Si le résultat que l'on obtient ainsi est en désaccord avec ceux qui existent déjà dans la science, il sera le plus souvent difficile de décider quel est celui qui doit être préféré : on n'aura, pour se guider dans ce choix, que l'opinion plus ou moins favorable que l'on peut se faire du procédé employé, et la plus ou moins grande confiance qu'inspire l'habileté de l'expérimentateur. Pour lever les doutes, il est nécessaire de faire des expériences par des procédés variés, d'employer même les procédés qui ont été adoptés par les physiciens qui se sont occupés précédemment de la même détermination, à moins que ces procédés ne soient absolument défectueux. Il faut faire voir que tous ces procédés, quand ils sont convenablement exécutés, conduisent au même résultat; ou s'il n'en est pas ainsi, il est nécessaire de démontrer, par des expériences directes, les causes d'erreur des procédés vicieux. Cette méthode est nécessairement longue et pénible, mais seule elle me paraît propre à introduire dans la physique des données numériques certaines, que des expériences ultérieures ne modifieront plus notablement. » Il suffit de citer ses nombreuses expériences faites par plusieurs procédés différents sur la dilatation des gaz, les tensions de vapeur, etc., pour montrer comment M. Regnault a mis lui-même ces recommandations en pratique.

Enfin, un autre principe non moins important, et qui paraîtra plus nouveau à cause des ingénieux artifices que M. Regnault a imaginé pour y satisfaire, c'est que l'appareil que l'on emploie pour une expérience, doit effectuer de lui-même les corrections nécessaires, ou permettre de les apprécier directement et avec certitude. En opérant ainsi, on évite de chercher les corrections par un calcul qui est presque toujours basé sur des considérations plus ou moins hypothétiques, ou même sur des éléments que l'on ne connaît pas. Voici deux exemples qui expliqueront suffisamment ce que nous voulons dire. Lorsqu'on veut peser un appareil avant et après l'avoir soumis à une expérience, on en détermine généralement le poids par double pesée, c'est-à-dire qu'on emploie une tare qui se composera habituellement de corps pesants, comme de la grenaille de plomb, des poids, etc. Dans cette manière d'opérer on obtient bien avec exactitude le poids de l'appareil au moment de la pesée, mais on pourra commettre une erreur très-sensible sur le gain ou la perte de poids qu'il a subi pendant l'expérience, et c'est là ce qu'il importe de connaître exactement. En effet, si la pression barométrique, la température de l'air ou son état hypométrique ont changé, le poids pourra être notablement modifié, parce que ces causes perturbatrices n'influent pas également sur la tare et sur l'appareil. M. Regnault évite cet inconvénient en employant comme tare un appareil identiquement semblable au premier, mais qui ne sera pas soumis à l'expérience. Toutes les causes de changement de poids qui affectent le premier appareil comme la densité de l'air, la quantité d'humidité qu'il condensera à sa surface, affecteront aussi le second appareil qui sert de tare. Ainsi cette méthode de pesée corrige d'elle-même toutes les erreurs. L'autre exemple que nous voulons citer, est celui de l'appareil des chaleurs latentes que nous avons décrit avec quelque détail. On a pu voir que l'esprit de la méthode consiste à déterminer toutes les corrections qu'il faut appliquer à la température du calorimètre qui fonctionne au moyen du calorimètre qui ne reçoit point de vapeur, mais qui est soumis aux mêmes circonstances de perturbation extérieure. En résumé, on peut dire que quand le résultat d'un procédé doit subir une correction, M. Regnault fait la détermination par la comparaison de deux appareils soumis tous les deux aux causes d'erreur, mais dont un seul est soumis au phénomène que l'on veut étudier.

Nous avons quelquefois entendu accuser M. Regnault de scepticisme, et dire que son but était de renverser les lois que la science admettait, sans jamais rien mettre à la place.

A cela nous pourrions répondre seulement que le but

de M. Regnault n'est pas de renverser des lois, mais simplement de reconnaître si elles sont rigoureusement exactes, ou approximatives, ou bien complétement fausses ; nous pourrions dire que ce n'est pas du scepticisme, mais du doute philosophique ; que si les lois des phénomènes physiques ne sont pas aussi simples qu'on l'avait cru d'abord, cela rendra peut-être beaucoup de calculs moins faciles, mais qu'il n'y a pas là de la faute de M. Regnault.

Mais nous allons plus loin : nous trouvons qu'il est infiniment plus logique et plus naturel que la plupart des lois de physique soient seulement approximatives, tout en admettant que dans les phénomènes naturels, les causes sont généralement simples. Nous allons essayer de montrer pourquoi.

Il faut distinguer deux catégories dans ce que l'on comprend sous le nom de *lois physiques :* les unes régissent les causes qui produisent les effets, les autres régissent les effets ; les unes sont les lois des forces, les autres les lois des mouvements que produisent ces forces ; les premières sont véritablement des lois, les autres sont plutôt des descriptions des phénomènes. A ce qu'il nous semble, les premières devront être simples, et en même temps mathématiquement exactes ; les autres, au contraire, seront ou compliquées, ou seulement approximatives.

Prenons dans l'astronomie un exemple bien connu, les mouvements des planètes. Nous savons que les forces qui produisent ces mouvements sont soumises à deux lois : celle de l'inertie et celle de l'attraction. Voilà les lois sur les causes. Les lois de Kepler portent au contraire sur l'effet produit par ces forces, elles décrivent le mouvement des planètes. Plus la science a fait de progrès, plus la loi de Newton s'est trouvée confirmée. Au contraire, on n'a pas tardé à reconnaître que les lois de Kepler étaient seulement approximatives ; et ces inexactitudes sont une des plus fortes confirmations de la loi de Newton. S'il n'en était pas ainsi, et que les lois de Kepler fussent rigoureusement vérifiées, la loi d'attraction, au lieu d'être simple, serait nécessairement d'une effrayante complication.

En physique, il est bien rare que nous puissions remonter à la cause des phénomènes ; la plupart des lois sont de notre seconde catégorie. Il n'est donc point étonnant pour nous qu'elles ne soient pas rigoureuses. La loi de Mariotte, par exemple, porte entièrement sur un résultat, et ne nous dit rien sur la cause du phénomène. On a conclu de ce fait, que les volumes des gaz étaient inversement proportionnels aux pressions, que dans les corps à l'état de fluide élastique les molécules étaient assez éloignées les unes des autres pour que l'influence de leur forme ne se fit plus sentir. Or, quelle que soit la rapidité avec laquelle les forces moléculaires décroissent avec la distance, elles auront toujours une influence qui pourra être excessivement petite, mais qui ne sera jamais mathématiquement nulle. On pourra donc apprécier cette influence si l'on possède des instruments de mesure assez précis. Il nous semble donc que si la loi de Mariotte était mathématiquement exacte, il faudrait que les forces qui produisent le phénomène fussent très-compliquées. Il en serait de même pour le plus grand nombre des autres lois physiques.

A nos yeux M. Regnault, en prouvant l'inexactitude de certaines lois, loin de faire reculer la philosophie de la science, lui a fait faire un grand pas en avant.

L. Soret.

DE

# L'ACTION DE L'AIMANT

SUR

## TOUS LES CORPS.

PAR

M. Auguste DE LA RIVE.

### INTRODUCTION.

L'une des circonstances qui ont longtemps caractérisé le mieux le magnétisme, c'est sa spécialité, c'est-à-dire le petit nombre des corps capables d'être aimantés ou influencés par l'aimant. La découverte d'Arago du magnétisme par rotation, semblait d'abord avoir démontré l'universalité du magnétisme, mais le fait que le mouvement était nécessaire pour qu'il y eût action mutuelle d'un corps quelconque et d'un aimant, suffit bientôt pour prouver qu'il ne s'agissait pas d'une véritable action magnétique, puisque le corps en repos n'exerçait aucun effet. D'ailleurs l'explication qu'on a donnée du phénomène en le rattachant à la production des courants d'induction découverts par Faraday, a montré qu'il était bien plus électrique que magnétique.

L'universalité du magnétisme, c'est-à-dire la disposition de tous les corps aussi bien que du fer, du nickel et du cobalt, à obéir à l'influence d'un aimant doit, pour être démontrée, se manifester directement par une ac-

tion quelconque exercée par un aimant en repos sur une
substance en repos. Autrement, on peut toujours craindre que les actions que l'on prend pour des phénomènes
purement magnétiques ne soient simplement des effets
d'induction. L'induction, ou pour mieux dire les courants induits peuvent, en effet, donner lieu à des mouvements. Ainsi, par exemple, si je place au-dessus, mais
entre les pôles d'un fort électro-aimant dont les branches
sont verticales, un anneau de cuivre de 20 à 25 centimètres de diamètre, fait d'une lame de cuivre très-mince,
et de 2 ou 3 centimètres de largeur, par conséquent
très-léger et délicatement suspendu, je peux exciter chez
lui des courants d'induction en aimantant et désaimantant l'électro-aimant ; j'ai la preuve de l'existence de ces
courants par les mouvements que cet anneau exécute
sous l'influence des pôles magnétiques mêmes qui les produisent. Ces mouvements deviennent encore plus sensibles et plus réguliers, si on entoure l'anneau d'une ceinture de courants transmis à travers un fil de cuivre recouvert de soie, faisant plusieurs circonvolutions. On le
voit alors obéir à l'action de ces courants, comme si lui-
même faisait partie d'un circuit voltaïque, preuve que
sous l'influence de l'électro-aimant il est traversé par un
courant d'induction que son propre mouvement renouve-
velle à chaque instant. On peut, pour se convaincre que
c'est à cette cause qu'il faut attribuer l'effet observé,
couper l'anneau quelque part dans son pourtour, et réunir les deux bouts séparés par une substance isolante ; il
n'y a plus action, parce que le courant ne peut plus circuler, ni par conséquent s'établir ; mais aussitôt que les
deux bouts se touchent en communiquant entre eux par
un bon conducteur, l'action recommence. Au reste, un

physicien français, M. Lallemand, a démontré directement que les courants d'induction, quoique instantanés, se repoussent ou s'attirent les uns les autres comme les courants continus et suivant les mêmes lois. On voit donc, d'après ce qui précède, avec quel soin il faut éviter tout mouvement préalable pour constater si un corps non magnétique est, oui ou non, susceptible d'être influencé par un aimant. On peut juger par là en particulier de l'inconvénient qu'il y a à se servir dans ce but de la méthode des oscillations, car dès qu'il y a mouvement, il peut y avoir production de courants induits, et l'effet observé est de tout autre nature que celui qu'on avait en vue d'obtenir.

Nous allons maintenant examiner rapidement, en tenant compte de l'élément possible d'erreur que nous venons de signaler, les différents résultats qui ont été obtenus jusqu'à ce jour sur l'action que le magnétisme peut exercer sur tous les corps ; ce sera la première partie de ce mémoire. Dans la seconde, nous essayerons de compléter les travaux qui ont déjà été exécutés, en exposant quelques recherches expérimentales nouvelles sur ce sujet intéressant.

## PREMIÈRE PARTIE.

### HISTORIQUE ABRÉGÉ DES TRAVAUX RELATIFS A L'ACTION DU MAGNÉTISME SUR TOUS LES CORPS.

§ 1. *Essais antérieurs à la découverte du diamagnétisme.*

Coulomb, l'un des premiers, avait trouvé que si l'on donnait à divers corps la forme de petits barreaux de

5 à 6 millim. de longueur, et de $^1/_4$ de millim. d'épaisseur, et qu'on les suspendit à un fil de soie sans torsion
entre les pôles opposés de deux forts aimants, ils se
mettaient dans la direction de ces aimants, et que si on
les en détournait, ils y étaient toujours ramenés après
des oscillations plus ou moins nombreuses. Coulomb estime avec raison que cet effet était dû à des quantités de
fer extrêmement petites, répandues indistinctement dans
les corps, et non à une propriété particulière à chacun
d'eux ; il avait trouvé en effet que, dans une petite aiguille
d'argent soumise à l'expérience, il suffisait de la présence
de $^1/_{133119}$ de fer pour qu'elle éprouvât l'influence des
aimants.

M. Becquerel avait obtenu, longtemps après Coulomb,
mais peu de temps après la découverte d'Oersted, quelques effets remarquables en soumettant une cartouche
remplie de deutoxyde de fer, et quelques autres corps, à
l'action de courants énergiques transmis à travers le fil
d'un galvanomètre multiplicateur. La cartouche de deutoxyde de fer, ainsi que des aiguilles en cuivre, en
bois, etc., au lieu de se placer transversalement aux contours du fil comme une aiguille de fer doux, se plaçaient
parallèlement à ces contours, semblant indiquer par là
qu'elles avaient pris un magnétisme transversal au lieu
du magnétisme longitudinal ; résultat qu'on réussit en
effet à constater directement sur la cartouche pleine de
deutoxyde de fer. Ces mêmes substances se plaçaient,
quand elles étaient suspendues entre des pôles magnétiques opposés, en travers de la ligne qui joint ces pôles,
au lieu de se mettre dans la direction de cette ligne.

On peut encore rattacher au même genre d'action l'influence que M. Arago avait observé être exercée sur

l'amplitude des oscillations d'une aiguille aimantée, par le voisinage d'une surface plane formée d'une plaque de crown-glass ou d'une lame de glace (eau gelée). Il est impossible d'attribuer l'effet dans ce cas à des courants d'induction, puisque les substances qui le produisent ne sont pas conductrices de l'électricité.

Enfin, un fait important observé par Brugmann à la fin du dernier siècle, reproduit et étudié par M. Lebaillif en 1828, est la répulsion qu'exercent sur une aiguille aimantée, délicatement suspendue, un morceau d'antimoine et un morceau de bismuth. Quelques physiciens avaient cherché à ramener ce fait à une loi générale, c'est-à-dire à une répulsion mutuelle exercée entre les corps par l'effet de quelque rayonnement, tel que le rayonnement calorifique ; mais l'expérience faite avec soin avait montré que la condition nécessaire du phénomène était que l'aiguille fût magnétique, et que par conséquent il dépendait du magnétisme et non de causes étrangères à cet agent.

§ 2. *Distinction des corps en magnétiques et diamagnétiques.*

C'est à Faraday qu'on doit d'avoir ramené à un principe général l'action du magnétisme sur tous les corps de la nature. Il a trouvé que, suspendus entre les pôles d'un fort électro-aimant en fer à cheval, tous les corps prennent une direction déterminée ; les uns se placent comme le fer, de façon que leur plus grande longueur soit dirigée *axialement*, c'est-à-dire dans le sens de la ligne qui joint les pôles, les autres se placent *équatorialement*, c'est-à-dire perpendiculairement à la ligne qui joint les pôles. Les premiers sont dits *magnétiques* ; M. Faraday a appelé les autres *diamagnétiques*. Le nombre des corps magnétiques ou susceptibles d'être affectés par un aimant comme le fer, s'est trouvé être plus considérable qu'on ne le croyait ; ce qui tient à la puissance magnétique énorme dont on faisait usage pour cette détermination ; ainsi le platine, le titane et d'autres métaux, ainsi que tous les composés dans lesquels il entre une proportion de fer, quelque petite qu'elle soit, sont magnétiques. Les corps diamagnétiques sont bien plus nombreux encore, car ce sont tous les corps non magnétiques. Les plus remarquables sont une espèce de verre particulier, fabriqué par M. Faraday, qui est un *borosilicate de plomb* et le *bismuth*. Mais la plupart des métaux, le charbon, tous les corps organiques, sont également diamagnétiques ; les corps vivants le sont aussi. Ainsi j'ai réussi, en liant une grenouille et en la suspendant entre les pôles d'un fort électro-aimant, à lui imprimer la direction équatoriale. Les composés des corps diamagnétiques sont diamagnétiques également, et les composés dans lesquels entre un corps magnétique sont généralement magnétiques, quoiqu'il arrive quelquefois que, si la puissance du corps magnétique n'est pas grande, celle du corps diamagnétique l'emporte, et que le composé par conséquent soit diamagnétique.

Les propriétés magnétiques et diamagnétiques ne se manifestent pas seulement par la direction qu'affecte la substance sous l'influence des deux pôles d'un électro-aimant ; elles se montrent par une attraction ou une répulsion exercée sur elle par chaque pôle ; attraction ou répulsion que Faraday considère comme étant la forme la plus simple de l'action, la direction n'en étant elle-même, suivant lui, que la conséquence.

M. Plucker, qui s'est beaucoup occupé de ce sujet, a même employé cette attraction et cette répulsion à mesurer le pouvoir diamagnétique des corps en se servant dans ce but de la balance? Il a dressé de cette manière un tableau de ces différents pouvoirs exprimés en nombres.

Quand il s'agit des fluides soit liquides soit élastiques, dont les particules sont mobiles, leur magnétisme et leur diamagnétisme peut se démontrer par un changement remarquable de forme, auquel donne naissance l'attraction ou la répulsion qui s'exerce sur chaque particule du liquide ou du gaz, comme elle a lieu sur celles d'un corps solide réduit en poudre fine. Cet effet est surtout sensible sur des gaz incandescents qui constituent la flamme, et il en résulte des expériences très-remarquables. On dirait un courant d'air sortant du pôle de l'aimant, et chassant la flamme devant lui. C'est une chose assez remarquable que l'élévation de la température augmente dans les gaz leur pouvoir diamagnétique.

Qu'est-ce que le diamagnétisme? Est-ce une forme du magnétisme, un magnétisme transversal, par exemple, ou une propriété d'une espèce différente? M. E. Becquerel a cru pouvoir expliquer tous les phénomènes du diamagnétisme en les ramenant au magnétisme, et en supposant que la répulsion exercée par les pôles des aimants sur certains corps n'est qu'apparente, et le résultat de la prépondérance du magnétisme du milieu ambiant sur celui du corps repoussé. Il a trouvé, d'après ce point de vue, que l'oxygène est une substance éminemment magnétique, ce qu'il a confirmé du reste directement, en condensant l'oxygène dans du charbon qui s'est trouvé, après cette absorption, être devenu magnétique, de diamagnétique qu'il était auparavant. Mais comme plusieurs corps, le bismuth entre autres, sont repoussés dans le vide aussi bien que dans l'air, M. E. Becquerel est obligé d'admettre que le vide est magnétique ; supposition qui paraît pour le moins très-extraordinaire.

D'autres physiciens, entre autres M. Poggendorff, expliquent le diamagnétisme en admettant que les corps qui en sont doués prennent, sous l'influence des pôles d'un aimant, un magnétisme semblable et non pas contraire à celui de ces pôles, d'où il résulte que la répulsion remplace chez eux l'attraction qui a lieu avec les corps magnétiques, lesquels, au contraire, prennent comme on sait, un pôle opposé à celui de l'aimant qu'on approche d'eux. M. Weber, de son côté, partant du principe que le magnétisme et le diamagnétisme ne diffèrent que dans leur origine, et que dans leur essence ils sont identiques, estime qu'il est impossible de se rendre compte du diamagnétisme d'après la théorie des deux fluides magnétiques. Suivant lui, le diamagnétisme serait le résultat de l'induction de courants moléculaires, tandis que le magnétisme ne serait que l'orientation des courants moléculaires déjà préexistants dans les corps magnétiques, conformément à la théorie d'Ampère. Seulement les courants moléculaires induits différeraient des courants induits ordinaires, en ce que les premiers augmentent d'intensité tant qu'agit la force inductrice, et continuent quand même cette force cesse d'agir, et que dans les seconds l'intensité reste toujours en rapport constant avec l'intensité de la force inductrice, et disparaît dès que cette force cesse d'agir. M. Weber appuie son opinion sur diverses expériences ingénieuses, dont une en particulier consiste à introduire successivement dans une bobine des barreaux de métaux diamagnétiques, tels que bismuth, antimoine, zinc ; introduction qui détermine, sous l'influence d'un fort aimant dans le fil de cette bobine, des courants d'induction dirigés en sens contraire de ceux qu'y développe l'introduction d'un barreau de fer dans les mêmes circonstances. J'ai eu l'occasion de faire cette expérience, et j'ai trouvé que l'ordre dans lequel les métaux se trouvent rangés quant à l'intensité du courant d'induction auquel leur introduction donne naissance, n'est pas tout à fait le même que celui de leur pouvoir diamagnétique ; ainsi le zinc a pris rang dans une expérience avant le bismuth et l'antimoine, et cependant il doit être placé après ces deux métaux sous le rapport du diamagnétisme. Cette anomalie tient probablement à la cristallisation qu'affectent le bismuth et l'antimoine ; circonstance qui, comme nous allons le voir, a une grande importance dans cet ordre de faits.

Je ne m'arrête pas sur l'influence de la température, que j'étudierai plus loin et qui, en général, diminue le magnétisme et le diamagnétisme des corps solides et liquides, et augmente au contraire celui des fluides élastiques. Je me borne encore à remarquer que l'état moléculaire du corps n'influe nullement sur les propriétés dont il s'agit, en ce sens qu'il ne peut rendre magnétique un corps qui serait diamagnétique, ou réciproquement, mais il peut seulement modifier l'intensité du pouvoir dont le corps est doué. Un grand nombre d'expériences que j'ai faites avec du charbon pris dans les états moléculaires si variés sous lesquels il se présente à nous, avec du soufre en masse ou en poudre impalpable, etc., m'a confirmé dans l'opinion que la structure moléculaire n'est point la cause qui détermine un corps à être magnétique ou diamagnétique ; si l'on a vu quel-

quefois le contraire, cette erreur provient de ce que
pour certains corps peu diamagnétiques, tels que le charbon, la manière dont ils sont placés par rapport aux arêtes
des surfaces polaires des électro-aimants, influe sur la
direction qu'ils prennent. Les pouvoirs magnétique et
diamagnétique paraissent donc tenir à la nature même
des molécules plutôt qu'à leur arrangement.

### § 3. *Propriétés directrices des axes des cristaux.*

M. Plucker a découvert le premier que les cristaux
doués de la double réfraction jouissent d'une propriété
toute particulière, c'est qu'ils se dirigent de façon que
leur axe optique soit perpendiculaire à la ligne qui joint
les pôles des électro-aimants. Cette direction est tout à
fait indépendante de la vertu magnétique ou diamagnétique de la substance ; elle se vérifie également dans la
tourmaline, dont la masse est magnétique, et sur le spath
calcaire, qui est diamagnétique. Seulement, pour que la
propriété directrice de l'axe l'emporte sur le magnétisme
ou le diamagnétisme de la substance, il faut suspendre le
cristal à une distance un peu considérable des deux pôles
de l'électro-aimant, l'un des effets décroissant moins rapidement avec la distance que le second. Les cristaux à deux
axes, tels que le disthène (la cyanite), le mica, présentent
le même phénomène, seulement c'est la ligne moyenne
entre les deux axes qui, dans ce cas, affecte la direction
qu'affecte l'axe dans les cristaux qui n'ont qu'un axe.

M. Faraday a trouvé qu'il y a des cristaux tels que ceux
de bismuth, d'antimoine et d'arsenic, qui se dirigent de
façon que leur axe soit parallèle, et non perpendiculaire
à la ligne des pôles, et M. Plucker, en reprenant ses ex-

périences, a trouvé en effet que tous les cristaux transparents, dits *positifs*, c'est-à-dire les cristaux dont l'axe
attire le rayon extraordinaire dans la double réfraction,
tels que le quartz, se placent axialement, soit parallèlement à la ligne des pôles ; et que ce sont ceux qui sont
*négatifs*, c'est-à-dire ceux dont l'axe repousse le rayon
extraordinaire qui se placent équatorialement. M. Plucker
a remarqué, contrairement au résultat de Faraday, qu'un
cristal d'antimoine se conduit non comme un cristal à axe
attractif, mais comme le spath calcaire, c'est-à-dire
comme un cristal à axe répulsif. Ce même physicien a
fait en outre l'observation très-remarquable que le magnétisme terrestre agit également sur quelques cristaux,
et leur imprime une direction déterminée, telle que c'est
toujours la même face du cristal qui se dirige au nord, et
la même au sud. La cyanite, la stannite (oxyde d'étain),
présentent ce phénomène d'une manière très-prononcée.
Dans la première de ces deux substances, c'est la ligne
moyenne des axes lesquels sont répulsifs, qui se place perpendiculairement à la ligne des pôles ; dans la seconde,
qui n'a qu'un axe attractif, cet axe se place dans la ligne
même des pôles. M. Plucker a observé qu'un morceau
de fer oligiste qui a un axe répulsif (*Eisenglang*) de l'île
d'Elbe, était fortement dirigé par la terre, et conservait
cette propriété depuis deux ou trois mois.

Il résulte de ce qui précède qu'on peut déterminer
les axes des cristaux par le magnétisme, comme on détermine pratiquement le centre de gravité d'un corps ; il
suffit pour cela de suspendre de différentes manières un
cristal entre les pôles d'un aimant, et de prendre l'inter-
section des plans qui, dans ces différents modes de suspension, se trouvent être parallèles à la ligne des pôles.

C'est ce qu'a fait M. Plucker qui a le premier indiqué
cette méthode.

Les phénomènes magné-cristallins (c'est ainsi que Faraday les a nommés) se trouvent établir une union nouvelle entre le magnétisme et les autres phénomènes sur
lesquels la direction des axes des cristaux exercent une
si grande influence. Ainsi, indépendamment des phénomènes lumineux qui leur sont propres, on sait par les recherches de Mitscherlich que les cristaux doués de la
double réfraction se dilatent inégalement par la chaleur
dans le sens de leur axe et dans le sens perpendiculaire,
par celles de Sénarmont qu'ils conduisent inégalement la
chaleur dans ces deux sens, par celles de Wiedmann
qu'ils conduisent aussi inégalement l'électricité ordinaire,
résultats confirmés par des recherches plus récentes de
Sénarmont. Les cristaux à axe négatif présentent toujours,
sous ces différents rapports, des phénomènes contraires à
ceux que présentent les cristaux à axe positif; ainsi les
cristaux négatifs conduisent mieux la chaleur et l'électricité, et propagent plus vite la lumière dans le sens de
l'axe principal, et les cristaux positifs dans le sens perpendiculaire à l'axe. On sait, par les travaux de Savart,
que les cristaux n'ont point une structure uniforme, et
les figures acoustiques qu'on peut y déterminer par les
vibrations, montrent qu'il y a des axes de moindre et de
plus grande élasticité mécanique correspondants aux axes
optiques. D'un autre côté, Fresnel a démontré que les
phénomènes optiques que présentent les cristaux à un
axe et à deux axes, dépendent de la distribution particulière qu'y affecte l'éther, et qui, au lieu d'y être uniforme comme dans les autres corps transparents, y est
telle que la ligne suivant laquelle l'axe est dirigé se trouve

être le lieu de la moindre élasticité de l'éther dans les cristaux positifs, et de la plus grande dans les négatifs.

On peut donc se demander si les phénomènes remarquables que présentent dans les mêmes cristaux la propagation de la lumière, celle de la chaleur, celle de l'électricité, et enfin l'action des forces magnétiques dépend du mode particulier de groupement des particules constaté par Savart, ou de l'état particulier de l'éther que détermine ce mode de groupement, et qu'a constaté Fresnel. On est plutôt, par analogie, tenté d'admettre la dernière opinion, puisqu'on est forcé d'y recourir pour expliquer les phénomènes optiques.

§ 4. *Action du magnétisme sur la lumière polarisée transmise à travers des corps transparents.*

Faraday a encore découvert qu'un rayon de lumière polarisée transmis à travers une substance transparente, a son plan de polarisation dévié quand la substance qui le transmet est placée entre les pôles d'un fort électro-aimant, ou entourée d'une ceinture de forts courants électriques. Cette déviation du plan de polarisation, appelée polarisation circulaire, n'avait été jusqu'ici qu'un phénomène exceptionnel présenté par une seule substance solide, le quartz, et par quelques solutions et quelques liquides, tels que des dissolutions de sucre, l'essence de térébenthine, etc. La découverte de Faraday a montré que tous les corps transparents sont susceptibles d'acquérir, sous l'influence du magnétisme, cette propriété remarquable, avec cette différence seulement que, dans les substances qui la possèdent naturellement, le sens de la déviation dépend uniquement de la direction

suivant laquelle chemine le rayon polarisé, cette déviation ayant toujours lieu suivant la nature de la substance,
*à gauche* ou *à droite* de l'observateur qui reçoit le rayon,
tandis que dans les substances où cette polarité est développée par le magnétisme ou par les courants électriques, le sens de la déviation ne dépend que du sens du
magnétisme ou des courants, et non de la position de
l'observateur par rapport au rayon polarisé, car la déviation peut avoir lieu aussi bien à gauche qu'à droite de
l'observateur, suivant la manière dont il est placé par
rapport aux pôles magnétiques, ou à la direction des courants électriques. La polarisation circulaire magnétique,
et la polarisation circulaire naturelle sont pourtant des
effets du même genre, car ils peuvent s'ajouter ou se retrancher quand on les combine, mais cependant, indépendamment de leur origine, ils diffèrent par le caractère
important que nous venons d'indiquer.

Quoique tous les corps soient susceptibles de présenter
le phénomène de la polarisation circulaire magnétique,
ils diffèrent cependant beaucoup quant à l'intensité de
leur pouvoir à cet égard. Cette intensité est très-considérable chez certaines espèces de verre, tels que le borosilicate de plomb de Faraday (verre pesant), tandis que
chez d'autres, tels que le crown-glass, elle est fort peu
développée ; certains liquides, tels que le carbure de soufre, possèdent ce pouvoir à un haut degré, l'eau à un
faible degré ; les chlorures sont parmi les dissolutions
celles chez lesquelles il est le plus intense. Les différentes
expériences qui ont été déjà faites sur ce sujet, et entre
autres celles très-remarquables de M. Bertin, m'ont mis
sur la voie, sinon d'une explication, du moins d'un rapprochement qui ne me paraît pas sans quelque intérêt.

Pour exposer ce point de vue, il est nécessaire de
chercher à se faire une idée aussi exacte que possible de
l'état que le magnétisme ou les courants électriques impriment aux particules des corps soumis à leur action.
Quelques physiciens ont cru que la propriété d'agir sur
la lumière qu'acquièrent sous cette influence les corps
transparents, provient uniquement d'un changement dans
la position relative des particules qu'elle détermine. On
peut invoquer à l'appui de cette opinion d'abord l'analogie avec ce qui a lieu chez les corps magnétiques, tels
que le fer doux, dans lesquels l'action du magnétisme
ou des courants électriques provoque un nouvel arrangement des particules. Les expériences de M. Matthiessen,
qui semblent indiquer une modification dans la trempe
des verres soumis itérativement à l'action de puissantes
forces magnétiques, conduiraient aussi à admettre que
cette action modifie l'état moléculaire des corps. Les recherches de M. Matteucci, en constatant que la compression et l'élévation de la température modifient dans
le verre pesant et dans le flint-glass leur pouvoir à acquérir la polarisation circulaire magnétique, prouvent
également la relation qui existe entre les phénomènes
découverts par Faraday, et la condition moléculaire des
corps soumis à l'expérience. Mais il y a loin de là à admettre que cette condition moléculaire en soit la cause.
En effet, sauf les quelques traces encore douteuses de
trempe observées par M. Matthiessen, rien jusqu'ici n'a
montré directement que les forces électriques et magnétiques puissent influer par leur action extérieure sur la
constitution moléculaire des corps solides non magnétiques. Il y a plus, les liquides qui manifestent tous, quoiqu'à des degrés divers il est vrai, la propriété rotatoire

sous l'action magnétique, ne la doivent pas à une modification imprimée par cette action à leur constitution moléculaire, car on peut les agiter, les faire traverser par
des courants électriques dans tous les sens, sans que la
propriété en soit le moins du monde altérée. D'ailleurs
des observations directes faites avec beaucoup de soin
ne semblent pas indiquer que l'influence extérieure du
magnétisme ou de l'électricité exerce aucun effet sur la
constitution physique des liquides, sur leur volume, leur
fluidité, etc.

Si ce n'est pas à une altération dans l'arrangement de
leurs particules que les corps doivent le pouvoir rotatoire qu'ils acquièrent sous l'influence du magnétisme, il
faut en chercher l'origine dans quelque autre modification qu'ils éprouvent sous cette influence. En effet, ce
phénomène ne provient pas d'une action directe exercée
par le magnétisme sur la lumière, le corps est un intermédiaire nécessaire, car un rayon polarisé cheminant
dans le vide ou même dans un gaz, n'éprouve aucune
action de la part d'un puissant électro-aimant ; c'est ce
qu'ont constaté Faraday et plusieurs autres physiciens ;
la présence de molécules matérielles et de molécules assez
rapprochées, telles que celles qui constituent un solide
ou un liquide, est donc une condition nécessaire. D'un
autre côté, l'action ne s'exerçant pas sur les particules
de manière à modifier en rien leur position relative, il
est nécessaire d'admettre que c'est sur l'éther qui les
enveloppe qu'elle a lieu ; mais, pour que l'éther en
éprouve les effets, il ne faut pas qu'il soit isolé comme
dans le vide, ou éloigné de particules matérielles comme
dans les gaz ; il faut qu'il soit dans l'état particulier qui
résulte pour lui de la présence de molécules rapprochées.

Or, cet état particulier consiste en ce qu'il est plus dense et plus élastique dans les milieux solides et liquides que dans les gaz, et surtout que dans le vide ; ce qui, comme on le sait, est la cause du pouvoir réfringent considérable des deux premières classes de corps.

Ainsi, la force magnétique n'agirait sur l'éther que lorsqu'il est à un certain état de densité provenant de l'action qu'exercent sur lui les particules entre lesquelles il est logé, et agirait d'autant plus fortement que cette densité serait plus considérable. Comme elle ne dépend pas seulement de celle du corps, c'est-à-dire du rapprochement des particules qui le constituent, mais surtout de la nature de ces particules, ce ne sont pas toujours les corps les plus denses qui sont les plus réfringents, et par conséquent qui doivent éprouver la polarisation circulaire magnétique la plus considérable. L'expérience confirme tout à fait cette manière de voir, et si l'on jette les yeux sur le tableau encore très-limité, il est vrai, et très-imparfait des coefficients de polarisation magnétique, on est frappé du fait que les substances se suivent dans ce tableau, à peu près dans le même ordre que dans le tableau de leurs pouvoirs réfringents. De nouvelles recherches sont nécessaires pour établir sur des bases plus solides encore l'analogie que je viens d'indiquer, et surtout pour déterminer la nature de la modification qu'éprouve l'éther sous l'influence magnétique, modification dont l'essence est de rompre l'uniformité de son mode d'action autour de la particule qu'il enveloppe, pour lui en substituer un autre n'ayant lieu que suivant une certaine direction, et de plus en sens contraire aux deux extrémités opposées de cette direction ; mode d'action que le mot *polarité* caractérise très-bien.

Tout en n'attribuant pas la production du pouvoir rotatoire pour le magnétisme à un dérangement moléculaire produit par cet agent, nous ne nions point que l'arrangement des particules d'un corps n'influe sur ses
propriétés optiques. Ainsi tout arrangement qui trouble
son uniformité de structure, tel que la nature en détermine dans les cristaux, et qu'on en produit artificiellement par compression dans le verre, par exemple, donne
naissance à des phénomènes de double réfraction et de
polarisation, qu'on ne peut expliquer qu'en admettant
que cette altération de constitution moléculaire a pour
conséquence que, dans le même corps, l'éther n'a pas
la même élasticité dans toutes les directions également.
Nous avons même déjà indiqué que dans les cristaux négatifs, c'est-à-dire dans ceux dont l'axe repousse le rayon
extraordinaire, cet axe est la direction suivant laquelle
l'éther a le plus d'élasticité, tandis qu'elle est celle suivant laquelle il en a le moins dans les cristaux positifs,
c'est-à-dire dans ceux dont l'axe attire le rayon extraordinaire. Or le clivage et les expériences de M. Savart
indiquent également dans les cristaux doués de la double
réfraction une structure dans laquelle les molécules ne
sont point groupées uniformément, mais dans laquelle
elles le sont symétriquement par rapport à l'axe qui est
la direction du maximum ou du minimum d'élasticité.
D'un autre côté les recherches de M. Mitscherlich montrent que les cristaux négatifs se dilatent beaucoup plus
fortement par l'effet de la chaleur dans le sens de l'axe
que dans le sens perpendiculaire, et que c'est l'inverse
pour les positifs, preuve qui s'ajoute aux précédentes
pour confirmer la non-uniformité de la constitution moléculaire des cristaux.

Mais si l'arrangement moléculaire, soit naturel, soit artificiel, développe chez les corps certaines propriétés optiques, je ne sache pas jusqu'à présent qu'il y ait déterminé la polarisation circulaire, laquelle me paraît tenir essentiellement, ainsi que M. Biot l'a remarqué, à la nature intime des molécules plutôt qu'à leur état d'aggrégation. Or, qu'est-ce qui caractérise la nature intime de la particule, si ce n'est avec son poids, son action sur l'éther qui l'enveloppe? C'est donc cette action que modifierait la présence de la force magnétique en lui donnant, comme nous l'avons dit, une direction particulière et une polarité. Je sais qu'on pourrait supposer que les particules dans leur état naturel exercent ce genre d'action sur l'éther, c'est-à-dire qu'elles sont naturellement polaires. Dans ce cas certaines substances auraient par elles-mêmes, et les autres acquerraient sous l'influence du magnétisme, la propriété de manifester cette polarité moléculaire qui serait, dans les cas ordinaires, neutralisée par l'action mutuelle des particules les unes sur les autres, neutralisation qui constituerait un état d'équilibre. Mais il faudrait dans cette explication supposer un changement de position des particules les unes à l'égard des autres, changement qui nous paraît peu vraisemblable.

Au reste, le phénomène si remarquable que nous avons déjà signalé, de la direction des axes des cristaux par les pôles d'un aimant, ne peut s'expliquer que par une action sur l'éther ; il est évident qu'il n'y a pas là de dérangement moléculaire opéré par le magnétisme, et que si c'est sur les axes que l'action directrice se manifeste, c'est que l'éther s'y trouve dans des conditions particulières d'élasticité et de densité qu'il ne présente pas ailleurs. Les corps magnétiques eux-mêmes qui, comme on le sait, sont ceux dans lesquels les atomes sont les plus rapprochés, ne pourraient-ils point devoir leur propriété magnétique à l'état qui résulte pour l'éther de ce rapprochement même ?

En résumé, dans les idées reçues aujourd'hui sur la constitution de la matière, nous estimons que les phénomènes découverts par Faraday doivent être attribués à une action des aimants ou des courants électriques, s'exerçant ni sur les particules seulement, ni sur l'éther seul, mais sur la manière d'être des particules à l'égard de l'éther.

La seconde partie de ce mémoire contiendra les recherches destinées à établir d'une manière plus complète la relation qui existe entre le pouvoir rotatoire magnétique et le pouvoir réfringent des diverses substances, ainsi que quelques expériences sur le magnétisme et le diamagnétisme des gaz à différents états de condensation et de température.

# BULLETIN SCIENTIFIQUE.

## MÉTÉOROLOGIE.

30. — Annuaire météorologique de la France pour 1849, par MM. J. Hæghens, Ch. Martins et A. Bérigny [1].

Les auteurs de cet ouvrage ont entrepris de former en France une société météorologique ou une association entre les savants français qui s'occupent plus spécialement de cette branche de la physique. Le but de cette société est de coordonner les séries d'observations météorologiques qui se font dans les stations déjà existantes, de faire connaître les résultats de ces observations en les publiant dans l'Annuaire, suivant un système uniforme, enfin, de combler des lacunes dans quelques parties du pays, en encourageant l'établissement de nouvelles stations. Dans l'introduction, M. Martins signale l'accroissement de connaissances que la climatologie française retirerait de cette association, et les avantages qui en résulteraient sous plusieurs points de vue, entre autres, de l'agriculture, des travaux publics, de l'hygiène, etc. Les travaux de cette société se relieront à ceux des sociétés analogues établies dans les pays voisins, et ils contribueront ainsi à l'étude générale des phénomènes météorologiques.

La première partie de l'Annuaire est consacrée à fournir aux observateurs un recueil des données et des tables qui sont nécessaires pour les observations météorologiques; c'est un manuel complet dans lequel le météorologiste trouve les instructions relatives à la construction, à la vérification et à l'emplacement des instruments et les éléments nécessaires pour la réduction des observations.

---

[1] Par suite d'une circonstance fâcheuse, la publication de cet article, destiné à un numéro antérieur, a été retardée jusqu'à ce jour.

Peut-être les auteurs auraient-ils pu insister davantage sur le choix
de l'emplacement des thermomètres ; en suspendant un thermomètre
à un ou deux pieds du mur d'une maison, du côté du nord, on ne
peut pas le soustraire entièrement à l'influence de ce mur ou des
murs voisins, et la température observée dans une rue, au milieu
d'une ville, diffère ordinairement de celle qui serait observée en rase
campagne. On ne saurait donc trop recommander aux observateurs
de placer autant que possible leurs thermomètres à distance des
maisons, dans un endroit qui soit exposé de tous les côtés au vent.
Cette partie de l'Annuaire renferme, en outre, des notices sur quelques phénomènes accidentels, tels que l'arc-en-ciel, les trombes
et les tremblements de terre. Dans la notice relative à l'arc-en-ciel,
M. Bravais présente une étude complète, scientifique et historique
du phénomène, et il ajoute des instructions sur la manière de l'observer et sur les mesures qu'il importe le plus d'effectuer, lorsque
l'observateur sera pourvu des instruments nécessaires. Les notices
sur les trombes, par M. Martins, et sur les tremblements de terre,
par M. Perrey, renferment également des instructions pour l'observation de ces phénomènes ; elles sont destinées à diriger l'attention de l'observateur sur les circonstances qui les accompagnent
ordinairement, et à lui signaler les caractères et les traits les plus
importants à noter.

La seconde partie de l'Annuaire est destinée à la publication
d'observations météorologiques faites sur différents points de la
France. Une première catégorie renferme les séries antérieures à
l'année 1847 ; les stations pour lesquelles on trouve des observations
embrassant un nombre d'années plus ou moins considérable, sont au
nombre de 10, savoir : La Chapelle près Dieppe, Rouen, Rodez,
Dijon, Paris, Blois, Metz, Toulouse, Saint-Lô et Nantes. Chacune
de ces séries est accompagnée de résumés qui donnent les résultats
moyens obtenus dans chaque localité et des notes explicatives sur les
instruments employés, sur leur emplacement, etc. Dans la seconde
catégorie sont publiées les observations faites pendant l'année 1847,
dans les localités suivantes : Rouen, Dijon, Rodez, Metz, Toulouse,
La Chapelle, Marseille, Cambrai, Valognes, Paris et Versailles.

Cette dernière station présente la série la plus complète ; depuis le mois de février, les observations ont été faites de 3 heures en 3 heures, à partir de 3 h. du matin. Quant à la distribution des stations, on voit que le littoral de la Manche en renferme un grand nombre, et que le nord-ouest de la France est mieux représenté que le reste du pays ; mais on peut espérer que la formation de nouvelles stations comblera les lacunes qui existent dans d'autres parties, telles que le centre de la France, et permettra de compléter le réseau. L'importance des matériaux recueillis dans le premier volume de l'Annuaire doit faire désirer la continuation et l'extension de cette publication.

Il nous semble que l'association météorologique pourrait être aussi d'une grande utilité sous un point de vue que nous nous permettons d'indiquer aux auteurs de l'Annuaire, savoir l'étude des perturbations atmosphériques, en comprenant sous ce nom les variations non périodiques dans l'état de l'atmosphère. Les séries d'observations faites à heures fixes servent à déterminer les variations périodiques et l'état moyen de l'atmosphère dans une localité, et c'est par la comparaison des résultats obtenus dans différentes localités que l'on peut remonter à la cause de ces variations et arriver à une théorie complète des phénomènes météorologiques. Mais il faudrait, pour atteindre ce but, que les stations fussent réparties en nombre suffisant sur toute la surface du globe, et que dans chaque station l'on pût disposer d'une longue série d'observations. Les perturbations, si fréquentes et si considérables dans nos latitudes, qu'elles masquent quelquefois les variations périodiques, pourraient contribuer à la connaissance générale des modifications dans l'état de l'atmosphère et des mouvements qui s'y opèrent, si elles étaient suivies avec soin dans leur marche, sur une étendue de pays même restreinte. On parviendrait à connaître l'origine et la marche des courants d'air froid ou d'air chaud, qui, en se répandant sur une portion de la surface du globe, altèrent l'état normal de la température, de la pression atmosphérique et de la direction du vent, si dès l'invasion d'un pareil courant, l'état de l'atmosphère était noté à des époques rapprochées dans un grand nombre de points. Une

hausse ou une baisse considérable du baromètre, une variation ano-
male de la température, un vent violent, pourraient servir à indiquer
l'invasion du courant.

Pour organiser un pareil système d'observations, pour recueillir
et coordonner les données fournies par chaque station, une association entre les observateurs et un centre de publication tel que l'Annuaire, pourraient être d'un grand secours. Si les résultats obtenus en France démontraient l'utilité de l'observation simultanée des
perturbations atmosphériques, les observateurs des pays voisins ne
tarderaient pas à coopérer à ces recherches, et les perturbations
pourraient être étudiées sur une étendue de pays plus considérable.

------

## ASTRONOMIE.

31. — BESCHREIBUNG UND LAGE, ETC.... . DESCRIPTION ET POSI-
TION DE L'OBSERVATOIRE DE L'UNIVERSITÉ DE CHRISTIANIA ,
par Christophe HANSTEEN et Charles FEARNLEY ; brochure
in-4° de 88 pages et 3 planches. Christiania, 1849.

M. le professeur Hansteen, que ses travaux sur le magnétisme
terrestre et son voyage scientifique en Sibérie ont rendu justement
célèbre, a publié récemment en allemand, en qualité de directeur
de l'observatoire de Christiania, conjointement avec M. Fearnley,
qui remplit dans cet établissement les fonctions d'astronome-adjoint,
le mémoire descriptif dont je viens de rapporter le titre, et dont je
me propose de donner ici une courte analyse.

Dès l'année 1815, le collége académique de l'université de Christiania fit construire, sur la demande de M. Hansteen, un petit observatoire provisoire, situé à côté du fort d'Agershuus, près de
Christiania, et où ce savant a fait déjà diverses observations astronomiques, avec des instruments de petite dimension.

En 1830, après le retour de M. Hansteen de son voyage en Sibérie, le Storthing de Norwége accorda une somme de 14,000 species, ou d'environ 80,000 francs de France, pour la construction
d'un nouvel observatoire, dont la première pierre fut posée le

18 juin 1831, et où M. Hansteen s'établit avec sa famille le 23 septembre 1833.

Cet observatoire est situé un peu à l'ouest de la ville, sur un sol rocailleux, élevé d'environ 75 pieds de France au-dessus du niveau de la mer, d'où l'on voit une partie du Fiord, ou du bras de mer étroit au fond duquel se trouve Christiania, ainsi que les îles avoisinantes. Il se compose d'un bâtiment rectangulaire à un étage, d'environ 100 pieds de longueur sur 40 de largeur, dirigé dans sa longueur du nord au sud, surmonté du côté du nord par une tourelle circulaire, et ayant vers la même extrémité deux petites ailes basses, qui donnent au plan horizontal de l'édifice la figure d'un T. C'est dans ces ailes latérales et dans la tourelle intermédiaire que sont établis les instruments principaux. Le reste du bâtiment est en grande partie consacré au logement du directeur et de l'observateur. Les trois planches jointes au mémoire représentent le plan horizontal, la coupe verticale et une vue en perspective de l'édifice.

L'aile orientale renferme un cercle-méridien de 3 pieds, d'Ertel de Munich, dont la lunette a 5 pieds de distance focale, établi sur deux piliers de marbre de Norwége, et une pendule de Kessels, dont la compensation est à mercure. On a érigé sur une île du Fiord, à 8693 pieds au sud de l'instrument, un obélisque de gneiss, sur lequel est fixée une forte croix en fer, portant une plaque subdivisée en petits rectangles, peints alternativement en noir et en blanc, qui sert de mire méridienne. L'horizon est libre dans le plan du méridien jusqu'à 89°,7 de distance zénithale du côté du sud, et jusqu'à 87°,8 du côté du nord.

La salle ronde, de 18 pieds de diamètre, située au milieu des deux ailes, et dont la voûte s'élève de 29 $^1/_2$ pieds au-dessus du sol, renferme un magnétomètre bifilaire de Meyerstein, de près de quatre pieds de longueur, pesant environ 27 livres et suspendu au centre de la voûte. Les observations avec cet instrument se font au moyen d'une lunette, placée dans l'aile occidentale du bâtiment, et de deux échelles métriques, l'une vue directement et qui sert de mire, placée sur le pilier occidental de l'aile orientale, l'autre vue par réflexion et située au pied même du pilier sur lequel est établie la lunette.

Le haut de la tourelle, un peu plus élevé que le reste du bâtiment et surmonté d'un toit conique tournant, forme une salle ronde
ayant sept fenêtres, en dehors de chacune desquelles est fixée une
plaque de marbre horizontale, où l'on peut placer de petits instruments. Au milieu de cette salle est établi un équatorial de Repsold,
dont les dimensions ne sont pas indiquées dans le mémoire.

L'observatoire est bien pourvu de lunettes mobiles, dont une de
six pieds d'Utzchneider, de théodolites, d'instruments à réflexion,
de chronomètres et d'instruments météorologiques. Un observatoire
magnétique, construit sans fer, a été établi sur une hauteur voisine,
et muni d'un grand magnétomètre unifilaire de Meyerstein, d'une
boussole d'inclinaison, etc.

La hauteur du pôle du nouvel observatoire astronomique a été
déterminée au moyen d'un grand nombre d'observations d'étoiles
boréales et australes, faites avec le cercle-méridien de 1839 à 1848,
après y avoir adapté un niveau de Repsold et avoir établi au foyer
de la lunette sept fils verticaux au lieu de cinq, et deux fils horizontaux, distants entre eux de 13″,7. Selon le mode d'observation
ordinaire usité avec cet instrument, le cercle divisé était placé tantôt à l'est, tantôt à l'ouest de la lunette, au moyen de retournements
de l'instrument effectués de temps en temps. Les hauteurs du pôle
ont été conclues des positions moyennes du pôle, résultant de deux
séries consécutives d'observations faites dans l'une et l'autre position
du cercle, et sans qu'il se fût effectué d'autres changements dans
l'instrument, en faisant usage des tables de réfraction de Bessel et
des déclinaisons d'étoiles fondamentales résultant de son catalogue de
1820, telles qu'elles ont été adoptées dans les éphémérides de
Berlin.

M. Hansteen rapporte d'abord les résultats de onze séries d'observations de ce genre, faites de 1839 à 1841, et dont les moyennes combinées deux à deux, en excluant les étoiles très-basses,
fournissent des résultats moyens bien d'accord entre eux. Leur
moyenne générale donne pour la hauteur du pôle 59° 54′ 43″,23 ;
et les résultats partiels des diverses couples de séries ne varient
qu'entre 42″,49 et 43″,73. La valeur moyenne coïncide jusqu'aux

dixièmes de seconde avec celle qui avait été conclue de la détermination de la latitude de l'observatoire provisoire, obtenue en août 1823, avec un instrument universel de Reichenbach.

M. Fearnley expose ensuite en détail les résultats qu'il a déduits, pour cette même détermination, de 894 observations qu'il a faites avec le cercle-méridien de 1844 à 1848, dont 411 d'étoiles passant au méridien au nord du zénith (entre lesquelles se trouvent 215 passages au-dessous du pôle), et 483 d'étoiles passant au sud du zénith. Ces observations forment trente séries, et leurs moyennes, combinées deux à deux, donnent des résultats dont la moyenne générale est de 59° 54′ 43″,24 ; les résultats partiels oscillant entre 42″,1 et 44″,3.

M. Fearnley a ajouté à chacun des résultats qu'il a obtenus, un terme dépendant d'un effet de flexion qui pourrait exister dans la lunette et modifier légèrement les valeurs précédentes, si l'on en tenait compte. En admettant que cette flexion serait proportionnelle au sinus de la distance au zénith de l'astre, et que les différences entre les divers résultats seraient dues à cet effet de flexion, chaque série d'observations faites de part et d'autre du zénith lui fournit une équation de condition ; la résolution de ces équations par la méthode des moindres carrés le conduit à une valeur de la flexion d'environ :

1″ d'après les observations faites en 1844 et 1845
0,5 d'après celles de. . . . . . . . . . . 1846
0,8        −        1847
0,1        —        1848.

La valeur moyenne est d'environ 0″,6 : mais les différences considérables entre les valeurs précédentes, provenant des diverses années d'observation, tendent à faire voir que ce n'est pas à un effet de flexion qu'on doit attribuer les écarts entre les résultats partiels. M. Fearnley les attribue plutôt à de légères erreurs dans la valeur des déclinaisons d'étoiles adoptées, en se fondant sur ce que Bessel lui-même en avait reconnu de telles, entre son catalogue de 1820 et le résultat de ses observations postérieures et de celles de M. Busch. M. Fearnley, en comparant les déclinaisons résultant de ses propres observations avec celles données dans le *Nautical almanac*, trouve un accord plus satisfaisant. Les unes et les autres indiquent une correction moyenne additive d'environ une seconde à effectuer aux déclinaisons boréales du catalogue de Bessel pour l'époque de 1820, ainsi qu'il l'avait trouvé lui-même. A la suite de cette discussion, M. F. donne comme la valeur la plus probable de la latitude de l'observatoire de Christiania qui résulte de ses observations avec le cercle-méridien 59° 54′ 43″,7.

Je passe maintenant à la seconde partie du mémoire des astronomes de Christiania, qui est relative à la détermination de la longitude de leur observatoire.

La réunion des naturalistes Scandinaves qui a eu lieu à Copenhague, en juillet 1847, a donné lieu à M. Hansteen d'entreprendre une expédition chronométrique, destinée à déterminer avec précision la différence de longitude entre cette ville et Christiania, en profitant pour cela de l'expérience qu'il avait acquise en ce genre dans son voyage en Sibérie, ainsi que de celle résultant des expéditions chronométriques exécutées en 1843 et 1844, par MM. Struve, entre Poulkova, Altona et Greenwich. Il a réussi, avec le concours des autorités gouvernementales et de quelques personnes qui mettaient de l'intérêt à la chose, à se procurer vingt et un bons chronomètres de divers artistes, et à obtenir les facilités nécessaires pour leur faire faire, de la manière la plus prompte et la plus avantageuse, un nombre de voyages suffisant pour le but proposé. La plupart des chronomètres ont fait, du 30 juin au 24 août, sept fois la route entre Christiania et Copenhague, dans l'un et l'autre sens, sur un bateau à vapeur; et la durée de chacun de leurs transports d'un observatoire à l'autre a oscillé entre 48 et 57 heures.

Le temps était exactement déterminé à Christiania, par M. Fearnley, à l'aide de passages d'étoiles au cercle-méridien, et à la tour ronde de Copenhague, par M. Sievers, au moyen d'une lunette-méridienne de 4 pieds, construite par Reichenbach et Ertel. Cette dernière station a présenté, sous ce rapport, plus de difficultés que l'autre, mais elles ont été surmontées par le zèle et la persévérance de M. Sievers. M. Hansteen a déterminé, pendant son séjour à Copenhague, par la comparaison d'observations de passages d'étoiles, faites en partie par lui, en partie par M. Sievers, la différence moyenne ( à peu près constante) entre leurs appréciations de ces instants, ou ce qu'on nomme l'*équation personnelle* entre les observateurs, et il l'a trouvée de trois dixièmes de seconde de temps, dont M. Sievers observait les passages plus tard que M. Hansteen. Il a déterminé de la même manière, à son retour à Christiania, l'équation personnelle entre lui et M. Fearnley, et a constaté que ce dernier observait environ deux dixièmes de seconde plus tard que lui. Il a conclu de là que M. Sievers observait, en moyenne, les instants des passages environ un dixième de seconde plus tard que M. Fearnley, et qu'il en résultait une correction de cette quantité à effectuer dans la comparaison des instants déterminés par ces observateurs dans leurs stations respectives. C'est ce dernier qui a fait les calculs des observations et des comparaisons successives des chronomètres avec les pendules, et en a discuté et exposé en détail les résultats dans cette partie du mémoire, qui occupe 50 pages, et dont je ne pourrai dire ici que quelques mots.

La pendule de Kessels à Christiania a eu, pendant l'intervalle dont il s'agit, une marche extrêmement régulière. M. Fearnley attribue uniquement les variations un peu plus sensibles qu'elle a paru avoir au mois d'août, à des oscillations dans la pression de l'air. La pendule de Jürgensen à Copenhague, a eu aussi une bonne marche, moins remarquable cependant que celle de Kessels. Quant aux chronomètres, qui ont toujours été placés de même dans leurs transports, ils ont tous bien fonctionné, et quelques-uns ont présenté dans leurs résultats un accord extraordinaire, surtout après que M. Fearnley y a effectué une très-légère correction, dépendante du mouvement du vaisseau, et qu'il a déterminée par l'ensemble des résultats eux-mêmes.

Sur les 21 chronomètres, il n'y en a eu, après cette petite correction, que 3 qui aient donné lieu à une erreur probable de 6 à 8 dixièmes de seconde, pour la détermination de longitude résultant de l'un de ses voyages; il y en a eu :

8 où cette erreur probable, pour un seul voyage, a été de 3 à 4 dixièmes de seconde ;

8 où elle a été de 1 à 2 dixièmes de seconde ;

et 2 où elle été au-dessous de $^1/_2$ dixième de seconde.

Ces dix derniers chronomètres étaient de Kessels, de Dent, de Breguet, de Delolme et d'Emery ; les deux premiers de ces noms correspondent aux deux chronomètres dont la marche a été la meilleure de toutes.

Les valeurs de la différence de longitude en temps, comprise entre les deux stations astronomiques à Copenhague et à Christiania, qui résultent de chacun des voyages effectués par les divers chronomètres, oscillent entre $7^m24^s,9$ et $7^m25^s,4$ ; leur moyenne est de $7^m25^s,122$ avec une erreur probable de $0^s,028$.

Quelque petite que soit cette erreur, M. Fearnley remarque qu'elle est plus grande qu'elle ne semblerait devoir l'être, d'après les erreurs probables accidentelles, provenant des chronomètres, dont il vient d'être question ; il croit que cela est dû à quelque source d'erreur agissant dans le même sens sur la marche des chronomètres, et dont on n'a pas encore tenu compte. Il attribue ces petites variations à celles qui ont lieu dans la densité de l'air. En comparant, en effet, les différences moyennes de hauteur barométrique à Copenhague et à Christiania, dans l'intervalle de chacun des transports des chronomètres, avec les différences entre la moyenne générale des résultats et celle de chacun des treize voyages relativement à la différence de longitude, il trouve une analogie de marche assez évidente, une élévation dans le baromètre tendant à retarder un peu la marche des chronomètres, en augmentant légèrement leur moment d'inertie. La correction moyenne à laquelle M. Fearnley est ainsi amené, par l'emploi qu'il fait encore à cette occasion de la méthode des moindres carrés, est d'un peu moins d'un $25^e$ de seconde : mais son erreur probable est à peine $^1/_2$ de cette même quantité. Sans regarder la question comme tout à fait décidée, il adopte cependant la correction, et la moyenne générale précédente devient alors $7^m25^s,110$ avec une erreur probable de $0^s,020$. En y appliquant aussi la correction indiquée plus haut, provenant de l'équation personnelle, il obtient pour résultat final $7^m24^s,998$ ; avec une erreur probable totale de $0^s,031$.

Des observations de deux éclipses de soleil et de huit occultations
d'étoiles, faites de 1816 à 1827 par M. Hansteen, dans l'observatoire provisoire, et calculées par l'astronome allemand Wurm, donnent pour cette même différence de longitude, réduite au nouvel observatoire : 7$^m$25$^s$,1. En admettant 40$^m$58$^s$,3 pour la différence des
méridiens de Paris et de Copenhague, le résultat chronométrique
ci-dessus donne 33$^m$33$^s$,3 pour la longitude en temps du nouvel
observatoire de Christiania à l'est de Paris.

M. Fearnley s'est aussi occupé de l'influence que le magnétisme
terrestre pourrait exercer sur la marche des chronomètres, sujet
qu'il dit n'avoir pas été traité encore. Il a fait quelques expériences
de ce genre, en 1848, à l'observatoire de Christiania, en plaçant
horizontalement six chronomètres, de manière à ce que le point de
départ de la division de leur cadran se trouvât successivement dirigé, à des jours différents, sur les quatre points cardinaux, pour
constater s'il résultait de cette diversité de position azimutale quelques variations de marche, particulièrement dans le cas de positions
diamétralement opposées. Il a trouvé, en effet, des différences de
marche diurne dans les positions opposées, fort peu sensibles, il
est vrai, sur quelques-uns des chronomètres, mais d'une seconde
et demie pour l'un d'eux et de plus de 4$^s$¹/$_2$ pour un autre. La répétition des mêmes épreuves quelques mois plus tard, a donné, en
général, des résultats dans le même sens que les précédents, mais
un peu différents pour les quantités, l'influence magnétique y paraissant diminuée d'un tiers. Ces effets n'ayant point été aussi sensibles, à beaucoup près, pendant l'expédition chronométrique, où un
seul des chronomètres a présenté de petites variations que M. Fearnley pense qu'on pourrait attribuer à un état magnétique, il conjecture que l'influence du magnétisme terrestre sur la marche des
chronomètres, a pu alors être contrariée, soit par les mouvements
du vaisseau, soit par l'humidité de l'air sur mer.

M. Hansteen a publié, en 1842, dans le n° 449 des *Astron.*
*Nachrichten*, un mémoire dont je dirai ici quelques mots, sur les
observations diurnes du baromètre faites à Christiania et à Dresde,
dans lequel il présente le résultat de quatre années d'observations

de ce genre, faites cinq fois par jour dans son observatoire, de 1838 à 1841. Il en conclut, à l'aide de formules d'interpolation, la valeur moyenne de la variation diurne totale du baromètre à Christiania, valeur qui est d'environ 4 dixièmes de ligne de l'ancien pied français, ainsi que les changements d'époque et de valeur que présentent, en cette station, les oscillations diurnes moyennes du baromètre dans les diverses saisons de l'année. Il a constaté ainsi, entre autres, qu'à cette latitude élevée, la petite baisse nocturne du baromètre disparaît en été, en sorte qu'il n'y a alors dans les 24 h. qu'un *maximum* de hauteur diurne vers 8 h. du matin, et un *minimum* vers 5 h. du soir. La température moyenne annuelle à Christiania est de 4°,2 de l'échelle de Réaumur. La hauteur moyenne du baromètre qui résulte des observations de M. Hansteen, réduite au niveau de la mer et à la température de 0°, est de 28 p. 0$^l$,225 ( anc. mes. franç.), ou plus basse de près de neuf dixièmes de ligne que ne l'est cette même hauteur barométrique moyenne, au niveau de la mer, à la latitude de Paris.

On peut conclure, ce me semble, des détails précédents, qu'il a été fait déjà d'intéressants travaux de plus d'un genre dans le nouvel observatoire de Christiania, et que cet établissement est placé en très-bonnes mains, pour y tirer parti des instruments dont il est pourvu. Il est fort à désirer que non—seulement les travaux y soient continués, mais qu'ils puissent être promptement et régulièrement publiés, pour que le monde savant en tire tout le profit dont ils seront susceptibles.       A. G.

---

## PHYSIQUE.

### 32. — DÉCLINAISON ET INCLINAISON MAGNÉTIQUES A PARIS A LA FIN DE 1849.

On a mesuré à l'observatoire de Paris, le 29 et le 30 novembre 1849, la déclinaison de l'aiguille aimantée, avec une boussole de Gambey; les deux résultats obtenus s'accordent bien, et la moyenne donne pour le 30 novembre à 1 h. 25 minutes après—midi une déclinaison occidentale de 20°34′18″. L'inclinaison de l'aiguille, observée également sur une boussole de Gambey, a été ,trouvée de 66°44′ le 1ᵉʳ décembre 1849. D'après les mesures faites à l'observatoire depuis une quinzaine d'années, la diminution annuelle de l'inclinaison est sensiblement de 3′. La moyenne de ces mesures donne l'inclinaison de 67°9′ pour le 1ᵉʳ janvier 1841.

33. — EBULLITION DE L'EAU A DIFFÉRENTES HAUTEURS DANS L'ATMOSPHÈRE, par M. WISSE (*Annales de Chimie et de Phys.* de janvier 1849).

M. Wisse, dans une lettre adressée à M. Regnault, donne avec les détails de toutes les précautions qu'il a prises pour que ses observations fussent aussi exactes que possible, un tableau des expériences fort nombreuses qu'il a faites sur le degré de l'ébullition de l'eau à diverses hauteurs sous l'équateur. Le lieu le plus bas était *Guayaquil*, à 2°11′ lat. S. et 82°18′ long. O. ; le degré de l'ébullition de l'eau était de 99°,77, le baromètre étant à 760ᵐᵐ,60, la température de l'air et celle du baromètre étant de 26°,5, ce qui donne 754ᵐᵐ,10 pour la hauteur du baromètre réduite à 0°. Le lieu le plus élevé était le sommet du *Pichincha*, à 0°12′ lat. S. et 81°10′ long. O. ; le degré d'ébullition de l'eau y était de 84°,83, la hauteur du baromètre étant de 433ᵐᵐ,12, la température de l'air de 1°,9, et celle du mercure de 7°,9, ce qui donne pour la hauteur du baromètre à 0°, 430ᵐᵐ,29.

M. Regnault ajoute à l'extrait qu'il publie de la lettre de M. Wisse, la remarque suivante :

Les déterminations de la température de l'ébullition de l'eau, que M. Wisse a faites dans la province de Quito, à différentes hauteurs dans l'atmosphère, doivent inspirer toute confiance ; elles ont été exécutées par un observateur très-exercé dans les expériences de physique, et avec des thermomètres gradués et rigoureusement vérifiés dans mon laboratoire du Collége de France. Il est donc intéressant de les comparer avec les nombres que l'on déduit de la table que j'ai donnée (*Annales de Chimie et de Physique*, 3ᵉ série, tome XIV, p. 206), et qui est déduite de recherches directes sur les tensions de la vapeur. J'ai fait cette comparaison pour un certain nombre des observations de M. Wisse, prises au hasard, et j'en transcris les résultats dans la table suivante. L'accord est aussi parfait qu'on peut le désirer. Il n'est peut-être pas inutile de faire observer que ma table des tensions est inconnue de M. Wisse.

| DATES. | LIEUX. | TEMPÉRA-TURE d'ébulli-tion. | BAROMÈT. observé par M. Wisse. | TENSION calculée d'après la Table. | DIF-FÉRENCE. |
|---|---|---|---|---|---|
| | | o | mm | mm | mm |
| 28 févr. 1847 | Guayaquil. | 99,70 | 752,10 | 751,87 | + 0,23 |
| 12 avril 1845 | Chorrerita | 97,96 | 706,86 | 706,24 | + 0,62 |
| 11 avril 1845 | Penita.... | 97,69 | 698,50 | 699,36 | — 0,86 |
| 3 août 1847 | Mindo.... | 95,93 | 656,26 | 655,85 | + 0,41 |
| 21 août 1847 | Mindo.... | 96,00 | 657,40 | 657,54 | — 0,14 |
| 31 mars 1845 | Ibarra.... | 92,96 | 587,14 | 587,53 | — 0,39 |
| 20 avril 1848 | Quito .... | 90,95 | 545,15 | 544,75 | + 0,40 |
| 26 mai 1849 | Quito .... | 90,91 | 544,18 | 543,93 | + 0,25 |
| 16 mai 1849 | El Corral. | 88,53 | 496,87 | 496,72 | + 0,15 |
| 15 janv. 1845 | Pichincha. | 85,16 | 435,81 | 435,78 | + 0,03 |
| 15 mai 1849 | *Id.*sommet | 84,83 | 430,29 | 430,15 | + 0,14 |

34. — Observations sur les expériences récentes de M. Boutigny, par M. Plucker de Bonn (*Annales de Poggendorff* de décembre 1849).

Les expériences si curieuses de M. Boutigny sur la possibilité de toucher impunément avec les mains ou avec les pieds des métaux à l'état de fusion, du fer fondu en particulier, ont assez excité l'incrédulité pour qu'il ne soit pas inutile de rapporter toutes les observations qui tendent à confirmer leur exactitude. Déjà M. Perrey de Dijon a fait connaître à l'académie des sciences de Paris, qu'il les a répétées avec succès. Voici maintenant M. Plucker de Bonn, qui en a fait autant à Cologne, dans l'usine de M. Behren et comp.; il raconte, comme suit, les opérations dont il a été témoin.

« L'ouvrier, dit-il, a frappé de l'extrémité de ses doigts, rapidement et non sans frayeur, la surface du fer en fusion, qui sortait à ce moment du fourneau pour se rendre dans une auge dont on se servait ensuite pour couler une grande plaque qui devait servir à la construction d'un fourneau. C'était là une preuve convaincante de l'exactitude de l'expérience de Boutigny; et tandis que j'examinais avec soin les extrémités des doigts de l'ouvrier, l'un des deux aides du cabinet de physique, qui m'accompagnaient, frappa de sa main ouverte, qu'il avait préalablement trempée dans l'eau, la surface rouge brillant du fer fondu, avec tant de force que le métal en rejaillit; l'autre aide répéta l'expérience après s'être également mouillé la main. Après ces expériences, où contrairement, à l'avertissement de Boutigny, on avait frappé la masse, celles, que pour plus de précaution, j'avais eues en vue de, faire avant de tenter l'immersion, devenaient inutiles. Je mouillai ma main droite, je plongeai l'index dans la masse en fusion; je l'y promenai lentement pendant environ deux secondes : je sentis parfaitement que le fer liquide se séparait devant mon doigt, mais je n'*éprouvai pas la plus légère sensation de chaleur*[1].

« Au tact, j'aurais cru que la température du fer, qui était d'environ 2732° Fahr., était au-dessous de 98°, car lorsque je retirai le doigt il n'était pas si chaud que l'autre main. M. Tessel et les personnes qui m'accompagnaient répétèrent cette expérience avec quelques modifications; l'une de ces personnes avait sa main tiède; une autre observa que la main, après avoir été préalablement trempée dans l'eau, s'était séchée seulement sur la partie qui n'avait pas été immergée; une troisième personne prit le fer dans le creux de sa main. Les poils follets qui se trouvaient sur les doigts plongés

---

[1] Il y a plus de vingt ans que le professeur Rose, visitant les fonderies d'Avestad en Suède, vit un ouvrier qui, pour une modique rémunération, prenait avec la main nue du cuivre fondu dans un creuset, et le lançait contre la muraille. Ceci, ainsi que d'autres faits contenus dans le mémoire de Boutigny, montrent que le phénomène en question a été connu depuis longtemps, surtout chez les hommes qui s'occupent de l'art du fondeur.

avaient disparu, mais aucune trace de chaleur ne se remarquait sur les ongles; la peau exhalait une légère odeur empyreumatique, là où il y avait des verrues; mais dans aucun cas il n'y eut la moindre sensation de brûlure, ni même de chaleur portée à un degré désagréable. S'ensuivrait-il que certaines opérations chirurgicales minimes s'effectueraient mieux en plaçant préalablement le pied dans un bain de fer rouge fondu? Je fis enfin une dernière expérience dont j'aurais pu prévoir d'avance le résultat.

« Je tins le doigt d'un gant de peau que j'avais mouillé intérieurement et que j'avais enfilé sur un bâton, pendant une minute dans le fer fondu. Au bout de ce temps, je le retirai, non-seulement le gant n'était pas brûlé; mais il n'était qu'à une température que je crus devoir être de 132° Fahr. environ. (Je n'avais pas de thermomètre.) Toute conjecture sur ces phénomènes remarquables serait prématurée, avant qu'un plus grand nombre d'expériences aient été faites. J'espère toutefois être bientôt en mesure de communiquer quelques observations sur ce sujet intéressant. »

---

35. — CONDUCTIBILITÉ DES ACIDES ET DÉVELOPPEMENT DE L'ÉLECTRICITÉ DANS LA COMBINAISON DES ACIDES ET DES BASES, par M. MATTEUCCI (*Comptes rendus de l'Acad. des Sciences* du 31 décembre 1849).

Après avoir rappelé la divergence qui existe entre M. Becquerel et lui au sujet du mode de production de l'électricité dans les actions chimiques, M. Matteucci entre dans le détail des nouvelles expériences qu'il vient de faire, et commence par celles qui sont relatives à la pile à potasse et à acide nitrique de M. Becquerel. Pour bien démontrer que les deux lames de platine qui plongent, l'une dans la potasse et l'autre dans l'acide, ne contribuent en rien à la production de l'électricité et ne servent qu'à fermer le circuit, M. Matteucci a réussi à développer le courant, en excluant la présence de tout métal.

« La solution de potasse et l'acide nitrique étant séparés par un diaphragme poreux, je fais, dit-il, plonger dans les deux liquides deux tubes de verre ouverts, remplis de sable et imbibé d'une solution de nitre. Je ferme les circuits de cette pile à l'aide du nerf de la grenouille galvanoscopique qui touche le sable mouillé des deux tubes. J'ai toujours les contractions, tantôt en ouvrant, tantôt en fermant le circuit, suivant la direction du courant relative au nerf, et suivant la loi électrophysiologique établie par mes travaux. Il est donc établi d'une manière incontestable que, indépendamment de la présence de toute partie métallique dans le circuit, il y a développement d'électricité dans la combinaison de l'acide nitrique et de la potasse, et que le courant est dirigé de l'alcali à l'acide dans le point où l'action chimique est plus intense.

« Pour peu qu'on varie la nature des acides et des alcalis qui composent cette pile, on découvre facilement, en mesurant l'intensité du courant avec le galvanomètre, que l'acide nitrique et la potasse forment la combinaison voltaïque la plus forte de ce genre. J'ai cru qu'avant de poursuivre des expériences pour comparer ces piles formées avec des acides et des alcalis différents, il fallait étudier la conductibilité de ces corps, pris à des degrés différents de densité. J'ai étudié ainsi la conductibilité des acides sulfurique, nitrique, chlorhydrique, oxalique et phosphorique. La méthode que j'ai employée est celle dont j'ai déjà fait usage, et qui consiste à partager le courant voltaïque en deux voltaïmètres contenant les deux liquides dont on veut comparer la conductibilité. Voici les résultats obtenus avec l'acide sulfurique, en prenant pour unité le pouvoir conducteur de cet acide, lorsque sa densité est 1,192.

| DENSITÉ DE L'ACIDE. | POUVOIR CONDUCTEUR. |
|---|---|
| 1,030 | 0,301 |
| 1,066 | 0,682 |
| 1,100 | 0,760 |
| 1,143 | 0,935 |
| 1,259 | 1,000 |
| 1,340 | 0,951 |
| 1,384 | 0,850 |
| 1,482 | 0,622 |
| 1,667 | 0,344 |

« Ce tableau établit d'une manière très–évidente le fait découvert
par M. de la Rive, du maximum de conductibilité de l'acide sulfurique. J'ai également étudié la conductibilité de l'acide nitrique, pris
à des densités différentes. En recueillant le gaz hydrogène développé au pôle négatif dans l'acide nitrique, on trouve que, jusqu'à
la densité de 1,076, la quantité du gaz hydrogène est la même que
celle obtenue dans une solution d'acide sulfurique. A mesure que
la densité de l'acide nitrique augmente, la quantité d'hydrogène
développé au pôle négatif diminue ; ainsi, la densité de l'acide nitrique devenant 1,315, il n'y a plus de développement de l'hydrogène.
Il est curieux de voir le développement de ce gaz cesser brusquement quelques secondes après que le circuit est fermé.

« En recueillant dans l'acide nitrique le gaz oxygène développé
au pôle positif, on trouve sa quantité d'autant moindre que la densité de l'acide est plus grande. Ainsi, dans l'acide nitrique ayant
1,452 de densité, l'oxygène n'est plus que la moitié de celui qu'on
a dans le voltaïmètre rempli d'une solution d'acide sulfurique. A
mesure que l'acide nitrique diminue de densité, la quantité d'oxygène augmente, et elle devient égale à celle qu'on obtient dans la
solution d'acide sulfurique. Avec des solutions d'acide nitrique qui
n'ont plus que 1,076 à 1,162 de densité, on trouve que la quantité
d'oxygène développé au pôle positif, est constamment plus grande
que celle obtenue dans la solution d'acide sulfurique. J'ai établi ce
fait très-remarquable sur un grand nombre d'expériences. Le rapport entre l'oxygène obtenu dans l'acide nitrique, et celui qu'on a
dans l'acide sulfurique, est de 1,2 à 1. Il résulte de ces expériences,
que dans l'acide nitrique, c'est l'eau seule qui est décomposée; il
reste maintenant à découvrir d'où vient l'excédant de l'oxygène.

« Quant à la conductibilité de l'acide nitrique suivant sa densité,
j'ai trouvé qu'il a, comme l'acide sulfurique, un maximum : ainsi
l'acide nitrique à 1,315 de densité, conduit mieux que l'acide qui
a une plus grande ou une moindre densité. L'acide nitrique diffère
de l'acide sulfurique, en ce que le premier, pris à sa plus grande
densité 1,50, conduit mieux que celui qui n'a que 1,10 de densité.
La solution d'acide nitrique ayant 1,076, se trouve avoir la même

conductibilité que l'acide sulfurique à son maximum, c'est-à-dire ayant 1,192 de densité. Voici les résultats obtenus en étudiant de la même manière la conductibilité de l'acide chlorhydrique. Cet acide a, comme les deux autres que nous avons étudiés, un maximum de conductibilité. Depuis 1,076 jusqu'à 1,114 de densité, le pouvoir conducteur augmente : après, il diminue, et l'acide à 1,186 conduit moins bien que celui qui a 1,162 de densité. La solution de l'acide chlorhydrique n'ayant que 1,023 de densité, a un pouvoir conducteur égal à celui de l'acide sulfurique à son maximum, c'est-à-dire à la densité de 1,192.

« Quant aux acides oxalique et phosphorique, il paraît qu'ils n'ont pas un pareil maximum ; leur conductibilité augmente avec la densité de leurs solutions. La solution d'acide phosphorique ayant 1,115 de densité, a une conductibilité égale à celle de la solution d'acide sulfurique n'ayant que 1,021. Dans ces deux solutions, la quantité d'acide sec qui est dissoute est très-différente : le poids de l'acide phosphorique dissous dans un volume donné d'eau, est à peu près dix fois celui de l'acide sulfurique.

« Quant à l'acide oxalique, il est difficile de juger exactement, par mon procédé, de sa conductibilité, car les produits de sa dé-composition électro-chimique sont mêlés à des produits secondaires. Toutefois, je ne dois pas être trop loin de la vérité, en établissant qu'une solution saturée d'acide oxalique a sensiblement la même conductibilité qu'une solution très-faible d'acide sulfurique de 1,022 de densité. Enfin, la solution saturée de potasse, qui marque 35°B., a un pouvoir conducteur plus grand que celui de l'acide sulfurique à son maximum, dans le rapport de 1,22 à 1.

« Voici d'abord la disposition de la pile à acide et à oxyde avec laquelle j'ai fait toutes mes expériences : c'est l'appareil même de la pile de Grove, ou de Bunsen, en employant deux lames de pla-tine parfaitement égales, hautes de 1 décimètre, et larges de 4 cen-timètres. Je me suis arrangé de manière à pouvoir opérer avec vingt-cinq de ces éléments chargés de l'acide nitrique de commerce à 36°B:, et d'une solution de potasse plus ou moins saturée. J'ai employé pour mesurer l'intensité du courant, tantôt une boussole de

tangentes, tantôt le galvanomètre comparable de Nobili. Il est facile
de s'assurer depuis les premières expériences qu'on fait à ce sujet,
que l'intensité du courant obtenu avec ces piles dépend principalement de la densité de la solution alcaline : ainsi, tandis que le courant ne varie pas sensiblement en employant de l'acide nitrique
très-concentré, ou de l'acide qui marque 20 à 25°B., on voit, au
contraire, ce courant augmenter à peu près proportionnellement à
la quantité de potasse caustique dissoute dans la solution alcaline.
Il n'est pas vrai, comme on l'avait admis d'abord, que le courant
de cette espèce de pile se conserve constant pour longtemps : l'affai-
blissement qui a lieu dans ce courant après que le circuit a été
fermé, est d'autant moins rapide que la solution alcaline est plus
dense. J'ai pu obtenir un courant constant en renouvelant continuellement les deux liquides acide et alcalin, que je faisais écouler séparément et goutte à goutte sur les deux faces d'un diaphragme poreux, sur lesquelles étaient appliquées les deux lames de platine.

« En mesurant le courant obtenu par cinq, dix, quinze, vingt ou
vingt-cinq de ces piles, j'ai trouvé que le courant avait sensiblement la même intensité, quel que fût ce nombre. J'ai varié bien des
fois cette expérience, et j'ai toujours obtenu les mêmes résultats, en
laissant convenablement l'aiguille du galvanomètre se fixer. J'ai
aussi, en réunissant ensemble des lames de platine plongées dans la
potasse, et d'autres lames plongées dans l'acide nitrique, essayé des
piles ayant des surfaces différentes ; le courant a augmenté avec la
surface, et il a été de 9, 12, 15, 19 degrés, avec les surfaces 1,
2, 3, 4.

« J'ai trouvé, comme MM. Becquerel et Jacobi, qu'on pouvait,
avec ces piles, obtenir la décomposition de l'iodure de potassium,
du nitrate d'argent, du sulfate de cuivre et de l'eau acidulée. Il était
facile de s'assurer avec cette pile que la décomposition électro-chimique augmentait rapidement avec le nombre des couples. J'ai,
dans une expérience, tâché de déterminer la quantité de potasse
qui s'était combinée avec l'acide nitrique dans chaque couple, pendant qu'on obtenait le cuivre sur le pôle négatif de cette pile, par
la décomposition du sulfate de cuivre. J'ai obtenu, pour 11ᵍʳ,530

de potasse combinée à l'acide dans chaque couple, 7 milligrammes
de cuivre, nombre de beaucoup plus petit que celui qu'on aurait
obtenu dans une pile avec le zinc amalgamé.

« J'ai étudié ensuite les différences d'intensité du courant obtenu
en employant pour oxyde toujours la potasse, et des acides différents.
J'ai employé, dans ces expériences, une solution saturée de potasse.
Voici les nombres obtenus avec des appareils semblables.

Potasse et acide nitrique à 36°B., le courant est de. . 46 degrés.
Potasse et acide sulfurique à 26°B., le courant est de.   8
Potasse et acide chlorhydrique à 22°B., le courant est de 15
Potasse et acide oxalique en solution saturée . . . . .   4
Potasse et acide phosphorique concentré . . . . . . .   3

« Il résulte évidemment de ces expériences, que la combinaison
qui donne le courant le plus fort, est celle de l'acide nitrique avec
la potasse. On voit, avec cette dernière pile, comme M. Becquerel
l'avait découvert le premier, l'oxygène se développer sur la lame de
platine qui plonge dans la potasse. J'ai, dans deux expériences,
mesuré la quantité de potasse combinée avec de l'acide nitrique, et
recueilli, et mesuré le gaz oxygène développé. Dans un cas, $5^{gr},258$
de potasse ont donné 17 centimètres cubes d'oxygène, et, dans un
autre, $3^{gr},965$ de potasse ont donné 10 centimètres cubes d'oxygène. Toujours la quantité du produit électro-chimique est considérablement plus petite que celle qui devrait être, suivant la loi
obtenue avec le zinc amalgamé.

« Au lieu de la potasse, j'ai employé le protoxyde de fer à l'état
d'hydrate, l'oxyde de zinc et l'ammoniaque. Avec l'acide nitrique et
l'oxyde de fer, le courant, qui était de 24 degrés d'abord, s'est
fixé, après plusieurs heures, à 40 degrés, étant presque aussi fort
qu'avec la potasse. Il est curieux de voir la lame de platine plongée
dans l'oxyde de fer, en sortir avec une jolie couleur d'or. Avec
l'acide chlorhydrique et l'oxyde de fer, le courant augmente jusqu'à 24 degrés. Avec les acides oxalique et phosphorique, le courant
est à peine sensible. Avec de l'oxyde de zinc, quel que soit l'acide,
le courant est à peine sensible au galvanomètre que j'ai employé
dans toutes ces expériences. Enfin, le courant donné par l'ammonia-

que du commerce et l'acide nitrique est de 8 degrés, avec l'acide
chlorhydrique de 5 degrés, et à peine sensible avec les autres
acides.

« Il serait donc impossible de conclure de ces expériences que
le développement de l'électricité dans la combinaison des acides et
des oxydes, est sujet à la même loi qui se vérifie lorsque l'électricité se développe dans l'oxydation d'un métal tel que le zinc amalgamé et l'eau. La grande conductibilité de l'acide nitrique très-
concentré explique, au moins en partie, la supériorité de cet acide
sur les autres, dans le développement de l'électricité, produit par
sa combinaison avec des oxydes.

---

36. — EXPÉRIENCES CONFIRMATIVES DE CELLES DE M. DU BOIS
RAYMOND, RELATIVES AU DÉVELOPPEMENT DE L'ÉLECTRICITÉ
PAR LA CONTRACTION MUSCULAIRE.

L'observation remarquable faite par M. du Bois Reymond, que le
courant électrique peut être excité par la contraction musculaire,
ayant été mise en question par quelques physiciens, il importe de
réunir toutes les recherches qui semblent maintenant, au contraire,
confirmer d'une manière positive la découverte du savant de Berlin.

Avant tout, c'est l'autorité de M. du Bois Reymond lui-même que
nous invoquons en faveur de sa propre expérience. Quand on lit,
dans l'ouvrage remarquable qu'il vient de publier et dont nous ren-
drons compte incessamment, les précautions qu'il a prises, le soin
tout particulier qu'il a apporté à la construction de son galvanomètre, on demeure convaincu qu'il n'y a pu avoir erreur dans son observation.

En Italie, M. Zantedeschi a répété avec non moins de succès
l'expérience de M. du Bois Reymond ; il y a encore ajouté quelques
observations de détail intéressantes. Il a d'abord déterminé la direction des courants produits, l'un par l'extension, l'autre par la
flexion du bras. Il a trouvé que le premier était dirigé de la périphérie au centre, c'est-à-dire inverse, et qu'il en était de même du
second.

Il a trouvé ensuite que les deux courants dus à l'extension et à la flexion du bras sont temporaires, et s'affaiblissent graduellement quand on les développe plusieurs fois de suite. Ils sont à cet égard indépendants l'un de l'autre dans chaque bras. Ils varient d intensité d'un individu à un autre; aussi peut-il arriver qu'en formant une chaîne de plusieurs personnes on affaiblisse le courant, au lieu de le renforcer. L'état particulier du même individu a également une grande influence ; ainsi dans l'état de langueur et d'extrême abattement, le courant des muscles soit extenseurs, soit fléchisseurs, est insensible. M. Zantedeschi conclut de ses observations qu'il a vérifiées sur des individus d'âge, de santé et d'habitudes différentes, que les phénomènes électriques de la contraction musculaire, rendus sensibles par les déviations galvanométriques, ne peuvent pas être attribuées ni à l'action chimique, ni à celle du contact, mais qu'elles sont dues à un courant qui procède des phénomènes de la vie.

Voici maintenant des observations du même genre faites par M. Buff, de Giessen, en date du 13 juillet 1849.

« Le galvanomètre employé a été construit par M. Kleiner, de Berlin ; il présente 3000 tours de fil de cuivre de un cinquième de millimètre d'épaisseur. Les extrémités de ce fil ont été, suivant les indications de M. du Bois Reymond, mises en communication avec des lames de platine découpées dans une même feuille. Chaque lame plongeait d'une manière permanente dans un vase contenant une solution saturée de sel commun. Malgré cette précaution, il a été impossible d'obtenir une uniformité absolue et permanente des deux lames. Toutefois en plongeant le doigt dans l'eau salée, il ne se développait en général qu'un courant faible qui diminuait promptement, et d'une étendue telle que l'aiguille restait rarement dans un repos parfait. En contractant les muscles de la main et du bras, on n'a observé que des effets équivoques, précisément comme les physiciens français. Comme l'aiguille oscillait avec quelque rapidité, sept à huit secondes pour une oscillation, je me suis efforcé de rendre son système astatique plus parfait, et j'ai réussi en réduisant le temps de l'oscillation à trente secondes, c'est-à-dire en augmentant

la sensibilité de l'aiguille environ 16 fois. Malgré cela, l'influence de
la contraction musculaire n'en est pas devenue beaucoup plus appréciable. Parfois, elle a été plus ou moins obscurcie par des déviations accidentelles de l'aiguille, qu'il devint d'autant moins possible
de contrôler, qu'on avait diminué davantage la force directrice magnétique. Il y avait donc peu de chose à attendre en continuant à
perfectionner le système astatique, au moins avec le multiplicateur
employé, dont le fil ne paraissait pas entièrement exempt de fer.
M. du Bois Reymond avait obtenu un plus haut degré de sensibilité, au moyen d'un grand nombre de tours, ce qui est évidemment préférable dans les expériences de cette nature.

« Une des méthodes pour observer le phénomène découvert par
M. du Bois Reymond avec des instruments d'une moindre sensibilité, consiste à augmenter l'action électromotrice, excitée par la
force musculaire. Seize personnes qui ont pris part à cette expérience se tenaient réciproquement avec les mains mouillées et en
contractant toutes simultanément le bras droit, ou simultanément le
bras gauche ; elles ont formé, comme on voit, un circuit de force
électromotrice accrue. L'effet sur l'aiguille a été alors parfaitement
évident, et opposé, suivant que c'était le bras droit ou le bras gauche qui avait été contracté. La direction du courant a toujours été
de la main à l'épaule. Il est essentiel que la contraction musculaire
augmente, ou au moins persiste jusqu'à ce que l'aiguille commence
à revenir, et alors on la fait cesser tout à coup. Quoiqu'il ait été
impossible de produire une déviation de plus de 10° à 12°, l'intensité correspondante du courant a suffi pour surmonter les influences
accidentelles, et, bien plus, pour arrêter un mouvement en direction
opposée et pour le renverser. »

------------

## 37. — Première idée du télégraphe électrique.

Toutes les fois que la chose est en mon pouvoir, j'ai besoin de rendre à César ce qui appartient à César ; c'est pourquoi je désire que
le monde savant sache que feu mon excellent ami, le docteur Odier,

est le premier qui ait eu l'idée du télégraphe électrique. Voici ce qu'il écrivait, il y a 77 ans, c'est-à-dire en 1773, à M^{lle} B...

« Je te divertirai peut-être, en te disant que j'ai en tête des expériences à faire entrer en conversation avec l'empereur du Mogol ou de la Chine, des Anglais, des Français ou tels autres habitants de l'Europe, de façon que sans se déranger, on puisse se communiquer ce qu'on voudra, à la distance de quatre ou cinq mille lieues dans moins d'une demi-heure! Cela te suffira-t-il pour la gloire? Rien n'est plus réel. De quelque façon que ces expériences-là tournent, elles doivent nécessairement mener à quelque grande découverte; mais je n'ai pas le courage de les faire cet hiver. Ce qui m'en a donné l'idée, c'est un mot prononcé l'autre jour, sans dessein, à la table de sir John Bringle, où j'eus le plaisir de dîner avec Franklin, Priestley et d'autres grands génies. »

A cette époque, Odier s'occupait beaucoup d'électricité. Quelques jours avant, il avait écrit à M^{lle} B... : « N'est-il pas étonnant que le mouvement d'un brin de paille attiré par un morceau d'ambre, ait donné à Franklin l'idée sublime du paratonnerre? Franklin est le premier qui ait trouvé le secret d'emprisonner le fluide électrique dans une bouteille. »                            MAUNOIR, prof.

## CHIMIE.

38. — SUR LA DÉCOMPOSITION ET LA SOLUTION PARTIELLE DES MINÉRAUX PAR L'EAU PURE ET L'EAU CHARGÉE D'ACIDE CARBONIQUE, par MM. W.-B. ROGERS et R.-E. ROGERS de l'Université de Virginie (*Assoc. Brit. des Sc.* de 1849, et *Institut* du 12 décembre 1849).

C'est une question de la plus haute importance, soit pour la physiologie végétale, et par conséquent pour l'agriculture, soit pour les théories géologiques, soit pour les théories électro-chimiques, que de savoir si l'eau pure ou l'eau chargée d'acide carbonique possède cette faculté générale de décomposition et dissolution que quelques chimistes lui ont attribuée vaguement et sans preuves, ou si cette action s'applique seulement à un petit nombre de matières qui ont été essayées, et qui renferment toutes un alcali. MM. Rogers sont parvenus à résoudre cette question par deux méthodes, d'abord à l'aide d'une méthode extemporaire dite à la *tache*, et ensuite par une *digestion prolongée* à la température ordinaire.

Dans la première de ces méthodes on fait digérer une petite quantité du minéral réduit en poudre très-fine, qui est mise en digestion pendant quelques instants sur un petit filtre de papier purifié, et on reçoit une seule goutte limpide du liquide sur une lame de platine, on fait sécher, et on examine à l'aide de réactifs appropriés avant et après l'ignition.

Dans le second procédé, une certaine quantité du minéral, réduit en poudre fine, est placé avec le liquide dans une fiole de verre vert, et agitée de temps en temps pendant une période déterminée. Le liquide, séparé par la filtration, est évaporé à siccité dans une capsule de platine. Le résidu est alors soumis à un examen critique, et, s'il est en quantité suffisante, soumis à une analyse quantitative.

Dans les deux procédés on a fait deux expériences parallèles : l'une avec de l'eau pure aérée, l'autre avec de l'eau chargée à saturation à 60° F. avec de l'acide carbonique. Dans le second on a introduit une correction pour l'alcali, la chaux, etc., dissous du verre qui contenait les substances en faisant une expérience à part dans des vases semblables, mais sans poudres minérales.

1° Lorsque la substance a été réduite en poudre très-fine avant de la mélanger avec le liquide, les premières gouttes elles-mêmes qui passent à travers le filtre donnent communément une *tache* contenant un peu de l'alcali ou de la terre alcaline qui a été dissoute. De cette manière on peut en quelques minutes acquérir la preuve de l'action de l'eau carbonatée. Dans le cas de l'eau pure l'action est plus faible et exige plus de temps, mais avec presque toutes les substances énumérées, cette action est distincte, et même très-intense, pour quelques-unes d'entre elles.

2° Par une série indépendante d'expériences pour déterminer

l'effet de la chaleur, qui ont été faites sur les taches de potasse et de soude, ainsi que sur les carbonates, et enfin sur les *taches* de carbonates de chaux et de magnésie, et des quantités considérables de ces substances successivement exposées dans des creusets à la chaleur du chalumeau d'émailleur, on a trouvé que l'ordre de volatilité était le suivant : potasse, soude, magnésie, chaux. La tache de potasse a disparu presque instantanément, celle de soude a persisté pendant quelque temps, celle de magnésie a disparu plus lentement, tandis que celle de chaux est restée sans altération pendant longtemps. Avant l'application de la chaleur, la tache des alcalis ou de leurs carbonates était naturellement fortement alcaline. Celle du carbonate de magnésie présentait aussi une réaction décidée et parfois énergique avec le papier *réactif*, tandis que celle du carbonate de chaux ne donnait qu'un effet à peine appréciable. Mais en élevant la tache à la chaleur rouge, le carbonate de chaux en perdant son acide carbonique acquérait une alcalinité intense ; la réaction de la tache de magnésie en était peu affectée, et celles des taches alcalines étaient presque détruites.

Comme exemple de ces modes distinctifs de preuve et de la manière d'opérer dans ces expériences sur la tache, M. le professeur Rogers présente quelques détails extraits d'une masse énorme de résultats inédits, et appelle particulièrement l'attention sur les phénomènes opposés qu'on observe dans le cas du leucite, de l'olivine et de l'épidote. Le premier de ces minéraux est caractérisé par la potasse, le second par la magnésie, et le dernier par la chaux. Ainsi, dans le cas du leucite, la tache aqueuse et celle d'eau chargée d'acide carbonique, sont toutes deux alcalines, et la dernière l'est très-énergiquement ; mais même une douce exposition à la chaleur pendant quelques secondes, ou une forte ignition pendant un moment, suffisent pour *dissiper entièrement* l'alcali. Dans le cas de l'olivine, la tache d'eau est décidément alcaline, et celle de l'eau carbonatée l'est infiniment plus. L'ignition pendant une ou deux secondes ne produit que peu de changement, mais en la poursuivant elle occasionne une diminution graduelle de la réaction alcaline qui, au bout de dix secondes, est réduite à environ *un douzième de ce qu'elle était au commencement*. Avec l'épidote la tache présente une réaction extrêmement faible avant de chauffer. Soumise un moment à la chaleur, l'alcalinité est très-intense, et, au bout de dix secondes d'ignition, on ne distingue qu'une *faible diminution* dans la réaction alcaline.

3° Relativement au second mode d'expérimentation, savoir : celui d'une *digestion prolongée* dans l'eau pure et l'eau chargée d'acide carbonique, M. le professeur Rogers présente les résultats obtenus avec le hornblende, l'épidote, le chlorite, le mésotype, etc., en montrant que la quantité de matière solide dissipée par l'eau carbonatée, dans un grand nombre de ces cas, est parfaitement suffisante pour une *analyse qualitative*, même quand la digestion n'a duré que quarante-huit heures. Quand elle est prolongée plus longtemps, les expérimentateurs ont extrait du liquide une certaine quantité de chaux, de magnésie, d'oxyde de fer, d'alumine, de silice et d'alcali, ingrédients dissous de ces minéraux qui se sont élevés parfois à environ un pour cent de la masse totale.

4° Conjointement avec les précédentes expériences, MM. Rogers ont été conduits à un examen de la *solubilité comparée du carbonate de chaux et du carbonate de magnésie, dans l'eau carbonatée*.

Dans les ouvrages classiques de chimie et de géologie, on assure que le carbonate de chaux est le plus soluble des deux, et c'est sur cette supposition qu'est fondée la théorie vulgaire de l'origine des grandes masses de magnésie des calcaires magnésiens, on imagine que dans un calcaire mélangé, contenant les deux carbonates, *la proportion relative* du carbonate de magnésie augmenterait par l'enlèvement plus rapide du carbonate de chaux par les eaux de filtration, et que par conséquent la masse se rapprocherait de plus en plus de la composition de la dolomite. Les expériences de MM. Rogers démontrent que dans l'eau imprégnée d'acide carbonique, le carbonate de magnésie est beaucoup plus soluble que le carbonate de chaux ; ainsi, en faisant filtrer de l'eau légèrement carbonatée, à travers une masse de calcaire magnésien réduit en poudre fine, et recueillant le liquide clair, l'analyse découvre une bien plus grande proportion de magnésie dans la solution, comparativement au carbonate de chaux, que celle qui correspond à la quantité relative de ces substances dans la roche en poudre. De même en agitant vivement une certaine quantité de la poudre, avec de l'eau carbonatée dans un vase en verre, et séparant la portion liquide par filtration, on trouve qu'il y a eu une portion plus considérable de carbonate de magnésie enlevée par le dissolvant, que de carbonate de chaux.

De ces expériences, MM. Rogers concluent que l'infiltration des eaux de pluie, qui ne sont toutefois chargées que d'une faible proportion d'acide carbonique, en traversant les couches de calcaires magnésiens, enlève le carbonate de magnésie plus rapidement que le carbonate de chaux, et qu'ainsi la roche doit devenir, relativement, de moins en moins magnésienne, au lieu de se rapprocher de la condition de la dolomite, ainsi qu'on le prétend communément. MM. Rogers appellent en même temps l'attention sur ce fait, que les stalactites des cavernes de calcaires magnésiens ne renferment que de faibles quantités de carbonate de magnésie. Un examen des stalactites de la caverne de Weyer, en Virginie, a prouvé que tandis que les stalactites opaques et blanc de lait ne renfermaient qu'une trace, mais très-sensible, de cet ingrédient, le spath et les espèces les plus transparentes n'en renfermaient pas le moindre indice. Il est évident que, dans ces cas, le carbonate de magnésie a été entraîné plus bas par le liquide, et, ce qui semble confirmer cette conclusion, c'est la grande proportion de carbonate de magnésie qu'on rencontre dans les sources du voisinage immédiat de la caverne en question.

5° Un fait d'un très-grand intérêt, signalé dans ces expériences, c'est la rapidité comparative avec laquelle les silicates magnésiens et calcaires magnésiens cèdent à l'action décomposante et dissolvante de l'eau carbonatée, et même de l'eau pure. Ce fait explique la décomposition rapide de la plupart des roches composées de hornblende, d'épidote, etc., sans l'intervention d'un alcali, et nous permet d'indiquer le procédé simple à l'aide duquel les plantes sont pourvues de la chaux et de la magnésie dont elles ont besoin, dans les sols qui renferment ces silicates, sans avoir recours à un pouvoir mystérieux de décomposition des racines des végétaux vivants.

6° Dans leurs expériences sur la *tache*, MM. Rogers se sont assurés que les poudres d'anthracite, de houille bitumineuse et de lignite cédaient toutes à l'eau carbonatée une quantité appréciable d'alcali, tandis que les cendres de ces matériaux, traitées de la même manière, ne donnaient aucune trace alcaline au papier-réactif. Ce fait, suivant eux, s'explique facilement par la température élevée à laquelle les cendres se forment, température qui, par les expériences ci-dessus rapportées, est parfaitement suffisante pour dissiper toute la portion de l'alcali ou de carbonate primitivement renfermée dans ces matières.

----

39. — ACTION DE LA POTASSE SUR LA CAFÉINE, par M. Ad. WURTZ (*Comptes rend. de l'Acad. des Sc.*, séance du 7 janvier 1850).

Nous avons rendu compte, dans le précédent cahier de ce journal, d'un mémoire de M. Rochleder, dans lequel ce savant annonce que l'action du chlore sur la caféine donne naissance à une nouvelle base organique qu'il appelle *formyline*, et dont il représente la composition par la formule $C^2 H^4 Az$. M. Wurtz fait remarquer combien cette formule se rapproche de celle de la méthylamine $C^2 H^5 Az$, base organique volatile analogue à l'ammoniaque qu'il a découvert il y a déjà quelque temps. Il pense que la formyline ne diffère point de la méthylamine, et effectivement les analyses faites par M. Rochleder sur le chloroplatinate de cette base, seul sel qu'il ait analysé, s'accordent encore mieux avec la formule de la méthylamine qu'avec celle qu'adopte M. Rochleder. Cette supposition paraît aussi confirmée par les propriétés du chlorhydrate et du chloroplatinate de formyline qui paraissent identiques avec celles des sels correspondants de méthylamine.

Enfin, M. Wurtz donne une nouvelle preuve à l'appui de son opinion. Il a reconnu en effet qu'il suffit de faire bouillir la caféine avec une dissolution concentrée de potasse caustique, pour en dégager une quantité considérable de méthylamine à l'état de gaz, que l'on peut condenser en le recevant dans de l'eau mêlée d'un peu d'acide chlorhydrique.

40. — Formation de l'acide succinique par l'oxydation de l'acide butyrique, par M. Dessaignes (*Comptes rendus de l'Acad. des Sc.*, séance du 21 janvier 1850).

Dans son *Précis de Chimie organique*, M. Gerhardt a fait observer que, parallèlement à la série des acides gras monobasiques, dont la formule générale est $C^m H^m O^4$, on peut construire une série d'acides bibasiques, dont la formule générale s'exprime par $C^m H^{m-2} O^8$. Presque tous les acides de ces deux grandes séries parallèles se produisent simultanément, quand on oxyde par l'acide nitrique les corps gras dont l'équivalent est élevé; et l'on peut concevoir que chaque terme de la série bibasique soit formé par une simple oxydation du terme qui lui correspond dans la série monobasique. Mais si l'on excepte les acides acétique et oxalique, il reste à démontrer expérimentalement la possibilité de cette transformation.

A l'acide butyrique, dans la série des acides gras, correspond l'acide succinique dans l'autre série. M. Dessaignes annonce qu'il a réussi à transformer l'acide butyrique en acide succinique, en le faisant bouillir pendant plusieurs jours avec de l'acide nitrique concentré; il se dégage une grande quantité de vapeurs nitreuses, mais l'action est fort lente. L'acide succinique reste souillé d'une matière qui attire l'humidité de l'air, et dont on le débarrasse en le pressant dans du papier.

## MINÉRALOGIE ET GÉOLOGIE.

41. — Observation sur une couche a fossiles d'eau douce située dans le Jura entre le terrain jurassique et le terrain néocomien, par M. Ch. Lory (*Comptes rendus de l'Acad. des Sciences*, 15 novembre 1849).

MM. Pidancet et Ch. Lory avaient énoncé comme fait général que, dans tout le Haut-Jura franc-comtois le terrain néocomien reposait toujours sur la même assise bien caractérisée de l'étage portlandien.

Ils avaient annoncé que, généralement, on n'y trouve point de fossiles, mais une grande abondance de rognons marneux noirs, très-durs, qui se détachent d'eux-mêmes de la pâte marneuse verdâtre, par l'action des agents atmosphériques.

Par leur aspect, ces marnes *forment un horizon géognostique des plus constants et des plus faciles à saisir, depuis Bienne et Saint Imier, au nord, jusqu'à Belley, au midi.*

M. Lory annonce *qu'il vient, pour la première fois, d'y rencontrer des traces de fossiles,* dans des couches de calcaire marneux, placés vers leur partie supérieure, là où abondent surtout les concrétions marneuses noires. Il a trouvé aussi quelques moules de coquilles au bas de la côte de Charix, près Nantua, sur le bord de la route de Lyon à Genève; et, ce qui est remarquable, c'est que ces fossiles paraissent appartenir aux eaux douces.

Ce sont : 1º de petits *Planorbes ;* 2º un exemplaire de *Lymnée ;* 3º un fragment d'une autre *Lymnée,* plus grosse, avec le test ; 4º de petites bivalves qui paraissent être *des Cyclades.*

La position géologique de la couche à *fossiles d'eau douce* de Charix n'est nullement douteuse ; elle repose sur d'autres couches marneuses verdâtres, sans fossiles, moins compactes, un peu schistoïdes, qui recouvrent immédiatement le portlandien bien caractérisé sur le bord de la route. Elles sont surmontées immédiatement par l'assise puissante des *calcaires néocomiens inférieurs :* ceux-ci offrent à leur base, à 1 *mètre au-dessus de la couche à fossiles d'eau douce,* une couche marneuse oolitique, contenant des *Ptérocères* et des *Térébratules* voisines du *T. biplicata acuta* de B.; à quelques mètres au-dessous, on trouve encore dans ces calcaires le *Pholadomya schenchzeri* Ag., et, du reste, beaucoup d'huîtres, des coquilles contournées (*chama* ou *diceras?*), etc. Enfin, plus haut, se trouvent les marnes néocomiennes à *Spatangus retusus,* et les calcaires de la première zone de rudistes, sous le village de Charix.

L'observation que nous venons de signaler d'une couche de terrain d'eau douce située dans le Jura, entre le terrain jurassique supérieur et le terrain néocomien présente un grand intérêt. Cette couche paraît être contemporaine du terrain qui, en Angleterre et dans certaines parties de l'Allemagne est connu sous le nom de Wealdien. La position et l'étendue de ce terrain d'eau douce compris entre deux terrains marins, est un des phénomènes les plus curieux de la géologie.

---

.42. — Sur le carbonate de chaux comme ingrédient de l'eau de la mer, par M. J. Davy (*Société royale de Londres*, séance du 14 juin 1848).

On remarque que les rochers calcaires qui s'élèvent au-dessus des hautes marées sont rongés par l'action de la mer comme par un acide faible, tel que celui que nous savons qu'elle renferme, c'est-à-dire l'acide carbonique ; en outre les sables des grèves basses, où le flot se brise, se consolident et se convertissent en grès par le dépôt du carbonate de chaux de l'eau de la mer ; ces deux faits prouvent que le carbonate de chaux est un élément de cette eau, qu'il s'y rencontre fréquemment, et qu'il joue un rôle de quelque importance dans l'écònomie de la nature. Ces phénomènes, l'un de destruction, l'autre de réparation, ont été observés dans la plupart des points du globe où l'on a fait des études géologiques.

L'auteur a recherché si le carbonate de chaux ne se trouve dans l'eau de la mer que dans le voisinage des côtes, ou si l'on peut constater sa présence dans les eaux de la plus grande partie de l'Océan, il a observé les faits suivants : l'eau de la baie de Carlisle, aux Barbades, a présenté du carbonate de chaux, ainsi que celle du canal de Portland-Head, mais six expériences faites en pleine mer lui ont donné des résultats négatifs.

Ces observations tendent à prouver que le carbonate de chaux ne se trouve pas dans l'Océan à de grandes distances des terres, et que lorsqu'il y est répandu en quantité notable sa présence est une conséquence de la proximité des terres. Le mot proximité peut s'appliquer dans ce cas à une distance de 50 ou 100 milles ; si ces conclusions sont confirmées par des recherches plus étendues, elles expliqueront bien les deux faits rapportés ci-dessus, savoir : 1° la pro-

priété dissolvante de l'eau imprégnée d'acide carbonique sur les roches, et 2° le dépôt du carbonate de chaux jouant le rôle de ciment
pour le sable, le convertissant en grès sur les plages des pays chauds.

A cette occasion nous rappellerons que M. Forchhammer était déjà
arrivé à reconnaître que le voisinage des côtes, et même que la nature des roches situées au fond de la mer avaient de l'influence sur
la quantité de carbonate de chaux contenue dans l'eau (Berzelius,
Rapp. annuel, 7me année, 1847, p. 222 et suivante.)

Le but du mémoire de M. Davy n'est pas uniquement géologique,
il est aussi industriel, en effet, il a remarqué qu'il se forme dans l'intérieur des chaudières des bateaux à vapeur des incrustations de carbonate et de sulfate de chaux qui présentent différents inconvénients,
M. D. pense que les bâtiments ne devraient prendre l'eau de la mer
qu'à une certaine distance des terres, là où les sels sont moins abondants, et que les compagnies des navigations transatlantiques devraient faire faire sur ce sujet des recherches qui donneraient probablement des résultats qui paieraient largement les frais.

———

43. — La vallée de Viége, le Saasgrat et le Mont-Rose,
par le professeur Melchior Ulrich (*Aus den Mitthielungen* et
*Comptes rendus de la Société des naturalistes de Zurich*,
Nos 31, 32 et 33).

M. Ulrich, dans cette brochure, commence par donner des détails
topographiques sur les vallées de Viége et de Saas, puis il décrit le
Mischabelhorn, situé entre la vallée de Saas et celle de Saint-Nicolas,
dont il a effectué le passage non sans de grandes difficultés le 10 août
1848. Au sommet du passage son baromètre a marqué à midi et
demi 475,20mm, therm. fixe + 10°, therm. libre + 3° C., ce qui,
comparé aux observations correspondantes faites à Zurich, donne une
hauteur de 12,323 pieds de roi au-dessus de la mer. Le *Dôme*, la
pointe la plus élevée du Mischabelhorn, est situé à l'ouest du col, il
a environ 1000 pieds d'élévation de plus.

M. Ulrich ne s'est pas borné à cette excursion difficile, et il a tenté
l'ascension du Mont-Rose.

Le Mont-Rose présente plusieurs sommités, celles du territoire piémontais avaient déjà été escaladées, mais on n'avait pas encore atteint le sommet des deux pointes les plus hautes, le *Nordend* et le *Höchste Spitze*, qui s'élèvent du côté de la Suisse.

M. Ulrich a consacré deux jours à son ascension, il est parti le 11 août, et le 12 il est arrivé à la hauteur du *Schneekamm* qui lie le *Nordend* et le *Höchste Spitze*, il y a observé son baromètre à onze heures et demie, et il a obtenu le résultat suivant : $442,60^{mm}$ therm. fixe 0, therm. libre — 2° C., ce qui, comparé aux observations correspondantes de Zurich, donne une élévation de 14,004 pieds de roi au-dessus de la mer. Le vent du nord était si violent qu'il n'a pu s'élever plus haut, ses deux guides ont persisté, et ils ont réussi à atteindre le sommet du *Höchste Spitze*, qui paraît être à 300 ou 400 pieds au-dessus du point où s'est arrêté M. Ulrich.

----

**44. — MÉMOIRE SUR UN NOUVEAU TYPE PYRÉNÉEN PARALLÈLE A LA CRAIE PROPREMENT DITE**, par M. LEYMERIE (*Comptes rendus de l'Acad. des Sc.*, 11 juin 1849).

Le terrain qui fait l'objet de ce mémoire a été spécialement étudié à Monléon et à Gensac, vers la limite qui sépare le département des Hautes-Pyrénées de celui de la Haute-Garonne, mais on peut le suivre dans toute la largeur du dernier de ces deux départements, par Saint-Marcet, Latone, Saint-Martory, Roquefort, etc. Ce terrain occupe en général le flanc des collines, dont la partie supérieure est formée par le terrain tertiaire. Il est constitué par des marnes jaunâtres et grises, et par des calcaires marneux, le tout reposant sur un calcaire blanc très-peu fossilifère. Il est supérieur à des calcaires et à des schistes noirs à orbitolites coniques et à caprotines (*calc. à Dicerates*, Dufrénoy), et inférieur au terrain nummulitique ou épicrétacé. Sur 42 espèces de fossiles, 25 sont nouvelles et se trouvent décrites et figurées dans le mémoire de M. Leymerie ; les autres appartiennent presque toutes aux assises de la craie proprement dite, depuis la craie chloritée, jusques et y compris la craie supérieure de Maëstricht. Les principales espèces qui rappellent la craie inférieure sont : *Ostrea lateralis*, Nilson. *Terebratula alata*, Lam. *Ammonites Lewesiensis*, Suv. *Baculites anceps*, Lam. Celles qui indiquent la craie blanche sont : *Ananchytes ovata*, Lam. *Pecten striacostatus*, Goldf. *Spondylus Dutemplea- nus*, d'Orb. *Ostrea vesicularis*, Lam. *Ostrea larva*, Lam. *Tere- bratula alata*, Lam. Enfin, une analogie très-marquée avec la craie de Maestricht, est indiquée par les fossiles suivants : *Hemipneustes radiatus*, Ag. *Ostrea larva*, Lam. *Thecidea radiata*, Defr. *Natica rugosa*, Haning. *Pecten striatocostatus*, Goldf. *Ostrea vesicularis*, Lam. Ces fossiles se trouvent mélangés dans l'intérieur des cou- ches, sans aucun ordre apparent. Un fait digne d'être remarqué, est que l'on trouve dans ce terrain le *Terebratula venei*, Leym., et l'*Ostrea lateralis*, Nilson, fossiles qui jouent un rôle important dans la faune tertiaire du département de l'Aude.

---

## ZOOLOGIE ET PALÉONTOLOGIE.

**45.** — SUR LA CLASSIFICATION DES PACHYDERMES, par M. DE CHRISTOL (*Comptes rendus de l'Ac. des Sc.*, 1er octobre 1849).

M. de Christol a proposé dans ce mémoire une classification paral- lèle des *Pachydermes à molaires sans cément, et des Pachydermes à molaires avec cément*. Les caractères du premier de ces groupes, que l'auteur appelle les *Acémentodontes*, sont les suivants : « 1º Le fût de la couronne est très-peu élevé au-dessus de ses racines, c'est-à-dire qu'il est comparativement très-peu développé en hau- teur, et le développement de ce fut est terminé de très-bonne heure ; en d'autres termes, il y a chez lui arrêt de développement. 2º Les racines au contraire sont très-divisées, très-développées, et leur développement commence tôt et finit tard. 3º Entre le fût et les racines, il y a, en général, un étranglement brusque, ou un bourrelet d'émail souvent très-marqué, en sorte que la distinction entre le fût et les racines est nettement marquée et facile à établir.

Dans le second groupe, celui des *Cémentodontes* : 1° Le fût de la couronne est très-développé en hauteur, et ce développement dure très-longtemps, comme on le voit dans les Eléphants, les Chevaux, les Dugongs, etc. 2° Les racines, au contraire, sont à proportion très-peu développées et très-peu divisées; elles offrent comparativement un réel arrêt de développement, et ce développement ne commence que fort tard, quelquefois même, il n'y a pas de racines proprement dites, comme on le voit dans le Dugong, où le fût des molaires se continue comme dans les défenses, et comme cela a peut-être lieu aussi dans l'Elasmothérium, qui n'est peut-être qu'un rhinocéros à molaires cémentées. 3° Entre le fût et les racines, il n'y a ordinairement ni bourrelet saillant d'émail, ni étranglement aussi brusque que dans les Acémentodontes. »

Les quatre grandes familles que l'auteur admet dans l'ordre des Pachydermes, c'est-à-dire celles des Proboscidiens, des Pachydermes ordinaires, des Solipèdes, des Pachydermes amphibies, comprennent chacune ces deux groupes parallèles; de sorte que des animaux très-voisins, le Mastodonte et l'Eléphant, l'Hipparitherium et le Cheval, etc., diffèrent assez par les caractères des molaires considérées isolément, pour qu'on ait été exposé à les ranger dans des familles différentes. Une dernière observation importante à consigner, en ce qu'elle démontre clairement cet arrêt de développement du fût des molaires dans les Acémentodontes, c'est que les molaires de lait des Solipèdes Cémentodontes (Hipparion, Cheval) offrent de grands rapprochements avec les molaires adultes des Solipèdes Acémentodontes (Hipparitherium). Ainsi le fût des molaires de lait dans les Chevaux et les Hipparions offre à peine en hauteur la moitié du développement des molaires adultes, tandis que les racines sont plus considérables à proportion dans les premières qu'elles ne le seront dans les secondes. Cette ressemblance singulière va même jusqu'aux formes de la surface triturante très-analogue, dans l'alvéole, chez l'Hipparion, à celles des molaires inférieures adultes de l'Hipparitherium. Cependant l'auteur indique des différences qui, tout en laissant apercevoir l'analogie, empêchent toute confusion entre ces animaux.

Un tableau annexé au mémoire et intitulé : *Aires comparées des six dernières molaires inférieures et supérieures des Solipèdes et des Paléotherium*, montre que l'on peut les distinguer d'après les proportions de leurs molaires, qui décroissent en sens inverse. Sur le désir témoigné par l'auteur, M. *Is. Geoffroy-Saint-Hilaire* a déclaré qu'il a connu ce travail dès le milieu de 1847, et en a même exposé les résultats principaux dans son cours, à l'appui de ses vues sur la classification par séries parallèles.

Nous terminerons par une esquisse de la classification de M. *de Christol*.

1ʳᵉ *Famille.* — Proboscidiens ; 1° Acémentodontes, comprenant le genre *Mastodonte* ; 2° Cémentodontes, genre *Eléphant*.

2ᵉ *Famille.* — Pachyd. ordinaires ; 1° Acémentodontes, genres *Anoplotherium, Anthracotherium, Sanglier, Phacochère*, etc. ; 2° Cémentodontes, genres *Palæotherium, Rhinocéros*, etc., *Elasmotherium*.

3° *Famille.* — Solipèdes ; 1° Acémentodontes, genre *Hipparitherium*, ( tridactyle) ; 2° Cémentodontes, genres *Hipparion* ( tridactyle), *Cheval* ( monodactyle).

4ᵉ *Famille.* — Pachyd. amphibies ; 1° Acémentodontes, genres *Lamantin* ( sans défenses ), *Metaxytherium* ( avec défenses ) 2° Cémentodontes, genre *Dugong* ( avec défenses ).

Une remarque générale ajoutée à ce tableau par l'auteur, c'est que les genres fossiles d'acémentodontes sont toujours plus anciens que les genres cémentodontes.

---

46. — Recherches sur la domestication des poissons et sur l'organisation des piscines, par M. Coste ( *Revue zoologique*, 1849, Nᵒ 12 ).

Après avoir rappelé ce qu'était la pisciculture chez les anciens, ce qu'elle est aujourd'hui, et montré les succès qu'elle pourrait rendre, le savant professeur rend compte de l'essai intéressant qu'il a fait sur les anguilles dans des cuves établies par lui au collége de France ; essai qui dure déjà depuis plusieurs années, et dont plusieurs personnes ont suivi les résultats avec intérêt. Il a fait venir en 1847 de ces jeunes anguilles qui constituent ce qu'on appelle *montée*, et malgré les circonstances nécessairement peu favorables où elles se trouvaient, elles ont grandi de 12 à 33 centimètres de longueur en 28 mois ; ce qui donne environ 8 à 10 centimètres tous les 9 mois, et en calculant d'après ces données, à 6 ans, elles auraient un mètre de long et un poids d'environ 2 à 3 livres. Dans un prochain mémoire, M. Coste se propose d'indiquer toutes les conditions à remplir pour exploiter cette nouvelle industrie, qu'il regarde comme très importante pour la subsistance des populations.

## ANATOMIE ET PHYSIOLOGIE.

47. — OBSERVATIONS SUR LA TRANSFORMATION DES GLOBULES DU SANG DES VERS A SOIE EN MUSCARDINE, ET EN GÉNÉRAL SUR LA COMPOSITION INTIME DU SANG CHEZ LES INSECTES, par M. GUÉRIN-MÉNEVILLE ( *Comptes rendus de l'Acad. des Sc.*, 5 novembre 1849).

Si l'on examine au microscope le sang d'un ver à soie ou de tout autre insecte, immédiatement après sa sortie du corps ; on voit qu'il se compose d'un liquide albumineux dans lequel flottent de nombreux globules qui paraissent doués d'une vie individuelle, car ils se développent et se reproduisent continuellement. A l'origine, en effet, le nucleus central est très-petit et à peine marqué, puis il augmente graduellement, jusqu'à ce qu'il se présente sous la forme d'un nucléole parfait, formé par la réunion d'une quantité de petites granulations ; plus tard enfin, ces petits corps se désagrégent, se portent à la circonférence, la percent et se répandent dans le reste du sang pour produire de nouveaux globules.

Si l'on examine maintenant le sang d'un insecte malade, on trouve que ces globules sont remplacés, en partie du moins, par une quantité de petits corpuscules ayant un mouvement très-vif, et qui sont sans doute les éléments primitifs du nucléus des globules, mais qui manquent des conditions essentielles pour le constituer.

M. Guérin pense être arrivé à la démonstration d'un fait, qui serait d'une haute importance s'il se vérifie complétement, savoir que si on observe au microscope le sang d'un ver à soie atteint de la muscardine, l'on peut suivre le changement de ces petits granules en de véritables racines du Botrytis muscardinique (muscardine), et par conséquent assister à la transformation d'une molécule organique jouissant de la vie animale en un véritable végétal.

---

## BOTANIQUE.

48. — SPACH ; HISTOIRE NATURELLE DES VÉGÉTAUX PHANÉRO-GAMES, 15 vol. in-8° (dont un de planches) ; Paris, 1839 à 1848.

Cet ouvrage fait partie de la grande collection publiée par le libraire Roret, sous le titre de *Suites à Buffon.* Il renferme des descriptions par ordre de familles, d'un nombre considérable d'espèces phanérogames, choisies parmi les plus intéressantes ou les plus remarquables. Les personnes qui n'aiment pas consulter les ouvrages de botanique écrits en latin ; celles qui possèdent peu de livres et qui désirent cependant connaître à quelle famille ou classe on rapporte certaines plantes ; celles qui demandent des détails sur les espèces cultivées ou spontanées les plus répandues, ou les plus célèbres, trouveront dans l'ouvrage de M. Spach les renseignements qu'elles désirent. A l'occasion de chaque famille et de chacun des genres principaux, il indique les caractères botaniques ; puis les espèces de quelque importance sont décrites de la même manière en français, et leurs usages sont mentionnés. L'atlas contient 152 planches gravées, non coloriées, qui sont de dessinateurs justement estimés : M. Decaisne, M^lle Legendre et M^me Spach. Les détails sont de nature à satisfaire les botanistes, par leur précision, et à initier les hommes instruits, non botanistes, à la connaissance des organes de la fleur et du fruit.

### 49. — CAUSE DE LA MALADIE DES POMMES DE TERRE.

On ne connaît pas encore la cause précise de la maladie des pommes de terre, mais on peut au moins éliminer certaines causes présumées, et constater où commence le mal et comment il gagne les tubercules. Il est assez admis maintenant que les parties de la plante exposées à l'air sont les premières atteintes, et que leur état maladif précède celui des tubercules et le détermine probablement. En voici une preuve assez curieuse. M. de Gheldere, de Thourout, en Belgique, a greffé des plantes de tabac sur des pommes de terre, d'après la méthode de Tschudy. La réussite était probable, puisque les nicotiana et les solanum appartiennent à la même famille. Non-seulement les greffes ont pris, ce qui est déjà assez intéressant, mais de plus, les plantes s'étant trouvées dans un champ de pommes de terre entièrement atteint de la maladie, les pieds greffés en ont été seuls exempts. Si les tubercules ont été sains dans ce cas, on ne peut l'attribuer qu'à la présence des feuilles de tabac inattaquables à la maladie, au lieu des feuilles de la pomme de terre elle-même. Le fait est consigné dans le rapport sur l'exposition des produits de l'agriculture et de l'horticulture belge, en 1847, par M. Ch. Morren.

---

### 50. — CHARLES DES MOULINS ; CATALOGUE RAISONNÉ DES PHANÉROGAMES DE LA DORDOGNE ; additions aux fascic. 1 et 2 du supplément ; dans les *Actes soc. linn. Bord.*, tome XV. Bordeaux, 1849.

L'auteur passe en revue, dans ce mémoire, les familles comprises entre les renonculacées et les dipsacées, dans l'ordre du Prodromus, afin d'ajouter les localités nouvellement découvertes et les variétés ou espèces trouvées dans le département de la Dordogne, depuis la publication de sa Flore et de deux fascicules supplémentaires. On remarque dans ce cahier des dissertations approfondies sur les espèces voisines du Vicia cracca, sur le genre Barbarea, sur une variété remarquable du Galium palustre (G. palustre rupicolum),

sur le Lathyrus latifolius L. et autres plantes critiques. M. Des Mou-
lins a trouvé une touffe de Tormentilla erecta où les fleurs étaient
souvent à cinq parties, ce qui montre le peu de valeur du genre.
Il cite plusieurs localités où le Cercis Siliquastrum est décidément
spontané. En général, ses remarques portent sur des faits intéressants. « La critique des espèces est faite au point de vue non-seulement de chaque espèce en particulier, mais de l'espèce dans un
sous-genre, ce qui, à nos yeux, en augmente beaucoup la valeur.

---

### ... ; LES PAVOTS COMME PLANTES ALIMENTAIRES.

M. ... (Recueil, p. 351) recommande les jeunes
... ... (Papaver somniferum) comme un légume
... en usage dans sa famille depuis longtemps,
... Les graines sont semées dans des car-
... et on repique les plantes dans des plates-bandes
... dans le premier cas, on éclaircit, et les plantes ar-
... comme légume; dans le second, on peut encore prendre
... les plantes ... les plantes qu'on ménage pour les fleurs.
... au beurre ou au sucre, comme des épi-
nards, ... dans les tourtes, etc. etc.
D'ailleurs ... que les femmes, dans le midi de la France,
notamment dans le département du Gard, vont chercher au milieu
des champs les jeunes de ... Papaver rhæas, P. hybri-
dum ... les corbeilles qui se débitent promptement.
Quelques personnes les mangent en salade, d'autres apprêtées
comme des épinards et de la chicorée. Si on les prenait jeunes,
plus sérieux peut-être aussi bonnes que le pavot cultivé des jardins. Nous signalons cette pratique aux agriculteurs des pays, tels
... la Suisse française, où les champs sont malheureu-
...

# OBSERVATIONS MÉTÉOROLOGIQUES ET MAGNÉTIQUES

## FAITES A L'OBSERVATOIRE DE GENÈVE

### SOUS LA DIRECTION DE M. LE PROFESSEUR E. PLANTAMOUR

### PENDANT LE MOIS DE JANVIER 1850.

---

Le 11, à 6 h. du soir, on aperçoit la lumière zodiacale.

▪ 28, halo lunaire de 11 ¼ h. du soir à minuit.

| | | | | | |
|---|---|---|---|---|---|
| 0,91 | 0,99 | 1,00 | NE. 1 | 1,00 | 25,0 |
| 0,84 | 0,87 | | variab. | 0,91 | |
| 0,68 | 0,60 | | SSO. 1 | 0,88 | |
| 0,90 | 0,95 | | SO. 2 | 0,99 | |
| 0,76 | 0,97 | | SO. 1 | 0,81 | |
| 0,95 | 0,99 | 0,93 | SSO. 1 | 0,81 | |
| 0,90 | 0,98 | 0,99 | SO. 1 | 0,96 | |
| 0,89 | 0,85 | 0,88 | NNE. 2 | 0,99 | |
| 0,90 | 0,94 | | NE. 1 | 0,91 | |
| 1,00 | 1,00 | 1,00 | variab. | 0,97 | |
| 0,89 | 0,96 | 0,88 | variab. | 1,00 | |
| 0,79 | 0,96 | 0,99 | SO. 3 | 1,00 | 24,0 |
| 0,91 | 0,86 | 0,88 | NNE. 5 | 0,16 | 25,0 |
| 0,84 | 0,86 | 0,72 | S. 1 | 0,04 | 26,0 |
| 0,94 | 0,85 | 0,91 | variab. | 0,92 | 26,0 |
| 0,75 | 0,80 | 0,83 | SO. 2 | 0,94 | 24,5 |
| 0,62 | 0,81 | 0,98 | N. 1 | 0,94 | 25,0 |
| 0,88 | 0,82 | 0,91 | | | |
| 0,96 | 0,85 | 0,72 | | | |
| 0,81 | 0,81 | 0,92 | | | |
| 0,92 | 0,95 | 0,88 | | | |
| 0,85 | 0,85 | 0,88 | | | |
| 0,94 | 0,91 | 0,91 | | | |
| 1,00 | 0,95 | 1,00 | | | |
| 0,67 | 0,91 | 0,86 | | | |
| 0,80 | 0,72 | 0,91 | | | |
| 0,69 | 0,69 | 0,72 | | | |
| 0,47 | 0,57 | 0,63 | | | |
| 0,74 | 0,77 | 0,84 | | | |
| 0,75 | 0,75 | 0,90 | | | |

## Moyennes du mois de Janvier 1850.

| | 6h.m. | 8h.m. | 10h.m. | Midi. | 2h.s. | 4h.s. | 6h.s. | 8h.s. | 10h.s. |
|---|---|---|---|---|---|---|---|---|---|

### Baromètre.

| | 6h.m. | 8h.m. | 10h.m. | Midi. | 2h.s. | 4h.s. | 6h.s. | 8h.s. | 10h.s. |
|---|---|---|---|---|---|---|---|---|---|
| cade, | 724,02 | 724,31 | 724,75 | 724,20 | 723,71 | 723,65 | 723,73 | 723,84 | 723,77 |
| » | 719,29 | 719,73 | 719,95 | 719,46 | 719,03 | 719,16 | 719,52 | 719,85 | 719,96 |
| » | 733,10 | 733,41 | 734,03 | 733,91 | 733,34 | 733,44 | 733,64 | 733,64 | 733,67 |
| is... | 725,72 | 726,06 | 726,49 | 726,12 | 725,62 | 725,67 | 725,89 | 726,03 | 726,05 |

### Température.

| | 6h.m. | 8h.m. | 10h.m. | Midi. | 2h.s. | 4h.s. | 6h.s. | 8h.s. | 10h.s. |
|---|---|---|---|---|---|---|---|---|---|
| cade, | − 4,11 | − 4,05 | − 3,20 | − 2,58 | − 2,39 | − 2,85 | − 3,24 | − 3,95 | − 4,08 |
| » | − 5,46 | − 5,66 | − 4,23 | − 2,14 | − 1,20 | − 1,40 | − 2,48 | − 3,04 | − 3,26 |
| » | − 1,86 | − 1,78 | − 1,05 | − 0,29 | + 0,52 | + 0,51 | + 0,30 | + 0,16 | − 0,30 |
| is ... | − 3,75 | − 3,76 | − 2,77 | − 1,63 | − 0,98 | − 1,19 | − 1,74 | − 2,20 | − 2,48 |

### Tension de la vapeur.

| | 6h.m. | 8h.m. | 10h.m. | Midi. | 2h.s. | 4h.s. | 6h.s. | 8h.s. | 10h.s. |
|---|---|---|---|---|---|---|---|---|---|
| cade, | 3,21 | 3,23 | 3,32 | 3,29 | 3,30 | 3,25 | 3,20 | 3,15 | 3,19 |
| » | 2,97 | 2,91 | 3,18 | 3,31 | 3,49 | 3,64 | 3,54 | 3,42 | 3,39 |
| » | 3,45 | 3,49 | 3,50 | 3,63 | 3,99 | 3,95 | 3,96 | 3,93 | 3,84 |
| .... | 3,22 | 3,22 | 3,34 | 3,43 | 3,60 | 3,62 | 3,58 | 3,51 | 3,48 |

### Fraction de saturation.

| | 6h.m. | 8h.m. | 10h.m. | Midi. | 2h.s. | 4h.s. | 6h.s. | 8h.s. | 10h.s. |
|---|---|---|---|---|---|---|---|---|---|
| e, | 0,93 | 0,94 | 0,91 | 0,86 | 0,86 | 0,87 | 0,87 | 0,91 | 0,93 |
| » | 0,97 | 0,96 | 0,94 | 0,84 | 0,85 | 0,86 | 0,90 | 0,92 | 0,93 |
| » | 0,84 | 0,85 | 0,81 | 0,80 | 0,82 | 0,81 | 0,82 | 0,83 | 0,83 |
| is... | 0,91 | 0,92 | 0,89 | 0,83 | 0,84 | 0,83 | 0,87 | 0,89 | 0,90 |

| | Therm. min. | Therm. max. | Clarté moy. du Ciel. | Eau de pluie ou de neige. | Limnimètre. |
|---|---|---|---|---|---|
| ade, | − 6,39 | − 0,95 | 0,91 | 15,6 | 25,7 |
| » | − 8,07 | + 0,52 | 0,92 | 11,1 | 24,7 |
| » | − 3,57 | + 3,50 | 0,85 | 14,8 | 24,3 |
| is.... | − 5,93 | + 1,10 | 0,89 | 41,5 | 24,9 |

Dans ce mois, l'air a été calme 11 fois sur 100.
Le rapport des vents du NE à ceux du SO a été celui de 1,05 à 1,00.
La direction de la résultante de tous les vents observés est N. 37°,7 E. et son intensité
e à 2 sur 100.

# OBSERVATIONS MAGNÉTIQUES

## FAITES A GENÈVE EN JANVIER 1850.

| Jours. | DÉCLINAISON ABSOLUE. | | VARIATIONS DE L'INTENSITÉ HORIZONTALE exprimées en $^1/_{100000}$ de l'intensité horizontale absolue. | |
|---|---|---|---|---|
| | 7ʰ45ᵐ du mat. | 1ʰ45ᵐ du soir. | 7ʰ45ᵐ du matin. | 1ʰ45ᵐ du soir. |
| 1 | 18°16′,72 | 18°19′,81 | | |
| 2 | 17,03 | 20,85 | | |
| 3 | 19,06 | 23,44 | | |
| 4 | 19,21 | 21,56 | | |
| 5 | 16,71 | 23,87 | | |
| 6 | 18,33 | 22,41 | | |
| 7 | 18,48 | 25,63 | | |
| 8 | 18,15 | 22,47 | | |
| 9 | 17,90 | 21,54 | | |
| 10 | 17,36 | 21,17 | | |
| 11 | 17,53 | 22,11 | | |
| 12 | 18,44 | 22,34 | | |
| 13 | 17,83 | 23,30 | | |
| 14 | 18,94 | 22,22 | | |
| 15 | 17,64 | 22,35 | | |
| 16 | 18,12 | 23,66 | | |
| 17 | 18,05 | 22,28 | | |
| 18 | 18,89 | 26,53 | | |
| 19 | 19,75 | 25,90 | | |
| 20 | 17,34 | 26,64 | | |
| 21 | 17,85 | 23,77 | | |
| 22 | 17,37 | 23,18 | | |
| 23 | 16,79 | 26,34 | | |
| 24 | 17,65 | 24,17 | | |
| 25 | 16,47 | 22,62 | | |
| 26 | 15,69 | 23,16 | | |
| 27 | 16,97 | 25,82 | | |
| 28 | 15,45 | 25,04 | | |
| 29 | 17,21 | 24,68 | | |
| 30 | 16,67 | 22,44 | | |
| 31 | 16,69 | 23,82 | | |
| Moyennes | 18°17′,62 | 18°23′,39 | | |

# TABLEAU

## DES

# OBSERVATIONS MÉTÉOROLOGIQUES

### FAITES AU SAINT-BERNARD

### PENDANT LE MOIS DE JANVIER 1850.

---

Moyennes des hauteurs du baromètre et des températures observées à 6 h. et à 8 h. du matin, et à 6 h. et à 8 h. du soir :

|  | 6 h. du matin. | | 8 h. du matin. | | 6 h. du soir. | | 8 h. du soir. | |
|---|---|---|---|---|---|---|---|---|
|  | Barom. | Temp. | Barom. | Temp. | Barom. | Temp. | Barom. | Temp. |
|  | mm | o | mm | o | mm | o | mm | o |
| 1re déc. | 555,14 | −14,44; | 555,33 | −14,55; | 555,36 | −13,65; | 555,38 | −13,92. |
| 2e » | 553,59 | −12,61; | 553,92 | −11,93; | 554,04 | −12,08; | 554,19 | −12,32. |
| 3e » | 564,70 | − 8,33; | 565,00 | − 7,85; | 565,39 | − 7,87; | 565,59 | − 7,51. |
| Mois, | 558,03 | −11,68; | 558,31 | −11,33; | 558,49 | −11,10; | 558,62 | −11,13. |

**Janvier 1850.** — Observations météorologiques fa'
2084 au-dessus de l'Observatoire d

| PHASES DE LA LUNE. | JOURS DU MOIS. | BAROMÈTRE RÉDUIT A 0°. | | | | TEMPÉRAT. EXTÉRIEU EN DEGRÉS CENTIGRADES. | | | |
|---|---|---|---|---|---|---|---|---|---|
| | | 9 h. du matin. | Midi. | 3 h. du soir. | 9 h. du soir. | 9 h. du matin. | Midi. | 3 h. du soir. | 9 h du soir |
| | | millim. | millim. | millim. | millim. | | | | |
| | 1 | 558,38 | 558,56 | 558,40 | 557,84 | −18,0 | −17,6 | −16,5 | −16 |
| | 2 | 556,39 | 555,76 | 555,77 | 536,79 | −16,0 | −15,8 | −17,0 | −19 |
| | 3 | 556,92 | 557,32 | 557,94 | 558,31 | −22,5 | −20,1 | −19,5 | −18 |
| | 4 | 558,96 | 558,32 | 557,74 | 556 33 | −13.7 | −11,9 | − 9,6 | − 8 |
| ☾ | 5 | 552,15 | 551,95 | 550,85 | 550,50 | −10,6 | −10,3 | −10,3 | −14 |
| | 6 | 550,01 | 549,69 | 549,13 | 548,12 | −12,8 | −12,0 | −13 1 | −1 |
| | 7 | 548,61 | 549,12 | 549,98 | 552,17 | −16,1 | −14,6 | −15,8 | −1 |
| | 8 | 557,08 | 557,63 | 558,27 | 560,05 | −12,4 | −10,2 | −10,0 | − |
| | 9 | 560,75 | 560,62 | 560,17 | 559,11 | − 8,0 | − 5,5 | − 7,0 | −1 |
| | 10 | 555,93 | 555,39 | 555,01 | 554,61 | −11,1 | − 8,8 | − 9,4 | −1 |
| | 11 | 553,03 | 552,81 | 552,61 | 552,93 | −13,4 | −10,0 | −12,0 | −1 |
| | 12 | 553,77 | 553,67 | 553.53 | 553.61 | −17,2 | −14,2 | −13,0 | −1 |
| ● | 13 | 553,74 | 554,01 | 554,07 | 554.63 | −17,6 | −15,4 | −14,3 | −1 |
| | 14 | 554,11 | 553,75 | 553,36 | 552,43 | −11,0 | −10.0 | −12,2 | −1 |
| | 15 | 551,40 | 551,15 | 550,70 | 549,93 | −13,0 | −12,4 | −13,5 | −1 |
| | 16 | 549,65 | 549,38 | 549,08 | 549,67 | − 9,4 | − 8,0 | − 8,5 | − |
| | 17 | 551,56 | 552.10 | 552.55 | 554,69 | − 9,1 | − 5,5 | − 6,4 | −1 |
| | 18 | 557,77 | 558,22 | 558,58 | 559,90 | −10,1 | −10,0 | − 9,5 | −1 |
| | 19 | 558,63 | 558,41 | 557,34 | 556,07 | − 5,0 | − 4,0 | − 3,9 | − |
| | 20 | 556,54 | 555,25 | 556,03 | 559,19 | − 9,1 | − 8,5 | −10,0 | −1 |
| ☽ | 21 | 562,57 | 564.13 | 563,84 | 564,62 | −14,2 | − 8,8 | −10,0 | −1 |
| | 22 | 567,16 | 567,63 | 567,91 | 568,61 | − 9,3 | − 7,0 | − 8,2 | −1 |
| | 23 | 568,87 | 569,15 | 569,29 | 569,51 | − 7,8 | − 6,0 | − 6,4 | − |
| | 24 | 570,05 | 570,44 | 570,68 | 571,16 | − 3,8 | ✝ 0,2 | 0,0 | − |
| | 25 | 569,87 | 569,34 | 568,49 | 566,66 | − 0,6 | ✝ 0,5 | ✝ 2,2 | − |
| | 26 | 563,53 | 562,27 | 559,62 | 556,24 | − 3,0 | 0,0 | − 5,0 | − |
| | 27 | 554,34 | 556,31 | 558,84 | 562,97 | −17,2 | −20,2 | −22.0 | −2 |
| ☉ | 28 | 566,39 | 566,69 | 567,03 | 567,27 | − 7,4 | − 7,4 | − 3,8 | − |
| | 29 | 567,18 | 567,23 | 566,60 | 566,04 | − 1,0 | − 1,5 | − 3,4 | − |
| | 30 | 562,22 | 561,19 | 561,12 | 562,18 | − 4,6 | − 5,5 | − 6,0 | − |
| | 31 | 563,98 | 564,68 | 565,16 | 566,99 | −12,5 | − 9,8 | −10.2 | − |
| 1e décade | | 555,52 | 555,44 | 555,33 | 555,38 | −14,06 | −12,68 | −12,82 | −1 |
| 2e » | | 554,02 | 553,87 | 553,78 | 554,31 | −11,49 | − 9,80 | −10,33 | −1 |
| 3e » | | 565,11 | 565,37 | 565,33 | 565,66 | − 7,40 | − 5,95 | − 6,62 | − |
| Mois. | | 558,44 | 558,46 | 558,38 | 558,68 | −10,90 | − 9,37 | − 9,82 | −1 |

ernard, à 2491 mètres au-dessus du niveau de la mer, et git. à l'E. de Paris 4° 44' 30''.

| EAU de PLUIE ou de NEIGE dans les 24 h. | VENTS. Les chiffres 0, 1, 2, 3 indiquent un vent insensible, léger, fort ou violent. | | | | ÉTAT DU CIEL. Les chiffres indiquent la fraction décimale du firmament couverte par les nuages. | | | |
|---|---|---|---|---|---|---|---|---|
| millim. | 9 h. du matin. | Midi. | 3 h. du soir. | 9 h. du soir. | 9 h. du matin. | Midi. | 3 h. du soir. | 9 h. du soir. |
| » | NE, 1 | NE, 1 | NE, 2 | NE, 2 | clair 0,0 | clair 0,0 | nuag 0,3 | brou. 1,0 |
| 8,4 n. | NE, 3 | NE, 3 | NE, 3 | NE, 3 | neige 1,0 | neige 1,0 | brou. 1,0 | brou. 1,0 |
| » | NE, 1 | NE, 1 | NE, 1 | NE, 2 | clair 0,0 | clair 0,0 | clair 0,0 | clair 0,0 |
| 20,6 n. | NE, 2 | NE, 2 | NE, 2 | NE, 2 | conv. 0,9 | neige 1,0 | neige 1,0 | neige 1,0 |
| 26,1 n. | NE, 2 | NE, 2 | NE, 1 | NE, 0 | neige 1,0 | neige 1,0 | neige 1,0 | brou. 1,0 |
| » | NE, 0 | NE, 0 | NE, 0 | NE, 1 | conv. 1,0 | couv. 0,8 | clair 0,2 | clair 0,1 |
| » | NE, 0 | NE, 0 | NE, 0 | NE, 0 | clair 0,0 | clair 0,0 | clair 0,0 | clair 0,0 |
| 7,0 n. | SO, 1 | SO, 2 | SO, 2 | SO, 2 | couv. 0,9 | couv. 1,0 | neige 1,0 | neige 1,0 |
| 10,0 n. | SO, 2 | SO, 1 | SO, 1 | SO, 0 | neige 1,0 | couv. 1,0 | couv. 1,0 | bron. 1,0 |
| » | SO, 0 | SO, 0 | SO, 0 | SO, 0 | clair 0,0 | clair 0,1 | nuag. 0,3 | nuag. 0,5 |
| » | SO, 1 | SO, 0 | SO, 0 | SO, 0 | couv. 1,0 | couv. 0,8 | couv. 1,0 | couv. 1,0 |
| » | SO, 0 | SO, 0 | SO, 0 | SO, 1 | clair 0,2 | clair 0,0 | clair 0,1 | clair 0,0 |
| » | NE, 1 | NE, 1 | NE, 1 | NE, 3 | clair 0,0 | clair 0,0 | clair 0,0 | clair 0,0 |
| 3,4 n. | SO, 3 | SO, 3 | SO, 2 | SO, 2 | nuag. 0,7 | couv. 0,9 | couv. 0,8 | neige 1,0 |
| 15,2 n. | SO, 3 | SO, 3 | SO, 3 | SO, 3 | neige 1,0 | neige 1,0 | neige 1,0 | brou. 1,0 |
| 5,0 n. | SO, 2 | SO, 2 | SO, 1 | SO, 0 | neige 1,0 | neige 1,0 | neige 1,0 | nuag 0,5 |
| 0,6 n. | SO, 0 | SO, 0 | NE, 1 | NE, 2 | nuag. 0,3 | clair 0,1 | clair 0,1 | neige 1,0 |
| » | NE, 2 | NE, 1 | NE, 2 | NE, 1 | brou. 1,0 | clair 0,0 | clair 0,0 | clair 0,0 |
| 12,3 n. | NE, 2 | NE, 2 | NE, 2 | NE, 2 | neige 1,0 | neige 1,0 | neige 1,0 | neige 1,0 |
| 0,2 n. | NE, 1 | NE, 3 | NE, 3 | NE, 2 | brou. 1,0 | neige 1,0 | brou. 1,0 | brou. 1,0 |
| » | NE, 0 | NE, 0 | NE, 0 | NE, 0 | clair 0,0 | clair 0,0 | clair 0,0 | clair 0,0 |
| » | NE, 0 | NE, 1 | NE, 1 | NE, 2 | clair 0,0 | clair 0,0 | clair 0,0 | clair 0,0 |
| » | NE, 1 | NE, 2 | NE, 1 | NE, 2 | nuag. 0,6 | nuag. 0,4 | nuag. 0,6 | brou. 1,0 |
| » | NE, 1 | NE, 0 | NE, 0 | NE, 0 | clair 0,0 | clair 0,0 | clair 0,0 | clair 0,0 |
| » | NE, 0 | NE, 0 | NE, 1 | NE, 0 | clair 0,0 | clair 0,0 | nuag. 0,7 | couv. 0,8 |
| 15,0 n. | NE, 0 | NE, 0 | SO, 0 | SO, 1 | neige 1,0 | neige 1,0 | neige 1,0 | neige 1,0 |
| » | NE, 3 | NE, 3 | NE, 3 | NE, 3 | nuag. 0,7 | nuag. 0,5 | clair 0,0 | clair 0,0 |
| » | NE, 1 | NE, 2 | NE, 2 | NE, 3 | nuag. 0,3 | clair 0,0 | nuag. 0,3 | clair 0,2 |
| 8,2 n. | NE, 1 | NE, 1 | NE, 1 | NE, 1 | couv. 0,8 | couv. 0,9 | neige 1,0 | neige 1,0 |
| 14,6 n. | NE, 1 | NE, 3 | NE, 3 | NE, 3 | neige 1,0 | neige 1,0 | neige 1,0 | neige 1,0 |
| » | NE, 1 | NE, 1 | NE, 1 | NE, 1 | clair 0,0 | clair 0,0 | clair 0,0 | nuag. 0,4 |
| 72,1 | | | | | 0,58 | 0,59 | 0,58 | 0,66 |
| 36,7 | | | | | 0,72 | 0,58 | 0,60 | 0,63 |
| 37,8 | | | | | 0,40 | 0,35 | 0,42 | 0,49 |
| 146,6 | | | | | 0,56 | 0,50 | 0,53 | 0,60 |

# ARCHIVES

DES

## SCIENCES PHYSIQUES ET NATURELLES.

DU

## MODE D'ACTION DE LA CHALEUR SUR LES PLANTES

ET EN PARTICULIER

## DE L'EFFET DES RAYONS SOLAIRES.

Par M. Alph. DE CANDOLLE.

Toutes les fois que l'on essaie d'expliquer des faits de
végétation par la température, on emploie des données
thermométriques, telles que les observations des physiciens nous les fournissent. On a commencé par tout
attribuer aux moyennes annuelles ; ensuite la plupart des
faits n'étant pas en rapport avec elles, on a considéré
les moyennes par saisons, puis les moyennes mensuelles.
Enfin M. Boussingault a introduit le procédé le plus logique, celui qui consiste à tenir compte du temps pendant lequel dure un phénomène de végétation, et de la
température moyenne pendant ce temps. Ainsi, quand
une plante a exigé pour mûrir ses graines vingt jours
depuis sa floraison, et que la température pendant ces
vingt jours a été, en moyenne, de 10°, on dira que la

chaleur reçue est de 200°. Le nombre des jours aurait
pu se trouver de dix, que, si la température s'était
trouvée de 20°, le produit aurait été aussi de 200°, et
ce chiffre exprime ainsi la somme de chaleur nécessaire
à l'espèce pour amener un certain effet dans la plante.

Mais, en appliquant ce genre de calcul à des phénomènes différents de la vie végétale, ou à des pays divers,
on s'aperçoit bientôt qu'il n'est qu'approximatif. On
trouve même quelquefois des chiffres si disparates, que
l'on se met à douter de la valeur du procédé.

Les causes d'erreur sont, en effet, nombreuses ; et,
si l'on ne parvient pas à les connaître, si l'on ne peut
pas déterminer les corrections qu'exigent au moins les
principales, il est à craindre que la comparaison des
faits de végétation avec les faits de température, ne reste
dans un vague assez peu satisfaisant. Je ne prétends pas
énumérer ici toutes les causes d'erreur que j'entrevois ;
il me suffira d'indiquer les suivantes.

1° Le temps dont on doit tenir compte est difficile à
préciser dans beaucoup de cas. Ainsi le moment où
commence une germination, celui où des bourgeons
commencent à grossir, et l'époque de la maturité de
plusieurs graines, sont des époques beaucoup plus difficiles à constater qu'on ne pourrait le croire. M. Boussingault [1], dans ses calculs sur la somme de chaleur nécessaire aux plantes cultivées annuelles, a donné un tableau où les jours de semis du blé, du maïs, etc.,
dans divers pays, sont indiqués approximativement,
d'après une appréciation moyenne des années et des
usages. Ce qui le montre bien, c'est que les dates sont

[1] Economie rurale, t. II, p. 659.

presque toujours un premier de mois ou le 15, tandis que l'observation directe aurait donné souvent des jours intermédiaires. Il n'est pas possible d'ailleurs que la germination commence partout et semblablement après les semis. Quand il y a des gelées ou des sécheresses, les graines ne germent pas. Si M. Boussingault est tombé sur des chiffres de chaleur totale quelquefois différents pour la même plante, ce n'est donc pas une chose surprenante, et s'il est tombé plus souvent sur des chiffres très-voisins les uns des autres, on peut croire que des erreurs se sont compensées. J'ai fait des expériences directes, du même genre, dont je parlerai bientôt. La somme de chaleur entre l'époque du semis et celle de la maturité des graines d'une même espèce, n'a jamais été rigoureusement semblable ; elle a même été quelquefois très-diverse, et je dirai tout à l'heure pourquoi. Ceci n'est pas pour diminuer la valeur de la méthode proposée par M. Boussingault, méthode dont je fais constamment usage ; mais pour montrer plutôt de quels perfectionnements elle est susceptible, afin de porter tous ses fruits.

2.° La température du sol doit influer sur la marche de la végétation, et l'on sait que, relativement à la température de l'air, elle suit une courbe qui varie d'un pays à l'autre, et même d'une nature de sol à une autre.

3° Les températures inférieures à 0° sont complétement inutiles aux plantes, puisque la congélation arrête l'absorption et la circulation des liquides. Il est certain aussi que les températures basses de $+1°$, $+2°$, $+3°$, et environ, ne suffisent pas à provoquer plusieurs des phénomènes de la vie végétale. Ainsi le blé semé en automne, reste stationnaire en hiver, quoique souvent la température de quelques jours soit au-dessus de 0". Ainsi le dattier, dans le nord de l'Espagne, le gincgo dans quelques points du centre de l'Europe, ne fleurissent jamais, quoique la température leur permette bien de développer des feuilles et de grandir. Beaucoup de graines pourrissent au lieu de germer, sous un certain degré de température. Il faudrait donc additionner seulement la température au-dessus d'un certain degré, en raison de chaque plante et de chaque fonction de la plante, car c'est la seule température *utile*. Mais comment apprécier ce point, si variable selon les plantes et les fonctions, et si obscur, quand on veut rechercher les commencements, par exemple, de la germination ou de la floraison ?

4° Les températures au-dessous de 0° sont certainement inutiles pour toutes les espèces de plantes et pour toutes les fonctions ; elles ne produisent aucun effet. Or, dans les calculs thermométriques, nous les prenons pour des quantités négatives, à retrancher des températures au-dessus de 0°. Ce n'est pas les tenir pour rien ; c'est leur donner une importance réelle. Nous raisonnons comme si la plante rétrogradait lorsque la température tombe au-dessous de 0°. Elle ne rétrograde pas. Elle ne diminue pas, comme la colonne de mercure du thermomètre ; elle reste stationnaire. Ainsi les moyennes de température dans lesquelles entrent des quantités négatives doivent s'appliquer mal aux faits de végétation. Il faudrait pouvoir les calculer en remplaçant les quantités négatives par des zéros, mais ordinairement on n'a pas sous les yeux les tableaux détaillés qui permettraient de faire cette correction.

5° Les végétaux sont exposés, presque toujours, au soleil, et toutes les observations thermométriques, d'où

l'on déduit les températures des pays, se font à l'ombre.
On sait que la chaleur des rayons du soleil est différente
suivant la saison, la position géographique, la hauteur
au-dessus de la mer et diverses causes locales. Par conséquent 10° de température moyenne à l'ombre pendant
10 jours, correspondront ici à un certain effet produit
sur les plantes exposées au soleil, ailleurs, ou dans une
autre saison, à un effet plus ou moins grand.

Mon but, dans le présent article, est de parler de ce
dernier point, comme étant la cause principale des erreurs dans l'emploi des moyennes thermométriques. Le
sujet n'est pas nouveau, mais on se servait, pour calculer
l'action directe du soleil, de méthodes qui me paraissent
peu applicables aux végétaux, et j'ai voulu en essayer une
autre. On reconnaîtra, j'espère, qu'elle est bien fondée,
et si elle offre quelques difficultés dans la pratique, si
elle est seulement ébauchée dans les essais que j'en ai
tentés, il est certain du moins qu'elle fait réfléchir au
mode d'action de la chaleur sur les plantes.

Les physiciens qui ont voulu apprécier l'action solaire,
se sont toujours servi de thermomètres exposés simultanément, ou successivement, à l'ombre et au soleil. Les
différences étaient toujours considérables, et en rapport
avec la saison et la situation géographique, mais ces différences dépendaient aussi beaucoup de la nature du
thermomètre et de la manière dont la boule recevait les
rayons du soleil et rayonnait pendant la nuit. Tantôt on
a recouvert la boule du thermomètre de laine noire, substance qui absorbe et rayonne beaucoup; tantôt on a
laissé le thermomètre à nu. Les uns l'ont soustrait à l'action de la pluie et de la rosée; d'autres l'ont laissé sous
l'influence de ces causes de refroidissement. La série

d'observations faites au jardin de la Société d'horticulture de Londres [1], a été avec des thermomètres couverts de laine noire, l'un à l'ombre, l'autre au soleil, comparés avec un thermomètre ordinaire à l'ombre. M. de Gasparin [2] voulant placer les thermomètres davantage dans la position où sont les plantes, du moins les racines supérieures des plantes, a recouvert les boules d'un millimètre de terre. Par tous ces procédés les moyennes mensuelles sont plus élevées au soleil qu'à l'ombre, de 4°, au plus, à Londres, de 15°, au plus, à Orange ; mais on comprend que les chiffres dépendent beaucoup du procédé.

Il me paraît inutile de discuter lequel de ces appareils thermométriques est le meilleur. Je les regarde tous comme mauvais, dans les applications à la vie végétale. Personne, en effet, ne peut penser que les surfaces des branches et des feuilles se réchauffent au soleil, ou rayonnent à l'ombre, comme tel ou tel thermomètre. Il s'agit de corps solides, dans lesquels la chaleur pénètre lentement, et on les compare à du mercure liquide, où les molécules échauffées changent de place ! Il s'agit de surfaces de couleur verte, mélangées plus ou moins de surfaces brunes, jaunes, etc., et on les compare à des surfaces d'une couleur uniforme quelquefois très-différente du vert ! Les feuilles lustrées réfléchissent une partie de la lumière, et on les compare à la boule arrondie

---

[1] Publiée dans les *Transactions of the hortic. society*. M. Dove a calculé les moyennes, de 1826 à 1840, par mois, en convertissant les degrés de Fahrenheit en degrés centigrades. Voyez Dove, über den Zusammenhang der Atmosphäre mit der Entwickelung der Warmeveranderungen der Pflanzen. Berlin, 1846.

[2] Cours d'agriculture, t. II, p. 72.

d'un thermomètre de verre, ou à de la laine noire, qui ne réfléchit aucun rayon lumineux! Dans une plante, le froid de la nuit ne fait pas rentrer les feuilles ou les fleurs qui se sont formées pendant le jour, les alternatives ne dé-. truisent rien ; et l'on compare la plante à un thermomètre où le retrait du mercure est calculé en déduction de l'élévation! Enfin, tous les physiologistes savent que la partie chimique des rayons solaires a une action immense sur le tissu végétal, car c'est elle (indépendamment de la chaleur) qui fait décomposer le gaz acide carbonique et évaporer beaucoup d'eau, par le moyen de l'ouverture des stomates. Un rayon lumineux, presque sans chaleur, doit certainement exercer une influence. Il serait donc très-utile d'avoir une mesure, à la fois, de l'action calorifique et de l'action chimique des rayons du soleil.

J'en conclus que *le seul moyen logique de mesurer l'effet des rayons solaires sur les végétaux, est d'observer les végétaux eux-mêmes, c'est-à-dire de comparer leur développement :* 1° *à l'ombre et au soleil ;* 2° *sous des intensités de soleil différentes, selon les saisons et les positions.* Dans ce but voici comment j'ai procédé, par manière d'essai, et dans l'espérance de faire mieux plus tard, ou que d'autres feront mieux.

J'ai choisi quelques plantes annuelles, dont les époques de floraison et de maturation paraissaient bien marquées, et qui semblaient pouvoir végéter sous des températures même voisines de 0°. Je les ai semées simultanément à l'ombre et au soleil. J'ai semé aussi les mêmes espèces, au soleil, à des époques successives, depuis le printemps. J'ai noté exactement les époques de floraison et de maturation ; je les ai comparées avec les moyennes thermométriques observées à l'ombre, selon le mode ordinaire.

et il en est résulté une appréciation exacte du surcroît de
chaleur reçu par certaines plantes sous l'influence du
soleil, appréciation donnée en nombre de jours ayant
une certaine température moyenne à l'ombre. Un exemple fera comprendre la marche du raisonnement.

Du *Lepidium sativum* ( cresson alénois) a été semé le
même jour, 24 mai 1847, dans un carreau à l'ombre et
dans un autre endroit, au soleil, dans le jardin botanique
de Genève. Les graines ont germé promptement, comme
c'est l'ordinaire pour cette petite plante. Les pieds à
l'ombre ont fleuri le 13 juillet, et mûri le 17 août. At-
tachons-nous à cette dernière date, pour envisager l'ensemble de la vie de la plante. Du 24 mai au 17 août, il
s'est écoulé 85 jours. La température moyenne de Genève, d'après les observations ordinaires, faites à
l'Observatoire avec un thermomètre à l'ombre, a été
de 17°,24. Le produit $85 \times 17°,24 = 1465$, exprime,
selon la méthode de M. Boussingault, la somme de chaleur exigée par l'espèce pour germer et mûrir ses graines.
Ici point d'erreur, car le thermomètre était à l'ombre,
comme les plantes, et il n'y avait pas eu de degrés négatifs dans les moyennes.—Les pieds exposés au soleil ont
fleuri le 12 juillet et mûri le 9 août ; total du semis à la
maturité 77 jours. La température moyenne pendant ces
mêmes jours, mesurée par le thermomètre à l'ombre, a
été de 17°,06. La multiplication $77 \times 17°,06$, donne
1313 seulement. Ainsi une chaleur *en apparence* de
1313° aurait produit le même effet que précédemment
1465°. Cependant la même somme de chaleur sur la
même espèce ne peut pas produire deux effets différents.
Il est clair que les pieds au soleil ont reçu 1313° mesurés
par un thermomètre à l'ombre, plus une quantité addi-

tionnelle par l'effet des rayons solaires, quantité additionnelle que le thermomètre de l'Observatoire n'accusait
pas, et qui est représentée par la différence de 1313 à
1465, soit 152°. En d'autres termes l'effet, soit calorifique, soit chimique, des rayons directs du soleil, a été
égal à celui de 152° d'un thermomètre ordinaire à l'ombre. Cet effet a été réparti sur 77 jours; il a donc été
équivalent à 1°,97 (tout près de 2°) par jour.

J'aurais pu, pour simplifier la recherche des températures moyennes, considérer seulement les huit jours de
plus que les pieds à l'ombre ont demandé pour mûrir
leurs graines. Pendant ces huit jours la température
moyenne, multipliée par 8, aurait donné 152°, exprimant, en degrés du thermomètre à l'ombre, la valeur de
ce que les pieds à l'ombre ont reçu de moins, et ceux
au soleil ont reçu de plus. J'ai préféré calculer les chiffres
pour l'ensemble de la vie des plantes, afin de pouvoir
mieux apprécier l'effet graduel de l'action solaire et de
la température en général.

Des graines d'*Iberis amara* ont été semées le 23 avril
1847, à l'ombre et au soleil. Les plantes à l'ombre ont
fleuri le 28 juin, et mûri le 9 septembre. Les plantes
au soleil ont fleuri le 20 juin, et mûri le 11 août. A considérer seulement le terme extrême, il a fallu aux premières 139 jours, et aux secondes 110 jours, pour achever
le cycle de leur végétation de plante annuelle. Les pieds à
l'ombre ont reçu, en degrés du thermomètre observé à
l'ombre, une somme de 2219° (le produit des 139 jours
par la température moyenne) ; les pieds au soleil paraissent avoir reçu 1754° seulement, en calculant la température de leurs 110 jours en degrés du thermomètre à
l'ombre. La différence, 465, exprime l'effet de la lumière

solaire, en degrés du thermomètre à l'ombre. Cela représente 4°,2 par jour de végétation.

D'autres espèces ont été semées et suivies simultanément, savoir les *Sinapis dissecta*, *Nigella sativa*, *Iberis umbellata* et *Linum usitatissimum*. Une cinquième,
l'*Iberis umbellata*, n'a pas montré assez nettement son
époque de maturation pour qu'on puisse en faire complétement usage. Sans entrer dans les détails, les cinq
espèces susmentionnées ont donné les résultats suivants,
pour l'effet de la chaleur solaire, calculée par jour, et
exprimée en degrés du thermomètre à l'ombre.

| Semés le 23 avril. | Du semis à la floraison. | De la floraison à la maturité. | Du semis à la maturité. |
|---|---|---|---|
| Iberis amara | 2°,2 | 6°,5 | 4°,2 |
| Sinapis dissecta. | 3,8 | 1,8 | 2,5 |
| Nigella sativa | | | 4,6 |
| Semés le 24 mai. | | | |
| Lepidium sativum | 0,4 | 4,7 | 2,0 |
| Iberis umbellata | 0,8 | | |
| Linum usitatissimum | | | 4,1 |

La diversité de ces chiffres ne tient pas à un défaut de
la méthode, mais aux variations constantes de l'action solaire d'un jour à l'autre, suivant la saison et l'état de nébulosité du ciel. Elle tient aussi à ce que les plantes
avaient été semées à deux dates différentes, et finissaient
leur vie chacune à un jour différent. Celles qui vivaient
en grande partie pendant l'été, éprouvaient davantage
l'action d'une saison où le soleil a plus de force que dans
toute autre.

Voici un exemple de l'action croissante et ensuite décroissante du soleil, sur les végétaux, du printemps à l'automne. Il est tiré de deux espèces, qui malheureusement
se sont trouvées peu propres à la détermination du jour

de la maturité. Néanmoins l'expérience n'est pas inutile.

Du lin (Linum usitatissimum) et de l'Iberis amara ont été semés au Jardin botanique de Genève, au soleil. Les semis de lin A, B, C, et ceux d'iberis A, B, C, étaient dans une plate-bande qui recevait, outre le soleil direct, la réverbération d'un mur situé à un mètre de distance. Les semis de lin D et E, étaient hors de l'influence du mur, mais toujours au soleil. Ces deux derniers ont été faits en 1848, les autres en 1847.

|  |  | Date du semis. | Date de la maturité. | Durée en jours | Température moyenne. | Produit. |
|---|---|---|---|---|---|---|
| Lin | A | 23 avril | 2 août | 101 | 15°,89 | 1605 |
| Id. | B | 24 mai | 7 août | 75 | 16,96 | 1272 |
| Id. | C | 24 juin | 3 sept. | 71 | 17,70 | 1257 |
| Id. | D | 29 avril | 12 août | 105 | 16,37 | 1719 |
| Id. | E | 9 juin | 7 sept. | 90 | 17,82 | 1604 |
| Iberis | A | 23 avril | 11 août | 110 | 15,95 | 1754 |
| Id. | B | 24 mai | 10 sept. | 109 | 16,70 | 1821 |
| Id. | C | 24 juin | 26 oct. | 124 | 14,99 | 1858 |

On voit que plus le lin a été semé tard, plus le produit de la température par le nombre de jours a été faible, parce que l'espèce mûrissant en été, recevait une chaleur additionnelle solaire de plus en plus forte, chaleur que le thermomètre à l'ombre n'accusait pas. L'Iberis, au contraire, a eu un produit qui augmentait à mesure que les semis étaient tardifs, parce que la végétation se terminait sous les mois de septembre et d'octobre, où la chaleur du soleil diminue.

Dans le résultat de mes expériences de 1847, une anomalie m'a embarrassé quelque temps, mais elle s'est expliquée très-bien par l'état de nébulosité du ciel, dont nos observations de Genève donnent heureusement une mesure exacte. Les espèces semées le 24 mai ont éprouvé par le soleil des effets moindres jusqu'à la floraison, que les espèces semées le 23 avril (0°,4 ou 0°,8 par jour, et les autres 2°,2 et 3°,8). Or il s'est trouvé que le mois de juin 1847 a été plus nuageux que le mois de mai. Les espèces semées le 23 avril ont marché vers leur floraison principalement dans le mois de mai. Dans ce mois le ciel a été couvert de 0,41 de son étendue à midi[1], et du 17 au 20 juin, qui a été la période la plus importante pour les plantes, il a été couvert de 0,47 de son étendue. Les espèces semées le 24 mai ont marché vers leur floraison principalement en juin et dans la première semaine de juillet, époque pendant laquelle le ciel a été couvert, à midi, de 0,52 de son étendue. Pour mesurer exactement l'effet de la nébulosité, il faudrait tenir compte de son état chaque jour, eu égard à la température du jour. Il faudrait aussi connaître l'effet des vapeurs aqueuses qui interceptent la chaleur, tout en conservant à l'air sa transparence. On ne peut pas entrer dans tous ces détails, mais il est évident que pour apprécier l'action solaire, dans des pays différents, ou dans des mois différents au même endroit, il faudrait autant que possible tenir compte ou de l'étendue moyenne des nuages, ou au moins du nombre des jours couverts. D'après les observations faites à Genève depuis quelques années, la nébulosité moyenne varie peu d'année en année. Ainsi cet élément, bien observé, pourra servir à caractériser facilement et régulièrement les climats.

J'ai tenté de nouvelles expériences en 1849, en em-

[1] Les observations faites à Genève indiquent la proportion du firmament qui est occupée par des nuages. Appréciée en dixièmes, cette proportion donne des moyennes faciles à calculer. Le procédé est bien préférable à celui des termes *ciel couvert*, *nuageux*, etc., dont on se contente ordinairement.

ployant le colza. Cette espèce në s'est pas trouvée ce que
j'espérais quant à la précision des époques de floraison et
de maturité. D'ailleurs je n'ai pas été satisfait des empla-
cements que m'offrait le jardin de Genève pour des semis
à l'ombre [1]. Ce dernier motif, et l'espérance d'établir une
comparaison entre l'action solaire à Genève et dans un
pays plus méridional, m'avaient engagé à demander à mon
ami M. Moquin-Tandon, professeur de botanique à
Toulouse, de vouloir bien essayer, dans cette ville, une
série d'expériences. Il s'y est prêté avec beaucoup de
bonne volonté. Il a même étendu le champ des observations à plusieurs espèces. Connaissant très-bien son exactitude, sachant aussi qu'il avait à Toulouse des empla-
cements favorables, j'espérais obtenir par ses soins des
résultats intéressants. Malheureusement les insectes et
une inondation assez grave, ont détruit la majeure partie
des pieds élevés à l'ombre. Peut-être pourrai-je publier
plus tard quelques-unes des observations de M. Moquin,
lorsque je donnerai les miennes en entier, dans un ouvrage sur la géographie botanique dont je m'occupe depuis quelques années.

L'avantage de la méthode proposée est d'obtenir une
mesure de l'action solaire sur les plantes, au moyen des
plantes elles-mêmes, et de traduire cependant l'effet observé en degrés ordinaires du thermomètre. Les plantes
élevées à l'ombre, forment le lien, le moyen de traduction, entre les pieds élevés au soleil et le thermomètre
ordinaire tenu à l'ombre. Cela vaut mieux certainement
que de placer des thermomètres au soleil, car dans ce cas,

[1] L'ombre n'était pas complète. Il est assez difficile d'obtenir
cette condition, tout en laissant aux plantes la lumière du jour,
dont elles ne peuvent pas se passer.

et malgré tous les procédés que l'on peut imaginer, personne ne peut dire qu'ils ressentent l'action solaire exactement comme des plantes.

Il serait à désirer, ce me semble, que l'on fît des expériences analogues aux miennes, dans des pays qui diffèrent de hauteur et de degré de latitude, et dont le ciel
serait brumeux ou clair. On parviendrait alors à savoir combien il faut ajouter aux moyennes mensuelles,
dans chaque localité, pour la chaleur solaire, dont les observations à l'ombre ne tiennent pas compte. Je suis persuadé qu'une comparaison faite, par exemple, entre
l'Angleterre [1] et l'Europe orientale, montrerait que les
moyennes thermométriques, prises à l'ombre, n'expriment pas bien la nature des climats au point de vue
agricole. En multipliant les essais de ce genre, on décou-
vrirait quelles sont les espèces les plus propres à manifester clairement les effets de la température. On trouverait aussi, peut-être, que des thermomètres recouverts
ou de laine, ou de sable, ou exposés au soleil d'une
certaine manière, donnent les indications les plus semblables à celles des végétaux eux-mêmes. Alors on pourrait les employer sans scrupule, et ce serait plus commode
que les observations sur les végétaux.

Je ne terminerai pas sans dire que ces expériences
ont changé ma manière de voir sur le mode d'action des
circonstances externes, en particulier, de la chaleur, sur
les végétaux. J'ai eu quelquefois le tort, avec beaucoup
de physiologistes, de regarder la plante comme une es-

---

[1] Si l'on fait des recherches semblables en Angleterre ou aux
États-Unis, il est évident que dans les calculs on devra retrancher
32° de toutes les valeurs exprimées en degrés de Fahrenheit.
L'usage de ce thermomètre est un obstacle à l'intelligence des
faits de végétation par les hommes peu instruits.

pèce de thermomètre. C'est une comparaison fautive,
qui induit en erreur. Je le répète : l'abaissement de la
température ne détruit pas pour la plante l'effet que l'é-
lévation avait produit auparavant. Dans un thermomètre,
la colonne de mercure s'abaisse et s'élève ; la plante, au
contraire, ne fait jamais que progresser. La moyenne des
variations du thermomètre, que l'on rapproche toujours
des faits de végétation, n'a aucun correspondant dans la
vie végétale, car les germes ne rentrent pas dans la graine,
ni les feuilles dans le bourgeon, si le froid revient après
la chaleur. Pour être dans le vrai, il faut comparer la
plante à une machine, qui fait son travail en raison de
l'impulsion donnée par la chaleur et par les rayons chimiques de la lumière. Si la force d'impulsion ne suffit
pas à mettre en mouvement la machine, tout s'arrête,
mais le produit du travail antérieur est acquis ; et lorsque
l'impulsion recommence, un produit nouveau s'ajoute à
l'ancien. De là cette nécessité dont je parlais, de n'envisager que les températures au-dessus de 0°, car nous
sommes sûrs que la machine végétale s'arrête au-dessous de ce point. De là aussi l'utilité de rechercher si
plusieurs plantes ne cessent pas de fonctionner à des
températures de + 1°, + 2°, etc., comme les limites
des espèces vers le nord [1] et l'observation journalière
des faits me paraissent l'indiquer. En suivant cette idée,
l'action de quelques agents, comme l'humidité, dont
l'effet est immense sur les plantes, peut être comparée
aux causes nombreuses qui modifient le travail d'une machine. Prenons pour exemple une machine à vapeur.
Elle est sans doute mise en mouvement par le calorique,

---

[1] Voyez mon mémoire sur les limites polaires des espèces,
dans la Bibl. Univ., 1848, Arch. des Scienc., VII, p. 5, ou dans
les Ann. des Sc. nat. de Paris, sér. 3ᵉ, t. 9.

mais il faut aussi que l'eau ne manque pas, que les pièces soient en bon état, que leur frottement soit diminué par de l'huile, etc. Le travail définitif est en raison de toutes ces causes. Les êtres organisés ne sont pas moins compliqués. Les calculs qu'on essaie de leur appliquer seront toujours approximatifs, comme ceux du travail d'une machine ; mais il faudra suivre, à peu près, la même marche, c'est-à-dire tenir compte des forces, du temps, et des circonstances accessoires, pour ne pas tomber dans des erreurs graves ou dans des recherches numériques sans issue.

DE LA

# THÉORIE CHIMIQUE DE LA PILE VOLTAÏQUE.

## PAR C.-F. SCHŒNBEIN.



( Poggendorff Annalen , tome LXXVIII , page 289.) [1]

On a souvent prétendu que la théorie chimique du voltaïsme ne peut pas rendre compte d'un phénomène extrêmement remarquable qui se produit dans la pile hydro-électrique ouverte, et que déjà par ce fait seul elle présente une infériorité prononcée relativement à l'hypothèse du contact, qui explique d'une manière satisfai-

[1] Nous donnons textuellement le mémoire de M. Schœnbein, qui nous paraît présenter d'une manière aussi claire qu'ingénieuse la théorie chimique de la pile voltaïque, et la concilier avec certains résultats que lui opposent les partisans de la théorie du contact. Il est vrai que cette explication repose sur une hypothèse, savoir : le développement de la polarité électrique préalable à toute combinaison chimique, mais due à la même force qui détermine la combinaison. Cette hypothèse, outre qu'elle ne pré-

sante le phénomène en question, à savoir que la tension
électrique s'accroît avec le nombre des éléments d'une
pile. Cette assertion n'est pas tout à fait sans fondement,
si elle porte sur la théorie chimique, telle que l'ont exposée MM. de la Rive, Becquerel, et autres savants ; mais
je ne reconnais nullement que le reproche énoncé ci-
dessus puisse s'appliquer à la théorie que je soutiens sur
la cause immédiate des phénomènes hydro-électriques, et
que j'ai développée avec quelques détails, depuis assez
longtemps, dans le petit écrit qui a pour titre : *Travaux
relatifs à la chimie physique*. Toutefois M. Pfaff, le vé-
nérable doyen des électriciens, et avec lui d'autres physiciens, ayant refusé d'admettre que ma théorie puisse
rendre compte des phénomènes électro-statiques de la
pile, je ne pense pas qu'il soit superflu de démontrer dans
ce journal le peu de fondement de cette assertion, et de
faire voir que l'augmentation qui se manifeste dans la
tension électrique avec l'accroissement du nombre des
couples de la pile, est une conséquence de ma théorie
aussi bien que de celle du contact.

J'ai reconnu, comme on sait, avec les partisans les
plus prononcés de la théorie du contact, l'exactitude de
l'hypothèse qui admet qu'un grand nombre de piles hydro-électriques peuvent exercer une action voltaïque,
sans qu'il s'y montre, avant que le circuit soit fermé,
aucune activité chimique de combinaison ou de décom-

sente rien d'improbable en elle-même, nous paraît d'ailleurs
trouver une confirmation dans tous les faits relatifs à la propagation du courant électrique, et dans les phénomènes nombreux
du magnétisme et du diamagnétisme, qui démontrent toujours
plus l'existence de la polarité moléculaire sous des formes très-
diverses.                                                    (R.)

position, telle que l'oxydation d'un métal ou la décomposition d'un conducteur humide de la pile. Au nombre de ces piles on peut mettre les suivantes : zinc, avec platine et eau pure ; zinc, platine, et solution de sulfate de zinc ; hydrogène, platine et eau pure ; peroxyde de plomb, platine et eau ; chlore, platine et eau, etc.

Néanmoins, quant à ce qui concerne la cause des phénomènes électriques que ces piles présentent, je ne la cherche pas dans un simple contact, indépendant de toute action chimique, entre des substances hétérogènes, telles que deux métaux, mais dans une attraction chimique due au contact, et exercée par un des éléments de la pile, par exemple, par le zinc, l'hydrogène, le chlore, ou par l'oxygène d'un peroxyde, sur l'oxygène ou l'hydrogène de l'eau, et en général sur l'un ou l'autre des éléments d'un liquide électrolytique employé dans la construction d'une pile. C'est, par exemple, à l'attraction chimique d'une substance avide d'oxygène ou d'hydrogène, pour l'un ou l'autre éléments de l'eau, que j'attribue la rupture de l'équilibre chimique primitif dans une molécule d'eau qui entre en contact avec une substance de l'espèce en question ; mais il n'en résulte pas nécessairement que la combinaison des éléments de la molécule d'eau soit détruite, ou que l'un de ces éléments forme réellement une combinaison chimique avec la substance qui exerce l'attraction. Cette rupture dans l'équilibre chimique entraîne aussi avec elle, selon moi, celle de l'équilibre électrique, dans la molécule mentionnée, ou cet état que j'ai coutume d'appeler la polarisation électrique. Le côté hydrogène de la molécule d'eau électrolytique devient positif, et le côté oxygène négatif.

Si une substance attire l'oxygène de l'eau, ce qui est

le plus fréquent, le côté de la molécule d'eau qui est tournée vers elle, devient négatif, ce sera par conséquent le côté oxygène ; si c'est sur l'hydrogène de l'eau que la substance exerce une attraction chimique, ce sera le côté positif ou le côté hydrogène qui se tournera vers elle. Si d'un côté de notre molécule d'eau il se trouve une substance qui attire l'oxygène, et de l'autre une substance qui ait de l'affinité pour l'hydrogène, il est évident que dans ces circonstances il se développe, sur la molécule d'eau, deux influences chimiques électromotrices, qui, eu égard à la polarisation ou tension électrique produite, doivent nécessairement agir avec plus d'énergie qu'une seule, puisque ces deux influences polarisent les molécules d'eau dans le même sens. Si l'on place aux deux côtés opposés de la molécule, des substances qui exercent une attraction chimique de même force sur un seul des éléments de la molécule électrolytique, il est facile de comprendre qu'il ne pourra pas y avoir lieu à une polarisation électrique, puisque dans ce cas les attractions chimiques tendent avec une force égale à polariser la molécule en sens contraire. Mais s'il se trouve, des deux côtés de la molécule d'eau, des substances dont chacune n'exerce d'attraction que sur l'un ou l'autre des deux éléments de l'eau, mais qui soient inégales entre elles pour la force de leur action sur le même élément, il se manifeste encore, il est vrai, une polarisation dans la molécule d'eau, mais avec une intensité qui ne peut être proportionnelle qu'à la différence dans l'intensité des attractions chimiques exercées par ces deux substances sur le même élément de l'eau.

Ce que je viens de dire sur la polarisation de l'eau, peut s'appliquer aisément à la polarisation que l'on veut

développer, au moyen de forces chimiques d'attraction,
dans tous les liquides électrolytiques.

Après ce court exposé de mes principes relatifs à la
cause prochaine de la polarisation électrique dans les
corps électrolytiques au moyen des attractions chimiques, il me sera également facile de faire voir que la proportionnalité qui existe entre la force de la tension électrique et le nombre des éléments homogènes d'une pile
est une conséquence nécessaire de ces mêmes principes.

Choisissons, pour la démonstration que nous avons en
vue, le cas où l'eau est la combinaison électrolytique, et
le zinc le corps qui a de l'affinité pour l'oxygène, et supposons qu'une molécule de ce métal soit mise en contact immédiat avec une molécule du liquide.

D'abord, conformément à ce qui vient d'être dit, la
molécule d'eau prend la polarisation électrique, en sorte
que le côté tourné vers le zinc passe à l'état négatif, et
le côté opposé à l'état positif, et cet état de choses dure
aussi longtemps que la cause qui l'a produit, c'est-à-dire
tant que le zinc reste en contact immédiat avec l'eau. On
comprend aussi sans peine, que l'intensité de la polarisation de la molécule d'eau dépend de la force de l'attraction chimique exercée par le zinc sur l'oxygène de
l'eau, c'est-à-dire du degré d'oxydabilité de ce métal.

Prenons pour unité l'intensité de la polarité développée
par le zinc dans la molécule d'eau, et mettons une autre
molécule en contact avec celle-ci : la seconde sera également polarisée par induction, et dans le même sens
dans lequel la première l'a été par l'effet de l'attraction
chimique ; et dans ce cas on comprend que la force de
la polarité ou de la tension électrique de cette seconde
molécule ne peut pas être plus grande que celle de la

première, c'est-à-dire que l'unité. Une troisième molécule d'eau, placée à la suite de la deuxième, acquiert également, sous l'influence inductrice de celle-ci, une tension égale à l'unité, et il est aisé de voir que chaque membre isolé d'une série constante de molécules d'eau, dont l'une des extrémités est en contact avec une molécule d'eau, exposée à l'influence de l'attraction chimique d'une molécule de zinc, doit passer à l'état de tension électrique par l'effet d'une induction qui a lieu de molécule en molécule, et qui, sous le rapport de l'intensité et de la direction est semblable à la polarisation de la première molécule d'eau. J'ajoute, quoique cette remarque soit à peine nécessaire, que notre molécule de zinc reçoit aussi, de la molécule d'eau polarisée qui est en contact immédiat avec elle, une tension électrique telle que le côté du zinc tourné vers l'eau devient positif, et le côté opposé négatif.

Si nous plaçons à l'extrémité libre, opposée au zinc, d'une série continue de molécules d'eau polarisée, une molécule d'une substance qu'on peut regarder comme indifférente sous le rapport chimique à l'égard de l'oxygène ou de l'hydrogène de l'eau, telle qu'une molécule de platine, ce métal sera aussi polarisé par induction par la molécule d'eau polarisée qui est dans son voisinage, il acquerra une tension égale à l'unité, et prendra l'électricité positive sur le côté opposé à l'eau ou extérieur. Si, à la suite de cette molécule de platine, on ajoute une autre série continue de molécules d'eau, il est aisé de voir que chaque membre de cette nouvelle série devra acquérir, par l'effet de l'action inductrice de la molécule de platine, une tension électrique égale pour la direction et la force à celle de la molécule du métal même ; la tension de chaque molécule d'eau de la seconde série devra donc être égale à l'unité. Enfin,. si nous mettons notre molécule de platine polarisée en contact avec l'une des extrémités d'une série continue de molécules de zinc ou d'autre métal, la tension des membres de cette série ne sera non plus égale qu'à l'unité, et il ne pourra y avoir lieu à aucune augmentation dans la polarité électrique, quel que soit le nombre des séries particulières de molécules métalliques, de nature semblable ou diverse, que l'on mette les unes à la suite des autres, en contact avec la molécule de platine polarisée ; en effet la tension de ces séries est produite seulement par induction, et non par de nouvelles forces chimiques électromotrices.

Les choses se passent tout autrement, lorsque la molécule de platine qui se trouve à l'extrémité d'une série continue de molécules d'eau polarisées est mise en contact avec une molécule de zinc, et celle-ci à son tour avec une molécule d'eau. Cette dernière acquiert par induction une tension égale à l'unité, comme il arrive avec une molécule d'une substance quelconque soumise à l'induction ; puis il faut encore tenir compte de l'influence chimique électromotrice de la seconde molécule de zinc sur la molécule d'eau avoisinante, influence qui développe dans cette dernière molécule une tension électrique de la même manière que l'induction y a développé la polarisation ; d'où il résulte que la tension de cette molécule d'eau doit être double de ce qu'elle était d'abord. Si l'on ajoute à cette même molécule à double tension une seconde série continue de molécules d'eau, tous les membres de celle-ci prendront de même nécessairement, par induction, un état de polarisation, et une tension qui sera égale à 2. Mais la molécule d'eau avec sa tension double n'exerce pas son influence d'induction seulement dans la direction de la seconde série de molécules de même nature, mais aussi dans la direction opposée, et par conséquent elle double aussi la polarisation de toutes les molécules de métal et d'eau qui se trouvent exposées à son action, de telle sorte que toutes les molécules disposées en série constante dans notre appareil se trouvent dans le même état de tension électrique. Si la seconde série de molécules d'eau est elle-même terminée à son extrémité libre, opposée à la seconde molécule de zinc, par une molécule de platine, cette dernière acquiert aussi par induction une tension égale à $2$; il en sera de même pour une nouvelle molécule de zinc, et pour une nouvelle molécule d'eau mise en contact avec celle-ci. Mais comme la dernière molécule d'eau prend une tension égale à l'unité, sous l'action chimique électromotrice de la troisième molécule de zinc en contact avec elle, et que par l'effet de l'induction antérieure elle avait déjà une tension égale à $2$, cette tension doit s'élever à $3$, et, par les mêmes raisons qui sont exposées plus haut, la force de la polarisation dans chaque molécule de notre appareil, doit être augmentée d'une unité.

Cet appareil n'est évidemment pas autre chose qu'une pile voltaïque, et il est aisé de comprendre qu'à mesure que nous augmenterons le nombre des combinaisons indiquées, nous verrons aussi s'accroître semblablement la tension de cette pile, en sorte que si la tension est égale à $1$ dans une des premières, elle sera égale à $n\,t$ dans un nombre $n$ de combinaisons semblables.

Quant à la valeur de $t$ dans chaque couple simple, elle est déterminée, comme nous l'avons indiqué, par la nature chimique de ses éléments, et elle change avec le changement de l'un d'eux ou de tous. Si, par exemple, nous avons d'une part un couple zinc, eau et platine, et

de l'autre un couple zinc, eau et cuivre, la tension de la
première combinaison sera plus grande que celle de la
seconde, parce que la différence d'oxydabilité dans les
métaux de la première, sera plus grande que dans ceux
de la seconde, et que la force de la polarisation électrique
des molécules d'eau est toujours proportionnelle à cette
différence dans la facilité des métaux à s'oxyder.

On voit clairement, d'après ce qui précède, que la
différence qui existe entre la théorie des partisans du
contact et la mienne, consiste principalement en ce que
je place exclusivement dans les points où s'opère le contact entre le zinc et l'eau, le siége de la force électromotrice de l'espèce de pile ou couple en question, et
que je cherche cette force électromotrice dans l'attraction chimique exercée par le zinc sur l'oxygène de l'eau,
tandis que les partisans de l'autre théorie font agir la
force électromotrice surtout dans les points où a lieu le
contact entre le zinc et le platine, et ne tiennent nul
compte des rapports chimiques du zinc et du platine avec
les éléments de l'eau.

S'il ne s'agissait que d'expliquer pourquoi, dans une
pile ouverte, la tension croît avec le nombre des éléments,
il est évident qu'il serait tout à fait indifférent de placer
le siége de la force électromotrice en tel ou tel point de
cette pile, ou d'attribuer cette force à des affinités chimiques ou à quelque autre cause; car dans l'une et l'autre
hypothèse il faut que la tension de la pile s'accroisse avec
le nombre de ses couples. On voit donc que la plus grave
des objections que l'on fait contre mon hypothèse ne peut
l'atteindre en aucune façon, et cette hypothèse présente
un parfait accord avec les résultats des mesures électro-
scopiques les plus exactes, prises sur une pile ouverte ;
cela me fait en même temps espérer que l'on ne prétendra

plus que la théorie chimique de l'électricité voltaïque ne peut pas rendre compte des circonstances relatives à la tension de la pile.

Parmi les objections élevées par M. Pfaff contre mon hypothèse, se trouve celle-ci, que, dans certains cas donnés, il devrait se produire un tout autre résultat voltaïque que celui auquel on arrive réellement. C'est ce qui se présente, par exemple, dans le cas suivant : On a une auge fermée à l'une de ses extrémités par une lame de zinc *a*, à l'autre extrémité par une lame de platine *c* ; l'eau qui remplit l'auge est partagée en deux moitiés par une lame de zinc *b*. M. Pfaff prétend que, d'après ma théorie, il ne doit pas se développer de courant, lorsqu'on met en communication, au moyen d'un conducteur, la lame de zinc *a* et la lame de platine *c*, parce que les deux lames de zinc exercent une égale attraction chimique sur l'oxygène de l'eau placée entre elles, qu'ainsi cette eau ne peut prendre une polarisation électrique, ni, par conséquent, donner naissance à un courant. Mais, selon M. Pfaff, cette expérience ferait voir qu'il y a un courant qui chemine de la lame de platine *c* à la lame de zinc *a* et de là à travers les deux parties de l'eau.

M. Pfaff a parfaitement raison quand il affirme que les deux faces des lames de zinc, qui sont tournées vers l'eau placée entre *a* et *b*, n'exercent pas sur cette eau une influence polarisante, puisque leurs attractions dirigées sur l'oxygène de l'eau, sont de force égale, mais opposée, qu'ainsi elles se neutralisent et ne peuvent pas polariser l'eau. Mais le physicien de Kiel a oublié de penser à celle des faces du morceau de zinc *b* qui regarde l'eau placée entre ce zinc et le platine. Ce côté polarise tout d'abord les molécules d'eau en contact immédiat avec lui, et celles-ci, à leur tour, par induction, les molécules d'eau les

plus rapprochées, et cette induction, passant d'une de
ces molécules à l'autre, polarise aussi enfin les molécules
de la lame de platine. Or, il est évident que les molécules
d'eau polarisées par ce côté de la lame de zinc agissent
aussi par induction dans la direction opposée, par conséquent d'abord sur les molécules de la lame de zinc *b*,
et de là, à travers l'eau placée de l'autre côté de celle-ci,
sur les molécules de la lame de zinc *a*.

D'après les principes développés plus haut, il faut que
dans l'appareil en question, la polarisation de toutes les
molécules soit de telle nature, que les côtés extérieurs
ou ceux qui sont opposés à l'eau, dans les molécules de
la lame de zinc *a* prennent la polarité négative, tandis
que ceux des molécules de la lame de platine *c* prennent
la polarité positive ; or l'expérience confirme ce raisonnement, qui rend d'ailleurs parfaitement compte du phénomène de courant mentionné plus haut. Après cette explication, j'estime superflu de réfuter les autres objections
de M. Pfaff, qui reposent sur les résultats d'autres expériences encore, faites avec son appareil ; car une juste
application des principes fondamentaux de ma théorie,
aux cas indiqués, fera aisément reconnaître que ces cas
aussi ne sont que de simples conséquences de cette théorie.

Cependant je ne puis passer sous silence une objection
de toute autre nature, que le physicien de Kiel a élevée
contre une des bases de ma théorie, et qui ébranlerait
celle-ci dans son ensemble, si elle est fondée. M. Pfaff
regarde comme contraire aux lois relatives à la conductibilité électrique, d'admettre que les molécules de corps
aussi bons conducteurs que le sont ces métaux, puissent
passer à l'état de polarisation électrique dont j'ai supposé
l'existence. L'importance de cette question servira, j'espère, d'excuse aux détails qui vont suivre.

Je partage en entier l'opinion de Faraday, d'après laquelle il est impossible qu'une particule quelconque d'une substance quelconque prenne, uniquement, soit l'électricité positive, soit l'électricité négative. Electriser une particule d'un corps, c'est développer, dans ce corps, une activité, qui s'exerce d'une manière opposée dans des directions contraires ; en d'autres termes, et pour me servir des expressions consacrées, une particule dans laquelle on a développé cette activité, est positive à l'un de ses côtés, et négative de l'autre. Cette double activité simultanée, ou cette polarité, est le caractère fondamental de ce qu'on appelle l'état électrique d'une particule de matière, ou en d'autres termes, l'électricité. D'après cela, il ne peut pas plus être question de l'accumulation d'une seule espèce d'électricité sur une molécule ou sur un corps, que la marche d'une seule espèce d'électricité par-dessus ou à travers un corps, c'est-à-dire qu'on ne peut accumuler dans un réservoir une seule espèce d'électricité et l'en faire écouler ensuite. Par exemple, un conducteur chargé d'électricité positive n'est pas autre chose pour moi qu'un corps dont les particules de la surface sont positives sur les côtés qu'elles présentent à l'air ambiant, et négatives sur les côtés tournés vers l'intérieur de la masse. Cet état de polarité dans les particules superficielles exerce une influence d'induction tant sur les particules intérieures du conducteur même, que sur les particules de l'air ambiant voisines de ce conducteur, en sorte que de la surface de ce dernier il se propage une action d'induction à travers toutes les molécules qui sont en liaison constante entre elles et avec cette surface. Dans cette manière de voir, la charge positive du conducteur consisterait en ce que ses propres particules, aussi bien que celles des corps qui l'entourent, auraient une polarisation ou une tension électrique dans un sens déterminé. Lorsque la disposition des pôles électriques de toutes ces particules est opposé à celui que j'ai indiqué, nous disons que le conducteur a une charge négative. La décharge de ce même conducteur, ou de tout autre corps électrisé d'une manière quelconque, signifie parfaitement la même chose que la cessation de la polarité électrique de ses particules.

Ce qui précède fait aisément comprendre que la faculté des particules des corps de prendre ou de perdre la polarité électrique, est en jeu dans tous les phénomènes électriques, et que, ce que l'on nomme électricité statique d'un corps est l'état bipolaire de ses particules. L'électricité dynamique doit être considérée comme l'état dans lequel se trouvent les particules d'un corps pendant que disparaissent de nouveau les polarités électriques développées en elles par une cause quelconque.

Dire qu'un corps a de la conductibilité pour l'électricité, c'est dire que ses particules peuvent aisément prendre la polarisation électrique ; et, selon moi, la transmission de l'électricité même à travers un corps se compose de deux activités qui s'exercent dans deux instants infiniment rapprochés, savoir de la polarisation et de la dépolarisation des particules, placées les unes à la suite des autres dans ce même corps, auquel cas la première de ces activités précède nécessairement la seconde. Plus les particules d'un corps ont de peine à être polarisées par induction ou par d'autres influences, plus aussi, une fois la polarisation produite, la dépolarisation s'y fait difficilement ; et voilà pourquoi les bons conducteurs sont des corps dont les particules sont facilement polarisées et dépolarisées, et les mauvais conducteurs des corps dont les particules ont de la peine à revêtir ce double état.

Mais sans m'arrêter davantage sur la justesse des idées
que je viens d'exposer, j'appellerai l'attention sur quelques faits bien connus, qui conduisent à admettre l'existence d'un état électro-polaire dans les particules des
corps, état dont M. Pfaff conteste la possibilité, comme
étant en contradiction avec les lois relatives à la transmission de l'électricité. — Parmi les faits de cette espèce,
il faut compter l'état dans lequel passe un corps métallique isolé, placé, par exemple, sous l'influence d'induction d'un conducteur chargé d'électricité positive. Les
phénomènes électro-statiques qui se produisent dans ces
circonstances sur ce corps isolé, ne peuvent s'expliquer,
ce me semble, que si l'on admet que les faces des particules de ce métal qui sont tournées du côté du conducteur inducteur, sont à l'état négatif, et celles qui sont
opposées aux premières, dans l'état positif. Malgré la
grande conductibilité du métal, l'état de séparation des
principes électriques continue à exister dans ce dernier,
aussi longtemps que dure l'influence d'induction du conducteur. En général, il est clair que ce que nous appelons en allemand, « électriser par distribution, » ne serait
absolument pas possible, si des particules de métal, ayant
des pôles électriques contraires, ne pouvaient entrer en
contact sans qu'il se fît une neutralisation. Même la pile
(ou le couple) hydro-électrique ouverte fournit une
preuve frappante de la polarité d'un système de particules, appartenant à de bons conducteurs, et placées en
contact dans un certain ordre ; enfin nous avons un
exemple parfait de ce fait dans l'expérience fondamentale
de Volta, si souvent citée par les partisans de la théorie
du contact. Ne met-on pas en contact intime, dans cette
expérience, deux métaux bons conducteurs, et n'affirme-
t-on pas que, malgré cela, l'un des deux métaux devient

positif, et l'autre négatif ? Pourquoi donc, malgré la très-grande conductibilité des corps mis en contact, les oppositions électriques développées ici ne se neutralisent-elles pas toujours de nouveau ; ou plutôt, pourquoi, malgré la circonstance que j'ai signalée, se produit-il en général des oppositions électriques sur les métaux en contact ? Cela ne serait-il pas aussi en opposition avec les lois relatives à la transmission de l'électricité ? Si donc le partisan de la théorie du contact affirme, pour expliquer ce phénomène, que la force électromotrice produit deux effets : l'un de séparer les électricités réunies dans les métaux, l'autre de les maintenir séparées, une fois que leur séparation a eu lieu, on me permettra de revendiquer le même pouvoir pour ma force électromotrice. De deux choses l'une : ou bien l'objection faite par M. Pfaff porte coup à mon hypothèse, ou elle ne l'atteint pas. Dans le premier cas, les raisons puisées par le physicien de Kiel dans les lois de la transmission, peuvent tout aussi bien être invoquées contre la théorie du contact, que contre l'hypothèse dont je suis l'auteur.

Que l'on me permette de rappeler encore un fait qui a été présenté comme défavorable à la théorie chimique par les partisans de la théorie du contact. Il résulte d'observations précises, que la grandeur de la force électromotrice de deux métaux, tels que le platine et le zinc, reste sensiblement la même, quel que soit le liquide oxy-électrolytique qui est employé pour les mettre en communication ; que ce soit de l'eau pure, de l'acide hydro-sulfurique, hydro-nitrique, ou une solution de potasse, etc. Or comme, avant que le circuit soit fermé, ces liquides-là exercent une action chimique très-différente sur des métaux du couple en question ; que, par exemple, le zinc est fortement attaqué ou ne l'est pas du tout, on a conclu de la fixité que présente la grandeur du pouvoir électromoteur dans des circonstances si diverses, que le siége principal de ce pouvoir se trouve au point de contact des métaux, et non dans les points de contact du métal oxydable, avec le liquide oxyélectrolytique, et qu'ainsi la théorie chimique de l'électricité voltaïque n'est pas exacte.

Il est aisé de reconnaître que le fait en question nonseulement ne présente pas la plus légère opposition avec mes idées sur la nature et le siége de la force électromotrice d'un couple hydro-électrique, mais qu'il en est encore une conséquence naturelle. La grandeur de la force électromotrice que manifestent deux métaux plongés dans un liquide oxyélectrolytique, me paraît être, ainsi que je l'ai dit, égale à la différence entre leurs degrés d'oxydabilité, ou pour m'exprimer plus exactement, égale à la différence qui existe dans l'énergie avec laquelle ces métaux absorbent l'oxygène de l'eau ou d'un corps oxyélectrolytique quelconque. Or, quand même les métaux exercent dans des directions opposées leur attraction pour l'oxygène de l'eau pure par exemple, ou pour l'oxygène de l'eau mélangée à de l'acide sulfurique, de la potasse, etc., toujours la différence dans la grandeur de ces attractions reste la même, et avec elle aussi la grandeur de la force électromotrice.

Ainsi, pour le partisan de la théorie du contact comme pour moi, la grandeur de la force électromotrice dans les combinaisons de couples formés de deux métaux constants et de liquides oxyélectrolytiques variables, doit rester invariable ; pour le premier le contact des métaux du même couple ne présente point de changement, tandis que pour moi c'est la différence dans l'oxydabilité des métaux, ou le contact du même métal oxydable avec l'eau, qui ne change pas.

Quant à la diversité que présentent dans l'intensité du courant les deux mêmes métaux formant un couple avec divers liquides oxyélectrolytiques, je l'explique d'une manière naturelle, comme le font les partisans de la théorie du contact, c'est-à-dire par la différence dans la résistance de conductibilité qu'exercent les liquides, ou, pour parler mon propre langage, par la différence dans l'influence qu'exercent les substances unies à l'eau, sur la facilité avec laquelle les molécules d'eau passent à l'état de polarisation. Toutes les substances qui facilitent la polarisation de ces dernières, augmentent aussi l'intensité du courant, et cela, comme je l'ai déjà donné à comprendre, parce que le degré de conductibilité ou de résistance de conductibilité dans une substance n'est pas autre chose que le degré de facilité ou de difficulté, c'est-à-dire de rapidité ou de lenteur, avec lequel les particules de cette substance prennent ou perdent la polarisation électrique. Par des causes qui nous sont encore entièrement inconnues, les particules de l'eau pure se polarisent et se dépolarisent plus difficilement que celles d'une solution aqueuse d'acide ou de potasse, etc. C'est ce qui fait que, par exemple, dans un couple formé de zinc, platine et eau pure, il y aura une plus petite quantité des deux électricités, qui passera d'abord à l'état de tension, puis à celui de neutralisation, que ne l'est la quantité des électricités qui arrivent dans le même temps à l'état de séparation et de recomposition, dans un couple formé également de zinc et de platine et d'eau mélangée avec un acide, un sel, etc. Mais la différence dans les intensités de courant de deux couples n'est pas autre chose que la différence dans les quantités d'électricité qui passent à l'état de tension et se neutralisent dans ces couples, pendant des intervalles de temps égaux.

Maintenant que j'ai essayé de démontrer que les phénomènes électriques de tension et de courant qui se manifestent dans des couples et des piles, de même que les lois expérimentales tirées de leur observation, peuvent aussi bien s'expliquer par mon hypothèse que par celle du contact, il me reste encore néanmoins à exposer les motifs qui m'ont déterminé à remplacer la théorie de Volta par une autre.

Il est un principe qui sert de règle dans toutes les branches des études humaines ; c'est que l'on doit chercher à expliquer par le plus petit nombre de causes possible le plus grand nombre de phénomènes possible. D'après cela l'on ne doit pas recourir à l'hypothèse d'une force particulière pour expliquer la production des phénomènes voltaïques, quand il est possible de les rattacher à une force déjà connue, qui, une fois admise, sert à expliquer des séries entières de phénomènes d'un autre genre.

C'est une force de cette espèce que je crois voir dans ce quelque chose qui détermine diverses substances à se réunir à d'autres corps, et à quoi l'on a donné le nom d'attraction chimique. Le domaine des phénomènes chimiques et celui des phénomènes voltaïques sont dans la réalité tellement rapprochés l'un de l'autre, que l'observateur non prévenu ne peut s'empêcher de supposer entre eux la plus intime relation, c'est-à-dire une relation semblable à celle qui existe entre la cause et l'effet. Et cette conjecture date déjà d'un temps assez éloigné, car c'est elle qui a donné lieu à la longue querelle sur la source de l'électricité voltaïque. Personne, plus que moi, n'apprécie les mérites que s'est acquis dans la science le fondateur de la théorie du contact, mais cela ne m'empêche pas de reconnaître que le célèbre physicien italien était beaucoup trop peu chimiste, ou plutôt que la chimie du temps de Volta n'était pas assez avancée pour que lui ou ses contemporains pussent avoir des idées justes sur la relation qui existe entre les phénomènes chimiques et les phénomènes électriques. Aussi, malgré l'éminente perspicacité de ce grand physicien, sa théorie de la pile dut-elle être incomplète, et présenter des lacunes et des erreurs.

Mais ils commirent également des erreurs ceux qui, refusant aux métaux la propriété de revêtir des états électriques opposés par l'effet de leur contact mutuel, prétendirent que la cause du courant hydroélectrique se trouvait dans la combinaison chimique de l'un des métaux de la pile ou du couple avec un élément du conducteur humide, par exemple dans l'oxydation réelle d'un métal, oxydation dont l'époque précédait la naissance du courant.

Les partisans de la théorie du contact avaient tort de ne pas reconnaître l'attraction chimique comme la force électromotrice ; mais les partisans de la théorie chimique se trompaient en prétendant qu'avant la rupture de l'équilibre électrique dans un couple ou une pile, il devait toujours se produire une action chimique de combinaison ou de séparation à l'intérieur de ces appareils, c'est-à-dire un phénomène de courant, et que les phénomènes chimiques qui avaient réellement lieu dans la pile ou le couple fermé étaient non l'effet (comme l'admettent avec raison les partisans de l'autre théorie), mais la cause du courant.

Je crois que le temps est venu de conclure un accord entre les deux théories rivales de l'électricité voltaïque.

En effet, les deux partis ont sous les yeux un grand
nombre de faits décisifs, dont l'autorité doit être reconnue de tout savant qui a plus à cœur la possession de
la vérité que la défense de sa propre opinion, en un mot
de tout savant qui a plus d'amour pour la vérité que de
vanité et d'amour-propre. Pour ce qui me concerne, je
n'hésite point à reconnaître ouvertement et sans détour,
que j'ai précédemment soutenu dans le sens de la théorie
chimique plus d'une opinion que j'abandonne aujourd'hui
comme des erreurs, et que, d'un autre côté, j'ai considéré comme des erreurs, certaines assertions des partisans de la théorie du contact que je regarde aujourd'hui
comme parfaitement fondées.

Je terminerai, après cette digression, en expliquant
d'une manière sommaire pourquoi, malgré l'expérience
fondamentale de Volta [1], et d'autres avantages que présente la théorie de ce physicien, je donne ma préférence
à la théorie que j'ai établie.

1. Mon premier motif, c'est que l'hypothèse du contact ne tient pas et ne doit pas tenir compte, comme d'une
cause électromotrice, de toutes les relations chimiques
que présentent entre elles les substances qui entrent
dans la composition d'un couple ou d'une pile hydro-
électrique ; tandis que l'expérience nous apprend d'ailleurs
que, dans tous les cas observés jusqu'à présent, il existe
une relation intime entre les phénomènes voltaïques des
appareils hydroélectriques, et la manière dont les éléments
de ces derniers se comportent les uns à l'égard des autres.

2. En second lieu, les relations chimiques qui existent
entre les éléments dont sont formées les combinaisons
hydroélectriques, permettent toujours d'annoncer d'a-

---

[1] Je me réserve de parler de cette expérience dans un autre
mémoire.

vance avec certitude, dans quel sens a lieu leur polarisation ou leur tension, quelle est leur force relative, quelle
sera la direction du courant dans des piles fermées, etc.,
tandis que dans l'hypothèse du contact aucun de ces
points ne peut être fixé d'avance, et qu'il faut toujours
pour chaque nouveau couple déterminer, par voie d'expérience, les quantités qui viennent d'être mentionnées.

3. Enfin, pour expliquer les phénomènes voltaïques,
l'hypothèse du contact admet l'existence d'une force nouvelle qui, par la grandeur de son action, n'est dans aucun rapport fixé avec la grandeur des masses de substance
dans lesquelles elle est censée en activité; d'une force,
par conséquent, à laquelle on attribue un travail conti-
nuel, sans qu'il lui soit permis de s'épuiser jamais. La
théorie chimique, au contraire, fait produire les phénomènes voltaïques par une force dont on connaît déjà
d'autres effets, et elle la fait agir d'après des lois connues.

C'est d'après ces divers motifs que je préfère décidément mon hypothèse à celle du contact due à Volta et à
ses successeurs, et j'estime qu'elle est, plus que cette
dernière, en harmonie avec l'état actuel de la science.
Mais, en même temps, je ne fais aucune difficulté à reconnaître, et même je suis intimement persuadé que ma
tentative pour rendre compte des phénomènes en question est elle-même encore très-éloignée d'une théorie
parfaite de l'électricité voltaïque, car il n'est que trop
clair à mes yeux qu'il ne peut être sérieusement question
d'une théorie semblable, tant que l'électricité et ses relations avec les phénomènes chimiques ne seront pas connues d'une manière infiniment plus exacte, et n'auront
pas été étudiées d'une manière infiniment plus profonde
qu'elles ne le sont aujourd'hui.

# BULLETIN SCIENTIFIQUE.

## MÉTÉOROLOGIE.

**52.** — QUANTITÉ DE PLUIE TOMBÉE PANS L'ÎLE MAURICE, par M. BOUTON. (Travaux de la Société d'hist. natur. de Maurice. Port-Louis, 1846; 1 vol. in-8°, p. 17.)

M. Lienard a communiqué à·la Société d'histoire naturelle de l'île Maurice le résumé suivant :

| | Pouces, | lignes. | |
|---|---|---|---|
| 1832 | 46 | 3 | Obs. de feu Lislet Geoffroy. La localité non indiquée. |
| 1833 | 48 | 7 | |
| 1834 | 49 | | |
| 1833 | 46 | 9 | Obs. du col. Lloyds, à Port–Louis. |
| 1834 | 43 | 3 | |
| 1835 | 51 | 4 | |
| Juillet 1836 à Juin 1837 | 50 | 4 | Obs. de Desjardins, au quartier de Flacq. |
| 1838 | 49 | 5 | |
| 1840 | 40 | 8 | Obs. de M. Lienard. La localité non indiquée. |
| 1841 | 36 | 6 | |
| 1842 | 24 | 4 | |

On peut déduire de ces chiffres, en prenant pour 1833 et 1834 la moyenne des deux localités où l'on a observé, que la moyenne de pluie dans les neuf années de 1832 à 1842, moins 1839, a été de 43 p. 1 l.

Il est à regretter que l'auteur de cette communication intéressante n'ait pas donné les moyennes mensuelles fondées sur les dix ans. Il ne dit pas non plus si les pouces et lignes sont de mesure française ou anglaise, mais le tableau des observations de M. Desjardins, publié antérieurement, dit que les 50 p. 4 l. de 1836 à 1837 sont en mesure française, d'où il est à présumer que les autres valeurs le sont aussi.

53. — LE CLIMAT DE CHERBOURG, D'APRÈS LES OBSERVATIONS DE
M. EMMANUEL LIAIS.

A défaut d'observations régulières faites en Bretagne, il est intéressant d'avoir des documents précis sur le climat de Cherbourg,
un des types les mieux caractérisés du climat occidental ou mari-
time de la France. Nous les devons à M. Emmanuel Liais, qui a
bien voulu nous envoyer un article intéressant publié dans les Mémoires de la Société d'horticulture de Cherbourg, et de plus le tableau inédit de ses observations en 1848.

On possédait déjà, sur le climat de cette ville, les observations
faites par M. Lamarche, pendant cinq années, de 1838 à 1842.
Elles sont contenues dans les Mémoires de l'Académie de Cherbourg,
en 1843, et il en est fait mention, mais d'une manière incomplète, dans les *Comptes rendus de l'Académie des Sciences de Paris.*
Toutefois, pour plus d'exactitude, il faut corriger les moyennes de
M. Lamarche d'une erreur de $1/_{10}$ de degré, reconnue dans la graduation du thermomètre, et si l'on veut estimer la valeur probable
des moyennes annuelle et de saisons, il faut remarquer que les cinq
années en question ont eu généralement des hivers plus doux que
la moyenne ordinaire. Ainsi à Paris, la moyenne des cinq hivers a
été de 2°,2, tandis que pour quarante ans elle est de 3°,6. Supposant que la même différence a existé à Cherbourg, M. Liais en
conclut que les observations de M. Lamarche donnent, comme température probable permanente 6°,8 pour l'hiver

Les quatre saisons auraient ainsi :

| | |
|---|---|
| Hiver. . . . . | + 6°,8 |
| Printemps. . . | 10,6 |
| Eté. . . . . . | 16,7 |
| Automne . . . | 12,2 |
| Année . . . . | 11,6 |

et à l'appui de ces chiffres M. Liais cite le résultat de ses observations en 1848, qui donne :

Hiver. . . . . + 6°,55
Printemps. . . 11,17
Eté. . . . . . 16,70
Automne . . . 12,10
————
Année . . . . 11,63

On ne connaît pas les extrêmes absolus pendant les cinq années de M. Lamarche. En 1848, ils ont été, d'après M. Liais, —2°,0 et +31°,0. D'ordinaire les plus grands froids sont —1° à —3°, et ils ne durent que quelques heures. Il y a, assez souvent, des hivers entiers sans gelée. L'influence de la mer et des vents d'ouest est ici très-manifeste. La péninsule de Cherbourg ne peut recevoir un vent de terre que par le sud-est ; c'est le seul vent froid en hiver, mais il est rare. En été, ce vent amène quelquefois de fortes chaleurs qui dépassent 30 et même 31°.

L'abondance et la fréquence de la pluie sont extrêmement remarquables. La moyenne des cinq années d'observations de M. Lamarche donnait 1ᵐ,0916, ce qui dépasse même les quantités observées dans le Cornouailles. La répartition entre les quatre saisons donne, en supposant le total de l'année égal à 100 parties :

Hiver. . . . . 27,0
Printemps. . . 12,7
Eté. . . . . . 19,2
Automne . . . 41,1
————
100,0

En résumé, le climat de Cherbourg est beaucoup moins froid en hiver que celui de Nice, où le thermomètre est descendu quelquefois à —9°; mais il est extrêmement humide, soit en hiver, soit même en été et en automne. Les phtisiques s'y trouveraient peut-être aussi bien qu'à Madère, car on recommande ordinairement pour eux l'absence de froid et de sécheresse.

La culture des légumes a pris une grande extension à Cherbourg depuis que les primeurs peuvent être transportées au Hâvre et à Paris, très-rapidement, par les bateaux à vapeur et les chemins de fer.

## GÉOGRAPHIE.

54. — Précis de géographie élémentaire, par Paul Chaix ;
3ᵐᵉ édition, 1 vol. in-12, avec un atlas petit in-4°. Paris et
Genève, 1850, chez Joël Cherbuliez, libraire.

L'enseignement de la géographie par M. Chaix, soit au collége
de Genève, soit dans des cours particuliers, a un succès si bien
soutenu, qu'une troisième édition de son *Précis* et de son *Atlas*
était devenue nécessaire. Sous une forme condensée, le petit volume intitulé *Précis* renferme les points véritablement essentiels
pour les élèves. La disposition des articles est claire, et l'auteur a
su cependant éviter les énumérations fastidieuses de provinces, de
départements, ou de rivières, en accompagnant les noms de quelques renseignements, dans le style descriptif ou narratif ordinaire.
M. Chaix est trop au courant de la géographie pour n'avoir pas modifié quelques chiffres et intercalé divers articles, en raison des
statistiques et des découvertes les plus récentes. Ainsi la population des villes d'Amérique, d'Espagne, de Suisse, de l'Inde, a été
revue d'après les documents les plus nouveaux. Les acquisitions
des Anglais dans l'Inde et à Bornéo ; la découverte d'un pic dans
l'Himalaya, plus élevé que le Daula-Ghiri, le Kintching-Djeung ;
les Terres Australes, découvertes depuis quelques années ; l'isthme
de Tehuantepec et la Californie, sont des articles ou ajoutés, ou très-
développés dans cette nouvelle édition. Les cartes présentent un
degré de lucidité extrêmement avantageux pour l'étude. Cela tient
à ce que les montagnes sont fortement accusées, sans beaucoup de
ramifications, et aussi au choix des noms qui est fait avec discer-
nement. Les élèves peuvent copier ces cartes plus facilement que
beaucoup d'autres, et doivent en conserver mieux le souvenir,

A. DC.

## PHYSIQUE.

55. — Sur la diffusion des liquides , par M. le prof. Graham.
(*Philos. Magaz* , février 1850.)

Des bouteilles de verre, d'une capacité commune de 2000 grains,
ont été taillées de manière qu'elles eussent une hauteur uniforme de
de 3,8 pouces. Leur col était profond de demi-pouce, et leur ouverture avait un diamètre d'un pouce et quart. On les remplissait de
la solution à examiner, jusqu'à ce que son niveau coïncidât avec la
pointe d'une épingle enfoncée de demi-pouce dans le col. Le tout
plongeait dans un grand vase plein d'eau pure de telle sorte que
les liquides communiquaient librement. Au bout de sept à huit jours,
on fermait la bouteille avec un obturateur, et l'on déterminait par
une évaporation à siccité la proportion de solide que la diffusion
avait amenée dans l'eau du vase extérieur.

Des expériences faites avec des dissolutions diverses de sel marin
ont montré que : 1º les quantités de sel *diffusées* sont proportionnelles aux quantités de sel dissoutes dans la liqueur; 2º les quantités
de sel diffusées croissent avec la température : elles sont doublées
par une élévation de 27º C.

On a ensuite examiné diverses substances dont 20 parties étaient
dissoutes dans 100 d'eau. Les nombres suivants expriment en grains
les quantités diffusées :

| | | | |
|---|---|---|---|
| Chlorure de sodium | 58,68 | Sucre d'amidon | 26,94 |
| Sulfate de magnésie | 27,42 | Gomme arabique | 13,24 |
| Acide sulfurique aqueux | 69,32 | Albumine | 3,03 |
| Sucre de canne cristallisé | 26,74 | | |

Cette faible diffusion de l'albumine est très-remarquable : elle explique la persistance des fluides séreux dans les vaisseaux sanguins.
Le sel commun, le sucre et l'urée ajoutés à l'albumine, s'en séparent par diffusion aussi vite que de leurs dissolutions dans l'eau.
L'urée est aussi énergiquement diffusible que le sel commun.

En comparant la diffusion de sels dissouts dans 10 fois leur poids d'eau, on trouve que les composés isomorphes ont, en général, la même diffusibilité; ainsi le chlorure de potassium correspond à celui d'ammonium, le nitrate de potasse à celui d'ammoniaque, le sulfate de magnésie à celui de zinc, etc. L'égalité de diffusion de ces couples a lieu, non pour des quantités chimiquement équivalentes, mais simplement pour des poids égaux. — Il y a aussi de grandes différences de diffusibilité parmi les acides, le nitrique étant près de quatre fois plus diffusible que le phosphorique. Toutefois, ils peuvent également s'arranger en groupes d'égale diffusibilité; tels sont les acides nitrique et muriatique, les acides acétique et sulfurique. Les sous-sels solubles et les sels ammoniaco-métalliques jouissent d'une diffusion extraordinairement faible : par exemple, les diffusions du sulfate d'ammoniaque, de celui de cuivre, et du sulfate ammonio-cuprique bleu sont, dans les mêmes circonstances, dans les rapports de 8, à 4, à 1.

Lorsque deux sels ont été mêlés dans la bouteille, chacun se diffuse dans l'eau environnante d'une manière indépendante et suivant sa propre diffusibilité. C'est entièrement l'analogue de ce qui a lieu quand des mélanges de gaz se diffusent dans l'air. Cette propriété peut servir à analyser des corps solubles en les séparant, comme la distillation désunit des substances inégalement volatiles. Ainsi les chlorures se séparent par diffusion des sulfates et des carbonates, les sels de potasse de ceux de soude. Le chlorure de sodium de l'eau de mer abandonne de même les sels de magnésie, ce qui explique les divergences d'analyse de l'eau de la Mer Morte, puisque les divers sels qu'elle contient se diffusent avec des vitesses inégales dans la couche d'eau douce dont ce lac est périodiquement recouvert.

La diffusion des liquides peut aussi être employée à des décompositions chimiques : ainsi le sulfate de potasse se sépare de l'alun.

D'autre part, un sel, tel que le nitre, se diffuse dans un autre sel, tel que le nitrate d'ammoniaque, aussi vite que dans l'eau pure. Ainsi les liquides paraissent mutuellement diffusibles, comme on sait que les gaz le sont.

Les diffusibilités des sels dans l'eau, comme celles des gaz dans l'air, paraissent liées par des relations numériques simples. Elles sont égales pour les solutions plus ou moins concentrées de carbonate de potasse, de sulfate de potasse et sulfate d'ammoniaque, et cette égalité se maintient à diverses températures. L'acétate de potasse et le ferrocyanure de potassium appartiennent au même groupe. Le nitre, le chlorate de potasse, le nitrate d'ammoniaque, le chlorure de potassium et celui d'ammonium en constituent un autre. Les *temps* dans lesquels une diffusion égale a lieu dans le premier et dans le second groupe, sont :: 1 : 1,4142 ou :: 1 : $\sqrt{2}$. Or, dans les gaz, *les carrés des temps d'égale diffusion sont comme les densités des gaz*. Ainsi, il y a cette relation entre le premier et le second groupe, que pour l'un, la diffusion moléculaire ayant une densité représentée par 2, celle de l'autre l'est par l'unité.

La comparaison des temps d'égale diffusion des sels de potasse et de soude montre qu'ils sont comme $\sqrt{2}$ : $\sqrt{3}$. L'hydrate de potasse a une diffusion double du sulfate de potasse, et quadruple du sulfate de magnésie. En faisant le carré de tous ces temps, on obtient les rapports suivants fort remarquables, entre les densités de la diffusion moléculaire de ces différents sels :

| | | | |
|---|---|---|---|
| Hydrate de potasse | 1 | Sulfate de magnésie | 16 |
| Nitrate | 2 | Nitrate de soude | 3 |
| Sulfate | 4 | Sulfate de soude | 6 |

Il faut observer, en terminant, que la solubilité est relative aux diffusions moléculaires des sels et non aux atomes de Dalton ou aux équivalents de combinaisons chimiques. Il y aura lieu à chercher la liaison de ces faits avec ceux de l'endosmose.

---

56. — SUR LA DIRECTION DES CRISTAUX ENTRE LES PÔLES D'UN AIMANT, par MM. John TYNDALL et Hermann KNOBLAUCH. (*Philos. Magaz.*, mars 1850.)

Désireux d'examiner l'une après l'autre les forces attribuées aux corps cristallisés, les auteurs se procurèrent un cube taillé dans une tourmaline, de telle sorte que l'axe optique fût dirigé parallèlement à quatre côtés du solide. Entre les pôles magnétiques cet axe se dirigea énergiquement dans la direction équatoriale, d'accord avec la loi de M. Plücker que *les axes optiques des cristaux négatifs sont repoussés*. Mais le même cristal ayant été suspendu de telle sorte que son axe optique fût *vertical*, et l'influence de cet axe ayant ainsi été *détruite*, ce fut une des diagonales de la face horizontale du cube qui prit une direction déterminée. Or, cette circonstance n'est point expliquée par la loi que nous venons de rappeler, et elle s'est montrée plus distinctement encore dans un cube de béryl et surtout dans un cube de dichroïte.

Pour étudier cette influence remarquable, on annula complétement celle de la forme en taillant des *disques* tels, que l'axe optique fût un de leurs diamètres, mais que leur plan coupât sous des angles divers les faces du cristal. Cinq disques de spath d'Islande obéirent à la loi de Plücker, tandis que six autres *dirigèrent leur axe optique axialement*. L'expérience réussit très-bien avec de minces lamelles rhomboïdales clivées. Si le cristal est de la classe chez laquelle l'axe optique est repoussé, la ligne qui partage les angles aigus du rhombe se placera axialement ; dans l'autre classe, elle se dirigera équatorialement.

Les cristaux ayant été pulvérisés pour détruire la forme cristalline, on arrosa la poussière d'eau distillée ; puis on moula la pâte en petits barreaux qu'on dessécha soigneusement. Suspendus entre les pôles, ceux de ces barreaux qui provenaient de cristaux dont les axes optiques étaient repoussés se placèrent équatorialement, les autres axialement.

On essaya ensuite les deux classes de cristaux, suivant la méthode de Faraday, en les soumettant à un seul pôle. Divers essais ont amené des auteurs à ne choisir comme ciment que de la cire blanche ordinaire, qu'il faut ne manier qu'avec des doigts propres et le moins possible, sans quoi elle devient magnétique. En suspendant de longs et minces barreaux de cristaux dans une direction telle que l'axe optique fût vertical, on trouva que ceux-là étaient attirés dont l'axe était attiré, et ceux-là repoussés dont l'axe était repoussé. Cela constaté, on choisit deux cristaux de chaque classe, parfaitement purs et transparents, et on les soumit à l'analyse chimique. Un minéralogiste exercé ne sut découvrir aucune différence appréciable entre eux. Mais l'analyse prouva que ceux dont les axes optiques étaient attirés contenaient des quantités considérables de protoxyde de fer, tandis que ceux dont les axes optiques étaient repoussés ne renfermaient aucune trace de ce corps.

On voit donc que la position des axes optiques entre les pôles aimantés est une simple fonction de la nature chimique de la substance. Si un sel de fer pouvait se substituer à quelque constituant isomorphe dans toutes les classes des cristaux diamagnétiques, il est extrêmement probable que la position de l'axe optique entre les pôles serait renversée dans le plus grand nombre des cas, sans qu'il en résultât de modification dans les propriétés optiques du cristal. Il est même probable que la nature fournit un grand nombre d'exemples de cette substitution isomorphique. S'il en est ainsi, la position de l'axe optique entre les pôles est un simple accident, et l'importance qu'on lui attache ne servirait qu'à augmenter bien inutilement les difficultés d'un problème déjà assez complexe.

Un disque circulaire de gutta percha, que sa fabrication avait rendu fibreux, se plaça entre les pôles de manière que ses fibres se dirigeaient axialement. Cette action était très-décidée. Un parallélogramme de même substance, long de trois quarts de pouce et de moitié moins large, dans lequel les fibres avaient une direction transverse, prit énergiquement la position équatoriale. Ce résultat ne fut pas modifié par l'emploi d'un nombre d'éléments de Bunsen croissant depuis un jusqu'à vingt, ni par celui d'un seul pôle magnétique.

Pour se rendre compte de ce diamagnétisme apparent de la gutta percha, bien propre à jeter du jour sur les phénomènes complexes que présentent en général les cristaux, il faut remarquer qu'il est dû à la plus grande facilité comparative avec laquelle la force magnétique peut agir dans la direction de la fibre. Cette action peut se représenter par le plus grand diamètre d'un ellipsoïde, au centre duquel serait situé le point sollicité. Les divers rayons menés de ce centre aux points de la surface du solide représenteraient l'intensité de la force magnétique suivant leur direction. On explique facilement ainsi la position équatoriale et l'obligation pour le parallélogramme de se diriger axialement lorsqu'il est suspendu par la tranche. Si la longueur du parallélogramme l'emporte de beaucoup sur la largeur, alors le long diamètre de l'ellipsoïde est vaincu par l'action combinée de nombreux diamètres plus courts et le grand axe se dirige axialement.

MM. Knoblauch et Tyndall ont réussi à obtenir des résultats analogues avec l'ivoire qui, bien que diamagnétique, peut être taillé de manière à se diriger presque axialement : sa structure dentaire influe sur le pouvoir diamagnétique dans certaines directions. En tirant parti de ces circonstances, ils ont été capables d'imiter avec la gutta percha et l'ivoire presque toutes les expériences qu'ils avaient faites avec les deux classes de cristaux.

Si on suppose que le plus petit axe d'une ellipse coïncide avec la droite formée par l'intervention de deux plans de clivage quelconques et que l'ellipse tourne autour de cet axe, elle produira un sphéroïde aplati aux pôles. Concevons que des lignes menées par le centre de ce solide, et qui se terminent à la surface, représentent la valeur de la force magnétique ou diamagnétique dans leur direction. Cette hypothèse suffira à expliquer tous les faits précédents, et en outre un grand nombre d'autres qui seront publiés plus tard.

En étendant ce principe aux intersections de trois surfaces de clivage, on obtient une résultante qui coïncide avec l'axe principal ou l'axe optique du cristal. La position de cette résultante entre les pôles ne dépendra que du magnétisme ou du diamagnétisme du cristal, et en aucune manière du fait que ce cristal est positif ou négatif, ainsi que l'affirmait M. Plücker.

Les dimensions du sphéroïde théorique varieraient sans doute d'un cristal à l'autre. Il serait renflé aux pôles dans la gutta percha, renflé à l'équateur dans le spath d'Islande, sphérique dans le fer ordinaire. De nouvelles recherches permettront de déterminer les rapports de longueur de son grand et de son petit axe.

La conclusion des remarques précédentes est qu'en essayant de rapporter à l'axe optique les faits observés par M. Faraday,

M. Plücker intervertit le vrai raisonnement. L'attraction ou la répulsion de cet axe est un résultat secondaire qui dépend, avant tout, du magnétisme ou du diamagnétisme de la substance et ensuite de la manière dont chacune de ces forces est modifiée par la structure particulière du cristal.

Le pouvoir conducteur (si l'on peut ainsi dire) du spath d'Islande, tant pour le magnétisme que pour le diamagnétisme, paraît être dans des directions perpendiculaires aux lignes de clivage. Si ces vues sont correctes, on ne peut plus regarder l'axe optique comme l'agent principal dans la production des phénomènes considérés, ni chercher l'explication de nouveaux faits dans des hypothèses sur de nouvelles forces, mais plutôt dans des modifications de celles qui sont déjà connues.                E. W.

57. — Nouvelles expériences sur l'arc voltaïque, par M. Matteucci. (*Comptes rendus de l'Acad. des Sc.*, du 25 février 1850.)

Après avoir eu l'honneur de communiquer à l'Académie quelques observations sur l'arc voltaïque, j'espère qu'on me pardonnera cette nouvelle communication sur le même sujet. Dans mes premières expériences, j'ai étudié minutieusement l'étincelle électrique obtenue avec une machine électro-magnétique; après, j'ai poursuivi l'étude de ce sujet sur un arc voltaïque obtenu avec 50 éléments de Grove. Je donnerai, dans ce mémoire, la description d'un très-grand nombre d'expériences faites pour établir : 1° la différence de température des deux pôles ; 2° la conductibilité des arcs voltaïques formés des différents métaux ; 3° les variations du poids du pôle positif et du négatif, suivant le métal dont ils sont formés, après avoir transmis le courant électrique pendant un temps donné ; 4° l'influence de la densité de l'air et de la nature du gaz dans lequel l'arc est transmis, et celle du magnétisme de la terre sur l'arc voltaïque. Je me borne, dans cet extrait très-court, à communiquer à l'Académie les résultats principaux de mes expériences.

1° La température du pôle positif est, dans tous les cas, plus élevée que celle du pôle négatif; et il est rigoureusement démontré que cette différence de température des deux pôles, formés du même métal, est d'autant plus grande que ce métal est plus mauvais conducteur de l'électricité. L'arc voltaïque ne peut jamais se former que quand on sépare les pôles qu'on avais mis en contact, parce que, de cette manière, à mesure qu'on les éloigne, la conductibilité du circuit devient toujours plus mauvaise au point du contact, et, par conséquent, l'échauffement des extrémités augmente, d'où résulte la désagrégation de leurs parties.

2° L'arc voltaïque, formé évidemment de la matière divisée qui se détache des deux pôles, matière qui est incandescente et souvent à l'état de combustion, possède une conductibilité différente, suivant les différents métaux. Cette conductibilité n'est pas proportionnelle à la conductibilité du métal dont les pôles sont formés; mais elle varie plutôt avec la quantité du métal qui disparaît dans l'expérience: et, puisque cette dernière quantité est plus grande avec les métaux mauvais conducteurs qu'avec les bons, il en résulte que la conductibilité de l'arc voltaïque est meilleure avec les premiers qu'avec les seconds. Du reste, la conductibilité de l'arc voltaïque est beaucoup plus grande qu'on ne l'aurait supposé d'abord. Ainsi, tandis que, dans un circuit tout métallique, on obtient dans 60 secondes et dans le voltamètre 46 centimètres cubes de mélange gazeux, on obtient dans le même temps des quantités du même mélange, exprimées par les nombres suivants, obtenus avec différents métaux, et en ayant dans le circuit un arc lumineux long, dans tous les cas, de 3 millimètres : cuivre 23 centimètres cubes, laiton 26 centimètres cubes, fer 27 centimètres cubes, coke 29 centimètres cubes, zinc 35 centimètres cubes, étain 45 centimètres cubes.

3° La différence de poids, dans les deux pôles, qu'on trouve, après l'expérience de l'arc voltaïque, varie principalement avec l'élévation de température, toutes les autres circonstances étant égales d'ailleurs. Pour le coke et le fer, on trouve le pôle positif constamment plus diminué en poids que le pôle négatif; la différence varie suivant la longueur de l'arc dans le rapport de 1 : 2 jusqu'à

1 : 5 pour le coke. Cette différence est moindre pour le fer. Pour
les autres métaux, tels que le zinc, le cuivre, l'étain, le plomb, le
laiton et l'or, c'est toujours le pôle négatif qui a diminué en poids
plus que le positif. Après l'expérience, prolongée toujours pendant
le même temps, et avec l'arc d'une longueur constante, on trouve
pour le fer et le coke la pointe positive rongée, et, avec les autres
métaux, ce résultat a lieu pour la pointe négative. Avec les pôles de
laiton, la pointe positive a augmenté constamment de poids. Les
deux pointes sont couvertes d'oxyde, qui est fondu sur la positive,
et à l'état de poussière sur la négative. J'ai aussi déterminé les
poids des deux pointes après avoir enlevé l'oxyde.

4° Dans l air, l'élévation de température de la substance des pôles, la conductibilité de l'arc voltaïque, et la quantité de matière qui
est détruite pendant l expérience, sont plus grandes que dans l'air
raréfié ou dans le gaz hydrogène; évidemment ces résultats sont
dus au défaut d'oxydation et au pouvoir refroidissant de l'air raréfié
et de l'hydrogène. La quantité de matière qui disparaît dans la production de l'arc voltaïque, varie suivant la position de l'arc relativement au méridien magnétique : lorsque l'arc se forme dans une
position perpendiculaire au méridien magnétique, on trouve que la
quantité de matière des pôles qui est détruite, est plus grande que
lorsque l'arc se trouve dans le plan du méridien magnétique. Ces
différences peuvent aussi se vérifier quant à la longueur et à la durée de l'arc voltaïque.

En interposant une lame métallique entre les deux pôles, qu'on
peut choisir d'un métal différent, on s'assure facilement que la matière qui se détache des deux pôles, va d'un pôle à l'autre, par les
dépôts formés sur les deux faces de la lame. Il faut, pour réussir
dans cette expérience, chauffer la lame d'avance ou l'appliquer d'a-
bord sur l'un des pôles. Pour faire des expériences de ce genre,
comparables entre elles, c'est une condition essentielle de donner
aux pointes la même forme et les mêmes dimensions. L'arc voltaïque est donc formé de matières extrêmement divisées, qui se détachent des deux pôles dont la température est très-élevée par le
passage du courant électrique, et qui s'attirent par leurs états élec-

triques contraires, comme il arrive lorsqu'on fait passer une série d'étincelles dans un liquide isolant, dans lequel se trouve répandue une poussière métallique. Les différences de perte pour les deux pôles sont dues aux différences d'oxydation, d'élévation de température, et de volatilité et de fusibilité des produits de l'oxydation.

L'arc voltaïque peut, comme l'étincelle électrique, décomposer les gaz dans lesquels il est transmis, ou les combiner. Je citerai, entre autres cas, le gaz cyanogène qui se forme avec des pointes de charbon dans l'air ou dans l'azote, et l'acide nitrique formé dans l'air avec des pointes métalliques.

---

## CHIMIE.

58. — Sur un homologue du sucre de raisin (le dulcose), par M. Aug. Laurent. (*Comptes rendus de l'Acad. des Sc.*, séance du 21 janvier 1850.)

On rencontre dans l'étude de la chimie organique plusieurs groupes de substances qui présentent entre elles des analogies de propriétés très-remarquables. Ce qui donne surtout une grande importance à cette analogie, c'est qu'elle se manifeste en général, non-seulement entre deux ou plusieurs substances isolées, mais encore entre tous les produits qui en dérivent sous l'influence des divers agents chimiques. C'est ce que l'on peut observer, par exemple, pour les acides formique, acétique, métacétique, etc., ou bien encore pour les divers corps que l'on range dans le groupe des alcools. A cette analogie de propriétés correspond presque toujours une analogie également remarquable dans la composition chimique; elle consiste en ce que les substances qui offrent cette relation ne diffèrent que par une proportion de carbone et d'hydrogène, qui peut se présenter par *n* CH. M. Gerhardt a désigné par le nom d'*homologues* les substances qui sont réunies par cette analogie de propriétés et de composition, et cette dénomination est devenue assez généralement usitée.

Les premiers exemples connus d'homologie appartenaient presque tous au groupe des alcools, ou au moins à des substances qui en dérivaient plus ou moins directement ; en sorte que l'on pouvait croire que la corrélation, que nous venons d'indiquer entre l'analogie de propriétés et l'analogie de cómposition, n'était peut-être qu'un fait accidentel, particulier aux corps qui appartiennent à ce groupe. On pouvait croire au moins que l'analogie de composition, qui est probablement une condition indispensable, se manifesterait dans d'autres cas sous une forme différente. Le mémoire de M. Laurent a pour but de montrer que, pour plusieurs substances qui n'ont aucun rapport d'origine avec les alcools, une analogie frappante des propriétés correspond encore à une différence de composition qui peut s'exprimer par $n$ CH. Il cite à ce sujet la sarcosine, la leucine et le glycocolle, matières extraites de la chair musculaire, analogues par leurs propriétés et qui, d'après les analyses qu'il en a faites avec M. Gerhardt, sont aussi homologues pour leur composition. La bile de porc renferme un acide homologue de celui qui est contenu dans la bile de bœuf. On retrouve les mêmes caractères d'homologie entre l'acide salicylique et l'acide anisique, ainsi qu'entre les nombreux produits qui dérivent de ces acides, entre les alcalis organiques du thé et du cacao, entre la mannite et l'érythromannite extraite des lichens, du moins si l'on admet la formule proposée pour cette dernière substance par M. Gerhardt.

Enfin l'auteur fait connaître un nouvel exemple d'homologie ; il lui est offert par une nouvelle espèce de sucre. Ce sucre, qui vient de Madagascar, et dont l'origine n'est pas bien connue, cristallise en prismes rhomboïdaux obliques. Il possède une légère saveur sucrée, et répand sur les charbons incandescents la même odeur que le sucre. Sa composition en fait un homologue du sucre de raisin. Privé d'eau par la fusion, il renferme $C^{14} H^{14} O^{12}$ ; en en retranchant 2 CH, il reste $C^{12} H^{12} O^{12}$, c'est-à-dire le sucre de raisin. Redissous dans l'eau, il en absorbe 3 atomes.

Comme le sucre de raisin, il joue le rôle d'un acide faible et polybasique ; car il forme avec la baryte un sel bien cristallisé, qui renferme $C^{14} H^{12} O^{10}$, 2 Ba O + 14 Aq.

L'action que l'acide nitrique exerce sur lui est intéressante. On

sait que les corps homologues de la grande série *n* CH donnent,
par les agents oxydants, les acides homologues de cette série. On
sait également que le sucre de raisin donne, par l'acide nitrique,
de l'acide saccharique, tandis que les gommes et le sucre de lait,
qui touchent de si près au sucre de raisin, donnent de l'acide mucique, isomère de l'acide saccharique. Or la nouvelle matière sucrée se transforme aussi en acide mucique sous l'influence de l'acide
nitrique.

D'après M. Biot, cette substance n'exerce pas d'action sur la
lumière polarisée, et suivant M. Soubeiran, elle n'éprouve pas la
fermentation alcoolique.

---

59. — OBSERVATIONS SUR LA SURSATURATION DES DISSOLUTIONS
SALINES (premier mémoire), par M. H. LOEWEL. (*Ibidem*,
séance du 18 février 1850.)

§ 1. Le sulfate de soude cristallisé par le refroidissement, renferme 10 atomes d'eau lorsque sa solution se refroidit avec le contact de l'air.

On sait, surtout depuis les observations de M. Gay-Lussac sur les
solutions salines, qu'une solution de sulfate de soude faite à saturation à la température où elle bout, renfermée dans un tube de verre
vide d'air, est susceptible, par le refroidissement, d'atteindre, sans
cristalliser, à un degré de concentration bien plus grand que si le
refroidissement eût eu lieu avec le contact de l'air. De sorte qu'il
y a deux degrés de saturation pour le même sel, suivant que la
solution faite à chaud est refroidie avec le contact de l'air, ou qu'elle
l'est sans ce contact.

Dans cette dernière circonstance, on peut dire que la solution est
sursaturée relativement à la première circonstance.

M. Gay-Lussac a observé que si la solution sursaturée, qui a été
refroidie sans le contact de l'air à la température ordinaire, cristallise dès qu'on lui donne ce contact, ce phénomène ne peut être attribué à la pression de l'atmosphère.

Voilà le point de départ des expériences de M. Henri Lœwel.

§ II. Il fit trois solutions de sulfate de soude à chaud ; chacune, formée de 30 grammes de sulfate et de 15 grammes d'eau, était renfermée dans des tubes scellés à la lampe :

Le tube n° 3 contenait du fil de platine ;

Le tube n° 2 des fragments de verre aigus ;

Le tube n° 1 ne renfermait que la solution.

Pendant plus de deux mois que les tubes furent exposés à des températures variant de 15 à 25 degrés, il ne se déposa rien, même par l'agitation.

La température étant descendue de 6 à 7 degrés, des cristaux se formèrent en quantité égale dans les trois tubes.

La quantité des cristaux annonçait que leurs eaux mères étaient encore à l'état de sursaturation. L'agitation n'en augmentait pas la masse.

Si la température de l'atmosphère s'élevait, l'agitation les faisait disparaître, et le retour d'une température de 7 à 8 degrés les faisait reparaître.

En rompant les tubes, décantant les eaux mères dans des capsules, on observait les deux phénomènes suivants :

1° Les *cristaux* des tubes touchés par une baguette de verre devenaient opaques dans toute leur masse, en commençant par la partie touchée : le simple contact de l'air produisait à la longue le même phénomène ;

2° Les *eaux mères décantées* dans des capsules se prenaient en masse cristalline.

Les premiers cristaux étaient du sulfate de soude à 8 atomes d'eau, ou peut-être à 7 atomes. Ce sel a été signalé par M. Faraday et par M. Ziz [1].

Les cristaux des eaux mères produits sous l'influence de l'air, étaient le sulfate de soude ordinaire à 10 atomes.

§ III. M. Lœwel a fait beaucoup d'observations sur la préparation du sulfate de soude à 8 atomes d'eau.

---

[1] Ces chimistes les avaient obtenus en laissant refroidir tranquillement des solutions concentrées bouillantes de sulfate de soude dans des vases couverts.

Ce sel cristallise en longs prismes à base rhombe ; en devenant opaque par le contact de certains corps, il s'échauffe.

Il s'est assuré que l'eau mère de ces cristaux renferme, pour une température déterminée, une quantité définie de sulfate à 8 atomes d'eau.

On avait pensé, généralement, que l'état de sursaturation des solutions salines était très-instable, puisqu'il cessait d'exister par des causes qui semblaient purement mécaniques, telles que l'agitation, le contact d'un corps solide inerte, chimiquement parlant.

Les expériences précédentes montrent que l'agitation d'une part, et d'une autre part des fragments de verre, des fils de platine, introduits dans la solution sursaturée avant le refroidissement, n'ont aucune influence sur la production des cristaux.

Le courant électrique ne détermine aucun changement dans une solution de sulfate de soude à 8 atomes d'eau.

Une solution de sulfate de soude à 8 atomes, en cristallisant, dégage de la chaleur, ainsi que M. Gay-Lussac l'a observé.

Le sulfate de soude à 8 atomes, cristallisé, en dégage pareillement lorsqu'il devient opaque, comme on l'a dit déjà.

§ IV. Une solution de sulfate de soude saturée bouillante, versée dans une capsule avec le contact de l'air, se couvre d'une pellicule de sel anhydre, et de 32 à 29 degrés, elle donne des cristaux à 10 atomes d'eau, et la pellicule disparaît peu à peu.

Si la capsule dans laquelle on verse la solution de sulfate de soude saturée bouillante est placée dans une atmosphère limitée par une cloche où l'air ne peut se renouveler que très-difficilement, par exemple une cloche de 6 à 8 litres pour une capsule renfermant 1 litre de solution, la liqueur conserve l'état de sursaturation par le refroidissement, et il ne s'y forme des cristaux qu'à une température inférieure à 12 degrés, et ces cristaux sont le sel à 8 atomes d'eau.

La solution peut rester à l'état de sursaturation pendant huit à quinze jours ; pendant qu'elle conserve cet état,

les secousses,
les vibrations,
l'agitation,

n'y déterminent aucune cristallisation ; mais si la cloche est enlevée, la liqueur se prend en masse, en donnant des cristaux à 10 atomes d'eau.

En mettant sous la cloche de la chaux anhydre à la température de 24 degrés, la solution donne des cristaux à 8 atomes d'eau.

En couvrant un ballon dans lequel on a fait une solution saturée bouillante de sulfate de soude, d'une petite capsule de verre ou de porcelaine, la liqueur reste à l'état de sursaturation.

Dans des tubes ouverts, d'un diamètre de 6 à 10 millimètres, l'état de sursaturation se maintient très-longtemps, c'est-à-dire, trois, quatre, six, huit semaines et davantage. La cristallisation commence toujours au contact de l'air.

§ V. L'agitation ne détermine pas la cristallisation du sulfate à 10 atomes d'eau ; mais une parcelle de sulfate de soude la détermine, ou le simple contact d'une baguette de verre ou de métal.

M. H. Lœwel a fait des observations très-intéressantes sur les circonstances *du contact* qui peuvent amener ou ne pas amener la cristallisation du sulfate à 10 atomes.

Une baguette de verre ou de métal qui détermine la formation du sulfate de soude à 10 atomes, quand on la plonge dans la liqueur sursaturée, perd cette propriété si elle a été préalablement chauffée de 40 à 100 degrés. Et s'il n'en était pas ainsi, pourquoi la solution sursaturée se conserverait-elle dans une capsule, dans une cloche de verre au-dessus d'une température de 8 degrés?

Une baguette de verre ou de métal, chauffée préalablement à 100 degrés, conserve la propriété de ne pas opérer la cristallisation, même après dix à quinze jours, la température variant de 0 à 20 degrés, si, après y avoir adapté un bouchon, on ferme avec celui-ci un flacon contenant de l'air, de manière que la plus grande partie de la baguette ne soit pas exposée au contact libre de l'atmosphère ; car si la baguette retirée du flacon est exposée un quart d'heure à l'air libre, elle opère la cristallisation.

On voit donc que la chaleur prive les baguettes de verre, de métal, de leur activité, tandis que le contact de l'air libre la leur rend.

Un contact de douze heures des baguettes avec l'eau, les prive aussi de leur activité qu'elles recouvrent en séchant par leur exposition à l'air libre.

L'eau ne détermine pas la cristallisation de la liqueur sursaturée. L'alcool froid la détermine, mais non l'alcool chaud.

§ VI. M. H. Lœwel est parvenu à produire des solutions sursaturées, en opérant la solution du sulfate de soude à des températures ne dépassant pas 26 degrés.

Il s'est assuré que la solution sursaturée de sulfate de soude concentrée par évaporation sur un verre préalablement privé de son activité, donne des cristaux de sel à 8 atomes d'eau.

*Il semblerait*, dit M. Lœwel, que les corps qui déterminent la cristallisation du sulfate à 10 atomes d'eau, *attireraient* les molécules cristallines, tandis que les corps passifs les *repousseraient*. Cela *indiquerait* que les parois des vaisseaux contenant une solution sursaturée, exerceraient une action qui serait antagoniste de celle de l'air.

§ VII. En définitive, sans l'action de l'air et des corps qui déterminent la cristallisation du sulfate de soude à 10 degrés, nous ne connaîtrions que le sulfate à 8 atomes d'eau ou plutôt à 7 atomes. Cette proportion d'eau paraît plus probable à M. Lœwel que la première.

§ VIII. M. H. Lœwel a constaté que le sous-carbonate de soude, l'alun potassique, l'alun de chrome, etc., présentent des phénomènes analogues ; mais ces observations seront l'objet de plusieurs mémoires.

---

## MINÉRALOGIE ET GÉOLOGIE.

60. — SUR L'APHANITE DE SAINT-BRESSON, par M. le professeur DELESSE. (Extrait des *Annales des Mines*, 4ᵐᵉ série, tome XVI, 5ᵐᵉ livraison, 1849.)

Cette roche s'observe dans la vallée de Saint-Bresson ( Haute-Saône), dans laquelle elle perce plusieurs fois le granite. Son grain est indiscernable et elle a une couleur verte un peu foncée. Quand on la fait bouillir avec un acide, elle se décolore un peu à la surface ; on y voit alors des points verts qui ont résisté à l'acide et qui doivent sans doute être rapportés à l'amphibole.

Sa densité est de 2,968. J'ai trouvé pour sa composition :

| | |
|---|---|
| Silice . . . . . . . . . . | 46,83 |
| Albumine et peroxyde de fer. | 30,33 |
| Protoxyde de manganèse . . | traces |
| Chaux . . . . . . . . . . | 9,55 |
| Magnésie (diff.) . . . . . . | 6,86 |
| Soude . . . . . . . . . . | 3,57 |
| Potasse . . . . . . . . . | 0,87 |
| Perte au feu . . . . . . . . | 1,99 |
| | 100,00 |

J'ai eu l'occasion de faire remarquer antérieurement que l'oxyde de fer est combiné d'une manière très-intime avec la silice dans certains silicates, parmi lesquels on peut surtout citer l'amphibole et l'augite[1] : il en résulte que la silice séparée par le procédé ordinaire, après fusion de ces minéraux dans un fourneau de calcination avec trois ou quatre fois leur poids de carbonate de soude, n'est pas parfaitement blanche, mais qu'elle est encore très-légèrement colorée par l'oxyde de fer : comme dans l'attaque de l'aphanite de Saint-Bresson par le carbonate de soude, la silice séparée était bien blanche, je pense qu'on doit conclure de ce fait seul que la roche n'est pas de l'amphibole compacte, comme on pourrait être tenté de le croire d'après son aspect ; c'est d'ailleurs ce qui résulte aussi de son analyse et de son mode de kaolinisation.

La même remarque me paraît applicable à la pâte des mélaphyres que j'ai analysés antérieurement ; j'ai constaté, en effet, que cette pâte donne également de la silice bien blanche. De plus, quand on met un fragment du mélaphyre de Belfahy dans l'acide chlorhydrique, il s'attaque et même il se décolore en partie, en laissant, au contraire, inattaqués les cristaux d'augite, qui se distinguent alors

[1] *Annales des Mines*, 4me série, tome XII.

très-bien de la pâte, par leur couleur noire : or, cela n'aurait pas lieu si cette pâte devait sa couleur verte à un mélange intime d'amphibole ou d'augite [1].

Quoique l'aphanite de Saint-Bresson soit pauvre en alcalis, elle n'est donc pas formée essentiellement d'amphibole qui lui donnerait seule sa couleur verte ; mais on doit la regarder comme formée surtout par une pâte feldspathique à laquelle il serait d'ailleurs difficile de donner le nom d'un minéral défini.

Derrière l'église de Saint-Bresson on peut très-bien observer la ligne de séparation de l'*aphanite* et du *granite*, on reconnaît que des phénomènes très-curieux de *métamorphisme* se sont produits dans le *granite* : en effet, à quelque distance de l'*aphanite*, le *granite* est porphyroïde et amphibolique ; il a une couleur grise ; il est formé de beaucoup d'orthose blanc grisâtre, d'un peu d'andésite verdâtre ou rougeâtre, de mica brun tombac et de quelques lamelles de hornblende noirâtre ; il n'a que peu ou point de quartz : mais à mesure qu'on se rapproche de la ligne de contact, son grain diminue et il se change en une *roche pétrosiliceuse* d'un gris sombre, dans laquelle on observe seulement les paillettes de mica, puis le mica lui-même disparaît, la couleur de la roche change et devient verte : on a alors l'*aphanite* que nous avons décrite.

J'ai trouvé pour la composition de cette roche *pétrosiliceuse* et *micacée* :

| | |
|---|---:|
| Silice . . . . . . . . . . . . . . . . | 63,80 |
| Alumine et un peu d'oxyde de fer  . . | 18,67 |
| Chaux . . . . . . . . . . . . . . | 2,25 |
| Magnésie, alcalis, eau et perte ( diff. ) . | 15,28 |
| | 100,00 |

Le granite de la Rochotte, semblable à celui de Saint-Bresson, contient d'ailleurs 68,50 de silice et seulement 1,29 de chaux.

Il résulte donc de ce qui précède qu'au contact de l'*aphanite* et du *granite* il s'est produit un *métamorphisme* qui, dans le *granite*,

[1] *Bulletin de la Société géologique*, 2me série, tome VI, p. 633.

consiste en une double modification, l'une dans sa composition *minéralogique*, l'autre dans sa composition *chimique*.

La première résulte de l'examen des deux roches sur les lieux ; il montre qu'à mesure qu'on se rapproche de l'*aphanite*, les minéraux du granite sont moins distincts, et qu'ils finissent même par disparaître, à l'exception peut-être du mica, en sorte que le *granite* passe bientôt à une roche *pétrosiliceuse*.

La deuxième résulte des analyses qui précèdent, desquelles on peut conclure qu'il s'est établi un échange mutuel entre les deux roches, tendant à répartir plus également les substances qui les composaient, et à établir entre elles une sorte d'équilibre chimique ; par suite, la pâte du *granite* s'est appauvrie en silice, et elle s'est, au contraire, enrichie en chaux et en bases se trouvant en plus grande quantité dans l'*aphanite*.

---

61. — RECHERCHES SUR LE PORPHYRE QUARTZIFÈRE, par M. DELESSE. (Extrait du *Bulletin de la Société géolog. de France*, 2ᵐᵉ série, tome VI, p. 629.)

J'ai fait l'essai de deux échantillons de porphyre quartzifère qui provenaient du Morvan, et dont je vais d'abord donner la description.

A. *Porphyre quartzifère* contenant des cristaux dodécaèdres de quartz de la grosseur d'un petit pois, des lamelles maclées d'orthose blanchâtre et un peu de mica vert foncé, répandus dans une pâte feldspathique blanchâtre ou blanc verdâtre, de *Montreuillon*, arrondissement de Château-Chinon, dans la Nièvre.

B. *Porphyre quartzifère* présentant de petits grains de quartz hyalin gris et éclatants, ayant des formes angulaires dues à une cristallisation confuse, ainsi que des lamelles d'orthose rougeâtre répandues dans une pâte feldspathique brun rougeâtre, dans laquelle il y a quelques lamelles de mica vert foncé. Je dois ce porphyre à l'obligeance de M. de Nerville, ingénieur des mines, qui l'a recueilli dans ses explorations géologiques aux environs de Saulieu (Côte-d'Or).

J'ai obtenu les résultats suivants pour la composition moyenne
de la masse de ces deux échantillons :

|  | A. | B. |
|---|---|---|
| Silice . . . . . . . . . . . . . . . . . . . . . . . . | 71,7 | 77,5 |
| Alumine . . . . . . . . . . . . . . . . . . . . . . | 15,0 | 12,9 |
| Oxyde de fer . . . . . . . . . . . . . . . . . . . | 2,9 | 2,5 |
| Oxyde de manganèse . . . . . . . . . . . . . | » | traces. |
| Chaux . . . . . . . . . . . . . . . . . . . . . . . | 0,4 | 0,4 |
| Potasse, soude et magnésie (diff.) . . . . | 8,8 | 8,9 |
| Perte au feu . . . . . . . . . . . . . . . . . . . | 1,2 | 0,8 |
|  | 100,0 | 100,0 |

Si l'on compare la composition moyenne de ces porphyres
quartzifères du Morvan à celle des porphyres des environs de
Kreutznach, de Freiberg et de Halle, qui ont été analysés par
MM. Schweizer, Kersten et Wolff [1], on trouve qu'à part les variations dans la teneur en silice, elle est à peu près la même : il
est donc facile d'énumérer les particularités que présente en général la composition chimique de la *pâte*, et de la masse du *porphyre*
*quartzifère*.

La pâte du porphyre quartzifère contient de l'*eau*, lors même
qu'elle n'est pas encore arrivée à cette phase de la décomposition
qu'on appelle la rubéfaction. C'est principalement à l'eau de la pâte
que doit être attribuée la perte au feu du porphyre; mais elle résulte cependant aussi du dégagement de l'acide carbonique d'un
peu de carbonates qui se trouvent dans la pâte. La perte au feu de
la pâte est plus grande que celle du porphyre, mais elle ne lui est
pas de beaucoup supérieure, et le plus généralement elle est égale
ou même inférieure à 1 pour 100.

Comme l'orthose est souvent abondant dans le porphyre quartzifère, et qu'il semble quelquefois que ses lamelles se fondent insensiblement dans la pâte, j'avais d'abord pensé que cette pâte pouvait être considérée comme formée de feldspath orthose imparfaitement cristallisé; mais j'ai constaté que sa teneur en *silice* est plus

[1] Rammelsberg Handwörterbuch, 1er, 2me et 3me suppléments.

grande que celle de l'orthose, car pour le porphyre des Mébertins (Haute-Saône), elle est de 68 pour 100, et M. Kersten a obtenu le même nombre en analysant la pâte du porphyre de Freiberg[1].

L'analyse du porphyre de Halle faite par M. Wolff, ainsi que celle du porphyre de Saulieu, B, dans lesquels la pâte est très-dominante, a démontré que la teneur en silice de la pâte peut d'ailleurs être supérieure à 68 pour 100 de plusieurs centièmes : d'un autre côté, en recherchant la teneur en silice d'autres porphyres granitoïdes avec orthose, même de ceux dans lesquels il n'y avait pas de quartz visible, j'ai trouvé qu'elle n'était pas inférieure à 64 pour 100. On peut donc conclure de ce qui précède, que la pâte du porphyre quartzifère n'est pas de l'orthose, que sa teneur en *silice* est au moins égale à 64 pour 100, qu'elle varie probablement dans le sens de la richesse en quartz du porphyre et qu'elle peut s'élever jusqu'à plus de 75 pour 100.

Quant à la masse même du *porphyre quartzifère*, à cause de la présence du quartz, on conçoit que sa teneur en *silice* sera supérieure à celle de la pâte ; cette teneur sera donc presque toujours élevée, même pour une roche granitique : dans le porphyre quartzifère bien caractérisé, elle varie généralement de 70 à 75 pour 100, et elle peut atteindre 80 pour 100, c'est-à-dire la teneur des granites les plus riches en silice.

Théoriquement il est possible de déterminer la proportion des minéraux constituants d'une roche d'après la composition chimique de sa masse ; la solution de cette question ne dépend que d'équations du premier degré ; mais les erreurs inévitables de l'analyse, telles que celles qui portent seulement sur les chiffres des millièmes, conduisent souvent, quand il s'agit de roches à trois ou quatre éléments, à des résultats très-inexacts et qui diffèrent beaucoup de la proportion réelle des minéraux constituants de la roche.

On peut cependant se proposer de trouver quelle est la proportion *maximum* de quartz dans un porphyre quartzifère dont la teneur en silice est connue.

---

[1] Rammelsberg Handwörterbuch; 1er supplément, p. 118.

Soient, en effet, S la teneur en silice de ce porphyre, $q$ la proportion du quartz qu'il contient, $p$ la proportion de tous les autres minéraux, S' la teneur en silice du mélange de tous les autres minéraux après qu'on en a retiré le quartz.

On aura les relations très-simples :

$$q + p = 1, \qquad\qquad 100\,q + S'\,p = S;$$

d'où

$$p = \frac{100 - S}{100 - S'}, \qquad\qquad q = \frac{S - S'}{100 - S'}$$

S est donné par l'analyse, mais il est souvent impossible de rechercher S' directement ; les valeurs de $p$ et de $q$ sont donc exprimées en fonctions d'une indéterminée S' : toutefois la valeur de $p$ va en diminuant à mesure que S' diminue, et par conséquent le minimum de $p$ ou le maximum de $q$ s'obtiendra en donnant à S' la plus petite valeur qu'il puisse avoir. Mais dans le porphyre quartzifère bien caractérisé, la teneur en silice du mélange des autres minéraux, après avoir retranché le quartz, n'est pas inférieur à 64 pour 100, car c'est la pâte ou bien l'orthose qui dominent, et il n'y a que de petites quantités de feldspath du sixième système, et surtout de mica ; la teneur en silice du mélange doit donc être à peu près égale à la teneur moyenne de la pâte et de l'orthose. Or l'analyse a démontré que la teneur en silice du porphyre quartzifère, tel que celui de Freiberg et des Mébertins, duquel on a enlevé le quartz, est encore de 68 pour 100, et qu'elle peut être supérieure ; quant à celle de l'orthose, elle n'est pas inférieure à 64 pour 100 ; on peut donc admettre 64 pour 100 pour le minimum de S', et ce minimum sera à très-peu près égal à la valeur réelle de S', lorsque le porphyre aura beaucoup d'orthose et peu de pâte, ou lorsque sa structure cristalline sera très-développée.

On trouve ainsi, que le porphyre A de Montreuillon ne contient pas plus de 22 pour 100 de quartz, et que le porphyre B de Saulieu ne peut pas en contenir plus de 38 pour 100.

Cette proportion *maximum* du *quartz* est plus petite qu'on ne serait porté à le croire d'après l'aspect de ces roches ; et pour le porphyre de Montreuillon, dont la structure cristalline est assez développée, d'après ce qui a été dit plus haut, elle diffère certainement très-peu de la proportion réelle : on aurait d'ailleurs approximativement la proportion de quartz dans le porphyre de Saulieu en donnant à S′ sa valeur présumée, qui ne doit être inférieure à S que de quelques unités, car la pâte de ce porphyre est très-dominante et sa structure cristalline est très-peu développée.

On voit, par ce qui précède, qu'un porphyre quartzifère, dans lequel il y aurait 40 pour 100 de quartz, serait un porphyre extrêmement riche en quartz, et que généralement cette roche contient une proportion de quartz beaucoup plus petite.

La teneur en *alumine* de la pâte du porphyre quartzifère est moindre que dans l'orthose, et cela a lieu aussi à plus forte raison pour le porphyre ; il en est de même, du reste, pour toutes les autres bases du porphyre, excepté toutefois pour l'oxyde de fer.

La teneur en oxyde de fer est, il est vrai, plus grande que dans les feldspaths, mais elle l'est seulement de quelques centièmes ; à cause de sa teinte rouge, le porphyre quartzifère a été rangé parmi les roches ferrifères, et cependant il ne contient le plus souvent que 2 à 3 pour 100 d'oxyde de fer, et, dans les analyses faites jusqu'à présent, on en a toujours trouvé moins de 6 pour 100.

Le porphyre quartzifère contient plus d'oxyde de fer que le granite, et à peu près autant qu'une syénite, telle que la syénite des Ballons, dans laquelle j'ai calculé qu'abstraction faite de la faible quantité qui peut se trouver à l'état de fer oxydulé [1], il y en a environ 3 pour 100.

De même que dans le granite, les bases terreuses, la *chaux* et la *magnésie* sont en très-petite quantité dans le porphyre quartzifère.

La pâte du porphyre quartzifère renferme encore des *alcalis*, ainsi qu'on pouvait le prévoir d'après sa fusibilité, car elle est fusible et elle n'est pas riche en fer. Il résulte des analyses de MM. Schweizer et Kersten, qu'il y a plus de *potasse* que de *soude*, et cela s'accorde du reste avec ce que j'ai obtenu dans l'analyse des roches granitiques ; d'après les analyses de M. Wolff, l'inverse

---

[1] *Bulletin de la Société géologique. Réunion extraordinaire à Épinal*, séance du 20 septembre 1847.

pourrait quelquefois avoir lieu, mais je pense que ce n'est qu'accidentel, et que dans le porphyre quartzifère, de même que dans
toutes les roches granitiques, il y a généralement plus de potasse
que de soude.

J'ai comparé également la teneur en alcali du porphyre quartzifère analysé ci-dessus avec celle des granites, et en particulier avec
celle des granites des Vosges; j'ai constaté ainsi qu'à égalité de
richesse en silice, le porphyre quartzifère contenait moins d'alcalis
que le granite.

Indépendamment de toute considération sur le mode de gisement,
on peut expliquer, d'après la composition chimique seulement,
pourquoi la structure cristalline ne s'est développée dans le porphyre que d'une manière incomplète; car l'oxyde de fer y est en
excès relativement à la quantité de cet oxyde qui se trouve dans le
granite, et il n'y a pas rencontré, comme dans la syénite, une quantité de chaux et de magnésie suffisante pour former de l'amphibole; d'un autre côté, la formation des feldspaths a été entravée
dans le porphyre quartzifère par une moindre teneur en alcali.

En résumant les résultats auxquels nous venons d'arriver relati-
ment à la composition chimique du *porphyre quartzifère*, nous
dirons :

Le porphyre quartzifère *bien caractérisé, et dans lequel il y a
des cristaux ou des grains de quartz, a une teneur en silice qui
est toujours égale et même souvent supérieure à celle du* granite
*riche en silice; elle varie généralement de 70 à 80 pour 100* [1].

*Il contient plus d'oxyde de fer que le granite, et comme lui seu-
lement quelques millièmes de chaux; enfin à richesse égale en silice, il renferme moins d'alcalis.*

---

[1] En recherchant la teneur en silice de quelques granites, j'ai trouvé
que celle du granite porphyroïde de Flamanville (Manche) est de 68 pour
100; celle du granite grenu et quartzeux de Ranfaing (Vosges), de 73 p[r]
100; celle de la protogine, riche en quartz, du sommet du Mont-Blanc,
de 74 p[r] 100; celle d'une pegmatite, très-riche en quartz, de la Serre
(Jura), de 78 p[r] 100. (Voir les mémoires dans lesquels ces roches sont décrites. *Annales des Mines* et *Bulletin de la Société géologique.*)

**62.** — Sur la formation de la dolomie, par M. Forchhammer. (Association britannique pour l'avancement des sciences. Birmingham, 1849.)

La craie de Faxoé est recouverte par une formation de dolomie, surmontée elle-même par un calcaire formé presque entièrement de fragments de bryozoaires appartenant à la formation crayeuse.

Ce calcaire renferme 1 pour 100 de carbonate de magnésie, provenant des coquilles et des coraux qui en contiennent toujours une petite quantité, mais qui, dans quelques circonstances, dans les isis et les serpules, s'élève jusqu'à six ou sept pour 100. Cette dolomie se présente en masses globulaires et pisolithiques, semblables à celles qui se forment dans les sources à Carlsbad ; on a trouvé également dans la craie située en dessous un grand nombre de tubulures verticales analogues à celles que les géologues anglais ont reconnues dans la craie de leur pays, et qu'ils attribuent à l'action des sources. Ainsi la dolomie de Faxoé paraît être le produit de sources ; mais il paraîtrait que le carbonate de magnésie n'était déposé par ces sources que lorsqu'il se faisait une réaction autre que le simple dégagement de l'acide carbonique, et que la dolomie se formait là où les sources contenant de l'acide carbonique étaient en contact avec l'eau de la mer.

En effet, il résulte de nombreuses expériences faites dans le but d'étudier la manière dont l'eau qui renferme des carbonates dissous par l'acide carbonique réagit sur l'eau de la mer, qu'il y a toujours une précipitation plus ou moins abondante de carbonate de magnésie avec du carbonate de chaux. Quand on n'emploie que de l'eau renfermant du carbonate de chaux, la quantité de carbonate de magnésie qui est précipitée à la température de l'eau bouillante s'élève à 12 $\frac{1}{2}$ pour 100. Il paraîtrait donc que la quantité de carbonate de magnésie qui se précipite augmente avec l'élévation de la température. L'eau qui, indépendamment du carbonate de chaux, renferme du carbonate de soude précipite une bien plus grande quantité de carbonate de magnésie. Cette quantité s'est élevée dans une expérience jusqu'à 27,93 pour 100 du précipité.

L'auteur a cherché quelle serait la nature du précipité formé
par quelques sources minérales, en les faisant réagir à la température de l'eau bouillante sur l'eau de mer, et il a obtenu avec l'eau
de Selters (Seltz) 13,45 pour 100 de carbonate de magnésie, avec
l'eau de Pyrmond 5,15 pour 100, et avec l'eau de Wildingen 7,88
pour 100 du précipité.

---

63. — RAPPORT DE M. MORLOT SUR LES NOUVELLES OBSERVA-
TIONS ET EXPÉRIENCES SUR LA DOLOMIE. (*Société des Amis des
Sciences de Vienne*, tome V, n° 3, 1849.)

Nous trouvons dans ce travail un passage qui mérite d'attirer
l'attention des géologues.

Les environs de Cilly, en Styrie, peuvent fournir quelques éclair-
cissements sur l'époque à laquelle le calcaire a été changé en dolomie.
Les dunes de ces roches calcaires en se soulevant ont déchiré une
roche schisteuse qui, d'après sa flore et sa faune, appartient à la
formation éocène, et ils n'ont pas soulevé la formation miocène dont
les couches s'appuient horizontalement sur leurs flancs. Les schistes éocènes eux-mêmes ont éprouvé un métamorphisme considérable, qui les rapproche non-seulement des tufs et du gneiss, mais
encore ils sont changés en trachite, en mélaphyre et en grunstein. Ce
changement s'est évidemment opéré entre l'époque de la formation
éocène et celle de la formation miocène, car cette dernière n'est
point altérée.

Le métamorphisme des couches éocènes paraît être en rapport
avec la dolomisation des calcaires situés immédiatement au-dessus,
et avoir eu lieu dans le même temps, et par l'effet des mêmes causes.
De même la dolomisation du calcaire alpin et ce métamorphisme
remarquable du schiste éocène (flysch?) paraît avoir eu lieu à l'é-
poque du soulèvement de ces terrains, c'est-à-dire durant le long
espace de temps qui a séparé la période éocène de la période
miocène.

64. — NOTE SUR L'EXTRACTION DE L'OR RENFERMÉ DANS LES MINES DE CUIVRE DE CHESSY ET DE SAINT-BEL (RHÔNE), par MM. ALLAIN et BARTENBACH. (*Comptes rendus de l'Acad. des Sciences*, 19 novembre 1845.)

D'après les renseignements contenus dans cette note, il paraîtrait qu'il serait possible d'extraire en moyenne, des minerais de cuivre de Chessy et de Saint-Bel deux dix millièmes d'or, et que la densité de ces minéraux étant 4, un mètre cube présenterait 800 grammes de ce métal.

65. — SUITE DES ÉTUDES SUR LA GÉOLOGIE DE LA PARTIE DES ALPES COMPRISES ENTRE LE VALAIS ET L'OISANS, par M. le professeur FOURNET. — APERÇUS HISTORIQUES ET GÉOLOGIQUES SUR LES TERRAINS SÉDIMENTAIRES ALPINS. (Annales de la Soc. d'agriculture et d'histoire naturelle de Lyon, 1849.)

Nous avons déjà rendu compte (*Archives*, juillet 1846) des heureux résultats auxquels M. Fournet était arrivé par ses ingénieuses recherches dans les Alpes. L'ouvrage que nous analysons maintenant est le commencement de l'histoire des études faites dans ces mêmes montagnes ; ce n'est point une compilation par ordre chronologique, mais un résumé des idées les plus importantes discutées à mesure qu'elles se présentent, et accompagnées de l'exposé des observations de l'auteur. Les difficultés que l'on rencontre dans l'étude géologique des Alpes sont si grandes, si variées, que la classification des formations qui n'étaient pas comprises dans le vaste groupe des terrains indéterminés a subi de nombreux et fréquents changements. Le but principal des géologues qui ont parcouru ces montagnes a été d'y constater les faits qui avaient déjà été reconnus dans d'autres pays. Leurs recherches permettent d'établir trois divisions générales dans l'histoire de la géologie des terrains des Alpes. L'auteur place dans la première les travaux faits d'après la méthode de Werner, et il signale les grandes erreurs qui s'étaient introduites dans les essais de classification faits à cette époque ;

ainsi l'on croyait à la présence du terrain de transition dans les
Alpes occidentales, et Gruner plaçait la molasse et le nagelfluhe dans
le grès bigarré. Il y avait également une grande incertitude répandue sur une portion considérable des roches alpines, pour lesquelles
les noms vagues de calcaire alpin et de calcaire des hautes montagnes jouaient un grand role. C'est cependant dans cette première
division que M. Fournet comprend les travaux de MM. de Buch,
de Saussure, de Humboldt, Freiesleben, Karsten, Escher, Reuss,
Lupin, Hausmann, Mohs, de Charpentier, Dolomieu, Brochant de
Villiers, de Thury, d'Aubuisson, etc.

La seconde période de l'histoire géologique des Alpes a été signalée par la classification anglaise des terrains de sédiment. Les
auteurs dont les ouvrages se rapportent à cette période sont :
MM. Buckland, Brongniart, Balkewell, Necker, Élie de Beaumont,
Boué, Studer, Sismonda, Gueymard, etc.; il faut en outre joindre
à cette énumération les noms de Mohs, de Charpentier, de Buch,
Hausmann, dont quelques-uns des travaux peuvent également être
compris dans la seconde division.

Cette seconde période fit faire de grands pas à la géologie alpine.
En effet, on reconnut les deux axes de soulèvement des Alpes (axe
Mont-Blanc et axe Soglio) ; et M. Élie de Beaumont développa ses
idées à ce sujet ; enfin on distingua dans les Alpes les terrains lia-
siques, jurassiques et crétacés, qui n'avaient pas été reconnus par
l'école saxonne.

La troisième division est indiquée par la *classification méditer-
ranéenne des terrains sédimentaires des Alpes,* d'après les noms
donnés par M. Boué pour désigner une certaine partie des terrains
jurassiques d'Europe. Ici M. Fournet quitte l'histoire pour passer
à l'exposé de ses propres observations et nous montre que les minerais de fer de la Voulte (Ardèche) et de Chamoison (Valais) appartiennent au terrain oxfordien. Il pense, avec M. Thiollière, que
l'oolite inférieure manque dans les Alpes, et avec M. Élie de Beaumont, que les bélemnites se trouvent dans les terrains sédimentaires
les plus anciens des Alpes occidentales ; enfin il regarde comme
probable qu'à l'époque jurassique il existait dans les Alpes un cou-

rant marin compris entre les deux axes de soulèvement. Jusqu'à présent on avait admis l'origine pélasgienne des terrains jurassiques des Alpes. M. Fournet suppose au contraire que ces terrains sont des dépôts littoraux formés par des courants, et il espère pouvoir, avec cette hypothèse, expliquer d'une manière plus satisfaisante qu'on ne l'a fait jusqu'ici, les variations que ces terrains présentent.

Dans un autre mémoire l'auteur s'occupera des terrains de transition et de trias.

---

## ANATOMIE ET PHYSIOLOGIE.

66. — Physiologie comparée de la moelle allongée, par M. Brown–Séquard. (*Société Philomatique de Paris*, 22 décembre 1849.)

M. Brown–Séquard a communiqué à la Société philomatique les résultats suivants des recherches qu'il a entreprises, et dont la pre mière partie seulement est terminée.

« Il n'est aucune partie du système nerveux qui soit considérée comme aussi essentielle à la vie que la moelle allongée. En effet, la plupart des physiologistes allemands de nos jours admettent que ce centre nerveux est la source d'où découle l'innervation excitatrice des battements du cœur. De plus, tout le monde sait, surtout depuis les travaux de M. Flourens, que la moelle allongée tient sous sa dépendance les mouvements respiratoires. Il semblait donc que l'ablation de ce centre nerveux devait amener promptement la mort, même chez les animaux à sang froid. Il n'en est pas cependant ainsi, et, dans certaines conditions favorables, les batraciens, par exemple, peuvent survivre plus de trois mois à la perte de leur moelle allongée. Pendant tout ce temps, ces animaux sont parfaitement vivants : j'ai, en effet, constaté chez eux l'existence de toutes les fonctions et de toutes les propriétés que je vais énumérer :

« 1° La circulation sanguine s'opère comme à l'état normal. Les battements du cœur, après avoir été activés, en général, pendant une demi-heure, une heure ou une heure et demie au plus, après opération, reprennent leur rhythme habituel, et on les trouve aussi réguliers et aussi vigoureux sur des grenouilles sans moelle allongée depuis quelques jours, quelques semaines, ou même un, deux ou trois mois, que chez des grenouilles intactes. Quelquefois, particulièrement lorsque l'hémorrhagie a été considérable, les battements du cœur diminuent en nombre et en énergie ; alors l'animal ne tarde guère à mourir, ou bien, s'il doit survivre, les battements de cet organe reprennent promptement leur rhythme et leur force.

« 2° Les battements des quatre cœurs lymphatiques ont lieu comme à l'état normal.

« 3° La digestion paraît se faire aussi bien et dans le même temps chez les grenouilles sans moelle allongée que chez les grenouilles intactes. Je m'en suis assuré en introduisant des morceaux de lombrics dans l'estomac de ces animaux, et en étudiant les altérations que ces aliments subissaient dans l'estomac et le reste du canal intestinal. Bien que lentes, la transformation chymeuse, l'absorption et la formation des matières fécales n'en avaient pas moins lieu.

« 4° Les produits des sécrétions gastrique et intestinale, biliaire et pancréatique étant très-utiles, sinon essentiels à la digestion, on est en droit de supposer que ces sécrétions ont lieu puisque la digestion a lieu. Je n'ai malheureusement pu faire aucune observation directe à cet égard. — La sécrétion urinaire, ainsi que la production de l'épithélium cutané et du mucus intestinal, continuent de se faire.

« 5° La respiration pulmonaire cesse, mais la respiration cutanée continue d'avoir lieu. — L'absorption des poisons par la peau et par les muqueuses a aussi lieu comme chez les grenouilles intactes.

« 6° La faculté réflexe se manifeste avec énergie, à tel point que les grenouilles sans moelle allongée peuvent, par action réflexe, soulever des poids plus considérables que les grenouilles intactes. L'existence des mouvements réflexes implique nécessairement l'existence de la faculté conductrice des nerfs à action centripète et de ceux à action centrifuge, de la contractilité musculaire, et enfin de la propriété réflexe de la moelle épinière. — Souvent on trouve, surtout chez les grenouilles rousses (R. temporaria), que la moelle épinière arrive à posséder une telle excitabilité, que des excitations mécaniques, même peu énergiques, occasionnent une raideur tétanique extrêmement puissante.

« 7° Les deux courants galvaniques que MM. Matteucci et du Bois Raymond ont reconnu être de même nature (*courant musculaire et courant propre*), non-seulement existent chez les grenouilles dépouillées de la moelle allongée, mais encore paraissent être plus énergiques que sur des grenouilles intactes.

« Après l'ablation de la moelle allongée, les grenouilles peuvent donc rester pendant très-longtemps parfaitement vivantes. Elles le sont si bien, que si on les compare à des grenouilles intactes, on les voit résister plus longtemps à l'éthérisation, et survivre davantage après l'ablation du cœur.

« Dans les meilleures conditions, pour la survie des animaux auxquels on enlève la moelle allongée, on constate les différences énormes suivant les espèces, ainsi qu'on peut le voir dans le tableau suivant, où se trouve indiquée la survie maximum pour 54 espèces.

### Amphibiens.

Salamandre crêtée, 3 mois et quelques jours.
Grenouilles vertes et rousses,   idem.
Crapauds brun et accoucheur, 4 à 5 semaines.

### Reptiles.

Tortues européenne et grecque, 9 à 10 jours.
Orvet,                6 à 7 jours.
Couleuvres lisse et à collier,   idem.
Lézards vert et brun des souches, 5 à 6 jours.
  Dito  vert piqueté,              idem.
  Dito  gris des murailles, 4 à 5 jours.

### Poissons.

Anguille,  6 jours.
Brochet, carpe, tanche, lotte, barbeau, 3 jours.
Perche, goujon, vairon, cardon et d'autres, 25 à 40 heures.

### Oiseaux.

Epervier nouveau-né (âgé d'environ 36 heures), 21 minutes.
Moineau nouveau-né (d'environ trois jours), 17 minutes

Moineau, bruant, linotte, pigeon, poule, canard, pintade, perdrix, tourterelle, poule d'eau (adultes) 2 minutes $^1/_4$ à 3 minutes.

### Mammifères

Loir hibernant, 29 heures.

Hérisson hibernant, 23 heures.

Chien nouveau-né (boule-dogue), 46 minutes.

Chat nouveau-né, 41 minutes.

Lapin nouveau-né, 34 minutes.

Cochon d'Inde tiré de la matrice 6 à 8 jours avant terme, 19 minut.

    Dito    nouveau-né, 6 minutes.

Lapin adulte,      ⎰ la température de ces animaux ⎱ 18 à 20 min.
Cochon d'Inde adulte, ⎱ était considérablem$^t$ abaissée, ⎰

Loir et hérisson éveillés, en été, 4 minutes.

Chat, lapin, cochon d'inde, chien (adultes) 3 minut. à 3 minut. $^1/_4$ [1].

« Ce tableau montre qu'après l'ablation de la moelle allongée, la survie se compte par des mois chez les batraciens, par des semaines chez certains reptiles, par des jours chez d'autres reptiles et chez les poissons, par des heures chez les mammifères non-hibernants. — L'influence des températures sur des animaux d'une même espèce n'est pas moins remarquable que celle des diversités d'espèce. Ainsi, pour n'en citer qu'un exemple, les grenouilles survivent à la perte de leur moelle allongée :

| | |
|---|---|
| à une températ. variant de+ 2 à+ 6 ou 8° C. | plus de 3 mois. |
| à une températ. variant de+ 8 à+12° C. | 6 jours 3 heures. |
| à la température      de+15° C. | 4 jours 13 h. |
| à la température      de+20° C. | 2 jours 7 h. |
| à une températ. variant de+25 à+28° C. | 6 h. |
| à une températ. variant de+32 à+36° C. | 1 h 5 min. |
| à une températ. variant de+40 à+42° C. | 4 min. $^1/_2$. |
| à une températ. variant de+45 à+46° C. | 5 m. 50 s. [2]. |

« Il ressort de là que, plus la température est élevée, moins la survie des grenouilles est considérable ; il en est de même chez tous

[1] Il n'a été fait usage de l'insufflation pulmonaire chez aucun de ces animaux, à l'exception des animaux hibernants.

[2] Ces chiffres sont les moyennes d'expériences très-multipliées.

les autres vertébrés à sang froid que nous avons nommés ci-dessus.
Quant aux animaux à sang chaud, plus leur température propre a
été abaissée, plus aussi ils survivent, en général, à la perte de la
moelle allongée.

« L'influence des saisons mérite, au moins autant que celle des
températures, d'attirer l'attention. Nous nous bornerons à donner
quelques-unes des différences dans la survie des salamandres, en
automne et au printemps, à des températures semblables :

|  | Automne. | Printemps. |
|---|---|---|
| à 45° C. | 3 minutes. | 3 min. 50 séc. de survie. |
| de 35 à 40° C. | 8 min. 47 sec. | 11 min. 25 sec. |
| de 25 à 30° C. | 9 heures 21 min. | 12 heures 2 min. |
| à 20° C. | 3 jours 5 heures. | 5 jours 4 heures. |
| de 12 à 15° C. | 8 jours 15 heures. | 11 jours 7 heures. |

« Ces expériences ont été faites en septembre 1847, en mars et
avril 1848. Je les ai répétées depuis, non-seulement sur des salamandres, mais sur beaucoup d'autres animaux, et particulièrement
les grenouilles et les lézards ; dans tous les cas j'ai constaté une
différence très-prononcée entre les résultats obtenus à la fin de septembre et ceux obtenus à la fin de mars ou au commencement d'a-
vril. La cause de ces différences est, sans doute, ainsi que l'a pensé
M. F. Edwards, au sujet de l'influence des saisons sur l'asphyxie,
dans l'action prolongée d'une basse température chez les animaux
opérés au printemps, et dans l'action prolongée d'une haute température chez ceux opérés au commencement de l'automne. »

———————

67. — Sur le siège de la sensibilité et sur la valeur des
cris comme preuve de perception de la douleur, par
M Brown-Sequard ( *Comptes rendus de l'Acad. des Sc.*,
3 décembre 1849.)

M. Flourens admet que les hémisphères cérébraux sont le siège
de la volonté et des perceptions, MM. Bouillaud et Longet prétendent, au contraire, que l'animal peut percevoir des sensations par

la moelle allongée, se fondant sur ceci, que si l'on enlève toute la
masse encéphalique d'un animal, en lui laissant toutefois la moelle
allongée, il poussera des cris et s'agitera violemment sous l'influence
d'irritations extérieures. M. Brown-Sequard ne croit pas que la
conclusion de ces illustres physiologistes soit exacte, et que les cris
soient la preuve certaine d'une perception. En effet, qu'est-ce qu'un
cri si ce n'est la vibration des cordes vocales sous une rapide expi-
ration ; or, il suffit que sur un mouvement réflexe de contractions
musculaires il y ait à la fois contraction des musculaires expirateurs
et des tenseurs de la glotte, pour qu'il y ait production de cris, sans
cependant qu'il y ait perception de douleurs. La moelle allongée
ainsi que la protubérance annulaire seraient donc bien le siége de la
contractibilité, mais non celui de la perception.

— — ———

68. — Recherches faites a l'aide du galvanisme sur l'état
    de la contractilité et de la sensibilité électro-muscu-
    laire dans les paralysies des membres supérieurs , par
    M. Duchenne. ( *Comptes rendus de l'Acad. des Sc.* , 3 dé-
    cembre 1849.)

Voici les principales conclusions auxquelles est arrivé M. Du-
chenne dans son mémoire.

Si l'on étudie les paralysies du membre supérieur au point de vue
de la contraction et de la sensation qu'il est possible d'y développer
sous l'influence de la galvanisation, on voit qu'on peut les diviser en
deux classes. Dans la première, la contractibilité et la sensibilité
électro-musculaire sont ou diminuées, ou abolies, c'est ce qui a
lieu dans les paralysies saturnines et dans les paralysies non saturnines, avec ou sans lésion appréciable. Dans la seconde, la contractibilité électro-musculaire est, ou normale, ou augmentée, ou diminuée, quelquefois même abolie; quant à la sensibilité électro-musculaire, elle reste normale.

70. — Des causes du goître, par M. Grange. (*Comptes rendus
de l'Acad. des Sc.*, 10 décembre 1849.)

Voici quelles sont les conclusions auxquelles est arrivé M. Grange,
après de nombreuses observations sur les diverses localités où le goître est très-répandu.

Le goître peut se développer dans toutes les contrées et dans tous
les lieux habités par l'homme, sauf vers le bord de la mer, et son
développement est indépendant de la pauvreté, de la malpropreté et
de l'hérédité, qui ne sont que des causes accessoires, pouvant seulement accélérer ou faciliter cette infirmité.

Le goître et le crétinisme ont de tels rapports entre eux, qu'ils
doivent être attribués à la même cause.

La cause du développement du corps thyroïde réside essentiellement dans les eaux potables, imprégnées de magnésie, aussi, le goître n'existe-t-il et n'apparaît-il qu'au-dessous et dans l'intérieur
des terrains magnésiens, sur les calcaires crétacés et les terrains
jurassiques supérieurs, il est complétement inconnu, même au milieu des pays ravagés par cette affection.

Enfin, le meilleur remède et préservatif contre cette infirmité est
l'usage du sel ordinaire ioduré à la dose de $^1/_{10000}$.

71.—Note sur deux monstres doubles parasitaires du genre
céphalomèle, par Isid. Geoffroy Saint-Hilaire. (*Comptes
rendus de l'Acad. des Sc.*, 17 décembre 1849.)

Un des faits les mieux constants dans la science, est la constance
de certaines formes et de certains types chez les êtres même les plus
anormaux, tels que les monstres, par exemple. Aussi, depuis la
création des 80 genres de monstres établis par M. G. Saint-Hilaire,
dans son ouvrage des anomalies, depuis bien des années, tous les
monstres étudiés se sont trouvés rentrer dans l'une de ces divisions.
M. Joly seul a eu l'occasion de créer deux genres nouveaux très-
voisins, du reste, de ceux qui étaient déjà connus.

Le genre céphalomèle, qui appartient à la famille des monstres doubles polyméliens ( ordre des monstres doubles parasitaires) n'avait été établi que sur un seul type connu, celui d'un canard qui portait sur sa tête une patte très-petite, mal faite mais très–reconnaissable ; depuis, une seule monstruosité semblable avait été signalée en 1831, par M. Tiedmann. Le musée de Paris a reçu dernièrement deux monstres semblables ; ce qu'il y a de curieux, c'est que ces quatre cas de céphalomélie ont été fournis par des canards ; c'est donc un fait de plus qui vient confirmer ce principe déjà établi par d'autres faits : que certains types zoologiques ont une tendance ( difficile du reste à expliquer, si ce n'est impossible dans certains cas tels que celui-ci, par exemple), à produire certaines formes anormales, plutôt que d'autres.

---

71. — DE L'APPAREIL CIRCULATOIRE ET DES ORGANES DE LA RES-
PIRATION DANS LES ARACHNIDES, par M. Emile BLANCHARD.
(*Comptes rendus de l'Acad. des Sc.*, 28 janvier 1850.)

M. Blanchard expose lui-même comme suit les principaux résultats de ses travaux :

« En recherchant, chez diverses arachnides, la disposition de l'appareil circulatoire, qui est demeuré presque entièrement inconnu jusqu'à présent, je me suis proposé surtout l'étude de l'une des questions les plus importantes de la physiologie animale. Je me suis proposé d'examiner les relations de l'appareil circulatoire avec les organes de la respiration, et les coïncidences qui existent dans la dégradation de ces deux appareils.

« Sous le rapport de leurs organes respiratoires, les arachnides nous montrent les modifications les plus curieuses. Chez les types les plus parfaits de cette classe, les organes de la respiration sont localisés : ce sont des sacs pulmonaires. Chez d'autres types du même groupe, ces organes sont diffus : ce sont des trachées. Chez d'autres encore, nous avons en même temps des poumons et des trachées, et l'on pourrait dire des poumons ramifiés. Nous pouvons donc reconnaître ici comment un sac pulmonaire se modifiant devient une trachée. Et ce qui n'a pas moins d'importance, nous pouvons suivre, degré par degré, les modifications correspondantes du système vasculaire.

« Dans les aranéides ou arachnides fileuses, chez lesquelles les organes de la respiration consistent en de petits sacs pulmonaires (*Epeira diadema*, *Tegeneria domestica*, etc.), le cœur est d'un volume assez considérable. L'aorte, qui naît de sa portion antérieure, donne deux artères stomacales, fournissant une branche à chacun des *diverticulum* de l'estomac. Mais les deux troncs les plus puissants se portent à la partie inférieure du thorax, et fournissent presque dès leur origine, les artères ophtalmiques qui passent au-dessus de l'estomac. Les deux gros troncs passent au-dessous de la région stomacale, et envoient une artère aux pattes, aux grands palpes et aux glandes vénénifiques.

« Comme chez tous les animaux où les veines manquent, le sang qui a été nourrir les organes se perd dans les lacunes, dans tous les espaces interorganiques, et c'est par cette voie qu'il vient s'introduire dans les organes de la respiration, c'est-à-dire dans l'épaisseur des feuillets dont sont formés les sacs pulmonaires des aranéides. Le sang qui a respiré est repris par un système de vaisseaux efférents qui le ramènent au cœur. Ces vaisseaux, analogues aux vaisseaux branchio-cardiaques des mollusques et des canaux branchio-cardiaques des crustacés, avaient déjà été vus incomplétement par Treviranus et par Dugès, mais ces naturalistes n'en avaient pas compris le rôle physiologique.

« Chez les aranéides, où il existe à la fois des poumons et des trachées (*Dysdera* et *Segestria*), le système artériel ressemble encore à celui des aranéides essentiellement pulmonaires, mais il devient plus simple; ses ramifications sont moindres, et les vaisseaux *pulmono-cardiaques* se dégradent sensiblement.

« Chez les arachnides trachéennes (les *Phalangium*), le système artériel devient rudimentaire. Néanmoins, bien que les organes respiratoires soient très-semblables à ceux des insectes, l'appareil vasculaire est moins dégradé que dans ce type.

« Chez ces diverses arachnides, j'ai réussi à injecter tout le sys-

tème circulatoire, en introduisant le liquide coloré, soit par le cœur,
soit par les lacunes, et, dans tous les cas, l'espace intermembranulaire des trachées s'est rempli aussi bien que l'épaisseur des feuillets
pulmonaires dans les espèces dont les organes de la respiration sont
localisés.

  « Les résultats fournis par l'observation de ces faits sont évidents.
Si les organes respiratoires sont localisés, le système vasculaire atteint un haut degré de complication. Si les organes respiratoires
sont en partie localisés, en partie diffus, le système vasculaire offre
encore un certain degré de·complication, mais un degré inférieur.
Si les organes respiratoires sont entièrement diffus, le système vasculaire devient extrêmement simple. Dans ce cas, l'espace intermembranulaire des tubes respiratoires remplit l'office de vaisseaux
nourriciers  C'est, en réalité, une dégradation d'une nature assez
ordinaire dans le règne animal. Quand les instruments spéciaux
manquent pour une fonction physiologique, la fonction s'exécute à
l'aide d'instruments d'emprunt.

  « J'ai dû examiner les relations de l'appareil circulatoire avec les
organes de la respiration chez les arachnides pourvues, soit de trachées, soit de poumons. Dans les animaux supérieurs, les organes
respiratoires localisés dans une partie du corps, sont parcourus par
le sang qui vient s'y infiltrer de toutes parts. Dans les types moins
élevés en organisation, les organes respiratoires peuvent se réduire
à de simples prolongements cutanés, à de simples expansions des
appendices du thorax et de l'abdomen, et le sang vient encore s'y
infiltrer. Dans les types inférieurs, là où la peau seule remplit le
rôle d'organe respiratoire, les réseaux vasculaires sous-cutanés
prennent un développement remarquable. Les organes respiratoires,
en un mot, se montrent partout comme une dépendance de l'appareil de la circulation. Ces organes sont disséminés dans toutes les
parties du corps, chez les insectes et chez un assez grand nombre
d'arachnides; mais s'il y a là une modification anatomique remarquable, la loi physiologique cessera-t-elle d'être ce que nous la
voyons partout ailleurs? Les organes respiratoires cesseront-ils
d'être une dépendance de l'appareil de la circulation? Le sang ne
viendra-t-il plus s'infiltrer dans ces organes?

« Des expériences qui m'avaient déjà paru complétement décisives, montraient que l'exception admise pendant longtemps n'existait pas. L'organisation des arachnides vient corroborer entièrement les faits que j'ai annoncés dans un précédent travail. Le sang pénètre dans l'épaisseur des parois des sacs pulmonaires des arachnides : ces parois présentent, entre les membranes qui les constituent, un intervalle que le liquide nourricier vient remplir. Il n'y a pas de vaisseaux, mais une simple lacune creusée dans chacun des feuillets pulmonaires. Dans les arachnides, où des tubes respiratoires existent concurremment avec des poumons, il y a, comme Dugès l'a observé, une structure particulière dans une portion des trachées ; à leur origine, ce sont deux petits sacs à parois assez résistantes, qui se continuent ensuite sous la forme de tubes grêles. Enfin, si l'on n'y reconnaît pas la structure du poumon, on y reconnaît une structure intermédiaire entre celle du poumon et de la trachée. Les parois de ces organes ont assez d'épaisseur pour qu'on puisse séparer les membranes dont elles sont formées, et si une injection y a pénétré, il est facile de retrouver le liquide coloré. Cet exemple est le plus frappant pour montrer comment le sang et les liquides injectés pénètrent entre les membranes trachéennes. Du reste, dans l'opinion de ceux qui se refusent à admettre ce passage, il y aurait un point remarquable : chez deux arachnides extrêmement voisines l'une de l'autre par presque tous les détails de leur organisation, les relations physiologiques de l'appareil circulatoire avec les organes de la respiration seraient interverties. Chez l'araignée domestique, chez l'épeire, le sang irait chercher l'air ; chez la ségestrie, dont l'organisation diffère si peu de celle des espèces précédentes, l'air, au contraire, irait chercher le sang. Faire un tel rapprochement, c'est dire assez la valeur d'une semblable thèse.

« Il reste à voir quelle est la dégradation naturelle de l'appareil circulatoire dans ses rapports avec les organes de la respiration. Déjà, chez les batraciens, d'après les observations de plusieurs anatomistes, la circulation pulmonaire devient lacuneuse sur quelques points ; la dégradation ou même la disparition des veines que l'on observe chez certains vertébrés et chez la plupart des invertébrés,

se manifestent également à l'égard des vaisseaux pulmonaires. Les
lacunes remplacent les vaisseaux. Dans les aranéides, le sang arrive
aux poumons par les lacunes de toutes les parties du corps, et il péné-
tre dans l'épaisseur des parois pulmonaires, sans être contenu dans
des vaisseaux. L'espace compris entre les membranes qui constituent
les feuillets pulmonaires, est donc une véritable lacune : c'est la
continuation du système lacunaire général. Dans les arachnides
pulmono-trachéennes, nous voyons les poumons s'allonger et prendre la forme de trachées, et le sang s'infiltrer de la même manière
dans l'épaisseur des parois de ces organes, de ces poumons-tra-
chées. Dans les arachnides où il n'y a plus que de véritables trachées, comme dans les insectes, le sang s'infiltre toujours entre les
membranes des corps respiratoires, et dans ces trachées, comme
dans les poumons, le sac ou le tube qui contient l'air demeure constamment entouré par le sang. Chez les animaux supérieurs, il y a
des vaisseaux pulmonaires ; chez les animaux inférieures, il y a
très-ordinairement des lacunes pulmonaires ou trachéennes. C'est
en cela que consiste la plus grande différence.

« De toutes mes observations faites précédemment sur les insectes,
et de mes observations actuelles sur les arachnides, je crois plus
que jamais pouvoir conclure : Que le sang vient toujours s'infiltrer
dans l'épaisseur des organes respiratoires ; qu'il s'y infiltre, tantôt
contenu dans de véritables vaisseaux, tantôt en partie contenu dans
des vaisseaux, et en partie répandu dans des lacunes, tantôt complétement répandu dans une lacune générale, c'est-à-dire dans la
périphérie des organes de la respiration. Plus que jamais, après
avoir étudié sérieusement les arachnides, je puis dire : L'appareil
circulatoire et l'appareil respiratoire sont intimement unis l'un à
l'autre, sont complétement dépendants l'un de l'autre, et il n'y a
pas d'exception, comme on l'avait supposé. Dans tous les animaux,
règne sous ce rapport la plus admirable uniformité. »

# OBSERVATIONS MÉTÉOROLOGIQUES ET MAGNÉTIQUES

## FAITES A L'OBSERVATOIRE DE GENÈVE

SOUS LA DIRECTION DE M. LE PROFESSEUR E. PLANTAMOUR

PENDANT LE MOIS DE FÉVRIER 1850.

————————

Le 3, gelée blanche.

» 5, gelée blanche; halo solaire à plusieurs reprises dans la matinée.

» 9, halo solaire à plusieurs reprises dans la journée.

» 11, gelée blanche; faible halo solaire à 3 h.

» 12, à 9 h. du soir, éclairs à l'Est.

» 14, halo solaire à midi.

» 17, couronne lunaire à 8 h. du soir.

» 19, gelée blanche.

» 20, forte gelée blanche; de 8 h. à 10 h. du soir, halo lunaire.

» 21, halo solaire à plusieurs reprises dans la matinée.

» 24, gelée blanche; à 9 h. du matin, halo solaire; la partie supérieure du halo à rayon double était également visible, et on voyait en outre un arc tangent au halo ordinaire sur le vertical du soleil, et tournant sa concavité vers le zénith. De 2 h. à 4 h. 3/4 le halo ordinaire était encore visible; on apercevait également un cercle parhélique sur une étendue de 7° environ de part et autre du halo; les points de rencontre du halo avec ce cercle étaient plus brillants que le reste de la circonférence, de manière à former des parhélies mal définis.

» 25, forte gelée blanche.

» 26, gelée blanche.

» 28, gelée blanche.

| | | | | | pouces. |
|---|---|---|---|---|---|
| 0,72 | 0,82 | | S. | 0,99 | 25,5 |
| 0,92 | 0,84 | | NNE. 1 | | 24,0 |
| 0,70 | 0,80 | | | | 27,5 |
| 0,91 | 0,81 | | | | 30,0 |
| | | | | | 30,5 |
| 0,89 | 0,67 | 0,70 | SO. 1 | 0,86 | 26,0 |
| 0,60 | 0,42 | 0,95 | NNE. 2 | 0,36 | 29,5 |
| 0,50 | 0,74 | | NNO. 1 | 0,38 | 30,0 |
| 0,69 | 0,61 | | N. 1 | 0,15 | 30,0 |
| 0,75 | 0,78 | | N. 1 | 0,09 | 30,7 |
| 0,48 | 0,47 | 0,72 | SSO. 1 | 0,45 | 29,0 |
| 0,55 | 0,51 | 0,73 | SSO. 1 | 0,42 | 28,0 |
| 0,70 | 0,68 | 0,73 | N. 1 | 0,00 | 28,5 |
| 0,80 | 0,77 | 0,90 | variab. | 0,19 | 28,0 |
| 0,57 | 0,63 | 0,67 | variab. | 0,00 | 28,0 |
| 0,71 | 0,80 | 0,91 | variab. | 0,07 | 27,0 |
| 0,64 | 0,58 | 0,77 | variab. | 0,05 | 27,0 |
| 0,56 | 0,46 | 0,70 | variab. | 0,19 | 27,0 |

## Moyennes du mois de Février 1850.

| | 6h. m. | 8h. m. | 10h. m. | Midi. | 2h. s. | 4h. s. | 6h. s. | 8h. s. | 10h. s. |
|---|---|---|---|---|---|---|---|---|---|

### Baromètre.

| | mm | mm | mm | mm | mm | mm | mm | mm | mm |
|---|---|---|---|---|---|---|---|---|---|
| cade, | 725,97 | 726,64 | 727,26 | 727,20 | 726,83 | 727,00 | 727,49 | 727,68 | 727,41 |
| » | 732,32 | 732,69 | 732,60 | 732,21 | 731,43 | 731,36 | 731,66 | 732,01 | 732,28 |
| » | 734,78 | 735,12 | 735,20 | 734,76 | 734,00 | 733,43 | 734,05 | 734,42 | 734,70 |
| is... | 730,76 | 731,22 | 731,44 | 731,15 | 730,52 | 730,50 | 730,85 | 731,15 | 731,23 |

### Température.

| | ° | ° | ° | ° | ° | ° | ° | ° | ° |
|---|---|---|---|---|---|---|---|---|---|
| cade, | + 2,93 | + 2,97 | + 4,37 | + 6,03 | + 6,43 | + 6,02 | + 4,97 | + 4,66 | + 4,19 |
| » | + 1,01 | + 1,07 | + 3,93 | + 5,38 | + 6,52 | + 5,95 | + 4,84 | + 3,64 | + 2,88 |
| » | + 0,67 | + 1,30 | + 5,99 | + 7,54 | + 9,52 | + 9,06 | + 7,65 | + 5,34 | + 3,11 |
| ... | + 1,60 | + 1,81 | + 4,68 | + 6,23 | + 7,35 | + 6,86 | + 5,69 | + 4,49 | + 3,41 |

### Tension de la vapeur.

| | mm | mm | mm | mm | mm | mm | mm | mm | mm |
|---|---|---|---|---|---|---|---|---|---|
| ade, | 5,09 | 5,05 | 5,32 | 5,46 | 5,12 | 4,95 | 4,94 | 4,82 | 4,78 |
| » | 4,07 | 4,21 | 4,62 | 4,86 | 4,86 | 4,92 | 4,92 | 4,67 | 4,57 |
| » | 4,54 | 4,67 | 5,15 | 5,03 | 5,11 | 5,19 | 5,27 | 5,04 | 4,85 |
| s.... | 4,57 | 4,64 | 5,02 | 5,12 | 5,02 | 5,10 | 5,03 | 4,83 | 4,73 |

### Fraction de saturation.

| | | | | | | | | | |
|---|---|---|---|---|---|---|---|---|---|
| e, | 0,89 | 0,87 | 0,84 | 0,78 | 0,71 | 0,70 | 0,75 | 0,76 | 0,78 |
| » | 0,83 | 0,85 | 0,76 | 0,72 | 0,67 | 0,71 | 0,76 | 0,78 | 0,81 |
| » | 0,94 | 0,93 | 0,73 | 0,62 | 0,59 | 0,61 | 0,68 | 0,76 | 0,84 |
| .... | 0,88 | 0,88 | 0,79 | 0,72 | 0,66 | 0,68 | 0,73 | 0,77 | 0,81 |

| | Therm. min. | Therm. max. | Clarté moy. du Ciel. | Eau de pluie ou de neige. | Limnimètre. |
|---|---|---|---|---|---|
| | ° | ° | | mm | " |
| cade, | + 0,75 | + 8,11 | 0,78 | 17,3 | 29,8 |
| » | - 0,53 | + 8,44 | 0,56 | 6,2 | 28,9 |
| » | - 1,00 | +10,87 · | 0,17 | 0,0 | 27,8 |
| s.... | - 0,21 | + 9,02 | 0,53 | 23,5 | 28,9 |

ans ce mois, l'air a été calme 11 fois sur 100.
e rapport des vents du NE à ceux du SO a été celui de 0,50 à 1,00.
a direction de la résultante de tous les vents observés est S. 57°,4 O. et son intensité
le à 33 sur 100.

# OBSERVATIONS MAGNÉTIQUES

## FAITES A GENÈVE EN FÉVRIER 1850.

| | DÉCLINAISON ABSOLUE. | | VARIATIONS DE L'INTENSITÉ HORIZONTALE exprimées en $^1/_{100000}$ de l'intensité horizontale absolue. | |
|---|---|---|---|---|
| Jours. | 7$^h$45$^m$ du mat. | 1$^h$45$^m$ du soir. | 7$^h$45$^m$ du matin. | 1$^h$45$^m$ du soir. |
| 1 | 18°15',91 | 18°24',32 | | |
| 2 | 17,95 | 29,49 | | |
| 3 | 18,13 | (33,77) * | | |
| 4 | 13,50 | 23,17 | | |
| 5 | 15,66 | 23,76 | | |
| 6 | 14,97 | 24,02 | | |
| 7 | 15,03 | 23,17 | | |
| 8 | 14,62 | 22,23 | | |
| 9 | 13,53 | 21,93 | | |
| 10 | 13,94 | 19,87 | | |
| 11 | 14,73 | 21,20 | | |
| 12 | 14,62 | 21,08 | | |
| 13 | 14,54 | 20,34 | | |
| 14 | 14,23 | 24,76 | | |
| 15 | 13,90 | 23,33 | | |
| 16 | 14,15 | 22,03 | | |
| 17 | 15,31 | 22,97 | | |
| 18 | 13,18 | 20,09 | | |
| 19 | 16,29 | 21,48 | | |
| 20 | 14,48 | 21,87 | | |
| 21 | 13,86 | 20,30 | | |
| 22 | 15,42 | 20,22 | | |
| 23 | 11,74 | 19,18 | | |
| 24 | 15,69 | 20,94 | | |
| 25 | 16,01 | 21,53 | | |
| 26 | 14,70 | 23,18 | | |
| 27 | 14,33 | 24,00 | | |
| 28 | 14,23 | 21,79 | | |
| Moyennes | 18°14',81 | 18°22',31 | | |

* L'observation du 3, à 1 h. a été exclue dans le calcul de la moyenne.

# TABLEAU

## DES

## OBSERVATIONS MÉTÉOROLOGIQUES

### FAITES AU SAINT-BERNARD

#### PENDANT LE MOIS DE FÉVRIER 1850.

————◆————

Moyennes des hauteurs du baromètre et des températures observées à
6 h. et à 8 h. du matin, et à 6 h. et à 8 h. du soir :

| | 6 h. du matin. | | 8 h. du matin. | | 6 h. du soir. | | 8 h. du soir. | |
|---|---|---|---|---|---|---|---|---|
| | *Barom.* | *Temp.* | *Barom.* | *Temp.* | *Barom.* | *Temp.* | *Barom.* | *Temp* |
| | mm | o | mm | • | mm | • | mm | o |
| 1re déc. | 560,52 | – 8,30 ; | 560,28 | – 7,61 ; | 561,44 | – 7,96 ; | 561,61 | – 8,22. |
| 2e » | 565,49 | – 8,30 ; | 565,91 | – 7,86 ; | 565,53 | – 6,41 ; | 565,51 | – 6,43. |
| 3e » | 569,90 | – 2,47 ; | 570,10 | – 1,66 ; | 570,19 | – 2,15 ; | 570,32 | – 2,56. |
| Mois, | 564,98 | – 6,64 ; | 565,10 | – 6,00 ; | 565,40 | – 5,75 ; | 565,50 | – 5,96. |

r **1850.** — Observations météorologiques faites à l'H 2084 au-dessus de l'Observatoire de Genève ;

| BAROMÈTRE RÉDUIT A 0°. | | TEMPÉRAT. EXTÉRIEURE EN DEGRÉS CENTIGRADES. | | | | TEM EXTR |
|---|---|---|---|---|---|---|
| Midi. | 3 h. du soir. | 9 h. du matin. | Midi. | 3 h. du soir. | 9 h. du soir. | Minim. |
| millim. | millim. | | | | | |
| 567,71 | 567,71 | − 4,3 | − 2,0 | − 2,3 | − 2,5 | − 9,0 |
| 568,79 | 568,47 | − 1,5 | − 1,4 | − 1,2 | − 2,8 | − 4,2 |
| 566,69 | 566,15 | − 1,0 | + 2,5 | + 2,0 | − 3,2 | − 4,0 |
| 563,01 | 562,64 | − 4,6 | − 4,5 | − 6,2 | −10,9 | −11,8 |
| 559,05 | 558,30 | −10,2 | − 7,5 | − 7,0 | −12,8 | −13,5 |
| 547,82 | 546,26 | − 7,0 | −11,0 | −11,4 | −13,0 | −14,0 |
| 547,68 | 548,52 | −15,0 | −15,3 | −15,9 | −14,8 | −16,8 |
| 558,26 | 561,05 | −12,8 | −12,1 | −11,0 | − 7.0 | −15,5 |
| 565,78 | 565,27 | − 1,5 | + 3,6 | + 1,2 | − 3,5 | − 8,7 |
| 563,64 | 563,84 | − 7,7 | −10,3 | −11,5 | −12,5 | −13,0 |
| 565,00 | 564,64 | − 9,7 | − 2,2 | − 3,0 | − 4,0 | −14,0 |
| 558,43 | 557,03 | − 5,0 | − 2,9 | − 3,0 | −10,6 | −10,8 |
| 553,10 | 554,53 | −13,5 | −13,5 | −14,8 | −16,3 | −16,9 |
| 566,90 | 566,06 | −16,2 | −13,3 | −10,4 | − 8,9 | −18,0 |
| 567,88 | 567,69 | − 4,6 | − 2,5 | − 3,0 | − 4,0 | −10,0 |
| 567,70 | 566,64 | − 2,5 | + 1,1 | − 2,2 | − 6,6 | − 7,2 |
| 567,46 | 567,36 | −11,8 | −10,5 | −10,2 | − 6,0 | −13,8 |
| 569,58 | 569,08 | − 9,0 | − 2,5 | − 1,3 | − 3,8 | −11,0 |
| 570,88 | 570,66 | − 2,1 | 0,0 | + 0,8 | − 1,0 | − 5,4 |
| 571,75 | 570,76 | + 0,9 | + 3,5 | + 3,0 | − 1,1 | − 3,1 |
| 571,23 | 570,81 | − 1,5 | 0,0 | − 0,8 | − 4,0 | − 5,2 |
| 567,89 | 567,01 | − 3,5 | − 2,2 | − 3,0 | − 6,8 | − 7,2 |
| 568,09 | 568,16 | − 5,0 | − 1,5 | + 1,3 | − 0,2 | − 8,5 |
| 569,46 | 569,23 | + 0,8 | + 1,5 | + 0,8 | − 0,4 | − 2,7 |
| 571,62 | 571,70 | + 0,8 | + 2,8 | + 1,8 | − 1,1 | − 4,0 |
| 573,13 | 573,20 | − 1,5 | + 0,8 | + 1,2 | − 1,9 | − 4,8 |
| 571,98 | 571,38 | + 1,2 | + 4,7 | + 3,0 | − 2,5 | − 5,0 |
| 569,37 | 569,08 | − 0,5 | + 4,3 | + 1,9 | − 2,5 | − 4,6 |
| 560,84 | 560,81 | − 6,56 | − 5,80 | − 6,33 | − 8,30 | −11,05 |
| 565,87 | 565,44 | − 7,35 | − 4,28 | − 4,41 | − 6,23 | −11,02 |
| 570,35 | 570,07 | − 1,15 | + 1,04 | + 0,77 | − 2,42 | − 5,25 |
| 565,35 | 565,14 | − 5,30 | − 3,23 | − 3,61 | − 5,88 | − 9,38 |

rnard, à 2491 mètres au-dessus du niveau de la mer, et
't. à l'E. de Paris 4° 44' 30''.

| VENTS. Les chiffres 0, 1, 2, 3 indiquent un vent insensible, léger, fort ou violent. | | | ÉTAT DU CIEL. Les chiffres indiquent la fraction décimale du firmament couverte par les nuages. | | | |
|---|---|---|---|---|---|---|
| Midi. | 3 h. du soir. | 9 h. du soir. | 9 h. du matin. | Midi. | 3 h. du soir. | 9 h. du soir. |
| NE, 1 | NE, 1 | NE, 0 | neige 1,0 | neige 1,0 | neige 1,0 | nuag. 0,6 |
| NE, 2 | NE, 2 | NE, 1 | neige 1,0 | neige 1,0 | brou. 1,0 | clair 0,0 |
| NE, 0 | NE, 0 | NE, 0 | clair 0,1 | clair 0,0 | nuag. 0,3 | clair 0,0 |
| NE, 1 | NE, 1 | NE, 1 | couv. 0,8 | brou. 1,0 | brou. 1,0 | clair 0,0 |
| SO, 0 | SO, 0 | SO, 0 | nuag. 0,5 | nuag. 0,5 | clair 0,0 | clair 0,0 |
| NE, 2 | NE, 3 | NE, 3 | neige 1,0 | neige 1,0 | neige 1,0 | neige 1,0 |
| NE, 3 | NE, 3 | NE, 3 | brou. 1,0 | brou. 1,0 | brou. 1,0 | brou. 1,0 |
| NE, 3 | NE, 2 | SO, 1 | brou. 1,0 | brou. 1,0 | neige 1,0 | nuag. 0,4 |
| NE, 0 | SO, 0 | SO, 0 | clair 0,0 | clair 0,0 | nuag. 0,5 | clair 0,1 |
| NE, 2 | NE, 3 | NE, 2 | neige 1,0 | brou. 1,0 | brou. 1,0 | couv. 1,0 |
| NE, 1 | SO, 0 | SO, 0 | clair 0,1 | nuag. 0,5 | couv. 0,8 | couv. 1,0 |
| SO, 1 | SO, 1 | NE, 2 | neige 1,0 | neige 1,0 | neige 1,0 | neige 1,0 |
| NE, 3 | NE, 3 | NE, 3 | clair 0,0 | clair 0,0 | clair 0,0 | clair 0,0 |
| NE, 1 | NE, 1 | NE, 2 | brou. 1,0 | brou. 1,0 | brou. 1,0 | brou. 1,0 |
| NE, 1 | NE, 1 | NE, 2 | clair 0,1 | clair 0,0 | couv. 0,8 | neige 1,0 |
| NE, 0 | NE, 1 | NE, 2 | brou. 1,0 | clair 0,0 | clair 0,0 | clair 0,0 |
| NE, 2 | NE, 2 | NE, 3 | couv. 1,0 | nuag. 0,4 | clair 0,0 | clair 0,1 |
| NE, 2 | NE, 2 | NE, 2 | couv. 1,0 | clair 0,0 | clair 0,0 | clair 0,0 |
| NE, 1 | NE, 1 | NE, 0 | clair 0,0 | clair 0,0 | clair 0,0 | clair 0,0 |
| NE, 0 | NE, 0 | NE, 0 | clair 0,2 | couv. 1,0 | clair 0,1 | clair 0,0 |
| NE, 1 | NE, 1 | NE, 1 | nuag. 0,4 | clair 0,0 | nuag. 0,4 | brou. 0,5 |
| NE, 2 | NE, 2 | NE, 2 | clair 0,0 | clair 0,0 | clair 0,0 | clair 0,0 |
| NE, 1 | NE, 1 | NE, 0 | clair 0,0 | clair 0,0 | clair 0,0 | clair 0,0 |
| NE, 0 | NE, 0 | NE, 1 | clair 0,0 | clair 0,0 | clair 0,0 | clair 0,0 |
| NE, 0 | NE, 0 | NE, 0 | clair 0,0 | clair 0,0 | clair 0,0 | clair 0,0 |
| NE, 0 | NE, 0 | NE, 0 | clair 0,0 | clair 0,0 | clair 0,0 | clair 0,0 |
| NE, 0 | NE, 0 | NE, 0 | clair 0,0 | clair 0,0 | clair 0,0 | clair 0,0 |
| SO, 0 | SO, 0 | SO, 0 | clair 0,0 | clair 0,0 | clair 0,0 | clair 0,0 |
| | | | 0,74 | 0,75 | 0,78 | 0,41 |
| | | | 0,54 | 0,39 | 0,37 | 0,41 |
| | | | 0,05 | 0,00 | 0,05 | 0,06 |
| | | | 0,47 | 0,41 | 0,42 | 0,31 |

# ARCHIVES

DES

## SCIENCES PHYSIQUES ET NATURELLES.

### EXPÉRIENCES

SUR

L'ÉLECTRICITÉ QUE DÉGAGE UNE PLAQUE DE ZINC
ENSEVELIE DANS LA TERRE,

PAR

El. LOOMIS.

(*Amer. Journ. of Sc. et Acts*, janvier 1850.)

Au mois d'octobre 1842, M. Alexandre Bain observa
qu'une plaque de cuivre, ensevelie dans la terre et unie
par un fil métallique à une plaque de zinc également
placée dans la terre, à la distance d'un mille environ de
la première, produisait un courant électrique avec lequel différentes expériences électro-magnétiques purent
être exécutées. J'ai dernièrement fait une série d'expériences dans le but de connaître les circonstances qui
déterminent l'intensité de ce courant et de découvrir
jusqu'à quel point cette intensité peut être augmentée.

*Exp.* 1re. (15 mai 1849.) J'ai pris une plaque de zinc
en feuille, de 12 pouces sur 16, et l'ayant soudée à un

fil de cuivre de 60 pieds de longueur, je l'ai placée à
2 pieds au-dessous du sol, du côté nord de la salle philosophique du collége de New-Jersey. J'ai placé dans la
terre une plaque de cuivre en feuille, de 9 pouces carrés, et que j'appellerai la plaque de cuivre n° 2, à 27
pieds de distance de la première. Les fils de ces plaques
avaient en tout 114 pieds de longueur; ils s'étendaient
jusqu'à l'étage supérieur du bâtiment et étaient unis par
le fil d'un petit galvanomètre construit par M. Clarke de
Londres. L'aiguille, qui était longue de 2 pouces $^3/_4$,
fut déviée avec une grande violence et s'arrêta finalement à 66°. Le courant d'électricité positive passait à
travers le sol de la plaque de zinc à la plaque de cuivre,
et de là à travers le fil situé dans l'air pour retourner à la
plaque de zinc.

*Exp.* 2. J'ai substitué au galvanomètre un des aimants
de Morse. Quand le circuit était fermé en déprimant le
clavier suivant le mode ordinaire du télégraphe, l'ar-
mure de l'aimant était immédiatement attirée, et après
avoir ajouté pour le circuit local une seule auge de la
batterie de Grove le clavier travaillait promptement et
bien, quoiqu'une petite plaque de zinc placée dans la
terre fut la seule source d'électricité qui fournit le courant du circuit principal. Le circuit précédent de cent
quatorze pieds de longueur est celui que je désigne par
le nom de *circuit court*.

*Exp.* 3. J'ai pris un fil plus long, j'ai fixé à son extrémité un morceau de feuille de cuivre de quatre pouces
sur huit, que j'appellerai la plaque cuivre n° 2. Je l'ai
plongée dans une citerne d'eau à 125 pieds de la plaque
zinc. En réunissant le fil avec celui de la plaque zinc (la
longueur totale du fil dans le circuit étant maintenant de

220 pieds), l'aiguille du galvanomètre a été immédiatement défléchie de 100°, et s'est arrêtée d'une manière permanente à 50°. Le même courant suffisait pour faire travailler le télégraphe aussi bien que précédemment.

*Exp.* 4. J'ai détaché la plaque cuivre n° 2 du fil, et j'ai simplement laissé tomber l'extrémité du fil dans la citerne. L'aiguille du galvanomètre a été défléchie de 30° et s'est arrêtée finalement à 12°. La direction du courant était la même que dans les expériences précédentes. Dans ce cas-là on ne peut supposer que le fil serve à d'autre emploi qu'à celui de conducteur pour compléter le circuit électrique. En d'autres termes la batterie galvanique était formée uniquement par la plaque de zinc et l'humidité contenue dans la terre.

En introduisant le clavier télégraphique dans ce circuit, l'armature de l'aimant fut attirée d'une manière sensible quoique faible ; et après avoir été soigneusement ajusté, le clavier travailla avec promptitude et correction.

*Exp.* 5. Je fixai de nouveau la plaque cuivre n° 2 à l'extrémité du fil, et j'augmentai la longueur du fil jusqu'à cinq cents pieds. L'aiguille du galvanomètre fut énergiquement défléchie ; elle se fixa finalement à 45°. Le registre télégraphique opérait parfaitement bien.

*Exp.* 6. Je pris le fil attaché à la plaque cuivre, et je laissai tomber la plaque dans une autre citerne placée à 475 pieds de la plaque zinc. La longueur du fil dans le circuit était actuellement de 570 pieds. En interposant le galvanomètre l'aiguille s'arrêta à 30°. Le clavier manœuvra avec facilité et certitude.

*Exp.* 7. J'ajoutai ensuite 250 pieds au fil, ce qui faisait que la longueur totale du circuit était de 820 pieds,

soit, y compris la terre, 1295 pieds. C'est ce que je
désigne dans les expériences suivantes sous le nom de
*long circuit*. Le galvanomètre se fixa à 34°. L'opération du télégraphe n'en fut pas affectée d'une manière
sensible.

*Exp.* 8. Je pris un fil de soixante pieds de long, j'y
fixai une plaque de cuivre en forme de cercle de 11 pouces de diamètre, et que j'appellerai cuivre n° 3. Je descendis cette plaque dans un puits tout près de la citerne,
et j'attachai l'extrémité du fil au zinc du circuit précédent. L'aiguille du galvanomètre se fixa à 60°. Avec le
circuit court de l'exp. n° 2, le galvanomètre était à 70°.

Je conclus de là que les citernes employées pour les
expériences 3-7 ne communiquaient pas librement avec
la terre. C'étaient toutes deux des citernes en briques
garnies de ciment hydraulique. Je fis l'expérience suivante pour résoudre cette question.

*Exp.* 9. J'ajustai mon fil de manière que la même
plaque pouvait être successivement plongée dans la citerne et dans le puits. Quand le fil terminé par la plaque
n° 3 était dans la citerne, le galvanomètre se fixait à
52°. Quand le fil avec la même plaque plongeait dans le
puits, le galvanomètre se fixait à 63°. Mon soupçon se
trouva confirmé par là et je cessai de me servir des citernes.

*Exp.* 10. J'attachai ensemble les deux plaques n<sup>os</sup> 2
et 3, ce qui faisait une surface qui n'avait pas tout à fait
un pied, et je les plaçai dans le puits. Le galvanomètre
s'arrêta à 66°. Avec le circuit court (Exp. n° 2), le galvanomètre s'arrêta à 69°.

*Exp.* 11. J'humectai une bande de papier avec une
solution d'iodide de potassium et d'amidon. En la plaçant

dans le circuit court, l'iode apparut immédiatement au pôle positif. Les caractères télégraphiques de Morse se marquèrent promptement sur le papier de manière à permettre de télégraphier avec assez de rapidité. Avec le long circuit (Exp. n° 7) les mêmes effets se produisirent, mais pas aussi promptement.

*Exp.* 12. J'humectai une bande de papier avec une solution de prussiate de potasse dans l'acide nitro-muriatique ; il se teignit promptement en un bleu foncé lorsque le courant fut transmis par une pointe d'acier. Les caractères télégraphiques de Morse furent marqués sur le papier avec rapidité.

Dans l'expérience n° 4 j'avais trouvé que le clavier du télégraphe pouvait être mis en activité par un courant qui faisait défléchir l'aiguille du galvanomètre de 12° seulement. D'après une comparaison entre le résultat de l'expérience 10, et celles du professeur Morse publiées dans le journal américain des sciences (vol. XLV, p. 391) le courant produit par la plaque zinc quand les deux plaques de cuivre n° 2 et 3 sont fixées au fil, pourrait avoir ce même degré d'intensité quand la longueur du fil interposé serait augmentée jusqu'à devenir égale à dix milles. En d'autres termes, une plaque de zinc d'un pied carré ensevelie dans la terre avec une plaque de cuivre de la même dimension plongée dans un puits rempli d'eau, constitue une batterie assez énergique pour faire travailler le télégraphe de Morse sur une distance de dix milles.

C'est donc là une batterie aussi commode qu'économique. Le coût des plaques, sans le fil, est d'environ deux shellings. La batterie n'exige pas des soins journaliers, ne cause aucune dépense d'acide ; elle est permanente dans son action, et semble posséder toutes les qualités désirables pour faire agir un télégraphe à des distances peu considérables.

Dans aucune des expériences précédentes le fil qui formait le circuit n'était enroulé autour d'une bobine ; il était étendu sur une longue ligne.

*Exp*. 13. Le premier juin 1849 le galvanomètre du long circuit (Exp. 7) se fixa à 61° ; dans le circuit court n° 2 il se fixa à 66°. C'est le même résultat que celui qui avait été obtenu le 15 mai, jour où la plaque zinc avait été mise dans la terre ; il y eut un jour pluvieux où l'observation donna 70°. Le courant pendant ces dix-sept jours avait été remarquablement uniforme. Je plaçai dans la terre une seconde plaque de zinc de vingt pouces carrés, à côté de la première à la profondeur de deux pieds, et je réunis les deux plaques par un fil court. Le galvanomètre du long circuit se fixa à 66° $^1/_2$ ; dans le circuit court il se fixa à 72° ; l'addition de la seconde plaque de zinc semble donc avoir augmenté d'environ un tiers la force du courant électrique.

Les expériences suivantes furent faites pour déterminer l'influence des dimensions du cuivre sur l'intensité du courant.

*Exp*. 14 à 29. Je détachai les plaques cuivre n° 2 et 3 du long fil, et je leur substituai une seule plaque de 8 pouces sur 14, plongée dans le puits. Le galvanomètre se fixa à 71° $^1/_2$.

Je diminuai sensiblement les dimensions de la plaque cuivre jusqu'à ce que je l'eusse réduite à trois pouces sur un demi-pouce ; je l'enlevai ensuite entièrement, puis j'enlevai graduellement le zinc du puits jusqu'à ce qu'il n'en restât plus que trois pouces qui plongeaient, et j'observai au fur et à mesure les mouvements de l'aiguille.

Le fil de cuivre avait $\frac{1}{21}$ de pouce de diamètre et il plongeait de cinq pieds et demi dans l'eau du puits où était placée la plaque de cuivre à laquelle il était fixé. Dans le tableau qui suit la seconde colonne indique les dimensions de la plaque cuivre employée ; la troisième colonne n° 3 indique la totalité de la surface de cuivre plongée, y compris les deux faces de la plaque, ainsi que le fil ; la quatrième colonne contient les déviations de l'aiguille du galvanomètre et la cinquième la tangente de l'angle de déviation.

| Numéro de l'expérience. | Dimension de la plaque de cuivre. | Surface du cuivre plongée. | Déviation du galvanomètre. | Tangente de la déviation. |
|---|---|---|---|---|
| | | pouces carrés. | | |
| 14 | 48 pouces sur 14 | 1354 | 74 $^3/_4$.° | 3,668 |
| 15 | 24 » 14 | 682 | 71 $^1/_2$ | 2,989 |
| 16 | 12 » 14 | 346 | 68 $^1/_4$ | 2,507 |
| 17 | 6 » 14 | 178 | 66 $^3/_4$ | 2,300 |
| 18 | 3 » 7 | 94 | 64 $^3/_4$ | 2,120 |
| 19 | 3 » 7 | 52 | 62 $^1/_2$ | 1,921 |
| 20 | 3 » 3 $^1/_2$ | 31 | 60 $^3/_4$ | 1,786 |
| 21 | 3 » 2 | 22 | 59 | 1,664 |
| 22 | 3 » 1 | 16 | 57 | 1,540 |
| 23 | 3 » $^1/_2$ | 13 | 56 $^1/_2$ | 1,511 |

| | Longueur du fil plongé. | | | |
|---|---|---|---|---|
| 24 | 6 | 10,8 | 56 | 1,483 |
| 25 | 5 $^1/_2$ | 9,9 | 55 $^1/_4$ | 1,442 |
| 26 | 3 | 5,4 | 46 $^3/_4$ | 1,063 |
| 27 | 1 | 1,8 | 32 $^3/_4$ | 643 |
| 28 | 6 | 0,9 | 19 | 344 |
| 29 | 3 | 0,45 | 11 | 194 |

La loi qui découle de ces nombres peut être rendue sensible par une courbe dans laquelle les abscisses repré-

sentent la surface du cuivre plongé dans l'eau, et les ordonnées l'intensité du courant électrique, cette intensité
étant proportionnée à la tangente de l'angle de déviation
du galvanomètre.

Il paraît donc que pour des plaques qui ont moins
d'un pouce carré de surface, l'intensité du courant mesuré par son effet sur une aiguille magnétique, est à peu
près proportionnel à leur surface. Mais il n'en est plus de
même quand les surfaces deviennent plus considérables.
Ainsi pour doubler l'intensité du courant produit par une
plaque de cuivre de 3 $\frac{1}{2}$ pouces carrés, y compris les
deux faces, il faut que la surface de la plaque devienne
quatorze fois plus grande, et pour quadrupler la force du
courant il faut que la surface de la plaque soit augmentée
de 420 fois. Pour doubler ce dernier courant, il faudrait
probablement une plaque de cuivre de plus de seize pieds
carrés.

Je passe maintenant aux expériences faites dans le but
de déterminer jusqu'à quel point l'intensité du courant
peut être accrue en multipliant les éléments voltaïques.

*Exp*. 30. Je plongeai une plaque de zinc de six
pouces carrés dans la terre, à une distance de douze
pieds du puits employé dans les expériences précédentes.
La profondeur de l'eau dans le puits était aussi de douze
pieds. Une plaque de cuivre de six pouces carrés, et bien
fixée à un fil métallique, fut plongée aussi dans le puits ;
le galvanomètre se fixa à 45°.

*Exp*. 31. Je plaçai ensuite une seconde plaque de
cuivre dans la terre à la distance d'un pouce de la première plaque de zinc, et je l'unis par un fil avec une
seconde plaque de zinc qui était plongée dans le puits à
côté de la plaque de cuivre, n'en étant séparée que par

un morceau de liége d'un demi-pouce d'épaisseur. Le galvanomètre se fixa à 58°. Les tangentes de 45° à 58° sont dans le rapport de 10 à 16. C'est dans ce rapport que l'intensité du courant s'est accrue par l'addition d'une seconde paire de plaques.

*Exp*. 32. J'ai placé la seconde plaque à la distance de cinq pouces de la plaque zinc, qui était plongée dans la terre. Le galvanomètre s'est fixé à 50°. J'ai interposé ensuite entre le cuivre et le zinc, une troisième paire de plaques des mêmes dimensions; le galvanomètre s'est fixé à 58°. Cette expérience n'est pas très-encourageante pour augmenter le nombre des plaques au delà de deux couples.

*Exp*. 33. J'ai répété les trois dernières expériences dans une nouvelle place située à quatre pieds environ de la première. Dans cette seconde place le sol n'avait que huit pouces de profondeur, et il se terminait à une pierre plate avec une plaque de zinc dans la terre et une plaque de cuivre dans le puits ; le galvanomètre s'est arrêté à 26°.

*Exp*. 34. Avec une plaque de cuivre dans la terre éloignée d'un pouce de celle de zinc et une paire de plaques placée dans le puits comme dans l'expérience 31$^{me}$, le galvanomètre s'est fixé à 44°. Les tangentes de 26° et de 44° sont presque rigoureusement dans le rapport de un à deux. L'intensité du courant était par conséquent doublée par l'addition d'une seconde paire de plaques.

*Exp*. 35. Je plaçai la seconde plaque de cuivre à la distance de douze pouces du zinc qui était plongé dans le sol. Le galvanomètre s'arrêta à 30°. Je plaçai la plaque cuivre à cinq pouces de celle de zinc, et le galva-

—

nomètre se fixa à 33°. J'interposai alors une troisième
paire de plaques ; le galvanomètre se fixa à 40° $^1/_2$. Dans
cette expérience les trois paires de plaques ne fournis-
saient pas un courant aussi intense que celui que développaient les deux paires de l'expérience 34. En rapprochant un peu les plaques, j'aurais obtenu la même
augmentation d'effet, mais quoique l'expérience ait été
répétée plusieurs fois, le même avantage que j'avais ga-
gné par l'interposition d'une troisième paire de plaques,
parut chaque fois être perdu par l'infériorité qui résultait
de la séparation de la seconde plaque de cuivre d'avec la
première plaque zinc.

*Exp.* 36. J'ai pris trois paires de plaques de six pouces
sur sept, toutes bien assujetties à une distance d'un tiers
de pouce l'une de l'autre. La plaque extérieure cuivre
était réunie par un fil à la plaque zinc plongée dans la
terre comme dans l'expérience 30. Le zinc extérieur était
uni à la plaque de cuivre placée à un pouce de distance
de la plaque zinc, comme dans l'expérience 31. En plongeant cette batterie dans le puits, j'ai obtenu au galvanomètre une déviation de 62°.

*Exp.* 37. J'enlevai une des paires de la batterie, la
distance entre celles qui restaient demeurant toujours
d'un tiers de pouce ; le galvanomètre s'arrêta à 60° $^3/_4$.

*Exp.* 38. J'enlevai une seconde paire de la batterie,
ne laissant plus qu'une seule paire dans le puits, dont les
deux plaques étaient à un tiers de pouce de distance
l'une de l'autre, et une paire placée dans le sol ; le galvanomètre se fixa à 70°.

Il paraît donc qu'une paire plongée dans l'eau produit
un courant plus fort que deux ou que trois paires placées

de même dans l'eau. La différence entre deux et trois est
peu considérable.

*Exp.* 39. J'enlevai la plaque de cuivre du puits et
celle de zinc du sol ; le galvanomètre se fixa à 53°. Les
tangentes de 53° et de 70° sont presque exactement
comme un est à deux. Cette expérience conduit par conséquent à la même conclusion que l'expérience 34, savoir, qu'avec une paire d'éléments plongée dans le sol,
et une autre plongée dans le puits, l'intensité du courant
est double de celle que fournit une seule paire.

*Exp.* 40—51. Le but des expériences suivantes est
de déterminer l'influence de la dimension de la plaque
de zinc sur l'intensité du courant. Je plongeai dans le
puits une plaque faite en feuille de zinc de douze pouces
carrés sur quatorze, et fixée à un fil. En réunissant les
deux plaques par un fil, le galvanomètre se fixa à 65° $^1/_2$.
Je supprimai ensuite la moitié de la feuille de zinc, et le
galvanomètre se fixa à 64° $^1/_2$. Je continuai à diminuer
ainsi la plaque de zinc et à noter les indications de l'aiguille jusqu'à ce que la plaque fût réduite à la plus petite
dimension qu'il fût possible de lui donner. Les résultats
des observations sont consignées dans le tableau suivant ;
la seconde colonne indique les dimensions de la plaque
de zinc employée ; la troisième, l'étendue de surface
entière de zinc plongé dans le sol ; la quatrième indique
la déviation observée sur l'aiguille du galvanomètre, et
la cinquième la tangente de l'angle de déviation.

| Numéro de l'expérience. | Dimension de la plaque de zinc. | | | Surface du zinc plongé. | Déviation du galvanomètre. | Tangente de la déviation. |
|---|---|---|---|---|---|---|
| | | | | pouces carrés. | | |
| 40 | 12 pouces | sur | 12 | 288 | 65 $^1/_2$° | 2,194 |
| 41 | 12 | » | 6 | 144 | 64 $^1/_2$ | 2,097 |
| 42 | 6 | » | 6 | 72 | 63 $^1/_4$ | 1,984 |
| 43 | 6 | » | 3 | 36 | 61 $^3/_4$ | 1,861 |
| 44 | 3 | » | 3 | 18 | 58 $^3/_4$ | 1,648 |
| 45 | 3 | » | 2 | 12 | 57 | 1,540 |
| 46 | 3 | » | 1 | 6 | 53 $^1/_2$ | 1,351 |
| 47 | 2 | » | : | 4 | 52 $^1/_4$ | 1,292 |
| 48 | 1 | » | 1 | 2 | 49 $^1/_2$ | 1,171 |
| 49 | : | » | $^1/_2$ | 1 | 45 | 1,000 |
| 50 | 1 | - | $^1/_4$ | $^1/_2$ | 42 $^1/_2$ | 0,916 |
| 51 | $^1/_2$ | » | $^1/_4$ | $^1/_4$ | 37 $^1/_2$ | 0,767 |
| 52 | $^1/_4$ | » | $^1/_4$ | $^1/_8$ | 31 $^1/_2$ | 0,613 |
| 53 | $^1/_4$ | » | $^1/_6$ | 1 $^1/_6$ | 26 $^3/_4$ | 0,504 |
| 54 | $^1/_8$ | » | $^1/_6$ | 3 $^1/_2$ | 24 | 0,445 |

*Exp.* 55. Dans plusieurs des dernières expériences, la soudure à laquelle le fil de cuivre était uni à la plaque de zinc, couvrait une portion considérable de la surface du zinc, et nuisait à l'effet de la plaque. Je coupai une bande large d'un dixième de pouce à une feuille mince de zinc, et je la soudai à l'extrémité d'un fil de cuivre. Quand elle fut plongée de deux pouces dans la terre, et réunie avec la plaque cuivre du puits, le galvanomètre se fixa à 46° $^1/_4$.

*Exp.* 56. Lorsque ce même fil de zinc fut plongé d'un demi-pouce dans la terre, le galvanomètre s'arrêta à 36° $^1/_2$.

*Exp.* 57. Quand l'extrémité du zinc reposait simplement sur la terre par l'effet de son propre poids, le galvanomètre se fixait à 17° $^1/_2$.

La loi à laquelle sont soumis les nombres qui précèdent, peut être mise en évidence par une courbe, dans laquelle l'abscisse représente la quantité de zinc plongée dans la terre et les ordonnées l'intensité du courant électrique, cette intensité étant proportionnelle à la tangente de l'angle de déviation du galvanomètre.

D'après ces expériences, il paraît qu'un petit fil de zinc pénétrant dans le sol d'un demi-pouce, produit un courant d'une force moitié moindre que celle du courant que développe une plaque d'un pied carré, de façon qu'on gagne encore moins à augmenter la surface du zinc qu'à augmenter celle du cuivre.

*Exp.* 58. J'ai pris une bande de feuille de zinc d'un dixième de pouce de largeur sur vingt pouces de longueur, l'ayant soudée à un fil de cuivre de soixante pieds de longueur, je l'ai insérée verticalement dans le sol, près de la salle philosophique. Lorsque je laissai tomber dans le puits l'extrémité du fil de cuivre (Exp. 7) de sept cent soixante pieds de long, sans qu'aucune plaque de cuivre fut fixée à son extrémité, l'aiguille s'arrêta à $38°\,{}^3/_4$. Ce courant fait travailler le télégraphe très-bien, et avec promptitude. Je passe aux expériences suivantes 59—65 qui furent faites avec l'électricité d'une machine ordinaire.

*Exp.* 59. Une bouteille de Leyde fut chargée avec l'électricité d'une machine ordinaire, et la charge passa à travers le long circuit employé dans l'Exp. 7. La bouteille de Leyde était posée sur un fil attaché à la plaque de zinc. En mettant le fil attaché à la plaque de cuivre près du bouton de la bouteille, la charge passa sans difficulté apparente.

*Exp.* 60. J'appliquai ma main gauche à la surface extérieure de la bouteille, qui était posée comme précé-

demment sur le fil de zinc. En mettant l'autre fil que je
tenais de la main droite près du bouton, la bouteille fut
déchargée, et je sentis une forte commotion.

*Exp.* 61. La même expérience fut répétée avec le circuit court n° 2. Je reçus encore la secousse, mais elle
était moins forte que la précédente.

Il paraît que le circuit à travers lequel la bouteille se
déchargeait dans les expériences précédentes, offrait tant
de résistance au passage du fluide, qu'une portion tout
au moins de la charge suivait de préférence la route plus
courte de mon corps. Pour déterminer si cette résistance
provenait du fil ou de la terre interposée, les expériences
suivantes furent faites.

*Exp.* 62. Je pris un fil de cuivre $^1/_{81}$ de pouce de
diamètre et de 120 pieds de longueur, je le disposai autour de la salle philosophique de manière à pouvoir faire
passer la décharge d'une bouteille à travers une portion
seulement à volonté. Quand la décharge passait à travers
trente pieds du fil, je n'éprouvais pas la plus légère secousse, quoique je tinsse une des extrémités dans ma
main droite, et que de la main gauche je tinsse l'extérieur de la bouteille.

*Exp.* 63. Quand la décharge passait à travers une
longueur de quarante pieds de fil, je n'en eusse éprouvé
aucun effet si elle n'avait pas été pour moi un objet particulier d'attention. Avec soixante pieds la secousse était
si faible qu'elle eût passé inaperçue dans des circonstances
ordinaires ; mais en tenant le fil fermement serré dans
ma main, je sentais la secousse parfaitement bien. Avec
120 pieds (la totalité) du fil je sentis la secousse dans les
poignets, et même jusqu'aux coudes.

*Exp.* 64. Pour obtenir quelque donnée sur la somme

de résistance que le courant pouvait surmonter, je pris
deux peaux de chat préparées pour des expériences électriques, et ayant encore leur poil. L'une était doublée de
coton, de ouatte et de soie. Je doublai les deux peaux, et
je les plaçai l'une sur l'autre, de manière à former quatre
couches de fourrure formant en tout un pouce d'épaisseur
quand elles étaient bien comprimées. Lorsque je déchar-
geai la jarre à travers le circuit court, comme dans l'expérience 61, ma main droite étant protégée par les quatre
couches de fourrures, je ne ressentis aucun choc.

*Exp.* 65. Quand la bouteille était déchargée à travers
120 pieds de fil, comme dans l'expérience 63, je ressentis une secousse sensible quoique ma main fut protégée
comme précédemment. Avec six couches de fourrure
cette secousse cessa d'être sensible, excepté lorsque quelque partie de ma main ou de mon poignet se trouvait à
un pouce seulement de distance du fil non protégé et
alors je recevais une forte secousse.

Ces expériences furent répétées avec des couches plus
ou moins épaisses de soie en variant de un à cent doubles, et elles donnèrent des résultats semblables.

La longueur du fil employé dans l'expérience 65 était
de très-peu plus considérable que celle du circuit entier
employé dans cette expérience, y compris le sol. Nous
pouvons en conclure que les 27 pieds de terre compris
dans le circuit de l'expérience 64 n'offraient pas de résistance appréciable au passage du fluide électrique ; il faut
croire par conséquent que la résistance observée dans les
expériences 60 et 61 était due principalement sinon entièrement à la longueur du fil placé dans le circuit.

Il est remarquable que l'électricité d'une seule plaque
de zinc puisse traverser si facilement ce long circuit,

tandis que l'électricité d'une bouteille chargée suit de préférence le chemin du corps humain quoiqu'il soit protégé par une courbe d'une épaisseur considérable faite de substances les moins conductrices connues.

Les expériences suivantes ont eu lieu pour déterminer l'influence de la longueur du fil conducteur sur l'intensité du courant.

*Exp.* 66. J'ai attaché une plaque de cuivre de 14 pouces sur 24 à l'extrémité du fil qui plongeait dans le puits. J'ajoutai ensuite six cent trente pieds de fil, faisant en tout pour le fil du circuit une longueur de 1450 pieds, en sorte que le circuit entier, y compris les 475 pieds de terre, était de 1925 pieds de longueur. Le galvanomètre se fixa à $69°\ ^1/_4$.

*Exp.* 67. Je remplaçai les plaques de zinc par un fil de zinc, sans rien changer au reste du circuit, le galvanomètre se fixa à $67°\ ^1/_4$.

*Exp.* 68. Je supprimai 510 pieds de fil ce qui faisait pour la longueur totale du circuit 940 pieds. Quand le fil de cette longueur fut uni aux plaques de zinc le galvanomètre se fixa à $69°\ ^1/_2$.

*Exp.* 69. Je supprimai encore trois cent soixante et dix pieds du fil, la longueur du circuit demeurant alors de 520 pieds ; le galvanomètre se fixa à $70°$.

Il paraît donc que, lorsque la longueur du circuit était doublée, l'intensité du courant n'était que légèrement affaiblie, ce qui est favorable à la conclusion que le courant ainsi produit pourrait être employé pour télégraphier à des distances considérables. M. Vail est parvenu à télégraphier de Washington à Baltimore avec une batterie semblable. La dimension des plaques employées dans ses expériences était de cinq pieds sur deux et demi.

*Exp.* 70. En substituant le fil de zinc aux plaques de zinc comme dans l'expérience 60, j'obtins au galvanomètre une déviation de 48° $^1/_4$.

*Exp.* 71. J'ai uni les plaques de zinc avec la plaque de cuivre n° 1, en employant le circuit court exp. n° 2, et le galvanomètre s'est fixé à 72° $^1/_2$.

*Exp.* 72. J'ai substitué le fil de zinc aux plaques de zinc sans charger le circuit et le galvanomètre s'est fixé à 48° $^1/_2$.

Les expériences précédentes ont toutes été faites avant le 28 juin, et aucune expérience n'a été faite ensuite jusqu'au mois de septembre, époque à laquelle je les ai reprises.

*Exp.* 73. Le 11 septembre j'ai répété l'exp. n° 71, et le galvanomètre s'est fixé à 71° $^1/_2$.

*Exp.* 74. Le 3 octobre j'ai répété la dernière expérience et le galvanomètre s'est fixé à 75°.

Ainsi, une plaque de zinc ensevelie dans la terre a fourni, pendant près de cinq mois, un courant d'électricité à peu près courant. Les variations de déviations de l'aiguille n'ont été que de 4 degrés. Ces variations sont probablement dues à l'humidité de la terre ; l'intensité du courant augmentait en général après une longue pluie. Il ne paraît pas toutefois que l'intensité ait, à tout prendre, diminué pendant ces cinq mois, et il est remarquable que la dernière observation est celle qui a donné le résultat le plus fort pendant toute la période ; il est vrai de dire que la terre était à ce moment extrêmement mouillée par le fait d'une pluie récemment tombée.

---

DE

# L'EFFET PRODUIT SUR LA FORCE DE COURANT

PAR

## L'ÉCHAUFFEMENT ET L'ÉBRANLEMENT DES ÉLECTRODES,

### Par W. BEETZ.

(*Poggendorff Annalen*, 1850, n° 1.)

(Communiqué à la Société de physique de Berlin, séance du 26 octobre 1849.)

D'après une expérience faite par M. de la Rive [1], la force d'un courant galvanique, dont le circuit est fermé par deux électrodes de platine plongés dans de l'acide sulfurique étendu, s'accroît beaucoup plus, si l'on échauffe l'électrode négatif que si l'on échauffe l'élec-trode positif. Le physicien que je viens de nommer, a mis en communication une pile voltaïque faiblement chargée avec des lames de platine qui étaient d'abord dans une position horizontale, sur une certaine longueur, puis se recourbaient à angle droit, et plongeaient dans le liquide conducteur. L'échauffement des deux électrodes au moyen de lampes à esprit de vin, placées sous la par-tie horizontale, a fait cheminer de 12° à 30° l'aiguille d'un galvanomètre introduit dans le courant; quand on enlevait la lampe de dessous l'électrode positif, le cou-rant restait à 30°, tandis que le refroidissement de l'é-lectrode négatif le faisait descendre à 12°. M. Faraday [2],

---

[1] Voyez *Bibl. Univ.*, vol. VII, page 388.
[2] *Exper. Res.*, § 1637.

qui ne pouvait concilier ce phénomène avec le caractère
du courant, n'a réussi qu'imparfaitement à répéter l'expérience ; quand il a chauffé les deux électrodes à la fois,
la force de courant s'est accrue ; l'accroissement de cette
force a été rendu plus considérable, tantôt par l'échauffement de l'un des deux électrodes, tantôt par l'échauffement de l'autre ; toutefois il y avait en général un léger
avantage en faveur de l'électrode négatif. De son côté,
M. Vorsselman de Heer a confirmé l'expérience de M. de
la Rive, et il y a ajouté une observation semblable, à savoir que l'ébranlement de l'électrode positif ne produit
presque pas non plus de changement dans la force de
courant, tandis que celui de l'électrode négatif d'une pile
voltaïque de cinq couples, chargée avec de l'eau pure,
a fait monter le courant de 34° à 40°, et l'a ramené,
après un long refroidissement, de 16° à 38°, de 4° à 32°.
Cet effet a été plus faible avec des fils de cuivre. En re-
jetant la conclusion que M. de la Rive a tirée de son observation, savoir : que la chaleur n'a pas d'influence sur le
passage d'un courant d'un métal dans un liquide, mais
qu'elle favorise le passage du liquide dans le métal,
M. Vorsselman a admis, comme cause du phénomène, l'influence de l'échauffement ou de l'ébranlement sur la polarisation. Ces deux modes d'action éloignent de la surface des électrodes les particules qui y ont été dégagées
par le courant, d'où résulte qu'il ne peut point y avoir
d'accroissement dans la force de courant, s'il ne s'est
point dégagé de substance sur l'un des électrodes.

La pensée de cette explication, qui avait été déjà présentée d'une manière semblable par M. Munk' af Rosen-

---

' *Poggend. Annal.*, t. XLIX, p. 109.

schöld, pour rendre compte de la différence d'action
produite par l'ébranlement de la lame de cuivre ou de
zinc dans un couple zinc et cuivre, est sans doute la
plus naturelle ; cependant, pour m'en tenir au cas le plus
fréquemment étudié, dans lequel des électrodes de platine plongent dans de l'acide sulfurique étendu, on devrait croire qu'il faudrait, pour la production du phénomène, que la polarisation d'une lame de platine par l'hydrogène fût beaucoup plus considérable que celle qui est
due à l'oxygène. Or, je crois avoir démontré d'une manière satisfaisante, dans un mémoire récent [1], que l'on
doit regarder ces deux polarisations comme à peu près
égales. Quelle devra donc être l'explication de l'expérience
ci-dessus?

Je commence par l'ébranlement. Je me suis d'abord
convaincu, en faisant usage de divers métaux pour électrodes, et de divers liquides pour électrolytes, que l'accroissement dans la force de courant doit être attribué à
une diminution dans la polarisation. Voici l'indication de
quelques-unes de mes expériences, dans lesquelles le
courant d'un couple simple de Grove est resté fermé par
les électrodes jusqu'à ce que l'aiguille d'un galvanomètre
eût atteint un minimum. Comme la force absolue des
courants était très-diverse, et quelquefois considérable,
je n'ai fait le plus souvent usage du galvanomètre que
pour le circuit secondaire ; et comme, d'ailleurs, il ne
s'agit ici que de données relatives, j'ai indifféremment
fait usage de conducteurs quelconques en choisissant ceux
qui produisaient une déviation convenable pour chaque
cas en particulier. Il en résulte que les expériences ne
sont pas comparables entre elles.

[1] *Annal.*, t. LXXVIII, 35, et *Arch. des Sc. Phys.*, t. XII, 285.

| Métal. | Liquide. | Minimum de déviation. | Après l'ébranlement de l'électrode négatif. | l'électrode positif. |
|---|---|---|---|---|
| Platine. | Acide sulfurique étendu. | 52° | 90° | 58° |
| | | 52 | 90 | 57 |
| | | 47 | 90 | 57 |
| Cuivre. | Sulfate de cuivre . . . . | 2 | 2 $\frac{1}{2}$ | 9 |
| Les mêmes lames | | 2 | 2 $\frac{1}{2}$ | 9 $\frac{1}{2}$ |
| de cuiv. échangées | | 2 | 2 $\frac{1}{2}$ | 8 $\frac{1}{2}$ |
| l'une contr. l'autre . . . Id. . . . . . . | | 2 | 3 | 10 |
| | | 2 | 3 | 13 |
| | | 2 | 3 | 13 |
| Argent. | Nitrate d'argent. . . . . . | 5 | 5 | 5 |
| | | 6 | 6 | 7 |
| | | 5 | 5 | 6 |
| Platine. | Acide sulfurique étendu. | 32 | 90 | 38 |
| | | 32 | 90 | 42 |
| | Acide hydrochl. concentré | 43 | 50 | 43 |
| | | 43 | 52 | 44 |
| | | 43 | 52 | 44 |
| | étendu. . | 10 | 24 | 13 |
| | | 10 | 21 | 13 $\frac{1}{2}$ |
| | | 10 | 21 | 13 $\frac{1}{2}$ |
| | + dans acide nitrique } — dans ac. sulf. étendu } | les deux électrodes ébranlés. . . . . | | 27 |
| | | 60 | 59 | 61 |
| | | 60 | 58 | 61 |
| | | 52 | 50 | 54 |
| | | 53 | 49 | 55 |
| | | 10 | 8 $\frac{1}{2}$ | 11 |
| | | 9 $\frac{1}{2}$ | 8 | 11 |
| | Acide hydrochl. concentré (avec un coupl. de Daniell) | 4 | 6 $\frac{1}{2}$ | 5 $\frac{1}{2}$ |
| | | 4 | 21 | 6 $\frac{1}{2}$ |
| | | 4 | 19 | 5 $\frac{1}{2}$ |
| | | 4 | 18 $\frac{1}{2}$ | 5 $\frac{1}{2}$ |
| | | 8 $\frac{1}{2}$ | 90 | 19 |
| | | 9 | 90 | 20 |
| | | 7 | 90 | 20 |

On voit en général, d'après ces expériences, que l'é-
branlement produit bien le plus grand effet dans le cas où
l'électrode ébranlé est le plus fortement polarisé ; la seule
exception est celle de la polarisation du platine par l'oxygène, dont il sera question plus loin. On voit, en outre,
que la polarisation du cuivre employé comme pôle positif dans une solution de sulfate de cuivre ne doit pas
être regardée comme égale à zéro, tandis que la charge
est réellement presque complétement nulle au pôle négatif. C'est donc bien ici l'ébranlement de l'anode qui agit
avec le plus de force. Il en est de même pour l'argent,
mais à un degré moindre. Une lame de platine, employée
comme cathode dans de l'acide nitrique concentré, n'est
pas non plus sans effet; elle est même polarisée dans le
sens contraire, par le dégagement d'acide nitreux ; c'est
par suite de ce dégagement, que les couples de Grove
acquièrent leur grande force électromotrice, et que l'intensité de courant est même affaiblie quand on imprime
un ébranlement au cathode dans ce cas.

Quant à ce qui concerne la supériorité de l'effet, quand
c'est l'hydrogène au lieu de l'oxygène, qui se dégage sur
l'électrode, elle n'existe pas toujours réellement. M. de
la Rive fait remarquer qu'il faut, pour la réussite de son
expérience, faire usage de faibles courants. Cela tient non-
seulement à ce que l'on observe moins bien les changements sur de forts courants, mais aussi parce que, avec
ces courants, les accroissements de force produits par
l'échauffement des deux électrodes sont à peu près égaux.
Je vais rapporter deux expériences, dans lesquelles j'ai
d'abord chauffé le liquide jusqu'à l'ébullition, après quoi,
pendant qu'il se refroidissait, j'ai observé et noté la déviation et les diverses températures, opération qui se fait

alors avec plus de sûreté que pendant que l'on chauffe le liquide. Les deux électrodes de platine plongeaient chacun dans un verre rempli d'acide sulfurique étendu ; les deux verres communiquaient entre eux au moyen d'un tube recourbé en U, rempli de ce même acide, et dont les extrémités étaient recourbées en haut, tandis que la partie horizontale avait environ trois pouces de longueur. Un changement dans la conductibilité du liquide ne pouvait pas avoir de conséquence sensible, parce que dès l'abord une résistance considérable avait été introduite dans le circuit. Le verre, qui devait conserver sa température (22° à 23°), était toujours entouré d'une grande masse d'eau entretenue à cette même température. Voici le tableau des résultats.

DEUX COUPLES DE GROVE.

| Electrode positif. | | Electrode négatif. | |
|---|---|---|---|
| Température. | Déviation. | Température. | Déviation. |
| 100° | 57° ³/₄ | 100° | 55° |
| 88 | 57 | 88 | 54 |
| 77 | 56 | 78 | 53 |
| 69 | 55 | 69 | 52 |
| 63 | 51 | 60 | 51 |
| 57 | 53 | 52 | 50 |
| 51 | 52 | 44 | 49 |
| 46 | 51 | 36 ¹/₂ | 48 |
| 37 | 50 | 30 | 47 |
| 31 | 49 | 25 | 46 |
| 25 | 48 | 22 | 45 ¹/₂ |
| 22 | 47 ¹/₂ | | |

UN COUPLE DE GROVE.

| | | | |
|---|---|---|---|
| 100 | 10 | | 32 |
| 90 | 9 | | 26 |
| 80 | 8 | | 21 |
| 70 | 7 | | 18 |
| 60 | 6 ¹/₂ | | 15 |
| 50 | 6 | | 12 |
| 40 | 5 ¹/₂ | | 9 |
| 30 | 5 | | 6 |
| 23 | 4 ¹/₂ | | 4 ¹/₂ |

Avec les deux couples de Grove, les changements suivent une marche à peu près parallèle ; avec un seul, au contraire, la différence entre eux est très-considérable. Lorsque l'on ébranle les électrodes, la différence est la même pour des courants forts et des courants faibles. Quand je me suis servi de couples de Grove, et que j'ai fermé le circuit au moyen d'électrodes de platine plongés dans de l'acide sulfurique étendu, j'ai trouvé les résultats suivants :

| Déviation. | Après l'ébranlement de | |
|---|---|---|
| Minimum. | l'électrode — | l'électrode + |
| 45 | 46 | 46 |
| 19 | 19 $\frac{1}{2}$ | 19 $\frac{1}{2}$ |

Mais lorsque j'ai affaibli le courant en n'employant que de l'eau distillée pour liquide conducteur, j'ai trouvé :

| | | |
|---|---|---|
| 5 | 8 | 12 |
| 4 | 8 $\frac{1}{2}$ | 16 |
| 4 $\frac{1}{2}$ | 8 | 17 |

Faraday a opéré avec dix couples platine et zinc ; aussi son courant a-t-il été beaucoup plus fort que ceux de MM. de la Rive et Vorsselman de Herr, et c'est pour cela qu'il n'a pas pu réussir complétement en répétant l'expérience.

Pour expliquer d'une manière exacte la cause de la différence en question, il faudrait connaître la loi d'après laquelle la polarisation de chaque électrode est liée à la force de courant. Malheureusement les expériences sur ce point manquent encore, et il se pourrait bien qu'elles offrissent plus d'une difficulté, puisque les mesures actuellement existantes sur les diverses polarisations observées à l'instant de leur maximum, ne sont pas même exemptes d'imperfection. Mais je crois pouvoir me faire une idée approximative du phénomène. Dès que, par l'effet du plus faible courant, les premières quantités de gaz sont dégagées sur les électrodes, elles forment une pile à gaz que l'on peut considérer comme le minimum de polarisation. Il résulte de mes expériences [1], que la force électromotrice du couple platine et hydrogène est exprimée par 20,13, et celle du couple platine et oxigène par 3,85. Si on prenait la même unité, le maximum de polarisation de chacun des deux gaz serait d'environ 26°, et puisque, avec l'accroissement de la force de courant, la polarisation se rapproche certainement de son maximum comme d'une limite représentée par l'asymptote d'une courbe, les deux courbes auront à peu près la même forme. Or si, avec une force de courant qui correspond à une abscisse, l'une ou l'autre polarisation est affaiblie par l'effet de l'ébranlement ou de l'échauffement, il devra, dans l'un et l'autre cas, se produire à peu près le même accroissement dans la force de courant, puisque les polarisations sont à peu près égales. Mais, si l'ébranlement ou l'échauffement ont lieu avec une force de courant, pour laquelle les deux polarisations sont très-différentes, le changement produit dans la polarisation due à l'hydrogène, devra présenter une grande supériorité sur l'autre.

A cette occasion il m'a paru qu'il y aurait quelque intérêt à connaître la loi d'après laquelle les deux polarisations par l'oxygène et par l'hydrogène disparaissent après l'ouverture du circuit. J'ai fait communiquer une pile de

---

[1] *Annal.*, tome LXXVII, p. 504.

deux couples de Grove, au moyen d'une bascule, avec
deux électrodes de platine plongés dans de l'acide sulfurique étendu. Après que l'électrolysation avait duré
un certain temps, j'ai fait communiquer un des électrodes,
au moyen du fil d'un galvanomètre, avec une lame de
platine neutre, en renversant la bascule. Ce mouvement
a eu lieu à diverses reprises après la rupture du courant ; les intervalles de temps ont été observés avec une
montre à secondes, et se trouvent consignés dans le tableau suivant :

*Electrode positif.*

| Température. | Effet. | Moyenne $\alpha$. | Sinus $\frac{1}{2}\alpha$. |
|---|---|---|---|
| 0″ | 23°, 20°, 18°, 22° | 20°,45′ | 18,0 |
| 5 | 2 ½, 2 ½ | 2,30 | 2,2 |
| 20 | 2 | 2 | 1,7 |
| 10 | 2, 2 ½ | 2,15 | 4,4 |
| 15 | 2 | 2 | 1,7 |
| 1 | 10, 8, 10 | 9,29 | 8,2 |
| 2 | 7, 6 | 6,30 | 5,7 |
| 30 | 2 | 2 | 1,7 |
| 3 | 5 | 5 | 4,4 |
| 25 | 2 | 2 | 1,7 |

*Electrode négatif.*

| | | | |
|---|---|---|---|
| 0″ | 29,29 | 29° | 25,0 |
| 15 | 14,15 | 14°,30′ | 12,6 |
| 5 | 16,17 | 16,30 | 14,3 |
| 10 | 15,15 | 15 | 13,0 |
| 20 | 14,14 | 14 | 12,2 |
| 1 | 25 | 25 | 21,6 |
| 2 | 21 | 21 | 18,2 |
| 3 | 19 | 19 | 16,5 |
| 30 | 13 | 13 | 11,3 |
| 25 | 13,5 | 13,30 | 11,8 |

J'ai disposé les observations dans l'ordre où je les ai faites ; le sinus du demi-angle de déviation représente la force de la polarisation. Voici les valeurs que j'ai trouvées par ce moyen, mais que je n'ai pas la prétention de donner pour des mesures exactes :

| Au bout de 0 seconde. | 1″ | 2″ | 3″ | 5″ | 10″ | 15″ | 20″ | 25″ | 30″ |
|---|---|---|---|---|---|---|---|---|---|
| Ox. 18,0 | | 8,2 | 5,7 | 4,4 | 2,2 | 2,0 | 1,7 | 1,7 | 1,7 1,7 |
| Hyd. 25,0 | | 21,6 | 18,2 | 16,5 | 14,3 | 13,0 | 12,6 | 12,2 | 14,8 11,3 |

Si l'on trace les courbes qui représentent ces observations, elles ne commencent pas au même point pour l'abscisse 0 ; cela tient évidemment à ce qu'il y a eu une légère perte de temps quand on tournait la bascule. On voit d'après ces observations combien la polarisation par l'hydrogène est plus persistante que celle qui est due à l'oxygène. Déjà au bout de peu de temps le rapport des charges se rapproche de celui des forces électromotrices correspondantes.

Outre l'oxygène et l'hydrogène il n'existe guère d'autre gaz que le chlore, que l'on puisse étudier sous le rapport des changements produits dans sa force de polarisation par l'effet de l'ébranlement ou de l'échauffement. On sait que le chlore a une forte action négative dans la pile à gaz, en sorte que, d'après mes expériences avec des plaques de platine, la force d'un couple chlore et platine peut être exprimée par 11,36, tandis que celle du couple oxygène et platine n'est que de 3,85, et celle du couple hydrogène et platine de 20,13. Il est donc très-étonnant, que MM. Lenz et Saveljes aient trouvé pour la polarisation produite par le chlore une valeur à peu près égale à 0 ; je ne puis me l'expliquer autrement qu'en supposant que le chlore, qui dans les circonstances ordinaires entoure, à l'état libre, les lames de platine, se combine chimiquement avec le platine, comme dans la pile à gaz, par l'effet de l'affinité exercée sur lui par l'anode pendant l'électrolysation ; il résulte de là qu'une lame de platine polarisée par le chlore se comporte à peu près comme une lame de cuivre polarisée par l'oxygène. Cependant le chlore ne paraît point être complétement sans action polarisante, car l'ébranlement de l'anode, aussi bien que son échauffement, augmente la force du courant, lorsqu'on emploie pour électrolyte de l'acide hydrochlorique concentré. On a un exemple du premier de ces deux effets dans les expériences mentionnées plus haut, principalement dans celles où le courant était très-faible, ce qui avait lieu quand on faisait usage d'un seul couple de Daniell ; cependant l'effet est très-peu considérable relativement à celui que produit l'ébranlement du cathode. J'ai obtenu un autre résultat au moyen de l'échauffement. La force de courant, qui avait donné au galvanomètre une déviation de 2° à la température ordinaire, a subi les changements suivants quand on a chauffé isolément chaque électrode :

| Température. | Electrode positif. | Electrode négatif. |
|:---:|:---:|:---:|
| 64° | 15° | 8° |
| 55 | 11 | 6 |
| 45 | 8 | 4 $^1/_2$ |
| 35 | 5 | 3 |
| 25 | 2 $^1/_2$ | 1 $^3/_4$ |

Ainsi, dans ce cas, l'échauffement de l'anode a produit même un effet plus considérable, résultat dû évidemment à ce que l'action chimique du chlore sur le platine a été favorisée par cette opération, et que la polari-

sation qui existait encore a été plus affaiblie que la polarisation produite par l'hydrogène.

Avant de terminer, j'ajouterai quelques observations
sur la détermination quantitative de la polarisation due à
l'hydrogène et à l'oxygène à diverses températures. Jusqu'à présent on n'a fait que promettre des expériences sur
ce point, mais on n'en a point encore publiées [1]. Moi-
même, déjà en décembre 1848, j'ai communiqué à la
Société de physique une série d'expériences qui ne sont
pas encore publiées, parce que ma méthode ne m'a pas
paru sans reproche. Des lames de platine ont été polarisées par une pile de Grove de trois couples, puis mises
promptement en communication au moyen d'une bascule avec un galvanomètre, de façon qu'on pouvait
trouver par la méthode de compensation le rapport
qui existait entre la force de polarisation et la force
de la pile. Une circonstance m'a fait regarder cette méthode comme particulièrement commode, c'est qu'elle
dispense entièrement de connaître la résistance de conductibilité du couple dont on veut déterminer la force,
résistance qui change constamment dans les expériences
en question. Mais j'ai toujours obtenu par ce moyen des
résultats très-inégaux, même après avoir muni la bascule
d'un ressort qui la maintenait régulièrement dans la première position que j'ai décrite, après quoi une secousse
légère lui faisait prendre la seconde position. Ce procédé
ne m'a point, à beaucoup près, mis en état d'obtenir toujours une immersion d'égale rapidité pour les fils de la
bascule qui ferment le circuit du second côté. Cela m'a

[1] Becker, dans les Annales de Liebig et Kopp, 1847 et 1848,
page 297.

engagé à construire un petit appareil, qui m'a rendu de très-bons services [1].

J'ai obtenu de cette manière des résultats très-concordants entre eux, puisque j'opérais toujours la mesure en fermant le circuit des conducteurs d'une manière instantanée et tout à fait uniforme. Mais la polarisation ne se mesure pas au moment de sa production, seulement peu de temps après l'ouverture du courant; aussi n'obtient-on pas les maxima de polarisation, mais des valeurs qui dépendent en même temps de la persistance de la polarisation. Voilà pourquoi j'avais hésité jusqu'ici à faire connaître mes résultats. Depuis lors j'ai eu connaissance des expériences de Robinson [1], dans lesquelles la polarisation a été mesurée à trois températures, savoir : à $61°,2$, $135°,4$ et $201°2$ Far. Ces expériences m'ont fait voir pour la diminution de la polarisation avec la température, la même loi que les miennes m'avaient révélée; et comme ces dernières sont plus nombreuses que les premières, je vais en communiquer les résultats. La mesure est la même que celle que j'ai indiquée précédemment, et dans laquelle la force d'un couple de Grove est à peu près égale à $41$.

---

[1] Cet appareil, dont nous omettons la description, est fondé sur l'emploi d'un petit électro-aimant, dont l'action combinée avec celle d'un ressort permet d'arriver à rendre presque simultanées l'introduction dans le circuit du galvanomètre destiné à mesurer l'énergie de la polarisation des électrodes, et la rupture du circuit qui a produit cette polarisation.

[2] *Transact. of the Frish. Acad.*, t. XXI, p. 297.

| $t=20°$ | $k=47,4$ | $t=53°$ | $k=45,0$ |
|---|---|---|---|
| 25 | 47,5 | 60 | 44,8 |
| 27 | 47,3 | 64 | 44,6 |
| 30 | 46,9 | 68 | 44,3 |
| 31 | 46,2 | 80 | 43,6 |
| 32 | 46,1 | 81 | 42,1 |
| 43 | 45,9 | 97 | 41,1 |
| 52 | 45,3 | 100 | 40,7 |

On voit, d'après cela, que la charge diminue suivant une progression presque régulière, quand on chauffe l'eau jusqu'à l'ébullition, à partir de la température ordinaire. Je vais comparer les mesures de M. Robinson avec les miennes, qui s'en rapprochent le plus sous le rapport de la température; je les ai rapportées à mon unité.

| D'après Robinson. | | Réduction. | Trouvé. | |
|---|---|---|---|---|
| $t=16°$ | $k=598,9$ | 47,4 | 47,4 | $t=20$ |
| 57,5 | 567,6 | 44,9 | 44,8 | 60 |
| 94 | 531,0 | 41,9 | 41,1 | 97 |

Cet accord est suffisant pour des expériences de cette espèce. On voit que la polarisation ne diminue point considérablement avec l'accroissement de la température, et que la loi de cette diminution est à peu près la même, soit que l'on prenne pour point de départ le maximum de polarisation ou une polarisation d'un degré un peu inférieur. Dans mes expériences, la charge au point d'ébullition est à peu près égale à la force d'un couple de Grove; d'après Robinson, le maximum de polarisation à cette même température, est plus grand que la force de ce couple, dans le rapport de 108 à 1.

Ces données approximatives jettent quelque lumière sur une expérience que M. Poggendorff [1] a fait connaître.

[1] *Annal.*, t. LXX, p. 199.

Lorsqu'on a chauffé jusqu'à l'ébullition de l'acide sulfurique étendu qui servait comme liquide électrolytique,
un couple de Daniell simple n'a même pas été capable de
le décomposer avec des électrodes de platine, tandis qu'un
couple de Grove a présenté un accroissement sensible
dans le dégagement du gaz, accroissement qui a déjà
commencé entre 70° et 80° C., et enfin a fait arriver le
liquide à une forte ébullition sur la surface des électrodes, même avant qu'il s'élevât des bulles de vapeur du
fond du vase. La force d'un couple de Daniell rapportée
à mon unité est d'environ 23,7, c'est-à-dire qu'elle est
égale à la force électromotrice d'un couple hydrogène et
oxygène, ou au minimum de polarisation sur les lames
de platine. D'après cela l'électrolysation doit, dès qu'elle
commence, neutraliser la force d'un couple de Daniell,
et faire disparaître le courant. Lors même que la polarisation est affaiblie par l'effet de l'échauffement, le courant du couple de Daniell n'est pas encore capable de dépasser le nouveau minimum de polarisation. Dans le
couple de Grove, au contraire, déjà à la température ordinaire, la polarisation est plus faible que la force du
couple, en sorte qu'il se produit une électrolysation visible. Si l'on chauffe jusqu'au point d'ébullition, la polarisation éprouve encore une diminution qui est $^1/_7$ de
la force du couple de Grove ; par conséquent toute cette
portion du courant doit être employée au dégagement
des gaz qui produisent le violent bouillonnement par
l'effet de la forte tension. Quand j'ai ouvert le circuit,
pendant que le liquide était à une température élevée,
et qu'ensuite je l'ai tenu fermé pendant un court intervalle, il s'est manifesté une vive formation de vapeur, qui
a bientôt fait extravaser le liquide. Dans ce cas, en effet,

la polarisation a été détruite d'une manière plus complète que lorsque j'avais ouvert le circuit à la température ordinaire ; l'électrolysation a donc commencé avec la force du couple presque entière. Au moment où l'on change la direction du courant, il se produit très-aisément de l'écume en excès ; c'est qu'alors ce n'est plus la force d'un couple simple qui agit, mais celle d'une pile dont le deuxième couple est formé par les électrodes polarisés. J'ai obtenu la confirmation soit de ces phénomènes, soit aussi de ceux que M. Poggendorff a observés, c'est-à-dire que, lorsqu'on ouvre et ferme le courant alternativement et à plusieurs reprises, le dégagement des bulles augmente toujours insensiblement vers un des électrodes, ordinairement le positif, tandis que dans chaque expérience l'électrode négatif paraît ne point dégager de gaz. J'ai trouvé, en outre, que le dégagement de gaz n'a jamais disparu sur l'électrode positif, dans le petit nombre de cas où le plus fort courant de gaz a commencé à se former sur l'électrode négatif. Cette prédominance dans la production des bulles sur l'anode, demeure un fait extrêmement curieux, qu'on l'attribue ou à un fort dégagement de gaz, ou à un fort dégagement de vapeur : dans le premier cas, parce qu'il devrait se dégager plus de gaz sur le cathode ; dans le second, parce que l'anode doit être regardé comme la mieux décapée des deux lames, autant du moins que l'électrolysation peut rendre plus complet le nettoiement d'une lame déjà nettoyée par la méthode de Faraday, et que par conséquent le liquide en contact avec cette surface doit y acquérir un plus haut degré d'ébullition.

---

# SUR LE STIBIO-ÉTHYLE,

## RADICAL ORGANIQUE A BASE D'ANTIMOINE,

PAR

## MM. C. LŒWIG et SCHWEITZER.

Mémoire lu à la Société d'Histoire Naturelle de Zurich.

(Extrait.)

Les recherches de Bunsen rendant probable l'existence d'un radical organique composé d'antimoine, de carbone et d'hydrogène, le professeur Löwig entreprit, il y a quelques années, des recherches qui sont consignées dans la *Chimie des combinaisons organiques* publiée par lui.

En faisant agir le bromure d'éthyle sur l'alliage d'antimoine et de potassium, il obtint un liquide incolore, pesant, soluble dans l'alcool et dans l'éther, donnant à l'air une abondante vapeur blanche et qui produisait par l'absorbtion d'oxygène un corps acide, blanc, soluble dans l'eau. Dans la solution, on obtenait avec l'acide sulfhydrique un précipité jaune, d'une odeur analogue à celle du mercaptan et violemment décomposé par l'acide azotique concentré. L'analyse donnait pour ce précipité du carbone et de l'hydrogène, ce qui laissait croire que la combinaison primitive pourrait bien être formée d'éthyle et d'antimoine.

Les résultats importants obtenus récemment par M. Frankland sur la préparation de l'éthyle, ont engagé

les auteurs de ce mémoire à reprendre les travaux antérieurs de l'un d'eux. Jusqu'à présent, ils sont arrivés à reconnaître qu'en opérant comme il vient d'être dit, on
obtient un radical organique, dans lequel le carbone et
l'hydrogène sont combinés à l'antimoine, ils donnent le
nom de stibio-éthyle à ce radical.

L'alliage de potassium est préparé par calcination
de cinq parties de crème de tartre avec quatre d'antimoine. Le produit cristallisé décompose l'eau avec énergie, par la pulvérisation il s'oxyde facilement et s'allume,
on évite cet inconvénient par l'addition de deux ou trois
parties de sable quartzeux ; il renferme 12 pour cent de
potassium.

Pour faire le stibio-éthyle, on peut employer le
chlorure, le bromure ou l'iodure d'éthyle ; la préparation est plus facile avec ce dernier, on l'obtient par l'action du phosphore et de l'iode sur l'alcool ; il importe
qu'il soit parfaitement pur.

L'alliage de potassium pulvérisé et l'iodure d'é-
thyle mis en contact donnent, après quelques minutes,
une violente réaction, qu'on modère par le mélange de
sable, mais qui cependant ne permet d'opérer que sur
de faibles quantités. Il ne faut employer à la fois que la
proportion d'iodure d'éthyle nécessaire pour humecter
l'alliage. La meilleure manière d'opérer consiste à prendre un ballon de 3 ou 4 onces, à le remplir aux deux
tiers d'un mélange d'alliage et de sable sur lequel on
verse l'iodure d'éthyle, puis à l'aide d'un tube, à le
mettre en communication avec un second ballon. La chaleur produite par la réaction suffit pour chasser l'excès
d'iodure ; dès qu'il n'en passe plus, on adapte le ballon
à un appareil qui consiste : en une large éprouvette, dis-

posée de manière à ce qu'on puisse y faire passer un
courant d'acide carbonique sec, au fond se trouve un
petit ballon contenant de l'alliage de potassium, et dans
lequel aboutit un tube en communication avec l'extérieur de l'éprouvette. C'est à l'extrémité extérieure de
ce tube qu'on ajuste le ballon dans lequel l'opération
vient de commencer ; on remplit préalablement tout l'appareil d'acide carbonique. Le ballon étant chauffé jusqu'à
ce qu'il ne passe plus rien, est ensuite remplacé par un
second et ainsi de suite. Deux personnes, avec vingt à
vingt-quatre ballons, peuvent obtenir en un jour, quatre
à cinq onces de produit brut.

La rectification est faite dans le même appareil en portant à l'extérieur le ballon qui a servi à recevoir le stibio-
éthyle.

Les produits ont été successivement divisés en quatre
parties pour s'assurer si pendant la réaction plusieurs
combinaisons prennent naissance.

Pour faire l'analyse, les auteurs remplissent avec la
substance, de petits cylindres de verre, en opérant dans
une atmosphère d'acide carbonique.

La combustion faite avec l'oxyde de cuivre marche régulièrement, mais elle n'est pas complète, il est nécessaire d'ajouter 4 à 5 pour cent de chlorate de potasse.
L'acide azotique ou l'eau régale ne décomposant pas complétement le stibio-éthyle, le meilleur procédé pour déterminer l'antimoine, consiste à faire passer la combinaison sur du sable de quartz chauffé au rouge, en opérant
dans un long tube à combustion. L'antimoine se dépose
dans une partie froide du tube, on le dissout dans l'eau
régale et on l'estime sous forme de sulfure.

La première partie du produit de la rectification du

stibio-éthyle a été reconnue contenir de l'iode et une
combinaison cristallisable, mais les trois autres parties ne
renferment pas d'iode, elles sont assez identiques entre
elles pour être regardées comme un même produit. Le
résultat de l'analyse donne :

$$C_{12} = 72 \qquad 33,32$$
$$H_{15} = 15 \qquad 6,94$$
$$Sb = 129,02 \qquad 59,74$$
$$\overline{\phantom{xxxx} 216,02 \qquad 100}$$

soit $(C_4 H_5)$ $^3Sb$, ou $Ae$ $^3Sb$.

Le stibio-éthyle est un liquide incolore, très-fluide,
il possède une odeur désagréable d'oignons et réfracte
fortement la lumière; à — 29° il reste liquide. Une
goutte, exposée à l'air, sur une baguette de verre, répand
une vapeur épaisse blanche qui, au bout d'un instant, s'allume d'elle-même et donne une brillante flamme blanche.
Ce corps est plus pesant que l'eau, insoluble dans ce liquide, facilement soluble dans l'alcool et dans l'éther. Il
se combine au brome avec détonation; avec l'acide azotique fumant il produit une belle combustion; et introduit par une très-petite ouverture dans de l'oxygène, il
brûle avec une flamme extrêmement brillante.

Si on verse le stibio-éthyle dans un ballon avec assez
de précaution pour ne pas le laisser s'enflammer, on
obtient deux produits : une poudre blanche insoluble
dans l'éther et une masse visqueuse, incolore, transparente, soluble dans l'éther. Une solution alcoolique de
stibio-éthyle donne les deux mêmes substances par l'évaporation spontanée.

La partie soluble dans l'éther est transformée en une
masse transparente par la dessication au bain-marie.

La partie insoluble dans l'éther peut être dissoute dans l'eau ou dans l'alcool, elle est acide et chasse l'acide carbonique de ses combinaisons. La solution aqueuse ou alcoolique est très-liquide, mais elle épaissit par la chaleur comme de l'amidon, et finit par donner par l'évaporation une masse d'apparence semblable à celle de la porcelaine, soluble de nouveau dans l'eau et dans l'alcool. Les auteurs désignent provisoirement cette substance sous le nom d'*acide stibioéthylique.* Sous l'influence de l'acide sulfhydrique, cet acide donne des produits analogues au mercaptan et au sulfure d'éthyle.

Le stibio-éthyle est soluble dans l'acide azotique faible et légèrement chauffé, avec un léger dégagement d'acide hypoazotique; par évaporation de la solution, on obtient des cristaux incolores très-amers, solubles dans l'eau, et qui deviennent très-gros par une seconde cristallisation. Cette combinaison est un azotate dont l'acide sulfurique sépare l'acide azotique.

MM. Löwig et Schweitzer indiquent encore d'autres réactions qui toutes leur font considérer le stibio-éthyle comme un radical particulier analogue au cacodyle. Ils espèrent donner prochainement un second mémoire dans lequel ils étudieront les diverses combinaisons qu'ils signalent.

# BULLETIN SCIENTIFIQUE.

## PHYSIQUE.

**72. — DÉMONSTRATION EXPÉRIMENTALE DE LA LOI DU CARRÉ DU COSINUS**, par M. ARAGO. Premier mémoire sur la photométrie, lu le 18 mars 1850. (*Comptes rendus de l'Acad. des Sciences,* du 18 mars 1850.)

Le mauvais état de ma santé et l'altération profonde que ma vue a éprouvée presque subitement m'ont inspiré le désir, j'ai presque dit m'ont imposé le devoir de procéder à une prompte publication des résultats scientifiques qui, depuis longtemps, dorment dans mes cartons. Je me suis décidé à commencer par la *photométrie*, cette science qui, née au sein de l'Académie des Siences, est restée presque stationnaire, au point de vue expérimental, au milieu des brillants progrès que l'optique a faits depuis un demi-siècle.

Mes premières expériences photométriques datent de 1815. Je les faisais alors avec un appareil mobile que je tenais à la main. Cependant telle était la bonté du principe dont je faisais l'application, que plusieurs des résultats obtenus ainsi servirent à Fresnel à vérifier ses formules théoriques.

Au moment de livrer à l'appréciation du public le fruit des recherches poursuivies à bâtons rompus, pendant de longues années, avec des instruments perfectionnés, il m'a paru que mes communications ne devaient pas se borner à des faits isolés. Il était préférable de donner des résultats liés entre eux et constituant des chapitres définis et distincts de la science Mais, sous ce rapport, mes registres offraient de nombreuses lacunes que l'état de ma vue ne m'aurait pas permis de remplir avec l'exactitude convenable. Heureusement, M. Laugier, notre confrère, et M. Petit, directeur de l'observatoire de Toulouse, ont bien voulu, à ma prière, renoncer momentanément à leurs travaux personnels, et venir à mon aide avec leurs jeunes yeux. Pendant près de trois mois, toutes les fois que les circonstances atmosphériques étaient favorables, ils se sont dévoués à l'exécution de mes expériences avec un zèle, une attention et une patience dont je suis heureux de leur témoigner ici toute ma reconnaissance. Peu de jours leur ont suffi pour se familiariser avec ce nouveau genre d'observations, pour se bien garantir des causes d'erreurs qui se présentent à chaque pas, pour me convaincre enfin que, le cas échéant, ils pourront, livrés à eux-mêmes, compléter mon œuvre, tirer de mes instruments et de mes méthodes le parti le plus avantageux, et faire faire à la science de nouveaux progrès. Je ne dois pas, pour être juste, oublier de faire mention du concours intelligent que M. Charles Mathieu, élève astronome de l'observatoire, nous a prêté quelquefois.

On voudra bien remarquer que, dès que l'œil joue un rôle essentiel dans l'appréciation des phénomènes, il n'est pas inutile de s'assurer que diverses personnes arivent aux mêmes résultats.

Dans ce mémoire, je m'occuperai exclusivement des expériences par lesquelles j'ai démontré la loi photométrique que les physiciens ont appelée loi *du carré du cosinus*.

J'ai suivi, dans cette recherche, deux voies différentes.

La première est celle que je signalai, en août 1833, dans un mémoire lu devant l'Académie, et que M. Babinet eut la bonté de publier par extraits dans la traduction française de l'*Optique* d'Herschel.

On s'étonnerait, avec raison, qu'un intervalle de dix-sept années n'eût pas suffi à la réalisation de mes expériences, si je n'ajoutais qu'elles exigeaient impérieusement la connaissance exacte et préalable des quantités de lumière réfléchie et transmise sous un certain nombre d'inclinaisons par une lame de verre à faces parallèles. Or, chose singulière, ces quantités, bases de la photométrie, ne se trouvent pas dans l'ouvrage classique de Bouguer, et n'existent dans celui de Lambert qu'affectées d'erreurs qui les rendent tout à fait impropres à des recherches délicates. Si quelque physicien a tenté d'appuyer ses déductions sur les données empruntées au célèbre géomètre allemand, il a dû trouver des résultats très-discordants, et je ne m'étonne pas qu'il les ait gardés dans son portefeuille. Pour moi, je vis dès les premiers essais de mon système d'expérience, qu'il me fallait renoncer à chercher dans les livres les données sur lesquelles elles se fondent ; qu'il était nécessaire, en un mot, de prendre la question par sa base, sans rien emprunter ni à Lambert, ni à ses successeurs. Je ferai connaître, dans une des plus prochaines séances, la méthode que j'ai imaginée pour obtenir avec toute la précision désirable les déterminations qui m'étaient indispensables. Maintenant je me contenterai de dire que, par cette méthode nouvelle, on a pu déterminer directement :

L'angle ($4°32'$), compté à partir de la surface, sous lequel une lame de crown-glass réfléchit quatre fois plus de lumière qu'elle n'en transmet ;

L'angle ($7°1'$) sous lequel la lumière réfléchie est double de la lumière transmise ;

L'angle ($11°8'$) sous lequel la lumière réfléchie est égale à la lumière transmise ;

L'angle ($17°17'$) sous lequel la lumière réfléchie est égale à la moitié de la lumière transmise ;

Enfin, l'angle ($26°38'$) sous lequel la lumière réfléchie est le quart de la lumière transmise.

Ces angles, déterminés directement, sont les seuls dont on ait à faire usage pour appliquer la première méthode de vérification. La seconde exige qu'on connaisse exactement la quantité de lumière transmise ou réfléchie pour des angles compris entre les précédents ; or c'est à quoi on arrive par une interpolation d'autant plus légitime, qu'entre le premier angle correspondant à $4°32'$, et le dernier qui s'élève à $26°38'$, c'est-à-dire pour un intervalle de $22°6'$, on a cinq déterminations directes.

( Ici se placent, dans le mémoire présenté à l'Académie, les détails des expériences qui conduisent à la vérification définitive de la loi du carré du cosinus ; mais ces détails, dépassant les limites assignées par les règlements aux articles du *Compte rendu*, ne peuvent être imprimés ici ; ils arriveront à la connaissance du public

par une autre voie.) Le mémoire de M. Arago se termine de cette
manière :

« Lorsqu'on songe aux bizarreries, aux résultats imprévus qui
sont sortis des dernières recherches des physiciens sur la lumière,
on doit se croire autorisé à porter le scepticisme jusqu'à ses dernières limites. On peut se demander, par exemple, si la loi du carré
du cosinus, vraie pour des rayons confondus, le serait encore si les
images étaient séparées. Afin de ne laisser dans les esprits aucune
trace d'un pareil doute, j'ai imaginé et institué un autre système
d'expérience qui fera l'objet d'une seconde communication.

« Peut-être demandera-t-on que je justifie l'importance que j'ai
mise à vérifier expérimentalement la *loi du carré du cosinus ?*
Voici ma réponse :

« Les lois mathématiques simples (je ne parle pas de celles qui
résultent de formules d'interpolation) mettent sur la voie de la cause
des phénomènes. Ces lois sont d'ailleurs si rares dans le domaine de
la physique, qu'une de plus est une acquisition précieuse.

« La loi du carré du cosinus une fois démontrée expérimentalement, un observateur muni d'une lunette prismatique a sous la main
le moyen de faire varier l'intensité des deux images que la lunette
fournit, par des degrés presque insensibles, et néanmoins parfaitement déterminés, par des *dix-millièmes*, par exemple.

« La loi en question conduit à une méthode directe et d'une exécution facile pour graduer expérimentalement le *polarimètre*. De là
les moyens de résoudre une foule de questions de photométrie et
d'optique qui ne seraient pas même abordables sans le secours de
cet instrument : par exemple la détermination de la hauteur des
nuages isolés qui se montrent si souvent dans un ciel serein, d'a-
près la lumière partiellement polarisée qui correspond au nuage ;
résultat paradoxal, pour le dire en passant, car l'observation de
toute distance semble exiger impérieusement la mesure d'une base
et les observations faites aux deux extrémités.

« Grâce à l'extrême précision des méthodes que fournit la loi du
carré du cosinus, j'ai pu amener à une solution définitive cette
question astronomique si souvent posée, et si diversement résolue :
le bord et le centre du soleil sont-ils également lumineux ?

« L'hémisphère de la lune, visible de la terre, présente des parties très-brillantes, et d'autres parties obscures qu'on a appelées improprement des mers. Quelles sont les intensités comparatives de ces régions, douées d'une puissance de réflexion si dissemblable? Le problème a pu être posé, mais jamais on ne l'a résolu. On verra que sa solution découle, d'une manière très-simple, d'un emploi judicieux de la loi du carré du cosinus.

« Enfin, à l'aide de cette même loi, on détermine l'intensité comparative de la lumière lunaire provenant du soleil, et de la lueur cendrée provenant de la terre. On saura donc expérimentalement quelle est l'intensité comparative du soleil et de la terre ; celle-ci étant considérée comme planète réfléchissant la lumière solaire. On saura aussi si les hémisphères terrestres, successivement visibles de la lune, sont plus ou moins lumineux, suivant qu'ils renferment plus ou moins de parties terrestres (de continents), plus ou moins de régions aqueuses (de mers). On appréciera en même temps l'influence de l'état plus ou moins diaphane, plus ou moins nuageux de notre atmosphère; en sorte qu'il n'est pas possible qu'un jour on aille chercher dans l'observation de la lumière cendrée des données sur la diaphanéité moyenne des divers hémisphères terrestres.

« Telles sont quelques-unes des questions photométriques que je me propose de traiter successivement devant l'Académie. Leur énoncé suffira, j'espère, pour justifier les détails dans lesquels je suis entré, et pour faire sentir l'importance d'une démonstration expérimentale de la *loi du carré du cosinus.* »

----

73 — DEUXIÈME MÉMOIRE SUR LA PHOTOMÉTRIE, par M. ARAGO.
(*Comptes rendus de l'Acad. des Sc.*, du 1ᵉʳ avril 1850.)

Présenter la table des quantités de lumière réfléchie et de lumière transmise, sous diverses inclinaisons voisines de la surface, par une lame de verre à faces parallèles; appliquer ces résultats numériques à une nouvelle vérification de la loi du carré du cosinus, en opérant non plus sur des rayons confondus, mais sur des images

séparées ; faire connaître, en les discutant, les moyens à l'aide desquels cette table a été formée : tel est l'objet de ce second mémoire.
En attendant la prochaine publication du texte, dont la longueur
dépasserait de beaucoup les limites imposées aux articles de ce recueil, on en présentera ici une analyse très-sommaire.

Les procédés photométriques généralement suivis jusqu'ici repo-
saient sur l'emploi de lumières artificielles dont l'éclat variable se
prêtait difficilement à des mesures exactes. De telles lumières sont
absolument exclues de ces expériences, et c'est là un des caractères
essentiels de la nouvelle méthode qu'on a suivie. Cette méthode repose sur l'emploi de deux artifices : le premier consiste à dédoubler
successivement les images par voie de double réfraction ; le second,
à emprunter toujours la lumière à un large écran de papier, vu par
transmission et éclairé par une grande portion du ciel couvert.

Le mémoire contient une discussion détaillée de ces deux artifices
et des conditions dans lesquelles on doit les employer. On prouve,
par le raisonnement et par l'expérience, que l'observateur ne doit
tenir aucun compte des distances variées où peut être placé l'écran,
et même, dans certaines limites, de l'angle d'émission des rayons.
On démontre aussi, à l'aide de l'observation directe et du polariscope, que le dédoublement opéré dans un rayon de lumière neutre
par un cristal biréfringent se fait exactement par moitiés.

Après avoir étudié, avec tout le soin convenable, les conditions
dans lesquelles il faut se placer pour tirer le meilleur parti possible
de l'emploi de l'écran et de prismes biréfringents d'une nature particulière, l'auteur présente à l'Académie l'instrument dont il s'est
servi, en explique l'usage, et donne les valeurs numériques des angles sous lesquels les quantités de lumière réfléchie et de lumière
transmise par une lame de verre à faces parallèles, sont entre elles
dans les rapports de 4 à 1, de 2 à 1, de 1 à 1, de $^1/_2$ à 1, et de $^1/_4$
à 1. C'est par une interpolation entre les termes de cette série que
l'auteur arrive aux déterminations dont il a besoin pour vérifier la
loi du carré du cosinus, dans les conditions énoncées plus haut.

Cette vérification, toutefois, n'est rigoureuse que dans la supposition qu'aucune portion sensible de lumière ne s'éteint ni dans l'acte

de la réflexion ni dans celui de la réfraction, à la première et à la seconde surface de la lame. M. Arago a expliqué minutieusement les expériences à l'aide desquelles il a constaté, contrairement aux résultats contenus dans des ouvrages classiques, l'exactitude de ce fait capital.

Dans un troisième mémoire, l'auteur montrera comment on peut passer des petits angles (4° et 26° $^1/_2$) aux incidences voisines de la perpendiculaire, comment on peut aussi déterminer les quantités de lumière réfléchie sous différents angles, à la surface des métaux, et à la *première* surface des miroirs diaphanes. ɪ

---

**74. — CONDUCTIBILITÉ SUPERFICIELLE DES CORPS CRISTALLISÉS POUR L'ÉLECTRICITÉ DE TENSION, par M. H. DE SENARMONT. (Annales de Chimie et de Phys., mars 1850.)**

Nous avons déjà fait connaître un travail intéressant sur le même sujet, de M. Wiedemann [1]. Quoique le mode d'expérience employé par M. de Senarmont soit sensiblement différent de celui dont avait fait usage M. de Wiedemann, ces deux physiciens sont parvenus à des résultats qui s'accordent en général très-bien, quand les observations ont porté sur les mêmes substances. M. Wiedemann opérait, en étudiant au moyen de l'arrangement de poussières fines, la distribution de l'électricité statique sur la surface de cristaux mauvais conducteurs en faisant arriver l'électricité au moyen d'une pointe fine sur la surface soumise à l'expérience. M. de Senarmont, dans ses recherches, recouvre la surface du corps mauvais conducteur d'une feuille d'étain formant autour de lui comme une chemise ou enveloppe métallique, en ayant soin de ménager un trou parfaitement circulaire dans cette enveloppe qui laisse à nu une partie de la surface naturelle. Une pointe métallique, isolée, placée au centre de l'ouverture, perpendiculairement sur la surface même du corps mauvais conducteur est la voie par laquelle arrive l'électri-

---

[1] *Archives des Sciences phys. et natur.*, tome XII, p. 46.

cité. Celle-ci ne peut s'écouler qu'en cheminant vers la circonférence et en franchissant un espace non conducteur, elle a donc à
surmonter des résistances qui se manifestent par des phénomènes
lumineux. Comme toutes choses se trouvent d'ailleurs parfaitement
semblables en tout sens, l'électricité arrivant au centre du cercle est
sollicitée également de tous côtés par la circonférence conductrice,
et ne peut avoir d'autres causes directrices déterminantes que les
forces moléculaires, si elles existent, et des différences de conductibilité superficielle.

Après divers essais, M. de Senarmont a trouvé avantageux d'o-
pérer dans l'air raréfié, car alors le phénomène se régularise beaucoup. Il est vrai que le flux continu et silencieux de l'électricité ne
laisse pas dans ce cas de transpermanentes, mais il se manifeste dans
l'obscurité par une lueur qui pénètre pendant la durée entière de
l'écoulement, et en rend visibles toutes les particularités.

Sur des matières homogènes, ou sur des cristaux du système régulier, l'électricité s'épanouit circulairement autour de la pointe
centrale, et couvre la surface du cercle d'une lueur uniforme. La
même chose paraît avoir lieu pour les cristaux du système prismatique à base carrée et rhomboédrique, mais seulement quand la face
est normale à l'axe de symétrie.

Dans tous les autres cas, le phénomène est différent, et quand il
se montre dans toute sa perfection, on voit la lueur s'échapper li-
néairement du centre, dans deux directions opposées, et former
ainsi un diamètre lumineux qui s'oriente dans un azimut fixe, ou
s'épanouit un peu en éventail et se balance par quelques oscillations
légères à droite et à gauche de sa véritable direction ; on rend bien
souvent l'orientation plus stable, en laissant à l'air une certaine tension. Ce diamètre semble parcouru en deux sens contraires par un
flux rapide d'électricité partant du centre, et quand l'écoulement
d'électricité est abondant, elle n'émane plus seulement de la pointe
extrême pour glisser à la surface même du cristal comme un enduit
lumineux sans épaisseur, elle sort de la tige métallique sur une petite hauteur, et les courants rectilignes lumineux ont une profondeur
appréciable ; ils s'orientent encore sous l'influence du cristal quand

la pointe métallique ne repose pas immédiatement sur sa surface, mais reste suspendue, et en est séparée par un petit intervalle, un millimètre, par exemple. La sphère d'activité des forces directrices paraît donc s'étendre à une certaine distance au-dessus de la superficie du cristal.

Quand il reste assez d'air dans le récipient de la machine pneumatique, des étincelles brillantes et instantanées viennent se mêler à la lueur violacée permanente ; et, si l'on a saupoudré la surface de fleur de soufre, elles laissent sur cette poussière la trace du trajet rectiligne qu'elles ont parcouru.

On remarque toujours dans ces phénomènes une différence prononcée entre les deux électricités. Une expérience très-nette quand la pointe centrale reçoit le fluide positif, devient complétement indéterminée, dès qu'on amène à cette pointe du fluide négatif. Ce dernier s'est même comporté jusqu'ici, dans tous les cas, et sur les cristaux de toute nature, à peu près comme le fluide positif sur les corps homogènes, ou sur les cristaux du système régulier

Toutes les substances ne sont pas, même avec l'électricité positive, également propres à la manifestation de ces phénomènes : sur certains cristaux, ils se dessinent nettement ; sur d'autres, ils sont moins bien définis ou même tout à fait méconnaissables. Ces différences doivent dépendre de l'énergie très-diverse de la force directrice propre à chaque espèce de matière. Elles tiennent aussi au peu de précision de la méthode expérimentale, qui n'a pas une délicatesse suffisante pour faire apprécier des inégalités légères. Toutefois, même dans les cas assez rares où les effets de la force directrice sont masqués par des perturbations accidentelles, les cristaux non réguliers se montrent ordinairement différents des substances homogènes. Le flux d'électricité y paraît plus errant, et, au lieu de couvrir le cercle d'une nappe uniforme de lumière nuageuse, il s'éparpille fréquemment en une multitude de filets divergents qui sautent brusquement d'un point à l'autre de la circonférence.

Les expériences nombreuses contenues dans le mémoire de M. de Senarmont et dans le détail desquelles nous ne pouvons entrer, conduisent aux conclusions générales suivantes :

1° Que, pour les cristaux du système régulier comme pour les corps homogènes, la conductibilité superficielle est égale en tous sens et sur toutes les faces ;

2° Que, pour les cristaux prismatiques à base carrée et rhomboédrique :

*a.* La conductibilité est égale en tous sens sur les faces normales à l'axe de symétrie ;

*b.* Sur les faces parallèles à cet axe, il existe une direction de conductibilité maximum qui lui est parallèle ou perpendiculaire ;

*c.* Sur les faces inclinées à cet axe, il existe une direction de conductibilité superficielle maximum parallèle ou perpendiculaire à la projection de l'axe de symétrie, ou, en d'autres termes, à la trace de la section principale sur la face que l'on considère ;

3° Que, pour les cristaux des autres systèmes, il existe sur une face quelconque une direction fixe de conductibilité maximum.

Quand la face contient dans son plan un ou deux axes de symétrie, cette direction est parallèle ou perpendiculaire à ces axes. Quand la face ne contient pas d'axes de symétrie dans son plan, la direction de conductibilité maximum ne peut être prévue à priori ; elle doit être déterminée par l'expérience, et ne coïncide nécessairement ni avec les directions des axes d'élasticité optique, ni avec les directions des axes de conductibilité thermique.

De l'expérience faite sur le gypse il paraît résulter, au moins dans les limites d'exactitude dont elle est susceptible, que, pour des directions intermédiaires entre celles du maximum et du minimum, la conductibilité superficielle dépend des rayons vecteurs d'une ellipse, comme ce maximum et ce minimum dépendent eux-mêmes des axes de cette ellipse.

Il serait trop hasardé d'étendre à la conductibilité électrique intérieure ou intermoléculaire des conséquences fondées sur des expériences de conductibilité superficielle ; il faut reconnaître, néanmoins, que les propriétés électriques, optiques, calorifiques, des minéraux, montrent des analogies remarquables, et l'on retrouve dans tous ces phénomènes la même influence des axes de symétrie égaux ou inégaux, et la même indépendance apparente des sens principaux de propagation, dès que l'électricité, la chaleur et la lumière ne trouvent pas une direction commune et forcée qui ait, dans la symétrie même, une raison d'être nécessaire et suffisante.

---

75. — Vibrations des barreaux de Trevelyan par le courant voltaïque, par Ch. Page, de Washington. (*Amer. Journal*, janvier 1850.)

M. Page expose qu'il y a un an environ, faisant la démonstration de la vibration produite dans les barreaux de Trevelyan par la chaleur, il fut obligé de la suspendre à cause des difficultés qu'il éprouvait à soutenir la température nécessaire pour faire durer les vibrations. Il chercha alors s'il n'y aurait pas quelque moyen de produire les mouvements vibratoires sans avoir la peine de réchauffer les barreaux à chaque essai. Après différents efforts infructueux, il obtint un résultat très-intéressant en employant le pouvoir calorifique d'un courant galvanique.

Deux barreaux de Trevelyan, faits en bronze et pesant d'une à deux livres, après avoir été suffisamment chauffés, sont placés sur un bloc de plomb froid ; les deux barreaux peuvent être placés sur le même bloc, quoique les vibrations s'entrecroisent quelquefois quand on fait usage des deux à la fois. Lorsque c'est par le courant galvanique que les barreaux doivent vibrer, il faut qu'ils soient de la même force et des mêmes dimensions que précédemment, et ils peuvent être indifféremment d'un métal quelconque ; le bronze, le cuivre ou le fer paraissent cependant être les métaux préférables. On place l'un des barreaux ou tous les deux sur le support, sans s'inquiéter de sa température ; ce support se compose de deux barres métalliques formant comme deux rails parallèles sur lesquels reposent transversalement par une arête vive les deux barreaux ou le barreau unique. L'un des rails communique avec l'un des pôles, l'autre avec le second pôle de la batterie voltaïque qui est elle-même formée de deux paires de Daniell, de Smee ou de Grove, qui suffisent. Les vibrations se succéderont avec une grande rapidité, aussi longtemps que dure le courant.

L'un des pôles de la batterie peut être mis en communication avec le bloc sur lequel repose le barreau vibrant, et l'autre pôle plonge alors dans du mercure que contient une petite cavité formée dans le centre du barreau. Mais l'expérience réussit mieux en employant les deux rails plutôt qu'un bloc unique. Un certain nombre de barreaux peuvent être maintenus en vibration, en augmentant le nombre des rails et en faisant passer le courant de l'un à l'autre à travers les barreaux qu'ils supportent; il convient que les rails soient faits en cuivre, quoique d'autres métaux puissent également être employés; il vaut mieux se servir des métaux qui ne s'oxydent pas facilement. Un métal doux, tel que le plomb, n'est pas si favorable aux vibrations dans cette expérience, quoique dans les expériences de Trevelyan le plomb semble être presque le seul métal qui soit propre à servir de support au barreau qui est ordinairement fait de cuivre.

Graham et d'autres auteurs ont attribué la vibration des barreaux de Trevelyan à la répulsion qu'exercent l'un sur l'autre des corps chauffés, et d'autres ont assimilé le phénomène à l'état sphéroïdal des corps chauffés. Il ne paraît pas qu'aucune action répulsive se manifeste entre les corps chauffés, et il faut chercher ailleurs la solution de ces curieux phénomènes; il est probable que le mouvement est dû à une expansion du bloc métallique, au point de contact avec le barreau, ce qui expliquerait pourquoi un bloc de plomb est souvent indispensable pour que l'expérience réussisse; car il est nécessaire d'avoir un métal d'un pouvoir conducteur faible et de grande faculté d'expansion, et c'est le plomb qui réunit le mieux ces deux conditions.

On peut augmenter beaucoup les dimensions des barreaux, lorsqu'on fait usage du courant voltaïque pour produire le phénomène, et on obtient de curieux mouvements quand on emploie des cylindres de métal très-larges et très-longs. S'ils ne sont pas exactement équilibrés, et c'est presque toujours le cas, ils prennent un mouvement de va et vient qui s'accroît graduellement et qui finit par leur faire faire un tour complet. Il faut, pour obtenir ce résultat, une légère inclinaison des rails, si légère toutefois, qu'elle n'est pas même sensible à l'œil.

C'est un fait bien connu que là où il y a un simple contact (sans continuité métallique) entre des métaux qui conduisent le courant galvanique, c'est à ces points de contact que ces métaux s'échauffent le plus ; si le courant est fréquemment interrompu, le dégagement de chaleur est encore plus fort dans ces points. C'est pour cette raison que l'on peut employer différentes espèces de métaux dans ces expériences, sans avoir égard à leur pouvoir conducteur et à leur faculté d'expansion, ce qui n'est pas le cas quand c'est avec la chaleur ordinaire et non avec la chaleur voltaïque qu'on opère.

76. — DU DÉGAGEMENT DE L'ÉLECTRICITÉ PRODUIT PAR L'IMMERSION DE MÉTAUX CHAUFFÉS DANS DES LIQUIDES, par M. HENRICI, (*Pogg. Ann.*, n° 1 de 1850.)

Deux fils de platine d'environ un millimètre d'épaisseur, sont fixés à un appareil convenable, et qui leur permet de communiquer au galvanomètre. L'un d'eux est chauffé au rouge à une flamme d'esprit-de-vin, puis ils sont plongés simultanément, au moyen de l'appareil mentionné ci-dessus, dans le liquide d'épreuve qui est contenu dans un verre ou dans un vase de porcelaine de petites dimensions. Afin de mettre autant que possible le fil qui devait être chauffé par la flamme d'esprit-de-vin à l'abri de toute impureté, on remplit la lampe de bon alcool, puis, pour obtenir une plus grande homogénéité dans l'un et l'autre fil, on a soin de fortement chauffer d'avance le fil qui doit être plongé à froid, à chaque expérience, ou le passer sur la flamme, après un lavage préalable. On a eu le plus grand soin de bien nettoyer les deux fils avant chaque expérience. Voici la série des résultats qu'on a obtenus :

| Liquides. | Electricité que prend le fil préalabl. chauffé. | Déviation de l'aiguille du galvanomètre. | | |
|---|---|---|---|---|
| Acide sulfurique concentré | positive | 15° | 15° | |
| id.     avec ½ d'eau | » | 20 | 15 | |
| Acide nitrique concentré | » | 54 | 46 | |
| id.     avec ½ d'eau | » | 36 | 45 | 45° |
| Acide hydrochlorique concentré | négative | 35 | 34 | |
| id.     avec ½ d'eau | » | 25 | 25 | |
| Acide acétique | » | 8 | 9 | |
| Acide oxalique | » | 22 | 18 | |
| Solution concentrée de potasse caustique. | » | 20 | 26 | |
| id.     étendue | » | 40 | 50 | (20) |
| Ammoniaque caustique | positive | 22 | 15 | (7) |
| Carbonate de soude | négative | 14 | 14 | |
| id.     de potasse | » | 8 | 14 | 13 |
| Sulfate de potasse | » | 4 | 5 | 7 |
| id.     de magnésie | positive | 4 | 4 | 5 |
| Prussiate jaune de potasse | négative | 90 | 90 | 90 |
| Sulfate de cuivre | » | 12 | 9 | |
| Nitrate d'argent | » | 18 | 10 | 10 |
| Chlorate de potasse | » | 7 | 6 | |
| Chlorure d'étain | positive | 13 | 15 | 9. |
| Chloride    id. | » | 35 | 24 | 23 |
| Chloride de cuivre | » | 34 | 30 | (10) |
| Chlorure de fer | négative | 35 | 37 | (20) |
| Chloride    id. | positive | 90 | 90 | |
| Sulfate (d'oxyde) de fer | » | 90 | 90 | (90) |
| id.     (d'oxydule) de fer | négative | 90 | 90 | (52) |
| Chlorure de manganèse | » | 4 | 4 | 3 |
| Sel ammoniac | positive | 4 | 2 | 2 |
| Chlorure de barium | négative | 3 | 4 | |
| Iodure de potassium | positive | 14 | 22 | 20 |
| Chloride de mercure | négative | 5 | 5 | |
| Nitrate de mercure | positive | 90 | | (7) |
| Eau de neige | négative | 5 | | |
| id.     avec une goutte d'ac. sulfur. | » | 10 | 10 | |
| id.     id.     nitriq. | » | 8 | 9 | |
| Acide sulfurique très-étendu | positive | 6 | 3 | |
| id.     id.     avec un petit morceau de zinc | négative | 60 | 40 | 90 |
| Esprit-de-vin | » | 4 | 4 | |

Après avoir achevé cette série d'expériences, il est venu à la pensée de l'auteur que le résultat pourrait bien en être dû aussi, en partie, à une influence électromotrice du liquide sur le fil qui devait y être plongé à froid. Il a donc fait plusieurs expériences dans lesquelles ce fil a été, après chaque nettoiement, non-seulement chauffé au rouge, mais encore recouvert d'une légère couche de résine par l'immersion dans de l'huile de térébenthine rectifiée. Les déviations observées dans ces cas (et qui sont celles qui sont indiquées entre parenthèse) diffèrent des autres, seulement quant à l'amplitude, et non quant à la direction, en sorte que l'on ne peut avoir aucun doute sur le développement de l'électricité perdue par le refroidissement des métaux dans des liquides, conformément aux résultats consignés dans le tableau ci-dessus.

Quant à ce qui concerne la nature du phénomène, les résultats obtenus par M. Henrici diffèrent en plusieurs points de ceux de Pouillet et de Reich. Tandis que ce dernier a trouvé que l'électricité du creuset de platine chauffé, dans lequel le liquide déjecté est projeté par l'effet de la vaporisation, n'était positive que lorsque l'on faisait usage d'une solution de potasse, et que dans les autres cas elle était toujours négative ; il résulte, au contraire, des expériences de M. Henrici, que l'électricité du fil refroidi par immersion est négative avec la solution de potasse, et que dans les autres liquides les résultats varient tellement dans leur nature et dans leur intensité, qu'on ne peut y reconnaître aucune loi. N'est-il pas bien singulier, par exemple, que l'acide sulfurique étendu employé seul ne fasse dévier que de quelques degrés dans le sens positif l'aiguille du galvanomètre, tandis qu'il la fait dévier de 60° et plus dans le sens négatif, lorsqu'on produit dans ce liquide un dégagement d'hydrogène par l'immersion d'un petit morceau de zinc. L'auteur remarque, du reste, que plusieurs liquides subissent une décomposition par l'effet de l'immersion de platine fortement chauffé, circonstance qui ne peut être sans influence sur le dégagement de l'électricité ; dans un grand nombre de cas, le fil immergé était même visiblement attaqué, particulièrement avec la solution de potasse [1].

[1] Cette dernière remarque nous confirme complétement dans l'opinion que les effets observés par M. Henrici ne sont que des effets électro-chimiques plus ou moins complexes, provenant de l'action chimique qu'exerce sur les liquides le platine que l'on y plonge à une température élevée. (R.)

**CHIMIE.**

77. — SUR LE DOSAGE DU FLUOR, par M. H. ROSE. (*Poggend. Annalen*, tome LXXIX, p. 112.)

M. H. Rose, dont les travaux persévérants ont fait faire déjà de si grands progrès à l'analyse chimique, vient de publier un mémoire intéressant sur la détermination quantitative du fluor. Ne pouvant, dans un résumé succinct, donner un exposé suffisamment exact des méthodes d'analyse dont il conseille l'emploi, et qui ne peuvent conduire à des résultats exacts qu'autant que l'on suive toutes les précautions qu'il signale, nous devons renvoyer les chimistes au mémoire de l'auteur. Nous nous bornerons seulement à indiquer quelques précautions que M. Rose a reconnues nécessaires dans les procédés de dosage les plus simples.

Lorsqu'on a à déterminer le fluor contenu dans une dissolution neutre, on le précipite en général à l'état de fluorure de calcium par l'addition de chlorure de calcium ou d'azotate de chaux. Cette méthode réussit très-bien, mais il faut avoir soin de porter le liquide à l'ébullition et de le laisser reposer avant que de le filtrer, autrement le précipité a une consistance gélatineuse et empêche la filtration.

Lorsque la dissolution est acide, il faut se garder de la neutraliser, comme on le fait habituellement, par l'addition d'ammoniaque; en effet le fluorure de calcium se dissout en quantité notable dans une liqueur contenant des sels ammoniacaux. Il faut dans ce cas neutraliser par le carbonate de soude, puis ajouter du chlorure de calcium qui donne lieu à un précipité de fluorure, mêlé de carbonate. Ce précipité doit être recueilli, lavé, calciné, puis traité par l'acide acétique; on évapore ensuite à siccité au bain-marie, et l'on reprend par l'eau qui laisse le fluorure de calcium pur.

Lorsqu'on a à rechercher le fluor dans une combinaison insoluble, on ne parvient pas toujours à l'extraire en entier par la fusion avec un carbonate alcalin ; on y réussit au contraire en fondant avec un mélange de silice et d'un carbonate alcalin. Après avoir traité le produit par l'eau, on précipite la silice de la dissolution en y ajoutant du carbonate d'ammoniaque. Tout le fluor se retrouve ainsi dans la dissolution en présence d'un carbonate alcalin, on y ajoute du chlorure de calcium et l'on traite le précipité comme dans le cas précédent.

---

78. — SUR LES COMBINAISONS AMIDÉES DU TUNGSTÈNE, par M. WOEHLER. (*Ann. der Chemie und Pharm.*, tome LXXIII, page 190.)

L'auteur décrit dans ce mémoire quelques composés azotés obtenus par l'action du gaz ammoniac à une température un peu élevée sur le chlorure de tungstène et sur l'acide tungstique.

Le chlorure de tungstène $WCl^3$ absorbe énergiquement le gaz ammoniac avec une forte élévation de température; toutefois, pour rendre l'action complète, il faut à la fin de l'opération chauffer de manière à volatiliser le sel ammoniac qui s'est formé. Il reste un produit noir, à éclat demi-métallique qui, chauffé au contact de l'air, dégage de l'ammoniaque ; puis brûle en se transformant en acide tungstique. Calciné à l'abri du contact de l'air, à peu près à la température de la fusion de l'argent, il perd tout son azote et son hydrogène et laisse pour résidu du tungstène métallique pur. Fondu avec l'hydrate de potasse il se change en tungstate avec dégagement d'ammoniaque et d'hydrogène. Les acides et les dissolutions alcalines sont sans action sur lui.

Dans de nombreuses analyses, faites sur les produits de diverses préparations, l'auteur a trouvé la proportion du tungstène variant de 86,76 à 90,80 pour cent. Il attribue ces variations à une décomposition qu'éprouve, par l'action de la chaleur, le produit primitif, décomposition qui est accompagnée d'un dégagement d'azote ou d'ammoniaque, si elle s'effectue en présence du gaz hydrogène, et qui peut ne pas avoir eu lieu ou avoir été plus ou moins complète suivant que la chaleur a été plus ou moins forte pendant la préparation.

D'après ses analyses M. Woehler admet donc l'existence de deux produits successifs, qu'il considère comme des combinaisons d'azoture et d'amidure de tungstène, et auxquels il attribue les formules suivantes:

$$W^3 Az^3 H^2 = 2 W Az + W Az H^2$$
$$W^3 Az^2 H^2 = W^2 Az + W Az H^2$$

En raison de la composition qu'il leur assigne, il leur donne le nom de *nitroamidures de tungstène* (*wolframnitretamid*).

Il est difficile toutefois d'attacher une grande confiance à des formules aussi compliquées, surtout pour des produits qui offrent aussi peu de stabilité et dont rien ne peut attester la pureté. Pour le premier de ces composés, en particulier, la formule beaucoup plus simple $W Az H$ s'accorderait aussi bien avec les analyses, et rendrait aussi bien compte de la formation de ce produit et de sa décomposition sous l'influence de la potasse.

L'acide tungstique en présence de l'ammoniaque au rouge à peine naissant se transforme en une substance noire, inattaquable par les acides et les alcalis, qui prend feu lorsqu'on la chauffe au contact de l'air et se change en acide tungstique. La chaleur seule en dégage de l'ammoniaque; la calcination dans un courant d'hydrogène produit de l'eau et de l'ammoniaque et laisse pour résidu le tungstène métallique; aussi lorsqu'on soumet l'acide tungstique à l'action du gaz ammoniac dans un tube de porcelaine à la température de fusion de l'argent, n'obtient-on que du tungstène ou un mélange variable de ce métal avec la combinaison dont il est ici question. La facilité avec laquelle ce produit se décompose à une température très-voisine de celle qui est nécessaire pour lui donner naissance rend sa préparation plus difficile. L'auteur a réussi cependant à l'obtenir dans diverses opérations avec une composition assez constante, ainsi la proportion du tungstène dans neuf analyses n'a varié qu'entre 87,65 et 88,47 pour 100. Ses analyses l'ont conduit à une formule très-compliquée, savoir: $W^3 Az^4 H^2 O^4$ qu'il décompose ainsi :

$$3 W Az + W^2 Az H^2 + 2 WO^2.$$

Il donne à ce composé le nom de *nitroamidoxyde de tungstène* (wolframnitretamidoxyd). Il serait probablement inutile de chercher une formule plus simple pour un produit aussi instable et qui n'offre aucune garantie d'homogénéité.

On obtient un produit analogue, peut-être même identique, en calcinant un mélange de tungstate de potasse et de sel ammoniac et lavant le résidu avec une dissolution étendue de potasse.

---

79. — Sur la fibrine de la fibre musculaire, par M. J. Liebig. (*Ibidem*, tome LXXIII, p. 125.)

L'auteur attire l'attention dans ce mémoire sur les différences très-marquées qui existent entre la fibrine du sang et la substance qui compose la plus grande partie de la fibre musculaire, et que l'on réunit habituellement à la fibrine, bien que ces matières ne se ressemblent guères que par leurs propriétés physiques.

La fibrine du sang, au contact de l'eau mêlée de $\frac{1}{1000}$ d'acide chlorhydrique, se gonfle et se change promptement en une matière gélatineuse qui se contracte fortement en présence des acides forts et se gonfle de nouveau dans l'eau pure comme une éponge. Pendant ces réactions, l'eau ne dissout qu'une trace à peine sensible de fibrine.

La fibrine de la chair présente des caractères très-différents. En présence de l'eau acidulée, à la température ordinaire, elle se dissout en grande partie et immédiatement, et l'on peut séparer par la filtration le résidu insoluble. La dissolution se prend, par la neutralisation, en une bouillie blanche et gélatineuse qui se redissout facilement dans un excès d'alcali. Ce précipité se redissout aussi dans l'eau de chaux ; l'ébullition produit une coagulation dans cette dissolution comme dans une dissolution étendue d'albumine.

Ce principe de la chair musculaire, si facilement soluble dans l'eau acidulée par l'acide chlorhydrique, en constitue une proportion très-variable dans les divers animaux. Ainsi la fibre musculaire du poulet et du bœuf se dissout presque en totalité ; celle du mouton laisse un résidu plus abondant ; celle du veau bien plus de la moitié de son poids. Ce résidu insoluble est blanc et élastique, mais plus gélatineux et plus mou que la fibrine du sang gonflée dans l'eau acidulée.

La fibrine de la chair contient un peu moins d'azote que celle du sang ; sa composition se rapproche davantage de celle de l'albumine. Voici les résultats des analyses faites par M. le Dr Strecker, sur la fibrine de la chair préparée par dissolution dans l'eau acidulée et précipitation par l'ammoniaque :

|  | Fibrine du poulet. | Fibrine du bœuf. |
|---|---|---|
| Carbone . . . . | 54,46 | 53,67 |
| Hydrogène . . . | 7,28 | 7,27 |
| Azote. . . . . . | 15,84 | 16,26 |
| Soufre . . . . . | 1,21 | 1,07 |
| Oxygène . . . . | 19,81 | • |
| Cendres . . . . | 1,40 | |
|  | 100,00 | |

Si l'on abandonne la fibrine du sang avec de l'eau dans un flacon fermé et dans un lieu chaud, elle entre bientôt en putréfaction. Elle se colore et perd peu à peu de sa consistance ; au bout de trois semaines environ elle s'est dissoute presque en totalité et a produit un liquide à peine coloré, dans lequel nagent quelques flocons noirs de sulfure de fer qu'on sépare aisément par la filtration. Le liquide ainsi obtenu présente des propriétés exactement semblables à celles d'une dissolution d'albumine ; il se coagule par la chaleur en une masse gélatineuse qui offre tous les caractères de l'albumine coagulée et qui en présente aussi la composition. Le liquide séparé de cette albumine coagulée renferme une petite quantité d'une substance azotée qui n'a pas encore été examinée. Pendant cette curieuse formation d'albumine par la putréfaction de la fibrine, il se dégage une très-petite quantité d'hydrogène, et il se forme un produit volatil d'une odeur très-fétide.

80. — Sur la composition du mésitilol et de quelques produits qui en dérivent, par M. A.-W. Hofmann. (*Ibidem*,
tome LXXI, p. 121.)

M. Kane, dans un travail remarquable sur l'acétone, a cherché
à établir l'analogie de cette substance avec les alcools, et à rattacher
cette substance, ainsi que les divers composés qui en dérivent, à
l'existence d'un radical hypothétique, le mésityle $C^6H^5$, qui corres-
pondrait à l'éthyle, au méthyle, etc. Parmi les divers produits dérivés de l'acétone, M. Kane a décrit sous le nom de *mésitilène* un
carbure d'hydrogène qui résulte de l'action de l'acide sulfurique sur
l'acétone, et qui, dans la série de l'acétone considérée comme un
alcool, correspond au gaz oléfiant ou hydrogène bicarboné dans la
série de l'alcool ordinaire; en conséquence, sa composition doit être
représentée par la formule $C^6H^4$, qui effectivement s'accorde bien
avec son analyse. C'est cette substance que M. Hofmann vient de
soumettre à une nouvelle étude, et qu'il désigne sous le nom de
*mésitilol,* en changeant ainsi un peu sa dénomination pour lui donner une terminaison analogue à celle de la plupart des carbures
d'hydrogène qui lui sont analogues.

Déjà M. Kane avait reconnu que le mésitilol, soumis à l'action
du chlore, donne naissance à un composé chloré $C^6H^3Cl$. Plus tard
M. Cahours découvrit les composés correspondants $C^6H^3Br$ et
$C^6H^3(AzO^4)$ formés par l'action du brome et de l'acide nitrique.
La composition de ces produits semble confirmer la formule du mésitilol. Cependant M. Cahours ayant cherché à la vérifier en déterminant la densité de vapeur de cette substance, trouva une densité
double de celle qu'aurait indiqué le calcul. Il faut donc, ou admettre
que l'équivalent du mésitilol correspond à deux volumes de vapeur
seulement, ce qui serait une anomalie singulière, puisque celui de
tous les autres carbures d'hydrogène bien connus, correspond à
quatre volumes, ou doubler la formule du mésitilol, l'écrire $C^{12}H^8$,
et doubler aussi par conséquent les formules des composés dérivés
que nous venons de signaler; cette dernière alternative a paru la
plus probable.

Il reste encore toutefois une propriété du mésitilol qui ne paraît point s'accorder avec cette formule ; c'est son point d'ébullition qui, d'après M. Kane, se trouve à 135° C. D'après tout ce que nous savons sur la relation qui existe entre le point d'ébullition des composés organiques, et surtout des carbures d'hydrogène, et leur équivalent, ce terme de 135° est beaucoup trop élevé pour la formule $C^{12}H^8$ ; comme l'a fait remarquer M. L. Gmelin dans son Traité de chimie, il indiquerait bien plutôt la formule $C^{18}H^{12}$.

Le but de M. Hofmann est de faire connaître l'existence de nouveaux produits dérivés du mésitilol qui prouvent que cette dernière formule est bien réellement la seule que l'on puisse adopter.

Il a soumis d'abord de nouveau cette substance à l'action du brome, mais il n'a obtenu par là qu'un produit identique avec celui qu'a décrit M. Cahours $C^6H^5Br$, ou $C^{12}H^6Br^2$, ou bien encore $C^{18}H^9Br^3$.

Essayant ensuite l'action de l'acide azotique, il a reconnu qu'en employant l'acide fumant, ou un mélange d'acide sulfurique et d'acide azotique, on produit un composé nitreux correspondant au précédent, identique aussi avec celui qu'a décrit M. Cahours. Mais par l'emploi d'un acide plus faible il a réussi à obtenir d'autres combinaisons. Si l'acide est très-étendu, le mésitilol ne s'attaque, même à l'ébullition, qu'avec une excessive lenteur ; il se transforme en une huile jaune qui renferme un produit cristallisable ; mais l'auteur n'a pu en obtenir assez pour le purifier complétement. Si l'acide est un peu plus fort, le mésitilol se transforme en entier après quelques distillations en un produit cristallin, qui se dissout facilement dans l'alcool, et cristallise en longues aiguilles. Sa grande solubilité dans ce liquide le distingue bien du produit nitreux qui résulte de l'emploi de l'acide fumant. L'analyse de ce composé conduit à la formule $C^9H^5AzO^4$, qu'il faut nécessairement doubler et écrire $C^{18}H^{10}(AzO^4)^2$, puisque l'expression $C^9H^6$ ne pourrait s'accorder avec la composition d'aucun des autres produits dérivés du mésitilol.

Le mésitilol se dissout dans l'acide sulfurique fumant ; il se forme un liquide d'un brun rouge qui devient cristallin au contact de l'air. Ce liquide saturé par le carbonate de plomb donne naissance à un sel de plomb soluble dans l'eau et dans l'alcool et cristallisable. C'est un sulfomésitilate de plomb dont l'analyse conduit à la formule $C^{18}H^{11}SO^2$, $SO^3$, PbO, et confirme par conséquent la formule $C^{18}H^{12}$ pour le mésitilol.

Il résulte de ces recherches que le mésitilol est parfaitement identique, par sa composition chimique, avec le cumol, carbure d'hydrogène qui dérive de l'acide cuminique. Ces deux corps présentent aussi beaucoup d'analogie pour leurs propriétés physiques, mais ils diffèrent à beaucoup d'égards pour leurs propriétés chimiques.

Enfin on ne peut se dissimuler que la nouvelle formule du mésitilol ne peut plus s'accorder avec la densité de vapeur de ce corps déterminée par M. Cahours. Faut-il admettre qu'il présente une anomalie dont il serait le premier exemple, et que son équivalent correspond à six volumes de vapeur? Ou bien faut-il attribuer cette irrégularité à une erreur dans la détermination de la densité? C'est ce que de nouvelles expériences pourront seules décider. M. Hofmann annonce seulement qu'il n'a pu répéter lui-même cette dernière détermination, parce qu'il n'a pu obtenir le mésitilol assez pur pour qu'il présentât un point d'ébullition parfaitement constant; il variait de 155° à 160° C. Peut-être cette difficulté que l'on éprouve à purifier suffisamment ce corps est-elle la cause de l'anomalie que présenterait sa densité de vapeur.

81. — Sur la nitromésidine, nouvelle base organique, par M. G. Maule. (*Ibidem*, p. 137.)

On sait que presque tous les composés nitreux, dérivés par substitution des carbures d'hydrogène, se décomposent sous l'influence de l'acide sulfhydrique en donnant naissance à des bases. M. Maule, sur l'invitation de M. Hofmann, a soumis à un pareil traitement le composé nitreux qui résulte de l'action de l'acide azotique faible sur le mésitilol (le dinitromésitilol $C^{18}H^{10}(AzO^4)^2$). Il a constaté qu'il se forme effectivement dans ce cas une base organique qu'il a appelée *nitro-mésidine*, et qui se représente par la formule $C^{18}H^{12}Az^2O^4$, qu'on doit peut-être écrire ainsi: $C^{18}H^{10}(AzO^4)(AzH^2)$. Cette substance est peu soluble dans l'eau, très-soluble dans l'alcool et l'éther, et cristallise en longues aiguilles d'un jaune d'or. Elle fond au-dessous de 100°, et se volatilise vers 100° sans subir d'altération. C'est une base très-faible ; elle se dissout facilement dans les acides, et forme avec eux des sels cristallisables et solubles dans l'alcool ; mais la plupart de ces sels sont peu stables, et l'eau seule suffit pour les décomposer.

Le trinitromésitilol n'éprouve, de la part de l'acide sulfhydrique qu'une réduction excessivement lente, mais il paraît bien, cependant, donner aussi naissance dans ce cas à un produit basique ; l'auteur annonce qu'il reviendra plus tard sur ce sujet.

---

82. — SUR UNE NOUVELLE SÉRIE DE COMPOSÉS ORGANIQUES REN-
FERMANT DES MÉTAUX, DU PHOSPHORE, ETC., par M. E.
FRANKLAND. (*Ibidem*, p. 213.)

Après avoir terminé ses recherches sur l'action que le zinc exerce sur l'iodure éthylique [1], M. Frankland a également étudié l'action de ce métal sur le composé correspondant du méthyle (éther iod-hydrique de l'esprit de bois ou iodure méthylique). Les résultats, qui seront exposés dans un autre mémoire, diffèrent peu des précédents ; ainsi il se dégage du gaz méthyle, et il reste dans le tube où la décomposition a été opérée, un résidu blanc, cristallin. La propriété très-remarquable dont jouit ce résidu, de se décomposer sous l'influence de l'eau en développant une vive lumière et en dégageant du gaz des marais, a engagé l'auteur à le soumettre à un examen attentif.

Lorsqu'on le soumet à la distillation dans un appareil rempli d'hydrogène, il passe un liquide incolore, transparent, d'une odeur fort pénétrante et repoussante ; ce liquide s'enflamme dès qu'il a le contact de l'air ou de l'oxygène, et brûle avec une flamme brillante d'un bleu verdâtre en formant d'épais nuages d'oxyde de zinc. Sa

[1] Voyez Bibl. Univ. (Archives), 1849; tome XII, p. 259.

vapeur mélangée d'une grande quantité de gaz méthyle et de gaz des marais ne prend pas feu spontanément, mais elle peut brûler avec une flamme caractéristique qui dépose sur les corps froids une couche noire de zinc métallique, entourée d'un anneau oxydé. Ces taches métalliques se reconnaissent aisément des taches arsenicales par la facilité avec laquelle elles se dissolvent dans l'acide chlorhydrique avec dégagement d'hydrogène. Cette vapeur paraît très-vénéneuse et attaque vivement le système nerveux. Ce liquide décompose l'eau avec autant de violence que le potassium; un petit tube qui en renferme devient incandescent au contact de l'eau. Les produits de cette décomposition sont de l'oxyde de zinc et du gaz des marais pur; il résulte de là que ce composé doit être formé de zinc et de méthyle, en effet : $C^2 H^3 Zn + HO = Zn O + 2CH^2$. Une analyse directe a confirmé cette opinion.

L'auteur a donné à ce composé le nom de *zincométhyle;* il regarde comme probable qu'il joue le rôle d'un radical organique susceptible de se combiner directement avec l'oxygène, le chlore, etc.; cependant· ses expériences ne sont pas encore assez avancées pour qu'il puisse établir ce fait avec certitude.

Il se forme une combinaison éthylique correspondante lorsqu'on traite l'iodure éthylique par le zinc. Ce composé, le *zinco éthyle,* est moins volatil que le précédent; il se décompose au contact de l'eau en oxyde de zinc et méthyle, $C^4H^5Zn + HO = ZnO + 2 (C^2H^5)$.

Il est très-probable que dans la décomposition de l'iodure éthylique par l'arsenic et l'étain, ces corps se combinent avec l'éthyle pour former aussi de nouveaux radicaux analogues au cacodyle; le produit de la décomposition par l'arsenic possède réellement une odeur insupportable tout à fait semblable à celle du cacodyle. Ce dernier corps lui-même prend probablement naissance lorsqu'on décompose l'iodure méthylique par l'arsenic.

Le phosphore décompose facilement les iodures de méthyle, d'éthyle, etc., sans donner lieu à des produits gazeux; il est possible qu'il se forme dans ce cas une série de bases organiques analogues à celle qu'a découverte M. Paul Thénard.

## ZOOLOGIE ET PALÉONTOLOGIE.

83. — EXAMEN ANATOMIQUE D'UN CHIMPANSÉ. (*Comptes rendus de l'Acad. des Sc.*, 28 janvier 1850.)

Il résulte des recherches anatomiques de M. Vrolick que le chimpansé est, par le cerveau, inférieur à l'orang-outang, tandis qu'il lui est supérieur, au contraire, par le squelette, car il n'a pas l'os intermédiaire du carpe que l'on retrouve chez tous les autres singes. M. Vrolick fait même remarquer que, sous le point de vue du squelette, le siamang ( *Hylobates syndactylus* ), est supérieur, soit à l'orang, soit au chimpansé.

———

84. — DE L'ACCLIMATATION DES DIVERS BOMBYX QUI FOURNISSENT DE LA SOIE, par M. BLANCHARD. (*Comptes rendus de l'Acad. des Sc.*, du 3 décembre 1849.)

M. Geoffroy-Saint-Hilaire a attiré déjà depuis longtemps l'attention sur la possibilité d'acclimater utilement en France plusieurs espèces d'oiseaux et de mammifères encore inconnus à l'Europe; M. Émile Blanchard fait ici la même chose pour les invertébrés, en montrant les grands avantages que l'on pourrait retirer de l'acclimatation de nouvelles espèces de bombyx pouvant produire de la soie.

La plupart de ces lépidoptères appartiennent au genre attacus ; plusieurs sont originaires de l'Inde, d'autres de la Nouvelle-Hollande, de la Chine, d'autres enfin de l'Amérique méridionale et de la Nouvelle-Orléans. On ne peut songer à acclimater ici l'attacus de l'Amérique méridionale, la différence de température s'y oppose ; mais il n'en est pas de même de celui de la Nouvelle-Orléans : en effet, plusieurs tentatives ont déjà été faites au Muséum d'histoire naturelle de Paris depuis quelques années, et les résultats ont été aussi heureux que possible.

Ces bombyx donnent, il est vrai, une soie un peu moins belle que la soie du bombyx ordinaire, mais ils ont le grand avantage de n'avoir pas besoin d'une nourriture aussi exclusive que ce dernier, car ils mangent indifféremment les feuilles de mûrier, d'aubépine et d'orme ; l'attacus polyphemus vit surtout sur le chêne et le peuplier. Ces animaux, transportés en France, donneraient donc une valeur réelle à des arbres qui n'en ont aucune, ou seulement une d'agrément.

L'attacus atlas de la Chine serait sans doute aussi très-facile à acclimater. M. Guérin Menneville pense aussi ( à l'occasion de ce mémoire) que la meilleure acclimatation à désirer serait celle de l'attacus qui donne la soie des foulards inusables de l'Inde, et dont la chenille se nourrit des feuilles du Palma Christi, qui végète spontanément dans le midi de la France et en Algérie.

---

85. — MOLLUSQUES FOSSILES DU SPITZBERG , par M. L DE KONINCK. (*Acad. des Sciences de Bruxelles*, 15 décembre 1849.)

M. L. de Koninck communique une note destinée à compléter une notice lue par lui, en 1846 , sur les fossiles du Spitzberg, et dans laquelle il avait été amené à conclure que la roche dont M. Eug. Robert avait détaché ses fossiles dans la rade de Bell-Sound appartenait au système permien et non au système carbonifère, ainsi que la plupart des géologues l'avaient admis jusqu'à cette époque. Mais cette opinion n'ayant alors pour base que la simple inspection d'un certain nombre d'échantillons de fossiles rapportés par M. Robert, et déposés par lui dans les galeries du Muséum d'histoire naturelle de Paris, quelques personnes avaient conservé des doutes sur l'exactitude de ces déterminations et des conclusions que M. de Koninck en avait déduites. Afin de lever toute incertitude à cet égard, M. de Koninck a fait un examen détaillé de tous les échantillons des fossiles qui composent la collection de M. E. Robert, et dans la présente note non-seulement il rend compte du résultat de cet examen qui l'a confirmé dans l'exactitude de ses premières déterminations, mais encore il donne la description des principales

espèces permiennes que lui a offertes cette collection. Ces espèces
sont les suivantes : *Productus horridus ; P. Cancrini; P. Leplayi ;
P. Robertianus ; Spirifer alatus ; S. cristatus ; Pleurotomaria
Verneuilli*.

L'auteur de la note déclare qu'il a pu constater l'identité de ces
espèces avec celles qui ont été indiquées sous les mêmes noms parmi
les fossiles permiens du nord de la Russie, du centre de l'Allemagne
ou de l'Angleterre. Il donne aussi la description d'une nouvelle espèce, également figurée dans l'ouvrage de M. Robert, mais con-
fondue par lui avec une espèce carbonifère d'Angleterre, et décrite
par M. Phillips, *Pecten Geinitzianus* (*Pecten elipticus*, E. Robert).

------

86. — DE L'APPAREIL CIRCULATOIRE ET DES ORGANES DE LA RES-
PIRATION DANS LES ARACHNIDES, par M. Emile BLANCHARD.
(*Comptes rendus de l'Acad. des Sc.*, du 28 janvier 1850.)

L'on sait que M. Blanchard, contrairement à l'opinion reçue jusqu'à ce jour, admet une circulation peritrachéenne chez les insectes ;
voici de nouvelles observations faites sur les arachnides, qui paraissent confirmer complétement son opinion.

Les arachnides présentent des conditions favorables pour étudier
les rapports qui existent entre les systèmes circulatoires et respiratoires, puisqu'il y a des arachnides trachéennes, des arachnides
pulmonaires et enfin des arachnides pulmo-trachéennes, dans lesquelles on peut voir la transition insensible de l'un des systèmes
dans l'autre. Dans les arachnides pulmonaires, le sang qui a été
nourrir les organes, se perd dans des lacunes, puis vient s'introduire dans les organes respiratoires, c'est-à-dire dans l'épaisseur
des feuillets qui forment les sacs pulmonaires, de là il est ramené au
cœur par des vaisseaux particuliers. Dans les deux autres groupes,
les choses se passent de même, seulement, le système vasculaire
est moins dégradé que dans les insectes.

Que remarque-t-on, dit ensuite M. Blanchard, chez les animaux
supérieurs, où les organes respiratoires sont localisés? On voit tou-

jours que le sang vient se mettre en contact avec l'air, en circulant
dans les feuillets qui forment le sac pulmonaire ou branchial; or,
dans les êtres où le système respiratoire se trouve disséminé dans
tout le corps, par le moyen de trachées, la loi ne doit-elle pas rester la même? Les arachnides pulmo-trachéennes fournissent, sous
ce point de vue, un état intermédiaire précieux. On voit le sac pulmonaire se prolonger sous la forme de petits tubes très-grêles, qui
sont de véritables trachées; or, si le sang vient circuler entre les
deux feuillets du sac vasculaire, il est probable qu'il circulera aussi
entre les deux feuillets de la trachée, et la même chose ne doit-elle
pas arriver dans les arachnides uniquement trachéennes. M. Blanchard a confirmé ces déductions par des injections nombreuses. En
introduisant un liquide dans le système circulatoire, soit par le cœur,
soit par les lacunes, il a toujours injecté l'espace intermembranulaire des trachées.

---

87. — NOTE SUR LES ACARIENS SANS BOUCHE, DONT ON A FAIT LE
GENRE HYPOPUS ET QUI SONT LE PREMIER AGE DES GAMASES,
par M. DUJARDIN. (*Comptes rendus de l'Acad. des Sc.*, du
4 février 1850.)

Plusieurs naturalistes ont trouvé sur le corps de divers insectes
de petites mites parasites dont on a fait le genre hypopus. Ces insectes, privés de bouche et d'appareil digestif, et qui n'ont que des
ventouses pour se tenir fixés, avaient été mal étudiés jusqu'à ce
jour, à cause de leur petitesse. M. Dujardin en ayant pu observer
un très-grand nombre, a découvert qu'au-dessous de la membrane
intérieure, on trouve un autre insecte muni d'une véritable bouche
et de palpes semblables à ceux des gamases. Selon M. Dujardin,
l'hypopus sans bouche et sans accroissement possible, vivant souvent
sur des substances polies et nullement nutritives, ne serait qu'une
véritable larve ou un œuf muni de pieds, dans l'intérieur duquel le
gamase se développe.

88. — DE L'ORGANE DE LA VUE CHEZ LES ANNÉLIDES, par M. A. DE
QUATREFAGES. (*Comptes rendus de l'Acad. des Sciences*, du
31 décembre 1846.)

Une question intéressante et non résolue complétement jusqu'à
ce jour, c'est celle de savoir si les organes des sens existent chez les
animaux inférieurs. M. de Quatrefages s'est occupé dans ce mémoire
de la recherche du sens de la vue chez les annélides, dont l'organe
doit être plus facilement découvert que celui des autres sens, car
il doit toujours être caractérisé, même dans son organisation la plus
rudimentaire, au moins par un cristallin (pris dans son sens le plus
général), et par une rétine.

Parmi les annélides, la Torrea vitrea présente des yeux très-
complets, leur dimension est assez considérable ($0^m,001$); ils ont
un cristallin, une choroïde, un corps vitré, une cornée transparente, etc.; d'autres encore présentent un appareil visuel aussi
complet ou à peu de choses près.

Chez les hermelles, les sabelles, les térébelles, la question est
plus difficile à résoudre, car les yeux deviennent très-petits et s'en-
foncent sous les téguments; il n'est donc pas facile de les discerner;
sans doute il faut les assimiler aux stemmates des insectes.

Certains annélides ont aussi des yeux ailleurs qu'à la tête. M. de
Quatrefages croit en avoir découvert sur les branchies des sabelles,
et il ne doute pas que les points rouges que l'on trouve sur les côtes
de chaque anneau de plusieurs annelés du genre naïs ne soient
de véritables yeux; ceci, au reste, ne doit pas étonner, si l'on se
rappelle l'indépendance très-grande existant entre les divers anneaux qui composent le corps de ces animaux. D'ailleurs quelques
mollusques acéphales, tels que les pecten, présentent aussi, sur les
bords de leur manteau, des yeux qui ne tirent point leurs nerfs du
ganglion cérébral.

89. — Mémoire sur l'organisation des malacobdelles, par Emile Blanchard. (*Comptes rendus de l'Acad. des Sc.*, du 26 novembre 1849.)

Les malacobdelles qui appartiennent au groupe du sous-embranchement des vers ont été classés tantôt dans une des divisions de ce sous-embranchement, tantôt dans un autre ; M. M. Edwards a cherché à déterminer exactement la place qu'ils doivent occuper.

Dans un premier mémoire publié en 1845, M. Émile Blanchard avait constaté, d'après leur système nerveux, qu'il était impossible de les laisser dans le groupe des sangsues où ils avaient été placés. Les nouveaux autres caractères anatomiques, observés par M. Blanchard, confirment cette opinion et semblent démontrer que les malacobdelles doivent former une division particulière, complétement indépendante des annélides, des hirudinées et des anévormes (Trematodes planaris).

---

90. — Du système nerveux et de quelques autres points de l'anatomie des bryozoaires, par M. Allmann. (*Institut* du 16 janvier 1850.)

Il résulte des travaux de M. Allmann sur la *plumatella repens*, qu'il existe chez les bryozoaires un grand ganglion nerveux œsophagien. Ce centre nerveux envoie des filets nerveux soit aux divers lobes tentaculifères, soit autour de l'œsophage qu'il enveloppe comme un collier ; d'autres filets se ramifient dans les organes de la bouche. Les muscles ont des stries et une tendance à se rompre en disques. La tunique interne est composée d'une double membrane, et la valve buccale est mue par un système complet de muscles.

Tous ces faits s'accordent pour justifier la séparation que l'on a faite des bryozoaires d'avec les anthozoaires.

91. — DE LA GÉNÉRATION MÉDUSIPARE CHEZ LES POLYPES HY-
DRAIRES, par M DESOR. (*Annales des Sciences naturelles* ,
octobre 1849.)

Nous avons déjà eu l'occasion de mentionner les diverses observations faites par M. Van Beneden, Dujardin et autres, sur le développement embryogénique des méduses, dont le premier état est un
bourgeon qui se développe sur la tige d'un polype hydraire. Voici
de nouvelles observations que M. Desor a pu faire sur ce singulier
mode de reproduction, auquel il propose de donner le nom de génération médusipare, et qui permettra peut-être de réunir aux acalèphes toute cette division des polypes.

M. Desor, dans son mémoire, décrit avec détail le développement du bourgeon médusaire, dans les différents polypes qu'il a pu
observer, tels que les syncorynes et les campanulaires ; nous ne nous
y arrêterons pas, et nous ne signalerons seulement que les deux faits
suivants qui sont importants.

En premier lieu, M. Desor confirme l'opinion émise par M. Da-
lyell ; savoir qu'il existe un double mode de reproduction dans les
campanulaires, l'un ovipare, dans lequel l'œuf fécondé dans l'intérieur d'un polype hermaphrodite, donne naissance à un petit polype
libre, l'autre médusipare ; sans compter le mode de reproduction
par gemmes, qui est commun à toute cette classe d'animaux.

En second lieu, M. Desor relève quelques points dans les observations rapportées par M. Sars, il y a quelques années (Ann. des
sc. natur., 1841, t. XVI, p. 321), sur le développement des vraies
méduses (aurelia aurita). Selon M. Sars, l'aurelia, avant d'arriver à
son état parfait, passe par la série des métamorphoses suivantes, à
partir de l'éclosion de l'œuf. L'embryon se présente d'abord sous
l'apparence d'un petit ver couvert de cils (qu'il appelle état d'infusoire), puis ce petit animalcule vient se fixer contre une surface
quelconque, où il se transforme en une véritable hydre, très-semblable à l'hydre de nos eaux douces. Au bout d'un certain temps,
on voit, toujours d'après M. Sars, le polype se fractionner transversalement en un assez grand nombre d'anneaux portant des tenta-

cules, et qui sont de véritables acalèphes empilés les uns sur les
autres ; plus tard, enfin, sans doute à leur maturité, ils se désagrégent les uns des autres, en commençant par celui qui est au sommet,
le dernier de la série seul reste attaché par un pédicule.

M. Desor nie positivement cette formation des méduses par un
fractionnement transversal de l'hydre. Les anneaux destinés à former les méduses libres ne se forment point au détriment du polype,
mais bien au-dessus de lui. Ces bourgeons, car il peut y en avoir
plusieurs, quelque grosseur qu'ils atteignent, n'altèrent nullement
le polype dont ils émanent, et celui-ci continue sa vie végétative
après s'en être débarrassé, absolument comme s'il n'en avait jamais eu.

Comme dans les campanulaires, les bourgeons de l'hydre communiquent directement par des canaux, avec la cavité viscérale du
polype. La seule différence qu'il y ait à signaler, c'est que dans les
campanulaires les embryons ne se forment que sur les côtes d'un
axe, tandis que dans l'hydra tuba ils sont placés les uns au-dessus
des autres, d'où il résulte qu'ils sont empilés au lieu d'être alter-
nants. Le plus ancien, qui semble sortir de la bouche du polype, se
détache le premier, et les autres successivement ensuite ; selon
M. Sars, tous devraient se détacher à la fois, ce qui n'est pas.

92. — NOTE SUR LE BEROE CUCUMIS, par M. FORBES. (*Institut* du
13 mars 1850.)

M. Forbes ayant pu observer une assez grande quantité de *Beroe
cucumis*, sur les côtes d'Angleterre, et aux îles Schetland, signale
le fait suivant ; c'est que, dans une certaine saison, on voit apparaître sur la ligne des côtes ciliaires, des corps pédonculaires de
forme ovale assez semblables à des œufs, et d'une couleur orangé
vif. Lorsque l'animal est dans cet état, toute irritation dans le voisinage des côtes ciliaires fait contracter son corps ; il est alors très-
irritable, et donne une vive lumière phosphorescente, qui se dégage
toujours des vaisseaux placés au-dessous des côtes ciliaires.

93.—Note sur le cloisonnement de la cavité viscérale des
   actines, par M. Hollard. (*Comptes rendus de l'Acad. des
   Sciences,* du 7 janvier 1850.)

La cavité viscérale de ces anthozoaires se compose, sur les bords,
de cloisons verticales qui commencent dans le bas de la cavité, pour
se terminer à l'extérieur en un tentacule unique; ces cloisons ne sont
point égales, les unes étant plus larges que les autres. M. Hollard a
remarqué que chaque cloison était munie de muscles spéciaux, ce
qui permet de dire qu'elles ne sont pas de simples intervalles, mais
bien de véritables canaux pouvant agir sur les liquides qu'ils renferment. Chaque canal ne se touche pas, mais il est séparé, en général, par un assez grand intervalle, qui donne naissance successivement à de nouvelles loges, terminées semblablement par un tentacule. En général, les premières loges formées sont plus larges et
plus prolongées que les autres, qui tendent aussi à prendre une position de plus en plus périphérique, ce qui explique pourquoi les
tentacules s'échelonnent sur plusieurs cycles, du centre à la périphérie.

ERRATA.

Page 310, ligne 13, *au lieu de* transpermanentes, *lisez* traces
permanentes.

# TABLE

## DES MATIÈRES CONTENUES DANS LE TOME XIII.

### (1850 — N⁰ˢ 49 à 52.)

# BULLETIN SCIENTIFIQUE.

## Météorologie, Astronomie et Géographie.

## Physique.

## Chimie.

## Minéralogie et Géologie.

## Anatomie et Physiologie.

### *Zoophytes.*

### Botanique.

### OBSERVATIONS MÉTÉOROLOGIQUES

faites à Genève et au Grand Saint-Bernard.

# OBSERVATIONS MÉTÉOROLOGIQUES ET MAGNÉTIQUES

## FAITES A L'OBSERVATOIRE DE GENÉVE

### SOUS LA DIRECTION DE M. LE PROFESSEUR E. PLANTAMOUR

### PENDANT LE MOIS DE MARS 1850.

---

Le 1er, gelée blanche.
- 2,      id.
- 3,      id.
- 6,      id.
- 7,      id.
- 8,      id.
- 10,     id.
- 11,     id.
- 19, halo solaire de 8 h. 15 m. à 9 h. 30 m.
- 27, couronne lunaire de 1 h. 45 m. à 2 h. du matin.
- 29, halo solaire de 2 h. à 3 h.; halo lunaire dans la soirée.
- 30, halo solaire partiel à 1 h. 45 m.

La sécheresse de ce mois a été très-remarquable ; dans un intervalle de cinq semaines, depuis le 16 Février jusqu'au 23 Mars, il n'est pas tombé une seule goutte d'eau, et depuis le 23 mars jusqu'à la fin du mois, il n'est tombé que de la neige et en petite quantité, puisqu'elle a donné moins de cinq millimètres d'eau.

## Moyennes du mois de Mars 1850.

| | 6h.m. | 8h.m. | 10h.m. | Midi. | 2h.s. | 4h.s. | 6h.s. | 8h.s. | 10h.s. |
|---|---|---|---|---|---|---|---|---|---|

### Baromètre.

| | mm | mm | mm | mm | mm | mm | mm | mm | mm |
|---|---|---|---|---|---|---|---|---|---|
| ade, | 733,90 | 734,33 | 734,44 | 733,99 | 733,09 | 732,52 | 732,58 | 733,01 | 733,28 |
| » | 729,06 | 729,35 | 729,36 | 728,88 | 728,14 | 727,82 | 728,29 | 728,78 | 728,94 |
| » | 724,49 | 724,79 | 724,87 | 724,63 | 724,10 | 723,62 | 723,63 | 724,04 | 724,20 |
| ... | 729,00 | 729,34 | 729,41 | 729,03 | 728,30 | 727,84 | 728,02 | 728,48 | 728,66 |

### Température.

| | | | | | | | | | |
|---|---|---|---|---|---|---|---|---|---|
| ade, | + 1,04 | + 2,53 | + 7,79 | + 9,20 | +10,71 | +11,01 | + 9,16 | + 6,81 | + 4,86 |
| » | − 1,15 | + 0,29 | + 2,20 | + 4,41 | + 5,77 | + 5,36 | + 3,80 | + 2,76 | + 1,60 |
| » | − 3,86 | − 1,21 | + 1,22 | + 2,43 | + 3,18 | + 2,95 | + 2,00 | + 0,47 | − 0,55 |
| is ... | − 1,40 | + 0,48 | + 3,66 | + 5,25 | + 6,45 | + 6,33 | + 4,89 | + 3,25 | + 1,90 |

### Tension de la vapeur.

| | mm | mm | mm | mm | mm | mm | mm | mm | mm |
|---|---|---|---|---|---|---|---|---|---|
| ade, | 4,51 | 4,97 | 5,77 | 5,47 | 5,41 | 5,55 | 5,73 | 5,77 | 5,46 |
| » | 3,46 | 3,56 | 3,70 | 3,97 | 3,50 | 3,48 | 3,67 | 3,66 | 3,80 |
| » | 3,34 | 3,53 | 3,47 | 3,49 | 3,58 | 3,69 | 3,82 | 4,03 | 3,85 |
| s ... | 3,76 | 4,00 | 4,29 | 4,29 | 4,15 | 4,22 | 4,39 | 4,47 | 4,37 |

### Fraction de saturation.

| | | | | | | | | | |
|---|---|---|---|---|---|---|---|---|---|
| ade, | 0,93 | 0,91 | 0,74 | 0,64 | 0,57 | 0,57 | 0,67 | 0,78 | 0,84 |
| » | 0,80 | 0,77 | 0,67 | 0,64 | 0,51 | 0,51 | 0,60 | 0,66 | 0,75 |
| » | 0,96 | 0,84 | 0,70 | 0,65 | 0,63 | 0,66 | 0,74 | 0,86 | 0,87 |
| ... | 0,90 | 0,84 | 0,70 | 0,64 | 0,57 | 0,59 | 0,67 | 0,77 | 0,82 |

| | Therm. min. | Therm. max. | Clarté moy. du Ciel | Eau de pluie ou de neige. | Limnimètre. |
|---|---|---|---|---|---|
| cade, | − 0,33 | +12,44 | 0,24 | 0,00 | 27,2 |
| » | − 2,00 | + 6,66 | 0,16 | 0,00 | 26,6 |
| » | − 4,63 | + 4,43 | 0,58 | 4,70 | 21,4 |
| s ... | − 2,39 | + 7,73 | 0,33 | 4,70 | 25,0 |

ans ce mois, l'air a été calme 8 fois sur 100.
e rapport des vents du NE à ceux du SO a été celui de 2,14 à 1,00.
a direction de la résultante de tous les vents observés est N. 4°,0 E. et son intensité
le à 50 sur 100.

# OBSERVATIONS MAGNÉTIQUES

## FAITES A GENÈVE EN MARS 1850.

| | DÉCLINAISON ABSOLUE. | | VARIATIONS DE L'INTENSITÉ HORIZONTALE exprimées en $^1/_{100000}$ de l'intensité horizontale absolue. | |
|---|---|---|---|---|
| Jours. | 7ʰ45ᵐ du mat. | 1ʰ45ᵐ du soir. | 7ʰ45ᵐ du matin. | 1ʰ45ᵐ du soir. |
| 1 | 18°13′,66 | 18°23′,82 | | |
| 2 | 13,59 | 22,26 | | |
| 3 | 13,09 | 21,83 | | |
| 4 | 14,28 | 23,23 | | |
| 5 | 14,36 | 21,87 | | |
| 6 | 13,53 | 22,23 | | |
| 7 | 13,75 | 23,00 | | |
| 8 | 12,33 | 22,65 | | |
| 9 | 13,16 | 24,57 | | |
| 10 | 14,44 | 24,71 | | |
| 11 | 15,72 | 23,78 | | |
| 12 | 13,00 | 26,75 | | |
| 13 | 12,78 | 24,45 | | |
| 14 | 13,91 | 23,15 | | |
| 15 | 12,76 | 24,15 | | |
| 16 | 12,32 | 24,84 | | |
| 17 | 12,47 | 23,40 | | |
| 18 | 13,17 | 23,48 | | |
| 19 | 13,09 | 22,23 | | |
| 20 | 11,88 | 22,35 | | |
| 21 | 13,39 | 23,63 | | |
| 22 | 12,57 | 25,90 | | |
| 23 | 13,37 | 22,86 | | |
| 24 | 15,24 | 23,59 | | |
| 25 | 12,85 | 21,85 | | |
| 26 | 11,76 | 24,20 | | |
| 27 | 11,56 | 25,17 | | |
| 28 | 11,33 | 23,89 | | |
| 29 | 11,81 | 25,98 | | |
| 30 | 11,96 | 23,46 | | |
| 31 | 10,84 | 24,02 | | |
| Moyennes | 18°13′,10 | 18°23′,72 | | |

# TABLEAU

## DES

# OBSERVATIONS MÉTÉOROLOGIQUES

### FAITES AU SAINT-BERNARD

### PENDANT LE MOIS DE MARS 1850.

———

Moyennes des hauteurs du baromètre et des températures observées à 6 h. et à 8 h. du matin, et à 6 h. et à 8 h. du soir :

| | 6 h. du matin. | | 8 h. du matin. | | 6 h. du soir. | | 8 h. du soir. | |
|---|---|---|---|---|---|---|---|---|
| | *Barom* | *Temp.* | *Barom.* | *Temp.* | *Barom.* | *Temp.* | *Barom.* | *Temp* |
| | mm | ° | mm | ° | mm | ° | mm | ° |
| 1re déc. | 569,78 | − 3,39 ; | 570,01 | − 1,72, | 570,00 | − 1,36 ; | 570.22 | − 2,39. |
| 2e » | 561,01 | −10,37; | 560,92 | − 9,64; | 560,85 | −10,32 ; | 560,92 | −10,52. |
| 3e » | 555,78 | −15,05. | 555,96 | −12,55; | 556,50 | −12,05 ; | 556,74 | −13,48. |
| Mois, | 561,98 | − 9,78; | 562,09 | − 8,12; | 562,26 | − 8,05 ; | 562,44 | − 9,05. |

**ars 1850.** — OBSERVATIONS MÉTÉOROLOGIQUES faites
2084 au-dessus de l'Observatoire de G

| JOURS DU MOIS. | BAROMÉTRE RÉDUIT A 0°. | | | | TEMPÉRAT. EXTÉRIEURE EN DEGRÉS CENTIGRADES. | | | |
|---|---|---|---|---|---|---|---|---|
| | 9 h. du matin. | Midi. | 3 h. du soir. | 9 h. du soir. | 9 h. du matin. | Midi. | 3 h. du soir. | 9 h. du soir. |
| | millim. | millim. | millim. | millim. | | | | |
| 1 | 569,07 | 569,45 | 569,73 | 571,11 | − 4,0 | − 0,5 | + 0,1 | − 4,5 |
| 2 | 571,78 | 571,90 | 571,38 | 571,39 | − 1,2 | + 1,8 | + 1,2 | − 3,0 |
| 3 | 568,81 | 568,78 | 567,76 | 566,64 | − 3,2 | − 2,5 | − 1,5 | − 4,4 |
| 4 | 563,49 | 563,59 | 563,76 | 565,99 | − 5,0 | − 3,0 | − 3,3 | − 5,2 |
| 5 | 569,87 | 570,74 | 571,16 | 572,49 | − 5,0 | − 3,5 | − 3 5 | − 6,3 |
| 6 | 573,25 | 574,17 | 573,67 | 574,28 | − 3,4 | − 0,5 | − 0.4 | − 1,7 |
| 7 | 574,41 | 574,44 | 574,14 | 574,24 | + 3,5 | + 4,0 | + 4,0 | + 1,8 |
| 8 | 572.84 | 572,58 | 571,95 | 571,48 | + 4,1 | + 6,8 | + 7.0 | + 0,5 |
| 9 | 569,26 | 569,22 | 568,61 | 568,84 | + 4,0 | + 4,5 | + 6,3 | + 0.5 |
| 10 | 567,80 | 567,57 | 566,93 | 566,54 | + 1,6 | + 3,7 | + 2,5 | − 1,5 |
| 11 | 564,42 | 564,42 | 564,14 | 564.39 | − 3,0 | − 1,8 | − 2,5 | − 7,4 |
| 12 | 564,25 | 564,39 | 564.50 | 563,44 | − 8,8 | − 7,9 | − 8,0 | − 8,8 |
| 13 | 567,38 | 567,65 | 567,73 | 568,64 | − 3,3 | − 2,0 | − 3,0 | − 5,0 |
| 14 | 568,08 | 567,95 | 567,07 | 565,83 | − 3,7 | − 1,5 | − 2,0 | − 5,5 |
| 15 | 562,94 | 562,41 | 561,79 | 560,99 | − 6,4 | − 5,0 | − 5,2 | − 8,7 |
| 16 | 558,43 | 558,22 | 557,24 | 556,06 | − 9,3 | − 8,0 | −10,3 | −13,4 |
| 17 | 555,90 | 556,12 | 556,15 | 557,51 | −12,5 | −10,5 | −11,2 | −14,7 |
| 18 | 555,10 | 555,45 | 555,75 | 557,65 | −15,2 | −14,5 | −14,5 | −16,8 |
| 19 | 557,86 | 557,70 | 557,34 | 556,50 | −13,5 | −11,5 | −11.0 | −11,7 |
| 20 | 555,07 | 555,73 | 555,75 | 557,15 | −12,8 | −10,0 | −10 0 | −16,0 |
| 21 | 557,71 | 557,46 | 557,77 | 558,17 | −12,5 | −12,0 | −12,1 | −15,6 |
| 22 | 556,91 | 557,07 | 557,31 | 557,15 | −14,4 | −12,6 | −13,0 | −15,3 |
| 23 | 554,22 | 553,26 | 550,96 | 549,27 | −10,0 | − 7,6 | − 7,5 | −12.3 |
| 24 | 547,32 | 547,41 | 547,05 | 548,96 | −15,6 | −15,0 | −16,2 | −17,5 |
| 25 | 550,93 | 551,35 | 551,58 | 552,65 | −15,3 | −12,1 | −13,2 | −18,0 |
| 26 | 552,79 | 553,60 | 554,08 | 553,90 | −16,2 | −15,5 | −13.2 | −16.5 |
| 27 | 554,84 | 555,25 | 556,03 | 557,15 | −15,0 | −13,5 | −12,9 | −17,0 |
| 28 | 557,33 | 557,90 | 558,10 | 559,24 | −10,3 | − 9,5 | −10,1 | −17,1 |
| 29 | 560,71 | 561,46 | 561,82 | 562,82 | −10,2 | − 8,0 | − 5,0 | −11,6 |
| 30 | 563,38 | 563,39 | 563,10 | 562,64 | − 2,5 | − 0,4 | + 0,5 | − 5,5 |
| 31 | 561,76 | 561,90 | 561,70 | 562,88 | + 0,5 | + 0,8 | + 0,8 | − 4,8 |
| décade | 570,06 | 570,24 | 569,91 | 570,30 | − 0,86 | + 1,08 | + 1,27 | − 2,38 |
| » | 560,94 | 561,00 | 560,75 | 561,02 | − 8,85 | − 7,27 | − 7,77 | −10,80 |
| » | 556,17 | 556,37 | 556,32 | 556,80 | −11,05 | − 9,58 | − 9,26 | −13,75 |
| ois. | 562,19 | 562,34 | 562,13 | 562,52 | − 7,05 | − 5,40 | − 5,38 | − 9,13 |

rnard, à 2491 mètres au-dessus du niveau de la mer, et it. à l'E. de Paris 4° 44' 30''.

| EAU de PLUIE ou de NEIGE dans les 24 h. | VENTS. Les chiffres 0, 1, 2, 3 indiquent un vent insensible, léger, fort ou violent. | | | | ÉTAT DU CIEL. Les chiffres indiquent la fraction décimale du firmament couvert par les nuages. | | | |
|---|---|---|---|---|---|---|---|---|
| | 9 h. du matin. | Midi. | 3 h. du soir. | 9 h. du soir. | 9 h. du matin. | Midi. | 3 h. du soir. | 9 h. du soir. |
| millim. | | | | | | | | |
| » | SO, 1 | SO, 1 | SO, 0 | SO, 0 | clair 0,0 | clair 0,0 | clair 0,0 | clair 0,0 |
| » | SO, 0 | SO, 0 | SO, 0 | SO, 0 | clair 0,0 | clair 0,0 | clair 0,0 | clair 0,0 |
| » | SO, 0 | SO, 1 | SO, 1 | SO, 2 | clair 0,0 | clair 0,2 | clair 0,1 | bron. 1,0 |
| 11,0 n. | SO, 2 | SO, 2 | SO, 2 | SO, 1 | bron. 1,0 | bron 1,0 | bron 1,0 | bron 1,0 |
| » | NE, 1 | NE, 1 | NE, 0 | NE, 1 | clair 0,0 | clair 0,2 | nuag. 0,3 | clair 0,0 |
| » | NE, 1 | NE, 0 | NE, 1 | NE, 0 | nuag. 0,3 | clair 0,1 | clair 0,1 | clair 0,0 |
| » | SO, 0 | NE, 0 | NE, 0 | NE, 0 | clair 0,0 | clair 0,0 | clair 0,0 | clair 0,0 |
| » | NE, 0 | N., 0 | NE, 0 | NE, 0 | clair 0,0 | clair 0,0 | clair 0,0 | clair 0,0 |
| » | NE, 1 | NE, 0 | SO, 1 | SO, 0 | clair 0,0 | clair 0,0 | clair 0,0 | clair 0,0 |
| » | NE, 1 | NE, 1 | NE, 1 | NE, 1 | clair 0,0 | clair 0,0 | nuag. 0,3 | clair 0,1 |
| » | NE, 1 | NE, 2 | NE, 2 | NE, 2 | nuag 0,5 | clair 0,1 | clair 0,1 | clair 0,0 |
| » | NE, 2 | NE, 2 | NE, 2 | NE, 2 | clair 0,0 | clair 0,0 | clair 0,0 | clair 0,0 |
| » | NE, 1 | NE, 1 | NE, 1 | NE, 1 | clair 0,0 | clair 0,0 | clair 0,0 | clair 0,0 |
| » | NE, 1 | NE, 1 | NE, 1 | NE, 2 | clair 0,1 | clair 0,0 | clair 0,0 | clair 0,0 |
| » | NE, 2 | NE, 2 | NE, 2 | NE, 2 | clair 0,0 | clair 0,0 | clair 0,1 | clair 0,0 |
| 2,8 n. | NE, 3 | NE, 2 | NE, 2 | NE, 2 | clair 0,0 | clair 0,0 | couv 1,0 | neige 1,0 |
| » | NE, 1 | NE, 1 | NE, 1 | NE, 1 | couv. 1,0 | couv 1,0 | clair 0,0 | clair 0,0 |
| » | NE, 2 | NE, 2 | NE, 2 | NE, 1 | clair 0,0 | clair 0,0 | clair 0,0 | clair 0,0 |
| 0,6 n. | NE, 2 | NE, 2 | NE, 2 | NE, 2 | nuag. 0,7 | couv. 1,0 | bron. 1,0 | bron. 1,0 |
| » | NE, 2 | NE, 1 | NE, 1 | NE, 2 | neige 1,0 | bron. 1,0 | bron. 1,0 | bron. 1,0 |
| 3,0 n. | NE, 2 | NE, 2 | NE, 2 | NE, 1 | neige 1,0 | neige 1,0 | bron. 1,0 | clair 0,1 |
| » | NE, 2 | NE, 2 | NE, 2 | NE, 1 | bron. 1,0 | clair 0,0 | clair 0,0 | clair 0,0 |
| 20,8 n. | NE, 1 | NE, 1 | SO, 1 | SO, 1 | couv. 0,9 | couv. 1,0 | neige 1,0 | neige 1,0 |
| » | NE, 2 | NE, 2 | NE, 3 | NE, 3 | bron. 1,0 | bron. 1,0 | bron. 1,0 | bron. 1,0 |
| » | NE, 1 | NE, 1 | NE, 1 | NE, 1 | clair 0,2 | bron. 1,0 | bron. 1,0 | clair 0,1 |
| » | NE, 1 | ., 1 | NE, 0 | SO, 1 | bron 1,0 | couv. 1,0 | clair 0,0 | couv. 1,0 |
| 0,3 n. | NE, 1 | NE, 2 | NE, 1 | NE, 1 | neige 1,0 | couv. 0,9 | clair 0,1 | clair 0,0 |
| » | SO, 0 | -, 0 | NE, 0 | NE, 1 | nuag. 0,7 | clair 0,0 | clair 0,0 | clair 0,0 |
| » | SO, 0 | SO, 0 | SO, 0 | NE, 1 | clair 0,0 | clair 0,0 | clair 0,0 | clair 0,0 |
| » | SO, 1 | SO, 0 | SO, 0 | SO, 0 | clair 0,1 | clair 0,0 | clair 0,0 | clair 0,0 |
| » | NE, 0 | SO, 0 | SO, 0 | NE, 0 | clair 0,0 | clair 0,0 | clair 0,0 | clair 0,0 |
| 11,0 | | | | | 0,13 | 0,15 | 0,18 | 0,21 |
| 3,4 | | | | | 0,33 | 0,31 | 0,32 | 0,30 |
| 24,1 | | | | | 0,63 | 0,54 | 0,37 | 0,29 |
| 38,5 | | | | | 0,37 | 0,34 | 0,29 | 0,27 |

Lightning Source UK Ltd.
Milton Keynes UK
UKHW041335130219
336936UK00022B/207/P